圧力換算因子

	Pa	bar	atm	Torr
1 Pa =	1	10^{-5}	$9.869\,23 \times 10^{-6}$	$7.500\,62 \times 10^{-3}$
1 bar =	10^5	1	0.986 923	750.062
1 atm =	$1.013\,25 \times 10^5$	1.013 25	1	760
1 Torr =	133.322	$1.333\,22 \times 10^{-3}$	$1.315\,79 \times 10^{-3}$	1

よく使われる非SI単位

単位	量	記号	SI値
オングストローム	長さ	Å	10^{-10} m = 100 pm
ミクロン	長さ	μ	10^{-6} m
カロリー	エネルギー	cal	4.184 J（定義）
デバイ	双極子モーメント	D	3.3356×10^{-30} C m
ガウス	磁場の強さ	G	10^{-4} T

ギリシャ文字

アルファ	A	α	イオタ	I	ι	ロー	P	ρ	
ベータ	B	β	カッパ	K	κ	シグマ	Σ	σ	
ガンマ	Γ	γ	ラムダ	Λ	λ	タウ	T	τ	
デルタ	Δ	δ	ミュー	M	μ	ウプシロン	Υ	υ	
イプシロン	E	ε	ニュー	N	ν	ファイ	Φ	ϕ	
ゼータ	Z	ζ	グザイ	Ξ	ξ	カイ	X	χ	
イータ	H	η	オミクロン	O	o	プサイ	Ψ	ψ	
シータ	Θ	θ	パイ	Π	π	オメガ	Ω	ω	

E_h	cm^{-1}	Hz
$2.293\,712 \times 10^{17}$	$5.034\,117 \times 10^{22}$	$1.509\,190 \times 10^{33}$
$3.808\,799 \times 10^{-4}$	83.593 47	$2.506\,069 \times 10^{12}$
$3.674\,932 \times 10^{-2}$	8065.544	$2.417\,989 \times 10^{14}$
1	$2.194\,746\,3 \times 10^5$	$6.579\,684 \times 10^{15}$
$4.556\,335 \times 10^{-6}$	1	$2.997\,925 \times 10^{10}$
$1.519\,830 \times 10^{-16}$	$3.335\,641 \times 10^{-11}$	1

D. A. McQuarrie・J. D. Simon

物理化学（下）
分子論的アプローチ

千原秀昭・江口太郎・齋藤一弥訳

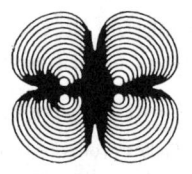

東京化学同人

PHYSICAL CHEMISTRY
A MOLECULAR APPROACH

Donald A. McQuarrie
UNIVERSITY OF CALIFORNIA, DAVIS

John D. Simon
George B. Geller Professor of Chemistry
DUKE UNIVERSITY

Copyright © 1997 by University Science Books

目 次

16. 気体の性質 …………………………………………………………… **669**
  16・1　気体が十分に希薄な場合，すべての気体は理想的に振舞う ………669
  16・2　ファン・デル・ワールス方程式は2パラメーターの状態方程式の
　　　　　　　　　　　　　　　　　　　　　　　　　一例である …674
  16・3　ファン・デル・ワールス状態方程式は気体状態と液体状態の
　　　　　　　　　　　　　　　　　　　　　　　両方を記述できる …679
  16・4　ファン・デル・ワールス方程式は対応状態の原理に従う ……………684
  16・5　第二ビリアル係数は分子間ポテンシャルの決定に使うことができる ……687
  16・6　ロンドンの分散力がレナード-ジョーンズポテンシャルの
　　　　　　　r^{-6}項に対してしばしば最大の寄与をする ………695
  16・7　ファン・デル・ワールス定数は分子パラメーターを使って書き表される　700
  問　題 ……………………………………………………………………………704

数学章G　数値計算法 ………………………………………………… **711**
  問　題 ……………………………………………………………………………718

数学章H　偏 微 分 ……………………………………………………… **721**
  問　題 ……………………………………………………………………………727

17. ボルツマン因子と分配関数 ……………………………………… **731**
  17・1　ボルツマン因子は精密科学の分野で最も重要な量の一つである ………732
  17・2　あるアンサンブル内の一つの系がエネルギー $E_j(N, V)$ をもった
　　　　　　状態 j にある確率は $\mathrm{e}^{-E_j(N,V)/k_\mathrm{B}T}$ に比例する …734

17・3 平均のアンサンブルエネルギーは系の実測エネルギーに
　　　　　　　等しくなるという仮説をおく……………736
17・4 定容熱容量は平均エネルギーの温度微分である ……………740
17・5 圧力は分配関数を使って表すことができる ……………743
17・6 独立で区別可能な分子から成る系の分配関数は分子分配関数の積である 745
17・7 独立で区別不可能な原子や分子の分配関数はふつう
　　　　　　　$[q(V, T)]^N/N!$ と書くことができる ……………747
17・8 分子分配関数は各自由度に対する分配関数に分解できる ……………752
　問　題 ……………755

数学章 I　級　数　と　極　限 ……………763
　問　題 ……………768

18. 分配関数と理想気体 ……………773
18・1 単原子理想気体中の原子の並進の分配関数は
　　　　　　　$(2\pi m k_B T/h^2)^{3/2} V$ である ……………773
18・2 室温ではほとんどの原子が基底電子状態にある ……………775
18・3 二原子分子のエネルギーはべつべつの項の和として近似できる ……………779
18・4 室温ではほとんどの分子が基底振動状態にある ……………782
18・5 大部分の分子が常温で励起回転状態にある ……………785
18・6 回転の分配関数は対称数を含む ……………788
18・7 多原子分子の振動の分配関数は各基準座標における
　　　　　　　調和振動子分配関数の積である ………791
18・8 多原子分子の回転の分配関数の形は分子の形に依存する ……………793
18・9 モル熱容量の計算値は実験データとぴったり一致する ……………796
　問　題 ……………798

19. 熱力学第一法則 ……………**807**
19・1 ふつうの形の仕事は圧力‐体積仕事である ……………808
19・2 仕事と熱は状態関数ではないが，エネルギーは状態関数である ……………811
19・3 熱力学第一法則によるとエネルギーは状態関数である ……………815
19・4 断熱過程はエネルギーが熱として移動しない過程である ……………816
19・5 可逆断熱膨張においては気体の温度が下がる ……………819

19・6	仕事と熱には簡単な分子論的説明がある	821
19・7	P-V 仕事だけを含む定圧過程においては,エンタルピー変化は熱の形で移動したエネルギーに等しい	822
19・8	熱容量は経路関数である	825
19・9	熱容量データと転移熱から相対エンタルピーを決定できる	827
19・10	化学方程式のエンタルピー変化には加成性がある	829
19・11	反応熱は生成熱の表から計算できる	832
19・12	$\Delta_r H$ の温度依存性は反応物と生成物の熱容量を使って与えられる	839
	問 題	842

数学章 J　二項分布とスターリングの近似 … **851**

問 題 … 856

20.　エントロピーと熱力学第二法則 … **859**

20・1	自発的過程の方向を決めるにはエネルギーの変化だけでは不十分である	859
20・2	非平衡孤立系は乱れが大きくなる方向に変化する	861
20・3	q_{rev} とは異なりエントロピーは状態関数である	863
20・4	熱力学第二法則によれば孤立系のエントロピーは自発過程で増大する	867
20・5	統計熱力学の最も有名な等式は $S = k_B \ln W$ である	871
20・6	エントロピー変化を計算するにはいつも可逆過程を考案しなければならない	875
20・7	熱力学は熱から仕事への変換について洞察を与える	880
20・8	エントロピーは分配関数によって表現できる	882
20・9	分子論的な式 $S = k_B \ln W$ は熱力学の式 $dS = \delta q_{rev}/T$ と対応する	885
	問 題	886

21.　エントロピーと熱力学第三法則 … **895**

21・1	温度上昇につれてエントロピーは増加する	895
21・2	熱力学第三法則によれば完全結晶のエントロピーは 0 K で 0 である	897
21・3	相転移では $\Delta_{trs}S = \Delta_{trs}H/T_{trs}$ である	898
21・4	熱力学第三法則は $T \to 0$ で $C_P \to 0$ を保証する	900
21・5	実験的に絶対エントロピーを決定することができる	901

21・6　気体の実用絶対エントロピーは分配関数から計算できる …………903
21・7　標準モルエントロピーの値は分子質量と分子構造に依存する …………907
21・8　ある種の物質の分光学的エントロピーは
　　　　　　　　　　熱量測定からのエントロピーと一致しない …………910
21・9　標準エントロピーは化学反応によるエントロピー変化の計算にも
　　　　　　　　　　用いることができる……911
　　問　題 …………912

22.　ヘルムホルツエネルギーとギブズエネルギー …………**923**
22・1　ヘルムホルツエネルギーの変化の符号が定温定容の系の
　　　　　　　　　　自発的過程の方向を決定する ………923
22・2　ギブズエネルギーは定温定圧の系の自発的過程の方向を決定する …………925
22・3　マクスウェルの関係式から便利な熱力学の式が得られる …………930
22・4　理想気体のエンタルピーは圧力に依存しない …………935
22・5　熱力学関数にはそれぞれ自然な独立変数が存在する …………938
22・6　任意の温度の気体の標準状態は 1 bar の仮想的理想気体である …………941
22・7　ギブズ-ヘルムホルツの式はギブズエネルギーの温度依存性を表す …………943
22・8　フガシティーは気体の非理想性の尺度である …………947
　　問　題 …………953

23.　相　平　衡 …………**967**
23・1　相図は物質の固体-液体-気体の振舞いをまとめたものである …………967
23・2　物質のギブズエネルギーは相図と密接な関係がある …………975
23・3　平衡にある 2 相の純物質の化学ポテンシャルは等しい …………978
23・4　クラウジウス-クラペイロンの式は物質の蒸気圧を
　　　　　　　　　　温度の関数として与える …………982
23・5　化学ポテンシャルは分配関数から計算できる …………985
　　問　題 …………990

24.　溶液 I：　液-液 溶液 …………**1005**
24・1　部分モル量は溶液の重要な熱力学的性質である …………1005
24・2　ギブズ-デュエムの式は溶液の 1 成分の化学ポテンシャル変化と
　　　　　　　　　　他方の成分の化学ポテンシャル変化の間の関係式である ……1008

24・3　各成分の化学ポテンシャルは，平衡状態では
　　　　　その成分が存在するどの相においても同じ値をもつ ……… 1011
24・4　理想溶液の成分はすべての濃度でラウールの法則に従う ……… 1012
24・5　ほとんどの溶液は理想的でない ……………………………… 1019
24・6　ギブズ–デュエムの式は揮発性2成分溶液の二つの成分の
　　　　　蒸気圧の間の関係を決める ……… 1023
24・7　非理想溶液で重要な熱力学量は活量である ……………… 1029
24・8　活量は標準状態に対して相対的に計算しなければならない ……… 1032
24・9　活量係数を用いて2成分溶液の混合ギブズエネルギーを計算できる ……… 1036
　　問　題 …………………………………………………………… 1041

25. 溶液 II：固–液 溶液 ……………………………………… 1053
25・1　固体が液体に溶けた溶液の場合に，溶媒についてラウール則標準状態，
　　　　　溶質についてヘンリー則標準状態が使われる ……… 1053
25・2　不揮発性溶質の活量は溶媒の蒸気圧から求められる ……… 1057
25・3　束一的性質は溶質粒子の数密度だけに依存する溶液の性質である ……… 1063
25・4　浸透圧を使うと，高分子の分子質量が決定できる ……… 1065
25・5　電解質溶液はかなり低濃度でも非理想的である ……… 1068
25・6　きわめて希薄な溶液の場合，デバイ–ヒュッケル理論は
　　　　　$\ln \gamma_\pm$ の厳密な式を与える ……… 1074
25・7　平均剛体球近似によってデバイ–ヒュッケル理論が
　　　　　さらに高濃度領域に拡張される ……… 1078
　　問　題 …………………………………………………………… 1081

26. 化学平衡 …………………………………………………… 1093
26・1　反応進行度についてギブズエネルギーが極小である場合に
　　　　　化学平衡が実現する ……… 1093
26・2　平衡定数は温度だけの関数である …………………………… 1097
26・3　標準生成ギブズエネルギーを用いて平衡定数を計算できる ……… 1100
26・4　反応混合物のギブズエネルギーを反応進行度に対して
　　　　　プロットすると平衡状態で最小になる ……… 1102
26・5　平衡定数と反応商の比が反応の進行方向を決定する ……… 1104
26・6　$\Delta_r G°$ ではなく $\Delta_r G$ の符号が反応の自発的な方向を決定する ……… 1106

26・7　平衡定数の温度依存性はファント・ホッフの式で与えられる ……………1107
26・8　分配関数を用いて平衡定数を計算できる ……………………………………1111
26・9　分子分配関数と，それに関係した熱力学データの膨大な表ができている　1115
26・10　実在気体の平衡定数は部分フガシティーで表される ………………………1122
26・11　熱力学的平衡定数は活量を使って表す ………………………………………1124
26・12　活量を使うとイオンが関与する溶解度の計算結果は大幅に変わる ………1128
　　問　題 ……………………………………………………………………………………1131

27. 気体運動論 ………………………………………………………………………1145
27・1　気体中の分子の平均並進運動エネルギーはケルビン温度に正比例する　1145
27・2　分子速度の成分の分布はガウス分布で記述される ……………………1150
27・3　分子の速さの分布はマクスウェル-ボルツマン分布で与えられる …………1156
27・4　気体分子と壁との衝突頻度は数密度と分子の平均の速さに比例する ……1160
27・5　マクスウェル-ボルツマン分布は実験的に確かめられている ………………1163
27・6　平均自由行程は衝突と衝突の間に分子が移動する平均距離である ………1165
27・7　気相化学反応の速度は相対運動エネルギーが
　　　　　　　　　　ある臨界値を超えた衝突の頻度に依存する ………1171
　　問　題 ……………………………………………………………………………………1173

28. 反応速度論Ⅰ：反応速度式 …………………………………………………1181
28・1　化学反応の時間依存性は反応速度式で表される …………………………1182
28・2　反応速度式は実験で決めなければならない ………………………………1185
28・3　1次反応の反応物濃度は時間とともに指数関数的に減衰する ……………1188
28・4　反応次数の異なる反応速度式では反応物濃度の時間依存性が
　　　　　　　　　　異なると予想される ……1192
28・5　反応は可逆なこともある ……………………………………………………1196
28・6　可逆反応の速度定数は緩和法を用いて決定できる ………………………1199
28・7　速度定数は通常は温度に強く依存する ……………………………………1205
28・8　遷移状態理論によって反応速度定数を求めることができる ………………1209
　　問　題 ……………………………………………………………………………………1213

29. 反応速度論Ⅱ：反応機構 …………………………………………………1227
29・1　反応機構とは素反応という1段階化学反応の序列である …………………1227

29・2　詳細な釣り合いの原理：複合反応が平衡のとき
　　　　反応機構の一つずつの段階の正反応と逆反応の速度は等しい ……1229
29・3　逐次反応と1段階反応はどんな条件で区別できるか ……………1233
29・4　定常状態の近似では，$d[I]/dt = 0$(I は反応中間体)を仮定して
　　　　　　　　反応速度式を簡単にする………1237
29・5　複合反応の反応速度式が一つだけの反応機構を表すわけではない ……1240
29・6　リンデマン機構は単分子反応がどのように起きるかを
　　　　　　　　説明する機構である………………1244
29・7　ある種の反応機構には連鎖反応が含まれる ……………………1248
29・8　触媒は化学反応の反応機構と活性化エネルギーに影響する ………1251
29・9　ミカエリス-メンテン機構は酵素触媒反応の反応機構である ………1255
問　題 ………………………………………………………………1259

30．気相反応のダイナミクス ……………………………………**1277**

30・1　二分子気相反応の速度は剛体球衝突理論と
　　　　　　エネルギーに依存する反応断面積を用いて計算できる ………1277
30・2　反応断面積は衝突パラメーターに依存する ……………………1282
30・3　気相化学反応の速度定数は衝突分子の配向に依存する場合がある ……1285
30・4　反応物の内部エネルギーが反応の断面積に影響を及ぼすこともありうる …1286
30・5　反応性の衝突は質量中心座標系で記述できる ……………………1288
30・6　反応性衝突は交差分子線装置を使って研究できる ………………1293
30・7　$F(g) + D_2(g) \Longrightarrow DF(g) + D(g)$ の反応によって
　　　　　　振動励起された $DF(g)$ 分子が作られる …………………1295
30・8　反応性衝突の生成物の速度分布と角度分布から
　　　　　　化学反応の分子論的な全体像が得られる ………1297
30・9　すべての気相化学反応が反跳反応であるとは限らない …………1304
30・10　$F(g) + D_2(g) \Longrightarrow DF(g) + D(g)$ の反応の
　　　　　　ポテンシャルエネルギー面は量子力学で計算できる ………1307
問　題 ………………………………………………………………1311

31．固体と表面化学 …………………………………………………**1321**

31・1　単位胞は結晶の基本の構造単位である ……………………………1321
31・2　格子面の向きはミラー指数で表される ……………………………1328

31・3	格子面の間隔はX線回折測定から求められる	1331
31・4	全散乱強度は結晶中の電子密度の周期構造と関係する	1338
31・5	構造因子と電子密度はフーリエ変換で関係づけられる	1344
31・6	気体分子は固体表面に物理吸着や化学吸着できる	1346
31・7	等温線は一定温度での気体の圧力に対する表面被覆率のプロットである	1348
31・8	ラングミュア等温吸着式を使って表面触媒気相反応の速度則を導くことができる	1354
31・9	表面の構造はバルク固体の構造と異なる	1358
31・10	$NH_3(g)$製造用の$H_2(g)$と$N_2(g)$の反応は表面触媒作用を受ける	1360
問題		1362

写真・図・表の著作権 ……………………………………………… 1377
問題解答 …………………………………………………………… 1379
索引 ………………………………………………………………… 1397

上巻目次

1. 量子論の夜明け
数学章A 複素数
2. 古典的波動方程式
数学章B 確率と統計
3. シュレーディンガー方程式と箱の中の粒子
数学章C ベクトル
4. 量子力学の仮説と一般原理
数学章D 極座標
5. 調和振動子と剛体回転子：二つの分光学モデル
6. 水素原子
数学章E 行列式
7. 近似的方法
8. 多電子原子
9. 化学結合：二原子分子
10. 多原子分子における結合
11. 計算量子化学
数学章F 行列
12. 群論：対称性の利用
13. 分子分光学
14. 核磁気共鳴分光法
15. レーザー，レーザー分光，光化学

ファン デル ワールス（Johannes Diderik van der Waals）は1837年11月23日にオランダのライデンで生まれ，1923年に亡くなった．彼はラテン語とギリシャ語を学んでいなかったので，最初は大学での研究を続けられず，中学校で教師として働いた．しかし新しい法律が成立した後に，ファン デル ワールスは大学における古典言語の必要資格を免除され，1873年にライデン大学において彼の博士論文が認定された．その学位論文の中で，気相と液相の連続性および臨界現象の解明とともに，現在ではファン・デル・ワールス方程式といわれている，気体に関する新しい状態方程式の導出方法を提案した．さらに数年後に，すべての気体の性質を，一つの共通の式に書き表した対応状態の原理を提案した．彼の学位論文はオランダ語で書かれていたけれども，彼の仕事はいち早くマクスウェルの目に止まった．マクスウェルがファン デル ワールスの学位論文の解説を英語にして1875年に英国の学術雑誌 *Nature* に発表したので，ファン デル ワールスの研究はずっと多くの人々の注目を集めることになった．1876年にファン デル ワールスは当時新設されたアムステルダム大学で，初代の物理学の教授に任命された．ファン デル ワールスの強い影響により，アムステルダム大学は流体に関する理論的・実験的研究の研究センターの一つになった．1910年にファン デル ワールスは"気体と液体の状態方程式に関する研究"によりノーベル物理学賞を受賞した．

16 章
気体の性質

　これまで，1個の原子や分子の性質について学習してきた．本書の残りの大半において，多数の原子や分子から成る系を学ぶことになるだろう．特に，系の巨視的性質の間の関係と，系を構成する原子や分子の性質が系に及ぼす影響を探究していく．まず，気体の性質から始めよう．最初に，理想気体の方程式を考察し，ついでそれを拡張した二，三の方程式を説明する．中でも最も有名なものがファン・デル・ワールスの式である．このファン・デル・ワールスの方程式によって理想気体からのずれを部分的には説明できるが，気体の圧力に関する式を密度の多項式として表した，いわゆるビリアル展開を使うのがさらに系統的で正確な近似方法である．この多項式の係数と気体の分子間相互作用エネルギーとの間には一定の関係がある．この関係式から，どのようにして分子どうしが相互作用するかを考察する．つまり，理想気体の振舞いからのずれから，分子間相互作用について，いろいろなことがわかる．

16·1 気体が十分に希薄な場合，すべての気体は理想的に振舞う

　気体が十分に希薄で，その構成分子が平均として互いに十分離れており，分子間相互作用が無視できる場合，その気体は，状態方程式，

$$PV = nRT \qquad (16·1\,\text{a})$$

に従う．両辺を n で割ると，

$$P\bar{V} = RT \qquad (16·1\,\text{b})$$

を得る†．ここで，$\bar{V} = V/n$ は**モル体積**[1]である．以後，記号の上に線を引いてモル量

---

1) molar volume
† n は気体が何モルあるかを示す数である．これは長い間"モル数"と称してきたが，正式には物質の量（amount of substance）ということが IUPAC によって推奨されている．しかし，"物質の量"という用語には無理があるので，本書では"モル数"を採用している．

を表すことにする．式(16・1)を**理想気体の状態方程式**[1]という．式(16・1)を状態方程式というわけは，それらが一定量の気体の圧力・体積・温度の関係を与えるからである．式(16・1)に従う気体を理想気体という．

Vと$\bar{V}$との違いから，巨視的な系を記述する際に用いられる物理量すなわち変数の重要な性質が明らかになる．これらの量は二つのタイプ，示量性の量と示強性の量に分類される．示量性の量あるいは**示量性の変数**[2]は，系の大きさに比例し，体積，質量，エネルギーがその例である．示量性の量あるいは**示強性の変数**[3]は，系の大きさには比例せず，圧力，温度，密度がその例である．示量性の変数を系の粒子数あるいはモル数で割ると示強性の変数になる．たとえば，V (dm³)は示量性の変数だが，$\bar{V}$ (dm³ mol⁻¹)は示強性の変数である．示量性の量と示強性の量の区別は化学系の性質を記述する際にしばしば重要になる．

化学の教科の中で式(16・1)がきわめて頻繁に出てくる理由は，気体が十分に希薄である限り，すべての気体が式(16・1)に従うからである．気体の個々の特性，気体分子の形や大きさ，あるいは分子どうしがどのように相互作用するか，といったようなことが式(16・1)では消えてしまう．ある意味で，これらの方程式はすべての気体に対して共通の式になるのである．実験的には，1 atm, 0 °Cのとき，ほとんどの気体が1%以内で式(16・1)を満足する．

式(16・1)では，**国際純正・応用化学連合(IUPAC)**[4]で採用されている**単位系 (SI)**[5]を説明しなければならない．たとえば，体積のSI単位はm³(立方メートル)だが，厳密に1 dm³(立方デシメートル)で定義されるL(リットル)もIUPACでは体積の単位として許容されている．圧力のSI単位はPa(パスカル)であり，これは1平方メートル当たり1ニュートン(Pa＝N m⁻²＝kg m⁻¹ s⁻²)である．ニュートンは力のSI単位だから，圧力が単位面積当たりの力に相当することがわかる．圧力を実験的に測定するには，気体が支える液体(ふつうは水銀)柱の高さを観測する．mをその液体の質量，gを自然落下の加速度定数とすると，圧力は，

$$P = \frac{F}{A} = \frac{mg}{A} = \frac{\rho h A g}{A} = \rho h g \qquad (16 \cdot 2)$$

で与えられる．ここで，Fは液柱の底面が受ける力，Aは液柱の底面積，ρは液体の密度，hは液柱の高さである．自然落下の加速度定数は9.8067 m s⁻²すなわち980.67 cm s⁻²に等しい．式(16・2)では面積が打消し合っている．

---

[1] ideal-gas equation of state　　[2] extensive quantity, extensive variable
[3] intensive quantity, intensive variable
[4] International Union of Pure and Applied Chemistry (IUPAC)
[5] International System of Units:　国際単位系

16. 気体の性質

例題 16・1 水銀の密度を $13.596\,\mathrm{g\,cm^{-3}}$ として, $76.000\,\mathrm{cm}$ の水銀柱が及ぼす圧力を計算せよ.

解答: $P = (13.596\,\mathrm{g\,cm^{-3}})(76.000\,\mathrm{cm})(980.67\,\mathrm{cm\,s^{-2}})$
$= 1.0133 \times 10^6\,\mathrm{g\,cm^{-1}\,s^{-2}}$

パスカルは $\mathrm{N\,m^{-2}}$ すなわち $\mathrm{kg\,m^{-1}\,s^{-2}}$ に等しいので,パスカル単位での圧力は,
$P = (1.0133 \times 10^6\,\mathrm{g\,cm^{-1}\,s^{-2}})(10^{-3}\,\mathrm{kg\,g^{-1}})(100\,\mathrm{cm\,m^{-1}})$
$= 1.0133 \times 10^5\,\mathrm{Pa} = 101.33\,\mathrm{kPa}$

となる.

うるさく言えば,新しい教科書は IUPAC 推奨の SI 単位を使うべきだが,圧力の単位は特に問題が多い.パスカルが圧力の SI 単位であり,しだいにその使用が増加しているのは認めるが,気圧も間違いなく広範に使われ続けている. 1 気圧[1] (atm) は $1.01325 \times 10^5\,\mathrm{Pa} = 101.325\,\mathrm{kPa}$ として定義される.〔かつて 1 気圧は $76.0\,\mathrm{cm}$ の水銀柱を支える圧力として定義されていた(例題 16・1 参照).〕 $1\,\mathrm{kPa}$ は 1 気圧のほぼ 1% になることがわかる.物質の性質は,1 気圧のときの値を表にして提示されていたので,その意味で 1 気圧はかつて圧力の標準として使われていた. SI 単位への変更に伴って,現在の標準は 1 バール(bar)になっている.これは, $10^5\,\mathrm{Pa}$ すなわち $0.1\,\mathrm{MPa}$ に等しい. 1 バールと 1 気圧の関係は $1\,\mathrm{atm} = 1.01325\,\mathrm{bar}$ である.もう一つのよく使われる圧力の単位は Torr であり,これは $1.00\,\mathrm{mm}$ の水銀柱を支える圧力である.したがって, $1\,\mathrm{Torr} = (1/760)\,\mathrm{atm}$ である.現在は,今なお広範に使われている atm と Torr から将来使用される bar と kPa への移行期間とみなされるので,物

表 16・1 圧力を表すいろいろな単位

$1\,\text{パスカル}\,(\mathrm{Pa}) = 1\,\mathrm{N\,m^{-2}} = 1\,\mathrm{kg\,m^{-1}\,s^{-2}}$
$1\,\text{気圧}\,(\mathrm{atm}) = 1.01325 \times 10^5\,\mathrm{Pa}$
$= 1.01325\,\mathrm{bar}$
$= 101.325\,\mathrm{kPa}$
$= 1013.25\,\mathrm{mbar}$
$= 760\,\mathrm{Torr}$
$1\,\mathrm{bar} = 10^5\,\mathrm{Pa} = 0.1\,\mathrm{MPa}$

---

[1] atmosphere

理化学を学ぶ学生諸君は圧力単位の両方の組に習熟しなければならない。表 16·1 にいろいろな圧力単位の間の関係をまとめて示してある。

体積，圧力，温度の三つの量の中で，概念的に説明するのが最も難しいのが温度である。後で温度の分子論的な解釈を提示するけれども，ここでは一つの操作上の定義を与えよう。基本的な温度目盛は理想気体の法則，式(16·1)に基づいている。特に，$P \to 0$ の極限では，すべての気体は理想的に振舞うから，温度を，

$$T = \lim_{P \to 0} \frac{P\bar{V}}{R} \tag{16·3}$$

であると定義する．温度の単位はケルビンで，K と書く．温度をケルビンで表すときには度記号(°)を使わないことに注意せよ．P と $\bar{V}$ は負の値を取れないから，温度の可能な最低値は 0 K である．これまで実験室では，1×10^{-7} K もの低温が達成されている．温度の絶対零度(0 K)は熱エネルギーを一切もたない物質に対応する．T の最大値は原理的には限界がない．もちろん，実際的には限界があり，実験室で達成される最高温度はほぼ 1 億(10^8) K で，**核融合**[1] 研究施設内の**磁気閉じ込め**[2] 内部でつくられたことがある。

ケルビンの単位を完成させるために，水の**三重点**[3] の温度が 273.16 K と定義された．(23 章で水の"三重点"の特性を学ぶだろう．現時点の目的のためには，物質の三重点が，気体・液体・固体を含んだ系の一つの平衡系であることを知っていれば十分である．) これで，0 K と 273.16 K の定義がそろったことになる．したがって，1 K

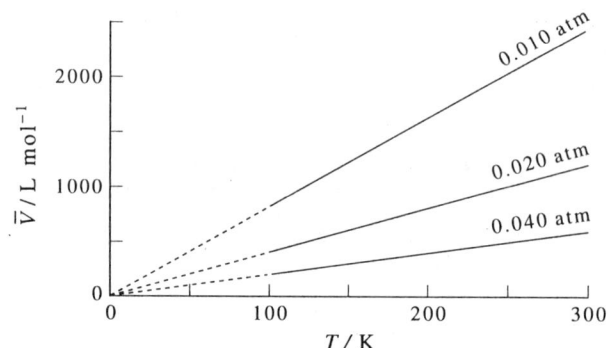

図 16·1 Ar(g)のモル体積の実験値(実線)を T/K の関数として 0.040 atm, 0.020 atm, 0.010 atm の場合についてプロットした図．三つの圧力での値を補外すると，すべて原点を通る(破線)．

---

1) nuclear fusion 2) magnetic confinement 3) triple point

は水の三重点温度の 1/273.16 として定義される. 0 K と 273.16 K をこのように定義すると直線的な温度目盛をつくり出すことができる.

Ar(g) に関して, いろいろな圧力で T に対して $\bar{V}$ の実験値をプロットしたものを図 16・1 に示す. 上に述べた温度目盛の定義から予想されるように, これらのデータを補外すると $\bar{V} \to 0$ に従って $T \to 0$ となることがわかる.

ケルビン目盛はふつうに使われる**摂氏目盛**[1]と,

$$t/°\text{C} = T/\text{K} - 273.15 \tag{16・4}$$

の関係がある. 小文字の t を °C の場合に, 大文字の T を K の場合に使うことにする. また, 度記号(°)を摂氏目盛での温度の値につける. 式 (16・4) から 0 K = -273.15 °C すなわち 0 °C = 273.15 K であることがわかる. 実験室では °C が一般的に使われるので, 0 °C (273.15 K) と 25 °C (298.15 K) における物質について, かなり大量の熱力学データが表になっている. 後者をふつう "室温" という.

任意の気体について, それが理想的に振舞うような十分な低圧において 273.15 K で $P\bar{V}$ を測定すると,

$$P\bar{V} = R(273.15\ \text{K})$$

となる. $T = 273.15$ K で二, 三の気体について, P に対して $P\bar{V}$ データをプロットしたものを図 16・2 に示す. プロットされたすべてのデータは $P \to 0$ へ補外すると $P\bar{V}$ = 22.414 L atm mol^{-1} になり, そこでは気体は間違いなく理想的に振舞う. した

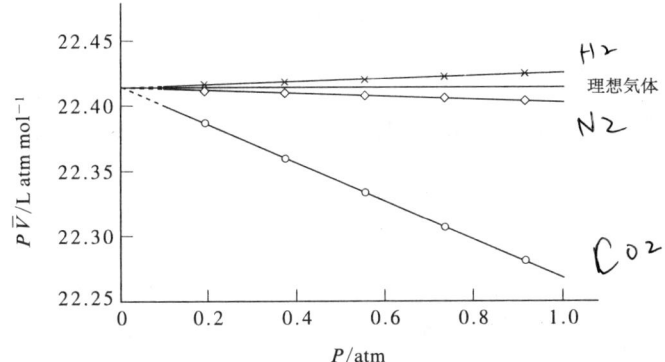

図 16・2　H$_2$(g) (×), N$_2$(g) (◇), CO$_2$(g) (○) について $T = 273.15$ K で, $P\bar{V}$ の実測値を P に対してプロットした図. 3 種類すべての気体のデータを $P \to 0$ へ補外すると $P\bar{V}$ = 22.414 L atm mol^{-1} の値になる (理想的挙動).

---

[1] Celsius scale

がって，

$$R = \frac{P\bar{V}}{T} = \frac{22.414 \text{ L atm mol}^{-1}}{273.15 \text{ K}} = 0.082\,058 \text{ L atm mol}^{-1} \text{ K}^{-1}$$

と書ける．$1 \text{ atm} = 1.013\,25 \times 10^5 \text{ Pa}$ および $1 \text{ L} = 10^{-3} \text{ m}^3$ であることを使うと，

$$\begin{aligned} R &= (0.082\,058 \text{ L atm mol}^{-1} \text{ K}^{-1})(1.013\,25 \times 10^5 \text{ Pa atm}^{-1})(10^{-3} \text{ m}^3 \text{ L}^{-1}) \\ &= 8.3145 \text{ Pa m}^3 \text{ mol}^{-1} \text{ K}^{-1} \\ &= 8.3145 \text{ J mol}^{-1} \text{ K}^{-1} \end{aligned}$$

となる．ここで，$1 \text{ Pa m}^3 = 1 \text{ N m} = 1 \text{ J}$ の関係を使っている．圧力の標準が気圧からバールに変わっているので，R の値を L bar mol^{-1} K^{-1} の単位で知っておくのも便利であろう．$1 \text{ atm} = 1.013\,25 \text{ bar}$ であることを用いると，

$$\begin{aligned} R &= (0.082\,058 \text{ L atm mol}^{-1} \text{ K}^{-1})(1.013\,25 \text{ bar atm}^{-1}) \\ &= 0.083\,145 \text{ L bar mol}^{-1} \text{ K}^{-1} = 0.083\,145 \text{ dm}^3 \text{ bar mol}^{-1} \text{ K}^{-1} \end{aligned}$$

となることがわかる．表 16・2 にいろいろな単位での R の値を載せてある．

表 16・2 いろいろな単位で表した気体定数 R の値

$R = 8.3145 \text{ J mol}^{-1} \text{ K}^{-1}$
$= 0.083\,145 \text{ dm}^3 \text{ bar mol}^{-1} \text{ K}^{-1}$
$= 83.145 \text{ cm}^3 \text{ bar mol}^{-1} \text{ K}^{-1}$
$= 0.082\,058 \text{ L atm mol}^{-1} \text{ K}^{-1}$
$= 82.058 \text{ cm}^3 \text{ atm mol}^{-1} \text{ K}^{-1}$

16・2 ファン・デル・ワールス方程式は2パラメーターの状態方程式の一例である

十分に低圧のときは，すべての気体に対して理想気体の方程式が正しい．しかし，気体の圧力がある程度増加すると，理想気体方程式からのずれが現れ始める．図 16・3 に示すように，圧力の関数として $P\bar{V}/RT$ をプロットすると，理想気体からのずれを図示できる．量 $P\bar{V}/RT$ を**圧縮因子**[1]といい，Z と書く．理想気体の場合，すべての条件で $Z=1$ であることがわかる．実在気体の場合，低圧では $Z=1$ だが，圧力が高くなるにつれて理想的挙動からのずれ($Z \neq 1$)が観測される．一定圧力における理想的挙動からのずれの程度は温度とその気体の性質に依存する．気体が液化し始め

---

[1] compressibility factor: 圧縮率因子あるいは圧縮係数ともいう．

る温度に近づけば近づくほど,理想的挙動からのずれが大きくなるだろう.いろいろな温度のメタンについて,Z を P に対してプロットしたものを図 16・4 に示す.低温で Z は 1 以下にへこんでいるが,高温では 1 以上になることがわかる.低温になると分子運動が遅くなるので,分子は分子間の引力によってさらに影響を受けるようになる.このような引力のために,分子どうしが互いに引き付け合い,$\bar{V}$ が $\bar{V}_{理想}$ より小さくなり,結局,Z が 1 以下になるのである.同じような効果が図 16・3 に見られる.この曲線の順番からわかるように,分子間引力の効果は 300 K で $CH_4 > N_2 >$ He の順である.高温においては,分子が十分に速く動き回るので分子間の引き合いは

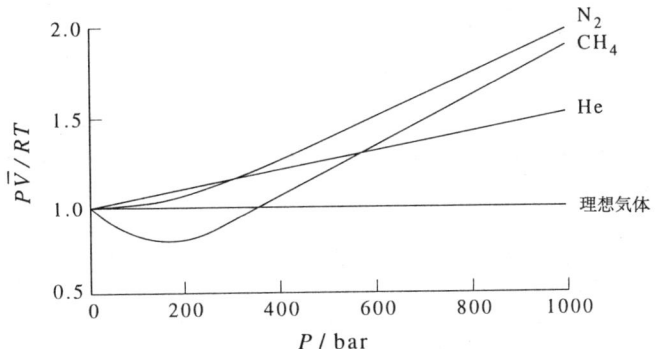

図 16・3 1 モルのヘリウム,窒素,メタンについて,300 K における,圧力に対する $P\bar{V}/RT$ のプロット.この図から,理想気体方程式 $P\bar{V}/RT=1$ が高圧で成立しないことがわかる.

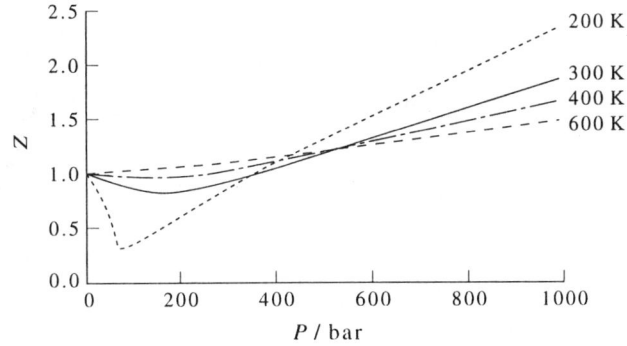

図 16・4 いろいろな温度におけるメタンの圧縮因子の圧力依存性.この図から,高温になると分子間引力の効果が薄れてくることがわかる.

$k_B T$(これは，18章で述べるように，分子の熱エネルギーの程度である)よりもはるかに小さくなる．高温では主として分子間の反発力の影響を受けて，$\bar{V} > \bar{V}_{理想}$ になる傾向があり，そのために $Z>1$ となる．

　理想気体の想像図を描くと，分子が互いに無関係に動き回り，どんな分子間相互作用も感じていないように見えるだろう．図 16・3 と図 16・4 からわかるように，この見方は高圧では違っており，引力的および反発力的な分子間相互作用を考慮しなければならない．この分子間相互作用を取込むために，理想気体方程式を拡張して多くの方程式が作られている．おそらく最もよく知られているのが**ファン・デル・ワールス方程式**[1]，

$$\left(P + \frac{a}{\bar{V}^2}\right)(\bar{V} - b) = RT \qquad (16 \cdot 5)$$

である．ここで，$\bar{V}$ はモル体積を表す．$\bar{V}$ が大きいときには，式(16・5)が必然的に理想気体方程式に落ち着くことがわかる．式(16・5)の定数 a と b を**ファン・デル・ワールス定数**[2] といい，その値は気体ごとに異なる(表 16・3 参照)．16・7 節でいずれ学ぶ

表 16・3 いろいろな物質のファン・デル・ワールス定数

化学種	$a/\mathrm{dm^6\,bar\,mol^{-2}}$	$a/\mathrm{dm^6\,atm\,mol^{-2}}$	$b/\mathrm{dm^3\,mol^{-1}}$
ヘリウム	0.034 598	0.034 145	0.023 733
ネオン	0.216 66	0.213 82	0.017 383
アルゴン	1.348 3	1.330 7	0.031 830
クリプトン	2.283 6	2.253 7	0.038 650
水素	0.246 46	0.243 24	0.026 665
窒素	1.366 1	1.348 3	0.038 577
酸素	1.382 0	1.363 9	0.031 860
一酸化炭素	1.473 4	1.454 1	0.039 523
二酸化炭素	3.655 1	3.607 3	0.042 816
アンモニア	4.304 4	4.248 1	0.037 847
メタン	2.302 6	2.272 5	0.043 067
エタン	5.581 8	5.508 8	0.065 144
エテン	4.611 2	4.550 9	0.058 199
プロパン	9.391 9	9.269 1	0.090 494
ブタン	13.888	13.706	0.116 41
2-メチルプロパン	13.328	13.153	0.116 45
ペンタン	19.124	18.874	0.145 10
ベンゼン	18.876	18.629	0.119 74

---

1) van der Waals equation　　2) van der Waals constant

ように，a の値は気体分子が互いにどれくらい強く引き合うかを反映し，また b の値は分子の大きさを反映している．

式(16·5)を用いて，0 °C で 250 mL の容器に詰められた 1.00 mol の $CH_4(g)$ が及ぼす圧力(bar 単位)を計算しよう．表 16·3 から，メタンの場合，$a = 2.3026$ dm^6 bar mol^{-2}，$b = 0.043\,067$ dm^3 mol^{-1} である．式(16·5)を $\bar{V}-b$ で割り，P について解くと，

$$P = \frac{RT}{\bar{V}-b} - \frac{a}{\bar{V}^2}$$

$$= \frac{(0.083\,145 \text{ dm}^3 \text{ bar mol}^{-1} \text{ K}^{-1})(273.15 \text{ K})}{(0.250 \text{ dm}^3 \text{ mol}^{-1} - 0.043\,067 \text{ dm}^3 \text{ mol}^{-1})} - \frac{2.3026 \text{ dm}^6 \text{ bar mol}^{-2}}{(0.250 \text{ dm}^3 \text{ mol}^{-1})^2}$$

$$= 72.9 \text{ bar}$$

が得られる．これと対比して，理想気体方程式からは $P = 90.8$ bar であることが予想される．ファン・デル・ワールス方程式の予想は理想気体方程式よりも，ずっとよく実験値 78.6 bar と一致している．

ファン・デル・ワールス方程式は図 16·3 と図 16·4 に示された挙動を定性的に説明している．式(16·5)はつぎの形に書き換えられる．

$$Z = \frac{P\bar{V}}{RT} = \frac{\bar{V}}{\bar{V}-b} - \frac{a}{RT\bar{V}} \tag{16·6}$$

高圧では，$\bar{V}-b$ が小さくなるので式(16·6)の第 1 項が支配的になり，低圧では第 2 項が支配的になる．

例題 16·2 ファン・デル・ワールス方程式を用いて 300 K，200 atm のエタンのモル体積を算出せよ．

解答： ファン・デル・ワールス方程式を $\bar{V}$ について解こうとすると，3 次方程式，

$$\bar{V}^3 - \left(b + \frac{RT}{P}\right)\bar{V}^2 + \frac{a}{P}\bar{V} - \frac{ab}{P} = 0$$

が得られる．これはニュートン-ラフソン法(数学章 G 参照)を使って数値的に解かなければならない．表 16·3 の a と b の値を用いると，

$$\bar{V}^3 - (0.188 \text{ L mol}^{-1})\bar{V}^2 + (0.0275 \text{ L}^2 \text{ mol}^{-1})\bar{V} - 0.00179 \text{ L}^3 \text{ mol}^{-3} = 0$$

となる．ニュートン-ラフソン法から，

$$\bar{V}_{n+1} = \bar{V}_n - \frac{\bar{V}_n^3 - 0.188\bar{V}_n^2 + 0.0275\bar{V}_n - 0.00179}{3\bar{V}_n^2 - 0.376\bar{V}_n + 0.0275}$$

が得られる．ここで，便宜上単位は省略した．$\bar{V}$ の理想気体の値は $\bar{V}_{理想} = RT/P = 0.123\ \text{L mol}^{-1}$ だから，最初の推定値として $0.10\ \text{L mol}^{-1}$ を使おう．この場合には，

n	$\bar{V}_n/\text{L mol}^{-1}$	$f(\bar{V}_n)/\text{L}^3\ \text{mol}^{-3}$	$f'(\bar{V}_n)/\text{L}^2\ \text{mol}^{-2}$
0	0.100	8.00×10^{-5}	2.00×10^{-2}
1	0.096	2.53×10^{-6}	1.90×10^{-2}
2	0.096		

が得られる．実験値は $0.071\ \text{L mol}^{-1}$ である．この例題の直前にある圧力の計算とこの例題の体積の計算から，ファン・デル・ワールス方程式は理想気体方程式よりは正確だが，格別に正確というわけではないことがわかる．

ファン・デル・ワールス方程式よりもずっと正確で，したがって一段と有用な，かなり単純な状態方程式がそのほかにもある．**レドリック-ウォン方程式**[1]，

$$P = \frac{RT}{\bar{V} - B} - \frac{A}{T^{1/2}\bar{V}(\bar{V} + B)} \tag{16・7}$$

および，**ペン-ロビンソン方程式**[2]，

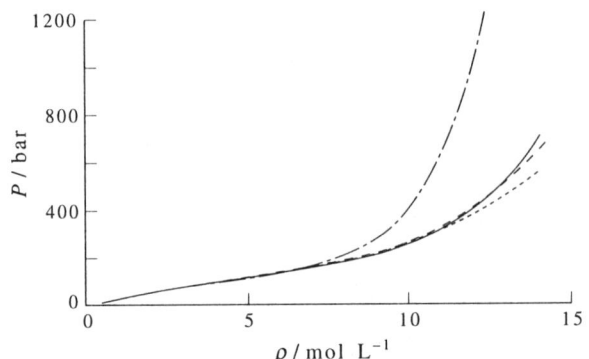

図16・5　400 K でのエタンについて，実測の圧力対密度の関係(——)とファン・デル・ワールス方程式(—・—・)，レドリック-ウォン方程式(- - - -)，ペン-ロビンソン方程式(- - - - -)による予測との比較．

---

1) Redlich-Kwong equation　　2) Peng-Robinson equation

$$P = \frac{RT}{\bar{V} - \beta} - \frac{\alpha}{\bar{V}(\bar{V} + \beta) + \beta(\bar{V} - \beta)} \qquad (16\cdot 8)$$

はその例である．ここで，A, B, α, β は気体の種類に依存するパラメーターである．

図 16・5 において，400 K でのエタンについて，実測圧力の密度依存性を，本章で導入したいろいろな状態方程式からの予測値と比較している．レドリック-ウォンおよびペン-ロビンソン方程式はほぼ定量的に合うが，ファン・デル・ワールス方程式は 200 bar 以上の圧力では合っていないことがわかる．

図 16・5 はエタンの場合だけの比較を示しているが，これらの方程式の相対的な正確さに関する結論は一般的なものである．一般に，レドリック-ウォン方程式は高圧下で優れており，一方，ペン-ロビンソン方程式は気-液領域で威力がある．実は，これらの二つの方程式はそう振舞うように"作り上げられている"のである．さらに，圧力，密度，温度の広範囲にわたって実験値を高精度で再現できる，いっそう複雑な状態方程式がある（ある式は 10 以上ものパラメーターを含んでいる！）．しかし，ファン・デル・ワールス方程式は単純であるにもかかわらず実在気体の本質をよく表しているので，本章では主としてファン・デル・ワールス状態方程式を例として取上げる．

16・3 ファン・デル・ワールス状態方程式は気体状態と液体状態の両方を記述できる

$\bar{V}$ に関する 3 次方程式として書ける状態方程式の特徴は，それが物質の気体領域および液体領域の両方を記述することである．この特徴を理解するために，ふつう**等温線**[1] といわれる，一定温度 T で P の実測値を $\bar{V}$ の関数としてプロットしたものから考察を始めよう．図 16・6 に二酸化炭素の実測の P 対 $\bar{V}$ 等温線を示す．ここに示した等温線は臨界温度 T_c の近傍である．T_c よりも上の温度では，圧力の大きさにかかわらず気体は液化できない．臨界圧 P_c および臨界体積 $\bar{V}_c$ は，それぞれ**臨界点**[2] における圧力とモル体積である．たとえば，二酸化炭素の場合，$T_c = 304.14$ K (30.99 °C)，$P_c = 72.9$ atm，$\bar{V}_c = 0.094$ L mol^{-1} である．図 16・6 の等温線は，上から $T \to T_c$ になるにつれて曲線の一部分が平らに近づくこと，T_c 以下の温度になると水平な領域が存在することに注意しよう．その水平領域では気体と液体が互いに平衡で共存する．図 16・6 で水平線の両端を結んだ破線を**共存曲線**[3] といい，この曲線内の任意の点が互いに平衡で気体と液体が共存していることに対応するからである．この曲線上，あるいはその外側の点では，一つの相だけが存在する．たとえば，図中の点 G に

---

1) isotherm 2) critical point 3) coexistence curve

おいては，気相だけがある．Gから出発して，13.2℃の等温線に沿って気体を圧縮していくと，点Aで水平線に達し，初めて液体が出現する．気体をモル体積0.22 L mol^{-1}（点A）から約0.06 L mol^{-1}のモル体積の液体（点D）にまで凝縮させるとき，圧力は一定のままである．点Dに達した後に，さらに体積を減少させると圧力は急激に増加する．この点ではすべて液体になっており，液体の体積は圧力によってほとんど変化しないからである．

臨界温度に向かって温度が上昇するにつれて，水平線部分が短くなり，臨界温度で消失することがわかる．この点で液体とその蒸気の間のメニスカス（境界面）が消えて，液体と気体の間の区別がなくなる．表面張力がなくなり，気相と液相の両方が同一の（臨界）密度をもつ．23章において臨界点についてもっと詳しく説明する．

ファン・デル・ワールス方程式に対する同じような等温線を図16·7に示した．$T<T_c$で得られる見かけのループはこの状態方程式の近似的性質から生じるものである．図16·8に $T<T_c$ におけるファン・デル・ワールスの等温線を示す．曲線 GADL

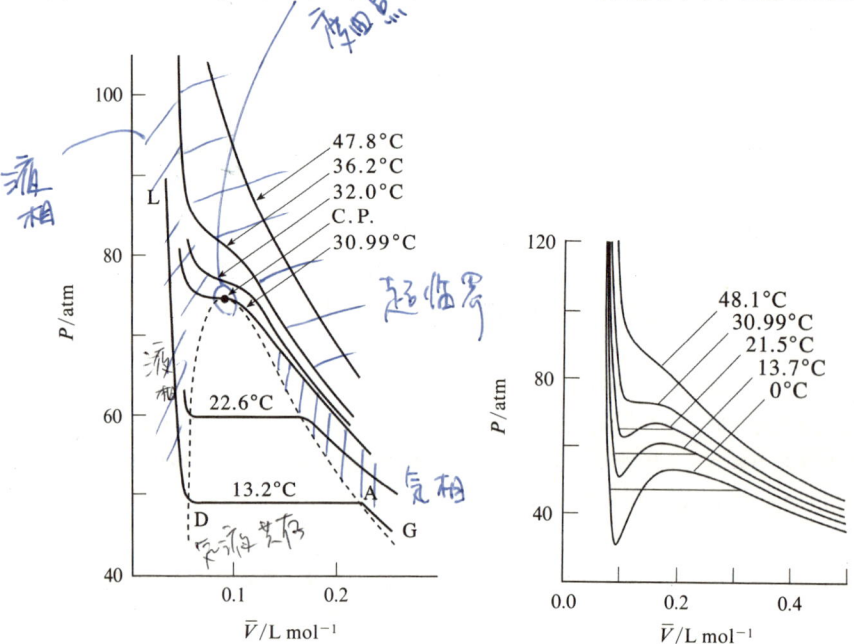

図 16·6 二酸化炭素の臨界温度 30.99℃近傍の圧力–体積の実測等温線．点 G, A, D, L については本文を見よ．

図 16·7 ファン・デル・ワールス方程式（式 16·5）から計算した二酸化炭素の臨界温度近傍の圧力–体積の等温線．

は，気体を圧縮する際に実験的に観測される曲線である．水平線 DA は，その上下のループ部分の面積が等しくなるように描いてある．（これを**マクスウェルの等面積構図**[1]といい，23 章でこれが妥当であることを検証する．）線 GA は気体の圧縮を表している．線 AD に沿って液体と蒸気が互いに平衡にある．点 A が蒸気を表し，点 D が共存する液体を表す．線 DL は，圧力増加による液体の体積変化を示す．この線の鋭い立ち上がりは，液体がかなり圧縮されにくいことに起因している．線分 AB は過熱蒸気に対応した準安定領域であり，線分 CD は過冷却液体に対応している．線分 BC は，$(\partial P/\partial \overline{V})_T > 0$ となる領域であり，この条件は，平衡状態の系では観測できない不安定領域を示すものである．

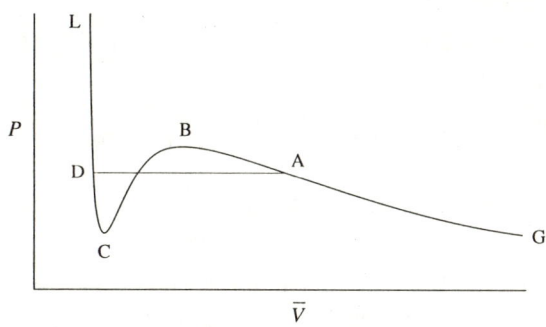

図 16・8 臨界温度以下の温度における典型的なファン・デル・ワールスの圧力-体積の等温線．水平線はループ部分の上下の面積が等しくなるように引いてある．

図 16・8 からわかるように，臨界温度よりも低温の場合は，ある圧力に対して曲線 DCBA に沿って体積の値が三つ得られる．これは，ファン・デル・ワールス方程式が（モル）体積に関して 3 次の多項式で書き表されることと合う結果である（例題 16・2 参照）．点 D に対応した体積が液体のモル体積，点 A に対応した体積が液体と平衡にある蒸気のモル体積であり，A と D の間にある 3 番目の根は偽りの解である．

アルゴンは 142.69 K で 35.00 atm のとき 2 相が平衡にある状態で存在し，液相と蒸気相の密度はそれぞれ 22.491 mol L^{-1} と 5.291 mol L^{-1} である．この場合に，ファン・デル・ワールス方程式からどんなことが予想されるかを見ていこう．例題 16・2 のように，ファン・デル・ワールス方程式は，

---

[1] Maxwell equal-area construction

$$\bar{V}^3 - \left(b + \frac{RT}{P}\right)\bar{V}^2 + \frac{a}{P}\bar{V} - \frac{ab}{P} = 0 \qquad (16\cdot 9)$$

と書ける．表 16·3 の a, b の値および $T = 142.69$ K，$P = 35.00$ atm を用いると，式 (16·9) は，

$$\bar{V}^3 - 0.3664\bar{V}^2 + 0.03802\bar{V} - 0.001210 = 0$$

となる．ここで，便宜上係数の単位を省略した．この方程式の三つの根は，0.07073 L mol^{-1}, 0.07897 L mol^{-1}, 0.2167 L mol^{-1} である(問題 16·20 参照)．最小の根は液体アルゴンのモル体積，最大の根は蒸気のモル体積を表している．それぞれ対応する密度は 14.14 mol L^{-1}, 4.615 mol L^{-1} となる．一方，実験値は 22.491 mol L^{-1} および 5.291 mol L^{-1} である．

図 16·6 の点 C.P. は臨界点であり，そこでは $T = T_c$，$P = P_c$，$\bar{V} = \bar{V}_c$ である．点 C.P. は変曲点だから，

$$\left(\frac{\partial P}{\partial \bar{V}}\right)_T = 0 \quad \text{および} \quad \left(\frac{\partial^2 P}{\partial \bar{V}^2}\right)_T = 0 \quad \text{(臨界点のとき)}$$

となる．この二つの条件を用いると，臨界定数は a と b を使って決められる(問題 16·22 参照)．しかし，臨界定数を決めるもっと簡単な方法は，ファン・デル・ワールス方程式を $\bar{V}$ の3次方程式，つまり式(16·9)のように書くことである．3次方程式だから三つの根をもつ．$T > T_c$ の場合，これらの根のうち一つだけが実数であり(その他の二つは虚数)，$T < T_c$ で $P \approx P_c$ のとき，三つの根すべてが実数になる．$T = T_c$ のときは，これら三つの根がまとまって一つ(三重根)になるから，式(16·9)は $(\bar{V} - \bar{V}_c)^3 = 0$ のように書ける．すなわち，

$$\bar{V}^3 - 3\bar{V}_c\bar{V}^2 + 3\bar{V}_c^2\bar{V} - \bar{V}_c^3 = 0 \qquad (16\cdot 10)$$

となる．この式を臨界点における式(16·9)と比べると，

$$3\bar{V}_c = b + \frac{RT_c}{P_c} \qquad 3\bar{V}_c^2 = \frac{a}{P_c} \qquad \bar{V}_c^3 = \frac{ab}{P_c} \qquad (16\cdot 11)$$

を得る．2番目と3番目の式から P_c を消去すると，

$$\bar{V}_c = 3b \qquad (16\cdot 12\,\text{a})$$

となり，これを式(16·11)の3番目の式に代入すると，

$$P_c = \frac{a}{27b^2} \qquad (16\cdot 12\,\text{b})$$

となる．最後に，式(16·12 a)と式(16·12 b)を式(16·11)の最初の式に代入すると，

16. 気体の性質

$$T_c = \frac{8a}{27bR} \tag{16・12 c}$$

となる．多くの物質についての臨界定数を表 16・4 に掲げてある．

表 16・4 いろいろな物質の臨界定数の実験値

化学種	T_c/K	P_c/bar	P_c/atm	$\bar{V}_c$/L mol^{-1}	$P_c\bar{V}_c/RT_c$
ヘリウム	5.1950	2.2750	2.2452	0.05780	0.30443
ネオン	44.415	26.555	26.208	0.04170	0.29986
アルゴン	150.95	49.288	48.643	0.07530	0.29571
クリプトン	210.55	56.618	55.878	0.09220	0.29819
水　素	32.938	12.838	12.670	0.06500	0.30470
窒　素	126.20	34.000	33.555	0.09010	0.29195
酸　素	154.58	50.427	50.768	0.07640	0.29975
一酸化炭素	132.85	34.935	34.478	0.09310	0.29445
塩　素	416.9	79.91	78.87	0.1237	0.28517
二酸化炭素	304.14	73.843	72.877	0.09400	0.27443
水	647.126	220.55	217.66	0.05595	0.2295
アンモニア	405.30	111.30	109.84	0.07250	0.23945
メタン	190.53	45.980	45.379	0.09900	0.28735
エタン	305.34	48.714	48.077	0.1480	0.28399
エテン	282.35	50.422	49.763	0.1290	0.27707
プロパン	369.85	42.477	41.922	0.2030	0.28041
ブタン	425.16	37.960	37.464	0.2550	0.27383
2-メチルプロパン	407.85	36.400	35.924	0.2630	0.28231
ペンタン	469.69	33.643	33.203	0.3040	0.26189
ベンゼン	561.75	48.758	48.120	0.2560	0.26724

例題 16・3 ファン・デル・ワールス方程式について，比 $P_c\bar{V}_c/RT_c$ を計算せよ．

解答：式 (16・12 b) に式 (16・12 a) を掛けて，つぎに式 (16・12 c) の R 倍で割ると，

$$\frac{P_c\bar{V}_c}{RT_c} = \frac{1}{R}\left(\frac{a}{27b^2}\right)(3b)\left(\frac{27bR}{8a}\right) = \frac{3}{8} = 0.375 \tag{16・13}$$

が得られる．

式 (16・13) から予想されるように，$P_c\bar{V}_c/RT_c$ はすべての物質について同一になる

べきであるが，表16·4の実験データから実際にもかなり一定値になっている。この実験事実は**対応状態の原理**[1]の一例である。この原理によれば，すべての気体の性質は，臨界点に対して相対的に同一の条件下で比較すると，まったく同じになるのである。つぎの節でこの対応状態の原理をもっと詳細に説明する。

ここでは式(16·12)で a, b を使って $\overline{V}_c, P_c, T_c$ を書いたが，実際にはこれらの定数はふつう実測の臨界定数を用いて求められる。三つの臨界定数に対して状態方程式には二つの定数しかないので，この方程式を用いて臨界定数を決めるのはある程度の任意性が出てくる。たとえば，$\overline{V}_c$ と P_c を用いて a と b を算出するためには，式(16·12a)と式(16·12b)，あるいはその他の式の組合わせが使われる。P_c と T_c は $\overline{V}_c$ より正確に求められるから，式(16·12b)と式(16·12c)を用いると，

$$a = \frac{27(RT_c)^2}{64P_c} \qquad b = \frac{RT_c}{8P_c} \qquad (16·14)$$

が得られる。表16·3のファン・デル・ワールスの定数はこのようにして求められたものである。

例題 16·4 表16·4の臨界定数のデータを用いて，エタンのファン・デル・ワールス定数を求めよ。

解答：
$$a = \frac{27(0.083145 \text{ dm}^3 \text{ bar mol}^{-1} \text{ K}^{-1})^2 (305.34 \text{ K})^2}{64(48.714 \text{ bar})}$$

$$= 5.5817 \text{ dm}^6 \text{ bar mol}^{-2} = 5.5088 \text{ dm}^6 \text{ atm mol}^{-2}$$

および

$$b = \frac{(0.083145 \text{ dm}^3 \text{ bar mol}^{-1} \text{ K}^{-1})(305.34 \text{ K})}{8(48.714 \text{ bar})}$$

$$= 0.065144 \text{ dm}^3 \text{ mol}^{-1}$$

16·4 ファン・デル・ワールス方程式は対応状態の原理に従う

ファン・デル・ワールス方程式の a として式(16·11)の2番目の式を，b として式(16·12a)をそれぞれ式(16·5)に代入すると，ファン・デル・ワールス方程式は興味深く，かつ実用的な形式に書き換えられる。

---

[1] law of corresponding states

16. 気体の性質

$$\left(P + \frac{3P_c \bar{V}_c^2}{\bar{V}^2}\right)\left(\bar{V} - \frac{1}{3}\bar{V}_c\right) = RT$$

$P_c \bar{V}_c$ で両辺を割ると，

$$\left(\frac{P}{P_c} + \frac{3\bar{V}_c^2}{\bar{V}^2}\right)\left(\frac{\bar{V}}{\bar{V}_c} - \frac{1}{3}\right) = \frac{RT}{P_c \bar{V}_c} = \frac{RT}{\frac{3}{8}RT_c} = \frac{8}{3}\frac{T}{T_c}$$

が得られる．ここで，$P_c \bar{V}_c$ に対して式(16・13)を使った．つぎに，**換算量**[1] $P_R = P/P_c$, $\bar{V}_R = \bar{V}/\bar{V}_c$, $T_R = T/T_c$ を導入しよう．そうすると，ファン・デル・ワールス方程式は，

$$\left(P_R + \frac{3}{\bar{V}_R^2}\right)\left(\bar{V}_R - \frac{1}{3}\right) = \frac{8}{3}T_R \quad (16・15)$$

となる．

驚くべきことに，式(16・15)には特定の気体に固有な量が何も存在しないことがわかる．これは，すべての気体に対して成立する普遍的な方程式である．いい換えると，すべての気体に対して $\bar{V}_R$ と T_R の値が同じときは P_R の値も同じになるということである．$\bar{V}_R = 20$ で $T_R = 1.5$ の $CO_2(g)$ と $N_2(g)$ を考えよう．式(16・15)によると $\bar{V}_R = 20.0$ で $T_R = 1.5$ のとき $P_R = 0.196$ である．表16・4に与えられた臨界定数の値を用いると，換算量 $P_R = 0.196$, $\bar{V}_R = 20.0$, $T_R = 1.5$ は，$P_{CO_2} = 14.3$ atm $= 14.5$ bar, $\bar{V}_{CO_2} = 1.9$ L mol^{-1}, $T_{CO_2} = 456$ K および $P_{N_2} = 6.58$ atm $= 6.66$ bar, $\bar{V}_{N_2} = 1.8$ L mol^{-1}, $T_{N_2} = 189$ K に相当することがわかる．このような (P_R, $\bar{V}_R$, T_R の値が同じ) 条件の下では，この2種類の気体は対応状態にあるといわれる．ファン・デル・ワールス方程式によると，これらの量の間の関係は式(16・15)で表されているから，式(16・15)は対応状態の原理の一例になる．つまり，すべての気体は対応する条件 (P_R, $\bar{V}_R$, T_R の値が同じ) で比較すると，同一の性質を示すのである．

ファン・デル・ワールス方程式に付随した圧縮因子 Z も対応状態の原理に従う．この点を示すために式(16・6)から出発して，a の代わりに式(16・11)の2番目の式，b の代わりに式(16・12a)を代入すると，

$$Z = \frac{P\bar{V}}{RT} = \frac{\bar{V}}{\bar{V} - \frac{1}{3}\bar{V}_c} - \frac{3P_c \bar{V}_c^2}{RT\bar{V}}$$

を得る．つぎに，第2項の $P_c \bar{V}_c$ の代わりに式(16・13)を使い，換算変数を導入すると，

---

[1] reduced quantity

$$Z = \frac{\bar{V}_R}{\bar{V}_R - \frac{1}{3}} - \frac{9}{8\bar{V}_R T_R} \tag{16・16}$$

となる．式(16・16)は，Z を $\bar{V}_R$ と T_R，あるいは P_R と T_R のようなその他の二つの換算量の普遍的な関数として表している．この式は対応状態の原理を説明するために使ったけれども，近似的な状態方程式に基づいたものにすぎない．それにもかかわらず，膨大な種類の気体に対して対応状態の原理が成り立つ．図 16・9 に 10 種類の気

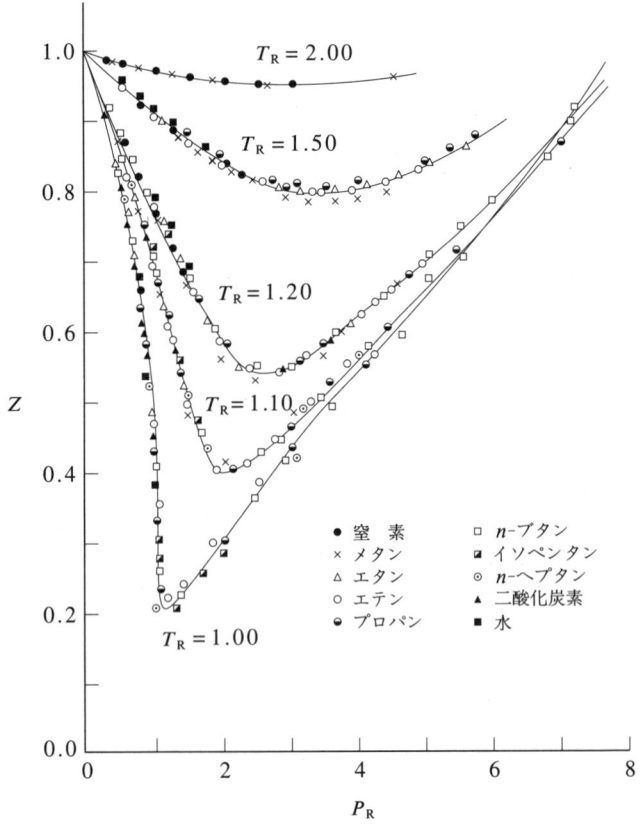

図 16・9 対応状態の原理の説明図．10 種類の気体について圧縮因子 Z を換算圧力 P_R に対してプロットしてある．各曲線は与えられた換算温度を表す．換算量を使っているので，一つの換算温度に対しては 10 種類すべての気体が同一の曲線に乗っていることがわかる．

体で，いろいろな T_R の値について Z の実験データを P_R に対してプロットしたものを示す．10種類すべての気体のデータが同一の曲線に乗っていることがわかるだろう．したがって，この図は，式(16・16)よりもはるかに一般的なやり方で対応状態の原理を例示しているのである．図16・9よりももっと豊富なグラフが，特に工学書に掲載されていて，実用面では非常によく使用されている．

例題 16・5 図16・9を使って，215 °C，400 bar におけるアンモニアのモル体積を求めよ．

解答: 表16・4の臨界定数のデータを用いると，$T_R = 1.20$ および $P_R = 3.59$ であることがわかる．図16・9から，このような条件では $Z \approx 0.60$ となる．したがって，モル体積は，

$$\bar{V} \approx \frac{RTZ}{P} = \frac{(0.083\ 14\ \text{L bar mol}^{-1}\ \text{K}^{-1})\ (488\ \text{K})\ (0.60)}{400\ \text{bar}}$$
$$\approx 0.061\ \text{L mol}^{-1} = 61\ \text{cm}^3\ \text{mol}^{-1}$$

である．

対応状態の原理はつぎのように物理的にすっきりと解釈できる．気体を記述するために用いる温度目盛はどうしても任意性を伴うことは避けられない．根本的に零の温度をもつケルビン目盛でさえ，ケルビン目盛の1度の大きさが任意であるという意味では任意性をもつ．したがって，気体に関する限りは，温度に割り当てられる数値は無意味なものになる．気体は自分の臨界温度を確かに"知っている"から，自分が臨界温度に対して相対的にどの温度，つまりどの換算温度 $T_R = T/T_c$ にいるかが気体には"わかっている"．同じように，圧力や体積の目盛も人為的に決めたものであって，換算圧力と換算体積はその気体にとっては意味のある量である．結局，ある決まった換算温度・換算圧力・換算体積をもつ気体は，同一条件下にある他の気体と同じ振舞いを示すのである．

16・5 第二ビリアル係数は分子間ポテンシャルの決定に使うことができる

最もしっかりした理論的基盤をもつという意味において，最も基本的な状態方程式が**ビリアル状態方程式**[1]である．このビリアル状態方程式はつぎのように圧縮因子を $1/\bar{V}$ の多項式で表したものである．

---

1) virial equation of state

16. 気体の性質

$$Z = \frac{P\bar{V}}{RT} = 1 + \frac{B_{2V}(T)}{\bar{V}} + \frac{B_{3V}(T)}{\bar{V}^2} + \cdots \quad (16\cdot17)$$

この式の係数は温度だけの関数で，**ビリアル係数**[1]という．特に，$B_{2V}(T)$を**第二ビリアル係数**[2]，$B_{3V}(T)$を第三ビリアル係数，などのようにいう．後でわかるように，エネルギーやエントロピーのようなその他の性質も$1/\bar{V}$の多項式で表されるので，一般にこれらの関係式を**ビリアル展開**[3]という．

圧縮因子はつぎのようにPの多項式としても表すことができる．

$$Z = \frac{P\bar{V}}{RT} = 1 + B_{2P}(T)P + B_{3P}(T)P^2 + \cdots \quad (16\cdot18)$$

式(16・18)もビリアル展開あるいはビリアル状態方程式という．第二ビリアル係数$B_{2V}(T)$と$B_{2P}(T)$には，

$$B_{2V}(T) = RTB_{2P}(T) \quad (16\cdot19)$$

の関係がある(問題16・28参照)．

式(16・17)あるいは式(16・18)において，$\bar{V}$が大きくなるかPが小さくなるにつれて，当然ながら$Z\to1$となる．表16・5に，25℃のアルゴンの場合，圧力の関数とし

表16・5 25℃のアルゴンの場合のZのビリアル展開，式(16・17)における最初の数項

P/bar	$Z = P\bar{V}/RT$
	$1 + \dfrac{B_{2V}(T)}{\bar{V}} + \dfrac{B_{3V}(T)}{\bar{V}^2} +$ 残りの項
1	$1 - 0.000\,64 + 0.000\,00 + (+0.000\,00)$
10	$1 - 0.006\,48 + 0.000\,20 + (-0.000\,07)$
100	$1 - 0.067\,54 + 0.021\,27 + (-0.000\,36)$
1000	$1 - 0.384\,04 + 0.087\,88 + (+0.372\,32)$

て式(16・17)の各項の大きさがわかるようにした．Zの算出のためには，100 barにおいてさえ最初の3項で十分であることがわかる．

気体の圧力が増加したとき(あるいは体積が減少したとき)理想性からのずれが第二ビリアル係数に最初に反映するので，最も重要なビリアル係数である．そのため，一番簡単に測定できるビリアル係数であり，多くの気体についてその値が表になってい

---

[1] virial coefficient　　[2] second virial coefficient　　[3] virial expansion

る．式(16・18)によると，第二ビリアル係数は図16・10に示すようにZのPに対するプロットの傾きから実験的に決定できる．図16・11にヘリウム，窒素，メタン，二酸化炭素について$B_{2V}(T)$を温度に対してプロットしたものを示す．$B_{2V}(T)$は低温においては負であるが，温度とともに増加して，最後は緩やかに小さな極大を通る

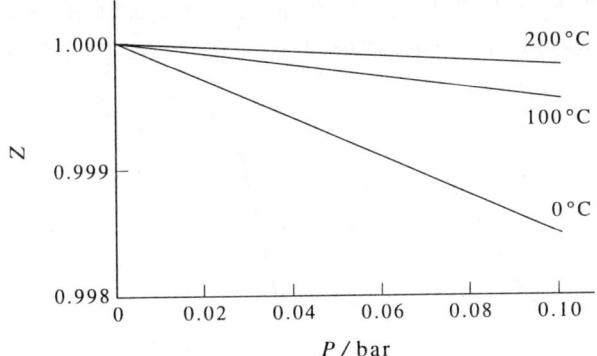

図16・10 $NH_3(g)$の0 °C, 100 °C, 200 °Cにおける低圧領域でのZのPに対するプロット．式(16・18)と式(16・19)によると直線の傾きが$B_{2V}(T)/RT$に等しい．それぞれの傾きから，$B_{2V}(0\,°C) = -0.345\,dm^3\,mol^{-1}$, $B_{2V}(100\,°C) = -0.142\,dm^3\,mol^{-1}$, $B_{2V}(200\,°C) = -0.075\,dm^3\,mol^{-1}$が得られる．

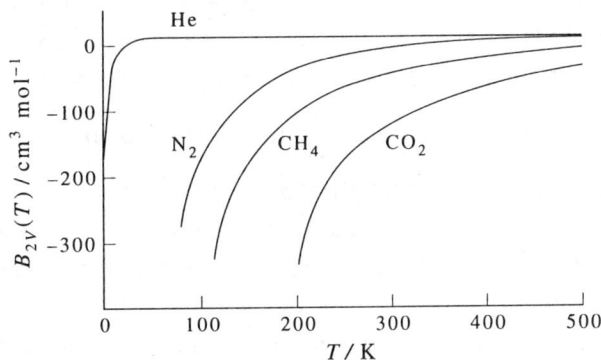

図16・11 数種の気体の第二ビリアル係数の温度に対するプロット．$B_{2V}(T)$は低温においては負であり，温度とともにある点まで増加するが，その後緩やかな極大をとる．(ここでは，ヘリウムの場合だけ見えている．)

(図16·11ではヘリウムの場合だけ見えている). $B_{2V}(T)=0$ になる温度を**ボイル温度**[1]という. ボイル温度では, 分子間相互作用の反発力部分と引力部分が互いに打ち消し合い, (第三ビリアル係数以降の効果を無視すれば) 気体は見かけ上, 理想的に振舞う.

式(16·17)あるいは式(16·18)は, 実測の P-V-T データを整理するために使われるだけでなく, ビリアル係数と分子間相互作用との間の厳密な関係を導くためにも使われる. 図16·12に示すような, 相互作用する2個の分子を考えよう. 2個の分子の

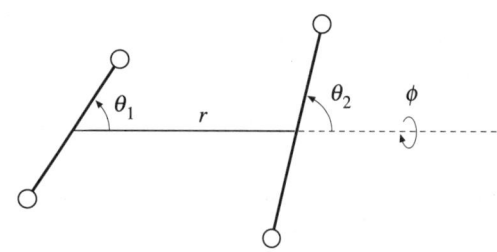

図16·12 相互作用する2個の直線分子. 一般に, 2分子間の相互作用はおのおのの中心間の距離 (r) およびその向き (θ_1, θ_2, ϕ) に依存する.

相互作用はおのおのの中心間の距離 r および向きに依存している. 分子は回転しているから, その向きは部分的に平均化されるので, 簡単のために相互作用は r のみに依存すると仮定しよう. この近似は, 分子がきわめて極性なものでなければ, 多くの分子に対して満足すべきものであることがわかる. 距離 r だけ離れた2個の分子のポテンシャルエネルギーを $u(r)$ とすると, $B_{2V}(T)$ と $u(r)$ との関係は,

$$B_{2V}(T) = -2\pi N_A \int_0^\infty [e^{-u(r)/k_B T} - 1] r^2 \, dr \qquad (16·20)$$

で与えられる. ここで, N_A はアボガドロ定数, k_B はボルツマン定数で気体定数 R をアボガドロ定数で割ったものである. $u(r)=0$ のとき $B_{2V}(T)=0$ であることに注意せよ. いい換えると, 分子間相互作用がなければ, 理想的挙動からのずれもないのである.

式(16·20)が示しているように, $u(r)$ がわかれば, $B_{2V}(T)$ を温度の関数として計算するのは単純作業である. あるいは, 逆に $B_{2V}(T)$ がわかっていれば, $u(r)$ を計算するのは単純な作業である. 原理的には $u(r)$ は量子力学から計算できるが, きわめて

---

[1] Boyle temperature

16. 気体の性質

難しい計算問題になる.しかし,摂動論から示されるように,r の大きな領域では,

$$u(r) \longrightarrow -\frac{c_6}{r^6} \tag{16·21}$$

となる.この式において,c_6 は相互作用している分子の種類ごとに固有の定数である.式(16·21)の負号は 2 個の分子が互いに引き付け合っていることを示している.十分低温になると,この引力によって物質が凝縮するのである.近距離の場合には,式(16·21)のような厳密な式は知られていないけれども,2 分子が近づいたときに生じる反発力を反映する形にならなければならない.ふつう,r の小さな値の場合,

$$u(r) \longrightarrow \frac{c_n}{r^n} \tag{16·22}$$

と仮定する.式(16·22)において,n は整数であり,しばしば 12 ととる.また,c_n はこの 2 個の分子に依存した値をもつ定数である.

式(16·21)の長距離的(引力的)挙動と式(16·22)の短距離的(反発力的)挙動とを合わせた分子間ポテンシャルエネルギーは単純に二つの項の和になる.n を 12 とすると,

$$u(r) = \frac{c_{12}}{r^{12}} - \frac{c_6}{r^6} \tag{16·23}$$

である.この式は,ふつう,

$$u(r) = 4\varepsilon \left[\left(\frac{\sigma}{r} \right)^{12} - \left(\frac{\sigma}{r} \right)^6 \right] \tag{16·24}$$

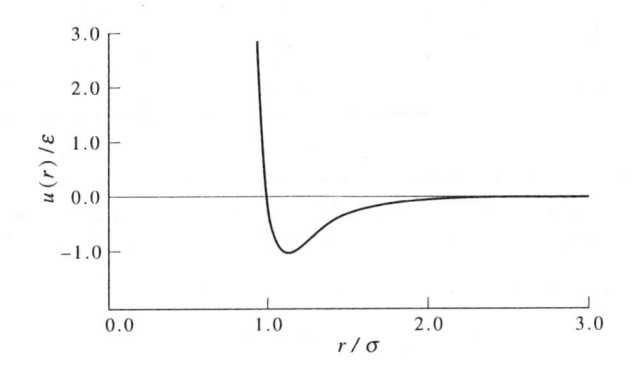

図 16·13 レナード-ジョーンズポテンシャル $u(r)/\varepsilon = 4[(\sigma/r)^{12}-(\sigma/r)^6]$ を r/σ に対してプロットした図.ポテンシャルの井戸の深さが ε であり,$r/\sigma = 1$ のとき $u(r)=0$ であることがわかる.

の形に書く．ここで，$c_{12}=4\varepsilon\sigma^{12}$ および $c_6=4\varepsilon\sigma^6$ である．式(16·24)を**レナード-ジョーンズポテンシャル**[1]といい，図16·13にプロットしてある．レナード-ジョーンズポテンシャルの2個のパラメーターはつぎのような物理的意味をもっている．ε はポテンシャルの井戸の深さであり，σ は $u(r)=0$ になるところの距離である(図16·13参照)．したがって，ε は分子どうしがどれくらい強く引き合うかの目安になり，σ は分子の大きさの目安になる．表16·6 にいろいろな分子に対する**レナード-ジョーンズパラメーター**[2] を載せてある．

表 16·6 いろいろな物質に対するレナード-ジョーンズパラメーター，ε と σ

化学種	$(\varepsilon/k_B)/K$	σ/pm	$(2\pi\sigma^3 N_A/3)/cm^3\,mol^{-1}$
He	10.22	256	21.2
Ne	35.6	275	26.2
Ar	120	341	50.0
Kr	164	383	70.9
Xe	229	406	86.9
H_2	37.0	293	31.7
N_2	95.1	370	63.9
O_2	118	358	57.9
CO	100	376	67.0
CO_2	189	449	114.2
CF_4	152	470	131.0
CH_4	149	378	68.1
C_2H_4	199	452	116.5
C_2H_6	243	395	77.7
C_3H_8	242	564	226.3
$C(CH_3)_4$	232	744	519.4

例題 16·6 レナード-ジョーンズポテンシャルの極小が $r_{min}=2^{1/6}\sigma=1.12\sigma$ のところに現れることを証明せよ．また，r_{min} における $u(r)$ を計算せよ．

解答： r_{min} を求めるために，式(16·24)を微分すると，

$$\frac{du}{dr} = 4\varepsilon\left[-\frac{12\sigma^{12}}{r^{13}}+\frac{6\sigma^6}{r^7}\right] = 0$$

となるから，$r_{min}^6 = 2\sigma^6$ つまり $r_{min}=2^{1/6}\sigma$ となる．したがって，

---

1) Lennard-Jones potential 2) Lennard-Jones parameter

16. 気体の性質

$$u(r_{\min}) = 4\varepsilon\left[\left(\frac{\sigma}{2^{1/6}\sigma}\right)^{12} - \left(\frac{\sigma}{2^{1/6}\sigma}\right)^{6}\right] = 4\varepsilon\left(\frac{1}{4} - \frac{1}{2}\right) = -\varepsilon$$

である.すなわち,無限に離れた場合を基準にすると,ε はポテンシャル井戸の深さになる.

レナード-ジョーンズポテンシャルを式(16·20)に代入すると,

$$B_{2V}(T) = -2\pi N_{\mathrm{A}}\int_0^{\infty}\left[\exp\left\{-\frac{4\varepsilon}{k_{\mathrm{B}}T}\left[\left(\frac{\sigma}{r}\right)^{12} - \left(\frac{\sigma}{r}\right)^{6}\right]\right\} - 1\right]r^2\,\mathrm{d}r \quad (16\cdot25)$$

を得る.式(16·25)は一見すると複雑だが,単純な形に直すことができる.まず,$T^* = k_{\mathrm{B}}T/\varepsilon$ によって換算温度 T^* を定義し,$r/\sigma = x$ とおくと,

$$B_{2V}(T^*) = -2\pi\sigma^3 N_{\mathrm{A}}\int_0^{\infty}\left[\exp\left\{-\frac{4}{T^*}(x^{-12} - x^{-6})\right\} - 1\right]x^2\,\mathrm{d}x$$

となる.つぎに,両辺を $2\pi\sigma^3 N_{\mathrm{A}}/3$ で割ると,

$$B_{2V}^*(T^*) = -3\int_0^{\infty}\left[\exp\left\{-\frac{4}{T^*}(x^{-12} - x^{-6})\right\} - 1\right]x^2\,\mathrm{d}x \quad (16\cdot26)$$

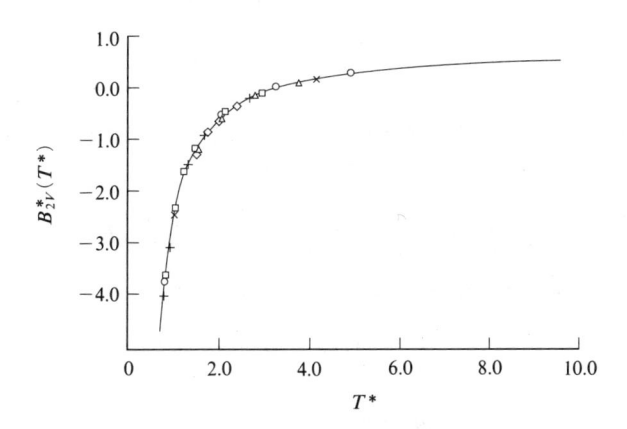

図 16·14 換算第二ビリアル係数 $B_{2V}^*(T^*) = B_{2V}(T^*)/(2\pi\sigma^3 N_{\mathrm{A}}/3)$ の換算温度 $T^* = k_{\mathrm{B}}T/\varepsilon$ に対するプロット(実線).6種類の気体(アルゴン,窒素,酸素,二酸化炭素,メタン,六フッ化硫黄)もプロットしてある.この図も対応状態の原理の一例である.

を得る．ここで，$B_{2V}^*(T^*) = B_{2V}(T^*)/(2\pi\sigma^3 N_A/3)$ である．式(16·26)からわかるように，換算第二ビリアル係数 $B_{2V}^*(T^*)$ は換算温度 T^* だけに依存している．式(16·26)の積分は各温度 T^* について数値的に計算しなければならない(数学章 G 参照)．T^* に対する $B_{2V}^*(T^*)$ の詳しい数表ができている．

式(16·26)は対応状態の原理のもう一つの例である．$B_{2V}(T)$ の実験値をもってきて，それを $2\pi\sigma^3 N_A/3$ で割り，そのデータを $T^*=k_B T/\varepsilon$ に対してプロットすると，すべての気体についての結果が 1 本の曲線に乗るだろう．図 16·14 に 6 種類の気体についてそのようなプロットをしたものを示す．逆にいうと，任意の気体に対する $B_{2V}(T)$ を計算するのに図 16·14 のようなプロット(一層よいのは数表)が使える．

例題 16·7 0 °C の $N_2(g)$ の $B_{2V}(T)$ を求めよ．

解答: 表 16·6 から $N_2(g)$ に対しては，$\varepsilon/k_B=95.1$ K，$2\pi\sigma^3 N_A/3=63.9$ cm^3 mol^{-1} である．すなわち，$T^*=2.87$ となり，図 16·14 から $B_{2V}^*(T^*) \approx -0.2$ が得られる．したがって，

$$B_{2V}(T) \approx (63.9 \text{ cm}^3 \text{ mol}^{-1})(-0.2)$$
$$\approx -10 \text{ cm}^3 \text{ mol}^{-1}$$

となる．もし図 16·14 の代わりに $B_{2V}^*(T^*)$ の数表の値を使ったとすると，$B_{2V}^*(T^*)=-0.16$，すなわち $B_{2V}(T)=-10$ cm^3 mol^{-1} が得られるはずである．

$B_{2V}(T)$ の値には，単純な物理的意味がある．P^2 とそれ以降の高次の項を無視できる条件のもとで式(16·18)を考える．そうすると，

$$\frac{P\bar{V}}{RT} = 1 + B_{2P}(T)P = 1 + \frac{B_{2V}(T)}{RT}P$$

となる．両辺に RT/P を掛け，$\bar{V}_{理想}=RT/P$ を用いると，上の式は，

$$\bar{V} = \bar{V}_{理想} + B_{2V}(T)$$

すなわち，

$$B_{2V}(T) = \bar{V} - \bar{V}_{理想} \tag{16·27}$$

の形に書き換えられる．したがって，第三ビリアル係数からの寄与が無視できるような圧力の下では，$B_{2V}(T)$ は $\bar{V}$ の実際の値と理想気体の値 $\bar{V}_{理想}$ との差を表していることがわかる．

例題 16・8 300.0 K, 1 bar におけるイソブタンのモル体積は 24.31 dm³ mol⁻¹ である. この温度のイソブタンの B_{2V} の値を求めよ.

解答: 300.0 K, 1 bar における理想気体のモル体積は,

$$\overline{V}_{理想} = \frac{RT}{P} = \frac{(0.083\ 145\ \text{dm}^3\ \text{bar}\ \text{K}^{-1}\ \text{mol}^{-1})(300.0\ \text{K})}{1\ \text{bar}}$$

$$= 24.94\ \text{dm}^3\ \text{mol}^{-1}$$

である. したがって, 式(16・27)を用いると,

$$B_{2V} = \overline{V} - \overline{V}_{理想} = 24.31\ \text{dm}^3\ \text{mol}^{-1} - 24.94\ \text{dm}^3\ \text{mol}^{-1}$$

$$= -0.63\ \text{dm}^3\ \text{mol}^{-1} = -630\ \text{cm}^3\ \text{mol}^{-1}$$

となる.

これまでレナード-ジョーンズポテンシャルを使って $B_{2V}(T)$ を計算する方法を説明してきたが, 実際には逆のやり方をする. ふつうは $B_{2V}(T)$ の実験値からレナード-ジョーンズパラメーターを決定する. そのためには $B_{2V}^*(T^*)$ の数値表を使って試行錯誤しながら決めていく. 表 16・6 のレナード-ジョーンズパラメーターの値は実測の第二ビリアル係数のデータから決められたものである. 第二ビリアル係数は, 理想的振舞いからの最初のずれを反映しており, このずれは分子間相互作用に起因しているので, 実測の P-V-T データは分子間相互作用に関する豊富な情報源である. したがって, レナード-ジョーンズパラメーターがひとたび決定されれば, その値を使って粘性, 熱伝導率, 蒸発熱, 結晶のいろいろな物性などの分子集団の多くの性質が計算できる.

16・6 ロンドンの分散力がレナード-ジョーンズポテンシャルの r^{-6} 項に対してしばしば最大の寄与をする

前節においては, 分子間のポテンシャルを表すためにレナード-ジョーンズポテンシャル(式 16・24)を使った. r^{-12} 項が短距離における反発力, r^{-6} 項が遠距離における引力を説明している. 反発項の実際の形は確立されていないが, 引力項の r^{-6} 依存性は確立されている. この節では, r^{-6} の引力項に対する3種類の寄与を考察し, おのおのの重要性を比較しよう.

双極子モーメントが μ_1 と μ_2 の二つの極性分子を考えよう. これらの双極子の相互作用は, それぞれが相手に対してどのように向くかに依存している. そのエネルギー

は，2個の分子が図 16・15(a) に示したように 頭-頭(head-to-head)のように向いた場合の反発的な値から，頭-尾(head-to-tail)のように向いた場合(図 16・15 b)の引力的な値へと変化するだろう．気相中では両方の分子が回転し，その双極子の無秩序な向きすべてにわたって平均化されて，**双極子-双極子相互作用**[1] は平均的に零になると考えられる．しかし，向きが違うとエネルギーが異なるから，いろいろな向きが等確率で起きるわけではない．明らかに，低エネルギーの 頭-尾 の向きのほうが反発的な 頭-頭 の向きよりもとりやすい．この向きのエネルギーを考慮に入れると，2個の分子の全平均相互作用は，結局，

$$u_{\text{d-d}}(r) = -\frac{2\mu_1^2\mu_2^2}{(4\pi\varepsilon_0)^2(3k_{\text{B}}T)}\frac{1}{r^6} \qquad (16\cdot28)$$

の形の引力的な r^{-6} 項になる．

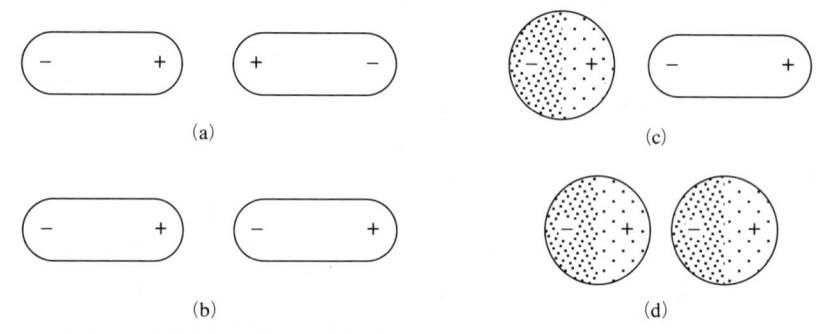

図 16・15 2個の永久双極子の (a) 頭-頭(head-to-head)および (b) 頭-尾(head-to-tail)の向き．頭-尾 の向きがエネルギー的には安定である．(c) 永久双極子をもった分子は隣接分子に双極子モーメントを誘起する．(d) ここに示したような瞬間的双極子-双極子相関が，すべての原子・分子の間に働くロンドンの引力を導き出す機構である．

例題 16・9 式(16・28)の右辺の単位がエネルギーであることを示せ．

解答: μ の単位は C m（電荷×距離）だから，

$$u_{\text{d-d}}(r) \sim \frac{(\text{C m})^4}{(\text{C}^2\,\text{s}^2\,\text{kg}^{-1}\,\text{m}^{-3})^2\,\text{J}\,\text{m}^6}$$

$$\sim \frac{\text{kg}^2\,\text{m}^4\,\text{s}^{-4}}{\text{J}} = \text{J}$$

---

[1] dipole-dipole interaction

16. 気体の性質

例題 16・10 2個の HCl(g)分子について 300 K における式(16・28)の r^{-6} 項の係数の値を求めよ。表 16・7 に各種分子の双極子モーメントを載せてある。

解答: 表 16・7 によると，$\mu_1 = \mu_2 = 3.44 \times 10^{-30}$ C m である。したがって，

$$-r^6 u_{\text{d-d}}(r) = \frac{(2)(3.44 \times 10^{-30} \text{ C m})^4}{(3)\left(\dfrac{8.314 \text{ J mol}^{-1} \text{ K}^{-1}}{6.022 \times 10^{23} \text{ mol}^{-1}}\right)(300 \text{ K})(1.113 \times 10^{-10} \text{ C}^2 \text{ s}^2 \text{ kg}^{-1} \text{ m}^{-3})^2}$$

$$= 1.82 \times 10^{-78} \text{ J m}^6$$

となる。この計算結果は小さすぎるように思えるが，$-r^6 u_{\text{d-d}}(r)$ を計算していることを忘れてはならない。たとえば，300 pm 離れた場合には，$u_{\text{d-d}}(r)$ は -2.5×10^{-21} J となり，これは 300 K における熱エネルギー ($k_B T = 4.1 \times 10^{-21}$ J) と同程度の値である。

表 16・7 原子と分子の双極子モーメント (μ)，分極率体積 ($\alpha/4\pi\varepsilon_0$)，イオン化エネルギー (I)

化学種	$\mu/10^{-30}$ C m	$(\alpha/4\pi\varepsilon_0)/10^{-30}$ m^3	$I/10^{-18}$ J
He	0	0.21	3.939
Ne	0	0.39	3.454
Ar	0	1.63	2.525
Kr	0	2.48	2.243
Xe	0	4.01	1.943
N_2	0	1.77	2.496
CH_4	0	2.60	2.004
C_2H_6	0	4.43	1.846
C_3H_8	0.03	6.31	1.754
CO	0.40	1.97	2.244
CO_2	0	2.63	2.206
HCl	3.44	2.63	2.043
HI	1.47	5.42	1.664
NH_3	5.00	2.23	1.628
H_2O	6.14	1.47	2.020

式(16・28)の場合は両方の分子が永久双極子モーメントをもっていなければならない．たとえ一方の分子が永久双極子モーメントをもたない場合でも，その分子はもう一方の分子によって誘起される双極子モーメントをもつことになる．すべての原子や分子は**分極可能**[1]だから，永久双極子モーメントをもたない分子でも双極子モーメントが誘起されるのである．図16・15(c)に示すように，原子あるいは分子が電場と相互作用するとき，(負の)電子は一方向に片寄り，(正の)核はそれと反対方向に片寄る．この電荷分離とそれに付随した双極子モーメントは電場の強さに比例するので，誘起双極子モーメントを $\mu_{誘起}$，電場を E と記すと，$\mu_{誘起} \propto E$ となる．α で表した比例定数を**分極率**[2]といい，

$$\mu_{誘起} = \alpha E \qquad (16・29)$$

で定義される．E の単位は $V\,m^{-1}$ だから，式(16・29)の α の単位は $C\,m/V\,m^{-1} = C\,m^2\,V^{-1}$ となる．エネルギー＝(電荷)$^2/4\pi\varepsilon_0$(距離) であることを使えば，α をもっと見通しのよい単位に変換でき，それを SI 単位で書くと，

$$\text{ジュール} \sim \frac{C^2}{(4\pi\varepsilon_0)\,m} = C^2\,m^{-1}/4\pi\varepsilon_0$$

となる．同様に，静電気学から，

$$\text{ジュール} = \text{クーロン} \times \text{ボルト} = C\,V$$

である．ジュールに関する上の二つの式を等しいとおくと，$C\,V = C^2\,m^{-1}/4\pi\varepsilon_0$ すなわち $C\,V^{-1} = (4\pi\varepsilon_0)\,m$ を得る．そこで，この結果を上で求めた α の単位 $(C\,m^2\,V^{-1})$ に代入すると，

$$\alpha \sim (4\pi\varepsilon_0)\,m^3$$

となる．結局，$\alpha/4\pi\varepsilon_0$ が m^3 の単位をもつことがわかる．つまり，量 $\alpha/4\pi\varepsilon_0$ は体積の単位をもつ．これを**分極率体積**[3]という．原子や分子の電荷分布が電場によって変形しやすいほど，分極率が大きい．原子あるいは分子の分極率は，そのサイズ($\alpha/4\pi\varepsilon_0$ の単位に注意せよ)，あるいはその電子数に比例する．表16・7 の原子や分子の分極率体積からその傾向が見てとれるだろう．

さて，図16・15(c)に示した双極子-誘起双極子相互作用に話しを戻そう．誘起双極子モーメントは永久双極子モーメントに対して常に 頭-尾 の向きをとるので，相互作用はいつも引力的であり，

$$u_{誘起}(r) = -\frac{\mu_1^2 \alpha_2}{(4\pi\varepsilon_0)^2 r^6} - \frac{\mu_2^2 \alpha_1}{(4\pi\varepsilon_0)^2 r^6} \qquad (16・30)$$

---

1) polarizable　　2) polarizability　　3) polarizability volume

で与えられる．第1項は分子1の永久双極子モーメントと分子2の誘起双極子モーメントを表し，第2項はそれと逆の場合を表している．

例題 16・11 2個の HCl(g) 分子について $u_{誘起}(r)$ の r^{-6} 項の係数の値を計算せよ．

解答: 式(16・30)の二つの項は同種分子に対しては等しい．表 16・7 のデータを用いると，

$$-r^6 u_{誘起}(r) = \frac{2\mu^2(\alpha/4\pi\varepsilon_0)}{4\pi\varepsilon_0}$$

$$= \frac{(2)(3.44\times10^{-30}\,\text{C m})^2(2.63\times10^{-30}\,\text{m}^3)}{1.113\times10^{-10}\,\text{C}^2\,\text{s}^2\,\text{kg}^{-1}\,\text{m}^{-3}}$$

$$= 5.59\times10^{-79}\,\text{J m}^6$$

となる．この結果は例題 16・10 で得た $-r^6 u_{\text{d-d}}(r)$ の結果のほぼ 30 % になっていることがわかるだろう．

式(16・28)および式(16・30)は，どちらの分子も永久双極子モーメントをもたないときは零になる．式(16・24)の r^{-6} 項への第3の寄与は両方の分子が非極性の場合でも零にならない．この寄与は1930年にドイツ人科学者 フリッツ ロンドン[1] によって量子力学を用いて最初に計算され，現在では**ロンドンの分散引力**[2] といわれている．この引力はまさしく量子力学的効果であるが，つぎのような一般的に使われている古典的な考え方に適合している．図 16・15(d) に示すように距離 r だけ離れた2個の原子を考えよう．一方の原子核の高い正電荷を，その原子上の電子だけでは，他方の原子上の電子に対して完全には遮蔽することができない．分子は分極できるから，電子の波動関数がわずかに歪んで，相互作用エネルギーをさらに下げる．この電子的な引力を量子力学的に平均すると，r^{-6} で変化する引力項が得られる．厳密な量子力学計算は多少複雑だが，最終結果の近似的な形は，

$$u_{分散}(r) = -\frac{3}{2}\left(\frac{I_1 I_2}{I_1+I_2}\right)\frac{\alpha_1\alpha_2}{(4\pi\varepsilon_0)^2}\frac{1}{r^6} \tag{16・31}$$

となる．ここで，I_j は j 番目の原子あるいは分子のイオン化エネルギーである．式(16・31)には永久双極子モーメントは含まれておらず，相互作用エネルギーが分極率体積の積に比例することに注意しよう．したがって，$u_{分散}(r)$ の重要性は，原子あるい

---

[1] Fritz London [2] London dispersion attraction

は分子のサイズとともに増加し，実際，しばしば式(16·24)のr^{-6}項への主要な寄与になるのである．

例題 16·12 2個のHCl(g)分子間の$u_{分散}(r)$のr^{-6}項の係数値を計算せよ．

解答: 表16·7のデータを使うと，

$$-r^6 u_{分散}(r) = \frac{3}{2}\left(\frac{2.043 \times 10^{-18} \text{ J}}{2}\right)(2.63 \times 10^{-30} \text{ m}^3)^2$$
$$= 1.06 \times 10^{-77} \text{ J m}^6$$

となる．この値は$-r^6 u_{d\text{-}d}(r)$の約6倍，$-r^6 u_{誘起}(r)$の20倍の大きさになっている．同様の計算から，NH_3, H_2O, HCNのようなきわめて極性の強い分子を除いて，分散項が双極子-双極子項や双極子-誘起双極子項よりもずっと大きいことがわかる．

レナード-ジョーンズポテンシャルのr^{-6}項に対するすべての寄与は式(16·28)，式(16·30)，式(16·31)の和で与えられる．すなわち，

$$u(r) = \frac{c_{12}}{r^{12}} - \frac{c_6}{r^6}$$

において，同種の原子あるいは分子の場合は，

$$c_6 = \frac{2\mu^4}{3(4\pi\varepsilon_0)^2 k_B T} + \frac{2\alpha\mu^2}{(4\pi\varepsilon_0)^2} + \frac{3}{4}\frac{I\alpha^2}{(4\pi\varepsilon_0)^2} \tag{16·32}$$

で与えられることになる(問題16·45参照)．

16·7 ファン・デル・ワールス定数は分子パラメーターを使って書き表される

レナード-ジョーンズポテンシャルはかなり実用的なものではあるが，使うのも難しい．たとえば，第二ビリアル係数は数値的に算出しなければならないし(例題16·7参照)，気体の性質を求めるには数値表に頼らざるを得ない．したがって，解析的に計算できる分子間ポテンシャルの方が気体の性質を求める際によく使われるのである．このようなポテンシャルで最も簡単なものはいわゆる**剛体球ポテンシャル**[1](図16·16a参照)といい，数式で表すと，

$$u(r) = \begin{matrix} \infty & r < \sigma \\ 0 & r > \sigma \end{matrix} \tag{16·33}$$

---

[1] hard-sphere potential

である．このポテンシャルは直径が σ の剛体球を表している．式(16·33)から，反発的な領域が r^{-12} のように変化するのでなく，無限に急激に変化するものとして表さ

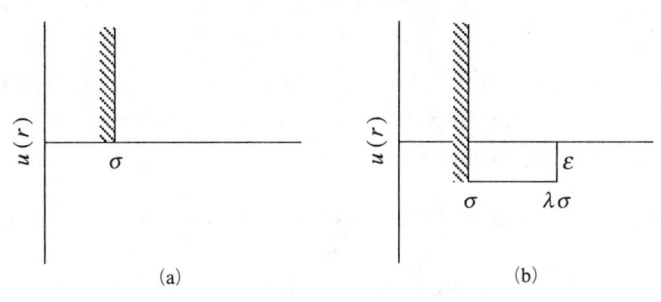

図 16·16 (a) 剛体球ポテンシャルおよび (b) 長方形井戸型ポテンシャルの概略図．パラメーター σ は分子の直径，ε は引力的井戸の深さ，$(\lambda-1)\sigma$ はその井戸の幅である．

れる．このポテンシャルは単純すぎるように思えるかもしれないが，分子の大きさが有限であることをきちんと説明しており，これが液体と固体の構造を決定する際の主要な特徴であることを明らかにしてくれる．また，このポテンシャルの明らかな欠点は，引力項がどこにもないことである．しかし，レナード-ジョーンズポテンシャルの ε/k_B から見て温度が高い場合は，引力ポテンシャルがほとんど効き目がないほどの十分なエネルギーで分子が動き回るので，剛体球ポテンシャルはこのような条件下では役に立つ．

剛体球ポテンシャルの場合には，第二ビリアル係数の計算は簡単である．式(16·33)を式(16·20)に代入すると，

$$\begin{aligned}B_{2V}(T) &= -2\pi N_A \int_0^\infty [e^{-u(r)/k_B T} - 1] r^2 dr \\ &= -2\pi N_A \int_0^\sigma [0 - 1] r^2 dr - 2\pi N_A \int_\sigma^\infty [e^0 - 1] r^2 dr \\ &= \frac{2\pi \sigma^3 N_A}{3}\end{aligned} \quad (16·34)$$

を得る．これは N_A 個の球の体積の 4 倍になっている．(σ が球の直径であることを思い出せ．) したがって，剛体球の第二ビリアル係数は温度に無関係である．図16·11 と図16·14 に示した第二ビリアル係数の高温極限値がほとんど一定であることに注意せよ．分子は実際には"硬く"ないので，曲線は現実には緩やかな極大を通過する．

かなりよく使われるもう一つの簡単なポテンシャルがつぎの**長方形井戸型ポテン**

シャル[1] である (図 16·16 b 参照).

$$u(r) = \begin{cases} \infty & r < \sigma \\ -\varepsilon & \sigma < r < \lambda\sigma \\ 0 & r > \lambda\sigma \end{cases} \quad (16\cdot 35)$$

パラメーター ε は井戸の深さ, $(\lambda-1)\sigma$ はその井戸の幅である. 粗い近似だが, このポテンシャルには引力的領域がもち込まれている. 長方形井戸型ポテンシャルの場合は第二ビリアル係数が解析的に求められて,

$$\begin{aligned} B_{2V}(T) &= -2\pi N_A \int_0^\sigma [0-1]r^2 dr - 2\pi N_A \int_\sigma^{\lambda\sigma} [e^{\varepsilon/k_B T} - 1]r^2 dr \\ &\quad - 2\pi N_A \int_{\lambda\sigma}^\infty [e^0 - 1]r^2 dr \\ &= \frac{2\pi\sigma^3 N_A}{3} - \frac{2\pi\sigma^3 N_A}{3}(\lambda^3 - 1)(e^{\varepsilon/k_B T} - 1) \\ &= \frac{2\pi\sigma^3 N_A}{3}[1 - (\lambda^3 - 1)(e^{\varepsilon/k_B T} - 1)] \quad (16\cdot 36) \end{aligned}$$

となる. 引力的井戸がない場合に相当する $\lambda=1$ あるいは $\varepsilon=0$ のときには, 式(16·36)は式(16·34)に帰着する. 図 16·17 に窒素の実測データと式(16·36)の比較を示してある. 長方形井戸型ポテンシャルは三つの調整パラメーターをもつものの, 驚くべきほどによく一致している.

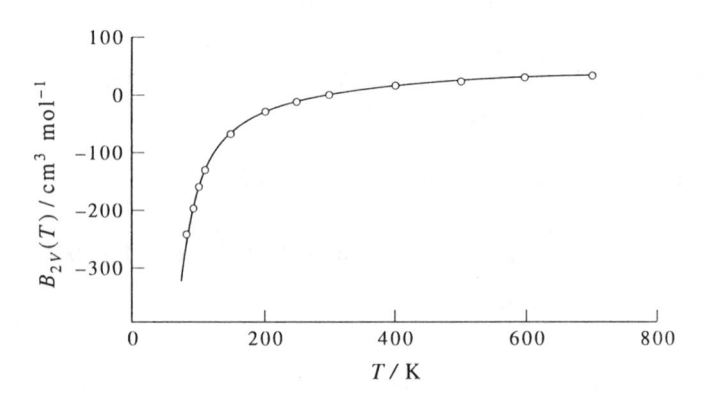

図 16·17 窒素の長方形井戸型第二ビリアル係数の比較. 窒素の長方形井戸型ポテンシャルのパラメーターは $\sigma=327.7$ pm, $\varepsilon/k_B=95.2$ K, $\lambda=1.58$ である. 白丸は実測データを表す.

---

[1] square-well potential

16. 気 体 の 性 質

この章を終える前に,ファン・デル・ワールス状態方程式に対する第二ビリアル係数を考察しておこう. まず,ファン・デル・ワールスの式を,

$$P = \frac{RT}{\bar{V}} \frac{1}{(1 - b/\bar{V})} - \frac{a}{\bar{V}^2} \tag{16・37}$$

の形式に書こう. つぎに,$1/(1-x)$ の2項展開(数学章I参照)を用いると,式(16・37)は($x = b/\bar{V}$ とすると),

$$P = \frac{RT}{\bar{V}} + (RTb - a)\frac{1}{\bar{V}^2} + \frac{RTb^2}{\bar{V}^3} + \cdots$$

のように書き直せる. すなわち,

$$Z = \frac{P\bar{V}}{RT} = 1 + \left(b - \frac{a}{RT}\right)\frac{1}{\bar{V}} + \frac{b^2}{\bar{V}^2} + \cdots$$

となる. この結果を式(16・17)と比べると,ファン・デル・ワールス方程式の場合は,

$$B_{2V}(T) = b - \frac{a}{RT} \tag{16・38}$$

となることがわかる. つぎに,式(16・20)から同様な結果を導き,a と b を分子パラメーターを使って解釈しよう. 用いる分子間ポテンシャルは剛体球ポテンシャルとレナード-ジョーンズポテンシャルのつぎのような混合形である.

$$u(r) = \begin{array}{ll} \infty & r < \sigma \\ -\dfrac{c_6}{r^6} & r > \sigma \end{array} \tag{16・39}$$

このポテンシャルを式(16・20)に代入すると,

$$B_{2V}(T) = -2\pi N_A \int_0^\sigma (-1) r^2 \mathrm{d}r - 2\pi N_A \int_\sigma^\infty [\mathrm{e}^{c_6/k_B T r^6} - 1] r^2 \mathrm{d}r$$

を得る. 2番目の積分において,$c_6/k_B T r^6 \ll 1$ と仮定し,e^x の展開(数学章I参照)を用いて,最初の2項だけをとって計算すると,

$$\begin{aligned} B_{2V}(T) &= \frac{2\pi\sigma^3 N_A}{3} - \frac{2\pi N_A c_6}{k_B T}\int_\sigma^\infty \frac{r^2 \mathrm{d}r}{r^6} \\ &= \frac{2\pi\sigma^3 N_A}{3} - \frac{2\pi N_A c_6}{3 k_B T \sigma^3} \end{aligned} \tag{16・40}$$

を得る. この結果を式(16・38)と比較すると,

$$a = \frac{2\pi N_A^2 c_6}{3\sigma^3} \qquad b = \frac{2\pi\sigma^3 N_A}{3}$$

が得られる．したがって，a は分子間ポテンシャルの r^{-6} 項の係数 c_6 に比例し，b は分子体積の 4 倍に等しいことがわかる．分子論の見方からは，ファン・デル・ワールス方程式は，短距離のところでは剛体球ポテンシャル，長距離においては ($c_6/k_B T r^6 \ll 1$ を満足するような) 弱い引力ポテンシャルをもつ分子間ポテンシャルに由来しているとすることができよう．

問題

16·1 数年前，雑誌 *Science* のある号において，ある研究グループが 302 ギガパスカル(GPa)の圧力下でのヨウ化セシウム結晶の構造決定に関する実験について議論していた．この圧力は何気圧か．また何バールか．

16·2 気象学においては，圧力はヘクトパスカル(hPa)単位で表される．985 hPa を Torr および気圧単位に変換せよ．

16·3 10.6 m の水柱が及ぼす圧力を(atm 単位で)計算せよ．水の密度を 1.00 g mL^{-1} とする．

16·4 摂氏温度目盛と**華氏温度目盛**[1](°F)で温度が等しくなるところは何度か．

16·5 旅行ガイドが，摂氏温度を華氏温度に変換するには，摂氏温度を 2 倍して，それに 30 を足せばよいと言った．この計算式について意見を述べよ．

16·6 表面科学の研究は，10^{-12} Torr のような低圧に保てる超高真空容器を用いて行われる．298 K においてそのような装置の内部には容積 1.00 cm^3 当たり何個の分子が存在するか．この圧力，温度における対応したモル体積 $\overline{V}$ はいくらか．

16·7 未知の気体の 300 K における以下のデータを用いて，この気体の分子質量を決定せよ．

P/bar	0.1000	0.5000	1.000	1.01325	2.000
ρ/g L^{-1}	0.1771	0.8909	1.796	1.820	3.652

16·8 分圧に関するドルトンの法則によると，理想気体の混合気体においては，おのおのの気体はあたかも他の気体が存在しないかのごとく振舞うとされている．このことを使うと，各気体が及ぼす分圧が，

$$P_j = \left(\frac{n_j}{\sum n_j}\right) P_{\text{total}} = y_j P_{\text{total}}$$

となることを示せ．ここで P_j は j 番目の気体の分圧，y_j はそのモル分率である．

16·9 H$_2$(g) と N$_2$(g) のある混合気体が 300 K，500 Torr のとき密度が 0.216 g

---

1) Fahrenheit temperature scale, 訳注: $t = \dfrac{5}{9}(t_F - 32)$

16. 気体の性質

L^{-1} である．この混合気体の組成をモル分率で表せ．

16·10 2.1 bar の $N_2(g)$ 1.0 L と 3.4 bar の $Ar(g)$ 2.0 L を 4.0 L のフラスコに入れて理想気体の混合物を作る．気体の初期温度と最終温度が同じ場合の混合気体の最終圧力の値を計算せよ．$N_2(g)$ と $Ar(g)$ のそれぞれの初期温度が 304 K と 402 K で，混合気体の最終温度が 377 K の場合について，同様の計算をせよ．（理想気体として振舞うと仮定せよ．）

16·11 298.2 K，0.0100 bar であるガラス容器に窒素を満たすには 0.3625 g が必要である．同じ条件で同一容器に未知の等核二原子分子気体を満たすには 0.9175 g が必要である．この気体は何か．

16·12 気体定数の値を dm^3 Torr K^{-1} mol^{-1} の単位で求めよ．

16·13 ファン・デル・ワールス方程式を用いて，メタンについて $T = 180$ K，189 K，190 K，200 K，250 K における圧縮率因子 Z を P に対してプロットせよ．［ヒント：$\overline{V}$ の関数として Z と P をそれぞれ計算し，それから Z を P に対してプロットせよ．］

16·14 ファン・デル・ワールス方程式を用いて，200 K，1000 bar における CO のモル体積を求めよ．その結果を，理想気体方程式を用いた場合に得られる結果と比較せよ．実験値は 0.04009 L mol^{-1} である．

16·15 プロパンが 400 K で $\rho = 10.62$ mol dm^{-3} のときの圧力を，(a) 理想気体方程式，(b) ファン・デル・ワールス方程式を用いて比較せよ．実験値は 400 bar である．

16·16 ファン・デル・ワールス方程式を用いて，400.0 K で 1.00 mol のエタンが 83.26 cm^3 の容積に閉じ込められているときの圧力を計算せよ．実験値は 400 bar である．

16·17 ファン・デル・ワールス方程式を用いて，500 K で 500 bar のメタン 1.00 mol のモル密度を計算せよ．実験値は 10.06 mol L^{-1} である．

16·18 ファン・デル・ワールス方程式を用いて，200 K で密度が 27.41 mol L^{-1} のメタンの圧力を計算せよ．実験値は 1600 bar である．

16·19 400 K でのプロパンの圧力の密度依存性は，$0 \leq \rho/\text{mol L}^{-1} \leq 12.3$ の場合，つぎの式で再現できる．

$$P/\text{bar} = 33.258(\rho/\text{mol L}^{-1}) - 7.5884(\rho/\text{mol L}^{-1})^2$$
$$+ 1.0306(\rho/\text{mol L}^{-1})^3 - 0.058757(\rho/\text{mol L}^{-1})^4$$
$$- 0.0033566(\rho/\text{mol L}^{-1})^5 + 0.00060696(\rho/\text{mol L}^{-1})^6$$

ファン・デル・ワールス方程式を用いて，$\rho = 0$ mol L^{-1} から 12.3 mol L^{-1} までの圧力を計算し，結果をプロットせよ．その結果を上の式と比べるとどのようになるか．

16·20 $T = 142.69$ K，$P = 35.00$ atm のアルゴンの場合，ファン・デル・ワールス

方程式が，

$$\bar{V}^3 - 0.3664\bar{V}^2 + 0.03802\bar{V} - 0.001210 = 0$$

のように書けることを示せ．ここで，便宜上係数の単位は省略した．ニュートン-ラフソン法（数学章 G 参照）を使って，上の式の三つの根を求めて，この条件の下で液体と気体が平衡にあるときのそれぞれの密度を計算せよ．

16·21 ブタンは 370.0 K，14.35 bar のとき液体と蒸気が共存する．液相と気相の密度はそれぞれ 8.128 mol L^{-1} と 0.6313 mol L^{-1} である．ファン・デル・ワールス方程式を用いて，これらの密度を計算せよ．

16·22 臨界定数を使ってファン・デル・ワールス定数を表す式を求めるためのもう一つのやり方は，臨界点において $(\partial P/\partial \bar{V})_T$ と $(\partial^2 P/\partial \bar{V}^2)_T$ を零とおく方法である．これらの量が臨界点で零に等しくなる理由は何か．この手順で式(16·11)と式(16·12)が導かれることを示せ．

16·23 表 16·4 に掲げた気体の沸点を拾い出し，それぞれの臨界温度 T_c に対してプロットせよ．何か相関があるか．このプロットから得られた結論が正しいことを主張できる理由を考えよ．

16·24 $T_R = 1.64$ におけるエタンとアルゴンについての下のデータを用い，$\bar{V}_R$ に対して Z をプロットして対応状態の原理を説明せよ．

エタン ($T=500$ K)		アルゴン ($T=247$ K)	
P/bar	$\bar{V}$/L mol^{-1}	P/atm	$\bar{V}$/L mol^{-1}
0.500	83.076	0.500	40.506
2.00	20.723	2.00	10.106
10.00	4.105	10.00	1.999
20.00	2.028	20.00	0.985 7
40.00	0.990 7	40.00	0.479 5
60.00	0.646 1	60.00	0.311 4
80.00	0.475 0	80.00	0.227 9
100.0	0.373 4	100.0	0.178 5
120.0	0.306 8	120.0	0.146 2
160.0	0.226 5	160.0	0.107 6
200.0	0.181 9	200.0	0.086 30
240.0	0.154 8	240.0	0.073 48
300.0	0.130 3	300.0	0.062 08
350.0	0.117 5	350.0	0.056 26
400.0	0.108 5	400.0	0.052 19
450.0	0.101 9	450.0	0.049 19
500.0	0.096 76	500.0	0.046 87
600.0	0.089 37	600.0	0.043 48
700.0	0.084 21	700.0	0.041 08

16・25 問題 16・24 のデータを用い, P_R に対して Z をプロットして対応状態の原理を説明せよ.

16・26 問題 16・24 のデータを用い, 式 (16・16) から求めた $\bar{V}_R$ に対する Z のプロットと, データから求めた同様のプロットとを比べて, ファン・デル・ワールス方程式の定量的な信頼性を検討せよ.

16・27 図 16・9 を用いて 200 K, 180 bar における CO のモル体積を求めよ. 正確な実験値は 78.3 cm^3 mol^{-1} である.

16・28 $B_{2V}(T) = RTB_{2P}(T)$ (式 16・19 参照) が成立することを示せ.

16・29 273 K における NH$_3$(g) の以下のデータを使って, 273 K における $B_{2P}(T)$ を求めよ.

P/bar	0.10	0.20	0.30	0.40	0.50	0.60	0.70
$(Z-1)/10^{-4}$	1.519	3.038	4.557	6.071	7.583	9.002	10.551

16・30 273.15 K における酸素の密度の圧力依存性を下の表に示す.

P/atm	0.2500	0.5000	0.7500	1.0000
ρ/g dm^{-3}	0.356 985	0.714 154	1.071 485	1.428 962

このデータを使って酸素の $B_{2V}(T)$ を決定せよ. 酸素の原子質量を 15.9994, 気体定数の値を 8.314 51 J K^{-1} mol^{-1} = 0.082 057 8 dm^3 atm K^{-1} mol^{-1} とせよ.

16・31 レナード-ジョーンズポテンシャルが,

$$u(r) = \varepsilon\left(\frac{r^*}{r}\right)^{12} - 2\varepsilon\left(\frac{r^*}{r}\right)^6$$

のように書き表されることを示せ. ここで, r^* は $u(r)$ が極小になるところの r の値である.

16・32 表 16・6 のレナード-ジョーンズパラメーターを用いて, 典型的なレナード-ジョーンズポテンシャルの深さを共有結合の強さと比較せよ.

16・33 H$_2$(g) と O$_2$(g) のレナード-ジョーンズポテンシャルを同一のグラフにプロットして両者を比較せよ.

16・34 表 16・4 と表 16・6 のデータを使って, およそ $\varepsilon/k_B = 0.75\, T_c$, $b = 0.7\, \bar{V}_c$ になることを示せ. このように, 臨界定数を ε と $b (= 2\pi N_A \sigma^3/3)$ の最初の近似的な値として使うことができる.

16・35 つぎの形の一般的な分子間ポテンシャルから計算された第二ビリアル係数が, 厳密に対応状態の原理に従うことを証明せよ.

$$u(r) = (\text{エネルギーパラメーター}) \times f\left(\frac{r}{\text{距離パラメーター}}\right)$$

また，レナード-ジョーンズポテンシャルはこの条件を満足するか．

16·36 300.0 K のアルゴンに関する以下のデータを用いて，B_{2V} の値を決定せよ．一般に認められた値は $-15.05 \text{ cm}^3 \text{ mol}^{-1}$ である．

P/atm	ρ/mol L^{-1}	P/atm	ρ/mol L^{-1}
0.010 00	0.000 406 200	0.400 0	0.016 253 5
0.020 00	0.000 812 500	0.600 0	0.024 383 3
0.040 00	0.001 625 00	0.800 0	0.032 515 0
0.060 00	0.002 437 50	1.000	0.040 648 7
0.080 00	0.003 250 00	1.500	0.060 991 6
0.100 0	0.004 062 60	2.000	0.081 346 9
0.200 0	0.008 125 80	3.000	0.122 094

16·37 図 16·14 と，表 16·6 のレナード-ジョーンズパラメーターを用いて，0 °C における $CH_4(g)$ の B_{2V} を求めよ．

16·38 λ が固定された値（つまり，すべての分子が同一の λ の値をとる）の長方形井戸型ポテンシャルの場合，$B_{2V}(T)$ が対応状態の原理に従うことを示せ．

16·39 表 16·6 のレナード-ジョーンズパラメーターを用いて，以下の第二ビリアル係数のデータが対応状態の原理を満足することを示せ．

アルゴン		窒素		エタン	
T/K	$B_{2V}(T)$ /10^{-3} dm^3 mol^{-1}	T/K	$B_{2V}(T)$ /10^{-3} dm^3 mol^{-1}	T/K	$B_{2V}(T)$ /10^{-3} dm^3 mol^{-1}
173	-64.3	143	-79.8	311	-164.9
223	-37.8	173	-51.9	344	-132.5
273	-22.1	223	-26.4	378	-110.0
323	-11.0	273	-10.3	411	-90.4
423	$+1.2$	323	-0.3	444	-74.2
473	4.7	373	$+6.1$	478	-59.9
573	11.2	423	11.5	511	-47.4
673	15.3	473	15.3		
		573	20.6		
		673	23.5		

16·40 16·4 節において，ファン・デル・ワールス方程式を，$P, \bar{V}, T$ をそれぞれの臨界値で割った換算単位で書き表した．このことから，第二ビリアル係数が $B_{2V}(T)$ と T を（16·5 節でやったように $2\pi N_A \sigma^3/3$ と ε/k_B で割る代わりに）それぞれ $\bar{V}_c$ と T_c で割った換算形式で書き表されることがわかる．前問で与えられた第二ビリアル係数のデータを，表 16·4 の $\bar{V}_c$ と T_c の値を用いて換算量に変換し，この換算量のデータが対応状態の原理を満足することを示せ．

16·41 アルゴン，クリプトン，キセノンの第二ビリアル係数の実測値をつぎに示す．

16. 気体の性質

T/K	$B_{2V}(T)/10^{-3}$ dm³ mol⁻¹		
	アルゴン	クリプトン	キセノン
173.16	−63.82		
223.16	−36.79		
273.16	−22.10	−62.70	−154.75
298.16	−16.06		−130.12
323.16	−11.17	−42.78	−110.62
348.16	−7.37		−95.04
373.16	−4.14	−29.28	−82.13
398.16	−0.96		
423.16	+1.46	−18.13	−62.10
473.16	4.99	−10.75	−46.74
573.16	10.77	+0.42	−25.06
673.16	15.72	7.42	−9.56
773.16	17.76	12.70	−0.13
873.16	19.48	17.19	+7.95
973.16			14.22

表16·6 のレナード-ジョーンズパラメーターを用いて，換算第二ビリアル係数 $B_{2V}^*(T^*)$ を換算温度 T^* に対してプロットし，対応状態の原理を説明せよ．

16·42 アルゴン，クリプトン，キセノンの臨界温度と臨界モル体積を使って，問題 16·41 で与えられたデータから対応状態の原理を説明せよ．

16·43 数値積分のプログラムが入った MathCad や Mathematica のようなソフトを用いて，式(16·26)の $B_{2V}^*(T^*)$ を $T^*=1.00$ から 10.0 まで数値的に求めよ．問題 16·41 の換算第二ビリアル係数のデータと，計算で求めた $B_{2V}^*(T^*)$ を同じグラフにプロットして比較せよ．

16·44 式(16·30)の右辺の単位がエネルギーであることを検証せよ．

16·45 式(16·28)，式(16·30)，式(16·31)の和が式(16·32)になることを示せ．

16·46 式(16·32)と表16·7，および表16·6 のレナード-ジョーンズパラメーターを使って $(c_6 = 4\varepsilon\sigma^6)$，$N_2(g)$ に対する r^{-6} の係数値を比較せよ．

16·47 クリプトンの長方形井戸型ポテンシャルのパラメーターは $\varepsilon/k_B = 136.5$ K，$\sigma = 327.8$ pm，$\lambda = 1.68$ である．$B_{2V}(T)$ を T に対してプロットし，その結果と問題 16·41 に与えられたデータを比較せよ．

16·48 熱膨張率[1] α は，

$$\alpha = \frac{1}{\overline{V}} \left(\frac{\partial \overline{V}}{\partial T} \right)_P$$

---

1) coefficient of thermal expansion

で定義される．理想気体の場合，

$$\alpha = \frac{1}{T}$$

であることを証明せよ．

16·49 等温圧縮率[1] κ は，

$$\kappa = -\frac{1}{\overline{V}}\left(\frac{\partial \overline{V}}{\partial P}\right)_T$$

で定義される．理想気体の場合，

$$\kappa = \frac{1}{P}$$

であることを証明せよ．

---

[1] isothermal compressibility

数学章 G
数 値 計 算 法

　高等学校(日本では中学校)において，2次方程式 $ax^2+bx+c=0$ は，いわゆる根の公式,

$$x = \frac{-b \pm \sqrt{b^2-4ac}}{2a}$$

によって与えられる二つの根をもつことを学んできた．たとえば，方程式 $x^2+3x-2=0$ を満足する二つの根は，

$$x = \frac{-3 \pm \sqrt{17}}{2}$$

となる．3次および4次方程式の一般的な根の公式もあるが，きわめて使いにくく，さらに，5次以上の方程式のそのような根の公式は存在しない．しかし残念なことに，実際にはたびたびそのような高次方程式に遭遇し，その扱い方を学ばなければならなくなる．幸い，電卓とパソコンの発達により，多項式や $x-\cos x=0$ のような，他のタイプの方程式を数値的に解くことが日常的になっている．これらの方程式を"力任せ"の試行錯誤によって解くことも可能ではあるが，もっと整然とした手順に従って任意の精度で答えを導くこともできる．おそらく一番広く知られている方法は，**ニュートン-ラフソン法**[1] で，これはつぎのような図で最もよく説明できる．図 G·1 に関数 $f(x)$ を x に対してプロットしてある．$f(x)=0$ の解を x_* で記す．ニュートン-ラフソン法の基本的な考え方は，x_* に"十分近い" x の初期値(これを x_0 とする)の見当をつけ，その x_0 における関数 $f(x)$ の接線を引くというもので，これを図 G·1 に示してある．ほとんどの場合，この接線の延長が横軸と交わる点は x_0 よりも

---

1) Newton-Raphson method

x_* に近くなる. x のこの値を x_1 と記し，この x_1 を用いて同様の手続きを繰返し，x_* にさらに近い新しい値 x_2 を求める．この操作（反復法あるいは逐次近似法という）を繰返して，ほとんど任意の精度で x_* に接近することができるのである．

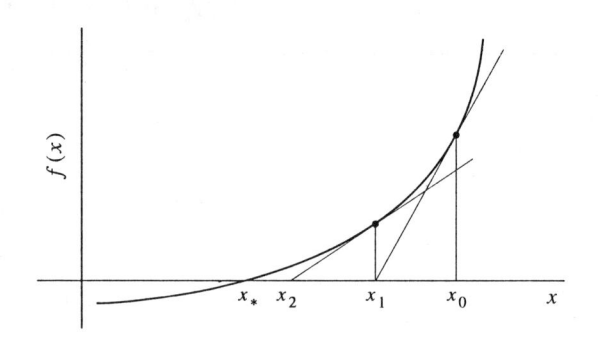

図 G·1 ニュートン-ラフソン法のグラフを用いた説明．

図 G·1 を用いると，x の逐次値を求めるための簡便な式を導ける．x_n における $f(x)$ の傾き $f'(x_n)$ は，

$$f'(x_n) = \frac{f(x_n) - 0}{x_n - x_{n+1}}$$

で与えられる．x_{n+1} についてこの式を解くと，

$$x_{n+1} = x_n - \frac{f(x_n)}{f'(x_n)} \qquad (G \cdot 1)$$

となる．これがニュートン-ラフソン法の逐次方程式である．この方程式の一つの応用例として，化学方程式，

$$2\text{NOCl}(g) \rightleftharpoons 2\text{NO}(g) + \text{Cl}_2(g)$$

を考えよう．この反応のある温度における平衡定数が 2.18 である．（化学平衡については 26 章で説明するが，ここでは以下の単なる代数方程式を一例として用いる．）反応容器に 1.00 atm の NOCl(g) を導入すると，平衡状態においては $P_{\text{NOCl}} = 1.00 - 2x$，$P_{\text{NO}} = 2x$，$P_{\text{Cl}_2} = x$ である．これらの圧力はつぎの平衡定数の式を満足する．

$$\frac{P_{\text{NO}}^2 P_{\text{Cl}_2}}{P_{\text{NOCl}}^2} = \frac{(2x)^2 x}{(1.00 - 2x)^2} = 2.18$$

この式は，

$$f(x) = 4x^3 - 8.72x^2 + 8.72x - 2.18 = 0$$

と書ける．反応式の化学量論が成立するから，求めようとする x の値は 0 と 0.5 の間になければならないので，最初の推定値 (x_0) として 0.250 を選ぶことにしよう．表 G·1 に式 (G·1) を用いた結果を示す．わずか 3 段階で有効数字 3 桁まで収束していることがわかる．

表 G·1　方程式 $f(x) = 4x^3 - 8.72x^2 + 8.72x - 2.18 = 0$ の解を求めるためにニュートン-ラフソン法を適用した結果

n	x_n	$f(x_n)$	$f'(x_n)$
0	0.2500	-4.825×10^{-1}	5.110
1	0.3442	-4.855×10^{-2}	4.139
2	0.3559	-6.281×10^{-4}	4.033
3	0.3561	-1.704×10^{-5}	4.031
4	0.3561		

例題 G·1　16 章でつぎのような 3 次方程式を解いた．

$$x^3 + 3x^2 + 3x - 1 = 0$$

ニュートン-ラフソン法を使ってこの方程式の真の根を有効数字 5 桁まで求めよ．

解答：方程式を，

$$f(x) = x^3 + 3x^2 + 3x - 1 = 0$$

と書く．式を眺めれば，解は 0 と 1 の間にあることがわかる．$x_0 = 0.5$ を用いると，結果はつぎの表のようになる．

n	x_n	$f(x_n)$	$f'(x_n)$
0	0.500 000	1.375 00	6.750 0
1	0.296 300	0.178 294	5.041 18
2	0.260 930	0.004 809	4.769 83
3	0.259 920	$-0.000 005$	4.762 20
4	0.259 920		

有効数字 5 桁までの答えは $x = 0.259\,92$ である．$f(x) = 0$ を満足する x の値に近づくにつれて当然のことだが，各段階で $f(x_n)$ がかなり小さくなっていくが，

$f'(x_n)$ はそれほど変化しないことがわかる．同様の振舞いは表 G·1 でも見てとれる．

ニュートン-ラフソン法は強力ではあるが，いつもうまくいくわけではない．それがうまくいくときは，一見してすぐそれとわかるし，それがだめなときは，だめということがもっと明白である．見事なまでの失敗例は方程式 $f(x)=x^{1/3}=0$ の場合で，これでは $x_*=0$ である．$x_0=1$ から始めると，$x_1=-2$，$x_2=+4$，$x_3=-8$，等々の値を得る．図 G·2 から，この方法が収束しない理由がわかるだろう．ここでいえることは，常にまず $f(x)$ を図にプロットして，適切な根が見つかる場所の見当をつけ，かつ，その関数が特異な性質をもたないことを知っていなければならないということである．問題 G·1 から問題 G·9 を解けばニュートン-ラフソン法に熟達できる．

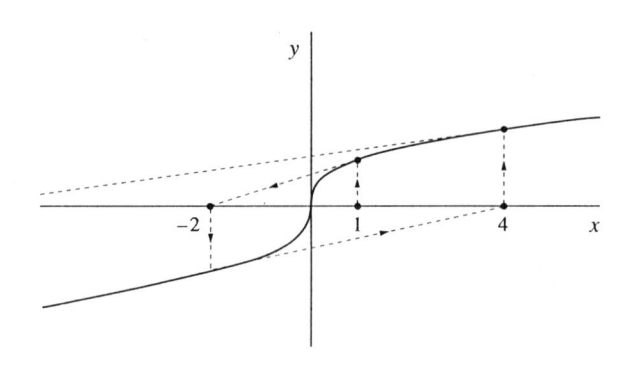

図 G·2 $y=x^{1/3}$ のプロット．この場合にはニュートン-ラフソン法がうまくいかないことを説明している．

積分を求めるための数値計算法もある．定積分は積分範囲での曲線と横軸との間の面積(曲線の下の領域)であるが，微積分学では，

$$F(x) = \int_a^x f(u)\,\mathrm{d}u$$

が成り立つときは，

$$\frac{\mathrm{d}F}{\mathrm{d}x} = f(x)$$

G. 数値計算法

であるという基本的な定理がある。関数 $F(x)$ を $f(x)$ の逆微分ということもある。微分すると $f(x)$ になるような初等関数 $F(x)$ がない場合には $f(x)$ の積分は解析的には計算できないということになる。ここで、初等関数というのは、多項式、三角関数、指数関数、対数関数の有限の組合わせで書き表される関数を指している。

したがって、解析的に計算できない積分が多数あることがわかる。初等関数を用いて計算できない積分の重要な一例が、

$$\phi(x) = \int_0^x e^{-u^2} du \tag{G·2}$$

である。式 (G·2) は (非初等) 関数 $\phi(x)$ の定義として使われる。x の任意の値に対する $\phi(x)$ の値は、$u=0$ から $u=x$ までの $f(u)=e^{-u^2}$ の曲線の下の面積で与えられる。

領域 (a, b) で $f(u)$ の積分を求めるという一般的な場合を考えよう。いろいろなやり方でこの面積を近似できる。まず、領域 (a, b) を n 個の等間隔の副領域 u_1-u_0, $u_2-u_1, \cdots, u_n-u_{n-1}$ に分割する。ここで、$u_0=a$, $u_n=b$ である。つぎに、$j=0, 1, \cdots, n-1$ として $h=u_{j+1}-u_j$ とおく。図 G·3 に副領域のうちの一つ、すなわち u_j, u_{j+1} 副領域を拡大して示す。この曲線の下の面積を近似する一つのやり方は、図 G·3 に示すように点 $f(u_j)$ と $f(u_{j+1})$ を直線で結ぶ方法である。その領域の $f(u)$ の直線近似の下の面積は、長方形 $[hf(u_j)]$ の面積と三角形 $\left\{\frac{1}{2}h[f(u_{j+1})-f(u_j)]\right\}$ の面積の和である。すべての領域についてこの近似を用いると、$u=a$ から $u=b$ までの曲線の下の全面積は、つぎの和、

$$\begin{aligned}
I \approx I_n = &\, hf(u_0) + \frac{h}{2}[f(u_1) - f(u_0)] \\
&+ hf(u_1) + \frac{h}{2}[f(u_2) - f(u_1)] \\
&\vdots \\
&+ hf(u_{n-2}) + \frac{h}{2}[f(u_{n-1}) - f(u_{n-2})] \\
&+ hf(u_{n-1}) + \frac{h}{2}[f(u_n) - f(u_{n-1})] \\
= &\, \frac{h}{2}[f(u_0) + 2f(u_1) + 2f(u_2) + \cdots + 2f(u_{n-1}) + f(u_n)]
\end{aligned} \tag{G·3}$$

で与えられる。式 (G·3) で係数が $1, 2, 2, \cdots, 2, 1$ となることに注意せよ。式 (G·3) は

$n=10$ 程度のときは電卓で，それより大きな n の場合はパソコンの一覧表計算で容易に実行できる．式(G·3)で与えられる，積分のこの近似を**台形近似**[1]という．〔誤差は Ah^2 に従って大きくなる．A は関数 $f(u)$ の性質に依存した定数である．実際，領域 (a, b) の中で $|f''(u)|$ の最大値を M とすると，誤差はたかだか $M(b-a)h^2/12$ となる．〕表 G·2 に $n=10(h=0.1)$, $n=100(h=0.01)$, $n=1000(h=0.001)$ の場合の，

$$\phi(1) = \int_0^1 e^{-u^2} du \tag{G·4}$$

の値を示す．（もっと高級な数値積分法を用いた）小数点以下 8 桁の"認められた"値は 0.746 824 13 である．

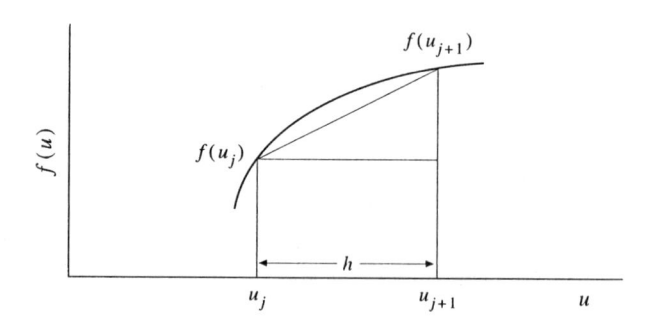

図 G·3 台形近似における $j+1$ 番目の副領域の面積の説明図．

図 G·3 の $f(u)$ の近似で直線以外のものを使うと，もっと正確な数値積分のやり方が開発できる．2 次関数で $f(u)$ を近似すると，つぎのような**シンプソンの公式**[2]を得る．

$$I_{2n} = \frac{h}{3}[f(u_0) + 4f(u_1) + 2f(u_2) + 4f(u_3) + 2f(u_4) + \cdots$$
$$+ 2f(u_{2n-2}) + 4f(u_{2n-1}) + f(u_{2n})] \tag{G·5}$$

係数が 1, 4, 2, 4, 2, 4, …, 4, 2, 4, 1 のようになることに注意しよう．シンプソンの公式では偶数個の領域が存在することが必要だから，式(G·5)では I_{2n} を書いている．表 G·2 に $n=10, 100, 1000$ の場合の式(G·4)の $\phi(1)$ の値を示す．シンプソンの公式の結果は，$n=100$ で認定された値に対して小数点以下 8 桁目で 1 しか違わないこと

---

1) trapezoidal approximation　　2) Simpson's rule

G. 数 値 計 算 法

がわかる．誤差は台形近似の場合に h^2 とともに大きくなるのと比べると，シンプソンの公式の場合は h^4 で変化する．実際，領域 (a, b) の中で $|f^{(4)}(u)|$ の最大値を M とすると，誤差はたかだか $M(b-a)h^4/180$ となる．問題 G·10 から問題 G·13 に台形近似とシンプソンの公式の使用例を示す．

表 G·2 式 (G·4) で与えられる $\phi(1)$ の計算に台形近似 (式 G·3) とシンプソンの公式 (式 G·5) を適用した計算例．小数点以下 8 桁の正確な値は 0.746 824 13 である

n	h	I_n (台形)	I_{2n} (シンプソンの公式)
10	0.1	0.746 218 00	0.746 824 94
100	0.01	0.746 818 00	0.746 824 14
1000	0.001	0.746 824 07	0.746 824 13

例題 G·2　単原子結晶のモル熱容量の(デバイの)理論によると，

$$\bar{C}_V = 9R\left(\frac{T}{\Theta_D}\right)^3 \int_0^{\Theta_D/T} \frac{x^4 e^x}{(e^x - 1)^2} dx$$

と与えられる．ここで，R は気体定数 (8.314 J K^{-1} mol^{-1})，**デバイ温度**[1] Θ_D は物質に固有のパラメーターである．銅の場合に $\Theta_D = 309$ K として，$T = 103$ K における銅のモル熱容量を計算せよ．

解答：$T = 103$ K で数値的に計算すべき肝心な積分は，

$$I = \int_0^3 \frac{x^4 e^x}{(e^x - 1)^2} dx$$

である．台形近似 (式 G·3) とシンプソンの公式 (式 G·5) を用いると，I について以下の値が求められる．

n	h	I_n (台形近似)	I_{2n} (シンプソンの公式)
10	0.3	5.9725	5.9648
100	0.03	5.9649	5.9648
1000	0.003	5.9648	5.9648

$T = 103$ K でのモル熱容量は，

$$\bar{C}_V = 9R\left(\frac{1}{3}\right)^3 I$$

---

[1] Debye temperature

すなわち，$\bar{C}_V = 16.5\,\mathrm{J\,K^{-1}\,mol^{-1}}$ となり，これは実験値と一致する．

ニュートン-ラフソン法とシンプソンの公式は一覧表上で容易に実行できるけれども，MathCad, Kaleidagraph, Mathematica, Maple といった代数方程式の根や積分をもっと高級な数値計算法で求めるための使いやすい数値計算用のソフトウェアが数多くある．

問 題

G·1 方程式 $x^5 + 2x^4 + 4x = 5$ の 0 と 1 の間に存在する根を有効数字 4 桁まで求めよ．

G·2 ニュートン-ラフソン法を用いて，$\sqrt{A}$ の値に関する逐次式，

$$x_{n+1} = \frac{1}{2}\left(x_n + \frac{A}{x_n}\right)$$

を導け．この式は 2000 年以上前にバビロニアの数学者によって発見されたものである．この式を使って $\sqrt{2}$ を有効数字 5 桁まで計算せよ．

G·3 ニュートン-ラフソン法を用いて方程式 $e^{-x} + (x/5) = 1$ を有効数字 4 桁の精度で解け．この方程式は問題 1·5 にある．

G·4 つぎの式で記述される 300 K での化学反応を考えよう．

$$\mathrm{CH_4(g) + H_2O(g) \rightleftharpoons CO(g) + 3H_2(g)}$$

$1.00\,\mathrm{atm}$ の $\mathrm{CH_4(g)}$ と $\mathrm{H_2O(g)}$ が反応容器に導入された場合には，平衡状態における圧力は，

$$\frac{P_{\mathrm{CO}} P_{\mathrm{H_2}}^3}{P_{\mathrm{CH_4}} P_{\mathrm{H_2O}}} = \frac{(x)(3x)^3}{(1-x)(1-x)} = 26$$

の式に従う．この方程式を x について解け．

G·5 ニュートン-ラフソン法を用いて，

$$64x^3 + 6x^2 + 12x - 1 = 0$$

の唯一の実数根を有効数字 5 桁まで求めよ．

G·6 方程式 $x^3 - 3x + 1 = 0$ の三つの根すべてを小数点以下 4 桁まで求めよ．

G. 数 値 計 算 法

G·7 3次方程式,
$$\bar{V}^3 - 0.1231\bar{V}^2 + 0.02056\bar{V} - 0.001271 = 0$$
の $\bar{V}=0.1$ 付近の根を，ニュートン-ラフソン法を用いて求めよ．

G·8 16·3節で3次方程式,
$$\bar{V}^3 - 0.3664\bar{V}^2 + 0.03802\bar{V} - 0.001210 = 0$$
を解いた．ニュートン-ラフソン法を用いて，この方程式の三つの根が 0.07073, 0.07897, 0.2167 であることを示せ．

G·9 ニュートン-ラフソン法は多項式に限られるわけではない．たとえば，問題 4·38 において ε に関する方程式，
$$\varepsilon^{1/2}\tan\varepsilon^{1/2} = (12-\varepsilon)^{1/2}$$
を ε について解くとき，同じグラフに $\varepsilon^{1/2}\tan\varepsilon^{1/2}$ と $(12-\varepsilon)^{1/2}$ を ε に対してプロットし，その二つの曲線の交点を求めた．結果は $\varepsilon=1.47$ と 11.37 であった．ニュートン-ラフソン法を用いて上の方程式を解き，同じ ε の値を求めよ．

G·10 台形近似とシンプソンの公式を用いて,
$$I = \int_0^1 \frac{dx}{1+x^2}$$
を計算せよ．この積分は解析的に計算できる．すなわち，$\tan^{-1}(1)$で与えられる．これは $\pi/4$ に等しいので小数点以下 8 桁の精度で $I=0.78539816$ となる．

G·11 $\ln 2$ を,
$$\ln 2 = \int_1^2 \frac{dx}{x}$$
を計算することで小数点以下 6 桁まで求めよ．6 桁の精度を保証する n はいくらでなければならないか．

G·12 シンプソンの公式を用いて,
$$I = \int_0^\infty e^{-x^2}\,dx$$
を計算し，厳密な値 $\sqrt{\pi}/2$ と比較せよ．

G·13 問題 1·42 にあった積分,
$$I = \int_0^\infty \frac{x^3\,dx}{e^x - 1}$$
の正確な値は $\pi^4/15$ である．シンプソンの公式を用いて I を小数点以下 6 桁の精度で計算せよ．

G·14 MathCad, Kaleidagraph, Mathematica などの数値計算用ソフトを用いて,

$$S = 4\pi^{1/2}\left(\frac{2\alpha}{\pi}\right)^{3/4} \int_0^\infty r^2 e^{-r} e^{-\alpha r^2} \, dr$$

の積分を, α の値が 0.200 と 0.300 の間で計算し, $\alpha = 0.271$ のとき S が極大値をとることを示せ(問題 11·11 参照).

数学章 H

偏微分

ある点 x における関数 $y(x)$ の微分は,

$$\frac{dy}{dx} = \lim_{\Delta x \to 0} \frac{y(x + \Delta x) - y(x)}{\Delta x} \tag{H·1}$$

で定義される．物理的には，dy/dx は x が変化したときの y の変化を表している．式(H·1)の関数 y は変数 x にだけ依存している．この関数 $y(x)$ の場合，x を独立変数，x の値に依存する y を従属変数という．

関数は二つ以上の変数に依存してもよい．たとえば，理想気体の圧力は，

$$P = \frac{nRT}{V} \tag{H·2}$$

のように温度，体積，モル数に依存することが知られている．この場合には，3個の独立変数がある．温度，体積，気体の量それぞれを独立に変化させることができる．圧力は従属変数である．この依存性を強調するために，

$$P = P(n, T, V)$$

のように書いてもよい．実験的には，一度に一つの独立変数(たとえば温度)だけを変化させ，その他二つの独立変数を固定したままの(決まった容積およびモル数の)条件で圧力変化を生じさせたいことがある．n と V を一定にして，T に関する P の微分を定義するためには，式(H·1)をそのまま手本にして，

$$\left(\frac{\partial P}{\partial T}\right)_{n,V} = \lim_{\Delta T \to 0} \frac{P(n, T+\Delta T, V) - P(n, T, V)}{\Delta T} \tag{H·3}$$

のように表す．$(\partial P/\partial T)_{n,V}$ を，n と V が一定の下での T についての P の偏微分という．実際にこの偏微分を計算するには，n と V をあたかも定数であるかのように

取扱って，式(H·2)において P を T について単に微分すればよい．したがって，理想気体の場合は，

$$\left(\frac{\partial P}{\partial T}\right)_{n,V} = \frac{nR}{V}$$

となる．同様にして，

$$\left(\frac{\partial P}{\partial n}\right)_{T,V} = \frac{RT}{V} \quad \text{および} \quad \left(\frac{\partial P}{\partial V}\right)_{n,T} = -\frac{nRT}{V^2}$$

が得られる．

例題 H·1 つぎのファン・デル・ワールス方程式の P の 1 次偏微分二つを求めよ．

$$P = \frac{RT}{\overline{V} - b} - \frac{a}{\overline{V}^2} \tag{H·4}$$

解答：この場合，P は T と $\overline{V}$ に依存するから，$P = P(T, \overline{V})$ である．P の 1 次偏微分は，

$$\left(\frac{\partial P}{\partial T}\right)_{\overline{V}} = \frac{R}{\overline{V} - b} \tag{H·5}$$

および

$$\left(\frac{\partial P}{\partial \overline{V}}\right)_{T} = -\frac{RT}{(\overline{V} - b)^2} + \frac{2a}{\overline{V}^3} \tag{H·6}$$

となる．

式(H·5)と式(H·6)で与えられる偏微分はそれ自体が T と $\overline{V}$ の関数であるから，式(H·5)と式(H·6)を微分すると 2 次偏微分をつくることができる．

$$\left(\frac{\partial^2 P}{\partial T^2}\right)_{\overline{V}} = 0 \quad \text{および} \quad \left(\frac{\partial^2 P}{\partial \overline{V}^2}\right)_{T} = \frac{2RT}{(\overline{V} - b)^3} - \frac{6a}{\overline{V}^4}$$

しかし，別のタイプの 2 次偏微分もつくることができる．たとえば，

$$\left[\frac{\partial}{\partial \overline{V}}\left(\frac{\partial P}{\partial T}\right)_{\overline{V}}\right]_{T} = \left[\frac{\partial}{\partial \overline{V}}\left(\frac{R}{\overline{V} - b}\right)\right]_{T} = -\frac{R}{(\overline{V} - b)^2} \tag{H·7}$$

および

$$\left[\frac{\partial}{\partial T}\left(\frac{\partial P}{\partial \bar{V}}\right)_T\right]_{\bar{V}} = \left[\frac{\partial}{\partial T}\left(-\frac{RT}{(\bar{V}-b)^2} + \frac{2a}{\bar{V}^3}\right)\right]_{\bar{V}} = -\frac{R}{(\bar{V}-b)^2} \quad \text{(H·8)}$$

をつくることができる.上の二つの2次微分を,交差微分,混合微分あるいは2次交差偏微分という.これらの微分はふつう,

$$\left(\frac{\partial^2 P}{\partial \bar{V}\partial T}\right) \quad \text{あるいは} \quad \left(\frac{\partial^2 P}{\partial T\partial \bar{V}}\right)$$

のように書き表される.ここでは,おのおのの微分操作で一定に保つ変数が違うので,どの変数が一定に保たれるかを記していない.これらの二つの交差微分は等しいので(式H·7と式H·8参照),

$$\left(\frac{\partial^2 P}{\partial \bar{V}\partial T}\right) = \left(\frac{\partial^2 P}{\partial T\partial \bar{V}}\right) \quad \text{(H·9)}$$

が成立することがわかる.したがって,この場合にはPの二つの偏微分を実行する順番は何らの違いももたらさないことになる.一般に交差微分は等しいことが明らかである.

例題 H·2 関数SとPには,

$$S = -\left(\frac{\partial A}{\partial T}\right)_V \quad \text{および} \quad P = -\left(\frac{\partial A}{\partial V}\right)_T$$

の関係式があるとする.ここで,A, S, PはTとVの関数である.

$$\left(\frac{\partial S}{\partial V}\right)_T = \left(\frac{\partial P}{\partial T}\right)_V$$

を証明せよ.

解答: Tが一定のとき,SのVについての偏微分をとると,

$$\left(\frac{\partial S}{\partial V}\right)_T = -\left(\frac{\partial^2 A}{\partial V\partial T}\right)$$

となり,一方,Vが一定のとき,TについてPの偏微分をとると,

$$\left(\frac{\partial P}{\partial T}\right)_V = -\left(\frac{\partial^2 A}{\partial T\partial V}\right)$$

となる.上のAの二つの交差微分を等しいとおくと,

$$\left(\frac{\partial S}{\partial V}\right)_T = \left(\frac{\partial P}{\partial T}\right)_V$$

が得られる.

式(H·5)と式(H·6)で与えられる偏微分から,1個の変数を固定したとき,他方の独立変数によってどのように P が変化するかがわかるだろう.2個(あるいはそれ以上)の独立変数の値が変化した場合に,どのように従属変数が変化するのか知りたい場合もよくある. $P = P(T, \bar{V})$ (1モルの場合)を例にとると,

$$\Delta P = P(T+\Delta T, \bar{V}+\Delta \bar{V}) - P(T, \bar{V})$$

と書ける. この式に $P(T, \bar{V}+\Delta \bar{V})$ を足して引くと,

$$\Delta P = [P(T+\Delta T, \bar{V}+\Delta \bar{V}) - P(T, \bar{V}+\Delta \bar{V})]$$
$$+ [P(T, \bar{V}+\Delta \bar{V}) - P(T, \bar{V})]$$

となる. 最初の[ ]内の二つの項に $\Delta T/\Delta T$ を掛け, 2番目の[ ]内の二つの項に $\Delta \bar{V}/\Delta \bar{V}$ を掛けると,

$$\Delta P = \left[\frac{P(T+\Delta T, \bar{V}+\Delta \bar{V}) - P(T, \bar{V}+\Delta \bar{V})}{\Delta T}\right]\Delta T$$
$$+ \left[\frac{P(T, \bar{V}+\Delta \bar{V}) - P(T, \bar{V})}{\Delta \bar{V}}\right]\Delta \bar{V}$$

が得られる. ここで, $\Delta T \to 0$ および $\Delta \bar{V} \to 0$ とおくと,

$$dP = \lim_{\Delta T \to 0}\left[\frac{P(T+\Delta T, \bar{V}) - P(T, \bar{V})}{\Delta T}\right]\Delta T$$
$$+ \lim_{\Delta \bar{V} \to 0}\left[\frac{P(T, \bar{V}+\Delta \bar{V}) - P(T, \bar{V})}{\Delta \bar{V}}\right]\Delta \bar{V} \qquad (\text{H·10})$$

となる.(定義により)最初の極限から $(\partial P/\partial T)_{\bar{V}}$, 2番目の極限から $(\partial P/\partial \bar{V})_T$ が得られるので, 式(H·10)から欲しい結果が得られる.

$$dP = \left(\frac{\partial P}{\partial T}\right)_{\bar{V}} dT + \left(\frac{\partial P}{\partial \bar{V}}\right)_T d\bar{V} \qquad (\text{H·11})$$

式(H·11)を P の全微分という. これは要するに, P の変化は,($\bar{V}$ を一定に保って) T による P の変化分に T の無限小変化を掛けたものに,(T 一定のとき) $\bar{V}$ による

P の変化分に $\bar{V}$ の無限小変化を掛けたものを加えた式で与えられるということである.

例題 H·3 式(H·11)を使うと，温度とモル体積をわずかに変化させたときの圧力の変化を求めることができる．このためには，有限の ΔT と $\Delta \bar{V}$ の場合，式(H·11)を，

$$\Delta P \approx \left(\frac{\partial P}{\partial T}\right)_{\bar{V}} \Delta T + \left(\frac{\partial P}{\partial \bar{V}}\right)_T \Delta \bar{V}$$

のように書く．この式を使って，1 モルの理想気体で温度が 273.15 K から 274.00 K に，体積が 10.00 L から 9.90 L に変化したときの圧力変化を求めよ．

解答: まず，

$$\left(\frac{\partial P}{\partial T}\right)_{\bar{V}} = \left[\frac{\partial}{\partial T}\left(\frac{RT}{\bar{V}}\right)\right]_{\bar{V}} = \frac{R}{\bar{V}}$$

および

$$\left(\frac{\partial P}{\partial \bar{V}}\right)_T = \left[\frac{\partial}{\partial \bar{V}}\left(\frac{RT}{\bar{V}}\right)\right]_T = -\frac{RT}{\bar{V}^2}$$

が必要になる．そうすると，

$$\Delta P \approx \frac{R}{\bar{V}} \Delta T - \frac{RT}{\bar{V}^2} \Delta \bar{V}$$

$$\approx \frac{(8.314 \text{ J K}^{-1} \text{ mol}^{-1})}{(10.00 \text{ L mol}^{-1})} (0.85 \text{ K})$$

$$- \frac{(8.314 \text{ J K}^{-1} \text{ mol}^{-1})(273.15 \text{ K})}{(10.00 \text{ L mol}^{-1})^2} (-0.10 \text{ L mol}^{-1})$$

$$\approx 3.0 \text{ J L}^{-1}$$

$$\approx 3.0 \times 10^3 \text{ J m}^{-3} = 3.0 \times 10^3 \text{ Pa} = 0.030 \text{ bar}$$

となる．ついでにいえば，この特に簡単な場合は，P の変化を，

$$\Delta P = \frac{RT_2}{\bar{V}_2} - \frac{RT_1}{\bar{V}_1}$$

$$= (8.314 \text{ J K}^{-1} \text{ mol}^{-1}) \left(\frac{274.00 \text{ K}}{9.90 \text{ L mol}^{-1}} - \frac{273.15 \text{ K}}{10.00 \text{ L mol}^{-1}}\right)$$

$$= 3.0 \text{ J L}^{-1} = 3.0 \text{ J dm}^{-3} = 0.030 \text{ bar}$$

からも厳密に計算できる．

式(H·4)は T と $\bar{V}$ の関数として P を与えている。すなわち、$P=P(T,\bar{V})$ である。式(H·4)の右辺を T と $\bar{V}$ について微分すると P の全微分ができて、

$$dP = \frac{R}{\bar{V}-b}dT - \frac{RT}{(\bar{V}-b)^2}d\bar{V} + \frac{2a}{\bar{V}^3}d\bar{V}$$

$$= \frac{R}{\bar{V}-b}dT + \left[-\frac{RT}{(\bar{V}-b)^2} + \frac{2a}{\bar{V}^3}\right]d\bar{V} \qquad (H·12)$$

となる。例題 H·1 から、式(H·12)がファン・デル・ワールス方程式の場合の式(H·11)にぴったり一致していることがわかる。しかしながら、dP について、

$$dP = \frac{RT}{\bar{V}-b}dT + \left[\frac{RT}{(\bar{V}-b)^2} - \frac{a}{T\bar{V}^2}\right]d\bar{V} \qquad (H·13)$$

という式が天下りで与えられたとして、この式(H·13)になるようなもとの状態方程式 $P=P(T,\bar{V})$ を決定するようにいわれたとしよう。つまり、もう少し簡単にいうと、全微分が式(H·13)で与えられるような関数 $P(T,\bar{V})$ が存在しうるかどうかを問う問題である。これにどう答えられるだろうか。そんな関数 $P(T,\bar{V})$ が存在すると仮定すると、その全微分は式(H·11)である。さらに、式(H·9)によると、関数 $P(T,\bar{V})$ の交差微分 $\left(\dfrac{\partial^2 P}{\partial \bar{V}\partial T}\right)$ と $\left(\dfrac{\partial^2 P}{\partial T\partial \bar{V}}\right)$ は等しくなければならない。式(H·13)にこの要請を適用すると、

$$\frac{\partial}{\partial T}\left[\frac{RT}{(\bar{V}-b)^2} - \frac{a}{T\bar{V}^2}\right] = \frac{R}{(\bar{V}-b)^2} + \frac{a}{T^2\bar{V}^2}$$

および

$$\frac{\partial}{\partial \bar{V}}\left(\frac{RT}{\bar{V}-b}\right) = -\frac{RT}{(\bar{V}-b)^2}$$

となる。したがって、この二つの交差微分は等しくないから、式(H·13)はどんな関数 $P(T,\bar{V})$ の微分でもない。式(H·13)の微分を不完全微分という。

完全微分の例を得るには、ファン・デル・ワールス方程式の場合に式(H·12)を求めたときに行ったように、任意の関数 $P(T,\bar{V})$ を素直に微分すればよい。式(H·7)と式(H·8)からわかるように、二つの交差微分が等しい。完全微分の場合はいつもそうなる。

例題 H·4　つぎの式は完全微分か。

$$dP = \left[\frac{R}{\overline{V} - B} + \frac{A}{2T^{3/2}\overline{V}(\overline{V} + B)}\right]dT$$
$$+ \left[-\frac{RT}{(\overline{V} - B)^2} + \frac{A(2\overline{V} + B)}{T^{1/2}\overline{V}^2(\overline{V} + B)^2}\right]d\overline{V} \quad (\text{H}\cdot 14)$$

解答: 二つの微分を計算すると,

$$\left[\frac{\partial}{\partial \overline{V}}\left\{\frac{R}{\overline{V} - B} + \frac{A}{2T^{3/2}\overline{V}(\overline{V} + B)}\right\}\right]_T$$
$$= -\frac{R}{(\overline{V} - B)^2} - \frac{A(2\overline{V} + B)}{2T^{3/2}\overline{V}^2(\overline{V} + B)^2}$$

$$\left[\frac{\partial}{\partial T}\left\{-\frac{RT}{(\overline{V} - B)^2} + \frac{A(2\overline{V} + B)}{T^{1/2}\overline{V}^2(\overline{V} + B)^2}\right\}\right]_{\overline{V}}$$
$$= -\frac{R}{(\overline{V} - B)^2} - \frac{A(2\overline{V} + B)}{2T^{3/2}\overline{V}^2(\overline{V} + B)^2}$$

となる. これらの微分は等しいから, 式(H·14)は完全微分を表している. これは, レドリック-ウォン状態方程式(式16·7)に対する P の全微分である.

完全あるいは不完全微分は物理化学において重要な役割を演じている. dy が完全微分の場合,

$$\int_1^2 dy = y_2 - y_1 \quad (\text{完全微分})$$

となるから, 積分は1から2への経路には依存せず, 両端(1と2)のみに依存する. しかし, これは不完全微分の場合には通用しない. つまり,

$$\int_1^2 dy \neq y_2 - y_1 \quad (\text{不完全微分})$$

である. この場合には, 積分は両端のみならず, 1から2への経路にも依存する.

問題

H·1 物質の等温圧縮率 κ_T は,

$$\kappa_T = -\frac{1}{V}\left(\frac{\partial V}{\partial P}\right)_T$$

で定義される．理想気体の等温圧縮率の式を求めよ．

H·2 物質の熱膨張率 α は,

$$\alpha = \frac{1}{V}\left(\frac{\partial V}{\partial T}\right)_P$$

と定義される．理想気体の熱膨張率の式を求めよ．

H·3 つぎの式が，理想気体の場合，および状態方程式が $P = nRT/(V-nb)$ で表される気体の場合に成り立つことを証明せよ．ここで，b は定数である．

$$\left(\frac{\partial P}{\partial V}\right)_{n,T} = \frac{1}{\left(\dfrac{\partial V}{\partial P}\right)_{n,T}}$$

この関係式は一般的に成立し，**逆数恒等式**[1] という．この恒等式の両辺で，同じ変数が固定されていなければならないことに注意せよ．

H·4 つぎの式が与えられているとき，T の関数として U を決定せよ．

$$U = kT^2\left(\frac{\partial \ln Q}{\partial T}\right)_{N,V}$$

ただし,

$$Q(N, V, T) = \frac{1}{N!}\left(\frac{2\pi m k_B T}{h^2}\right)^{3N/2} V^N$$

であり，k_B, m, h は定数である．

H·5 式 (16·7) のレドリック-ウォン方程式の P の全微分が式 (H·14) で与えられることを示せ．

H·6 22 章においてつぎの関係式を導くだろう．

$$\left(\frac{\partial U}{\partial V}\right)_T = T\left(\frac{\partial P}{\partial T}\right)_V - P$$

理想気体，ファン・デル・ワールス気体 (式 H·4) について $(\partial U/\partial V)_T$ を求めよ．

H·7 定容熱容量は,

$$C_V = \left(\frac{\partial U}{\partial T}\right)_V$$

で定義される．問題 H·6 の関係式が与えられているとして,

$$\left(\frac{\partial C_V}{\partial \overline{V}}\right)_T = T\left(\frac{\partial^2 P}{\partial T^2}\right)_{\overline{V}}$$

---

[1] reciprocal identity

を導け.

H·8 問題 H·7 の式を用いて，理想気体，ファン・デル・ワールス気体(式 H·4)のそれぞれについて $(\partial C_V/\partial \bar{V})_T$ を決定せよ.

H·9 つぎの式は完全微分か不完全微分か.

$$dV = \pi r^2 dh + 2\pi rh\, dr$$

H·10 つぎの式は完全微分か不完全微分か.

$$dx = C_V(T)\, dT + \frac{nRT}{V}\, dV$$

ここで，$C_V(T)$ は単に T の任意の関数である．また，dx/T についてはどうか.

H·11 つぎの2式,

$$\frac{1}{Y}\left(\frac{\partial Y}{\partial P}\right)_{T,n} = \frac{1}{\bar{Y}}\left(\frac{\partial \bar{Y}}{\partial P}\right)_T \quad \text{および} \quad \left(\frac{\partial P}{\partial \bar{Y}}\right)_T = n\left(\frac{\partial P}{\partial Y}\right)_{T,n}$$

を証明せよ．ここで，$Y = Y(P, T, n)$ は示量性の変数である.

H·12 式(16·5)はファン・デル・ワールス方程式の場合の P を $\bar{V}$ と T の関数として与えている．P を V, T, n の関数として表すと，

$$P = \frac{nRT}{V - nb} - \frac{n^2 a}{V^2} \tag{1}$$

となることを示せ．つぎに，式(16·5)から $(\partial P/\partial \bar{V})_T$，上の式(1)から $(\partial P/\partial V)_{T,n}$ を求めて，

$$\left(\frac{\partial P}{\partial \bar{V}}\right)_T = n\left(\frac{\partial P}{\partial V}\right)_{T,n}$$

を証明せよ．(問題 H·11 参照.)

H·13 問題 H·12 を参考にして,

$$\left(\frac{\partial P}{\partial T}\right)_{\bar{V}} = \left(\frac{\partial P}{\partial T}\right)_{V,n}$$

であることを示し，一般に,

$$\left[\frac{\partial y(x, \bar{V})}{\partial x}\right]_{\bar{V}} = \left[\frac{\partial y(x, n, V)}{\partial x}\right]_{V,n}$$

が成立することを証明せよ．ここで，y と x は示強性の変数で，$y(x, n, V)$ は $y(x, V/n)$ のように書き表される.

ボルツマン（Ludwig Boltzmann）は 1844 年 2 月 20 日にオーストリアのウィーンで生まれ，1906 年に没した．彼はウィーン大学で，ステファン-ボルツマンの式（Stefan-Boltzmann equation）のステファンとともに学び，1867 年に博士の学位を授与された．ウィーン大学に在籍中，彼は気体分子運動論を研究し，気体と輻射に関する実験的研究も行った．彼の理論的研究はよく知られている．同時に，有能な実験家でもあったが弱視というハンディを負っていた．彼は原子論の初期の提唱者の一人であり，その仕事の多くに物質の原子論の研究が含まれている．1869 年にボルツマンは，衝突している気体分子間のエネルギー分布に関するマクスウェルの理論を拡張し，現在ではボルツマン因子として知られているこの分布に関する新しい式を提出した．さらに，気体分子の速さとエネルギーの分布に関する式を提案し，それは現在ではマクスウェル-ボルツマン分布といわれている．1877 年に，エントロピーと確率の間の関係を表す彼の有名な式 $S = k_B \ln W$ を論文に発表した．当時は物質の原子的性質は一般には受け入れられず，多くの著名な科学者によってボルツマンの研究は批判された．不幸にも，彼は原子論と彼の研究が裏付けられるのを見るまでは生きられなかった．彼はいつも絶望に苛まれ，1906 年についに入水自殺をした．

17 章

ボルツマン因子と分配関数

上巻の数章で,原子や分子のエネルギー状態,さらにはあらゆる系のエネルギー状態が量子化されていることを学んだ.これらの許容されたエネルギー状態はシュレーディンガー方程式を解いて求められる.そこで生じる実際的な疑問は,ある与えられた温度で,分子がこれらのエネルギー状態にどのように分布するかということである.たとえば,どれだけの割合の分子が振動の基底状態,第一励起状態,等々に見つけられるべきかという疑問がでてくる.直感で,温度上昇とともに励起状態の占有数が増加すると思うだろう.本章において,まさにその通りになることがわかるはずである.本章の二つの中心課題はボルツマン因子と分配関数である.ボルツマン因子は物理化学において最も基本的で,役に立つ量の一つである.ボルツマン因子から,系がエネルギー $E_1, E_2, E_3, \cdots$ の状態をもつ場合,その系がエネルギー E_j の状態にいる確率 p_j はその状態のエネルギーに指数関数的に依存することが明らかになる.すなわち,

$$p_j \propto e^{-E_j/k_B T}$$

となる.ここで,k_B はボルツマン定数,T はケルビン温度である.17·2 節でこの結果を導き,章の残りの部分でこの式の意味するところとその応用について説明する.

確率の総和は1に等しくなければならないから,

$$Q = \sum_j e^{-E_j/k_B T}$$

とおくと,上の確率の規格化定数は $1/Q$ になる.Q を**分配関数**[1]といい,どんな系でも,その性質を計算する際に中心的役割を担うことがいずれわかるだろう.たとえば,Q を用いると,系のエネルギー,熱容量,圧力などを計算できることを示す.つぎの 18 章においては,この分配関数を用いて単原子分子や多原子分子の理想気体の熱容量

---

[1] partition function

を求める.

17・1　ボルツマン因子は精密科学の分野で最も重要な量の一つである

気体1リットル, 水1リットル, あるいは, 固体1キログラムのような巨視的な系を考えよう. 力学的な見方からすると, そのような系は粒子数 N, 容積 V, および粒子間の力を規定すれば記述できる. アボガドロ定数程度の粒子を含んだ系においてさえ, 全粒子の座標に依存するそのハミルトン演算子とそれに付随した波動関数を考えることができる. この N 体系のシュレーディンガー方程式は,

$$\hat{H}_N \Psi_j = E_j \Psi_j \qquad j=1,2,3,\cdots \qquad (17\cdot1)$$

である. ここで, エネルギーは N と V の両方に依存する. それを強調するために $E_j(N,V)$ と書く.

理想気体の分子は互いに独立だから, この特別な場合には, 全エネルギー $E_j(N,V)$ は単純に各分子のエネルギーの和である. つまり,

$$E_j(N,V) = \varepsilon_1 + \varepsilon_2 + \cdots + \varepsilon_N \qquad (17\cdot2)$$

となる. たとえば, 一辺の長さが a の立方体容器中の単原子理想気体の場合, 電子状態を無視して, 並進運動状態にだけ注目すると, ε_j は単純に,

$$\varepsilon_{n_x n_y n_z} = \frac{h^2}{8ma^2}(n_x^2 + n_y^2 + n_z^2) \qquad (17\cdot3)$$

によって与えられる並進エネルギーである(式3・60参照). $E_j(N,V)$ は, 式(17・2)の項の数を通じて N に依存し, また式(17・3)で $a=V^{1/3}$ であることを通じて V に依存していることに注意しよう.

粒子どうしが相互作用しているもっと一般的な系では, $E_j(N,V)$ は個々の粒子のエネルギーの和として書き表されないが, 少なくとも原理的には, 許容された巨視的エネルギーの組 $\{E_j(N,V)\}$ を依然として考えることができる.

ここでやりたいことは, 系がエネルギー $E_j(N,V)$ の状態 j にある確率を決定することである. そのために, ある温度 T で, ほとんど無限大の**熱浴**[1]と熱接触している非常に多数の系の集合を考える. 各系は同じ N, V, T の値をもつが, その N と V の値に矛盾しない異なる量子状態にあるだろう. そのような系の集合体を**アンサンブル**[2]という(図17・1参照). エネルギー $E_j(N,V)$ をもった状態 j にある系の数を a_j, アンサンブル中の系の総数を $\mathcal{A}$ と記すことにしよう.

---

1) heat bath あるいは heat reservoir　　2) ensemble

17. ボルツマン因子と分配関数

つぎに，アンサンブル中で各状態に見いだされる系の相対的な数を探ろう．一例として，エネルギー $E_1(N, V)$ と $E_2(N, V)$ をもった二つの状態 1 と 2 に注目する．エネルギー E_1 と E_2 の状態の系の相対的な数は E_1 と E_2 に依存するはずだから，

$$\frac{a_2}{a_1} = f(E_1, E_2) \tag{17・4}$$

と書く．ここで，a_1 と a_2 は状態 1 と 2 にあるアンサンブル中の系の数であり，f の関数形はこれから決めるべきものである．さて，エネルギーは常にエネルギーが零の点を基準に測らなければならないから，式(17・4)の E_1 と E_2 に対する依存性は，

$$f(E_1, E_2) = f(E_1 - E_2) \tag{17・5}$$

の形式でなければならない．このようにすれば，E_1 と E_2 に関するエネルギーの零点は，それが何であれ消えてしまう．結局，これまでに，

$$\frac{a_2}{a_1} = f(E_1 - E_2) \tag{17・6}$$

を得たことになる．式(17・6)は任意の二つのエネルギー状態に対して必ず成立するから，

$$\frac{a_3}{a_2} = f(E_2 - E_3) \quad \text{および} \quad \frac{a_3}{a_1} = f(E_1 - E_3) \tag{17・7}$$

と書ける．しかし，

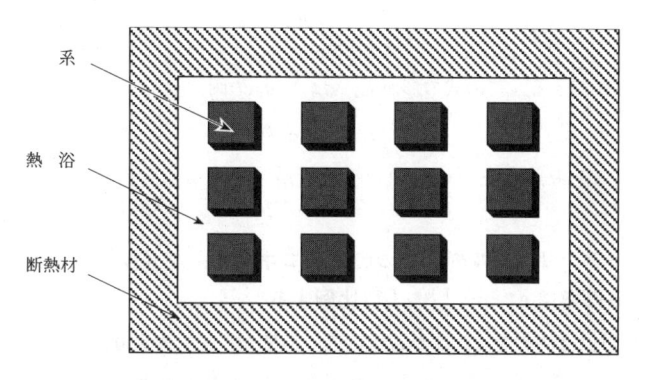

図 17・1 熱浴と熱平衡にある(巨視的な)系の集合体，すなわちアンサンブル．〔エネルギーが $E_j(N, V)$ の〕状態 j にある系の数は a_j，アンサンブル中の系の総数は $\mathcal{A}$ である．アンサンブルは概念上の産物だから，$\mathcal{A}$ は望みの大きさに考えることができる．

$$\frac{a_3}{a_1} = \frac{a_2}{a_1} \cdot \frac{a_3}{a_2}$$

であるから，式(17·6)と式(17·7)を用いると，関数 f が，

$$f(E_1 - E_3) = f(E_1 - E_2) f(E_2 - E_3) \tag{17·8}$$

を満足しなければならないことがわかる．この式を満足する関数 f の形は，ちょっと見ただけでは明らかでないかもしれないが，

$$e^{x+y} = e^x e^y$$

の関係を思い出すと，

$$f(E) = e^{\beta E}$$

であることがわかる．ここで，β は任意の定数である(問題 17·2 参照)．f のこの関数形が本当に式(17·8)を満足していることを検証するために，$f(E)$ のこの関数形を式(17·8)に代入すると，

$$e^{\beta(E_1 - E_3)} = e^{\beta(E_1 - E_2)} e^{\beta(E_2 - E_3)} = e^{\beta(E_1 - E_3)}$$

を得る．したがって，式(17·6)から，

$$\frac{a_2}{a_1} = e^{\beta(E_1 - E_2)} \tag{17·9}$$

となることがわかる．

状態1と状態2は何ら特別な状態ではないので，式(17·9)はもっと一般的に，

$$\frac{a_n}{a_m} = e^{\beta(E_m - E_n)} \tag{17·10}$$

と書くことができる．この式の形から，a_m と a_n の両方が，

$$a_j = C e^{-\beta E_j} \tag{17·11}$$

で与えられると考えてもよい．ここで，j は m または n を表し，C は定数である．

17·2　あるアンサンブル内の一つの系がエネルギー $E_j(N, V)$ をもった状態 j にある確率は $e^{-E_j(N, V)/k_B T}$ に比例する

式(17·11)には決めなければならない二つの量，C と β があり，そのうちの C の決定はかなり簡単である．式(17·11)の両辺を j について和をとると，

$$\sum_j a_j = C \sum_j e^{-\beta E_j}$$

が得られる．ここで，a_j についての総和はアンサンブル内の系の総数 $\mathcal{A}$ に等しくなけ

17. ボルツマン因子と分配関数

ればならない. したがって,

$$C = \frac{\sum_i a_i}{\sum_i e^{-\beta E_i}} = \frac{\mathcal{A}}{\sum_i e^{-\beta E_i}}$$

である. この結果を式(17·11)に代入し直すと,

$$\frac{a_j}{\mathcal{A}} = \frac{e^{-\beta E_j}}{\sum_i e^{-\beta E_i}} \tag{17·12}$$

を得る.

比 $a_j/\mathcal{A}$ は, 考えているアンサンブル内でエネルギーが E_j の状態 j に見つけださ れる系の割合である. アンサンブルは自由自在に大きくできるので, $\mathcal{A}$ の大きな極限では, $a_j/\mathcal{A}$ は確率になる(数学章 B 参照). したがって, 式(17·12)は,

$$p_j = \frac{e^{-\beta E_j}}{\sum_i e^{-\beta E_i}} \tag{17·13}$$

と書ける. ここで, p_j はでたらめに選んだ一つの系が, エネルギー $E_j(N, V)$ の状態 j をとる確率である.

式(17·13)は物理化学における一つの重要な結果である. この式の分母を習慣的に Q と記し, 特に E_j の N と V の依存性を含めると,

$$Q(N, V, \beta) = \sum_i e^{-\beta E_i(N, V)} \tag{17·14}$$

と書き表される. 式(17·13)は結局,

$$p_j(N, V, \beta) = \frac{e^{-\beta E_j(N, V)}}{Q(N, V, \beta)} \tag{17·15}$$

となる.

いまはまだ β を決める準備は整っていないが, 後述するいろいろな考察から,

$$\beta = \frac{1}{k_B T} \tag{17·16}$$

となることがわかる. ここで, k_B はボルツマン定数, T はケルビン温度である. したがって, 式(17·15)は,

$$p_j(N, V, T) = \frac{e^{-E_j(N, V)/k_B T}}{Q(N, V, T)} \tag{17·17}$$

と書くことができる. 今後, 式(17·15)と式(17·17)を適当に使い分けることにしよう. 式(17·15)は式(17·17)とまったく同じように取扱われる. 理論的な立場から見ると, β つまり $1/k_B T$ は T それ自体よりもずっと使いやすい量である場合が多い.

量 $Q(N, V, \beta)$ すなわち $Q(N, V, T)$ を系の分配関数という．これ以降の数章で $Q(N, V, \beta)$ を使って系の巨視的な性質が表現できることを見ていくことになるだろう．いまは，すべてのエネルギー状態 $\{E_j(N, V)\}$ を求めるのは不可能に思えるし，まして $Q(N, V, \beta)$ は求められないと思われるが，あとで多数の興味ある重要な系について $Q(N, V, \beta)$ を求められることを学ぶであろう．

17・3 平均のアンサンブルエネルギーは系の実測エネルギーに等しくなるという仮説をおく

式 (17・15) を用いるとアンサンブル内の系の平均エネルギーを計算できる．平均エネルギーを $\langle E \rangle$ と記すと，

$$\langle E \rangle = \sum_j p_j(N, V, \beta)\, E_j(N, V) = \sum_j \frac{E_j(N, V)\, e^{-\beta E_j(N, V)}}{Q(N, V, \beta)} \qquad (17\cdot 18)$$

となる（数学章 B 参照）．$\langle E \rangle$ が N, V, β の関数であることに注意せよ．式 (17・18) 全体を $Q(N, V, \beta)$ を使って書くことができる．まず，N と V を一定に保って，β について $\ln Q(N, V, \beta)$ を微分する．

$$\left(\frac{\partial \ln Q(N, V, \beta)}{\partial \beta} \right)_{N, V} = \frac{1}{Q(N, V, \beta)} \left(\frac{\partial \sum e^{-\beta E_j(N, V)}}{\partial \beta} \right)_{N, V}$$

$$= - \sum_j \frac{E_j(N, V)\, e^{-\beta E_j(N, V)}}{Q(N, V, \beta)} \qquad (17\cdot 19)$$

式 (17・19) を式 (17・18) と比べると，

$$\langle E \rangle = - \left(\frac{\partial \ln Q}{\partial \beta} \right)_{N, V} \qquad (17\cdot 20)$$

となることがわかる．

式 (17・20) を β についての微分ではなく，温度の微分として書くこともできる．微分の連鎖法則を用いると，任意の関数 f について，

$$\frac{\partial f}{\partial T} = \frac{\partial f}{\partial \beta} \cdot \frac{\partial \beta}{\partial T} = \frac{\partial f}{\partial \beta} \cdot \frac{d(1/k_B T)}{dT} = -\frac{1}{k_B T^2} \frac{\partial f}{\partial \beta}$$

すなわち，

$$\frac{\partial f}{\partial \beta} = -k_B T^2 \frac{\partial f}{\partial T}$$

と書ける．$f = \ln Q$ としてこの結果を式 (17・20) にあてはめて，

$$\langle E \rangle = k_B T^2 \left(\frac{\partial \ln Q}{\partial T} \right)_{N,V} \tag{17・21}$$

と書いてもよい．しかし，式(17・20)の方が大概は使いやすい．

例題 17・1 磁場 B_z 中に置かれた(裸の)プロトンという簡単な系に対する $\langle E \rangle$ の式を導け．

解答: 式(14・16)により，エネルギーはつぎの二つの値のうちの一つをとる．

$$E_{\pm \frac{1}{2}} = \mp \frac{1}{2} \hbar \gamma B_z$$

ここで，γ は磁気回転比である．分配関数には 2 項しかない．

$$\begin{aligned} Q(T, B_z) &= e^{\beta \hbar \gamma B_z / 2} + e^{-\beta \hbar \gamma B_z / 2} \\ &= e^{\hbar \gamma B_z / 2 k_B T} + e^{-\hbar \gamma B_z / 2 k_B T} \end{aligned}$$

式(17・20)あるいは式(17・21)から平均エネルギーが求められる．

$$\begin{aligned} \langle E \rangle &= -\left(\frac{\partial \ln Q}{\partial \beta} \right)_{B_z} = -\frac{1}{Q(\beta, B_z)} \left(\frac{\partial Q}{\partial \beta} \right)_{B_z} \\ &= -\frac{\hbar \gamma B_z}{2} \left(\frac{e^{\beta \hbar \gamma B_z / 2} - e^{-\beta \hbar \gamma B_z / 2}}{e^{\beta \hbar \gamma B_z / 2} + e^{-\beta \hbar \gamma B_z / 2}} \right) \\ &= -\frac{\hbar \gamma B_z}{2} \left(\frac{e^{\hbar \gamma B_z / 2 k_B T} - e^{-\hbar \gamma B_z / 2 k_B T}}{e^{\hbar \gamma B_z / 2 k_B T} + e^{-\hbar \gamma B_z / 2 k_B T}} \right) \end{aligned}$$

図 17・2 にこの $\langle E \rangle$ の式($\hbar \gamma B_z / 2$ 単位)を T($\hbar \gamma B_z / 2 k_B$ 単位)に対してプロットしたものを示す．$T \to 0$ となるにつれて $\langle E \rangle \to -\hbar \gamma B_z / 2$，また $T \to \infty$ となるにつれて $\langle E \rangle \to 0$ となることがわかる．$T \to 0$ となると熱エネルギーがなくなるから，プロトンはそれ自体確実に磁場に平行に向く．しかし，$T \to \infty$ となるにつれて，熱エネルギーが増大するので，プロトンは平行あるいは反平行のどちらの方向にも等しく向けるようになる．

つぎの 18 章において，単原子理想気体の場合，

$$Q(N, V, \beta) = \frac{[q(V, \beta)]^N}{N!} \tag{17・22}$$

となることを学ぶだろう．ここで，

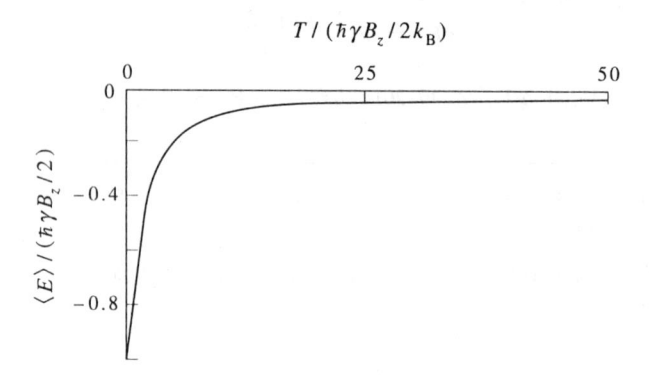

図 17·2 磁場中に置かれた(裸の)プロトンの平均エネルギーを温度に対してプロットした図(例題 17·1 参照).

$$q(V, \beta) = \left(\frac{2\pi m}{h^2 \beta}\right)^{3/2} V \tag{17·23}$$

である. 基底電子状態にある単原子理想気体の場合, その系のエネルギーは並進の自由度にしかない. 式(17·20)に式(17·22)を代入する前に, 便宜上 $\ln Q$ を β を含む項と β に依存しない項との和として書き表しておこう.

$$\begin{aligned}
\ln Q &= N \ln q - \ln N! \\
&= -\frac{3N}{2} \ln \beta + \frac{3N}{2} \ln \left(\frac{2\pi m}{h^2}\right) + N \ln V - \ln N! \\
&= -\frac{3N}{2} \ln \beta + (N \text{ と } V \text{ だけに関する項})
\end{aligned}$$

そうすると,

$$\left(\frac{\partial \ln Q}{\partial \beta}\right)_{N,V} = -\frac{3N}{2}\frac{d \ln \beta}{d\beta} = -\frac{3N}{2\beta} = -\frac{3}{2} N k_B T$$

および

$$\langle E \rangle = \frac{3}{2} N k_B T$$

であることが見やすくなる(式 17·20 参照). n モルの気体の場合, $N = nN_A$ および $k_B N_A = R$ だから,

$$\langle E \rangle = \frac{3}{2} nRT$$

となる.

　いずれ27章において，気体分子運動論を学ぶときにまったく同じ結果に出会うであろう．以上の結果から，式(17·17)の確率分布を用いて計算した任意の量のアンサンブル平均は，その量の実測されるはずの値と同じものである，という物理化学の基本的な仮説が導かれるのである．系の実測エネルギーを U と記すと，結局，1モルの単原子理想気体の場合，

$$\bar{U} = \langle \bar{E} \rangle = \frac{3}{2} RT$$

が得られる．（記号の上のバーはモル量を表す．）

例題 17·2　つぎの章で，二原子分子の理想気体の剛体回転子-調和振動子モデルの場合，分配関数は，

$$Q(N, V, \beta) = \frac{[q(V, \beta)]^N}{N!}$$

ここで,

$$q(V, \beta) = \left(\frac{2\pi m}{h^2 \beta}\right)^{3/2} V \cdot \frac{8\pi^2 I}{h^2 \beta} \cdot \frac{e^{-\beta h\nu/2}}{1 - e^{-\beta h\nu}}$$

で与えられることを学ぶ．この式において，I は慣性モーメント，ν は二原子分子の基準振動数である．ここで，二原子分子の $q(V, \beta)$ は，単原子気体の $q(V, \beta)$ の式（並進項，式17·23参照）に，回転項 $8\pi^2 I/h^2\beta$ と振動項 $e^{-\beta h\nu/2}/(1-e^{-\beta h\nu})$ を掛けたものになっている．この違いが出てくる理由は17·8節で明らかになる．この分配関数を使って二原子分子理想気体1モルの平均エネルギーを算出せよ．

　解答：　ここで，もう一度便宜上 $\ln Q$ を β を含む項と β に依存しない項との和として表しておこう．

$$\begin{aligned}\ln Q &= N \ln q - \ln N! \\ &= -\frac{3N}{2} \ln \beta - N \ln \beta - \frac{N\beta h\nu}{2} - N \ln(1 - e^{-\beta h\nu}) + \begin{pmatrix}\beta を含ま\\ない項\end{pmatrix}\end{aligned}$$

そうすると,

$$\begin{aligned}\left(\frac{\partial \ln Q}{\partial \beta}\right)_{N,V} &= -\frac{3N}{2}\frac{d\ln\beta}{d\beta} - N\frac{d\ln\beta}{d\beta} - \frac{Nh\nu}{2} - N\frac{d\ln(1-e^{-\beta h\nu})}{d\beta} \\ &= -\frac{3N}{2\beta} - \frac{N}{\beta} - \frac{Nh\nu}{2} - \frac{Nh\nu e^{-\beta h\nu}}{1-e^{-\beta h\nu}}\end{aligned}$$

すなわち,

$$U = \langle E \rangle = \frac{3}{2} N k_B T + N k_B T + \frac{N h\nu}{2} + \frac{N h\nu e^{-\beta h\nu}}{1 - e^{-\beta h\nu}}$$

となる。1 モルの場合, $N = N_A$, $N_A k_B = R$ だから,

$$\bar{U} = \frac{3}{2} RT + RT + \frac{N_A h\nu}{2} + \frac{N_A h\nu e^{-\beta h\nu}}{1 - e^{-\beta h\nu}} \quad (17 \cdot 24)$$

となる。

式(17·24)はすっきりした物理的意味をもっている。第1項は平均の並進エネルギー, 第2項は平均の回転エネルギー, 第3項は零点振動エネルギー, 第4項は平均の振動エネルギーを表している。この第4項は, 低温ではほとんどの気体で無視できるけれども, 励起振動状態が占有されるような温度まで高くなると大きくなってくる。

17·4 定容熱容量は平均エネルギーの温度微分である

系の定容熱容量 C_V は,

$$C_V = \left(\frac{\partial \langle E \rangle}{\partial T} \right)_{N, V} = \left(\frac{\partial U}{\partial T} \right)_{N, V} \quad (17 \cdot 25)$$

で定義される。そうすると, 熱容量 C_V は, 一定量, 一定容積の下で系のエネルギーがどのように温度変化するかの目安になる。したがって, C_V は式(17·21)を通して $Q(N, V, T)$ を用いて書き表される。1 モルの単原子理想気体の場合は $\bar{U} = 3RT/2$ であることがわかっているので,

$$\bar{C}_V = \frac{3}{2} R \quad (\text{単原子理想気体}) \quad (17 \cdot 26)$$

となる。二原子分子の理想気体の場合, 式(17·24)から,

$$\bar{C}_V = \frac{5}{2} R + N_A h\nu \frac{\partial}{\partial T} \left(\frac{e^{-\beta h\nu}}{1 - e^{-\beta h\nu}} \right)$$

$$= \frac{5}{2} R + R \left(\frac{h\nu}{k_B T} \right)^2 \frac{e^{-h\nu/k_B T}}{(1 - e^{-h\nu/k_B T})^2} \quad \begin{pmatrix} \text{二原子分子} \\ \text{の理想気体} \end{pmatrix} \quad (17 \cdot 27)$$

が得られる。図 17·3 に, $O_2(g)$ のモル熱容量の理論値 (式 17·27) および実測値を温度の関数として示す。両者がきわめてよく一致していることがわかる。

17. ボルツマン因子と分配関数

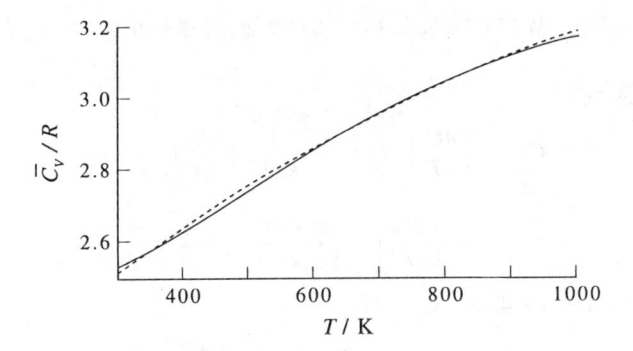

図 17·3 300 K から 1000 K までの $O_2(g)$ のモル熱容量の実測値および理論値(式 17·27). 理論曲線(実線)は $h\nu/k_B = 2240$ K を使って計算されている.

例題 17·3 アインシュタインは 1905 年にモル熱容量の計算に使える単原子結晶の簡単なモデルを提案した. 彼は, N 個の原子が格子点に存在し, そこで各原子が三次元の調和振動子として振動しているとしてこの結晶を考えた. さらに, すべての格子点は等価だから, 各原子は同一の振動数で振動すると仮定した. このモデルでの分配関数(問題 17·20 参照)は,

$$Q = e^{-\beta U_0} \left(\frac{e^{-\beta h\nu/2}}{1 - e^{-\beta h\nu}} \right)^{3N} \tag{17·28}$$

である. ここで, ν は格子点の付近での原子の振動の, その結晶に固有な振動数であり, U_0 は 0 K における昇華エネルギー, すなわち, 0 K ですべての原子を互いに引き離すのに必要なエネルギーである. この分配関数から単原子結晶のモル熱容量を計算せよ.

解答: 平均エネルギー(式 17·20)は,

$$U = -\left(\frac{\partial \ln Q}{\partial \beta} \right)_{N,V}$$

$$= -\left(\frac{\partial}{\partial \beta} \left[-\beta U_0 - \frac{3N}{2}\beta h\nu - 3N \ln(1 - e^{-\beta h\nu}) \right] \right)_{N,V}$$

$$= U_0 + \frac{3Nh\nu}{2} + \frac{3Nh\nu e^{-\beta h\nu}}{1 - e^{-\beta h\nu}}$$

で与えられる. U は三つの項から成る. 第 2 項は N 個の三次元調和振動子の零

点エネルギー，第3項は温度上昇とともに増加する振動エネルギーを表す項である．

定容熱容量は，

$$C_V = \left(\frac{\partial U}{\partial T}\right)_{N,V} = -\frac{1}{k_B T^2}\left(\frac{\partial U}{\partial \beta}\right)_{N,V}$$

$$= -\frac{3Nh\nu}{k_B T^2}\left[-\frac{h\nu e^{-\beta h\nu}}{1-e^{-\beta h\nu}} - \frac{h\nu e^{-2\beta h\nu}}{(1-e^{-\beta h\nu})^2}\right]$$

すなわち，1モルの場合には，

$$\bar{C}_V = 3R\left(\frac{h\nu}{k_B T}\right)^2 \frac{e^{-h\nu/k_B T}}{(1-e^{-h\nu/k_B T})^2} \tag{17・29}$$

で与えられる．

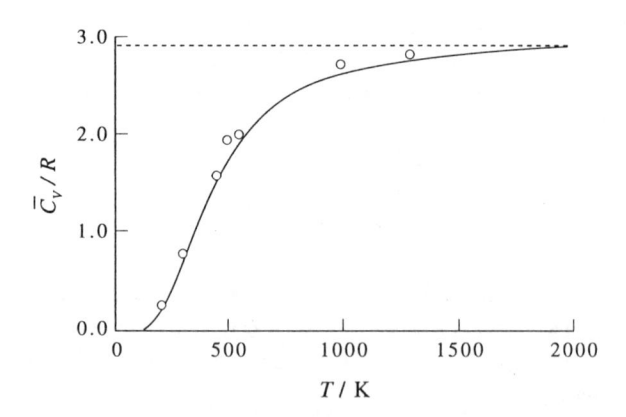

図17・4 ダイヤモンドのモル熱容量の温度依存性の実測値と計算値(アインシュタインモデル)．実線は式(17・29)を用いた計算曲線，白丸が実験データを表している．

式(17・29)には一つの調節パラメーター，振動数 ν が含まれている．図17・4に $\nu = 2.75\times 10^{13}\,\mathrm{s}^{-1}$ として計算したダイヤモンドのモル熱容量の温度依存性を示す．モデルの単純さを考えれば，実験値との一致がかなりよいことがわかる．

式(17・29)の高温極限は興味深い．高温では $h\nu/k_B T$ が小さいから，x が小さいとき $e^x \approx 1+x$ となることが使える(数学章Ⅰ参照)．したがって，式(17・29)は，

$$\bar{C}_V \approx 3R\left(\frac{h\nu}{k_B T}\right)^2 \frac{1 - \dfrac{h\nu}{k_B T} + \cdots}{\left(1 - 1 + \dfrac{h\nu}{k_B T} + \cdots\right)^2}$$

$$\approx 3R\left(\frac{h\nu}{k_B T}\right)^2 \frac{1}{\left(\dfrac{h\nu}{k_B T}\right)^2} = 3R$$

となる.この結果から,単原子結晶のモル熱容量は高温では $3R = 24.9\,\mathrm{J\,K^{-1}\,mol^{-1}}$ の値に漸近していくはずであることが予期される.この予想は**デュロン-プティの法則**[1]として知られており,1800年代には原子質量の決定に重要な役割を果たした.また,この予想が図 17·4 に示したデータともよく一致している.

17·5 圧力は分配関数を使って表すことができる

19·6節において,巨視的な系の圧力が,

$$P_j(N, V) = -\left(\frac{\partial E_j}{\partial V}\right)_N \tag{17·30}$$

で与えられることを示す.平均圧力が,

$$\langle P \rangle = \sum_j p_j(N, V, \beta) P_j(N, V)$$

で与えられることを使うと,

$$\langle P \rangle = \sum_j p_j(N, V, \beta)\left(-\frac{\partial E_j}{\partial V}\right)_N = \sum_j \left(-\frac{\partial E_j}{\partial V}\right)_N \frac{e^{-\beta E_j(N, V)}}{Q(N, V, \beta)} \tag{17·31}$$

と書ける.この式はもっと見通しのよい形に書き換えられる.まず,

$$Q(N, V, \beta) = \sum_j e^{-\beta E_j(N, V)}$$

から出発しよう.上の式を N と β を固定して V について微分すると,

$$\left(\frac{\partial Q}{\partial V}\right)_{N,\beta} = -\beta \sum_j \left(\frac{\partial E_j}{\partial V}\right)_N e^{-\beta E_j(N, V)}$$

この結果を式(17·31)の2番目の等式と比較すると,

---

[1] Law of Dulong and Petit

$$\langle P \rangle = \frac{k_{\rm B}T}{Q(N,V,\beta)}\left(\frac{\partial Q}{\partial V}\right)_{N,\beta}$$

すなわち,これと等価な,

$$\langle P \rangle = k_{\rm B}T\left(\frac{\partial \ln Q}{\partial V}\right)_{N,\beta} \tag{17・32}$$

となることがわかる.ちょうど,エネルギーのアンサンブル平均を実測のエネルギーと等しいとおいたように,圧力のアンサンブル平均を実測の圧力に等しい,すなわち $P=\langle P \rangle$ とおくと,結局,$Q(N,V,\beta)$ がわかれば,実測の圧力を計算できることがわかる.

この結果を使うと,理想気体の状態方程式が導かれる.最初に単原子理想気体を考えよう.単原子理想気体の $Q(N,V,\beta)$ は,式(17・22)と式(17・23)で与えられる.この結果を用いて単原子理想気体の圧力を計算しよう.式(17・32)を計算するためには,便宜上まず $\ln Q$ をつぎのように展開する.

$$\ln Q = N \ln q - \ln N!$$
$$= \frac{3N}{2}\ln\left(\frac{2\pi m}{h^2\beta}\right) + N \ln V - \ln N!$$

式(17・32)では N と β は固定しているから,$\ln Q$ は,

$$\ln Q = N \ln V + (N \text{と} \beta \text{だけの項})$$

と書ける.したがって,

$$\left(\frac{\partial \ln Q}{\partial V}\right)_{N,\beta} = \frac{N}{V}$$

となり,この結果を式(17・32)に代入すると,すでに予想していたように,

$$P = \frac{Nk_{\rm B}T}{V}$$

が与えられる.

理想気体方程式は $\ln Q = N \ln V + (N \text{と} \beta \text{の項})$ の式から導かれたもので,またこのことは式(17・22)において $q(V,T)$ が V に正比例することから生じている.例題17・2から二原子分子の理想気体の場合も $q(V,T)$ が V に正比例することが明らかであるので,二原子分子の理想気体についても $PV = Nk_{\rm B}T$ である.多原子分子の理想気体の場合も同様で,単原子分子,二原子分子,多原子分子のすべての理想気体について理想気体の状態方程式が得られることになる.

例題 17·4 分配関数,
$$Q(N, V, \beta) = \frac{1}{N!} \left(\frac{2\pi m}{h^2 \beta}\right)^{3N/2} (V - Nb)^N \, e^{\beta a N^2/V}$$
から得られる状態方程式を求めよ。ここで, a, b は定数である。得られた状態方程式は誰の式か。

解答: 式(17·32)を使って状態方程式を計算する。まず, $\ln Q$ を計算すると,
$$\ln Q = N \ln(V - Nb) + \frac{\beta a N^2}{V} + (N \text{と} \beta \text{だけの項})$$
が得られる。つぎに, N と β を一定にして V について微分すると,
$$\left(\frac{\partial \ln Q}{\partial V}\right)_{N,\beta} = \frac{N}{V - Nb} - \frac{\beta a N^2}{V^2}$$
が得られるから,
$$P = \frac{N k_B T}{V - Nb} - \frac{a N^2}{V^2}$$
となる。右辺の第 2 項を左辺に移項し $V - Nb$ を掛けると,
$$\left(P + \frac{a N^2}{V^2}\right)(V - Nb) = N k_B T$$
となり,これはファン・デル・ワールス方程式である。

17·6 独立で区別可能な分子から成る系の分配関数は分子分配関数の積である

これまでに導いてきた一般的な結果は、任意の系に有効である。これらの式を応用するためには、N 体のシュレーディンガー方程式の固有値の組 $\{E_j(N, V)\}$ を求める必要があるが、一般的には、これは不可能な問題である。しかしながら、多くの重要な物理系において、個々のエネルギーの和として系の全エネルギーを書き下すことは良好な近似となる(3·9節参照)。この手続きによって分配関数は格段に簡単になって、その結果を比較的応用しやすくなる。

まず、独立で区別可能な粒子から成る系を考察しよう。一般的には原子や分子は決して区別可能ではないが、そのように取扱える場合もいろいろある。完全結晶がひとつのすばらしい例になるだろう。完全結晶においては、各原子は一つの格子点にだけ束縛されていて、その格子点は少なくとも原理的には、3 個の座標によって規定され

る．したがって，各原子は一つの格子点に束縛され，その格子点は区別可能であるから，原子自体も区別可能になる．格子点の付近の各原子の振動は，多原子分子の基準モードの場合に取扱ったように，かなりよい近似で互いに独立であるとして取扱える．

個々の原子のエネルギーを $\{\varepsilon_i^a\}$ と記そう．ここで，上付き文字は原子(それぞれ区別可能)，下付き文字はその原子のエネルギー状態を表す．この場合，系の全エネルギー $E_l(N, V)$ は，

$$E_l(N, V) = \underbrace{\varepsilon_i^a(V) + \varepsilon_j^b(V) + \varepsilon_k^c(V) + \cdots}_{N \text{個の項}}$$

のように書けるから，系の分配関数は，

$$Q(N, V, T) = \sum_l e^{-\beta E_l} = \sum_{i,j,k,\cdots} e^{-\beta(\varepsilon_i^a + \varepsilon_j^b + \varepsilon_k^c + \cdots)}$$

となる．原子は区別可能で独立だから，$i, j, k \cdots$ に関して独立に和をとれる．その場合には $Q(N, V, T)$ は個々の和の積としてつぎのように書くことができる(問題17・21)．

$$Q(N, V, T) = \sum_i e^{-\beta \varepsilon_i^a} \sum_j e^{-\beta \varepsilon_j^b} \sum_k e^{-\beta \varepsilon_k^c} \cdots$$

$$= q_a(V, T) q_b(V, T) q_c(V, T) \cdots \qquad (17 \cdot 33)$$

ここで，それぞれの $q(V, T)$ は，

$$q(V, T) = \sum_i e^{-\beta \varepsilon_i} = \sum_i e^{-\varepsilon_i / k_B T} \qquad (17 \cdot 34)$$

で与えられる．多くの場合，$\{\varepsilon_i\}$ は一組の分子エネルギーである．したがって，$q(V, T)$ を**分子分配関数**[1]という．

式(17・33)は重要な結果である．この式は，全エネルギーを個々の独立な項の和として書けること，原子や分子が**区別可能**な場合には，系の分配関数 $Q(N, V, T)$ は結局分子分配関数 $q(V, T)$ の積になることを示している．$q(V, T)$ には個々の原子や分子の許容エネルギーの知識だけが必要とされるので，つぎの18章で多くの場合に見られるように，その計算が実行可能になることが多い．

すべての原子や分子のエネルギー状態が(単原子結晶の場合のように)同一の場合，式(17・33)は，

$$Q(N, V, T) = [q(V, T)]^N \qquad \text{(独立で区別可能な原子や分子)} \qquad (17 \cdot 35)$$

となる．ここで，$q(V, T)$ は式(17・34)で与えられる．

単原子結晶のアインシュタインモデル(例題17・3参照)では，原子が格子点に固定

---

1) molecular partition function

されていると考えているので，式(17·35)がこのモデルに適用できるはずである．0 K における原子当たりの昇華エネルギーを $u_0 = U_0/N$ とおくと，この場合には，

$$Q = \left[e^{-\beta u_0} \left(\frac{e^{-\beta h\nu/2}}{1 - e^{-\beta h\nu}} \right)^3 \right]^N \qquad (17 \cdot 36)$$

が得られるので，このモデルの分配関数(式17·28)は式(17·35)の形に書くことができる．

17·7 独立で区別不可能な原子や分子の分配関数はふつう $[q(V, T)]^N/N!$ と書くことができる

式(17·35)は魅力的であるが，一般には原子や分子は区別可能ではなく，したがって，式(17·35)が使える範囲には厳しい制約がある．もともと原子や分子が区別できないものであることが無視できない場合には，系の分配関数 $Q(N, V, T)$ を分子分配関数 $q(V, T)$ に還元するのはもっと複雑な作業になる．区別不可能な粒子の場合，全エネルギーは，

$$E_{ijk\cdots} = \underbrace{\varepsilon_i + \varepsilon_j + \varepsilon_k + \cdots}_{N \text{個の項}}$$

で (式17·33にあるような，粒子を識別する上付き文字がなくなっていることに注意)，系の分配関数は，

$$Q(N, V, T) = \sum_{i, j, k, \cdots} e^{-\beta(\varepsilon_i + \varepsilon_j + \varepsilon_k + \cdots)} \qquad (17 \cdot 37)$$

となる．粒子が区別不可能だから，式(17·33)でやったように $i, j, k, \cdots$ に関する和を分離して実行できない．この理由を知るためには，全粒子の基本的な性質を考察しなければならない．

パウリの排他原理のつぎのような結論を8章においてすでに学んだ．すなわち，電子波動関数は2個の電子の交換に対して反対称でなければならず，原子や分子中の2個の電子はスピンを考慮して同一エネルギー状態を占有できないのである．パウリの排他原理は，これまで電子に適用してきたが，あらゆる粒子に適用できる自然界のもっと一般的な原理の一部である．すべての既知の粒子は2種類に分類できる．2個の同一粒子の交換に対してその波動関数が対称的な粒子群，もう一方はそのような交換に対して波動関数が必ず反対称になる粒子群である．最初の型の粒子を**ボゾン**[1]，もう一方の型の粒子を**フェルミオン**[2] という．実験的には整数スピンをもつ粒子はボ

---

1) boson 2) fermion

ゾン，半整数スピンをもつ粒子はフェルミオンである．したがって，スピン 1/2 をもつ電子はフェルミオンとして振舞い，その波動関数は反対称性の要請を満足しなければならない．フェルミオンの例としては，プロトン(スピン 1/2)と中性子(スピン 1/2)がある．ボゾンの例には光子(スピン 1)と重水素核(スピン 0)がある．2 個の同一フェルミオンは同じ単粒子エネルギー状態を占有できないが，ボゾンに関してはそのような制限はない．式(17·37)において，和を実行しようとする際には，これらの制限を認識しておくことが大切になる．

さて，フェルミオンの場合に，式(17·37)の和をとることに話を戻そう．2 個の同一フェルミオンは同じ単粒子エネルギー状態を占有できないので，2 個以上の添字が同じになる項が和の中に含まれることはあり得ない．したがって，添字 $i, j, k \cdots$ は互いに独立ではなく，フェルミオンの場合に式(17·37)を用いて直接 $Q(N, V, T)$ を計算するのは問題がある．

例題 17·5　相互作用していない 2 個の同一フェルミオンの系を考えよう．各粒子はエネルギー $\varepsilon_1, \varepsilon_2, \varepsilon_3, \varepsilon_4$ の状態をとれる．式(17·37)の中で許容される全エネルギーを数えあげよ．

　解答：　この系の場合，

$$Q(2, V, T) = \sum_{i,j=1}^{4} e^{-\beta(\varepsilon_i + \varepsilon_j)}$$

である．何の制限もない場合には Q の計算には 16 項が出てくるが，2 個の同一フェルミオンの場合には，その中の 6 項しか許されない．それらはつぎのエネルギーをもった項である．

$$\varepsilon_1 + \varepsilon_2 \qquad \varepsilon_2 + \varepsilon_3$$
$$\varepsilon_1 + \varepsilon_3 \qquad \varepsilon_2 + \varepsilon_4$$
$$\varepsilon_1 + \varepsilon_4 \qquad \varepsilon_3 + \varepsilon_4$$

ε_j を逆の順序で書いた 6 項は(粒子が区別不可能であるから)上の式と同じものになり，また，ε_j が等しい 4 項も(粒子がフェルミオンだから)許容されない．

ボゾンには，2 個の同一タイプの粒子は同じ単粒子エネルギー状態をとれないという制限はないが，式(17·37)の和はそれでもなお複雑である．この理由を知るために，式(17·37)において 1 個以外のすべてが同一の添字をもつ項を考えよう．たとえば，

17. ボルツマン因子と分配関数

$$E = \underbrace{\varepsilon_2 + \varepsilon_{10} + \varepsilon_{10} + \varepsilon_{10} + \cdots + \varepsilon_{10}}_{N \text{粒子},\ N \text{項}}$$

のような項である(現実には，このような添字には途方もなく大きな数がありうる)．粒子は区別不可能だから，項 ε_2 の場所は重要でなく，$\varepsilon_{10} + \varepsilon_2 + \varepsilon_{10} + \varepsilon_{10} + \cdots + \varepsilon_{10}$ や $\varepsilon_{10} + \varepsilon_{10} + \varepsilon_2 + \varepsilon_{10} + \cdots + \varepsilon_{10}$ などでもよい．これらの項はすべて同一の状態を表しているので，このような状態は式(17·37)にはたった一度しか含まれるべきではないが，式(17·37)において何の制限もなくすべての添字にわたって総和をとる($i, j, k\cdots$について独立に和をとる)場合には，このタイプの項が N 個できるだろう(ε_2 を N 個の場所のうちの任意のところに見つけられる)．

つぎに，N 個の粒子がすべて異なる分子状態にあるような，もう一方の極端な場合を考えよう．たとえば，系のエネルギーが $\varepsilon_1 + \varepsilon_2 + \varepsilon_3 + \varepsilon_4 + \cdots + \varepsilon_N$ の場合である．粒子は区別不可能だから，これらの N 項を循環させることによって得られる $N!$ 個のすべての配列は同一の状態になり，それらは式(17·37)においては1回しか現れるべきでない．しかし，総和に制限がない場合にはそれらの項は $N!$ 回現れるだろう．結局，式(17·37)を用いて $Q(N, V, T)$ を直接計算するとフェルミオンと同様にボゾンの場合にも問題が生じるのである．

> **例題 17·6** フェルミオンの代わりにボゾンについて，例題 17·5 を再考せよ．
>
> **解答**： この場合には 10 個の許容される項が出てくる．6 項は例題 17·5 で許容されたもの，および，ε_j がすべて等しい4項である(ボゾンには，2個の粒子が同一エネルギー状態をとれないという制限がない)．

いずれの場合にせよ，式(17·37)において困難の原因となるのは二つ以上の添字が同じになるような項であることに注意せよ．そのような項さえなければ，無制限のやり方で式(17·37)の総和を(17·6節において $[q(V, T)]^N$ を求めたように)実行でき，ついで，数え過ぎを補正するために $N!$ で割ればよい〔$[q(V, T)]^N/N!$ が求めるものである〕．たとえば，$Q(2, V, T)$ の計算において $\varepsilon_1 + \varepsilon_1$, $\varepsilon_2 + \varepsilon_2$ のような項を無視できたとすると，全部で 12 項あることになるだろう．すなわち，例題 17·5 で計算した 6 項とエネルギー状態を逆の順序で書いた 6 項である．$2!$ で割れば許容される項の正しい数が得られる．

確かに，もし任意の粒子に対して利用できる量子状態の数が粒子数よりもずっと多い場合には，任意の 2 個の粒子が同一の状態にあることは起こりそうもないであろ

う.これまで学んできたほとんどの量子力学系の場合,エネルギー状態の数は無限であるが,ある与えられた温度において,これらのエネルギー状態の多くは,分子の平均エネルギーにほぼ相当する $k_B T$ よりもずっと大きなエネルギーをもつので,そのような状態はそう簡単にはとれないだろう.しかしながら,$k_B T$ 程度以下のエネルギーをもつ量子状態の数が粒子数よりもずっと多い場合には,式(17·37)のほとんどすべての項が異なる添字をもった ε を含むことになるから,式(17·37)において $i, j, k, \cdots$ について独立に和をとれば,よい近似で $Q(N, V, T)$ が計算できる.それを $N!$ で割ると,

$$Q(N, V, T) = \frac{[q(V, T)]^N}{N!} \quad \begin{pmatrix} \text{独立で区別不可能} \\ \text{な原子や分子} \end{pmatrix} \quad (17 \cdot 38)$$

が得られる.ここで,

$$q(V, T) = \sum_j e^{-\varepsilon_j / k_B T} \quad (17 \cdot 39)$$

である.

 ふつう,任意の原子や分子が利用できるエネルギー状態の数がその系の粒子数よりも多い状況を作り出すのには,並進状態の数だけで十分である.したがって,上のようなやり方で多くの場合に良好な近似が得られるのである.利用できる状態数が粒子数よりも多くて式(17·38)が使えるための判定基準は,

表 17·1 簡単な系の 1 bar の圧力下での $(N/V)(h^2/8mk_B T)^{3/2}$ の値

系	T/K	$\dfrac{N}{V}\left(\dfrac{h^2}{8mk_B T}\right)^{3/2}$
液体ヘリウム	4	1.5
気体ヘリウム	4	0.11
気体ヘリウム	20	1.8×10^{-3}
気体ヘリウム	100	3.3×10^{-5}
液体水素	20	0.29
気体水素	20	5.1×10^{-3}
気体水素	100	9.4×10^{-5}
液体ネオン	27	1.0×10^{-2}
気体ネオン	27	7.8×10^{-5}
液体クリプトン	127	5.1×10^{-5}
金属(Na)中の電子	300	1400

17. ボルツマン因子と分配関数

$$\frac{N}{V}\left(\frac{h^2}{8mk_BT}\right)^{3/2} \ll 1 \qquad (17\cdot40)$$

と書ける。この判定基準は，粒子質量が大きく，高温で，低密度の場合に満足されることがわかる。

ここまでの考察は理想気体(独立で区別不可能な粒子)に限られているが，表17・1に$(N/V)(h^2/8mk_BT)^{3/2}$の値を示したように，液体についてさえ沸点では不等式(17・40)がほとんどの場合に容易に成立することがわかる。例外的な系として，(軽い質量と低温のために)液体ヘリウムと液体水素，および(きわめて軽い質量のため)金属中の電子が認められる。これらの系は量子的な系の典型例であり，(本書では説明しない)特殊な方法で取扱わなければならない。

式(17・38)が成立する場合，すなわち，利用できる分子状態の数が粒子数よりもはるかに多い場合，粒子は**ボルツマン統計**[1]に従うという。不等式(17・40)が示すように，ボルツマン統計は温度が高くなるほど正しさが向上する。20 °C, 1 bar のときの$N_2(g)$について不等式(17・40)を調べてみよう。このような条件では，

$$\frac{N}{V} = \frac{P}{k_BT} = \frac{10^5 \text{ Pa}}{(1.381\times10^{-23}\text{ J K}^{-1})(293.2\text{ K})}$$
$$= 2.470\times10^{25}\text{ m}^{-3}$$

したがって，

$$\frac{h^2}{8mk_BT} = \frac{(6.626\times10^{-34}\text{ J s})^2}{(8)(4.653\times10^{-26}\text{ kg})(1.381\times10^{-23}\text{ J K}^{-1})(293.2\text{ K})}$$
$$= 2.913\times10^{-22}\text{ m}^2$$

であるから，

$$\frac{N}{V}\left(\frac{h^2}{8mk_BT}\right)^{3/2} = (2.470\times10^{25}\text{ m}^{-3})(2.913\times10^{-22}\text{ m}^2)^{3/2}$$
$$= 1.23\times10^{-7}$$

となる。これは，1よりもはるかに小さい。

つぎに，液体窒素がその沸点-195.8 °C にある場合に不等式(17・40)を調べよう。実験的には，沸点における$N_2(l)$の密度は0.808 g mL^{-1}であるから，

$$\frac{N}{V} = (0.808\text{ g mL}^{-1})\left(\frac{1\text{ mol N}_2}{28.02\text{ g N}_2}\right)\left(\frac{6.022\times10^{23}}{1\text{ mol}}\right)\left(\frac{10^6\text{ mL}}{1\text{ m}^3}\right)$$
$$= 1.737\times10^{28}\text{ m}^{-3}$$

---

[1] Boltzmann statistics

したがって，

$$\frac{N}{V}\left(\frac{h^2}{8mk_\text{B}T}\right)^{3/2} = (1.737 \times 10^{28}\,\text{m}^{-3})(1.104 \times 10^{-21}\,\text{m}^2)^{3/2}$$
$$= 6.37 \times 10^{-4}$$

となる．したがって，式(17·38)は沸点における液体窒素についてさえ成立するのである．

17·8 分子分配関数は各自由度に対する分配関数に分解できる

この節では，系の分配関数(式17·14)と分子分配関数(式17·34)との類似性を調べよう．まず，式(17·35)を式(17·21)に代入する．

$$\langle E \rangle = Nk_\text{B}T^2\left(\frac{\partial \ln q}{\partial T}\right)_V$$

$$= N\sum_j \varepsilon_j \frac{\mathrm{e}^{-\varepsilon_j/k_\text{B}T}}{q(V,T)} \tag{17·41}$$

ただし，式(17·35)は独立な粒子の場合だけに成立するので，

$$\langle E \rangle = N\langle \varepsilon \rangle \tag{17·42}$$

である．ここで，$\langle \varepsilon \rangle$は任意の1分子の平均エネルギーである．式(17·41)と式(17·42)を比較すると，

$$\langle \varepsilon \rangle = \sum_j \varepsilon_j \frac{\mathrm{e}^{-\varepsilon_j/k_\text{B}T}}{q(V,T)} \tag{17·43}$$

であることがわかる．この式から，分子がj番目の分子エネルギー状態にいる確率π_jは，

$$\pi_j = \frac{\mathrm{e}^{-\varepsilon_j/k_\text{B}T}}{q(V,T)} = \frac{\mathrm{e}^{-\varepsilon_j/k_\text{B}T}}{\sum_j \mathrm{e}^{-\varepsilon_j/k_\text{B}T}} \tag{17·44}$$

で与えられることが結論できる．この式は式(17·13)と非常に似ている．

式(17·44)は，1分子のエネルギーが，

$$\varepsilon = \varepsilon_i^{\text{trans}} + \varepsilon_j^{\text{rot}} + \varepsilon_k^{\text{vib}} + \varepsilon_l^{\text{elec}} \tag{17·45}$$

と書ける場合には，さらに単純にできる．ここでは種々のエネルギー項は区別可能だから，式(17·33)に至る論法が適用できて，

$$q(V,T) = q_{\text{trans}}\,q_{\text{rot}}\,q_{\text{vib}}\,q_{\text{elec}} \tag{17·46}$$

と書ける．ここで，たとえば，

17. ボルツマン因子と分配関数

$$q_{\text{trans}} = \sum_j e^{-\varepsilon_j^{\text{trans}}/k_B T} \tag{17・47}$$

である. 例題 17・2 では二原子分子の分配関数を,

$$q(V, \beta) = q_{\text{trans}}(V, T) \, q_{\text{rot}}(T) \, q_{\text{vib}}(T)$$

と書いた. ここで,

$$q_{\text{trans}}(V, T) = \left(\frac{2\pi m}{h^2 \beta}\right)^{3/2} V$$

$$q_{\text{rot}}(T) = \frac{8\pi^2 I}{h^2 \beta}$$

$$q_{\text{vib}}(T) = \frac{e^{-\beta h\nu/2}}{1 - e^{-\beta h\nu}}$$

である.
　式(17・44)に式(17・45)と式(17・46)を代入すると,

$$\pi_{ijkl} = \frac{e^{-\varepsilon_i^{\text{trans}}/k_B T} \, e^{-\varepsilon_j^{\text{rot}}/k_B T} \, e^{-\varepsilon_k^{\text{vib}}/k_B T} \, e^{-\varepsilon_l^{\text{elec}}/k_B T}}{q_{\text{trans}} \, q_{\text{rot}} \, q_{\text{vib}} \, q_{\text{elec}}} \tag{17・48}$$

が得られる. ここで, π_{ijkl} は, 分子が i 番目の並進状態, j 番目の回転状態, k 番目の振動状態, l 番目の電子状態にいる確率である. つぎに, 式(17・48)を i (すべての並進状態), j (すべての回転状態), l (すべての電子状態)について総和をとると,

$$\pi_k^{\text{vib}} = \sum_{i,j,l} \pi_{ijkl} = \frac{\left(\sum_i e^{-\varepsilon_i^{\text{trans}}/k_B T}\right)\left(\sum_j e^{-\varepsilon_j^{\text{rot}}/k_B T}\right)\left(\sum_l e^{-\varepsilon_l^{\text{elec}}/k_B T}\right) e^{-\varepsilon_k^{\text{vib}}/k_B T}}{q_{\text{trans}} \, q_{\text{rot}} \, q_{\text{vib}} \, q_{\text{elec}}}$$

$$= \frac{e^{-\varepsilon_k^{\text{vib}}/k_B T}}{q_{\text{vib}}} = \frac{e^{-\varepsilon_k^{\text{vib}}/k_B T}}{\sum_k e^{-\varepsilon_k^{\text{vib}}/k_B T}} \tag{17・49}$$

となる. ここで, π_k^{vib} は, 記号からわかるように, 分子が k 番目の振動状態にいる確率である. さらに分子の平均振動エネルギーは,

$$\langle \varepsilon^{\text{vib}} \rangle = \sum_k \varepsilon_k^{\text{vib}} \frac{e^{-\varepsilon_k^{\text{vib}}/k_B T}}{q_{\text{vib}}}$$

$$= k_B T^2 \frac{\partial \ln q_{\text{vib}}}{\partial T} = -\frac{\partial \ln q_{\text{vib}}}{\partial \beta} \tag{17・50}$$

で与えられる. ここでも, 式(17・21)との類似性に注目しよう. もちろん,

$$\langle \varepsilon^{\text{trans}} \rangle = k_B T^2 \left(\frac{\partial \ln q_{\text{trans}}}{\partial T} \right)_V = -\left(\frac{\partial \ln q_{\text{trans}}}{\partial \beta} \right)_V \quad (17\cdot 51)$$

および

$$\langle \varepsilon^{\text{rot}} \rangle = k_B T^2 \frac{\partial \ln q_{\text{rot}}}{\partial T} = -\frac{\partial \ln q_{\text{rot}}}{\partial \beta} \quad (17\cdot 52)$$

の関係式も成立する.

例題 17・7 例題 17・2 に与えられた二原子分子の分配関数を用いて $\langle \varepsilon^{\text{vib}} \rangle$ を計算せよ.

解答: 例題 17・2 によると,

$$q_{\text{vib}}(T) = \frac{e^{-\beta h\nu/2}}{1 - e^{-\beta h\nu}}$$

と書けるので,

$$\langle \varepsilon^{\text{vib}} \rangle = -\left(\frac{\partial \ln q_{\text{vib}}}{\partial \beta} \right)$$

$$= \frac{h\nu}{2} + \frac{h\nu e^{-\beta h\nu}}{1 - e^{-\beta h\nu}}$$

となる.

ここまで,分配関数をエネルギー状態についての和として書き表してきた.各状態はそれに付随するエネルギーをもつ波動関数で表される.したがって,

$$q(V, T) = \sum_{\substack{j \\ (\text{状態})}} e^{-\varepsilon_j/k_B T} \quad (17\cdot 53)$$

と書ける.同一エネルギーをもつ状態の組を**準位**[1]という.$q(V, T)$ を各準位の縮退度 g_j を含めたすべての準位についての総和として,

$$q(V, T) = \sum_{\substack{j \\ (\text{準位})}} g_j e^{-\varepsilon_j/k_B T} \quad (17\cdot 54)$$

のように書くことができる.式(17・53)の表記法では縮退した準位を表す項は g_j 回繰返し現れるが,式(17・54)ではそのような項は一度だけ現れ,g_j 倍される.たとえば,5・8 節(式 5・57 参照)において剛体回転子のエネルギーと縮退度が,

---
1) level

17. ボルツマン因子と分配関数

$$\varepsilon_J = \frac{\hbar^2}{2I} J(J+1)$$

および

$$g_J = 2J + 1$$

であることを学んだ．したがって，すべての準位についての和をとると，回転の分配関数は，

$$q_{\text{rot}}(T) = \sum_{J=0}^{\infty} (2J+1)\, e^{-\hbar^2 J(J+1)/2Ik_B T} \qquad (17\cdot 55)$$

と書くことができる．式(17・54)におけるように縮退度をあからさまに含める方がふつうは便利なので，以後の章では式(17・53)よりも式(17・54)を使うことにする．

問 題

17・1 25 °C の水が入った1リットル容器から成る系のアンサンブルはどのように記述すればよいか．

17・2 式(17・8)は $f(x+y) = f(x)f(y)$ と等価であることを示せ．この問題で，$f(x) \propto e^{ax}$ であることを証明しよう．まず，上の式の対数をとると，

$$\ln f(x+y) = \ln f(x) + \ln f(y)$$

が得られる．両辺を(y を一定に保って)x について微分すると，

$$\left[\frac{\partial \ln f(x+y)}{\partial x}\right]_y = \frac{d \ln f(x+y)}{d(x+y)} \left[\frac{\partial (x+y)}{\partial x}\right]_y = \frac{d \ln f(x+y)}{d(x+y)}$$

$$= \frac{d \ln f(x)}{dx}$$

を得ることを示せ．つぎに，(x を一定に保って)y について微分すると，

$$\frac{d \ln f(x)}{dx} = \frac{d \ln f(y)}{dy}$$

となることを示せ．この関係式がすべての x と y について成立するためには，両辺がある定数，たとえば a に等しくなければならない．

$$f(x) \propto e^{ax} \quad \text{および} \quad f(y) \propto e^{ay}$$

17. ボルツマン因子と分配関数

となることを示せ.

17・3 $a_l/a_i = e^{\beta(E_i - E_l)}$ であれば, $a_j = Ce^{-\beta E_j}$ が成立すると考えられることを示せ.

17・4 $\sum_i e^{-\beta E_i} = \sum_j e^{-\beta E_j}$ が成立することを自分のやり方で証明してみよ.

17・5 例題 17・1 の分配関数が,

$$Q(\beta, B_z) = 2\cosh\left(\frac{\beta\hbar\gamma B_z}{2}\right) = 2\cosh\left(\frac{\hbar\gamma B_z}{2k_B T}\right)$$

と書けることを示せ. また, $d\cosh x/dx = \sinh x$ であることを用いて,

$$\langle E \rangle = -\frac{\hbar\gamma B_z}{2}\tanh\frac{\beta\hbar\gamma B_z}{2} = -\frac{\hbar\gamma B_z}{2}\tanh\frac{\hbar\gamma B_z}{2k_B T}$$

となることを示せ.

17・6 例題 17・1 あるいは問題 17・5 のいずれかの $\langle E \rangle$ の式を使って,

$$T \to 0 \text{ のとき} \quad \langle E \rangle \to -\frac{\hbar\gamma B_z}{2}$$

および

$$T \to \infty \text{ のとき} \quad \langle E \rangle \to 0$$

であることを示せ.

17・7 例題 17・1 の結果を, スピン 1 の核の場合を含めるように一般化せよ. また, $\langle E \rangle$ の低温極限と高温極限を求めよ.

17・8 N_w を磁場 B_z の方向にそろったプロトンの数, N_o をその磁場に反対向きのプロトンの数とすると,

$$\frac{N_o}{N_w} = e^{-\hbar\gamma B_z/k_B T}$$

となることを検証せよ. また, プロトンの場合 $\gamma = 26.7522 \times 10^7$ rad $T^{-1} s^{-1}$ とすると, 5.0 T の磁場の強さの場合の N_o/N_w の温度依存性を計算せよ. $N_o = N_w$ となる温度はいくらか. この結果を物理的に解釈せよ.

17・9 17・3 節において, 式(17・20)を, 式(17・22)で与えられた $Q(N, V, T)$ に適用して単原子理想気体の $\langle E \rangle$ の式を導いた. 式(17・21)を,

$$Q(N, V, T) = \frac{1}{N!}\left(\frac{2\pi m k_B T}{h^2}\right)^{3N/2} V^N$$

に適用して, 同じ結果を導き出せ. $Q(N, V, T)$ のこの式は単に式(17・22)の β を $1/k_B T$ に置き換えた式であることに注意せよ.

17・10 表面に吸着した気体は二次元の理想気体のモデルとみなされる場合がある.

17. ボルツマン因子と分配関数

つぎの18章において，二次元の理想気体の分配関数が，

$$Q(N, A, T) = \frac{1}{N!}\left(\frac{2\pi m k_B T}{h^2}\right)^N A^N$$

となることを学ぶ．ここで，A はその表面積である．$\langle E \rangle$ の式を導き，その結果と三次元の場合の結果とを比較せよ．

17・11 本書では行わないが，つぎのような単原子ファン・デル・ワールス気体の分配関数を導くことができる．

$$Q(N, V, T) = \frac{1}{N!}\left(\frac{2\pi m k_B T}{h^2}\right)^{3N/2}(V - Nb)^N e^{aN^2/Vk_B T}$$

ここで，a と b はファン・デル・ワールス定数である．単原子ファン・デル・ワールス気体のエネルギーの式を導け．

17・12 剛体球の気体の近似的な分配関数は，式(17・22)（およびそれにひき続いた式）の V を $V - b$ で置き換えることによって，単原子気体の分配関数から導き出せる．ここで，b は N 個の剛体球の体積と関係した量である．この系のエネルギーと圧力の式を導出せよ．

17・13 問題17・10の分配関数を用いて，二次元理想気体の熱容量を計算せよ．

17・14 問題17・11で与えられた単原子ファン・デル・ワールス気体の分配関数を用いて，単原子ファン・デル・ワールス気体の熱容量を計算せよ．その結果を単原子理想気体の熱容量と比較せよ．

17・15 例題17・2で与えられた分配関数を用いて，二原子分子の理想気体の圧力が単原子理想気体の場合と同様に $PV = Nk_B T$ に従うことを検証せよ．

17・16 単原子理想気体（式17・22）および二原子分子理想気体（例題17・2）の場合と同様に，分配関数が，

$$Q(N, V, T) = \frac{[q(V, T)]^N}{N!}$$

の形式であって，$q(V, T) = f(T) V$ が成り立つ場合には，結果として理想気体の状態方程式が得られることを示せ．

17・17 式(17・27)，および表5・1(上巻)に与えられた O_2 の $\tilde{\nu}$ の値を用いて，$O_2(g)$ の 300 K から 1000 K までのモル熱容量の値を計算せよ（図17・3参照）．

17・18 例題17・3の式(17・29)で与えられた熱容量が，対応状態の原理に従うことを検証せよ．

17・19 エネルギーが ε_0（$\varepsilon_0 = 0$ とおく）と ε_1 の二つの量子状態だけをもつ，独立で区別可能な粒子から成る系を考えよう．このような系のモル熱容量が，

$$\bar{C}_V = R(\beta\varepsilon)^2 \frac{e^{-\beta\varepsilon}}{(1+e^{-\beta\varepsilon})^2}$$

で与えられること，および $\beta\varepsilon$ に対して $\bar{C}_V$ をプロットすると，$\beta\varepsilon/2 = \coth\beta\varepsilon/2$ の解で与えられる $\beta\varepsilon$ のところで極大値をとることを示せ．$\coth x$ の数表(たとえば，CRC の Standard Mathematical Tables)を用いて，$\beta\varepsilon = 2.40$ であることを検証せよ．

17・20 アインシュタイン結晶に対する分配関数を導くことは困難ではない(例題 17・3 参照)．結晶中の N 個の原子のおのおのは，その格子位置の付近で独立に振動していると仮定しているので，結晶は N 個の独立した調和振動子が三次元振動していると考えている．1 個の調和振動子の分配関数は，

$$q_{\text{ho}}(T) = \sum_{v=0}^{\infty} e^{-\beta\left(v+\frac{1}{2}\right)h\nu}$$
$$= e^{-\beta h\nu/2} \sum_{v=0}^{\infty} e^{-\beta v h\nu}$$

である．これがいわゆる幾何級数，

$$\sum_{v=0}^{\infty} x^v = \frac{1}{1-x}$$

になっていることに気がつけば，この和を計算するのは容易である(数学章 I 参照)．

$$q_{\text{ho}}(T) = \frac{e^{-\beta h\nu/2}}{1-e^{-\beta h\nu}}$$

および

$$Q = e^{-\beta U_0} \left(\frac{e^{-\beta h\nu/2}}{1-e^{-\beta h\nu}}\right)^{3N}$$

となることを証明せよ．ここで，U_0 は，すべての N 個の原子が無限に離れている場合のエネルギーの零点を表す単なる記号である．

17・21 つぎの式を，まず j についての和をとり，ついで i についての和をとることによって，証明せよ．

$$S = \sum_{i=1}^{2}\sum_{j=0}^{1} x^i y^j = x(1+y) + x^2(1+y) = (x+x^2)(1+y)$$

また，S を二つのべつべつの和の積として表し，同じ結果を導け．

17・22 最初に j についての和をとり，ついで i についての和をとることによって，

$$S = \sum_{i=0}^{2}\sum_{j=0}^{1} x^{i+j}$$

17. ボルツマン因子と分配関数

の値を求めよ. また, S を二つのべつべつの和の積として表し, 同じ結果を導け.

17·23 つぎの和の中にはいくつの項が存在するか.

(a) $S = \sum_{i=1}^{3} \sum_{j=1}^{2} x^i y^j$ (b) $S = \sum_{i=1}^{3} \sum_{j=0}^{2} x^i y^j$ (c) $S = \sum_{i=1}^{3} \sum_{j=1}^{2} \sum_{k=1}^{2} x^i y^j z^k$

17·24 2個の相互作用していない同一フェルミオンから成る系を考えよう. おのおのはエネルギー $\varepsilon_1, \varepsilon_2, \varepsilon_3$ の状態をもつ. $Q(2, V, T)$ を制限なしで計算するとき, 項がいくつ存在するか. 式(17·37)の総和において許容される全エネルギーを計算せよ(例題 17·5 参照). フェルミオンに関する制限を考慮に入れると $Q(2, V, T)$ にはいくつの項が現れるか.

17·25 フェルミオンの代わりにボゾンの場合について問題 17·24 を再検討せよ.

17·26 3個の相互作用していない同一フェルミオンから成る系を考えよう. おのおのはエネルギー $\varepsilon_1, \varepsilon_2, \varepsilon_3$ の状態をもつ. $Q(3, V, T)$ を制限なしで計算するとき, 項がいくつ存在するか. 式(17·37)の総和において許容される全エネルギーを計算せよ(例題 17·5 参照). フェルミオンに関する制限を考慮に入れると $Q(3, V, T)$ にはいくつの項が現れるか.

17·27 フェルミオンの代わりにボゾンの場合について問題 17·26 を再検討せよ.

17·28 $O_2(g)$ の通常の沸点 90.20 K における $(N/V)(h^2/8mk_BT)^{3/2}$ を計算せよ(表 17·1 参照). 90.20 K における $O_2(g)$ の密度は, 理想気体の状態方程式を用いて求めよ.

17·29 $He(g)$ の通常の沸点 4.22 K における $(N/V)(h^2/8mk_BT)^{3/2}$ を計算せよ(表 17·1 参照). 4.22 K における $He(g)$ の密度は, 理想気体の状態方程式を用いて求めよ.

17·30 298 K における金属ナトリウム中の電子の $(N/V)(h^2/8mk_BT)^{3/2}$ を計算せよ. ナトリウムの密度を 0.97 g mL^{-1} とせよ. その結果を表 17·1 に与えられた値と比較せよ.

17·31 液体水素の通常の沸点 20.3 K における $(N/V)(h^2/8mk_BT)^{3/2}$ を計算せよ(表 17·1 参照). 沸点における $H_2(l)$ の密度を 0.067 g mL^{-1} とせよ.

17·32 理想気体中の分子は独立しているから, 単原子分子の理想気体の混合物の分配関数は,

$$Q(N_1, N_2, V, T) = \frac{[q_1(V, T)]^{N_1}}{N_1!} \frac{[q_2(V, T)]^{N_2}}{N_2!}$$

の形になる. ここで,

$$q_j(V, T) = \left(\frac{2\pi m_j k_B T}{h^2}\right)^{3/2} V \qquad j=1, 2$$

である．単原子分子の理想気体の混合物の場合，

$$\langle E \rangle = \frac{3}{2}(N_1 + N_2)k_B T$$

および

$$PV = (N_1 + N_2)k_B T$$

となることを示せ．

17·33 つぎの 18 章において**非対称こま分子**[1] の回転の分配関数が，

$$q_{rot}(T) = \frac{\pi^{1/2}}{\sigma}\left(\frac{8\pi^2 I_A k_B T}{h^2}\right)^{1/2}\left(\frac{8\pi^2 I_B k_B T}{h^2}\right)^{1/2}\left(\frac{8\pi^2 I_C k_B T}{h^2}\right)^{1/2}$$

で与えられることを学ぶ．ここで，σ は定数，I_A, I_B, I_C は慣性モーメントの(異なる) 3 成分である．モル熱容量への回転の寄与が $\bar{C}_{V,rot} = \frac{3}{2}R$ となることを示せ．

17·34 1 個の調和振動子の許容エネルギーは $\varepsilon_v = \left(v + \frac{1}{2}\right)h\nu$ で与えられる．また，対応する分配関数は，

$$q_{vib}(T) = \sum_{v=0}^{\infty} e^{-(v+\frac{1}{2})h\nu/k_B T}$$

で与えられる．$x = e^{-h\nu/k_B T}$ とおき，幾何級数の和の公式(問題 17·20 参照)を用いて，

$$q_{vib}(T) = \frac{e^{-h\nu/2k_B T}}{1 - e^{-h\nu/k_B T}}$$

となることを示せ．

17·35 調和振動子が v 番目の状態にいる確率を表す式を導け．300 K の HCl(g) について，最初の数個の振動状態を占有する確率を計算せよ(表 5·1 および問題 17·34 参照)．

17·36 調和振動子が基底振動状態にある割合は，

$$f_0 = 1 - e^{-h\nu/k_B T}$$

で与えられることを示せ．300 K, 600 K, 1000 K における $N_2(g)$ の f_0 を求めよ．

17·37 式(17·55)を用いて，J 番目の回転準位にある剛体回転子の割合が，

$$f_J = \frac{(2J+1) e^{-\hbar^2 J(J+1)/2I k_B T}}{q_{rot}(T)}$$

で与えられることを示せ．300 K の HCl(g) について，$J=0$ の準位に対する J 番目の準位の占有割合(f_J/f_0)を J に対してプロットせよ．ここで，HCl の回転定数を

---

[1] asymmetric top molecule

$\tilde{B} = 10.44 \text{ cm}^{-1}$ とする.

17·38 式(17·20)と式(17·21)は E のアンサンブル平均を与える. それは実測値と一致していることが保証されている. この問題では, $\langle E \rangle$ の標準偏差(数学章 B 参照)を調べよう. 式(17·20)あるいは式(17·21)から始めよう.

$$\langle E \rangle = U = -\left(\frac{\partial \ln Q}{\partial \beta}\right)_{N,V} = k_B T^2 \left(\frac{\partial \ln Q}{\partial T}\right)_{N,V}$$

β あるいは T について微分して,

$$\sigma_E^2 = \langle E^2 \rangle - \langle E \rangle^2 = k_B T^2 C_V$$

となること示せ. ここで, C_V は熱容量である. $\langle E \rangle$ のまわりの広がり具合の相対的な大きさを調べるために,

$$\frac{\sigma_E}{\langle E \rangle} = \frac{(k_B T^2 C_V)^{1/2}}{\langle E \rangle}$$

を考えよう. この比の大きさを感じとるために, (単原子)理想気体の $\langle E \rangle$ と C_V の値, すなわち, $\frac{3}{2} N k_B T$ と $\frac{3}{2} N k_B$ を用いて, $\sigma_E / \langle E \rangle$ が $N^{-1/2}$ に従って変化することを示せ. また, この依存性から, 平均の巨視的エネルギーからの観測可能なズレについて何がいえるか.

17·39 問題 17·38 に従って, 分子エネルギーの平均値の分散が,

$$\sigma_\varepsilon^2 = \langle \varepsilon^2 \rangle - \langle \varepsilon \rangle^2 = \frac{k_B T^2 C_V}{N}$$

で与えられること, また $\sigma_\varepsilon / \langle \varepsilon \rangle$ が 1 の程度になることを示せ. この結果から, 平均の分子エネルギーからのズレについて何がいえるか.

17·40 問題 17·38 の結果を用いて, C_V が負になれないことを示せ.

17·41 Na(g)の最低電子状態を下表に示す.

項の記号	エネルギー/cm^{-1}	縮退度
$^2S_{1/2}$	0.000	2
$^2P_{1/2}$	16 956.183	2
$^2P_{3/2}$	16 973.379	4
$^2S_{1/2}$	25 739.86	2

1000 K の Na(g) の試料の, これらの電子状態にある原子の割合を計算せよ. 2500 K の場合についても計算せよ.

17·42 NaCl(g) の振動数は 159.23 cm^{-1} である. 1000 K におけるモル熱容量 $\bar{C}_V$ を計算せよ (式 17·27 参照).

17·43 ヨウ素原子の二つの最低電子状態のエネルギーと縮退度を下に示す．

エネルギー/cm^{-1}	縮退度
0	4
7603.2	2

原子のうちの2％が励起状態にあるようにするのに必要な温度は何度か．

数学章 I
級数と極限

 方程式の変数のうちの一つの値が小さいとき(あるいは大きな値かもしれないが)，その方程式の挙動を探る必要がしばしばある．たとえば，黒体輻射に関するプランクの分布則(式 1·2)が低振動数領域ではどうなるかを知りたいと思う場合がある．

$$\rho_\nu(T)\,d\nu = \frac{8\pi h}{c^3}\frac{\nu^3\,d\nu}{e^{\beta h\nu}-1} \qquad (\text{I·1})$$

そのためには，まず e^x が**無限級数**[1] (すなわち，無限の項を含む級数)で，つぎのように表されることを使わなければならない．

$$e^x = \sum_{n=0}^{\infty}\frac{x^n}{n!} = 1 + x + \frac{x^2}{2!} + \frac{x^3}{3!} + \cdots \qquad (\text{I·2})$$

ついで，x が1よりも小さい場合 x^2, x^3, 等々の項がさらに小さくなると考えられる．この結果は，

$$e^x = 1 + x + O(x^2)$$

のように書くことができる．ここで，$O(x^2)$ は，x^2 以上の x の高次の項を無視していることを忘れないための記号と思えばよい．この結果を式(I·1)に使うと，

$$\rho_\nu(T)\,d\nu = \frac{8\pi h}{c^3}\frac{\nu^3\,d\nu}{1+\beta h\nu + O[(\beta h\nu)^2]-1}$$

$$\approx \frac{8\pi k_B T}{c^3}\nu^2\,d\nu$$

となる．ここで，$\beta = 1/(k_B T)$ とした．したがって，$\rho_\nu(T)$ が ν の小さな値に対しては ν^2 で変化することがわかる．この数学章においては，役に立つ級数を説明し，それら

---

[1] infinite series (無限数列ともいう)

を物理的な問題に応用する．

今後利用する最も有用な級数の一つがつぎの幾何級数である．

$$\frac{1}{1-x} = \sum_{n=0}^{\infty} x^n = 1 + x + x^2 + x^3 + \cdots \qquad |x| < 1 \qquad (\text{I·3})$$

この結果は 1 を代数的に $1-x$ で割り算することによって導かれる．つまり，つぎのような仕掛けである．有限級数(すなわち，有限個の項をもった級数)，

$$S_N = 1 + x + x^2 + \cdots + x^N$$

を考えよう．ここで，S_N に x を掛けると，

$$xS_N = x + x^2 + \cdots + x^{N+1}$$

となる．したがって，

$$S_N - xS_N = 1 - x^{N+1}$$

となることがわかる．すなわち，

$$S_N = \frac{1 - x^{N+1}}{1 - x} \qquad (\text{I·4})$$

である．$|x|<1$ の場合，$N\to\infty$ となるにつれて $x^{N+1}\to 0$ となるので，式(I·3)に落ち着くのである．

式(I·4)が式(I·3)に帰着することから，無限級数に関する一つの重要な点がわかってくる．式(I·3)は $|x|<1$ の場合にのみ成立し，$|x|\geq 1$ のときには何の意味ももたないのである．式(I·3)の無限級数は $|x|<1$ の場合に収束し，$|x|\geq 1$ の場合には発散するという．与えられた無限級数が収束するか発散するかを，どのようにして判断できるのであろうか．数多くのいわゆる**収束試験**[1]があるが，簡単で役に立つのが**比試験**[2]である．比試験を適用するためには，$(n+1)$ 番目の項 u_{n+1} と n 番目の項 u_n の比をとり，つぎのように n を非常に大きくしていく．

$$r = \lim_{n\to\infty} \left|\frac{u_{n+1}}{u_n}\right| \qquad (\text{I·5})$$

$r<1$ のとき，この級数は収束する．$r>1$ のときは発散する．また，$r=1$ のときは，この試験では結論できない．幾何級数(式 I·3)にこの試験を適用してみよう．この場合は，$u_{n+1}=x^{n+1}$, $u_n=x^n$ だから，

$$r = \lim_{n\to\infty} \left|\frac{x^{n+1}}{x^n}\right| = |x|$$

---

1) convergence test 2) ratio test

I. 級数と極限

である．したがって，この級数が $|x|<1$ のとき収束し，$|x|>1$ のとき発散することがわかる．$x=1$ のときは実は発散するが，この比試験ではそれはわからない．$x=1$ のときの挙動を決定するためには，もっと精密な収束試験を使わなければならない．

指数関数の級数(式 I·2)の場合は，

$$r = \lim_{n\to\infty}\left|\frac{x^{n+1}/(n+1)!}{x^n/n!}\right| = \lim_{n\to\infty}\left|\frac{x}{n+1}\right|$$

となる．したがって，x のすべての有限の値について指数関数の級数は収束すると結論できる．

18 章で，

$$S = \sum_{v=0}^{\infty} e^{-vh\nu/k_B T} \qquad (\text{I·6})$$

という和が出てくる．ここで，ν は二原子分子の振動数で，その他の記号は通常の意味をもつ．この和をとるには，

$$x = e^{-h\nu/k_B T}$$

とおくと，

$$S = \sum_{v=0}^{\infty} x^v$$

となる．x は 1 より小さな量であり，式(I·3)によると $S = 1/(1-x)$，すなわち，

$$S = \frac{1}{1 - e^{-h\nu/k_B T}} \qquad (\text{I·7})$$

を得る．つまり，無限回の段階が必要になる式(I·6)と対照的に，S の数値計算には有限回の段階しか必要とされないので，S は閉じた形式で計算されるといえる．

実際に生じる問題は，与えられた関数に対応する無限級数をどのようにして見つけるかということである．たとえば，どのようにして式(I·2)を導くのか．まず，つぎのように関数 $f(x)$ が x のべき級数で表現できると仮定する．

$$f(x) = c_0 + c_1 x + c_2 x^2 + c_3 x^3 + \cdots$$

ここで，c_j は未定の定数である．つぎに，$x=0$ とおき，$c_0 = f(0)$ を求め，x で 1 回微分すると，

$$\frac{df}{dx} = c_1 + 2c_2 x + 3c_3 x^2 + \cdots$$

となる．ここで，$x=0$ とおくと $c_1=(\mathrm{d}f/\mathrm{d}x)_{x=0}$ が得られる．再度微分すると，

$$\frac{\mathrm{d}^2 f}{\mathrm{d}x^2} = 2c_2 + 3\cdot 2c_3 x + \cdots$$

となり，$x=0$ とおくと $c_2=(\mathrm{d}^2f/\mathrm{d}x^2)_{x=0}/2$ を得る．もう1回微分すると，

$$\frac{\mathrm{d}^3 f}{\mathrm{d}x^3} = 3\cdot 2c_3 + 4\cdot 3\cdot 2x + \cdots$$

となり，$x=0$ とおくと $c_3=(\mathrm{d}^3f/\mathrm{d}x^3)_{x=0}/3!$ を得る．一般的な結果は，

$$c_n = \frac{1}{n!}\left(\frac{\mathrm{d}^n f}{\mathrm{d}x^n}\right)_{x=0} \tag{I·8}$$

となるので，

$$f(x) = f(0) + \left(\frac{\mathrm{d}f}{\mathrm{d}x}\right)_{x=0} x + \frac{1}{2!}\left(\frac{\mathrm{d}^2 f}{\mathrm{d}x^2}\right)_{x=0} x^2 + \frac{1}{3!}\left(\frac{\mathrm{d}^3 f}{\mathrm{d}x^3}\right)_{x=0} x^3 + \cdots \tag{I·9}$$

と書ける．式(I·9)を $f(x)$ の**マクローリン級数**[1]という．式(I·9)を $f(x)=\mathrm{e}^x$ に適用すると，

$$\left(\frac{\mathrm{d}^n \mathrm{e}^x}{\mathrm{d}x^n}\right)_{x=0} = 1$$

となるから，

$$\mathrm{e}^x = 1 + x + \frac{x^2}{2!} + \frac{x^3}{3!} + \cdots$$

を得る．

式(I·9)をまっすぐに適用すると得られるその他の重要なマクローリン級数の例としては，

$$\sin x = x - \frac{x^3}{3!} + \frac{x^5}{5!} - \frac{x^7}{7!} + \cdots \tag{I·10}$$

$$\cos x = 1 - \frac{x^2}{2!} + \frac{x^4}{4!} - \frac{x^6}{6!} + \cdots \tag{I·11}$$

$$\ln(1+x) = x - \frac{x^2}{2} + \frac{x^3}{3} - \frac{x^4}{4} + \cdots \qquad -1 < x \leq 1 \tag{I·12}$$

$$(1+x)^n = 1 + nx + \frac{n(n-1)}{2!}x^2 + \frac{n(n-1)(n-2)}{3!}x^3 + \cdots \qquad x^2 < 1 \tag{I·13}$$

---

[1] Maclaurin series

がある(問題 I·7 参照). 級数(I·10)と(I·11)は x のすべての値に関して収束するが，それぞれ式に示したように，級数(I·12)は $-1 < x \leq 1$ の場合にのみ，級数(I·13)は $x^2 < 1$ の場合にのみ収束する. 級数(I·13)において n が正の整数の場合は，級数が途中で打ち切られることがわかる. たとえば，$n=2$ あるいは 3 の場合，

$$(1+x)^2 = 1 + 2x + x^2$$
$$(1+x)^3 = 1 + 3x + 3x^2 + x^3$$

となる. 式(I·13)で正の整数の場合を **2項展開**[1] という. n が正の整数でない場合には級数は無限に続き，式(I·13)を **2項級数**[2] という. 数表のあるどんなハンドブックでも，多くの関数についてのマクローリン級数を載せているだろう. 問題 I·13 では，マクローリン級数を拡張した**テイラー級数**[3] について考える.

ここに提示した級数を用いて，本書を通じて使われる多数の結果を導くことができる. たとえば，

$$\lim_{x \to 0} \frac{\sin x}{x}$$

の極限は何回か出てくる. この極限は 0/0 となるから，つぎの l'Hôpital の公式が使えるだろう. すなわち，

$$\lim_{x \to 0} \frac{\sin x}{x} = \lim_{x \to 0} \frac{\dfrac{d \sin x}{dx}}{\dfrac{dx}{dx}} = \lim_{x \to 0} \cos x = 1$$

これと同じ結果が，式(I·10)を x で割り，ついで $x \to 0$ とおいても導かれる.（実はこの二つの方法は等価である. 問題 I·14 参照.）

級数と極限に関する最後の例をあげる. デバイの理論によると，結晶のモル熱容量の温度依存性は，

$$\bar{C}_V(T) = 9R \left(\frac{T}{\Theta_D} \right)^3 \int_0^{\Theta_D/T} \frac{x^4 e^x \, dx}{(e^x - 1)^2} \tag{I·14}$$

で与えられる. この式において，T はケルビン温度，R は気体定数，Θ_D はその結晶に固有のパラメーターである. パラメーター Θ_D は温度の次元をもち，結晶の**デバイ温度**[4] といわれる. ここで，$\bar{C}_V(T)$ の低温と高温の両極限値を求めたい. 低温極限では，積分の上限が非常に大きくなる. x の大きな値の場合，被積分関数の分母の中の 1 は e^x に対して無視できて，被積分関数が $x^4 e^{-x}$ で変化することがわかる. また，

---

1) binomial expansion 2) binomial series 3) Taylor series 4) Debye temperature

$x \to \infty$ のとき $x^4 e^{-x} \to 0$ となるから，積分の上限を ∞ とおいて差し支えないだろう．すなわち，

$$\lim_{T \to 0} \bar{C}_V(T) = 9R \left(\frac{T}{\varTheta_D}\right)^3 \int_0^\infty \frac{x^4 e^x \, dx}{(e^x - 1)^2}$$

を得る．ここでの積分の値がどうであれ，それはただの定数であるから，

$$T \to 0 \quad \text{のとき} \quad \bar{C}_V(T) \to \text{定数} \times T^3$$

となることがわかる．結晶の低温熱容量についてのこの有名な結果を **T^3 法則**[1] という．低温熱容量は T^3 に従って零に近づく．21 章でこの T^3 法則を用いることになる．

さて，高温極限を見ていこう．高温では，式(I·14)の積分の上限は非常に小さくなる．すなわち，0 から $\varTheta_D/T$ までの積分において，x はいつも小さくなる．したがって，e^x に関する式(I·2)が使えて，

$$\lim_{T \to \infty} \bar{C}_V(T) = 9R \left(\frac{T}{\varTheta_D}\right)^3 \int_0^{\varTheta_D/T} \frac{x^4 [1 + x + O(x^2)] \, dx}{[1 + x + O(x^2) - 1]^2}$$

$$= 9R \left(\frac{T}{\varTheta_D}\right)^3 \int_0^{\varTheta_D/T} x^2 \, dx$$

$$= 9R \left(\frac{T}{\varTheta_D}\right)^3 \cdot \frac{1}{3} \left(\frac{\varTheta_D}{T}\right)^3 = 3R$$

となる．この結果を**デュロン-プティの法則**[2] という．つまり，高温での単原子結晶の場合，結晶のモル熱容量は $3R = 24.9 \text{ J K}^{-1} \text{ mol}^{-1}$ になる．"高温"というのは，実は $T \gg \varTheta_D$ という意味である．多くの物質について $\varTheta_D$ は 1000 K よりも低い．

問 題

I·1 $x = 0.0050, 0.0100, 0.0150, \cdots, 0.1000$ の場合，e^x と $1+x$ との違いが何 % あるかを計算せよ．

I·2 $x = 0.0050, 0.0100, 0.0150, \cdots, 0.1000$ の場合，$\ln(1+x)$ と x との違いが何 % あるかを計算せよ．

---

1) T^3 law 2) Law of Dulong and Petit

I. 級数と極限

I·3 $(1+x)^{1/2}$ を2次の項まで展開せよ．

I·4 級数，

$$S = \sum_{v=0}^{\infty} e^{-\left(v+\frac{1}{2}\right)\beta h\nu}$$

を計算せよ．

I·5 級数，

$$\frac{1}{(1-x)^2} = 1 + 2x + 3x^2 + 4x^3 + \cdots$$

を証明せよ．

I·6 級数，

$$S = \frac{1}{2} + \frac{1}{4} + \frac{1}{8} + \frac{1}{16} + \cdots$$

を計算せよ．

I·7 式(I·9)を用いて式(I·10)と式(I·11)を導け．

I·8 式(I·2)，式(I·10)，式(I·11)が関係式 $e^{ix} = \cos x + i \sin x$ と矛盾しないことを示せ．

I·9 例題17·3において，アインシュタインのモデルを基にしてつぎのような固体のモル熱容量の簡単な式を導いた．

$$\bar{C}_V = 3R \left(\frac{\Theta_E}{T}\right)^2 \frac{e^{-\Theta_E/T}}{(1-e^{-\Theta_E/T})^2}$$

ここで，R は気体定数，$\Theta_E = h\nu/k_B$ はその固体に固有の定数で，これを**アインシュタイン定数**[1]という．この式が高温でデュロン-プティの極限 ($\bar{C}_V \to 3R$) を与えることを示せ．

I·10 $x \to 0$ のとき，

$$f(x) = \frac{e^{-x} \sin^2 x}{x^2}$$

の極限を求めよ．

I·11 積分，

$$I = \int_0^a x^2 e^{-x} \cos^2 x \, dx$$

---

[1] Einstein constant

を，a の小さな値に対して，I を a のべきで2次の項まで展開することによって計算せよ．

I·12 x のすべての値について $\sin x$ の級数が収束することを証明せよ．

I·13 マクローリン級数は点 $x=0$ のまわりの展開式である．

$$f(x) = c_0 + c_1(x - x_0) + c_2(x - x_0)^2 + \cdots$$

の形の級数は点 x_0 のまわりの展開式で，これをテイラー級数という．最初に $c_0 = f(x_0)$ であることを示し，つぎに上の展開式の両辺を x について微分し，$x = x_0$ とおいて $c_1 = (df/dx)_{x=x_0}$ であることを示せ．つぎに，

$$c_n = \frac{1}{n!}\left(\frac{d^n f}{dx^n}\right)_{x=x_0}$$

となることと，その結果，

$$f(x) = f(x_0) + \left(\frac{df}{dx}\right)_{x=x_0}(x-x_0) + \frac{1}{2}\left(\frac{d^2 f}{dx^2}\right)_{x=x_0}(x-x_0)^2 + \cdots$$

が成立することを証明せよ．

I·14 l'Hôpital の公式は分子と分母の両方のテイラー展開をすることと結局同じであることを示せ．また，両方のやり方で，

$$\lim_{x \to 0} \frac{\ln(1+x) - x}{x^2}$$

の極限を計算せよ．

I·15 問題 18·40 で，つぎの級数の和をとることが必要になる．

$$s_1 = \sum_{v=0}^{\infty} v x^v$$

$$s_2 = \sum_{v=0}^{\infty} v^2 x^v$$

最初の級数の和をとるために，

$$s_0 = \sum_{v=0}^{\infty} x^v = \frac{1}{1-x}$$

から始めよう（式 I·3 参照）．x について微分し，ついで x を掛けて，

$$s_1 = \sum_{v=0}^{\infty} v x^v = x \frac{ds_0}{dx} = x \frac{d}{dx}\left(\frac{1}{1-x}\right) = \frac{x}{(1-x)^2}$$

を求めよ．同じ手法を用いて，

$$s_2 = \sum_{v=0}^{\infty} v^2 x^v = \frac{x + x^2}{(1-x)^3}$$

であることを示せ.

ジオーク（William Francis Giauque）は1895年5月12日にカナダのオンタリオ州ナイアガラフォールズ市でアメリカ人の両親の下に生まれ，1982年に亡くなった．ナイアガラフォールズにあるフッカー電気化学会社の研究所で2年間働いたのち，化学技術者になろうとカリフォルニア大学バークレー校に入学した．しかし，彼は純正化学を学ぶ決心をして，バークレー校にとどまり，1922年に副専攻を物理学にして化学で博士号を取得した．彼の学位論文は極低温における物質の挙動に関するものであった．学位取得後，ただちにジオークはバークレー校化学教室の教授陣に加わり，そこで生涯を過ごした．彼は，熱力学の第三法則を明らかにする徹底的でかつ細部にわたって正確な熱化学的研究を行った．特に，物質のエントロピーに関する極低温の研究が第三法則を確認したのである．ジオークは低温を達成するために断熱消磁法を開発し，0.25 Kの温度を達成した．ひき続いて他の研究グループが，このジオークの方法を使って0.0014 Kもの低温に到達した．また，1929年に，大学院生のジョンストン（Herrick Johnston）とともに，それまで知られていなかった二つの酸素同位体17と18を分光学的に同定した．1949年に"化学熱力学，特に極低温における物質の挙動の分野における貢献"によりノーベル化学賞を受賞した．

18章

分配関数と理想気体

この章では,17章の一般的な結果を使って,理想気体の分配関数と熱容量を計算する.17・7節において,利用できる量子状態の数が粒子数よりもはるかに多い場合には,つぎのように系全体の分配関数が,個々の原子あるいは分子の分配関数を使って表されることを示した.

$$Q(N, V, T) = \frac{[q(V, T)]^N}{N!}$$

理想気体では分子が互いに独立しており,気体の密度が十分に低くて,式(17・40)の不等式が成り立つので,上の式は特に理想気体にあてはまる.まず単原子理想気体について述べ,ついで二原子分子と多原子分子の理想気体について説明する.

18・1 単原子理想気体中の原子の並進の分配関数は $(2\pi m k_B T/h^2)^{3/2} V$ である

単原子理想気体中の原子のエネルギーは,その並進エネルギーと電子エネルギーとの和でつぎのように書くことができる.

$$\varepsilon_{\text{atomic}} = \varepsilon_{\text{trans}} + \varepsilon_{\text{elec}}$$

したがって,原子分配関数は,

$$q(V, T) = q_{\text{trans}}(V, T) \, q_{\text{elec}}(T) \qquad (18\cdot1)$$

のように書ける.最初に並進の分配関数を求めよう.

立方体の容器内の並進エネルギー状態は,

$$\varepsilon_{n_x n_y n_z} = \frac{h^2}{8ma^2}(n_x^2 + n_y^2 + n_z^2) \qquad n_x, n_y, n_z = 1, 2, \cdots \qquad (18\cdot2)$$

で与えられる(3・9節参照).式(18・2)を q_{trans}(式17・47)に代入すると,

$$q_{\text{trans}} = \sum_{n_x, n_y, n_z=1}^{\infty} e^{-\beta \varepsilon_{n_x n_y n_z}} = \sum_{n_x=1}^{\infty} \sum_{n_y=1}^{\infty} \sum_{n_z=1}^{\infty} \exp\left[-\frac{\beta h^2}{8ma^2}(n_x^2 + n_y^2 + n_z^2)\right] \quad (18\cdot 3)$$

を得る。$e^{a+b+c} = e^a e^b e^c$ であるから，上の式の三重和を三つの和の積として，

$$q_{\text{trans}} = \sum_{n_x=1}^{\infty} \exp\left(-\frac{\beta h^2 n_x^2}{8ma^2}\right) \sum_{n_y=1}^{\infty} \exp\left(-\frac{\beta h^2 n_y^2}{8ma^2}\right) \sum_{n_z=1}^{\infty} \exp\left(-\frac{\beta h^2 n_z^2}{8ma^2}\right)$$

のように書ける。ここで，おのおのの和は単に，

$$\sum_{n=1}^{\infty} \exp\left(-\frac{\beta h^2 n^2}{8ma^2}\right) = e^{-\beta h^2/8ma^2} + e^{-4\beta h^2/8ma^2} + e^{-9\beta h^2/8ma^2} + \cdots$$

であるから，これら三つの和は同じものである。したがって，式(18・3)は，

$$q_{\text{trans}}(V, T) = \left[\sum_{n=1}^{\infty} \exp\left(-\frac{\beta h^2 n^2}{8ma^2}\right)\right]^3 \quad (18\cdot 4)$$

のように書ける。

どんな解析的関数を用いてもこの和を書き表すことはできない。しかしながら，つぎのような理由で，この状況のために和の計算が困難になることはないのである。グラフ的には，図18・1に示すように $\sum_{n=1}^{\infty} f_n$ のような和は，1, 2, 3, … に中心をもち単位幅で高さが $f_1, f_2, f_3, \cdots$ の長方形の面積の和に等しくなる。連なった長方形の高さがきわめてわずかしか変化しない場合には，長方形の面積は，和の添字 n を連続的な変数に置き換えて得られる連続的な曲線の下の面積とほとんど等しくなる(図18・1)。問題18・2の助けを借りると，たいていの場合に式(18・4)の和の中のひき続く項が，互

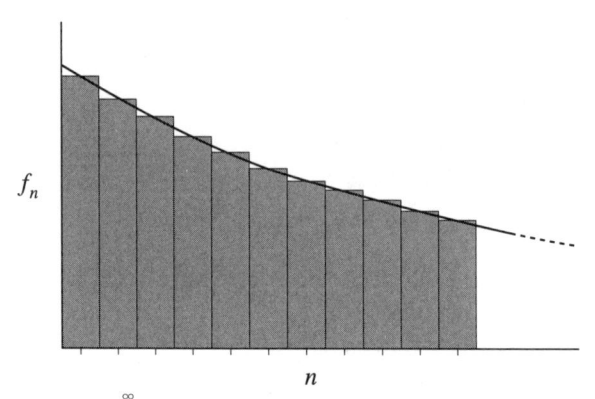

図 18・1 和 $\sum_{n=1}^{\infty} f_n$ の積分による近似の説明。和は長方形の面積を足したものに等しく，積分は，n を連続変数に置き換えて得られる曲線の下の面積に等しい。

18. 分配関数と理想気体

いに実にごくわずかしか変化しないことがわかるだろう．

したがって，式(18・4)の和をつぎのように積分で置き換えるのは非常によい近似になる．

$$q_{\text{trans}}(V, T) = \left(\int_0^\infty e^{-\beta h^2 n^2/8ma^2} dn \right)^3 \tag{18・5}$$

式(18・4)の和では $n=1$ から始まるが，積分は $n=0$ から始まっていることに注意しよう．ここで考えているような，小さな $\beta h^2/8ma^2$ の値の場合には，この違いは無視できる(問題18・41参照)．$\beta h^2/8ma^2$ を α と記すと，上の積分(数学章B参照)は，

$$\int_0^\infty e^{-\alpha n^2} dn = \left(\frac{\pi}{4\alpha} \right)^{1/2}$$

となるから，

$$q_{\text{trans}}(V, T) = \left(\frac{2\pi m k_B T}{h^2} \right)^{3/2} V \tag{18・6}$$

を得る．a^3 の代わりに V と書いた．q_{trans} が V と T の関数であることがわかる．

式(17・51)を使うと，この分配関数から理想気体原子の平均並進エネルギーを計算できる．

$$\begin{aligned}
\langle \varepsilon_{\text{trans}} \rangle &= k_B T^2 \left(\frac{\partial \ln q_{\text{trans}}}{\partial T} \right)_V \\
&= k_B T^2 \left(\frac{\partial}{\partial T} \left[\frac{3}{2} \ln T + T \text{に関係しない項} \right] \right)_V \\
&= \frac{3}{2} k_B T
\end{aligned} \tag{18・7}$$

これは，17・3節で求めた結果と一致している．

18・2 室温ではほとんどの原子が基底電子状態にある

この節では，$q(V, T)$ への電子からの寄与を調べる．電子分配関数を状態についての和よりも，むしろ準位についての和として書くほうが便利なので(17・8節参照)，

$$q_{\text{elec}} = \sum_i g_{ei} e^{-\beta \varepsilon_{ei}} \tag{18・8}$$

と記す．ここで，g_{ei} は縮退度，ε_{ei} は i 番目の電子準位のエネルギーである．まず $\varepsilon_{e1} = 0$ になるようにエネルギーの零点を選ぼう．すなわち，すべての電子エネルギーを基底電子状態から測る．すると，q への電子的寄与は，

$$q_{\text{elec}}(T) = g_{e1} + g_{e2} e^{-\beta \varepsilon_{e2}} + \cdots \tag{18·9}$$

のように書ける.ここで,ε_{ej} は基底状態に相対的な,j 番目の電子準位のエネルギーである.q_{elec} は T の関数であるが,V の関数ではないことがわかる.

すでに 8 章で見たように,これらの ε はふつう 1 万程度の波数になる.1.986×10^{-23} J $= 1$ cm^{-1} であることを使うと,ボルツマン定数は波数単位で $k_B = 0.6950$ cm^{-1} K^{-1} となる.したがって,ふつうは,

$$\beta \varepsilon_{\text{elec}} \approx \frac{10\,000 \text{ cm}^{-1}}{0.6950 \text{ cm}^{-1} \text{ K}^{-1}} \frac{1}{T} \approx \frac{10^4 \text{ K}}{T}$$

となることがわかる.これは,$T = 1000$ K のときでさえ 10 にすぎない.したがって,常温ではほとんどの原子について,式(18·9)の $e^{-\beta \varepsilon_{e2}}$ がほぼ 10^{-5} となるので,q_{elec} に関する和の第 1 項だけが 0 と有意の差が出てくるのである.しかし,ハロゲン原子のような場合には,その第 1 励起状態が基底状態の上わずか数百 cm^{-1} のところにあるので,q_{elec} の数項が必要になる.このような場合でも式(18·9)の和はきわめて速やかに収束する.

8 章で学んだように,原子やイオンの電子エネルギーは原子分光法によって決定され,十分に表にまとめられている.標準的な資料である"ムーアの表[1]"には多くの原子やイオンのエネルギー準位とそのエネルギー値が掲載されている.表 18·1 に H, He, Li, F に関する最初の数準位を載せてある.

表 18·1 のような表からつぎの二,三の一般的な知見が得られる.希ガス原子は,$^1S_0$ の基底状態をもち,第 1 励起状態はほぼ 10^5 cm^{-1} 以上である.アルカリ金属原子は,$^2S_{1/2}$ の基底状態をもち,第 1 励起状態はほぼ 10^4 cm^{-1} 以上である.ハロゲン原子は,$^2P_{3/2}$ の基底状態をもち,第 1 励起状態の $^2P_{1/2}$ 状態はわずかに 10^2 cm^{-1} 程度高いだけである.したがって,常温において,希ガス原子の場合は電子分配関数はほとんど 1 であり,アルカリ金属原子の場合はそれは 2 となるのに対して,ハロゲン原子の電子分配関数は二つの項から成る.

表 18·1 のデータを用いると,ここで最初の三重項状態 $^3S_1$ にあるヘリウム原子の割合を計算できる.この割合は式(18·9)を使って,

$$\begin{aligned} f_2 &= \frac{g_{e2} e^{-\beta \varepsilon_{e2}}}{q_{\text{elec}}(T)} \\ &= \frac{3 e^{-\beta \varepsilon_{e2}}}{1 + 3 e^{-\beta \varepsilon_{e2}} + e^{-\beta \varepsilon_{e3}} + \cdots} \end{aligned} \tag{18·10}$$

---

1) Moore's table

18. 分配関数と理想気体

表 18·1 原子のエネルギー準位[a]

原 子	電子配置	項の記号	縮退度 $g_e=2J+1$	エネルギー/cm^{-1}
H	1s	$^2S_{1/2}$	2	0.
	2p	$^2P_{1/2}$	2	82 258.907
	2s	$^2S_{1/2}$	2	82 258.942
	2p	$^2P_{3/2}$	4	82 259.272
He	1s^2	$^1S_0$	1	0.
	1s2s	$^3S_1$	3	159 850.318
		$^1S_0$	1	166 271.70
Li	1s^{2}2s	$^2S_{1/2}$	2	0.
	1s^{2}2p	$^2P_{1/2}$	2	14 903.66
		$^2P_{3/2}$	4	14 904.00
	1s^{2}3s	$^2S_{1/2}$	2	27 206.12
F	1s^{2}2s^{2}2p^5	$^2P_{3/2}$	4	0.
		$^2P_{1/2}$	2	404.0
	1s^{2}2s^{2}2p^{4}3s	$^4P_{5/2}$	6	102 406.50
		$^4P_{3/2}$	4	102 681.24
		$^4P_{1/2}$	2	102 841.20
		$^2P_{3/2}$	4	104 731.86
		$^2P_{1/2}$	2	105 057.10

[a] ムーア(C. E. Moore)著, "Atomic Energy Levels", *Natl. Bur. Stand.*(*U.S.*) *Circ.*, **1**, 467, 合衆国印刷局, ワシントン D.C.(1949).

で与えられる. 300 K のとき $\beta\varepsilon_{e2}=770$ だから, $f_2\approx 10^{-334}$ となり, 3000 K のときでさえ $f_2\approx 10^{-33}$ にすぎない. これが希ガスの典型的な値である. 励起準位の占有数がかなりになるには, 基底準位と励起準位のエネルギー差が数百 cm^{-1} 以下でなければならない.

例題 18·1 表 18·1 のデータを用いて, 300 K, 1000 K, 2000 K の各温度でフッ素原子が第 1 励起状態にある割合を計算せよ.

解答: 式(18·9)において, $g_{e1}=4$, $g_{e2}=2$, $g_{e3}=6$ とすると,

$$f_2 = \frac{2e^{-\beta\varepsilon_{e2}}}{4 + 2e^{-\beta\varepsilon_{e2}} + 6e^{-\beta\varepsilon_{e3}} + \cdots}$$

を得る. ここで, $\varepsilon_{e2}=404.0$ cm^{-1}, $\varepsilon_{e3}=102\,406.50$ cm^{-1} である. また,

$$\beta\varepsilon_{e2} = \frac{404.0\ \text{cm}^{-1}}{(0.6950\ \text{cm}^{-1}\ \text{K}^{-1})\,T} = \frac{581.3\ \text{K}}{T}$$

$$\beta\varepsilon_{e3} = \frac{147\,300\ \text{K}}{T}$$

となる.f_2 の分母の第3項が無視できることが明らかである.
これらの温度における f_2 の値は,

$$f_2(T=300\ \text{K}) = \frac{2e^{-581/300}}{4 + 2e^{-581/300}} = 0.0672$$

$$f_2(T=1000\ \text{K}) = \frac{2e^{-581/1000}}{4 + 2e^{-581/1000}} = 0.219$$

$$f_2(T=2000\ \text{K}) = 0.272$$

となる.各温度での第1励起状態の占有数はかなりのものになるから,$q_{\text{elec}}(T)$ を決定するためには式(18・9)の和の最初の2項までは計算しなければならない.

ほとんどの原子や分子に関して,電子分配関数の最初の2項,すなわち,

$$q_{\text{elec}}(T) \approx g_{e1} + g_{e2}\,e^{-\beta\varepsilon_{e2}} \tag{18・11}$$

で十分である.第1項に対して第2項が無視できなくなる温度では,それ以上の高次の項からの寄与の可能性も検討しなければならない.

以上で単原子理想気体の分配関数の説明を終えることにしよう.まとめると,

$$Q(N, V, T) = \frac{(q_{\text{trans}}\, q_{\text{elec}})^N}{N!} \tag{18・12}$$

となる.ここで,

$$q_{\text{trans}}(V, T) = \left(\frac{2\pi m k_B T}{h^2}\right)^{3/2} V$$

$$q_{\text{elec}}(T) = g_{e1} + g_{e2}\,e^{-\beta\varepsilon_{e2}} + \cdots \tag{18・13}$$

である.
これで,単原子理想気体の性質を二,三計算できるところまで来た.平均エネルギーは,

$$U = k_B T^2 \left(\frac{\partial \ln Q}{\partial T}\right)_{N,V} = N k_B T^2 \left(\frac{\partial \ln q}{\partial T}\right)_V = \frac{3}{2} N k_B T + \frac{N g_{e2}\, \varepsilon_{e2}\, e^{-\beta\varepsilon_{e2}}}{q_{\text{elec}}} + \cdots$$

$$\tag{18・14}$$

である．第1項は平均運動エネルギー，第2項は（基底状態のエネルギーよりも過剰な）平均電子エネルギーを表している．常温では平均エネルギーへの電子的自由度の寄与は小さい．電子的自由度からのごくわずかな寄与を無視すると，定容モル熱容量は，

$$\bar{C}_V = \left(\frac{d\bar{U}}{dT}\right)_{N,V} = \frac{3}{2}R$$

で与えられる．圧力は，

$$P = k_BT\left(\frac{\partial \ln Q}{\partial V}\right)_{N,T} = Nk_BT\left(\frac{\partial \ln q}{\partial V}\right)_T$$

$$= Nk_BT\left[\frac{\partial}{\partial V}\{\ln V + (V\text{に関係しない項})\}\right]_T$$

$$= \frac{Nk_BT}{V} \tag{18・15}$$

となる．これは理想気体の状態方程式である．$q(V,T)$ が $f(T)V$ の形をとるので式(18・15)が導かれ，原子の並進エネルギーだけが圧力に寄与することがわかる．気体の原子や分子の容器壁面への衝突によって圧力が生じるのであるから，これは直観的に予想される結果である．

つぎの数節において，二原子分子の理想気体を扱おう．並進と電子的な自由度に加えて，二原子分子は振動と回転の自由度ももつ．一般的な手順は，2個の原子核と n 個の電子に対するシュレーディンガー方程式をたて，それを解いて二原子分子の固有値の組を求めることである．幸いなことに，この複雑な2核-n電子問題を一組のもっと簡単な問題に分解するために，きわめてよい近似法がある．これらの近似法のなかで最も簡単なものが，5章と13章で説明した剛体回転子-調和振動子近似である．つぎの節でこの近似法を確立し，18・4節と18・5節でこの近似の範囲内で振動と回転の分配関数を求める．

18・3 二原子分子のエネルギーはべつべつの項の和として近似できる

二原子分子や多原子分子を扱う際には剛体回転子-調和振動子近似が使える（13・2節参照）．この場合には，分子の全エネルギーを並進，回転，振動，電子の各エネルギーの和として，

$$\varepsilon = \varepsilon_{trans} + \varepsilon_{rot} + \varepsilon_{vib} + \varepsilon_{elec} \tag{18・16}$$

のように書くことができる．単原子理想気体に関しては，常温で式(17・40)の不等式を

たやすく満足するので,

$$Q(N, V, T) = \frac{[q(V, T)]^N}{N!} \qquad (18\cdot17)$$

と書ける．さらに，式(18・16)から,

$$q(V, T) = q_{\text{trans}} \, q_{\text{rot}} \, q_{\text{vib}} \, q_{\text{elec}} \qquad (18\cdot18)$$

と書けるので，分子の理想気体の分配関数は,

$$Q(N, V, T) = \frac{(q_{\text{trans}} \, q_{\text{rot}} \, q_{\text{vib}} \, q_{\text{elec}})^N}{N!} \qquad (18\cdot19)$$

で与えられる．二原子分子の並進の分配関数は，つぎのように原子1個について18・1節で求めた結果と似た式になる．

$$q_{\text{trans}}(V, T) = \left[\frac{2\pi(m_1+m_2)k_B T}{h^2}\right]^{3/2} V \qquad (18\cdot20)$$

式(18・20)が式(18・6)とほとんど同じであることがわかる．電子分配関数は式(18・9)と同様になるだろう．つぎの2節で分配関数への振動と回転の寄与を説明する．式(18・19)は厳密ではないが，特に小さな分子に対しては，しばしばよい近似になる．

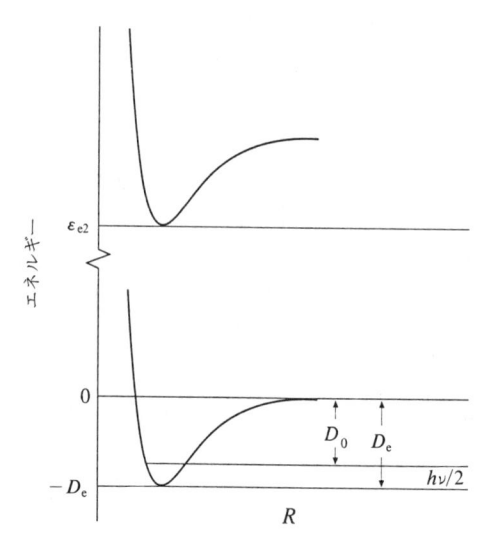

図18・2　基底電子状態と第1励起状態の核間距離に対する依存性．基底状態の D_e と D_0 の値および ε_{e2} を図に示す．図からわかるように，D_e と D_0 の値には $D_e = D_0 + h\nu/2$ の関係がある．

q_{rot} と q_{vib} を考察する前に，回転，振動，電子状態のエネルギーの零点を選ばなければならない．回転エネルギーの零点は $J=0$ の状態を選ぶのが自然である．そこでは回転エネルギーが 0 だからである．しかし，振動の場合には，二つの有望な選択肢がある．一つは，振動エネルギーの零点を基底状態のエネルギーとするやり方，もう一つは，核間ポテンシャルの井戸の底を零にとるやり方である．最初の場合は基底振動状態のエネルギーは 0 で，2 番目の場合は $h\nu/2$ となる．このときは，振動エネルギーの零を最低電子状態の核間ポテンシャル井戸の底に選ぶので，基底振動状態のエネルギーは $h\nu/2$ になる．

最後に，分離した原子がおのおの基底電子状態にとどまっている状態を，電子エネルギーの零にとることにしよう（図 18・2 参照）．基底電子状態のポテンシャル井戸の深さを D_e と記すと（D_e は正の数である．13・6 節参照），基底電子状態のエネルギーは $\varepsilon_{e1}=-D_e$ と書けるので，電子分配関数は，

$$q_{\text{elec}} = g_{e1}\,e^{D_e/k_BT} + g_{e2}\,e^{-\varepsilon_{e2}/k_BT} \tag{18・21}$$

となる．ここで，D_e と ε_{e2} を図 18・2 に示す．また，13・6 節で $D_e - \frac{1}{2}h\nu$ に等しい量 D_0 も導入した．図 18・2 に示すように，D_0 は最低振動状態と解離した状態の分子のエネルギー差である．D_0 は分光学的に測定できるもので，表 18・2 に数種の二原子分

表 18・2 二原子分子の分子定数．これらのパラメーターは多数の資料に基づいたもので，剛体回転子-調和振動子近似の下に決められているので，最も正確な値を表しているわけではない

分　子	電子状態	Θ_{vib}/K	Θ_{rot}/K	$D_0/\text{kJ mol}^{-1}$	$D_e/\text{kJ mol}^{-1}$
H_2	$^1\Sigma_g^+$	6332	85.3	432.1	457.6
D_2	$^1\Sigma_g^+$	4394	42.7	435.6	453.9
Cl_2	$^1\Sigma_g^+$	805	0.351	239.2	242.3
Br_2	$^1\Sigma_g^+$	463	0.116	190.1	191.9
I_2	$^1\Sigma_g^+$	308	0.0537	148.8	150.3
O_2	$^3\Sigma_g^-$	2256	2.07	493.6	503.0
N_2	$^1\Sigma_g^+$	3374	2.88	941.6	953.0
CO	$^1\Sigma^+$	3103	2.77	1070	1085
NO	$^2\Pi_{1/2}$	2719	2.39	626.8	638.1
HCl	$^1\Sigma^+$	4227	15.02	427.8	445.2
HBr	$^1\Sigma^+$	3787	12.02	362.6	377.7
HI	$^1\Sigma^+$	3266	9.25	294.7	308.6
Na_2	$^1\Sigma_g^+$	229	0.221	71.1	72.1
K_2	$^1\Sigma_g^+$	133	0.081	53.5	54.1

子について D_0 と D_e の値を掲げてある.

18·4 室温ではほとんどの分子が基底振動状態にある

この節では,調和振動子近似のもとで二原子分子の分配関数の振動部分を求める.振動エネルギー準位を核間ポテンシャル井戸の底から測ると,エネルギーは,

$$\varepsilon_v = \left(v + \frac{1}{2}\right)h\nu \qquad v = 0, 1, 2, \cdots \qquad (18\cdot22)$$

で与えられる(5·4節参照).ここで,$\nu = (k/\mu)^{1/2}/2\pi$,k は分子の力の定数,μ は換算質量である.振動の分配関数 q_{vib} は,

$$\begin{aligned} q_{\text{vib}}(T) &= \sum_v e^{-\beta \varepsilon_v} = \sum_{v=0}^{\infty} e^{-\beta\left(v+\frac{1}{2}\right)h\nu} \\ &= e^{-\beta h\nu/2} \sum_{v=0}^{\infty} e^{-\beta h\nu v} \end{aligned}$$

となる.この和はそれが幾何級数であることがわかれば,つぎのように簡単に求められる(数学章 I 参照).

$$\sum_{v=0}^{\infty} e^{-\beta h\nu v} = \sum_{v=0}^{\infty} (e^{-\beta h\nu})^v = \frac{1}{1 - e^{-\beta h\nu}}$$

したがって $q_{\text{vib}}(T)$ は,

$$q_{\text{vib}}(T) = \frac{e^{-\beta h\nu/2}}{1 - e^{-\beta h\nu}} \qquad (18\cdot23)$$

となる.これは,二原子分子の理想気体の剛体回転子-調和振動子モデルに対する分配関数を表した例題17·2で,すでに見た振動項である.**振動温度**[1]といわれる量 $\Theta_{\text{vib}} = h\nu/k_B$ を導入すると,$q_{\text{vib}}(T)$ は,

$$q_{\text{vib}}(T) = \frac{e^{-\Theta_{\text{vib}}/2T}}{1 - e^{-\Theta_{\text{vib}}/T}} \qquad (18\cdot24)$$

のように書くことができる.この式は,積分で近似しなくても,q の和をそのまま計算できる珍しい例の一つである.18·1節では並進の場合についてこの和を積分で置き換えたし,18·5節でも回転の場合について同様にすることになるだろう.

$q_{\text{vib}}(T)$ から平均振動エネルギーを計算できる.

$$\langle E_{\text{vib}} \rangle = N k_B T^2 \frac{d \ln q_{\text{vib}}}{dT} = N k_B \left(\frac{\Theta_{\text{vib}}}{2} + \frac{\Theta_{\text{vib}}}{e^{\Theta_{\text{vib}}/T} - 1}\right) \qquad (18\cdot25)$$

---

[1] vibrational temperature

表 18·2 に数種の二原子分子の Θ_{vib} を載せてある。モル熱容量への振動の寄与は，

$$\bar{C}_{V,\text{vib}} = \frac{d\langle \bar{E}_{\text{vib}}\rangle}{dT} = R\left(\frac{\Theta_{\text{vib}}}{T}\right)^2 \frac{e^{-\Theta_{\text{vib}}/T}}{(1-e^{-\Theta_{\text{vib}}/T})^2} \qquad (18\cdot 26)$$

である。図 18·3 にモル熱容量への二原子分子の理想気体の振動の寄与を温度の関数として示す。$\bar{C}_{V,\text{vib}}$ の高温極限は R であり，$T/\Theta_{\text{vib}}=0.34$ のとき $\bar{C}_{V,\text{vib}}$ は R の半分になる。

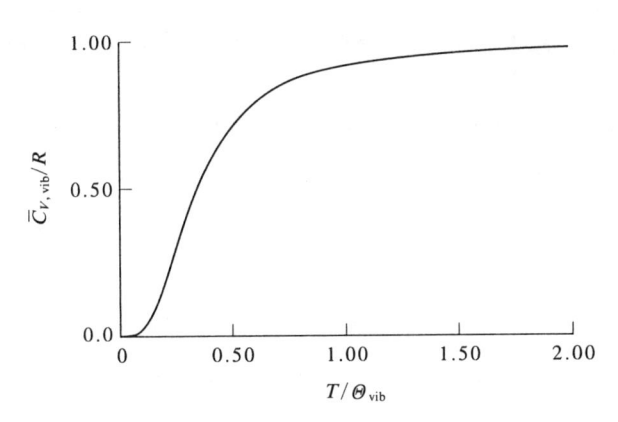

図 18·3 理想二原子分子気体のモル熱容量への振動の寄与を換算温度 (T/Θ_{vib}) の関数として表す図。

例題 18·2 1000 K の $N_2(g)$ のモル熱容量への振動の寄与を計算せよ。実験値は 3.43 J K^{-1} mol^{-1} である。

解答: $\Theta_{\text{vib}}=3374$ K (表 18·2 参照) として式 (18·26) を用いると，$\Theta_{\text{vib}}/T=3.374$ だから，

$$\frac{\bar{C}_{V,\text{vib}}}{R} = (3.374)^2 \frac{e^{-3.374}}{(1-e^{-3.374})^2} = 0.418$$

すなわち，

$$\bar{C}_{V,\text{vib}} = (0.418)(8.314 \text{ J K}^{-1}\text{ mol}^{-1}) = 3.48 \text{ J K}^{-1}\text{ mol}^{-1}$$

となる。実験値との一致はきわめて良好である。

いろいろな振動状態にある分子の割合を計算するのは興味がある。v 番目の振動状態にある分子の割合は，

18. 分配関数と理想気体

$$f_v = \frac{e^{-\beta h\nu\left(v+\frac{1}{2}\right)}}{q_{\text{vib}}} \tag{18·27}$$

である．この式に式(18·23)を代入すると，

$$f_v = (1 - e^{-\beta h\nu})\, e^{-\beta h\nu v} = (1 - e^{-\Theta_{\text{vib}}/T})\, e^{-v\Theta_{\text{vib}}/T} \tag{18·28}$$

を得る．つぎの例題でこの式の使用例を説明しよう．

例題 18·3 式(18·28)を用い，300 K において，$v=0$ と $v=1$ の振動状態にある $N_2(g)$ 分子の割合を求めよ．

解答: まず 300 K での $\exp(-\Theta_{\text{vib}}/T)$ を計算する．

$$e^{-\Theta_{\text{vib}}/T} = e^{-3374\,\text{K}/300\,\text{K}} = e^{-11.25} = 1.31 \times 10^{-5}$$

したがって，

$$f_0 = 1 - e^{-\Theta_{\text{vib}}/T} \approx 1$$

および

$$f_1 = (1 - e^{-\Theta_{\text{vib}}/T})\, e^{-\Theta_{\text{vib}}/T} \approx 1.31 \times 10^{-5}$$

となる．ほとんどすべての窒素分子が 300 K においては基底振動状態にあることがわかる．

図 18·4 に $Br_2(g)$ の振動準位の 300 K における占有数を示す．大部分の分子が基底振動状態にあり，高い振動状態の占有数が指数関数的に減少することがわかるだろう．

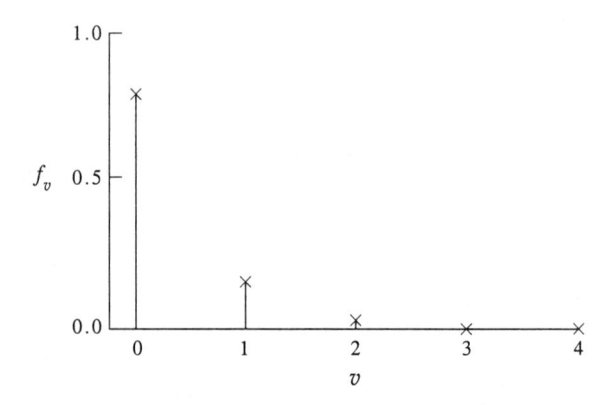

図 18·4 300 K における $Br_2(g)$ の振動準位の占有数．

しかし，臭素はたいていの二原子分子よりも力の定数が小さく，かつ質量が大きい（つまり Θ_{vib} が小さい）ので（表18・2参照），どの温度でも，$Br_2(g)$ の励起振動状態の占有数は他のたいていの分子よりも大きくなっている．

式(18・28)を用いて，どれかの励起振動状態にある分子の割合を計算できる．この量は $\sum_{v=1}^{\infty} f_v$ によって与えられるが，$\sum_{v=0}^{\infty} f_v = 1$ であるから，

$$f_{v>0} = \sum_{v=1}^{\infty} f_v = 1 - f_0 = 1 - (1 - e^{-\Theta_{vib}/T})$$

と書ける．すなわち，簡単に書くと，

$$f_{v>0} = e^{-\Theta_{vib}/T} = e^{-\beta h\nu} \tag{18・29}$$

である．表18・3に数種の二原子分子について励起振動状態にある分子の割合を示す．

表 18・3　300 K と 1000 K のときの励起振動状態にある分子の割合

気体	Θ_{vib}/K	$f_{v>0}(T=300\,K)$	$f_{v>0}(T=1000\,K)$
H_2	6215	1.01×10^{-9}	2.00×10^{-3}
HCl	4227	7.59×10^{-7}	1.46×10^{-2}
N_2	3374	1.30×10^{-5}	3.43×10^{-2}
CO	3103	3.22×10^{-5}	4.49×10^{-2}
Cl_2	805	6.82×10^{-2}	4.47×10^{-1}
I_2	308	3.58×10^{-1}	7.35×10^{-1}

18・5　大部分の分子が常温で励起回転状態にある

剛体回転子のエネルギー準位(5・8節参照)は，

$$\varepsilon_J = \frac{\hbar^2 J(J+1)}{2I} \qquad J = 0, 1, 2, \cdots \tag{18・30 a}$$

で与えられる．ここで，I は回転子の慣性モーメントである．各エネルギー準位は，

$$g_J = 2J + 1 \tag{18・30 b}$$

の縮退度をもつ．式(18・30 a)と式(18・30 b)を用いると，剛体回転子の回転の分配関数は，

$$q_{rot}(T) = \sum_{J=0}^{\infty} (2J+1) e^{-\beta \hbar^2 J(J+1)/2I} \tag{18・31}$$

と書ける．ここで，和をとるのは，状態についてではなく，縮退度を含めた準位につ

いてである．簡単のために，**回転温度**[1] $\Theta_{\rm rot}$ という温度の次元をもった量をつぎのように導入する．

$$\Theta_{\rm rot} = \frac{\hbar^2}{2Ik_{\rm B}} = \frac{hB}{k_{\rm B}} \qquad (18\cdot 32)$$

ここで，$B = h/8\pi^2 I$（式5·62）である．式(18·32)を式(18·31)に代入すると，

$$q_{\rm rot}(T) = \sum_{J=0}^{\infty} (2J+1)\,{\rm e}^{-\Theta_{\rm rot} J(J+1)/T} \qquad (18\cdot 33)$$

を得る．調和振動子の分配関数と異なり，式(18·33)の和は有限の閉じた形の式では書けない．しかし，表18·2のデータから明らかなように，水素原子を含まない二原子分子の場合は，常温で $\Theta_{\rm rot}/T$ の値はきわめて小さくなる．たとえば，CO(g)の $\Theta_{\rm rot}$ は 2.77 K であるから，$\Theta_{\rm rot}/T$ は室温で約 10^{-2} となる．式(18·4)の和を求めるとき，常温ではふつう $\alpha = \beta h^2/8ma^2$ が小さいので，積分で非常にうまく近似できたように，$\Theta_{\rm rot}/T$ は常温ではほとんどの分子に対して小さいから，式(18·33)の和を積分で近似できるのである．したがって，$q_{\rm rot}(T)$ を，

$$q_{\rm rot}(T) = \int_0^{\infty} (2J+1)\,{\rm e}^{-\Theta_{\rm rot} J(J+1)/T}\,{\rm d}J$$

のように書くのは素晴らしい近似である．$x = J(J+1)$ とおくと ${\rm d}x = (2J+1)\,{\rm d}J$ であるから，上の積分は容易に計算できて，$q_{\rm rot}(T)$ は，

$$q_{\rm rot}(T) = \int_0^{\infty} {\rm e}^{-\Theta_{\rm rot} x/T}\,{\rm d}x$$

$$= \frac{T}{\Theta_{\rm rot}} = \frac{8\pi^2 I k_{\rm B} T}{h^2} \qquad \Theta_{\rm rot} \ll T \qquad (18\cdot 34)$$

となる．これは，二原子分子の理想気体の剛体回転子-調和振動子モデルの分配関数を取上げた例題 17·2 において，すでに見てきた回転項であることがわかるだろう．温度上昇とともにこの近似はさらによくなるので，**高温極限**[2] という．低温の場合や $\Theta_{\rm rot}$ の大きな値をもった分子，たとえば $\Theta_{\rm rot} = 85.3$ K の $H_2(g)$ の場合は，式(18·33)をそのまま使うことができる．たとえば，$T < 3\Theta_{\rm rot}$ の場合 $q_{\rm rot}(T)$ を 0.1 % の精度で計算するためには，式(18·33)の最初の4項で十分である．室温ではほとんどの分子に対して $\Theta_{\rm rot} \ll T$ であるから（表18·2参照），簡単のために，高温極限だけを使うことにしよう．

平均回転エネルギーは，

---

[1] rotational temperature　[2] high-temperature limit

18. 分配関数と理想気体

$$\langle E_{\text{rot}} \rangle = Nk_B T^2 \left(\frac{d \ln q_{\text{rot}}}{dT} \right) = Nk_B T$$

となり、モル熱容量への回転の寄与は、

$$\overline{C}_{V,\text{rot}} = R$$

となる。二原子分子には回転の自由度が二つあり、そのおのおのが $\overline{C}_{V,\text{rot}}$ へ $R/2$ の寄与をする。

また、J 番目の回転準位にある分子の割合は、

$$f_J = \frac{(2J+1) e^{-\Theta_{\text{rot}} J(J+1)/T}}{q_{\text{rot}}}$$

$$= (2J+1)(\Theta_{\text{rot}}/T) e^{-\Theta_{\text{rot}} J(J+1)/T} \tag{18.35}$$

と書ける。

例題 18・4 式(18・35)を用いて、300 K における CO のいろいろな回転準位の占有数を計算せよ。

解答: 表 18・2 から $\Theta_{\text{rot}} = 2.77$ K を使うと、300 K において $\Theta_{\text{rot}}/T = 0.00923$ となるので、

$$f_J = (2J+1)(0.00923) e^{-0.00923 J(J+1)}$$

となる。計算結果を表で示すと、

J	f_J
0	0.00923
2	0.0437
4	0.0691
6	0.0814
8	0.0807
10	0.0702
12	0.0547
16	0.0247
18	0.0145

また、図 18・5 にこの結果をプロットしてある。

振動準位の場合とは逆に、常温で大部分の分子が励起回転準位にある。あたかも J を連続変数であるかのようにして式(18・35)を扱い、J での微分を零と等しくおくと、

$$J_{最確値} \approx \left(\frac{T}{2\Theta_{\rm rot}}\right)^{1/2} - \frac{1}{2} \tag{18・36}$$

が得られるので(問題 18・18 参照)，J の最も起こりやすい値が求められる．この式から 300 K での CO については 7 という値が得られる(図 18・5 と一致)．

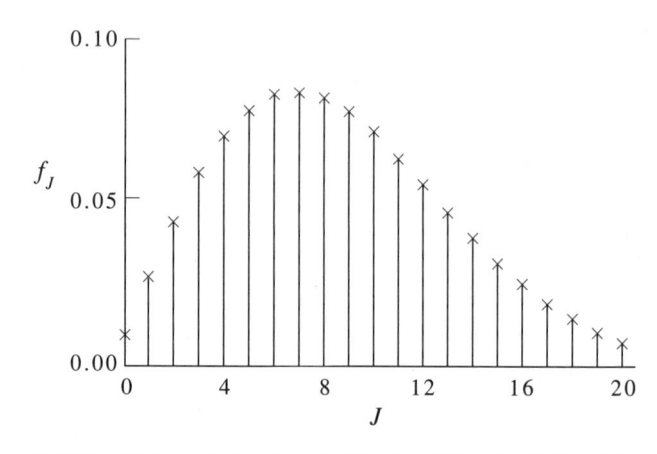

図 18・5 300 K における CO の J 番目の回転準位にある分子の割合．

式(18・35)を使うと，二原子分子の振動-回転スペクトルの P と R の分枝にあるスペクトルの実測強度(図 13・2 参照)も説明できる．図 18・5 の線の包絡線が，図 13・2 の P と R の分枝のスペクトルと類似していることに注意しよう．この二つの図が類似しているわけは，回転スペクトルの強度が，遷移の出発点の回転準位にある分子数に比例するからである．したがって，P と R の分枝の形は，回転エネルギー準位の平衡占有数を反映しているのである．

18・6 回転の分配関数は対称数を含む

$q_{\rm rot}(T)$ のこれまでの導出からすぐにわかるわけではないが，式(18・33)と式(18・34)は異核二原子分子にだけ成り立つ．これには，等核二原子分子の波動関数は，その分子内の二つの同種核の交換に対して，ある決まった対称性をもたなければならないということが背景にある．特に，2 個の核が整数スピンをもつ場合(ボゾン)，分子の波動関数は 2 個の核の交換に対して対称でなければならない．また，核が半整数スピンをもつ場合(フェルミオン)，分子の波動関数は反対称でなければならない．このよう

な対称性の要請は，等核二原子分子の回転エネルギー準位の占有数に意味深い効果をもたらす．すなわち，この効果は，二原子分子の波動関数の一般的な対称性を，詳細に解析してはじめて理解できるものである．この解析は込み入ったものなので，ここでは扱わないが，その最終結果だけは必要になる．常温のほとんどの分子で $\Theta_{\text{rot}} \ll T$ が成り立つことを見たが，そのような温度では，等核二原子分子に対する q_{rot} は，

$$q_{\text{rot}}(T) = \frac{T}{2\Theta_{\text{rot}}} \tag{18・37}$$

となる．この式は異核二原子分子に関する式(18・34)と分母の因子2を除けば同じである．この因子は，等核二原子分子の場合に付加される対称性，特にそれが二つの区別できない配向をとれることに起因するものである．このときには核を結ぶ軸に垂直に2回対称軸が存在する．

式(18・34)と式(18・37)は一つの式にまとめてつぎのように書くことができる．

$$q_{\text{rot}}(T) = \frac{T}{\sigma \Theta_{\text{rot}}} \tag{18・38}$$

ここで，異核二原子分子の場合は $\sigma=1$ で，等核二原子分子の場合は2である．この因子 σ を分子の**対称数**[1]といい，その分子の区別できない配向の数を表している．

ここまで二原子分子の分子分配関数へのいろいろな寄与を学んできたので，ここで二原子分子の分子分配関数の剛体回転子-調和振動子近似をまとめて書くと，

$$q(V,T) = q_{\text{trans}} q_{\text{rot}} q_{\text{vib}} q_{\text{elec}}$$

$$= \left(\frac{2\pi M k_{\text{B}} T}{h^2}\right)^{3/2} V \cdot \frac{T}{\sigma \Theta_{\text{rot}}} \cdot \frac{e^{-\Theta_{\text{vib}}/2T}}{1-e^{-\Theta_{\text{vib}}/T}} \cdot g_{\text{el}} e^{D_{\text{e}}/k_{\text{B}} T} \tag{18・39}$$

を得る．この式にはつぎのような条件が課せられていることを忘れないで欲しい．まず，$\Theta_{\text{rot}} \ll T$ が成立すること，基底電子状態だけが占有されていること，分離した原子がおのおの基底電子状態にあるときを電子エネルギーの0とすること，最後に，振動エネルギーの0は最低電子状態の核間ポテンシャル井戸の底のエネルギーであることである．また，q_{trans} だけが V の関数であるから，$q(V,T)$ は，以前見たように，理想気体の状態方程式に対応する $f(T)V$ の形式になっていることがわかる．

例題 18・5 式(18・39)から二原子分子の理想気体のモルエネルギー $\bar{U}$ の式を導け．

---

[1] symmetry number

解答: 式(17·38)および,

$$U = k_B T^2 \left(\frac{\partial \ln Q}{\partial T}\right)_{N,V} = N k_B T^2 \left(\frac{\partial \ln q}{\partial T}\right)_V$$

から出発しよう. $q(V, T)$ に対して式(18·39)を用いると,

$$\ln q = \frac{3}{2}\ln T + \ln T - \frac{\Theta_{\text{vib}}}{2T} - \ln(1 - e^{-\Theta_{\text{vib}}/T}) + \frac{D_e}{k_B T}$$
$$+ T を含まない項$$

を得る. したがって,

$$\left(\frac{\partial \ln q}{\partial T}\right)_V = \frac{3}{2T} + \frac{1}{T} + \frac{\Theta_{\text{vib}}}{2T^2} + \frac{(\Theta_{\text{vib}}/T^2)e^{-\Theta_{\text{vib}}/T}}{1 - e^{-\Theta_{\text{vib}}/T}} - \frac{D_e}{k_B T^2}$$

となり, 1モルの場合, $N = N_A$, $N_A k_B = R$ とおくと,

$$\overline{U} = \frac{3}{2}RT + RT + R\frac{\Theta_{\text{vib}}}{2} + R\frac{\Theta_{\text{vib}} e^{-\Theta_{\text{vib}}/T}}{1 - e^{-\Theta_{\text{vib}}/T}} - N_A D_e \qquad (18\cdot40)$$

となる. 第1項は平均の並進エネルギー (3個の並進の自由度おのおのについて $RT/2$), 第2項は平均の回転エネルギー (2個の回転自由度のおのおのについて $RT/2$), 第3項は零点振動エネルギー, 第4項は零点振動エネルギーを除いた平均の振動エネルギーを表しており, 最後の第5項は, 二つの分離した原子がそれぞれ基底電子状態にある場合を電子エネルギーの零点に選んだときの電子エネルギーを反映している.

熱容量は式(18·40)を T について微分すると得られる.

$$\frac{\overline{C}_V}{R} = \frac{5}{2} + \left(\frac{\Theta_{\text{vib}}}{T}\right)^2 \frac{e^{-\Theta_{\text{vib}}/T}}{(1 - e^{-\Theta_{\text{vib}}/T})^2} \qquad (18\cdot41)$$

図17·3は, 酸素について式(18·41)と実験データとを比較したものである. 両者はよく一致しており, 他の性質に関しても同様の結果が見られる. 剛体回転子-調和振動子モデルに第1次の補正を含めると, この一致をさらに改善することができる. この補正としては, 遠心力による歪みと非調和性などの効果がある. これらの効果を考慮すると, 新しい分子定数の組が導入される. そのすべてが分光学的に求められて, 表にまとめられている. 分光学データからのそのような付加的なパラメーターを使うと, 実は二原子分子の気体については熱測定よりも正確な熱容量の値を計算できる.

18·7 多原子分子の振動の分配関数は各基準座標における調和振動子分配関数の積である

二原子分子に関する 18·3 節の説明は多原子分子に関しても同様にあてはまるので,

$$Q(N, V, T) = \frac{[q(V, T)]^N}{N!}$$

である。前に述べたように，任意の分子にとって利用できるエネルギー状態の数が，その系の分子数よりもはるかに多いという条件は，並進エネルギー状態の数だけで十分に保証されている．

二原子分子の場合と同様に，剛体回転子–調和振動子近似を使う。これによって，分子の回転と振動を分離できるので，それぞれをべつべつに扱える。両方とも二原子分子の場合よりも多原子分子の場合は多少複雑になる．それにもかかわらず，式(18·19)の多原子分子への拡張はつぎのように書くことができる．

$$Q(N, V, T) = \frac{(q_{\text{trans}}\, q_{\text{rot}}\, q_{\text{vib}}\, q_{\text{elec}})^N}{N!} \qquad (18\cdot 42)$$

この式において，q_{trans} は，

$$q_{\text{trans}}(V, T) = \left[\frac{2\pi M k_{\text{B}} T}{h^2}\right]^{3/2} V \qquad (18\cdot 43)$$

で与えられる．ここで，M は分子の質量である。n 個の原子が完全に分離して，それぞれが基底電子状態にある場合をエネルギーの零として選ぼう．したがって，基底電子状態のエネルギーは $-D_{\text{e}}$ で，電子分配関数は，

$$q_{\text{elec}} = g_{\text{el}}\, e^{D_{\text{e}}/k_{\text{B}}T} + \cdots \qquad (18\cdot 44)$$

となる．$Q(N, V, T)$ を計算するためには q_{rot} と q_{vib} を調べなければならない．

13·9 節において，多原子分子の振動は基準座標を使って表されることを学んだ．基準座標を導入することで，多原子分子の振動は独立した一組の調和振動子として表現できる．したがって，多原子分子の振動エネルギーは，

$$\varepsilon_{\text{vib}} = \sum_{j=1}^{\alpha} \left(v_j + \frac{1}{2}\right) h\nu_j \qquad v_j = 0, 1, 2, \cdots \qquad (18\cdot 45)$$

のように書ける．ここで，ν_j は j 番目の基準モードに付随する振動数，α は振動の自由度の数である (n を分子内の原子数とすると，直線形分子では $3n-5$，非直線形分子では $3n-6$ である)．基準モードは互いに独立だから，

$$q_{\text{vib}} = \prod_{j=1}^{\alpha} \frac{e^{-\Theta_{\text{vib},j}/2T}}{(1 - e^{-\Theta_{\text{vib},j}/T})} \qquad (18\cdot 46)$$

$$E_{\text{vib}} = Nk_B \sum_{j=1}^{\alpha} \left(\frac{\Theta_{\text{vib},j}}{2} + \frac{\Theta_{\text{vib},j}\, e^{-\Theta_{\text{vib},j}/T}}{1 - e^{-\Theta_{\text{vib},j}/T}} \right) \qquad (18\cdot 47)$$

$$C_{V,\text{vib}} = Nk_B \sum_{j=1}^{\alpha} \left[\left(\frac{\Theta_{\text{vib},j}}{T} \right)^2 \frac{e^{-\Theta_{\text{vib},j}/T}}{(1 - e^{-\Theta_{\text{vib},j}/T})^2} \right] \qquad (18\cdot 48)$$

となる.ここで,$\Theta_{\text{vib},j}$ は,

$$\Theta_{\text{vib},j} = \frac{h\nu_j}{k_B} \qquad (18\cdot 49)$$

で定義される**固有振動温度**[1]である.表 18・4 にいろいろな多原子分子の $\Theta_{\text{vib},j}$ の値を載せてある.

表 18・4 多原子分子の固有回転温度,固有振動温度,基底状態の D_0,および対称数 σ.( )内の数字はそのモードの縮退度を表す

分 子	Θ_{rot}/K	$\Theta_{\text{vib},j}/K$	$D_0/\text{kJ mol}^{-1}$	σ
CO_2	0.561	3360, 954(2), 1890	1596	2
H_2O	40.1, 20.9, 13.4	5360, 5160, 2290	917.6	2
NH_3	13.6, 13.6, 8.92	4800, 1360, 4880(2), 2330(2)	1158	3
ClO_2	2.50, 0.478, 0.400	1360, 640, 1600	378	2
SO_2	2.92, 0.495, 0.422	1660, 750, 1960	1063	2
N_2O	0.603	3200, 850(2), 1840	1104	1
NO_2	11.5, 0.624, 0.590	1900, 1080, 2330	928.0	2
CH_4	7.54, 7.54, 7.54	4170, 2180(2), 4320(3), 1870(3)	1642	12
CH_3Cl	7.32, 0.637, 0.637	4270, 1950, 1050, 4380(2) 2140(2), 1460(2)	1551	3
CCl_4	0.0823, 0.0823, 0.0823	660, 310(2), 1120(3), 450(3)	1292	12

例題 18・6 CO_2 の 400 K における振動熱容量に対する各基準モードの寄与を計算せよ.

解答: $\Theta_{\text{vib},j}$ の値は表 18・4 に与えてある.$\Theta_{\text{vib}}=954\,\text{K}$ のモード(変角モード)は二重縮退していることに注意せよ.$\Theta_{\text{vib},j}=954\,\text{K}$(二重縮退変角モード)の場合,

$$\frac{\overline{C}_{V,j}}{R} = \left(\frac{954}{400} \right)^2 \frac{e^{-954/400}}{(1-e^{-954/400})^2} = 0.635$$

---

[1] characteristic vibrational temperature

である。$\varTheta_{\text{vib},j} = 1890\,\text{K}$(逆対称伸縮)の場合は，

$$\frac{\overline{C}_{V,j}}{R} = \left(\frac{1890}{400}\right)^2 \frac{e^{-1890/400}}{(1-e^{-1890/400})^2} = 0.202$$

である。$\varTheta_{\text{vib},j} = 3360\,\text{K}$(対称伸縮)の場合は，

$$\frac{\overline{C}_{V,j}}{R} = \left(\frac{3360}{400}\right)^2 \frac{e^{-3360/400}}{(1-e^{-3360/400})^2} = 0.016$$

である。400 K における全振動熱容量は，

$$\frac{\overline{C}_{V,\text{vib}}}{R} = 2(0.635) + 0.202 + 0.016 = 1.488$$

となる。$\varTheta_{\text{vib},j}$ が増加するにつれて，そのモードからの寄与が減少することがわかる。$\varTheta_{\text{vib},j}$ はそのモードの振動数に比例するから，さらに高い $\varTheta_{\text{vib},j}$ の値のモードを励起するためには，一層高い温度が必要になる。図 18·6 に，200 K から 2000 K までの各モードによるモル振動熱容量への寄与を示す。

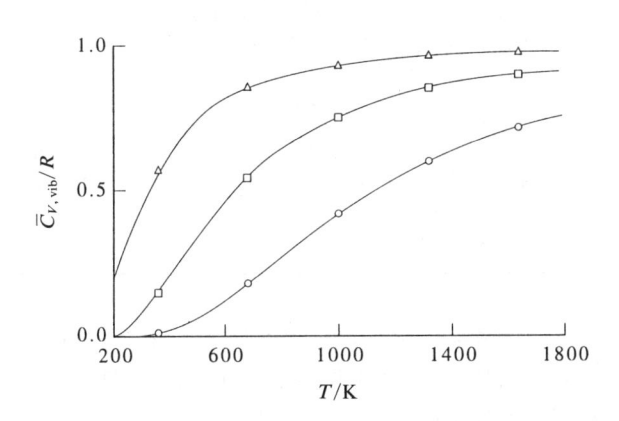

図 18·6　CO_2 のモル振動熱容量への各基準モードの寄与。△で示した曲線は $\varTheta_{\text{vib},j} = 954\,\text{K}$ に，□で示した曲線は $\varTheta_{\text{vib},j} = 1890\,\text{K}$ に，○で示した曲線は $\varTheta_{\text{vib},j} = 3360\,\text{K}$ に対応する。ある温度で $\varTheta_{\text{vib},j}$ が小さい，すなわち ν_j の値が小さなモードほど，寄与が大きいことがわかる。

18·8　多原子分子の回転の分配関数の形は分子の形に依存する

この節では多原子分子の回転の分配関数を説明する。まず，直線形の多原子分子を考えよう。剛体回転子近似においては，直線形多原子分子のエネルギーと縮退度は二

原子分子の場合と同様に，$J=0, 1, 2, \cdots$ として $\varepsilon_J = J(J+1)h^2/8\pi^2 I$ および $g_J = 2J+1$ となる．この場合には慣性モーメント I は，

$$I = \sum_{j=1}^{n} m_j d_j^2$$

である．ここで，d_j は分子の重心から j 番目の核までの距離である．したがって，直線形多原子分子の回転の分配関数は二原子分子のそれと同じになる．すなわち，

$$q_{\text{rot}} = \frac{8\pi^2 I k_B T}{\sigma h^2} = \frac{T}{\sigma \Theta_{\text{rot}}} \quad (18\cdot 50)$$

である．以前と同様に対称数を導入した．これは，N_2O や COS などの非対称分子の場合は 1 で，CO_2 や C_2H_2 などの対称分子の場合には 2 に等しくなる．対称数は，分子をもともとの配向と区別不可能な配向へと回転させる異なるやり方の数である．

例題 18·7 アンモニア NH_3 の対称数はいくらか．

解答： アンモニアは三角錐分子であり，下に示すように 3 回対称軸から見下ろすと，三つの区別不可能な配向をもっている．

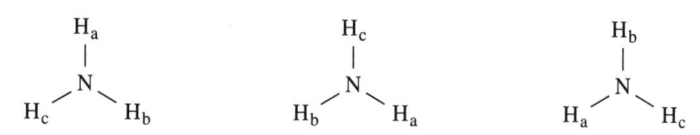

```
    Hₐ              H_c             H_b
    |               |               |
    N               N               N
   / \             / \             / \
  H_c  H_b        H_b  Hₐ         Hₐ  H_c
```

したがって，対称数は 3 である．

---

13 章において，非直線形多原子分子の回転の性質が，その分子の主慣性モーメントの相対的な大きさに依存することを学習した．式(18·32)で二原子分子の固有回転温度 $\Theta_{\text{rot}} = \hbar^2/2Ik_B$ を定義したのとまったく同様に，

$$\Theta_{\text{rot},j} = \frac{\hbar^2}{2I_j k_B} \qquad j = A, B, C \quad (18\cdot 51)$$

に従って，三つの主慣性モーメントを使って三つの固有回転温度を定義する．したがって，つぎのようないろいろの場合がある（13·8 節参照）．

$\Theta_{\text{rot},A} = \Theta_{\text{rot},B} = \Theta_{\text{rot},C}$ 　　球対称こま

$\Theta_{\text{rot},A} = \Theta_{\text{rot},B} \neq \Theta_{\text{rot},C}$ 　　対称こま

$\Theta_{\text{rot},A} \neq \Theta_{\text{rot},B} \neq \Theta_{\text{rot},C}$ 　　非対称こま

球対称こま分子の量子力学的問題は厳密に解くことができて,

$$\varepsilon_J = \frac{J(J+1)\hbar^2}{2I}$$
$$g_J = (2J+1)^2 \qquad J = 0, 1, 2, \cdots \tag{18.52}$$

を得る. 回転の分配関数は,

$$q_{\rm rot}(T) = \sum_{J=0}^{\infty} (2J+1)^2 e^{-\hbar^2 J(J+1)/2Ik_{\rm B}T} \tag{18.53}$$

となる. ほとんどすべての球対称こま分子では, 常温で $\Theta_{\rm rot} \ll T$ であるから, 式(18.53)の和を積分に変換できて,

$$q_{\rm rot}(T) = \frac{1}{\sigma} \int_0^{\infty} (2J+1)^2 e^{-\Theta_{\rm rot} J(J+1)/T} \, {\rm d}J$$

となる. 対称数 σ を含めてあることに注意しよう. $\Theta_{\rm rot} \ll T$ の場合, J の最も重要な値が大きいので(問題18.26参照), $q_{\rm rot}$ の上の式の被積分関数において J と比べると1は無視できて,

$$q_{\rm rot}(T) = \frac{1}{\sigma} \int_0^{\infty} 4J^2 e^{-\Theta_{\rm rot} J^2/T} \, {\rm d}J$$

を得る. $\Theta_{\rm rot}/T = a$ とおくと,

$$q_{\rm rot}(T) = \frac{4}{\sigma} \int_0^{\infty} x^2 e^{-ax^2} \, {\rm d}x$$
$$= \frac{4}{\sigma} \cdot \frac{1}{4a} \left(\frac{\pi}{a}\right)^{1/2}$$

と書くことができる. すなわち, a を $\Theta_{\rm rot}/T$ で置き換えると,

$$q_{\rm rot}(T) = \frac{\pi^{1/2}}{\sigma} \left(\frac{T}{\Theta_{\rm rot}}\right)^{3/2} \qquad \text{球対称こま} \tag{18.54}$$

となる. 対称こま分子と非対称こま分子について, これに対応する式は,

$$q_{\rm rot}(T) = \frac{\pi^{1/2}}{\sigma} \left(\frac{T}{\Theta_{\rm rot,A}}\right) \left(\frac{T}{\Theta_{\rm rot,C}}\right)^{1/2} \qquad \text{対称こま} \tag{18.55}$$

$$q_{\rm rot}(T) = \frac{\pi^{1/2}}{\sigma} \left(\frac{T^3}{\Theta_{\rm rot,A} \Theta_{\rm rot,B} \Theta_{\rm rot,C}}\right)^{1/2} \qquad \text{非対称こま} \tag{18.56}$$

となる. $\Theta_{\rm rot,A} = \Theta_{\rm rot,B}$ のとき, 式(18.56)が式(18.55)に帰着すること, また, $\Theta_{\rm rot,A} = \Theta_{\rm rot,B} = \Theta_{\rm rot,C}$ のとき, 式(18.55)と式(18.56)が式(18.54)に帰着すること

がわかる。表 18·4 に多原子分子に関する $\Theta_{\text{rot, A}}$, $\Theta_{\text{rot, B}}$, $\Theta_{\text{rot, C}}$ の値を掲げてある。
非直線形多原子分子の平均モル回転エネルギーは，

$$\bar{U}_{\text{rot}} = N_A k_B T^2 \left(\frac{d \ln q_{\text{rot}}(T)}{dT} \right)$$

$$= RT^2 \left(\frac{d \ln T^{3/2}}{dT} \right) = \frac{3RT}{2}$$

すなわち，各回転の自由度に対して $RT/2$ となり，$\bar{C}_{V, \text{rot}} = 3R/2$ となる。

18·9　モル熱容量の計算値は実験データとぴったり一致する

18·7 節と 18·8 節の結果を用いると，多原子分子の $q(V, T)$ を構築できる。直線形多原子分子の理想気体の場合，$q(V, T)$ は式 (18·43)，式 (18·44)，式 (18·46)，式 (18·50) の積で表され，

$$q(V, T) = \left(\frac{2\pi M k_B T}{h^2} \right)^{3/2} V \cdot \frac{T}{\sigma \Theta_{\text{rot}}} \cdot \left(\prod_{j=1}^{3n-5} \frac{e^{-\Theta_{\text{vib},j}/2T}}{1 - e^{-\Theta_{\text{vib},j}/T}} \right) \cdot g_{\text{el}} \, e^{D_e/k_B T} \tag{18·57}$$

となる。エネルギーは，

$$\frac{U}{Nk_B T} = \frac{3}{2} + \frac{2}{2} + \sum_{j=1}^{3n-5} \left(\frac{\Theta_{\text{vib},j}}{2T} + \frac{\Theta_{\text{vib},j}/T}{e^{\Theta_{\text{vib},j}/T} - 1} \right) - \frac{D_e}{k_B T} \tag{18·58}$$

であり，熱容量は，

$$\frac{C_V}{Nk_B} = \frac{3}{2} + \frac{2}{2} + \sum_{j=1}^{3n-5} \left(\frac{\Theta_{\text{vib},j}}{T} \right)^2 \frac{e^{-\Theta_{\text{vib},j}/T}}{(1 - e^{-\Theta_{\text{vib},j}/T})^2} \tag{18·59}$$

である。非直線形多原子分子の理想気体の場合は，

$$q(V, T) = \left(\frac{2\pi M k_B T}{h^2} \right)^{3/2} V \cdot \frac{\pi^{1/2}}{\sigma} \left(\frac{T^3}{\Theta_{\text{rot, A}} \Theta_{\text{rot, B}} \Theta_{\text{rot, C}}} \right)^{1/2}$$

$$\times \left[\prod_{j=1}^{3n-6} \frac{e^{-\Theta_{\text{vib},j}/2T}}{(1 - e^{-\Theta_{\text{vib},j}/T})} \right] \cdot g_{\text{el}} \, e^{D_e/k_B T} \tag{18·60}$$

$$\frac{U}{Nk_B T} = \frac{3}{2} + \frac{3}{2} + \sum_{j=1}^{3n-6} \left(\frac{\Theta_{\text{vib},j}}{2T} + \frac{\Theta_{\text{vib},j}/T}{e^{\Theta_{\text{vib},j}/T} - 1} \right) - \frac{D_e}{k_B T} \tag{18·61}$$

$$\frac{C_V}{Nk_B} = \frac{3}{2} + \frac{3}{2} + \sum_{j=1}^{3n-6} \left(\frac{\Theta_{\text{vib},j}}{T} \right)^2 \frac{e^{-\Theta_{\text{vib},j}/T}}{(1 - e^{-\Theta_{\text{vib},j}/T})^2} \tag{18·62}$$

となる。

18. 分配関数と理想気体

例題 18·8 水蒸気の 300 K におけるモル熱容量を計算せよ．

解答： $\Theta_{\text{vib},j}$=2290 K, 5160 K, 5360 K (表 18·4 参照) として式 (18·62) を用いる． $\Theta_{\text{vib},j}$=2290 K の場合，

$$\frac{\overline{C}_{V,j}}{R} = \left(\frac{2290}{300}\right)^2 \frac{e^{-2290/300}}{(1-e^{-2290/300})^2} = 0.0282$$

となる．同様に， $\Theta_{\text{vib},j}$=5160 K の場合 $\overline{C}_{V,j}/R = 1.00 \times 10^{-5}$, $\Theta_{\text{vib},j}$=5360 K の場合 $\overline{C}_{V,j}/R = 5.56 \times 10^{-6}$ となる．300 K の水の全モル熱容量は，

$$\frac{\overline{C}_V}{R} = 3.000 + 0.0282 + 1.00 \times 10^{-5} + 5.56 \times 10^{-6} = 3.028$$

となる．実験値は 3.011 である．振動の自由度は 300 K での水の熱容量にほんのわずかしか寄与しないことがわかる．1000 K における計算値と実験値はそれぞれ 3.948 と 3.952 である．図 18·7 に 300 K から 1200 K までの水のモル熱容量を示す．

形の異なるいろいろな分子についての 300 K におけるモル熱容量への振動の寄与を表 18·5 に示す．振動の寄与は熱容量の高温極限からはかなり離れており， $\overline{C}_V/R$ の計算値と実験値とはよく一致していることがわかる．もっと複雑な分子に関する計算でも，計算値と実験値とが同程度に一致する．

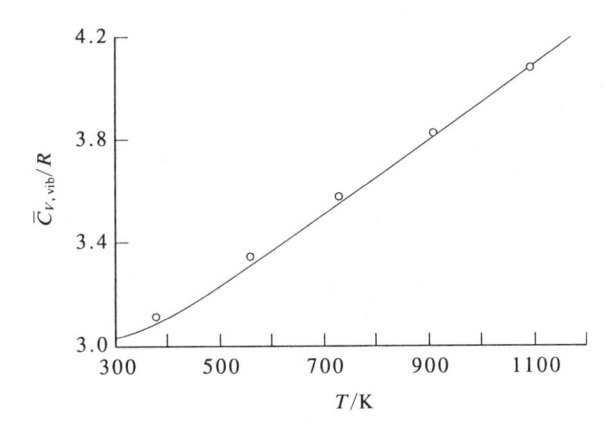

図 18·7 水蒸気のモル熱容量の式 (18·62) による計算値と実験値 (○) との比較．

表 18·5 いろいろな多原子分子の 300 K におけるモル熱容量への振動の寄与

分子	Θ_{vib}/K	縮退度	$\overline{C}_V$への振動の寄与 $\overline{C}_{V,\text{vib}}/R$	合計 $\overline{C}_V/R$ (計算)	合計 $\overline{C}_V/R$ (実験)
CO_2	1890	1	0.073		
	3360	1	0.000		
	954	2	0.458	0.99	3.49	3.46
N_2O	1840	1	0.082			
	3200	1	0.003			
	850	2	0.533	1.15	3.65	
NH_3	4800	1	0.000			
	1360	1	0.226			
	4880	2	0.000			
	2330	2	0.026	0.28	3.28	
CH_4	4170	1	0.000			
	2180	2	0.037			
	4320	3	0.000			
	1870	3	0.077	0.30	3.30	3.29
H_2O	2290	1	0.028			
	5160	1	0.000			
	5360	1	0.000	0.03	3.03	3.01

問題

18·1 式 (18·7) から三次元では $\langle \varepsilon_{\text{trans}} \rangle = \frac{3}{2}k_B T$ であることがわかる.問題 18·3 においては,一次元では $\langle \varepsilon_{\text{trans}} \rangle = \frac{1}{2}k_B T$,二次元では $\langle \varepsilon_{\text{trans}} \rangle = \frac{2}{2}k_B T$ となることが示される. $m = 10^{-26}$ kg, $a = 1$ dm, $T = 300$ K の場合,室温では並進の量子数がだいたい $O(10^9)$ になることを示せ.

18·2 $m = 10^{-26}$ kg, $a = 1$ dm, $T = 300$ K の場合,式 (18·4) の和の中の隣り合う項の間の差がきわめて小さいことを示せ.上の問題から n の値がだいたい $O(10^9)$ であることを使え.

18·3 一次元では,

$$q_{\text{trans}}(a, T) = \left(\frac{2\pi m k_B T}{h^2} \right)^{1/2} a$$

18. 分配関数と理想気体

二次元では，

$$q_{\text{trans}}(a, T) = \left(\frac{2\pi m k_B T}{h^2}\right) a^2$$

であることを示せ．以上の結果を用いて，次元一つについて $\langle \varepsilon_{\text{trans}} \rangle$ が全エネルギーに対して $k_B T/2$ の寄与を及ぼすことを示せ．

18・4 表 8・6(上巻)のデータを用いて，300 K，1000 K，2000 K の各温度で，第1励起状態にあるナトリウム原子の割合を計算せよ．

18・5 表 18・1 のデータを用いて，300 K，1000 K，2000 K の各温度で，第1励起状態にあるリチウム原子の割合を計算せよ．

18・6 モル並進熱容量は，次元一つについて $R/2$ であることを示せ．

18・7 表 18・2 の Θ_{vib} と D_0 の値を用いて，CO, NO, K_2 の D_e の値を計算せよ．

18・8 $H_2(g)$ と $D_2(g)$ の固有振動温度 Θ_{vib} を求めよ ($\tilde{\nu}_{H_2} = 4401\ \text{cm}^{-1}$, $\tilde{\nu}_{D_2} = 3112\ \text{cm}^{-1}$).

18・9 $Cl_2(g)$ のモル熱容量 $\bar{C}_V$ への振動の寄与を 250 K から 1000 K までプロットせよ．

18・10 300 K と 1000 K において，最初の数個の振動状態にある HCl(g) 分子の割合をプロットせよ．

18・11 表 18・2 の各分子に関して，300 K のときの基底振動状態と，すべての励起状態にある分子の割合を計算せよ．

18・12 $H_2(g)$ と $D_2(g)$ の固有回転温度 Θ_{rot} を求めよ．(H_2 と D_2 の結合長は 74.16 pm である．) 重水素の相対原子質量は 2.014 である．

18・13 二原子分子の平均モル回転エネルギーは RT である．J の値がだいたい $J(J+1) = T/\Theta_{\text{rot}}$ で与えられることを示せ．300 K での $N_2(g)$ の J の値はおよそいくらか．

18・14 並進と回転の分配関数を求める際に行ったような，和を積分に置き換えたときの誤差を計算する数学的な手法がある．この式を**オイラー–マクローリンの和の公式**[1] といい，つぎのようになる．

$$\sum_{n=a}^{b} f(n) = \int_a^b f(n)\,dn + \frac{1}{2}\{f(b) + f(a)\} - \frac{1}{12}\left\{\left.\frac{df}{dn}\right|_{n=a} - \left.\frac{df}{dn}\right|_{n=b}\right\}$$

$$+ \frac{1}{720}\left\{\left.\frac{d^3 f}{dn^3}\right|_{n=a} - \left.\frac{d^3 f}{dn^3}\right|_{n=b}\right\} + \cdots$$

この公式を式(18・33)に適用して，

---

1) Euler-Maclaurin summation formula

$$q_{\text{rot}}(T) = \frac{T}{\Theta_{\text{rot}}}\left\{1 + \frac{1}{3}\left(\frac{\Theta_{\text{rot}}}{T}\right) + \frac{1}{15}\left(\frac{\Theta_{\text{rot}}}{T}\right)^2 + O\left[\left(\frac{\Theta_{\text{rot}}}{T}\right)^3\right]\right\}$$

を導け．300 K における $N_2(g)$ および $H_2(g)$ について，式(18・33)を積分に置き換えたときの補正値を求めよ（H_2 はきわめて軽いので，極端な例になる）．

18・15 オイラー–マクローリンの和の公式（問題18・14）を式(18・4)の一次元形式に適用して，

$$q_{\text{trans}}(a, T) = \left(\frac{2\pi m k_B T}{h^2}\right)^{1/2} a + \left[\frac{1}{2} + \frac{h^2}{48 m a^2 k_B T}\right] e^{-h^2/8ma^2 k_B T}$$

を求めよ．$m = 10^{-26}$ kg, $a = 1$ dm, $T = 300$ K の場合，この補正が約 10^{-8} % になることを示せ．

18・16 調和振動子の振動の分配関数は，幾何級数として和がとれることがわかれば厳密に計算できた．オイラー–マクローリンの和の公式（問題18・14）をこの場合に適用して，

$$\sum_{v=0}^{\infty} e^{-\beta\left(v+\frac{1}{2}\right)h\nu} = e^{-\Theta_{\text{vib}}/2T} \sum_{v=0}^{\infty} e^{-v\Theta_{\text{vib}}/T}$$

$$= e^{-\Theta_{\text{vib}}/2T}\left[\frac{T}{\Theta_{\text{vib}}} + \frac{1}{2} + \frac{\Theta_{\text{vib}}}{12T} + \cdots\right]$$

となることを示せ．300 K の $O_2(g)$ の場合，和を積分に置き換えるときの補正がきわめて大きくなることを示せ．幸いこの場合には和を積分に置き換える必要はない．

18・17 300 K と 1000 K で，いろいろな回転準位にある $NO(g)$ 分子の割合をプロットせよ．

18・18 J に対する f_J のプロット（式18・35）で最大になるところの J の値は，

$$J_{\max} \approx \left(\frac{T}{2\Theta_{\text{rot}}}\right)^{1/2} - \frac{1}{2}$$

で与えられることを示せ．[ヒント：J を連続変数として扱え．この結果を用いて，問題18・17のプロットで最大になるときの J の値を検証せよ．]

18・19 $N_2(g)$ の実測熱容量は，300 K $< T <$ 1500 K の温度範囲で，つぎの経験式で合わせることができる．

$$\overline{C}_V(T)/R = 2.283 + (6.291 \times 10^{-4}\text{ K}^{-1})T - (5.0 \times 10^{-10}\text{ K}^{-2})T^2$$

式(18・41)を用いて，この温度範囲の $\overline{C}_V(T)/R$ を T に対してプロットし，その結果と実験曲線を比較せよ．

18・20 $CO(g)$ の実測熱容量は，300 K $< T <$ 1500 K の温度範囲で，つぎの経験式

で合わせることができる.

$$\overline{C}_V(T)/R = 2.192 + (9.240 \times 10^{-4}\,\text{K}^{-1})\,T - (1.41 \times 10^{-7}\,\text{K}^{-2})\,T^2$$

式(18・41)を用いて,この温度範囲の T に対して $\overline{C}_V(T)/R$ をプロットし,その結果と実験曲線を比較せよ.

18・21 600 K における $H_2O(g)$ のモル振動熱容量への各基準モードの寄与を計算せよ.

18・22 固有振動温度からの類推で,固有電子温度をつぎのように定義できる.

$$\Theta_{\text{elec},j} = \frac{\varepsilon_{ej}}{k_B}$$

ここで,ε_{ej} は基底状態を基準としたときの j 番目の励起電子状態エネルギーである.基底状態をエネルギーの 0 と定義すると,

$$q_{\text{elec}} = g_0 + g_1 e^{-\Theta_{\text{elec},1}/T} + g_2 e^{-\Theta_{\text{elec},2}/T} + \cdots$$

となることを示せ.$O(g)$ の第 1 および第 2 励起電子状態は基底電子状態から 158.2 cm^{-1},226.5 cm^{-1} だけ上のところにある.$g_0=5$,$g_1=3$,$g_2=1$ として,5000 K の $O(g)$ に関して(それ以上の励起状態を無視して),$\Theta_{\text{elec},1}$,$\Theta_{\text{elec},2}$,q_{elec} を計算せよ.

18・23 H_2O,HOD,CH_4,SF_6,C_2H_2,C_2H_4 の対称数を決定せよ.

18・24 HCN(g)は直線形分子であり,つぎの定数が分光学的に決定されている.$I = 18.816 \times 10^{-47}$ kg m^2,$\tilde{\nu}_1 = 2096.7$ cm^{-1}(HC–N 伸縮),$\tilde{\nu}_2 = 713.46$ cm^{-1}(H–C–N 変角,二重縮退),$\tilde{\nu}_3 = 3311.47$ cm^{-1}(H–C 伸縮).3000 K における Θ_{rot},Θ_{vib},$\overline{C}_V$ を計算せよ.

18・25 アセチレン分子は直線形で,C≡C 結合長は 120.3 pm,C–H 結合長は 106.0 pm である.アセチレンの対称数はいくらか.アセチレンの慣性モーメント(13・8 節参照)を求め,Θ_{rot} の値を計算せよ.基準モードの基本振動数は $\tilde{\nu}_1 = 1975$ cm^{-1},$\tilde{\nu}_2 = 3370$ cm^{-1},$\tilde{\nu}_3 = 3277$ cm^{-1},$\tilde{\nu}_4 = 729$ cm^{-1},$\tilde{\nu}_5 = 600$ cm^{-1} である.基準モード $\tilde{\nu}_4$ と $\tilde{\nu}_5$ は二重縮退しており,その他のモードは縮退していない.300 K における $\Theta_{\text{vib},j}$ と $\overline{C}_V$ を計算せよ.

18・26 J に対して式(18・53)の和の各項をプロットし,$T \gg \Theta_{\text{rot}}$ の場合 J の最も重要な値が大きいことを示せ.式(18・53)から式(18・54)にいく際にこのことを用いている.

18・27 オイラー-マクローリンの和の公式(問題 18・14)を用いて,球対称こま分子の場合,

$$q_{\text{rot}}(T) = \frac{\pi^{1/2}}{\sigma}\left(\frac{T}{\Theta_{\text{rot}}}\right)^{3/2} + \frac{1}{6} + O\left(\frac{\Theta_{\text{rot}}}{T}\right)$$

となることを示せ.式(18・53)を積分に置き換えたときの補正は,300 K において

CH_4 の場合は約 1 %, CCl_4 の場合は約 0.001 % になることを示せ.

18·28 直線形分子 N_2O の N−N と N−O の結合長はそれぞれ 109.8 pm と 121.8 pm である. $^{14}N^{14}N^{16}O$ の質量中心と慣性モーメントを計算せよ. その結果と表 18·4 の Θ_{rot} から得られる値とを比較せよ.

18·29 $NO_2(g)$ は曲がった三原子分子である. つぎのデータが分光学的測定から決定されている. $\tilde{\nu}_1 = 1319.7$ cm^{-1}, $\tilde{\nu}_2 = 749.8$ cm^{-1}, $\tilde{\nu}_3 = 1617.75$ cm^{-1}, $\tilde{A}_0 = 8.0012$ cm^{-1}, $\tilde{B}_0 = 0.43304$ cm^{-1}, $\tilde{C}_0 = 0.41040$ cm^{-1}. 1000 K における $NO_2(g)$ の三つの固有振動温度と各主軸に対する固有回転温度を決定せよ. 1000 K のときの $\bar{C}_V$ を計算せよ.

18·30 $NH_3(g)$ の実測熱容量は, 300 K < T < 1500 K の温度範囲でつぎの経験式で合わせることができる.

$$\bar{C}_V(T)/R = 2.115 + (3.919 \times 10^{-3} \text{ K}^{-1})T - (3.66 \times 10^{-7} \text{ K}^{-2})T^2$$

式 (18·62) と表 18·4 の分子パラメーターを用いて, この温度範囲で $\bar{C}_V(T)/R$ を T に対してプロットし, その結果と実測曲線とを比較せよ.

18·31 $SO_2(g)$ の実測熱容量は, 300 K < T < 1500 K の温度範囲でつぎの経験式で合わせることができる.

$$\bar{C}_V(T)/R = 6.8711 - \frac{1454.62 \text{ K}}{T} + \frac{160\,351 \text{ K}^2}{T^2}$$

式 (18·62) と表 18·4 の分子パラメーターを用いて, この温度範囲で $\bar{C}_V(T)/R$ を T に対してプロットし, その結果と実測曲線とを比較せよ.

18·32 $CH_4(g)$ の実測熱容量は, 300 K < T < 1500 K の温度範囲でつぎの経験式で合わせることができる.

$$\bar{C}_V(T)/R = 1.099 + (7.27 \times 10^{-3} \text{ K}^{-1})T + (1.34 \times 10^{-7} \text{ K}^{-2})T^2$$
$$- (8.67 \times 10^{-10} \text{ K}^{-3})T^3$$

式 (18·62) と表 18·4 の分子パラメーターを用いて, この温度範囲で $\bar{C}_V(T)/R$ を T に対してプロットし, その結果と実測曲線とを比較せよ.

18·33 二原子分子の慣性モーメントが μR_e^2 であることを示せ. ここで, μ は換算質量, R_e は平衡結合長である.

18·34 H_2 の Θ_{rot} と Θ_{vib} がおのおの 85.3 K と 6332 K であるとして, HD と D_2 に対するこれらの値を求めよ. [ヒント: ボルン-オッペンハイマー近似を使え.]

18·35 問題 18·14 で得られた $q_{rot}(T)$ の結果を用いて, 18·5 節にある $\langle \bar{E}_{rot} \rangle = RT$ と $\bar{C}_{V,rot} = R$ の式に対する補正を導け. その結果を Θ_{rot}/T のべきの項で表せ.

18·36 熱力学量 P と C_V はエネルギーの零をどこにとるかには依存しないことを示せ.

18・37 アーク放電で窒素分子が熱せられている．分光学的に決定される励起振動準位の占有数は下のようになる．

v	0	1	2	3	4	…
$\dfrac{f_v}{f_0}$	1.000	0.200	0.040	0.008	0.002	…

窒素は振動エネルギーに関して熱力学的に平衡状態にあるか．この気体の振動温度は何度か．この値は並進温度と一致しなければならないか，また，その理由も述べよ．

18・38 運動が平面内に制限された二原子分子，すなわち二次元の理想二原子分子気体を考えよう．二次元二原子分子はどれだけ自由度をもつか．二次元の剛体回転子のエネルギー固有値が，$J=0$ 以外のすべての J について縮退度が $g_J=2$ で，

$$\varepsilon_J = \frac{\hbar^2 J^2}{2I} \qquad J=0,1,2,\cdots$$

で与えられるとして(ここで I は分子の慣性モーメント)，回転の分配関数の式を導け．振動の分配関数は三次元の二原子気体の場合と同一である．

$$q(T) = q_{\text{trans}}(T)\, q_{\text{rot}}(T)\, q_{\text{vib}}(T)$$

と書き，この二次元の理想二原子分子気体の平均エネルギーの式を導け．

18・39 つぎの気体に関して，古典的な条件の下でモル定容熱容量はどうなると予想されるか．(a) Ne，(b) O_2，(c) H_2O，(d) CO_2，(e) $CHCl_3$．

18・40 13章において，調和振動子モデルは非調和性を考慮すると改良されることを学んだ．非調和振動子のエネルギーは，

$$\tilde{\varepsilon}_v = \left(v+\frac{1}{2}\right)\tilde{\nu}_e - \tilde{x}_e \tilde{\nu}_e \left(v+\frac{1}{2}\right)^2 + \cdots$$

で与えられる(式 13・21 参照)．ここで，振動数 $\tilde{\nu}_e$ を cm^{-1} 単位で表している．この $\tilde{\varepsilon}_v$ の式を振動の分配関数の和の式に代入して，

$$q_{\text{vib}}(T) = \sum_{v=0}^{\infty} e^{-\beta \tilde{\nu}_e \left(v+\frac{1}{2}\right)} e^{\beta \tilde{x}_e \tilde{\nu}_e \left(v+\frac{1}{2}\right)^2}$$

を求めよ．つぎに和の式の中の2番目の項を展開して，$\tilde{x}_e \tilde{\nu}_e$ の1次の項だけを残し，

$$q_{\text{vib}}(T) = \frac{e^{-\Theta_{\text{vib}}/2T}}{1-e^{-\Theta_{\text{vib}}/T}} + \beta \tilde{x}_e \tilde{\nu}_e\, e^{-\Theta_{\text{vib}}/2T} \sum_{v=0}^{\infty} \left(v+\frac{1}{2}\right)^2 e^{-\Theta_{\text{vib}} v/T} + \cdots$$

を得よ．ここで，$\Theta_{\text{vib}}/T = \beta \tilde{\nu}_e$ である．

$$\sum_{v=0}^{\infty} v x^v = \frac{x}{(1-x)^2}$$

および

$$\sum_{v=0}^{\infty} v^2 x^v = \frac{x^2 + x}{(1-x)^3}$$

が与えられるとして（問題 I·15 参照），

$$q_{\text{vib}}(T) = q_{\text{vib, ho}}(T)\left[1 + \beta \tilde{x}_e \tilde{\nu}_e\left(\frac{1}{4} + 2q^2_{\text{vib, ho}}(T)\right) + \cdots\right]$$

となることを示せ．ここで，$q_{\text{vib, ho}}(T)$ は調和振動子の分配関数である．300 K における $Cl_2(g)$ に対する補正の大きさを求めよ．ただし，$\Theta_{\text{vib}} = 805$ K，$\tilde{x}_e \tilde{\nu}_e = 2.675$ cm^{-1} である．

18·41 α が非常に小さいとき，

$$\int_0^\infty e^{-\alpha n^2}\, dn \approx \int_1^\infty e^{-\alpha n^2}\, dn$$

となることを証明せよ．［ヒント：最初の積分の指数関数を展開して，

$$\int_0^1 e^{-\alpha n^2}\, dn \ll \int_0^\infty e^{-\alpha n^2}\, dn$$

となることを証明せよ．］

18·42 この問題で，（並進の）エネルギーが ε と $\varepsilon + d\varepsilon$ の間にある並進エネルギー状態の数を表す式を導こう．この式は，要するに，そのエネルギーが，

$$\varepsilon_{n_x n_y n_z} = \frac{h^2}{8ma^2}(n_x^2 + n_y^2 + n_z^2) \qquad n_x, n_y, n_z = 1, 2, 3, \cdots \qquad (1)$$

で与えられる状態の縮退度である．この縮退度は，整数 $M = 8ma^2\varepsilon/h^2$ を三つの正の

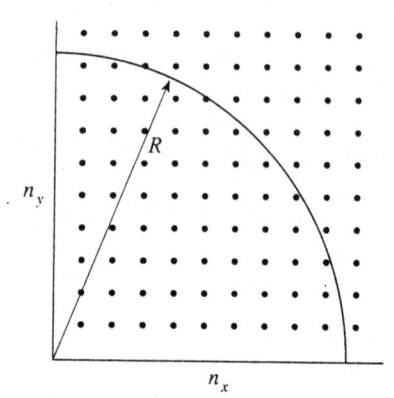

図 18·8 (n_x, n_y, n_z) 空間の二次元の場合．すなわち，量子数 n_x, n_y を軸としてもつ空間．各点は（二次元の）箱の中の粒子のエネルギーに対応する．

整数の2乗の和として書き表すやり方の数で与えられる.一般的には,これは M の不規則で,不連続な関数となるが(多くの M の値について,このやり方の数は零になるだろう),大きな M に対しては滑らかになり,簡単な式を導くことができる. n_x, n_y, n_z で張られた三次元空間を考えよう.式(1)で与えられるエネルギー状態と,正の整数で与えられる座標をもったこの n_x, n_y, n_z 空間内の点との間には,一対一の対応関係がある.図18・8にこの空間の二次元の場合を示してある.式(1)はつぎのように,この空間における半径 $R = (8ma^2\varepsilon/h^2)^{1/2}$ の球を表す式である.

$$n_x^2 + n_y^2 + n_z^2 = \frac{8ma^2\varepsilon}{h^2} = R^2$$

この空間の原点からある決まった距離にある格子点の数を求めたい.一般的には非常に難しいが,大きな R の場合にはつぎのように進めることができる. R または ε を連続変数として扱い, ε と $\varepsilon + \Delta\varepsilon$ の間にある格子点の数を探る.これを計算するためには,まず ε 以下のエネルギーに対応する格子点の数を計算する.大きな ε に対しては,素晴らしい近似として, ε 以下のエネルギーに対応する格子点の数を,半径 R の球の一つのオクタント(八分空間)の体積に等しいとおくことができる. n_x, n_y, n_z が正の整数であるように制限されているので,一つのオクタントだけをとる.このような状態の数を $\Phi(\varepsilon)$ と記すと,

$$\Phi(\varepsilon) = \frac{1}{8}\left(\frac{4\pi R^3}{3}\right) = \frac{\pi}{6}\left(\frac{8ma^2\varepsilon}{h^2}\right)^{3/2}$$

と書くことができる. ε と $\varepsilon + \Delta\varepsilon (\Delta\varepsilon/\varepsilon \ll 1)$ の間のエネルギーをもつ状態の数は,

$$\omega(\varepsilon, \Delta\varepsilon) = \Phi(\varepsilon + \Delta\varepsilon) - \Phi(\varepsilon)$$

である.

$$\omega(\varepsilon, \Delta\varepsilon) = \frac{\pi}{4}\left(\frac{8ma^2}{h^2}\right)^{3/2}\varepsilon^{1/2}\Delta\varepsilon + O[(\Delta\varepsilon)^2]$$

となることを示せ. $\varepsilon = 3k_BT/2$, $T = 300\,\text{K}$, $m = 10^{-25}\,\text{kg}$, $a = 1\,\text{dm}$, $\Delta\varepsilon = 0.010\,\varepsilon (\varepsilon \text{の} 1\%)$ とすると, $\omega(\varepsilon, \Delta\varepsilon)$ が $O(10^{28})$ となることを示せ.したがって,箱の中に1個だけ粒子があるような単純な系でさえ,室温では縮退度がきわめて大きくなり得るのである.

18・43 並進の分配関数は,縮退度を含めると,エネルギー ε についての一つの積分でつぎのように書くことができる.

$$q_{\text{trans}}(V, T) = \int_0^\infty \omega(\varepsilon)\,e^{-\varepsilon/k_BT}\,d\varepsilon$$

ここで, $\omega(\varepsilon)d\varepsilon$ は ε と $\varepsilon + d\varepsilon$ の間のエネルギーをもつ状態の数である.前の問題の結果を用いて, $q_{\text{trans}}(V, T)$ が式(18・6)で与えられるものと同一になることを示せ.

ジュール (James Prescott Joule) は1818年12月24日にイングランドのマンチェスター近郊のサルフォードで生まれ，1889年に没した．彼と彼の長兄は生家でドルトン (John Dalton) の個人授業を受けた．当時70歳代のジュールの父は裕福な醸造業者であったので，その後も，就職先を探さなければならないといったことには無縁であった．ジュールは，自宅や父の工場内に自分の資金で建てた実験室で先駆的な実験を行った．彼は，1837年から1847年まで一般的なエネルギー保存則と熱の力学等量を導いた一連の実験を行った．ジュールはそのすべての測定結果をマンチェスターの聖アン教会における公開講義で発表した．また，彼の初期の実験報告は英国協会から出版を却下されたので，あとになって彼の兄が音楽評論を掲載していた新聞"マンチェスター クーリエ"に彼の講義録を掲載してもらった．1847年，オックスフォードでの英国協会の学会で彼は自分の研究結果を発表した．その学会で，当時22歳のウィリアム トムソン〔William Thomson，後のケルビン (Kelvin) 卿〕はただちにジュールの研究の重要性を正しく認識したのである．後年，トムソンは気体の膨張に関する実験を行うようジュールに要請した．この研究は，非理想気体が自然膨張すると冷却されることを示すジュール-トムソン効果の発見につながった．ジュールは1850年に王立協会の会員に選ばれた．彼は晩年に深刻な経済的損害を被ったので，友人たちは1878年に政府から彼のために年金を獲得した．彼の栄誉をたたえてエネルギーのSI単位が命名されている．

19 章
熱力学第一法則

　熱力学はさまざまな性質に関する学問，特に，平衡状態にある系のいろいろな性質の間の関係を調べる学問である．もともとは1800年代に発達した実験科学の一分野で，今日でも化学，生物学，地学，物理学，工学などの多くの分野できわめて実用的な価値をもっている．たとえば，液体の蒸気圧と蒸発熱との間の定量的な関係や，気体が状態方程式 $P\bar{V}/RT$ に従う場合，その気体のエネルギーが温度だけに依存することを示すために熱力学を使う．熱力学の最も重要で目覚ましい応用は化学平衡の解析であって，熱力学を使えば，ある化学反応で生成物を最大限に得られる温度と圧力を決定することができる．関与する化学反応の完全な熱力学的解析なしに，どんな工業プロセスも決して実施されることはない．

　熱力学のすべての結果は，三つの基本法則に基づいている．これらの法則は膨大な量の実験データをまとめたもので，これまでに例外は全く知られていない．実際，アインシュタインは熱力学についてこう述べている．

理論の前提が単純であればあるほど，それに関係する事柄の種類が多ければ多いほど，また，その適用範囲が広ければ広いほど，その理論はますます強い印象を与える．したがって，古典的な熱力学は深い感銘を私にもたらすのである．熱力学は普遍的な内容をもった唯一の物理学理論である．私が確信する普遍的という意味は，その基本的な考え方の適用可能な枠内で，その理論が決してくつがえらないということである[†]．

　アインシュタインの言葉を補足説明しておこう．思い出してほしいのは，物質の原子理論が一般的に受け入れられる前の1800年代に熱力学が発達したことである．熱力

[†]『アルバート アインシュタイン：哲学者-科学者』，P. A. Schlipp 編，Open Court 出版，ラ・セール，イリノイ (1973年).

学の法則とその結果は，いかなる原子理論や分子理論にも基づいていない．つまり，それは原子や分子のモデルに依存しないのである．この方向で発達した熱力学を**古典熱力学**[1]という．古典熱力学のこの特質には長所も欠点もある．原子や分子の構造の知識がどんなに進歩しても，古典熱力学の結果は決して修正の必要がないことは確かだが，古典熱力学は分子のレベルには限られた立入り方しかできないのである．

1800年代の末から1900年代の始めにかけての原子・分子理論の発達に伴い，分子的な解釈，すなわち分子論的な基盤が熱力学に与えられた．この分野は，分子的な性質の平均値と温度あるいは圧力といった巨視的な熱力学的性質とを関係づけるので，**統計熱力学**[2]という．17章と18章の内容は実は統計熱力学の初等的な取扱いである．統計熱力学の結果の多くは，用いる分子モデルに依存しているので，古典熱力学の結果ほど確固たるものではない．それにもかかわらず，ある物理量や過程について分子論的な見方をもつことには直観的な利点があり，これは非常に便利な点である．したがって，本章および以降の章での学習においては，結果としては多少厳密さが失われるが，古典熱力学と統計熱力学を混ぜて用いることにしよう．

熱力学第一法則は巨視的な系に適用されるエネルギー保存則である．第一法則を説明するために，熱力学で使われる意味での仕事と熱の概念を導入しなければならない．つぎの節で述べるように，仕事と熱とは，ある系とその外界との間でのエネルギー移動のべつべつの様式である．

19・1　ふつうの形の仕事は圧力-体積仕事である

仕事と熱という概念は熱力学において重要な役割を演じる．仕事と熱の両方とも，注目するある系とその外界の間でのエネルギー移動の方式を指す．**系**[3]というのは，調べようとする一部の世界のことで，**外界**[4]というのはそれ以外のすべてのことである．系とその外界との間の温度差に起因するエネルギー移動の方式を**熱**[5] q と定義する．系に加えられた熱を正の量，系から逃げる熱を負の量と考える．注目する系とその外界との間の不均衡な力の存在に起因する両者の間のエネルギー移動を**仕事**[6] w と定義する．系のエネルギーが仕事によって増加する場合，外界によって仕事が系になされるといい，それを正の量にとる．一方，仕事によって系のエネルギーが減少する場合，系が外界に仕事をする，すなわち，系によって仕事がされるといい，それを負の量にとる．物理化学でふつうに現れる仕事の例は，気体が及ぼす圧力と，その気

---

[1] classical thermodynamics　[2] statistical thermodynamics　[3] system
[4] surroundings　[5] heat　[6] work

19. 熱力学第一法則

体にかかる圧力との差に起因して, 気体の膨張や圧縮のときに起こるものである.

仕事の一つの重要な側面は, それが常に外界での質量の上げ下げと関係づけられることである. これがどういう意味かを理解するために, 図 19·1 の状況を考えよう.

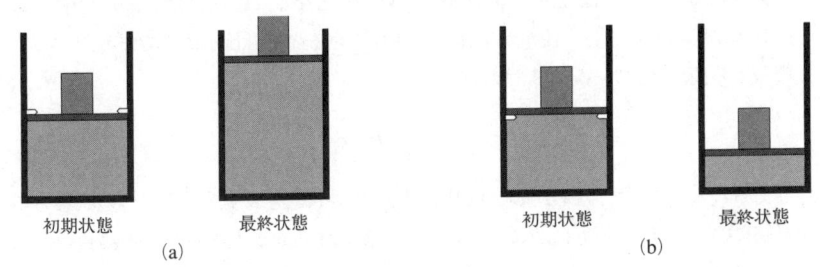

図 19·1 仕事の効果は外界における質量の上げ下げと等価である. (a)の場合は, 質量がもち上げられているので, 系が仕事をしており, (b)の場合は, 質量が下がっているので, 系に仕事がなされている. (系はピストン内部の気体として定義される.)

ここでは, 気体はシリンダーに閉じ込められており, その気体にはシリンダーから力 Mg が働いている. 図 19·1(a) では, 気体の初期圧力 P_i はピストンを上向きにもち上げるのに十分であるから, ピストンを固定するためのピンがある. つぎにピンをはずすと, 気体は図に示すように新しい位置までおもりをもち上げる. このときの気体の圧力を P_f としよう. この過程で質量 M は距離 h もち上げられたので, 系のした仕事は,

$$w = -Mgh$$

である. ここで, 負号は系によってされる仕事は負の量ととるという約束に従っている. Mg をピストンの面積 A で割り, h に A を掛けると,

$$w = -\frac{Mg}{A} \cdot Ah$$

となる. Mg/A は気体にかかる外部圧力で, Ah は気体の体積変化であるから,

$$w = -P_\text{外} \Delta V \tag{19·1}$$

が得られる. 膨張のときは $\Delta V > 0$ だから, $w < 0$ である. 明らかに, 膨張が起こるためには気体の初期状態の圧力よりも外部圧力は低くなければならない. 膨張後は, $P_\text{外} = P_f$ である.

つぎに図 19·1(b) の場合を考えよう. ここでは, 気体の初期圧力は外圧 $P_\text{外} = Mg/A$ よりも低いので, ピンをはずすと気体は圧縮される. この場合, 質量 M は距

離 h だけ下がり，仕事は，

$$w = -Mgh = -\frac{Mg}{A}(Ah) = -P_\text{外}\Delta V$$

で与えられる．ここでは $\Delta V<0$ だから，$w>0$ となる．圧縮後は，$P_\text{外}=P_\text{f}$ である．気体が圧縮されると，仕事が気体になされているので，仕事は正である．

膨張する間，$P_\text{外}$ が一定でなければ，仕事は，

$$w = -\int_{V_\text{i}}^{V_\text{f}} P_\text{外}\,dV \tag{19·2}$$

で与えられる．ここで，積分領域は初期状態と最終状態を表す．この二つの状態を結ぶ経路に沿って V とともに $P_\text{外}$ がどのように変化するかがわかっている場合は，式(19·2)の積分が計算できる．式(19·2)は膨張と圧縮のどちらにも適用できる．$P_\text{外}$ が一定のときは，つぎのように式(19·2)は式(19·1)となる．

$$w = -P_\text{外}(V_\text{f}-V_\text{i}) = -P_\text{外}\Delta V$$

例題 19·1　1.00 dm³ の容積を 2.00 bar の圧力で満たしている理想気体を考えよう．この気体が一定の外圧 $P_\text{外}$ で最終容積が 0.500 dm³ になるまで等温圧縮される場合は，$P_\text{外}$ の最小値はいくらになりうるか．$P_\text{外}$ のこの値を用いてこの仕事を計算せよ．

解答:　圧縮が起こるためには，$P_\text{外}$ の値は少なくとも気体の最終圧力と同じ圧力でなければならない．初期の圧力と容積，および最終容積が与えられれば，最終圧力を決定できる．この気体の最終圧力は，

$$P_\text{f} = \frac{P_\text{i}V_\text{i}}{V_\text{f}} = \frac{(2.00\,\text{bar})(1.00\,\text{dm}^3)}{0.500\,\text{dm}^3} = 4.00\,\text{bar}$$

である．これが気体を 1.00 dm³ から 0.500 dm³ まで等温圧縮するのに必要な $P_\text{外}$ の最小値である．$P_\text{外}$ のこの値を使った仕事は，

$$\begin{aligned}w &= -P_\text{外}\Delta V = -(4.00\,\text{bar})(-0.500\,\text{dm}^3) = 2.00\,\text{dm}^3\,\text{bar}\\ &= (2.00\,\text{dm}^3\,\text{bar})(10^{-3}\,\text{m}^3\,\text{dm}^{-3})(10^5\,\text{Pa}\,\text{bar}^{-1})\\ &= 200\,\text{Pa}\,\text{m}^3 = 200\,\text{J}\end{aligned}$$

となる．もちろん，$P_\text{外}$ は 4.00 bar より大きな任意の値をとれるから，200 J は一定圧力の下での容積 1.00 dm³ から 0.500 dm³ までの等温圧縮に対する w の最小値を表している．

19. 熱力学第一法則

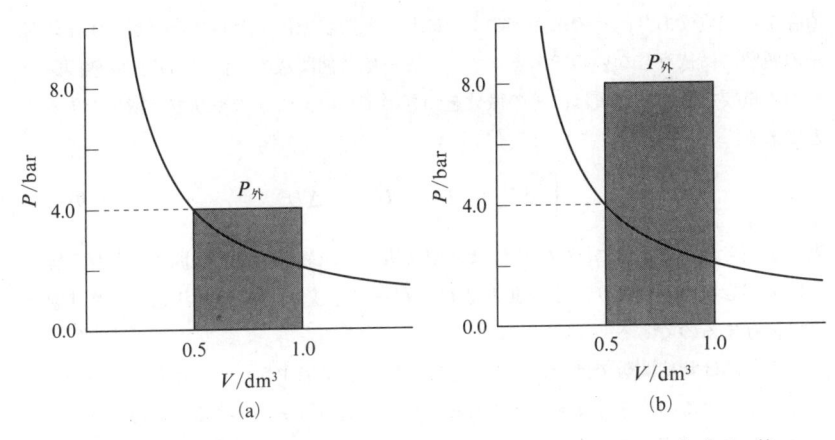

図 19·2 $P_{外}$ の値が異なる場合の，$V_i = 1.00 \text{ dm}^3$ から $V_f = 0.500 \text{ dm}^3$ までの等温等圧圧縮の際の仕事の説明図．滑らかな曲線は理想気体の等温線（一定温度のときの P 対 V）である．(a)の場合，$P_{外}$ が気体の最終圧力 P_f に等しく，(b)の場合，$P_{外}$ が $P_f = 4.00 \text{ bar}$ よりも大きい．圧縮を止めるためには $V_f = 0.500 \text{ dm}^3$ のところでピンを使わなければならない．そうでなければ，気体はさらに圧縮されて，等温線上の $P_{外}$ に相当する体積まで圧縮される．仕事は $P_{外}$-V の長方形の面積に等しい．

図 19·2 に例題 19·1 で取上げた仕事の説明を示す．式(19·2)からわかるように，仕事は $P_{外}$ 対 V の線の下の面積になる．滑らかな曲線が理想気体の等温線（一定温度のときの P 対 V）である．図 19·2(a)は外圧が気体の最終圧力 P_f に等しいとき，また，図 19·2(b)は外圧が P_f より大きい場合の定圧圧縮を示す．$P_{外}$ が異なる値の場合は仕事が違ってくることがわかる．

19·2 仕事と熱は状態関数ではないが，エネルギーは状態関数である

仕事と熱はエネルギーとは全く異なる性質をもっている．この違いをよく理解するためには，まず，系の状態とは何を意味するのかを考えなければならない．系を完全に記述するのに必要なすべての変数が決まっているとき，系が決まった状態にあるという．たとえば，理想気体の状態は，$P, \bar{V}, T$ を指定すれば完全に記述できる．実際，$P, \bar{V}, T$ は $P\bar{V} = RT$ の関係があるので，気体の状態を指定するにはこれらの 3 変数のうちの任意の 2 変数で十分である．他の系ではもっと多くの変数が必要になるかもしれないが，ふつうは数個だけで十分である．**状態関数**[1] はその系の状態だけに

---

1) state function

依存する性質であり，その系がどのようにしてその状態にもたらされたか，すなわち，系の履歴には依存しないのである．エネルギーは状態関数の一例である．状態関数の一つの重要な数学的性質は，その微分をつぎのようにふつうのやり方で積分できることである．

$$\int_1^2 dU = U_2 - U_1 = \Delta U \tag{19・3}$$

表記法からわかるように，ΔU の値は初期状態 1 と最終状態 2 との間でとられる経路には依存しない．つまり，その値は $\Delta U = U_2 - U_1$ を通じて初期状態と最終状態だけに依存するのである．

仕事と熱は状態関数ではない．たとえば，気体を圧縮するために使われる外圧は，気体を圧縮するのに十分な大きさである限りは任意の値をとりうる．したがって，気体になされる仕事，

$$w = -\int_1^2 P_{外} dV$$

は，その気体を圧縮するために使われる圧力に依存するだろう．$P_{外}$ の値は圧縮される気体の圧力よりも大きくなければならない．必要とされる最小の仕事は，圧縮の各段階における気体の圧力よりもほんの無限小大きいときに生じる．すなわち，このと

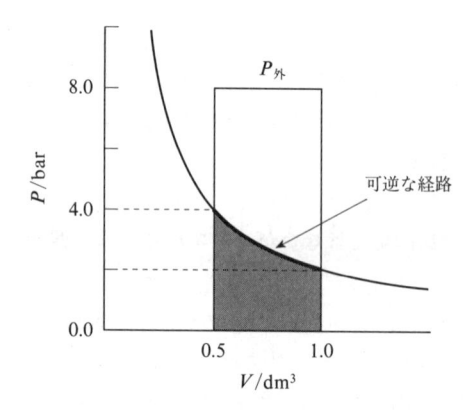

図 19・3 等温圧縮の仕事は図に示すように $P_{外}$ 対 V の曲線の下の面積である．気体を圧縮するためには，外圧は気体の圧力よりも大きくなければならない．膨張が可逆的に行われるとき，すなわち，圧縮の各段階で $P_{外}$ が気体の圧力よりもほんの無限小分だけ大きいとき，仕事は最小量となる．図の影をつけた部分が気体を $V_1 = 1.00$ dm^3 から $V_2 = 0.500$ dm^3 まで圧縮するのに必要な最小仕事である．等圧圧縮の線は図 19・2 と同様になる．

き圧縮の全過程で気体はほとんど平衡状態にあることになる．この特別な場合は重要で，式(19・2)において$P_{外}$を気体の圧力(P)で置き換えることができる．$P_{外}$とPがほんの無限小だけ違っているとき，この圧縮過程は外圧を無限小だけ減少することで(圧縮から膨張へ)逆転できるので，この過程は**可逆過程**[1]という．厳密に可逆な過程においては，その過程の各段階で無限小の大きさだけ再調節しなければならないので，無限大の時間がかかる．しかし，可逆過程は便利な理想化の極限として役に立つ．

気体の可逆的な等温圧縮には，必要な仕事の最小限の仕事量だけが必要であることを図19・3に示してある．可逆的な仕事をw_{rev}とする．理想気体を等温的にV_1からV_2まで圧縮する場合のw_{rev}を計算するためには，式(19・2)を，$P_{外}$を気体の圧力の平衡値，つまり理想気体の場合はnRT/Vで置き換えて用いる．したがって，

$$w_{\text{rev}} = -\int_1^2 P\,dV = -\int_1^2 \frac{nRT}{V}\,dV = -nRT\int_1^2 \frac{dV}{V}$$

$$= -nRT \ln \frac{V_2}{V_1} \tag{19・4}$$

となる．圧縮の場合は$V_2 < V_1$だから，当然だが$w_{\text{rev}} > 0$であることがわかる．いい換えると，気体に仕事がなされたのである．

例題 19・2 2.00 bar で 1.000 dm³ を占める理想気体を考えよう．3.00 bar の定圧で 0.667 dm³ の体積まで気体を等温圧縮し，ひき続いて 4.00 bar の定圧で

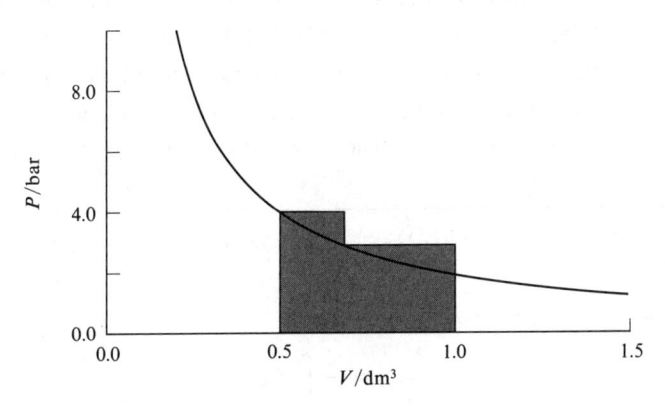

図 19・4 例題 19・2 に記述した気体の等圧圧縮の説明図．必要な仕事は二つの長方形の面積で与えられる．

---

1) reversible process

0.500 dm³ まで等温圧縮するのに必要な仕事を計算せよ（図19・4参照）．その結果を，気体を1.000 dm³ から0.500 dm³ まで等温可逆的に圧縮する仕事と比較せよ．また，両方の結果を例題19・1で得られた結果と比較せよ．

解答： 2段階の圧縮において，最初は $\Delta V=-(1.000-0.667)$ dm³, 2番目の段階では $-(0.667-0.500)$ dm³ である．したがって，

$$w = -(3.00 \text{ bar})(-0.333 \text{ dm}^3) - (4.00 \text{ bar})(-0.167 \text{ dm}^3)$$
$$= 1.67 \text{ dm}^3 \text{ bar} = 167 \text{ J}$$

となる．可逆過程の場合，式(19・4)を用いると，

$$w_{\text{rev}} = -nRT \ln \frac{V_2}{V_1} = -nRT \ln \frac{0.500 \text{ dm}^3}{1.00 \text{ dm}^3}$$

となる．理想気体で，かつ等温過程だから，nRT は P_1V_1 か P_2V_2，すなわち両方とも 2.00 dm³ bar に等しいので，

$$w_{\text{rev}} = -(2.00 \text{ dm}^3 \text{ bar}) \ln 0.500 = 1.39 \text{ dm}^3 \text{ bar} = 139 \text{ J}$$

となる．w_{rev} は2段階過程の仕事よりも小さくなり，その2段階過程の仕事は例題19・1で必要な仕事(200 J)よりも少ないことがわかる．（図19・2，図19・3，図19・4を比較せよ．）

気体の可逆的な等温圧縮により気体に最小仕事がなされるのと全く同様に，可逆的な等温膨張においては気体はその過程で最大仕事をすることになる．可逆膨張では，各段階において外圧は気体の圧力よりも無限小だけ低い．$P_{外}$ がいくらかでも，これより大きければ，膨張は起こらないだろう．理想気体の可逆的な等温膨張における仕事も，やはり式(19・4)で与えられる．膨張の場合 $V_2 > V_1$ だから，$w_{\text{rev}} < 0$ であることがわかる．つまり，気体が外界に仕事を，実は最大の仕事をしたのである．

例題 19・3 ファン・デル・ワールス気体の膨張による可逆等温仕事の式を導け．

解答： この可逆仕事の式は，

$$w_{\text{rev}} = -\int_1^2 P \, dV$$

である．ここで，

$$P = \frac{nRT}{V-nb} - \frac{an^2}{V^2}$$

である．P のこの式を w_{rev} に代入すると，

$$w_{rev} = -nRT \int_1^2 \frac{dV}{V-nb} - an^2 \int_1^2 \frac{dV}{V^2}$$

$$= -nRT \ln \frac{V_2-nb}{V_1-nb} + an^2 \left(\frac{1}{V_2} - \frac{1}{V_1} \right)$$

を得る．$a=b=0$ のとき，この式が式(19·4)になることがわかる．

19·3 熱力学第一法則によるとエネルギーは状態関数である

ある過程に関与する仕事は，その過程がどのように行われるかによって違うので，仕事は状態関数ではない．したがって，

$$\int_1^2 \delta w = w \quad (\Delta w \text{ すなわち } w_2-w_1 \text{ ではない}) \tag{19·5}$$

と書ける．$w_2, w_1, w_2-w_1, \Delta w$ などと書くのは全く無意味である．式(19·5)で得られる w の値は状態1から2までの経路に依存するから，仕事を**経路関数**[1] という．dU のようにふつうのやり方で積分すると U_2-U_1 が得られる完全微分と違って，数学的には式(19·5)の δw を不完全微分という(数学章 H 参照)．

一つの系とその外界との間でエネルギーが移動する過程の場合にだけ仕事と熱が定義されている．仕事と熱の両方とも経路関数である．ある与えられた状態にある系は決まったエネルギー量をもつけれども，その系は仕事や熱をもっているわけではない．エネルギーが，仕事と熱の両方の形で移動する過程の場合は，エネルギー保存則によると，その系のエネルギーは，微分形式では，

$$dU = \delta q + \delta w \tag{19·6}$$

あるいは，積分形式では，

$$\Delta U = q + w \tag{19·7}$$

の式に従う．式(19·6)と式(19·7)は**熱力学第一法則**[2] の定義式である．熱力学第一法則は要するにエネルギー保存則であるが，それによると，δq と δw はべつべつには経路関数，すなわち不完全微分であるにもかかわらず，両方の和は状態関数，すなわち完全微分になる．すべての状態関数は完全微分である．

---

1) path function   2) the First Law of Thermodynamics

19·4 断熱過程はエネルギーが熱として移動しない過程である

仕事と熱は状態関数でないばかりでなく,可逆的な仕事と可逆的な熱も状態関数でないことを直接計算によって証明できる.図 19·5 に描かれている同一の初期状態 (P_1, V_1, T_1) と同一の最終状態 (P_2, V_2, T_1) の間で起こる三つの経路を考えよう.A は理想気体の (P_1, V_1, T_1) から (P_2, V_2, T_1) までの可逆等温膨張の経路である.理想気体のエネルギーは温度だけに依存するから(たとえば式 18·40 参照),

$$\Delta U_A = 0 \qquad (19·8)$$

となるので,理想気体の等温過程の場合は,

$$\delta w_{\text{rev, A}} = -\delta q_{\text{rev, A}}$$

となる.さらに,可逆過程だから,

$$\delta w_{\text{rev, A}} = -\delta q_{\text{rev, A}} = -\frac{RT_1}{V}\,dV \qquad (19·9)$$

すなわち,

$$w_{\text{rev, A}} = -q_{\text{rev, A}} = -RT_1\int_{V_1}^{V_2}\frac{dV}{V} = -RT_1\ln\frac{V_2}{V_1} \qquad (19·10)$$

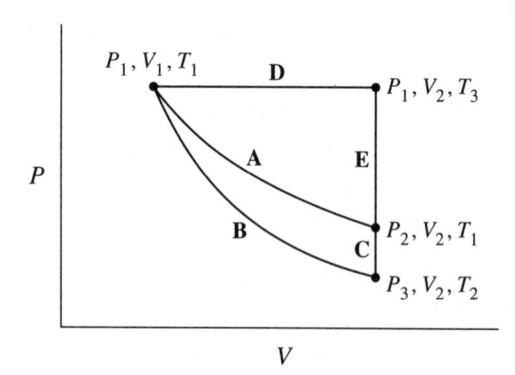

図 19·5 理想気体について,最初の状態 P_1, V_1, T_1 から最終の状態 P_2, V_2, T_1 への異なる三つの経路 (A, B+C, D+E) を示す図.経路 A は P_1, V_1 から P_2, V_2 への可逆等温膨張を表す.経路 B+C は,P_1, V_1, T_1 から P_3, V_2, T_2 への可逆断熱膨張(B)と,それに続く P_3, V_2, T_2 から P_2, V_2, T_1 への体積一定での可逆的加熱(C)を表す.経路 D+E は P_1, V_1, T_1 から P_1, V_2, T_3 への一定圧力(P_1)での可逆膨張(D)と,それに続く P_1, V_2, T_3 から P_2, V_2, T_1 への一定体積(V_2)での可逆的冷却(E)を表す.

となる.気体が仕事をするので,w_{rev} は負になる($V_2 > V_1$).さらに,系が仕事をするためにそのエネルギーを使うので,温度を一定に保つためには系に熱の形でエネルギーが入ってくるから,q_{rev} は正である.

図 19・5 のもう一つの経路 (B+C) は二つの部分から成る.最初の部分(B)は(P_1, V_1, T_1)から(P_3, V_2, T_2)までの可逆膨張の経路で,系と外界との間に熱の形のエネルギーが移動しないように行われる.熱としてエネルギーが移動しない過程を**断熱過程**[1])という.断熱過程の場合は $q=0$,すなわち,

$$dU = \delta w \tag{19・11}$$

となる.経路 B+C の C 部分は,一定体積で気体を(P_3, V_2, T_2)から(P_2, V_2, T_1)まで可逆的に加熱することに相当する.上にも述べたように,理想気体の場合は ΔU は温度だけに依存し,P と V には無関係である.温度 T_1 の状態 1 から温度 T_2 の状態 2 まで変化するときの ΔU を計算するためには,定容熱容量が,式(17・25)で定義されることから,$dU = C_V(T) dT$ を積分して,

$$\Delta U = \int_{T_1}^{T_2} C_V(T) dT$$

とすればよい.

ここで,経路 B+C に関与する全仕事を計算できる.B は断熱過程だから,

$$q_{rev, B} = 0 \tag{19・12}$$

であって,

$$w_{rev, B} = \Delta U_B = \int_{T_1}^{T_2} \left(\frac{\partial U}{\partial T}\right)_V dT = \int_{T_1}^{T_2} C_V(T) dT \tag{19・13}$$

となる.C の過程の場合は,圧力-体積仕事は含まれない(一定体積の過程である)ので,

$$q_{rev, C} = \Delta U_C = \int_{T_2}^{T_1} C_V(T) dT \tag{19・14}$$

となる.したがって,経路 B+C の全体では,

$$q_{rev, B+C} = q_{rev, B} + q_{rev, C} = 0 + \int_{T_2}^{T_1} C_V(T) dT$$

$$= \int_{T_2}^{T_1} C_V(T) dT \tag{19・15}$$

および

---

1) adiabatic process

$$w_{\text{rev, B+C}} = w_{\text{rev, B}} + w_{\text{rev, C}} = \int_{T_1}^{T_2} C_V(T)\,dT + 0$$

$$= \int_{T_1}^{T_2} C_V(T)\,dT \tag{19·16}$$

となる．エネルギー U は状態関数だから，経路 A の場合と同じように，

$$\Delta U_{\text{B+C}} = \Delta U_{\text{B}} + \Delta U_{\text{C}} = \int_{T_1}^{T_2} C_V(T)\,dT + \int_{T_2}^{T_1} C_V(T)\,dT = 0$$

となることがわかる．しかし，仕事と熱はともに経路関数だから，$w_{\text{rev, A}} \neq w_{\text{rev, B+C}}$ および $q_{\text{rev, A}} \neq q_{\text{rev, B+C}}$ である．

例題 19·4 図 19·5 の経路 D+E に対する ΔU, w_{rev}, q_{rev} を計算せよ．ここで，D は理想気体の V_1, T_1 から V_2, T_3 までの可逆的な定圧膨張 (P_1) を表し，E はその気体の一定容積 V_2 での T_3 から T_1 への可逆的な冷却を表している．

解答： 経路 D については，

$$\Delta U_{\text{D}} = \int_{T_1}^{T_3} C_V(T)\,dT$$

$$w_{\text{rev, D}} = -P_1(V_2 - V_1)$$

$$q_{\text{rev, D}} = \Delta U_{\text{D}} - w_{\text{rev, D}} = \int_{T_1}^{T_3} C_V(T)\,dT + P_1(V_2 - V_1)$$

である．経路 E については，

$$\Delta U_{\text{E}} = \int_{T_3}^{T_1} C_V(T)\,dT$$

$$w_{\text{rev, E}} = 0$$

$$q_{\text{rev, E}} = \Delta U_{\text{E}} = \int_{T_3}^{T_1} C_V(T)\,dT$$

である．したがって，この過程全体では，

$$\Delta U_{\text{D+E}} = \Delta U_{\text{D}} + \Delta U_{\text{E}} = \int_{T_1}^{T_3} C_V(T)\,dT + \int_{T_3}^{T_1} C_V(T)\,dT = 0$$

$$w_{\text{rev, D+E}} = w_{\text{rev, D}} + w_{\text{rev, E}} = -P_1(V_2 - V_1)$$

$$q_{\text{rev, D+E}} = q_{\text{rev, D}} + q_{\text{rev, E}} = P_1(V_2 - V_1)$$

となる．図 19·5 に示した三つの過程のすべてに対して $\Delta U=0$ となるけれども，w_{rev} と q_{rev} はおのおの異なることがわかる．

19・5 可逆断熱膨張においては気体の温度が下がる

図 19・5 の経路 B は理想気体の T_1, V_1 から T_2, V_2 までの可逆的な断熱膨張を表している. 図からわかるように, $T_2 < T_1$, すなわち, (可逆的な)断熱膨張の間, 気体は冷却されるのである. この過程の最終温度 T_2 を決定できる. 断熱過程の場合, $q=0$ であるから,

$$dU = \delta w = dw$$

となる. この式から $\delta q=0$ のとき, $\delta w=dw$ が完全微分になることがわかる. 同様に, $\delta w=0$ のとき $\delta q=dq$ が完全微分になる. 膨張で気体(系)がした仕事は, 気体のエネルギーが減少することで"支払われ", 気体の温度の低下をもたらす. 可逆膨張に付随する仕事は最大仕事であるから, 可逆的な断熱膨張では気体の温度低下は必ず最大になる. 理想気体の場合, 可逆過程に対して $dw = -PdV = -nRT\,dV/V$ であることを用いると, $dU=dw$ の関係から,

$$C_V(T)\,dT = -\frac{nRT}{V}dV \qquad (19\cdot17)$$

が得られる. 両辺を nT で割り, 積分すると,

$$\int_{T_1}^{T_2}\frac{\overline{C}_V(T)}{T}dT = -R\int_{V_1}^{V_2}\frac{dV}{V} = -R\ln\frac{V_2}{V_1} \qquad (19\cdot18)$$

を得る. 18・2 節で単原子理想気体の場合 $\overline{C}_V = 3R/2$ となることを学んだので, 式 (19・18) は,

$$\frac{3R}{2}\int_{T_1}^{T_2}\frac{dT}{T} = \frac{3R}{2}\ln\frac{T_2}{T_1} = -R\ln\frac{V_2}{V_1}$$

つまり,

$$\frac{3}{2}\ln\frac{T_2}{T_1} = -\ln\frac{V_2}{V_1} = \ln\frac{V_1}{V_2}$$

すなわち,

$$\left(\frac{T_2}{T_1}\right)^{3/2} = \frac{V_1}{V_2} \qquad \text{(単原子理想気体)} \qquad (19\cdot19)$$

となる. したがって, 可逆的な断熱膨張 ($V_2 > V_1$) において気体は冷却されることがわかる.

例題 19・5 初期温度が 300 K のアルゴン (理想気体と仮定する) を, 体積 50.0

L から 200 L まで可逆断熱膨張させると，最終温度はいくらになるか計算せよ．

解答：式(19·19)で $T_1=300$ K, $V_1=50.0$ L, $V_2=200$ L とおくと，

$$T_2 = (300 \text{ K})\left(\frac{50.0 \text{ L}}{200 \text{ L}}\right)^{2/3} = 119 \text{ K}$$

を得る．

式(19·19)から T_1 と T_2 を消去するために $PV=nRT$ を用いると，この式は圧力と体積を使って表現できる．

$$\left(\frac{P_2 V_2}{P_1 V_1}\right)^{3/2} = \frac{V_1}{V_2}$$

両辺の 2/3 乗をとり，移項すると，

$$P_1 V_1^{5/3} = P_2 V_2^{5/3} \qquad (単原子理想気体) \qquad (19·20)$$

を得る．この式から単原子理想気体の可逆断熱過程において，どのように圧力と体積が関係づけられるかがわかる．この結果を，等温過程に対するボイルの法則，

$$P_1 V_1 = P_2 V_2$$

と比較せよ．

例題 19·6 二原子分子の理想気体について式(19·19)と式(19·20)に対応する式を導け．その際，熱容量に対する振動の寄与を無視できるような温度であると仮定せよ．

解答：$\bar{C}_{V,\text{vib}} \approx 0$ と仮定すると，式(18·41)から $\bar{C}_V = 5R/2$ を得る．二原子分子の理想気体の式(19·17)は，

$$\frac{5R}{2}\int_{T_1}^{T_2}\frac{dT}{T} = \frac{5R}{2}\ln\frac{T_2}{T_1} = -R\ln\frac{V_2}{V_1}$$

すなわち，

$$\left(\frac{T_2}{T_1}\right)^{5/2} = \frac{V_1}{V_2} \qquad (二原子分子の理想気体)$$

となる．この式に $T=PV/nR$ を代入すると，

$$\left(\frac{P_2 V_2}{P_1 V_1}\right)^{5/2} = \frac{V_1}{V_2}$$

すなわち,
$$P_1 V_1^{7/5} = P_2 V_2^{7/5} \quad (\text{二原子分子の理想気体})$$
を得る.

19・6 仕事と熱には簡単な分子論的説明がある

巨視的な系の平均エネルギーの式(17・18)に戻ろう.
$$U = \sum_j p_j(N, V, \beta) E_j(N, V) \tag{19・21}$$

ここで, $p_j(N, V, \beta)$ は式(17・17)で与えられる. 式(19・21)は, 変数 N, V, T が固定された, ある平衡系の平均エネルギーを表している. 式(19・21)の微分をとると,
$$dU = \sum_j p_j dE_j + \sum_j E_j dp_j \tag{19・22}$$

を得る. $E_j = E_j(N, V)$ だから, dE_j を, N を一定に保って体積を少し変化させる, つまり dV による E_j の変化として捉えることができる. したがって, 式(19・22)に $dE_j = (\partial E_j/\partial V)_N dV$ を代入すると,
$$dU = \sum_j p_j \left(\frac{\partial E_j}{\partial V}\right)_N dV + \sum_j E_j dp_j$$

となる. この結果から, 式(19・22)の第1項は, 体積の微小変化によって系にもたらされるエネルギー変化の平均, いい換えると平均の仕事として解釈できることがわかる.

さらに, 系が各段階でほとんど平衡状態にとどまるように, この変化を可逆的に行わせると, 式(19・22)の p_j はその過程全体を通じて式(17・17)で与えられるだろう. この点を強調すると,
$$dU = \sum_j p_j(N, V, \beta) \left(\frac{\partial E_j}{\partial V}\right)_N dV + \sum_j E_j(N, V) dp_j(N, V, \beta) \tag{19・23}$$

と書ける. この結果を巨視的な式(式 19・6 参照),
$$dU = \delta w_{\text{rev}} + \delta q_{\text{rev}} \tag{19・24}$$

と比べると,
$$\delta w_{\text{rev}} = \sum_j p_j(N, V, \beta) \left(\frac{\partial E_j}{\partial V}\right)_N dV \tag{19・25}$$

および

$$\delta q_{\text{rev}} = \sum_j E_j(N, V) \, dp_j(N, V, \beta) \tag{19·26}$$

となることがわかる.

したがって, 可逆的な仕事 δw_{rev} は, 系の状態の確率分布は変えずに, 系の許容エネルギーを微小変化させたとき生じることがわかる. 一方, 可逆的な熱は, 系の許容エネルギーを変えずに, 系の状態の確率分布が変化することから生じるのである.

式(19·25)を,

$$\delta w_{\text{rev}} = -P \, dV$$

と比較すると, 気体の圧力というのは,

$$P = -\sum_j p_j(N, V, \beta) \left(\frac{\partial E_j}{\partial V} \right)_N = -\left\langle \left(\frac{\partial E}{\partial V} \right)_N \right\rangle \tag{19·27}$$

と書けることがわかるだろう. 1 モルの理想気体の場合には $PV=RT$ であることを示すために 17·5 節でこの式を証明抜きで使ったことがある.

19·7 P-V 仕事だけを含む定圧過程においては, エンタルピー変化は熱の形で移動したエネルギーに等しい

圧力-体積仕事が唯一の仕事である可逆過程の場合, 第一法則によると,

$$\Delta U = q + w = q - \int_{V_1}^{V_2} P \, dV \tag{19·28}$$

となる. 一定体積でこの過程が行われると, $V_1 = V_2$ だから,

$$\Delta U = q_V \tag{19·29}$$

となる. ここで, q の添字 V は, 式(19·29)が定容過程にあてはまることを強調するためのものである. したがって, 定容過程(閉じた剛体容器)に伴う熱としてのエネルギーを(熱量計を使って)測定することで, 実験的に ΔU を計測できることがわかる.

多くの過程, 特に化学反応は一定圧力の(大気圧に解放された)もとで行われる. 定圧過程に伴う熱エネルギー q_P は ΔU と等しくならない. 式(19·29)のように書き表せるような U に類似する状態関数を導入するのが便利であろう. このために, 式(19·28)において P を定数とおこう. そうすると,

$$q_P = \Delta U + P_{\text{外}} \int_{V_1}^{V_2} dV = \Delta U + P \Delta V \tag{19·30}$$

となる. ここで, 定圧過程であることを強調するために q_P の添字 P を用いた. この

式から新しい状態関数,

$$H = U + PV \tag{19・31}$$

を定義すればよいことがわかる. 定圧では,

$$\Delta H = \Delta U + P\Delta V \quad (\text{定圧}) \tag{19・32}$$

となる. 式(19・30)から,

$$q_P = \Delta H \tag{19・33}$$

であることがわかる. したがって, この新しい状態関数 H は**エンタルピー**[1]といい, 定容過程で U が演じるのと同じ役割を定圧過程において演じる. ΔH の値は定圧過程に付随する熱エネルギーを測定することによって実験的に決定できる. 逆にいえば, ΔH から q_P が決定できる. ほとんどの化学反応は定圧で起こるので, エンタルピーは実用的で重要な熱力学関数である.

この結果を 0 °C, 1 atm の氷の融解に適用しよう. この過程の場合, $q_P=6.01$ kJ mol^{-1} である. 式(19・33)を用いると,

$$\Delta \bar{H} = q_P = 6.01 \text{ kJ mol}^{-1}$$

となることがわかる. ここで, H の上付きバーは $\Delta \bar{H}$ がモル量であることを表している. 式(19・32)および氷のモル体積($\bar{V}_s=0.0196$ L mol^{-1})と水のモル体積($\bar{V}_l=0.0180$ L mol^{-1})を用いると, $\Delta \bar{U}$ の値も計算できて,

$$\begin{aligned}\Delta \bar{U} &= \Delta \bar{H} - P\Delta \bar{V} \\ &= 6.01 \text{ kJ mol}^{-1} - (1 \text{ atm})(0.0180 \text{ L mol}^{-1} - 0.0196 \text{ L mol}^{-1}) \\ &= 6.01 \text{ kJ mol}^{-1} - (1.60 \times 10^{-3} \text{ L atm mol}^{-1})\left(\frac{8.314 \text{ J}}{0.08206 \text{ L atm}}\right)\left(\frac{1 \text{ kJ}}{10^3 \text{ J}}\right) \\ &\approx 6.01 \text{ kJ mol}^{-1}\end{aligned}$$

となる. したがって, この場合は $\Delta \bar{H}$ と $\Delta \bar{U}$ の間にはほとんど違いはない.

100 °C, 1 atm のときの水の蒸発を取上げよう. この過程の場合, $q_P=40.7$ kJ mol^{-1}, $\bar{V}_l=0.0180$ L mol^{-1}, $\bar{V}_g=30.6$ L mol^{-1} であるから,

$$\Delta \bar{H} = q_P = 40.7 \text{ kJ mol}^{-1}$$

となる. しかし,

$$\Delta \bar{V} = 30.6 \text{ L mol}^{-1} - 0.0180 \text{ L mol}^{-1} = 30.6 \text{ L mol}^{-1}$$

であるから,

---

[1] enthalpy

$$\Delta \bar{U} = \Delta \bar{H} - P \Delta \bar{V}$$

$$= 40.7 \text{ kJ mol}^{-1} - (1 \text{ atm})(30.6 \text{ L mol}^{-1})\left(\frac{8.314 \text{ J}}{0.08206 \text{ L atm}}\right)$$

$$= 37.6 \text{ kJ mol}^{-1}$$

となる。この過程の $\Delta \bar{V}$ はかなり大きいので，この場合には $\Delta \bar{H}$ と $\Delta \bar{U}$ の数値がはっきり違っている(≈ 8 %)ことがわかる。これらの結果は，つぎのように物理的に説明できる。定圧のときに吸収される 40.7 kJ のうちの 37.6 kJ($q_V = \Delta \bar{U}$)は，水分子を液体状態にとどめている分子間力(水素結合)に打ち勝つために使われ，3.1 kJ($=$ 40.7 kJ $-$ 37.6 kJ)は大気圧に抗して系の体積を増加させるために使われる。

例題 19·7　つぎの反応の 298 K，1.00 bar における ΔH の値は -572 kJ である。

$$2\text{H}_2(\text{g}) + \text{O}_2(\text{g}) \longrightarrow 2\text{H}_2\text{O}(\text{l})$$

この反応の ΔU を計算せよ。

解答:　反応は 1.00 bar の定圧で行われるので，$\Delta H = q_P = -572$ kJ である。ΔU を計算するためには，まず ΔV を計算しなければならない。はじめは 298 K，1.00 bar で 3 mol の気体がある。したがって，

$$V = \frac{nRT}{P} = \frac{(3 \text{ mol})(0.08314 \text{ L bar K}^{-1} \text{mol}^{-1})(298 \text{ K})}{1.00 \text{ bar}}$$

$$= 74.3 \text{ L}$$

となる。反応後は，体積が約 36 mL の液体の水が 2 mol になる。この体積は 74.3 L に比べると無視できるので，$\Delta V = -74.3$ L となり，

$$\Delta U = \Delta H - P \Delta V$$

$$= -572 \text{ kJ} + (1.00 \text{ bar})(74.3 \text{ L})\left(\frac{1 \text{ kJ}}{10 \text{ bar L}}\right) = -572 \text{ kJ} + 7.43 \text{ kJ}$$

$$= -565 \text{ kJ}$$

となる。この場合の ΔH と ΔU との数値の違いは約 1 % である。

例題 19·7 は理想気体を含む反応や過程の場合の一般的な結果の例である。それによると，

$$\Delta H = \Delta U + RT \Delta n_{\text{gas}} \tag{19·34}$$

となる．ここで，

$$\Delta n_{gas} = （気体生成物のモル数）-（気体反応物のモル数）$$

である．例題19・7からわかるように，ΔH と ΔU との数値の違いはふつう小さい．

19・8 熱容量は経路関数である

熱容量は物質の温度を微小量上昇させるのに必要な熱エネルギーを温度上昇で割ったものとして定義される．熱容量は温度にも依存する．物質の温度を上昇させるのに必要なエネルギーはモル数に依存するので，熱容量は**示量変数**[1]で，経路関数でもある．たとえば，その値はその物質を一定容積あるいは一定圧力で加熱するかどうかに依存する．一定容積で加熱する場合，加えられた熱エネルギーは q_V であり，熱容量を C_V と記す．$\Delta U = q_V$ であるから，C_V は，

$$C_V = \left(\frac{\partial U}{\partial T}\right)_V \approx \frac{\Delta U}{\Delta T} = \frac{q_V}{\Delta T} \tag{19・35}$$

で与えられる．物質を一定圧力で加熱する場合は，加えられた熱エネルギーは q_P であり，熱容量を C_P と記す．$\Delta H = q_P$ であるから，C_P は，

$$C_P = \left(\frac{\partial H}{\partial T}\right)_P \approx \frac{\Delta H}{\Delta T} = \frac{q_P}{\Delta T} \tag{19・36}$$

で与えられる．

定圧過程においては，加えられた熱エネルギーは温度上昇に使われるだけでなく，加熱の際大気圧に抗して物質を膨張させる仕事にも使われるので，C_V より C_P の方が大きくなることが予想される．理想気体の場合，C_P と C_V との差を求めるのは簡単である．$H = U + PV$ だから PV を nRT で置き換えると，

$$H = U + nRT \quad \text{（理想気体）} \tag{19・37}$$

となる．理想気体の場合 U は（n 一定のとき）温度だけに依存するから，H も温度だけで決まる．したがって，温度について式(19・37)を微分できて，

$$\frac{dH}{dT} = \frac{dU}{dT} + nR \tag{19・38}$$

を得る．また，

$$\frac{dH}{dT} = \left(\frac{\partial H}{\partial T}\right)_P = C_P \quad \text{（理想気体）}$$

---

[1] extensive variable

および
$$\frac{dU}{dT} = \left(\frac{\partial U}{\partial T}\right)_V = C_V \qquad (理想気体)$$
となるから，式(19·38)は，
$$C_P - C_V = nR \qquad (理想気体) \qquad (19\cdot39)$$
となる．

室温の C_V は1モルの単原子理想気体の場合 $3R/2$ であり，1モルの非直線形の多原子分子の理想気体の場合はほぼ $3R$ になることを，すでに17章で学んだ．したがって，気体の場合には $\bar{C}_P$ と $\bar{C}_V$ の差はかなり大きくなるが，固体と液体の場合はその差は小さい．

例題 19·8 22·3節で，
$$\bar{C}_P - \bar{C}_{\bar{V}} = T\left(\frac{\partial P}{\partial T}\right)_{\bar{V}}\left(\frac{\partial \bar{V}}{\partial T}\right)_P$$
を一般的に証明する．ここでは最初に，この結果を用いて理想気体の場合 $\bar{C}_P - \bar{C}_V = R$ であることを示し，つぎに状態方程式，
$$P\bar{V} = RT + B(T)P$$
に従う気体について $\bar{C}_P - \bar{C}_V$ の式を導け．

解答： 理想気体では $P\bar{V} = RT$ であるから，
$$\left(\frac{\partial P}{\partial T}\right)_{\bar{V}} = \frac{R}{\bar{V}} \qquad および \qquad \left(\frac{\partial \bar{V}}{\partial T}\right)_P = \frac{R}{P}$$
となる．すなわち，
$$\bar{C}_P - \bar{C}_V = T\left(\frac{R}{\bar{V}}\right)\left(\frac{R}{P}\right) = R\left(\frac{RT}{P\bar{V}}\right) = R$$
である．状態方程式 $P\bar{V} = RT + B(T)P$ に従う気体の $(\partial P/\partial T)_{\bar{V}}$ を求めるために，まず P に関して解く．
$$P = \frac{RT}{\bar{V} - B(T)}$$
つぎに，温度で微分すると，
$$\left(\frac{\partial P}{\partial T}\right)_{\bar{V}} = \frac{P}{T} + \frac{P}{\bar{V} - B(T)}\frac{dB}{dT}$$

となる．同様にして，

$$\bar{V} = \frac{RT}{P} + B(T)$$

$$\left(\frac{\partial \bar{V}}{\partial T}\right)_P = \frac{R}{P} + \frac{dB}{dT}$$

となる．したがって，この例題の中にある $\bar{C}_P - \bar{C}_V$ の式を用いると，

$$\bar{C}_P - \bar{C}_V = T\left(\frac{\partial P}{\partial T}\right)_{\bar{V}}\left(\frac{\partial \bar{V}}{\partial T}\right)_P$$

$$= T\left[\frac{P}{T} + \frac{P}{\bar{V}-B(T)}\frac{dB}{dT}\right]\left[\frac{R}{P} + \frac{dB}{dT}\right]$$

$$= R + 2\left(\frac{dB}{dT}\right)P + \frac{1}{R}\left(\frac{dB}{dT}\right)^2 P^2$$

となる．ここで，$P = RT/[\bar{V}-B(T)]$ であることを使った．この式は $B(T)$ が定数の場合，理想気体の場合の式(19·39)と同一になることに注意せよ．

19·9 熱容量データと転移熱から相対エンタルピーを決定できる

式(19·36)を積分すると，二つの温度の間で相転移のない物質のエンタルピーの差を計算できる．

$$H(T_2) - H(T_1) = \int_{T_1}^{T_2} C_P(T)\, dT \tag{19·40}$$

$T_1 = 0\,\mathrm{K}$ とおくと，

$$H(T) - H(0) = \int_0^T C_P(T')\, dT' \tag{19·41}$$

となる．〔式(19·41)では積分変数にプライム(′)を付けて書き表した．T' は，積分領域(この場合は T)と区別するために使われる標準的数学記号である．〕式(19·40)を見ると，0 K から任意の温度 T までの熱容量データがあれば，$H(0)$ に相対的な $H(T)$ を計算できそうに思われる．しかし，これはいつも正しいわけではなくて，式(19·41)は相転移が起こらない温度範囲で適用できるのである．もし相転移があれば，相転移では T が変化せずに熱を吸収するので転移のエンタルピー変化を加えなければならない．たとえば，式(19·41)の T が物質の液体領域にあり，0 K と T との間の唯一の相変化が固体-液体転移だけであると仮定すれば，

$$H(T) - H(0) = \int_0^{T_{\text{fus}}} C_P^s(T)\,dT + \Delta_{\text{fus}}H + \int_{T_{\text{fus}}}^T C_P^l(T')\,dT' \quad (19\cdot 42)$$

となる．ここで，$C_P^s(T)$ と $C_P^l(T)$ はそれぞれ固相と液相の熱容量，T_{fus} は融解温度，$\Delta_{\text{fus}}H$ は融解のときのエンタルピー変化(融解熱)，

$$\Delta_{\text{fus}}H = H^l(T_{\text{fus}}) - H^s(T_{\text{fus}})$$

を表している．

　ベンゼンのモル熱容量を温度の関数として図19・6に示す．C_P の T に対するプロットは連続ではなくて，相転移点に対応する各温度で値がとぶ不連続を示すことが

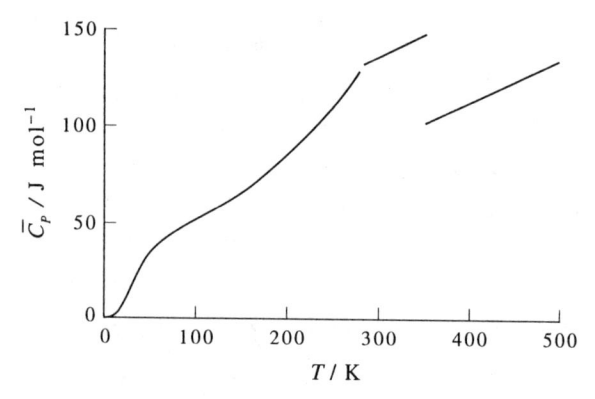

図19・6 ベンゼンの0Kから500Kまでの定圧モル熱容量．1 atmのベンゼンの融点と沸点はそれぞれ278.7Kおよび353.2Kである．

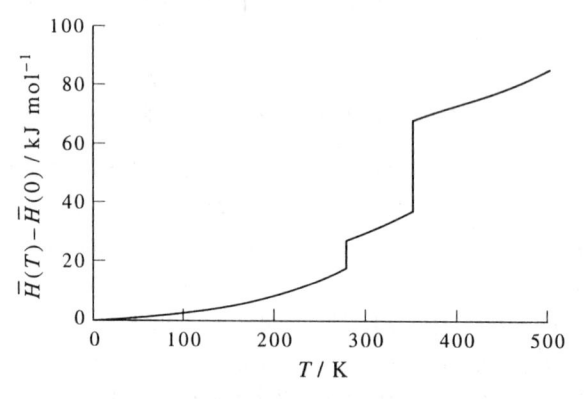

図19・7 ベンゼンの0Kから500Kまでの[$\bar{H}(0)$に相対的な]モルエンタルピー．

わかる.1 atm のベンゼンの融点と沸点は 278.7 K および 353.2 K である.式(19・41)からわかるように,図 19・6 の 0 K から $T \leq 278.7$ K までの曲線の下の面積は,固体ベンゼンの〔$\bar{H}(0)$ に相対的な〕モルエンタルピーを与える.たとえば,300 K で 1 atm のときの液体ベンゼンのモルエンタルピーを計算するためには,図 19・6 の 0 K から 300 K までの曲線の下の面積に,融解のモルエンタルピー 9.95 kJ mol^{-1} を加える.図 19・7 にベンゼンのモルエンタルピーを温度の関数として示す.$\bar{H}(T) - \bar{H}(0)$ は相の中では滑らかに変化するが,相転移のところで飛躍することがわかる.

19・10 化学方程式のエンタルピー変化には加成性がある

ほとんどの化学反応は一定圧力の下(大気圧に開放された状態)で起こるので,化学反応に伴うエンタルピー変化 $\Delta_r H$(添字の r は化学反応のエンタルピー変化であることを示す)は**熱化学**[1] において中心的役割を演じる.熱化学は,化学反応に付随する熱エネルギーの放出や吸収の測定に関する熱力学の一分野である.たとえば,メタンの**燃焼**[2],

$$\text{CH}_4(\text{g}) + 2\text{O}_2(\text{g}) \longrightarrow \text{CO}_2(\text{g}) + 2\text{H}_2\text{O}(\text{l})$$

は熱エネルギーを解放するので,これを**発熱反応**[3] という.ほとんどの燃焼反応は発熱的であり,燃焼反応で放出される熱を**燃焼熱**[4] という.逆に,熱エネルギーを吸収する化学反応を**吸熱反応**[5] という.図 19・8 に発熱反応と吸熱反応の説明を模式的に示す.

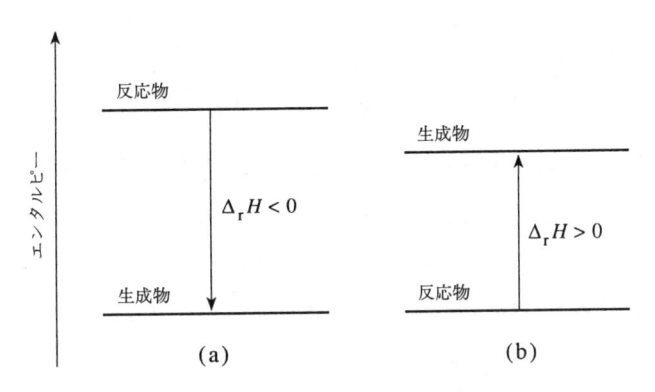

図 19・8 (a) 発熱反応と (b) 吸熱反応のエンタルピー図.

---

1) thermochemistry   2) combustion   3) exothermic reaction (*exo*=out)
4) heat of combustion   5) endothermic reaction (*endo*=in)

化学反応のエンタルピー変化は，生成物の全エンタルピー H_{prod} から反応物の全エンタルピー H_{react} を引いたものとみることができる．

$$\Delta_r H = H_{\text{prod}} - H_{\text{react}} \tag{19・43}$$

発熱反応の場合，H_{prod} は H_{react} よりも小さいので，$\Delta_r H < 0$ となる．図19・8(a)は発熱反応を表している．反応物のエンタルピーが生成物のそれより大きいので，$q_P = \Delta_r H < 0$ となり，反応が進行するにつれて熱エネルギーが放出される．図19・8(b)は吸熱反応を表している．この場合は $q_P = \Delta_r H > 0$ となり，熱エネルギーが供給されなければならない．

1 bar の下で起こる化学反応について数例を考えよう．1 モルのメタンの燃焼で 1 モルの $CO_2(g)$ と 2 モルの $H_2O(l)$ ができる場合，298 K における $\Delta_r H$ は -890.36 kJ である．$\Delta_r H$ が負であることは，反応により熱エネルギーが放出され，したがって発熱的であることを表している．

吸熱反応の一例がつぎのいわゆる**水性ガス反応**[1]である．

$$C(s) + H_2O(g) \longrightarrow CO(g) + H_2(g)$$

この反応では 298 K のとき $\Delta_r H = +131$ kJ であるから，反応を左から右に駆動するためには熱エネルギーを供給しなければならない．

化学方程式の $\Delta_r H$ の重要で役に立つ性質がその加成性である．$\Delta_r H$ のこの性質はエンタルピーが状態関数であることから直接導かれる．二つの化学方程式を足して第3の化学方程式を得る場合，この第3の化学方程式の $\Delta_r H$ の値は互いに加え合わす二つの化学方程式の $\Delta_r H$ の和に等しくなる．$\Delta_r H$ のこの加成性については実例で説明するのが最善である．つぎの二つの化学方程式を考えよう．

$$C(s) + \tfrac{1}{2}O_2(g) \longrightarrow CO(g) \qquad \Delta_r H(1) = -110.5 \text{ kJ} \tag{1}$$

$$CO(g) + \tfrac{1}{2}O_2(g) \longrightarrow CO_2(g) \qquad \Delta_r H(2) = -283.0 \text{ kJ} \tag{2}$$

代数方程式であるかのように二つの化学方程式を足し算すると，

$$C(s) + O_2(g) \longrightarrow CO_2(g) \tag{3}$$

を得る．$\Delta_r H$ の加成性によると，式(3)の $\Delta_r H$ は簡単に，

$$\Delta_r H(3) = \Delta_r H(1) + \Delta_r H(2)$$
$$= -110.5 \text{ kJ} + (-283.0 \text{ kJ}) = -393.5 \text{ kJ}$$

となる．要するに，式(1)と式(2)は，式(3)と同じ初期状態と最終状態をもつ 2 段階

---

[1] water-gas reaction

19. 熱力学第一法則

過程を表していると考えることができる．したがって，二つの方程式を一緒にした全エンタルピー変化は，反応があたかも1段階で進んだとしたときと同一でなければならない．

$\Delta_r H$ 値の加成性は**ヘスの法則**[1]として知られている．たとえば，$\Delta_r H(1)$ と $\Delta_r H(2)$ の値がわかっている場合は，$\Delta_r H(3)$ は $\Delta_r H(1) + \Delta_r H(2)$ に等しくなるから，$\Delta_r H(3)$ の実験値を独立に求める必要はない．

さて，つぎの化学方程式の組合わせを考えよう．

$$SO_2(g) \longrightarrow S(s) + O_2(g) \qquad (1)$$

$$S(s) + O_2(g) \longrightarrow SO_2(g) \qquad (2)$$

式(2)は単に式(1)の逆反応だから，ヘスの法則から，

$$\Delta_r H(\text{逆反応}) = -\Delta_r H(\text{順反応}) \qquad (19\cdot 44)$$

となることが結論される．ヘスの法則の適用例として，

$$2P(s) + 3Cl_2(g) \longrightarrow 2PCl_3(l) \qquad \Delta_r H(1) = -640 \text{ kJ} \qquad (1)$$

と

$$2P(s) + 5Cl_2(g) \longrightarrow 2PCl_5(s) \qquad \Delta_r H(2) = -887 \text{ kJ} \qquad (2)$$

を使って，

$$PCl_3(l) + Cl_2(g) \longrightarrow PCl_5(s) \qquad (3)$$

の反応式の $\Delta_r H$ 値を計算することを考えよう．この場合には，式(2)に式(1)の逆反応を加えると，

$$2PCl_3(l) + 2Cl_2(g) \longrightarrow 2PCl_5(s) \qquad (4)$$

を得る．したがって，ヘスの法則から，

$$\Delta_r H(4) = \Delta_r H(2) - \Delta_r H(1)$$
$$= -887 \text{ kJ} + 640 \text{ kJ} = -247 \text{ kJ}$$

となる．つぎに，式(4)に 1/2 を掛けると式(3)が得られるので，

$$PCl_3(l) + Cl_2(g) \longrightarrow PCl_5(s)$$

$$\Delta_r H(3) = \frac{1}{2}\Delta_r H(4) = \frac{-247 \text{ kJ}}{2} = -124 \text{ kJ}$$

となる．

---

[1] Hess's Law

例題 19・9 イソブタンと n-ブタンの燃焼モルエンタルピーは 298 K, 1 atm のとき，それぞれ -2869 kJ mol^{-1} と -2877 kJ mol^{-1} である．1 モルの n-ブタンから 1 モルのイソブタンへの変換の $\Delta_r H$ を計算せよ．

解答： 二つの燃焼反応の化学方程式は，

$$n\text{-}C_4H_{10}(g) + \frac{13}{2}O_2(g) \longrightarrow 4CO_2(g) + 5H_2O(l) \qquad (1)$$
$$\Delta_r H(1) = -2877 \text{ kJ mol}^{-1}$$

および

$$i\text{-}C_4H_{10}(g) + \frac{13}{2}O_2(g) \longrightarrow 4CO_2(g) + 5H_2O(l) \qquad (2)$$
$$\Delta_r H(2) = -2869 \text{ kJ mol}^{-1}$$

である．式(2)の逆反応を書き，その結果を式(1)に加えると，望む化学方程式，

$$n\text{-}C_4H_{10}(g) \longrightarrow i\text{-}C_4H_{10}(g) \qquad (3)$$

$$\Delta_r H(3) = \Delta_r H(1) - \Delta_r H(2)$$
$$= -2877 \text{ kJ mol}^{-1} - (-2869 \text{ kJ mol}^{-1}) = -8 \text{ kJ mol}^{-1}$$

が得られる．実際は競合反応が起こるので，この反応熱を直接測定することはできない．

19・11 反応熱は生成熱の表から計算できる

化学反応のエンタルピー変化 $\Delta_r H$ は反応物のモル数に依存する．最近，国際純正・応用化学連合（IUPAC）の物理化学部会は，反応エンタルピーを表にまとめる系統立ったやり方を提案した．化学反応の**標準反応エンタルピー**[1]を $\Delta_r H°$ と記し，すべての反応物と生成物が標準状態にあるとし，ある試薬を指定し，それが1モル関与するときのエンタルピー変化を基準としている．この標準状態とは，気体の場合は，問題にする温度で 1 bar のときの等価な仮想的理想気体である．

たとえば，二酸化炭素 $CO_2(g)$ を生成する炭素の燃焼を考えよう．（固体の標準状態は，1 bar の圧力で問題にしている温度における純結晶性物質である．）係数が釣り合った反応の書き方はいろいろ考えられる．たとえば，

$$C(s) + O_2(g) \longrightarrow CO_2(g) \qquad (19\cdot 45)$$

あるいは，

---
[1] standard reaction enthalpy

$$2C(s) + 2O_2(g) \longrightarrow 2CO_2(g) \tag{19・46}$$

でもよい．(指定した)反応物 C(s) が 1 モルだけ燃焼するので，量 $\Delta_r H°$ は式(19・45)に対応すると考えられる．298 K におけるこの反応の $\Delta_r H°$ 値は $\Delta_r H° = -393.5$ kJ mol^{-1} である．式(19・46)に対応する反応エンタルピーは，

$$\Delta_r H = 2\Delta_r H° = -787.0 \text{ kJ}$$

となる．$\Delta_r H$ は示量性の量であるが，$\Delta_r H°$ は示強性の量であることがわかる．この表記法の利点は，あるエンタルピー変化に対応する，釣り合った反応式の書き方のあいまいさを除去できる点にある．

過程のタイプを示すために，"r"の代わりに決まった添字が使われる．たとえば，添字"c"は燃焼反応の場合，添字"vap"は蒸発の場合〔例：$H_2O(l) \rightarrow H_2O(g)$〕に使われる．表 19・1 によく出会う添字を掲げてある．

表 19・1 いろいろな過程のエンタルピー変化に対してよく使われる下付き添字

下付き添字	反 応
vap	蒸発，気化(vaporization, evaporation)
sub	昇華(sublimation)
fus	融解，溶融(melting, fusion)
trs	一般の相転移(transition between phases in general)
mix	混合(mixing)
ads	吸着(adsorption)
c	燃焼(combustion)
f	生成(formation)

標準モル生成エンタルピー[1] $\Delta_f H°$ は特に有用な量である．この示強性の量は，分子を構成する元素の単体から，その分子 1 モルを生成させる場合の標準反応エンタルピーである．上付き添字の(°)はすべての反応物と生成物が標準状態にあることを表す．298.15 K の $H_2O(l)$ の $\Delta_f H°$ は -285.8 kJ mol^{-1} である．$\Delta_f H°$ が 1 モルの $H_2O(l)$ の生成熱を表すので，$\Delta_f H°$ の値からこの釣り合った反応は，

$$H_2(g) + \frac{1}{2}O_2(g) \longrightarrow H_2O(l)$$

のように書けることがわかる．(液体の標準状態は，1 bar で問題にする温度における液体の通常の状態である．) $H_2O(l)$ の $\Delta_f H°$ が -285.8 kJ mol^{-1} に等しいことから，

---

[1] standard molar enthalpy of formation

反応物と生成物とがそれぞれ標準状態にあるときは，1 モルの $H_2O(l)$ はその構成単体に相対的なエンタルピーの尺度で 285.8 kJ mol^{-1} だけ下の方にあることがわかる（図 19・9 b 参照）．

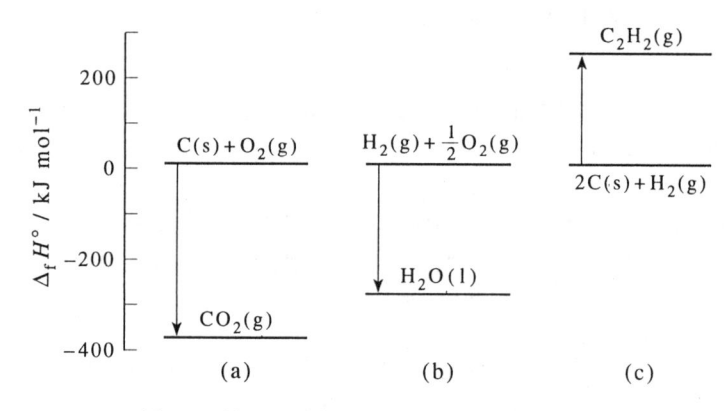

図 19・9　$CO_2(g)$, $H_2O(l)$, $C_2H_2(g)$ のそれぞれの構成単体からの生成のときの標準エンタルピー変化．これは，1 bar, 問題にする温度で単体が安定形にある場合に $\Delta_f H° = 0$ とする約束に基づいている．

ほとんどの化合物は単体から直接合成することはできない．たとえば，炭素と水素の直接反応，

$$2C(s) + H_2(g) \longrightarrow C_2H_2(g) \qquad (19\cdot47)$$

によってアセチレン (C_2H_2) を合成する試みでは，単に C_2H_2 だけでなく C_2H_4, C_2H_6 などのようないろいろな炭化水素の複雑な混合物が得られるだろう．それにもかかわらず，ヘスの法則と燃焼反応の $\Delta_c H°$ のデータを一緒に用いることで，アセチレンの $\Delta_f H°$ の値を決定できるのである．式 (19・47) の 3 種類の化学種すべては酸素中で燃焼し，298 K において，

$$C(s) + O_2(g) \longrightarrow CO_2(g) \qquad \Delta_c H°(1) = -393.5 \text{ kJ mol}^{-1} \qquad (1)$$

$$H_2(g) + \tfrac{1}{2}O_2(g) \longrightarrow H_2O(l) \qquad \Delta_c H°(2) = -285.8 \text{ kJ mol}^{-1} \qquad (2)$$

$$C_2H_2(g) + \tfrac{5}{2}O_2(g) \longrightarrow 2CO_2(g) + H_2O(l) \qquad \Delta_c H°(3) = -1299.5 \text{ kJ mol}^{-1} \qquad (3)$$

となる．式 (1) に 2 を掛け，式 (3) を反転し，その結果を式 (2) に加えると，

$$2C(s) + H_2(g) \longrightarrow C_2H_2(g) \qquad (4)$$

を得る．ここで，

$$\Delta_r H°(4) = 2\Delta_c H°(1) + \Delta_c H°(2) - \Delta_c H°(3)$$
$$= (2)(-393.5 \text{ kJ mol}^{-1}) + (-285.8 \text{ kJ mol}^{-1}) - (-1299.5 \text{ kJ mol}^{-1})$$
$$= +226.7 \text{ kJ mol}^{-1}$$

である．化学量論係数は IUPAC の記法では単位をもたないことに注意せよ．式(4)は 1 モルの $C_2H_2(g)$ がその単体から生成することを表しているので，298 K において $\Delta_f H°[C_2H_2(g)] = +226.7 \text{ kJ mol}^{-1}$ となる（図 19・9 c 参照）．結局，化合物をその構成単体から直接合成できない場合でも，$\Delta_f H°$ の値が得られることがわかる．

例題 19・10　$C(s)$, $H_2(g)$, $CH_4(g)$ の標準燃焼エンタルピーが 298 K で，それぞれ $-393.51 \text{ kJ mol}^{-1}$, $-285.83 \text{ kJ mol}^{-1}$, $-890.36 \text{ kJ mol}^{-1}$ と与えられている場合，メタン $CH_4(g)$ の標準生成エンタルピーを計算せよ．

解答：　三つの燃焼反応の化学方程式はつぎのようになる．

$$C(s) + O_2(g) \longrightarrow CO_2(g) \qquad \Delta_c H°(1) = -393.51 \text{ kJ mol}^{-1} \quad (1)$$

$$H_2(g) + \frac{1}{2}O_2(g) \longrightarrow H_2O(l) \qquad \Delta_c H°(2) = -285.83 \text{ kJ mol}^{-1} \quad (2)$$

$$CH_4(g) + 2O_2(g) \longrightarrow CO_2(g) + 2H_2O(l) \qquad \Delta_c H°(3) = -890.36 \text{ kJ mol}^{-1} \quad (3)$$

式(3)を逆転し，式(2)に 2 を掛け，それを式(1)に加えると，単体からの $CH_4(g)$ の生成の化学方程式が得られる．

$$C(s) + 2H_2(g) \longrightarrow CH_4(g) \qquad\qquad (4)$$

ここで，

$$\Delta_r H°(4) = \Delta_c H°(1) + 2\Delta_c H°(2) - \Delta_c H°(3)$$
$$= (-393.51 \text{ kJ mol}^{-1}) + (2)(-285.83 \text{ kJ mol}^{-1}) - (-890.36 \text{ kJ mol}^{-1})$$
$$= -74.81 \text{ kJ mol}^{-1}$$

も一緒に得られる．式(4)は単体から直接に 1 モルの $CH_4(g)$ が生成する反応を表しているので，298 K のとき $\Delta_f H°[CH_4(g)] = -74.81 \text{ kJ mol}^{-1}$ となる．

図 19・9 からわかるように，単体の $\Delta_f H°$ の値を零とおけば，化合物の $\Delta_f H°$ 値を表にまとめることができる．すなわち，1 bar で問題にする温度において，純粋な単体が安定形にある場合，$\Delta_f H°$ を零に等しいとおくのである．したがって，化合物の標準生

表 19·2 いろいろな物質の 25 °C, 1 bar のときの標準モル生成エンタルピー $\Delta_f H°$

物質	化学式	$\Delta_f H°/\text{kJ mol}^{-1}$	物質	化学式	$\Delta_f H°/\text{kJ mol}^{-1}$
アンモニア	$NH_3(g)$	-46.11	炭素(グラファイト)	$C(s)$	0
エタノール	$C_2H_5OH(l)$	-277.69			
エタン	$C_2H_6(g)$	-84.68	炭素(ダイヤモンド)	$C(s)$	$+1.897$
エチン	$C_2H_2(g)$	$+226.73$			
エテン	$C_2H_4(g)$	$+52.28$	テトラクロロメタン	$CCl_4(l)$	-135.44
塩化水素	$HCl(g)$	-92.31		$CCl_4(g)$	-102.9
オクタン	$C_8H_{18}(l)$	-250.1	ヒドラジン	$N_2H_4(l)$	$+50.6$
過酸化水素	$H_2O_2(l)$	-187.8		$N_2H_4(g)$	$+95.40$
グルコース	$C_6H_{12}O_6(s)$	-1260	ブタン	$C_4H_{10}(g)$	-125.6
二酸化硫黄	$SO_2(g)$	-296.8	フッ化水素	$HF(g)$	-273.3
三酸化硫黄	$SO_3(g)$	-395.7	プロパン	$C_3H_8(g)$	-103.8
一酸化炭素	$CO(g)$	-110.5	ヘキサン	$C_6H_{14}(l)$	-198.7
二酸化炭素	$CO_2(g)$	-393.509	ベンゼン	$C_6H_6(l)$	$+49.03$
一酸化窒素	$NO(g)$	$+90.37$	ペンタン	$C_5H_{12}(l)$	-173.5
二酸化窒素	$NO_2(g)$	$+33.85$	水	$H_2O(l)$	-285.83
四酸化二窒素	$N_2O_4(g)$	$+9.66$		$H_2O(g)$	-241.8
	$N_2O_4(l)$	-19.5	メタノール	$CH_3OH(l)$	-239.1
シクロヘキサン	$C_6H_{12}(l)$	-156.4		$CH_3OH(g)$	-201.5
臭化水素	$HBr(g)$	-36.3	メタン	$CH_4(g)$	-74.81
臭素	$Br_2(g)$	$+30.907$	ヨウ化水素	$HI(g)$	$+26.5$
スクロース	$C_{12}H_{22}O_{11}(s)$	-2220	ヨウ素	$I_2(g)$	$+62.438$

成エンタルピーは，1 bar で通常の物理的状態にある単体に対して相対的に与えられる．表 19·2 に，多くの物質に対する 25 °C での $\Delta_f H°$ の値を載せてある．表 19·2 を見ると，$\Delta_f H°[\text{C}(ダイヤモンド)] = +1.897 \text{ kJ mol}^{-1}$，$\Delta_f H°[\text{Br}_2(g)] = +30.907 \text{ kJ mol}^{-1}$，$\Delta_f H°[\text{I}_2(g)] = +62.438 \text{ kJ mol}^{-1}$ であることがわかるだろう．C(ダイヤモンド)，$Br_2(g)$，$I_2(g)$ は，25 °C, 1 bar では，これらの単体の通常の物理的状態にはないので，これらの形態に対しては $\Delta_f H°$ の値は零にならない．25 °C, 1 bar のときのこれらの単体の通常の物理的状態は C(グラファイト)，$Br_2(l)$，$I_2(s)$ である．

例題 19·11 表 19·2 を用いて，25 °C における臭素のモル蒸発エンタルピー $\Delta_{vap} H°$ を求めよ．

解答： 1 モルの臭素の蒸発を表す化学方程式は，

$$Br_2(l) \longrightarrow Br_2(g)$$

であるから,

$$\Delta_{vap}H° = \Delta_f H°[Br_2(g)] - \Delta_f H°[Br_2(l)]$$
$$= 30.907 \text{ kJ mol}^{-1}$$

となる.この結果は,臭素の通常の沸点 58.8 °C における $\Delta_{vap}H°$ の値ではないことに注意せよ.58.8 °C における $\Delta_{vap}H°$ の値は 29.96 kJ mol^{-1} である.(つぎの節で ΔH の温度変化を計算する方法を学ぶ.)

ヘスの法則を使って,エンタルピー変化を求めるために,生成エンタルピーをどう使えばよいかを理解しよう.一般的な化学方程式,

$$aA + bB \longrightarrow yY + zZ$$

を考えよう.ここで,a, b, y, z は各化学種のモル数である.つぎの図式に示すように,$\Delta_r H$ を 2 段階で計算できる.

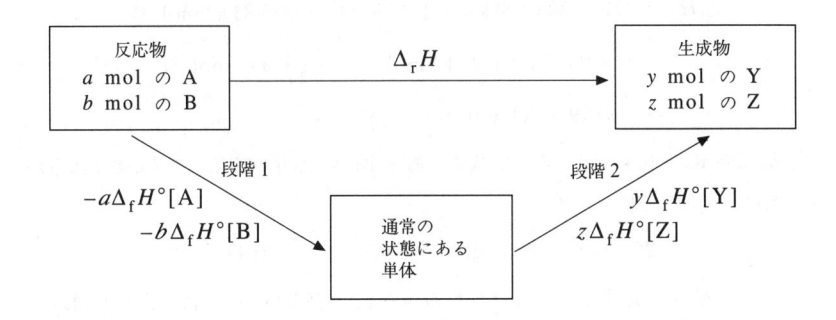

```
    反応物                  Δ_r H              生成物
  a mol の A    ───────────────────────→    y mol の Y
  b mol の B                                  z mol の Z
       │                                         ↗
       │ 段階 1                         段階 2
 -aΔ_f H°[A]    ↘                      ↗   yΔ_f H°[Y]
 -bΔ_f H°[B]       通常の                     zΔ_f H°[Z]
                   状態にある
                     単体
```

最初に,化合物 A と B をそれぞれの構成単体に分解する(段階 1).つぎに,単体を化合させて化合物 Y と Z をつくる(段階 2).最初の段階では,

$$\Delta_r H(1) = -a\Delta_f H°[A] - b\Delta_f H°[B]$$

を得る.$\Delta_r H$ の値は必ずしも 1 モルの試薬についての値ではないので,$\Delta_r H$ の上付き添字 ° 記号は省略した.ここでの反応は単体からの化合物の生成の逆になる,つまり,化合物から単体を生成させるので,負号が現れる.第 2 段階においては,

$$\Delta_r H(2) = y\Delta_f H°[Y] + z\Delta_f H°[Z]$$

となる.$\Delta_r H(1)$ と $\Delta_r H(2)$ の和から一般的な化学方程式に対する $\Delta_r H$ がつぎのよう

に求められる.

$$\Delta_r H = y\Delta_f H°[Y] + z\Delta_f H°[Z] - a\Delta_f H°[A] - b\Delta_f H°[B] \qquad (19\cdot 48)$$

式(19·48)の右辺は,生成物の全エンタルピーから反応物の全エンタルピーを引いたものである(式19·43参照).

式(19·48)を用いるときには,$\Delta_f H°$ の値は物質の物理的状態に依存するので,各物質が気体,液体,固体のどの状態であるかを指定する必要がある.式(19·48)を用いると,反応,

$$C_2H_2(g) + \frac{5}{2}O_2(g) \longrightarrow 2CO_2(g) + H_2O(l)$$

の 298 K における $\Delta_r H$ が,

$$\Delta_r H = (2)\Delta_f H°[CO_2(g)] + (1)\Delta_f H°[H_2O(l)] \\ - (1)\Delta_f H°[C_2H_2(g)] - \left(\frac{5}{2}\right)\Delta_f H°[O_2(g)]$$

と求められる.表 19·2 のデータを用いると,

$$\Delta_r H = (2)(-393.509 \text{ kJ mol}^{-1}) + (1)(-285.83 \text{ kJ mol}^{-1}) \\ - (1)(+226.73 \text{ kJ mol}^{-1}) - \left(\frac{5}{2}\right)(0 \text{ kJ mol}^{-1}) \\ = -1299.58 \text{ kJ mol}^{-1}$$

を得る.298 K,1 bar のときの安定状態にある単体の $\Delta_f H°$ の値はすべて零であるから,$\Delta_f H°[O_2(g)]=0$ である.

$$2C_2H_2(g) + 5O_2(g) \longrightarrow 4CO_2(g) + 2H_2O(l)$$

に対する $\Delta_r H$ を決定するためには,$\Delta_r H=-1299.58$ kJ mol^{-1} に 2 mol を掛けると,$\Delta_r H=-2599.16$ kJ を得る.

例題 19·12 表 19·2 の $\Delta_f H°$ のデータを用いて,25 °C の液体エタノール $C_2H_5OH(l)$ の燃焼,

$$C_2H_5OH(l) + 3O_2(g) \longrightarrow 2CO_2(g) + 3H_2O(l)$$

の $\Delta_r H$ の値を計算せよ.

解答: 表 19·2 を参照すると,$\Delta_f H°[CO_2(g)]=-393.509$ kJ mol^{-1},$\Delta_f H°[H_2O(l)]=-285.83$ kJ mol^{-1},$\Delta_f H°[O_2(g)]=0$,$\Delta_f H°[C_2H_5OH(l)]=-277.69$ kJ mol^{-1} であることがわかる.式(19·48)を適用すると,

$$\begin{aligned}\Delta_r H &= (2)\Delta_f H°[CO_2(g)] + (3)\Delta_f H°[H_2O(l)] \\ &\quad - (1)\Delta_f H°[C_2H_5OH(l)] - (3)\Delta_f H°[O_2(g)] \\ &= (2)(-393.509 \text{ kJ mol}^{-1}) + (3)(-285.83 \text{ kJ mol}^{-1}) \\ &\quad - (1)(-277.69 \text{ kJ mol}^{-1}) - (3)(0) \\ &= -1366.82 \text{ kJ mol}^{-1}\end{aligned}$$

が得られる.

19·12 $\Delta_r H$ の温度依存性は反応物と生成物の熱容量を使って与えられる

これまでは, 25°C の反応エンタルピーを求めてきた. この節では, もし十分な熱容量のデータがあれば, 他の温度の $\Delta_r H$ を計算できることを学ぶ. 一般的な反応,

$$a\text{A} + b\text{B} \longrightarrow y\text{Y} + z\text{Z}$$

を考えよう. 温度 T_2 における $\Delta_r H$ は,

$$\begin{aligned}\Delta_r H(T_2) &= y[H_Y(T_2) - H_Y(0)] + z[H_Z(T_2) - H_Z(0)] \\ &\quad - a[H_A(T_2) - H_A(0)] - b[H_B(T_2) - H_B(0)]\end{aligned} \quad (19\cdot 49)$$

の形に書ける. ここで, 式(19·41)から,

$$H_Y(T_2) - H_Y(0) = \int_0^{T_2} C_{P,Y}(T)\,dT \quad (19\cdot 50)$$

などのように書ける. 同様に, $\Delta_r H(T_1)$ は,

$$\begin{aligned}\Delta_r H(T_1) &= y[H_Y(T_1) - H_Y(0)] + z[H_Z(T_1) - H_Z(0)] \\ &\quad - a[H_A(T_1) - H_A(0)] - b[H_B(T_1) - H_B(0)]\end{aligned} \quad (19\cdot 51)$$

で与えられる. ここで,

$$H_Y(T_1) - H_Y(0) = \int_0^{T_1} C_{P,Y}(T)\,dT \quad (19\cdot 52)$$

等々である. 式(19·50)を式(19·49)に, 式(19·52)を式(19·51)に代入し, その結果の $\Delta_r H(T_1)$ を $\Delta_r H(T_2)$ から引くと,

$$\Delta_r H(T_2) = \Delta_r H(T_1) + \int_{T_1}^{T_2} \Delta C_P(T)\,dT \quad (19\cdot 53)$$

を得る. ここで, その記号が示すように,

$$\Delta C_P(T) = yC_{P,Y}(T) + zC_{P,Z}(T) - aC_{P,A}(T) - bC_{P,B}(T) \quad (19\cdot 54)$$

である．したがって，もし T_1，たとえば 25 °C の $\Delta_r H$ がわかっていれば，式(19・53)を用いて他の任意の温度における $\Delta_r H$ を計算できる．式(19・53)を書く際に，T_1 と T_2 との間には相転移が存在しないと仮定した．

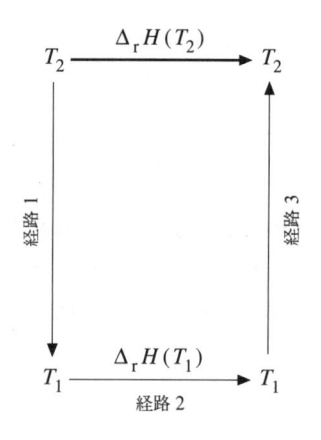

```
        Δ_r H(T_2)
   T_2 ──────────→ T_2
    │               ↑
    │経              │経
    │路              │路
    │1               │3
    ↓               │
   T_1 ──────────→ T_1
        Δ_r H(T_1)
          経路 2
```

図 19・10 式(19・53)の説明図．経路 1 に沿って反応物の温度を T_2 から T_1 へ変える．経路 2 に沿って T_1 で反応を起こす．ついで経路 3 に沿って生成物の温度を T_1 から T_2 に戻す．ΔH は状態関数だから，$\Delta H(T_2) = \Delta H_1 + \Delta H_2 + \Delta H_3$ が成り立つ．

式(19・53)は，図 19・10 に示すように簡単に物理的な説明ができる．T_1 における $\Delta_r H$ の値が与えられたとき，他の温度 T_2 における $\Delta_r H$ の値を計算するには，図 19・10 の 1-2-3 の経路をたどればよい．この経路では，反応物の温度を T_2 から T_1 へ変え，T_1 で反応を起こさせ，ついで生成物の温度を T_1 から T_2 に戻す．各段階の ΔH の式は，

$$\Delta H_1 = \int_{T_2}^{T_1} C_P(\text{反応物}) \, dT = -\int_{T_1}^{T_2} C_P(\text{反応物}) \, dT$$

$$\Delta H_2 = \Delta_r H(T_1)$$

$$\Delta H_3 = \int_{T_1}^{T_2} C_P(\text{生成物}) \, dT$$

となるから，

$$\begin{aligned}\Delta H(T_2) &= \Delta H_1 + \Delta H_2 + \Delta H_3 \\ &= \Delta_r H(T_1) + \int_{T_1}^{T_2} [C_P(\text{生成物}) - C_P(\text{反応物})] \, dT\end{aligned}$$

式(19・53)の簡単な応用例として，

$$\text{H}_2\text{O}(s) \longrightarrow \text{H}_2\text{O}(l)$$

を考えよう．$\Delta_{\text{fus}} H°(0\,°\text{C}) = 6.01 \text{ kJ mol}^{-1}$, $C_P°(s) = 37.7 \text{ J K}^{-1} \text{mol}^{-1}$, $C_P°(l) = 75.3$

$J K^{-1} mol^{-1}$ が与えられているとして，$-10\,°C$, 1 bar のときの水の $\Delta_{fus}H°$ を計算しよう．化学方程式は1モルの反応物についてのもので，反応物と生成物はそれぞれ標準状態にあるから，計算した熱力学量に上付き添字($°$)を用いる．したがって，

$$\Delta C_P° = C_P°(l) - C_P°(s) = 37.6\,J\,K^{-1}\,mol^{-1}$$

および

$$\Delta_{fus}H°(-10\,°C) = \Delta_{fus}H°(0\,°C) + \int_{0\,°C}^{-10\,°C}(37.6\,J\,K^{-1}\,mol^{-1})\,dT$$
$$= 6.01\,kJ\,mol^{-1} - 376\,J\,mol^{-1}$$
$$= 5.64\,kJ\,mol^{-1}$$

となる．

例題 19·13 $25\,°C$ の $NH_3(g)$ の標準モル生成エンタルピー $\Delta_f H°$ は -46.11 $kJ\,mol^{-1}$ である．下に与えた熱容量のデータを用いて，1000 K における $NH_3(g)$ の標準モル生成熱を計算せよ．

$$C_P°(H_2)/J\,K^{-1}\,mol^{-1} = 29.07 - (0.837\times10^{-3}\,K^{-1})\,T + (2.012\times10^{-6}\,K^{-2})\,T^2$$

$$C_P°(N_2)/J\,K^{-1}\,mol^{-1} = 26.98 + (5.912\times10^{-3}\,K^{-1})\,T - (0.3376\times10^{-6}\,K^{-2})\,T^2$$

$$C_P°(NH_3)/J\,K^{-1}\,mol^{-1} = 25.89 + (32.58\times10^{-3}\,K^{-1})\,T - (3.046\times10^{-6}\,K^{-2})\,T^2$$

ここで，$298\,K < T < 1500\,K$ とする．

解答： つぎの式，

$$\Delta_f H°(1000\,K) = \Delta_f H°(298\,K) + \int_{298\,K}^{1000\,K} \Delta C_P°(T)\,dT$$

を使おう．単体から1モルの $NH_3(g)$ が生成する化学方程式は，

$$\frac{1}{2}N_2(g) + \frac{3}{2}H_2(g) \longrightarrow NH_3(g)$$

であるから，

$$\Delta C_P°(T)/J\,K^{-1}\,mol^{-1}$$
$$= [(1)C_P°(NH_3) - \left(\frac{1}{2}\right)C_P°(N_2) - \left(\frac{3}{2}\right)C_P°(H_2)]/J\,K^{-1}\,mol^{-1}$$
$$= -31.21 + (30.88\times10^{-3}\,K^{-1})\,T - (5.895\times10^{-6}\,K^{-2})\,T^2$$

となる．$\Delta C_P(T)$ の積分は，

$$\left\{ \int_{298\,\text{K}}^{1000\,\text{K}} [-31.21 + (30.88 \times 10^{-3}\,\text{K}^{-1})\,T \right.$$
$$\left. - (5.895 \times 10^{-6}\,\text{K}^{-2})\,T^2]\,\text{d}T \right\}\,\text{J mol}^{-1}$$
$$= (-21.91 + 14.07 - 1.913)\,\text{kJ mol}^{-1}$$
$$= -9.75\,\text{kJ mol}^{-1}$$

となるから,結局,

$$\Delta_f H°(1000\,\text{K}) = \Delta_f H°(25\,°\text{C}) - 9.75\,\text{kJ mol}^{-1}$$
$$= -46.11\,\text{kJ mol}^{-1} - 9.75\,\text{kJ mol}^{-1}$$
$$= -55.86\,\text{kJ mol}^{-1}$$

となる.

$\Delta_r H$ の圧力依存性(22章で取上げる)は,ふつう温度依存性よりもはるかに小さい.

問題

19·1 20 °C で 10 kg の鉄の塊を 100 m の高さから落としたと考える.地面に当たる直前の鉄塊の運動エネルギーはいくらか.また,その速さはいくらか.衝突時の鉄塊の全運動エネルギーが内部エネルギーに変化したとすると,鉄塊の最終温度は何度になるか.鉄のモル熱容量を $\bar{C}_P = 25.1\,\text{J K}^{-1}\,\text{mol}^{-1}$,自然落下の加速度を 9.80 m s^{-2} とせよ.

19·2 3.00 bar の圧力で 2.50 dm^3 の容積を占める理想気体を考えよう.この気体を一定の外圧 $P_\text{外}$ で,最終体積が 0.500 dm^3 になるように等温圧縮する場合,$P_\text{外}$ がとりうる最小値を求めよ.また,この $P_\text{外}$ を使って得られる仕事を計算せよ.

19·3 1モルの $CO_2(g)$ が 300 K の温度で 2.00 dm^3 の体積を占めている.この気体を一定の外圧 $P_\text{外}$ で,最終体積が 0.750 dm^3 になるように等温圧縮する場合,$P_\text{外}$ がとりうる最小値を求めよ.ただし,$CO_2(g)$ はこの条件のときファン・デル・ワールス状態方程式を満足すると仮定する.さらに,この $P_\text{外}$ を使って得られる仕事を計算せよ.

19·4 1モルの理想気体を 300 K の一定温度で,1.00 bar から 5.00 bar まで可逆的に圧縮する際の仕事を計算せよ.

19·5 1モルの理想気体を 300 K の一定温度で 20.0 dm^3 から 40.0 dm^3 まで可逆的に膨張させるときの仕事を計算せよ.

19. 熱力学第一法則

19·6 5.00 mol の理想気体を 300 K で 100 dm³ から 40.0 dm³ の体積まで等温圧縮するのに必要な最小仕事を計算せよ.

19·7 1.33 bar で 2.25 L を占める理想気体を考えよう. この気体を 2.00 bar の定圧で 1.50 L まで等温圧縮し, ひき続いて 3.75 bar の定圧で 0.800 L まで等温圧縮するのに要する仕事を計算せよ(図 19·4 参照). その結果と, この気体を 2.25 L から 0.800 L まで可逆的に等温圧縮する仕事とを比較せよ.

19·8 ファン・デル・ワールス気体について, 300 K での $CH_4(g)$ のモル体積 1.00 dm³ mol⁻¹ から 5.00 dm³ mol⁻¹ までの可逆等温膨張に関する仕事を計算せよ.

19·9 最初に 273 K で 2.00 bar の圧力にある 1 モルの単原子分子理想気体を, $P/V=$一定 で定義される可逆な経路で最終的に 4.00 bar の圧力にする. この過程の $\Delta U, \Delta H, q, w$ を計算せよ. ただし, $\bar{C}_V$ は 12.5 J K⁻¹ mol⁻¹ に等しいとせよ.

19·10 物質の等温圧縮率は,

$$\beta = -\frac{1}{V}\left(\frac{\partial V}{\partial P}\right)_T \tag{1}$$

で与えられる. 理想気体の場合は $\beta=1/P$ であるが, 液体の場合はある程度の圧力領域で β はかなり一定になる. β が一定ならば,

$$\frac{V}{V_0} = e^{-\beta(P-P_0)} \tag{2}$$

となることを示せ. ここで, V_0 は圧力 P_0 のときの体積である. この結果を用いて, 液体を(圧力 P_0 における)体積 V_0 から(圧力 P における)体積 V まで圧縮する可逆等温仕事が,

$$w = -P_0(V-V_0) + \beta^{-1}V_0\left(\frac{V}{V_0}\ln\frac{V}{V_0} - \frac{V}{V_0} + 1\right)$$

$$= -P_0V_0[e^{-\beta(P-P_0)}-1] + \beta^{-1}V_0\{1-[1+\beta(P-P_0)]e^{-\beta(P-P_0)}\} \tag{3}$$

で与えられることを示せ. ($\int \ln x\,dx = x\ln x - x$ を使う必要がある.)

液体が圧縮されにくいことは β が小さいことに反映されているので, 中程度の圧力領域において $\beta(P-P_0) \ll 1$ となる.

$$w = \beta P_0 V_0(P-P_0) + \frac{\beta V_0(P-P_0)^2}{2} + O(\beta^2)$$

$$= \frac{\beta V_0}{2}(P^2-P_0^2) + O(\beta^2) \tag{4}$$

となることを示せ. 1 モルのトルエンを 20 °C で 10 bar から 100 bar まで可逆的に等温圧縮するのに必要な仕事を計算せよ. ただし, 20 °C で β を 8.95×10⁻⁵ bar⁻¹, モ

ル体積を 0.106 L mol^{-1} とせよ.

19·11 前の問題で，液体を圧縮する際になされる可逆等温仕事を求める式を導いた．β が典型的な大きさである $O(10^{-4}) \text{ bar}^{-1}$ であるとして，約 100 bar までの圧力領域において $V/V_0 \approx 1$ となることを示せ．もちろん，この結果は液体があまり圧縮されないことを示している．β の定義式である $dV = -\beta V\, dP$ を $w = -\int P\, dV$ へ代入し，V を定数として計算すると，同じ結果を導くことができる．この近似が問題 19·10 の式(4)を与えることを示せ．

19·12 理想気体の可逆断熱膨張の場合，
$$\frac{T_2}{T_1} = \left(\frac{V_1}{V_2}\right)^{R/\bar{C}_V}$$
となることを示せ．

19·13 状態方程式 $P(\bar{V}-b) = RT$ に従う単原子分子気体の可逆断熱膨張の場合，
$$\left(\frac{T_2}{T_1}\right)^{3/2} = \frac{\bar{V}_1 - b}{\bar{V}_2 - b}$$
となることを示せ．また，この結果を二原子分子気体の場合に拡張せよ．

19·14 理想気体の可逆断熱膨張の場合，
$$\frac{T_2}{T_1} = \left(\frac{P_2}{P_1}\right)^{R/\bar{C}_P}$$
となることを示せ．

19·15 理想気体の断熱膨張の場合，
$$P_1 V_1^{(\bar{C}_V + R)/\bar{C}_V} = P_2 V_2^{(\bar{C}_V + R)/\bar{C}_V}$$
となることを示せ．また，単原子分子気体の場合，この式が式(19·20)に帰着することを示せ．

19·16 単原子分子理想気体 1 モルを 298 K で 10.00 bar から 5.00 bar の圧力まで可逆的に断熱膨張させる際の仕事を計算せよ．

19·17 ある量の $N_2(g)$ を，298 K で 20.0 dm^3 から 5.00 dm^3 の体積まで可逆的に断熱圧縮する．理想気体であると仮定して，$N_2(g)$ の最終温度を計算せよ．ただし，$\bar{C}_V = 5R/2$ とせよ．

19·18 ある量の $CH_4(g)$ を，298 K で 50.0 bar から 200 bar の圧力まで可逆的に断熱圧縮する．理想気体であると仮定して，$CH_4(g)$ の最終温度を計算せよ．ただし，$\bar{C}_V = 3R$ とせよ．

19·19 25 ℃，1 atm のエタン 1 モルを定圧で 1200 ℃ まで加熱する．理想気体であると仮定して，$w, q, \Delta U, \Delta H$ を計算せよ．このときエタンのモル熱容量がこの温度領域で，

$$\bar{C}_P/R = 0.06436 + (2.137 \times 10^{-2}\,\mathrm{K^{-1}})\,T$$
$$- (8.263 \times 10^{-6}\,\mathrm{K^{-2}})\,T^2 + (1.024 \times 10^{-9}\,\mathrm{K^{-3}})\,T^3$$

で与えられるとせよ．また，定容過程の場合についても計算せよ．

19・20 反応，
$$2\mathrm{ZnO(s)} + 2\mathrm{S(s)} \longrightarrow 2\mathrm{ZnS(s)} + \mathrm{O_2(g)}$$
の 25 °C，1 bar のときの $\Delta_r H°$ の値は $+290.8\,\mathrm{kJ}$ である．理想気体であると仮定して，この反応の $\Delta_r U°$ の値を計算せよ．

19・21 液体ナトリウムはエンジンの冷却材として考慮されている．ナトリウムの温度を 10 °C 以上上昇させないで，1.0 MJ の熱を吸収するためには，何グラムのナトリウムが必要か．$\mathrm{Na(l)}$ の $\bar{C}_P = 30.8\,\mathrm{J\,K^{-1}\,mol^{-1}}$ とせよ．

19・22 293 K で 100.0 g の水の中に 363 K の銅の試料 25.0 g を浸ける．銅から水への熱移動の過程によって銅と水はすぐに同一の温度になる．水の最終温度を計算せよ．銅のモル熱容量は $24.5\,\mathrm{J\,K^{-1}\,mol^{-1}}$，$\mathrm{H_2O(l)}$ の $\bar{C}_P = 75.2\,\mathrm{J\,K^{-1}\,mol^{-1}}$ とせよ．

19・23 エンジンの冷却用に液体の水 10.0 kg を使用する．水の温度が 293 K から 373 K へ上昇するとき，エンジンから除去される熱を計算せよ（J 単位）．$\mathrm{H_2O(l)}$ の $\bar{C}_P = 75.2\,\mathrm{J\,K^{-1}\,mol^{-1}}$ とせよ．

19・24 この問題では，C_P と C_V の間の一般的な関係式を導こう．$U = U(P, T)$ から出発して，

$$\mathrm{d}U = \left(\frac{\partial U}{\partial P}\right)_T \mathrm{d}P + \left(\frac{\partial U}{\partial T}\right)_P \mathrm{d}T \tag{1}$$

と書く．また，V と T を U の独立変数と考えると，

$$\mathrm{d}U = \left(\frac{\partial U}{\partial V}\right)_T \mathrm{d}V + \left(\frac{\partial U}{\partial T}\right)_V \mathrm{d}T \tag{2}$$

とも書ける．さて，$V = V(P, T)$ として，この式の $\mathrm{d}V$ を式(2)に代入して，

$$\mathrm{d}U = \left(\frac{\partial U}{\partial V}\right)_T \left(\frac{\partial V}{\partial P}\right)_T \mathrm{d}P + \left[\left(\frac{\partial U}{\partial V}\right)_T \left(\frac{\partial V}{\partial T}\right)_P + \left(\frac{\partial U}{\partial T}\right)_V\right] \mathrm{d}T$$

を導け．また，この結果を式(1)と比較して，

$$\left(\frac{\partial U}{\partial P}\right)_T = \left(\frac{\partial U}{\partial V}\right)_T \left(\frac{\partial V}{\partial P}\right)_T \tag{3}$$

および

$$\left(\frac{\partial U}{\partial T}\right)_P = \left(\frac{\partial U}{\partial V}\right)_T \left(\frac{\partial V}{\partial T}\right)_P + \left(\frac{\partial U}{\partial T}\right)_V \tag{4}$$

を導け．最後に，式(4)の左辺に $U=H-PV$ を代入し，C_P と C_V の定義を用いて，

$$C_P - C_V = \left[P + \left(\frac{\partial U}{\partial V}\right)_T\right]\left(\frac{\partial V}{\partial T}\right)_P$$

を導け．$(\partial U/\partial V)_T = 0$ の場合，すなわち理想気体の場合，$C_P - C_V = nR$ となることを示せ．

19·25 問題 19·24 にならって，

$$C_P - C_V = \left[V - \left(\frac{\partial H}{\partial P}\right)_T\right]\left(\frac{\partial P}{\partial T}\right)_V$$

となることを示せ．

19·26 $H = U + PV$ から出発して，

$$\left(\frac{\partial U}{\partial T}\right)_P = C_P - P\left(\frac{\partial V}{\partial T}\right)_P$$

となることを示せ．また，この結果の物理的意味を説明せよ．

19·27 理想気体の場合，$(\partial U/\partial V)_T = 0$ であることから，$(\partial H/\partial V)_T = 0$ となることを証明せよ．

19·28 理想気体の場合，$(\partial U/\partial V)_T = 0$ であることから，$(\partial C_V/\partial V)_T = 0$ となることを証明せよ．

19·29 $(\partial H/\partial P)_T = 0$ の場合（理想気体の場合）$C_P - C_V = nR$ となることを示せ．

19·30 一定温度で $H = U + PV$ を V について微分して，理想気体の場合は $(\partial H/\partial V)_T = 0$ となることを示せ．

19·31 ナトリウムに関して以下のデータが与えられているとき，$\bar{H}(T) - \bar{H}(0)$ を T に対してプロットせよ．融点 361 K，沸点 1156 K，$\Delta_{\text{fus}}H° = 2.60 \text{ kJ mol}^{-1}$，$\Delta_{\text{vap}}H° = 97.4 \text{ kJ mol}^{-1}$，$\bar{C}_P(\text{s}) = 28.2 \text{ J K}^{-1} \text{ mol}^{-1}$，$\bar{C}_P(\text{l}) = 32.7 \text{ J K}^{-1} \text{ mol}^{-1}$，$\bar{C}_P(\text{g}) = 20.8 \text{ J K}^{-1} \text{ mol}^{-1}$．

19·32 つぎの化学方程式の $\Delta_r H°$ は，

$$2\text{Fe}(\text{s}) + \frac{3}{2}\text{O}_2(\text{g}) \longrightarrow \text{Fe}_2\text{O}_3(\text{s}) \qquad \Delta_r H° = -206 \text{ kJ mol}^{-1}$$

$$3\text{Fe}(\text{s}) + 2\text{O}_2(\text{g}) \longrightarrow \text{Fe}_3\text{O}_4(\text{s}) \qquad \Delta_r H° = -136 \text{ kJ mol}^{-1}$$

である．これらのデータを用いて，

$$4\text{Fe}_2\text{O}_3(\text{s}) + \text{Fe}(\text{s}) \longrightarrow 3\text{Fe}_3\text{O}_4(\text{s})$$

で記述される反応の $\Delta_r H$ を計算せよ．

19·33 つぎのように，

$$\tfrac{1}{2}\text{H}_2(\text{g}) + \tfrac{1}{2}\text{F}_2(\text{g}) \longrightarrow \text{HF}(\text{g}) \qquad \Delta_r H^\circ = -273.3 \text{ kJ mol}^{-1}$$

$$\text{H}_2(\text{g}) + \tfrac{1}{2}\text{O}_2(\text{g}) \longrightarrow \text{H}_2\text{O}(\text{l}) \qquad \Delta_r H^\circ = -285.8 \text{ kJ mol}^{-1}$$

のデータが与えられているとき,

$$2\text{F}_2(\text{g}) + 2\text{H}_2\text{O}(\text{l}) \longrightarrow 4\text{HF}(\text{g}) + \text{O}_2(\text{g})$$

で記述される反応の $\Delta_r H$ を計算せよ．

19·34 異性体 m-キシレンと p-キシレンの標準モル燃焼熱はそれぞれ -4553.9 kJ mol^{-1} と -4556.8 kJ mol^{-1} である．これらのデータとヘスの法則を用いて,

$$m\text{-キシレン} \longrightarrow p\text{-キシレン}$$

で記述される反応の $\Delta_r H^\circ$ を計算せよ．

19·35 1.00 mol のフルクトースの 298.15 K での燃焼,

$$\text{C}_6\text{H}_{12}\text{O}_6(\text{s}) + 6\text{O}_2(\text{g}) \longrightarrow 6\text{CO}_2(\text{g}) + 6\text{H}_2\text{O}(\text{l})$$

の場合，$\Delta_r H^\circ = -2826.7$ kJ である．表 19·2 の $\Delta_f H^\circ$ のデータを用いて，298.15 K のフルクトースの $\Delta_f H^\circ$ を計算せよ．

19·36 表 19·2 の $\Delta_f H^\circ$ のデータを用いて，つぎの化学方程式で記述される燃焼反応の $\Delta_c H^\circ$ を計算せよ．

(a) $\text{CH}_3\text{OH}(\text{l}) + \tfrac{3}{2}\text{O}_2(\text{g}) \longrightarrow \text{CO}_2(\text{g}) + 2\text{H}_2\text{O}(\text{l})$

(b) $\text{N}_2\text{H}_4(\text{l}) + \text{O}_2(\text{g}) \longrightarrow \text{N}_2(\text{g}) + 2\text{H}_2\text{O}(\text{l})$

また，燃料 $\text{CH}_3\text{OH}(\text{l})$ と $\text{N}_2\text{H}_4(\text{l})$ のグラム当たりの燃焼熱を比較せよ．

19·37 表 19·2 を用いて，1.00 mol の $\text{CCl}_4(\text{l})$ を 298 K で蒸発させるのに必要な熱を求めよ．

19·38 表 19·2 の $\Delta_f H^\circ$ のデータを用いて，つぎの反応の $\Delta_r H^\circ$ を計算せよ．

(a) $\text{C}_2\text{H}_4(\text{g}) + \text{H}_2\text{O}(\text{l}) \longrightarrow \text{C}_2\text{H}_5\text{OH}(\text{l})$

(b) $\text{CH}_4(\text{g}) + 4\text{Cl}_2(\text{g}) \longrightarrow \text{CCl}_4(\text{l}) + 4\text{HCl}(\text{g})$

それぞれについて，反応が吸熱的か発熱的かを述べよ．

19·39 以下のデータを用いて 298 K での水の $\Delta_{\text{vap}} H^\circ$ の値を計算し，その答えと表 19·2 から求めた値とを比較せよ．373 K での $\Delta_{\text{vap}} H^\circ = 40.7$ kJ mol^{-1}，$\bar{C}_P(\text{l}) = 75.2$ J K^{-1} mol^{-1}，$\bar{C}_P(\text{g}) = 33.6$ J K^{-1} mol^{-1} である．

19·40 以下のデータと表 19·2 のデータを用いて，1273 K での水性ガス反応の標準反応エンタルピーを計算せよ．ただし，これらの条件で気体は理想気体として振舞うと仮定せよ．

$$C(s) + H_2O(g) \longrightarrow CO(g) + H_2(g)$$

$$C_P^\circ[CO(g)]/R = 3.231 + (8.379 \times 10^{-4} \text{ K}^{-1})T - (9.86 \times 10^{-8} \text{ K}^{-2})T^2$$

$$C_P^\circ[H_2(g)]/R = 3.496 + (1.006 \times 10^{-4} \text{ K}^{-1})T + (2.42 \times 10^{-7} \text{ K}^{-2})T^2$$

$$C_P^\circ[H_2O(g)]/R = 3.652 + (1.156 \times 10^{-3} \text{ K}^{-1})T + (1.42 \times 10^{-7} \text{ K}^{-2})T^2$$

$$C_P^\circ[C(s)]/R = -0.6366 + (7.049 \times 10^{-3} \text{ K}^{-1})T - (5.20 \times 10^{-6} \text{ K}^{-2})T^2$$
$$+ (1.38 \times 10^{-9} \text{ K}^{-3})T^3$$

19・41 298 K での $CO_2(g)$ の標準モル生成エンタルピーは -393.509 kJ mol^{-1} である．以下のデータを用いて，1000 K での $\Delta_f H^\circ$ を求めよ．ただし，これらの条件で気体は理想気体であると仮定せよ．

$$C_P^\circ[CO_2(g)]/R = 2.593 + (7.661 \times 10^{-3} \text{ K}^{-1})T - (4.78 \times 10^{-6} \text{ K}^{-2})T^2$$
$$+ (1.16 \times 10^{-9} \text{ K}^{-3})T^3$$

$$C_P^\circ[O_2(g)]/R = 3.094 + (1.561 \times 10^{-3} \text{ K}^{-1})T - (4.65 \times 10^{-7} \text{ K}^{-2})T^2$$

$$C_P^\circ[C(s)]/R = -0.6366 + (7.049 \times 10^{-3} \text{ K}^{-1})T - (5.20 \times 10^{-6} \text{ K}^{-2})T^2$$
$$+ (1.38 \times 10^{-9} \text{ K}^{-3})T^3$$

19・42 反応，

$$CH_4(g) + 2O_2(g) \longrightarrow CO_2(g) + 2H_2O(g)$$

の標準反応エンタルピーは 298 K で -802.2 kJ mol^{-1} である．問題 19・40 と問題 19・41 の熱容量データおよび，

$$C_P^\circ[CH_4(g)]/R = 2.099 + (7.272 \times 10^{-3} \text{ K}^{-1})T + (1.34 \times 10^{-7} \text{ K}^{-2})T^2$$
$$- (8.66 \times 10^{-10} \text{ K}^{-3})T^3$$

を用いて，300 K と 1500 K の間の任意の温度における $\Delta_r H^\circ$ の値を求めるための一般式を導け．また，$\Delta_r H^\circ$ を T に対してプロットせよ．ただし，これらの条件で気体は理想気体であると仮定せよ．

19・43 これまでのすべての計算において，反応は一定温度で起こると仮定してきたので，熱として放出されるエネルギーは外界によって吸収される．しかし，反応が断熱条件で起こると仮定すると，熱として解放されるすべてのエネルギーは系内にとどまることになる．この場合には，系の温度が上昇し，その最終温度を**断熱炎色温度**[1]という．この温度を推定する比較的簡単な方法は，反応が反応物の初期温度で起こると仮定して，量 $\Delta_r H^\circ$ によって生成物の温度が何度上昇するかを決定するやり方である．初期温度 298 K で 1 モルの $CH_4(g)$ が 2 モルの $O_2(g)$ 内で燃えた場合の断熱炎色温度を計算せよ．このとき前問の結果を用いよ．

19・44 前の問題で決めた断熱炎色温度が最高炎色温度ともいわれる理由を説明せよ．

---

[1] adiabatic flame temperature

19·45 2.00 mol の $O_2(g)$ の温度を 1.00 bar で 298 K から 1273 K まで上昇させるのに必要な熱エネルギーはいくらか。このとき，

$$\bar{C}_P[O_2(g)]/R = 3.094 + (1.561\times 10^{-3}\,\mathrm{K}^{-1})\,T - (4.65\times 10^{-7}\,\mathrm{K}^{-2})\,T^2$$

であるとせよ。

19·46 1 モルの理想気体を，最初の体積から半分まで断熱圧縮するとき，気体の温度が 273 K から 433 K まで上昇する。$\bar{C}_V$ が温度に依存しないと仮定して，この気体の $\bar{C}_V$ の値を計算せよ。

19·47 ファン・デル・ワールスの式を用いて，1 モルの $CO_2(g)$ を体積 0.100 dm^3 から 100 dm^3 まで 273 K で等温膨張させるのに必要な最小仕事を計算せよ。この結果を理想気体を仮定した場合の計算結果と比較せよ。

19·48 1 モルの理想気体の可逆断熱的な圧力変化に付随する仕事が，

$$w = \bar{C}_V T_1 \left[\left(\frac{P_2}{P_1} \right)^{R/\bar{C}_P} - 1 \right]$$

で与えられることを示せ。ここで，T_1 は初期温度，P_1 は初期圧力，P_2 は最終圧力である。

19·49 この問題では，**ジュール-トムソンの実験**[1] といわれる有名な実験を説明しよう。19 世紀の前半において，ジュールは気体を真空中に膨張させたときの温度変化を測定しようと試みた。しかし，実験装置が十分な感度をもっていなかったので，彼は実験誤差の範囲内で温度変化を検出できなかった。そのすぐ後で，ジュールとトムソンは，膨張における温度変化を測定するもっと高感度な方法を考案した。彼らの実験（図 19·11 参照）では，一定の印加圧力 P_1 により，ある量の気体を絹や木綿製の多孔性プラグを通して一方の容器から他方へとゆっくりと流す。体積 V_1 の気体を多孔性プラグを通して押し込む場合，気体になされる仕事は P_1V_1 である。プラグの反対側

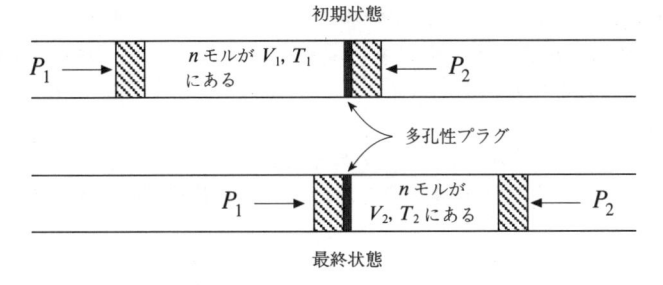

図 19·11 ジュール-トムソンの実験の概略図。

---

[1] Joule–Thomson experiment

の圧力は P_2 に保たれているので，もし体積 V_2 の気体が右側の容器に入ったとすると，正味の仕事は，

$$w = P_1V_1 - P_2V_2$$

で与えられる．実験装置は全過程が断熱的になるように作られているので，$q=0$ となる．熱力学第一法則を使って，ジュール-トムソンの膨張の場合は，

$$U_2 + P_2V_2 = U_1 + P_1V_1$$

すなわち，$\Delta H=0$ となることを示せ．

また，

$$dH = \left(\frac{\partial H}{\partial P}\right)_T dP + \left(\frac{\partial H}{\partial T}\right)_P dT$$

から出発して，

$$\left(\frac{\partial T}{\partial P}\right)_H = -\frac{1}{C_P}\left(\frac{\partial H}{\partial P}\right)_T$$

となることを示せ．この式の左辺の微分の物理的な意味を説明せよ．この量を**ジュール-トムソン係数**[1])といい，μ_{JT} と記す．問題 19·51 で，理想気体の場合は μ_{JT} が 0 になることを証明する．$(\partial T/\partial P)_H$ の値が 0 でないことは，分子間相互作用を直接的に反映している．ほとんどの気体は膨張により冷却され〔$(\partial T/\partial P)_H$ が正の値〕，ジュール-トムソン膨張は気体の液化に使われる．

19·50 ジュール-トムソン係数(問題 19·49 参照)は温度と圧力に依存するが，$N_2(g)$ の場合，平均的に一定値 0.15 K bar^{-1} を仮定して，$N_2(g)$ が 200 bar の圧力降下をするとき，その温度降下を計算せよ．

19·51 ジュール-トムソン係数(問題 19·49 参照)が，

$$\mu_{JT} = \left(\frac{\partial T}{\partial P}\right)_H = -\frac{1}{C_P}\left[\left(\frac{\partial U}{\partial V}\right)_T\left(\frac{\partial V}{\partial P}\right)_T + \left(\frac{\partial (PV)}{\partial P}\right)_T\right]$$

と書けることを示せ．また，理想気体の場合は $(\partial T/\partial P)_H=0$ となることを証明せよ．

19·52 剛体回転子-調和振動子モデルと表 18·2 のデータを用いて，$CO(g)$ の $\bar{C}_P(T)$ を 300 K から 1000 K までプロットせよ．その結果を問題 19·40 に与えられた式と比較せよ．

19·53 剛体回転子-調和振動子モデルと表 18·4 のデータを用いて，$CH_4(g)$ の $\bar{C}_P(T)$ を 300 K から 1000 K までプロットせよ．その結果を問題 19·42 に与えられた式と比較せよ．

19·54 可逆断熱過程の場合(式 19·19 と例題 19·6 参照)，温度の体積依存性の式が，その気体が単原子分子気体であるか多原子分子気体であるかに依存する理由を考えよ．

---

[1] Joule–Thomson coefficient

数学章 J
二項分布とスターリングの近似

次章でエントロピーについて学ぶ．エントロピーは，分子論的には系の乱れの尺度と解釈される熱力学的状態関数である．そのような解釈をするには系の乱れについての定量的な枠組みが必要である．これから出会う問題は，はじめの組に n_1 個，つぎの組に n_2 個，…のように区別できる N 個のものを配置して，全体が，

$$n_1 + n_2 + n_3 + \cdots = N$$

であるようにする仕方が何通りあるかを求めることである．この問題は統計学ではごく標準的なものである．

最初は N 個の区別できるものを二つの組に分ける問題を解き，それを任意の数の組に一般化しよう．はじめに N 個の区別できるものを並べる異なった仕方の数，つまり順列の数を計算する．N 個から1個を選んで1番目の場所に置き，残りの $N-1$ 個から1個を選んで2番目の場所に置くということを繰返して，N 個すべてを順序立てて並べる．明らかに1番目の場所に置くものの選択は N 通り，2番目の場所には $N-1$ 通りで，最後の N 番目の場所に置くものは1個しか残っていない．この順序づけの仕方の総数はすべての選択の数の積，

$$N(N-1)(N-2)\cdots(2)(1) = N!$$

である．

つぎに N 個の区別できるものを，一方は N_1 個，もう一方は残りの $N-N_1=N_2$ 個を含むように，二つの組に分ける仕方の数を計算する．はじめの組を作る仕方の数は，

$$\underbrace{N(N-1)\cdots(N-N_1+1)}_{N_1 \text{項}}$$

ある．この積は，

$$N! = (N)(N-1)\cdots(N-N_1+1) \times (N-N_1)!$$

であることに着目すれば，

$$N(N-1)(N-2)\cdots(N-N_1+1) = \frac{N!}{(N-N_1)!} \tag{J·1}$$

という便利な形に書ける．第2の組を作る仕方は $N_2!=(N-N_1)!$ 通りある．全体の配列の仕方の数は二つの因子，$N!/(N-N_1)!$ と $N_2!$，の積だと思うかもしれないが，第1の組の中での N_1 個の順序と，第2の組での N_2 個の順序は組分けという問題には関係がないので，この積ではとても数えすぎである．第1の組の中での $N_1!$ 通りという異なる並べ方と，第2の組での $N_2!$ 通りという異なる並べ方は，N_1 個と N_2 個を含む二つの組に分ける仕方としては，ただ一通りに対応している．したがって，$N!/(N-N_1)!$ と $N_2!$ の積を $N_1!$ と $N_2!$ で割って得られる，

$$W(N_1, N_2) = \frac{N!}{(N-N_1)!N_1!} = \frac{N!}{N_1!N_2!} \tag{J·2}$$

がこの問題の答である．（問題 J·12 で $0!=1$ であることを示す．）

例題 J·1 式(J·2)を用い4個の区別できるものを，3個と1個の2組に分ける仕方の数を計算せよ．実際に数えて結果を確かめよ．

解答： $N=4$, $N_1=3$, $N_2=1$ なので式(J·2)により，

$$W(3,1) = \frac{4!}{3!\,1!} = 4$$

である．四つの区別できるものを a, b, c, d で表すと，四つの仕方は abc:d, abd:c, acd:b および bcd:a であり，ほかにはない．

二項式 $(x+y)^N$ の展開は，

$$(x+y)^N = \sum_{N_1=0}^{N} \frac{N!}{N_1!(N-N_1)!} x^{N_1} y^{N-N_1} \tag{J·3}$$

で与えられるので，式(J·2)の組合わせ因子を二項係数という．たとえば，

$$(x+y)^2 = x^2 + 2xy + y^2 = \sum_{N_1=0}^{2} \frac{2!}{N_1!(2-N_1)!} x^{N_1} y^{2-N_1}$$

や

J. 二項分布とスターリングの近似

$$(x+y)^3 = x^3 + 3x^2y + 3xy^2 + y^3 = \sum_{N_1=0}^{3} \frac{3!}{N_1!(3-N_1)!} x^{N_1} y^{3-N_1}$$

である．式(J·3)はもっと対称的な形,

$$(x+y)^N = \sum_{N_1=0}^{N} \sum_{N_2=0}^{N} {}^* \frac{N!}{N_1! N_2!} x^{N_1} y^{N_2} \tag{J·4}$$

に書くこともできる．ここで和の記号($\sum \sum$)のアスタリスク($*$)は $N_1+N_2=N$ を満足する項のみを加えることを示している．ここで見られる二項展開の対称的な形から，多項展開は以下の式(J·6)の形になると考えられる．式(J·3)と式(J·4)が同等であることは数を代入してみれば簡単に確認できる．

N 個の区別できるものを第1の組に N_1 個，第2の組に N_2 個という具合に r 個の組に分ける場合に式(J·2)を一般化すると，

$$W(N_1, N_2, \cdots, N_r) = \frac{N!}{N_1! N_2! \cdots N_r!} \tag{J·5}$$

となる．ただし，$N_1+N_2+\cdots+N_r=N$ である．式(J·5)は多項式の展開,

$$(x_1+x_2+\cdots+x_r)^N = \sum_{N_1=0}^{N} \sum_{N_2=0}^{N} \cdots \sum_{N_r=0}^{N} {}^* \frac{N!}{N_1! N_2! \cdots N_r!} x_1^{N_1} x_2^{N_2} \cdots x_r^{N_r} \tag{J·6}$$

に現れるので，多項係数という．ただし上式でアスタリスクは $N_1+N_2+\cdots+N_r=N$ を満足する項のみを加えることを示している．式(J·6)が式(J·4)をまともに一般化したものであることに注意しよう．

例題 J·2 10個の区別できるものを2個，5個，3個を含む3組に分ける仕方の数を計算せよ．

解答: 式(J·5)を使うと，

$$W(2, 5, 3) = \frac{10!}{2!\, 5!\, 3!} = 2520$$

である．

式(J·5)をアボガドロ定数個ほどもある粒子を，そのいろいろなエネルギー状態に分布させる仕方の数の計算に使うと，非常に大きな数の階乗を取扱う必要が生じる．100!でさえたいへんで，$N!$ についてのよい近似式がなければ $10^{23}!$ など考えられな

い．N が大きくなるにつれて，よく合うようになる $N!$ の近似が存在することがすぐあとでわかる．このような近似を漸近近似という．つまり関数の引き数が大きくなるにつれてよくなる近似である．

$N!$ が積であるのに対し $\ln N!$ は和であるから $\ln N!$ を扱うと便利である．$\ln N!$ に対する漸近展開を**スターリングの近似**[1]といい，

$$\ln N! = N \ln N - N \qquad (\text{J·7})$$

で与えられる．確かに，$N!$ を計算して対数をとるよりはるかに簡単である．表 J·1 は $\ln N!$ とスターリングの近似をいろいろな N の値について比較したものである．相対誤差で表した一致の程度は，N が大きくなるにつれてたいへんよくなることがわかる．

表 J·1 $\ln N!$ のスターリングの近似の数値による比較

N	$\ln N!$	$N \ln N - N$	相対誤差[a]
10	15.104	13.026	0.1376
50	148.48	145.60	0.0194
100	363.74	360.52	0.0089
500	2611.3	2607.3	0.0015
1000	5912.1	5907.7	0.0007

a) 相対誤差 $= (\ln N! - N \ln N + N)/\ln N!$

例題 J·3 スターリングの近似のよりよい形（次章で使う必要はない）は，

$$\ln N! = N \ln N - N + \ln(2\pi N)^{1/2}$$

である．これを用いて $N = 10$ について $\ln N!$ を計算し，表 J·1 の相対誤差と比較せよ．

解答: $N = 10$ について，

$$\ln N! = N \ln N - N + \ln(2\pi N)^{1/2} = 15.096$$

である．表 J·1 の $\ln 10!$ の値を用いると，

$$\text{相対誤差} = \frac{15.104 - 15.096}{15.104} = 0.0005$$

---

[1] Stirling's approximation

となる．これは表J·1のものよりもずっと小さい．この拡張されたスターリングの近似を用いると表J·1のどの項目でも相対誤差はほとんど0になる．

スターリングの近似を証明することは難しくない．$N! = N(N-1)(N-2)\cdots(2)(1)$なので$\ln N!$は，

$$\ln N! = \sum_{n=1}^{N} \ln n \tag{J·8}$$

で与えられる．図J·1は整数xに対する$\ln x$のプロットである．式(J·8)によれば，図J·1のNまでの長方形の面積の和が$\ln N!$である．図J·1には$\ln x$の連続的な曲線も示してある．$\ln x$は長方形の外形をたどった包絡線で，xが大きくなるにつれて

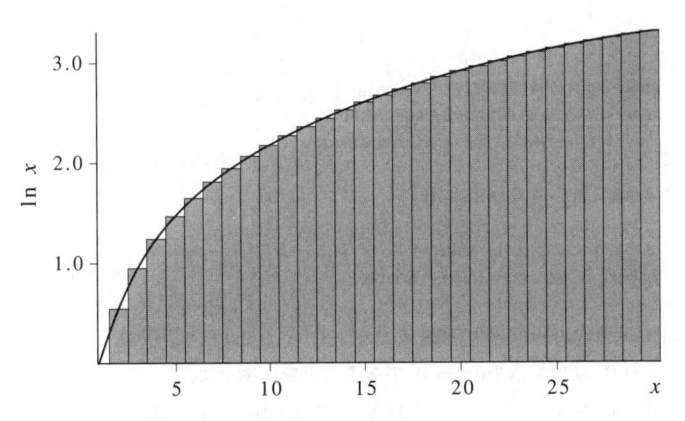

図J·1 $\ln x$のxに対するプロット．長方形の面積をNまで加えたものが$\ln N!$である．

滑らかな近似になっている．したがって，長方形の面積を$\ln x$の積分で近似することができる．$\ln x$の下の面積は，はじめのうちは悪い近似である．Nが十分大きければ（漸近展開を導いているので），このはじめの部分の面積は全体に対して無視しうる寄与しか与えない．このため，

$$\ln N! = \sum_{n=1}^{N} \ln n \approx \int_{1}^{N} \ln x \, dx = N \ln N - N \quad (N\text{が大きいとき}) \tag{J·9}$$

と書くことができる．これが$\ln N!$に対するスターリングの近似である．式(J·9)で，Nが大きいので積分の下限を0としたとしても全く問題はない．（$x \to 0$で$x \ln x \to 0$であることを思い起こせ．）以下の数章でスターリングの近似をしばしば利用する．

問題

J·1 式(J·3)を用いて$(1+x)^5$を展開せよ．式(J·4)を用いて同じことをせよ．

J·2 式(J·6)を用いて$(x+y+z)^2$の展開を書け．その結果を$(x+y+z)$と$(x+y+z)$を掛けた結果と比較せよ．

J·3 式(J·6)を用いて$(x+y+z)^4$の展開を書け．その結果を問題J·2で得た$(x+y+z)^2$を2乗したものと比較せよ．

J·4 文字a, b, cの順列は何通りあるか．

J·5 $(1+x)^n$の展開係数は，

n									
0				1					
1				1		1			
2			1		2		1		
3		1		3		3		1	
4	1		4		6		4		1

と書くことができる．ある行から次の行に移るときにどのような規則性があるか．この三角形の配列をパスカルの三角形という．

J·6 9人の中から3人の委員会は何通り選びうるか．

J·7 例題J·3のスターリングの近似を用い，$N=50$について相対誤差を計算し，式(J·7)を用いた表J·1のものと比較せよ．$\ln N!$は148.477 76とせよ(CRC Handbook of Chemistry and Physics より)．

J·8 $x \to 0$のとき $x \ln x \to 0$であることを証明せよ．

J·9 $W(N, N_1) = N!/(N-N_1)!N_1!$の最大値が$N_1 = N/2$の場合に実現することを証明せよ．[ヒント: N_1を連続変数として扱え．]

J·10 式(J·5)において，$W(N_1, N_2, \cdots, N_r)$の最大値が$N_1 = N_2 = \cdots = N_r = N/r$の場合に実現することを証明せよ．

J·11 式，

$$\sum_{k=0}^{N} \frac{N!}{k!(N-k)!} = 2^N$$

を証明せよ．

J·12 これまで定義した$n!$はnが正の整数に限って定義されていた．

$$\Gamma(x) = \int_0^\infty t^{x-1} e^{-t} dt \tag{1}$$

で定義されるxの関数を考える．$u = t^{x-1}$ および $dv = e^{-t} dt$ として，部分積分に

J. 二項分布とスターリングの近似

よって,

$$\Gamma(x) = (x-1)\int_0^\infty t^{x-2}e^{-t}\,dt = (x-1)\Gamma(x-1) \tag{2}$$

となることを示せ. これを用いて, x が正の整数ならば $\Gamma(x)=(x-1)!$ であることを示せ. 式(2)は, x が正の整数ならば$(n-1)!$ に等しい一般の関数であるが, この関数は非整数に対しても同様に定義されている. たとえば, $\Gamma(3/2)$ (これはある意味で$(1/2)!$ である)が $\pi^{1/2}/2$ に等しいことを示せ. 式(1)によって, $0!=1$ であることを説明することもできる. 式(1)で $x=1$ として, $\Gamma(1)$ (これは $0!$ と書くことができる)が 1 であることを示せ. 式(1)で定義された関数 $\Gamma(x)$ を**ガンマ関数**[1]という. ガンマ関数は階乗を一般の数 n に拡張するためにオイラーによって導入された. ガンマ関数は化学と物理の多くの問題に登場する.

---

[1] the gamma function

ルドルフ クラウジウス（Rudolf Clausius）はプロイセンのコスリン（現在はポーランドのコシャリン）で1822年1月2日に生まれ，1888年に没した．はじめ歴史に興味をもったが，結局，1847年にハレ大学で数理物理学の博士号を得た．チューリッヒ大学に数年間勤めた後ドイツに戻り，1871年から終生，ボン大学に勤めた．クラウジウスは初期の熱力学の基礎を築いた創始者として有名である．1850年の熱理論についての最初の偉大な論文で，当時支配的であった熱素説をしりぞけ，系のエネルギーが熱力学的状態関数であることを論じた．1865年には記念碑的な第二論文を公表し，その中でエントロピーと名づけた新しい熱力学的状態関数を導入するとともに，エントロピーを用いて熱力学第二法則を表現した．クラウジウスは気体分子運動論の研究にも携わり，重要な貢献をした．彼は狂信的国粋主義者で，自分の考えでは他国による干渉であると思ったことに反発して，ドイツの行いを強く弁護した．人生の二つの重大事件のため，彼のほとんどの仕事は1870年以前に行われたものである．1870年，フランス-プロシア戦争の野戦衛生隊に参加して負傷し，生涯その痛みに悩まされた．さらに悲劇的なことに，妻が出産に際して死亡し，彼は6人の幼い子供たちを育てなければならなかった．

20章

エントロピーと熱力学第二法則

　この章ではエントロピーの概念を導入し考察する．ある過程あるいは化学反応が自発的に進行する方向を予想するには，エネルギーについての考察だけでは不十分なことがわかるはずである．平衡にない孤立系はその乱れが大きくなる方向に変化することを示し，系の乱れの定量的尺度であるエントロピーという熱力学的状態関数を導入する．平衡状態への変化の方向を決めている**熱力学第二法則**[1]は，孤立系のエントロピーは自発的(不可逆)過程において常に増大する，とも表現できる．本章の後半では分配関数を用いてエントロピーの分子論的定義を与える．

20・1　自発的過程の方向を決めるにはエネルギーの変化だけでは不十分である

　長年にわたって科学者たちは，なぜある過程や反応は自発的に進行し，あるものは進行しないのかを不思議に思っていた．適当な条件の下では鉄は腐食するが，さびが自然にとれることはないことを誰もが知っているし，水素と酸素は爆発的に反応して水になるが，水を水素と酸素に分解するには電気分解によってエネルギーを加える必要があることも知っている．一時期，科学者たちは，過程や反応が自発的に進行する条件はエネルギーの放出，すなわち発熱的であることであると考えていた．この考え方は，発熱反応の生成物のエネルギーあるいはエンタルピーが反応物のものより低いという事実に注目したものであった．つまり，ボールは低い方に転がり，異符号の電荷は互いに引き合うのと同じである．また，量子力学の変分原理(7・1節)は，系が常に最低エネルギーの状態を探しているという事実に基づいている．力学系はエネルギーが最小になるように変化しているのである．

　ところが，図 20・1 の状況を考えてみよう．一方の容器には十分低圧の気体が入っていて，この気体は理想気体と考えてよいものとする．もう一方の容器は排気されてい

---

[1] the Second Law of Thermodynamics

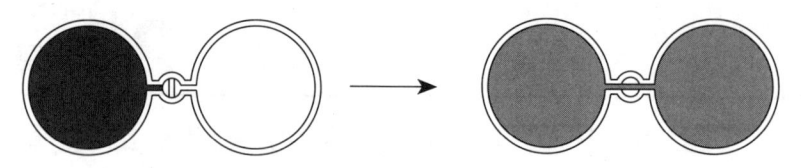

図 20・1 コックによってつながった二つの容器。はじめ，一方の容器には臭素のような有色の気体が入っており，もう一方は真空である。コックを開けて二つの容器をつなぐと臭素は両方の容器を均一な圧力（均一な色で表現する）で占める。

て真空である．間のコックを開いて二つの容器をつなぐと，気体が真空容器の方へ膨張する．膨張は両方の容器の圧力が同じになるまで続き，そこで平衡になる．この実験における熱的過程の細心な測定をすると，ΔU も ΔH もほとんど 0 であることがわかる．しかも逆の過程が自然に起きることはない．一方を真空にして，他方だけを気体が占めることは自然には起こらないのである．

発熱的でない自発過程の別の例を図 20・2 に示す．ここでは，2 種類の純粋な気体がコックで隔てられている．コックを開くと気体は混ざり合い，どちらの気体も両方の容器に均等に分布して平衡になる．しかしこの場合も，ΔU と ΔH はほとんど 0 である．しかも逆の過程が起きることはない．混合気体は自発的に分離することはないのである．

自発的な吸熱過程も多く存在する．自発的吸熱反応の簡単な例は 0 ℃ より高い温度における氷の融解である．この自発過程では 0 ℃ 付近で $\Delta_{\text{fus}} H°$ は $+6.0$ kJ mol^{-1} という大きさをもつ．また，特に興味深い吸熱の化学反応は水酸化バリウム固体 $Ba(OH)_2(s)$ と硝酸アンモニウム固体 $NH_4NO_3(s)$ の反応，

$$Ba(OH)_2(s) + 2NH_4NO_3(s) \longrightarrow Ba(NO_3)_2(s) + 2H_2O(l) + 2NH_3(aq)$$

である．試験管で二つの試薬を化学量論的に混合すると，吸熱によって -20 ℃ 以下にまで温度が下がる．

こうした多数の例は，自発過程の方向が熱力学第一法則では説明できないことを示

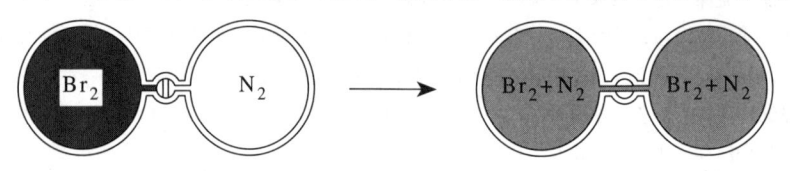

図 20・2 コックによってつながった二つの容器．はじめ，それぞれの容器には純粋な気体，たとえば臭素と窒素が入っている．コックを開けて二つの容器をつなぐと，2 種類の気体は均一に混合し，どちらの容器も同じ均一な混合気体で占められる．

している.いうまでもなく,どの例も熱力学第一法則を満足している.しかしこの法則によっては,なぜある方向には自発的に進行し逆には起こらないかを説明できないのである.力学系は最低エネルギーの状態を実現しようとするのに,ここには明らかに未知の因子が潜んでいる.

20·2 非平衡孤立系は乱れが大きくなる方向に変化する

先に挙げた過程を微視的すなわち分子論的に検討すると,どの場合も系の乱れが増大していることがわかる.たとえば図20·1では,気体の分子は最終状態において初期状態の2倍の体積のところを運動できる.つまり,最終状態の気体の分子の位置を指定することは初期状態に比べて2倍困難である.可能な並進状態の数が容器の体積とともに増加する(問題18·42)ことを思い起こせばよい.2種類の気体の混合でも同様の議論が成立する.各気体は大きな体積を占めるだけでなく混合もしている.明らかに最終状態(混合した状態)は初期状態(分離した状態)よりも乱れている.0℃より高い温度における氷の融解も乱れの増加を伴う.固体は分子論的には構成粒子の規則的な格子配列であり,液体はそれよりも乱れた配列である.したがって氷の融解は乱れの増加を伴う.

これらの例から,系はエネルギーが低い方向へ自発的に進むだけでなく,乱れの大きな状態をも模索していると考えられる.エネルギーを最小にしようとする傾向と乱れを最大にしようとする傾向との間には競合がある.乱れが重要な因子でなければ,単純な力学系のようにエネルギーが重要であり,自発過程の方向はエネルギーを最小にする方向である.しかし,2種類の気体の混合の場合のようにエネルギーが重要な因子でなければ,乱れが鍵をにぎっており,自発過程の方向は乱れを最大にする方向である.一般にはエネルギーの減少と乱れの増加の適当な妥協が必要になる.

さて,ここで肝心なことは,乱れについてのこのような考え方を定量的に表現できる便利な物理量を考案することである.この量がエネルギーのように状態関数であることが望ましい.というのは,そうであればこの量は系の状態に固有の性質であって,過去の履歴に依存しないからである.したがって,系への熱によるエネルギー移動は確かに乱れを増加させるのだが,熱は除外しなければならない.適当な関数がどのようなものであるかを見いだすために,簡単のため理想気体の温度と体積の可逆的で小さな変化を考えてみる.第一法則(式19·6)から,

$$\delta q_{\text{rev}} = dU - \delta w_{\text{rev}} = C_V(T)dT + PdV$$
$$= C_V(T)dT + \frac{nRT}{V}dV \qquad (20·1)$$

が得られる．例題 19・4 によれば δq_{rev} は状態関数ではない．数学的には，式(20・1)の右辺が完全微分でないという意味である．つまり T と V のある関数の微分として表現できない(数学章 H 参照)．しかし，理想気体では C_V は温度だけの関数なので，第 1 項は温度の関数の微分で表現できる．したがって $C_V(T)\mathrm{d}T$ は，

$$C_V(T)\,\mathrm{d}T = \mathrm{d}\left[\int C_V(T)\,\mathrm{d}T + 定数\right]$$

と書くことができる．式(20・1)の第 2 項が微分で表現できないということは，

$$\frac{nRT}{V}\,\mathrm{d}V \neq \mathrm{d}\left(\int \frac{nRT}{V}\,\mathrm{d}V + 定数\right)$$

という意味である．それは T が V に依存するからである．これはまさに仕事の項であり，w_{rev} は経路に依存する．しかし，式(20・1)を T で割ると非常に興味深い結果が得られる．

$$\frac{\delta q_{\text{rev}}}{T} = \frac{C_V(T)\,\mathrm{d}T}{T} + \frac{nR}{V}\,\mathrm{d}V \tag{20・2}$$

この $\delta q_{\text{rev}}/T$ は完全微分である．この右辺は，

$$\mathrm{d}\left[\int \frac{C_V(T)}{T}\,\mathrm{d}T + nR\int \frac{\mathrm{d}V}{V} + 定数\right]$$

と書くことができるから，$\delta q_{\text{rev}}/T$ は T と V の関数である状態関数の微分である(数学章 H 参照)．この状態関数を S で表すことにすると，式(20・2)は，

$$\mathrm{d}S = \frac{\delta q_{\text{rev}}}{T} \tag{20・3}$$

となる．不完全微分 δq_{rev} が $1/T$ を掛けることによって完全微分になったことは注目に値する．数学的には $1/T$ を δq_{rev} の**積分因子**[1]であるという．

ここで導入した状態関数 S を**エントロピー**[2]という．エントロピーは状態関数なので，初期状態と最終状態が同一になる循環過程では $\Delta S = 0$ である．これを数学的に，

$$\oint \mathrm{d}S = 0 \tag{20・4}$$

と表す．積分記号上の円は循環過程を表す．式(20・3)から，

$$\oint \frac{\delta q_{\text{rev}}}{T} = 0 \tag{20・5}$$

---

1) integrating factor　　2) entropy

と書くこともできる．式(20・5)は，$\delta q_{rev}/T$ が状態関数の微分であることを表している．ここでは式(20・5)を理想気体についてだけ証明したが，一般の場合にも正しい（問題20・5）．

20・3　q_{rev} とは異なりエントロピーは状態関数である

19章で同一の初期状態と最終状態の間で起こる2種類の過程（図19・5）について可逆な仕事と可逆な熱を計算した．最初の方の過程には，P_1, V_1, T_1 から P_2, V_2, T_1 への理想気体の可逆等温膨張（経路A）がある．この過程では，

$$\delta q_{rev, A} = \frac{nRT_1}{V} dV \tag{20・6}$$

であり（式19・9と式19・10参照），したがって，

$$q_{rev, A} = nRT_1 \ln \frac{V_2}{V_1}$$

である．もう一方の過程には，P_1, V_1, T_1 から P_3, V_2, T_2 への理想気体の可逆断熱膨張（経路B）と一定体積での P_3, V_2, T_2 から P_2, V_2, T_1 への加熱（経路C）がある．この過程では，

$$\begin{aligned}\delta q_{rev, B} &= 0 \\ \delta q_{rev, C} &= C_V(T) dT\end{aligned} \tag{20・7}$$

および

$$q_{rev, B+C} = \int_{T_2}^{T_1} C_V(T) dT$$

である．T_2 は，

$$\int_{T_1}^{T_2} \frac{C_V(T)}{T} dT = -nR \ln \frac{V_2}{V_1} \tag{20・8}$$

で与えられる（式19・18参照）．ここで重要なことは，AとB+C，の二つの経路で q_{rev} が異なることである．これは，q_{rev} が状態関数でないことを示している．

この二つの経路について，

$$\Delta S = \int_1^2 \frac{\delta q_{rev}}{T}$$

を計算してみる．P_1, V_1, T_1 から P_2, V_2, T_1 への経路Aでは，式(20・6)を使うと，

$$\Delta S_{\text{A}} = \int_{1}^{2} \frac{\delta q_{\text{rev, A}}}{T_1} = \int_{V_1}^{V_2} \frac{1}{T_1} \frac{nRT_1}{V} \, \mathrm{d}V$$

$$= nR \int_{V_1}^{V_2} \frac{\mathrm{d}V}{V} = nR \ln \frac{V_2}{V_1} \quad (20 \cdot 9)$$

が得られる。P_1, V_1, T_1 から P_3, V_2, T_2 への可逆断熱膨張(経路 B)と、それに続く P_3, V_2, T_2 から P_2, V_2, T_1 への一定体積での加熱(経路 C)では、式(20・7)を使うと、

$$\Delta S_{\text{B}} = \int_{1}^{2} \frac{\delta q_{\text{rev, B}}}{T} = 0$$

および

$$\Delta S_{\text{C}} = \int_{2}^{1} \frac{\delta q_{\text{rev, C}}}{T} = \int_{T_2}^{T_1} \frac{C_V(T)}{T} \, \mathrm{d}T = -\int_{T_1}^{T_2} \frac{C_V(T)}{T} \, \mathrm{d}T$$

が得られる。しかし、式(20・8)を使うと ΔS_{C} は、

$$\Delta S_{\text{C}} = nR \ln \frac{V_2}{V_1}$$

となるから、

$$\Delta S_{\text{B+C}} = \Delta S_{\text{B}} + \Delta S_{\text{C}} = 0 + nR \ln \frac{V_2}{V_1} = nR \ln \frac{V_2}{V_1} \quad (20 \cdot 10)$$

が得られる。したがって、ΔS_{A}(式 20・9)と $\Delta S_{\text{B+C}}$(式 20・10)は等しく、ΔS が経路によらないことがわかる。

例題 20・1 理想気体が一定圧力 P_1 で、T_1, V_1 から T_3, V_2 へ可逆的に膨張し(図 19・5 の経路 D)、続いて一定体積 V_2 で P_1, T_3 から P_2, T_1 へ可逆的に冷却(経路 E)されるとき、q_{rev} と ΔS を計算せよ。

解答: 経路 D では、

$$\delta q_{\text{rev, D}} = \mathrm{d}U_{\text{D}} - \delta w_{\text{rev, D}} = C_V(T) \, \mathrm{d}T + P_1 \, \mathrm{d}V \quad (20 \cdot 11)$$

であり(例題 19・4 参照)、したがって、

$$q_{\text{rev, D}} = \int_{T_1}^{T_3} C_V(T) \, \mathrm{d}T + P_1(V_2 - V_1)$$

となる。経路 E では $\delta w_{\text{rev}} = 0$ なので、

$$\delta q_{\text{rev, E}} = \mathrm{d}U_{\text{E}} = C_V(T) \, \mathrm{d}T \quad (20 \cdot 12)$$

および

20. エントロピーと熱力学第二法則

$$q_{\text{rev, E}} = \int_{T_3}^{T_1} C_V(T)\,dT$$

である。結局,全過程(経路 D+E)では,

$$q_{\text{rev, D+E}} = q_{\text{rev, D}} + q_{\text{rev, E}} = P_1(V_2 - V_1)$$

である。

経路 D について ΔS を計算するには,式(20・11)を用い,

$$\Delta S_{\text{D}} = \int \frac{\delta q_{\text{rev, D}}}{T}$$
$$= \int_{T_1}^{T_3} \frac{C_V(T)}{T}\,dT + P_1 \int_{V_1}^{V_2} \frac{dV}{T}$$

と書く。第2の積分を計算するには,この過程で T が V の変化につれてどのように変化するかを知らなければならない。これは $P_1 V = nRT$ で与えられるので,

$$\Delta S_{\text{D}} = \int_{T_1}^{T_3} \frac{C_V(T)}{T}\,dT + nR \int_{V_1}^{V_2} \frac{dV}{V}$$
$$= \int_{T_1}^{T_3} \frac{C_V(T)}{T}\,dT + nR \ln \frac{V_2}{V_1}$$

である。経路 E では $\delta w_{\text{rev}}=0$ なので,$\delta q_{\text{rev, E}}$ についての式(20・12)を用いると,

$$\Delta S_{\text{E}} = \int \frac{\delta q_{\text{rev, E}}}{T} = \int_{T_3}^{T_1} \frac{C_V(T)}{T}\,dT$$

が得られる。全過程(経路 D+E)での ΔS は,

$$\Delta S_{\text{D+E}} = \Delta S_{\text{D}} + \Delta S_{\text{E}} = nR \ln \frac{V_2}{V_1}$$

となる。これは経路,A および B+C,について得た結果とまったく同じであり,S が状態関数であることを示している。

例題 20・2 例題 22・4 で,状態方程式,

$$P = \frac{RT}{\bar{V}-b}$$

に従う気体においては,理想気体同様,U が温度だけの関数であることを示す。ただし b は分子の大きさを反映する定数である。このような気体1モルについ

て，図 19·5 の経路 A と B+C の両方について q_{rev} と ΔS を計算せよ．

解答：経路 A は等温膨張を表し，そこでは U が温度だけに依存するので $\mathrm{d}U_\text{A}=0$ である．したがって，

$$\delta q_{\text{rev, A}} = -\delta w_{\text{rev, A}} = P\,\mathrm{d}\bar{V} = \frac{RT}{\bar{V}-b}\,\mathrm{d}\bar{V}$$

および

$$q_{\text{rev, A}} = \int_{\bar{V}_1}^{\bar{V}_2} \frac{RT\,\mathrm{d}\bar{V}}{\bar{V}-b} = RT\int_{\bar{V}_1}^{\bar{V}_2} \frac{\mathrm{d}\bar{V}}{\bar{V}-b} = RT\ln\frac{\bar{V}_2-b}{\bar{V}_1-b}$$

である．エントロピー変化は，

$$\Delta S_\text{A} = \int_1^2 \frac{\delta q_{\text{rev, A}}}{T} = R\int_{\bar{V}_1}^{\bar{V}_2}\frac{\mathrm{d}\bar{V}}{\bar{V}-b} = R\ln\frac{\bar{V}_2-b}{\bar{V}_1-b}$$

で与えられる．経路 B は可逆断熱膨張なので $q_{\text{rev, B}}=0$ で，したがって，

$$\Delta S_\text{B} = 0$$

である．経路 C では $\delta w_{\text{rev, C}}=0$ なので，

$$\delta q_{\text{rev, C}} = \mathrm{d}U_\text{C} = C_V(T)\,\mathrm{d}T$$

したがって，

$$q_{\text{rev, C}} = \int_{T_2}^{T_1} C_V(T)\,\mathrm{d}T$$

である．モル当たりのエントロピーの変化量は，

$$\Delta\bar{S}_\text{C} = \int_{T_2}^{T_1} \frac{\delta q_{\text{rev, C}}}{T} = \int_{T_2}^{T_1} \frac{\bar{C}_V(T)}{T}\,\mathrm{d}T = -\int_{T_1}^{T_2} \frac{\bar{C}_V(T)}{T}\,\mathrm{d}T$$

で与えられる．したがって，

$$\Delta\bar{S}_{\text{B+C}} = \Delta\bar{S}_\text{B} + \Delta\bar{S}_\text{C} = -\int_{T_1}^{T_2}\frac{\bar{C}_V(T)}{T}\,\mathrm{d}T$$

である．ところが可逆断熱膨張の終了時の温度 T_2 は，

$$\mathrm{d}U = \delta q_{\text{rev}} + \delta w_{\text{rev}}$$

から決定できる．$\mathrm{d}\bar{U}=\bar{C}_V(T)\,\mathrm{d}T$ と $\delta q_{\text{rev}}=0$ から，

$$\bar{C}_V(T)\,\mathrm{d}T = -P\,\mathrm{d}\bar{V} = -\frac{RT}{\bar{V}-b}\,\mathrm{d}\bar{V}$$

が得られる．両辺を T で割って初期状態から最終状態まで積分すると，

$$\int_{T_1}^{T_2} \frac{\bar{C}_V(T)}{T} dT = -R \int_{\bar{V}_1}^{\bar{V}_2} \frac{d\bar{V}}{\bar{V}-b} = -R \ln \frac{\bar{V}_2-b}{\bar{V}_1-b}$$

となる。これを上の $\Delta \bar{S}_{B+C}$ に代入すると，

$$\Delta \bar{S}_{B+C} = R \ln \frac{\bar{V}_2-b}{\bar{V}_1-b}$$

が得られる。したがって $q_{rev,A} \neq q_{rev,B+C}$ であるにもかかわらず，

$$\Delta \bar{S}_A = \Delta \bar{S}_{B+C}$$

であることがわかる。

以下の節でエントロピーが系の乱れに関係していることを何度も示すが，いまのところは系に熱エネルギーを加えると熱的乱れが増して，エントロピーが増大することに注目すればよい。また，$dS = \delta q_{rev}/T$ なので低温で熱エネルギーを与えると，高温の場合に比べてエントロピー(乱れ)の増加が大きいことにも注意せよ。温度が低いほど乱れは小さいので，熱としてエネルギーを加えると，より多くの秩序を無秩序化してしまうのである。

20·4 熱力学第二法則によれば孤立系のエントロピーは自発過程で増大する

熱としてのエネルギーは，高温の領域から低温の領域へ自発的に移動することを誰もが知っている。この過程におけるエントロピーの役割を調べる。図 20·3 の 2 部屋から成る系を考える。A と B の部分はそれぞれ大きな 1 成分系である。それぞれはべ

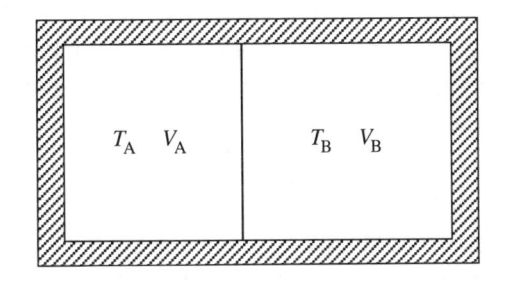

図 20·3　A と B という，ともに大きな 1 成分系で構成される 2 部屋から成る系。それぞれの系は平衡であるが互いには平衡でない。この二つの系は熱を通す剛体壁によって隔てられている。2 部屋から成る系全体は孤立している。

つべつに平衡であるが，互いには平衡でなくそれぞれの温度を T_A と T_B とする．二つの系は，熱を通す剛体壁で隔てられていて，互いの間で熱としてのエネルギーが流れることができる．ただし，2部屋から成る系自体は孤立している．ここで系が**孤立している**[1]とは，系が，物質も熱も通さない剛体壁で外界から隔てられているということである．壁を，完全断熱の剛体で，物質に対し完全に不透過性と考えればよい．したがって，系は仕事をすることも，されることもできず，外界と熱の形のエネルギーを交換することもできない．この2部屋から成る系は，

$$U_A + U_B = 定数$$
$$V_A = 定数 \qquad V_B = 定数 \qquad (20\cdot 13)$$
$$S = S_A + S_B$$

と表される．V_A と V_B は固定されているので，各部分系について，

$$\begin{aligned}dU_A &= \delta q_{\text{rev}} + \delta w_{\text{rev}} = T_A dS_A \qquad (dV_A = 0)\\ dU_B &= \delta q_{\text{rev}} + \delta w_{\text{rev}} = T_B dS_B \qquad (dV_B = 0)\end{aligned} \qquad (20\cdot 14)$$

である．この2部屋の系のエントロピー変化は，

$$\begin{aligned}dS &= dS_A + dS_B \\ &= \frac{dU_A}{T_A} + \frac{dU_B}{T_B}\end{aligned} \qquad (20\cdot 15)$$

で与えられる．しかしこの2部屋の系は孤立しているので，$dU_A = -dU_B$ であり，

$$dS = dU_B \left(\frac{1}{T_B} - \frac{1}{T_A}\right) \qquad (20\cdot 16)$$

となる．

$T_B > T_A$ ならば $dU_B < 0$ である（系Bから系Aへエネルギーが熱として流れる）ことが実験的にわかっていて，このとき $dS > 0$ である．同様に $T_B < T_A$ ならば $dU_B > 0$（系Aから系Bへエネルギーが熱として流れる）なのでやはり $dS > 0$ である．この結果は，高温物体から低温物体への熱としてのエネルギーの自発的な流れが，$dS > 0$ という条件に支配されていると解釈することもできる．$T_A = T_B$ ならば，この2部屋の系は平衡であり，$dS = 0$ である．

自発過程の方向を決定する際のエントロピーの役割を検討することによって，この結果を一般化することができる．エントロピーだけに注目すればいいように，**孤立系**[2]における無限小の自発的変化を考える．エネルギーの変化からの影響とエントロピーの変化からの影響を区別する必要があるので，エネルギーが一定になる孤立系を選ぶ

---

1) isolated 2) isolated system

20. エントロピーと熱力学第二法則

のである.エネルギーはずっと一定なので,孤立系でのすべての自発過程の原動力はエントロピーの増加から生じるはずである.これは数学的に $dS>0$ と表すことができる.系が孤立しているので,このエントロピー増加は系の内部で生じなければならない.エネルギーと異なりエントロピーは保存される必要がなく,自発過程が生じるたびに増加する.実際,それ以上自発過程が生じない平衡状態に至るまで孤立系のエントロピーは増加し続ける(図 20・4).したがって,孤立系のエントロピーは平衡状態

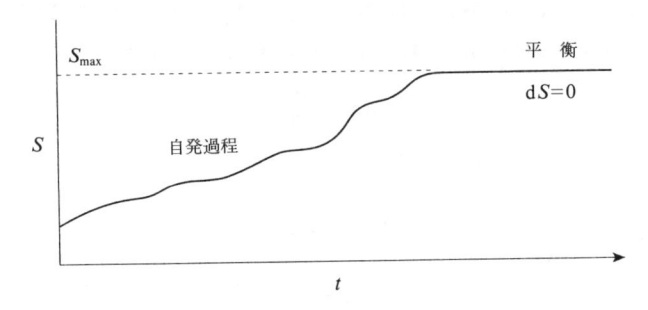

図 20・4 孤立系のエントロピーの時間変化の模式図.系のエントロピーは,それ以上自発過程が起きない平衡状態($dS=0$)になるまで増大する($dS>0$).

では最大であると結論できる.つまり,平衡状態では $dS=0$ である.さらに,孤立系では平衡状態で $dS=0$ であるだけでなく,可逆過程は定義によって過程のどの瞬間においても平衡であるから,孤立系の可逆過程について常に $dS=0$ である.したがって,これまでの結論をまとめると,

$$dS > 0 \quad \text{(孤立系の自発過程)}$$
$$dS = 0 \quad \text{(孤立系の可逆過程)} \tag{20・17}$$

となる.

ここまでは孤立系を考えてきたので,熱の形のエネルギーが系に流れ込むことも流れ出すこともできない.しかし,他のタイプの系では熱としてのエネルギーの流れが可能なので,無限小の自発過程における dS を二つの部分から成ると考えた方が便利である.dS の一方の部分は不可逆過程で生じたエントロピーそのものであり,残りは系と外界との間の熱の形のエネルギーの交換によるものとする.これら二つの寄与の和が全エントロピー変化である.不可逆過程で生じた dS を,系が作り出した(produce)ことを強調して dS_{prod} と表す.この量は常に正である.外界との熱の形のエネルギーの交換(exchange)による dS を dS_{exch} と表す.これは $\delta q/T$ で与えられ,

符号は正でも負でも(0でも)よい．δq が δq_{rev} である必要はないことに注意せよ．交換が可逆的ならば δq は δq_{rev} であり，交換が不可逆的ならば δq は δq_{irr} である．したがって<u>任意</u>の過程について，

$$\begin{aligned} dS &= dS_{\text{prod}} + dS_{\text{exch}} \\ &= dS_{\text{prod}} + \frac{\delta q}{T} \end{aligned} \quad (20\cdot 18)$$

と書くことができる．可逆過程では $\delta q = \delta q_{\text{rev}}$，$dS_{\text{prod}} = 0$ なので式(20·3)と一致する．不可逆すなわち自発過程では，$dS_{\text{prod}} > 0$，$dS_{\text{exch}} = \delta q_{\text{irr}}/T$ なので，

$$dS > \frac{\delta q_{\text{irr}}}{T} \quad (20\cdot 19)$$

である．式(20·3)と式(20·19)はまとめて，

$$dS \geq \frac{\delta q}{T} \quad (20\cdot 20)$$

すなわち，

$$\Delta S \geq \int \frac{\delta q}{T} \quad (20\cdot 21)$$

と書くことができる．ここで，等号は可逆過程で成立し，不等号は不可逆過程で成立する．式(20·21)は熱力学第二法則の数多い表現の一つであり，**クラウジウスの不等式**[1] という．

熱力学第二法則の形式的な表現は，

> エントロピー S という熱力学的状態関数が存在し，S は系の熱力学的状態の任意の変化について，
>
> $$dS \geq \frac{\delta q}{T}$$
>
> である．ここで，変化がすべて可逆的に行われれば等号が成立し，不可逆的変化が含まれれば不等号が成立する．

である．

式(20·21)を用いて，自発(不可逆)過程において孤立系のエントロピーが常に増加する，すなわち $\Delta S > 0$ であることをまったく一般的に証明することができる．図20·5の循環過程を考える．はじめに系は孤立していて，状態1から状態2へ不可逆過程によって移る．そこで系を外界と相互作用させ，可逆的経路を通って状態1へ戻

---

[1] the Inequality of Clausius

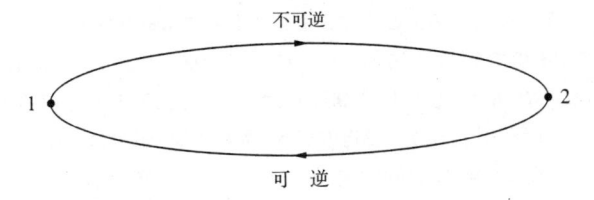

図20·5 はじめ孤立していた系が，状態1から2へ不可逆的に変化し，そこからは外界と相互作用することができて可逆的に状態1へ戻る循環過程．エントロピーは状態関数なので，過程を一巡すると $\Delta S = 0$ である．

す．S は状態関数なのでこの循環過程について $\Delta S_{1\to2\to1}=0$ であり，したがって式 (20·21)によって，

$$\Delta S = 0 > \int_1^2 \frac{\delta q_{\text{irr}}}{T} + \int_2^1 \frac{\delta q_{\text{rev}}}{T}$$

である．この循環過程では状態1から2への変化が不可逆なので不等号が成立する．系が孤立しているので $\delta q_{\text{irr}}=0$ であり，はじめの積分は0である．第二の積分は定義によって S_1-S_2 であるから $0>S_1-S_2$ を得る．最終状態が状態2，初期状態が状態1なので，

$$\Delta S_{1\to2} = S_2 - S_1 > 0$$

である．したがって，孤立系が状態1から状態2へ任意の不可逆過程で移るときエントロピーが増大することがわかる．

宇宙それ自身は孤立系と考えられ，自然に起きるすべての過程は不可逆的なので，熱力学第二法則を，宇宙のエントロピーは増加し続けると表現してもよい．事実，クラウジウスは熱力学のはじめの二つの法則を，

宇宙のエネルギーは一定であり，エントロピーは最大値に向かう

と要約した．

20·5 統計熱力学の最も有名な等式は $S=k_B \ln W$ である

この節では，これまでよりも定量的なエントロピーの分子論的解釈を説明する．これまでに，エントロピーが系の乱れに関係した状態関数であることを示してきた．乱れの表現方法は数多く存在するが，最も有効であることがわかっているのは次のようなものである．$\mathcal{A}$ 個の孤立系のアンサンブルを考え，各孤立系のエネルギーを E，体

積を V,粒子数を N とする.E がどんな値であってもそれは系のシュレーディンガー方程式の固有値でなければならない.17章で考察したように,エネルギーは N と V の関数なので $E=E(N,V)$ と書ける(たとえば式 17・2 と式 17・3 を見よ).どの系も同じエネルギーをもつが,縮退のために異なる量子状態に存在することができる.エネルギー E に付随する縮退度を $\Omega(E)$ とすると,縮退した $\Omega(E)$ 個の量子状態を $j=1, 2, \cdots, \Omega(E)$ で標識付けすることができる.(N 粒子から成る系の縮退度は莫大で,エネルギーが基底状態のエネルギーに非常に近くなければ e^N もの程度の大きさになる.)さて,アンサンブルに含まれる系のうち,状態 j にある系の数を a_j とする.アンサンブルを構成する $\mathcal{A}$ 個の系は区別できるので,状態 1 に a_1 個,状態 2 に a_2 個,$\cdots$ となる場合の数は,

$$W(a_1, a_2, a_3, \cdots) = \frac{\mathcal{A}!}{a_1! a_2! a_3! \cdots} = \frac{\mathcal{A}!}{\prod_j a_j!} \tag{20・22}$$

で与えられる(数学章 J).ここで,

$$\sum_j a_j = \mathcal{A}$$

である.もし $\mathcal{A}$ 個の系すべてが特定の一状態(完全秩序配列),たとえば状態 1,にあれば,$a_1=\mathcal{A}$,$a_2=a_3=\cdots=0$ だから $W=1$ である.これは W がとれる最小値である.もう一つの極限では,すべての a_j が等しく(乱れた配列),W は最大値をとる(問題 J・10).したがって,W は系の乱れの定量的な尺度になりうる.しかし,エントロピーを W に比例するとするのではなく,

$$S = k_B \ln W \tag{20・23}$$

のように $\ln W$ に比例するものとする.ここで k_B は**ボルツマン定数**[1] である.完全に秩序化した系($a_1=1$, $a_2=a_3=\cdots=0$)では $S=0$ であり,完全に乱れた系($a_1=a_2=a_3=\cdots$)では最大値をとる.式(20・23)はボルツマンによって定式化されたものであって,統計熱力学で最も有名な式である.実際,ウィーンの中央墓地にあるボルツマンの碑にはこの式だけが刻まれている.この式はエントロピーという熱力学量と統計量 W との間の定量的関係を与えている.

S が W そのものではなく $\ln W$ に比例すると考えるのは次のような理由のためである.系が A と B という二つの部分系から成っている場合に,全系の S が,

$$S_{\text{total}} = S_A + S_B$$

であると考えたい.すなわち S は示量性の状態関数であると考えたい.ところが,部

---

[1] Boltzmann constant

20. エントロピーと熱力学第二法則

分系 A の W の値を W_A, 部分系 B の W の値を W_B であるとすると, 複合系の W_{AB} は,

$$W_{AB} = W_A W_B$$

で与えられる. このため S が $\ln W$ に比例するとすると, 期待どおり複合系のエントロピーは,

$$S_{AB} = k_B \ln W_{AB} = k_B \ln W_A W_B = k_B \ln W_A + k_B \ln W_B$$
$$= S_A + S_B$$

となる.

式(20・23)の別の形では S を縮退度 Ω によって表す. それは次のようにして導くことができる. ほかに情報がなければ, 縮退した Ω 個の量子状態から特別の一つを選び出す理由はない. つまり, どの状態もアンサンブル内では等しい確率で起こるべきである.(この考え方は, 実際, 統計熱力学の基本仮定の一つである.)したがって, 孤立系のアンサンブルでは, 各量子状態に同数の系が含まれると考えられる.

S は平衡にある一つの孤立系について最大なので, W もまた最大でなければならない. W の値はすべての a_j が等しいときに最大になる(問題 J・10). アンサンブルに含まれる系の総数を $\mathcal{A} = n\Omega$, すべての $a_j = n$, つまり縮退した Ω 個の量子状態がアンサンブルにおいて n 個ずつ複製されているとする.(この n の値はあとで必要になることはない.)式(20・22)でスターリングの近似(数学章 J)を使うと,

$$S_{\text{ensemble}} = k_B \ln W = k_B \left[\mathcal{A} \ln \mathcal{A} - \sum_{j=1}^{\Omega} a_j \ln a_j \right]$$

$$= k_B \left[n\Omega \ln(n\Omega) - \sum_{j=1}^{\Omega} (n \ln n) \right] = k_B [n\Omega \ln(n\Omega) - \Omega(n \ln n)]$$

$$= k_B(n\Omega \ln \Omega)$$

が得られる. アンサンブル(ensemble)に含まれる典型的な一つの系(system)のエントロピーは, $S_{\text{ensemble}} = \mathcal{A} S_{\text{system}} = n\Omega S_{\text{system}}$ で与えられるから,

$$S = k_B \ln \Omega \tag{20・24}$$

となる. ここで添え字, system, を落とした. 式(20・24)は式(20・23)の別の形であって, エントロピーと乱れの関係を表す. 具体的な例として, 二つの方向のうちのどちらか一方を等しい確率で向く N 個の(区別できる)スピン(または双極子)から成る系を考える. 各スピンは縮退度 2 をもつので N 個のスピンの縮退度は 2^N である. したがって, この系のエントロピーは $Nk_B \ln 2$ である. この結果は 21・8 節で一酸化炭素

の0Kにおけるエントロピーを説明するときに用いる.

式(20・24)のもう一つの応用例として問題20・23では,N粒子から成る理想気体について,

$$\Omega(E) = c(N)f(E)V^N$$

であることを示す.ここで$c(N)$はNの関数,$f(E)$はエネルギーの関数である.ここで,1モルの理想気体の体積V_1からV_2への等温膨張におけるΔSを計算してみると,

$$\Delta S = k_B \ln \Omega_2 - k_B \ln \Omega_1$$
$$= k_B \ln \frac{\Omega_2}{\Omega_1} = k_B \ln \frac{c(N)f(E_2)V_2^N}{c(N)f(E_1)V_1^N}$$

となる.しかし,理想気体の等温膨張を考えているので,$E_2=E_1$であるから$f(E_1)=f(E_2)$である.したがって1モルについて,

$$\Delta \bar{S} = N_A k_B \ln \frac{V_2}{V_1} = R \ln \frac{V_2}{V_1}$$

であり,これは式(20・9)と一致する.

例題 20・3 理想気体について,

$$\Omega(E) = c(N)f(E)V^N$$

であることを用い,2種類の気体を一定温度で混合した場合のエントロピー変化がモル当たり,

$$\Delta_{\text{mix}}\bar{S}/R = -y_1 \ln y_1 - y_2 \ln y_2 \tag{20・25}$$

となることを示せ.ここでy_1とy_2は2種類の気体のモル分率である.

解答: 図20・2に示す過程を考える.すると$\Delta_{\text{mix}}S$は,

$$\Delta_{\text{mix}}S = S_{\text{mixture}} - S_1 - S_2$$
$$= k_B \ln \frac{\Omega_{\text{mixture}}}{\Omega_1 \Omega_2}$$

で与えられる.ここで1と2は2種の気体を表す.Ω_1とΩ_2は,

$$\Omega_1 = c(N_1)f(E_1)V_1^{N_1} \quad \text{および} \quad \Omega_2 = c(N_2)f(E_2)V_2^{N_2}$$

で与えられる.理想気体混合物中の分子は互いに独立なので,

$$\Omega_{\text{mixture}} = c(N_1)f(E_1)(V_1+V_2)^{N_1} \times c(N_2)f(E_2)(V_1+V_2)^{N_2}$$

である．Ω_1, Ω_2 および Ω_{mixture} の式を上の $\Delta_{\text{mix}}S$ の式に代入すると，

$$\Delta_{\text{mix}}S = k_B \ln \frac{(V_1+V_2)^{N_1}}{V_1^{N_1}} \cdot \frac{(V_1+V_2)^{N_2}}{V_2^{N_2}}$$

$$= -k_B N_1 \ln\left(\frac{V_1}{V_1+V_2}\right) - k_B N_2 \ln\left(\frac{V_2}{V_1+V_2}\right)$$

が得られる．理想気体では V は n に比例するから

$$\frac{V_1}{V_1+V_2} = \frac{n_1}{n_1+n_2} = y_1 \quad \text{および} \quad \frac{V_2}{V_1+V_2} = \frac{n_2}{n_1+n_2} = y_2$$

であり，これから，

$$\Delta_{\text{mix}}S = -k_B N_1 \ln y_1 - k_B N_2 \ln y_2$$
$$= -Rn_1 \ln y_1 - Rn_2 \ln y_2$$

が得られる．最後に n_1+n_2 および R で割ると，

$$\Delta_{\text{mix}}\overline{S}/R = -y_1 \ln y_1 - y_2 \ln y_2$$

が得られる．y_1 と y_2 はモル分率なので常に 1 より小さく，このため $\Delta_{\text{mix}}S$ は常に正の量であることに注意せよ．2 種類の(理想)気体の等温混合は自発過程である．次節では式(20·25)を古典熱力学によって導く．

20·6 エントロピー変化を計算するにはいつも可逆過程を考案しなければならない

ここまでの考察はかなり抽象的なものであったので，ここで自発過程におけるエントロピー変化を，簡単のために理想気体を用いて計算して示すことは理解を助けることになるだろう．はじめに図 20·1 の状況を考える．T と V_1 にある理想気体が真空へ向かって，全体積が V_2 になるまで膨張するにまかせる．エントロピーは状態関数なのでその初期状態と最終状態だけに依存し，その間の経路には依存しないから，この膨張は可逆過程ではないが，式(20·3)が使える．式(20·3)によれば $\delta q_{\text{rev}}/T$ を可逆的経路に沿って積分することによって ΔS を計算できる．すなわち，過程が可逆であるか否かにかかわらず，

$$\Delta S = \int_1^2 \frac{\delta q_{\text{rev}}}{T} \tag{20·26}$$

である．問題にしている過程では不可逆過程が断熱的に起きているのだが，状態 T,

V_1 から T, V_2 へのエントロピー変化の計算には可逆的経路を用いる．この経路は実際の断熱過程を表すものではないが，初期状態と最終状態の間のエントロピー変化だけに興味があるのでこのことは問題ではない．ΔS を計算するために，

$$\delta q_{\text{rev}} = dU - \delta w_{\text{rev}}$$

から出発する．しかし，理想気体では U は温度だけに依存し体積に無関係なので，真空への膨張では $dU = 0$ である．したがって $\delta q_{\text{rev}} = -\delta w_{\text{rev}}$ を得る．この可逆な仕事は，

$$\delta w_{\text{rev}} = -PdV = -\frac{nRT}{V}dV$$

で与えられるので，

$$\Delta S = \int_1^2 \frac{\delta q_{\text{rev}}}{T} = -\int_1^2 \frac{\delta w_{\text{rev}}}{T} = nR \int_{V_1}^{V_2} \frac{dV}{V} = nR \ln \frac{V_2}{V_1} \quad (20 \cdot 27)$$

である．ここで $V_2 > V_1$ なので $\Delta S > 0$ であることに注意せよ．つまり理想気体が真空へ膨張するときエントロピーが増大することがわかる．

式(20・3)から，V_1 から V_2 へ可逆的に等温膨張させて ΔS を計算すればよいことがわかるから，式(20・27)が可逆等温膨張の場合に成り立つ．しかし S は状態関数なので，式(20・27)から得られる ΔS は V_1 から V_2 への不可逆等温膨張についての ΔS と同じである．そうだとすると可逆等温膨張と不可逆等温膨張はどう違うのだろうか．答えは外界の ΔS の値にある．(条件 $\Delta S \geq 0$ が孤立系に対するものであることを思い起こせ．系が孤立していなければ条件 $\Delta S \geq 0$ は系と外界，いい換えれば全宇宙のエントロピー変化の和に対して成立する．)

可逆等温膨張と不可逆等温膨張について，外界のエントロピー変化 ΔS_{surr} を調べてみる．可逆膨張の間，$\Delta U = 0$ (理想気体の等温過程)であり，気体は熱の形のエネルギーを $q_{\text{rev}} = -w_{\text{rev}} = nRT \ln(V_2/V_1)$ だけ外界から吸収する．したがって外界のエントロピーは，

$$\Delta S_{\text{surr}} = -\frac{q_{\text{rev}}}{T} = -nR \ln \frac{V_2}{V_1}$$

だけ減少する．全エントロピー変化は，全過程が可逆的に実行されるから当然であるが，

$$\Delta S_{\text{total}} = \Delta S_{\text{sys}} + \Delta S_{\text{surr}} = nR \ln \frac{V_2}{V_1} - nR \ln \frac{V_2}{V_1} = 0$$

となる．

不可逆膨張でも $\Delta U=0$ (理想気体の等温過程) である.気体は何も仕事をしないから $w_{\mathrm{irr}}=0$,したがって $q_{\mathrm{irr}}=0$ である.つまり外界から系に熱の形のエネルギーは供給されないので,

$$\Delta S_{\mathrm{surr}} = 0$$

である.したがって全エントロピー変化は,

$$\Delta S_{\mathrm{total}} = \Delta S_{\mathrm{sys}} + \Delta S_{\mathrm{surr}} = nR \ln \frac{V_2}{V_1} + 0 = nR \ln \frac{V_2}{V_1}$$

で与えられ,不可逆過程に予想されるとおり $\Delta S>0$ である.

$q_{\mathrm{irr}}=0$ を ΔS_{surr} の計算に使っただろうか.この過程で仕事は行われないので確かに計算に使ったことになる.仕事が行われない ($\delta w=0$) 一般の等温過程では,過程は純粋な熱の移動であり $dU=\delta q=dq$ である.ここで,U が状態関数なので dq は完全微分である.したがって,$\delta w=0$ の特別な場合には,q は経路によらないので,q_{irr} をエントロピーの計算に用いることができる.

例題 20・4 例題 20・2 で,状態方程式,

$$P = \frac{RT}{\overline{V}-b}$$

に従う気体では,U は温度だけの関数であると述べた.ここで b は分子の大きさを反映する定数である.この状態方程式に従い T と $\overline{V}_1$ にあるこの気体 1 モルが,真空に向かって全体積 $\overline{V}_2$ まで膨張するときの $\Delta \overline{S}$ を計算せよ.

解答: 式,

$$\delta q_{\mathrm{rev}} = dU - \delta w_{\mathrm{rev}}$$

から出発する.U は体積に無関係で,膨張に際し $dU=0$ である.したがって,

$$\delta q_{\mathrm{rev}} = -\delta w_{\mathrm{rev}} = P d\overline{V} = \frac{RT}{\overline{V}-b} d\overline{V}$$

$$\Delta \overline{S} = \int_1^2 \frac{\delta q_{\mathrm{rev}}}{T} = R \int_{\overline{V}_1}^{\overline{V}_2} \frac{d\overline{V}}{\overline{V}-b} = R \ln \frac{\overline{V}_2-b}{\overline{V}_1-b}$$

である.気体が真空に向かって膨張するときエントロピーが増大することが再び確認できた.

図 20·2 に示した 2 種類の理想気体の混合を考える. 2 種類の気体は理想的なのでそれぞれは独立に振舞う. したがって, それぞれの気体が $V_{始}$ から $V_{終}$ へ膨張すると考えることができる. 窒素について(式 20·27 を用い),

$$\Delta S_{N_2} = n_{N_2} R \ln \frac{V_{N_2}+V_{Br_2}}{V_{N_2}} = -n_{N_2} R \ln \frac{V_{N_2}}{V_{N_2}+V_{Br_2}}$$

また臭素について,

$$\Delta S_{Br_2} = n_{Br_2} R \ln \frac{V_{N_2}+V_{Br_2}}{V_{Br_2}} = -n_{Br_2} R \ln \frac{V_{Br_2}}{V_{N_2}+V_{Br_2}}$$

を得る. 全エントロピー変化は,

$$\Delta S = \Delta S_{N_2} + \Delta S_{Br_2}$$
$$= -n_{N_2} R \ln \frac{V_{N_2}}{V_{N_2}+V_{Br_2}} - n_{Br_2} R \ln \frac{V_{Br_2}}{V_{N_2}+V_{Br_2}}$$

となる. 理想気体では V は n に比例するので, 上式は,

$$\Delta S = -n_{N_2} R \ln \frac{n_{N_2}}{n_{N_2}+n_{Br_2}} - n_{Br_2} R \ln \frac{n_{Br_2}}{n_{N_2}+n_{Br_2}} \quad (20\cdot28)$$

と書ける. 両辺を全モル数, $n_{total} = n_{N_2} + n_{Br_2}$ で割ってモル分率,

$$y_{N_2} = \frac{n_{N_2}}{n_{total}} \qquad y_{Br_2} = \frac{n_{Br_2}}{n_{total}}$$

を用いると, 式(20·28)は,

$$\Delta_{mix}\bar{S}/R = -y_{N_2} \ln y_{N_2} - y_{Br_2} \ln y_{Br_2}$$

となる. より一般的には, N 種類の理想気体の等温混合についての $\Delta_{mix}\bar{S}$ は,

$$\Delta_{mix}\bar{S} = -R \sum_{j=1}^{N} y_j \ln y_j \quad (20\cdot29)$$

で与えられ, 式(20·25)と一致する. 対数の引き数が 1 より小さいので, 式(20·29)は $\Delta_{mix}\bar{S}>0$ であることを示している. つまり, 式(20·29)は, 理想気体が等温で混合するときには, 常にエントロピーが増大することを示している.

最後に, 異なる温度 T_h と T_c にある同じ種類と大きさの二つの金属片が熱接触し, その後外界から孤立させられた場合の ΔS を考える. 明らかに, 二つの金属片の温度は同じ最終温度 T になる. この温度は,

温かい金属片が失った熱 = 冷たい金属片が得た熱
$$C_V(T_h-T) = C_V(T-T_c)$$

によって計算できる. T について解いて,

$$T = \frac{T_h + T_c}{2}$$

を得る．つぎに，それぞれの金属片についてエントロピー変化を計算する．現実の過程が不可逆的であっても，ΔS の計算は可逆経路に沿ってしなければならないことを思い出して，いつものように式(20·3)を用いる．仕事はされていないので，$\delta q_{rev} = dU = C_V dT$ である．したがって，

$$\Delta S = \int_{T_1}^{T_2} \frac{C_V dT}{T}$$

となる．T_1 から T_2 の間で C_V が一定とすると，

$$\Delta S = C_V \ln \frac{T_2}{T_1} \quad (20·30)$$

である．はじめ温かかった金属片では，$T_1 = T_h$ および $T_2 = (T_h + T_c)/2$ なので，

$$\Delta S_h = C_V \ln \frac{T_h + T_c}{2 T_h}$$

となる．同様に，

$$\Delta S_c = C_V \ln \frac{T_h + T_c}{2 T_c}$$

を得る．エントロピーの全変化量は，

$$\Delta S = \Delta S_h + \Delta S_c$$
$$= C_V \ln \frac{(T_h + T_c)^2}{4 T_h T_c} \quad (20·31)$$

となる．ここで $(T_h + T_c)^2 > 4 T_h T_c$ であることを証明し，ついで $\Delta S > 0$ となることを示す．

$$(T_h - T_c)^2 = T_h^2 - 2 T_h T_c + T_c^2 > 0$$

から始め，両辺に $4 T_h T_c$ を加えると，

$$T_h^2 + 2 T_h T_c + T_c^2 = (T_h + T_c)^2 > 4 T_h T_c$$

が得られる．したがって，式(20·31)の対数の引き数は 1 より大きく，この不可逆過程でも $\Delta S > 0$ であることがわかる．

例題 20·5 300 K から 1200 K までの $O_2(g)$ の定圧モル熱容量は，

$$\bar{C}_P(T)/\text{J K}^{-1} \text{mol}^{-1} = 25.72 + (12.98 \times 10^{-3} \text{ K}^{-1}) T - (38.62 \times 10^{-7} \text{ K}^{-2}) T^2$$

で与えられる．ここで T はケルビンを単位とする．1 モルの $O_2(g)$ を定圧で 300 K から 1200 K まで加熱した場合の $\Delta \bar{S}$ を計算せよ．

解答: ここでも式 (20・3) から始める．この問題では，$\delta q_{rev} = \bar{C}_P(T)\,dT$ なので，

$$\Delta \bar{S} = \int_{T_1}^{T_2} \frac{\bar{C}_P(T)}{T}\,dT$$

である．$\bar{C}_P(T)$ として与えられた式を使うと，

$$\Delta \bar{S}/\mathrm{J\,K^{-1}\,mol^{-1}} = \int_{300\,\mathrm{K}}^{1200\,\mathrm{K}} \frac{25.72}{T}\,dT + \int_{300\,\mathrm{K}}^{1200\,\mathrm{K}} (12.98\times 10^{-3}\,\mathrm{K^{-1}})\,dT$$

$$- \int_{300\,\mathrm{K}}^{1200\,\mathrm{K}} (38.62\times 10^{-7}\,\mathrm{K^{-2}})\,T\,dT$$

$$= 25.72 \ln\frac{1200\,\mathrm{K}}{300\,\mathrm{K}} + (12.98\times 10^{-3}\,\mathrm{K^{-1}})(900\,\mathrm{K})$$

$$- (38.62\times 10^{-7}\,\mathrm{K^{-2}})[(1200\,\mathrm{K})^2 - (300\,\mathrm{K})^2]/2$$

$$= 35.66 + 11.68 - 2.61 = 44.73$$

が得られる．これは熱的乱れの増加によるエントロピーの増加である．

20・7　熱力学は熱から仕事への変換について洞察を与える

エントロピーの概念と熱力学第二法則は，開発されたばかりの蒸気機関などの**熱機関**[1] の効率の研究の際に，フランスの技術者 S. カルノー[2] によって 1820 年代にはじめて考え出された．化学者にとっていまでは歴史的な興味の対象になっているが，カルノーの解析結果は現代でも学ぶに値するものである．蒸気機関は基本的に循環的に作動するもので，各サイクルにおいてある高温熱源から熱としてエネルギーを受け取り，このエネルギーの一部で仕事をして残りのエネルギーを低温熱源に熱として放出している．したがって，熱機関を模式的に示すと図 20・6 になる．得られる仕事の量が最大になるのは，循環過程が可逆的に行われた場合である．無論，可逆的経路は理想化された過程なので，実際には最大仕事は実現しない．しかし，このような解析の結果から，可能な最大効率が与えられる．考えるべき過程は循環的で可逆的なので，

$$\Delta U_{engine} = w + q_{rev,h} + q_{rev,c} = 0 \tag{20・32}$$

---

1) heat engine　2) Sadi Carnot

20. エントロピーと熱力学第二法則

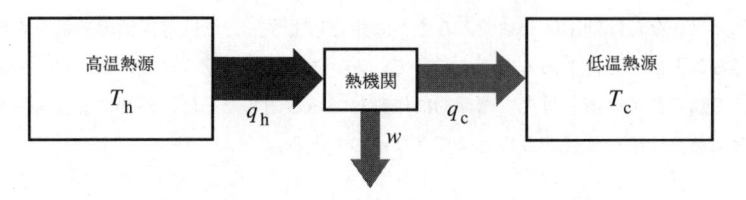

図 20・6 熱機関の概念図. 熱エネルギー(q_h)を温度 T_h の高温熱源から受け取る. 熱機関は仕事(w)を行い, ある量の熱エネルギー(q_c)を温度 T_c の低温熱源に放出する.

$$\Delta S_{engine} = \frac{\delta q_{rev,h}}{T_h} + \frac{\delta q_{rev,c}}{T_c} = 0 \qquad (20\cdot33)$$

である. ここで $\delta q_{rev,h}$ は温度 T_h の高温熱源から可逆的に熱として受け取ったエネルギー, $\delta q_{rev,c}$ は温度 T_c の低温熱源へ可逆的に放出したエネルギーである. 熱として移動するエネルギーの符号の約束によれば $\delta q_{rev,h}$ は正の量, $\delta q_{rev,c}$ は負の量である. 式(20・32)から熱機関がする仕事は,

$$-w = q_{rev,h} + q_{rev,c}$$

である. 熱機関によってなされる仕事は負の量なので $-w$ は正の量である. 熱機関によってなされる仕事を, 高温熱源から熱として受け取ったエネルギーで割った量でこの過程の**効率**[1])を定義できる. すなわち,

$$最大効率 = \frac{-w}{q_{rev,h}} = \frac{q_{rev,h} + q_{rev,c}}{q_{rev,h}}$$

である. 式(20・33)によれば $q_{rev,c} = -q_{rev,h}(T_c/T_h)$ なので, 効率は,

$$最大効率 = 1 - \frac{T_c}{T_h} = \frac{T_h - T_c}{T_h} \qquad (20\cdot34)$$

と書くことができる.

式(20・34)は, 最大効率が熱機関の設計や**作業物質**[2]) に依存しないことを示していて, これはまことに驚くべき結果である. 373 K と 573 K の間で作動する熱機関では, 可能な最大効率は,

$$最大効率 = \frac{200}{573} = 35\%$$

である. 実際の効率は摩擦などのためにもっと悪い. 式(20・34)は, 熱機関の T_h が高いか T_c が低いと, 大きな効率が得られることを示している.

---
1) efficiency 2) working substance

$T_h = T_c$ ならば効率はゼロであることに注意しよう．これは等温循環過程から仕事を得ることは不可能であることを示している．この結論は第二法則のケルビンの表現として知られている．等温で循環的に作動している閉じた系は，外界に変化を残すことなく熱を仕事に変換することはできないのである．

20・8　エントロピーは分配関数によって表現できる

20・5節で $S = k_B \ln W$ という式を出した．この式を出発点として使えば，統計熱力学の重要な結果のほとんどを導くことができる．たとえばエネルギーと圧力を，

$$U = k_B T^2 \left(\frac{\partial \ln Q}{\partial T}\right)_{N,V} = -\left(\frac{\partial \ln Q}{\partial \beta}\right)_{N,V} \quad (20\cdot35)$$

および

$$P = k_B T \left(\frac{\partial \ln Q}{\partial V}\right)_{N,T} \quad (20\cdot36)$$

によって系の分配関数 Q で表したように，上の式を使えばエントロピーを系の分配関数 $Q(N, V, \beta)$ によって表すのにも使うことができる．

式(20・22)を式(20・23)に代入し，階乗についてのスターリングの近似(数学章J)を用いると，

$$\begin{aligned}
S_{\text{ensemble}} &= k_B \ln \frac{\mathcal{A}!}{\prod_j a_j!} = k_B \ln \mathcal{A}! - k_B \sum_j \ln a_j! \\
&= k_B \mathcal{A} \ln \mathcal{A} - k_B \mathcal{A} - k_B \sum_j a_j \ln a_j + k_B \sum_j a_j \\
&= k_B \mathcal{A} \ln \mathcal{A} - k_B \sum_j a_j \ln a_j \quad (20\cdot37)
\end{aligned}$$

が得られる．ここで $\sum a_j = \mathcal{A}$ であることを用い，$\mathcal{A}$ 個の系のアンサンブルのエントロピーであることを強調するために "ensemble" という添字を S につけた．代表的な系のエントロピーは $S_{\text{system}} = S_{\text{ensemble}}/\mathcal{A}$ で与えられる．量子状態 j に系を見いだす確率が，

$$p_j = \frac{a_j}{\mathcal{A}}$$

であることを用い，式(20・37)に $a_j = \mathcal{A} p_j$ を代入すると，

$$\begin{aligned}
S_{\text{ensemble}} &= k_B \mathcal{A} \ln \mathcal{A} - k_B \sum_j p_j \mathcal{A} \ln p_j \mathcal{A} \\
&= k_B \mathcal{A} \ln \mathcal{A} - k_B \sum_j p_j \mathcal{A} \ln p_j - k_B \sum_j p_j \mathcal{A} \ln \mathcal{A} \quad (20\cdot38)
\end{aligned}$$

20. エントロピーと熱力学第二法則

が得られる. ところが最後の項は,

$$\sum_j p_j \mathcal{A} \ln \mathcal{A} = \mathcal{A} \ln \mathcal{A} \sum_j p_j = \mathcal{A} \ln \mathcal{A}$$

であるから第1項と消し合う. ただし $\mathcal{A}\ln\mathcal{A}$ が定数であることと $\sum_j p_j = 1$ であることを用いた. さらに, 式(20·38)を $\mathcal{A}$ で割ると,

$$S_{\text{system}} = -k_B \sum_j p_j \ln p_j \tag{20·39}$$

が得られる. もし一つを除いてすべての p_j が 0 なら(除かれる一つは $\sum_j p_j = 1$ によって 1 でなければならない), 系は完全に秩序化していて $S=0$ である. したがって, エントロピーについての分子論的な考え方のとおり, 完全に秩序化した系では $S=0$ であることがわかる. 問題 20·39 では, すべての p_j が等しいとき S が最大, つまり系は最も乱れていることを示す.

S を $Q(N, V, T)$ で表す式を導くには,

$$p_j(N, V, \beta) = \frac{e^{-\beta E_j(N,V)}}{Q(N, V, \beta)} \tag{20·40}$$

を式(20·39)に代入する. そうすると,

$$\begin{aligned} S &= -k_B \sum_j p_j \ln p_j \\ &= -k_B \sum_j \frac{e^{-\beta E_j}}{Q}(-\beta E_j - \ln Q) \\ &= \beta k_B \sum_j \frac{E_j e^{-\beta E_j}}{Q} + \frac{k_B \ln Q}{Q} \sum_j e^{-\beta E_j} \\ &= \frac{U}{T} + k_B \ln Q \end{aligned} \tag{20·41}$$

が得られる. 3行目から最後の行への変形には $\beta k_B = 1/T$ を使った. U に対して式(20·35)を代入すると, S を分配関数 $Q(N, V, T)$ で表す式,

$$S = k_B T \left(\frac{\partial \ln Q}{\partial T} \right)_{N,V} + k_B \ln Q \tag{20·42}$$

が得られる. 18章の結果によれば基底電子状態にある原子だけから成る単原子理想気体について,

$$Q(N, V, T) = \frac{1}{N!} \left(\frac{2\pi m k_B T}{h^2} \right)^{3N/2} V^N g_{\text{el}}$$

である. 式(20·42)を用いると単原子理想気体の1モル当たりのエントロピー,

が得られる。最後の項にスターリングの近似を用いると，

$$\bar{S} = \frac{3}{2}R + R\ln\left[\left(\frac{2\pi m k_B T}{h^2}\right)^{3/2} \bar{V} g_{el}\right] - k_B \ln N_A! \qquad (20\cdot43)$$

$$-k_B \ln N_A! = -k_B N_A \ln N_A + k_B N_A = -R\ln N_A + R$$

である。したがって，

$$\bar{S} = \frac{5}{2}R + R\ln\left[\left(\frac{2\pi m k_B T}{h^2}\right)^{3/2} \frac{\bar{V} g_{el}}{N_A}\right] \qquad (20\cdot44)$$

を得る。

例題 20·6 式(20·44)を用いて 298.2 K, 1 bar のアルゴンのモルエントロピーを計算し，実験値 154.8 J K^{-1} mol^{-1} と比較せよ。

解答: 298.2 K, 1 bar では，

$$\frac{N_A}{\bar{V}} = \frac{N_A P}{RT}$$

$$= \frac{(6.022 \times 10^{23}\,\text{mol}^{-1})(1\,\text{bar})}{(0.08314\,\text{L bar K}^{-1}\,\text{mol}^{-1})(298.2\,\text{K})}$$

$$= 2.429 \times 10^{22}\,\text{L}^{-1} = 2.429 \times 10^{25}\,\text{m}^{-3}$$

および

$$\left(\frac{2\pi m k_B T}{h^2}\right)^{3/2} = \left[\frac{2\pi(0.03995\,\text{kg mol}^{-1})(1.3806 \times 10^{-23}\,\text{J K}^{-1})(298.2\,\text{K})}{(6.022 \times 10^{23}\,\text{mol}^{-1})(6.626 \times 10^{-34}\,\text{J s})^2}\right]^{3/2}$$

$$= 2.444 \times 10^{32}\,\text{m}^{-3}$$

である。したがって，

$$\frac{\bar{S}}{R} = \frac{5}{2} + \ln\left[\frac{2.444 \times 10^{32}\,\text{m}^{-3}}{2.429 \times 10^{25}\,\text{m}^{-3}}\right] = 18.62$$

すなわち，

$$\bar{S} = (18.62)(8.314\,\text{J K}^{-1}\,\text{mol}^{-1}) = 154.8\,\text{J K}^{-1}\,\text{mol}^{-1}$$

である。この $\bar{S}$ の値は実験値と完全に一致している。

例題 20·7 窒素と臭素を理想気体と考えると，式(20·44)から混合気体 1 モル当たりの混合エントロピーとして式(20·25)が得られることを示せ。

解答: はじめに式(20·44)を,
$$S = Nk_B \ln V + (V を含まない項)$$
と書く. 初期状態は,
$$\begin{aligned}S_1 &= S_{1,N_2} + S_{1,Br_2} \\ &= n_{N_2} R \ln V_{N_2} + n_{Br_2} R \ln V_{Br_2} + (V を含まない項)\end{aligned}$$
で与えられる. ここで, $Nk_B = nR$ と書いた. 最終状態は,
$$\begin{aligned}S_2 &= S_{2,N_2} + S_{2,Br_2} \\ &= n_{N_2} R \ln(V_{N_2} + V_{Br_2}) + n_{Br_2} R \ln(V_{N_2} + V_{Br_2}) + (V を含まない項)\end{aligned}$$
で与えられる. したがって,
$$\Delta_{mix} S = S_2 - S_1 = n_{N_2} R \ln \frac{V_{N_2} + V_{Br_2}}{V_{N_2}} + n_{Br_2} R \ln \frac{V_{N_2} + V_{Br_2}}{V_{Br_2}}$$
である. 理想気体では V は n に比例するので,
$$\Delta_{mix} S = -n_{N_2} R \ln \frac{n_{N_2}}{n_{N_2} + n_{Br_2}} - n_{Br_2} R \ln \frac{n_{Br_2}}{n_{N_2} + n_{Br_2}}$$
が得られる. この式全体を $n_{N_2} + n_{Br_2}$ で割れば式(20·25)が得られる.

20·9 分子論的な式 $S = k_B \ln W$ は熱力学の式 $dS = \delta q_{rev}/T$ と対応する

　最後のこの節では式(20·23), または同じものだが式(20·39)がエントロピーについての熱力学的定義と合うことを示す. おまけとして $\beta = 1/k_B T$ を証明する.
　式(20·39)を p_j について微分すると,
$$dS = -k_B \sum_j (dp_j + \ln p_j \, dp_j)$$
が得られる. ところが $\sum p_j = 1$ によって $\sum dp_j = 0$ なので,
$$dS = -k_B \sum_j \ln p_j \, dp_j \tag{20·45}$$
である. この式の $\ln p_j$ の項に式(20·40)を代入すると,
$$dS = -k_B \sum_j [-\beta E_j(N,V) - \ln Q] \, dp_j$$
が得られる.
$$\sum_j \ln Q \, dp_j = \ln Q \sum_j dp_j = 0$$

であるから $\ln Q$ を含む項は消える．したがって，

$$dS = \beta k_B \sum_j E_j(N, V) \, dp_j(N, V, \beta) \tag{20·46}$$

である．ところが，$\sum_j E_j(N, V) \, dp_j(N, V, \beta)$ は可逆過程で系に熱として出入りしたエネルギーであることを 19·6 節で示したので，式(20·46)は，

$$dS = \beta k_B \delta q_{\text{rev}} \tag{20·47}$$

となる．この式はさらに，βk_B が δq_{rev} の積分因子であること，すなわち $\beta k_B = 1/T$ あるいは $\beta = 1/k_B T$ であることを示している．つまり $\beta = 1/k_B T$ であることが証明された．

次章では物質のエントロピーの実験的決定法について説明する．

問　題

20·1　Y が状態関数であれば，

$$\oint dY = 0$$

であることを示せ．

20·2　$z = z(x, y)$，$dz = xy \, dx + y^2 \, dy$ とおく．dz は完全微分ではないが(なぜか？)，x と y の一方または両方と dz をどのように組合わせると完全微分になるか．

20·3　数学章 H の基準を用いて，式(20·1)の δq_{rev} が完全微分でないことを証明せよ(問題 H·11 も見よ)．

20·4　数学章 H の基準を用いて，式(20·1)の $\delta q_{\text{rev}}/T$ が完全微分であることを証明せよ．

20·5　この問題では，式(20·5)が任意の系について成立することを証明する．二つの(平衡な)部分系 A と B から成る孤立系を考える．A と B は互いに熱接触している，すなわち熱エネルギーを交換できるものとする．A は理想気体，B は任意でよい．熱エネルギー δq_{rev}(理想)の交換を伴う無限小の可逆過程が A で起き，同時に B で別の無限小の可逆過程が熱エネルギー δq_{rev}(任意)の交換を伴って起きたとする．全系は孤立しているので熱力学第一法則によって，

$$\delta q_{\text{rev}}(\text{理想}) = -\delta q_{\text{rev}}(\text{任意})$$

である．式(20·4)を用い，

$$\oint \frac{\delta q_{\text{rev}}(\text{任意})}{T} = 0$$

20. エントロピーと熱力学第二法則

であることを証明せよ．したがって（Bは任意の系としたので），式(20・4)による定義は任意の系で成立する．

20・6 1モルの理想気体を P_1, V_1, T_1 から P_2, V_1, T_4 へ体積 V_1 のまま可逆的に冷却し，続いて P_2, V_1, T_4 から P_2, V_2, T_1 へ圧力 P_2 のまま可逆的に膨張させた場合（すべての過程の最終状態は図19・5に示してある）の q_{rev} と ΔS を計算せよ．その ΔS を，図19・5の A，B+C，D+E のそれぞれの経路の場合と比較せよ．

20・7 19章を参照せずに式(20・8)を導け．

20・8 1モルの理想気体を等温可逆的に 10.0 dm³ から 20.0 dm³ へ膨張させた場合の ΔS を計算せよ．ΔS の符号について説明せよ．

20・9 1モルの理想気体を等温可逆的に 1.00 bar から 0.100 bar へ膨張させた場合の ΔS を計算せよ．ΔS の符号について説明せよ．

20・10 状態方程式が例題20・2で与えられる気体1モルを，図19・5の経路 D+E のように変化させた場合の q_{rev} と ΔS を計算せよ．その結果を例題20・2の結果と比較せよ．

20・11 例題20・2の状態方程式が成立すれば，ΔS_{D+E} は ΔS_A および ΔS_{B+C} と等しいことを示せ．

20・12 例題20・2の状態方程式に従う気体1モルについて，問題20・6の経路に沿った q_{rev} と ΔS を計算せよ．その結果を例題20・2の結果と比較せよ．

20・13 C_P が温度に依存しなければ，定圧過程について，

$$\Delta S = C_P \ln \frac{T_2}{T_1}$$

であることを示せ．2.00 mol の $H_2O(l)$ ($\bar{C}_P$=75.2 J K⁻¹ mol⁻¹) を 10 ℃ から 90 ℃ まで加熱した場合のエントロピー変化を計算せよ．

20・14 $\bar{C}_V$ が温度に依存しないとして，1モルの理想気体を T_1, V_1 から T_2, V_2 に変化させると，

$$\Delta \bar{S} = \bar{C}_V \ln \frac{T_2}{T_1} + R \ln \frac{V_2}{V_1}$$

であることを示せ．1モルの $N_2(g)$ を 273 K，20.0 dm³ から 400 K，300 dm³ に膨張させた場合の $\Delta \bar{S}$ を計算せよ．$\bar{C}_P$=29.4 J K⁻¹ mol⁻¹ とせよ．

20・15 この問題では図20・3のような二つの部屋から成る系を考える．ただし，二つの部分系は同じ温度であるが圧力は異なるものとする．また隔壁は堅くなくて変形できるものとする．この場合，

$$dS = \frac{dV_B}{T}(P_B - P_A)$$

であることを示せ．$P_B > P_A$ の場合と $P_B < P_A$ の場合について dV_B の符号をどう解

釈するか.

20·16 この問題では具体的な例を用いて $dS_{\text{prod}} \geq 0$ であることを示す. 図 20·7 の二つの部屋から成る系を考える. それぞれの部屋は異なる温度, T_1 と T_2, の熱浴と平衡にあり, 隔壁は熱を通すが変形しないものとする. 部屋1の熱エネルギーの全収支は,

$$dq_1 = d_e q_1 + d_i q_1$$

である. ここで $d_e q_1$ は熱浴と交換した熱エネルギー, $d_i q_1$ は部屋2と交換した熱エネルギーである. 同様に,

$$dq_2 = d_e q_2 + d_i q_2$$

である. 明らかに,

$$d_i q_1 = -d_i q_2$$

が成立する. この2部屋系のエントロピー変化について,

$$dS = \frac{d_e q_1}{T_1} + \frac{d_e q_2}{T_2} + d_i q_1 \left(\frac{1}{T_1} - \frac{1}{T_2} \right)$$
$$= dS_{\text{exch}} + dS_{\text{prod}}$$

であることを示せ. ただし,

$$dS_{\text{exch}} = \frac{d_e q_1}{T_1} + \frac{d_e q_2}{T_2}$$

は熱源(外界)と交換したエントロピーであり, また,

$$dS_{\text{prod}} = d_i q_1 \left(\frac{1}{T_1} - \frac{1}{T_2} \right)$$

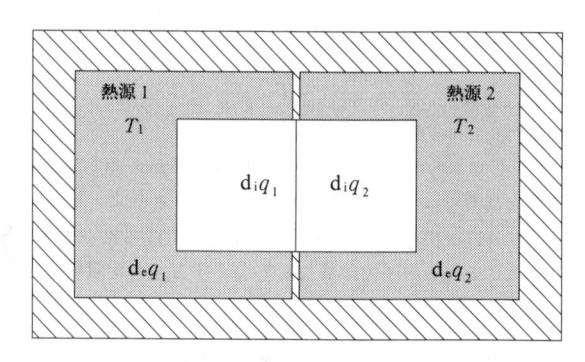

図 20·7 それぞれの部屋が(無限に大きい)熱源(温度 T_1 および T_2)と接触している2部屋から成る系. 2部屋は熱を通す剛体壁で隔てられている.

はこの2部屋系内で発生したエントロピーである．$dS_{prod} \geq 0$ はエネルギーが熱として高温側から低温側へ自発的に流れることに相当することを示せ．ただし dS_{exch} の値については制限がなく，正でも負でも0でもよい．

20·17 等温過程について，
$$\Delta S \geq \frac{q}{T}$$
であることを示せ．ΔS の符号についてこの式から何がいえるか．等温可逆過程で ΔS が減少する場合がありうるか．1モルの理想気体を等温可逆的に，300 K において 100 dm³ から 50.0 dm³ に圧縮した場合のエントロピー変化を計算せよ．

20·18 通常沸点[1]（T_{vap}, 1 atm における沸点）における物質の気化は，T_{vap} 以下に無限小だけ冷却するとすべての蒸気が凝縮して液体となるし，逆に T_{vap} 以上に無限小だけ加熱するとすべての液体が気化するので，可逆過程とみなすことができる．2モルの水が 100.0 ℃ で気化する場合のエントロピー変化を計算せよ．$\Delta_{vap}\bar{H}$ の値は 40.65 kJ mol⁻¹ である．$\Delta_{vap}S$ の符号についてコメントせよ．

20·19 通常融点[2]（T_{fus}, 1 atm における融点）における物質の融解は，厳密な T_{fus} から温度が無限小だけ変化すると，この物質は融解するか凝固するので，可逆過程とみなすことができる．2モルの水が 0 ℃ で融解する場合のエントロピー変化を計算せよ．$\Delta_{fus}\bar{H}$ の値は 6.01 kJ mol⁻¹ である．その結果を問題 20·18 の結果と比較せよ．$\Delta_{vap}S$ が $\Delta_{fus}S$ よりずっと大きいのはなぜか．

20·20 式(20·22)の単純な例として，二つしか状態がない場合を考える．$a_1 = a_2$ の場合に $W(a_1, a_2)$ が最大であることを示せ．［ヒント：$\ln W$ についてスターリングの近似を用い，a_1 と a_2 を連続変数と考えよ．］

20·21 問題 20·20 を3状態の場合に拡張せよ．任意の数の状態の場合に一般化する方法を述べよ．

20·22 系の分配関数が，準位についての和として，
$$Q(N, V, T) = \sum_E \Omega(N, V, E) e^{-E/k_B T}$$
のように書けることを示せ．孤立系を考えると $Q(N, V, T)$ にはただ1項しかない．この場合の Q を式(20·42)に代入して $S = k_B \ln \Omega$ を導け．

20·23 この問題では理想気体について $\Omega = c(N)f(E)V^N$ であること（例題 20·3）を示す．問題 18·42 で，箱の中の粒子について並進エネルギーが ε と $\varepsilon + \Delta\varepsilon$ の間にある状態数を，n_x, n_y, n_z 空間における球，
$$n_x^2 + n_y^2 + n_z^2 = \frac{8ma^2\varepsilon}{h^2} = R^2$$

---

[1] normal boiling point   [2] normal melting point

を考えることによって計算できることを示した. N 粒子系では,

$$\sum_{j=1}^{N} (n_{xj}^2 + n_{yj}^2 + n_{zj}^2) = \frac{8ma^2E}{h^2} = R^2$$

であること, すなわちもっと便利な表現で書けば,

$$\sum_{j=1}^{3N} n_j^2 = \frac{8ma^2E}{h^2} = R^2$$

であることを示せ. つまり, 問題 18・42 で行ったような 3 次元の球でなく, $3N$ 次元の球を扱う必要がある. $3N$ 次元の球の体積の式がどんなものかはわからなくても(実際には既知である), 少なくとも R^{3N} に比例することは間違いない. この比例関係から, エネルギー $\leq E$ の状態数を $\Phi(E)$ とすると,

$$\Phi(E) \propto \left(\frac{8ma^2E}{h^2}\right)^{3N/2} = c(N) E^{3N/2} V^N$$

であることを示せ. ここで, $c(N)$ は N に依存する定数, $V=a^3$ である. 問題 18・42 の論理に従って, E と $E+\Delta E$ の間の状態数(これは要するに Ω である)が,

$$\Omega = c(N) f(E) V^N \Delta E$$

で与えられることを示せ. ここで $f(E)=E^{3N/2-1}$ である.

20・24 熱エネルギーの移動が等温的(<u>純粋な熱伝導</u>)な過程では,

$$dS_{sys} = \frac{dq}{T} \qquad (純粋な熱伝導)$$

であることを示せ.

20・25 1 モルの理想気体を 300 K で等温可逆的に 10.0 bar から 2.00 bar へ膨張させた場合の, 系, 外界, および全体のエントロピー変化を計算せよ.

20・26 真空への膨張の場合について問題 20・25 と同じ計算をせよ. 最初の圧力を 10.0 bar, 最終の圧力を 2.00 bar とする.

20・27 1-ブテンのモル熱容量は, 温度領域 300 K<T<1500 K で,

$\bar{C}_P(T)/R$
$= 0.05641 + (0.04635\ \text{K}^{-1})T - (2.392\times10^{-5}\ \text{K}^{-2})T^2 + (4.80\times10^{-9}\ \text{K}^{-3})T^3$

で与えられる. 1 モルの 1-ブテンを, 300 K から 1000 K まで定圧で加熱した場合のエントロピー変化を計算せよ.

20・28 2 種類の理想気体の混合について $\Delta_{\text{mix}}\bar{S}$ を y_1 に対してプロットせよ. y_1 がいくらのときに $\Delta_{\text{mix}}\bar{S}$ は最大か. この結果の物理的解釈を述べよ.

20・29 2 モルの $N_2(g)$ を同じ温度と圧力の 1 モルの $O_2(g)$ と混合する場合の**混合**

エントロピー[1]を計算せよ．理想気体とせよ．

20·30 同じ物理条件の任意の2種類の理想気体を，同じ体積ずつ混合すると $\Delta_{mix}\bar{S} = R \ln 2$ であることを示せ．

20·31 $dU = TdS - PdV$ を導け．1モルの理想気体について，

$$d\bar{S} = \bar{C}_V \frac{dT}{T} + R \frac{d\bar{V}}{\bar{V}}$$

であることを示せ．$\bar{C}_V$ が温度に依存しないとして，$T_1, \bar{V}_1$ から $T_2, \bar{V}_2$ への変化について，

$$\Delta\bar{S} = \bar{C}_V \ln \frac{T_2}{T_1} + R \ln \frac{\bar{V}_2}{\bar{V}_1}$$

となることを示せ．この式は式(20·27)と式(20·30)の和であることに注意せよ．

20·32 $dH = TdS + VdP$ を導け．$\bar{C}_P$ が温度に依存しないとして，1モルの理想気体の T_1, P_1 から T_2, P_2 への変化について，

$$\Delta\bar{S} = \bar{C}_P \ln \frac{T_2}{T_1} - R \ln \frac{P_2}{P_1}$$

であることを示せ．

20·33 300 K，1.00 bar にある1モルの $SO_2(g)$ を，1000 K まで加熱し圧力を 0.010 bar まで減圧する場合のエントロピー変化を計算せよ．$SO_2(g)$ のモル熱容量を，

$$\bar{C}_P(T)/R = 7.871 - \frac{1454.6\,K}{T} + \frac{160\,351\,K^2}{T^2}$$

とせよ．

20·34 式(20·31)の導出において，$\Delta S_c > 0$ および $\Delta S_h < 0$ であることを論証せよ．

$$\Delta S_c - |\Delta S_h| > 0$$

となることを示すことによって，

$$\Delta S = \Delta S_c + \Delta S_h > 0$$

を証明せよ．

20·35 $S = k_B \ln W$ を使って式(20·27)を導くことができる．まず理想気体の分子1個が大きな体積 V の中の一部分の体積 V_s の中に見いだされる確率が V_s/V であることを論証せよ．理想気体の分子は互いに独立なので，N 個の分子が V_s の中に見いだされる確率は $(V_s/V)^N$ である．そこで1モルの理想気体の体積を，等温で V_1 か

---

1) entropy of mixing

ら V_2 へ変化させた場合のエントロピー変化が,

$$\Delta S = R \ln \frac{V_2}{V_1}$$

であることを示せ.

20·36 $S = k_B \ln W$ から $n_j \propto e^{-\varepsilon_j/k_B T}$ を導くことができる. 基底状態にある n_0 個の分子, j 番目の状態にある n_j 個の分子から成る理想気体を考える. $\varepsilon_j - \varepsilon_0$ だけのエネルギーをこの系に加えると, 一つの分子が基底状態から j 番目の状態に移る. 気体の体積を一定に保つと, 仕事は行われないので, $dU = dq$ であり,

$$dS = \frac{dq}{T} = \frac{dU}{T} = \frac{\varepsilon_j - \varepsilon_0}{T}$$

である. n_0 と n_j が大きいとして,

$$dS = k_B \ln \left\{ \frac{N!}{(n_0-1)!\,n_1!\cdots(n_j+1)!\cdots} \right\} - k_B \ln \left\{ \frac{N!}{n_0!\,n_1!\cdots n_j!\cdots} \right\}$$

$$= k_B \ln \left\{ \frac{n_j!}{(n_j+1)!} \frac{n_0!}{(n_0-1)!} \right\} = k_B \ln \frac{n_0}{n_j}$$

となることを示せ. この二つの dS の式を等しいとおいて,

$$\frac{n_j}{n_0} = e^{-(\varepsilon_j - \varepsilon_0)/k_B T}$$

となることを示せ.

20·37 式(20·23)を用いて平衡状態からのゆらぎを観測する確率を計算できる.

$$\frac{W}{W_{eq}} = e^{-\Delta S/k_B}$$

の関係が成立つことを示せ. ここで W は非平衡状態の場合を表しており, ΔS は二つの状態のエントロピー差を表している. W/W_{eq} をその非平衡状態が観測される確率と解釈することができる. 25 °C, 1 bar における 1 モルの酸素のエントロピーを 205.0 J K^{-1} mol^{-1} として, これの 1 % の 100 万分の 1 だけエントロピーが減少する確率を計算せよ.

20·38 体積 V に閉じ込められた 1 モルの理想気体を考える. この理想気体の N_A 個すべての分子が, この体積の半分のところに見いだされ, 残りの半分の体積が空になる確率を計算せよ.

20·39 式(20·39)で与えられる S_{system} は, すべての p_j が等しいときに最大となることを示せ. $\sum p_j = 1$ なので,

$$\sum_j p_j \ln p_j = p_1 \ln p_1 + p_2 \ln p_2 + \cdots + p_{n-1} \ln p_{n-1}$$
$$+ (1 - p_1 - p_2 - \cdots - p_{n-1}) \ln (1 - p_1 - p_2 - \cdots - p_{n-1})$$

であることを用いよ。問題 J·10 も参照せよ。

20·40 式(20·44)を用いて，298.2 K，1 bar のクリプトンのモルエントロピーを計算し，実験値 164.1 J K^{-1} mol^{-1} と比較せよ。

20·41 式(18·39)と表 18·2 のデータを用い，298.2 K，1 bar における窒素のエントロピーを計算せよ。その結果を実験値 191.6 J K^{-1} mol^{-1} と比較せよ。

20·42 式(18·57)と表 18·4 のデータを用い，298.2 K，1 bar における $CO_2(g)$ のエントロピーを計算せよ。その結果を実験値 213.8 J K^{-1} mol^{-1} と比較せよ。

20·43 式(18·60)と表 18·4 のデータを用い，298.2 K，1 bar における $NH_3(g)$ のエントロピーを計算せよ。その結果を実験値 192.8 J K^{-1} mol^{-1} と比較せよ。

20·44 式(20·34)を導け。

20·45 圧力 25 atm における水の沸点は 223 ℃ である。20 ℃ と水の沸点との間で動作している蒸気機関の理論的効率を，1 atm と 25 atm の場合で比較せよ。

ワルター ネルンスト（Walther Nernst）はプロイセンのブリーセン（現在はポーランドのワブレズノ）で 1864 年 6 月 25 日に生まれ，1941 年に没した．詩人になることにあこがれたが，化学の教師が彼の興味を科学に向けさせた．1883 年から 1887 年にかけてヘルムホルツ，ボルツマン，コールラウシュとともに物理学を学び 1887 年，ビュルツブルグ大学で物理学の博士号を得た．1887 年から 1891 年までライプチヒ大学でオストワルドの助手を務めた後，ゲッチンゲン大学に移り，そこで 1894 年，カイザー・ウィルヘルム物理化学および電気化学研究所を創設した．1905 年，ベルリン大学へ移ってから極低温における物質の挙動の研究を始めた．熱力学第三法則を，物質の物理的活性は温度が絶対零度に近づくにつれてなくなる，という初期の形で提案した．その第三法則によって，平衡定数のような熱力学量を熱的データから計算することが可能になったのである．"熱化学における功績"によって，1920 年，ノーベル化学賞を受賞した．彼は車きちがいで第一次世界大戦では運転手として参戦した．第一次大戦で彼は息子を二人とも亡くした．1930 年代の反ナチ的態度のため次第に孤立していき，引退して故郷に戻って 1941 年に没した．

21章

エントロピーと熱力学第三法則

前の章でエントロピーの概念を導入した．孤立系で自発的，あるいは不可逆過程が起こる場合には常にエントロピーが生成されることを示した．また，平衡でない孤立系のエントロピーは，平衡に達するまで増加し続け，平衡になると一定になることも示した．このことを数学的には，一定の U と V で起こる過程では $dS \geq 0$ であると表現した．二，三の例についてエントロピーの変化を計算したが，物質のエントロピーの絶対値を計算しようとはしなかった．（ただし，例題 20・6，問題 20・41～問題 20・43 を見よ．）この章では熱力学第三法則を導入するので，物質のエントロピーの絶対値を計算できるようになる．

21・1 温度上昇につれてエントロピーは増加する

可逆過程についての熱力学第一法則，

$$dU = \delta q_{\text{rev}} + \delta w_{\text{rev}}$$

から出発する．$\delta q_{\text{rev}} = T\,dS$，および $\delta w_{\text{rev}} = -P\,dV$ であることを用いると熱力学第一法則と第二法則を組合わせた，

$$dU = T\,dS - P\,dV \tag{21・1}$$

が得られる．熱力学の法則と状態関数が完全微分であることを使うと，熱力学量の間の多くの関係式を導くことができる．例題 21・1 では，

$$\left(\frac{\partial S}{\partial T}\right)_V = \frac{C_V}{T} \tag{21・2}$$

および

$$\left(\frac{\partial S}{\partial V}\right)_T = \frac{1}{T}\left[P + \left(\frac{\partial U}{\partial V}\right)_T\right] \tag{21・3}$$

という重要な関係を導く.

例題 21・1 V と T の関数として U を表し,これと式(21・1)を使って式(21・2)および式(21・3)を導け.

解答: U を V と T の関数と考えれば,その全微分は,

$$dU = \left(\frac{\partial U}{\partial T}\right)_V dT + \left(\frac{\partial U}{\partial V}\right)_T dV \qquad (21 \cdot 4)$$

となる(数学章 H). 式(21・4)を式(21・1)に代入して dS について解くと,

$$dS = \frac{1}{T}\left(\frac{\partial U}{\partial T}\right)_V dT + \frac{1}{T}\left[P + \left(\frac{\partial U}{\partial V}\right)_T\right]dV$$

が得られる. 定義$(\partial U/\partial T)_V = C_V$ を使うと,

$$dS = \frac{C_V dT}{T} + \frac{1}{T}\left[P + \left(\frac{\partial U}{\partial V}\right)_T\right]dV$$

となる. この dS の式を $S=S(T, V)$ の全微分,

$$dS = \left(\frac{\partial S}{\partial T}\right)_V dT + \left(\frac{\partial S}{\partial V}\right)_T dV$$

と比較すると,

$$\left(\frac{\partial S}{\partial T}\right)_V = \frac{C_V}{T} \qquad \text{および} \qquad \left(\frac{\partial S}{\partial V}\right)_T = \frac{1}{T}\left[P + \left(\frac{\partial U}{\partial V}\right)_T\right]$$

が得られる.

式(21・2)は一定体積の下で温度変化につれて S がどのように変化するかを示している. 体積を一定に保って T について積分すると,

$$\Delta S = S(T_2) - S(T_1) = \int_{T_1}^{T_2} \frac{C_V(T)\,dT}{T} \qquad (V \text{一定}) \qquad (21 \cdot 5)$$

が得られる. したがって, $C_V(T)$ が T の関数としてわかっていれば, ΔS を計算することができる. C_V は常に正なので,温度上昇につれてエントロピーが増加することがわかる.

式(21・5)は一定体積の場合に限られている. 一定圧力について同様の式を導くために,

$$dH = d(U+PV) = dU + PdV + VdP$$

の dU に式(21·1)を代入すると,

$$dH = TdS + VdP \tag{21·6}$$

となる. 例題21·1と同様にして(問題21·1),

$$\left(\frac{\partial S}{\partial T}\right)_P = \frac{C_P(T)}{T} \tag{21·7}$$

および

$$\left(\frac{\partial S}{\partial P}\right)_T = \frac{1}{T}\left[\left(\frac{\partial H}{\partial P}\right)_T - V\right] \tag{21·8}$$

が得られる. 式(21·7)から,

$$\Delta S = S(T_2) - S(T_1) = \int_{T_1}^{T_2} \frac{C_P(T)dT}{T} \quad (P-\text{定}) \tag{21·9}$$

となる. したがって C_P が T の関数としてわかっていれば, ΔS を計算することができる. これから取扱うほとんどの過程は一定の圧力で起きるので, ΔS の計算に式(21·9)を使うことになる.

式(21·9)で $T_1=0$ とすると,

$$S(T) = S(0\,\text{K}) + \int_0^T \frac{C_P(T')dT'}{T'} \quad (P-\text{定}) \tag{21·10}$$

となる. $S(0\,\text{K})$ と $T=0\,\text{K}$ から問題の温度までの $C_P(T)$ がわかっていれば, 式(21·10)で物質のエントロピーが計算できる. 〔積分限界と区別するために積分変数にプライム(′)をつけてある.〕

21·2 熱力学第三法則によれば完全結晶のエントロピーは0Kで0である

はじめに $S(0\,\text{K})$ について説明しよう. 19世紀のおわりのころ, ドイツの化学者W. ネルンストは, 多くの化学反応についての研究の末, $T\to 0$ で $\Delta_\text{r}S \to 0$ となることを仮定した. ネルンストは特定の物質の0Kでのエントロピーについては何もいわず, ただ0Kではすべての純粋な結晶状態の物質が同じエントロピーをもつことを述べたにすぎない. "純粋な結晶状態" という条件は, ネルンストの仮説には明らかな例外があることをあとで解明するためにここにつけ加えたものである. 学位論文を含め熱力学について多くの研究を偶然にも行ったプランクは, 1911年, ネルンストの仮説を, 純物質のエントロピーは0Kで0に近づく, というように拡張した. プランクの仮説はネルンストのものと矛盾しないだけでなく, さらに前進させるものである. 現

在，**熱力学第三法則**[1)]といわれているものには複数の等価な表現があるが，ここでは，

> すべての物質は有限の正のエントロピーをもつが，0 K ではエントロピーは 0 になることができ，実際完全な結晶性物質では 0 になる．

を使うことにする．第一法則はエネルギーを，第二法則はエントロピーを導入したが，はじめの二つの法則と違って熱力学第三法則は新しい状態関数を導入するものではない．第三法則はエントロピーの数値的目盛りを与えるものである．

第三法則は量子論の完成前にできあがったものであるが，分子の量子状態や準位に基づいて考えると直観的に理解しやすい．エントロピーの分子論的な式として，$S = k_B \ln W$ がある(式20·23)．ここで W は，系の全エネルギーを種々のエネルギー状態に分配する仕方の数である．0 K では系は最低エネルギーの状態になると期待される．したがって $W=1$, $S=0$ である．同じ結果は，$S = -k_B \sum_j p_j \ln p_j$ (式20·39)から出発しても得られる．ここで p_j は，エネルギー E_j の量子状態 j に系を見いだす確率である．0 K では熱エネルギーがないので，系は基底状態にあると期待でき，$p_0 = 1$ で他のすべての p_j は 0 に等しい．したがって式(20·39)の S は 0 である．基底状態が縮退度 n をもっていても，エネルギー E_0 の n 個の量子状態はそれぞれが確率 $1/n$ をもつから，式(20·39)の S は，

$$S(0\text{ K}) = -k_B \sum_{j=1}^{n} \frac{1}{n} \ln \frac{1}{n} = k_B \ln n \tag{21·11}$$

となるはずである．基底状態の縮退度がアボガドロ定数ほど大きくても，$\bar{S}$ は 7.56×10^{-22} J K^{-1} mol^{-1} にすぎず，これは測定可能な $\bar{S}$ の値よりもはるかに小さい．

熱力学第三法則が $S(0\text{ K}) = 0$ であることを保証するので，式(21·10)を，

$$S(T) = \int_0^T \frac{C_P(T') \, dT'}{T'} \tag{21·12}$$

と書くことができる．

21·3 相転移では $\Delta_{\text{trs}} S = \Delta_{\text{trs}} H / T_{\text{trs}}$ である

式(21·12)を書くとき暗黙の仮定を行った．つまり，0 K と T の間に相転移がないと仮定した．今度は 0 K と T の間の T_{trs} に相転移があると仮定しよう．相転移に際してのエントロピー変化 $\Delta_{\text{trs}} S$ を，

[1)] the Third Law of Thermodynamics

$$\Delta_{\text{trs}} S = \frac{q_{\text{rev}}}{T_{\text{trs}}} \tag{21・13}$$

によって計算することができる．相転移は可逆過程のよい例である．相転移はほんの少し温度を変えることで逆向きに進めることができる．たとえば 1 atm における氷の融解では，T が 273.15 K よりほんの少し低ければ系は全部が氷であり，273.15 K よりほんの少し高ければ系は全部が液体である．しかも，相転移は一定の温度で起こるので，相転移では $\Delta H = q_P$ であることを思い出せば，式(21・13)は，

$$\Delta_{\text{trs}} S = \frac{\Delta_{\text{trs}} H}{T_{\text{trs}}} \tag{21・14}$$

となる．

例題 21・2 H_2O について 1 atm における融解と沸騰の際のモルエントロピーの変化を計算せよ．273.15 K で $\Delta_{\text{fus}} \bar{H} = 6.01 \text{ kJ mol}^{-1}$，および 373.15 K で $\Delta_{\text{vap}} \bar{H} = 40.7 \text{ kJ mol}^{-1}$ とせよ．

解答: 式(21・14)を使うと，

$$\Delta_{\text{fus}} \bar{S} = \frac{6.01 \text{ kJ mol}^{-1}}{273.15 \text{ K}} = 22.0 \text{ J K}^{-1} \text{ mol}^{-1}$$

$$\Delta_{\text{vap}} \bar{S} = \frac{40.7 \text{ kJ mol}^{-1}}{373.15 \text{ K}} = 109 \text{ J K}^{-1} \text{ mol}^{-1}$$

を得る．$\Delta_{\text{vap}} \bar{S}$ が $\Delta_{\text{fus}} \bar{S}$ よりずっと大きいことに注意せよ．このことは，気相と液相の乱れの違いは，液相と固相の乱れの違いよりずっと大きいので，分子論的にも納得できることである．

$S(T)$ を計算するには，$C_P(T)/T$ をはじめの相転移温度まで積分し，転移について $\Delta_{\text{trs}} H / T_{\text{trs}}$ を加え，さらに $C_P(T)/T$ をつぎの相転移温度まで積分する，ということを繰返す．たとえば，問題の物質が固相間転移をもたなければ，沸点よりも高い T の場合に，

$$S(T) = \int_0^{T_{\text{fus}}} \frac{C_P^s(T) \, dT}{T} + \frac{\Delta_{\text{fus}} H}{T_{\text{fus}}} + \int_{T_{\text{fus}}}^{T_{\text{vap}}} \frac{C_P^l(T) \, dT}{T}$$

$$+ \frac{\Delta H_{\text{vap}}}{T_{\text{vap}}} + \int_{T_{\text{vap}}}^{T} \frac{C_P^g(T') \, dT'}{T'} \tag{21・15}$$

のようになる．ここで T_{fus} は融点，$C_P^s(T)$ は固相の熱容量，T_{vap} は沸点，$C_P^l(T)$ は液相の熱容量，$C_P^g(T)$ は気相の熱容量，そして $\Delta_{\text{fus}} H$ および $\Delta_{\text{vap}} H$ はそれぞれ融解

エンタルピーと蒸発エンタルピーである.

21・4 熱力学第三法則は $T \to 0$ で $C_P \to 0$ を保証する

ほとんどの非金属結晶では $T \to 0$ につれて $C_P^s(T) \to T^3$ となることが実験的にも理論的にも示されている(金属結晶では $T \to 0$ で C_P^s につれて $aT + bT^3$ で変化する. a と b は定数). この T^3 の温度依存性は 0 K からおよそ 15 K まで正しく, **デバイの T^3 則**[1)] という. これは, 非金属結晶で $T \to 0$ につれて $C_P^s(T) \to T^3$ となることを最初に理論的に示したオランダの化学者, P. デバイ[2)] にちなむものである.

例題 21・3 デバイの理論によれば, 非金属固体の低温でのモル熱容量は,

$$\bar{C}_P(T) = \frac{12\pi^4}{5} R \left(\frac{T}{\Theta_D} \right)^3 \qquad 0 < T \leq T_{\text{low}}$$

である. ここで T_{low} は固体ごとに異なるが, ほとんどの固体ではおよそ 10 K から 20 K で, Θ_D はその固体に特有の定数である. Θ_D は温度の単位をもつので, 固体の**デバイ温度**[3)] という. $\bar{C}_P$ が上の式で与えられるとき低温のモルエントロピーが,

$$\bar{S}(T) = \frac{\bar{C}_P(T)}{3} \qquad 0 < T \leq T_{\text{low}}$$

となることを示せ.

解答: $\bar{C}_P(T)$ の式を式(21・12)に代入すると,

$$\bar{S}(T) = \int_0^T \frac{\bar{C}_P(T') \, dT'}{T'} = \frac{12\pi^4 R}{5 \Theta_D^3} \int_0^T T'^2 \, dT'$$

$$= \frac{12\pi^4 R}{5 \Theta_D^3} \frac{T^3}{3} = \frac{\bar{C}_P(T)}{3} \tag{21・16}$$

が得られる.

例題 21・4 固体塩素のモル熱容量は 14 K で 3.39 J K^{-1} mol^{-1} であり, 14 K 以下ではデバイの T^3 則に従うことを使って 14 K での固体塩素のモルエントロピーを計算せよ.

解答: 式(21・16)を使えば,

---

1) Debye T^3 law   2) Peter Debye   3) Debye temperature

$$\overline{S}(14\text{ K}) = \frac{\overline{C}_P(14\text{ K})}{3}$$

$$= \frac{3.39\text{ J K}^{-1}\text{ mol}^{-1}}{3} = 1.13\text{ J K}^{-1}\text{ mol}^{-1}$$

を得る.

21・5 実験的に絶対エントロピーを決定することができる

適切な熱容量のデータと**転移エンタルピー**[1]と**転移温度**[2]が既知であれば,約束から $S(0\text{ K})=0$ として式(21・15)を使ってエントロピーを計算できる.こうして得たエントロピーを**第三法則エントロピー**[3]あるいは実用絶対エントロピーという.表21・1に $N_2(g)$ の 298.15 K におけるエントロピーの計算を示す.10.00 K におけるエントロピーは $\overline{C}_P=6.15\text{ J K}^{-1}\text{ mol}^{-1}$ として式(21・16)を用いて決定する.35.61 K でこの固体は結晶構造が変化する相変化を起こす.ここで $\Delta_\text{trs}\overline{H}=0.2289\text{ kJ mol}^{-1}$ すなわち $\Delta_\text{trs}\overline{S}=6.43\text{ J K}^{-1}\text{ mol}^{-1}$ である.また,$N_2(s)$ は 63.15 K で融解し, $\Delta_\text{fus}\overline{H}=0.71\text{ kJ mol}^{-1}$ すなわち $\Delta_\text{fus}\overline{S}=11.2\text{ J K}^{-1}\text{ mol}^{-1}$ である.最後に 1 atm では $N_2(l)$ は 77.36 K で沸騰し,$\Delta_\text{vap}\overline{H}=5.57\text{ kJ mol}^{-1}$ すなわち $\Delta_\text{vap}\overline{S}=72.0\text{ J K}^{-1}\text{ mol}^{-1}$ である.二つの相転移の間の領域では $\overline{C}_P(T)/T$ のデータを数値的に積分する(問題 21・14).式(21・15)により $\overline{C}_P(T)/T$ を T に対してプロットした曲線の下側の面積がモルエントロピーである.

表 21・1 298.15 K における窒素の標準モルエントロピー

過　程	$\overline{S}°/\text{J K}^{-1}\text{ mol}^{-1}$
0 から 10.00 K	2.05
10.00 から 35.61 K	25.79
相転移	6.43
35.61 から 63.15 K	23.41
融　解	11.2
63.15 から 77.36 K	11.46
蒸　発	72.0
77.36 から 298.15 K	39.25
非理想性の補正	0.02
合　計	191.6

---

1) enthalpy of transition　2) transition temperature　3) third-law entropy

表 21・1 の最後の小さい補正については説明が必要である．文献記載の気体のエントロピーの値は**標準エントロピー**[1]であって，これは非理想性を補正した 1 bar でのものである．この補正の方法については 22・6 節で学ぶ．(実在)気体の標準状態はどの温度であっても，対応する(仮想的な) 1 bar における理想気体のものであることを思い起こそう．

窒素のモルエントロピーを 0 K から 400 K にわたって温度に対してプロットすると図 21・1 が得られる．相転移と相転移の間ではモルエントロピーはスムーズに増加

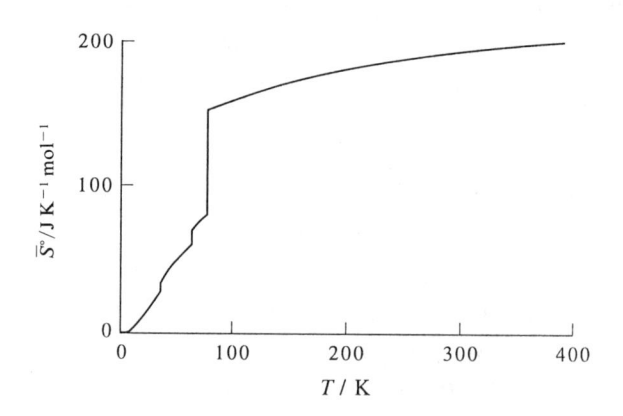

図 21・1　0 K から 400 K で温度に対してプロットした窒素のモルエントロピー．

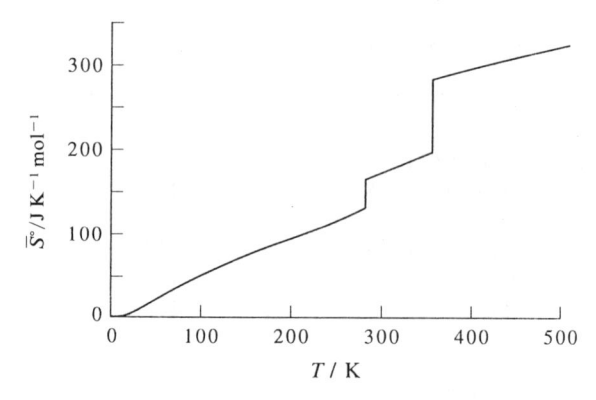

図 21・2　0 K から 500 K で温度に対してプロットしたベンゼンのモルエントロピー．

---

1) standard entropy

するが，各相転移では不連続にジャンプすることに注意せよ．また，沸点でのジャンプは融点でのジャンプよりはるかに大きいことにも注意せよ．図21·2はベンゼンについての同様なプロットである．ベンゼンは固相間の相転移を起こさない．

21·6 気体の実用絶対エントロピーは分配関数から計算できる

20·8節によればエントロピーは，

$$S = k_B \ln Q + k_B T \left(\frac{\partial \ln Q}{\partial T} \right)_{N,V} \tag{21·17}$$

と書ける(式20·42)．ここで $Q(N, V, T)$ は系の分配関数，

$$Q(N, V, T) = \sum_j e^{-E_j(N,V)/k_B T} \tag{21·18}$$

である．式(21·17)は熱力学第三法則にそったものである．S についての式(21·17)に，式(21·18)を代入して，もっと具体的に，

$$S = k_B \ln \sum_j e^{-E_j/k_B T} + \frac{1}{T} \frac{\sum_j E_j e^{-E_j/k_B T}}{\sum_j e^{-E_j/k_B T}} \tag{21·19}$$

と書く．この式の $T \to 0$ での挙動を検討しよう．一般性をもたせるために，はじめの n 個の状態が同じエネルギー，$E_1 = E_2 = \cdots = E_n$ (基底状態は n 重縮退)，またひき続く m 個の状態が同じエネルギー，$E_{n+1} = E_{n+2} = \cdots = E_{n+m}$ (第一励起状態が m 重縮退) という具合に仮定する．

式(21·19)の $T \to 0$ での和を検討しよう．式(21·18)を展開すると，

$$\sum_j e^{-E_j/k_B T} = n e^{-E_1/k_B T} + m e^{-E_{n+1}/k_B T} + \cdots$$

となる．$e^{-E_1/k_B T}$ をくくり出すと，

$$\sum_j e^{-E_j/k_B T} = e^{-E_1/k_B T} [n + m e^{-(E_{n+1}-E_1)/k_B T} + \cdots]$$

が得られる．ここで設問の仕方から $E_{n+1} - E_1 > 0$ なので，

$$e^{-(E_{n+1}-E_1)/k_B T} \to 0 \qquad (T \to 0 \text{ のとき})$$

である．したがって，$T \to 0$ のとき，

$$\sum_j e^{-E_j/k_B T} \to n e^{-E_1/k_B T}$$

となる．T が小さい極限では，式(21·19)のそれぞれの和で第1項が圧倒的に大きいので，

$$S = k_B \ln(n e^{-E_1/k_B T}) + \frac{1}{T} \frac{n E_1 e^{-E_1/k_B T}}{n e^{-E_1/k_B T}}$$

$$= k_B \ln n - \frac{E_1}{T} + \frac{E_1}{T} = k_B \ln n$$

が得られる. このように $T \to 0$ のとき S は基底状態の縮退度の対数に比例する(式 21・11 参照). 21・2 節で論証したように, n がアボガドロ定数ほどの大きさだとしても, S は完全に無視できる大きさである.

17 章で, 理想気体では,

$$Q(N, V, T) = \frac{[q(V, T)]^N}{N!} \qquad (21 \cdot 20)$$

であることを学んだ(式 17・38). この分子分配関数 $q(V, T)$ の具体的な内容は, 18 章でいろいろな分子の理想気体について与えてある. (1) 単原子理想気体(式 18・13), (2) 二原子分子の理想気体(式 18・39), (3) 直線形多原子分子の理想気体(式 18・57), (4) 非直線形多原子分子の理想気体(式 18・60).

式(21・20)を式(21・17)に代入すると,

$$S = N k_B \ln q - k_B \ln N! + N k_B T \left(\frac{\partial \ln q}{\partial T} \right)_V$$

を得る. $\ln N!$ についてのスターリングの近似($\ln N! = N \ln N - N$)を使うと,

$$S = N k_B + N k_B \ln \left[\frac{q(V, T)}{N} \right] + N k_B T \left(\frac{\partial \ln q}{\partial T} \right)_V \qquad (21 \cdot 21)$$

が得られる(問題 21・27).

式(21・21)と式(18・39)を使って, $N_2(g)$ の 298.15 K における標準モルエントロピーを計算し, 熱容量データから得られた表 21・1 の値と比べてみる. 式(18・39)を式(21・21)に代入すると,

$$\frac{\bar{S}^\circ}{R} = \ln \left[\left(\frac{2\pi M k_B T}{h^2} \right)^{3/2} \frac{\bar{V} e^{5/2}}{N_A} \right] + \ln \frac{T e}{2 \Theta_{\rm rot}} - \ln(1 - e^{-\Theta_{\rm vib}/T})$$

$$+ \frac{\Theta_{\rm vib}/T}{e^{\Theta_{\rm vib}/T} - 1} + \ln g_{\rm el} \qquad (21 \cdot 22)$$

が得られる. 第1項は S に対する並進の寄与, 第2項は回転の寄与, 第3項と第4項は振動の寄与, 最後の項は電子の寄与を表している. 必要なパラメーターは $\Theta_{\rm rot} = 2.88$ K, $\Theta_{\rm vib} = 3374$ K, $g_{\rm el} = 1$ である. 298.15 K, 1 bar においてそれぞれは,

21. エントロピーと熱力学第三法則

$$\left(\frac{2\pi M k_B T}{h^2}\right)^{3/2} = \left[\frac{2\pi(4.653 \times 10^{-26}\text{ kg})(1.3807 \times 10^{-23}\text{ J K}^{-1})(298.15\text{ K})}{(6.626 \times 10^{-34}\text{ J s})^2}\right]^{3/2}$$

$$= 1.436 \times 10^{32}\text{ m}^{-3}$$

$$\frac{\overline{V}}{N_A} = \frac{RT}{N_A P} = \frac{(0.083\,14\text{ L bar mol}^{-1}\text{ K}^{-1})(298.15\text{ K})}{(6.022 \times 10^{23}\text{ mol}^{-1})(1\text{ bar})}$$

$$= 4.117 \times 10^{-23}\text{ L} = 4.117 \times 10^{-26}\text{ m}^{-3}$$

$$\frac{T\text{e}}{2\Theta_{\text{rot}}} = \frac{(298.15\text{ K})(2.718\,28)}{2(2.88\text{ K})} = 140.7$$

$$1 - e^{-\Theta_{\text{vib}}/T} = 1 - e^{-11.31} \approx 1.000$$

$$\frac{\Theta_{\text{vib}}/T}{e^{\Theta_{\text{vib}}/T}-1} = \frac{11.31}{e^{11.31}-1} = 1.380 \times 10^{-4}$$

である. したがって, 298.15 K における標準モルエントロピー $\overline{S}^\circ$ は,

$$\overline{S}^\circ = \overline{S}^\circ_{\text{trans}} + \overline{S}^\circ_{\text{rot}} + \overline{S}^\circ_{\text{vib}} + \overline{S}^\circ_{\text{elec}}$$

$$= (150.4 + 41.13 + 1.15 \times 10^{-3} + 0)\text{ J K}^{-1}\text{ mol}^{-1}$$

$$= 191.5\text{ J K}^{-1}\text{ mol}^{-1}$$

表 21·2 298.15 K におけるさまざまな物質の標準モルエントロピー ($\overline{S}^\circ$)

物 質	$\overline{S}^\circ/\text{J K}^{-1}\text{ mol}^{-1}$	物 質	$\overline{S}^\circ/\text{J K}^{-1}\text{ mol}^{-1}$
Ag(s)	42.55	HCl(g)	186.9
Ar(g)	154.8	HCN(g)	201.8
Br_2(g)	245.5	HI(g)	206.6
Br_2(l)	152.2	H_2O(g)	188.8
C(s)(ダイヤモンド)	2.38	H_2O(l)	70.0
C(s)(グラファイト)	5.74	Hg(l)	75.9
CH_4(g)	186.3	I_2(s)	116.1
C_2H_2(g)	200.9	I_2(g)	260.7
C_2H_4(g)	219.6	K(s)	64.7
C_2H_6(g)	229.6	N_2(g)	191.6
CH_3OH(l)	126.8	Na(s)	51.3
CH_3Cl(g)	234.6	NH_3(g)	192.8
CO(g)	197.7	NO(g)	210.8
CO_2(g)	213.8	NO_2(g)	240.1
Cl_2(g)	223.1	O_2(g)	205.2
H_2(g)	130.7	O_3(g)	238.9
HBr(g)	198.7	SO_2(g)	248.2

であって，比較すべき表 21・1 の値は 191.6 J K^{-1} mol^{-1} である．この二つの値はほぼぴったり一致している．このような一致はふつうに見られるもので，必要なパラメーターの値が正確にわかっていれば，統計熱力学による値の方が熱量測定によるものより正確である．表 21・2 にいろいろな物質の標準モルエントロピーを掲げてある．広く受け入れられている文献値はしばしば統計熱力学と熱量測定の結果を組合わせたものである．

例題 21・5 この節の式を用いて 298.15 K における二酸化炭素の標準モルエントロピーを計算し，表 21・2 の値と比較せよ．

解答： 二酸化炭素は対称的な直線分子で 4 個の振動の自由度をもつ．式(18・57)を式(21・21)に代入すると，

$$\frac{\overline{S}^\circ}{R} = 1 + \ln\left[\left(\frac{2\pi M k_\mathrm{B} T}{h^2}\right)^{3/2} \frac{\overline{V}}{N_\mathrm{A}}\right] + \ln\left(\frac{T}{\sigma \Theta_\mathrm{rot}}\right)$$

$$- \sum_{j=1}^{4} \frac{\Theta_{\mathrm{vib},j}}{2T} - \sum_{j=1}^{4} \ln\left(1 - e^{-\Theta_{\mathrm{vib},j}/T}\right) + \ln g_\mathrm{el} + \frac{D_\mathrm{e}}{k_\mathrm{B} T}$$

$$+ T\left[\frac{3}{2T} + \frac{1}{T} + \sum_{j=1}^{4} \frac{\Theta_{\mathrm{vib},j}}{2T^2} + \sum_{j=1}^{4} \frac{(\Theta_{\mathrm{vib},j}/T^2) e^{-\Theta_{\mathrm{vib},j}/T}}{1 - e^{-\Theta_{\mathrm{vib},j}/T}} - \frac{D_\mathrm{e}}{k_\mathrm{B} T^2}\right]$$

すなわち，

$$\frac{\overline{S}^\circ}{R} = \frac{7}{2} + \ln\left[\left(\frac{2\pi M k_\mathrm{B} T}{h^2}\right)^{3/2} \frac{\overline{V}}{N_\mathrm{A}}\right] + \ln\left(\frac{T}{\sigma \Theta_\mathrm{rot}}\right)$$

$$+ \sum_{j=1}^{4} \left[\frac{(\Theta_{\mathrm{vib},j}/T) e^{-\Theta_{\mathrm{vib},j}/T}}{1 - e^{-\Theta_{\mathrm{vib},j}/T}} - \ln\left(1 - e^{-\Theta_{\mathrm{vib},j}/T}\right)\right] + \ln g_\mathrm{el}$$

が得られる．$N_2(g)$ の場合と同じようにすると，$(2\pi M k_\mathrm{B} T/h^2)^{3/2} = 2.826 \times 10^{32}$ m^{-3} および $\overline{V}/N_\mathrm{A} = 4.117 \times 10^{-26}$ m^{-3} が得られる．表 18・4 の $\Theta_\mathrm{rot} = 0.561$ K を使うと $T/2\Theta_\mathrm{rot} = 265.8$ を得る．同様に，表 18・4 から 4 個の $\Theta_{\mathrm{vib},j}/T$ の値は 3.199(二重縮退)，6.338，11.27 である．最後に $g_\mathrm{el} = 1$ であり，これらをまとめて，

$$\frac{\overline{S}^\circ}{R} = \frac{7}{2} + \ln\left[(2.826 \times 10^{32}\,\mathrm{m}^{-3})(4.117 \times 10^{-26}\,\mathrm{m}^{-3})\right] + \ln 265.8$$

$$+ 2\left[\frac{3.199\, e^{-3.199}}{1 - e^{-3.199}} - \ln(1 - e^{-3.199})\right] + \left[\frac{6.338\, e^{-6.338}}{1 - e^{-6.338}} - \ln(1 - e^{-6.338})\right]$$

$$+ \left[\frac{11.27\, e^{-11.27}}{1 - e^{-11.27}} - \ln(1 - e^{-11.27})\right]$$

$$= 3.5 + 16.27 + 5.58 + 2(0.178) + 0.01 + O(10^{-4})$$
$$= 25.71$$

すなわち,
$$\bar{S}° = 25.71R = 213.8 \text{ J K}^{-1}\text{mol}^{-1}$$

が得られる．これは表 21・2 の値と大変よく一致している．

21・7 標準モルエントロピーの値は分子質量と分子構造に依存する

表 21・2 の標準モルエントロピーから，何か傾向があるかを探ってみよう．まず気体物質の標準モルエントロピーが最大で固体物質のものが最小である．これは，固体が液体や気体より秩序だっていることを反映している．

つぎに表 21・3 の希ガスの標準モルエントロピーを考える．希ガスの標準モルエントロピーは，周期表で上から下へと質量が大きくなる結果，その順で大きくなる．つまり質量の増加は，熱的乱れの増加（より多くの並進エネルギー準位が利用できる）と大きなエントロピーをもたらす．量子論的には分子質量が大きいとエネルギー準位の間隔が狭くなるからである．気体のハロゲンやハロゲン化水素の標準モルエントロピーを 298.15 K で比較しても同様の傾向が認められる（表 21・3 と図 21・3 参照）．

表 21・3 298.15 K における希ガス，気体ハロゲン，ハロゲン化水素の標準モルエントロピー ($\bar{S}°$)

希ガス	$\bar{S}°$/J K^{-1}mol^{-1}	ハロゲン	$\bar{S}°$/J K^{-1}mol^{-1}	ハロゲン化水素	$\bar{S}°$/J K^{-1}mol^{-1}
He(g)	126.2	F_2(g)	202.8	HF(g)	173.8
Ne(g)	146.3	Cl_2(g)	223.1	HCl(g)	186.9
Ar(g)	154.8	Br_2(g)	245.5	HBr(g)	198.7
Kr(g)	164.1	I_2(g)	260.7	HI(g)	206.6
Xe(g)	169.7				

一般的にいって，分子内で，ある一種の原子の数が多いほど分子はエネルギーを受け取る能力が大きくなり，エントロピーが大きくなる（原子の数が多いと分子の振動の仕方が多くなる）．この傾向は C_2H_2(g), C_2H_4(g), C_2H_6(g) という系列で，298.15 K における標準モルエントロピーが 201 J K^{-1}mol^{-1}, 220 J K^{-1}mol^{-1}, 230 J K^{-1}mol^{-1} となっていることからもわかる．分子の形と原子の数が同じならば，分子質量が大きくなるにつれて標準モルエントロピーも大きくなる．

例題 21・6 つぎの分子を標準モルエントロピーが大きくなる順に並べよ.

$$CH_2Cl_2(g), \quad CHCl_3(g), \quad CH_3Cl(g)$$

解答: どの分子も原子数は同じであるが塩素は水素よりも大きな質量をもつ. このため,

$$\bar{S}°[CH_3Cl(g)] < \bar{S}°[CH_2Cl_2(g)] < \bar{S}°[CHCl_3(g)]$$

と考えられる. この順番は 298.15 K における標準モルエントロピーの大きさの順と一致していて, その値は 234.6 J K^{-1} mol^{-1}, 270.2 J K^{-1} mol^{-1}, 295.7 J K^{-1} mol^{-1} である.

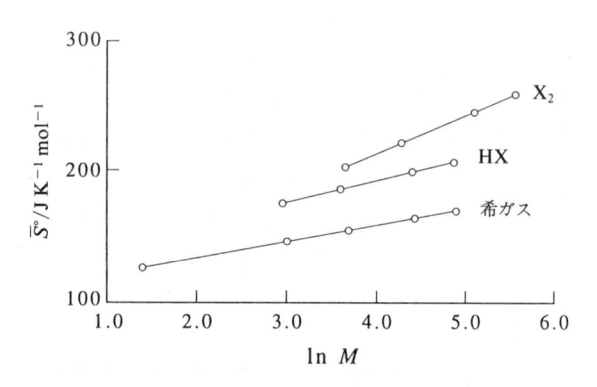

図 21・3 298.15 K における希ガス, 気体ハロゲン, ハロゲン化水素の標準モルエントロピー($\bar{S}°$)の $\ln M$ (M は分子質量)に対するプロット.

アセトンとトリメチレンオキシド(分子構造は以下に示す)という異性体の比較は興味深いものである. これらの 298.15 K における気体の標準モルエントロピーは 298 J K^{-1} mol^{-1} と 274 J K^{-1} mol^{-1} である. アセトンのエントロピーは, 分子内の炭素-炭素結合のまわりのメチル基の自由回転のために, トリメチレンオキシドのエントロピーより大きい. つまり, トリメチレンオキシドの環の構造が比較的堅いために, 環

21. エントロピーと熱力学第三法則

内の原子の動きが制限される．堅い方の異性体がエネルギーを受け取る能力は，より柔軟なアセトン分子のそれに比べて小さいので，この制約のためモルエントロピーが小さくなる．分子質量がほぼ同じ分子では，分子がひきしまっているほどエントロピーが小さい．

表 21·2 では 298.15 K, 1 bar で $Br_2(g)$ について $\bar{S}° = 245.5 \text{ J K}^{-1}\text{mol}^{-1}$ という値が与えられているが，臭素は 298.15 K, 1 bar では液体である．それでは，この値はどこからきたものだろうか．実は，この条件で臭素が液体であっても，図 21·4 に示したような方法で $\bar{S}°[Br_2(g)]$ を計算することができるのである．それには $Br_2(l)$ のモル熱容量 ($75.69 \text{ J K}^{-1}\text{mol}^{-1}$)，$Br_2(g)$ のモル熱容量 ($36.02 \text{ J K}^{-1}\text{mol}^{-1}$)，$Br_2(l)$ の通常沸点 (332.0 K) におけるモル蒸発エンタルピー ($29.54 \text{ kJ mol}^{-1}$) が必要である．298.15 K の $Br_2(l)$ から始め，沸点まで加熱する．この経路 1 での $\Delta\bar{S}$ は式 (21·7) より，

$$\Delta\bar{S}_1 = \bar{S}^l(332.0 \text{ K}) - \bar{S}^l(298.15 \text{ K}) = \bar{C}_P^l \ln \frac{T_2}{T_1}$$

$$= (75.69 \text{ J K}^{-1}\text{mol}^{-1}) \ln \frac{332.0 \text{ K}}{298.15 \text{ K}} = 8.140 \text{ J K}^{-1}\text{mol}^{-1}$$

である．つぎに通常沸点で臭素を蒸発させる (図 21·4 の経路 2) と，

$$\Delta\bar{S}_2 = \bar{S}^g(332.0 \text{ K}) - \bar{S}^l(332.0 \text{ K}) = \frac{\Delta_{vap}\bar{H}}{T_{vap}} = \frac{29.54 \text{ kJ mol}^{-1}}{332.0 \text{ K}}$$

$$= 88.98 \text{ J K}^{-1}\text{mol}^{-1}$$

である．最後に気体を 332.0 K から 298.15 K まで冷却する (経路 3) と，

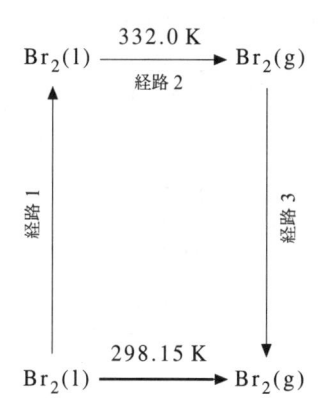

図 21·4　298.15 K における $\bar{S}°[Br_2(g)]$ の計算の仕方．経路 1 で $Br_2(l)$ を沸点，332.0 K まで加熱する．それから 332.0 K で蒸発により $Br_2(l)$ を $Br_2(g)$ にし (経路 2)，最後に $Br_2(g)$ を 332.0 K から 298.15 K まで冷却して戻す (経路 3)．

$$\Delta \bar{S}_3 = \bar{S}^g(298.15 \text{ K}) - \bar{S}^g(332.0 \text{ K}) = \bar{C}_P^g \ln \frac{298.15 \text{ K}}{332.0 \text{ K}}$$

$$= (36.02 \text{ J K}^{-1} \text{ mol}^{-1}) \ln \frac{298.15}{332.0} = -3.87 \text{ J K}^{-1} \text{ mol}^{-1}$$

である.この3段階を足し合わせ,その結果を $\bar{S}^\circ_{298}[Br_2(l)] = 152.2 \text{ J K}^{-1} \text{ mol}^{-1}$(表21·2)に加えると,

$$\bar{S}^\circ_{298}[Br_2(g)] = \bar{S}^\circ_{298}[Br_2(l)] + \Delta \bar{S}_1 + \Delta \bar{S}_2 + \Delta \bar{S}_3$$
$$= 152.2 \text{ J K}^{-1} \text{ mol}^{-1} + 8.14 \text{ J K}^{-1} \text{ mol}^{-1}$$
$$+ 88.98 \text{ J K}^{-1} \text{ mol}^{-1} - 3.87 \text{ J K}^{-1} \text{ mol}^{-1}$$
$$= 245.5 \text{ J K}^{-1} \text{ mol}^{-1}$$

が得られる.これは表21·2の $Br_2(g)$ についての値と一致する.参考までに比較すると,式(18·39)と18章のデータを用いた $\bar{S}^\circ[Br_2(g)]$ の分光学的な値は 245.5 J K^{-1} mol^{-1} である(問題21·33).

21·8 ある種の物質の分光学的エントロピーは熱量測定からのエントロピーと一致しない

表21·4は種々の多原子分子についてモルエントロピーの計算値を熱量測定からの値(**測熱的エントロピー**[1])と比較したものである.実験との一致は大変よい.

ところが,表21·4のような一致が見られない種類の分子が存在する.たとえば一酸化炭素では,沸点(81.6 K)で $\bar{S}_{calc} = 160.3 \text{ J K}^{-1} \text{ mol}^{-1}$, $\bar{S}_{exp} = 155.6 \text{ J K}^{-1} \text{ mol}^{-1}$ であり,4.7 J K^{-1} mol^{-1} の不一致がある.ほかにも同様の不一致が見いだされていて,

表 21·4　298.15 K,1 bar における多原子分子気体の標準モルエントロピーの例

気体	$\bar{S}^\circ$(calc)/J K^{-1} mol^{-1}	$\bar{S}^\circ$(exp)/J K^{-1} mol^{-1}
CO_2	213.8	213.7
NH_3	192.8	192.6
NO_2	240.1	240.2
CH_4	186.3	186.3
C_2H_2	200.9	200.8
C_2H_4	219.6	219.6
C_2H_6	229.6	229.5

---

[1] calorimetric entropy

どの場合も $\bar{S}_{calc} > \bar{S}_{exp}$ である．この差，$\bar{S}_{calc} - \bar{S}_{exp}$，を**残余エントロピー**[1]という．このような場合の説明はつぎのとおりである．一酸化炭素の双極子モーメントは非常に小さい（$\approx 4 \times 10^{-31}$ C m）ので，結晶化するときにエネルギーが小さくなるように整列する傾向が強くない．このため，得られる結晶は，二つの可能な配向，CO と OC，の乱雑な混合物になる．結晶を 0 K に向かって冷却しても，各分子は自分の向きに固定されてしまい，最低エネルギーで $W=1$ の状態，つまりすべての分子が同じ向きをとった状態を実現することができない．双極子モーメントが大変小さいから N 個の分子のそれぞれが二つの状態を等しくとりうるので，この結晶の配置の数 W は 2^N である．したがって，この結晶の 0 K におけるモルエントロピーは 0 ではなく $S = R \ln 2$ となる．$R \ln 2 = 5.7$ J K^{-1} mol^{-1} を実験的に求められたエントロピーに加えると，一酸化炭素における一致は満足なものになる．$T = 0$ K で真に平衡な状態にある一酸化炭素を得ることができれば，この不一致は起こらないはずである．同様のことは，直線構造 NNO をもつ亜酸化窒素（一酸化二窒素）でも起きる．H$_3$CD では残余エントロピーは 11.7 J K^{-1} mol^{-1} であるが，これは H$_3$CD の各分子が低温の結晶中で四つの異なる配向をとりうることを考えれば説明できる．すなわち，$\bar{S}_{残余} = R \ln 4 = 11.5$ J K^{-1} mol^{-1} とすれば実験値と非常によく一致する．

21・9 標準エントロピーは化学反応によるエントロピー変化の計算にも用いることができる

標準モルエントロピーの表の最も重要な利用法の一つは，化学反応のエントロピー変化の計算に用いることである．この計算は，19 章で標準モルエンタルピーから標準反応エンタルピーを計算したのとだいたい同じように行う．一般の反応，

$$a\text{A} + b\text{B} \longrightarrow y\text{Y} + z\text{Z}$$

に対し，標準エントロピー変化は，

$$\Delta_r S^\circ = y S^\circ[\text{Y}] + z S^\circ[\text{Z}] - a S^\circ[\text{A}] - b S^\circ[\text{B}]$$

で与えられる．たとえば，

$$\text{H}_2(\text{g}) + \frac{1}{2}\text{O}_2(\text{g}) \rightleftharpoons \text{H}_2\text{O}(\text{l})$$

という化学反応式で表される反応に対し，各物質についての表 21・2 の S° の値を用いると，

---

1) residual entropy

$$\Delta_r S° = (1) S°[\text{H}_2\text{O}(\text{l})] - (1) S°[\text{H}_2(\text{g})] - \left(\frac{1}{2}\right) S°[\text{O}_2(\text{g})]$$

$$= (1)(70.0 \text{ J K}^{-1} \text{ mol}^{-1}) - (1)(130.7 \text{ J K}^{-1} \text{ mol}^{-1}) - \left(\frac{1}{2}\right)(205.2 \text{ J K}^{-1} \text{ mol}^{-1})$$

$$= -163.3 \text{ J K}^{-1} \text{ mol}^{-1}$$

となる．この $\Delta_r S°$ は，すべての反応物と生成物が標準状態にある場合の，1 モルの $\text{H}_2(\text{g})$ の燃焼あるいは 1 モルの $\text{H}_2\text{O}(\text{l})$ の生成に対応する $\Delta_r S$ を表している．$\Delta_r S°$ が負で大きな値であることは，この反応では気体反応物が失われて凝縮相が生じる，秩序化過程であることのあらわれである．

26 章では標準生成エンタルピーと標準エントロピーの表を用いて化学反応の平衡定数を計算する．

問題

21·1 T と P の関数として H の全微分を書き，式(21·6)の dH に等しいとおいて式(21·7)と式(21·8)を導け．

21·2 $\text{H}_2\text{O}(\text{l})$ のモル熱容量は 0 °C から 100 °C でほぼ一定の値，$\bar{C}_P = 75.4 \text{ J K}^{-1} \text{ mol}^{-1}$ をもつ．2 モルの $\text{H}_2\text{O}(\text{l})$ を定圧で 10 °C から 90 °C まで加熱した場合の ΔS を計算せよ．

21·3 ブタンのモル熱容量は 300 K ≤ T ≤ 1500 K で，

$$\bar{C}_P/R = 0.05641 + (0.04631 \text{ K}^{-1}) T - (2.392 \times 10^{-5} \text{ K}^{-2}) T^2 + (4.807 \times 10^{-9} \text{ K}^{-3}) T^3$$

と表すことができる．1 モルのブタンを定圧で 300 K から 1000 K まで加熱した場合の ΔS を計算せよ．

21·4 $\text{C}_2\text{H}_4(\text{g})$ のモル熱容量は 300 K < T < 1000 K で，

$$\bar{C}_V(T)/R = 16.4105 - \frac{6085.929 \text{ K}}{T} + \frac{822\,826 \text{ K}^2}{T^2}$$

と表すことができる．1 モルのエテンを一定体積で 300 K から 600 K まで加熱した場合の ΔS を計算せよ．

21·5 問題 21·4 のデータを用い，1 モルのエテンを定圧で 300 K から 600 K まで加熱した場合の ΔS を計算せよ．エテンは理想気体として振舞うと仮定せよ．

21·6 問題 21·4 と問題 21·5 の結果の差をつぎのように計算することができる. はじめに理想気体では $\bar{C}_P - \bar{C}_V = R$ なので,

$$\Delta \bar{S}_P = \Delta \bar{S}_V + R \ln \frac{T_2}{T_1}$$

であることを示せ. 問題 21·4 と問題 21·5 の答えが確かに $R \ln 2 = 0.693 R = 5.76$ J K^{-1} mol^{-1} だけ違うことを確かめよ.

21·7 問題 21·4 と問題 21·5 の結果にはつぎのような関係がなければならない. この二つの過程がつぎの図,

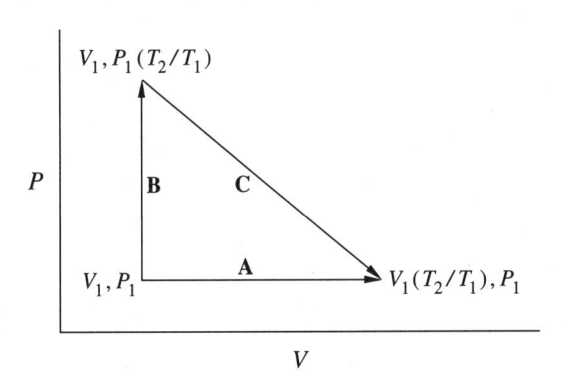

で表されることを示せ. ここで経路 A と B は, それぞれ, 問題 21·5 と問題 21·4 の過程である. 経路 A は経路 B と C の和に等しい. そこで ΔS_C が,

$$\Delta S_C = nR \ln \frac{V_1 \left(\frac{T_2}{T_1} \right)}{V_1} = nR \ln \frac{P_1 \left(\frac{T_2}{T_1} \right)}{P_1} = nR \ln \frac{T_2}{T_1}$$

で与えられることを示し, 問題 21·6 の結果が得られることを示せ.

21·8 式(18·13)と式(18·39)を用い, すべての系が基底状態にある 0 K では $S = 0$ であることを示せ.

21·9 $p_1 = 1$ で他のすべての j で $p_j = 0$ のとき, $S = -k_B \sum p_j \ln p_j = 0$ であることを示せ. これはつまり $x \to 0$ のとき $x \ln x \to 0$ であることを示せということである.

21·10 多くの非会合性液体について $\Delta_{vap} \bar{S} \approx 88$ J K^{-1} mol^{-1} であることが実験的に知られている. この粗い経験則を**トルートンの法則**[1] という. つぎのデータを用い, トルートンの法則の確かさを調べよ.

---

1) Trouton's rule

物質	$t_{\mathrm{fus}}/{}^\circ\mathrm{C}$	$t_{\mathrm{vap}}/{}^\circ\mathrm{C}$	$\Delta_{\mathrm{fus}}\overline{H}/\mathrm{kJ\ mol^{-1}}$	$\Delta_{\mathrm{vap}}\overline{H}/\mathrm{kJ\ mol^{-1}}$
エチレンオキシド	−111.7	10.6	5.17	25.52
ジエチルエーテル	−116.3	34.5	7.27	26.52
臭素	−7.2	58.8	10.57	29.96
水銀	−38.83	356.7	2.29	59.11
テトラクロロメタン	−23	76.8	3.28	29.82
ヘキサン	−95.3	68.73	13.08	28.85
ヘプタン	−90.6	98.5	14.16	31.77
ベンゼン	5.53	80.09	9.95	30.72
ペンタン	−129.7	36.06	8.42	25.79

21·11 問題 21·10 のデータを用い,それぞれの物質について $\Delta_{\mathrm{fus}}\overline{S}$ を計算せよ.

21·12 $\Delta_{\mathrm{vap}}\overline{S} > \Delta_{\mathrm{fus}}\overline{S}$ である理由は何か.

21·13 $T \to 0$ で $C_P^s(T) \to T^\alpha$ (α は正の定数) ならば,$T \to 0$ で $S(T) \to 0$ であることを示せ.

21·14 つぎのデータを用いて $N_2(\mathrm{g})$ の 298.15 K における標準モルエントロピーを計算せよ.

$$C_P^\circ[\mathrm{N}_2(\mathrm{s}_1)]/R = -0.03165 + (0.05460\ \mathrm{K}^{-1})\,T + (3.520\times 10^{-3}\ \mathrm{K}^{-2})\,T^2$$
$$- (2.064\times 10^{-5}\ \mathrm{K}^{-3})\,T^3$$

$$10\ \mathrm{K} \leq T \leq 35.61\ \mathrm{K}$$

$$C_P^\circ[\mathrm{N}_2(\mathrm{s}_2)]/R = -0.1696 + (0.2379\ \mathrm{K}^{-1})\,T - (4.214\times 10^{-3}\ \mathrm{K}^{-2})\,T^2$$
$$+ (3.036\times 10^{-5}\ \mathrm{K}^{-3})\,T^3$$

$$35.61\ \mathrm{K} \leq T \leq 63.15\ \mathrm{K}$$

$$C_P^\circ[\mathrm{N}_2(\mathrm{l})]/R = -18.44 + (1.053\ \mathrm{K}^{-1})\,T - (0.0148\ \mathrm{K}^{-2})\,T^2$$
$$+ (7.064\times 10^{-5}\ \mathrm{K}^{-3})\,T^3$$

$$63.15\ \mathrm{K} \leq T \leq 77.36\ \mathrm{K}$$

77.36 K $\leq T \leq$ 1000 K で $C_P^\circ[\mathrm{N}_2(\mathrm{g})]/R = 3.500$,$\overline{C}_P(T=10.0\ \mathrm{K}) = 6.15\ \mathrm{J\ K^{-1}\ mol^{-1}}$,$T_{\mathrm{trs}} = 35.61\ \mathrm{K}$,$\Delta_{\mathrm{trs}}\overline{H} = 0.2289\ \mathrm{kJ\ mol^{-1}}$,$T_{\mathrm{fus}} = 63.15\ \mathrm{K}$,$\Delta_{\mathrm{fus}}\overline{H} = 0.71\ \mathrm{kJ\ mol^{-1}}$,$T_{\mathrm{vap}} = 77.36\ \mathrm{K}$,$\Delta_{\mathrm{vap}}\overline{H} = 5.57\ \mathrm{kJ\ mol^{-1}}$ である.また非理想性の補正(問題 22·20) $= 0.02\ \mathrm{J\ K^{-1}\ mol^{-1}}$ である.

21·15 問題 21·14 のデータと $T \geq 77.36\ \mathrm{K}$ で $\overline{C}_P[\mathrm{N}_2(\mathrm{g})]/R = 3.307 + (6.29\times 10^{-4}\ \mathrm{K}^{-1})\,T$ であることを用い,0 K から 1000 K における窒素の標準モルエントロピーを温度に対してプロットせよ.

21. エントロピーと熱力学第三法則

21・16 塩素の固体，液体，気体のモル熱容量は，

$$C_P^\circ[\text{Cl}_2(\text{s})]/R = -1.545 + (0.1502\text{ K}^{-1})T - (1.179\times10^{-3}\text{ K}^{-2})T^2$$
$$+ (3.441\times10^{-6}\text{ K}^{-3})T^3$$
$$15\text{ K} \leq T \leq 172.12\text{ K}$$

$$C_P^\circ[\text{Cl}_2(\text{l})]/R = 7.689 + (5.582\times10^{-3}\text{ K}^{-1})T - (1.954\times10^{-5}\text{ K}^{-2})T^2$$
$$172.12\text{ K} \leq T \leq 239.0\text{ K}$$

$$C_P^\circ[\text{Cl}_2(\text{g})]/R = 3.812 + (1.220\times10^{-3}\text{ K}^{-1})T - (4.856\times10^{-7}\text{ K}^{-2})T^2$$
$$239.0\text{ K} \leq T \leq 1000\text{ K}$$

と表すことができる．これらと，$T_{\text{fus}}=172.12$ K，$\Delta_{\text{fus}}\bar{H}=6.406$ kJ mol^{-1}，$T_{\text{vap}}=239.0$ K，$\Delta_{\text{vap}}\bar{H}=20.40$ kJ mol^{-1}，$\Theta_{\text{D}}=116$ K，および非理想性の補正 $=0.502$ J K^{-1} mol^{-1} を用い，298.15 K における塩素の標準モルエントロピーを計算せよ．その結果を表21・2の値と比較せよ．

21・17 問題21・16のデータを用い，0 K から 1000 K における塩素の標準モルエントロピーを温度に対してプロットせよ．

21・18 つぎのデータを用いて，298.15 K におけるシクロプロパンの標準モルエントロピーを計算せよ．

$$C_P^\circ[\text{C}_3\text{H}_6(\text{s})]/R = -1.921 + (0.1508\text{ K}^{-1})T - (9.670\times10^{-4}\text{ K}^{-2})T^2$$
$$+ (2.694\times10^{-6}\text{ K}^{-3})T^3$$
$$15\text{ K} \leq T \leq 145.5\text{ K}$$

$$C_P^\circ[\text{C}_3\text{H}_6(\text{l})]/R = 5.624 + (4.493\times10^{-2}\text{ K}^{-1})T - (1.340\times10^{-4}\text{ K}^{-2})T^2$$
$$145.5\text{ K} \leq T \leq 240.3\text{ K}$$

$$C_P^\circ[\text{C}_3\text{H}_6(\text{g})]/R = -1.793 + (3.277\times10^{-2}\text{ K}^{-1})T - (1.326\times10^{-5}\text{ K}^{-2})T^2$$
$$240.3\text{ K} \leq T \leq 1000\text{ K}$$

$T_{\text{fus}}=145.5$ K，$T_{\text{vap}}=240.3$ K，$\Delta_{\text{fus}}\bar{H}=5.44$ kJ mol^{-1}，$\Delta_{\text{vap}}\bar{H}=20.05$ kJ mol^{-1}，$\Theta_{\text{D}}=130$ K および非理想性の補正$=0.54$ J K^{-1} mol^{-1} である．

21・19 問題21・18のデータを用い，0 K から 1000 K におけるシクロプロパンの標準モルエントロピーを温度に対してプロットせよ．

21・20 N_2O の定圧モル熱容量の温度変化は下表のとおりである．一酸化二窒素は 1 bar では 182.26 K で融解し $\Delta_{\text{fus}}\bar{H}=6.54$ kJ mol^{-1} であり，184.67 K で沸騰して $\Delta_{\text{vap}}\bar{H}=16.53$ kJ mol^{-1} である．固体一酸化二窒素の熱容量が 15 K 以下ではデバイ理論によく合うとして，沸点におけるモルエントロピーを計算せよ．

T/K	$\overline{C}_P$/J K^{-1} mol^{-1}	T/K	$\overline{C}_P$/J K^{-1} mol^{-1}
15.17	2.90	120.29	45.10
19.95	6.19	130.44	47.32
25.81	10.89	141.07	48.91
33.38	16.98	154.71	52.17
42.61	23.13	164.82	54.02
52.02	28.56	174.90	56.99
57.35	30.75	180.75	58.83
68.05	34.18	182.26	融 点
76.67	36.57	183.55	77.70
87.06	38.87	183.71	77.45
98.34	41.13	184.67	沸 点
109.12	42.84		

21·21 メチルアミン塩酸塩には 0 K と 298.15 K の間で β, γ, α という三つの結晶形が存在する．メチルアミン塩酸塩の定圧モル熱容量の温度変化は下表のとおりである．β→γ 転移は 220.4 K で起こり $\Delta_{\mathrm{trs}}\overline{H}=1.779$ kJ mol^{-1}，γ→α 転移は 264.5 K で起こり $\Delta_{\mathrm{trs}}\overline{H}=2.818$ kJ mol^{-1} である．12 K 以下では固体メチルアミン塩酸塩の熱容量がデバイ理論に従うとして，298.15 K におけるメチルアミン塩酸塩のモルエントロピーを計算せよ．

T/K	$\overline{C}_P$/J K^{-1} mol^{-1}	T/K	$\overline{C}_P$/J K^{-1} mol^{-1}
12	0.837	180	73.72
15	1.59	200	77.95
20	3.92	210	79.71
30	10.53	220.4	β→γ 転移
40	18.28	222	82.01
50	25.92	230	82.84
60	32.76	240	84.27
70	38.95	260	87.03
80	44.35	264.5	γ→α 転移
90	49.08	270	88.16
100	53.18	280	89.20
120	59.50	290	90.16
140	64.81	295	90.63
160	69.45		

21·22 クロロエタンの定圧モル熱容量の温度変化は下表のとおりである．1 bar ではクロロエタンは 134.4 K で融解し $\Delta_{\mathrm{fus}}\overline{H}=4.45$ kJ mol^{-1} であり，286.2 K で沸騰して $\Delta_{\mathrm{vap}}\overline{H}=24.65$ kJ mol^{-1} である．また，15 K 以下では固体クロロエタンの熱容量はデバイ理論に合う．これらのデータを用いて沸点におけるクロロエタンのモルエ

21. エントロピーと熱力学第三法則　917

ントロピーを計算せよ．

T/K	$\bar{C}_P/\mathrm{J\ K^{-1}\ mol^{-1}}$	T/K	$\bar{C}_P/\mathrm{J\ K^{-1}\ mol^{-1}}$
15	5.65	130	84.60
20	11.42	134.4	90.83(固体)
25	16.53		97.19(液体)
30	21.21	140	96.86
35	25.52	150	96.40
40	29.62	160	96.02
50	36.53	180	95.65
60	42.47	200	95.77
70	47.53	220	96.04
80	52.63	240	97.78
90	55.23	260	99.79
100	59.66	280	102.09
110	65.48	286.2	102.13
120	73.55		

21・23 ニトロメタンの定圧モル熱容量の温度変化は下表のとおりである．1 bar ではニトロメタンは 244.60 K で融解し $\Delta_{\mathrm{fus}}\bar{H}=9.70\ \mathrm{kJ\ mol^{-1}}$ であり，374.34 K で沸騰して $\Delta_{\mathrm{vap}}\bar{H}=38.27\ \mathrm{kJ\ mol^{-1}}$ である．また，15 K 以下では固体ニトロメタンの熱容量はデバイ理論に合う．これらのデータを用いて 1 bar, 298.15 K におけるニトロメタンのモルエントロピーを計算せよ．298.15 K でニトロメタンの蒸気圧は 36.66 Torr である．(ニトロメタンを 298.15 K の飽和蒸気圧から 1 bar へ等温的に圧縮する ΔS を考慮することを忘れてはならない．)

T/K	$\bar{C}_P/\mathrm{J\ K^{-1}\ mol^{-1}}$	T/K	$\bar{C}_P/\mathrm{J\ K^{-1}\ mol^{-1}}$
15	3.72	200	71.46
20	8.66	220	75.23
30	19.20	240	78.99
40	28.87	244.60	融点
60	40.84	250	104.43
80	47.99	260	104.64
100	52.80	270	104.93
120	56.74	280	105.31
140	60.46	290	105.69
160	64.06	300	106.06
180	67.74		

21・24 つぎのデータを用い通常沸点における $\mathrm{CO(g)}$ の標準モルエントロピーを計算せよ．一酸化炭素は 61.6 K で固相間相転移を起こす．計算の結果を分光学的エ

ントロピーの値 160.3 J K^{-1} mol^{-1} と比較せよ．両者の間に不一致があるのはなぜか．

$$\overline{C}_P[\mathrm{CO(s_1)}]/R = -2.820 + (0.3317 \text{ K}^{-1})\,T - (6.408\times 10^{-3}\text{ K}^{-2})\,T^2$$
$$+ (6.002\times 10^{-5}\text{ K}^{-3})\,T^3$$

$$10\text{ K} \le T \le 61.6\text{ K}$$

$$\overline{C}_P[\mathrm{CO(s_2)}]/R = 2.436 + (0.05694\text{ K}^{-1})\,T$$

$$61.6\text{ K} \le T \le 68.1\text{ K}$$

$$\overline{C}_P[\mathrm{CO(l)}]/R = 5.967 + (0.0330\text{ K}^{-1})\,T - (2.088\times 10^{-4}\text{ K}^{-2})\,T^2$$

$$68.1\text{ K} \le T \le 81.6\text{ K}$$

$T_{\text{trs}}(s_1 \to s_2) = 61.6$ K, $T_{\text{fus}} = 68.1$ K, $T_{\text{vap}} = 81.6$ K, $\Delta_{\text{fus}}\overline{H} = 0.836$ kJ mol^{-1}, $\Delta_{\text{trs}}\overline{H} = 0.633$ kJ mol^{-1}, $\Delta_{\text{vap}}\overline{H} = 6.04$ kJ mol^{-1}, $\Theta_D = 79.5$ K および 非理想性の補正 = 0.879 J K^{-1} mol^{-1} を使え．

21·25 固体と液体の水のモル熱容量は，

$$\overline{C}_P[\mathrm{H_2O(s)}]/R = -0.2985 + (2.896\times 10^{-2}\text{ K}^{-1})\,T - (8.6714\times 10^{-5}\text{ K}^{-2})\,T^2$$
$$+ (1.703\times 10^{-7}\text{ K}^{-3})\,T^3$$

$$10\text{ K} \le T \le 273.15\text{ K}$$

$$\overline{C}_P[\mathrm{H_2O(l)}]/R = 22.447 - (0.11639\text{ K}^{-1})\,T + (3.3312\times 10^{-4}\text{ K}^{-2})\,T^2$$
$$- (3.1314\times 10^{-7}\text{ K}^{-3})\,T^3$$

$$273.15\text{ K} \le T \le 298.15\text{ K}$$

と表すことができる．また，$T_{\text{fus}} = 273.15$ K, $\Delta_{\text{fus}}\overline{H} = 6.007$ kJ mol^{-1}, $\Delta_{\text{vap}}\overline{H}(T = 298.15\text{ K}) = 43.93$ kJ mol^{-1}, $\Theta_D = 192$ K，非理想性の補正 = 0.32 J K^{-1} mol^{-1}，298.15 K における H$_2$O の蒸気圧 = 23.8 Torr である．これらのデータを用いて 298.15 K における H$_2$O(g) の標準モルエントロピーを計算せよ．計算には，298.15 K における水の蒸気圧が必要であるが，それは 298.15 K で蒸発させた場合の平衡圧力だからである．H$_2$O(g) を 23.8 Torr から標準圧力の 1 bar まで圧縮するときの ΔS を含めなければならない．以上の計算結果は 185.6 J K^{-1} mol^{-1} になるはずだが，これは表 21·2 の値と厳密には一致しない．氷には残余エントロピーがあり，氷の構造の詳しい検討によればそれは $\Delta_{\text{残余}}S = R \ln(3/2) = 3.4$ J K^{-1} mol^{-1} である．これは $\overline{S}_{\text{calc}} - \overline{S}_{\text{exp}}$ とよく一致する．

21·26 問題 21·25 のデータと実験式，

$$\overline{C}_P[\mathrm{H_2O(g)}]/R = 3.652 + (1.156\times 10^{-3}\text{ K}^{-1})\,T - (1.424\times 10^{-7}\text{ K}^{-2})\,T^2$$

$$300\text{ K} \le T \le 1000\text{ K}$$

を用い，0 K から 500 K までの水の標準モルエントロピーを温度に対してプロットせよ．

21·27 理想気体について，

$$\overline{S} = R \ln \frac{q\mathrm{e}}{N_\mathrm{A}} + RT \left(\frac{\partial \ln q}{\partial T} \right)_V$$

であることを示せ．

21·28 式(17·21)および式(21·17)が式(21·2)および式(21·3)と内容的に矛盾しないことを示せ．

21·29 式(18·13)を式(21·17)に代入して，1 モルの単原子理想気体について，

$$\Delta \overline{S} = \overline{C}_V \ln \frac{T_2}{T_1} + R \ln \frac{V_2}{V_1}$$

を導け(問題 20·31)．

21·30 式(18·39)と 18 章のデータを用い，298.15 K における $Cl_2(g)$ の標準モルエントロピーを計算せよ．その結果を実験値 223.1 J K^{-1} mol^{-1} と比較せよ．

21·31 式(18·39)と 18 章のデータを用い，通常沸点，81.6 K における $CO(g)$ の標準モルエントロピーを計算せよ．その結果を実験値，155.6 J K^{-1} mol^{-1} と比較せよ．約 5 J K^{-1} mol^{-1} の不一致があるのはなぜか．

21·32 式(18·60)と 18 章のデータを用い，298.15 K における $NH_3(g)$ の標準モルエントロピーを計算せよ．その結果を実験値，192.8 J K^{-1} mol^{-1} と比較せよ．

21·33 式(18·39)と 18 章のデータを用い，298.15 K における $Br_2(g)$ の標準モルエントロピーを計算せよ．その結果を実験値，245.5 J K^{-1} mol^{-1} と比較せよ．

21·34 $HF(g)$ の振動定数および回転定数は，剛体回転子-調和振動子モデルでは，$\tilde{\nu}_0 = 3959$ cm^{-1} および $\tilde{B}_0 = 20.56$ cm^{-1} である．298.15 K における $HF(g)$ の標準モルエントロピーを計算せよ．表 21·3 の値と比較するとどうか．

21·35 298.15 K における $H_2(g)$ および $D_2(g)$ の標準モルエントロピーを計算せよ．結合長は 74.16 pm で等しいとし，$H_2(g)$ と $D_2(g)$ の振動温度はそれぞれ 6215 K と 4394 K とせよ．298.15 K における $HD(g)$ ($R_e = 74.13$ pm, $\Theta_{\mathrm{vib}} = 5496$ K) の標準モルエントロピーを計算せよ．

21·36 $I = 1.8816 \times 10^{-46}$ kg m^2, $\tilde{\nu}_1 = 2096.70$ cm^{-1}, $\tilde{\nu}_2 = 713.46$ cm^{-1}, $\tilde{\nu}_3 = 3311.47$ cm^{-1} として，1000 K における $HCN(g)$ の標準モルエントロピーを計算せよ．$HCN(g)$ は直線形三原子分子であり，変角モード，$\tilde{\nu}_2$ は二重縮退であることに注意せよ．

21·37 $\tilde{\nu}_1 = 1321.3$ cm^{-1}, $\tilde{\nu}_2 = 750.8$ cm^{-1}, $\tilde{\nu}_3 = 1620.3$ cm^{-1}, $\tilde{A}_0 = 7.9971$ cm^{-1}, $\tilde{B}_0 = 0.4339$ cm^{-1}, $\tilde{C}_0 = 0.4103$ cm^{-1} として，298.15 K における $NO_2(g)$ の標準モルエントロピーを計算せよ．〔$NO_2(g)$ は折れ曲がった三原子分子である．〕表 21·2 の値と

比較するとどうか．

21・38 問題 21・48 では表 21・2 のデータを用いて，

$$2CO(g) + O_2(g) \longrightarrow 2CO_2(g)$$

で表される化学反応について 298.15 K における $\Delta_r S°$ を計算する．表 18・2 のデータを用いて，この反応に現れる各物質の標準モルエントロピーを計算せよ〔$CO_2(g)$ の標準モルエントロピーの計算については例題 21・5 を見よ〕．求めた結果を用いて，上記の化学反応における標準エントロピー変化を計算せよ．問題 21・48 の結果と比較するとどうか．

21・39 表 18・2 および表 18・4 のデータを用い，

$$H_2(g) + \frac{1}{2}O_2(g) \longrightarrow H_2O(g)$$

について 500 K における $\Delta_r S°$ を計算せよ．

21・40 下のそれぞれの組について，同じ条件ではどちらの分子の方がモルエントロピーが大きいかを予想せよ（気体とせよ）．

(a) CO CO_2 (b) $CH_3CH_2CH_3$ $H_2C-CH_2 \backslash / CH_2$

(c) $CH_3CH_2CH_2CH_2CH_3$ $H_3C-\overset{\overset{CH_3}{|}}{\underset{\underset{CH_3}{|}}{C}}-CH_3$

21・41 下のそれぞれの組について，同じ条件ではどちらの分子の方がモルエントロピーが大きいかを予想せよ（気体とせよ）．

(a) H_2O D_2O (b) CH_3CH_2OH $H_2C-CH_2 \backslash / O$

(c) $CH_3CH_2CH_2CH_2NH_2$ $\begin{array}{c} H \\ | \\ N \\ / \backslash \\ H_2C \quad CH_2 \\ | \quad\quad | \\ H_2C-CH_2 \end{array}$

21・42 $\Delta_r S°$ の値が大きくなる順に下の反応を並べよ（何も参考にしてはいけない）．

(a) $S(s) + O_2(g) \longrightarrow SO_2(g)$

(b) $H_2(g) + O_2(g) \longrightarrow H_2O_2(l)$

(c) $CO(g) + 3H_2(g) \longrightarrow CH_4(g) + H_2O(l)$

(d) $C(s) + H_2O(g) \longrightarrow CO(g) + H_2(g)$

21·43 $\Delta_r S°$ の値が大きくなる順に下の反応を並べよ(何も参考にしてはいけない).

(a) $2H_2(g) + O_2(g) \longrightarrow 2H_2O(l)$
(b) $NH_3(g) + HCl(g) \longrightarrow NH_4Cl(s)$
(c) $K(s) + O_2(g) \longrightarrow KO_2(s)$
(d) $N_2(g) + 3H_2(g) \longrightarrow 2NH_3(g)$

21·44 問題 21·40 では,$CO(g)$ と $CO_2(g)$ のどちらの方がモルエントロピーが大きいかを予想した.表 18·2 および表 18·4 のデータを用い,298.15 K における $CO(g)$ と $CO_2(g)$ の標準モルエントロピーを計算せよ.その計算結果は直感に合っているか.CO のモルエントロピーにはどの自由度が大きく寄与しているか.CO_2 ではどうか.

21·45 表 21·2 によれば 298.15 K で $\bar{S}°[CH_3OH(l)] = 126.8 \text{ J K}^{-1}\text{ mol}^{-1}$ である.$T_{vap} = 337.7 \text{ K}$,$\Delta_{vap}\bar{H}(T_b) = 36.5 \text{ kJ mol}^{-1}$,$\bar{C}_P[CH_3OH(l)] = 81.12 \text{ J K}^{-1}\text{ mol}^{-1}$,$\bar{C}_P[CH_3OH(g)] = 43.8 \text{ J K}^{-1}\text{ mol}^{-1}$ として,298.15 K における $\bar{S}°[CH_3OH(g)]$ を計算し,実験値,239.8 J K^{-1} mol^{-1} と比較せよ.

21·46 $T_{fus} = 373.15 \text{ K}$,$\Delta_{vap}\bar{H}(T_{vap}) = 40.65 \text{ kJ mol}^{-1}$,$\bar{C}_P[H_2O(l)] = 75.3 \text{ J K}^{-1}\text{ mol}^{-1}$,$\bar{C}_P[H_2O(g)] = 33.8 \text{ J K}^{-1}\text{ mol}^{-1}$ とすると,表 21·2 の $\bar{S}°[H_2O(l)]$ と $\bar{S}°[H_2O(g)]$ の値が整合することを示せ.

21·47 表 21·2 のデータを用い,つぎの反応について 25 ℃,1 bar における $\Delta_r S°$ の値を計算せよ.

(a) $C(s, グラファイト) + O_2(g) \longrightarrow CO_2(g)$
(b) $CH_4(g) + 2O_2(g) \longrightarrow CO_2(g) + 2H_2O(l)$
(c) $C_2H_2(g) + H_2(g) \longrightarrow C_2H_4(g)$

21·48 表 21·2 のデータを用い,つぎの反応について 25 ℃,1 bar における $\Delta_r S°$ の値を計算せよ.

(a) $CO(g) + 2H_2(g) \longrightarrow CH_3OH(l)$
(b) $C(s, グラファイト) + H_2O(l) \longrightarrow CO(g) + H_2(g)$
(c) $2CO(g) + O_2(g) \longrightarrow 2CO_2(g)$

ヘルマン フォン ヘルムホルツ (Hermann von Helmholtz) は，1821年8月31日，ドイツのポツダムで生まれ，1894年に没した．物理学を学ぶことを希望したが，家庭の経済事情で大学に進むことができなかったので，州の奨学金によってベルリンで医学を学んだ．ところが，その返済の代わりに軍の外科医として8年間働くことを求められた．後にケーニヒスブルク大学の教授に任命され，またボン，ハイデルベルク，ベルリンの大学でも職を得た．1885年，ドイツでの第一級の科学者としての地位を認められ，純粋科学研究のためにつくられたベルリン物理工学研究所の所長に迎えられた．ヘルムホルツは19世紀の最大の科学者の一人であり，生理学，光学，音響学，電磁気学理論，熱力学で重要な発見を行った．生理学の研究では，生理学的現象があいまいな"生命力"などではなく物理法則に基づいていることを示した．熱力学では，この章で説明するギブズ-ヘルムホルツの式を導出した．ヘルムホルツは学生や他の科学者たちに対していつも物わかりが良かったが，不幸なことに彼の講義は，プランクのような学生にとっても，大変わかりにくいものだった．ドイツの科学に対するヘルムホルツの大きな影響を認め，皇帝は彼に"フォン(von)"の称号を贈った．

22章

ヘルムホルツエネルギーとギブズエネルギー

　自発的過程では $dS>0$ となるという基準は孤立系についてだけ成立する．このため，20章で説明したさまざまな過程については，ΔS_{total} の符号を決めて，それによってその過程が自発的かどうかを確定するには，系と外界の両方のエントロピー変化を考えなければならなかった．孤立系の自発的過程では $dS>0$ であるという基準は，非常に基本的かつ理論的に重要な基準には違いないが，実際的な応用には制約が多すぎる．本章では，孤立していない系の自発的過程の方向を定めるのに用いられる二つの新しい状態関数を導入する．

22・1　ヘルムホルツエネルギーの変化の符号が定温定容の系の自発的過程の方向を決定する

　体積と温度が一定に保たれた系を考える．定温定容の系では系が孤立していないので，自発的過程では $dS>0$ という基準が使えない．温度が一定であるためには系が熱源と熱接触していなければならないからである．$dS>0$ という基準が使えないとすると，定温定容の系で使える自発的過程に対する基準は何であろうか．熱力学第一法則の表現である式(19・6)，

$$dU = \delta q + \delta w \quad (22\cdot 1)$$

から始めよう．$\delta w=-P_{外}dV$ および $dV=0$ (定容)なので $\delta w=0$ である．式(20・20)，$dS \geq \delta q/T$，$\delta w=0$ を式(22・1)に代入すると，

$$dU \leq TdS \quad (V\text{一定}) \quad (22\cdot 2)$$

が得られる．等号は可逆過程で成立し，不等号は不可逆過程で成立する．系が孤立していれば $dU=0$ なので20章と同様，$dS \geq 0$ が得られることがわかる．式(22・2)

で T と V を一定に保つと，

$$d(U - TS) \leq 0 \qquad (T, V \text{ 一定}) \qquad (22 \cdot 3)$$

とも書ける．式(22·3)から，

$$A = U - TS \qquad (22 \cdot 4)$$

という新しい熱力学状態関数を定義するのがよいと考えられる．そうすると式(22·3)は，

$$dA \leq 0 \qquad (T, V \text{ 一定}) \qquad (22 \cdot 5)$$

となる．この A を**ヘルムホルツエネルギー**[1]という．温度と体積が一定に保たれている系では，すべての可能な自発的過程が起きて，それが終わるまでヘルムホルツエネルギーは減少し続け，その後は系は平衡になり，A は最小になる．平衡では $dA=0$ である(図 22·1 参照)．式(22·5)は，孤立系で起きる自発的過程で $dS>0$ という基準(図 20·5 および図 22·1 参照)に対応するものである．

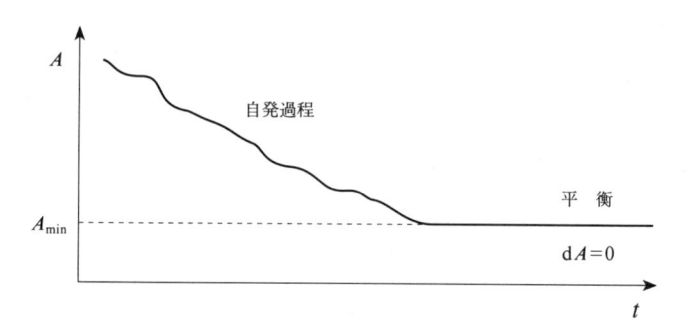

図 22·1 系のヘルムホルツエネルギー A は，T と V が一定の条件下で起きる自発過程で減少し，平衡状態で最小となる．

ある状態から別の状態への等温的変化では，式(22·4)は，

$$\Delta A = \Delta U - T\Delta S \qquad (22 \cdot 6)$$

となる．式(22·5)を使うと，

$$\Delta A = \Delta U - T\Delta S \leq 0 \qquad (T, V \text{ 一定}) \qquad (22 \cdot 7)$$

であることがわかる．ここで等号は可逆変化で成立し，不等号は不可逆で自発的な変化で成立する．温度と体積が一定の系では，$\Delta A>0$ であるような過程は自発的には起こらない．したがって，そのような変化を起こすには，何か(たとえば仕事)を系にし

---

[1] Helmholtz energy

なければならない．

式(22·6)で $\Delta U<0$ で $\Delta S>0$ ならば，エネルギーとエントロピーの変化はいずれも ΔA を負にするように働く．しかしその符号が同じであると，ある種の妥協が必要になり，ΔA の値は過程が自発的かどうかの定量的目安になる．ヘルムホルツエネルギーは，系がエネルギーを小さくしようとする傾向とエントロピーを大きくしようとする傾向の間の妥協の産物である．ΔS には T がかかるので，低温では ΔU の符号が，高温では ΔS の符号の方が重要であることがわかる．

20·6 節で検討した2種類の理想気体の混合に対して，T と V が一定の系における不可逆(自発的)過程については $\Delta A<0$ という基準を適用することができる．この過程では，$\Delta U=0$ で $\Delta \bar{S}=-y_1 R \ln y_1-y_2 R \ln y_2$ である．したがって，定温定容における2種類の理想気体の混合については $\Delta \bar{A}=RT(y_1 \ln y_1+y_2 \ln y_2)$ であり，y_1 と y_2 が1より小さいのでこの量は負である．つまり，2種類の理想気体の等温での混合が自発的過程であることが再び確認できたことになる．

ヘルムホルツエネルギーは，定温定容の系の自発性の基準となるばかりでなく，物理的に重要な意味をもっている．自発的(不可逆)過程に対する式(22·6)から出発すると，$\Delta A<0$ である．この過程では初期状態と最終状態ははっきりした平衡状態であるから，ある状態から他の状態に至るのに不可逆的経路をたどらなければならないという理由はまったくない．可逆的経路に対しては ΔS を q_{rev}/T で置き換えることができるので，

$$\Delta A = \Delta U - q_{\text{rev}}$$

が得られる．しかし第一法則によれば $\Delta U - q_{\text{rev}}$ は w_{rev} に等しいので，

$$\Delta A = w_{\text{rev}} \quad (\text{可逆等温}) \tag{22·8}$$

が得られる．

$\Delta A<0$ ならば，その過程は自発的に起こるので，w_{rev} はこの変化を可逆的に行った場合に系がすることのできる仕事を表す．この量は可能な最大の仕事である．摩擦のような何らかの不可逆過程があれば，得られる仕事の量は w_{rev} より小さくなる．$\Delta A>0$ ならば，その過程は自発的には起こらず，w_{rev} はこの変化を可逆的にひき起こすために系に対してしなければならない仕事を表す．過程に何らかの不可逆性があれば，必要な仕事の量は w_{rev} よりも大きくなる．

22·2 ギブズエネルギーは定温定圧の系の自発的過程の方向を決定する

ほとんどの化学反応は，大気に対して開かれているので，定容ではなく定圧で起こ

る．定温定圧の系に対する自発性の基準が何かを調べよう．やはり式(22・1)から出発するが，今度は $dS \geq \delta q/T$ と $\delta w = -PdV$ を代入すると，

$$dU \leq TdS - PdV$$

となり，T と P の両方が一定なので，これは，

$$d(U - TS + PV) \leq 0 \qquad (T, P \text{一定}) \qquad (22 \cdot 9)$$

と書ける．新しい熱力学状態関数を，

$$G = U - TS + PV \qquad (22 \cdot 10)$$

によって定義すると，式(22・9)は，

$$dG \leq 0 \qquad (T, P \text{一定}) \qquad (22 \cdot 11)$$

となる．式(22・10)は式(22・4)に対応する．

この量 G を**ギブズエネルギー**[1]という．T と P が一定の系ではギブズエネルギーは，自発的過程の結果として平衡に到達するまで減少し，平衡では $dG=0$ となる．T と P が一定の系についての G の時間に対するプロットは，T と V が一定の系についての A の時間に対するプロット(図22・1)と同様になる．したがって，定温定圧で起きる過程に対しては，ギブズエネルギー G がヘルムホルツエネルギー A の代わりをすることがわかる．

式(22・10)は，

$$G = H - TS \qquad (22 \cdot 12)$$

と書くこともできる．ここで $H = U + PV$ はエンタルピーである．T と P が一定の過程のエンタルピーは，T と V が一定の過程でのエネルギー U と同じ役割をしていることがわかる(式22・4)．また G は，

$$G = A + PV \qquad (22 \cdot 13)$$

とも書ける．さらに，ギブズエネルギーとヘルムホルツエネルギーの関係が，H と U の関係と同じである．

式(22・7)に相当する式は，

$$\Delta G = \Delta H - T\Delta S \leq 0 \qquad (T, P \text{一定}) \qquad (22 \cdot 14)$$

である．等号は可逆過程で成立し，不等号は不可逆な(自発的)過程で成立する．式(22・14)において $\Delta H < 0$ で $\Delta S > 0$ ならば，式(22・14)の両項は ΔG を負にするように働く．しかし ΔH と ΔS が同じ符号をもてば，$\Delta G = \Delta H - T\Delta S$ は T と P が

---

[1] Gibbs energy

一定の系におけるエンタルピーを小さくしようとする傾向とエントロピーを大きくしようとする傾向の間の妥協を表している. 式(22・14)の ΔS にかかる因子 T のため, 低温では ΔH の項が, 高温では $T\Delta S$ の項が支配的であることが起こりうる. もちろん $\Delta H>0$ で $\Delta S<0$ ならば, どんな温度でも $\Delta G>0$ であり, その過程は決して自発的にはならない.

$\Delta_r H$ の値は反応を進める方向に働き, $\Delta_r S$ の値が逆に働くような化学反応の例として,

$$NH_3(g) + HCl(g) \longrightarrow NH_4Cl(s)$$

がある. 298.15 K, 1 bar におけるこの反応の $\Delta_r H$ の値は -176.2 kJ であるが, 対応する $\Delta_r S$ の値は -0.285 kJ K^{-1} であり, 298.15 K において $\Delta_r G = \Delta_r H - T\Delta_r S = -91.21$ kJ になる. したがって, この反応は 298.15 K, 1 bar で自発的に進行する.

温度が少し変わると ΔG の符号が変わる過程の例は, 通常沸点における液体の気化である. たとえば,

$$H_2O(l) \longrightarrow H_2O(g)$$

がそれで, この過程では, 気化によるモルギブズエネルギー変化 $\Delta_{vap}\bar{G}$ は,

$$\Delta_{vap}\bar{G} = \bar{G}[H_2O(g)] - \bar{G}[H_2O(l)]$$
$$= \Delta_{vap}\bar{H} - T\Delta_{vap}\bar{S}$$

である. 1気圧, 100 °C 付近での水のモル蒸発エンタルピー $\Delta_{vap}\bar{H}$ は 40.65 kJ mol^{-1}, また $\Delta_{vap}\bar{S} = 108.9$ J K^{-1} mol^{-1} である. したがって, $\Delta_{vap}\bar{G}$ を,

$$\Delta_{vap}\bar{G} = 40.65 \text{ kJ mol}^{-1} - T(108.9 \text{ J K}^{-1} \text{ mol}^{-1})$$

と書くことができる. $T = 373.15$ K では,

$$\Delta_{vap}\bar{G} = 40.65 \text{ kJ mol}^{-1} - (373.15 \text{ K})(108.9 \text{ J K}^{-1} \text{ mol}^{-1})$$
$$= 40.65 \text{ kJ mol}^{-1} - 40.65 \text{ kJ mol}^{-1} = 0$$

である. $\Delta_{vap}\bar{G}=0$ というのは, 1気圧, 373.15 K では液体と水蒸気が互いに平衡であることを表している. つまり, 1気圧, 373.15 K では液体の水のモルギブズエネルギーが水蒸気のモルギブズエネルギーと等しい. この条件の下では1モルの液体の水を水蒸気にすることは可逆過程であり, このため $\Delta_{vap}\bar{G}=0$ である.

つぎに通常沸点より低い温度, たとえば 363.15 K を考える. この温度では $\Delta_{vap}\bar{G} = +1.10$ kJ mol^{-1} である. 符号が正であるから, 1気圧, 363.15 K の液体の水1モルから, 1気圧で1モルの水蒸気を作るのは自発的過程ではないことになる. 一方, 温度が通常沸点より高ければ, たとえば 383.15 K では, $\Delta_{vap}\bar{G} = -1.08$ kJ mol^{-1} とな

る．符号が負なので，1気圧，383.15 K で 1 モルの液体の水から 1 モルの水蒸気ができるのは自発的過程であることを表している．

例題 22・1 1気圧，273.15 K における氷のモル融解エンタルピーは $\Delta_{fus}\overline{H} = 6.01 \text{ kJ mol}^{-1}$，同じ条件でのモル融解エントロピーは $\Delta_{fus}\overline{S} = 22.0 \text{ J K}^{-1} \text{ mol}^{-1}$ である．273.15 K，1気圧では $\Delta_{fus}\overline{G} = 0$，温度が 273.15 K より高ければ $\Delta_{fus}\overline{G} < 0$，温度が 273.15 K より低ければ $\Delta_{fus}\overline{G} > 0$ であることを示せ．

解答: 273.15 K 付近で $\Delta_{fus}\overline{H}$ と $\Delta_{fus}\overline{S}$ が顕著に変化しないと仮定すると，

$$\Delta_{fus}\overline{G} = 6010 \text{ J mol}^{-1} - T(22.0 \text{ J K}^{-1} \text{ mol}^{-1})$$

と書くことができる．$T = 273.15$ K では $\Delta_{fus}\overline{G} = 0$ であり，273.15 K，1気圧では氷と液体の水は互いに平衡であることを示している．$T < 273.15$ K ならば $\Delta_{fus}\overline{G} > 0$ で，この条件では氷が自発的には融解しないことを示している．$T > 273.15$ K ならば $\Delta_{fus}\overline{G} < 0$ で，この条件では氷が融解することを示している．

ΔG の値は，T と P が一定な条件で行われる可逆過程から得られる最大仕事と関係がある．これを示すために，$G = U - TS + PV$ を微分して，

$$dG = dU - TdS - SdT + PdV + VdP$$

とする．dU に $dU = TdS + \delta w_{rev}$ を代入すると，

$$dG = -SdT + VdP + \delta w_{rev} + PdV$$

が得られる．可逆的な P-V 仕事は $-PdV$ であるから，量 $\delta w_{rev} + PdV$ は P-V 仕事以外の（電気的仕事のような）可逆的仕事である．したがって dG を，

$$dG = -SdT + VdP + \delta w_{nonPV}$$

と書くことができる．ここで δw_{nonPV} は P-V 仕事以外の全仕事を表す．T と P が一定で起こる可逆的過程では，$dG = \delta w_{nonPV}$，すなわち，

$$\Delta G = w_{nonPV} \qquad (可逆, T, P 一定) \qquad (22 \cdot 15)$$

となる．$\Delta G < 0$ ならばその過程は自発的に起き，w_{nonPV} は変化が可逆的に行われた場合に系がすることのできる P-V 仕事以外の仕事である．これはその過程から得られる最大仕事である．何らかの不可逆性が過程に存在すれば，得られる仕事は最大値より小さくなる．$\Delta G > 0$ ならば，その過程が自発的に起きることはなく，w_{nonPV} はその過程を起こすために系に対してしなければならない P-V 仕事以外の最小仕事で

22. ヘルムホルツエネルギーとギブズエネルギー

ある．たとえば，298.15 K，1 bar の $H_2(g)$ と $O_2(g)$ から，298.15 K，1 bar で 1 モルの $H_2O(l)$ を生成する場合の ΔG が -237.1 kJ mol^{-1} であることが実験的に知られている．したがって，自発的反応，

$$H_2(g, 1\text{ bar}, 298.15\text{ K}) + \frac{1}{2}O_2(g, 1\text{ bar}, 298.15\text{ K}) \longrightarrow H_2O(l, 1\text{ bar}, 298.15\text{ K})$$

から，可逆な場合は最大で 237.1 kJ mol^{-1} の有用な(つまり P-V 仕事以外の)仕事が得られる．逆に，(自発的でない)反応，

$$H_2O(l, 1\text{ bar}, 298.15\text{ K}) \longrightarrow H_2(g, 1\text{ bar}, 298.15\text{ K}) + \frac{1}{2}O_2(g, 1\text{ bar}, 298.15\text{ K})$$

を起こすには，最低でも 237.1 kJ mol^{-1} のエネルギーが必要である．

例題 22·2 $H_2O(l)$ が，1 bar，298.15 K の $H_2(g)$ と $O_2(g)$ へ分解するときの $\Delta \bar{G}$ の値は $+237.1$ kJ mol^{-1} である．**電気分解**[1]) によって 1 モルの $H_2O(l)$ を 1 bar，298.15 K の $H_2(g)$ と $O_2(g)$ に分解するのに必要な最小電圧を計算せよ．

解答： 電気分解というのは分解をするのに必要な P-V 仕事以外の仕事を表すので，

$$\Delta \bar{G} = w_{\text{non}PV} = +237.1 \text{ kJ mol}^{-1}$$

と書ける．物理学で学んだとおり電気的仕事は 電荷×電圧 である．1 モルの $H_2O(l)$ の電気分解に関与する電荷は反応の化学反応式，

$$H_2O(l) \longrightarrow H_2(g) + \frac{1}{2}O_2(g)$$

から決定することができる．水素の酸化状態は $+1$ から 0 になり，酸素の酸化状態は -2 から 0 になる．したがって，$H_2O(l)$ 分子 1 個当たり 2 電子が移動する．すなわち 1 モル当たりではアボガドロ定数の 2 倍である．2 モルの電子の全電荷は，

$$\text{全電荷} = (1.602 \times 10^{-19} \text{ C})(12.044 \times 10^{23}) = 1.929 \times 10^5 \text{ C}$$

である．1 モルの分解に必要な最小電圧 ε は，

$$\varepsilon = \frac{\Delta \bar{G}}{1.929 \times 10^5 \text{ C}} = \frac{237.1 \times 10^3 \text{ J mol}^{-1}}{1.929 \times 10^5 \text{ C}} = 1.23 \text{ V}$$

で与えられる．ここで 1 ジュールは 1 クーロンと 1 ボルトの積である(1 J=1 C V)という関係を使った．

---

1) electrolysis

22・3 マクスウェルの関係式から便利な熱力学の式が得られる

これまでに定義した熱力学関数は一般に直接測定することができない．このため，これらの量を実験的に決定できる他の量で表す必要がある．そのために，A と G の定義，式(22・4)と式(22・10)から出発する．式(22・4)を微分すると，

$$dA = dU - TdS - SdT$$

が得られる．可逆過程では $dU = TdS - PdV$ なので，

$$dA = -PdV - SdT \tag{22・16}$$

である．これを $A = A(V, T)$ の形式的な全微分，

$$dA = \left(\frac{\partial A}{\partial V}\right)_T dV + \left(\frac{\partial A}{\partial T}\right)_V dT$$

と比較すると，

$$\left(\frac{\partial A}{\partial V}\right)_T = -P \quad \text{および} \quad \left(\frac{\partial A}{\partial T}\right)_V = -S \tag{22・17 a, b}$$

であることがわかる．A の交差微分が等しいこと(数学章 H)，

$$\left(\frac{\partial^2 A}{\partial T \partial V}\right) = \left(\frac{\partial^2 A}{\partial V \partial T}\right)$$

を使うと，

$$\left(\frac{\partial P}{\partial T}\right)_V = \left(\frac{\partial S}{\partial V}\right)_T \tag{22・18}$$

であることがわかる．

A の2階交差偏微分が等しいとおいて得られる式(22・18)を**マクスウェルの関係式**[1] という．種々の熱力学量を含む便利なマクスウェルの関係式がたくさんある．式(22・18)によれば，物質のエントロピーが体積とともにどのように変わるかを状態方程式から決めることができるので，これは特に便利である．T を一定にして式(22・18)を積分すると，

$$\Delta S = \int_{V_1}^{V_2} \left(\frac{\partial P}{\partial T}\right)_V dV \quad (T \text{ 一定}) \tag{22・19}$$

が得られる．ここで $(\partial S/\partial V)_T$ を積分したので，T が一定という条件を課した．つまり，微分する際に T は一定とされていたので，積分するときにも T を一定にしなければならないのである．

---

1) Maxwell relation

22. ヘルムホルツエネルギーとギブズエネルギー

式(22·19)によって，P-V-T データから物質のエントロピーを体積あるいは密度 ($\rho=1/V$ であるから) の関数として決定することができる．式(22·19) で V_1 が非常に大きく，その気体が理想的に振舞うとすると，式(22·19)は，

$$S(T, V) - S^{\text{id}} = \int_{V^{\text{id}}}^{V} \left(\frac{\partial P}{\partial T}\right)_V dV'$$

となる．図 22·2 は 400 K におけるエタンのモルエントロピーを密度に対してプロットしたものである．(問題 22·3 ではファン・デル・ワールス方程式を用いて，モルエントロピーを密度の関数として計算する．)

式(22·19)を使うと，20·3 節で別の方法で導いたつぎの式を導くことができる．理想気体では $(\partial P/\partial T)_V = nR/V$ なので，

$$\Delta S = nR \int_{V_1}^{V_2} \frac{dV}{V} = nR \ln \frac{V_2}{V_1} \qquad \text{(等温過程)} \qquad (22\cdot20)$$

である．

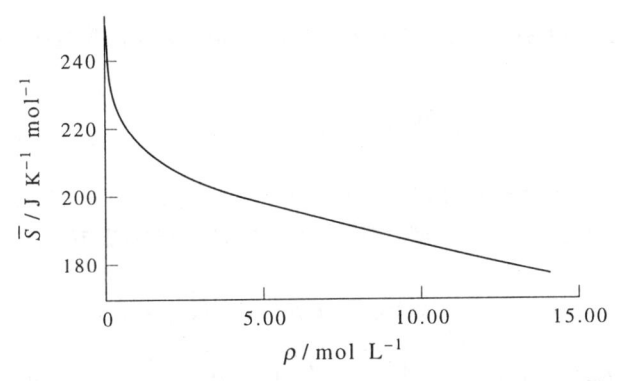

図 22·2 400 K におけるエタンのモルエントロピーを密度 ($\rho=1/\bar{V}$) に対してプロットした図．400 K における $\bar{S}^{\text{id}}$ の値は 246.45 J K^{-1} mol^{-1} である．

例題 22·3 状態方程式，

$$P(\bar{V} - b) = RT$$

に従う気体の，$\bar{V}_1$ から $\bar{V}_2$ への等温膨張の $\Delta \bar{S}$ を計算せよ．

解答: 式(22·19)を使うと，

$$\Delta \bar{S} = \int_{\bar{V}_1}^{\bar{V}_2} \left(\frac{\partial P}{\partial T}\right)_{\bar{V}} d\bar{V} = R \int_{\bar{V}_1}^{\bar{V}_2} \frac{d\bar{V}}{\bar{V}-b} = R \ln \frac{\bar{V}_2 - b}{\bar{V}_1 - b}$$

を得る．例題 20・2 でもこの関係を導いたが，その場合には，この状態方程式に従う気体の等温過程では，$dU=0$ であることを知っていなければならなかったことに注意せよ．ここではそのような情報は必要でない．

理想気体のエネルギーは温度だけに依存すると前に述べた．これは実在気体では一般に正しくない．一定の温度で気体のエネルギーがどのように体積に依存するかを知りたいとしよう．残念ながらこの量は直接測定できないが，式(22・18)を使って $(\partial U/\partial V)_T$ を得る実用的な式を導くことができる．つまり，物質のエネルギーが一定の温度で，体積の変化とともにどのように変化するかを示す測定可能な量で表す式を導くことができる．式(22・4)を一定の温度で V について微分すると，

$$\left(\frac{\partial A}{\partial V}\right)_T = \left(\frac{\partial U}{\partial V}\right)_T - T\left(\frac{\partial S}{\partial V}\right)_T$$

が得られる．$(\partial A/\partial V)_T$ に式(22・17 a)を代入し，$(\partial S/\partial V)_T$ に式(22・18)を代入すると，

$$\left(\frac{\partial U}{\partial V}\right)_T = -P + T\left(\frac{\partial P}{\partial T}\right)_V \tag{22・21}$$

が得られる．この式は $(\partial U/\partial V)_T$ を P-V-T データで与えている．式(22・21)のように熱力学関数を P, V, T の関数に関係づける式を**熱力学的状態方程式**[1]ということもある．

式(22・21)を V について積分すると，理想気体の値に相対的な U を決定する式，

$$U(T, V) - U^{id} = \int_{V^{id}}^{V'} \left[T\left(\frac{\partial P}{\partial T}\right)_V - P \right] dV' \qquad (T\text{一定})$$

を得ることができる．ここで V^{id} は，気体が確実に理想的に振舞うような大きな体積である．この式と P-V-T データによって圧力の関数として U を決定することができる．図 22・3 は 400 K におけるエタンの $\bar{U}$ を圧力の関数として示したものである．問題 22・4 ではファン・デル・ワールス方程式を用いて，体積の関数として $\bar{U}$ を計算する．また式(22・21)を使うと，理想気体のエネルギーが一定の温度では体積によらないことを示すこともできる．理想気体では $(\partial P/\partial T)_V = nR/V$ なので，

---

[1] thermodynamic equation of state

$$\left(\frac{\partial U}{\partial V}\right)_T = -P + T\frac{nR}{V} = -P + P = 0$$

である.これは理想気体のエネルギーが温度だけに依存することを証明するものである.

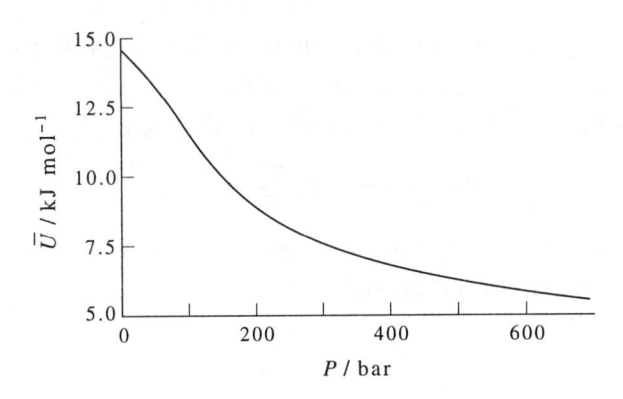

図 22·3 400 K におけるエタンのモルエネルギーを圧力に対してプロットした図.400 K における $\overline{U}^{\text{id}}$ の値は 14.55 kJ mol^{-1} である.

例題 22·4 例題 20·2 で状態方程式,

$$P(\overline{V} - b) = RT$$

に従う気体のエネルギーが体積によらないことをあとで証明すると述べた.式 (22·21) を用いてをこれを証明せよ.

解答: $P(\overline{V}-b) = RT$ について,

$$\left(\frac{\partial P}{\partial T}\right)_{\overline{V}} = \frac{R}{\overline{V} - b}$$

だから,

$$\left(\frac{\partial U}{\partial \overline{V}}\right)_T = -P + \frac{RT}{\overline{V} - b} = -P + P = 0$$

である.

問題 19·24 で関係,

を導いた. $(\partial U/\partial V)_T$ についての式(22・21)を用いると,

$$C_P - C_V = \left[P + \left(\frac{\partial U}{\partial V}\right)_T\right]\left(\frac{\partial V}{\partial T}\right)_P$$

$$C_P - C_V = T\left(\frac{\partial P}{\partial T}\right)_V\left(\frac{\partial V}{\partial T}\right)_P \tag{22・22}$$

が得られる. 理想気体では $(\partial P/\partial T)_V = nR/V$, $(\partial V/\partial T)_P = nR/P$ であるから, $C_P - C_V = nR$ となり, これは式(19・39)と一致する.

固体や液体について式(22・22)よりも便利な $C_P - C_V$ の式は,

$$C_P - C_V = -T\left(\frac{\partial V}{\partial T}\right)_P^2\left(\frac{\partial P}{\partial V}\right)_T \tag{22・23}$$

である(問題22・11). ここでの偏微分量は, 表にまとめられているなじみ深い物理量で表すことができる. 物質の**等温圧縮率**[1]は,

$$\kappa = -\frac{1}{V}\left(\frac{\partial V}{\partial P}\right)_T \tag{22・24}$$

で定義され, **熱膨張率**[2]は,

$$\alpha = \frac{1}{V}\left(\frac{\partial V}{\partial T}\right)_P \tag{22・25}$$

で定義されている. これらの定義を使うと式(22・23)は,

$$C_P - C_V = \frac{\alpha^2 TV}{\kappa} \tag{22・26}$$

となる.

例題 22・5 298 K において銅の熱膨張率 α は 5.00×10^{-5} K^{-1} で, 等温圧縮率 κ は 7.85×10^{-7} atm^{-1} である. 銅の密度が 298 K で 8.92 g cm^{-3} であることから, 銅の $\bar{C}_P - \bar{C}_V$ の値を計算せよ.

解答: 銅のモル体積 $\bar{V}$ は,

$$\bar{V} = \frac{63.54 \text{ g mol}^{-1}}{8.92 \text{ g cm}^{-3}}$$

$$= 7.12 \text{ cm}^3 \text{ mol}^{-1} = 7.12 \times 10^{-3} \text{ L mol}^{-1}$$

で与えられる. したがって,

---

[1] isothermal compressibility　[2] coefficient of thermal expansion

$$\bar{C}_P - \bar{C}_V = \frac{(5.00 \times 10^{-5}\,\text{K}^{-1})^2 (298\,\text{K}) (7.12 \times 10^{-3}\,\text{L mol}^{-1})}{7.85 \times 10^{-7}\,\text{atm}^{-1}}$$

$$= 6.76 \times 10^{-3}\,\text{L atm K}^{-1}\,\text{mol}^{-1}$$

$$= 0.684\,\text{J K}^{-1}\,\text{mol}^{-1}$$

である．$\bar{C}_P$ の実験値は 24.43 J K^{-1} mol^{-1} である．$\bar{C}_P - \bar{C}_V$ が $\bar{C}_P$（あるいは $\bar{C}_V$）に比べて小さいこと，また予想されるとおり気体よりも固体ではずっと小さいことがわかる．

22·4 理想気体のエンタルピーは圧力に依存しない

式(22·17a)を直接使って，ヘルムホルツエネルギーの体積依存性を求めることができる．温度を一定にして積分すると，

$$\Delta A = -\int_{V_1}^{V_2} P\,\mathrm{d}V \qquad (T\,\text{一定}) \qquad (22\cdot 27)$$

が得られる．理想気体では，

$$\Delta A = -nRT \int_{V_1}^{V_2} \frac{\mathrm{d}V}{V} = -nRT \ln \frac{V_2}{V_1} \qquad (T\,\text{一定}) \qquad (22\cdot 28)$$

である．この結果は ΔS に対する式(22·20)に $-T$ を掛けたものになっている．理想気体では T が一定ならば $\Delta U = 0$ なので，$\Delta A = -T\Delta S$ のはずで，確かにこのとおりになっている．

式(22·10)，$G = U - TS + PV$ を微分し $\mathrm{d}U = T\mathrm{d}S - P\mathrm{d}V$ を代入すると，

$$\mathrm{d}G = -S\,\mathrm{d}T + V\,\mathrm{d}P \qquad (22\cdot 29)$$

が得られる．これを，

$$\mathrm{d}G = \left(\frac{\partial G}{\partial T}\right)_P \mathrm{d}T + \left(\frac{\partial G}{\partial P}\right)_T \mathrm{d}P$$

と比較すると，

$$\left(\frac{\partial G}{\partial T}\right)_P = -S \qquad \left(\frac{\partial G}{\partial P}\right)_T = V \qquad (22\cdot 30\,\text{a, b})$$

であることがわかる．式(22·30a)によれば，温度が上昇すると（$S \geq 0$ だから）G は減少すること，また式(22·30b)からは圧力が増すと（$V > 0$ だから）G が増加することがわかる．

前節で A について行ったように G の交差微分をとると，

$$-\left(\frac{\partial S}{\partial P}\right)_T = \left(\frac{\partial V}{\partial T}\right)_P \tag{22·31}$$

であることがわかる．このマクスウェルの関係式から，S の圧力依存性の計算に使える式が得られる．T を一定として式(22·31)を積分すると，

$$\Delta S = -\int_{P_1}^{P_2}\left(\frac{\partial V}{\partial T}\right)_P dP \qquad (T \text{ 一定}) \tag{22·32}$$

が得られる．式(22·32)を使えば，$(\partial V/\partial T)_P$ を気体が確実に理想的に振舞う低圧から適当な圧力まで積分して，エントロピーを圧力の関数として求めることができる．図22·4はこのようにして求めた 400 K におけるエタンのモルエントロピーを，圧力に対してプロットしたものである．

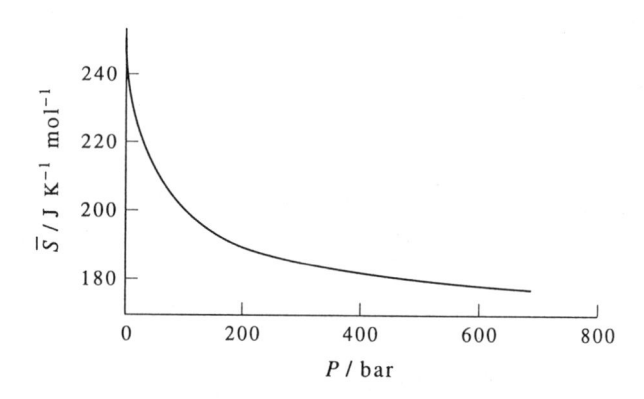

図 22·4　400 K におけるエタンのモルエントロピーを圧力に対してプロットした図．400 K における $\overline{S}^{\text{id}}$ の値は 246.45 J K^{-1} mol^{-1} である．

理想気体では $(\partial V/\partial T)_P = nR/P$ なので，式(22·32)から，

$$\Delta S = -nR\int_{P_1}^{P_2}\frac{dP}{P} = -nR\ln\frac{P_2}{P_1}$$

が得られる．この結果は実は目新しいものではなくて $P_2 = nRT/V_2$，$P_1 = nRT/V_1$ とすれば式(22·20)が得られるのである．

例題 22·6　圧力についてのビリアル展開，

$$Z = 1 + B_{2P}P + B_{3P}P^2 + \cdots$$

を用い，圧力を変数として，等温可逆変化に対する $\Delta \bar{S}$ のビリアル展開を導け．

解答： 上式を $\bar{V}$ について解き，

$$\bar{V} = \frac{RT}{P} + RTB_{2P} + RTB_{3P}P + \cdots$$

から，

$$\left(\frac{\partial \bar{V}}{\partial T}\right)_P = \frac{R}{P} + R\left(B_{2P} + T\frac{dB_{2P}}{dT}\right) + R\left(B_{3P} + T\frac{dB_{3P}}{dT}\right)P + \cdots$$

と書く．これを式(22・32)に代入し，P_1 から P_2 まで積分すると，

$$\Delta \bar{S} = -R\ln\frac{P_2}{P_1} - R\left(B_{2P} + T\frac{dB_{2P}}{dT}\right)P - \frac{R}{2}\left(B_{3P} + T\frac{dB_{3P}}{dT}\right)P^2 + \cdots$$

が得られる．

式(22・30)を使うと，理想気体のエネルギーが体積に依存しなかったのと同様，エンタルピーが圧力に依存しないことを示すこともできる．まず，式(22・12)を T を一定として P について微分すると，

$$\left(\frac{\partial G}{\partial P}\right)_T = \left(\frac{\partial H}{\partial P}\right)_T - T\left(\frac{\partial S}{\partial P}\right)_T$$

が得られる．そこで $(\partial G/\partial P)_T$ についての式(22・30 b)と，$(\partial S/\partial P)_T$ についての式(22・31)を使うと，

$$\left(\frac{\partial H}{\partial P}\right)_T = V - T\left(\frac{\partial V}{\partial T}\right)_P \tag{22・33}$$

が得られる．これは式(22・21)に対応するものである．式(22・33)も熱力学的状態方程式である．これによって P-V-T データから H の圧力依存性が計算できる（400 K におけるエタンの結果を図22・5に示す）．理想気体では $(\partial V/\partial T)_P = nR/P$ なので $(\partial H/\partial P)_T = 0$ である．

例題 22・7 状態方程式が，

$$P\bar{V} = RT + B(T)P$$

の気体について $(\partial \bar{H}/\partial P)_T$ を計算せよ．

解答： 状態方程式から，

$$\left(\frac{\partial \overline{V}}{\partial T}\right)_P = \frac{R}{P} + \frac{dB}{dT}$$

なので,式(22·33)より,

$$\left(\frac{\partial \overline{H}}{\partial P}\right)_T = \overline{V} - T\left(\frac{\partial \overline{V}}{\partial T}\right)_P = \frac{RT}{P} + B(T) - \frac{RT}{P} - T\frac{dB}{dT}$$

すなわち,

$$\left(\frac{\partial \overline{H}}{\partial P}\right)_T = B(T) - T\frac{dB}{dT}$$

が得られる.$B(T)=0$ であれば $(\partial \overline{H}/\partial P)_T = 0$ であることに注意せよ.

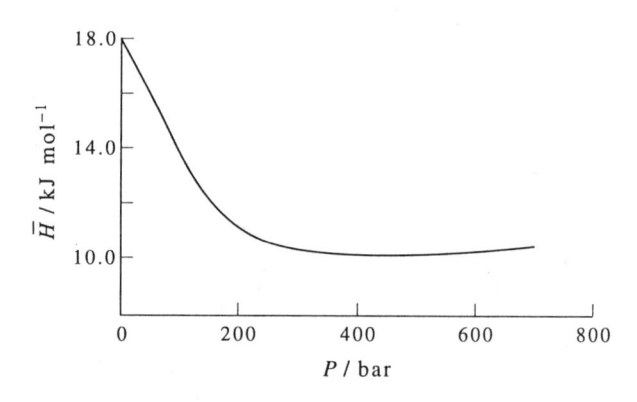

図22·5 400 K におけるエタンのモルエンタルピーを圧力に対してプロットした図. 400 K における $\overline{H}^{\mathrm{id}}$ の値は 17.867 kJ mol^{-1} である.

22·5 熱力学関数にはそれぞれ自然な独立変数が存在する

この章でとても多くの関係式を導いているように感じるかもしれないが,エネルギー,エンタルピー,エントロピー,ヘルムホルツエネルギー,ギブズエネルギーがそれぞれ自然な変数の組に依存していることに気づけばきれいに整理することができる.たとえば,式(22·1)は熱力学第一法則と第二法則を,

$$dU = TdS - PdV \tag{22·34}$$

と表現している.S と V を U の独立変数と考えれば U の全微分は,

22. ヘルムホルツエネルギーとギブズエネルギー

$$\mathrm{d}U = \left(\frac{\partial U}{\partial S}\right)_V \mathrm{d}S + \left(\frac{\partial U}{\partial V}\right)_S \mathrm{d}V \tag{22·35}$$

なので，$\mathrm{d}S$ と $\mathrm{d}V$ の係数が簡単な熱力学関数であるという意味で式(22·34)は簡単な形をしている．このため U に対する自然な変数は S と V であると考える．そうすると，

$$\left(\frac{\partial U}{\partial S}\right)_V = T \quad \text{および} \quad \left(\frac{\partial U}{\partial V}\right)_S = -P \tag{22·36}$$

である．自然な変数の考え方は，U の独立変数を S と V ではなく V と T であると考えてみるとはっきりする．この場合，

$$\mathrm{d}U = \left[T\left(\frac{\partial P}{\partial T}\right)_V - P\right]\mathrm{d}V + C_V \mathrm{d}T \tag{22·37}$$

になる(式22·21 参照)．確かに U を V と T の関数と考えることができるが，その全微分は，S と V の関数と考えたとき(式22·35)のように簡単ではない．式(22·34)は S と V が一定の系において，自発的過程では $\mathrm{d}U<0$ という基準も与えてくれる．

式(22·34)を $\mathrm{d}U$ ではなく $\mathrm{d}S$ について，

$$\mathrm{d}S = \frac{1}{T}\mathrm{d}U + \frac{P}{T}\mathrm{d}V \tag{22·38}$$

と書くこともできる．これは S の自然な変数が U と V であることを示している．さらに U と V が一定の系においては，自発的過程の基準(孤立系に対して式22·2)は $\mathrm{d}S>0$ であることになる．式(22·38)から，

$$\left(\frac{\partial S}{\partial U}\right)_V = \frac{1}{T} \quad \text{および} \quad \left(\frac{\partial S}{\partial V}\right)_U = \frac{P}{T} \tag{22·39}$$

が得られる．

エンタルピーの全微分は，

$$\mathrm{d}H = T\mathrm{d}S + V\mathrm{d}P \tag{22·40}$$

で与えられる(式21·6)．これは H の自然な変数が S と P であることを示している．S と P が一定ならば，H による自発性の基準は $\mathrm{d}H<0$ である．

ヘルムホルツエネルギーの全微分は，

$$\mathrm{d}A = -S\mathrm{d}T - P\mathrm{d}V \tag{22·41}$$

である．これから，

$$\left(\frac{\partial A}{\partial T}\right)_V = -S \quad \text{および} \quad \left(\frac{\partial A}{\partial V}\right)_T = -P \tag{22·42}$$

が得られる．T と V が一定ならば，自発性の基準が $dA<0$ であること，および式(22·41)から，A の自然な変数が T と V であると考えられる．式(22·42)で一定に保つ変数は，式(22·36)の S と V や式(22·39)の U と V に比べて実験的に制御しやすいので，これから得られるマクスウェルの関係式は便利である．式(22·42)から得られるマクスウェルの関係式は，

$$\left(\frac{\partial S}{\partial V}\right)_T = \left(\frac{\partial P}{\partial T}\right)_V \tag{22·43}$$

である．これから P-V-T データから S の体積依存性が計算できる(図22·2参照).

最後にギブズエネルギーを考える．全微分は，

$$dG = -S\,dT + V\,dP \tag{22·44}$$

である．系の T と P が一定ならば，自発性の基準が $dG<0$ であることと，式(22·44)から G の自然な変数が T と P であることがわかる．式(22·44)から，

$$\left(\frac{\partial G}{\partial T}\right)_P = -S \quad \text{および} \quad \left(\frac{\partial G}{\partial P}\right)_T = V \tag{22·45}$$

が得られる．これから得られるマクスウェルの関係式は，

$$\left(\frac{\partial S}{\partial P}\right)_T = -\left(\frac{\partial V}{\partial T}\right)_P \tag{22·46}$$

である．これを用いると，P-V-T データから S の圧力依存性が計算できる(図22·4).

この節ではこれまでに導いた式のまとめと，その整理の方法を示すことを目指した．これらの式はすべて式(22·34)から導くことができるので，暗記する必要はない．式(22·34)は熱力学第一法則と第二法則を一つの式で表しただけのことである．この式の両辺に $d(PV)$ を加えれば，

$$d(U+PV) = T\,dS - P\,dV + V\,dP + P\,dV$$

すなわち，

$$dH = T\,dS + V\,dP \tag{22·47}$$

が得られる．式(22·34)の両辺から $d(TS)$ を引けば，

$$d(U-TS) = T\,dS - P\,dV - T\,dS - S\,dT$$

すなわち，

$$dA = -S\,dT - P\,dV \tag{22·48}$$

が得られる．式(22·34)に $d(PV)$ を加えて $d(TS)$ を引くか，式(22·47)から $d(TS)$

を引くか，あるいは式(22·48)に d(PV) を加えれば，

$$dG = -SdT + VdP \qquad (22 \cdot 49)$$

が得られる．この節の他の式は，各熱力学関数の自然な変数による全微分を dU，dH，dA または dG に関する上式と比較すれば得られる．表 22·1 は本節および以前の節で導いた主要な式のまとめである．

表 22·1 4種の主な熱力学的エネルギー，その微分式，および対応するマクスウェルの関係式

熱力学的エネルギー	微 分 式	対応するマスクウェルの関係式
U	$dU = TdS - PdV$	$\left(\dfrac{\partial T}{\partial V}\right)_S = -\left(\dfrac{\partial P}{\partial S}\right)_V$
H	$dH = TdS + VdP$	$\left(\dfrac{\partial T}{\partial P}\right)_S = \left(\dfrac{\partial V}{\partial S}\right)_P$
A	$dA = -SdT - PdV$	$\left(\dfrac{\partial S}{\partial V}\right)_T = \left(\dfrac{\partial P}{\partial T}\right)_V$
G	$dG = -SdT + VdP$	$\left(\dfrac{\partial S}{\partial P}\right)_T = -\left(\dfrac{\partial V}{\partial T}\right)_P$

22·6 任意の温度の気体の標準状態は 1 bar の仮想的理想気体である

式(22·32)の最も重要な応用の一つは，気体の標準モルエントロピーの決定における非理想性の補正である．文献記載の気体の標準モルエントロピーは，その温度で 1 bar の仮想的理想気体についてのものである．この補正は通常小さく，つぎの二段階で行われる(図 22·6)．はじめに実在気体を 1 bar から，確実に理想的に振舞うような低圧 P^{id} にする．式(22·32)を用いれば，

$$\bar{S}(P^{id}) - \bar{S}(1\,\text{bar}) = -\int_{1\,\text{bar}}^{P^{id}} \left(\frac{\partial \bar{V}}{\partial T}\right)_P dP$$

$$= \int_{P^{id}}^{1\,\text{bar}} \left(\frac{\partial \bar{V}}{\partial T}\right)_P dP \qquad (T\text{ 一定}) \qquad (22\cdot50)$$

が得られる．P の上付き添字(id)は気体が理想的に振舞うような条件での値であることを強調するためのものである．$(\partial \bar{V}/\partial T)_P$ は実在気体の状態方程式から決定できる．つぎに，圧力を 1 bar に戻す際のエントロピー変化を，"気体は理想的である" として計算する．これには $(\partial \bar{V}/\partial T)_P = R/P$ として式(22·50)を用いる．そうすると，

$$S^\circ(1\,\text{bar}) - \bar{S}(P^{\text{id}}) = -\int_{P^{\text{id}}}^{1\,\text{bar}} \frac{R}{P}\,\mathrm{d}P \qquad (22 \cdot 51)$$

が得られる．$S^\circ(1\,\text{bar})$ の上付き記号 (°) は，気体の標準モルエントロピーであることを表す．式 (22・50) と式 (22・51) を加えると，

$$S^\circ(1\,\text{bar}) - \bar{S}(1\,\text{bar}) = \int_{P^{\text{id}}}^{1\,\text{bar}} \left[\left(\frac{\partial \bar{V}}{\partial T}\right)_P - \frac{R}{P}\right]\mathrm{d}P \qquad (22 \cdot 52)$$

が得られる．ここで $\bar{S}$ は熱容量データと転移熱から計算したモルエントロピーであり (21・3 節)，S° は対応する仮想的な理想気体の 1 bar におけるモルエントロピーである．

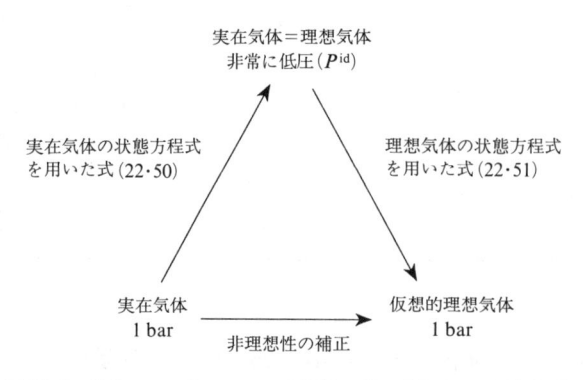

図 22・6 気体のエントロピーの実測値に補正を加えて，同じ温度の (仮想的) 理想気体の標準状態の値にする手順．

状態方程式がわかっていれば，式 (22・52) によって標準エントロピーを求めるために必要な補正を計算できる．ふつうは 1 bar 付近の圧力をとるので，第二ビリアル係数だけを使ったビリアル展開を用いることができる．式 (16・17)，

$$\frac{P\bar{V}}{RT} = 1 + \frac{B_{2V}(T)}{RT}P + \cdots \qquad (22 \cdot 53)$$

を使うと，

$$\left(\frac{\partial \bar{V}}{\partial T}\right)_P = \frac{R}{P} + \frac{\mathrm{d}B_{2V}}{\mathrm{d}T} + \cdots$$

が得られる．これを式 (22・52) に代入すると，

$$S^\circ(1\,\text{bar}) = \bar{S}(1\,\text{bar}) + \frac{\mathrm{d}B_{2V}}{\mathrm{d}T} \times (1\,\text{bar}) + \cdots \qquad (22 \cdot 54)$$

になる.ここで1 barに対してP^{id}を無視した.式(22·54)の右辺第2項が$S°$を得るために$\bar{S}$に加える補正を表している.

式(22·54)を用いて,表21·1で用いた298.15 Kにおける$N_2(g)$のエントロピーに対する非理想性の補正を計算できる.298.15 K,1 barにおける$N_2(g)$のdB_{2V}/dTの実験値は$0.192 \text{ cm}^3 \text{ K}^{-1} \text{ mol}^{-1}$である.したがって,非理想性の補正は,

$$\begin{aligned}
\text{非理想性の補正} &= (0.192 \text{ cm}^3 \text{ K}^{-1} \text{ mol}^{-1})(1 \text{ bar}) \\
&= 0.192 \text{ cm}^3 \text{ bar K}^{-1} \text{ mol}^{-1} \\
&= (0.192 \text{ cm}^3 \text{ bar K}^{-1} \text{ mol}^{-1}) \\
&\quad \times \left(\frac{1 \text{ dm}^3}{10 \text{ cm}}\right)^3 \left(\frac{8.314 \text{ J K}^{-1} \text{ mol}^{-1}}{0.08314 \text{ dm}^3 \text{ bar K}^{-1} \text{ mol}^{-1}}\right) \\
&= 0.02 \text{ J K}^{-1} \text{ mol}^{-1}
\end{aligned}$$

と計算できる.これは表21·1で用いた値である.この場合の補正はかなり小さいが,いつもそうとは限らない.第二ビリアル係数のデータがない場合には近似的な状態方程式を用いることもできる(問題22·20から問題22·22まで).

22·7 ギブズ-ヘルムホルツの式はギブズエネルギーの温度依存性を表す

式(22·30)はギブズエネルギーが圧力と温度にどのように依存するかを表すもので,便利な式である.はじめに式(22·30 b)を考える.この式を使ってギブズエネルギーの圧力依存性を,

$$\Delta G = \int_{P_1}^{P_2} V \, dP \qquad (T \text{ 一定}) \tag{22·55}$$

と計算できる.1モルの理想気体では,

$$\Delta \bar{G} = RT \int_{P_1}^{P_2} \frac{dP}{P} = RT \ln \frac{P_2}{P_1} \tag{22·56}$$

が得られる.同じ結果は,

$$\Delta \bar{G} = \Delta \bar{H} - T \Delta \bar{S} \qquad (\text{等温的})$$

を用いても得ることができたはずである.理想気体の等温変化では$\Delta \bar{H}=0$なので$\Delta \bar{S}$は式(22·20)で与えられる.

式(22·56)で(厳密に)$P_1=1$ barとおき,

$$\bar{G}(T, P) = G°(T) + RT \ln(P/1 \text{ bar}) \tag{22·57}$$

と書くとき，$G°(T)$を**標準モルギブズエネルギー**[1]という．この場合の標準モルギブズエネルギーは，1 bar における 1 モルの理想気体のギブズエネルギーである．$G°(T)$は温度だけに依存することに注意せよ．式(22・57)は標準ギブズエネルギーに対する相対的な理想気体のギブズエネルギーを表す．式(22・57)によれば，$\bar{G}(T,P) - G°(T)$は P の増加につれて対数的に増加する．理想気体では H は P に無関係だから，この対数増加は完全に理想気体におけるエントロピー効果であることを前に説明した．26 章で気相反応を含む化学平衡では式(22・57)が中心的役割を果たすことを見ることになる．

例題 22・8 固体や液体は大変圧縮されにくいので，この場合には式(22・55)の V を一定とするのはよい近似である．式(22・57)のような $\bar{G}(T,P)$ の式を固体，液体について導け．

解答: T を一定にして式(22・55)を積分すると，
$$\bar{G}(P_2, T) - \bar{G}(P_1, T) = \bar{V}(P_2 - P_1)$$
が得られる．$P_1 = 1$ bar および $\bar{G}(P_1 = 1\text{ bar}, T) = G°(T)$ とすると，
$$\bar{G}(T, P) = G°(T) + \bar{V}(P - 1)$$
となる．ここで P は bar を単位として表さなければならない．この場合には $\bar{G}(T,P)$ は P に一次の依存性をもつが，凝集相の体積は気体の体積よりはるかに小さいので，$\bar{G}(T,P)$ の P に対する傾き，$(\partial\bar{G}/\partial P)_T = \bar{V}$ は大変小さい．したがって，凝集相では普通の圧力において，$\bar{G}(T,P)$ はほとんど圧力に依存せず，近似的に $G°(T)$ に等しい．

式(22・30 a)はギブズエネルギーの温度依存性を決定する．式(22・30 a)から出発して G の温度依存性を表す式を導くこともできるが(問題 22・24)，もっと簡単には $G = H - TS$ から出発して T で割り，
$$\frac{G}{T} = \frac{H}{T} - S$$
とする．P を一定として T で偏微分すると，
$$\left(\frac{\partial G/T}{\partial T}\right)_P = -\frac{H}{T^2} + \frac{1}{T}\left(\frac{\partial H}{\partial T}\right)_P - \left(\frac{\partial S}{\partial T}\right)_P$$

---

[1] standard molar Gibbs energy

が得られる.最後の2項は $(\partial S/\partial T)_P = C_P(T)/T$ という関係(式21・7)のため消し合うので,

$$\left(\frac{\partial G/T}{\partial T}\right)_P = -\frac{H}{T^2} \tag{22・58}$$

が得られる.これを**ギブズ-ヘルムホルツの式**[1)]という.この式は任意の過程に直接適用できて,その場合,

$$\left(\frac{\partial \Delta G/T}{\partial T}\right)_P = -\frac{\Delta H}{T^2} \tag{22・59}$$

となる.これはギブズ-ヘルムホルツの式の別の形である.以降の章で式(22・58)と式(22・59)を繰返し使う.たとえば,26章では平衡定数の温度依存性を導くのに式(22・59)を利用する.

ギブズエネルギーを温度の関数として,19章と21章で導いた式から直接決定することができる.19章では物質のエンタルピーを熱容量といろいろの転移熱から求める方法を学んだ.たとえば,固相が一つしかなければ,すなわち $T=0\,\mathrm{K}$ と融点との間に固相間相転移がなければ,沸点以上の温度に対して,

$$\begin{aligned}
H(T) - H(0) &= \int_0^{T_\mathrm{fus}} C_P^\mathrm{s}(T)\,\mathrm{d}T + \Delta_\mathrm{fus}H \\
&\quad + \int_{T_\mathrm{fus}}^{T_\mathrm{vap}} C_P^\mathrm{l}(T)\,\mathrm{d}T + \Delta_\mathrm{vap}H \\
&\quad + \int_{T_\mathrm{vap}}^{T} C_P^\mathrm{g}(T')\,\mathrm{d}T'
\end{aligned} \tag{22・60}$$

である(式19・42).図19・7にはベンゼンの $\bar{H}(T) - \bar{H}(0)$ を T に対して示した.絶対エンタルピーを計算することはできないので,$H(0)$ に相対的に $H(T)$ を計算する.つまり $H(0)$ がここでのエネルギーの原点である.

21章では絶対エントロピーを,

$$\begin{aligned}
S(T) &= \int_0^{T_\mathrm{fus}} \frac{C_P^\mathrm{s}(T)}{T}\,\mathrm{d}T + \frac{\Delta_\mathrm{fus}H}{T_\mathrm{fus}} \\
&\quad + \int_{T_\mathrm{fus}}^{T_\mathrm{vap}} \frac{C_P^\mathrm{l}(T)}{T}\,\mathrm{d}T + \frac{\Delta_\mathrm{vap}H}{T_\mathrm{vap}} \\
&\quad + \int_{T_\mathrm{vap}}^{T} \frac{C_P^\mathrm{g}(T')}{T'}\,\mathrm{d}T'
\end{aligned} \tag{22・61}$$

---

1) Gibbs–Helmholtz equation

に従って計算することを学んだ(式21・15). 図21・2にベンゼンの $\bar{S}(T)$ を T に対して示した. $\bar{G}(T) - \bar{H}(0)$ を計算するには,

$$\bar{G}(T) - \bar{H}(0) = \bar{H}(T) - \bar{H}(0) - T\bar{S}(T)$$

であるから式(22・60)と式(22・61)を用いればよい. 図22・7にはベンゼンの $\bar{G}(T) - \bar{H}(0)$ を T に対して示した. 図22・7には注目すべき点が二,三ある. まず $\bar{G}(T) - \bar{H}(0)$ が T の増加につれて減少することであり, さらに, $\bar{G}(T) - \bar{H}(0)$ は相転移点

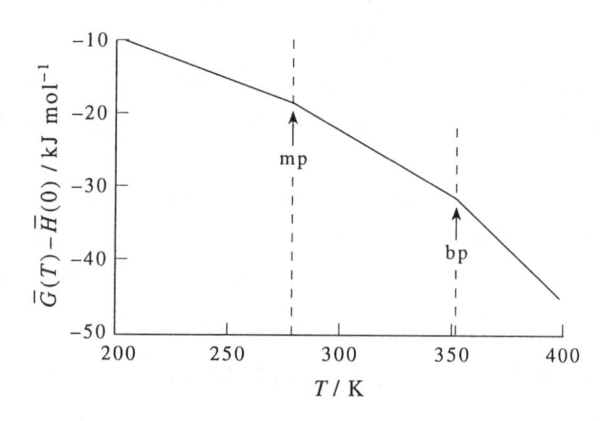

図22・7 ベンゼンの $\bar{G}(T) - \bar{H}(0)$ の T に対するプロット. $\bar{G}(T) - \bar{H}(0)$ は連続だが, その微分(曲線の勾配)は相転移点で不連続であることに注意.

においても温度の連続関数である点である. これを確かめるために,

$$\Delta_{\text{trs}}S = \frac{\Delta_{\text{trs}}H}{T_{\text{trs}}}$$

を考える(式21・14). $\Delta_{\text{trs}}G = \Delta_{\text{trs}}H - T_{\text{trs}}\Delta_{\text{trs}}S$ であるから $\Delta_{\text{trs}}G = 0$ であることがわかる. これは2相が互いに平衡であることを示している. 互いに平衡にある2相は, 同じ G の値をもつので, $G(T)$ は相転移点で連続である. また図22・7は, 各相転移点で勾配に不連続があることを示している. (1 atm ではベンゼンは 278.7 K で融解し 353.2 K で沸騰する.) 各相転移点で $G(T)$ の T に対する勾配に不連続が存在する理由は, 式(22・30 a)を見れば明らかである. エントロピーは本来正の量なので T に対する $G(T)$ の勾配は負である. しかも $S(\text{gas}) > S(\text{liquid}) > S(\text{solid})$ なので各相における勾配は 固体→液体→気体 の順に大きくなる. したがって勾配 $(\partial G/\partial T)_P$ はある相から別の相になるところで不連続になる.

22. ヘルムホルツエネルギーとギブズエネルギー

$H°(T)-H°(0)$, $S°(T)$ および $G°(T)-H°(0)$ の値はさまざまな物質について表として与えられている. 26 章では平衡定数の計算にこれを使う.

22·8 フガシティーは気体の非理想性の尺度である

前節で理想気体のモルギブズエネルギーが,

$$\bar{G}(T,P) = G°(T) + RT \ln \frac{P}{P°} \tag{22·62}$$

で与えられることを示した. $P°$ は 1 bar であり $G°(T)$ を標準モルギブズエネルギーという. この式は,

$$\left(\frac{\partial \bar{G}}{\partial P}\right)_T = \bar{V} \tag{22·63}$$

から出発して, 理想気体の $\bar{V}=RT/P$ の式を用いて積分によって導かれたものであった. いま式(22·62)を実在気体の場合に拡張しよう.

ビリアル展開,

$$\frac{P\bar{V}}{RT} = 1 + B_{2P}(T)P + B_{3P}(T)P^2 + \cdots$$

から出発することもできたわけで, これを式(22·63)に代入するとモルギブズエネルギーのビリアル展開式,

$$\int_{P^{\text{id}}}^{P} d\bar{G} = RT\int_{P^{\text{id}}}^{P} \frac{dP'}{P'} + RTB_{2P}(T)\int_{P^{\text{id}}}^{P} dP' + RTB_{3P}(T)\int_{P^{\text{id}}}^{P} P'\,dP' + \cdots$$

が得られる. ここで積分は, 気体が確実に理想的に振舞う低圧 P^{id} から, ある圧力 P まで行う. その積分結果は,

$$\bar{G}(T,P) = \bar{G}(T,P^{\text{id}}) + RT\ln\frac{P}{P^{\text{id}}} + RTB_{2P}(T)P + \frac{RTB_{3P}(T)P^2}{2} + \cdots \tag{22·64}$$

である. 式(22·62)によれば $\bar{G}(T,P^{\text{id}})=G°(T)+RT\ln P^{\text{id}}/P°$ である. ただし $G°(T)$ は $P°=1$ bar における理想気体のモルギブズエネルギーである. したがって, 式(22·64)は,

$$\bar{G}(T,P) = G°(T) + RT\ln\frac{P}{P°} + RTB_{2P}(T)P + \frac{RTB_{3P}(T)P^2}{2} + \cdots \tag{22·65}$$

と書くことができる.

式(22·65)は式(22·62)を任意の実在気体に一般化したものである．式(22·65)は厳密に成り立つが，$B_{2P}(T)$，$B_{3P}(T)$ などの値に依存して気体ごとに異なる．このため，26 章で学ぶように，化学平衡に関する計算には**フガシティー**[1]という熱力学関数 $f(P, T)$ を使うことによって式(22·62)の形を保つようにすれば，はるかに便利である．フガシティーという量は，

$$\bar{G}(T, P) = G°(T) + RT \ln \frac{f(P, T)}{f°} \quad (22·66)$$

によって定義する．非理想性は $f(P, T)$ の中に押し込められている．$P \to 0$ ではすべての気体が理想的に振舞うので，フガシティーは，

$$P \to 0 \quad \text{のとき} \quad f(P, T) \to P$$

という性質をもたねばならず，このとき式(22·66)は式(22·62)に帰着する．

式(22·65)と式(22·66)は，

$$\frac{f(P, T)}{f°} = \frac{P}{P°} \exp[B_{2P}(T)P + B_{3P}(T)P^2 + \cdots] \quad (22·67)$$

であれば等価である．この段階では堂々巡りをしているように思うかもしれないが，気体の非理想性をフガシティーに取込めば，理想気体について求めた熱力学式の形を保ったまま，単に $P/P°$ を $f/f°$ に置き換えれば実在気体に対応する式を書くことができるのである．したがって，必要なことは任意の圧力と温度で気体のフガシティーを決定することだけである．しかし，その前に式(22·66)の標準状態の選び方について説明しなければならない．ギブズエネルギーはエネルギーの一種なので，常にある選ばれた標準状態に対する相対値のはずだからである．

式(22·62)と式(22·66)で標準モルギブズエネルギー $G°(T)$ は同じ量とされていることに注意しよう．式(22·62)での標準状態は 1 bar の理想気体であるから，式(22·66)でもこれが標準状態でなければならない．したがって，式(22·66)の実在気体の標準状態を 1 bar における対応する理想気体にとる．いい換えれば，その実在気体の標準状態は，理想気体に調節したあとの 1 bar である．したがって，式で表せば $f° = P°$ である．この選び方は式(22·67)から考えても当然で，そうしなければ $B_{2P}(T) = B_{3P}(T) = 0$ の場合に $f(P, T)$ が P に帰着しないからである．

標準状態のこの選び方によれば，すべての気体を一つの共通の状態にもってくることが可能になるだけでなく，任意の温度，圧力における $f(P, T)$ の計算方法が得られる．そのためには，図22·8のスキームを考える．この図は (P, T) における実在気体と

---

[1] fugacity

(P, T)における理想気体のモルギブズエネルギーの差を示している. この差を計算するには, (P, T)における実在気体から出発して, 圧力を理想気体として確実に振舞う

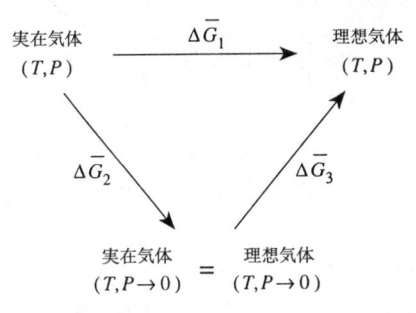

```
実在気体       ΔG̅₁        理想気体
(T,P)    ─────────→    (T,P)
    ↘                  ↗
     ΔG̅₂           ΔG̅₃
        ↘        ↗
       実在気体  =  理想気体
       (T,P→0)     (T,P→0)
```

図 22・8 気体のフガシティーを標準状態の値と関係づける手続き. 標準状態は問題とする温度 T における $P=1$ bar の(仮想的)理想気体である.

ように, ほとんど0まで下げる際のギブズエネルギー変化を求める(段階2). つぎに, 気体が理想的に振舞うとして圧力 P まで圧縮して戻す際のギブズエネルギー変化を計算する(段階3). すると, 段階2と段階3の和は, (P, T)における理想気体と(P, T)における実在気体のギブズエネルギーの差になるはずである(段階1). 式で書けば,

$$\Delta \bar{G}_1 = \bar{G}^{\mathrm{id}}(T, P) - \bar{G}(T, P) \tag{22・68}$$

である. 式(22・62)と式(22・66)をこれに代入すれば,

$$\Delta \bar{G}_1 = RT \ln \frac{P}{P°} - RT \ln \frac{f}{f°}$$

が得られる. しかし, 実在気体の標準状態を $f° = P° = 1$ bar と選んだので,

$$\Delta \bar{G}_1 = RT \ln \frac{P}{f} \tag{22・69}$$

となる. そこで式(22・63)を用いて段階2と段階3におけるギブズエネルギー変化を計算すると,

$$\Delta \bar{G}_2 = \int_P^{P \to 0} \left(\frac{\partial G}{\partial P} \right)_T \mathrm{d}G = \int_P^{P \to 0} \bar{V} \, \mathrm{d}P'$$

$$\Delta \bar{G}_3 = \int_{P \to 0}^P \bar{V}^{\mathrm{id}} \, \mathrm{d}P' = \int_{P \to 0}^P \frac{RT}{P'} \, \mathrm{d}P'$$

が得られる. $\Delta \bar{G}_2$ と $\Delta \bar{G}_3$ の和をとると $\Delta \bar{G}_1$ の別の式,

$$\Delta \bar{G}_1 = \Delta \bar{G}_2 + \Delta \bar{G}_3 = \int_{P\to 0}^{P} \left(\frac{RT}{P'} - \bar{V} \right) dP'$$

になる.これを式(22・69)の $\Delta \bar{G}_1$ と等置すると,

$$\ln \frac{P}{f} = \int_0^P \left(\frac{1}{P'} - \frac{\bar{V}}{RT} \right) dP'$$

すなわち,

$$\ln \frac{f}{P} = \int_0^P \left(\frac{\bar{V}}{RT} - \frac{1}{P'} \right) dP' \tag{22・70}$$

が得られる.

実在気体の P-V-T データ,つまり状態方程式がわかっていれば,式(22・70)を用いて任意の圧力と温度におけるフガシティーの圧力に対する比を計算することができる.問題とする条件において気体が理想的に振舞えば,式22・70で $\bar{V} = \bar{V}^{\text{id}}$),$\ln(f/P) = 0$ すなわち $f = P$ である.したがって,f/P が1からどれくらいずれているかが,気体が理想的振舞いからのはずれ方の直接的な指標である.この比 f/P を**フガシティー係数**[1] γ という.すなわち,

$$\gamma = \frac{f}{P} \tag{22・71}$$

である.理想気体では $\gamma = 1$ である.

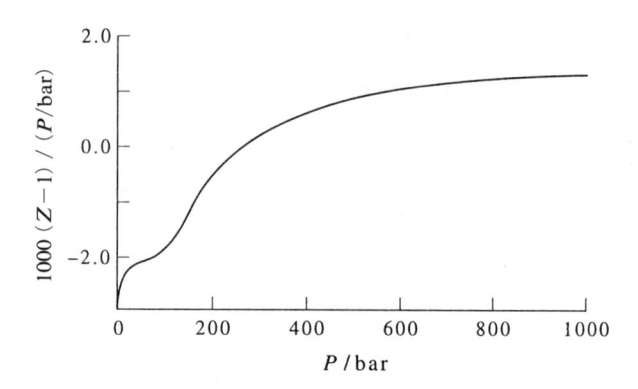

図 22・9 200 K における CO(g) の $(Z-1)/P$ を P に対してプロットした図.$P=0$ から P までの,この曲線の下の面積が圧力 P における $\ln \gamma$ である.

---

1) fugacity coefficient

圧縮因子 $Z = P\bar{V}/RT$ を用いると，式(22·70)は，

$$\ln \gamma = \int_0^P \frac{Z-1}{P'} dP' \tag{22·72}$$

とも書ける．積分の下限は $P=0$ であるが被積分関数は有限である(問題22·27)．理想気体では $(Z-1)/P=0$ であるから(問題22·27)，$\ln \gamma = 0$ で $f = P$ である．図22·9は200 K における CO(g) について $(Z-1)/P$ を P に対してプロットしたものである．式(22·72)によれば，0 から P までのこの曲線の下の面積が圧力 P における $\ln \gamma$ に等しい．図22·10はこのようにして得た200 K における CO(g) の $\gamma = f/P$ を圧力に対してプロットしたものである．

気体の状態方程式からフガシティーを計算することもできる．

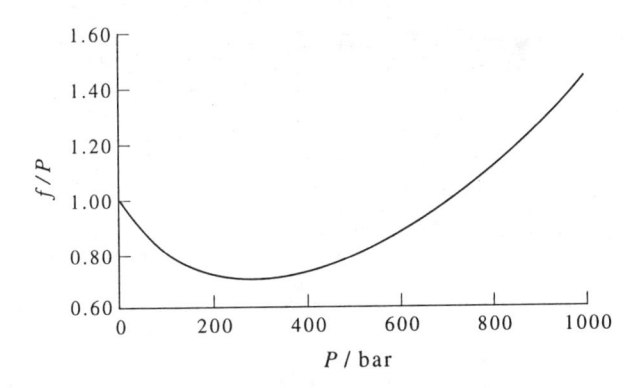

図22·10　200 K における CO(g) の $\gamma = f/P$ を P に対してプロットした図．この f/P の値は図22·9の $(Z-1)/P$ の数値積分によって得られたものである．

例題 22·9　状態方程式，

$$P(\bar{V} - b) = RT$$

に従う気体のフガシティーの式を導け．ここで b は定数である．

　解答：状態方程式を $\bar{V}$ について解いて式(22·70)に代入すると，

$$\ln \gamma = \int_0^P \frac{b}{RT} dP = \frac{bP}{RT}$$

すなわち，

22. ヘルムホルツエネルギーとギブズエネルギー

$$\gamma = e^{bP/RT}$$

が得られる．問題 22·33〜問題 22·35 ではファン・デル・ワールス方程式について $\ln \gamma$ の式を求める．

フガシティー係数が換算圧力と換算温度の関数であることを示すように式(22·72)を書き直すことができる．気体の臨界圧力を P_c として，積分変数を $P_R = P/P_c$ に変

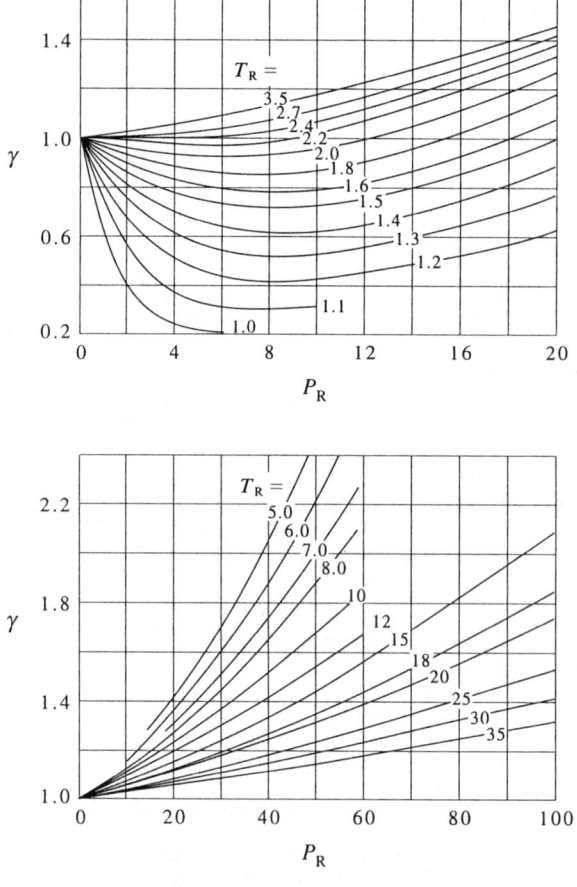

図 22·11 いろいろな換算温度 T/T_c における気体のフガシティー係数の換算圧力 $P_R (= P/P_c)$ に対するプロット．

換すると，式(22・72)は，

$$\ln \gamma = \int_0^{P_R} \left(\frac{Z-1}{P'_R} \right) dP'_R \qquad (22\cdot 73)$$

になる．16章で学んだように，圧縮因子 Z が，ほとんどの気体についてよい近似で，P_R と T_R の普遍関数であった(図16・9参照)．したがって，式(22・73)の右辺，つまり $\ln \gamma$ 自身も P_R と T_R の普遍関数のはずである．図22・11 はいろいろな T_R について γ の実験値を P_R に対してプロットしたものである．

例題 22・10 図22・11 と表16・4を用い，623 K, 1000 atm における窒素のフガシティーを求めよ．

解答： 表16・4によれば，$N_2(g)$では $T_c = 126.2$ K, $P_c = 33.6$ atm である．したがって，623 K では $T_R = 4.94$, 1000 atm では $P_R = 29.8$ である．図22・11 の曲線から $\gamma \approx 1.7$ と読みとれる．したがって 1000 atm, 623 K では窒素のフガシティーは 1700 atm である．

問題

22・1 ベンゼンの通常沸点(80.09 °C)におけるモル蒸発エンタルピーは 30.72 kJ mol^{-1} である．$\Delta_{vap}\bar{H}$ と $\Delta_{vap}\bar{S}$ が 80.09 °C での値のままと仮定して，75.0 °C, 80.09 °C, 85.0 °C での $\Delta_{vap}\bar{G}$ を計算せよ．その結果を物理的に説明せよ．

22・2 $\Delta_{vap}\bar{H}$ と $\Delta_{vap}\bar{S}$ が温度変化しないと仮定せずに，問題22・1の計算を繰返せ．ベンゼンの液体と気体のモル熱容量をそれぞれ 136.3 J K^{-1} mol^{-1} および 82.4 J K^{-1} mol^{-1} とせよ．問題22・1の結果と比較せよ．物理的説明に変更はあるか．

22・3 ファン・デル・ワールス方程式から $(\partial P/\partial T)_{\bar{V}}$ を計算し，式(22・18)に代入して $\bar{V}^{id}$ から $\bar{V}$ まで積分して，

$$\bar{S}(T,\bar{V}) - \bar{S}^{id}(T) = R \ln \frac{\bar{V}-b}{\bar{V}^{id}-b}$$

となることを示せ．$\bar{V}^{id} = RT/P^{id}$, $P^{id} = P^\circ = 1$ bar, $\bar{V}^{id} \gg b$ として，

$$\bar{S}(T,\bar{V}) - \bar{S}^{id}(T) = -R \ln \frac{RT/P^\circ}{\bar{V}-b}$$

を導け. 400 K においてエタンでは $\overline{S}^{id}=246.35\,\mathrm{J\,K^{-1}\,mol^{-1}}$ とすると,

$$\overline{S}(\overline{V})/\mathrm{J\,K^{-1}\,mol^{-1}} = 246.35 - 8.3145\ln\frac{33.258\,\mathrm{L\,mol^{-1}}}{\overline{V}-0.065144\,\mathrm{L\,mol^{-1}}}$$

であることを示せ. 400 K でエタンについて, $\overline{S}$ を $\rho=1/\overline{V}$ の関数として計算し, 図 22・2 の実験値と比較せよ.

22・4 ファン・デル・ワールス方程式を用いて,

$$\overline{U}(T,\overline{V}) - \overline{U}^{id}(T) = -\frac{a}{\overline{V}}$$

を導け. この結果とファン・デル・ワールス方程式とを用いて, 400 K のエタンについて $\overline{U}$ を $\overline{V}$ の関数として計算せよ. ただし $\overline{U}^{id}=14.55\,\mathrm{kJ\,mol^{-1}}$ である. このために, $\overline{V}$ が $0.0700\,\mathrm{L\,mol^{-1}}$ から $7.00\,\mathrm{L\,mol^{-1}}$ (図 22・2 参照) について $\overline{U}(\overline{V})$ と $P(\overline{V})$ を計算して, $P(\overline{V})$ に対して $\overline{U}(\overline{V})$ をプロットせよ. 結果を図 22・3 の実験値と比較せよ.

22・5 $Pf(V)=RT$ という形の状態方程式に従う気体では $(\partial U/\partial V)_T=0$ であることを示せ. 本書の中からこの形の状態方程式を 2 例挙げよ.

22・6 以下の式が成立することを示せ.

$$\left(\frac{\partial\overline{U}}{\partial\overline{V}}\right)_T = \frac{RT^2}{\overline{V}^2}\frac{\mathrm{d}B_{2V}}{\mathrm{d}T} + \frac{RT^2}{\overline{V}^3}\frac{\mathrm{d}B_{3V}}{\mathrm{d}T} + \cdots$$

22・7 前問の結果を用い,

$$\Delta\overline{U} = -T\frac{\mathrm{d}B_{2V}}{\mathrm{d}T}(P_2-P_1) + \cdots$$

であることを示せ. 箱形井戸のポテンシャルについて式 (16・36) を用い,

$$\Delta\overline{U} = -\frac{2\pi\sigma^3 N_A}{3}(\lambda^3-1)\frac{\varepsilon}{k_B T}\mathrm{e}^{\varepsilon/k_B T}(P_2-P_1) + \cdots$$

であることを示せ. $N_2(g)$ では $\sigma=327.7\,\mathrm{pm}$, $\varepsilon/k_B=95.2\,\mathrm{K}$, $\lambda=1.58$ であることを用い, 300 K において 1.00 bar から 10.0 bar へ圧力を増加する場合の $\Delta\overline{U}$ を計算せよ.

22・8 状態方程式 $P(\overline{V}-b)=RT$ に従う気体について $\overline{C}_P-\overline{C}_V$ を求めよ.

22・9 25 °C における水の熱膨張率は $2.572\times10^{-4}\,\mathrm{K^{-1}}$, 等温圧縮率は $4.525\times10^{-5}\,\mathrm{bar^{-1}}$ である. 25 °C の水 1 モルの $\overline{C}_P-\overline{C}_V$ を計算せよ. 25 °C における水の密度は $0.99705\,\mathrm{g\,mL^{-1}}$ である.

22・10 式 (22・21) を用いて,

22. ヘルムホルツエネルギーとギブズエネルギー

$$\left(\frac{\partial C_V}{\partial V}\right)_T = T\left(\frac{\partial^2 P}{\partial T^2}\right)_V$$

であることを示せ。理想気体とファン・デル・ワールス気体では$(\partial C_V/\partial V)_T=0$であることを示せ。

22・11 この問題では，

$$C_P - C_V = -T\left(\frac{\partial V}{\partial T}\right)_P^2 \left(\frac{\partial P}{\partial V}\right)_T$$

を導く（式22・23）。はじめにVをTとPの関数と考えてdVを書き下せ。体積一定$(dV=0)$として両辺をdTで割り，得られた$(\partial P/\partial T)_V$に式(22・22)を代入すると上の式が得られる。

22・12 $(\partial U/\partial V)_T$は圧力の単位をもつので**内部圧**[1]ともいう。内部圧は物体中の分子間力の尺度である。理想気体では0であり，高密度の気体では一般に0ではないが小さく，液体では比較的大きく，分子間相互作用が強い液体では特に大きい。下表のデータを用い，280 Kのエタンの内部圧を圧力の関数として計算せよ。このようにして得た値と，ファン・デル・ワールス方程式から得られる値と比較せよ。

P/bar	$(\partial P/\partial T)_V$/bar K^{-1}	$\bar{V}$/dm^3 mol^{-1}	P/bar	$(\partial P/\partial T)_V$/bar K^{-1}	$\bar{V}$/dm^3 mol^{-1}
4.458	0.01740	5.000	307.14	6.9933	0.06410
47.343	4.1673	0.07526	437.40	7.9029	0.06173
98.790	4.9840	0.07143	545.33	8.5653	0.06024
157.45	5.6736	0.06849	672.92	9.2770	0.05882

22・13 つぎの式を証明せよ。

$$\left(\frac{\partial \bar{H}}{\partial P}\right)_T = -RT^2\left(\frac{dB_{2P}}{dT} + \frac{dB_{3P}}{dT}P + \cdots\right)$$

$$= B_{2V}(T) - T\frac{dB_{2V}}{dT} + O(P)$$

箱形井戸ポテンシャルについて式(16・36)を用い，

$$\left(\frac{\partial \bar{H}}{\partial P}\right)_T = \frac{2\pi\sigma^3 N_A}{3}\left[\lambda^3 - (\lambda^3-1)\left(1 + \frac{\varepsilon}{k_B T}\right)e^{\varepsilon/k_B T}\right]$$

を導け。$N_2(g)$では$\sigma=327.7$ pm, $\varepsilon/k_B=95.2$ K, $\lambda=1.58$ であることを用い，300 Kにおける$(\partial \bar{H}/\partial P)_T$の値を計算せよ。また$\Delta \bar{H} = \bar{H}(P=10.0 \text{ bar}) - \bar{H}(P=1.0$

---
1) internal pressure

bar)を計算せよ．その結果を，300 K での窒素の $\bar{H}(T)-\bar{H}(0)$ の値である 8.724 kJ mol^{-1} と比較せよ．

22·14 状態方程式 $P(\bar{V}-bT)=RT$ (b は定数)に従う気体では，エンタルピーが温度だけの関数であることを示せ．

22·15 ファン・デル・ワールス方程式についての問題 22·4 の結果を用い，400 K のエタンについて $\bar{H}(T,\bar{V})$ を体積の関数として計算せよ．$\bar{H}=\bar{U}+P\bar{V}$ を使え．その結果を図 22·5 の実験データと比較せよ．

22·16 式(22·33)を用いて，

$$\left(\frac{\partial C_P}{\partial P}\right)_T = -T\left(\frac{\partial^2 V}{\partial T^2}\right)_P$$

であることを示せ．P を変数とするビリアル展開を用い，

$$\left(\frac{\partial \bar{C}_P}{\partial P}\right)_T = -T\frac{\mathrm{d}^2 B_{2V}}{\mathrm{d}T^2} + O(P)$$

であることを示せ．箱形井戸ポテンシャルについての第二ビリアル係数(式 16·36)と問題 22·13 のパラメーターを用い，0 °C の $N_2(g)$ について $(\partial \bar{C}_P/\partial P)_T$ を計算せよ．$\bar{C}_P^{\mathrm{id}}=5R/2$ を用い，100 atm, 0 °C における $\bar{C}_P$ を計算せよ．

22·17 圧力 P の物質のモルエンタルピーが 1 bar での値に相対的に，

$$\bar{H}(T,P) = \bar{H}(T,P=1\text{ bar}) + \int_1^P \left[\bar{V} - T\left(\frac{\partial \bar{V}}{\partial T}\right)_P\right]\mathrm{d}P'$$

で与えられることを示せ．水銀のモル体積が温度とともに，

$$\bar{V}(t) = (14.75\text{ mL mol}^{-1})(1 + 0.182\times 10^{-3}\,t + 2.95\times 10^{-9}\,t^2 + 1.15\times 10^{-10}\,t^3)$$

と変化する (t はセルシウス温度)ことを用い，0 °C, 100 bar の水銀の $\bar{H}(T,P)-\bar{H}(T,P=1\text{ bar})$ の値を計算せよ．この圧力範囲では $\bar{V}(0)$ は圧力に依存しないものと仮定し，kJ mol^{-1} を単位として結果を求めよ．

22·18 つぎの式を証明せよ．

$$\mathrm{d}H = \left[V - T\left(\frac{\partial V}{\partial T}\right)_P\right]\mathrm{d}P + C_P\,\mathrm{d}T$$

この式から H の自然な変数について何がわかるか．

22·19 エントロピーの自然な変数は何か．

22·20 実験的に決定されたエントロピーに対する非理想性の補正は，変形ベルテロー(Berthelot)式という状態方程式,

$$\frac{P\bar{V}}{RT} = 1 + \frac{9}{128}\frac{PT_c}{P_cT}\left(1 - 6\frac{T_c^2}{T^2}\right)$$

を用いて行うのが普通である．この状態方程式を用いると補正が，

$$S°(1\,\text{bar}) = \bar{S}(1\,\text{bar}) + \frac{27}{32}\frac{RT_c^3}{P_c T^3}\,(1\,\text{bar})$$

となることを示せ．この式を使うには物質の臨界点データだけが必要である．この式と表 16・4 の臨界点データを用い，298.15 K の $N_2(g)$ について非理想性の補正を計算せよ．その結果を表 21・1 で用いたものと比較せよ．

22・21 問題 22・20 の結果と表 16・4 の臨界点データを用い，$CO(g)$ の通常沸点 (81.6 K) での非理想性の補正を計算せよ．その結果を問題 21・24 で用いたものと比較せよ．

22・22 問題 22・20 の結果と表 16・4 の臨界点データを用い，$Cl_2(g)$ の通常沸点 (239 K) での非理想性の補正を計算せよ．その結果を問題 21・16 で用いたものと比較せよ．

22・23 つぎの式を導け．

$$\left(\frac{\partial(A/T)}{\partial T}\right)_V = -\frac{U}{T^2}$$

これは A についてのギブズ-ヘルムホルツの式である．

22・24 つぎのようにして式 (22・30 a) から直接，ギブズ-ヘルムホルツの式を導くことができる．$(\partial G/\partial T)_P = -S$ から始め，S に $G = H - TS$ を代入して，

$$\frac{1}{T}\left(\frac{\partial G}{\partial T}\right)_P - \frac{G}{T^2} = -\frac{H}{T^2}$$

とする．左辺が $(\partial[G/T]/\partial T)_P$ に等しいことを示して，ギブズ-ヘルムホルツの式を導け．

22・25 ベンゼンについての以下のデータを用い，$\bar{G}(T) - \bar{H}(0)$ を T に対してプロットせよ．〔この場合，気相の非理想性に対する（小さい）補正を無視する．〕

$$\bar{C}_P^s(T)/R = \frac{12\pi^4}{5}\left(\frac{T}{\Theta_D}\right)^3 \quad \Theta_D = 130.5\,\text{K} \quad 0\,\text{K} < T < 13\,\text{K}$$

$\bar{C}_P^s(T)/R =$
$\quad -0.6077 + (0.1088\,\text{K}^{-1})T - (5.345\times 10^{-4}\,\text{K}^{-2})T^2 + (1.275\times 10^{-6}\,\text{K}^{-3})T^3$
$$13\,\text{K} < T < 278.6\,\text{K}$$

$\bar{C}_P^l(T)/R = 12.713 + (1.974\times 10^{-3}\,\text{K}^{-1})T - (4.766\times 10^{-5}\,\text{K}^{-2})T^2$
$$278.6\,\text{K} < T < 353.2\,\text{K}$$

$\overline{C}_P^{\,g}(T)/R =$
$\quad -4.077 + (0.056\,76\text{ K}^{-1})\,T - (3.588\times 10^{-5}\text{ K}^{-2})\,T^2 + (8.520\times 10^{-9}\text{ K}^{-3})\,T^3$

$$353.2\text{ K} < T < 1000\text{ K}$$

$$T_{\text{fus}} = 278.68\text{ K} \qquad \Delta_{\text{fus}}\overline{H} = 9.95\text{ kJ mol}^{-1}$$

$$T_{\text{vap}} = 353.24\text{ K} \qquad \Delta_{\text{vap}}\overline{H} = 30.72\text{ kJ mol}^{-1}$$

22・26 プロペンについての以下のデータを用い，$\overline{G}(T) - \overline{H}(0)$ を T に対してプロットせよ．〔この場合，気相の非理想性に対する(小さい)補正を無視する．〕

$$\overline{C}_P^{\,s}(T)/R = \frac{12\pi^4}{5}\left(\frac{T}{\Theta_D}\right)^3 \qquad \Theta_D = 100\text{ K} \qquad 0\text{ K} < T < 15\text{ K}$$

$\overline{C}_P^{\,s}(T)/R =$
$\quad -1.616 + (0.086\,77\text{ K}^{-1})\,T - (9.791\times 10^{-4}\text{ K}^{-2})\,T^2 + (2.611\times 10^{-6}\text{ K}^{-3})\,T^3$

$$15\text{ K} < T < 87.90\text{ K}$$

$\overline{C}_P^{\,l}(T)/R =$
$\quad 15.935 - (0.086\,77\text{ K}^{-1})\,T + (4.294\times 10^{-4}\text{ K}^{-2})\,T^2 - (6.276\times 10^{-7}\text{ K}^{-3})\,T^3$

$$87.90\text{ K} < T < 225.46\text{ K}$$

$$\overline{C}_P^{\,g}(T)/R = 1.4970 + (2.266\times 10^{-2}\text{ K}^{-1})\,T - (5.725\times 10^{-6}\text{ K}^{-2})\,T^2$$

$$225.46\text{ K} < T < 1000\text{ K}$$

$$T_{\text{fus}} = 87.90\text{ K} \qquad \Delta_{\text{fus}}\overline{H} = 3.00\text{ kJ mol}^{-1}$$

$$T_{\text{vap}} = 225.46\text{ K} \qquad \Delta_{\text{vap}}\overline{H} = 18.42\text{ kJ mol}^{-1}$$

22・27 Z のビリアル展開を用い，(a) $P \to 0$ のとき式(22・72)の被積分関数が有限であることと，(b) 理想気体では $(Z-1)/P = 0$ であることを示せ．

22・28 圧力を変数として $\ln\gamma$ のビリアル展開を導け．

22・29 600 K におけるエタンの圧縮因子は，$0 \leq P/\text{bar} \leq 600$ の範囲で，

$$Z = 1.0000 - 0.000\,612\,(P/\text{bar}) + 2.661 \times 10^{-6}\,(P/\text{bar})^2$$
$$\quad - 1.390 \times 10^{-9}\,(P/\text{bar})^3 - 1.077 \times 10^{-13}\,(P/\text{bar})^4$$

と表すことができる．これを用い，600 K におけるエタンのフガシティー係数を圧力の関数として求めよ．

22・30 図 22・11 と表 16・4 のデータを用い，360 K，1000 atm におけるエタンのフガシティーを求めよ．

22. ヘルムホルツエネルギーとギブズエネルギー

22·31 360 K のエタンについての下表のデータを用い，フガシティー係数を圧力に対してプロットせよ．

ρ/mol dm^{-3}	P/bar	ρ/mol dm^{-3}	P/bar	ρ/mol dm^{-3}	P/bar
1.20	31.031	6.00	97.767	10.80	197.643
2.40	53.940	7.20	112.115	12.00	266.858
3.60	71.099	8.40	130.149	13.00	381.344
4.80	84.892	9.60	156.078	14.40	566.335

その結果を問題 22·30 の結果と比較せよ．

22·32 0 °C の $N_2(g)$ についての下表のデータを用い，フガシティー係数を圧力の関数としてプロットせよ．

P/atm	$Z = P\overline{V}/RT$	P/atm	$Z = P\overline{V}/RT$	P/atm	$Z = P\overline{V}/RT$
200	1.0390	1000	2.0700	1800	3.0861
400	1.2570	1200	2.3352	2000	3.3270
600	1.5260	1400	2.5942	2200	3.5640
800	1.8016	1600	2.8456	2400	3.8004

22·33 ファン・デル・ワールス方程式は $\overline{V}$ の 3 次式なので，式 (22·70) の積分を行おうとしても，この 3 次式を解析的に解いて $\overline{V}$ を求めることができない．このためファン・デル・ワールス気体のフガシティーの計算に式 (22·70) が使えないようにも見える．しかし，式 (22·70) を部分積分してこの問題を避けることができる．はじめに，

$$RT \ln \gamma = P\overline{V} - RT - \int_{\overline{V}^{\text{id}}}^{\overline{V}} P\, d\overline{V}' - RT \ln \frac{P}{P^{\text{id}}}$$

であることを示せ．ただし $P^{\text{id}} \to 0$, $\overline{V}^{\text{id}} \to \infty$, $P^{\text{id}} \overline{V}^{\text{id}} \to RT$ である．ファン・デル・ワールス方程式を上式の右辺の第 1 項と積分の中の P に代入して積分し，

$$RT \ln \gamma = \frac{RT\overline{V}}{\overline{V} - b} - \frac{a}{\overline{V}} - RT - RT \ln \frac{\overline{V} - b}{\overline{V}^{\text{id}} - b} - \frac{a}{\overline{V}} - RT \ln \frac{P}{P^{\text{id}}}$$

を導け．$\overline{V}^{\text{id}} \to \infty$ および $P^{\text{id}} \overline{V}^{\text{id}} \to RT$ を用い，

$$\ln \gamma = -\ln\left[1 - \frac{a(\overline{V} - b)}{RT\overline{V}^2}\right] + \frac{b}{\overline{V} - b} - \frac{2a}{RT\overline{V}}$$

であることを示せ．この式はファン・デル・ワールス気体のフガシティー係数を $\bar{V}$ の関数として与えている．ファン・デル・ワールス方程式を用いれば $\bar{V}$ から P を計算できるので，上式とファン・デル・ワールス方程式によって，$\ln \gamma$ が圧力の関数として与えられる．

22·34 問題 22·33 の最後の式とファン・デル・ワールスの式を用い，200 K における $CO(g)$ の $\ln \gamma$ を圧力に対してプロットせよ．その結果を図 22·10 と比較せよ．

22·35 ファン・デル・ワールスの式についての $\ln \gamma$ の式（問題 22·33）が，還元された形，

$$\ln \gamma = \frac{1}{3V_R - 1} - \frac{9}{4V_R T_R} - \ln\left[1 - \frac{3(3V_R - 1)}{8T_R V_R^2}\right]$$

に書き直せることを示せ．これと還元形ファン・デル・ワールス方程式（式 16·15）を用いて，$T_R = 1.00$ と 2.00 の場合について γ を P_R に対してプロットし，その結果を図 22·11 と比較せよ．

22·36 ファン・デル・ワールスの式に対する $\ln \gamma$（問題 22·33）と 600 K におけるエタンの $\ln \gamma$ の値（問題 22·29）を比較せよ．

22·37 式 $(\partial S/\partial U)_V = 1/T$ を用いると，不可逆断熱過程ではエントロピーが常に増大するということからどんな帰結が導かれるかを示すことができる．堅い断熱壁に囲まれた 2 部屋から成る系を考え，その 2 部屋は堅いが熱を通す壁で仕切られているとする．各部屋の中では平衡だが，互いには平衡でないと仮定する．壁が堅いためこの系では仕事はなされず，断熱壁のため外界との熱エネルギーの交換はないので，

$$U = U_1 + U_2 = 一定$$

である．各部屋のエントロピーはエネルギーが変化する結果としてだけ変化できるので，

$$dS = \left(\frac{\partial S_1}{\partial U_1}\right) dU_1 + \left(\frac{\partial S_2}{\partial U_2}\right) dU_2$$

の関係が成立つことを示せ．さらに，

$$dS = dU_1 \left(\frac{1}{T_1} - \frac{1}{T_2}\right) \geq 0$$

であることを示せ．この結果を用い，ある温度から他の温度への熱エネルギーの移動の方向について考察せよ．

22·38 問題 22·37 で，部屋の間の仕切りが変形できる断熱壁であるとした場合について論じよ．

22. ヘルムホルツエネルギーとギブズエネルギー

$$dS = \left(\frac{P_1}{T_1} - \frac{P_2}{T_2}\right)dV_1$$

を導け．この結果を用い，等温で圧力差がある場合の体積変化の方向を考察せよ．

22・39 この問題では $\bar{U}, \bar{H}, \bar{S}, \bar{A}, \bar{G}$ のビリアル展開を求める．

$$Z = 1 + B_{2P}P + B_{3P}P^2 + \cdots$$

を式(22・63)に代入し，低い圧力 P^{id} から P まで積分して，

$$\bar{G}(T,P) - \bar{G}(T,P^{\text{id}}) = RT\ln\frac{P}{P^{\text{id}}} + RTB_{2P}P + \frac{RTB_{3P}}{2}P^2 + \cdots$$

を導け．ここで，式(22・62)で $P = P^{\text{id}}$ であることに注意して式(22・62)を使い，$P° = 1$ bar においては，

$$\bar{G}(T,P) - G°(T) = RT\ln P + RTB_{2P}P + \frac{RTB_{3P}}{2}P^2 + \cdots \quad (1)$$

となることを示せ．さらに，式(22・30a)を使い，$P° = 1$ bar で，

$$\bar{S}(T,P) - S°(T) = -R\ln P - \frac{d(RTB_{2P})}{dT}P - \frac{1}{2}\frac{d(RTB_{3P})}{dT}P^2 + \cdots \quad (2)$$

であることを示せ．これらの式から，$\bar{G} = \bar{H} - T\bar{S}$ を用い，

$$\bar{H}(T,P) - H°(T) = -RT^2\frac{dB_{2P}}{dT}P - \frac{RT^2}{2}\frac{dB_{3P}}{dT}P^2 + \cdots \quad (3)$$

を導け．また，$\bar{C}_P = (\partial\bar{H}/\partial T)_P$ であることから，

$$\bar{C}_P(T,P) - C_P°(T) =$$
$$-RT\left[2\frac{dB_{2P}}{dT} + T\frac{d^2B_{2P}}{dT^2}\right]P - \frac{RT}{2}\left[2\frac{dB_{3P}}{dT} + T\frac{d^2B_{3P}}{dT^2}\right]P^2 + \cdots \quad (4)$$

を導け．$\bar{U}$ と $\bar{A}$ についての展開式は $\bar{H} = \bar{U} + P\bar{V} = \bar{U} + RTZ$ および $\bar{G} = \bar{A} + P\bar{V} = \bar{A} + RTZ$ を使えば求められる．$P° = 1$ bar で，

$$\bar{U} - U° = -RT\left(B_{2P} + T\frac{dB_{2P}}{dT}\right)P - RT\left(B_{3P} + \frac{T}{2}\frac{dB_{3P}}{dT}\right)P^2 + \cdots \quad (5)$$

および

$$\bar{A} - A° = RT\ln P - \frac{RTB_{3P}}{2}P^2 + \cdots \quad (6)$$

であることを示せ．

22·40 この問題では,

$$\bar{H}(T,P) - H°(T) = RT(Z-1) + \int_{\bar{V}^{id}}^{\bar{V}}\left[T\left(\frac{\partial P}{\partial T}\right)_V - P\right]d\bar{V}'$$

を導く.ここで $\bar{V}^{id}$ は気体が確実に理想的に振舞うほどに大きいモル体積である. $dH = TdS + VdP$ から,

$$\left(\frac{\partial H}{\partial V}\right)_T = T\left(\frac{\partial S}{\partial V}\right)_T + V\left(\frac{\partial P}{\partial V}\right)_T$$

を導け.$(\partial S/\partial V)_T$ についてのマクスウェルの関係式を用い,

$$\left(\frac{\partial H}{\partial V}\right)_T = T\left(\frac{\partial P}{\partial T}\right)_V + V\left(\frac{\partial P}{\partial V}\right)_T$$

を示せ.理想気体の極限から適当なところまで部分積分して目的の式を導け.

22·41 問題 22·40 の結果を用い,理想気体では H が体積に依存しないことを示せ.状態方程式が $P(\bar{V}-b) = RT$ の気体ではどうか.この状態方程式では U は体積に依存するか.違いについて説明せよ.

22·42 問題 22·40 の結果を用い,ファン・デル・ワールスの式について,

$$\bar{H} - H° = \frac{RTb}{\bar{V}-b} - \frac{2a}{\bar{V}}$$

であることを示せ.

22·43 問題 19·49 から問題 19·51 まででジュール-トムソン効果とジュール-トムソン係数を導入した.ジュール-トムソン係数は,

$$\mu_{JT} = \left(\frac{\partial T}{\partial P}\right)_H = -\frac{1}{C_P}\left(\frac{\partial H}{\partial P}\right)_T$$

で定義されるもので,気体を節気弁(スロットル)を通して膨張させた場合に予測される温度変化の直接的な尺度である.本章で導いた式の一つを用いて,μ_{JT} に関する便利で実用的な式を導くことができる.

$$\mu_{JT} = \frac{1}{C_P}\left[T\left(\frac{\partial V}{\partial T}\right)_P - V\right]$$

であることを示せ.これを用い理想気体では $\mu_{JT} = 0$ であることを示せ.

22·44 ビリアル状態方程式,

$$\frac{P\bar{V}}{RT} = 1 + \frac{B_{2V}(T)}{RT}P + \cdots$$

を用い,

22. ヘルムホルツエネルギーとギブズエネルギー

$$\mu_{\mathrm{JT}} = \frac{1}{C_P^{\mathrm{id}}}\left[T\,\frac{\mathrm{d}B_{2V}}{\mathrm{d}T} - B_{2V}\right] + O(P)$$

であることを示せ．$T^* < 3.5$ の低温では，B_{2V} が負で，かつ $\mathrm{d}B_{2V}/\mathrm{d}T$ が正となる（図 16・14）ので，その結果，μ_{JT} が正になる．このため，このような条件では気体は膨張によって冷える(問題 22・43 参照)．

22・45 状態方程式 $P(\bar{V}-b) = RT$ に従う気体について，

$$\mu_{\mathrm{JT}} = -\frac{b}{C_P}$$

であることを示せ(問題 22・43 参照)．

22・46 箱形井戸ポテンシャルでは第二ビリアル係数は，

$$B_{2V}(T) = b_0[1 - (\lambda^3 - 1)(e^{\varepsilon/k_B T} - 1)]$$

である(式 16・36)．

$$\mu_{\mathrm{JT}} = \frac{b_0}{C_P}\left[(\lambda^3-1)\left(1 + \frac{\varepsilon}{k_B T}\right)e^{\varepsilon/k_B T} - \lambda^3\right]$$

であることを示せ．ただし $b_0 = 2\pi\sigma^3 N_A/3$ である．以下の箱形井戸ポテンシャルのパラメーターを用いて，0 °C における μ_{JT} を計算し，与えられている実験値と比較せよ．Ar では $C_P = 5R/2$，N_2 と CO_2 では $C_P = 7R/2$ とせよ．

気体	$b_0/\mathrm{cm}^3\,\mathrm{mol}^{-1}$	λ	ε/k_B	μ_{JT}(実験)/K atm^{-1}
Ar	39.87	1.85	69.4	0.43
N_2	45.29	1.87	53.7	0.26
CO_2	75.79	1.83	119	1.3

22・47 ジュール-トムソン係数の符号が変わる温度を**ジュール-トムソン逆転温度**[1] T_i という．箱形井戸ポテンシャルについての低圧ジュール-トムソン逆転温度は，問題 22・46 で $\mu_{\mathrm{JT}} = 0$ とすれば得られる．この方法では $k_B T/\varepsilon$ が λ^3 によって表される式になるので，解析的に解くことができない．前問の 3 種の気体について，この方程式を数値的に解いて T_i を求めよ．実験値は Ar, N_2, CO_2 についてそれぞれ 794 K，621 K，1500 K である．

22・48 問題 22・46 のデータを用い，100 atm から 1 atm へ膨張した場合の温度降下をそれぞれの気体について求めよ．

22・49 ゴムバンドをのばすと復元力 f が働く．f は長さ L と温度 T の関数であ

---

[1] Joule-Thomson inversion temperature

る．この場合の仕事は，

$$w = \int f(L, T)\,dL \tag{1}$$

である．P-V 仕事に関する式(19・2)にはあった負号が，この積分の前にないのはなぜか．ゴムバンドを伸ばしたときの体積変化が無視できるとして，

$$dU = T\,dS + f\,dL \tag{2}$$

および

$$\left(\frac{\partial U}{\partial L}\right)_T = T\left(\frac{\partial S}{\partial L}\right)_T + f \tag{3}$$

となることを示せ．定義 $A = U - TS$ を用い，式(2)が，

$$dA = -S\,dT + f\,dL \tag{4}$$

となることを示し，マクスウェルの関係式，

$$\left(\frac{\partial f}{\partial T}\right)_L = -\left(\frac{\partial S}{\partial L}\right)_T \tag{5}$$

を導け．式(5)を式(3)に代入して，式(22・21)に似た，

$$\left(\frac{\partial U}{\partial L}\right)_T = f - T\left(\frac{\partial f}{\partial T}\right)_L$$

を導け．

多くの弾性体では，力の温度依存性は，実験によれば 1 次である．"理想ゴムバンド"を，

$$f = T\phi(L) \qquad (\text{理想ゴムバンド}) \tag{6}$$

によって定義する．理想ゴムバンドでは $(\partial U/\partial L)_T = 0$ であることを示せ．この結果を理想気体の $(\partial U/\partial V)_T = 0$ と比較せよ．

ゴムバンドを急激に（つまり断熱的に）引き延ばした場合に何が起きるかを考える．この場合 $dU = dw = f\,dL$ である．理想ゴムバンドでは U が温度だけに依存することを用い，

$$dU = \left(\frac{\partial U}{\partial T}\right)_L dT = f\,dL \tag{7}$$

となることを示せ．$(\partial U/\partial T)_L$ という量は熱容量なので，式(7)は，

$$C_L\,dT = f\,dL \tag{8}$$

となる．ゴムバンドを急に引き延ばすと，その温度が上昇することを説明せよ．ゴムバンドを上唇に当てて急激に引き延ばし，これを確かめよ．

22·50 ファン・デル・ワールスの式に従う 1 モルの気体の，等温可逆変化の ΔS の式を導け．これを用いて，400 K で 1 モルのエタンを，10.0 dm^3 から 1.00 dm^3 へ等温的に圧縮する際の ΔS を計算せよ．その結果を理想気体の場合と比較せよ．

ジョシア ウィラード ギブズ (Josiah Willard Gibbs) は，1839年2月11日，米国のコネチカット州ニューヘブンで生まれ，1903年にそこで没した．1863年，イエール大学で工学の博士号を得た．この博士号は米国で科学で2番目，工学では初めての博士号であった．長年にわたって無給でイエール大学にとどまり，結局，そこで生涯を過ごした．1878年，ギブズは"不均一な物質の平衡について"と題する独創的で長い熱力学の論文を Transactions of the Connecticut Academy of Sciences (コネチカット科学アカデミー紀要) に発表した．化学ポテンシャルの概念とともに，今日，**ギブズの相律**[1] として知られている規則を発見した．ギブズの相律は，系内の成分の数(c)，相の数(p)と**自由度**[2](f，独立に変えられる温度や圧力などの変数の数)を $f = c + 2 - p$ という式によって関係づける．厳格な文章スタイルであったことと，発表された雑誌が世に知られていなかったことのために，この重要な研究はその真価が広く認められなかった．幸い，ギブズはコピーを数多くのヨーロッパの著名な科学者たちに送っていた．マクスウェルとファンデルワールスはただちにその重要性を認め，ヨーロッパに紹介した．結局は，ギブズは正当に認められ，1880年，ついにイエール大学は有給の職を提供した．ギブズは気取らない，穏やかな人物で，生涯をニューヘブンの家族の家で送った．

1) Gibbs phase rule 2) degree of freedom

23 章
相 平 衡

　物質のさまざまな温度，圧力におけるすべての相の関係は相図によって簡潔に表すことができる．この章では，相図に表された情報とその熱力学的帰結について学ぶ．特に，ギブズエネルギーを使って物質の温度・圧力依存性を解析する．その際，ギブズエネルギーの低い方の相が常に安定相であるという事実を利用する．

　興味ある熱力学的系は互いに平衡にある2種以上の相から成るものが多い．たとえば，物質の融点では，固相と液相が互いに平衡にある．したがって，このような系を温度と圧力の関数として解析すると，融点の圧力依存性が得られる．水の数多い異常性の一つに，圧力の上昇につれて氷の融点が低下することがある．この章を学べば，この性質は，水が凍る場合に膨張すること，つまり液体のモル体積が氷より小さいことの直接的な結果であることがわかる．また，蒸発エンタルピーから液体の蒸気圧を温度の関数として計算する式も導く．これらの結果は，すべて，化学ポテンシャルという量を使って理解できる．化学ポテンシャルは化学熱力学における最も便利な関数の一つである．化学ポテンシャルが電気的ポテンシャルと類似していることを理解できるはずである．電気的ポテンシャルの高いところから低いところへ電流が流れるのとまったく同じように，化学ポテンシャルの高いところから低いところへ物質が流れるのである．この章の最後の節では，化学ポテンシャルを求めるための統計熱力学的な式を導き，分子の性質や分光学的性質からどのようにして化学ポテンシャルを計算するかを示す．

23·1　相図は物質の 固体-液体-気体 の振舞いをまとめたものである

　物質の 固体-液体-気体 の振舞いを**相図**[1])によってまとめることができる．相図は，どのような圧力・温度の条件の下で，物質の種々の状態が平衡に存在するかを示して

---

1) phase diagram

いる．図 23·1 は典型的な物質であるベンゼンの相図である．この相図には三つの領域があるが，ある領域の内部の 1 点はその単一相が平衡に存在する圧力と温度を示している．たとえば，図 23·1 によればベンゼンは 60 Torr，260 K（点 A の付近）では固体であり，60 Torr，300 K（点 B の付近）では気体である．

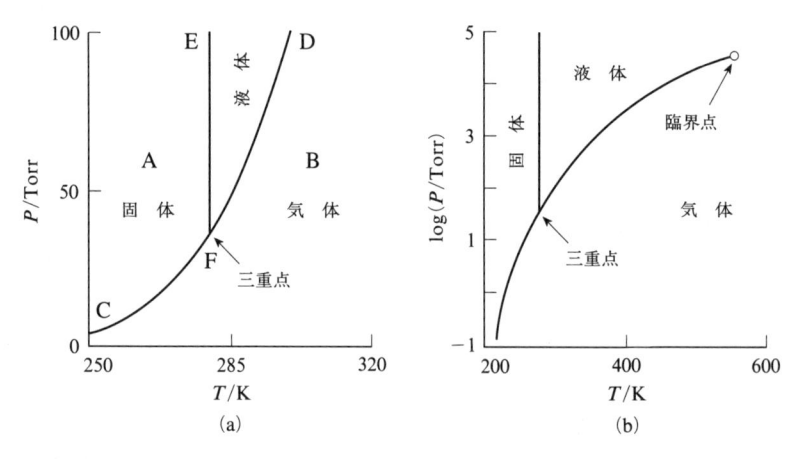

図 23·1 ベンゼンの相図．(a) P を T に対して表したもの，(b) $\log P$ を T に対して表したもの．$\log P$ 対 T の表示では縦軸が圧縮されている．

この三つの領域を区切っている線は，2 相が平衡に共存しうる圧力と温度を表している．たとえば，固体と気体の領域を隔てている線（線 CF）上のすべての点において，ベンゼンの固体と気体が互いに平衡に存在する．この線を気-固共存線という．気-固共存線はとりもなおさず，固体ベンゼンの**蒸気圧**[1]を温度の関数として表している．同様に，液体と気体の領域を隔てている線（線 FD）は液体ベンゼンの蒸気圧を温度の関数として表し，固体と液体の領域を隔てている線（線 FE）はベンゼンの融点を圧力の関数として表している．相図のこの 3 線が 1 点（点 F）で交わっていることに注意しよう．ここではベンゼンの固体，液体および気体が平衡で共存する．この点を**三重点**[2]といい，ベンゼンでは 278.7 K (5.5 °C)，36.1 Torr である．

例題 23·1 実験によれば，液体ベンゼンの蒸気圧は，

$$\ln (P/\mathrm{Torr}) = -\frac{4110\,\mathrm{K}}{T} + 18.33 \qquad 273\,\mathrm{K} < T < 300\,\mathrm{K}$$

---

1) vapor pressure 2) triple point

で与えられ，固体の蒸気圧は，

$$\ln(P/\text{Torr}) = -\frac{5319\,\text{K}}{T} + 22.67 \qquad 250\,\text{K} < T < 280\,\text{K}$$

で与えられる．ベンゼンの三重点における圧力と温度を計算せよ．

解答： 三重点ではベンゼンの固体，液体，気体が共存する．したがって，三重点では二つの蒸気圧の式の値が同じにならなければならない．$\ln P$ についてのこの2式を等しいとおくと，

$$-\frac{4110\,\text{K}}{T} + 18.33 = -\frac{5319\,\text{K}}{T} + 22.67$$

すなわち $T = 278.7\,\text{K}\,(5.5\,°\text{C})$ である．三重点の圧力は $\ln(P/\text{Torr}) = 3.58$，すなわち，$P = 36.1\,\text{Torr}$ となる．

1相領域では圧力と温度の両方を指定しなければならないので，純物質の1相領域では自由度が2であるという．共存線上の点を指定するには圧力か温度の一方だけで十分なので，自由度が1であるという．三重点は定点であり自由度はない．T と P を系の自由度と考えれば，純物質の相図上の任意の点の自由度の数 f は $f = 3 - p$ で与えられる．ここで p はその点で平衡に共存する相の数である．

ベンゼンの相図の圧力軸上の760 Torr（図23・1bの縦軸の2.88の点）から出発して水平に右へ移動すれば，760 Torr（1 atm）という一定の圧力で，温度上昇につれてベンゼンがどのように振舞うかを知ることができる．278.7 Kより低い温度ではベンゼンは固体として存在する．278.7 K (5.5 °C)で固-液共存線に達し，この点でベンゼンは融解する．この点を**通常融点**[1]という．（1 barでの融点を**標準融点**[2]という．）278.7 Kと353.2 K (80.1 °C)の間ではベンゼンは液体として存在する．気-液共存線 (353.2 K) においてベンゼンは沸騰し，353.2 Kより上の温度では気体として存在する．もし，760 Torrより低い（ただし三重点より高い）圧力で出発したとすると，融点は（固-液共存線が非常に急峻なので）760 Torrの場合とさほど違わないが，沸点は353.2 Kよりも低くなる．同様に，760 Torrよりも高い圧力では，融点は760 Torrの場合とさほど違わないが，沸点は353.2 Kより高くなる．したがって，ベンゼンの気-液共存線は圧力の関数としての沸点，固-液共存線は圧力の関数としての融点を表すと解釈することもできる．図23・2はベンゼンの融点を10 000 atmまでの圧力に対してプロットしたものである．勾配は1 atm付近で $0.0293\,°\text{C atm}^{-1}$ であり，融点が圧

---

[1] normal melting point [2] standard melting point

力にかなり鈍感なことを示している．つまり，ベンゼンの融点は 1 atm から 34 atm へ変わってようやく 1 °C 上昇する．これとは対照的に，図 23·3 はベンゼンの沸点を圧力に対してプロットしたものである．この図は沸点が圧力に強く依存することを示している．たとえば，標高 10 000 フィート (3100 m) における大気圧は 500 Torr なので，図 23·3 によれば，この標高ではベンゼンは 67 °C で沸騰する．(沸点は蒸気圧が大気圧と等しくなる温度と定義されている．) ちょうど 1 atm での沸点を**通常沸点**[1] という．厳密に 1 bar での沸点が**標準沸点**[2] である．

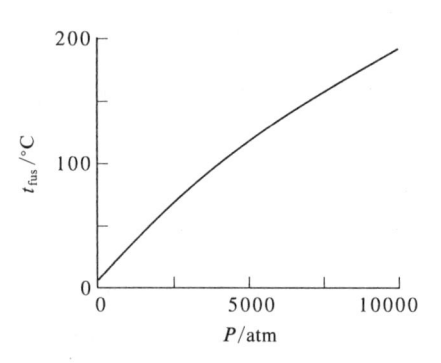

図 23·2 ベンゼンの融点を圧力の関数としてプロットした図．融点が圧力とともに緩やかに上昇する．(図 23·2 と図 23·3 の横軸のスケールが非常に異なることに注意．)

図 23·3 ベンゼンの沸点を圧力の関数としてプロットした図．沸点が圧力に強く依存することが見られる．(図 23·2 と図 23·3 の横軸のスケールが異なることに注意．)

例題 23·2　ベンゼンの蒸気圧は実験式，

$$\ln(P/\text{Torr}) = -\frac{3884\,\text{K}}{T} + 17.63$$

で表される．この式を用い，大気圧が 500 Torr ではベンゼンが 67 °C で沸騰することを示せ．

　解答：　ベンゼンはその蒸気圧が大気圧に等しくなると沸騰する．したがって，$P = 500$ Torr だから，

$$\ln 500 = -\frac{3884\,\text{K}}{T} + 17.63$$

すなわち $T = 340.2$ K $(67.1\,°\text{C})$ である．

---

1) normal boiling point　2) standard boiling point

例題 23・1 はベンゼンの三重点での圧力が 36.1 Torr であることを示している。図 23・1 によれば圧力が 36.1 Torr より小さいと，温度上昇に伴ってベンゼンは融解せず **昇華**[1]する．つまり，固相から直接，気相になる．物質の三重点の圧力が 1 気圧より大きいと，その物質は 1 気圧では融解せずに昇華する．このような性質をもつ有名な物質は二酸化炭素である．大気圧の下で液化することがないので，その固体をドライアイスといっている．図 23・4 は二酸化炭素の相図である．CO_2 の三重点の圧力は 5.11 atm なので，1 atm では CO_2 が昇華することがわかる．CO_2 の**通常昇華温度**[2]は 195 K ($-78\,°C$) である．

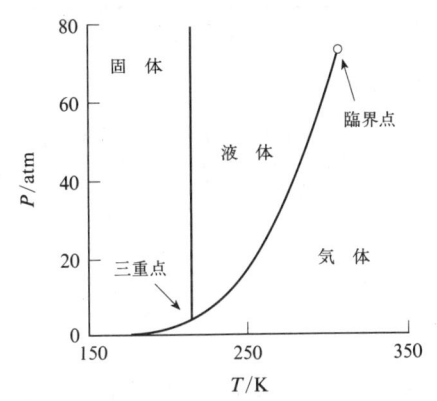

図 23・4 二酸化炭素の相図．二酸化炭素の三重点圧力が 1 atm より高いことに注意せよ．したがって，二酸化炭素は大気圧下では昇華する．

図 23・5 は水の相図である．水には圧力が増すと融点が低下するという異常な性質がある (図 23・6)．この振舞いは，水の相図の固-液共存線の勾配に反映されている．固-液共存線の勾配が非常に大きいので，相図を見てもわかりにくいが，左上がり (負の勾配をもつ) である．数値的には，1 atm 付近での勾配は $-130\ \text{atm K}^{-1}$ である．圧力が増すと融点が低下するのは，氷のモル体積が同じ条件における水のモル体積よりも大きいためであることを 23・3 節で学ぶ．アンチモンとビスマスも，凝固に伴って膨張する物質の例である．たいていの物質は凝固のとき収縮する．

図 23・1 (ベンゼン)，図 23・4 (二酸化炭素)，図 23・5 (水) のどれでも，気-液共存線は臨界点で突然終わっている．(16・3 節で気体の臨界挙動について説明してある．) 気-液共存線に沿って臨界点に近づくにつれて，液相と気相の違いは次第にはっきりしな

---

1) sublimation 2) normal sublimation temperature

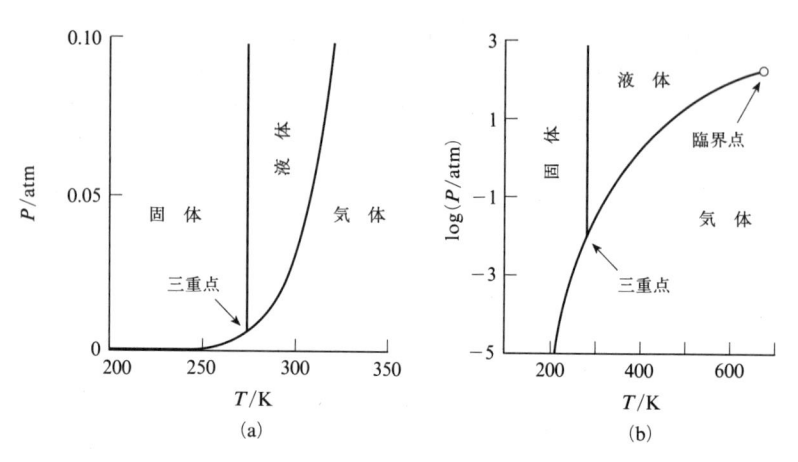

図 23·5 水の相図. (a) P を T に対して表したもの, (b) $\log P$ を T に対して表したもの. $\log P$ 対 T の図では縦軸が圧縮されている. 図のスケールでは確認が難しいが, 水の融点は圧力の上昇につれて低下する.

くなり, 臨界点でその差がまったくなくなる. たとえば, 互いに平衡にある液相と気相の密度(このような密度を**規圧密度**[1]という)を気-液共存線に沿ってプロットすると, 密度が互いに近づき臨界点で等しくなる(図 23·7). 液相と気相は一緒になって単一の流体相になる. 同様に, モル蒸発エンタルピーもこの線に沿って減少する.

図 23·8 はベンゼンのモル蒸発エンタルピーの実験値を温度に対してプロットしたものである. 温度の上昇とともに $\Delta_{\text{vap}}\bar{H}$ の値が減少し, 臨界温度(ベンゼンでは 289 °C)で 0 になる. 図 23·8 のデータは, 臨界点に近づくにつれて液体とその気体(蒸気)の違いが小さくなるという事実を反映している. 臨界点に近づくにつれて 2 相の差は

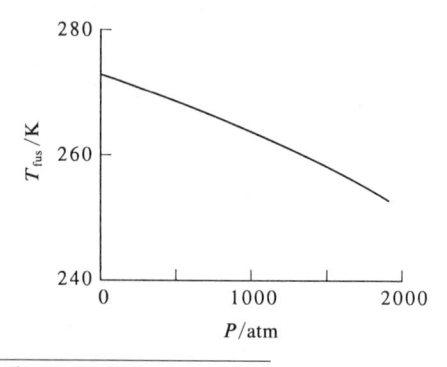

図 23·6 水の融点の圧力に対するプロット. 水の融点は圧力の上昇につれて低下する.

---

1) orthobaric density

23. 相平衡

ますます小さくなり臨界点では合体してしまうので，$\Delta_{vap}S = S(気体) - S(液体)$ は臨界点で 0 になる．したがって，$\Delta_{vap}H = T\Delta_{vap}S$ も 0 になる．臨界点よりも高温では，液体と気体の区別がなく，気体はどんなに高圧にしても液化できない．

臨界温度という現象を説明するよい講義実験がある．はじめにガラス管に六フッ化硫黄のような液体を入れる（六フッ化硫黄の臨界温度は 45.5 °C で，実現しやすい温度である）．ガラス管が六フッ化硫黄だけを含むようにすべての空気を排気して除いたあと，ガラス管を封じる．45.5 °C より低温ではガラス管の中は**メニスカス**[1] で区切られた液相と気相の 2 層から成る．加熱すると，メニスカスははっきりしなくなり，

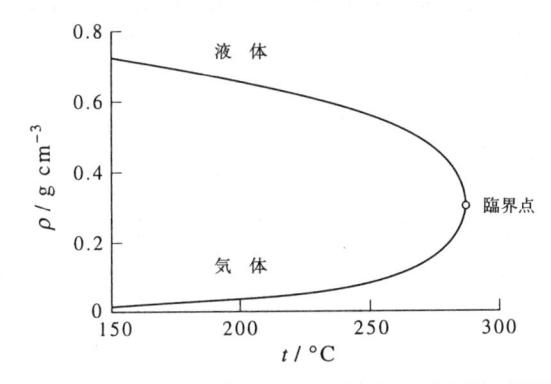

図 23·7 気-液共存線に沿ったベンゼンの液相と蒸気相の規圧密度．液相と蒸気相の密度が互いに近づき，臨界点 (289 °C) で等しくなる．

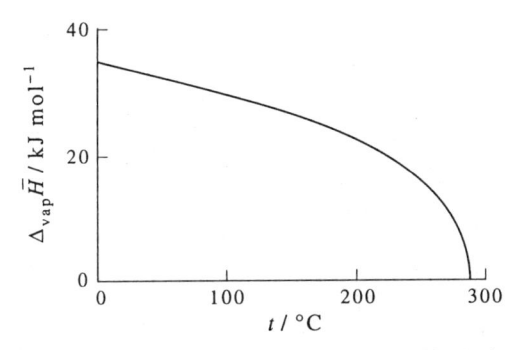

図 23·8 ベンゼンのモル蒸発エンタルピーの実験値の温度に対するプロット．$\Delta_{vap}\bar{H}$ の値は温度上昇につれて減少し，臨界温度 289 °C で 0 になる．

---

[1] meniscus

ちょうど臨界温度になるとメニスカスは完全に消えガラス管は透明になる〔$SF_6(g)$ は無色である〕．冷却すると，臨界温度で液相とメニスカスが突然現れる．

臨界点に非常に近い流体では，液体から気体への変化が絶えず起きていて，これが場所ごとの密度のゆらぎをひき起こす．このようなゆらぎは（細かい霧のように）光を非常に強く散乱するので，系は乳白色に見える．この現象を**臨界タンパク光**[1] という．重力が密度ゆらぎを乱すので，このようなゆらぎを実験的に研究するのは困難である．重力の影響を排除するために，科学者，技術者，助手から成るチームが，臨界点にあるキセノンによって散乱されたレーザー光をスペースシャトル コロンビアの中で測定する実験を計画した．予備的実験を繰返した後，コロンビアの 1996 年 3 月の飛行において，キセノンの臨界温度(289.72 K)から数 μK 以内のところまでゆらぎを詳細に測定することができた．この実験ほど時間のかかった微小重力実験はなかったけれど，この実験によって気-液相転移と気-液界面について詳細に理解できるようになるだろう．

臨界点の存在のため，2 相状態をまったく経由せずに気体を液体にすることができる．相図の気体領域から出発して臨界点の外側を通って液体領域に行けばよい．2 相領域を経ることも凝縮することもなく，気体は徐々に，連続的に液体状態になる．

気-液共存線と同じように，固-液共存線も突然終わるのではないかと思うかもしれない．しかし，これらの相については臨界点の存在は知られていない．高圧ではさまざまな固相を示す物質も多い．図 23·9 は水の高圧相図で，多くの異なる固相が認められる．氷（I）は 1 atm でできる"普通の"氷であり，他の氷は非常に高い圧力で安定

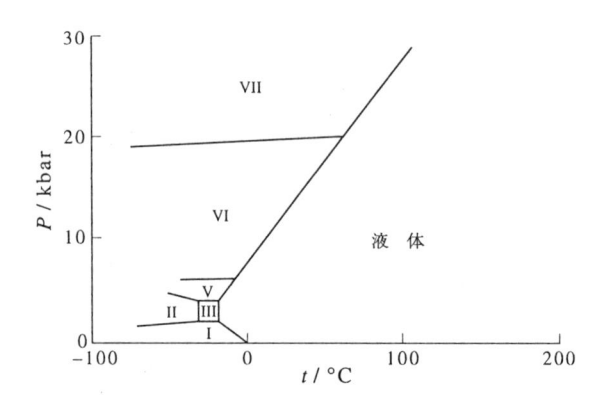

図 23·9　氷の安定な高圧での 6 相を示す水の相図．

---

1) critical opalescence

な固体 H_2O の別の結晶形である.たとえば,氷(VII)は 0 °C よりもずっと高温で(100 °C 以上でも)安定であるが,これは高圧でのみできるものである.

23·2 物質のギブズエネルギーは相図と密接な関係がある

図 22·7 は,ベンゼンのモルギブズエネルギーを温度に対してプロットした図である.その図で示したように,モルギブズエネルギーは温度の連続関数であるが,$\bar{G}(T)$ の T に対する勾配は各相転移点で不連続である.図 23·10(a) はベンゼンの $\bar{G}(T)$ の T に対するプロットを融点(279 K)付近で拡大した図である.破線で示した延長線は**過冷却**[1] 液体と(仮想的な)**過熱**[2] 固体のギブズエネルギーを表す.図 23·10(a) で温度

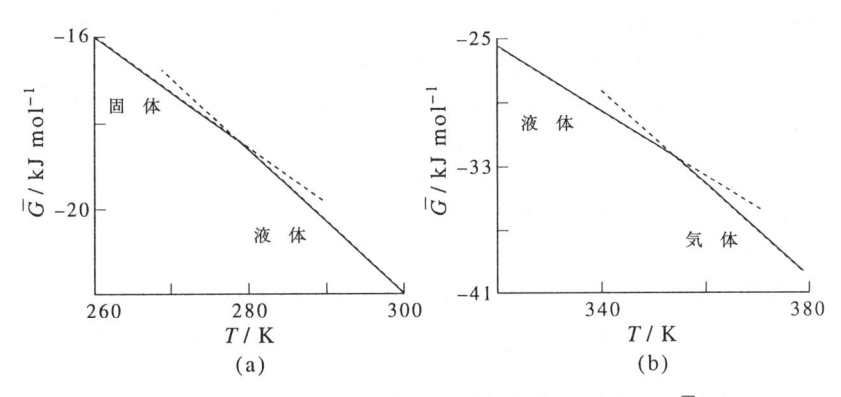

図 23·10 ベンゼンの (a) 融点(279 K)付近と (b) 沸点(353 K)付近の $\bar{G}(T)$ の T に対するプロット.

が上昇するにつれて,$\bar{G}(T)$ 対 T の曲線に沿って目を移動させると,固相部分の曲線では $\bar{G}(T)$ は勾配 $(\partial \bar{G}/\partial T)_P = -\bar{S}^s$ で減少する.融点に達すると,液相のギブズエネルギーの方が固相のギブズエネルギーより小さいので,液相部の曲線に乗り換える.液相部の曲線の勾配は,$(\partial \bar{G}/\partial T)_P = -\bar{S}^l$ および $\bar{S}^l > \bar{S}^s$ のため,固相部より急峻である.したがって,液相のモルギブズエネルギーはこれより高温では,固相のものより低くなければならない.破線で示した固相部の曲線の延長線は(仮想的な)過熱固体を表していて,もしその過熱が実現しても,液体に比べて不安定なので液相に変わるはずである.これらの破線は**準安定状態**[3] を表している.図 23·10(b) はベンゼンの通常沸点(353 K)における液体から気体への転移を示している.沸点は,液体と気体の $\bar{G}(T)$ 対 T の曲線が交わるところである.気体部の曲線の勾配は $\bar{S}^g > \bar{S}^l$ であ

---

1) supercool   2) superheat   3) metastable state

るから，液相よりも急峻なので，これより高温では，気体のモルギブズエネルギーは液相のものより低くなければならない．

$G=H-TS$ から，固相が低温で，気相が高温で有利なのはなぜかを理解することができる．低温では TS 項は H に比べて小さく，固相は3相の中で最もエンタルピーが小さいから固相が低温で有利になる．一方，高温では H が TS 項に比べて小さいので，相対的に大きなエントロピーをもつ気相が高温では有利になることがわかる．エネルギーについても乱れについても中間である液相は中間の温度で存在する．

定温で圧力の関数としてモルギブズエネルギーを調べることも教育的である．$(\partial \bar{G}/\partial P)_T = \bar{V}$，つまり P に対する G の勾配が常に正であることを思い出そう．ほとんどの物質で $\bar{V}^g \gg \bar{V}^l > \bar{V}^s$ なので，気相部の曲線の勾配は液相部よりずっと大きく，液相部の勾配は固相部より大きい．図23・11(a)は三重点の温度の直上の温度における気相，液相，固相の $\bar{G}(P)$ を P に対してプロットしたものである．圧力を上げると，気相部の曲線上を液相の $\bar{G}(P)$ 曲線に当たるまで移動し，そこで気相は液相へと凝縮する．圧力をさらに増すと，固相部の曲線に到達する．この固相部の曲線は必ず液相部の曲線よりも下になければならない．図23・11(a)でたどった経路は，ベンゼンのような"正常な"物質の相図で三重点のすぐ右側の垂直線を昇ったことに対応する．しかし，水のような物質では，少なくともあまり高くない圧力では $\bar{V}^s > \bar{V}^l$ なので，P に対する $\bar{G}(P)$ のプロットは図23・11(b)のようになる．図23・11(b)で圧力上昇につれて $\bar{G}(P)$ 曲線をたどることは，水の相図で三重点のすぐ左側の垂直線を昇ったことに対応する．

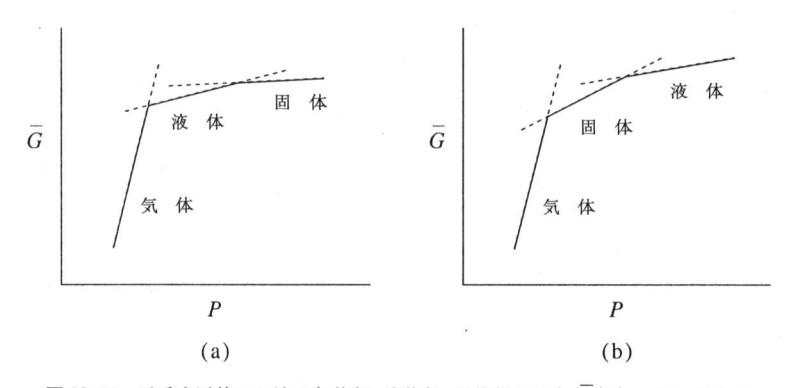

図23・11 三重点近傍における気体部，液体部，固体部を示す $\bar{G}(P)$ の P に対するプロット．(a) 三重点温度より高温における"正常な"物質 ($\bar{V}^s < \bar{V}^l$)．圧力の増加につれて気体-液体-固体と変化する．(b) 三重点温度より低温における水のような物質 ($\bar{V}^s > \bar{V}^l$)．気体-固体-液体の順序になる．

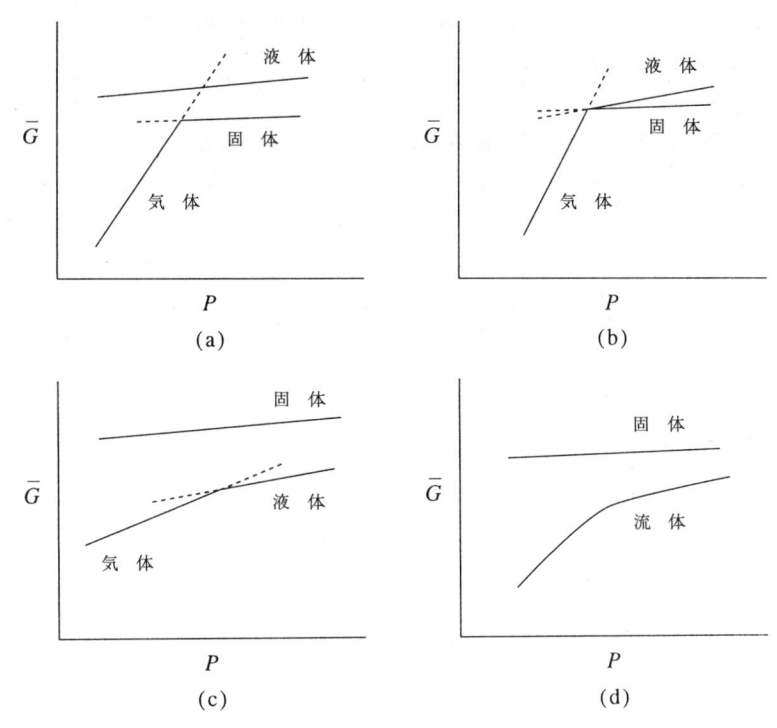

図 23·12 ベンゼンのような"正常な"物質のさまざまな温度における $\bar{G}(P)$ の P に対するプロット．(a)三重点温度より低温．(b)三重点温度．(c)臨界温度より少し低温．(d)臨界温度より高温．

図 23·12 はベンゼンのような正常な物質について，いろいろな温度での $\bar{G}(P)$ 対 P の曲線の様子を示している．(a)は図 23·1 の三重点の温度より低温での $\bar{G}(P)$ 対 P を示している．この温度では，圧力の増加によって気相から直接，固相が得られる．こうした温度での液相のモルギブズエネルギーは気相や固相のものより高く，図には現れない．(b)は三重点におけるモルギブズエネルギーの様子である．三重点では 3 相のギブズエネルギー曲線が交わり，ベンゼンのような"正常な"物質では，三重点の圧力より高圧側では固相のギブズエネルギーは液相のものより低い．(c)は臨界温度より少し低い温度のモルギブズエネルギーを示している．気相部と液相部の曲線の勾配が交点付近でほとんど等しいことがわかる．その理由は，曲線の勾配 $(\partial \bar{G}/\partial P)_T$ が 2 相のモル体積に等しく，それが臨界点に近づくにつれて互いに近づくからである．(d)は臨界温度より高温でのモルギブズエネルギーである．この場合，

$\bar{G}(P)$ は圧力に対し滑らかに変化する．単一の流体相だけが関与するので，この場合には勾配に不連続は存在しない．

23·3 平衡にある2相の純物質の化学ポテンシャルは等しい

純物質で互いに平衡にある2相から成る系を考える．たとえば，液体の水と水蒸気でもよい．この系のギブズエネルギーは $G = G^l + G^g$ で与えられる．ここで G^l と G^g はそれぞれ液相と気相のギブズエネルギーである．T と P を一定に保ったまま，液相から気相へ dn だけ移したとする．この過程に対するギブズエネルギーの無限小変化量は，

$$dG = \left(\frac{\partial G^g}{\partial n^g}\right)_{P,T} dn^g + \left(\frac{\partial G^l}{\partial n^l}\right)_{P,T} dn^l \tag{23·1}$$

である．ところが，液相から気相へ dn の移動の場合には $dn^l = -dn^g$ なので，式(23·1)は，

$$dG = \left[\left(\frac{\partial G^g}{\partial n^g}\right)_{P,T} - \left(\frac{\partial G^l}{\partial n^l}\right)_{P,T}\right] dn^g \tag{23·2}$$

となる．

式(23·2)に含まれる偏微分量は平衡の取扱いにおける中心的な物理量である．この量を**化学ポテンシャル**[1]といい，μ^g や μ^l で表す．すなわち，

$$\mu^g = \left(\frac{\partial G^g}{\partial n^g}\right)_{P,T} \qquad \mu^l = \left(\frac{\partial G^l}{\partial n^l}\right)_{P,T} \tag{23·3}$$

である．化学ポテンシャルを使えば，式(23·2)は，

$$dG = (\mu^g - \mu^l) dn^g \qquad (T, P \text{ 一定}) \tag{23·4}$$

になる．2相が互いに平衡なら $dG = 0$ であり，また $dn^g \neq 0$ なので，$\mu^g = \mu^l$ であることがわかる．つまり，ある物質の2相が互いに平衡であれば，その物質の化学ポテンシャルはその2相で等しいことがわかる．

2相が互いに平衡でなければ，ある相から他の相へ，$dG < 0$ の方向に自発的に物質が移動することになる．$\mu^g > \mu^l$ ならば式(23·4)の( )内は正であるから，$dG < 0$ であるためには dn^g は負でなければならない．いい換えれば，物質は気相から液相へ，つまり化学ポテンシャルの高い相から低い相へ移動する．逆に $\mu^g < \mu^l$ なら dn^g は正のはずで，この場合は，液相から気相へ物質が移動することになる．この場合も，物質は化学ポテンシャルの高い相から低い相へ移動する．化学ポテンシャルについて

---

[1] chemical potential

23. 相 平 衡

電気的ポテンシャルからの類推ができることがわかる。電気的ポテンシャルの高いところから低いところへ電流が流れるのとまったく同様に，化学ポテンシャルの高いところから低いところへ物質が"流れる"（問題 23・19 参照）。

式(23・3)では化学ポテンシャルを非常に一般的に定義したが，純物質では単純でなじみ深い形になる。U, H, S と同様，G は示量性の熱力学関数なので，G は系の大きさに比例する。すなわち $G \propto n$ である。この比例関係を $G = n\mu(T, P)$ と表すことができる。この式は，

$$\mu = \left(\frac{\partial G}{\partial n}\right)_{P,T} = \left(\frac{\partial n\mu(T,P)}{\partial n}\right)_{T,P} = \mu(T, P) \tag{23・5}$$

の関係があるので，$\mu(T, P)$ の定義と合う。したがって，純物質では μ はモルギブズエネルギーと同じ量であり，$\mu(T, P)$ は温度や圧力と同様，示強性の量である。

平衡にある 2 相で純物質の化学ポテンシャルが等しいという事実を用いると，任意の純物質の 2 相について平衡圧力の温度依存性を導くことができる。2 相を α と β とすると，

$$\mu^\alpha(T, P) = \mu^\beta(T, P) \qquad \text{(相間で平衡)} \tag{23・6}$$

である。両辺の全微分をとると，

$$\left(\frac{\partial \mu^\alpha}{\partial P}\right)_T dP + \left(\frac{\partial \mu^\alpha}{\partial T}\right)_P dT = \left(\frac{\partial \mu^\beta}{\partial P}\right)_T dP + \left(\frac{\partial \mu^\beta}{\partial T}\right)_P dT \tag{23・7}$$

となる。純物質では μ はモルギブズエネルギーなので，式(22・30)と同様に，

$$\left(\frac{\partial \mu}{\partial P}\right)_T = \left(\frac{\partial \overline{G}}{\partial P}\right)_T = \overline{V} \quad \text{および} \quad \left(\frac{\partial \mu}{\partial T}\right)_P = \left(\frac{\partial \overline{G}}{\partial T}\right)_P = -\overline{S} \tag{23・8}$$

が得られる。ここで $\overline{V}$ と $\overline{S}$ はそれぞれモル体積とモルエントロピーである。これを式(23・7)に代入すると，

$$\overline{V}^\alpha dP - \overline{S}^\alpha dT = \overline{V}^\beta dP - \overline{S}^\beta dT$$

が得られる。dP/dT について解くと，

$$\frac{dP}{dT} = \frac{\overline{S}^\beta - \overline{S}^\alpha}{\overline{V}^\beta - \overline{V}^\alpha} = \frac{\Delta_\text{trs}\overline{S}}{\Delta_\text{trs}\overline{V}} \tag{23・9}$$

となる。式(23・9)は互いに平衡にある 2 相について成立するので，$\Delta_\text{trs}\overline{S} = \Delta_\text{trs}\overline{H}/T$ の関係を使い，

$$\frac{dP}{dT} = \frac{\Delta_\text{trs}\overline{H}}{T\Delta_\text{trs}\overline{V}} \tag{23・10}$$

と書ける．式(23・10)を**クラペイロンの式**[1]という．これは相図の2相境界線の勾配とその2相間の転移の $\Delta_{trs}\bar{H}$ および $\Delta_{trs}\bar{V}$ の間の関係を表す式である．

式(23・10)を用い，1 atm付近におけるベンゼンの固-液共存線(図23・1)の勾配を計算してみよう．ベンゼンの通常融点(278.7 K)におけるモル融解エンタルピーは9.95 kJ mol^{-1}であり，同じ条件で $\Delta_{fus}\bar{V}$ は10.3 cm^3 mol^{-1}である．したがって，ベンゼンの通常融点において dP/dT は，

$$\frac{dP}{dT} = \frac{9950 \text{ J mol}^{-1}}{(278.68 \text{ K})(10.3 \text{ cm}^3 \text{ mol}^{-1})} \left(\frac{10 \text{ cm}}{1 \text{ dm}}\right)^3 \left(\frac{0.08206 \text{ dm}^3 \text{ atm K}^{-1} \text{ mol}^{-1}}{8.314 \text{ J K}^{-1} \text{ mol}^{-1}}\right)$$

$$= 34.2 \text{ atm K}^{-1}$$

となる．この逆数をとると，

$$\frac{dT}{dP} = 0.0292 \text{ K atm}^{-1}$$

が得られる．したがって，1 atm付近ではベンゼンの融点は1 atm当たり0.0292 K上昇する．もし仮に，$\Delta_{fus}\bar{H}$ と $\Delta_{fus}\bar{V}$ が圧力に依存しないとすれば，これを用いて，1000 atmではベンゼンの融点は1 atmの場合より29.2 K高い，つまり307.9 Kと予想できる．実験値は306.4 Kであり，$\Delta_{fus}\bar{H}$ と $\Delta_{fus}\bar{V}$ が一定という仮定はかなりよい近似である．とはいえ，$\Delta_{fus}\bar{H}$ と $\Delta_{fus}\bar{V}$ は実は T と P に依存するので，図23・2に10 000 atmまでの圧力に対するベンゼンの融点の実測値を示す．この図から勾配が厳密には一定ではないことがわかる．

例題 23・3 氷について通常融点における dT/dP の値を計算せよ．氷のモル融解エンタルピーは273.15 K，1 atmで6010 J mol^{-1}，同じ条件における $\Delta_{fus}\bar{V}$ は -1.63 cm^3 mol^{-1}である．1000 atmにおける氷の融点を概算せよ．

解答: 式(23・10)の逆数を用いると，

$$\frac{dT}{dP} = \frac{T\Delta_{fus}\bar{V}}{\Delta_{fus}\bar{H}}$$

$$= \frac{(273.2 \text{ K})(-1.63 \text{ cm}^3 \text{ mol}^{-1})}{6010 \text{ J mol}^{-1}} \left(\frac{1 \text{ dm}}{10 \text{ cm}}\right)^3$$

$$\times \left(\frac{8.314 \text{ J K}^{-1} \text{ mol}^{-1}}{0.08206 \text{ dm}^3 \text{ atm K}^{-1} \text{ mol}^{-1}}\right)$$

$$= -0.00751 \text{ K atm}^{-1}$$

---

[1] Clapeyron equation

である．dT/dP が 1000 atm まで一定であるとすると，$\Delta T = -7.51$ K，すなわち 1000 atm における氷の融点は 265.6 K であることがわかる．実験値は 263.7 K である．この不一致は $\Delta_{fus}\bar{H}$ と $\Delta_{fus}\bar{V}$ が圧力に依存しないという仮定による．図 23·6 は 2000 atm までの氷の融点の実測値を圧力に対してプロットしたものである．

圧力の増加につれて氷の融点が下がること，すなわち水の圧力–温度相図において固–液平衡曲線が負の勾配をもつことに注意しよう．式(23·10)によれば，この負の勾配は $\Delta_{fus}\bar{V}$ が負であることから直接出てくる結果である．

式(23·10)を使えば，沸点における液体のモル体積を求めることができる．

例題 23·4 ベンゼンの蒸気圧は，298.2 K から通常沸点 353.24 K の間で実験式，

$$\ln(P/\text{Torr}) = 16.725 - \frac{3229.86 \text{ K}}{T} - \frac{118\,345 \text{ K}^2}{T^2}$$

で表される．353.24 K におけるモル蒸発エンタルピーが 30.8 kJ mol^{-1}，353.24 K における液体ベンゼンのモル体積が 96.0 cm^3 mol^{-1} であることを用い，上の式から 353.24 K での平衡圧力における気体(蒸気)ベンゼンのモル体積を決定し，理想気体としての値と比較せよ．

解答： 式(23·10)を $\Delta_{vap}\bar{V}$ について解くと，

$$\Delta_{vap}\bar{V} = \frac{\Delta_{vap}\bar{H}}{T(dP/dT)}$$

となる．上の蒸気圧の実験式を用いると，$T = 353.24$ K で，

$$\frac{dP}{dT} = P\left(\frac{3229.86 \text{ K}}{T^2} + \frac{236\,690 \text{ K}^2}{T^3}\right)$$

$$= (760 \text{ Torr})(0.0312 \text{ K}^{-1}) = 23.75 \text{ Torr K}^{-1} = 0.0312 \text{ atm K}^{-1}$$

である．したがって，

$$\Delta_{vap}\bar{V} = \frac{30\,800 \text{ J mol}^{-1}}{(353.24 \text{ K})(0.0312 \text{ atm K}^{-1})}$$

$$= (2790 \text{ J atm}^{-1} \text{ mol}^{-1})\left(\frac{0.082\,06 \text{ L atm}}{8.314 \text{ J}}\right)$$

$$= 27.5 \text{ L mol}^{-1}$$

となる．蒸気のモル体積は，

$$\overline{V}^g = \Delta_{vap}\overline{V} + \overline{V}^l = 27.5 \text{ L mol}^{-1} + 0.0960 \text{ L mol}^{-1}$$
$$= 27.6 \text{ L mol}^{-1}$$

である．理想気体の式によれば，対応する値は，

$$\overline{V}^g = \frac{RT}{P}$$
$$= \frac{(0.082\ 06 \text{ L atm K}^{-1}\text{mol}^{-1})(353.24 \text{ K})}{1 \text{ atm}}$$
$$= 29.0 \text{ L mol}^{-1}$$

であり，実際の値より少し大きい．

23·4 クラウジウス-クラペイロンの式は物質の蒸気圧を温度の関数として与える

式(23·10)を用いて氷やベンゼンの融点の変化(例題23·3)を計算する際には，$\Delta_{trs}\overline{H}$ と $\Delta_{trs}\overline{V}$ が圧力によってあまり変化しないと仮定していた．固-液転移や固-固転移では小さな ΔT の範囲で，この近似はたいへん満足できるものであるが，気体のモル体積は圧力に強く依存するから，気-液転移や気-固転移では満足できるものではない．しかし，温度が臨界点にそれほど近くなければ，凝集相-気相間の相転移について式(23·10)はたいへん便利な形に変形できる．

気-液平衡に式(23·10)を適用しよう．この場合，

$$\frac{dP}{dT} = \frac{\Delta_{vap}\overline{H}}{T(\overline{V}^g - \overline{V}^l)} \tag{23·11}$$

となる．式(23·11)はその物質の相図における気-液平衡線の勾配である．臨界点に非常に近くない限り，$\overline{V}^g \gg \overline{V}^l$ なので，式(23·11)の分母で，$\overline{V}^g$ に対し $\overline{V}^l$ を無視することができる．さらに，蒸気圧がそれほど高くなければ(無論，臨界点に近くない)，蒸気を理想気体とみなして $\overline{V}^g$ を RT/P で置き換えることができるので，式(23·11)は，

$$\frac{1}{P}\frac{dP}{dT} = \frac{d \ln P}{dT} = \frac{\Delta_{vap}\overline{H}}{RT^2} \tag{23·12}$$

となる．この式は，1850年にクラウジウスによって初めて導かれたもので，**クラウジウス-クラペイロンの式**[1] という．気体のモル体積に対して液体のモル体積を無視した

---
[1] Clausius-Clapeyron equation

23. 相平衡

こと，および，蒸気が理想気体として取扱えると仮定したことを忘れてはならない．それでも，式(23・12)は式(23・10)より使いやすいという利点がある．ただし，予想されるとおり，式(23・10)の方が式(23・12)よりも正確である．

式(23・12)の真に優れた点は簡単に積分できることである．$\Delta_{vap}\bar{H}$ が T についての積分範囲で温度に依存しないと仮定すると，式(23・12)は，

$$\ln \frac{P_2}{P_1} = -\frac{\Delta_{vap}\bar{H}}{R}\left(\frac{1}{T_2} - \frac{1}{T_1}\right) = \frac{\Delta_{vap}\bar{H}}{R}\left(\frac{T_2 - T_1}{T_1 T_2}\right) \qquad (23\cdot13)$$

になる．この式を用いれば，モル蒸発エンタルピーと，ある温度における蒸気圧から別の温度における蒸気圧を計算することができる．たとえば，ベンゼンの通常沸点は 353.2 K で $\Delta_{vap}\bar{H} = 30.8$ kJ mol^{-1} である．$\Delta_{vap}\bar{H}$ が温度に依存しないと仮定して，373.2 K におけるベンゼンの蒸気圧を計算してみよう．式(23・13)に $P_1 = 760$ Torr, $T_1 = 353.2$ K, $T_2 = 373.2$ K を代入すると，

$$\ln \frac{P}{760} = \left(\frac{30\,800 \text{ J mol}^{-1}}{8.314 \text{ J K}^{-1} \text{ mol}^{-1}}\right)\left(\frac{20.0 \text{ K}}{(353.2 \text{ K})(373.2 \text{ K})}\right)$$
$$= 0.562$$

すなわち $P = 1333$ Torr が得られる．実験値は 1360 Torr である．

例題 23・5 363.2 K における水の蒸気圧は 529 Torr である．式(23・13)を用い，363.2 K と 373.2 K の間の水の $\Delta_{vap}\bar{H}$ の平均値を計算せよ．

解答: 水の通常沸点が 373.2 K であること ($P = 760$ Torr) を利用すると，

$$\ln \frac{760}{529} = \frac{\Delta_{vap}\bar{H}}{8.314 \text{ J K}^{-1} \text{ mol}^{-1}} \frac{10.0 \text{ K}}{(363.2 \text{ K})(373.2 \text{ K})}$$

すなわち，

$$\Delta_{vap}\bar{H} = 40.8 \text{ kJ mol}^{-1}$$

である．水の通常沸点における $\Delta_{vap}\bar{H}$ の値は 40.65 kJ mol^{-1} である．

式(23・12)の定積分ではなく不定積分をとれば ($\Delta_{vap}\bar{H}$ が一定と仮定して)，

$$\ln P = -\frac{\Delta_{vap}\bar{H}}{RT} + 定数 \qquad (23\cdot14)$$

が得られる．これによれば蒸気圧の対数をケルビン温度の逆数に対してプロットすると，勾配が $-\Delta_{vap}\bar{H}/R$ の直線になる．図23・13は313 K から353 K までのベンゼ

ンのプロットである．この直線の勾配から $\Delta_{vap}\bar{H} = 32.3 \text{ kJ mol}^{-1}$ が得られる．この値は，問題としている温度範囲における平均の $\Delta_{vap}\bar{H}$ を表している．通常沸点(353 K)における $\Delta_{vap}\bar{H}$ の値は 30.8 kJ mol^{-1} である．

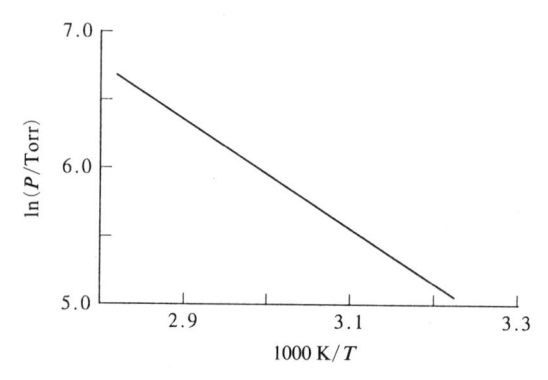

図 23・13 313 K ないし 353 K における液体ベンゼンの蒸気圧の対数をケルビン温度の逆数に対してプロットした図．

クラウジウス-クラペイロンの式を用いると，気-固共存線と気-液共存線が交わる三重点の近傍で，前者の勾配が後者よりも大きくなければならないことを示すことができる．式(23・12)によれば気-固曲線の勾配は，

$$\frac{dP^s}{dT} = P^s \frac{\Delta_{sub}\bar{H}}{RT^2} \qquad (23 \cdot 15)$$

で，気-液曲線の勾配は，

$$\frac{dP^l}{dT} = P^l \frac{\Delta_{vap}\bar{H}}{RT^2} \qquad (23 \cdot 16)$$

で与えられる．三重点では固体と液体の蒸気圧 P^s と P^l が等しいので，式(23・15)と式(23・16)から勾配の比は三重点で，

$$\frac{dP^s/dT}{dP^l/dT} = \frac{\Delta_{sub}\bar{H}}{\Delta_{vap}\bar{H}} \qquad (23 \cdot 17)$$

となる．エンタルピーは状態関数なので，固相から直接気相になる際のエンタルピー変化は，はじめに固相から液相になり，ついで液相から気相になった場合の変化の和と同じである．式で書けば，

$$\Delta_{sub}\bar{H} = \Delta_{fus}\bar{H} + \Delta_{vap}\bar{H} \qquad (23 \cdot 18)$$

である．ここでの $\Delta\bar{H}$ はすべて同じ温度におけるものでなければならない．式(23・

18)を式(23・17)に代入すると，

$$\frac{dP^s/dT}{dP^l/dT} = 1 + \frac{\Delta_{\text{fus}}\overline{H}}{\Delta_{\text{vap}}\overline{H}}$$

になる．したがって，三重点では気-固曲線の勾配は気-液曲線の勾配より大きいことがわかる．

例題 23・6 三重点近傍でアンモニアの固体と液体の蒸気圧は，

$$\log(P^s/\text{Torr}) = 10.0 - \frac{1630\,\text{K}}{T}$$

$$\log(P^l/\text{Torr}) = 8.46 - \frac{1330\,\text{K}}{T}$$

で与えられる．三重点における気-固曲線と気-液曲線の勾配の比を計算せよ．

解答: 三重点におけるこの2式の微分は，

$$\frac{dP^s}{dT} = (2.303\,P_{\text{tp}})\left(\frac{1630\,\text{K}}{T_{\text{tp}}^2}\right) = 4.31\,\text{Torr K}^{-1}$$

$$\frac{dP^l}{dT} = (2.303\,P_{\text{tp}})\left(\frac{1330\,\text{K}}{T_{\text{tp}}^2}\right) = 3.52\,\text{Torr K}^{-1}$$

となるから，勾配の比は 4.31/3.52=1.22 である．

23・5 化学ポテンシャルは分配関数から計算できる

この節では分配関数を使って，化学ポテンシャルの便利な式を導く．前に，エネルギーとエントロピーについての対応する式は，

$$U = k_{\text{B}}T^2\left(\frac{\partial \ln Q}{\partial T}\right)_{N,V} \tag{23・19}$$

および

$$S = k_{\text{B}}T\left(\frac{\partial \ln Q}{\partial T}\right)_{N,V} + k_{\text{B}}\ln Q \tag{23・20}$$

であることを見た(式17・21，式20・42参照)．ヘルムホルツエネルギー A が $U-TS$ に等しいことを使うと，式(23・19)と式(23・20)から，

$$A = -k_{\text{B}}T\ln Q \tag{23・21}$$

が得られる．

自然な変数に N を含めて，

$$dA = \left(\frac{\partial A}{\partial T}\right)_{N,V} dT + \left(\frac{\partial A}{\partial V}\right)_{N,T} dV + \left(\frac{\partial A}{\partial N}\right)_{T,V} dN$$

$$= -S\,dT - P\,dV + \left(\frac{\partial A}{\partial N}\right)_{T,V} dN \tag{23·22}$$

と書こう．ここで最後の項は系内の分子数 N で表されている．この項を系内のモル数 n で表すのが習慣である．n と N はアボガドロ定数倍だけの違いだから，

$$\left(\frac{\partial A}{\partial N}\right)_{T,V} dN = \left(\frac{\partial A}{\partial n}\right)_{T,V} dn$$

を使って，式(23·22)を，

$$dA = -S\,dT - P\,dV + \left(\frac{\partial A}{\partial n}\right)_{T,V} dn \tag{23·23}$$

の形に書くことができる．さて，$(\partial A/\partial n)_{T,V}$ が化学ポテンシャル μ の別の表現であることを示そう．式(23·23)の両辺に $d(PV)$ を加え，$G = A + PV$ であることを使うと，

$$dG = dA + d(PV) = -S\,dT + V\,dP + \left(\frac{\partial A}{\partial n}\right)_{T,V} dn$$

が得られる．これを $G = G(T, P, n)$ の全微分，

$$dG = \left(\frac{\partial G}{\partial T}\right)_{P,n} dT + \left(\frac{\partial G}{\partial P}\right)_{T,n} dP + \left(\frac{\partial G}{\partial n}\right)_{T,P} dn$$

$$= -S\,dT + V\,dP + \mu\,dn$$

と比較すると，

$$\mu = \left(\frac{\partial G}{\partial n}\right)_{T,P} = \left(\frac{\partial A}{\partial n}\right)_{V,T} \tag{23·24}$$

であることがわかる．したがって，n について偏微分する際にそれぞれの自然な変数を一定に保てば，μ を求めるのに G と A のいずれも用いることができる．

式(23·21)を式(23·24)に代入すると，

$$\mu = -k_B T \left(\frac{\partial \ln Q}{\partial n}\right)_{V,T} = -RT \left(\frac{\partial \ln Q}{\partial N}\right)_{V,T} \tag{23·25}$$

が得られる．ここで2番目の等号では k_B と n にアボガドロ定数を乗じた．式(23·25)は理想気体ではたいへん単純な形になる．理想気体の分配関数，

$$Q(N, V, T) = \frac{[q(V, T)]^N}{N!}$$

を $\ln Q$ に代入すると，

$$\ln Q = N \ln q - N \ln N + N$$

と書くことができる．ここで $\ln N!$ についてのスターリングの近似を用いた．これを式(23·25)に代入すると，

$$\mu = -RT(\ln q - \ln N - 1 + 1)$$

$$= -RT \ln \frac{q(V, T)}{N} \qquad (\text{理想気体}) \qquad (23\cdot26)$$

が得られる．理想気体では $q(V, T) \propto V$ であることに注意すると，式(23·26)は，

$$\mu = -RT \ln\left[\left(\frac{q}{V}\right)\frac{V}{N}\right] \qquad (23\cdot27)$$

と書くことができる．ここで $q(V,T)/V$ は温度だけの関数である．$G = n\mu$ なので，式(23·27)は G の式でもある．V/N を $k_B T/P$ で置き換えれば，式(23·27)を式(22·57)の形に書き換えることができる．すなわち，

$$\mu = -RT \ln\left[\left(\frac{q}{V}\right)\frac{k_B T}{P}\right]$$

$$= -RT \ln\left[\left(\frac{q}{V}\right) k_B T\right] + RT \ln P \qquad (23\cdot28)$$

である．これを，

$$\mu(T, P) = \mu^\circ(T) + RT \ln P \qquad (23\cdot29)$$

と比較すると，

$$\mu^\circ(T) = -RT \ln\left[\left(\frac{q}{V}\right) k_B T\right] \qquad (23\cdot30)$$

であることがわかる．理想気体では q/V は温度 T だけの関数であることを再度強調しておく．

$\mu^\circ(T)$ を計算するには，P が標準圧力 P° に対する相対値で表されていることに注意しなければならない．P° は 1 bar すなわち 10^5 Pa である．この事情を強調するために式(23·29)を，

と書く．これを式(23·28)と比較すると，

$$\mu^\circ(T) = -RT \ln\left[\left(\frac{q}{V}\right)k_\text{B}T\right] + RT \ln P^\circ$$

$$= -RT \ln\left[\left(\frac{q}{V}\right)\frac{k_\text{B}T}{P^\circ}\right] \quad (23\cdot32)$$

であることがわかる．式(23·32)の対数の引き数は当然ながら無次元である．式(23·32)は $\mu^\circ(T)$ や $G^\circ(T)$ を計算するための分子論的な式である．たとえば 298.15 K の Ar(g) に対しては，

$$\frac{q(V,T)}{V} = \left(\frac{2\pi m k_\text{B} T}{h^2}\right)^{3/2}$$

$$= \left[\frac{(2\pi)(0.039\,95\text{ kg mol}^{-1})(1.3806\times 10^{-23}\text{ J K}^{-1})(298.15\text{ K})}{(6.022\times 10^{23}\text{ mol}^{-1})(6.626\times 10^{-34}\text{ J s})^2}\right]^{3/2}$$

$$= 2.444\times 10^{32}\text{ m}^{-3}$$

$$\frac{k_\text{B}T}{P^\circ} = \frac{RT}{N_\text{A}P^\circ} = \frac{(8.314\text{ J mol}^{-1}\text{ K}^{-1})(298.15\text{ K})}{(6.022\times 10^{23}\text{ mol}^{-1})(1.00\times 10^5\text{ Pa})}$$

$$= 4.116\times 10^{-26}\text{ m}^3$$

および

$$RT = (8.314\text{ J K}^{-1}\text{ mol}^{-1})(298.15\text{ K}) = 2479\text{ J mol}^{-1}$$

なので，

$$\mu^\circ(298.15\text{ K}) = -(2479\text{ J mol}^{-1})\ln[(2.444\times 10^{32}\text{ m}^{-3})(4.116\times 10^{-26}\text{ m}^3)]$$

$$= -3.997\times 10^4\text{ J mol}^{-1} = -39.97\text{ kJ mol}^{-1}$$

となる．この結果は実験値 $-39.97\text{ kJ mol}^{-1}$ とたいへんよく一致している．

化学ポテンシャルは一種のエネルギーなので，その値はエネルギーの原点の選択に依存している．すぐ上で計算した化学ポテンシャルは原子の基底状態で0とする原点に基づいている．二原子分子では，図18·2に示したように，(振動および電子の)基底状態エネルギーを $-D_0$ としてきた． $\mu^\circ(T)$ の値を表にする際には，図18·2のような分離原子ではなく，分子の基底状態エネルギーを0とするのが習慣である．エネル

23. 相平衡

ギーの原点のこの定義によって分配関数がどのように変わるかを知るためには,

$$q(V, T) = \sum_j e^{-\varepsilon_j/k_B T}$$

$$= e^{-\varepsilon_0/k_B T} + e^{-\varepsilon_1/k_B T} + \cdots$$

と書き, 因子 $e^{-\varepsilon_0/k_B T}$ をくくり出せば,

$$q(V, T) = e^{-\varepsilon_0/k_B T}[1 + e^{-(\varepsilon_1-\varepsilon_0)/k_B T} + e^{-(\varepsilon_2-\varepsilon_0)/k_B T} + \cdots]$$

$$= e^{-\varepsilon_0/k_B T} q^0(V, T) \qquad (23\cdot33)$$

が得られる. ここで分子の基底状態エネルギーを 0 としたことを強調するために $q^0(V, T)$ と書いた. この結果を式(23·32)に代入すると,

$$\mu°(T) - E_0 = -RT \ln\left[\left(\frac{q^0}{V}\right)\frac{k_B T}{P°}\right]$$

$$= -RT \ln\left[\left(\frac{q^0}{V}\right)\frac{RT}{N_A P°}\right] \qquad (23\cdot34)$$

が得られる. ここで $E_0 = N_A \varepsilon_0$ および $P° = 1\,\text{bar} = 10^5\,\text{Pa}$ である.

二原子分子の分配関数 $q^0(V, T)$ は,

$$q^0(V, T) = \left(\frac{2\pi m k_B T}{h^2}\right)^{3/2} V \cdot \frac{T}{\sigma \Theta_{\text{rot}}} \cdot \frac{1}{1 - e^{-\Theta_{\text{vib}}/T}} \cdot g_{\text{el}} \qquad (23\cdot35)$$

である. これは, 基底状態エネルギーを $-D_0$ としたことを表す因子 $e^{-h\nu/2k_B T} e^{D_e/k_B T} = e^{D_0/k_B T}$ があることを除けば, 式(18·39)と同じである. 一方, 式(23·35)で与えられる $q^0(V, T)$ では, 基底状態エネルギーが 0 である. 式(23·34)と式(23·35)を用いて, 298.15 K における HI(g)について, 調和振動子-剛体回転子近似で $\mu° - E_0$ を計算してみよう. この分子では, $\Theta_{\text{rot}} = 9.25\,\text{K}$, $\Theta_{\text{vib}} = 3266\,\text{K}$ である(表18·2). すると,

$$\frac{q^0(V, T)}{V} = \left[\frac{(2\pi)(0.1279\,\text{kg mol}^{-1})(1.3806\times10^{-23}\,\text{J K}^{-1})(298.15\,\text{K})}{(6.022\times10^{23}\,\text{mol}^{-1})(6.626\times10^{-34}\,\text{J s})^2}\right]^{3/2}$$

$$\times \left(\frac{298.15\,\text{K}}{9.25\,\text{K}}\right)\frac{1}{1-e^{-3266\,\text{K}/298.15\,\text{K}}}$$

$$= 4.51\times10^{34}\,\text{m}^{-3}$$

$$\frac{RT}{N_A P°} = \frac{(8.314 \text{ J mol}^{-1} \text{ K}^{-1})(298.15 \text{ K})}{(6.022 \times 10^{23} \text{ mol}^{-1})(10^5 \text{ Pa})}$$

$$= 4.116 \times 10^{-26} \text{ m}^3$$

および

$$\mu°(298.15 \text{ K}) - E_0 = -(8.314 \text{ J mol}^{-1} \text{ K}^{-1})(298.15 \text{ K}) \ln(1.86 \times 10^9)$$

$$= -52.90 \text{ kJ mol}^{-1}$$

となる．非調和性と非剛体性の効果を含んだ文献値は $-52.94 \text{ kJ mol}^{-1}$ である．26章で化学平衡を説明するときに $\mu°(T) - E_0$ の値を用いることになる．

問題

23·1 つぎのデータを用いて酸素の相図を描け．三重点: 54.3 K, 1.14 Torr；臨界点: 154.6 K, 37 828 Torr；通常融点: -218.4 °C；通常沸点: -182.9 °C．酸素は水の場合のように加圧すると融解するか．

23·2 つぎのデータを用いて I_2 の相図を描け．三重点: 113 °C, 0.12 atm；臨界点: 512 °C, 116 atm；通常融点: 114 °C；通常沸点, 184 °C；液体の密度＞固体の密度．

23·3 図 23·14 はベンゼンの密度-温度相図である．三重点と臨界点についての

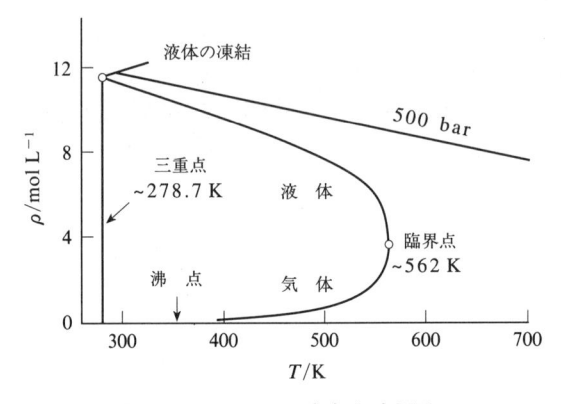

図 23·14 ベンゼンの密度-温度相図．

下表のデータを用いて，この相図を説明せよ．この相図で三重点が線で表されているのはなぜか．

	T/K	P/bar	ρ/mol L^{-1} 蒸気	ρ/mol L^{-1} 液体
三重点	278.680	0.04785	0.002074	11.4766
臨界点	561.75	48.7575	3.90	3.90
通常凝固点	278.68	1.01325		
通常沸点	353.240	1.01325	0.035687	10.4075

23·4 固体と液体の塩素の蒸気圧は，

$$\ln(P^s/\text{Torr}) = 24.320 - \frac{3777\ \text{K}}{T}$$

$$\ln(P^l/\text{Torr}) = 17.892 - \frac{2669\ \text{K}}{T}$$

で与えられる．ただし T は絶対温度である．塩素の三重点の温度と圧力を計算せよ．

23·5 融解曲線上で三重点から任意の温度までの圧力の値は実験的にサイモン(Simon)の式，

$$(P - P_{tp})/\text{bar} = a\left[\left(\frac{T}{T_{tp}}\right)^\alpha - 1\right]$$

にあてはめることができる．ここで a と α は物質に依存する定数である．$P_{tp}=0.04785$ bar，$T_{tp}=278.68$ K，$a=4237$，$\alpha=2.3$ として P を T に対してプロットし，図 23·2 と比較せよ．

23·6 メタンの融解曲線の勾配は三重点から任意の温度まで，

$$\frac{dP}{dT} = (0.084\ 46\ \text{bar K}^{-1.85})\ T^{0.85}$$

で与えられる．三重点の温度と圧力が 90.68 K と 0.1174 bar であることを用い，300 K におけるメタンの融解圧を計算せよ．

23·7 気-液共存線の全体についてメタノールの蒸気圧は実験式，

$$\ln(P/\text{bar}) = -\frac{10.752\ 849}{x} + 16.758\ 207 - 3.603\ 425\ x$$
$$+ 4.373\ 232\ x^2 - 2.381\ 377\ x^3 + 4.572\ 199(1-x)^{1.70}$$

で非常によく表される．ここで $x=T/T_c$, $T_c=512.60$ K である．この実験式を用い，メタノールの通常沸点が 337.67 K であることを示せ．

23·8 液体の標準沸点は蒸気圧が厳密に 1 bar になる温度である．前問の実験式を用い，メタノールの標準沸点が 337.33 K であることを示せ．

23·9 気-液共存線に沿ったベンゼンの蒸気圧は実験式，

$$\ln(P/\text{bar}) = -\frac{10.655\,375}{x} + 23.941\,912 - 22.388\,714\,x$$
$$+ 20.208\,559\,3\,x^2 - 7.219\,556\,x^3 + 4.847\,28(1-x)^{1.70}$$

で正確に表される．ここで $x=T/T_c$, $T_c=561.75$ K である．この式を用い，ベンゼンの通常沸点が 353.24 K であることを示せ．またベンゼンの標準沸点を計算せよ．

23·10 互いに平衡にある気体と液体のエタンの密度の温度依存性の下表のデータをプロットせよ．エタンの臨界温度を決定せよ．

T/K	ρ^l/mol dm^{-3}	ρ^g/mol dm^{-3}
100.00	21.341	1.336×10^{-3}
140.00	19.857	0.03303
180.00	18.279	0.05413
220.00	16.499	0.2999
240.00	15.464	0.5799
260.00	14.261	1.051
270.00	13.549	1.401
283.15	12.458	2.067
293.15	11.297	2.880
298.15	10.499	3.502
302.15	9.544	4.307
304.15	8.737	5.030
304.65	8.387	5.328
305.15	7.830	5.866

23·11 前問のデータを用いて，$T_c=305.4$ K として T_c-T に対して $(\rho^l+\rho^g)/2$ をプロットせよ．ここで直線が得られる経験則を**直線直径則**[1]という．この線を前問と同じ図にプロットすると二つの曲線の交点が臨界密度 ρ_c である．

23·12 問題 23·10 のデータを用いて，$T_c=305.4$ K として $(T_c-T)^{1/3}$ に対して $(\rho^l-\rho^g)$ をプロットせよ．これから何が言えるか．

23·13 メタノールの三重点から臨界点までの間で共存する液相と気相の密度は実

---

[1] law of rectilinear diameter

験式,

$$\frac{\rho^l}{\rho_c} - 1 = 2.517\,09(1-x)^{0.350} + 2.466\,694(1-x)$$
$$- 3.066\,818(1-x^2) + 1.325\,077(1-x^3)$$

および

$$\ln\frac{\rho^g}{\rho_c} = -10.619\,689\,\frac{1-x}{x} - 2.556\,682(1-x)^{0.350}$$
$$+ 3.881\,454(1-x) + 4.795\,568(1-x)^2$$

でよく表される．ここで $\rho_c = 8.40$ mol L^{-1}, $x = T/T_c$ である（ただし $T_c = 512.60$ K）．この式を用いて，図 23・7 のように温度に対して ρ^l と ρ^g をプロットせよ． T に対して $(\rho^l+\rho^g)/2$ もプロットせよ．この線が $T=T_c$ で ρ^l 曲線と ρ^g 曲線とに交わることを示せ．

23・14 前問の式を用い，$(\rho^l-\rho^g)/2$ を $(T_c-T)^{1/3}$ に対してプロットせよ．直線が得られるか．もし直線でなければ，最もよく直線を与える (T_c-T) の指数を決定せよ．

23・15 エタンのモル蒸発エンタルピーは，

$$\Delta_{vap}\bar{H}(T)/\text{kJ mol}^{-1} = \sum_{j=1}^{6} A_j\,x^j$$

と表すことができる．ここで $A_1=12.857$, $A_2=5.409$, $A_3=33.835$, $A_4=-97.520$, $A_5=100.849$, $A_6=-37.933$, $x=(T_c-T)^{1/3}/(T_c-T_{tp})^{1/3}$ である．ただし，臨界温度は $T_c=305.4$ K，三重点温度は $T_{tp}=90.35$ K である． T に対して $\Delta_{vap}\bar{H}(T)$ をプロットし曲線が図 23・8 と似ていることを示せ．

23・16 アルゴンについての以下のデータを T の3次の多項式にあてはめよ．その

T/K	$\Delta_{vap}\bar{H}$/J mol^{-1}	T/K	$\Delta_{vap}\bar{H}$/J mol^{-1}
83.80	6573.8	122.0	4928.7
86.0	6508.4	126.0	4665.0
90.0	6381.8	130.0	4367.7
94.0	6245.2	134.0	4024.7
98.0	6097.7	138.0	3618.8
102.0	5938.8	142.0	3118.2
106.0	5767.6	146.0	2436.3
110.0	5583.0	148.0	1944.5
114.0	5383.5	149.0	1610.2
118.0	5166.5	150.0	1131.5

23·17 1 atm におけるメタノールについての下表のデータを用いて，通常沸点 (337.668 K) 付近で，$\bar{G}$ を T に対してプロットせよ．$\Delta_{vap}\bar{H}$ はいくらか．

T/K	$\bar{H}/\text{kJ mol}^{-1}$	$\bar{S}/\text{J mol}^{-1}\text{K}^{-1}$
240	4.7183	112.259
280	7.7071	123.870
300	9.3082	129.375
320	10.9933	134.756
330	11.8671	137.412
337.668	12.5509	139.437
337.668	47.8100	243.856
350	48.5113	245.937
360	49.0631	247.492
380	50.1458	250.419
400	51.2257	253.189

23·18 この問題では，図 23·11 のように，仮想的な理想物質の固相，液相，気相について $\bar{G}$ を P に対してプロットしてみる．任意の単位で $\bar{V}^s = 0.600$, $\bar{V}^l = 0.850$ および $RT = 2.5$ とする．

$$\bar{G}^s = 0.600(P-P_0) + \bar{G}_0^s$$

$$\bar{G}^l = 0.850(P-P_0) + \bar{G}_0^l$$

$$\bar{G}^g = 2.5\ln(P/P_0) + \bar{G}_0^g$$

であることを示せ．ここで $P_0 = 1$ で $\bar{G}_0^s$, $\bar{G}_0^l$, $\bar{G}_0^g$ はそれぞれのエネルギーの原点とする．$P = 2.00$ で固相と液相が平衡であり，$P = 1.00$ では液相と気相が平衡であるとすると，

$$\bar{G}_0^s - \bar{G}_0^l = 0.250$$

$$\bar{G}_0^l = \bar{G}_0^g$$

が得られることを示せ．これらから，

$$\bar{G}_0^s - \bar{G}_0^g = 0.250$$

が得られる．したがって，$\bar{G}^s$, $\bar{G}^l$ および $\bar{G}^g$ を共通のエネルギーの原点 $\bar{G}_0^g$ を用いて表すことができる．これは，互いに比較したり，同じグラフにプロットしたりするために必要なことである．さて，

$$\overline{G}^s - \overline{G}_0^g = 0.600(P-1) + 0.250$$

$$\overline{G}^l - \overline{G}_0^g = 0.850(P-1)$$

$$\overline{G}^g - \overline{G}_0^g = 2.5 \ln P$$

であることを示せ．これらを $P=0.100$ から $P=3.00$ の間で同じグラフにプロットし，図 23·11 と比較せよ．

23·19 この問題では，高濃度の領域から低濃度の領域への物質の流れが存在すればエントロピーが必ず増大することを示す(問題 22·37 および問題 22·38 と比較せよ)．堅くて物質を通さない断熱壁で囲まれた 2 部屋から成る系を考える．2 部屋の間の仕切りは堅く断熱であるが，物質は通すものとする．また，それぞれの部屋はべつべつに平衡であるが互いには平衡でないとする．この系では，

$$U_1 = \text{一定}, \quad U_2 = \text{一定}, \quad V_1 = \text{一定}, \quad V_2 = \text{一定}$$

および

$$n_1 + n_2 = \text{一定}$$

であることを示せ．一般に，

$$dS = \frac{dU}{T} + \frac{P}{T}dV - \frac{\mu}{T}dn$$

であること，したがってこの系では，

$$dS = \left(\frac{\partial S_1}{\partial n_1}\right) dn_1 + \left(\frac{\partial S_2}{\partial n_2}\right) dn_2$$

$$= dn_1 \left(\frac{\mu_2}{T} - \frac{\mu_1}{T}\right) \geq 0$$

であることを示せ．この結果を用いて，化学ポテンシャルの差の下での(等温的)物質移動の方向について検討せよ．

23·20 水の通常沸点 373.15 K における dT/dP を求めよ．モル蒸発エンタルピーを 40.65 kJ mol^{-1}，液体と蒸気の密度をそれぞれ 0.9584 g mL^{-1} および 0.6010 g L^{-1} とする．2 atm における水の沸点を求めよ．

23·21 酢酸エチルの通常沸点(77.11 °C)における液相と気相の規圧密度はそれぞれ 0.826 g mL^{-1} と 0.00319 g mL^{-1} である．蒸気圧の温度依存性は通常沸点において 23.0 Torr K^{-1} である．通常沸点における酢酸エチルのモル蒸発エンタルピーを求めよ．

23·22 水銀の蒸気圧を 400 °C から 1300 °C までで，

$$\ln(P/\text{Torr}) = -\frac{7060.7 \text{ K}}{T} + 17.85$$

と表すことができる．通常沸点における蒸気の密度は 3.82 g L^{-1}，液体の密度は 12.7 g mL^{-1} である．通常沸点における水銀のモル蒸発エンタルピーを求めよ．

23・23 プロパンの固-液共存線の圧力は実験式，

$$P = -718 + 2.385\,65\,T^{1.283}$$

で与えられる．ここで P の単位はバール，T の単位はケルビンである．$T_{\text{fus}} = 85.46$ K，$\Delta_{\text{fus}}\overline{H} = 3.53$ kJ mol^{-1} として，85.46 K における $\Delta_{\text{fus}}\overline{V}$ を計算せよ．

23・24 問題 23・7 の蒸気圧のデータと問題 23・13 の密度のデータを用い，三重点 (175.6 K) から臨界点 (512.6 K) に至るメタノールの $\Delta_{\text{vap}}\overline{H}$ を計算し，プロットせよ．

23・25 前問の結果を用い，三重点から臨界点に至るメタノールの $\Delta_{\text{vap}}\overline{S}$ をプロットせよ．

23・26 問題 23・7 のメタノールの蒸気圧のデータを用い，$\ln P$ を $1/T$ に対しプロットせよ．問題 23・24 の計算結果からクラウジウス-クラペイロンの式が成り立つのはどの温度領域と考えられるか．

23・27 水のモル蒸発エンタルピーは通常沸点で 40.65 kJ mol^{-1} である．クラウジウス-クラペイロンの式を用い，110 °C における水の蒸気圧を計算せよ．実験値は 1075 Torr である．

23・28 ベンズアルデヒドの蒸気圧は 154 °C で 400 Torr であり，通常沸点は 179 °C である．モル蒸発エンタルピーを求めよ．実験値は 42.50 kJ mol^{-1} である．

23・29 つぎのデータを用い，鉛の通常沸点とモル蒸発エンタルピーを求めよ．

T/K	1500	1600	1700	1800	1900
P/Torr	19.72	48.48	107.2	217.7	408.2

23・30 固体ヨウ素の蒸気圧は，

$$\ln(P/\text{atm}) = -\frac{8090.0\,\text{K}}{T} - 2.013\ln(T/\text{K}) + 32.908$$

で与えられる．この式を用い，$I_2(s)$ の通常昇華温度と 25 °C におけるモル昇華エンタルピーを計算せよ．$\Delta_{\text{sub}}\overline{H}$ の実験値は 62.23 kJ mol^{-1} である．

23・31 下表の氷の蒸気圧のデータを，

$$\ln P = -\frac{a}{T} + b\ln T + cT + d$$

の形の式にあてはめよ．ここで T はケルビン単位の温度である．その結果を用い，0 °C における氷のモル昇華エンタルピーを決定せよ．

$t/°C$	P/Torr	$t/°C$	P/Torr
−10.0	1.950	−4.8	3.065
−9.6	2.021	−4.4	3.171
−9.2	2.093	−4.0	3.280
−8.8	2.168	−3.6	3.393
−8.4	2.246	−3.2	3.509
−8.0	2.326	−2.8	3.630
−7.6	2.408	−2.4	3.753
−7.2	2.493	−2.0	3.880
−6.8	2.581	−1.6	4.012
−6.4	2.672	−1.2	4.147
−6.0	2.765	−0.8	4.287
−5.6	2.862	−0.4	4.431
−5.2	2.962	0.0	4.579

23·32 次表は液体パラジウムの蒸気圧を温度の関数として示している.

T/K	P/bar
1587	1.002×10^{-9}
1624	2.152×10^{-9}
1841	7.499×10^{-8}

パラジウムのモル蒸発エンタルピーを求めよ.

23·33 138.85 K および 158.75 K における CO_2 の昇華圧はそれぞれ 1.33×10^{-3} bar および 2.66×10^{-2} bar である. CO_2 のモル昇華エンタルピーを求めよ.

23·34 固体と液体のヨウ化水素の蒸気圧は実験的に,

$$\ln(P^s/\text{Torr}) = -\frac{2906.2\text{ K}}{T} + 19.020$$

$$\ln(P^l/\text{Torr}) = -\frac{2595.7\text{ K}}{T} + 17.572$$

と表すことができる. 三重点における気-固曲線と気-液曲線の勾配の比を計算せよ.

23·35 ヨウ化水素の通常融点, 臨界温度および臨界圧力をそれぞれ 222 K, 424 K, 82.0 atm とする. 前問のデータを用いてヨウ化水素の相図を描け.

23·36 相変化,

$$\text{C}(グラファイト) \rightleftharpoons \text{C}(ダイヤモンド)$$

を考える．$\Delta_r G°/\text{J mol}^{-1}=1895+3.363T$ から $\Delta_r H°$ と $\Delta_r S°$ を計算せよ．25 °C でダイヤモンドとグラファイトが互いに平衡になる圧力を計算せよ．ダイヤモンドとグラファイトの密度をそれぞれ $3.51\,\text{g cm}^{-3}$ および $2.25\,\text{g cm}^{-3}$ とし，ダイヤモンドとグラファイトは圧縮できないと仮定せよ．

23・37 式 (23・34) を用い，298.15 K における Kr(g) について $\mu°-E_0$ を計算せよ．文献値は $-42.72\,\text{kJ mol}^{-1}$ である．

23・38 単原子理想気体についての $\mu(T, P)$ の式 (23・28) と式 (23・30) が，$\bar{H}=5RT/2$ とおいて $\bar{G}=\bar{H}-T\bar{S}$ を使うこと，および式 (20・44) の S を用いることと等価であることを示せ．

23・39 式 (23・35) と表 18・2 の分子パラメーターを用い，298.15 K の $N_2(g)$ について $\mu°-E_0$ を計算せよ．文献値は $-48.46\,\text{kJ mol}^{-1}$ である．

23・40 式 (23・35) と表 18・2 の分子パラメーターを用い，298.15 K の CO(g) について $\mu°-E_0$ を計算せよ．文献値は $-50.26\,\text{kJ mol}^{-1}$ である．

23・41 式 (18・60) 〔$\exp(D_e/k_B T)$ のないもの〕と表 18・4 の分子パラメーターを用い，298.15 K の $CH_4(g)$ について $\mu°-E_0$ を計算せよ．文献値は $-45.51\,\text{kJ mol}^{-1}$ である．

23・42 液体の平衡蒸気圧を考える場合，液体の一部が蒸発して真空を満たし，平衡が達成されると暗黙に仮定している．しかし，液体の表面に何らかの方法でさらに加圧することもできる．そのような方法として，液相の上の空間に，溶解しない不活性な気体を導入してもよい．この問題では，液体の平衡蒸気圧がその液体にかかる全圧によってどのように変わるかを調べる．

互いに平衡な液体と蒸気を考える．すると，$\mu^l=\mu^g$ である．2 相が同じ温度にあるから，

$$\bar{V}^l \, dP^l = \bar{V}^g \, dP^g$$

であることを示せ．蒸気が理想気体として取扱えるとし，$\bar{V}^l$ が圧力によってあまり変化しないと仮定して，

$$\ln\left[\frac{P^g(P^l=P \text{ において})}{P^g(P^l=0 \text{ において})}\right] = \frac{\bar{V}^l P^l}{RT}$$

であることを示せ．この式を用い，25 °C で全圧が 10.0 atm であるときの水の蒸気圧を計算せよ．$P^g(P^l=0$ において$)=0.0313\,\text{atm}$ とせよ．

23・43 液体の蒸気圧が全圧にあまり依存しないことを用いて，前問の最終結果が，

$$\frac{\Delta P^g}{P^g} = \frac{\bar{V}^l P^l}{RT}$$

と書けることを示せ．[ヒント：$P^g(P=P^l$ において$)=P^g(P=0$ において$)+\Delta P$ とおき ΔP が小さいことを使え．] 25 °C で全圧が 10.0 atm であるときの水について

ΔP を計算せよ．前問の結果と比較せよ．

23・44 この問題では液滴の蒸気圧が大量の液体の蒸気圧と異なることを示す．圧力 P の蒸気と平衡にある半径 r の球形の液滴，および圧力 P_0 の蒸気と平衡にある同じ液体の平らな表面を考える．平らな表面から液滴へ，等温で dn(mol) の液体を移動したときのギブズエネルギーの変化は，

$$dG = dn\,RT \ln \frac{P}{P_0}$$

であることを示せ．ギブズエネルギーのこの変化は液滴の表面エネルギーの変化によるものである（大きく平らな表面での表面エネルギーの変化は無視できる）．液体の表面張力を γ，液滴の表面積の変化を dA とすると，

$$dn\,RT \ln \frac{P}{P_0} = \gamma\,dA$$

であることを示せ．液滴が球形であるとすると，

$$dn = \frac{4\pi r^2 dr}{\bar{V}^l}$$

$$dA = 8\pi r\,dr$$

であること，最終的に，

$$\ln \frac{P}{P_0} = \frac{2\gamma \bar{V}^l}{rRT} \tag{1}$$

であることを示せ．この右辺は正なので，液滴の蒸気圧は平らな表面の蒸気圧より高いことがわかる．$r \to \infty$ ではどうなるか．

23・45 問題 23・44 の式(1)を使い半径 1.0×10^{-5} cm の水滴の 25℃ における蒸気圧を計算せよ．水の表面張力を 7.20×10^{-4} J m^{-2} とせよ．

23・46 図 23・15 はファン・デル・ワールスの式で換算温度 T_R が 0.85 のとき換算圧力 P_R を換算体積 $\bar{V}_R$ に対してプロットした図である．図のいわゆるファン・デル・ワールスのループは 1 未満のある換算温度で起き，ファン・デル・ワールスの式が簡単な形をしているために生じるものである．実は，任意の解析的な状態方程式（換算密度 $1/\bar{V}_R$ でマクローリン展開できるもの）は臨界温度以下（$T_R < 1$）でループを生じることがわかる．圧力が増した場合の正しい挙動は図 23・15 の経路 a b d f g である．ファン・デル・ワールスの式で表されない水平部分 b d f は，一定圧力における気体の液化を示している．点 b と f で液体と気体の化学ポテンシャルが等しいことを利用して，正しい位置に水平線（**タイライン**[1]）を引くことができる．マクスウェルは，凝縮を示す水平線は，その上下のループの面積が等しくなるように引かなければなら

---

1) tie line

ないことを示した．この**マクスウェルの等面積則**[1] を証明するために，$(\partial \mu/\partial P)_T = \bar{V}$ を経路 b c d e f に沿って部分積分し，μ^{l}（点 f における μ の値）= μ^{g}（点 b における μ の値）であることを使って，

$$\mu^{\mathrm{l}} - \mu^{\mathrm{g}} = P_0(\bar{V}^{\mathrm{l}} - \bar{V}^{\mathrm{g}}) - \int_{\mathrm{bcdef}} P \, \mathrm{d}\bar{V}$$

$$= \int_{\mathrm{bcdef}} (P_0 - P) \, \mathrm{d}\bar{V}$$

であることを示せ．ここで P_0 はタイラインに対応する圧力である．この結果の解釈を述べよ．

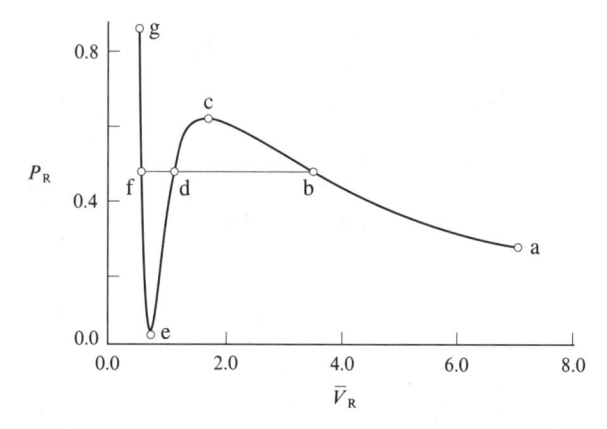

図 23·15　ファン・デル・ワールスの式について換算温度 T_R が 0.85 において換算圧力 P_R を換算体積 $\bar{V}_\mathrm{R}$ に対してプロットした図．

23·47　等温圧縮率 κ_T は，

$$\kappa_T = -\frac{1}{V}\left(\frac{\partial V}{\partial P}\right)_T$$

で定義される．臨界点では $(\partial P/\partial V)_T = 0$ なので，κ_T はそこで発散する．実験的および理論的に広く研究された問題は，T が T_c に近づく際の κ_T の発散の仕方であった．$\ln(T-T_\mathrm{c})$ に従って発散するのか，あるいは $(T-T_\mathrm{c})^{-\gamma}$ だろうか．ここでの γ を**臨界指数**[2] という．臨界点に非常に近い所での，κ_T のような熱力学関数の挙動の初期の理論はファン デル ワールスによって提案された．彼は κ_T が $(T-T_\mathrm{c})^{-1}$ に従っ

---

[1] Maxwell's equal-area construction rule　　[2] critical exponent

て発散すると予想した．ファンデルワールスがどのようにしてこの予想に到達したかを知るために，圧力 $P(\bar{V}, T)$ を T_c と $\bar{V}_c$ のまわりで(二重)テイラー展開する．

$$P(\bar{V}, T) = P(\bar{V}_c, T_c) + (T-T_c)\left(\frac{\partial P}{\partial T}\right)_c + \frac{1}{2}(T-T_c)^2\left(\frac{\partial^2 P}{\partial T^2}\right)_c$$

$$+ (T-T_c)(\bar{V}-\bar{V}_c)\left(\frac{\partial^2 P}{\partial \bar{V}\partial T}\right)_c + \frac{1}{6}(\bar{V}-\bar{V}_c)^3\left(\frac{\partial^3 P}{\partial \bar{V}^3}\right)_c + \cdots$$

ここで $(\bar{V}-\bar{V}_c)$ や $(\bar{V}-\bar{V}_c)^2$ の項がないのはなぜか．このテイラー級数を，

$$P = P_c + a(T-T_c) + b(T-T_c)^2 + c(T-T_c)(\bar{V}-\bar{V}_c) + d(\bar{V}-\bar{V}_c)^3 + \cdots$$

の形に書け．

$$\left(\frac{\partial P}{\partial \bar{V}}\right)_T = c(T-T_c) + 3d(\bar{V}-\bar{V}_c)^2 + \cdots \qquad \left(\begin{array}{c} T \to T_c \\ \bar{V} \to \bar{V}_c \end{array}\right)$$

および

$$\kappa_T = \frac{-1/\bar{V}}{c(T-T_c) + 3d(\bar{V}-\bar{V}_c)^2 + \cdots}$$

であることを示せ．ここで $\bar{V} = \bar{V}_c$ として，

$$\kappa_T \propto \frac{1}{T-T_c} \qquad T \to (T_c)$$

を導け．$T \to T_c$ での詳しい測定実験によれば，κ_T は $(T-T_c)^{-1}$ よりも少し強く発散し，$\kappa_T \to (T-T_c)^{-\gamma}$ で $\gamma = 1.24$ である．したがって，ファン・デル・ワールスの理論は定性的には正しいが定量的には不十分である．

23・48 前問の考え方を用いて，共存する液体と蒸気の密度(規圧密度)の差が，$T \to T_c$ でどのように振舞うかを予想することができる．

$$P = P_c + a(T-T_c) + b(T-T_c)^2 + c(T-T_c)(\bar{V}-\bar{V}_c) + d(\bar{V}-\bar{V}_c)^3 + \cdots \tag{1}$$

をマクスウェルの等面積則(問題 23・46)に代入して，

$$P_0 = P_c + a(T-T_c) + b(T-T_c)^2 + \frac{c}{2}(T-T_c)(\bar{V}^l + \bar{V}^g - 2\bar{V}_c)$$

$$+ \frac{d}{4}[(\bar{V}^g - \bar{V}_c)^2 + (\bar{V}^l - \bar{V}_c)^2](\bar{V}^l + \bar{V}^g - 2\bar{V}_c) + \cdots \tag{2}$$

を導け．$P < P_c$ では式(1)はループを与えるから，$P = P_0$ について三つの解，$\bar{V}^l$，$\bar{V}_c$，$\bar{V}^g$ を与える．第1近似ではこれらの解は，式(2)で $\bar{V}_c \approx (\bar{V}^l + \bar{V}^g)/2$ とし，

と書いて求めることができる．この近似では式(1)の三つの解は，

$$d(\bar{V}-\bar{V}_c)^3 + c(T-T_c)(\bar{V}-\bar{V}_c) = 0$$

から得られる．この三つの解が，

$$\bar{V}_1 = \bar{V}^1 = \bar{V}_c - \left(\frac{c}{d}\right)^{1/2}(T_c-T)^{1/2}$$
$$\bar{V}_2 = \bar{V}_c$$
$$\bar{V}_3 = \bar{V}^g = \bar{V}_c + \left(\frac{c}{d}\right)^{1/2}(T_c-T)^{1/2}$$

であることを示せ．そこで，

$$\bar{V}^g - \bar{V}^1 = 2\left(\frac{c}{d}\right)^{1/2}(T_c-T)^{1/2} \quad \begin{pmatrix} T < T_c \\ T \to T_c \end{pmatrix}$$

および，この式が，

$$\rho^1 - \rho^g \longrightarrow A(T_c-T)^{1/2} \quad \begin{pmatrix} T < T_c \\ T \to T_c \end{pmatrix}$$

と等価であることを示せ．したがって，ファン・デル・ワールスの理論ではこの場合の臨界指数は 1/2 となる．実験的には，

$$\rho^1 - \rho^g \longrightarrow A(T_c-T)^\beta$$

で $\beta=0.324$ であることが知られている．前問同様，定性的には正しいものの，ファン・デル・ワールスの理論は定量的には不十分である．

23·49 下表はブタンの蒸気圧と，共存する蒸気相の密度の温度依存性である．ファン・デル・ワールスの式を用い，蒸気圧を計算して表の実験値と比較せよ．

T/K	P/bar	ρ^g/mol L^{-1}
200	0.0195	0.00117
210	0.0405	0.00233
220	0.0781	0.00430
230	0.1410	0.00746
240	0.2408	0.01225
250	0.3915	0.01924
260	0.6099	0.02905
270	0.9155	0.04239
280	1.330	0.06008

23·50 下表はベンゼンの蒸気圧と,共存する蒸気相の密度の温度依存性である.ファン・デル・ワールスの式を用い,蒸気圧を計算して表の実験値と比較せよ.ファン・デル・ワールスのパラメーターの計算には $T_c = 561.75$ K, $P_c = 48.7575$ bar および式(16·14)を用いよ.

T/K	P/bar	ρ^g/mol L^{-1}
290.0	0.0860	0.00359
300.0	0.1381	0.00558
310.0	0.2139	0.00839
320.0	0.3205	0.01223
330.0	0.4666	0.01734
340.0	0.6615	0.02399
350.0	0.9161	0.03248

ジョエル ヒルデブランド（Joel Hildebrand）は1881年11月16日，米国，ニュージャージー州カムデンで生まれ，1983年に没した．1906年，ペンシルバニア大学で化学の博士号を取得した．ベルリン大学のネルンストのもとで1年間過ごした後，ペンシルバニア大学に戻り講師になった．1913年，カリフォルニア大学バークレー校の化学教室に加わり，亡くなるまで，そこにとどまった．公的には1952年に退職したが，生涯活発に研究を続け，彼の最後の論文は1981年に出版された．ヒルデブランドは液体と非電解質溶液の分野で重要な多くの貢献をした．彼は理想溶液（ラウールの法則）からのずれと正則溶液の理論に興味をもち続けた．ロバート スコット（Robert Scott）と共著の"The Solubility of Nonelectrolytes"および"Regular Solutions"はこの分野における標準的な参考書である．ヒルデブランドはバークレー校の一般化学の名教師としても有名であった．一般化学についての彼の著書"Principles of Chemistry"は，一般化学の教育において，特定の化学物質を記憶することよりも，原理に重きを置くというスタイルで他の学派にも影響を与えた．ヒルデブランドは野外活動をとても好み，特にスキーやキャンプを楽しんだ．1936年にはオリンピックのアメリカスキーチームのマネージャーを勤め，1937年から1940年までシエラ クラブの総裁を勤め，令嬢のルイーズとともにキャンプについての本，"Camp Catering"および"How to rustle grub for hikers, campers, mountaineers, canoeists, hunters, skiers, and fishermen"を著した．

24 章

溶液 I：液-液溶液

この章とつぎの章では，熱力学の原理を溶液に応用する．この章では，アルコール-水の溶液のような2種類の揮発性液体から成る溶液に焦点を当てる．はじめに部分モル量を説明する．これは，溶液を記述する熱力学変数として最も便利な変数の組である．これの説明の結果ギブズ-デュエムの式が登場する．これは溶液中の1成分の性質の変化ともう一方の成分の性質の変化の関係を与える式である．溶液の最も単純なモデルは，両成分が全組成にわたってラウールの法則に従う理想溶液である．少数の溶液はほぼ理想的に振舞うが，大部分は理想的ではない．非理想気体をフガシティーを用いて記述できたのとまったく同様に，非理想溶液は活量という量を使って記述することができる．活量はある決まった標準状態に対して相対的に計算しなければならないので，24・8節でよく使われる2種の標準状態を導入する．溶媒すなわちラウール則での標準状態である溶媒と，ヘンリー則での標準状態である溶質とである．

24・1　部分モル量は溶液の重要な熱力学的性質である

これまでは，1成分だけの系の熱力学について説明してきた．これからは多成分系の熱力学について説明する．ただし，簡単のため2成分系だけを取扱う．これから説明する概念や結果の大部分は多成分系でも成立する．n_1(mol)の成分1とn_2(mol)の成分2から成る溶液を考える．この溶液のギブズエネルギーはT, Pと二つのモル数，n_1とn_2の関数である．Gがこれらの変数に依存することを，$G = G(T, P, n_1, n_2)$と書いてはっきり示す．Gの全微分は，

$$dG = \left(\frac{\partial G}{\partial T}\right)_{P, n_1, n_2} dT + \left(\frac{\partial G}{\partial P}\right)_{T, n_1, n_2} dP + \left(\frac{\partial G}{\partial n_1}\right)_{P, T, n_2} dn_1 + \left(\frac{\partial G}{\partial n_2}\right)_{P, T, n_1} dn_2$$

$$(24 \cdot 1)$$

で与えられる．溶液の組成が固定されていれば $dn_1 = dn_2 = 0$ であり，式(24・1)は式(22・29)と同じで，

$$\left(\frac{\partial G}{\partial T}\right)_{P, n_1, n_2} = -S(P, T, n_1, n_2)$$

および

$$\left(\frac{\partial G}{\partial P}\right)_{T, n_1, n_2} = V(P, T, n_1, n_2)$$

を得る．前章と同様に，G のモル数での偏微分を化学ポテンシャルあるいは部分モルギブズエネルギーという．化学ポテンシャルの標準的な記号は μ なので，式(24・1)を，

$$dG = -S\,dT + V\,dP + \mu_1 dn_1 + \mu_2 dn_2 \qquad (24\cdot 2)$$

と書くことができる．ここで，

$$\mu_j = \mu_j(T, P, n_1, n_2) = \left(\frac{\partial G}{\partial n_j}\right)_{T, P, n_{i \neq j}} = \bar{G}_j \qquad (24\cdot 3)$$

である．溶液中の各成分の化学ポテンシャルが，溶液の熱力学的性質を決める中心的役割を果たすことがあとでわかる．

他の示量性熱力学変数も対応した部分モル量をもつ．しかし，部分モルギブズエネルギーだけが特別の記号と名前をもっている．たとえば，$(\partial S/\partial n_j)_{T, P, n_{i \neq j}}$ は部分モルエントロピーといい $\bar{S}_j$ で表し，$(\partial V/\partial n_j)_{T, P, n_{i \neq j}}$ は部分モル体積といい $\bar{V}_j$ で表す．一般に，$Y = Y(T, P, n_1, n_2)$ が示量性熱力学量のとき，$\bar{Y}_j$ で表す対応する部分モル量は，

$$\bar{Y}_j = \bar{Y}_j(T, P, n_1, n_2) = \left(\frac{\partial Y}{\partial n_j}\right)_{T, P, n_{i \neq j}} \qquad (24\cdot 4)$$

で定義される．物理的には，部分モル量 $\bar{Y}_j$ は，T, P と他方のモル数が一定の場合に，n_j が変化すると Y がどう変化するかを表している．

部分モル量は示強性の熱力学量である．実際，純粋な系(1成分系)では化学ポテンシャルは1モル当たりのギブズエネルギーである．部分モル量の示強的性質を用いて，溶液について最も重要な関係の一つを導くことができる．具体的な例として，2種類の異なる液体から成る**2成分溶液**[1]を考える．2成分溶液のギブズエネルギーの全微分は，

$$dG = -S\,dT + V\,dP + \mu_1 dn_1 + \mu_2 dn_2$$

である(式24・2)．T と P が一定ならば，

---

1) binary solution

24. 溶液 I: 液-液溶液

$$dG = \mu_1 dn_1 + \mu_2 dn_2 \qquad (24\cdot 5)$$

が得られる．ここで，$dn_1 = n_1 d\lambda$ および $dn_2 = n_2 d\lambda$ となるような，あるスケールパラメーター λ を用いて系の大きさを一様に大きくすることを考えてみる．λ を 0 から 1 に変化させると成分 1 と 2 のモル数がそれぞれ 0 から n_1 および 0 から n_2 へと変化する．G は n_1 と n_2 に依存するという示量性があるので，$dG = G d\lambda$ でなければならない．したがって，λ を変化させると全ギブズエネルギーは 0 から最終値 G の間で変化する．式(24·5)に $d\lambda$ を導入すると，

$$\int_0^1 G\,d\lambda = \int_0^1 n_1 \mu_1 d\lambda + \int_0^1 n_2 \mu_2 d\lambda$$

が得られる．G, n_1 および n_2 は最終値であり λ に依存しないし，μ_1 と μ_2 は示強変数でスケールパラメーター λ に依存しないので，上の式を，

$$G\int_0^1 d\lambda = n_1 \mu_1 \int_0^1 d\lambda + n_2 \mu_2 \int_0^1 d\lambda$$

と書くことができる．これを積分すれば，

$$G(T, P, n_1, n_2) = \mu_1 n_1 + \mu_2 n_2 \qquad (24\cdot 6)$$

である．1 成分系ならば $G = \mu n$ である．これは，μ が純粋な系(1 成分系)の 1 モル当たりのギブズエネルギーであること，もっと一般的には，純粋な物質の任意の示量性熱力学量の部分モル量が，1 モル当たりのその量に等しいことを示している．

部分モル量は体積について考えると，物理的な解釈が特にうまくつく．体積について式(24·6)に相当する式は，

$$V(T, P, n_1, n_2) = \bar{V}_1 n_1 + \bar{V}_2 n_2 \qquad (24\cdot 7)$$

となろう．1-プロパノールと水を混合すると，溶液の最終的な体積は純粋な 1-プロパノールと水の体積の和に等しくならない．任意の組成における 1-プロパノールと水の部分モル体積を知っていれば，式(24·7)を用いて任意の組成の溶液の体積を計算することができる．図 24·1 には，20 ℃ における 1-プロパノール-水の溶液における 1-プロパノールと水の部分モル体積をモル分率の関数として示してある．この図を使えば，20 ℃ で 100 mL の 1-プロパノールと 100 mL の水とを混合した場合の最終体積を求めることができる．20 ℃ における 1-プロパノールと水の密度はそれぞれ 0.803 g mL^{-1} と 0.998 g mL^{-1} である．この密度を使うと，100 mL ずつの 1-プロパノールと水は，1-プロパノールのモル分率 0.194 に相当することがわかる．図 24·1 によれば，この組成ではおよそ $\bar{V}_\text{1-propanol} = 72$ mL mol^{-1} および $\bar{V}_\text{water} = 18$ mL mol^{-1} である．したがって溶液の最終体積は，

$$V = n_1 \overline{V}_{\text{1-propanol}} + n_2 \overline{V}_{\text{water}}$$

$$= \left(\frac{80.3 \text{ g}}{60.09 \text{ g mol}^{-1}}\right)(72 \text{ mL mol}^{-1}) + \left(\frac{99.8 \text{ g}}{18.02 \text{ g mol}^{-1}}\right)(18 \text{ mL mol}^{-1})$$

$$= 196 \text{ mL}$$

であり，これと比べて，混合前の全体積は 200 mL である．問題 24・8 から問題 24・12 までには溶液のデータから部分モル体積を求める問題がある．

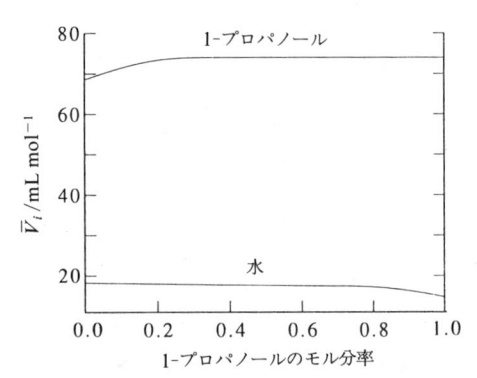

図 24・1 20°C における 1-プロパノール-水の溶液中の 1-プロパノールと水の部分モル体積を，溶液中の 1-プロパノールのモル分率に対してプロットしたもの．

24・2 ギブズ-デュエムの式は溶液の 1 成分の化学ポテンシャル変化と他方の成分の化学ポテンシャル変化の間の関係式である

1 成分系（純物質）についてのほとんどの熱力学的関係式には，それに対応して，部分モル量を使って表した式がある．たとえば，$G = H - TS$ から出発して，$T, P, n_{i \neq j}$ を一定として n_j について微分すると，

$$\left(\frac{\partial G}{\partial n_j}\right)_{T, P, n_{i \neq j}} = \left(\frac{\partial H}{\partial n_j}\right)_{T, P, n_{i \neq j}} - T\left(\frac{\partial S}{\partial n_j}\right)_{T, P, n_{i \neq j}}$$

すなわち，

$$\mu_j = \overline{G}_j = \overline{H}_j - T\overline{S}_j \tag{24・8}$$

が得られる．さらに，交差二階偏微分が等しいことを使うと，

$$\overline{S}_j = \left(\frac{\partial S}{\partial n_j}\right)_{T, P, n_{i \neq j}} = \frac{\partial}{\partial n_j}\left(-\frac{\partial G}{\partial T}\right)_{P, n_i} = -\frac{\partial}{\partial T}\left(\frac{\partial G}{\partial n_j}\right)_{T, P, n_{i \neq j}} = -\left(\frac{\partial \mu_j}{\partial T}\right)_{P, n_i}$$

および

$$\bar{V}_j = \left(\frac{\partial V}{\partial n_j}\right)_{T,P,n_{i\neq j}} = \frac{\partial}{\partial n_j}\left(\frac{\partial G}{\partial P}\right)_{T,n_i} = \frac{\partial}{\partial P}\left(\frac{\partial G}{\partial n_j}\right)_{T,P,n_{i\neq j}} = \left(\frac{\partial \mu_j}{\partial P}\right)_{T,n_i}$$

が得られる。これらを式,

$$d\mu_j = \left(\frac{\partial \mu_j}{\partial T}\right)_{P,n_i} dT + \left(\frac{\partial \mu_j}{\partial P}\right)_{T,n_i} dP$$

に代入すると,

$$d\mu_j = -\bar{S}_j dT + \bar{V}_j dP \tag{24·9}$$

となる。これは式(22·29)を多成分系へ拡張したものである。

例題 24·1 $\mu_j(T, P)$ の温度依存性を表す式を,ギブズ-ヘルムホルツの式(式22·58)にならって導け。

解答: ギブズ-ヘルムホルツの式(式22·58)は,

$$\left(\frac{\partial G/T}{\partial T}\right)_{P,n_i} = -\frac{H}{T^2}$$

である。これを n_j について微分し,左辺の微分の順序を変えると,

$$\left(\frac{\partial \mu_j/T}{\partial T}\right)_P = -\frac{\bar{H}_j}{T^2}$$

が得られる。ここで $\bar{H}_j$ は成分 j の部分モルエンタルピーである。

さて,部分モル量を含んだ最も有用な式の一つを導こう。まず,式(24·6)を微分し,

$$dG = \mu_1 dn_1 + \mu_2 dn_2 + n_1 d\mu_1 + n_2 d\mu_2$$

これから式(24·5)を引くと,

$$n_1 d\mu_1 + n_2 d\mu_2 = 0 \qquad (T, P \text{ 一定}) \tag{24·10}$$

が得られる。両辺を n_1+n_2 で割ると,

$$x_1 d\mu_1 + x_2 d\mu_2 = 0 \qquad (T, P \text{ 一定}) \tag{24·11}$$

となる。ここで x_1 と x_2 はモル分率である。式(24·10)と式(24·11)のどちらも**ギブズ-デュエムの式**[1] という。ギブズ-デュエムの式は,1成分の化学ポテンシャルを組

---

1) Gibbs-Duhem equation

成の関数として知れば，他方の化学ポテンシャルが求められることを示している．たとえば，x_2 の全領域(0 から 1 まで)で，

$$\mu_2 = \mu_2^* + RT \ln x_2 \qquad 0 \leq x_2 \leq 1$$

であることを知っているとしよう．上付き添字(*)は，純物質の性質を表す IUPAC の記法で，この式では $\mu_2^* = \mu_2(x_2=1)$ は純粋な成分 2 の化学ポテンシャルである．μ_2 を x_2 について微分し，式(24・11)に代入すると，

$$d\mu_1 = -\frac{x_2}{x_1} d\mu_2 = -RT \frac{x_2}{x_1} d\ln x_2$$

$$= -RT \frac{x_2}{x_1} \frac{dx_2}{x_2} = -RT \frac{dx_2}{x_1} \qquad (0 \leq x_2 \leq 1)$$

となる．しかし，$x_1 + x_2 = 1$ だから $dx_2 = -dx_1$ なので，

$$d\mu_1 = RT \frac{dx_1}{x_1} \qquad (0 \leq x_1 \leq 1)$$

が得られる．$0 \leq x_2 \leq 1$ であるから $0 \leq x_1 \leq 1$ である．上式の両辺を $x_1 = 1$ (純成分 1)から任意の x_1 まで積分すると，

$$\mu_1 = \mu_1^* + RT \ln x_1 \qquad (0 \leq x_1 \leq 1)$$

が得られる．ここで $\mu_1^* = \mu_1(x_1=1)$ である．この章の後の方でわかるように，この結果は，2 成分溶液の一方の成分が全濃度領域でラウールの法則に従えば，他方もそうであるということである．

例題 24・2 2 成分溶液の体積についてギブズ－デュエム型の式を導け．

解答： 式(24・6)に相当する式(24・7)から出発し，T, P 一定で微分すると，

$$dV = n_1 d\bar{V}_1 + \bar{V}_1 dn_1 + n_2 d\bar{V}_2 + \bar{V}_2 dn_2$$

が得られる．式(24・5)に相当する式

$$dV = \bar{V}_1 dn_1 + \bar{V}_2 dn_2 \qquad (T, P \text{一定})$$

を引くと，

$$n_1 d\bar{V}_1 + n_2 d\bar{V}_2 = 0 \qquad (T, P \text{一定})$$

が得られる．この式は，ある濃度範囲で 2 成分溶液の一方の成分の部分モル体積の変化を知っていれば，他方の成分の部分モル体積を同じ濃度範囲で求められることを示している．

24·3 各成分の化学ポテンシャルは，平衡状態ではその成分が存在するどの相においても同じ値をもつ

2種類の液体から成る2成分溶液を考える．この溶液は両成分を含んだ気相と平衡にあるとする．たとえば，蒸気と平衡にある1-プロパノールと水の溶液やベンゼンとトルエンの溶液である．前章における蒸気と平衡にある純粋な液体の取扱いを一般化し，2成分溶液における平衡を判断する基準をつくろう．溶液と蒸気のギブズエネルギーは，

$$G = G^{\text{sln}} + G^{\text{vap}}$$

である．n_1^{sln}, n_2^{sln}, n_1^{vap}, n_2^{vap} を各相にある各成分のモル数とする．一般化のため，j は成分1か2のどちらかを示すことにすると，n_j は成分 j のモル数である．T, P 一定で成分 j の dn_j(mol) が溶液から気相に移されたとすると，$dn_j^{\text{vap}} = +dn_j$, $dn_j^{\text{sln}} = -dn_j$ である．これに伴うギブズエネルギー変化は，

$$\begin{aligned}dG &= dG^{\text{sln}} + dG^{\text{vap}} \\ &= \left(\frac{\partial G^{\text{sln}}}{\partial n_j^{\text{sln}}}\right)_{T, P, n_{i \neq j}} dn_j^{\text{sln}} + \left(\frac{\partial G^{\text{vap}}}{\partial n_j^{\text{vap}}}\right)_{T, P, n_{i \neq j}} dn_j^{\text{vap}} \\ &= \mu_j^{\text{sln}} dn_j^{\text{sln}} + \mu_j^{\text{vap}} dn_j^{\text{vap}} = (\mu_j^{\text{vap}} - \mu_j^{\text{sln}}) dn_j^{\text{vap}}\end{aligned}$$

である．溶液から蒸気への移動が自発的に起きるとすると，$dG<0$ である．ここで $dn_j^{\text{vap}}>0$ なので，$dG<0$ であるためには μ_j^{vap} は μ_j^{sln} よりも小さくなければならない．つまり，成分 j の分子は化学ポテンシャルの大きな相(溶液)から小さい相(蒸気)へ自発的に移動する．同様に，$\mu_j^{\text{vap}} > \mu_j^{\text{sln}}$ ならば成分 j の分子は気相から溶液相へ自発的に移動する($dn_j^{\text{vap}}<0$)．平衡状態では $dG=0$ で，

$$\mu_j^{\text{vap}} = \mu_j^{\text{sln}} \tag{24·12}$$

が得られる．式(24·12)は各成分について成立する．ここでは蒸気相と平衡にある溶液について検討したが，相の選択は任意であり，式(24·12)は成分 j が存在する任意の2相間の平衡について正しい．

ここで大事なことは，式(24·12)によれば，溶液中の各成分の化学ポテンシャルを知るには，蒸気相のその成分の化学ポテンシャルを測ればよいことである．蒸気相の圧力が十分低くて，理想気体と考えることができれば，式(24·12)は，

$$\mu_j^{\text{sln}} = \mu_j^{\text{vap}} = \mu_j^{\circ}(T) + RT \ln P_j \tag{24·13}$$

となる．ここで標準状態は $P_j^{\circ}=1$ bar にとる．<u>純粋な成分 j では式(24·13)は，</u>

$$\mu_j^*(l) = \mu_j^*(\text{vap}) = \mu_j^\circ(T) + RT \ln P_j^* \qquad (24\cdot 14)$$

となる．ここで上付き添字(*)は純粋な(液相)成分 j を示している．したがって，たとえば，$\mu_j^*(l)$ は純粋な成分 j の化学ポテンシャル，P_j^* はその蒸気圧である．式(24·14)を式(24·13)から引くと，

$$\mu_j^{\text{sln}} = \mu_j^*(l) + RT \ln \frac{P_j}{P_j^*} \qquad (24\cdot 15)$$

が得られる．式(24·15)は2成分溶液の研究において中心的な役割を果たす式である．この式で，$P_j \to P_j^*$ のとき $\mu_j^{\text{sln}} \to \mu_j^*$ である．厳密にいえば，式(24·15)で，圧力でなくフガシティー(22·8節)を使わなければならないが，通常，蒸気圧の大きさは圧力を使って問題のない大きさである．たとえば，293.15 K における水の蒸気圧は 17.4 Torr すなわち 0.0232 bar である．

24·4 理想溶液の成分はすべての濃度でラウールの法則に従う

少数の溶液では，各成分の蒸気分圧が単純な式，

$$P_j = x_j P_j^* \qquad (24\cdot 16)$$

に従うことが知られている．式(24·16)を**ラウールの法則**[1]といい，全組成領域でラウールの法則に従う溶液を**理想溶液**[2]という．

理想2成分溶液の分子論的な考え方は，2種類の分子が溶液内で乱雑に分布しているというものである．このような分布は (1) 分子の大きさと形がほぼ等しく，(2) 純粋液体1と2および1と2の混合物における分子間力がすべて似通っている場合に

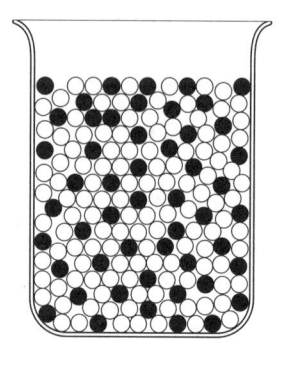

図 24·2 理想溶液の中の分子(模式図)．2種類の分子が溶液の全体にわたって乱雑に分布している．

---
1) Raoult's law   2) ideal solution

24. 溶液 I：液-液溶液

起きると考えられる．つまり，2 成分の分子が似通っている場合に限って理想溶液挙動を予想することができる．たとえば，ベンゼンとトルエン，o-キシレンと p-キシレン，ヘキサンとヘプタン，ブロモエタンとヨードエタンは理想溶液とほぼみなすことができる．図 24・2 は理想溶液の模式図で，2 種類の分子が乱雑に分布している．

ラウールの法則（式 24・16）と式（24・15）によれば，溶液中の成分 j の化学ポテンシャルは，

$$\mu_j^{\text{sln}} = \mu_j^*(l) + RT \ln x_j \tag{24・17}$$

で与えられる．式（24・17）がすべての x_j ($0 \leq x_j \leq 1$) で成り立てば理想溶液であると定義することもできる．24・2 節では，1 成分が $x_j=0$ から $x_j=1$ までで式（24・17）に従うならば，他方も従うことを示した．

理想溶液の上の全蒸気圧は，

$$P_{\text{total}} = P_1 + P_2 = x_1 P_1^* + x_2 P_2^* = (1-x_2) P_1^* + x_2 P_2^*$$
$$= P_1^* + x_2(P_2^* - P_1^*) \tag{24・18}$$

で与えられる．したがって，P_{total} を x_2（あるいは x_1）に対してプロットすると，図 24・3 のような直線になるはずである．

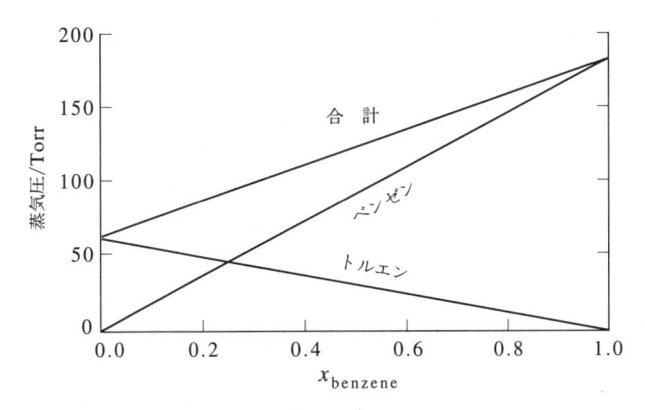

図 24・3 ベンゼンとトルエンの溶液の 40 °C における P_{total} の x_{benzene} に対するプロット．このプロットはベンゼン-トルエン溶液がほぼ理想溶液であることを示している．

例題 24・3 25 °C で 1-プロパノールと 2-プロパノールの混合物は全組成においてほぼ理想溶液になる．下付き添字 1 と 2 で 1-プロパノールと 2-プロパノールを表すことにする．25 °C において $P_1^*=20.9$ Torr および $P_2^*=45.2$ Torr

であることから，$x_2=0.75$ における全蒸気圧および気相の組成を計算せよ．

解答： 式(24・18)を使うと，

$$P_{\text{total}}(x_2=0.75) = x_1 P_1^* + x_2 P_2^*$$
$$= (0.25)(20.9 \text{ Torr}) + (0.75)(45.2 \text{ Torr})$$
$$= 39.1 \text{ Torr}$$

である．気相における各成分のモル分率を y_j で表すことにする．分圧についてのドルトンの法則から，

$$y_1 = \frac{P_1}{P_{\text{total}}} = \frac{x_1 P_1^*}{P_{\text{total}}} = \frac{(0.25)(20.9 \text{ Torr})}{39.1 \text{ Torr}} = 0.13$$

である．同様に，

$$y_2 = \frac{P_2}{P_{\text{total}}} = \frac{x_2 P_2^*}{P_{\text{total}}} = \frac{(0.75)(45.2 \text{ Torr})}{39.1 \text{ Torr}} = 0.87$$

である．$y_1+y_2=1$ である．気相の方が溶液よりも揮発性の成分が多い．

問題 24・15 では例題 24・3 を拡張して，x_2（液相の 2-プロパノールのモル分率）と y_2（気相の 2-プロパノールのモル分率）の関数として P_{total} を計算し，P_{total} を x_2 と y_2 に

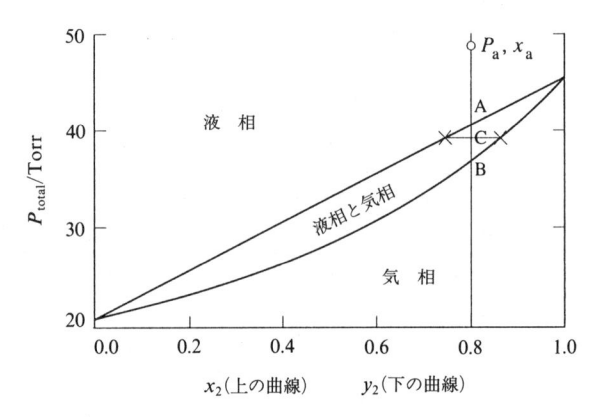

図 24・4　1-プロパノール-2-プロパノール溶液の圧力-組成図．この系は 25 °C においてほぼ理想溶液である．この図は例題 24・3 の方法で計算できる．上の曲線（液相線）は液相中の 2-プロパノールのモル分率 x_2 に対する P_{total}，下の曲線（気相線）は気相中の 2-プロパノールのモル分率 y_2 に対する P_{total} を表す．×で示した 2 点は例題 24・3 の x_2 と y_2 である．

24. 溶液 I: 液-液溶液

対してプロットする．図24·4のような，こうして得られるプロットを**圧力-組成図**[1]という．上側の曲線(液相線)は液相の組成の関数として全蒸気圧を表し，下側の曲線(気相線)は気相の組成の関数として全蒸気圧を表す．図24·4の P_a, x_a から出発して圧力を下げると何が起きるか考えよう．点 P_a, x_a では圧力は溶液の蒸気圧を超えているので，液相線より上の領域は1相(液相)から成る．圧力が小さくなると点Aに達し，溶液は気化しはじめる．線ABに沿って系は互いに平衡にある液相と気相から成る．点Bで液体は完全に気化し，気相線より下の領域は1相(気相)から成る．

液-気領域の点Cを考える．点Cは，例題24·3で計算した液相の組成($x_2 = 0.75$)と気相の組成($y_2 = 0.87$)を結ぶ線上にある．このような線を**タイライン**(**連結線**)[2]という．この2相(液相-気相)系の全体としての組成は x_a である．液相と気相の相対的な量はつぎのようにして決定することができる．液相と気相のモル分率は，

$$x_2 = \frac{n_2^l}{n_1^l + n_2^l} = \frac{n_2^l}{n^l} \quad \text{および} \quad y_2 = \frac{n_2^{\text{vap}}}{n_1^{\text{vap}} + n_2^{\text{vap}}} = \frac{n_2^{\text{vap}}}{n^{\text{vap}}}$$

である．ここで n^{vap} と n^l はそれぞれ気相と液相の全モル数である． x_a における全体としてのモル分率は成分2の全モル数を全体のモル数で割ったもの，

$$x_a = \frac{n_2^l + n_2^{\text{vap}}}{n^l + n^{\text{vap}}}$$

である．物質量のバランスを成分2のモル数で表すと，

$$x_a(n^l + n^{\text{vap}}) = x_2 n^l + y_2 n^{\text{vap}}$$

すなわち，

$$\frac{n^l}{n^{\text{vap}}} = \frac{y_2 - x_a}{x_a - x_2} \tag{24·19}$$

の関係がある．この式は**梃子の規則**[3]を表している．それは， $n^{\text{vap}}(y_2 - x_a) = n^l(x_a - x_2)$ という式は，図24·4の点Cからの距離に "n" を掛けたものが釣り合っていると解釈できるからである． $x_a = y_2$ (気相線)のところでは $n^l = 0$ ，一方， $x_a = x_2$ (液相線)のところでは $n^{\text{vap}} = 0$ となる．

例題 24·4 例題24·3の値について，全体の組成が0.80の場合の液相と気相の相対量を計算せよ．

解答: この場合， $x_a = 0.80$ ， $x_2 = 0.75$ ， $y_2 = 0.87$ なので(例題24·3参照)，

---

1) pressure-composition diagram   2) tie line   3) lever rule

$$\frac{n^{\text{l}}}{n^{\text{vap}}} = \frac{0.87 - 0.80}{0.80 - 0.75} = 1.6$$

である.

例題 24·3 によれば，1-プロパノール-2-プロパノール溶液と平衡にある気相での 2-プロパノールのモル分率は，溶液中の 2-プロパノールのモル分率より大きい．いろいろな温度における溶液と気相の組成を**温度-組成図**[1] という図を用いて表すことができる．このような図を作るには，適当な外圧，たとえば 760 Torr を決め，

$$760\,\text{Torr} = x_1 P_1^* + x_2 P_2^* = x_1 P_1^* + (1 - x_1) P_2^*$$
$$= P_2^* - x_1(P_2^* - P_1^*)$$

すなわち，

$$x_1 = \frac{P_2^* - 760\,\text{Torr}}{P_2^* - P_1^*}$$

と書く†．ついで，2 成分の沸点の間の温度を選び，上の方程式を x_1 について解く．x_1 は全圧が 760 Torr になる溶液の組成である．x_1 に対して温度をプロットすると，組成 (x_1) の関数として ($P_{\text{total}} = 760\,\text{Torr}$ における) 溶液の沸点が得られる．このような曲線の例を図 24·5 に示してある．たとえば，$t = 90\,°\text{C}$ では P_1^* (1-プロパノールの蒸気

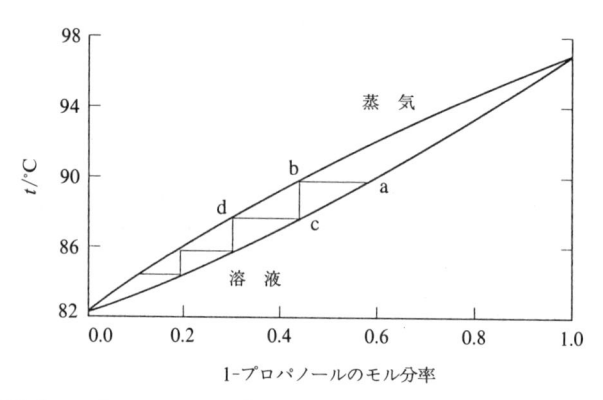

図 24·5 1-プロパノール-2-プロパノール溶液の温度-組成図．この系はほぼ理想溶液である．1-プロパノールの沸点は 97.2 °C，2-プロパノールの沸点は 82.3 °C である．

---

1) temperature-composition diagram
† 訳注: 本章では圧力はすべて Torr 単位で表している．

圧)=575 Torr であり, P_2^*(2-プロパノールの蒸気圧)=1027 Torr である. したがって,

$$x_1 = \frac{P_2^* - 760\ \text{Torr}}{P_2^* - P_1^*} = \frac{1027\ \text{Torr} - 760\ \text{Torr}}{1027\ \text{Torr} - 575\ \text{Torr}} = 0.59$$

である. t=90 °C と x_1=0.59 に対応する点は図 24・5 の点 a である. 対応する気相の組成を温度の関数として計算することもできる. 全圧を 760 Torr と決めたので, 気相における成分 1 のモル分率はドルトンの法則によって,

$$y_1 = \frac{P_1}{760\ \text{Torr}} = \frac{x_1 P_1^*}{760\ \text{Torr}}$$

となる. t=90 °C では x_1=0.59 だったから,

$$y_1 = (0.59)(575\ \text{Torr})/(760\ \text{Torr}) = 0.45$$

が得られる. この点は図 24・5 の点 b である.

例題 24・5 1-プロパノールと 2-プロパノールの蒸気圧(単位: Torr)は温度 t(単位: °C)の関数として実験式,

$$\ln P_1^* = 18.0699 - \frac{3452.06}{t + 204.64}$$

および

$$\ln P_2^* = 18.6919 - \frac{3640.25}{t + 219.61}$$

で表される. これらを用いて 93.0 °C における x_1 と y_1 を計算し, 結果を図 24・5 の値と比較せよ.

解答: 93.0 °C において,

$$\ln P_1^* = 18.0699 - \frac{3452.06}{93.0 + 204.64} = 6.472$$

すなわち P_1^*=647 Torr である. 同様に P_2^*=1150 Torr である. したがって,

$$x_1 = \frac{P_2^* - 760\ \text{Torr}}{P_2^* - P_1^*} = \frac{1150\ \text{Torr} - 760\ \text{Torr}}{1150\ \text{Torr} - 647\ \text{Torr}} = 0.77$$

および

$$y_1 = \frac{x_1 P_1^*}{760\ \text{Torr}} = \frac{(0.77)(647\ \text{Torr})}{760\ \text{Torr}} = 0.65$$

である．これらは図 24・5 の値と一致している．

　温度-組成図を用いて分別蒸留過程を説明することができる．分別蒸留では蒸気は凝縮と蒸発を何度も繰返す(図 24・6)．1-プロパノールのモル分率が 0.59 の 1-プロパノール-2-プロパノール溶液(図 24・5 の点 a)から出発したとすると，気相における 1-プロパノールのモル分率は 0.45(点 b)となるだろう．この蒸気が凝縮し(点 c)再び蒸発すると気相の 1-プロパノールのモル分率はおよそ 0.30(点 d)となるだろう．この過程を続けると，蒸気には次第に 2-プロパノールが多くなり，結局純粋な 2-プロパノールとなる．分別蒸留塔は通常の蒸留塔と異なっていて，前者ではガラスビーズを詰めて広い表面積をつくり，そこで蒸発と凝縮が繰返し起きるようにしてある．

　純粋な成分から理想溶液が形成された際の熱力学的性質の変化を計算することができる．例としてギブズエネルギーを取上げよう．**混合ギブズエネルギー**[1]を，

$$\Delta_{\text{mix}} G = G^{\text{sln}}(T, P, n_1, n_2) - G_1^*(T, P, n_1) - G_2^*(T, P, n_2) \quad (24 \cdot 20)$$

図 24・6　簡単な分別蒸留塔．塔全体にわたって繰返し凝縮と蒸発が起きるので，蒸気が塔を上るにつれて揮発性の大きい成分がどんどん増える．

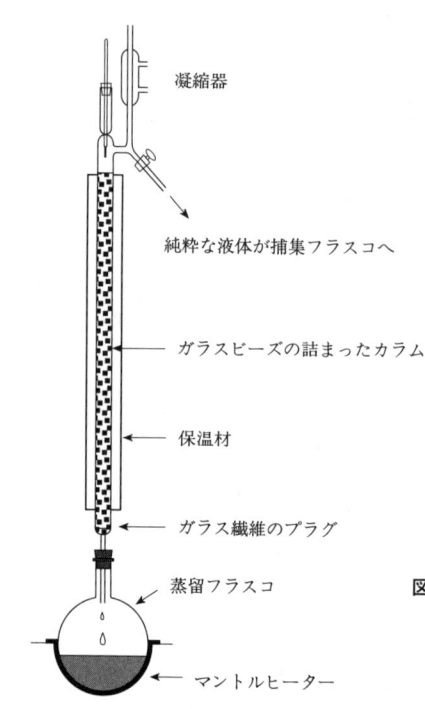

1) Gibbs energy of mixing

によって定義する。ここで G_1^* と G_2^* は純成分のギブズエネルギーである。理想溶液についての式(24·17)を用いると,

$$\Delta_{\mathrm{mix}} G^{\mathrm{id}} = n_1 \mu_1^{\mathrm{sln}} + n_2 \mu_2^{\mathrm{sln}} - n_1 \mu_1^* - n_2 \mu_2^*$$
$$= RT(n_1 \ln x_1 + n_2 \ln x_2) \quad (24 \cdot 21)$$

が得られる. x_1 と x_2 が 1 よりも小さいのでこの量は常に負である. いい換えれば, べつべつの成分から常に自発的に理想溶液が生じる. 理想溶液の**混合エントロピー**[1]は,

$$\Delta_{\mathrm{mix}} S^{\mathrm{id}} = -\left(\frac{\partial \Delta_{\mathrm{mix}} G^{\mathrm{id}}}{\partial T}\right)_{P, n_1, n_2} = -R(n_1 \ln x_1 + n_2 \ln x_2) \quad (24 \cdot 22)$$

で与えられる. 理想溶液についてのこの結果は, 理想気体の混合についての式(20·25)と同じである. この類似性は, どちらの場合にも最終混合物において分子が乱雑に混ざり合っていることによるものである. それにもかかわらず, 理想溶液と理想気体の混合物とは, 相互作用という点でたいへん異なっていることを理解しなければならない. 理想気体の混合物では分子は相互作用しないが, 理想溶液では強く相互作用している. 理想溶液では, 溶液中の相互作用と純粋な液体中の相互作用がほとんど同じなのである.

理想溶液の, 混合における体積変化は,

$$\Delta_{\mathrm{mix}} V^{\mathrm{id}} = \left(\frac{\partial \Delta_{\mathrm{mix}} G^{\mathrm{id}}}{\partial P}\right)_{T, n_1, n_2} = 0 \quad (24 \cdot 23)$$

で与えられ, **混合エンタルピー**[2]は,

$$\Delta_{\mathrm{mix}} H^{\mathrm{id}} = \Delta_{\mathrm{mix}} G^{\mathrm{id}} + T \Delta_{\mathrm{mix}} S^{\mathrm{id}} = 0 \quad (24 \cdot 24)$$

となる(式 24·21 と式 24·22 を見よ). したがって, 純成分から理想溶液ができる際には, 体積変化もなければ発熱したり吸熱したりする熱エネルギーもない. 式(24·23)と式(24·24)は, 分子がほぼ同じ大きさと形をもち(このため $\Delta_{\mathrm{mix}} V^{\mathrm{id}}=0$), 種々の相互作用エネルギーが等しい(このため $\Delta_{\mathrm{mix}} H^{\mathrm{id}}=0$)ということから生じている. 式(24·23)と式(24·24)は実際に理想溶液で実験的に認められている. しかし, 多くの溶液では $\Delta_{\mathrm{mix}} V$ も $\Delta_{\mathrm{mix}} H$ も 0 ではない.

24·5 ほとんどの溶液は理想的でない

理想溶液はありふれたものではない. 図 24·7 と図 24·8 はそれぞれ, 二硫化炭素-ジメトキシメタン[$(CH_3O)_2CH_2$]溶液と, トリクロロメタン-アセトン溶液の蒸気圧

---

[1] entropy of mixing [2] enthalpy of mixing

図である．二硫化炭素とジメトキシメタンの蒸気分圧はラウールの法則から予想されるよりも大きいので，図 24・7 の振舞いを，通常，ラウールの法則から正のずれを示しているという．物理的にみれば，二硫化炭素とジメトキシメタンの間の相互作用が，二硫化炭素分子間やジメトキシメタン分子間の相互作用よりも反発性が強いために正のずれが起きる．一方，図 24・8 のトリクロロメタン-アセトン溶液のような負のずれは，異なる分子間の相互作用が同種分子間の相互作用より強いためである．問題 24・36 では，2 成分溶液の一方の成分が理想的挙動から正のずれを示せば，もう一方の成

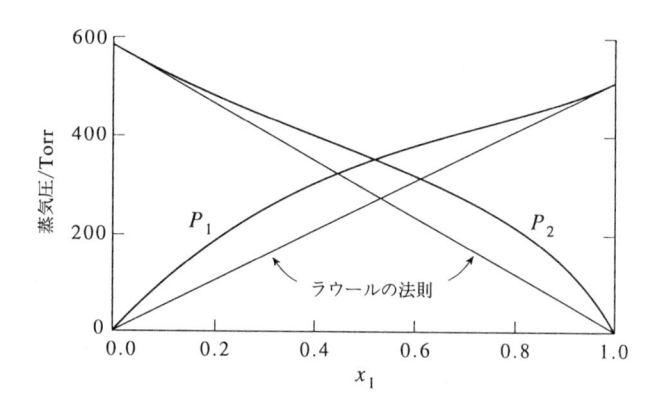

図 24・7 25 °C における二硫化炭素-ジメトキシメタン溶液の蒸気圧図．この系は理想溶液挙動，すなわちラウール則挙動から正のずれを示している．

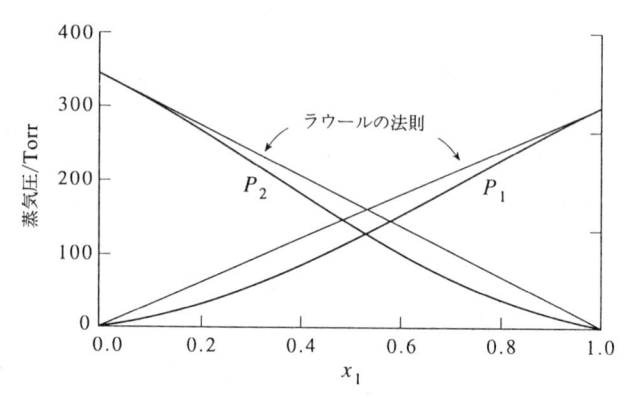

図 24・8 25 °C におけるトリクロロメタン-アセトン溶液の蒸気圧図．この系は理想溶液挙動すなわちラウール則挙動から負のずれを示している．

24. 溶液Ⅰ：液-液溶液

分もそうでなければならないことを示す.

図 24・9 はアルコール-水の溶液におけるメタノール, エタノール, 1-プロパノールの蒸気圧のプロットである. アルコールの炭化水素部分の大きさが大きくなるにつれて, 理想的な挙動からの正のずれが大きくなることがわかる. これは, 炭化水素鎖が大きくなると反発的な水-炭化水素相互作用がどんどん優勢になるからである.

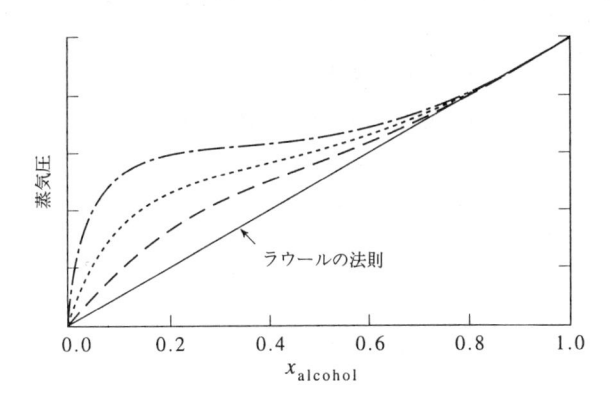

図 24・9 アルコール-水の溶液の蒸気圧図. ---- はメタノール, ---- はエタノール, ---- は 1-プロパノール. アルコールの炭素原子数が増えると理想溶液挙動からのずれが大きくなっている.

図 24・7 や図 24・8 にはいくつかの注目すべき特徴がある. 成分 1 に注目しよう. 成分 1 の蒸気圧は x_1 が 1 に近づくにつれてラウールの法則の値に近づいている. 式で書けば,

$$x_1 \to 1 \quad \text{のとき} \quad P_1 \to x_1 P_1^* \tag{24・25}$$

である. ここでは図 24・7 や図 24・8 から式 (24・25) を結論したが, これは一般に正しい. 物理的には, この挙動は, 成分 2 の分子が非常に少ししか存在しないので, ほとんどの成分 1 の分子は別の成分 1 の分子だけを見ているために, 溶液が理想的に振舞うと解釈もできる. しかし, 図 24・7 や図 24・8 では, $x_1 \to 0$ のとき, 成分 1 についてラウール則のような振舞いは見られない. 図 24・7 や図 24・8 から確認するのは困難だが, $x_1 \to 0$ のとき, 成分 1 の蒸気圧は x_1 に比例しているが, その勾配は式 (24・25) の P_1^* とは異なっている. これを,

$$x_1 \to 0 \quad \text{のとき} \quad P_1 \to k_{\text{H},1} x_1 \tag{24・26}$$

と書いて強調しておこう. 理想溶液という特別な場合には, $k_{\text{H},1} = P_1^*$ であるが, ふ

つうは $k_{H,1} \neq P_1^*$ である. 式(24·26)を**ヘンリーの法則**[1]といい, $k_{H,1}$ を成分1の**ヘンリー係数**[2]という. $x_1 \to 0$ の極限では成分1の分子は完全に成分2の分子に取囲まれているので, $k_{H,1}$ の値は二つの成分間の分子間相互作用を反映している. 一方, $x_1 \to 1$ の極限では成分1の分子は完全に成分1の分子に取囲まれているので, P_1^* は純粋な液体中の分子間相互作用を反映している. ここまでは図24·7や図24·8の成分1に注目してきたが, 成分2についても同じ状況にある. 結局, 式(24·25)と式(24·26)は,

$$\begin{aligned} x_j \to 1 \quad &\text{のとき} \quad P_j \to x_j P_j^* \\ x_j \to 0 \quad &\text{のとき} \quad P_j \to k_{H,j} x_j \end{aligned} \quad (24\cdot 27)$$

と書くことができる. このように, 2種の揮発性液体から成る溶液の蒸気圧図では, 各成分の蒸気圧はその成分のモル分率が1に近づくとラウール則に近づき, 0に近づくとヘンリー則に近づく.

例題 24·6 ある2成分溶液の成分1の蒸気圧(単位: Torr)が,

$$P_1 = 180\, x_1\, e^{x_2^2 + \frac{1}{2} x_2^3} \qquad 0 \leq x_1 \leq 1$$

で与えられている. 純粋な成分1の蒸気圧(P_1^*)とヘンリー係数($k_{H,1}$)を求めよ.

解答: $x_1 \to 1$ の極限では, $x_2 \to 0$ なので, 指数部分 $\to 1$ である. このため,

$$x_1 \to 1 \quad \text{のとき} \quad P_1 \to 180\, x_1$$

で, $P_1^* = 180$ Torr である. 一方, $x_1 \to 0$ の極限では, $x_2 \to 1$ なので指数部分は $e^{3/2}$ に近づく. したがって,

$$x_1 \to 0 \quad \text{のとき} \quad P_1 \to 180\, e^{3/2} x_1 = 807\, x_1$$

で, $k_{H,1} = 807$ Torr である.

さて, $x_2 \to 0$ の極限で成分2がヘンリー則に従うのは, $x_1 \to 1$ の極限で成分1がラウール則に従うことから熱力学的に導かれる帰結であることを示そう. この関係を証明するために, ギブズ-デュエムの式(式24·11),

$$x_1 d\mu_1 + x_2 d\mu_2 = 0 \qquad (T, P \text{ 一定})$$

から出発する. 気相を理想気体として取扱えると仮定すると, 両成分の化学ポテンシャルを,

---

[1] Henry's law [2] Henry's law constant

$$\mu_j(T, P) = \mu_j^\circ(T) + RT \ln P_j$$

と表すことができる．(対数の引き数が実は P_j/P° であることを忘れてはいけない．ここで P° は 1 bar である．) $\mu_j(T, P)$ のこの形から，

$$d\mu_1 = RT \left(\frac{\partial \ln P_1}{\partial x_1}\right)_{T,P} dx_1$$

および

$$d\mu_2 = RT \left(\frac{\partial \ln P_2}{\partial x_2}\right)_{T,P} dx_2$$

と書くことができる．これらをギブズ-デュエムの式に代入すると，

$$x_1 \left(\frac{\partial \ln P_1}{\partial x_1}\right)_{T,P} dx_1 + x_2 \left(\frac{\partial \ln P_2}{\partial x_2}\right)_{T,P} dx_2 = 0 \quad (24\cdot28)$$

が得られる．ところが，$dx_1 = -dx_2$ ($x_1+x_2=1$ より) なので，式(24·28)は，

$$x_1 \left(\frac{\partial \ln P_1}{\partial x_1}\right)_{T,P} = x_2 \left(\frac{\partial \ln P_2}{\partial x_2}\right)_{T,P} \quad (24\cdot29)$$

となる．これは別の形のギブズ-デュエムの式である．$x_1 \to 1$ で成分 1 がラウールの法則に従うとすると，$P_1 \to x_1 P_1^*$，$(\partial \ln P_1/\partial x_1)_{T,P} = 1/x_1$ であるから式(24·29)の左辺は 1 になる．したがって条件，

$$x_1 \to 1 \quad (\text{つまり } x_2 \to 0) \quad \text{のとき} \quad x_2 \left(\frac{\partial \ln P_2}{\partial x_2}\right)_{T,P} = 1$$

が得られる．不定積分を行うと，

$$x_1 \to 1 \quad (\text{つまり } x_2 \to 0) \quad \text{のとき} \quad \ln P_2 = \ln x_2 + \text{定数}$$

すなわち，

$$x_2 \to 0 \quad \text{のとき} \quad P_2 \to k_{H,2} x_2$$

が得られる．このように，もし $x_1 \to 1$ で成分 1 がラウールの法則に従えば，$x_2 \to 0$ で成分 2 がヘンリーの法則に従うことがわかる．問題 24·32 では，その逆を証明する．つまり，もし $x_2 \to 0$ で成分 2 がヘンリーの法則に従えば，$x_1 \to 1$ で成分 1 がラウールの法則に従わなければならない．

24·6 ギブズ-デュエムの式は揮発性 2 成分溶液の二つの成分の蒸気圧の間の関係を決める

つぎの例題で，2 成分溶液の 1 成分の蒸気圧曲線を全組成にわたって知っていれば，

もう一方の成分の蒸気圧を計算できることを示す．

例題 24・7 非理想2成分溶液の1成分(成分1とする)の蒸気圧は経験的に，
$$P_1 = x_1 P_1^* e^{\alpha x_2^2 + \beta x_2^3} \qquad 0 \leq x_1 \leq 1$$
と書けることが多い(図24・10参照)．ここでαとβはデータにあてはめるためのパラメーターである．その場合，必然的に成分2の蒸気圧が，
$$P_2 = x_2 P_2^* e^{\gamma x_1^2 + \delta x_1^3} \qquad 0 \leq x_2 \leq 1$$
で与えられることを示せ．ただし$\gamma = \alpha + 3\beta/2$, $\delta = -\beta$ である．$\alpha = \beta = 0$ のときはP_1もP_2も理想溶液の式になるので，パラメーターαとβは，何らかの意味で溶液の非理想性の程度を反映しなければならないことに注意せよ．また，$x_1 \to 0 (x_2 \to 1)$ では $P_1 \to x_1 P_1^* e^{\alpha + \beta}$ なので，成分1のヘンリー係数は $k_{H,1} = P_1^* e^{\alpha + \beta}$ である．同様にして，$k_{H,2} = P_2^* e^{\alpha + \beta/2}$ である．

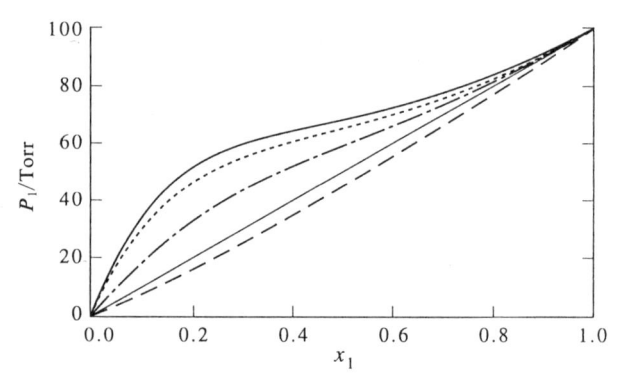

図 24・10 $P_1^* = 100$ Torr でαとβを種々の値にしたときの $P_1 = x_1 P_1^* e^{\alpha x_2^2 + \beta x_2^3}$ のプロット．αとβの値は上から下に 1.0, 0.60; 0.80, 0.60; 0.60, 0.20; 0, 0 (理想溶液); $-0.80, 0.60$ である．

解答: ギブズ-デュエムの式，
$$d\mu_2 = -\frac{x_1}{x_2} d\mu_1$$
と式(24・13)，
$$\begin{aligned}\mu_1 &= \mu_1^\circ + RT \ln P_1 \\ &= \mu_1^\circ + RT \ln P_1^* + RT \ln x_1 \\ &\quad + \alpha RT (1-x_1)^2 + \beta RT (1-x_1)^3\end{aligned}$$

を使う．これを x_1 について微分し，その結果を上のギブズ-デュエムの式に代入すると，

$$d\mu_2 = -\frac{x_1}{x_2}RT\left[\frac{dx_1}{x_1} - 2\alpha(1-x_1)dx_1 - 3\beta(1-x_1)^2 dx_1\right]$$

$$= RT\left[-\frac{dx_1}{x_2} + 2\alpha x_1 dx_1 + 3\beta x_1(1-x_1)dx_1\right]$$

が得られる．ここで変数を x_1 から x_2 に変えて，

$$d\mu_2 = RT\left[\frac{dx_2}{x_2} - 2\alpha(1-x_2)dx_2 - 3\beta x_2(1-x_2)dx_2\right]$$

とし，$x_2=1$ から任意の x_2 まで積分して，$x_2=1$ のときに $\mu_2=\mu_2^*$ であることを使うと，

$$\mu_2 - \mu_2^* = RT\left[\ln x_2 + \alpha(1-x_2)^2 - \frac{3\beta}{2}(x_2^2-1) + \beta(x_2^3-1)\right]$$

$$= RT\left[\ln x_2 + \alpha x_1^2 + \frac{3\beta}{2}x_1^2 - \beta x_1^3\right]$$

が得られる．ここで，$\mu_2=\mu_2^\circ + RT\ln P_2$, $\mu_2^* = \mu_2^\circ + RT\ln P_2^*$ であることを使うと，

$$\ln P_2 = \ln P_2^* + \ln x_2 + \alpha x_1^2 + \frac{3\beta}{2}x_1^2 - \beta x_1^3$$

すなわち，

$$P_2 = x_2 P_2^* e^{(\alpha+3\beta/2)x_1^2 - \beta x_1^3}$$

であることがわかる．この問題は式(24・29)を使って解くこともできる（問題24・33）．

図24・11はベンゼン-エタノール溶液の（1気圧における）沸点をエタノールのモル分率に対してプロットした沸点図である．図24・11によれば，たとえば，エタノールのモル分率0.2の溶液から出発したとすると，蒸発-凝縮を繰返してもモル分率0.4の混合物になって，それ以上分別蒸留しても分離できない．

沸騰させても組成が変化しない，このような混合物を**共沸混合物**[1]という．このようにベンゼン-エタノール溶液を，蒸留によって純粋なベンゼンと純粋なエタノール

---

[1] azeotrope

に分離することはできない．エタノールのモル分率 0.2 から出発すると，純粋なベンゼンとベンゼン-エタノール共沸混合物に分離できる．同様に，エタノールのモル分率 0.8 から出発すれば，純粋なエタノールとベンゼン-エタノール共沸混合物に分離できる．

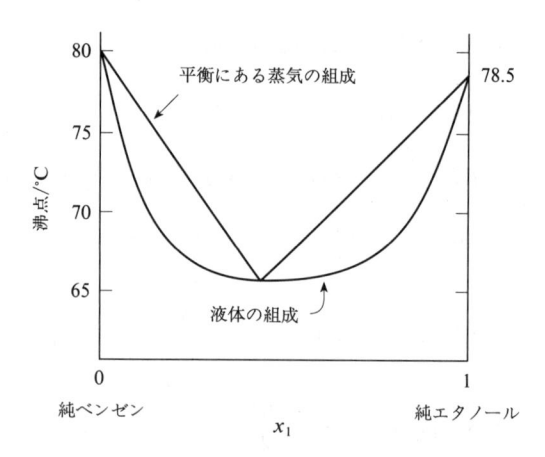

図 24・11 ベンゼン-エタノール溶液の沸点図． x_1 はエタノールのモル分率．エタノールのモル分率が約 0.40 で共沸溶液が生じる．

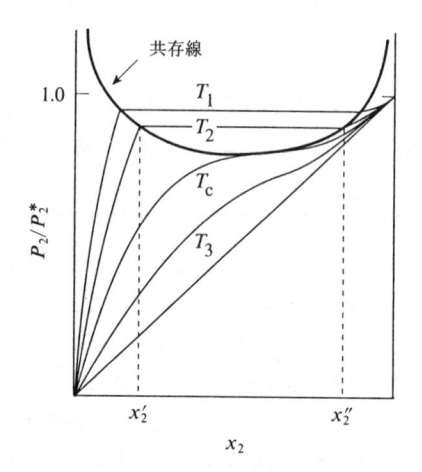

図 24・12 2 成分溶液の温度変化に伴う臨界挙動の説明図（ $T_3 > T_c > T_2 > T_1$ ）．

24. 溶液 I：液-液溶液

非理想溶液についてのこの節の最後の話題として、理想溶液挙動からの正のずれが、温度の低下につれて大きくなる場合を考えよう。この現象はしばしば見られるものである。図 24・12 は一連の温度 $T_3 > T_c > T_2 > T_1$ についての蒸気圧の典型的な挙動を説明するための図である。縦軸には P_2/P_2^* をとったので、各曲線は各温度における純粋な成分2の蒸気圧で"規格化"してある。したがって、$x_2=1$ ではすべての曲線は $P_2/P_2^*=1$ に集まる。T_c より高い温度 T_3 では P_2 対 x_2 曲線の勾配はどこでも正である。T_c は変曲点で、ここでは、$\partial P_2/\partial x_2=0$, $\partial^2 P_2/\partial x_2^2=0$ となる。T_c より低い T_1 や T_2 では曲線は水平な部分をもち、この水平部分は温度が下がるにつれて広くなる。温度 T_c を**臨界温度**[1]あるいは**共溶温度**[2]という。共溶温度は、これから説明するように、その温度以下では2種類の液体がすべての割合においては互いに溶け合わなくなる温度である。

図 24・12 で T_2 の曲線をたどって、純粋な成分 1 ($x_2=0$) から出発して、成分2を加えてみよう。点 x_2' までは加えた成分2は成分1に溶解し、単一の溶液相を形成する。しかし濃度 x_2' よりも上では、二つの分離した、つまり混ざり合わない溶液相が形成され、一方の組成は x_2'、もう一方の組成は x_2'' である。x_2' から x_2'' まで x_2 が増加しても、この2相は成分2のモル分率 (x_2' と x_2'') を一定に保たなくてはならないから2相の相対的割合は、組成 x_2'' の相の体積が増え、x_2' の相の体積が減るように変化する。2相をあわせた全体としての組成は x_2 で与えられる。$x_2 > x_2''$ になると単一の溶液相を得る。

2相の相対量を計算するための梃子の規則を以下のように導くことができる。x_2' と x_2'' の間で、ある全組成 x_2 を考える。組成が x_2' と x_2'' の2相に存在する2成分のモル数をそれぞれ n_1', n_2' と n_1'', n_2'' とする。そうすると、各相の成分2のモル分率は、

$$x_2' = \frac{n_2'}{n_1' + n_2'} \quad \text{および} \quad x_2'' = \frac{n_2''}{n_1'' + n_2''}$$

で、成分2の全体としてのモル分率は、

$$x_2 = \frac{n_2' + n_2''}{n_1' + n_1'' + n_2' + n_2''}$$

である。成分2のモル数の物質バランスを考えると、

$$x_2(n_1' + n_1'' + n_2' + n_2'') = x_2'(n_1' + n_2') + x_2''(n_1'' + n_2'')$$

と書ける。この物質バランスの式を整理すると、

---

[1] critical temperature [2] consolute temperature

$$\frac{n'}{n''} = \frac{n'_1 + n'_2}{n''_1 + n''_2} = \frac{x''_2 - x_2}{x_2 - x'_2} \tag{24.30}$$

となる．式(24・30)は各相にある全モル数の比を表している．$x_2 = x''_2$ ならば，$n' = 0$ で，$x_2 = x'_2$ ならば $n'' = 0$ である．式(24・30)からわかるように，x_2 が x''_2 に近づくにつれて組成 x'_2 の相はなくなっていき，組成が $x_2 = x''_2$ の単一の溶液相だけになる．$x_2 \geq x''_2$ では組成 x_2 の単一の溶液相だけが存在する．このように温度 T_2 では，x_2 が x'_2 と x''_2 の間にあると二つの液相は混ざり合わないが，$x_2 < x'_2$ あるいは $x_2 > x''_2$ では混ざり合う．同様のことが T_c 以下のどの温度でも起き，図 24・12 はこれをまとめて示している．図 24・12 の太い線を**共存線**[1]という．共存線の内側の点は二つの溶液相が存在することを表しているが，共存線の下側の点はある一つの溶液相を表している．問題 24・43 は簡単なモデル系の共存線を求める問題である．

図 24・12 の結果を温度-組成図に示すこともできる(図 24・13 a)．1 相領域と 2 相領域を隔てている曲線が共存線である．それより高温では二つの液体が完全に混ざり合う限界の温度 T_c が共溶温度である．図 24・13(a)の共存線は図 24・12 の共存線が"逆立ち"したように見えるが，図 24・12 では上へいくほど温度が低いのに対して，図 24・13 では下へいくほど温度が低いことに注意しなければならない．図 24・13(b)は水-フェノール系の共存線を示している．

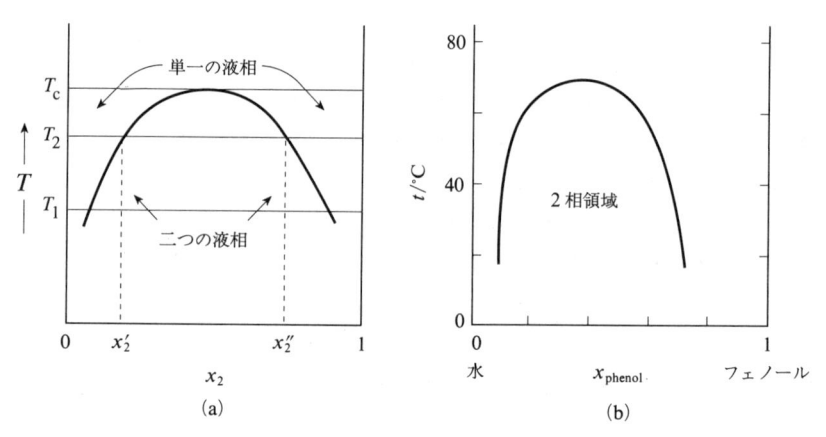

図 24・13 (a) 図 24・12 に示した系の温度-組成図．(b) 水-フェノール系の温度-組成図．

---

1) coexistence curve

24·7 非理想溶液で重要な熱力学量は活量である

　溶液中の成分 j の化学ポテンシャルは式(24·15)で与えられる。ただし、これはいつものように、系の蒸気圧が十分低く、蒸気が理想気体として振舞うと仮定した場合である。(仮定が正しくないときは分圧を部分フガシティーで置き換える。) 理想溶液とは、すべての組成について $P_j = x_j P_j^*$ である溶液なので、式(24·15)は、

$$\mu_j^{\text{sln}} = \mu_j^* + RT \ln x_j \qquad \text{(理想溶液)} \qquad (24·31)$$

となる。

　式(24·15)は非理想溶液でも正しいが、P_j/P_j^* と組成の関係は $P_j = x_j P_j^*$ というだけの簡単なものではない。たとえば、例題24·7で蒸気分圧のデータが、しばしば、

$$P_1 = x_1 P_1^* \exp(\alpha x_2^2 + \beta x_2^3 + \cdots) \qquad (24·32)$$

のような式にあてはまることを知った。ここで指数因子が系の非理想性を表している。この場合の成分1の化学ポテンシャルは、

$$\mu_1 = \mu_1^* + RT \ln x_1 + \alpha RT x_2^2 + \beta RT x_2^3 + \cdots \qquad (24·33)$$

で与えられる。22·8節では、理想気体について導いた熱力学関係式の形を維持するためにフガシティーという概念を導入した。これからは理想溶液を標準的なものとして使い、同様のことをしてみよう。

　式(24·31)の形を非理想溶液にもち込むために、**活量**[1]を、

$$\mu_j^{\text{sln}} = \mu_j^* + RT \ln a_j \qquad (24·34)$$

によって定義する。ここで μ_j^* は純液体の化学ポテンシャル、すなわちモルギブズエネルギーである。式(24·34)は式(24·31)を非理想溶液へ一般化したものである。式(24·27)の第1式によれば、$x_j \to 1$ のとき $P_j \to x_j P_j^*$ である。この結果を式(24·15)に代入すると、

$$\mu_j^{\text{sln}} = \mu_j^* + RT \ln x_j \qquad (x_j \to 1 \text{ のとき})$$

が得られる。これを、すべての濃度で成立する式(24·34)と比較すると、成分 j の活量を、$x_j \to 1$ のとき $a_j \to x_j$ となるように、

$$a_j = \frac{P_j}{P_j^*} \qquad \text{(理想気体)} \qquad (24·35)$$

によって定義することができる。いい換えれば、純液体の活量は(全圧が1 bar で、いま扱っている温度において)1である。理想溶液ではすべての濃度において $P_j = x_j P_j^*$ なので、理想溶液中の成分 j の活量は $a_j = x_j$ で与えられる。非理想溶液でも a_j はや

---

1) activity

はり P_j/P_j^* に等しいが，この比はもはや x_j に等しくはない．ただし $x_j \to 1$ となるにつれて $a_j \to x_j$ となる．

式(24·32)と式(24·35)によれば成分1の活量は経験的に，

$$a_1 = x_1 e^{\alpha x_2^2 + \beta x_2^3 + \cdots}$$

と表すことができる．$x_1 \to 1$ ($x_2 \to 0$) のとき $a_1 \to 1$ である．a_j/x_j をその溶液の理想性からのずれの尺度として用いることができる．この比を成分 j の**活量係数**[1]といい，γ_j で表す．すなわち，

$$\gamma_j = \frac{a_j}{x_j} \tag{24·36}$$

である．すべての成分について $\gamma_j = 1$ ならば，その溶液は理想溶液であり，$\gamma_j \neq 1$ ならば，その溶液は理想溶液ではない．たとえば，クロロベンゼン-1-ニトロプロパン溶液と平衡にあるクロロベンゼンの蒸気分圧は，75°Cにおいて，

x_1	0.119	0.289	0.460	0.691	1.00
P_1/Torr	19.0	41.9	62.4	86.4	119

である．このデータによれば，75°Cにおける純粋なクロロベンゼンの蒸気圧は119 Torrであるから，活量と活量係数は，

x_1	0.119	0.289	0.460	0.691	1.00
$a_1 (= P_1/P_1^*)$	0.160	0.352	0.524	0.726	1.00
$\gamma_1 (= a_1/x_1)$	1.34	1.22	1.14	1.05	1.00

となる．図24·14は75°Cにおける1-ニトロプロパンに溶けたクロロベンゼンの活

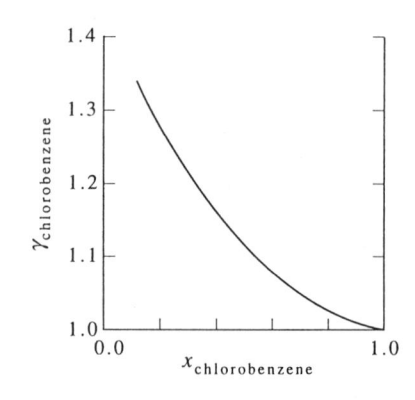

図24·14 1-ニトロプロパン中のクロロベンゼンの75°Cにおける活量係数をクロロベンゼンのモル分率に対してプロットしたもの．

---

[1] activity coefficient

量係数をクロロベンゼンのモル分率に対してプロットした図である.

活量と化学ポテンシャルは $\mu_j = \mu_j^* + RT \ln a_j$ によって直接結ばれているので, 活量というのは化学ポテンシャルを表す別の方法ともいえる. このため, 2成分溶液の一方の成分の化学ポテンシャルと, 他方の成分の化学ポテンシャルとの間にギブズ-デュエムの式の関係があったのとまったく同様に, 活量も互いに,

$$x_1 \, d \ln a_1 + x_2 \, d \ln a_2 = 0 \qquad (24\cdot37)$$

の関係にある. たとえば, 全組成領域で成分1がラウールの法則に従って $a_1 = x_1$ であれば,

$$d \ln a_2 = -\frac{x_1}{x_2} \frac{dx_1}{x_1} = -\frac{dx_1}{x_2} = \frac{dx_2}{x_2}$$

となる. $x_2 = 1$ から任意の x_2 まで積分し, $x_2 \to 1$ のとき $a_2 \to 1$ であることを使うと,

$$\ln a_2 = \ln x_2$$

すなわち, $a_2 = x_2$ が得られる. このように, ここでも, 全組成範囲で一方の成分がラウールの法則に従えば, 他方の成分もそうなることがわかる.

例題 24·8 もし $a_1 = x_1 e^{\alpha x_2^2}$ であれば, $a_2 = x_2 e^{\alpha x_1^2}$ であることを示せ.

解答: $\ln a_1$ を x_1 について微分して,

$$d \ln a_1 = \frac{dx_1}{x_1} - 2\alpha(1 - x_1) dx_1$$

とし, 式(24·37)に代入すると,

$$d \ln a_2 = -\frac{x_1}{x_2} \left(\frac{dx_1}{x_1} - 2\alpha x_2 dx_1 \right)$$

$$= -\frac{dx_1}{x_2} + 2\alpha x_1 dx_1$$

が得られる. ここで積分変数を x_1 から x_2 に変えると,

$$d \ln a_2 = \frac{dx_2}{x_2} - 2\alpha(1 - x_2) dx_2$$

であり, $x_2 = 1$ (このとき $a_2 = 1$ である)から任意の x_2 まで積分すると,

$$\ln a_2 = \ln x_2 + \alpha(1 - x_2)^2$$

すなわち,

$$a_2 = x_2 e^{\alpha x_1^2}$$

を得る.

24・8 活量は標準状態に対して相対的に計算しなければならない

ある意味において 2 成分溶液には 2 種ある. 2 成分が任意の割合で混ざり合うものと混ざり合わないものである. 後者の場合に限ってどれが"溶媒"で, どれが"溶質"かがはっきりしている. この節で学ぶように, これら 2 種類の溶液の性格が違うことから, 異なる標準状態を定義することになる.

はっきりとは述べなかったが, これまでに考えてきた溶液の両成分は, その溶液の温度において純液体として存在できると暗黙のうちに仮定してきた. 各成分の活量を $x_j \to 1$ のとき $a_j \to x_j$ で, かつ $P_j = P_j^*$ で $a_j = 1$ となるように,

$$a_j = \frac{P_j}{P_j^*} \quad \text{(理想気体)} \tag{24・38}$$

と定義してきた. 式(24・38)で定義される活量は溶媒標準の活量, あるいはラウール則標準状態に基づく活量であるという. $\mu_j = \mu_j^* + RT \ln a_j$ (式 24・34)の関係があるので, 成分 j の化学ポテンシャルも溶媒標準のもの, すなわちラウール則標準状態に基づく量である. 標準状態として何を用いたかがはっきりしなければ, 活量や化学ポテンシャルは意味をもたないことを理解しなければならない. 二つの液体が任意の割合で混ざり合えるならば, 溶媒と溶質の区別はなく, 溶媒標準の量がふつう使われる. 他方, もし 1 成分が他方に少ししか溶けなければ, ラウールの法則よりもヘンリーの法則に基づいた標準状態を用いる方が好都合である. この場合にどのように活量を定義するかを説明するために, 式(24・15)から出発する. 成分 j は少ししか溶けないので, 式(24・27)の第 2 式を使う. それによれば $x_j \to 0$ のとき $P_j \to k_{H,j} x_j$, ただし $k_{H,j}$ は成分 j のヘンリー係数である. $k_{H,j} x_j$ の極限値を式(24・15)の P_j に代入すると,

$$\begin{aligned}\mu_j^{\text{sln}} &= \mu_j^* + RT \ln \frac{k_{H,j} x_j}{P_j^*} \quad &(x_j \to 0) \\ &= \mu_j^* + RT \ln \frac{k_{H,j}}{P_j^*} + RT \ln x_j \quad &(x_j \to 0)\end{aligned} \tag{24・39}$$

が得られる. ここで成分 j の活量を,

$$\mu_j^{\text{sln}} = \mu_j^* + RT \ln \frac{k_{H,j}}{P_j^*} + RT \ln a_j \tag{24・40}$$

によって定義する. こうすると, 式(24·39)と式(24·40)を比較すればわかるとおり, $x_j \to 0$ のとき $a_j \to x_j$ である. a_j を,

$$a_j = \frac{P_j}{k_{H,j}} \quad (\text{理想気体}) \qquad (24 \cdot 41)$$

によって定義し, 標準状態を,

$$\mu_j^* = \mu_j^* + RT \ln \frac{k_{H,j}}{P_j^*}$$

すなわち, $k_{H,j} = P_j^*$ となるように選べば, 式(24·40)は式(24·34)と同等になる. この場合の標準状態は $k_{H,j} = P_j^*$ であることを要求するが, この標準状態は実際には存在しないかもしれないので, 仮想的標準状態という. それでも, 式(24·41)で与えられるヘンリーの法則による活量の定義は自然かつ有用である.

活量と活量係数の数値は標準状態の選び方によって異なる. 表24·1は二硫化炭素-ジメトキシメタン溶液の35.2 °Cにおける蒸気圧のデータで, これらをプロットした

表 24·1 35.2 °Cにおける二硫化炭素-ジメトキシメタン溶液の蒸気圧データ

x_{CS_2}	P_{CS_2}/Torr	P_{dimeth}/Torr
0.0000	0.000	587.7
0.0489	54.5	558.3
0.1030	109.3	529.1
0.1640	159.5	500.4
0.2710	234.8	451.2
0.3470	277.6	412.7
0.4536	324.8	378.0
0.4946	340.2	360.8
0.5393	357.2	342.2
0.6071	381.9	313.3
0.6827	407.0	277.8
0.7377	424.3	250.1
0.7950	442.3	217.4
0.8445	458.1	184.9
0.9108	481.8	124.2
0.9554	501.0	65.1
1.0000	514.5	0.000

のが図 24·15 である. モル分率が 1 に近づくとどちらの曲線もラウールの法則に近づいていることがわかる. また, 破線はモル分率が 0 に近いところの直線的な領域であ

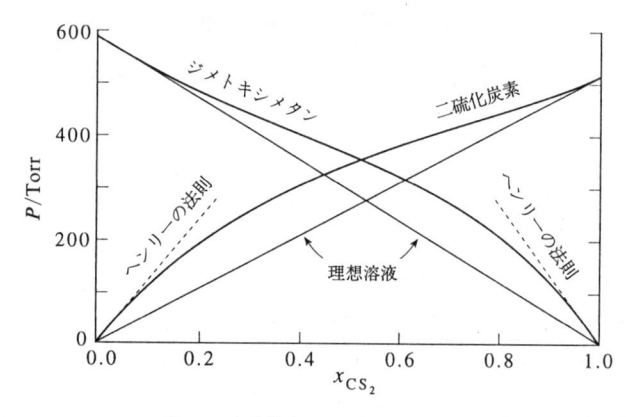

図 24·15 35.2 °C における二硫化炭素-ジメトキシメタン溶液上の二硫化炭素とジメトキシメタンの蒸気圧. 直線は理想溶液挙動, 破線は各成分のモル分率が 0 に近づいたときのヘンリー則挙動.

る. この直線の勾配の値から, それぞれの成分のヘンリー係数 $k_{\mathrm{H,CS_2}} = 1130\ \mathrm{Torr}$ および $k_{\mathrm{H,dimeth}} = 1500\ \mathrm{Torr}$ が得られる. これらの値と純成分の蒸気圧の値を用いれば, それぞれの標準状態に基づいた活量と活量係数を計算することができる. たとえば, 表 24·1 によれば $x_{\mathrm{CS_2}} = 0.6827$ において $P_{\mathrm{CS_2}} = 407.0\ \mathrm{Torr}$, $P_{\mathrm{dimeth}} = 277.8\ \mathrm{Torr}$ である. したがって,

$$a_{\mathrm{CS_2}}^{(\mathrm{R})} = \frac{P_{\mathrm{CS_2}}}{P_{\mathrm{CS_2}}^*} = \frac{407.0\ \mathrm{Torr}}{514.5\ \mathrm{Torr}} = 0.7911$$

および

$$a_{\mathrm{dimeth}}^{(\mathrm{R})} = \frac{P_{\mathrm{dimeth}}}{P_{\mathrm{dimeth}}^*} = \frac{277.8\ \mathrm{Torr}}{587.7\ \mathrm{Torr}} = 0.4727$$

となる. したがって,

$$\gamma_{\mathrm{CS_2}}^{(\mathrm{R})} = \frac{a_{\mathrm{CS_2}}^{(\mathrm{R})}}{x_{\mathrm{CS_2}}} = \frac{0.7911}{0.6827} = 1.159$$

および

$$\gamma_{\mathrm{dimeth}}^{(\mathrm{R})} = \frac{a_{\mathrm{dimeth}}^{(\mathrm{R})}}{x_{\mathrm{dimeth}}} = \frac{0.4727}{0.3173} = 1.490$$

である.ここで上付き添字(R)はラウール則標準状態すなわち溶媒標準の状態を採用していることを示している.

同様に,

$$a_{CS_2}^{(H)} = \frac{P_{CS_2}}{k_{H,CS_2}} = \frac{407.0 \text{ Torr}}{1130 \text{ Torr}} = 0.360$$

$$a_{dimeth}^{(H)} = \frac{P_{dimeth}}{k_{H,dimeth}} = \frac{277.8 \text{ Torr}}{1500 \text{ Torr}} = 0.185$$

$$\gamma_{CS_2}^{(H)} = \frac{a_{CS_2}^{(H)}}{x_{CS_2}} = \frac{0.360}{0.6827} = 0.527$$

$$\gamma_{dimeth}^{(H)} = \frac{a_{dimeth}^{(H)}}{x_{dimeth}} = \frac{0.185}{0.3173} = 0.583$$

である.ここで上付き添字(H)はヘンリー則標準状態すなわち溶質標準の状態を採用していることを示している.図24・16(a)はラウール則すなわち溶媒に基づく活量を,図24・16(b)はヘンリー則すなわち溶質に基づく活量を,二硫化炭素のモル分率に対してプロットしたものである.1 barにおいて,取扱っている溶液の温度で,液体として存在しない物質には,溶質すなわちヘンリー則標準状態が特に適していることを次章で学ぶことになる.

ラウール則標準状態(混ざり合う液体に対する普通の標準状態)に基づく活量係数が図24・17にプロットされている.$x_{CS_2} \to 1$ のときは $\gamma_{CS_2} \to 1$ で,$x_{CS_2} \to 0$ のときには

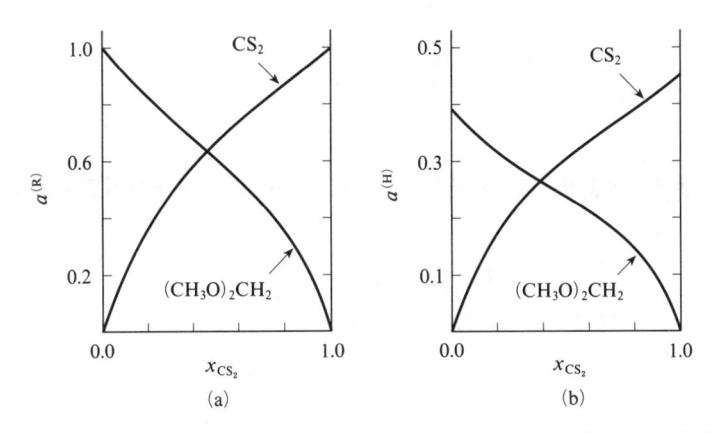

図24・16 (a) 35.2 °Cにおける二硫化炭素-ジメトキシメタン溶液中の二硫化炭素とジメトキシメタンのラウール則活量を,二硫化炭素のモル分率に対してプロットしたもの.(b) 同じ系のヘンリー則活量.

2.2 に近づいていることが認められる。これら二つの極限値は γ_j の定義（式 24·36），

$$\gamma_j = \frac{a_j}{x_j} = \frac{P_j}{x_j P_j^*}$$

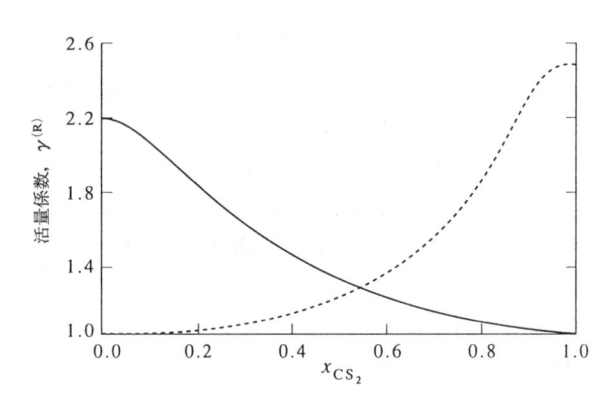

から求めることもできる。$x_j \to 1$ のとき $P_j \to P_j^*$ なので，$x_j \to 1$ のとき $\gamma_j \to 1$ である。しかし，もう一方の極限では，$x_j \to 0$ のとき $P_j \to k_{H,j} x_j$ なので，$x_j \to 0$ のとき $\gamma_j \to k_{H,j}/P_j^*$ であることがわかる。$CS_2(l)$ の k_H の値は 1130 Torr であるから，$\gamma_{CS_2} \to k_{H,CS_2}/P_{CS_2}^* = (1130\ \text{Torr}/514.5\ \text{Torr}) = 2.2$ になり，図 24·17 と一致する。ジメトキシメタンの活量係数は，$x_{\text{dimeth}} \to 0$ ($x_{CS_2} \to 1$) のとき 2.5 に近づくが，これは $\gamma_{\text{dimeth}} \to k_{H,\text{dimeth}}/P_{\text{dimeth}}^* = (1500\ \text{Torr}/587.7\ \text{Torr}) = 2.5$ と一致している。

図 24·17 35.2 °C における二硫化炭素-ジメトキシメタン溶液中の二硫化炭素（実線）とジメトキシメタン（破線）のラウール則活量係数を x_{CS_2} に対してプロットしたもの．

24·9 活量係数を用いて 2 成分溶液の混合ギブズエネルギーを計算できる

式(24·34)と式(24·36)によれば，

$$\mu_j^{\text{sln}} = \mu_j^* + RT \ln a_j = \mu_j^* + RT \ln x_j + RT \ln \gamma_j \qquad (24\cdot42)$$

なので，これを式(24·21)に代入すると，

$$\Delta_{\text{mix}} G/RT = n_1 \ln x_1 + n_2 \ln x_2 + n_1 \ln \gamma_1 + n_2 \ln \gamma_2 \qquad (24\cdot43)$$

となる．式(24·43)を全モル数 $n_1 + n_2$ で割ると，**モル混合ギブズエネルギー**[1]，$\Delta_{\text{mix}} \overline{G}$ が，

---

[1] molar Gibbs energy of mixing

$$\Delta_{\mathrm{mix}}\overline{G}/RT = x_1 \ln x_1 + x_2 \ln x_2 + x_1 \ln \gamma_1 + x_2 \ln \gamma_2 \quad (24\cdot44)$$

と求められる．このうちのはじめの 2 項は理想溶液の混合ギブズエネルギーを表している．

例題 24・9 蒸気圧が，
$$P_1 = x_1 P_1^* \mathrm{e}^{\alpha x_2^2} \quad \text{および} \quad P_2 = x_2 P_2^* \mathrm{e}^{\alpha x_1^2}$$
で表される 2 成分溶液の $\Delta_{\mathrm{mix}}\overline{G}$ の式を式(24・44)から求めよ．

解答： 与えられた P_1 と P_2 の式から，
$$\gamma_1 = \frac{P_1}{x_1 P_1^*} = \mathrm{e}^{\alpha x_2^2} \quad \text{および} \quad \gamma_2 = \frac{P_2}{x_2 P_2^*} = \mathrm{e}^{\alpha x_1^2}$$
である．これらを式(24・44)に代入すると，
$$\Delta_{\mathrm{mix}}\overline{G}/RT = x_1 \ln x_1 + x_2 \ln x_2 + \alpha x_1 x_2^2 + \alpha x_2 x_1^2$$
が得られる．しかし，
$$x_1 x_2^2 + x_2 x_1^2 = x_1 x_2 (x_1 + x_2) = x_1 x_2$$
なので，
$$\Delta_{\mathrm{mix}}\overline{G}/RT = x_1 \ln x_1 + x_2 \ln x_2 + \alpha x_1 x_2 \quad (24\cdot45)$$
である．

---

2 成分溶液の分子論的理論によれば，単位のないパラメーター α はエネルギーを RT で割った形をもつ．そこで，α を w/RT と書くことにしよう．ここで w は定数であるが，その値は必要でない．このようにすると式(24・45)は，

$$\frac{\Delta_{\mathrm{mix}}\overline{G}}{w} = \frac{RT}{w}(x_1 \ln x_1 + x_2 \ln x_2) + x_1 x_2 \quad (24\cdot46)$$

と書くことができる．図 24・18 は $\Delta_{\mathrm{mix}}\overline{G}/w$ を，3 種の RT/w の値についてプロットしたものである．どの曲線の勾配も中点 $x_1=x_2=1/2$ では 0 であることがわかる．RT/w が 0.50 より大きい曲線はすべての x_1 について下に凸なのに，0.50 より小さい曲線は $x_1=1/2$ において上に凸であるという意味で，$RT/w=0.50$ の曲線は特別である．数学的には，$RT/w=0.50$ の曲線よりも下にある曲線では，$x_1=x_2=1/2$ において $\partial^2(\Delta_{\mathrm{mix}}\overline{G}/w)/\partial x_1^2$ が正であり（極小），$RT/w=0.50$ の曲線よりも上にある曲線では $\partial^2(\Delta_{\mathrm{mix}}\overline{G}/w)/\partial x_1^2$ が負である（極大）．$\partial^2(\Delta_{\mathrm{mix}}\overline{G}/w)/\partial x_1^2$ が負の領域は，ファ

ン・デル・ワールスの式で $T<T_c$ のときのループと似ていて(図 16·7),今の場合は二つの液体が混ざり合わない領域に対応している.臨界値 $RT/w=0.50$ は溶解臨界温度 T_c に対応しており, $T_c=0.50w/R$ よりも高温では 2 液体は任意の割合で混ざり合い, $T_c=0.50w/R$ よりも低温では混ざり合わない.

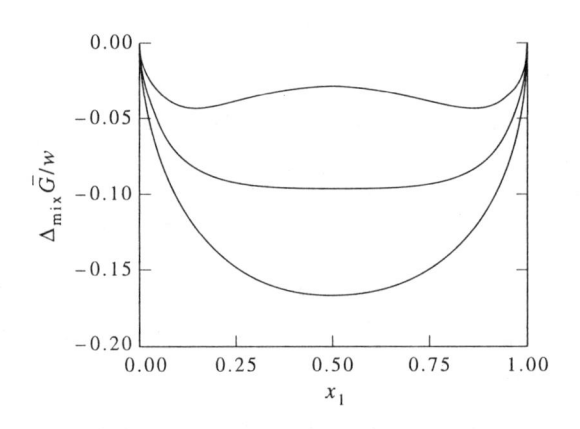

図 24·18 $RT/w=0.60$ (下), $RT/w=0.50$ (中)および $RT/w=0.40$ (上)のときの $\Delta_{\mathrm{mix}}\bar{G}/w$ のプロット.

図 24·18 の $RT/w=0.40$ の曲線について考えよう.この二つの極小は互いに平衡にある混ざり合わない二つの溶液を表している.この二つの溶液の組成はそれぞれの極小における x_1 の値で与えられる.式(24·45)を使うと $\Delta_{\mathrm{mix}}\bar{G}/w$ の極値の条件として,

$$\frac{\partial(\Delta_{\mathrm{mix}}\bar{G}/w)}{\partial x_1} = \frac{RT}{w}[\ln x_1 - \ln(1-x_1)] + (1-2x_1) = 0 \quad (24·47)$$

が得られる.はじめに,$x_1=1/2$ は任意の RT/w の値について方程式(24·47)の解になっていることに注意しよう.このことが図 24·18 のどの曲線でも $x_1=1/2$ において極大か極小を示している理由である.いろいろな RT/w の値について $(RT/w)[\ln x_1 - \ln(1-x_1)] + (1-2x_1)$ を x_1 に対してプロットすると,$RT/w \geq 0.50$ では,$x_1=1/2$ だけが方程式(24·47)を満足するが,$RT/w<0.50$ では別に二つの解が存在することがわかる.この二つの解が,互いに平衡にある混ざり合わない二つの溶液の組成を与える.$RT/w=0.40$ の場合には,x_1 の二つの値は 0.145 と 0.855 である.図 24·19 は,混ざり合わない二つの溶液の成分 1 のモル分率を温度 (RT/w) の関数としてプロットしたものである.図 24·19 が図 24·13 に似ていることに注目しよう.

24. 溶液 I: 液-液溶液

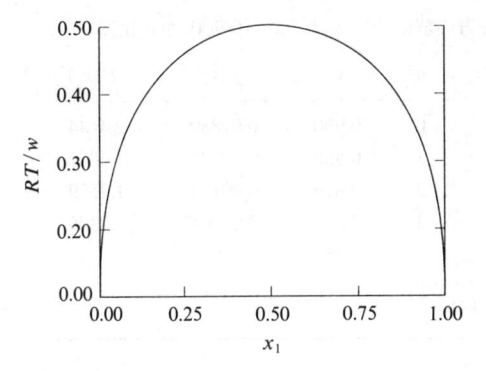

図 24·19 $\Delta_{\text{mix}}\overline{G}/w = (RT/w)(x_1 \ln x_1 + x_2 \ln x_2) + x_1 x_2$(式 24·46) が成り立つ 2 成分系の温度-組成図. 曲線は混ざり合わない二つの溶液の組成を温度の関数として与えている. 曲線よりも上の領域には均一な相が一つだけ存在し, 曲線よりも下の領域では, 互いに平衡であるが混ざり合わない二つの溶液が存在する.

例題 24·10 $RT/w = 0.40$ で与えられる温度において, 互いに平衡にある混ざり合わない二つの溶液の組成を式(24·47)を用いて計算せよ.

解答: 数学章 G のニュートン-ラフソン法を用いる. 式(G·1)の $f(x)$ はこの場合,

$$f(x) = \frac{RT}{w}[\ln x - \ln(1-x)] + 1 - 2x$$

である. すると式(G·1)は,

$$x_{n+1} = x_n - \frac{\dfrac{RT}{w}[\ln x_n - \ln(1-x_n)] + 1 - 2x_n}{\dfrac{RT}{w}\left[\dfrac{1}{x_n(1-x_n)}\right] - 2}$$

で, $RT/w = 0.40$ ととる. 一つの解を得るために, $x_0 = 0.100$ から出発すると,

n	x_n	$f(x_n)$	$f'(x_n)$
0	0.100	−0.07889	2.4444
1	0.132	−0.01695	1.4851
2	0.144	−0.001370	1.2509
3	0.145	−0.000017	1.2305
4	0.145		

となる．もう一方の解については，$x_0 = 0.900$ から出発して，

n	x_n	$f(x_n)$	$f'(x_n)$
0	0.900	0.07889	2.4444
1	0.868	0.01695	1.4851
2	0.856	0.00137	1.2509
3	0.855	0.000017	1.2305
4	0.855		

となり，これらは図 24・19 と一致する．

多くの溶液を式(24・45)で表すことができる．このような溶液を**正則溶液**[1] という．問題 24・37 から問題 24・45 までで正則溶液が登場する．

非理想性に注目して，**過剰混合ギブズエネルギー**[2] G^E を，

$$G^E = \Delta_{\text{mix}} G - \Delta_{\text{mix}} G^{\text{id}} \tag{24・48}$$

によって定義する．式(24・43)から，

$$G^E/RT = n_1 \ln \gamma_1 + n_2 \ln \gamma_2$$

であることがわかる．これを全モル数 $n_1 + n_2$ で割るとモル過剰混合ギブズエネルギー $\bar{G}^E$ が，

$$\bar{G}^E/RT = x_1 \ln \gamma_1 + x_2 \ln \gamma_2 \tag{24・49}$$

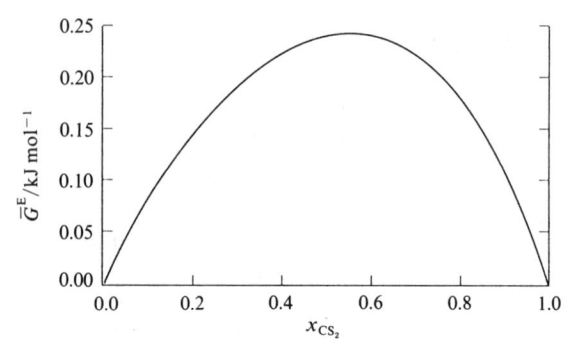

図 24・20 35.2 °C における二硫化炭素-ジメトキシメタン溶液のモル過剰混合ギブズエネルギーを二硫化炭素のモル分率に対してプロットしたもの．

---

1) regular solution 2) excess Gibbs energy of mixing

のように得られる．式(24・45)で与えられる $\Delta_{\text{mix}}\bar{G}$ に対しては，

$$\bar{G}^{\text{E}}/RT = \alpha x_1 x_2 \qquad (24 \cdot 50)$$

である．式(24・50)によれば，$\bar{G}^{\text{E}}$ を x_1 に対してプロットすると，$x_1 = 1/2$ のところの垂線について対称な放物線になる．

図24・17をプロットするために計算した γ_{CS_2} と γ_{dimeth} を用いて，35.2 °C における二硫化炭素-ジメトキシメタン溶液について $\bar{G}^{\text{E}}$ の値を計算することができる．その結果が図24・20である．$\bar{G}^{\text{E}}$ の x_{CS_2} に対するプロットが，$x_{\text{CS}_2} = 1/2$ に関して対称でないことに注意しよう．これが非対称であることから，蒸気圧の実験式(式24・32)で $\beta \neq 0$ であると考えられる．

次章でも溶液についての検討を続けるが，そこでは2成分がすべての組成では溶解しない溶液を主として扱う．特に液体に固体が溶けた溶液について説明する．その場合には**溶質**[1] と**溶媒**[2] という言葉がはっきりした意味をもつ．

問　題

24・1 本文で式(24・5)から式(24・6)を導出したとき，T と P を一定にしたまま系の大きさを変化させる物理的な議論を使った．実は，その際，**オイラーの定理**[3] という数学の定理を使うこともできた．オイラーの定理について説明する前に，**同次関数**[4] を定義しなければならない．

$$f(\lambda z_1, \lambda z_2, \cdots, \lambda z_N) = \lambda f(z_1, z_2, \cdots, z_N)$$

であるとき，関数 $f(z_1, z_2, \cdots, z_N)$ は同次であるという．示量性熱力学量がその示量性変数の同次関数であることを説明せよ．

24・2 オイラーの定理は，$f(z_1, z_2, \cdots, z_N)$ が同次なら，

$$f(z_1, z_2, \cdots, z_N) = z_1 \frac{\partial f}{\partial z_1} + z_2 \frac{\partial f}{\partial z_2} + \cdots + z_N \frac{\partial f}{\partial z_N}$$

である，というものである．問題24・1の式を λ について微分したあと，$\lambda = 1$ とおいてオイラーの定理を証明せよ．

オイラーの定理を $G = G(n_1, n_2, T, P)$ に適用し，式(24・6)を導け．〔ヒント：T と P は示強性変数なので，この場合，無関係な変数である．〕

24・3 オイラーの定理(問題24・2)を用い，任意の示量性量 Y について，

$$Y(n_1, n_2, \cdots, T, P) = \sum n_j \bar{Y}_j$$

を証明せよ．

---

1) solute　　2) solvent　　3) Euler's theorem　　4) homogeneous function

24·4 オイラーの定理を $U = U(S, V, n)$ に適用せよ。その結果は既知のものか。

24·5 オイラーの定理を $A = A(T, V, n)$ に適用せよ。その結果は既知のものか。

24·6 オイラーの定理を $V = V(T, P, n_1, n_2)$ に適用して式(24·7)を導け。

24·7 多くの溶液で、その性質は成分の質量パーセントの関数として与えられている。成分2の質量パーセントを A_2 と表すことにして、A_2 とモル分率 x_1, x_2 との関係を導け。

24·8 "CRC Handbook of Chemistry and Physics" には多くの水溶液の密度が溶質の質量パーセントの関数として与えられている。つまり、密度を ρ、成分2の質量パーセントを A_2 とすると、$\rho = \rho(A_2)$ (単位: g mL^{-1}) が与えられている。成分1を n_1 mol、成分2を n_2 mol 含む溶液の体積が $V = (n_1 M_1 + n_2 M_2)/\rho(A_2)$ となることを示せ。ここで M_j は成分 j のモル質量である。つぎに、

$$\bar{V}_1 = \frac{M_1}{\rho(A_2)} \left[1 + \frac{A_2}{\rho(A_2)} \frac{d\rho(A_2)}{dA_2} \right]$$

および

$$\bar{V}_2 = \frac{M_2}{\rho(A_2)} \left[1 + \frac{(A_2 - 100)}{\rho(A_2)} \frac{d\rho(A_2)}{dA_2} \right]$$

であることを示せ。これらから、

$$V = n_1 \bar{V}_1 + n_2 \bar{V}_2$$

であることを示せ。これは式(24·7)と同じである。

24·9 20°C における1-プロパノール-水の溶液の密度(単位: g mL^{-1})は、1-プロパノールの質量パーセント A_2 の関数として、

$$\rho(A_2) = \sum_{j=0}^{7} \alpha_j A_2^j$$

と表すことができる。ただし、

$\alpha_0 = 0.99823$ $\alpha_4 = 1.5312 \times 10^{-7}$
$\alpha_1 = -0.0020577$ $\alpha_5 = -2.0365 \times 10^{-9}$
$\alpha_2 = 1.0021 \times 10^{-4}$ $\alpha_6 = 1.3741 \times 10^{-11}$
$\alpha_3 = -5.9518 \times 10^{-6}$ $\alpha_7 = -3.7278 \times 10^{-14}$

である。これを用いて $\bar{V}_{H_2O}$ と $\bar{V}_{1\text{-propanol}}$ を A_2 に対してプロットし、その結果を図24·1の値と比較せよ。

24·10 成分2のモル分率 x_2 の関数として2成分溶液の密度 $[\rho = \rho(x_2)]$ が与えられたとする。成分1を n_1 mol、成分2を n_2 mol 含む溶液の体積が $V = (n_1 M_1 + n_2 M_2)/\rho(x_2)$ で与えられることを示せ。M_j は成分 j のモル質量である。つぎに、

$$\bar{V}_1 = \frac{M_1}{\rho(x_2)}\left[1 + \left(\frac{x_2(M_2 - M_1) + M_1}{M_1}\right)\frac{x_2}{\rho(x_2)}\frac{\mathrm{d}\rho(x_2)}{\mathrm{d}x_2}\right]$$

および

$$\bar{V}_2 = \frac{M_2}{\rho(x_2)}\left[1 - \left(\frac{x_2(M_2 - M_1) + M_1}{M_2}\right)\frac{1-x_2}{\rho(x_2)}\frac{\mathrm{d}\rho(x_2)}{\mathrm{d}x_2}\right]$$

となることを示せ．これらから，

$$V = n_1\bar{V}_1 + n_2\bar{V}_2$$

であることを示せ．これは式(24・7)と同じである．

24・11 20 °C における 1-プロパノール-水の溶液の密度(単位：$\mathrm{g\,mL^{-1}}$)は，1-プロパノールのモル分率 x_2 の関数として，

$$\rho(x_2) = \sum_{j=0}^{4} \alpha_j x_2^j$$

と表すことができる．ここで，

$\alpha_0 = 0.99823$ $\quad \alpha_3 = -0.17163$
$\alpha_1 = -0.48503$ $\quad \alpha_4 = -0.01387$
$\alpha_2 = 0.47518$

である．この式と問題 24・10 の式を用いて，x_2 の関数として $\bar{V}_{\mathrm{H_2O}}$ と $\bar{V}_{\text{1-propanol}}$ の値を計算せよ．

24・12 "CRC Handbook of Chemistry and Physics" に収録されている水-グリセリン溶液の密度を，グリセリンのモル分率についての5次の多項式にあてはめ，モル分率の関数として水とグリセリンの部分モル体積を求めよ．その結果をプロットせよ．

24・13 例題 24・2 の直前で，2成分溶液の一方の成分が全組成範囲でラウールの法則に従うならば，もう一方もそうなることを示した．ここでは，$x_{2,\min} \leq x_2 \leq 1$ の場合 $\mu_2 = \mu_2' + RT\ln x_2$ ならば，$0 \leq x_1 \leq 1 - x_{2,\min}$ の領域で $\mu_1 = \mu_1' + RT\ln x_1$ であることを示せ．μ_2 が上の簡単な式で表される領域では，μ_1 も同様に簡単な式となっていることに注意せよ．$x_{2,\min}=0$ とすると $\mu_1 = \mu_1^* + RT\ln x_1 \ (0 \leq x_1 \leq 1)$ となる．

24・14 x_2 を0から1まで変化させて例題 24・3 の計算を続けて行い，x_2 の関数として y_2 を求めよ．その結果をプロットせよ．

24・15 問題 24・14 の結果を用いて，図 24・4 の圧力-組成図を作れ．

24・16 問題 24・14 で得られた $x_2=0.38$, $y_2=0.57$ という組で，全体としての組成が0.50の場合の液相と気相の相対量を計算せよ．

24・17 この問題では，図 24・4 の圧力-組成曲線の解析的表現を導く．液相線(上側の線)は，

24. 溶液 I：液-液溶液

$$P_{\text{total}} = x_1 P_1^* + x_2 P_2^* = (1 - x_2) P_1^* + x_2 P_2^* = P_1^* + x_2(P_2^* - P_1^*) \quad (1)$$

であり，図 24・4 に見られるとおり直線である．方程式，

$$y_2 = \frac{x_2 P_2^*}{P_{\text{total}}} = \frac{x_2 P_2^*}{P_1^* + x_2(P_2^* - P_1^*)}$$

を解いて x_2 を y_2 で表し，その結果を式(1)に代入して，

$$P_{\text{total}} = \frac{P_1^* P_2^*}{P_2^* - y_2(P_2^* - P_1^*)}$$

となることを示せ．これを y_2 に対してプロットし，図 24・4 の気相線（下側の線）になっていることを確かめよ．

24・18 $P_2^* > P_1^*$ ならば，$y_2 > x_2$ であること，および $P_2^* < P_1^*$ ならば，$y_2 < x_2$ であることを証明せよ．その結果を物理的に説明せよ．

24・19 テトラクロロメタンとトリクロロエテンは全濃度でほとんど理想溶液を形成する．40 °C におけるテトラクロロメタンとトリクロロエテンの蒸気圧が，それぞれ，214 Torr および 138 Torr であることから，この系の圧力-組成図をプロットせよ（問題 24・17 参照）．

24・20 76.8 °C と 87.2 °C の間でテトラクロロメタン(1)とトリクロロエテン(2)の蒸気圧は実験式，

$$\ln(P_1^*/\text{Torr}) = 15.8401 - \frac{2790.78}{t + 226.4}$$

および

$$\ln(P_2^*/\text{Torr}) = 15.0124 - \frac{2345.4}{t + 192.7}$$

で表すことができる．ここで t はセルシウス温度である．全組成でテトラクロロメタンとトリクロロエテンが理想溶液を形成すると仮定し，外圧 760 Torr，82.0 °C における x_1 と y_1 を計算せよ．

24・21 問題 24・20 のデータを用い，テトラクロロメタン-トリクロロエテン溶液の完全な温度-組成図を作れ．

24・22 80 °C と 110 °C の間でベンゼンとトルエンの蒸気圧は，ケルビン温度の関数として実験式，

$$\ln(P_{\text{benz}}^*/\text{Torr}) = -\frac{3856.6 \text{ K}}{T} + 17.551$$

および

$$\ln(P_{\text{tol}}^*/\text{Torr}) = -\frac{4514.6 \text{ K}}{T} + 18.397$$

で与えられる．ベンゼンとトルエンが理想溶液を形成すると仮定し，外圧 760 Torr におけるこの系の温度-組成図を作れ．

24・23 図 24・5 の 1-プロパノール-2-プロパノール系について，温度 t を 82.3 ℃ (2-プロパノールの沸点) と 97.2 ℃ (1-プロパノールの沸点) の間で変えながらつぎの順序で計算を行い，温度-組成図を作れ．(1) 各温度における P_1^* と P_2^* (例題 24・5 参照), (2) $x_1 = (P_2^* - 760)/(P_2^* - P_1^*)$, (3) $y_1 = x_1 P_1^*/760$. t を x_1 と y_1 に対して同じグラフにプロットし，温度-組成図を完成せよ．

24・24 理想溶液について $\bar{V}_j = \bar{V}_j^*$ であることを証明せよ．ここで $\bar{V}_j^*$ は純成分 j のモル体積である．

24・25 混ざり合う液体の**混合体積**[1]は，溶液の体積から個々の純成分の体積を引いたものとして定義される．P, T が一定のとき，

$$\Delta_{\mathrm{mix}} \bar{V} = \sum x_i (\bar{V}_i - \bar{V}_i^*)$$

であることを示せ．ここで $\bar{V}_i^*$ は純成分 i のモル体積である．理想溶液では $\Delta_{\mathrm{mix}} \bar{V} = 0$ であることを示せ (問題 24・24 参照)．

24・26 2 成分溶液の 2 成分の蒸気圧が，

$$P_1 = x_1 P_1^* e^{x_2^2/2}$$

および

$$P_2 = x_2 P_2^* e^{x_1^2/2}$$

で与えられるものとする．$P_1^* = 75.0$ Torr, $P_2^* = 160$ Torr と与えられたとき，$x_1 = 0.40$ における全圧と気相の組成を計算せよ．

24・27 前問の系について y_1 を x_1 に対してプロットせよ．$x_1 = 1$, $y_1 = 1$ の点と原点を結ぶ直線よりもこの曲線が下にあるのはなぜか．曲線が対角線より上になる系はどんなものか．

24・28 問題 24・26 の P_1 と P_2 の式を用い，圧力-組成図を作れ．

24・29 ある 2 成分溶液の 2 成分の蒸気圧 (単位: Torr) が，

$$P_1 = 120 x_1 e^{0.20 x_2^2 + 0.10 x_2^3}$$

および

$$P_2 = 140 x_2 e^{0.35 x_1^2 - 0.10 x_1^3}$$

で与えられる．$P_1^*, P_2^*, k_{\mathrm{H},1}, k_{\mathrm{H},2}$ の値を求めよ．

24・30 ある 2 成分溶液の 2 成分の蒸気圧が，

---

[1] volume of mixing

$$P_1 = x_1 P_1^* e^{\alpha x_2^2 + \beta x_2^3}$$

および

$$P_2 = x_2 P_2^* e^{(\alpha + 3\beta/2) x_1^2 - \beta x_1^3}$$

で与えられるものとする．$k_{H,1} = P_1^* e^{\alpha + \beta}$ および $k_{H,2} = P_2^* e^{\alpha + \beta/2}$ であることを示せ．

24·31 例題 24·6 や例題 24·7 で用いた蒸気圧の経験式，

$$P_1 = x_1 P_1^* e^{\alpha x_2^2 + \beta x_2^3 + \cdots}$$

を**マーグレスの式**[1]ということもある．式(24·29)を用い，$x_2 \to 0$ で P_2 がヘンリーの法則に従うためには，P_1 の指数関数の引き数に線形項が存在できないことを証明せよ．

24·32 本文で，$x_2 \to 0$ のとき成分 2 がヘンリー則に従うのは，$x_1 \to 1$ のとき成分 1 がラウール則に従う挙動の直接的帰結であることを示した．この問題では，その逆を証明しよう．すなわち，$x_1 \to 1$ のとき成分 1 がラウール則に従うのは，$x_2 \to 0$ のとき，成分 2 がヘンリー則に従うことの直接的帰結であるということを証明する．$x_2 \to 0$ のとき成分 2 の化学ポテンシャルが，

$$\mu_2(T, P) = \mu_2^\circ(T) + RT \ln k_{H,2} + RT \ln x_2 \qquad x_2 \to 0$$

であることを示せ．μ_2 を x_2 について微分し，その結果をギブズ-デュエムの式に代入して，

$$d\mu_1 = RT \frac{dx_1}{x_1} \qquad x_2 \to 0$$

となることを示せ．これを $x_1 = 1$ から $x_1 (\approx 1)$ まで積分し，さらに $\mu_1(x_1 = 1) = \mu_1^*$ であることを使い，

$$\mu_1(T, P) = \mu_1^*(T) + RT \ln x_1 \qquad x_1 \to 1$$

となることを示せ．これは化学ポテンシャルを用いたラウールの法則の表現である．

24·33 例題 24·7 で，もし，

$$P_1 = x_1 P_1^* e^{\alpha x_2^2 + \beta x_2^3}$$

であれば，

$$P_2 = x_2 P_2^* e^{(\alpha + 3\beta/2) x_1^2 - \beta x_1^3}$$

であることを見た．この結果が式(24·29)から直接導けることを示せ．

24·34 2 成分溶液の各成分の蒸気圧を，

---

[1] Margules equation

24. 溶液 I: 液-液溶液

$$P_1 = x_1 P_1^* e^{\alpha x_2^2}$$

および

$$P_2 = x_2 P_2^* e^{\beta x_1^2}$$

と表すものとする．ギブズ-デュエムの式あるいは式(24・29)を使って，α が β に等しくなければならないことを示せ．

24・35 式(24・29)を用い，2成分溶液の一方の成分が全濃度でラウールの法則に従えば，もう一方の成分も全濃度でラウールの法則に従わなければならないことを示せ．

24・36 式(24・29)を用い，2成分溶液の一方の成分がラウールの法則から正のずれを示すならば，もう一方の成分もそうでなければならないことを示せ．

以下の9問では正則溶液を取扱う．

24・37 2成分溶液の各成分の蒸気圧が，

$$P_1 = x_1 P_1^* e^{w x_2^2/RT} \quad \text{および} \quad P_2 = x_2 P_2^* e^{w x_1^2/RT}$$

で与えられるならば，

$$\frac{\Delta_{\text{mix}} \bar{G}}{w} = \frac{\Delta_{\text{mix}} G}{(n_1+n_2)w} = \frac{RT}{w}[x_1 \ln x_1 + x_2 \ln x_2] + x_1 x_2$$

$$\frac{\Delta_{\text{mix}} \bar{S}}{R} = \frac{\Delta_{\text{mix}} S}{(n_1+n_2)R} = -(x_1 \ln x_1 + x_2 \ln x_2)$$

$$\frac{\Delta_{\text{mix}} \bar{H}}{w} = \frac{\Delta_{\text{mix}} H}{(n_1+n_2)w} = x_1 x_2$$

であることを示せ．これらの関係を満たす溶液を正則溶液という．2成分溶液の統計熱力学的モデルによれば w は，

$$w = N_A(\varepsilon_{11} + \varepsilon_{22} - 2\varepsilon_{12})$$

で与えられる．ここで，ε_{ij} は成分 i と成分 j の分子間の相互作用エネルギーである．もし，$\varepsilon_{12} = (\varepsilon_{11}+\varepsilon_{22})/2$ ならば，$w=0$ であることに注意せよ．これは，成分1と2の分子が，エネルギーの点で同種分子と同程度に異種分子を"好む"場合に相当する．

24・38 前問の $\Delta_{\text{mix}} \bar{G}$，$\Delta_{\text{mix}} \bar{S}$ および $\Delta_{\text{mix}} \bar{H}$ が $x_1=x_2=1/2$ の点の両側で対称であることを示せ．

24・39 $RT/w = 0.60, 0.50, 0.45, 0.40, 0.35$ の場合について，$P_1/P_1^* = x_1 e^{w x_2^2/RT}$ を x_1 に対してプロットせよ．曲線の中には勾配が負の領域をもつものがある．つぎの問題で，これが $RT/w < 0.50$ で起きることを確かめよ．この領域はファン・デル・

ワールスの式の $T<T_c$ におけるループ(図16・7)と似ていて，今の場合は二つの液体が混ざり合わない領域に対応している．臨界値 $RT/w=0.50$ は溶解臨界温度に対応している．

24・40 $P_1=x_1P_1^*e^{w(1-x_1)^2/RT}$ を x_1 について微分し，P_1 が点 $x_1=\frac{1}{2}\pm\frac{1}{2}(1-2RT/w)^{1/2}$ で極大か極小をもつことを示せ．極大か極小が生じるためには $RT/w<0.50$ でなければならないことを示せ．$RT/w=0.35$ の場合に，極値の位置は前問でのプロットのものと対応するか．

24・41 $RT/w=0.60, 0.50, 0.45, 0.40, 0.35$ の場合について問題24・37の $\Delta_{\text{mix}}\overline{G}/w$ を x_1 に対してプロットせよ．曲線の中には $\partial^2\Delta_{\text{mix}}\overline{G}/\partial x_1^2<0$ の領域をもつものがある．この領域は二つの液体が混ざり合わない領域に対応している．$RT/w<0.50$ の場合に限って不安定領域が現れるという意味で，$RT/w=0.50$ が臨界値であることを示せ．(前問参照．)

24・42 $RT/w=1/\alpha=0.60, 0.50, 0.45, 0.40, 0.35$ の場合について $P_1/P_1^*=x_1e^{\alpha x_2^2}$ と $P_2/P_2^*=x_2e^{\alpha x_1^2}$ の両方をプロットせよ．$RT/w<0.50$ ではループが生じることを示せ．

24・43 $RT/w=1/\alpha=0.40$ の場合について $P_1/P_1^*=x_1e^{\alpha x_2^2}$ と $P_2/P_2^*=x_2e^{\alpha x_1^2}$ の両方をプロットせよ．問題24・39で説明したように，ループは二つの液体が混ざり合わない領域を示している．この二つの曲線の右側と左側の交点を結ぶ水平な線を引け．この線は，組成の異なる二つの溶液中の各成分の蒸気圧(すなわち化学ポテンシャル)が等しい状態を結んでいるもので，図24・12の水平線の一つに対応する．そこで $P_1/P_1^*=x_1e^{\alpha x_2^2}$ と $P_2/P_2^*=x_2e^{\alpha x_1^2}$ とが等しいとき，α を x_1 で表せ．$RT/w=1/\alpha$ を x_1 に対してプロットし，図24・19のような共存線を求めよ．

24・44 25℃におけるテトラクロロメタン(1)とシクロヘキサン(2)の溶液のモル混合エンタルピーは以下のとおりである．

x_1	$\Delta_{\text{mix}}\overline{H}/\text{J mol}^{-1}$
0.0657	37.8
0.2335	107.9
0.3495	134.9
0.4745	146.7
0.5955	141.6
0.7213	118.6
0.8529	73.6

問題24・37にならって $\Delta_{\text{mix}}\overline{H}/x_2$ を x_1 に対してプロットせよ．テトラクロロメタンとシクロヘキサンは正則溶液を形成するか．

24・45 25℃におけるテトラヒドロフラン(THF)とトリクロロメタンの溶液のモル混合エンタルピーは以下のとおりである．

x_{THF}	$\Delta_{\text{mix}}\overline{H}/\text{J mol}^{-1}$
0.0568	−0.469
0.1802	−1.374
0.3301	−2.118
0.4508	−2.398
0.5702	−2.383
0.7432	−1.888
0.8231	−1.465
0.9162	−0.802

テトラヒドロフランとトリクロロメタンは正則溶液を形成するか.

24・46 式(24・11)から出発して,

$$x_1 \, d\ln\gamma_1 + x_2 \, d\ln\gamma_2 = 0$$

を導け.この式を用いて,例題24・8と同じ結果を得よ.

24・47 表24・1の二硫化炭素の蒸気圧データは,

$$P_1 = x_1(514.5 \text{ Torr}) \, e^{1.4967 x_2^2 - 0.68175 x_2^3}$$

にあてはめることができる.例題24・7の結果を用い,ジメトキシメタンの蒸気圧が,

$$P_2 = x_2(587.7 \text{ Torr}) \, e^{0.4741 x_1^2 + 0.68175 x_1^3}$$

で与えられることを示せ.この P_2 を x_2 に対してプロットし,表24・1のデータと比較せよ.35.2 °C において二硫化炭素とジメトキシメタンは正則溶液を形成するか.$\overline{G}^{\text{E}}$ を x_1 に対してプロットせよ.プロットは $x_1 = 1/2$ の垂線に関して対称か.

24・48 トリクロロメタンとアセトンの混合物が,$x_{\text{acet}} = 0.713$ のとき,28.2 °C において全蒸気圧220.5 Torrを示し,このとき気相のアセトンのモル分率は $y_{\text{acet}} = 0.818$ である.28.2 °C における純トリクロロメタンの蒸気圧が221.8 Torrであることを用い,トリクロロメタンの(ラウール則標準状態に基づく)活量と活量係数を計算せよ.

24・49 ある2成分溶液の1成分(成分1とする)の蒸気圧(単位:Torr)が実験式,

$$P_1 = 78.8 x_1 \, e^{0.65 x_2^2 + 0.18 x_2^3}$$

で与えられているとする.$x_1 = 0.25$ における,溶媒標準状態と溶質標準状態に基づく成分1の活量と活量係数を計算せよ.

24・50 25 °C におけるエタノール-水の溶液の蒸気圧データは以下のとおりである.データをプロットし,25 °C における水の中のエタノールのヘンリー係数と,エタノールの中の水のヘンリー係数を求めよ.

$x_{ethanol}$	$P_{ethanol}$/Torr	P_{water}/Torr
0.00	0.00	23.78
0.02	4.28	23.31
0.05	9.96	22.67
0.08	14.84	22.07
0.10	17.65	21.70
0.20	27.02	20.25
0.30	31.23	19.34
0.40	33.93	18.50
0.50	36.86	17.29
0.60	40.23	15.53
0.70	43.94	13.16
0.80	48.24	9.89
0.90	53.45	5.38
0.93	55.14	3.83
0.96	56.87	2.23
0.98	58.02	1.13
1.00	59.20	0.00

24・51 問題 24・50 のデータを用い，エタノールと水のラウール則標準状態に基づく活量係数をエタノールのモル分率に対してプロットせよ．

24・52 問題 24・50 のデータを用い，$\overline{G}^E/RT$ を x_{H_2O} に対してプロットせよ．25 °C における水-エタノール溶液は正則溶液か．

24・53 25 °C における 2-プロパノール-ベンゼン溶液の蒸気圧データは以下のとおりである．

$x_{2\text{-propanol}}$	$P_{2\text{-propanol}}$/Torr	P_{total}/Torr
0.000	0.0	94.4
0.059	12.9	104.5
0.146	22.4	109.0
0.362	27.6	108.4
0.521	30.4	105.8
0.700	36.4	99.8
0.836	39.5	84.0
0.924	42.2	66.4
1.000	44.0	44.0

2-プロパノールとベンゼンのラウール則標準状態に基づく活量と活量係数を 2-プロパノールのモル分率に対してプロットせよ．

24・54 問題 24・53 のデータを用い，$\overline{G}^E/RT$ を $x_{2\text{-propanol}}$ に対してプロットせよ．

24・55 過剰熱力学量[1]は，同じ温度，圧力において純粋な各成分が理想溶液を形成

---

1) excess thermodynamic quantity

するとした場合にとるはずのその熱力学量からの差として定義される．たとえば，式 (24·45)では，

$$\frac{G^{\mathrm{E}}}{(n_1+n_2)RT} = x_1 \ln \gamma_1 + x_2 \ln \gamma_2$$

であった．そこで，

$$\frac{S^{\mathrm{E}}}{(n_1+n_2)R} = -(x_1 \ln \gamma_1 + x_2 \ln \gamma_2) - T\left(x_1 \frac{\partial \ln \gamma_1}{\partial T} + x_2 \frac{\partial \ln \gamma_2}{\partial T}\right)$$

であることを示せ．

24·56 正則溶液では，

$$\frac{G^{\mathrm{E}}}{(n_1+n_2)} = wx_1x_2$$

$$\frac{S^{\mathrm{E}}}{(n_1+n_2)R} = 0$$

$$\frac{H^{\mathrm{E}}}{(n_1+n_2)} = wx_1x_2$$

であることを示せ（問題 24·37 参照）．

24·57 例題 24·7 では 2 成分溶液の 2 成分の蒸気圧を，

$$P_1 = x_1 P_1^* \mathrm{e}^{\alpha x_2^2 + \beta x_2^3}$$

$$P_2 = x_2 P_2^* \mathrm{e}^{(\alpha+3\beta/2)x_1^2 - \beta x_1^3}$$

と表した．これらが，

$$\gamma_1 = \mathrm{e}^{\alpha x_2^2 + \beta x_2^3} \quad \text{および} \quad \gamma_2 = \mathrm{e}^{(\alpha+3\beta/2)x_1^2 - \beta x_1^3}$$

と等価であることを示せ．この活量係数の式を用い，α と β で $\bar{G}^{\mathrm{E}}$ を表せ．その結果の式が正則溶液の $\bar{G}^{\mathrm{E}}$ の式に帰着することを示せ．

24·58 問題 24·37 で定義した $\Delta_{\mathrm{mix}}\bar{G}$ の極大や極小が RT/w の値にかかわらず $x_1=x_2=1/2$ で起きることを示せ．さらに $x_1=x_2=1/2$ において，

$$\frac{\partial^2 \Delta_{\mathrm{mix}}\bar{G}}{\partial x_1^2} = \begin{array}{ll} >0 & RT/w > 0.50 \\ =0 & RT/w = 0.50 \\ <0 & RT/w < 0.50 \end{array}$$

であることを示せ．この結果は問題 24·41 で描いたグラフと合うか．

24·59 表 24·1 のデータを用い，図 24·15 から図 24·17 までの図をプロットしてみよ．

ピーター デバイ（Peter Debye；左）は，1884年3月24日にオランダのマーストリヒトで生まれ，1966年に没した．最初デバイは電気技術者としてのコースを履修したが，途中で志望を物理学に変更し，1908年にミュンヘン大学で博士号を取得した．スイス，オランダ，ドイツで研究職についたのちに，1930年代初頭にベルリン大学に移った．彼は，オランダの市民権を保持し続けられると保証されていたが，ドイツ国籍をとらない限りはベルリンで研究を続けるのは不可能なことを悟った．彼はそれを拒絶し，1939年にドイツを離れ，コーネル大学に移った．以後そこで生涯を過ごし，1946年にアメリカの市民権を得た．デバイは"双極子モーメントの研究および気体のX線と電子線回折を用いた研究による分子構造の知識への貢献"によって1936年度ノーベル化学賞を受賞した．

　エーリッヒ ヒュッケル（Erich Hückel；右）は，1896年8月19日ドイツのゲッチンゲンで生まれ，1980年に没した．彼は，1921年にゲッチンゲン大学で物理学の博士号を取得した．その後，スイスでデバイと共同研究をし，現在デバイ-ヒュッケル理論として知られている強電解質溶液の熱力学的性質に関する理論を二人で開発した．さらに，すでに10章で学んだように，共役芳香族分子にあてはまるヒュッケルの分子軌道理論を開発した．ヒュッケルは1937年にマールブルク大学の理論物理学の教授に就任し，そこで定年まで過ごした．

25 章

溶液 II: 固-液溶液

前章では，2 成分が任意の割合で溶け合うエタノール-水の溶液のような 2 成分溶液について学んだ．そのような溶液では，どちらの成分でも溶媒として取扱うことができる．本章においては，成分の一つがもう一方の成分よりもはるかに低濃度で存在し，そのために"溶質"と"溶媒"という言葉が意味をもつ溶液を扱う．溶質の濃度が 0 に近づくにつれて溶質の活量が溶質濃度と等しくなる，いわゆるヘンリーの法則に基づく溶質の標準状態を導入する．最初の数節においては，非電解質溶液，ついで電解質溶液について説明する．非電解質溶液の場合と異なり，希薄電解質溶液では活量および活量係数の厳密な式を提示できる．また，25・3 節と 25・4 節では，浸透圧や，溶質の添加による溶媒の凝固点降下と沸点上昇などのような，溶液の束一的性質を説明する．

25・1 固体が液体に溶けた溶液の場合に，溶媒についてラウール則標準状態，溶質についてヘンリー則標準状態が使われる

24・8 節では，一方の成分が他方にほんのわずかだけ溶ける溶液を考えた．そのような場合，わずかに溶けた成分に対して**溶質**[1]，過剰に存在する成分に対して**溶媒**[2] という語を用いる．習慣的に，溶媒に関する量には下付きの添字 1，溶質に関する量には添字 2 とする．溶媒と溶質の活量は，$x_1 \to 1$ のとき $a_1 \to x_1$ および $x_2 \to 0$ のとき $a_2 \to x_2$ と定義した．a_1 はラウール則標準状態を基準にして(式 24・38)，

$$a_1 = \frac{P_1}{P_1^*} \quad \text{(ラウール則標準状態)} \quad (25・1)$$

のように，また，a_2 はヘンリー則標準状態を基準にして(式 24・41)，

---

1) solute 2) solvent

$$a_{2x} = \frac{P_2}{k_{\mathrm{H},x}} \qquad \text{(ヘンリー則標準状態)} \qquad (25\cdot 2)$$

のように定義した．ここで，下付き添字の x は a_{2x} と $k_{\mathrm{H},x}$ がモル分率の尺度に基づくことを強調するためである．たとえ溶質が測定できるほどの蒸気圧をもたない場合でも，式 (25·2) の比は依然意味があるので，式 (25·2) で活量を定義するのがやはり便利である．すなわち，たとえ P_2 と $k_{\mathrm{H},2}$ がきわめて小さくても，$P_2/k_{\mathrm{H},2}$ の比は有限である．

これまでは溶媒と溶質の活量をモル分率で定義したが，希薄溶液中の溶質濃度を表すためには，モル分率は数値的に不便である．もっと便利な単位が**質量モル濃度**[1] (m) で，溶媒 1000 グラム当たりの溶質のモル数として定義する．式で表すと，

$$m = \frac{n_2}{1000\,\text{g(溶媒)}} \qquad (25\cdot 3)$$

となる．ここで，n_2 は溶質のモル数である．質量モル濃度の単位は mol kg^{-1} である．1.00 kg の水に 2.00 mol の NaCl が含まれる溶液を 2.00 **モラル**[2]，あるいは 2.00 mol kg^{-1} の NaCl(aq) 溶液という．溶質のモル分率 (x_2) と質量モル濃度 (m) との間の関係は，

$$x_2 = \frac{n_2}{n_1 + n_2} = \frac{m}{\dfrac{1000\,\text{g kg}^{-1}}{M_1} + m} \qquad (25\cdot 4)$$

となる．ここで，M_1 は溶媒のモル質量 (g mol^{-1}) である．$1000\,\text{g kg}^{-1}/M_1$ の項は溶媒 1000 g にある溶媒のモル数 (n_1) であり，m は定義から溶媒 1000 g 中の溶質のモル数である．水の場合，$1000\,\text{g kg}^{-1}/M_1$ は $55.506\,\text{mol kg}^{-1}$ に等しいから，式 (25·4) は，

$$x_2 = \frac{m}{55.506\,\text{mol kg}^{-1} + m} \qquad (25\cdot 5)$$

となる．もし，$m \ll 55.506\,\text{mol kg}^{-1}$ の希薄溶液の場合は，x_2 と m は互いに正比例することがわかる．

例題 25·1 $0.200\,\text{mol kg}^{-1}$ の $\text{C}_{12}\text{H}_{22}\text{O}_{11}(\text{aq})$ 溶液のモル分率を計算せよ．

解答：この溶液は，水 1000.0 g 当たり 0.200 mol のスクロース (ショ糖) を含むので，スクロースのモル分率は，

---

[1] molality (重量モル濃度ともいう)　　[2] molal

$$x_2 = \frac{n_2}{n_1 + n_2} = \frac{0.200 \text{ mol}}{\dfrac{1000.0 \text{ g}}{18.02 \text{ g mol}^{-1}} + 0.200 \text{ mol}} = 0.000\,359$$

となる.

質量モル濃度での溶質の活量を以下のような条件の下で定義しよう.

$$m \to 0 \quad \text{のとき} \quad a_{2m} \to m \tag{25・6}$$

ここで,下付き添字の m は a_{2m} が質量モル濃度の尺度によることを明示するためのものである.ヘンリーの法則は,モル分率でなく質量モル濃度を使って表すと $P_2 = k_{\text{H},m} m$ となる.この $k_{\text{H},m}$ を使うと,溶質の活量は,

$$a_{2m} = \frac{P_2}{k_{\text{H},m}} \tag{25・7}$$

と定義される.

もう一つのよく使われる濃度の単位が,溶液 1000 mL 当たりの溶質のモル数,すなわち**モル濃度**[1] (c) である.式で書くと,

$$c = \frac{n_2}{1000 \text{ mL (溶液)}} \tag{25・8}$$

である.モル濃度は mol L^{-1} の単位をもつ.1.00 L の溶液中に 2.00 mol の NaCl が含まれる溶液を 2.00 モル溶液,あるいは 2.00 mol L^{-1} の NaCl(aq) 溶液という.

モル濃度での溶質の活量を以下のような条件の下で定義しよう.

$$c \to 0 \quad \text{のとき} \quad a_{2c} \to c \tag{25・9}$$

ここで,下付き添字の c は a_{2c} がモル濃度の尺度によることを明示するためである.ヘンリーの法則は,モル分率でなくモル濃度を使って表すと,$P_2 = k_{\text{H},c} c$ となる.この $k_{\text{H},c}$ を使うと,溶質の活量は,

$$a_{2c} = \frac{P_2}{k_{\text{H},c}} \tag{25・10}$$

と定義される.

もし溶液の密度がわかっていれば,モル濃度から質量モル濃度への変換は容易である.多くの溶液について,その密度がハンドブックから利用できる.たとえば,20 °C の 2.450 mol L^{-1} のスクロース水溶液の密度は 1.3103 g mL^{-1} である.したがって,

---

[1] molarity

1000 mL の溶液には 838.6 g のスクロースがあり，溶液全体の質量は 1310.3 g となる．この 1310.3 g のうち 838.6 g はスクロースであるから，1310.3 g − 838.6 g = 471.7 g が水である．結局，質量モル濃度は，

$$m = \frac{2.450 \text{ mol スクロース}}{471.7 \text{ g H}_2\text{O}} \times \frac{1000 \text{ g H}_2\text{O}}{\text{kg H}_2\text{O}} = 5.194 \text{ mol kg}^{-1}$$

で与えられる．

例題 25・2 スクロース水溶液の密度 (g mL^{-1} 単位) は，

$$\rho/\text{g mL}^{-1} = 0.9982 + (0.1160 \text{ kg mol}^{-1})m - (0.0156 \text{ kg}^2 \text{ mol}^{-2})m^2 \\ + (0.0011 \text{ kg}^3 \text{ mol}^{-3})m^3 \qquad 0 \leq m \leq 6 \text{ mol kg}^{-1}$$

のように表される．2.00 モラルのスクロース水溶液のモル濃度を求めよ．

解答: 2.00 モラルのスクロース水溶液は，1000 g の H$_2$O 当たり 2.00 mol (684.6 g)，すなわち 1684.6 g の溶液中に 2.00 mol のスクロースを含む．溶液の密度は，

$$\rho/\text{g mL}^{-1} = 0.9982 + (0.1160 \text{ kg mol}^{-1})(2.00 \text{ mol kg}^{-1}) \\ - (0.0156 \text{ kg}^2 \text{ mol}^{-2})(4.00 \text{ mol}^2 \text{ kg}^{-2}) \\ + (0.0011 \text{ kg}^3 \text{ mol}^{-3})(8.00 \text{ mol}^3 \text{ kg}^{-3})$$

$$= 1.177$$

であるから，溶液の体積は，

$$V = \frac{\text{質量}}{\text{密度}} = \frac{1684.6 \text{ g}}{1.177 \text{ g mL}^{-1}} = 1432 \text{ mL}$$

となる．したがって，溶液のモル濃度は，

$$c = \frac{2.00 \text{ mol スクロース}}{1.432 \text{ L}} = 1.40 \text{ mol L}^{-1}$$

である．問題 25・5 で c と m の間の一般的な関係を導く．

例題 25・3 溶液の密度 (ρ) が g mL^{-1} の単位で与えられているとき，x_2 と c との間の一般的な関係を導け．

解答: ちょうど 1 L の試料溶液を考えよう．この場合，$c = n_2$，つまり 1 L の試料中の溶質のモル数である．溶液の質量は，

$$\text{リットル当たりの溶液の質量} = (1000 \text{ mL L}^{-1})\rho$$

25. 溶液 II：固-液溶液　　　　　　　　　　　　　　　　　　　　1057

で与えられるので，溶媒の質量は，

$$\text{リットル当たりの溶媒の質量} = \text{溶液の質量} - \text{溶質の質量}$$
$$= (1000 \text{ mL L}^{-1})\rho - cM_2$$

となる．ここで，M_2 は溶質のモル質量(g mol^{-1})である．したがって，溶媒のモル数 n_1 は，

$$n_1 = \frac{(1000 \text{ mL L}^{-1})\rho - cM_2}{M_1}$$

となるから，

$$x_2 = \frac{n_2}{n_1 + n_2} = \frac{c}{\dfrac{(1000 \text{ mL L}^{-1})\rho - cM_2}{M_1} + c}$$

$$= \frac{cM_1}{(1000 \text{ mL L}^{-1})\rho + c(M_1 - M_2)} \qquad (25 \cdot 11)$$

となる．

表 25·1 に，いろいろな濃度の尺度で定義した活量の式をまとめてある．おのおのの場合，活量係数 γ はそれぞれの濃度で活量を割ることで定義される．たとえば，$\gamma_m = a_{2m}/m$ である．問題 25·12 において，表 25·1 の，溶質のいろいろな活量係数の間の関係を導くことになる．

25·2　不揮発性溶質の活量は溶媒の蒸気圧から求められる

表 25·1 の溶質の活量の式は，揮発性溶質でも不揮発性溶質でも適用できる．しかし，不揮発性溶質の蒸気圧はきわめて低いので，これらの式を実際に使うことはできない．幸い，溶媒の活量を測定して不揮発性溶質の活量を決める方法が，ギブズ-デュエムの式によって提供される．スクロースの水溶液を用いて，この手順を説明しよう．ラウール則標準状態によると，水の活量は P_1/P_1^* で与えられる．さて，$a_1 = x_1$ の希薄溶液の場合を考えよう．ここで，a_1 と溶質の質量モル濃度 m との関係が欲しいわけである．希薄溶液の場合，$m \ll 55.506 \text{ mol kg}^{-1}$ だから，式(25·5)の分母の m は無視できて，

$$x_2 \approx \frac{m}{55.506 \text{ mol kg}^{-1}}$$

表 25·1 希薄溶液の活量について，いろいろな濃度の尺度を用いた式のまとめ

溶媒　ラウール則標準状態

$a_1 = \dfrac{P_1}{P_1^*}$ 　　　$x_1 \to 1$ のとき　$a_1 \to x_1$

$\gamma_1 = \dfrac{a_1}{x_1}$ 　　　$x_1 \to 1$ のとき　$P_1 \to P_1^* x_1$ 　（ラウールの法則）

溶質　ヘンリー則標準状態

モル分率の尺度

$a_{2x} = \dfrac{P_2}{k_{H,x}}$ 　　　$x_2 \to 0$ のとき　$a_{2x} \to x_2$

$\gamma_{2x} = \dfrac{a_{2x}}{x_2}$ 　　　$x_2 \to 0$ のとき　$P_2 \to k_{H,x} x_2$ 　（ヘンリーの法則）

質量モル濃度の尺度

$a_{2m} = \dfrac{P_2}{k_{H,m}}$ 　　　$m \to 0$ のとき　$a_{2m} \to m$

$\gamma_{2m} = \dfrac{a_{2m}}{m}$ 　　　$m \to 0$ のとき　$P_2 \to k_{H,m} m$ 　（ヘンリーの法則）

モル濃度の尺度

$a_{2c} = \dfrac{P_2}{k_{H,c}}$ 　　　$c \to 0$ のとき　$a_{2c} \to c$

$\gamma_{2c} = \dfrac{a_{2c}}{c}$ 　　　$c \to 0$ のとき　$P_2 \to k_{H,c} c$ 　（ヘンリーの法則）

と書ける．したがって，低濃度の場合は，

$$\ln a_1 = \ln x_1 = \ln(1-x_2) \approx -x_2 \approx -\dfrac{m}{55.506 \text{ mol kg}^{-1}} \quad (25 \cdot 12)$$

となる．ここで，x_2 の小さな値に対して $\ln(1-x_2) \approx -x_2$ となることを用いた．

表 25·2 と図 25·1 に，質量モル濃度とモル分率のそれぞれの関数として，25 °C のスクロース水溶液と平衡にある水の蒸気圧の実験データを示す．25 °C の純水の平衡蒸気圧は 23.756 Torr であるから，表 25·2 の 3 列目に $a_1 = P_1/P_1^* = P_1/23.756$ が与えられている．

式(25·12)は希薄溶液についてだけ，a_1 と質量モル濃度 m との関係を与える．たと

25. 溶液 II：固-液溶液

表 25・2 いろいろな質量モル濃度 (m) における，25 °C のスクロース水溶液と平衡にある水の蒸気圧 (P_1)．追加したデータは，水の活量 (a_1)，浸透圧係数 (ϕ)，およびスクロースの活量係数 (γ_{2m}) である

$m/\text{mol kg}^{-1}$	P_1/Torr	a_1	ϕ	γ_{2m}	$\ln \gamma_{2m}$
0.00	23.756	1.00000	1.0000	1.000	0.0000
0.10	23.713	0.99819	1.0056	1.017	0.0169
0.20	23.669	0.99634	1.0176	1.034	0.0334
0.30	23.625	0.99448	1.0241	1.051	0.0497
0.40	23.580	0.99258	1.0335	1.068	0.0658
0.50	23.534	0.99067	1.0406	1.085	0.0816
0.60	23.488	0.98872	1.0494	1.105	0.0998
0.70	23.441	0.98672	1.0601	1.125	0.1178
0.80	23.393	0.98472	1.0683	1.144	0.1345
0.90	23.344	0.98267	1.0782	1.165	0.1527
1.00	23.295	0.98059	1.0880	1.185	0.1723
1.20	23.194	0.97634	1.1075	1.233	0.2095
1.40	23.089	0.97193	1.1288	1.283	0.2492
1.60	22.982	0.96740	1.1498	1.335	0.2889
1.80	22.872	0.96280	1.1690	1.387	0.3271
2.00	22.760	0.95807	1.1888	1.442	0.3660
2.50	22.466	0.94569	1.2398	1.590	0.4637
3.00	22.159	0.93276	1.2879	1.751	0.5602
3.50	21.840	0.91933	1.3339	1.924	0.6544
4.00	21.515	0.90567	1.3749	2.101	0.7424
4.50	21.183	0.89170	1.4139	2.310	0.8372
5.00	20.848	0.87760	1.4494	2.481	0.9087
5.50	20.511	0.86340	1.4823	2.680	0.9858
6.00	20.176	0.84930	1.5111	3.878	1.3553

えば，表 25・2 からは，3.00 モラルのとき $a_1 = 0.93276$ であるが，式 (25・12) からは $\ln a_1 = -0.054\,048$，つまり $a_1 = 0.9474$ となる．このずれを説明するために，ここで，**浸透圧係数**[1]といわれる量 ϕ を，

$$\ln a_1 = -\frac{m\phi}{55.506 \text{ mol kg}^{-1}} \qquad (25 \cdot 13)$$

---

[1] osmotic coefficient

で定義しよう．この溶液が希薄理想溶液として振舞うならば，$\phi=1$ となることがわかる．したがって，ϕ の 1 からのずれは，溶液の非理想性の目安になる．

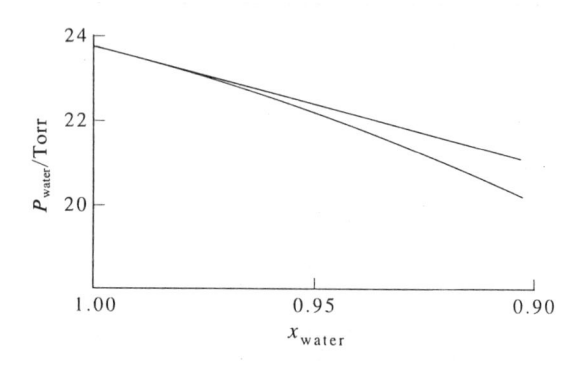

図 25・1 25 °C のスクロース水溶液と平衡にある水蒸気圧を水のモル分率に対してプロットした図．ラウールの法則（図の直線）は，$x_{\text{water}}=1.00$ から 0.97 付近までで成立するが，x_{water} がそれより低いところでは，ずれが生じることがわかる．

例題 25・4 表 25・2 のデータを用いて，1.00 mol kg^{-1} のときの ϕ を求めよ．

解答：式 (25・13) を単純に使うと，

$$\phi = -\frac{(55.506 \text{ mol kg}^{-1}) \ln (0.98059)}{1.00 \text{ mol kg}^{-1}} = 1.0880$$

となり，これは表 25・2 の対応する値と一致している．

図 25・2 に 25 °C のスクロース水溶液の ϕ の m に対するプロットを示す．m が増加すると溶液の非理想性が増大することがわかる．

表 25・2 の 5 列目に，ギブズ-デュエムの式 (24・37) を用いて水の活量すなわち浸透圧係数から計算したスクロースの活量係数を示す．質量モル濃度 m を使うと，$n_1 = 55.506 \text{ mol}$，$n_2 = m$ だから，ギブズ-デュエムの式は，

$$(55.506 \text{ mol kg}^{-1}) \text{d} \ln a_1 + m \, \text{d} \ln a_2 = 0 \qquad (25 \cdot 14)$$

となる．式 (25・13) を用いると，$(55.506 \text{ mol kg}^{-1}) \text{d} \ln a_1 = -\text{d}(m\phi)$ であることがわかる．この結果と $a_{2m} = \gamma_{2m} m$（表 25・1）を式 (25・14) に代入すると，

$$\text{d}(m\phi) = m \, \text{d} \ln (\gamma_{2m} m)$$

25. 溶液 II: 固-液溶液

すなわち,

$$m\,d\phi + \phi\,dm = m(d\ln\gamma_{2m} + d\ln m)$$

を得る. この式を,

$$d\ln\gamma_{2m} = d\phi + \frac{\phi-1}{m}dm$$

のように書き換えることができる. つぎに, $m=0$ (ここでは $\gamma_{2m}=\phi=1$) から任意の m の値まで積分すると,

$$\ln\gamma_{2m} = \phi - 1 + \int_0^m \left(\frac{\phi-1}{m'}\right)dm' \tag{25・15}$$

が得られる. 式(25・15)によって, 溶媒の蒸気圧のデータから溶質の活量係数が計算できるようになる. つまり, 溶媒の蒸気圧から式(25・1)によって溶媒の活量が得られ, つぎに, 式(25・13)から浸透圧係数 ϕ が計算でき, 式(25・15)から $\ln\gamma_{2m}$ が求められるのである.

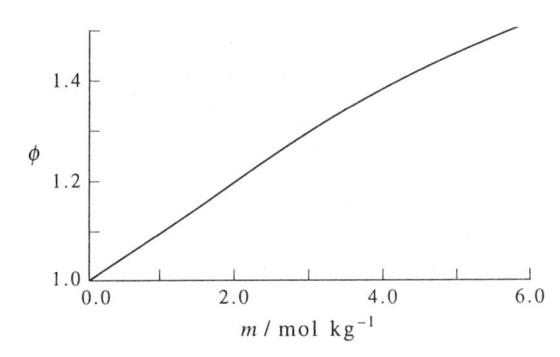

図 25・2 25°C のスクロース水溶液の浸透圧係数(ϕ)を, 質量モル濃度(m)に対してプロットした図. ϕ の値の 1 からのずれの大きさが溶液の非理想性の目安になる.

表 25・2 の ϕ のデータは, 質量モル濃度の多項式に合わせることができる. たまたま, 5 次の多項式を選ぶと,

$$\phi = 1.000\,00 + (0.073\,49\text{ kg mol}^{-1})m + (0.019\,783\text{ kg}^2\text{ mol}^{-2})m^2$$
$$- (0.005\,688\text{ kg}^3\text{ mol}^{-3})m^3 + (6.036\times10^{-4}\text{ kg}^4\text{ mol}^{-4})m^4$$
$$- (2.517\times10^{-5}\text{ kg}^5\text{ mol}^{-5})m^5 \qquad 0\leq m\leq 6\text{ mol kg}^{-1}$$

となる．この式を式(25・15)に代入すると，$\ln \gamma_{2m}$ が得られる(問題 25・18 参照)．

例題 25・5 ϕ についての上の多項式と式(25・15)を用いて，1.00 モラルのスクロース水溶液の γ_{2m} の値を計算せよ．

解答： 最初に，式(25・15)の積分をつぎのように計算しなければならない(m の各次数の係数の単位表記は省略)．

$$\int_0^1 \left(\frac{\phi-1}{m}\right) dm = \int_0^1 [0.073\,49 + 0.019\,783m - 0.005\,688m^2$$
$$+ 6.036 \times 10^{-4} m^3 - 2.517 \times 10^{-5} m^4] dm$$

$$= 0.073\,49 + \frac{0.019\,783}{2} - \frac{0.005\,688}{3}$$
$$+ \frac{6.036 \times 10^{-4}}{4} - \frac{2.517 \times 10^{-5}}{5}$$

$$= 0.081\,63$$

となるから，

$$\ln \gamma_{2m} = \phi - 1 + \int_0^1 \left(\frac{\phi-1}{m}\right) dm$$
$$= 0.088\,16 + 0.081\,63 = 0.1698$$

すなわち，$\gamma_{2m} = 1.185$ となり，表 25・2 の値と一致する．

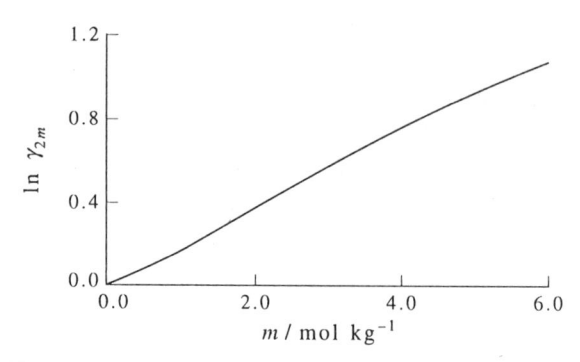

図 25・3 25 °C のスクロース水溶液中のスクロースの活量係数の自然対数($\ln \gamma_{2m}$)を質量モル濃度(m)に対してプロットした図．

表25・2に与えられた $\ln \gamma_{2m}$ と γ_{2m} は例題25・5のやり方で計算された値である。図25・3に25°Cのスクロース水溶液の場合の $\ln \gamma_{2m}$ を m に対してプロットした図を示す。

25・3 束一的性質は溶質粒子の数密度だけに依存する溶液の性質である

溶液，少なくとも希薄溶液の性質には，溶質の粒子数だけで決まり，溶質の種類によらないものが多い。このような性質を**束一的性質**[1]という。束一的性質には，溶質の添加による溶媒の蒸気圧降下，不揮発性溶質による溶液の**沸点上昇**[2]，溶質による溶液の**凝固点降下**[3]，浸透圧などがある。ここでは，凝固点降下と浸透圧だけについて説明しよう。

溶液の凝固点においては，固体の溶媒と溶液中の溶媒が平衡状態にある。この平衡の熱力学的な条件は，

$$\mu_1^s(T_{\text{fus}}) = \mu_1^{\text{sln}}(T_{\text{fus}})$$

である。ここで，いつものように下付き添字の1は溶媒を表し，T_{fus} は溶液の凝固点である。μ_1 に対して式(24・34)を用いると，

$$\mu_1^s = \mu_1^* + RT \ln a_1 = \mu_1^l + RT \ln a_1$$

が得られる。ここで，μ_1^s とそろえるために，μ_1^* の代わりに μ_1^l と書いた。$\ln a_1$ について解くと，

$$\ln a_1 = \frac{\mu_1^s - \mu_1^l}{RT} \tag{25・16}$$

が得られる。つぎに，温度で微分し，ギブズ-ヘルムホルツの式(例題24・1参照)を使うと，

$$\left(\frac{\partial \ln a_1}{\partial T}\right)_{P, x_1} = \frac{\bar{H}_1^l - \bar{H}_1^s}{RT^2} = \frac{\Delta_{\text{fus}}\bar{H}}{RT^2} \tag{25・17}$$

が得られる。ここで，純溶媒では $\bar{H}_1^l - \bar{H}_1^s = \Delta_{\text{fus}}\bar{H}$ であることを用いた。式(25・17)を，$a_1 = 1$，$T = T_{\text{fus}}^*$ の純溶媒の状態から任意の a_1 と T_{fus} の値をもつ溶液の状態まで積分すると，

$$\ln a_1 = \int_{T_{\text{fus}}^*}^{T_{\text{fus}}} \frac{\Delta_{\text{fus}}\bar{H}}{RT^2} dT \tag{25・18}$$

が得られる。この式から溶液中の溶媒の活量を決定することができる(問題25・20)。

---

[1] colligative property　　[2] boiling-point elevation　　[3] freezing-point depression

25. 溶液 II: 固-液溶液

一般化学では,

$$\Delta T_{\text{fus}} = K_{\text{f}} m \tag{25・19}$$

の式を使って凝固点降下を計算した. ここで, K_{f} はいわゆる**凝固点降下定数**[1]で, その値は溶媒によって異なる. 希薄溶液で成り立つ近似を行うと, 式(25・18)から式(25・19)を導くことができる. 溶液が十分希薄な場合, $\ln a_1 = \ln x_1 = \ln(1 - x_2) \approx -x_2$ となるから, $\Delta_{\text{fus}}\bar{H}$ が $T_{\text{fus}} \sim T_{\text{fus}}^*$ の範囲にわたって温度に依存しないと仮定すれば,

$$-x_2 = \frac{\Delta_{\text{fus}}\bar{H}}{R} \int_{T_{\text{fus}}^*}^{T_{\text{fus}}} \frac{dT}{T^2} = \frac{\Delta_{\text{fus}}\bar{H}}{R}\left(\frac{1}{T_{\text{fus}}^*} - \frac{1}{T_{\text{fus}}}\right)$$

$$= \frac{\Delta_{\text{fus}}\bar{H}}{R}\left(\frac{T_{\text{fus}} - T_{\text{fus}}^*}{T_{\text{fus}}T_{\text{fus}}^*}\right) \tag{25・20}$$

が得られる. x_2 と $\Delta_{\text{fus}}\bar{H}$ は正の量だから, すぐに $T_{\text{fus}} - T_{\text{fus}}^* < 0$, すなわち $T_{\text{fus}} < T_{\text{fus}}^*$ であることがわかる. こうして, 溶質の添加により溶液の凝固点が降下することがわかる. 式(25・4)を使うと, x_2 を質量モル濃度で表すことができて, m が小さい値(希薄溶液)の場合,

$$x_2 = \frac{m}{\dfrac{1000 \text{ g kg}^{-1}}{M_1} + m} \approx \frac{M_1 m}{1000 \text{ g kg}^{-1}} \tag{25・21}$$

となる. さらに, 希薄溶液では, ふつう $T_{\text{fus}}^* - T_{\text{fus}}$ はほんの数度しかないので, よい近似で式(25・20)の分母の T_{fus} を T_{fus}^* で置き換えることができ, 結局,

$$\Delta T_{\text{fus}} = T_{\text{fus}}^* - T_{\text{fus}} = K_{\text{f}} m \tag{25・22}$$

が得られる(問題25・23). ここで,

$$K_{\text{f}} = \frac{M_1}{1000 \text{ g kg}^{-1}}\frac{R(T_{\text{fus}}^*)^2}{\Delta_{\text{fus}}\bar{H}} \tag{25・23}$$

である.

水の K_{f} の値を計算してみると,

$$K_{\text{f}} = \left(\frac{18.02 \text{ g mol}^{-1}}{1000 \text{ g kg}^{-1}}\right)\frac{(8.314 \text{ J K}^{-1} \text{ mol}^{-1})(273.2 \text{ K})^2}{6.01 \text{ kJ mol}^{-1}}$$

$$= 1.86 \text{ K kg mol}^{-1}$$

となる. 式(25・22)から 0.20 モラルのスクロース水溶液の凝固点は, $-(1.86 \text{ K kg}$

---

[1] freezing-point depression constant (モル凝固点降下 molar depression of freezing point ともいう)

mol^{-1}) (0.20 mol kg^{-1}) = -0.37 K であることがわかる.

例題 25·6 凝固点が 279.6 K で,融解のモルエンタルピーが 2.68 kJ mol^{-1} のシクロヘキサンの K_f 値を求めよ.

解答: $M_1 = 84.16$ g mol^{-1} で,T^*_{fus} と $\Delta_{\text{fus}}\bar{H}$ が上述の値のとき,式(25·23)を使うと,

$$K_f = \left(\frac{84.16 \text{ g mol}^{-1}}{1000 \text{ g kg}^{-1}}\right) \frac{(8.314 \text{ J K}^{-1} \text{ mol}^{-1})(279.6 \text{ K})^2}{2680 \text{ J mol}^{-1}}$$

$$= 20.4 \text{ K kg mol}^{-1}$$

となる.たとえば,シクロヘキサン中の 0.20 モラルのヘキサン溶液の凝固点は,純粋なシクロヘキサンの凝固点よりも 4.1 K 下がる.すなわち,$T_{\text{fus}} = 275.5$ K である.

不揮発性溶質を含む溶液の沸点上昇の式も導くことができる.式(25·22)と同じように,

$$\Delta T_{\text{vap}} = T_{\text{vap}} - T^*_{\text{vap}} = K_b m \tag{25·24}$$

とおく(問題 25·25).この**沸点上昇定数**[1]は,

$$K_b = \frac{M_1}{1000 \text{ g kg}^{-1}} \frac{R(T^*_{\text{vap}})^2}{\Delta_{\text{vap}}\bar{H}} \tag{25·25}$$

で与えられる.水の K_b はわずかに 0.512 K kg mol^{-1} であるから,水溶液の場合は沸点上昇はかなり小さな効果になる.

25·4 浸透圧を使うと,高分子の分子質量が決定できる

図 25·4 で浸透圧がどのようにして生じるかを説明する.初期状態では,左側に純水,右側にスクロースの水溶液がある.この二つの液体は,水分子は通れるが溶質分子は通過できない細孔をもった膜によって隔てられている.このような膜を**半透膜**[2] という.(多くの生物細胞は水が通れる半透膜で囲まれている.)図 25·4 の2種類の液体の水面は最初は同じであるが,膜の両側での水の化学ポテンシャルが等しくなるまで水が半透膜を通過していくだろう.この結果,図の平衡状態の方に示した状況,つまり,そこでは2種類の液体面がもはや等しくない状況になる.このようにしてで

---

1) boiling-point elevation constant (モル沸点上昇 molar elevation of boiling point ともいう)
2) semipermeable membrane

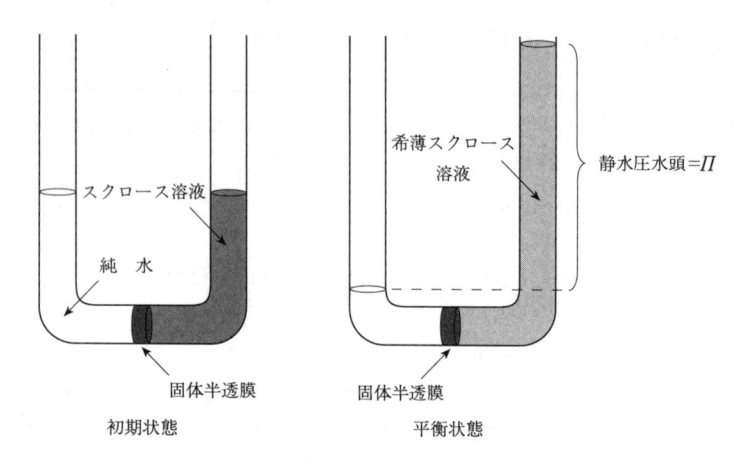

図 25·4 純水とスクロース水溶液とを隔てている固体半透膜を通過する水．スクロース水溶液中と純水中の水の化学ポテンシャルが等しくなるまで，水は半透膜を通過する．スクロース水溶液中の水の化学ポテンシャルは溶液にかかる静水圧が増加するにつれて増大する．

き上がった静水圧水頭を**浸透圧**[1]という．

水は自由に半透膜を通過できるから，平衡状態では膜の両側の水の化学ポテンシャルが同一でなければならない．いい換えると，圧力 P のときの純水の化学ポテンシャルは，圧力 $P+\Pi$ で活量 a_1 のときの溶液中の水の化学ポテンシャルと等しくなければならない．式で書くと，

$$\mu_1^*(T, P) = \mu_1^{\text{sln}}(T, P+\Pi, a_1)$$
$$= \mu_1^*(T, P+\Pi) + RT \ln a_1 \quad (25·26)$$

である．ここで，$a_1 = P_1/P_1^*$ である．上式は，

$$\mu_1^*(T, P+\Pi) - \mu_1^*(T, P) + RT \ln a_1 = 0 \quad (25·27)$$

のように書き換えられる．この式の最初の2項は，二つの異なる圧力における純溶媒の化学ポテンシャルの差である．式(23·8)から化学ポテンシャルが圧力でどう変化するかがわかるので，式(23·8)の両辺を P から $P+\Pi$ まで積分して，$\mu_1^*(T, P+\Pi) - \mu_1^*(T, P)$ を計算すると，

$$\mu_1^*(T, P+\Pi) - \mu_1^*(T, P) = \int_P^{P+\Pi} \left(\frac{\partial \mu_1^*}{\partial P'}\right)_T dP' = \int_P^{P+\Pi} \bar{V}_1^* dP' \quad (25·28)$$

---

[1] osmotic pressure

25. 溶液 II：固-液溶液

を得る．これを式(25·27)に代入すると，

$$\int_{P}^{P+\Pi} \bar{V}_1^* \, dP' + RT \ln a_1 = 0 \qquad (25\cdot29)$$

が得られる．$\bar{V}_1^*$ が圧力を加えても変化しないと仮定すれば，式(25·29)は，

$$\Pi \bar{V}_1^* + RT \ln a_1 = 0 \qquad (25\cdot30)$$

と書ける．さらに，溶液が希薄な場合は，x_2 が小さな値のとき，$a_1 \approx x_1 = 1 - x_2$ となる．したがって，$\ln a_1$ を $\ln(1-x_2) \approx -x_2$ と書けるから，式(25·30)は，

$$\Pi \bar{V}_1^* = RT x_2$$

になる．また，x_2 が小さくて，$n_2 \ll n_1$ であるから，

$$x_2 = \frac{n_2}{n_1 + n_2} \approx \frac{n_2}{n_1}$$

となる．これを上の式に代入すると，

$$\Pi = \frac{n_2 RT}{n_1 \bar{V}_1^*} \approx \frac{n_2 RT}{V}$$

を得る．ここで，$n_1 \bar{V}_1^*$ を溶液の全体積 V（希薄溶液）で置き換えた．上式はふつう，

$$\Pi = cRT \qquad (25\cdot31)$$

のように書く．ここで，c は溶液のモル濃度 n_2/V である．式(25·31)を浸透圧に関する**ファント・ホッフの式**[1]という．この式を使って，20 °C の 0.100 mol L^{-1} のスクロース水溶液の浸透圧を計算してみると，

$$\Pi = (0.100 \text{ mol L}^{-1})(0.08206 \text{ L atm K}^{-1} \text{ mol}^{-1})(293.2 \text{ K})$$
$$= 2.40 \text{ atm}$$

となる．結局，浸透圧が大きな効果をもつことがわかる．このために，浸透圧を使うと，高分子やタンパク質のような，特に分子質量の大きな溶質の分子質量を求めることができる．

例題 25·7 2.20 g のある高分子を十分な量の水に溶かして 300 mL の溶液にしたところ，20 °C のとき浸透圧が 7.45 Torr になることがわかった．この高分子の分子質量を求めよ．

解答： この溶液のモル濃度は，

---

[1] van't Hoff equation for osmotic pressure (van't Hoff's osmotic pressure law ともいう)

$$c = \frac{\Pi}{RT} = \frac{7.45 \text{ Torr}/760 \text{ Torr atm}^{-1}}{(0.082\,06 \text{ L atm K}^{-1} \text{ mol}^{-1})(293.2 \text{ K})}$$
$$= 4.07 \times 10^{-4} \text{ mol L}^{-1}$$

で与えられる．したがって，溶液 1 L 当たり 4.07×10^{-4} mol, すなわち，300 mL の溶液には $(0.300)(4.07\times10^{-4}) = 1.22\times10^{-4}$ mol の高分子が存在する．結局, 1.22×10^{-4} mol が 2.20 g に相当するから，分子質量が 18 000 であることがわかる．

15 °C で 26 atm より高い圧力が海水にかかっている場合，海水中の水の化学ポテンシャルは純水中よりも大きくなる．このために，固体半透膜を用いて，26 atm の浸透圧よりも高い圧力を海水に掛けると，海水から純水を得ることができる．この過程を**逆浸透**[1]という．逆浸透装置は市販されており，いろいろな半透膜，最もふつうには酢酸セルロースを用いて，塩水から新鮮な水を得るために使われている．

25·5 電解質溶液はかなり低濃度でも非理想的である

塩化ナトリウムが水に溶けると，溶液はナトリウムイオンと塩化物イオンを含み，未解離の塩化ナトリウムはほとんど存在しない．イオンは $1/r$ に比例して変化するクーロンポテンシャルを介して互いに相互作用する．この相互作用は，スクロースの

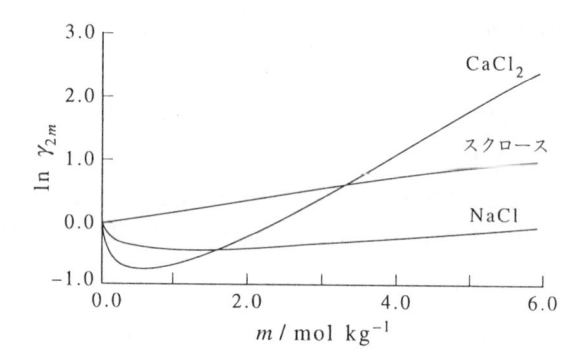

図 25·5　25 °C のスクロース，塩化ナトリウム，塩化カルシウムの各水溶液の活量係数の対数($\ln \gamma_{2m}$) を質量モル濃度(m) に対してプロットした図．電解質溶液は，スクロース溶液が理想的挙動($\ln \gamma_{2m}=0$)からずれる濃度よりも低い濃度で，もっと大きく理想的挙動からずれることがわかる．

---

1) reverse osmosis

ような中性の(非電解質)溶質分子間の相互作用，つまり $1/r^6$ などで変化する相互作用と比較して考えなければならない．すなわち，溶液中のイオン間の相互作用は，中性の溶質分子間の相互作用よりもはるかに長距離にわたって影響を及ぼすので，電解質溶液は，非電解質溶液が理想的挙動からずれる濃度よりも低い濃度で，もっと大きく理想的挙動からずれる．図25・5に，スクロース，塩化ナトリウム，塩化カルシウムの $\ln \gamma_{2m}$ を質量モル濃度に対して示してある．NaCl(aq)はスクロースよりも非理想的に振舞い，そのNaCl(aq)よりも$CaCl_2$(aq)の方がもっと非理想的に振舞う．カルシウムイオンの +2 の電荷がいっそう強いクーロン相互作用を誘起し，NaClの場合よりも理想性から大きくずれるのである．$0.100 \text{ mol kg}^{-1}$ のとき，スクロースの活量係数は0.998であるが，NaCl(aq)では0.778，$CaCl_2$(aq)では0.518である．

電解質溶液の活量係数の求め方を説明する前に，まず，電解質溶液の熱力学的性質を記述するために必要な表記法を導入しなければならない．一般的な塩 $C_{\nu_+}A_{\nu_-}$ を考えよう．この塩は，

$$C_{\nu_+}A_{\nu_-}(s) \xrightarrow{H_2O(l)} \nu_+ C^{z_+}(aq) + \nu_- A^{z_-}(aq)$$

のように，単位式量当たり ν_+ 個のカチオンと ν_- 個のアニオンに解離する．ここで，電気的中性の原理により $\nu_+ z_+ + \nu_- z_- = 0$ である．たとえば，$CaCl_2$ の場合は $\nu_+ = 1$，$\nu_- = 2$，Na_2SO_4 の場合は $\nu_+ = 2$，$\nu_- = 1$ である．したがって，$CaCl_2$ を1-2電解質，Na_2SO_4 を2-1電解質という．塩の化学ポテンシャルをその構成イオンの化学ポテンシャルを使って，

$$\mu_2 = \nu_+ \mu_+ + \nu_- \mu_- \tag{25・32}$$

と書く．ここで，

$$\mu_2 = \mu_2^\circ + RT \ln a_2 \tag{25・33}$$

$$\begin{aligned}\mu_+ &= \mu_+^\circ + RT \ln a_+ \\ \mu_- &= \mu_-^\circ + RT \ln a_-\end{aligned} \tag{25・34}$$

である．ここでの上付きの記号 (°) は選択した標準状態を表している．この時点ではそれを指定する必要はないが，ふつうは溶質標準状態，すなわちヘンリー則標準状態をとる．式(25・34)を式(25・32)に代入し，その結果を式(25・33)と等しいとおけば，

$$\nu_+ \ln a_+ + \nu_- \ln a_- = \ln a_2$$

を得る．ここで，式(25・32)と同様に，$\mu_2^\circ = \nu_+ \mu_+^\circ + \nu_- \mu_-^\circ$ を使った．上の式を，

$$a_2 = a_+^{\nu_+} a_-^{\nu_-} \tag{25・35}$$

と書き直すことができる.

電解質溶液の熱力学に現れる多くの式において, **平均イオン活量**[1]という量 $a_\pm$ を,

$$a_2 = a_\pm^\nu = a_+^{\nu_+} a_-^{\nu_-} \tag{25・36}$$

によって定義すると便利である. ここで, $\nu = \nu_+ + \nu_-$ である. 式(25・36)の最後の項にある指数の和と同じ指数が $a_\pm$ にかかっている. たとえば,

$$a_{\text{NaCl}} = a_\pm^2 = a_+ a_-$$

および

$$a_{\text{CaCl}_2} = a_\pm^3 = a_+ a_-^2$$

となる. したがって, 単一のイオンの活量を求めることができないとしても,

$$a_+ = m_+ \gamma_+ \quad \text{および} \quad a_- = m_- \gamma_-$$

によって単一イオンの活量を定義することはできる. ここで, m_+ と m_- は個々のイオンの質量モル濃度で, $m_+ = \nu_+ m$ および $m_- = \nu_- m$ で与えられる. これらの a_+ と a_- の式を式(25・36)に代入すると,

$$a_2 = a_\pm^\nu = (m_+^{\nu_+} m_-^{\nu_-})(\gamma_+^{\nu_+} \gamma_-^{\nu_-}) \tag{25・37}$$

が得られる. また, 式(25・36)の平均イオン活量 $a_\pm$ の定義と同様に, **平均イオン質量モル濃度**[2] $m_\pm$ を,

$$m_\pm^\nu = m_+^{\nu_+} m_-^{\nu_-} \tag{25・38}$$

によって, また, **平均イオン活量係数**[3] $\gamma_\pm$ を

$$\gamma_\pm^\nu = \gamma_+^{\nu_+} \gamma_-^{\nu_-} \tag{25・39}$$

によって定義する. ここでも, 式(25・38)と式(25・39)の両辺の指数の和は同一である. 以上のように定義すれば, 式(25・37)は,

$$a_2 = a_\pm^\nu = m_\pm^\nu \gamma_\pm^\nu \tag{25・40}$$

と書くことができる.

例題 25・8 $CaCl_2$ について式(25・40)を具体的に書き表せ.

解答: この場合は, $\nu_+ = 1$, $\nu_- = 2$ である. また,

$$CaCl_2(s) \xrightarrow{H_2O(l)} Ca^{2+}(aq) + 2Cl^-(aq)$$

---

[1] mean ionic activity　　[2] mean ionic molality　　[3] mean ionic activity coefficient

によると，$m_+=m$，$m_-=2m$ であることがわかるので，

$$a_2 = a_\pm^3 = (m)(2m)^2\gamma_\pm^3 = 4m^3\gamma_\pm^3$$

となる．他の型の電解質の $a_2, m, \gamma_\pm$ の間の関係式を表 25・3 に掲げる．

表 25・3 いろいろな型の強電解質についての活量，質量モル濃度，平均イオン活量係数の間の関係式

型	
1–1	
KCl(aq)	$a_2 = a_+ a_- = a_\pm^2 = m_\pm^2\gamma_\pm^2 = (m_+)(m_-)\gamma_\pm^2 = m^2\gamma_\pm^2$
1–2	
CaCl$_2$(aq)	$a_2 = a_+ a_-^2 = a_\pm^3 = m_\pm^3\gamma_\pm^3 = (m_+)(m_-)^2\gamma_\pm^3 = (m)(2m)^2\gamma_\pm^3 = 4m^3\gamma_\pm^3$
1–3	
LaCl$_3$(aq)	$a_2 = a_+ a_-^3 = a_\pm^4 = m_\pm^4\gamma_\pm^4 = (m_+)(m_-)^3\gamma_\pm^4 = (m)(3m)^3\gamma_\pm^4 = 27m^4\gamma_\pm^4$
2–1	
Na$_2$SO$_4$(aq)	$a_2 = a_+^2 a_- = a_\pm^3 = (m_+)^2(m_-)\gamma_\pm^3 = (2m)^2(m)\gamma_\pm^3 = 4m^3\gamma_\pm^3$
2–2	
ZnSO$_4$(aq)	$a_2 = a_+ a_- = a_\pm^2 = m_\pm^2\gamma_\pm^2 = (m_+)(m_-)\gamma_\pm^2 = m^2\gamma_\pm^2$
3–1	
Na$_3$Fe(CN)$_6$(aq)	$a_2 = a_+^3 a_- = a_\pm^4 = m_\pm^4\gamma_\pm^4 = (m_+)^3(m_-)\gamma_\pm^4 = (3m)^3(m)\gamma_\pm^4 = 27m^4\gamma_\pm^4$

非電解質溶液の活量係数を求めるのと同じ方法で，平均イオン活量係数を実験的に決定できる．25・2 節においてスクロース水溶液の場合に行ったように，溶媒の蒸気圧測定から平均イオン活量係数を決定する方法を説明しよう．式 (25・13) と同様に，電解質水溶液の浸透圧係数を，

$$\ln a_1 = -\frac{\nu m \phi}{55.506 \text{ mol kg}^{-1}} \qquad (25 \cdot 41)$$

で定義する．この式は，式 (25・13) に因子 ν がかかっている点が異なっていることがわかる．非電解質溶液の場合は $\nu=1$ だから，式 (25・41) は式 (25・13) に帰着する．問題 25・34 において，電解質や非電解質の溶液の場合，この因子 ν により $m\to 0$ につれて $\phi \to 1$ となることを示すだろう．式 (25・41) とギブズ-デュエムの式 (24・37) から出発すると，式 (25・15) に類似した式，

$$\ln \gamma_\pm = \phi - 1 + \int_0^m \left(\frac{\phi-1}{m'}\right) dm' \qquad (25 \cdot 42)$$

を導くことができる．

表 25·4 に NaCl 水溶液の蒸気圧を質量モル濃度の関数として示す．また，この表には，($a_1 = P_1/P_1^*$ から求めた) 水の活量，(式 25·41 から計算した) 浸透圧係数，(式 25·42 から計算した) 平均イオン活量係数も載せてある．

表 25·4 いろいろな質量モル濃度 (m) における，25 °C の NaCl 水溶液の蒸気圧 (P_{H_2O})，水の活量 (a_W)，浸透圧係数 (ϕ)，NaCl の平均イオン活量係数の対数 ($\ln \gamma_\pm$)

m/mol kg^{-1}	P_{H_2O}/Torr	a_W	ϕ	$\ln \gamma_\pm$
0.000	23.76	1.0000	1.0000	0.0000
0.200	23.60	0.9934	0.9245	−0.3079
0.400	23.44	0.9868	0.9205	−0.3685
0.600	23.29	0.9802	0.9227	−0.3977
0.800	23.13	0.9736	0.9285	−0.4143
1.000	22.97	0.9669	0.9353	−0.4234
1.400	22.64	0.9532	0.9502	−0.4267
1.800	22.30	0.9389	0.9721	−0.4166
2.200	21.96	0.9242	0.9944	−0.3972
2.600	21.59	0.9089	1.0196	−0.3709
3.000	21.22	0.8932	1.0449	−0.3396
3.400	20.83	0.8769	1.0723	−0.3046
3.800	20.43	0.8600	1.1015	−0.2666
4.400	19.81	0.8339	1.1457	−0.2053
5.000	19.17	0.8068	1.1916	−0.1389

25·2 節のスクロースの場合，m の多項式で ϕ の曲線を合わせ，その多項式を用いて γ_{2m} の値を計算した．つぎの 25·6 節でわかるように，電解質の浸透圧係数は，

$$\phi = 1 + am^{1/2} + bm + cm^{3/2} + \cdots$$

の形の多項式でもっともよく記述できる．表 25·4 に与えた塩化ナトリウムの浸透圧係数のデータは，

25. 溶液 II：固-液溶液

$$\phi = 1 - (0.3920 \text{ kg}^{1/2} \text{ mol}^{-1/2}) m^{1/2} + (0.7780 \text{ kg mol}^{-1}) m$$
$$- (0.8374 \text{ kg}^{3/2} \text{ mol}^{-3/2}) m^{3/2} + (0.5326 \text{ kg}^2 \text{ mol}^{-2}) m^2$$
$$- (0.1673 \text{ kg}^{5/2} \text{ mol}^{-5/2}) m^{5/2} + (0.0206 \text{ kg}^3 \text{ mol}^{-3}) m^3$$

$$0 \leq m \leq 5.0 \text{ mol kg}^{-1} \quad (25 \cdot 43)$$

を使って合わせることができる．この ϕ の式と式(25・42)は，表25・4の $\ln \gamma_\pm$ の計算にも使用した．

例題 25・9 表25・4にある 1.00 モラルのときの $\ln \gamma_\pm$ の値を検証せよ．

解答：式(25・43)の m のべき乗の係数内の単位を省略すると，まず，

$$\int_0^m \left(\frac{\phi - 1}{m'} \right) \mathrm{d}m' = -(0.3920)(2m^{1/2}) + 0.7780 m - (0.8374) \frac{2m^{3/2}}{3}$$
$$+ (0.5326) \frac{m^2}{2} - (0.1673) \frac{2m^{5/2}}{5} + (0.0206) \frac{m^3}{3}$$

と書き，この結果を $\phi - 1$ に加えると，

$$\ln \gamma_\pm = -(0.3920)(3m^{1/2}) + (0.7780)(2m) - (0.8374) \frac{5m^{3/2}}{3}$$
$$+ (0.5326) \frac{3m^2}{2} - (0.1673) \frac{7m^{5/2}}{5} + (0.0206) \frac{4m^3}{3}$$

が得られる．したがって，1.00 モラルのときは $\ln \gamma_\pm = -0.4234$，つまり $\gamma_\pm = 0.655$ となる．

非電解質溶液の束一的性質に関して25・3節で導いた式は，電解質溶液の場合は少し違う形をとる．この違いは，式(25・21)の x_2 の式にある．単位式量当たり ν_+ 個のカチオンと ν_- 個のアニオンに解離する強電解質の場合，溶質粒子のモル分率は，

$$x_2 = \frac{\nu m}{\dfrac{1000 \text{ g kg}^{-1}}{M_1} + \nu m} \approx \frac{\nu m M_1}{1000 \text{ g kg}^{-1}} \quad (25 \cdot 44)$$

で与えられる．上の式の右辺に因子 ν が入っている．束一的効果の式を導くときに，この x_2 の式をずっと使っていけば，

$$\Delta T_{\text{fus}} = \nu K_{\text{f}} m \quad (25 \cdot 45)$$

$$\Delta T_{\text{vap}} = \nu K_{\text{b}} m \quad (25 \cdot 46)$$

$$\Pi = \nu cRT \tag{25.47}$$

が得られる．

例題 25·10   0.050 モラルの $K_3Fe(CN)_6$ 水溶液の凝固点は $-0.36\,°C$ である．$K_3Fe(CN)_6$ では単位式量当たり何個のイオンが形成されるか．

解答：式(25·45)を ν について解くと，

$$\nu = \frac{\Delta T_{\text{fus}}}{K_f m} = \frac{0.36\,°C}{(1.86\,°C\ \text{kg mol}^{-1})(0.050\ \text{mol kg}^{-1})} = 3.9$$

が得られる．したがって，$K_3Fe(CN)_6$ の解離過程は，

$$K_3Fe(CN)_6 \xrightarrow{H_2O(l)} 3K^+(aq) + Fe(CN)_6^{3-}(aq)$$

と書ける．

25·6 きわめて希薄な溶液の場合，デバイ-ヒュッケル理論は $\ln \gamma_\pm$ の厳密な式を与える

25·2 節では，スクロースの場合に浸透圧係数を m の簡単な多項式で表したが，前節で，電解質溶液については $\phi = 1 + am^{1/2} + bm + \cdots$ の形で表した．そのようにした理由は，1925 年にデバイとヒュッケルとが，以下のことを理論的に示したからである．低濃度のとき，イオン j の活量係数の対数は，

$$\ln \gamma_j = -\frac{\kappa q_j^2}{8\pi\varepsilon_0\varepsilon_r k_B T} \tag{25.48}$$

で与えられ，また，その平均イオン活量係数の対数は，

$$\ln \gamma_\pm = -|q_+ q_-|\frac{\kappa}{8\pi\varepsilon_0\varepsilon_r k_B T} \tag{25.49}$$

で与えられる(問題 25·50 ないし問題 25·58 参照)．ここで，$q_+ = z_+ e$, $q_- = z_- e$ はカチオンとアニオンの電荷，ε_r は溶媒の相対誘電率(単位はない)であり，κ は，

$$\kappa^2 = \sum_{j=1}^{s} \frac{q_j^2}{\varepsilon_0 \varepsilon_r k_B T}\left(\frac{N_j}{V}\right) \tag{25.50}$$

で与えられる．この式で，s はイオンの種類の数，N_j/V はイオン種 j の数密度である．N_j/V をモル濃度に変換すると，式(25·50)は，

25. 溶液 II: 固-液溶液

$$\kappa^2 = N_A(1000 \text{ L m}^{-3}) \sum_{j=1}^{s} \frac{q_j^2 c_j}{\varepsilon_0 \varepsilon_r k_B T} \tag{25·51}$$

となる．**イオン強度**[1]という量 I_c を習慣的に，

$$I_c = \frac{1}{2} \sum_{j=1}^{s} z_j^2 c_j \tag{25·52}$$

によって定義する．ここで，c_j は j 番目のイオン種のモル濃度で，これを使うと，

$$\kappa^2 = \frac{2e^2 N_A(1000 \text{ L m}^{-3})}{\varepsilon_0 \varepsilon_r k_B T} (I_c/\text{mol L}^{-1}) \tag{25·53}$$

となる（問題 25·46）．

例題 25·11 最初に κ が m^{-1} の単位をもつことを示し，つぎに，当然ながら式(25·49)の $\ln \gamma_\pm$ には単位がないことを示せ．

解答: 式(25·50)から出発する．それぞれ，q_j は C，ε_0 は C^2 s^2 kg^{-1} m^{-3}，k_B は J K^{-1} = kg m^2 s^{-2} K^{-1}，T は K，N_j/V は m^{-3} の単位をもつ．したがって，κ^2 の単位は，

$$\kappa^2 \sim \frac{(\text{C}^2)(\text{m}^{-3})}{(\text{C}^2 \text{ s}^2 \text{ kg}^{-1} \text{ m}^{-3})(\text{kg m}^2 \text{ s}^{-2} \text{ K}^{-1})(\text{K})} = \text{m}^{-2}$$

すなわち，

$$\kappa \sim \text{m}^{-1}$$

である．$\ln \gamma_\pm$ に対して式(25·49)を用いると，

$$\ln \gamma_\pm \sim \frac{(\text{C}^2)(\text{m}^{-1})}{(\text{C}^2 \text{ s}^2 \text{ kg}^{-1} \text{ m}^{-3})(\text{kg m}^2 \text{ s}^{-2} \text{ K}^{-1})(\text{K})} = \text{単位なし}$$

となる．

式(25·49)は，十分低い濃度のすべての電解質溶液に対して $\ln \gamma_\pm$ がとる厳密な式であるから，**デバイ-ヒュッケルの極限法則**[2]という．"十分低い濃度"というのが一体どんな濃度かは系によって異なる．式(25·49)では $\ln \gamma_\pm$ が κ に，式(25·53)では κ が $I_c^{1/2}$ に，式(25·52)では $I_c^{1/2}$ が $c^{1/2}$ に従って変化する．その結果，$\ln \gamma_\pm$ は $c^{1/2}$ に比例して変化する．この $c^{1/2}$ 依存性は電解質溶液の場合ふつうに見られるので，25·5 節で ϕ の曲線を合わせるときに，c（あるいは m）でなく $c^{1/2}$（あるいは $m^{1/2}$）の多項式

---

1) ionic strength　　2) Debye-Hückel limiting law

で ϕ を合わせたのである.

$\ln \gamma_\pm$ のほとんどの実験データは,モル濃度よりも,むしろ質量モル濃度で与えられる.図 25・6 に数種の 1-1 電解質について $\ln \gamma_\pm$ 対 $m^{1/2}$ をプロットしてある.すべての曲線が低濃度で一つの直線に集まっており,これは式 (25・49) の極限法則の性質に合致していることがわかる.極限法則が成立する低濃度においては,質量モル濃度とモル濃度の尺度は定数倍だけの違いなので,$c^{1/2}$ に対する線形のプロットは $m^{1/2}$ に対しても線形になる (問題 25・5).

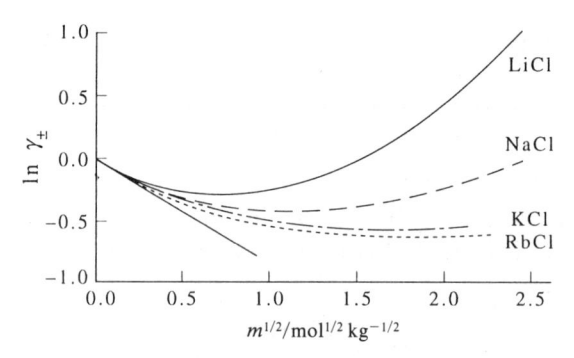

図 25・6 25 °C のハロゲン化アルカリ水溶液の $\ln \gamma_\pm$ 対 $m^{1/2}$ のプロット.4 本の曲線は異なっているにもかかわらず,すべての曲線が 1 カ所に集まってくる,すなわち,低濃度においてはデバイ-ヒュッケルの極限法則 (式 25・49) になっていることがわかる.

式 (25・50) の κ は,デバイ-ヒュッケル理論で重要な量で,つぎのような物理的意味をもっている.極座標系の原点にある電荷 q_i をもつ 1 個のイオンを考えよう.デバイとヒュッケルによると (問題 25・51 参照),この中心イオンのまわりの半径 r,厚さ dr の球殻内の正味の電荷は,

$$p_i(r)\,dr = -q_i \kappa^2 r e^{-\kappa r}\,dr \qquad (25\cdot54)$$

である.この式を 0 から ∞ まで積分すると,

$$\int_0^\infty p_i(r)\,dr = -q_i \kappa^2 \int_0^\infty r e^{-\kappa r}\,dr = -q_i$$

が得られる.この結果は,単純に電荷 q_i のイオンのまわりの全電荷が,q_i と大きさが同じで反対符号であることを表している.いい換えると,これは溶液が電気的に中性であることを表している.図 25・7 にプロットしてある式 (25・54) からわかるように,

溶液中のあるイオンを取り巻く反対符号の正味電荷は散漫に広がった殻になっていることがわかる。式(25・54)は，中心イオンのまわりの**イオン雰囲気**[1]を表現しているといってもよい。さらに，図25・7の曲線の極大が $r=\kappa^{-1}$ のところで起きるので，κ^{-1} はイオン雰囲気の厚さの目安になる。κ^{-1} の単位は例題25・11でわかるようにmである。

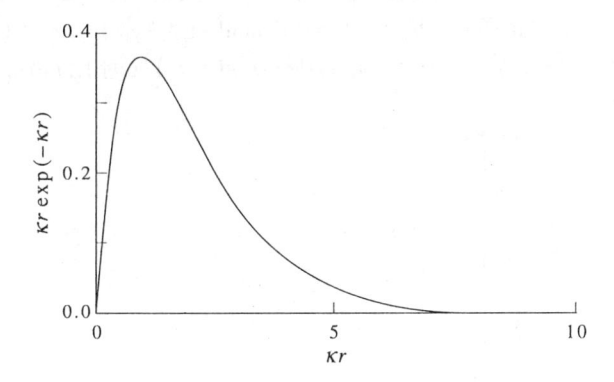

図25・7 電荷 q_i の中心イオンのまわりの，半径が r で厚さが dr の球殻内の正味電荷のプロット。この曲線は溶液中の各イオンのまわりのイオン雰囲気を表している。極大の場所が $r=\kappa^{-1}$ に相当する。

25℃の水溶液中の1-1電解質の場合，κ の簡便な式は，

$$\frac{1}{\kappa} = \frac{304 \text{ pm}}{(c/\text{mol L}^{-1})^{1/2}} \tag{25・55}$$

である(問題25・53)。ここで，c は溶液のモル濃度である。$c=0.010 \text{ mol L}^{-1}$ の水溶液におけるイオン雰囲気の厚さは，ほぼ3000 pm，つまり典型的なイオンの大きさの約10倍ある。

25℃の水溶液の場合，式(25・49)は，

$$\ln \gamma_{\pm} = -1.173 |z_+ z_-| (I_c/\text{mol L}^{-1})^{1/2} \tag{25・56}$$

となる(問題25・59)。式(25・52)によると，I_c は濃度と関係があるがその関係自身は電解質の型によって異なる。たとえば，1-1電解質の場合，$z_+=1$，$z_-=-1$，$c_+=c$，$c_-=c$ だから，$I=c$ となる。$CaCl_2$ のような1-2電解質の場合，$z_+=2$，$z_-=-1$，$c_+=c$，$c_-=2c$ だから，$I_c=\frac{1}{2}(4c+2c)=3c$ である。一般に，I_c は c にある数を掛

---
[1] the ionic atmosphere

けたものに等しいが，その数は塩の型で決まる．したがって，式(25·56)により，$\ln \gamma_\pm$ 対 $c^{1/2}$ のプロットは直線でなければならず，その勾配は電解質の型で決まる．この勾配は，1-1 電解質に対しては -1.173，1-2 電解質に対しては $-(1.173)(2)(3^{1/2}) = -4.06$ になる．図 25·8 に NaCl(aq) と CaCl$_2$(aq) の $\ln \gamma_\pm$ 対 $c^{1/2}$ のプロットを示す．このプロットは，低濃度では確かに直線で，高濃度のところで線形挙動からのずれが生じることがわかる．〔CaCl$_2$(aq) の場合，$c^{1/2} \approx 0.05$ mol$^{1/2}$ L$^{-1/2}$ つまり $c = 0.003$ mol L^{-1}，NaCl(aq) の場合，$c^{1/2} \approx 0.15$ mol$^{1/2}$ L$^{-1/2}$ つまり $c = 0.02$ mol L^{-1} の付近でずれが始まる．〕この二つの直線部分の勾配は，4.06 対 1.17 の比である．

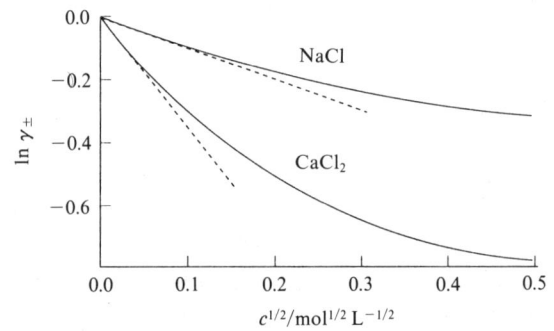

図 25·8 25 °C の NaCl(aq) と CaCl$_2$(aq) の平均イオン活量係数の対数 ($\ln \gamma_\pm$) を $c^{1/2}$ に対してプロットした図．モル濃度が 0 に近づくにつれ，両方の曲線がデバイ-ヒュッケルの極限法則(直線)に接近していくことがわかる．

25·7 平均剛体球近似によってデバイ-ヒュッケル理論がさらに高濃度領域に拡張される

デバイ-ヒュッケル理論では，イオンは単なる点イオン(半径 0)であり，その点イオンどうしが純粋なクーロンポテンシャル [$U(r) = z_+ z_- e^2 / 4\pi\varepsilon_0 \varepsilon_r r$] で相互作用すると仮定している．さらに，溶媒は均一な，相対誘電率 ε_r (25 °C の水の場合 78.54) をもつ連続媒体と考えている．点イオンの仮定と連続的な溶媒の仮定は粗いもののように思えるが，非常に希薄な溶液の場合のように，イオンどうしが互いに平均として遠く離れているときには，きわめて満足すべき仮定である．その結果，低濃度の極限では，式(25·49)で与えられる $\ln \gamma_\pm$ のデバイ-ヒュッケルの式が厳密に成り立つ．非電解質の溶液の場合には，これに相当する理論は存在しない．というのは，非電解質分子は中性の化学種なので，かなりの程度に相互作用するようになるには，溶質分子どうし

が比較的接近しなければならず，そのときは溶媒を連続媒体とみなすのが困難になるからである．

図25・8はデバイ-ヒュッケル理論が極限法則であることをはっきりと示している．非常に低い濃度領域を除いて，この理論は活量係数を計算するための定量的な理論と考えるべきではない．それにもかかわらず，デバイ-ヒュッケル理論は，すべての電解質溶液が従う厳密な極限法則として，計り知れない役割を演じてきたのである．そのうえ，もっと高濃度の領域での溶液を記述しようとするどんな理論でも，低濃度領域に対しては式(25・49)に帰着しなければならないのである．一段と濃度の高い電解質溶液に対する理論を構築するために，これまで多くの試みが行われたが，ほとんどの場合，ほんの限られた成功しか得られていない．初期に行われたそのような試みの一つを**拡張デバイ-ヒュッケル理論**[1]といい，式(25・56)を，

$$\ln \gamma_\pm = -\frac{1.173 \, |z_+ z_-| \, (I_c/\mathrm{mol \, L^{-1}})^{1/2}}{1 + (I_c/\mathrm{mol \, L^{-1}})^{1/2}} \tag{25・57}$$

のように修正する．低濃度の極限では，式(25・57)の分母の $I_c^{1/2}$ は1に比べて無視できるから，この式は式(25・56)になる．

例題 25・12 式(25・57)を使って，0.050 mol L^{-1} の LiCl(aq) の $\ln \gamma_\pm$ を計算し，その結果と式(25・56)から得られる結果とを比較せよ．一般に認められている実験値は -0.191 である．

解答: LiCl のような 1-1 塩の場合，式(25・56)で $I_c = c$ だから，

$$\ln \gamma_\pm = -1.173(0.050)^{1/2} = -0.262$$

となる．また，式(25・57)では，

$$\ln \gamma_\pm = -\frac{1.173(0.050)^{1/2}}{1 + (0.050)^{1/2}} = -0.214$$

となる．式(25・57)は，デバイ-ヒュッケルの極限法則に対して，ある程度の改良になっているが，0.050 mol L^{-1} のときでさえ非常に正確というわけではない．0.200 mol L^{-1} のときは，式(25・57)は，$\ln \gamma_\pm$ の実測値 -0.274 に対して -0.362 を与える．

実験データに合わせるために広く使われてきた，$\ln \gamma_\pm$ のもう一つの半経験式が，

---

[1] extended Debye–Hückel theory

$$\ln \gamma_\pm = -\frac{1.173\,|z_+z_-|\,(I_c/\text{mol L}^{-1})^{1/2}}{1 + (I_c/\text{mol L}^{-1})^{1/2}} + Cm \tag{25・58}$$

である．ここで，C は電解質に依存するパラメーターである．式(25・58)は 1 mol L^{-1} 程度まで $\ln \gamma_\pm$ の実験値に合わせることができるが，それでも厳密にいえば C は調節用のパラメーターである．

1970 年代に，電解質溶液の理論の分野でかなりの進展が見られた．これらの理論に関するほとんどの研究は，いわゆる**単純モデル**[1]に基づいている．そのモデルでは，イオンは中心に電荷をもつ剛体球と考え，溶媒は均一な相対誘電率をもつ連続媒体と考える．このモデルには明らかな欠点があるにもかかわらず，イオン間の長距離クーロン相互作用とイオン間の短距離反発力を取込んでいる．これらは核心をついた考察であったようで，すぐ後でわかるように，この単純モデルは，かなり広範囲の濃度にわたって実験結果ときわめて満足すべき一致をもたらすことができる．

これまでに開発された理論の大半では，かなり複雑な方程式の数値解が必要になるが，一つの理論は，電解質溶液のいろいろな熱力学的性質についての解析的な式を提供する点で注目に値する．この理論を**平均剛体球近似**[2](**MSA**)というが，この名前は最初にその理論を立てた人の命名による．この理論は，イオンが有限の(0 でない)大きさであることをかなり厳密に考慮に入れたデバイ-ヒュッケル理論とみなすことができる．この平均剛体球近似の最も重要な結果は，

$$\ln \gamma_\pm = \ln \gamma_\pm^{\text{el}} + \ln \gamma^{\text{HS}} \tag{25・59}$$

である．ここで，$\ln \gamma_\pm^{\text{el}}$ は $\ln \gamma_\pm$ への静電的(クーロン的)な寄与，$\ln \gamma^{\text{HS}}$ は剛体球(有限の大きさ)の寄与である．1-1 電解質溶液の場合，$\ln \gamma_\pm^{\text{el}}$ は，

$$\ln \gamma_\pm^{\text{el}} = \frac{x(1+2x)^{1/2} - x - x^2}{4\pi\rho d^3} \tag{25・60}$$

で与えられる．ここで，ρ は荷電粒子の数密度，d はカチオンとアニオンの半径の和，$x = \kappa d$ であり，κ は式(25・53)で与えられる．単に見ただけでは明らかではないが，式(25・59)は低濃度の極限でデバイ-ヒュッケルの極限法則(式 25・49)に帰着する(問題 25・60)．$\ln \gamma_\pm$ への剛体球の寄与は，

$$\ln \gamma^{\text{HS}} = \frac{4y - \dfrac{9}{4}y^2 + \dfrac{3}{8}y^3}{\left(1 - \dfrac{y}{2}\right)^3} \tag{25・61}$$

で与えられる．ここで，$y = \pi\rho d^3/6$ である．

---

[1] primitive model　　[2] mean spherical approximation

式(25·60)と式(25·61)はいくぶん長いが,いったん d を選べば,モル濃度 c によって $\ln \gamma_\pm$ を与えるので,両式は使いやすいものである.図25·9に,25℃の NaCl(aq) の $\ln \gamma_\pm$ の実験値と,$d = 320$ pm として式(25·59)から計算した $\ln \gamma_\pm$ を示す.

1個の調節用のパラメーター(イオン半径の和)を与えただけで,両者の一致はきわめて良好に思える.図25·9には,もっとふつうに見られる式(25·57)の結果も載せてある.

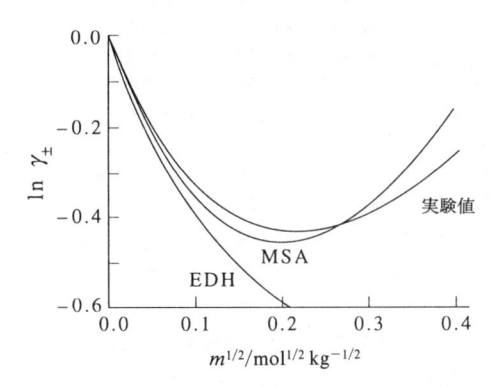

図 25·9 25℃の NaCl(aq) の実験データと平均剛体球近似 MSA (式 25·59)からの $\ln \gamma_\pm$ の比較.EDH と書いた実線は拡張デバイ-ヒュッケル理論(式 25·57)の結果である.カチオンとアニオンの半径の和,d の値は 320 pm にとっている.

問 題

25·1 質量で 40.0% のグリセリンを含むグリセリン-水の溶液の密度は 20℃ で 1.101 g mL^{-1} である.この溶液の 20℃ におけるグリセリンの質量モル濃度とモル濃度を計算せよ.また,0℃ の質量モル濃度を計算せよ.

25·2 濃硫酸は,質量で 98.0% の硫酸と 2.0% の水との溶液として市販されている.その密度が 1.84 g mL^{-1} であることを使って,濃硫酸のモル濃度を計算せよ.

25·3 濃リン酸は,質量で 85% のリン酸と 15% の水との溶液として市販されている.そのモル濃度が 15 mol L^{-1} であることを使って,濃リン酸の密度を計算せよ.

25·4 0.500 モラルのグルコース水溶液のグルコースのモル分率を求めよ.

25·5 1種だけの溶質を含む溶液のモル濃度と質量モル濃度との間の関係が,

$$c = \frac{(1000 \text{ mL L}^{-1})\rho m}{1000 \text{ g kg}^{-1} + mM_2}$$

であることを示せ. ここで, c はモル濃度, m は質量モル濃度, ρ は g mL^{-1} 単位の溶液の密度, M_2 は溶質のモル質量(g mol^{-1})である.

25·6 CRC 出版社の Handbook of Chemistry and Physics には多くの溶液に関する"水溶液の濃度"の表が載っている. CsCl(s) の場合の実例を下の表に示す.

A/%	ρ/g mL^{-1}	c/mol L^{-1}
1.00	1.0058	0.060
5.00	1.0374	0.308
10.00	1.0798	0.641
20.00	1.1756	1.396
40.00	1.4226	3.380

ここで, A は溶質の質量パーセント, ρ は溶液の密度, c はモル濃度である. このデータを用いて, 各濃度における質量モル濃度を計算せよ.

25·7 溶液中の溶質の質量パーセント(A)とその溶液の質量モル濃度(m)との間の関係式を導け. また, 質量で 18% のスクロースを含むスクロース水溶液の質量モル濃度を計算せよ.

25·8 溶媒のモル分率と溶液の質量モル濃度との間の関係式を導け.

25·9 25 °C の塩化ナトリウム水溶液の体積は,

$$V/\text{mL} = 1001.70 + (17.298 \text{ kg mol}^{-1})m + (0.9777 \text{ kg}^2 \text{ mol}^{-2})m^2$$
$$- (0.0569 \text{ kg}^3 \text{ mol}^{-3})m^3$$

$$0 \leq m \leq 6 \text{ mol kg}^{-1}$$

と表される. ここで, m は質量モル濃度である. 質量モル濃度が 3.00 mol kg^{-1} の塩化ナトリウムを含む溶液のモル濃度を求めよ.

25·10 x_2^∞, m^∞, c^∞ を, それぞれ無限希釈のときの溶質のモル分率, 質量モル濃度, モル濃度であるとすると,

$$x_2^\infty = \frac{m^\infty M_1}{1000 \text{ g kg}^{-1}} = \frac{c^\infty M_1}{(1000 \text{ mL L}^{-1})\rho_1}$$

となることを示せ. ここで, M_1 は溶媒のモル質量(g mol^{-1}), ρ_1 はその密度(g mL^{-1})である. 低濃度においては, モル分率, 質量モル濃度, モル濃度はすべて互いに正比例することがわかる.

25·11 溶質の活量がそれぞれ同一の標準状態に相対的に, a_2' と a_2'' である 2 種類の溶液を考えよう. これらの 2 種類の溶液の化学ポテンシャルの違いは, 標準状態には無関係で, a_2'/a_2'' の比だけに依存することを示せ. つぎに, 一方の溶液を任意の濃度にし, 他方を非常に希薄な濃度(ほとんど無限希釈)に設定したとき,

$$\frac{a'_2}{a''_2} = \frac{\gamma_{2x} x_2}{x_2^\infty} = \frac{\gamma_{2m} m}{m^\infty} = \frac{\gamma_{2c} c}{c^\infty}$$

が成立することを説明せよ.

25·12 式(25·4)と式(25·11)および上の2問の結果を用いて,

$$\gamma_{2x} = \gamma_{2m}\left(1 + \frac{mM_1}{1000 \text{ g kg}^{-1}}\right) = \gamma_{2c}\left(\frac{\rho}{\rho_1} + \frac{c[M_1 - M_2]}{\rho_1[1000 \text{ ml L}^{-1}]}\right)$$

となることを証明せよ. ここで, ρ はその溶液の密度である. 結局, 三つの異なる活量係数が互いに関連していることがわかる.

25·13 式(25·4)と式(25·11)および問題25·12の結果を用いて,

$$\gamma_{2m} = \gamma_{2c}\left(\frac{\rho}{\rho_1} - \frac{cM_2}{\rho_1[1000 \text{ mL L}^{-1}]}\right)$$

を導け. 20 °C におけるクエン酸(M_2=192.12 g mol^{-1})水溶液の密度が,

$$\rho/\text{g mL}^{-1} = 0.998\,23 + (0.077\,102 \text{ L mol}^{-1})c$$
$$0 \leq c < 1.772 \text{ mol L}^{-1}$$

によって与えられることを使って, γ_{2m}/γ_{2c} 対 c をプロットせよ. どの濃度まで γ_{2m} と γ_{2c} の違いが 2 % 以内にとどまるか.

25·14 CRC出版社のHandbook of Chemistry and Physicsに, 25 °C のスクロース水溶液中のスクロースの質量パーセントと対応するモル濃度の表が掲載されている. このデータを用いて, スクロース水溶液の質量モル濃度対モル濃度をプロットせよ.

25·15 表25·2のデータを用いて, 3.00モラルのスクロース濃度の水溶液中の水の活量係数を(モル分率基準で)計算せよ.

25·16 表25·2のデータを用いて, 水のモル分率に対して水の活量係数をプロットせよ.

25·17 表25·2のデータを用いて, 各 m の値に対する ϕ の値を計算し, 図25·2を再現せよ.

25·18 表25·2のスクロースの浸透圧係数のデータを4次の多項式で合わせて, 1.00モラルの溶液の γ_{2m} の値を計算せよ. その結果を例題25·5で求めた値と比較せよ.

25·19 表25·2のスクロースのデータを用いて, $(\phi-1)/m$ 対 m をプロットし, その曲線の下の面積を, 最初に ϕ の曲線を関数で合わせるのではなくて, 数値積分(数学章G参照)によって求め, 3.00モラルのときの $\ln \gamma_{2m}$ の値を決定せよ. その結果を表25·2に与えられた値と比較せよ.

25·20 式(25·18)を使えば, 溶媒の凝固点におけるその溶媒の活量を決定すること

ができる. ΔC_P^* が温度に依存しないと仮定して,

$$\Delta_{\text{fus}}\bar{H}(T) = \Delta_{\text{fus}}\bar{H}(T_{\text{fus}}^*) + \Delta\bar{C}_P^*(T - T_{\text{fus}}^*)$$

となることを示せ. ここで, $\Delta_{\text{fus}}\bar{H}(T_{\text{fus}}^*)$ はモル融解エンタルピー, T_{fus}^* は純溶媒の凝固点, $\Delta\bar{C}_P^*$ は溶媒の液体と固体のモル熱容量の差である. さらに, 式(25·18)を用いて,

$$-\ln a_1 = \frac{\Delta_{\text{fus}}\bar{H}(T_{\text{fus}}^*)}{R(T_{\text{fus}}^*)^2}\theta + \frac{1}{R(T_{\text{fus}}^*)^2}\left(\frac{\Delta_{\text{fus}}\bar{H}(T_{\text{fus}}^*)}{T_{\text{fus}}^*} - \frac{\Delta\bar{C}_P^*}{2}\right)\theta^2 + \cdots$$

となることを示せ. ここで, $\theta = T_{\text{fus}}^* - T_{\text{fus}}$ である.

25·21 $\Delta_{\text{fus}}\bar{H}(T_{\text{fus}}^*) = 6.01$ kJ mol^{-1}, $\bar{C}_P^l = 75.2$ J K^{-1} mol^{-1}, $\bar{C}_P^s = 37.6$ J K^{-1} mol^{-1} とおき, 水溶液の場合, 前問の $-\ln a_1$ の式が,

$$-\ln a_1 = (0.009\ 68\ \text{K}^{-1})\theta + (5.2\times 10^{-6}\ \text{K}^{-2})\theta^2 + \cdots$$

となることを示せ. 1.95 モラルのスクロース水溶液の凝固点降下は 4.45 °C である. この濃度における a_1 の値を計算せよ. その結果を表 25·2 の値と比較せよ. この問題で計算した値は 0 °C の場合であるが, 一方, 表 25·2 の値は 25 °C の場合である. a_1 は温度でそれほど変化しないので, この差はかなり小さい (問題 25·61).

25·22 5.0 モラルのグリセリン水溶液の凝固点は -10.6 °C である. 0 °C のこの溶液中の水の活量を計算せよ (問題 25·20 と問題 25·21 参照).

25·23 $(T_{\text{fus}} - T_{\text{fus}}^*)/T_{\text{fus}}^* T_{\text{fus}}$ (式 25·20 参照) の分母の T_{fus} を T_{fus}^* に置換すると, $-\theta/(T_{\text{fus}}^*)^2 - \theta^2/(T_{\text{fus}}^*)^3 + \cdots$ となることを示せ. ここで, $\theta = T_{\text{fus}}^* - T_{\text{fus}}$ である.

25·24 ニトロベンゼンの凝固点は 5.7 °C, モル融解エンタルピーは 11.59 kJ mol^{-1} である. 凝固点降下定数を求めよ.

25·25 式(25·22)と式(25·23)を導く際に用いたのと同様の手順で, 式(25·24)と式(25·25)を導け.

25·26 シクロヘキサンの沸点上昇定数を $T_{\text{vap}} = 354$ K, $\Delta_{\text{vap}}\bar{H} = 29.97$ kJ mol^{-1} から求めよ.

25·27 50.00 g のベンゼン中に 1.470 g のジクロロベンゼンを含む溶液は, 1.00 bar の圧力のとき 80.60 °C で沸騰する. 純ベンゼンの沸点は 80.09 °C で, そのモル蒸発エンタルピーは 32.0 kJ mol^{-1} である. これらのデータからジクロロベンゼンのモル質量を決定せよ.

25·28 ふつうの純物質に関してつぎのページの図のような相図を考えよう. 各相に対応した領域を図中に表記せよ. 不揮発性の溶質の希薄溶液の場合, この相図がどう変わるかを説明せよ. また, 溶質が溶解すると, 沸点が上昇し, 凝固点が降下することを図で説明せよ.

25. 溶液 II: 固-液溶液

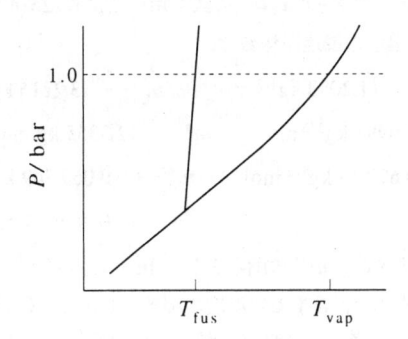

25·29 0.80 g のタンパク質を含む 100 mL の溶液の浸透圧は 25 °C で 2.06 Torr である。このタンパク質のモル質量はいくらか。

25·30 水溶液の浸透圧が，

$$\Pi = \frac{RT}{\bar{V}^*} \left(\frac{m}{55.506 \text{ mol kg}^{-1}} \right) \phi$$

と書けることを示せ。

25·31 表 25·2 によると，2.00 モラルのスクロース溶液中の水の活量は 0.958 07 である。この溶液の水の活量が 25.0 °C, 1 atm の純水中の水の活量と等しくなるようにするためには，25.0 °C でこの溶液にいくらの外圧を加えなければならないか。水の密度を 0.997 g mL^{-1} とせよ。

25·32 $CuSO_4$ のような 2-2 塩の場合，$a_2 = a_\pm^2 = m^2 \gamma_\pm^2$ であること，$LaCl_3$ のような 1-3 塩の場合，$a_2 = a_\pm^4 = 27 m^4 \gamma_\pm^4$ であることを示せ。

25·33 下の表を検証せよ。また，I_m は一般に $|z_+ z_-|(\nu_+ + \nu_-) m/2$ となることを示せ。

塩の型	例	I_m
1-1	KCl	m
1-2	CaCl$_2$	$3m$
2-1	K$_2$SO$_4$	$3m$
2-2	MgSO$_4$	$4m$
1-3	LaCl$_3$	$6m$
3-1	Na$_3$PO$_4$	$6m$

25·34 式(25·41)に因子 ν を導入すると，非電解質と同様に電解質溶液の場合でも，$m \to 0$ となるにつれ，$\phi \to 1$ が成立するようになることを示せ。［ヒント：x_2 の式に溶質粒子の全モル数が入っている（式 25·44 参照）。］

25・35 式(25・41)とギブズ-デュエムの式を用いて，式(25・42)を導け．

25・36 $CaCl_2(aq)$溶液の浸透圧係数は，

$$\phi = 1.0000 - (1.2083 \text{ kg}^{1/2} \text{ mol}^{-1/2}) m^{1/2} + (3.2215 \text{ kg mol}^{-1}) m$$
$$- (3.6991 \text{ kg}^{3/2} \text{ mol}^{-3/2}) m^{3/2} + (2.3355 \text{ kg}^2 \text{ mol}^{-2}) m^2$$
$$- (0.672\,18 \text{ kg}^{5/2} \text{ mol}^{-5/2}) m^{5/2} + (0.069\,749 \text{ kg}^3 \text{ mol}^{-3}) m^3$$

$$0 \leq m \leq 5.00 \text{ mol kg}^{-1}$$

と書ける．この式を用いて，$m^{1/2}$の関数として$\ln \gamma_\pm$を計算し，それを図示せよ．

25・37 式(25・43)を用い，質量モル濃度の関数として25℃のNaCl(aq)の$\ln \gamma_\pm$を計算し，それを$m^{1/2}$に対してプロットせよ．その結果を表25・4の値と比較せよ．

25・38 問題25・19において，$(\phi - 1)/m$対mの曲線の下の面積を計算することによって，スクロースの$\ln \gamma_{2m}$を求めた．電解質溶液を扱うときには，ϕは当然$m^{1/2}$に依存するから，$(\phi - 1)/m^{1/2}$対$m^{1/2}$をプロットするほうが数値的にもっと優れている．

$$\ln \gamma_\pm = \phi - 1 + 2 \int_0^{m^{1/2}} \frac{\phi - 1}{m^{1/2}} dm^{1/2}$$

となることを証明せよ．

25・39 NaCl(aq)についての表25・4のデータを用いて，$(\phi - 1)/m^{1/2}$対$m^{1/2}$をプロットし，曲線の下の面積を数値積分で求めて(数学章G参照)，25℃のNaCl(aq)の$\ln \gamma_\pm$を計算せよ．その$\ln \gamma_\pm$の値を，問題25・37で得られた値と比較せよ．

25・40 南極大陸のライト峡谷にあるドン・ジュアン湖は-57℃で凍結する．湖水中のおもな溶質は$CaCl_2$である．湖水中の$CaCl_2$濃度を求めよ．

25・41 塩化水銀(II)の溶液の電気伝導性は低い．100.0 gの水に40.7 gの$HgCl_2$が溶けた溶液の凝固点が-2.83℃になることがわかっている．溶液中の$HgCl_2$が貧弱な電気伝導体である理由を説明せよ．

25・42 0.25モラルのマイヤー試薬(K_2HgI_4)水溶液の凝固点が-1.41℃であることがわかっている．K_2HgI_4が水に溶解しているときに起きる可能性がある解離反応はどんなものか．

25・43 以下の表の凝固点降下のデータを使って，表中の物質を水に溶解させ1.00モラルの溶液を作ったときに，単位式量当たり何個のイオンが生成するかを求めよ．

化学式	$\Delta T/K$
$PtCl_2 \cdot 4NH_3$	5.58
$PtCl_2 \cdot 3NH_3$	3.72
$PtCl_2 \cdot 2NH_3$	1.86
$KPtCl_3 \cdot NH_3$	3.72
K_2PtCl_4	5.58

また，その結果はどう解釈すればよいか．

25·44 NaCl 水溶液のイオン強度は 0.315 mol L^{-1} である．K_2SO_4 水溶液が同一のイオン強度を示すときの濃度はいくらか．

25·45 式(25·53)で与えられる κ^2 の"実用的な"式を導け．

25·46 イオン強度は，モル濃度でなく，質量モル濃度で定義されていることがある．その場合には，

$$I_m = \frac{1}{2}\sum_{j=1}^{s} z_j^2 m_j$$

となる．この定義を使うと，希薄溶液の場合の式(25·53)は，25 °C の水溶液では，

$$\kappa^2 = \frac{2e^2 N_A (1000 \text{ L m}^{-3})\rho}{\varepsilon_0 \varepsilon_r k_B T} (I_m/\text{mol kg}^{-1})$$

と変更されることを示せ．ここで，ρ は溶媒の密度(g mL^{-1} 単位)である．

25·47 25 °C の水溶液の場合，

$$\ln \gamma_\pm = -1.171 |z_+ z_-| (I_m/\text{mol kg}^{-1})^{1/2}$$

となることを示せ．ここで，I_m は質量モル濃度で表したイオン強度である．ε_r を 78.54 とせよ．水の密度を 0.99707 g mL^{-1} とする．

25·48 25 °C の 0.010 mol L^{-1} の NaCl(aq) 溶液の $\ln \gamma_\pm$ の値を計算せよ．実験値は -0.103 である．25 °C の $H_2O(l)$ の場合，$\varepsilon_r = 78.54$ とせよ．

25·49 つぎの一般的な式を導け．

$$\phi = 1 + \frac{1}{m}\int_0^m m' d\ln \gamma_\pm$$

[ヒント: 問題 25·35 の導き方を参照せよ．] この結果を用いて，デバイ-ヒュッケル理論の場合，

$$\phi = 1 + \frac{\ln \gamma_\pm}{3}$$

となることを示せ．

つぎの9問では，イオン性溶液のデバイ-ヒュッケル理論を展開し，式(25·48)と式(25·49)を導こう．

25·50 デバイ-ヒュッケル理論においては，イオンは点イオンとしてモデル化され，溶媒は相対誘電率 ε_r をもつ(構造のない)連続媒体としてモデル化されている．極座標系の原点にある1個の i 型のイオン(i＝カチオンあるいはアニオン)を考えよう．

原点にあるそのイオンの存在により、反対電荷のイオンが引きつけられ、同じ電荷のイオンは反発する。i 型の中心イオンから距離 r 離れた位置にある j 型のイオン($j=$ カチオンあるいはアニオン)の数を $N_{ij}(r)$ とおこう。そうすると、ボルツマン因子を使って、

$$N_{ij}(r) = N_j e^{-w_{ij}(r)/k_B T}$$

と書ける。ここで、N_j/V は j イオンのバルクの数密度、$w_{ij}(r)$ は i イオンと j イオンの相互作用エネルギーである。この相互作用エネルギーは静電力に起因しているので、$w_{ij}(r) = q_j \psi_i(r)$ である。ここで、q_j は j 型のイオンの電荷、$\psi_i(r)$ は i 型の中心イオンによる静電ポテンシャルである。

球対称な静電ポテンシャル $\psi_i(r)$ と球対称な電荷密度 $\rho_i(r)$ との関係を与える物理学の基本的な方程式が、**ポアソンの方程式**[1)]、

$$\frac{1}{r^2}\frac{d}{dr}\left(r^2 \frac{d\psi_i}{dr}\right) = -\frac{\rho_i(r)}{\varepsilon_0 \varepsilon_r} \tag{1}$$

である。ここで、ε_r は溶媒の相対誘電率である。この問題の場合、$\rho_i(r)$ は中心イオンのまわりの電荷密度である。最初に、

$$\rho_i(r) = \frac{1}{V}\sum_j q_j N_{ij}(r) = \sum_j q_j C_j e^{-q_j \psi_i(r)/k_B T}$$

となることを示せ。ここで、C_j は j イオンのバルクの数密度($C_j = N_j/V$)である。指数関数の項を一次式で近似し、電気的中性の条件を用いると、

$$\rho_i(r) = -\psi_i(r)\sum_j \frac{q_j^2 C_j}{k_B T} \tag{2}$$

となることを示せ。つぎに、$\rho_i(r)$ をポアソンの方程式に代入し、

$$\frac{1}{r^2}\frac{d}{dr}\left(r^2 \frac{d\psi_i}{dr}\right) = \varkappa^2 \psi_i(r) \tag{3}$$

を導け。ここで、

$$\varkappa^2 = \sum_j \frac{q_j^2 C_j}{\varepsilon_0 \varepsilon_r k_B T} = \sum_j \frac{q_j^2}{\varepsilon_0 \varepsilon_r k_B T}\left(\frac{N_j}{V}\right) \tag{4}$$

である。式(3)が、

$$\frac{d^2}{dr^2}[r\psi_i(r)] = \varkappa^2 [r\psi_i(r)]$$

と書けることを示せ。つぎに、r の大きな値に対して $\psi_i(r)$ が有限になる唯一の解が、

[1)] Poisson's equation

25. 溶液 II: 固-液溶液

$$\psi_i(r) = \frac{A e^{-\varkappa r}}{r} \tag{5}$$

となることを示せ．ここで，A は定数である．濃度がきわめて低い場合には，$\psi_i(r)$ はクーロンの法則そのものになるから，$A = q_i/4\pi\varepsilon_0\varepsilon_r$ を用いると，

$$\psi_i(r) = \frac{q_i e^{-\varkappa r}}{4\pi\varepsilon_0\varepsilon_r r} \tag{6}$$

となる．式(6)はデバイ-ヒュッケル理論の主要な結果である．生じるクーロンポテンシャルを $e^{-\varkappa r}$ の因子が変調するので，式(6)を**遮蔽されたクーロンポテンシャル**[1] という．

25·51 前問の式(2)と式(6)を用いて，i 型の中心イオンのまわりの半径 r の球殻内の正味の電荷は，式(25·54)と同様に，

$$p_i(r)\,dr = \rho_i(r)4\pi r^2\,dr = -q_i\varkappa^2 r e^{-\varkappa r}\,dr$$

となることを示せ．また，

$$\int_0^\infty p_i(r)\,dr = -q_i$$

である理由を述べよ．

25·52 前問の結果を用いて，r の最も確率の高い値が $1/\varkappa$ であることを示せ．

25·53 つぎの式が成り立つことを示せ．

$$r_{\mathrm{mp}} = \frac{1}{\varkappa} = \frac{304 \text{ pm}}{(c/\mathrm{mol\,L^{-1}})^{1/2}}$$

ここで，c は 25 °C の 1-1 電解質水溶液のモル濃度である．25 °C の $H_2O(l)$ の場合，$\varepsilon_r = 78.54$ とせよ．

25·54 25 °C の 0.50 mol L^{-1} の 1-1 電解質水溶液の場合，

$$r_{\mathrm{mp}} = \frac{1}{\varkappa} = 430 \text{ pm}$$

となることを示せ．25 °C の $H_2O(l)$ の場合，$\varepsilon_r = 78.54$ とせよ．

25·55 1-1 電解質と 2-2 電解質の場合のイオン雰囲気の厚さを比較せよ．

25·56 この問題においては，電解質溶液の全静電エネルギーをデバイ-ヒュッケル理論で計算しよう．問題 25·50 にある式を用いて，i 型の中心イオンのまわりの半径 r と $r+dr$ の間の球殻内の j 型のイオンの個数は，

$$\left(\frac{N_{ij}(r)}{V}\right)4\pi r^2\,dr = C_j e^{-q_j\psi_i(r)/k_B T}4\pi r^2\,dr \approx C_j\left(1 - \frac{q_j\psi_i(r)}{k_B T}\right)4\pi r^2\,dr \tag{1}$$

---
[1] screened Coulombic potential

となることを示せ．i型の中心イオンと球殻内のj型のイオンとの全クーロン相互作用は$N_{ij}(r)u_{ij}(r)4\pi r^2 dr/V$である．ここで，$u_{ij}(r) = q_i q_j/4\pi\varepsilon_0\varepsilon_r r$である．($i$型の)中心イオンと溶液中の全イオンとの静電相互作用エネルギーU_i^{el}を求めるために，一つの球殻内の全種類のイオンにわたって$N_{ij}(r)u_{ij}(r)/V$の和をとり，つぎに，すべての球殻にわたって積分し，

$$U_i^{el} = \int_0^\infty \left(\sum_j \frac{N_{ij}(r)u_{ij}(r)}{V}\right)4\pi r^2 dr$$

$$= \sum_j \frac{C_j q_i q_j}{\varepsilon_0\varepsilon_r} \int_0^\infty \left(1 - \frac{q_j\psi_i(r)}{k_B T}\right)r\, dr$$

を導け．電気的中性の原理を使って，

$$U_i^{el} = -q_i\kappa^2 \int_0^\infty \psi_i(r) r\, dr$$

となることを示せ．つぎに，問題25・50の式(6)を用いて，(i型の)中心イオンと全イオンとの相互作用が，

$$U_i^{el} = -\frac{q_i^2\kappa^2}{4\pi\varepsilon_0\varepsilon_r} \int_0^\infty e^{-\kappa r} dr = -\frac{q_i^2\kappa}{4\pi\varepsilon_0\varepsilon_r}$$

で与えられることを示せ．また，全静電エネルギーが，

$$U^{el} = \frac{1}{2}\sum_i N_i U_i^{el} = -\frac{V k_B T \kappa^3}{8\pi}$$

となることを説明せよ．なぜこの式には1/2の因子があるのか．それがない場合は，過大な見積りになるか．

25・57 前問でU^{el}の式を導いた．Aに対するギブズ-ヘルムホルツの式(問題22・23)を使うと，

$$A^{el} = -\frac{V k_B T \kappa^3}{12\pi}$$

となることを検証せよ．

25・58 静電相互作用が電解質溶液の非理想性の唯一の原因であると仮定すると，

$$\mu_j^{el} = \left(\frac{\partial A^{el}}{\partial n_j}\right)_{T,V} = RT \ln \gamma_j^{el}$$

すなわち，

$$\mu_j^{el} = \left(\frac{\partial A^{el}}{\partial N_j}\right)_{T,V} = k_B T \ln \gamma_j^{el}$$

が成立する．前問で得られたA^{el}の結果を用いて，

$$k_B T \ln \gamma_j^{el} = -\frac{\kappa q_j^2}{8\pi\varepsilon_0\varepsilon_r}$$

となることを示せ．また，

$$\ln \gamma_\pm = \frac{\nu_+ \ln \gamma_+ + \nu_- \ln \gamma_-}{\nu_+ + \nu_-}$$

の式を用いて，

$$\ln \gamma_\pm = -\left(\frac{\nu_+ q_+^2 + \nu_- q_-^2}{\nu_+ + \nu_-}\right)\frac{\kappa}{8\pi\varepsilon_0\varepsilon_r k_B T}$$

となることを示せ．さらに，電気的中性の原理 $\nu_+ q_+ + \nu_- q_- = 0$ から，$\ln \gamma_\pm$ を，

$$\ln \gamma_\pm = -|q_+ q_-|\frac{\kappa}{8\pi\varepsilon_0\varepsilon_r k_B T}$$

のように，式(25・49)と一致する形で書き表せ．

25・59 式(25・49)から式(25・56)を導け．

25・60 低濃度の場合，式(25・59)が式(25・49)に帰着することを示せ．

25・61 この問題では，活量の温度依存性を調べよう．式 $\mu_1 = \mu_1^* + RT \ln a_1$ から出発して，

$$\left(\frac{\partial \ln a_1}{\partial T}\right)_{P, x_1} = \frac{\bar{H}_1^* - \bar{H}_1}{RT^2}$$

となることを示せ．ここで，$\bar{H}_1^*$ は(1 bar のときの)純溶媒のモルエンタルピー，$\bar{H}_1$ は溶液中のそれの部分モルエンタルピーである．希薄溶液の場合，$\bar{H}_1^*$ と $\bar{H}_1$ の差は小さいので，a_1 はほとんど温度に依存しない．

25・62 ヘンリーの法則によると，溶液が十分に希薄な場合，気体が液体中に溶解した非電解質の溶液と平衡にある気体の圧力は，その溶液中の気体の質量モル濃度に比例する．水に溶解した HCl(g) のような気体の場合，ヘンリーの法則はどんな形になると考えられるか．25 °C の HCl(g) の以下のデータを用いて，その予想式を検証せよ．

$P_{HCl}/10^{-11}$ bar	$m_{HCl}/10^{-3}$ mol kg^{-1}
0.147	1.81
0.238	2.32
0.443	3.19
0.663	3.93
0.851	4.47
1.08	5.06
1.62	6.25
1.93	6.84
2.08	7.12

ギルバート N. ルイス（Gilbert Newton Lewis）は1875年10月25日，マサチューセッツ州のウェスト ニュートンで生まれ，1946年に没した．1899年，ハーバード大学で博士号を得，ドイツで1年間勉強した後，ハーバード大学に戻って講師になった．1904年，ルイスはハーバード大学を離れて，フィリピンの計量長官となり，1年後，マサチューセッツ工科大学へ移った．1912年にはカリフォルニア大学バークレー校で化学部長となり，化学部を世界有数の教育と研究の場にした．その後の生涯をバークレーで送ったが研究室で心臓発作で倒れ息を引きとった．ルイスはアメリカ有数の化学者の一人であり，ノーベル賞を受賞しなかった最高の化学者であることは間違いない．ルイスは化学に多大の重要な貢献をした．1920年代にルイス式を提唱し，（彼が名づけた）共有結合を電子対の共有によって説明した．物理化学への熱力学の応用に関する彼の研究は，M. ランダール（Merle Randall）とともに著した1923年の有名な教科書，"Thermodynamics and the Free Energy of Chemical Substances" で頂点に達した．この教科書によって一世代にわたる化学者たちが熱力学を学んだ．ルイスは行動的な人物で，それが多くの傑出した化学者（そのうちの数人はバークレー校の教授となった）を育てた．バークレー校化学部はノーベル賞受賞者を数多く輩出している．

26章

化 学 平 衡

　熱力学の最も重要な応用の一つは化学反応の平衡に関するものである．熱力学によって，反応混合物の平衡圧や平衡濃度を確信をもって予想することができる．本章では化学反応における標準ギブズエネルギー変化と平衡定数の関係を導く．反応物と生成物の任意の濃度から出発したとき，化学反応が進行する方向をどのように予測するかについても学ぶ．必要な熱力学的概念はすべて前章までで学んである．基本的な考え方は，定温・定圧において平衡にある系では $\Delta G = 0$ であり，与えられた過程，すなわち化学反応が一定の T と P で自発的に進行するかどうかは ΔG の符号が決定するということである．

26・1　反応進行度についてギブズエネルギーが極小である場合に化学平衡が実現する

　簡単のため，はじめに気相反応を考察する．釣り合った反応式，

$$\nu_A A(g) + \nu_B B(g) \rightleftharpoons \nu_Y Y(g) + \nu_Z Z(g)$$

で表される一般的な気相反応を考える．

　反応物と生成物のモル数が，

$$\begin{array}{ll} n_A = n_{A0} - \nu_A \xi & n_Y = n_{Y0} + \nu_Y \xi \\ n_B = n_{B0} - \nu_B \xi & n_Z = n_{Z0} + \nu_Z \xi \end{array} \quad (26\cdot1)$$

　　　　　　　反応物　　　　　　　生成物

となるように**反応進行度**[1] ξ を定義する．ここで n_{j0} は各化学種の最初のモル数である．19 章で学んだように化学量論係数は次元をもたない．このため，式(26・1)は ξ の単位がモルであることを示している．反応物から生成物へと反応が進むと，ξ は 0 mol

---

1) extent of reaction

から反応の化学量論で決まる最大値まで変化する．たとえば，式(26・1)で n_{A0} と n_{B0} がそれぞれ ν_A mol と ν_B mol なら，ξ は 0 mol から 1 mol まで変化する．式(26・1)を微分すると，

$$\underbrace{\begin{aligned} dn_A &= -\nu_A d\xi \\ dn_B &= -\nu_B d\xi \end{aligned}}_{\text{反応物}} \quad \underbrace{\begin{aligned} dn_Y &= \nu_Y d\xi \\ dn_Z &= \nu_Z d\xi \end{aligned}}_{\text{生成物}} \quad (26\cdot 2)$$

が得られる．負号は，反応物から生成物へと反応が進むと，反応物が減ることを，正号は生成物が増えることを表している．

T と P が一定で，反応物と生成物を含む系を考える．この多成分系のギブズエネルギーは T, P, n_A, n_B, n_Y, n_Z の関数であり，これを数学的に $G = G(T, P, n_A, n_B, n_Y, n_Z)$ と表すことができる．G の全微分は，

$$\begin{aligned} dG &= \left(\frac{\partial G}{\partial T}\right)_{P, n_j} dT + \left(\frac{\partial G}{\partial P}\right)_{T, n_j} dP + \left(\frac{\partial G}{\partial n_A}\right)_{T, P, n_{j \neq A}} dn_A \\ &\quad + \left(\frac{\partial G}{\partial n_B}\right)_{T, P, n_{j \neq B}} dn_B + \left(\frac{\partial G}{\partial n_Y}\right)_{T, P, n_{j \neq Y}} dn_Y + \left(\frac{\partial G}{\partial n_Z}\right)_{T, P, n_{j \neq Z}} dn_Z \end{aligned}$$

で与えられる．はじめの二つの偏微分における下付き添字 n_j は n_A, n_B, n_Y, n_Z の意味である．$(\partial G/\partial T)_{P, n_j}$ と $(\partial G/\partial P)_{T, n_j}$ について式(22・30)を使えば，dG は，

$$dG = -S dT + V dP + \mu_A dn_A + \mu_B dn_B + \mu_Y dn_Y + \mu_Z dn_Z$$

となる．ただし，

$$\mu_A = \left(\frac{\partial G}{\partial n_A}\right)_{T, P, n_B, n_Y, n_Z}$$

であり，μ_B, μ_Y および μ_Z についても同様である．T と P が一定で起きる反応では，

$$dG = \sum_j \mu_j dn_j = \mu_A dn_A + \mu_B dn_B + \mu_Y dn_Y + \mu_Z dn_Z \quad (T, P\text{ 一定}) \quad (26\cdot 3)$$

となる．式(26・2)を式(26・3)に代入すると，

$$\begin{aligned} dG &= -\nu_A \mu_A d\xi - \nu_B \mu_B d\xi + \nu_Y \mu_Y d\xi + \nu_Z \mu_Z d\xi \\ &= (\nu_Y \mu_Y + \nu_Z \mu_Z - \nu_A \mu_A - \nu_B \mu_B) d\xi \quad (T, P\text{ 一定}) \quad (26\cdot 4) \end{aligned}$$

すなわち，

$$\left(\frac{\partial G}{\partial \xi}\right)_{T, P} = \nu_Y \mu_Y + \nu_Z \mu_Z - \nu_A \mu_A - \nu_B \mu_B \quad (26\cdot 5)$$

26. 化学平衡

が得られる．式(26・5)の右辺を $\Delta_r G$ と表すことにすると，

$$\left(\frac{\partial G}{\partial \xi}\right)_{T,P} = \Delta_r G = \nu_Y \mu_Y + \nu_Z \mu_Z - \nu_A \mu_A - \nu_B \mu_B \quad (26\cdot 6)$$

である．$\Delta_r G$ は，反応進行度が 1 mol だけ変わる場合のギブズエネルギーの変化として定義されている．したがって $\Delta_r G$ の単位は J mol^{-1} になる．$\Delta_r G$ という量は釣り合った化学反応式が決まっている場合にだけ意味をもつ．

分圧がすべて十分低く，各化学種が理想気体として振舞うと考えることができれば，$\mu_j(T,P)$ に対して式(23・31)〔$\mu_j(T,P) = \mu_j^\circ(T) + RT \ln (P_j/P^\circ)$〕を使うことができる．そうすると式(26・6)は，

$$\Delta_r G = \nu_Y \mu_Y^\circ(T) + \nu_Z \mu_Z^\circ(T) - \nu_A \mu_A^\circ(T) - \nu_B \mu_B^\circ(T)$$
$$+ RT\left(\nu_Y \ln \frac{P_Y}{P^\circ} + \nu_Z \ln \frac{P_Z}{P^\circ} - \nu_A \ln \frac{P_A}{P^\circ} - \nu_B \ln \frac{P_B}{P^\circ}\right)$$

すなわち，

$$\Delta_r G = \Delta_r G^\circ + RT \ln Q \quad (26\cdot 7)$$

となる．ただし，

$$\Delta_r G^\circ(T) = \nu_Y \mu_Y^\circ(T) + \nu_Z \mu_Z^\circ(T) - \nu_A \mu_A^\circ(T) - \nu_B \mu_B^\circ(T) \quad (26\cdot 8)$$

および

$$Q = \frac{(P_Y/P^\circ)^{\nu_Y}(P_Z/P^\circ)^{\nu_Z}}{(P_A/P^\circ)^{\nu_A}(P_B/P^\circ)^{\nu_B}} \quad (26\cdot 9)$$

である．

$\Delta_r G^\circ(T)$ は，温度 T，圧力 1 bar の標準状態にある未混合の反応物から，同じ温度 T，圧力 1 bar の標準状態にある混合されていない生成物をつくる反応における標準ギブズエネルギーの変化である．式(26・9)の標準圧力 P° は 1 bar ととるから，式に P° を書かないのがふつうである．しかし，圧力はすべて 1 bar を基準としており，このため Q には単位がないことを忘れてはならない．

反応系が平衡にある場合，その平衡の位置からのずれに関して，平衡位置でギブズエネルギーは最小でなければならない．したがって式(26・5)は，

$$\left(\frac{\partial G}{\partial \xi}\right)_{T,P} = \Delta_r G = 0 \quad （平 衡） \quad (26\cdot 10)$$

となる．式(26・7)で $\Delta_r G = 0$ とすると，

$$\Delta_r G^\circ(T) = -RT \ln\left(\frac{P_Y^{\nu_Y} P_Z^{\nu_Z}}{P_A^{\nu_A} P_B^{\nu_B}}\right)_{eq} = -RT \ln K_P(T) \quad (26\cdot 11)$$

が得られる。ここで,

$$K_P(T) = \left(\frac{P_Y^{\nu_Y} P_Z^{\nu_Z}}{P_A^{\nu_A} P_B^{\nu_B}}\right)_{eq} \quad (26\cdot 12)$$

であり,添字 eq は式(26・11)と式(26・12)の圧力が**平衡**[1]におけるものであることを表している。$K_P(T)$を反応の**平衡定数**[2]という。強調するために添字 eq を用いたが,これはつけない方がふつうであり,K_Pは添字なしで表される。平衡定数の式では,圧力は平衡値であることを前提としている。反応物と生成物の標準状態と,問題にしている釣り合った化学反応式とが決まっていなければ,K_Pの値を求めることはできない。

例題 26・1 反応式,

$$3H_2(g) + N_2(g) \rightleftharpoons 2NH_3(g)$$

で表される反応の平衡定数の式を書け。

解答: 式(26・12)によれば,

$$K_P(T) = \frac{P_{NH_3}^2}{P_{H_2}^3 P_{N_2}}$$

である。ここですべての圧力は 1 bar という標準圧力を基準としている。もし,反応式を,

$$\frac{3}{2} H_2(g) + \frac{1}{2} N_2(g) \rightleftharpoons NH_3(g)$$

と書いていたら,

$$K_P(T) = \frac{P_{NH_3}}{P_{H_2}^{3/2} P_{N_2}^{1/2}}$$

となることに注意せよ。これは先の結果の平方根である。このように,$K_P(T)$の形とその数値は,その反応を表す化学方程式をどう書くかによって変わる。

---

1) equilibrium 2) equilibrium constant

26·2 平衡定数は温度だけの関数である

式(26·11)は平衡状態では，反応物と生成物のはじめの圧力に関係なく，分圧に化学量論係数をべき乗した量の比が，ある決まった温度では一定となることを表している．反応，

$$PCl_5(g) \rightleftharpoons PCl_3(g) + Cl_2(g) \tag{26·13}$$

を考える．この反応の平衡定数の式は，

$$K_P(T) = \frac{P_{PCl_3} P_{Cl_2}}{P_{PCl_5}} \tag{26·14}$$

である．はじめ $PCl_5(g)$ が 1 mol で $PCl_3(g)$ も $Cl_2(g)$ も存在しないとしよう．反応が ξ だけ起きれば，反応混合物中には $1\,mol - \xi$ の $PCl_5(g)$，ξ だけの $PCl_3(g)$ および ξ だけの $Cl_2(g)$ が存在し，全モル数は $(1\,mol + \xi)$ のはずである．平衡状態における反応進度を ξ_{eq} とすると，各化学種の分圧は，

$$P_{PCl_3} = P_{Cl_2} = \frac{\xi_{eq} P}{1 + \xi_{eq}}$$

$$P_{PCl_5} = \frac{(1 - \xi_{eq}) P}{1 + \xi_{eq}}$$

となるだろう†．ここで P は全圧である．すると，平衡定数は，

$$K_P(T) = \frac{\xi_{eq}^2}{1 - \xi_{eq}^2} P \tag{26·15}$$

となる．

この結果からは，$K_P(T)$ が全圧に依存しているように見えるが，実際はそうではない．式(26·11)が示すとおり，$K_P(T)$ は温度だけの関数であり，一つの温度では一つの定数である．したがって，P が変化すると式(26·15)の $K_P(T)$ が一定になるように ξ_{eq} も変化しなければならない．図 26·1 は 200°C で $K_P = 5.4$ の場合の ξ_{eq} を P に対してプロットしたものである．P が上昇すると ξ_{eq} が単調に減少することがわかる．この減少は，平衡が式(26·13)の生成物側から反応物側へ，つまり PCl_5 の解離が少なくなるように移動していることを示している．平衡位置に対するこの圧力効果は，一般化学で学んだ**ル・シャトリエの原理**[1] の一例である．ル・シャトリエの原理はつぎのように述べることができる．平衡にある化学反応について平衡からずらすような条

---

[1] Le Châtelier's principle
† 訳注: ξ の単位に mol を指定したので，SI 表記では ξ_{eq} は ξ_{eq}/mol とすべきである（例題 26·2 でも同様）．

件変化があると，反応は新しい平衡状態へ移って調節をはかる．この場合，反応は，少なくとも部分的には条件の変化を打ち消す方向に起きる．したがって，圧力が上昇すると，全モル数が減る方向に式(26·13)の平衡がずれる．

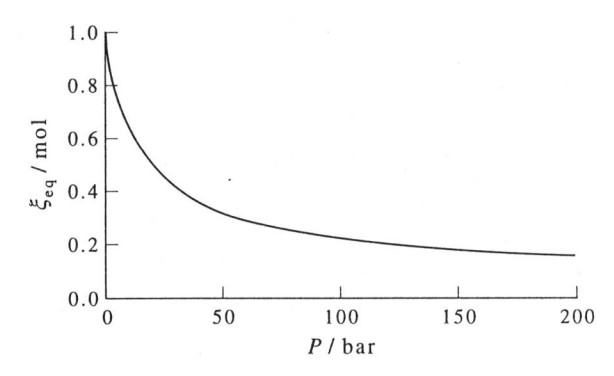

図 26·1 式(26·13)の反応の平衡において，200 °C で解離している $PCl_5(g)$ の割合 ξ_{eq} の全圧 P に対するプロット．

例題 26·2 気相でのカリウム原子の会合による二量体の形成を考える．

$$2K(g) \rightleftharpoons K_2(g)$$

2 mol の K(g) だけで二量体がない状態から出発すると考えよう．平衡状態における反応進行度 ξ_{eq} と圧力 P で表した平衡定数の式を導け．

解答: 平衡では $2(1-\xi_{eq})$ mol の K(g) と ξ_{eq} mol の $K_2(g)$ が存在し，全モル数は $(2-\xi_{eq})$ mol である．各化学種の分圧は，

$$P_K = \frac{2(1-\xi_{eq})P}{2-\xi_{eq}}$$

$$P_{K_2} = \frac{\xi_{eq} P}{2-\xi_{eq}}$$

なので，

$$K_P(T) = \frac{P_{K_2}}{P_K^2} = \frac{\xi_{eq}(2-\xi_{eq})}{4(1-\xi_{eq})^2 P}$$

となる．P が減少すると，$\xi_{eq}(2-\xi_{eq})/4(1-\xi_{eq})^2$ は減少しなければならず，これは ξ_{eq} の減少によって起きる．P が増加すると，$\xi_{eq}(2-\xi_{eq})/4(1-\xi_{eq})^2$ は増加しなければならず，これは ξ_{eq} の増加〔$(1-\xi_{eq})$ の減少〕によって起きる．

式(26・12)で定義された平衡定数には，平衡圧で表現されていることを強調するために，P を下付き添字にした．理想気体の関係 $P = cRT$ (c は濃度，n/V である) を使うと，平衡定数を密度あるいは濃度によって表すこともできる．つまり，K_P を，

$$K_P = \frac{c_Y^{\nu_Y} c_Z^{\nu_Z}}{c_A^{\nu_A} c_B^{\nu_B}} \left(\frac{RT}{P^\circ} \right)^{\nu_Y + \nu_Z - \nu_A - \nu_B} \quad (26\cdot16)$$

と書き直すことができる．K_P の式の中の圧力を標準圧力 P° に関係づけたように，式(26・16)の濃度を何らかの標準濃度 c° に関係づける必要がある．標準濃度 c° として 1 mol L^{-1} がしばしば用いられる．式(26・16)の各濃度に c° を掛けて，また c° で割って，整理すると，

$$K_P = K_c \left(\frac{c^\circ RT}{P^\circ} \right)^{\nu_Y + \nu_Z - \nu_A - \nu_B} \quad (26\cdot17)$$

および

$$K_c = \frac{(c_Y/c^\circ)^{\nu_Y} (c_Z/c^\circ)^{\nu_Z}}{(c_A/c^\circ)^{\nu_A} (c_B/c^\circ)^{\nu_B}} \quad (26\cdot18)$$

と書くことができる．式(26・17)の K_P も K_c も，また因子 $(c^\circ RT/P^\circ)^{\nu_Y + \nu_Z - \nu_A - \nu_B}$ も単位がない．実際の P° と c° の選び方によって式(26・17)の R の単位が決まる．P° を 1 bar，c° を 1 mol L^{-1} ととると (これはよくある選び方である)，因子 $c^\circ RT/P^\circ$ は $RT/(\text{L bar mol}^{-1})$ であり，R は 0.083 145 L bar mol^{-1} としなければならない．

式(26・17)は理想気体についての K_P と K_c の関係を与えている．通常，$P^\circ = 1$ bar であるために式(26・9)で P° を明示しなかったように，$c^\circ = 1$ mol L^{-1} が一番ふつうなので式(26・18)でも P° と c° を明示しない．しかし，数値を K_P と K_c の一方から他方へ変換する際には，K_P と K_c でどの基準状態が使われているかを知っていなければならない．

例題 26・3 反応，

$$\text{NH}_3(\text{g}) \rightleftharpoons \frac{3}{2} \text{H}_2(\text{g}) + \frac{1}{2} \text{N}_2(\text{g})$$

について $K_P(T)$ の値は 298.15 K において (1 bar を標準圧力として) 1.36×10^{-3} である．(1 mol L^{-1} を標準濃度とした) 対応する K_c の値を求めよ．

解答： この場合，$\nu_A = 1$，$\nu_Y = 3/2$，$\nu_Z = 1/2$ なので，式(26・17)によれば，

$$K_P(T) = K_c(T) \left(\frac{c^\circ RT}{P^\circ} \right)^1$$

である．298.15 K における変換因子は，

$$\frac{c^\circ RT}{P^\circ} = \frac{(1\ \mathrm{mol\ L^{-1}})(0.083\ 145\ \mathrm{L\ bar\ mol^{-1}\ K^{-1}})(298.15\ \mathrm{K})}{1\ \mathrm{bar}}$$
$$= 24.79$$

であり，したがって，$K_c = K_P/24.79 = 5.49 \times 10^{-5}$ である．

26・3 標準生成ギブズエネルギーを用いて平衡定数を計算できる

式(26・8)と式(26・11)を組合わせると，反応物と生成物の標準化学ポテンシャル $\mu_j^\circ(T)$ と平衡定数 K_P の関係が得られることに注意しよう．特に，K_P は生成物と反応物の標準化学ポテンシャルの差に関係がある．化学ポテンシャルは一種のエネルギーなので(純物質のモルギブズエネルギーである)，その値は何らかのエネルギーの原点を定めなければ決まらない．エネルギーの原点の便利な選び方は，19・11 節で説明した標準モル生成エンタルピーの表(表 19・2)の作り方と同様である．そこで説明したように物質の標準モル生成エンタルピーは，問題の温度，1 bar における最も安定な単体から 1 mol の物質を直接生成した場合の熱量である．たとえば，

$$\mathrm{H_2(g)} + \frac{1}{2}\mathrm{O_2(g)} \rightleftharpoons \mathrm{H_2O(l)}$$

では，$\Delta_r H$ の値は，すべての化学種が 298.15 K，1 bar にあるなら $-285.8\ \mathrm{kJ\ mol^{-1}}$ であるから，298.15 K では $\Delta_f H^\circ[\mathrm{H_2O(l)}] = -285.8\ \mathrm{kJ\ mol^{-1}}$ と書く．約束により，298.15 K，1 bar の $\mathrm{H_2(g)}$ と $\mathrm{O_2(g)}$ について $\Delta_f H^\circ[\mathrm{H_2(g)}] = \Delta_f H^\circ[\mathrm{O_2(g)}] = 0$ である．21・6 節で物質の実用絶対エントロピーの表(表 21・2)も作ったし，

$$\Delta_r G^\circ = \Delta_r H^\circ - T\Delta_r S^\circ$$

なので，$\Delta_f G^\circ$ の表を作ることもできる．そうすれば，

$$\nu_A \mathrm{A} + \nu_B \mathrm{B} \longrightarrow \nu_Y \mathrm{Y} + \nu_Z \mathrm{Z}$$

のような反応では，

$$\Delta_r G^\circ = \nu_Y \Delta_f G^\circ[\mathrm{Y}] + \nu_Z \Delta_f G^\circ[\mathrm{Z}] - \nu_A \Delta_f G^\circ[\mathrm{A}] - \nu_B \Delta_f G^\circ[\mathrm{B}] \quad (26\cdot19)$$

が得られる．表 26・1 はさまざまな物質についての，298.15 K，1 bar における $\Delta_f G^\circ$ である．これよりずっと大きな表もできている．

例題 26・4　表 26・1 のデータを用いて，

26. 化 学 平 衡

$$NH_3(g) \rightleftharpoons \frac{3}{2} H_2(g) + \frac{1}{2} N_2(g)$$

について 298.15 K における $\Delta_r G°$ と K_P を計算せよ.

解答: 式(26·19)から,

$$\Delta_r G° = \left(\frac{3}{2}\right)\Delta_f G°[H_2(g)] + \left(\frac{1}{2}\right)\Delta_f G°[N_2(g)] - (1)\Delta_f G°[NH_3(g)]$$

$$= \left(\frac{3}{2}\right)(0) + \left(\frac{1}{2}\right)(0) - (1)(-16.367 \text{ kJ mol}^{-1})$$

$$= 16.367 \text{ kJ mol}^{-1}$$

である. そこで式(26·11)から,

$$\ln K_P(T) = -\frac{\Delta_r G°}{RT} = -\frac{16.367 \times 10^3 \text{ J mol}^{-1}}{(8.3145 \text{ J K}^{-1} \text{ mol}^{-1})(298.15 \text{ K})}$$

$$= -6.602$$

すなわち 298.15 K において $K_P = 1.36 \times 10^{-3}$ である.

表 26·1 298.15 K, 1 bar における種々の物質のモル標準生成ギブズエネルギー $\Delta_f G°$

物 質	化学式	$\Delta_f G°/\text{kJ mol}^{-1}$	物 質	化学式	$\Delta_f G°/\text{kJ mol}^{-1}$
アセチレン	$C_2H_2(g)$	209.20	臭素	$Br_2(g)$	3.126
アンモニア	$NH_3(g)$	-16.367	スクロース	$C_{12}H_{22}O_{11}(s)$	-1544.65
エタノール	$C_2H_5OH(l)$	-174.78	炭素(グラファイト)	$C(s)$	0
エタン	$C_2H_6(g)$	-32.82	炭素(ダイヤモンド)	$C(s)$	2.900
エテン	$C_2H_4(g)$	68.421	テトラクロロメタン	$CCl_4(l)$	-65.21
塩化水素	$HCl(g)$	-95.300		$CCl_4(g)$	-53.617
過酸化水素	$H_2O_2(l)$	-105.445	ブタン	$C_4H_{10}(g)$	-17.15
グルコース	$C_6H_{12}O_6(s)$	-910.52	フッ化水素	$HF(g)$	-274.646
二酸化硫黄	$SO_2(g)$	-300.125	プロパン	$C_3H_8(g)$	-23.47
三酸化硫黄	$SO_3(g)$	-371.016	ベンゼン	$C_6H_6(l)$	124.35
一酸化炭素	$CO(g)$	-137.163	水	$H_2O(l)$	-237.141
二酸化炭素	$CO_2(g)$	-394.389		$H_2O(g)$	-228.582
酸化窒素	$NO(g)$	86.600	メタノール	$CH_3OH(l)$	-166.27
二酸化窒素	$NO_2(g)$	51.258		$CH_3OH(g)$	-161.96
四酸化二窒素	$N_2O_4(g)$	97.787	メタン	$CH_4(g)$	-50.768
	$N_2O_4(l)$	97.521	ヨウ化水素	$HI(g)$	1.560
臭化水素	$HBr(g)$	-53.513	ヨウ素	$I_2(g)$	19.325

26·4 反応混合物のギブズエネルギーを反応進行度に対してプロットすると平衡状態で最小になる

この節では，反応進行度の関数である反応混合物のギブズエネルギーの具体例を取上げる．298.15 K における $N_2O_4(g)$ の $NO_2(g)$ への熱分解を考える．これは，

$$N_2O_4(g) \rightleftharpoons 2NO_2(g)$$

と書ける．はじめ $N_2O_4(g)$ が 1 mol で $NO_2(g)$ は存在しないとする．反応が進むにつれて，$N_2O_4(g)$ のモル数 $n_{N_2O_4}$ は $1-\xi$，n_{NO_2} は 2ξ となるだろう†．$\xi=0$ のときは $n_{N_2O_4}=1$ mol，$n_{NO_2}=0$ であり，$\xi=1$ mol のときは $n_{N_2O_4}=0$，$n_{NO_2}=2$ mol である．反応混合物のギブズエネルギーは，

$$\begin{aligned}G(\xi) &= (1-\xi)\bar{G}_{N_2O_4} + 2\xi\bar{G}_{NO_2} \\ &= (1-\xi)G°_{N_2O_4} + 2\xi G°_{NO_2} + (1-\xi)RT\ln P_{N_2O_4} + 2\xi RT\ln P_{NO_2}\end{aligned}$$
(26·20)

で与えられる．反応が 1 bar という定圧で起きていれば，

$$P_{N_2O_4} = x_{N_2O_4}P_{\text{total}} = x_{N_2O_4} \quad \text{および} \quad P_{NO_2} = x_{NO_2}$$

である．反応混合物中の全モル数は $(1-\xi)+2\xi=1+\xi$ なので，

$$P_{N_2O_4} = x_{N_2O_4} = \frac{1-\xi}{1+\xi} \quad \text{および} \quad P_{NO_2} = x_{NO_2} = \frac{2\xi}{1+\xi}$$

が得られる．したがって式(26·20)は，

$$G(\xi) = (1-\xi)G°_{N_2O_4} + 2\xi G°_{NO_2} + (1-\xi)RT\ln\frac{1-\xi}{1+\xi} + 2\xi RT\ln\frac{2\xi}{1+\xi}$$

となる．26·3 節によれば，$G°_{N_2O_4}=\Delta_f G°_{N_2O_4}$ および $G°_{NO_2}=\Delta_f G°_{NO_2}$ となるように標準状態を選ぶことができるので，$G(\xi)$ は，

$$G(\xi) = (1-\xi)\Delta_f G°_{N_2O_4} + 2\xi\Delta_f G°_{NO_2} + (1-\xi)RT\ln\frac{1-\xi}{1+\xi} + 2\xi RT\ln\frac{2\xi}{1+\xi}$$
(26·21)

となる．

式(26·21)は反応混合物のギブズエネルギー G を反応進行度 ξ の関数として与えている．表 26·1 の $\Delta_f G°_{N_2O_4}$ および $\Delta_f G°_{NO_2}$ の値を用いると，式(26·21)は，

---

† p.1097 の訳注参照．

$$G(\xi) = (1 - \xi)(97.787 \text{ kJ mol}^{-1}) + 2\xi(51.258 \text{ kJ mol}^{-1})$$
$$+ (1 - \xi)RT \ln \frac{1-\xi}{1+\xi} + 2\xi RT \ln \frac{2\xi}{1+\xi} \quad (26 \cdot 22)$$

となる．ここで $RT = 2.4790 \text{ kJ mol}^{-1}$ である．ξ に対する $G(\xi)$ のプロットを図 26・2 に示す．プロットの極小，すなわち平衡状態は $\xi_{\text{eq}} = 0.1892 \text{ mol}$ のところにある．したがって，この反応は $\xi = 0 \text{ mol}$ から $\xi = \xi_{\text{eq}} = 0.1892 \text{ mol}$ まで進行して平衡になる．

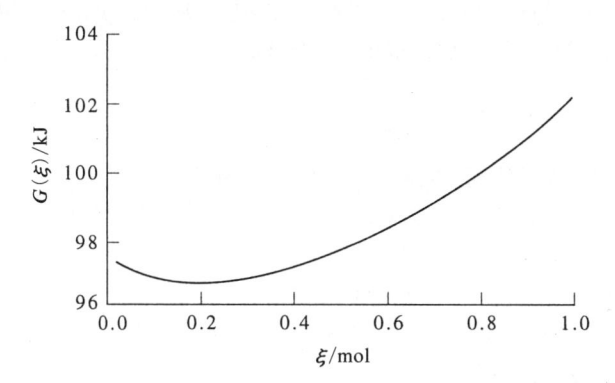

図 26・2 298.15 K，1 bar における $N_2O_4(g) \rightleftharpoons 2NO_2(g)$ の反応混合物のギブズエネルギーの反応進度に対するプロット．

この平衡定数は，
$$K_P = \frac{P_{NO_2}^2}{P_{N_2O_4}} = \frac{[2\xi_{\text{eq}}/(1+\xi_{\text{eq}})]^2}{(1-\xi_{\text{eq}})/(1+\xi_{\text{eq}})} = \frac{4\xi_{\text{eq}}^2}{1-\xi_{\text{eq}}^2} = 0.148$$

で与えられる．これは $\Delta_r G° = -RT \ln K_P$ から得られる結果，
$$\ln K_P = -\frac{\Delta_r G°}{RT}$$
$$= -\frac{(2)(\Delta_f G°[NO_2(g)]) - (1)(\Delta_f G°[N_2O_4(g)])}{(8.3145 \text{ J K}^{-1} \text{ mol}^{-1})(298.15 \text{ K})}$$
$$= -\frac{4.729 \times 10^3 \text{ J mol}^{-1}}{(8.3145 \text{ J K}^{-1} \text{ mol}^{-1})(298.15 \text{ K})} = -1.9076$$

すなわち $K_P = 0.148$ と一致する．

式 (26・22) を ξ について直接微分することもできて，そうすると，

$$\left(\frac{\partial G}{\partial \xi}\right)_{T,P} = (2)(51.258 \text{ kJ mol}^{-1}) - 97.787 \text{ kJ mol}^{-1} - RT \ln \frac{1-\xi}{1+\xi}$$

$$+ 2RT \ln \frac{2\xi}{1+\xi} + (1-\xi)RT\left(\frac{1+\xi}{1-\xi}\right)\left[-\frac{1}{1+\xi} - \frac{1-\xi}{(1+\xi)^2}\right]$$

$$+ 2\xi RT\left(\frac{1+\xi}{2\xi}\right)\left[\frac{2}{1+\xi} - \frac{2\xi}{(1+\xi)^2}\right] \tag{26・23}$$

が得られる.はじめの対数の中の $(1-\xi)/(1+\xi)$ を $P_{N_2O_4}$,2番目の対数の中の $2\xi/(1+\xi)$ を P_{NO_2} で置き換えることができる.さらに,少し計算すると最後の2項の和は0であることがわかるので,結局,式(26・23)は,

$$\left(\frac{\partial G}{\partial \xi}\right)_{T,P} = \Delta_r G° + RT \ln \frac{P_{NO_2}^2}{P_{N_2O_4}}$$

となる.平衡では $\partial G/\partial \xi = 0$ なので式(26・11)が得られる.

式(26・23)を0と等置すれば,ξ_{eq} を具体的に求めることもできる.式(26・23)の最後の2項の和が0であることを用いると,

$$\frac{(2)(51.258 \text{ kJ mol}^{-1}) - 97.787 \text{ kJ mol}^{-1}}{(8.3145 \text{ J K}^{-1}\text{mol}^{-1})(298.15 \text{ K})} = \ln\left(\frac{1-\xi_{eq}}{1+\xi_{eq}}\right) - \ln \frac{4\xi_{eq}^2}{(1+\xi_{eq})^2}$$

となる.これから,

$$1.9076 = \ln\left(\frac{1-\xi_{eq}^2}{4\xi_{eq}^2}\right)$$

つまり,

$$\frac{1-\xi_{eq}^2}{4\xi_{eq}^2} = e^{1.9076} = 6.7371$$

であり,したがって $\xi_{eq} = 0.1892$ mol である.これは図26・2と一致している.問題26・18ないし問題26・21では,別の2種の気相反応について同様の解析を行う.

26・5 平衡定数と反応商の比が反応の進行方向を決定する

反応式,

$$\nu_A A(g) + \nu_B B(g) \rightleftharpoons \nu_Y Y(g) + \nu_Z Z(g)$$

で表される一般の反応を考える.この様式の反応について式(26・7)は,

$$\Delta_r G(T) = \Delta_r G°(T) + RT \ln \frac{P_Y^{\nu_Y} P_Z^{\nu_Z}}{P_A^{\nu_A} P_B^{\nu_B}} \tag{26・24}$$

である.この式の中の圧力は必ずしも平衡圧ではなく任意であることに注意しよう.
式(26·24)は,圧力 P_A の ν_A mol の A(g) が圧力 P_B の ν_B mol の B(g) と反応して,圧力 P_Y の ν_Y mol の Y(g) と圧力 P_Z の ν_Z mol の Z(g) が生成する場合の $\Delta_r G$ を与える.もし,すべての圧力がたまたま 1 bar ならば式(26·24)の対数の項は 0 であり $\Delta_r G$ は $\Delta_r G°$ に等しい.つまり,このギブズエネルギー変化は標準ギブズエネルギーの変化に等しい.一方,圧力が平衡圧ならば $\Delta_r G$ は 0 で式(26·11)が得られる.

反応商[1], Q_P,という量,

$$Q_P = \frac{P_Y^{\nu_Y} P_Z^{\nu_Z}}{P_A^{\nu_A} P_B^{\nu_B}} \tag{26·25}$$

を導入し,$\Delta_r G°$ の式(26·11)を使うと式(26·24)をもっと簡潔に書くことができる(式 26·9 参照).

$$\begin{aligned}\Delta_r G &= -RT \ln K_P + RT \ln Q_P \\ &= RT \ln (Q_P/K_P)\end{aligned} \tag{26·26}$$

Q_P は平衡定数と同じ形式であるが,圧力が任意であることに注意が必要である.

平衡では $\Delta_r G=0$ で $Q_P=K_P$ である.もし $Q_P<K_P$ ならば系が平衡に近づくにつれて Q_P は増加しなければならない.これは生成物の分圧が上昇して,反応物の分圧が減少しなければならないことを示している.すなわち,上の反応は左から右へ進行する.$\Delta_r G$ で表せば,$Q_P<K_P$ ならば $\Delta_r G<0$ で,上の反応は左から右へ進むのが自発的であることを示している.逆に,$Q_P>K_P$ ならば,系が平衡に近づくにつれて Q_P は減少しなければならないから,生成物の分圧が減少し,反応物の分圧が増加しなければならない.$\Delta_r G$ で表現すれば,$Q_P>K_P$ ならば $\Delta_r G>0$ であり,上の反応は右から左に向かって進むのが自発的であることを示している.

例題 26·5 反応,

$$2SO_2(g) + O_2(g) \rightleftharpoons 2SO_3(g)$$

の平衡定数は 960 K で $K_P=10$ である.

$$2SO_2(1.0 \times 10^{-3}\,\text{bar}) + O_2(0.20\,\text{bar}) \rightleftharpoons 2SO_3(1.0 \times 10^{-4}\,\text{bar})$$

について $\Delta_r G$ を計算し,反応が自発的に進む方向を示せ.

解答: まずこの条件の下での反応商を計算する.式(26·25)によれば,

---

[1] reaction quotient

$$Q_P = \frac{P_{SO_3}^2}{P_{SO_2}^2 P_{O_2}} = \frac{(1.0 \times 10^{-4})^2}{(1.0 \times 10^{-3})^2 (0.20)} = 5.0 \times 10^{-2}$$

である。圧力は 1 bar に対する相対値なので,これらの量は単位をもたない.式(26·26)を使えば,

$$\Delta_r G = RT \ln \frac{Q_P}{K_P}$$
$$= (8.314 \text{ J K}^{-1} \text{ mol}^{-1})(960 \text{ K}) \ln \frac{5.0 \times 10^{-2}}{10}$$
$$= -42 \text{ kJ mol}^{-1}$$

となる.$\Delta_r G < 0$ なので反応は左辺から右辺へ自発的に進行する.これは $Q_P < K_P$ からも理解されることである.

26·6 $\Delta_r G°$ ではなく $\Delta_r G$ の符号が反応の自発的な方向を決定する

$\Delta_r G$ と $\Delta_r G°$ の違いを理解することが重要である.$\Delta_r G°$ の上付き記号 ° は,すべての反応物と生成物が混ざり合っておらず,1 bar という分圧をもつ場合の $\Delta_r G$ の値であることを示すための記号である.すなわち,$\Delta_r G°$ は標準ギブズエネルギーの変化である.$\Delta_r G° < 0$ ならば $K_P > 1$ であり,これはすべての化学種の分圧が 1 bar で混合されれば,反応物から生成物の方へ反応が進行することを示す.一方,$\Delta_r G° > 0$ ならば $K_P < 1$ であり,これはすべての化学種の分圧が 1 bar で混合されれば生成物から反応物の方へ反応が進行することを示す.$\Delta_r G° > 0$ であることは,化学種がどんな条件で混合された場合でも,反応物から生成物の方へと反応が進行しないということではない.たとえば,反応

$$N_2O_4(g) \rightleftharpoons 2NO_2(g)$$

を考える.この反応について 298.15 K では $\Delta_r G° = 4.729$ kJ mol^{-1} である.対応する $K_P(T)$ の値は 0.148 である.$\Delta_r G° = +4.729$ kJ mol^{-1} であるということは,298.15 K で反応容器に $N_2O_4(g)$ を入れた場合に $N_2O_4(g)$ がまったく解離しないということではない.$N_2O_4(g)$ の解離の $\Delta_r G$ の値は,

$$\Delta_r G = \Delta_r G° + RT \ln Q_P$$
$$= 4.729 \text{ kJ mol}^{-1} + (2.479 \text{ kJ mol}^{-1}) \ln \frac{P_{NO_2}^2}{P_{N_2O_4}} \quad (26·27)$$

で与えられる.たとえば $N_2O_4(g)$ だけで容器を満たしたとしよう.すると,はじめは

式(26·27)の対数項，したがって $\Delta_r G$ は負の無限大である．したがって $N_2O_4(g)$ の解離が自発的に起きる．平衡が達成されるまで $N_2O_4(g)$ の分圧は減少し，$NO_2(g)$ の分圧は上昇する．平衡状態は $\Delta_r G=0$ という条件で決定され，このとき $Q_P=K_P$ である．このように，$\Delta_r G$ ははじめ負の大きな値をもっており，反応が平衡に近づくにつれて増加して 0 になる．

$\Delta_r G<0$ であっても反応が検知されるほどの速さで起きないこともあることを指摘しておく必要がある．たとえば，反応，

$$2H_2(g) + O_2(g) \rightleftharpoons 2H_2O(l)$$

を考える．25°C におけるこの反応の $\Delta_r G°$ の値は生成する $H_2O(l)$ 1 mol 当たり -237 kJ である．したがって，1 bar, 25°C における $H_2O(l)$ は同じ条件における $H_2(g)$ と $O_2(g)$ の混合物よりもはるかに安定である．それでも $H_2(g)$ と $O_2(g)$ の混合物は無期限に保存することができる．しかし，この混合物に火花や触媒をもち込むと，爆発的に反応が起きる．このような事実から重要なことがわかる．熱力学の"ノー"は決定的である．もし熱力学によってある過程が自発的には起きないと考えられる場合にはそれは確かに起きない．一方，熱力学の"イエス"は実際には"たぶん"に過ぎない．ある過程が自発的に起きるといっても，認められるほどの速さでそれが必ず起きるという意味ではない．化学反応の速度については 28 章から 31 章で学ぶ．

26·7 平衡定数の温度依存性はファント・ホッフの式で与えられる

ギブズ-ヘルムホルツの式(式22·59)，

$$\left(\frac{\partial \Delta G°/T}{\partial T}\right)_P = -\frac{\Delta H°}{T^2} \tag{26·28}$$

を使うと，$K_P(T)$ の温度依存性を表す式を導くことができる．式(26·28)に $\Delta_r G°(T) = -RT \ln K_P(T)$ を代入すると，

$$\left(\frac{\partial \ln K_P(T)}{\partial T}\right)_P = \frac{d \ln K_P(T)}{dT} = \frac{\Delta_r H°}{RT^2} \tag{26·29}$$

が得られる．$\Delta_r H°>0$(吸熱反応)ならば，$K_P(T)$ は温度上昇につれて増加し，$\Delta_r H°<0$(発熱反応)ならば，$K_P(T)$ は減少する．これもル・シャトリエの原理の例である．

式(26·29)を積分すると，

$$\ln \frac{K_P(T_2)}{K_P(T_1)} = \int_{T_1}^{T_2} \frac{\Delta_r H°(T) dT}{RT^2} \tag{26·30}$$

が得られる．$\Delta_r H°$ が一定と考えられる程度に温度範囲が小さければ，

$$\ln\frac{K_P(T_2)}{K_P(T_1)} = -\frac{\Delta_r H^\circ}{R}\left(\frac{1}{T_2} - \frac{1}{T_1}\right) \tag{26·31}$$

と書くことができる．式(26·31)から，十分小さな温度範囲では，$\ln K_P(T)$ の $1/T$ に対するプロットは，勾配 $-\Delta_r H^\circ/R$ の直線になるはずであると考えられる．図 26·3 は，反応 $H_2(g) + CO_2(g) \rightleftharpoons CO(g) + H_2O(g)$ に関する 600 °C から 900 °C でのそのようなプロットである．

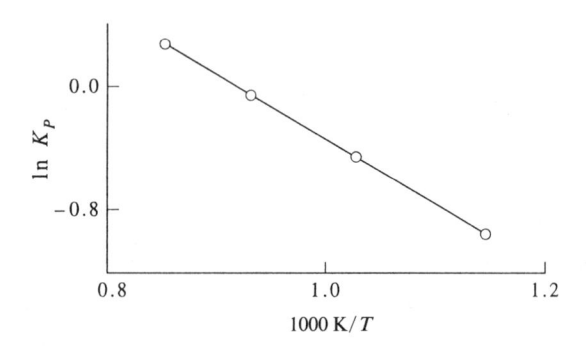

図 26·3 600 °C から 900 °C までの範囲における反応 $H_2(g) + CO_2(g) \rightleftharpoons CO(g) + H_2O(g)$ の $\ln K_P(T)$ の $1/T$ に対するプロット．丸は実験データ．

例題 26·6 反応，

$$PCl_3(g) + Cl_2(g) \rightleftharpoons PCl_5(g)$$

について 500 K から 700 K での $\Delta_r H^\circ$ の平均値が -69.8 kJ mol^{-1} である．500 K で $K_P = 0.0408$ であることから 700 K における K_P を求めよ．

解答: 式(26·31)に与えられた値を代入する．

$$\ln\frac{K_P}{0.0408} = -\frac{-69.8\times 10^3\,\text{J mol}^{-1}}{8.3145\,\text{J K}^{-1}\,\text{mol}^{-1}}\left(\frac{1}{700\,\text{K}} - \frac{1}{500\,\text{K}}\right)$$

$$= -4.80$$

すなわち，

$$K_P(T) = (0.0408)e^{-4.80} = 3.36\times 10^{-4}$$

である．反応が発熱なので $K_P(T = 700\,\text{K})$ は $K_P(T = 500\,\text{K})$ より小さい．

19·12 節で $\Delta_r H^\circ$ の温度依存性について検討し，

$$\Delta_r H°(T_2) = \Delta_r H°(T_1) + \int_{T_1}^{T_2} \Delta C_P°(T)\,dT \qquad (26\cdot 32)$$

を導いた.ここで $\Delta C_P°$ は生成物と反応物の熱容量の差である.ある温度範囲における実測の熱容量データを温度を変数とする多項式で表現することがよくある.この場合,$\Delta_r H°(T)$ は,

$$\Delta_r H°(T) = \alpha + \beta T + \gamma T^2 + \delta T^3 + \cdots \qquad (26\cdot 33)$$

のように表すことができる(例題 19・13 参照).これを式(26・29)に代入し両辺の不定積分をとると,

$$\ln K_P(T) = -\frac{\alpha}{RT} + \frac{\beta}{R}\ln T + \frac{\gamma}{R}T + \frac{\delta T^2}{2R} + A \qquad (26\cdot 34)$$

が得られる.α から δ までの定数は式(26・33)で与えられているし,A は積分定数であって,ある一つの温度における $K_P(T)$ の値から決定できる.また,$K_P(T)$ の値が既知の温度 T_1 から任意の温度 T まで式(26・29)を積分することもできる.そうすると,

$$\ln K_P(T) = \ln K_P(T_1) + \int_{T_1}^{T} \frac{\Delta_r H°(T')\,dT'}{RT'^2} \qquad (26\cdot 35)$$

が得られる.式(26・34)や式(26・35)は,$\Delta_r H°$ の温度依存性が無視できない場合への式(26・31)の拡張である.式(26・34)は,$\ln K_P(T)$ を $1/T$ に対してプロットすると,勾配は一定でなく少し曲率をもつことを示している.図26・4 はアンモニア合成反応についての $\ln K_P(T)$ の $1/T$ に対するプロットである.$\ln K_P(T)$ が $1/T$ に対して直線ではなく,$\Delta_r H°$ が温度に依存することを示している.

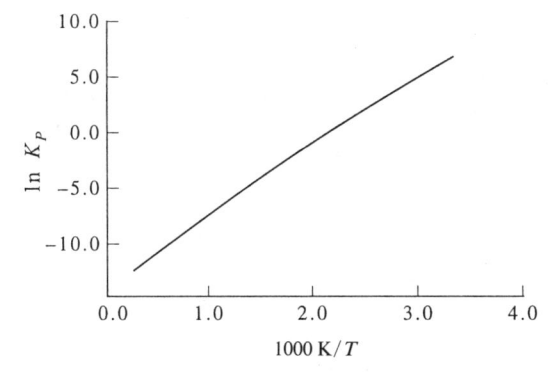

図26・4 アンモニア合成反応 $\frac{3}{2}H_2(g) + \frac{1}{2}N_2(g) \rightleftharpoons NH_3(g)$ の $\ln K_P(T)$ の $1/T$ に対するプロット.

例題 26・7 反応,

$$\frac{1}{2}\text{N}_2(\text{g}) + \frac{3}{2}\text{H}_2(\text{g}) \rightleftharpoons \text{NH}_3(\text{g})$$

を考える。$\text{N}_2(\text{g})$, $\text{H}_2(\text{g})$ および $\text{NH}_3(\text{g})$ のモル熱容量は, 300 K から 1500 K の範囲で,

$$\frac{C_P^\circ[\text{N}_2(\text{g})]}{\text{J K}^{-1}\text{ mol}^{-1}} = 24.98 + 5.912 \times 10^{-3}\frac{T}{\text{K}} - 0.3376 \times 10^{-6}\frac{T^2}{\text{K}^2}$$

$$\frac{C_P^\circ[\text{H}_2(\text{g})]}{\text{J K}^{-1}\text{ mol}^{-1}} = 29.07 - 0.8368 \times 10^{-3}\frac{T}{\text{K}} + 2.012 \times 10^{-6}\frac{T^2}{\text{K}^2}$$

$$\frac{C_P^\circ[\text{NH}_3(\text{g})]}{\text{J K}^{-1}\text{ mol}^{-1}} = 25.93 + 32.58 \times 10^{-3}\frac{T}{\text{K}} - 3.046 \times 10^{-6}\frac{T^2}{\text{K}^2}$$

と表すことができる。300 K で $\Delta_\text{r} H^\circ[\text{NH}_3(\text{g})] = -46.11 \text{ kJ mol}^{-1}$, 725 K で $K_P = 6.55 \times 10^{-3}$ であることから, 式 (26・34) の形の $K_P(T)$ の温度依存性を表す式を導け。

解答: はじめに式 (26・32),

$$\Delta_\text{r} H^\circ(T_2) = \Delta_\text{r} H^\circ(T_1) + \int_{T_1}^{T_2} \Delta C_P^\circ(T)\,\text{d}T$$

を使い, $T_1 = 300 \text{ K}$, $\Delta_\text{r} H^\circ(T_1 = 300 \text{ K}) = -46.11 \text{ kJ mol}^{-1}$ および

$$\Delta C_P^\circ = C_P^\circ[\text{NH}_3(\text{g})] - \frac{1}{2}C_P^\circ[\text{N}_2(\text{g})] - \frac{3}{2}C_P^\circ[\text{H}_2(\text{g})]$$

とする。積分すると,

$$\begin{aligned}\frac{\Delta_\text{r} H^\circ(T)}{\text{J mol}^{-1}} &= -46.11 \times 10^3 + \int_{300\text{ K}}^{T} \Delta C_P^\circ(T)\,\text{d}T \\ &= -46.11 \times 10^3 - 30.17\left(\frac{T}{\text{K}} - 300\right) \\ &\quad + \frac{30.88 \times 10^{-3}}{2}\left(\frac{T^2}{\text{K}^2} - (300)^2\right) \\ &\quad - \frac{5.895 \times 10^{-6}}{3}\left(\frac{T^3}{\text{K}^3} - (300)^3\right)\end{aligned}$$

すなわち,

$$\frac{\Delta_\text{r} H^\circ(T)}{\text{J mol}^{-1}} = -38.10 \times 10^3 - 30.17\frac{T}{\text{K}} + 15.44 \times 10^{-3}\frac{T^2}{\text{K}^2} - 1.965 \times 10^{-6}\frac{T^3}{\text{K}^3}$$

となる．ここで，$T_1=725$ K および $K_P(T=725\text{ K})=6.55\times10^{-3}$ として式 (26・35) を使うと，

$$\ln K_P(T) = \ln K_P(T=725\text{ K}) + \int_{725}^{T} \frac{\Delta_r H^\circ(T')}{RT'^2}\,dT'$$

$$= -5.028 + \frac{1}{R}\left[+38.10\times10^3\left(\frac{1}{T/K} - \frac{1}{725}\right) - 30.17\left(\ln\frac{T}{K} - \ln 725\right)\right.$$

$$\left. + 15.44\times10^{-3}\left(\frac{T}{K} - 725\right) - \frac{1.965\times10^{-6}}{2}\left(\frac{T^2}{K^2} - (725)^2\right)\right]$$

$$= 12.06 + \frac{4583}{T/K} - 3.749\ln\frac{T}{K} + 1.857\times10^{-3}\frac{T}{K} - 0.118\times10^{-6}\frac{T^2}{K^2}$$

となる．この式から図 26・4 が得られる．600 K では $\ln K_P = -3.21$ すなわち $K_P=0.040$ となり，これは実験値 0.041 と大変よく一致する．

この節の結果を 23・4 節の結果と比較するのは興味深い．23・4 節ではクラウジウス-クラペイロンの式，式(23・13)を導いた．液体の蒸発は"化学反応式"，

$$X(l) \rightleftharpoons X(g)$$

によって表すことができるので，式(26・31)と式(23・13)は基本的に同じである．

26・8 分配関数を用いて平衡定数を計算できる

統計熱力学の化学への重要な応用は，分子パラメーターを用いた平衡定数の計算である．体積と温度が一定の容器内で起きる一般的な均一気相反応，

$$\nu_A A(g) + \nu_B B(g) \rightleftharpoons \nu_Y Y(g) + \nu_Z Z(g)$$

を考える．この場合には，式(26・3)ではなく，

$$dA = \mu_A dn_A + \mu_B dn_B + \mu_Y dn_Y + \mu_Z dn_Z \quad (T, V \text{ 一定})$$

である(式 23・24 参照)．しかし，式(26・2)によって反応進行度を定義すると，26・1 節と同じ化学平衡の条件，

$$\nu_Y \mu_Y + \nu_Z \mu_Z - \nu_A \mu_A - \nu_B \mu_B = 0 \quad (26\cdot36)$$

が成立する．ここで化学ポテンシャルと分配関数の関係を用いて統計熱力学を導入する．理想気体の混合物では，それぞれの化学種は独立なので，混合気体の分配関数は各成分の分配関数の積である．したがって，

$$Q(N_A, N_B, N_Y, N_Z, V, T)$$
$$= Q(N_A, V, T) Q(N_B, V, T) Q(N_Y, V, T) Q(N_Z, V, T)$$
$$= \frac{q_A(V, T)^{N_A}}{N_A!} \frac{q_B(V, T)^{N_B}}{N_B!} \frac{q_Y(V, T)^{N_Y}}{N_Y!} \frac{q_Z(V, T)^{N_Z}}{N_Z!}$$

となる．各成分の化学ポテンシャルは，

$$\mu_A = -RT \left(\frac{\partial \ln Q}{\partial N_A} \right)_{N_j, V, T} = -RT \ln \frac{q_A(V, T)}{N_A} \quad (26 \cdot 37)$$

のような式で与えられる（問題 26・33）．ここで $N_A!$ についてスターリングの近似を用いた．偏微分に対する添字 N_j は他の化学種の粒子数を一定に保つことを示すものである．式(26・37)は，理想気体混合物の中のある化学種の化学ポテンシャルは他の化学種が存在しないかのように計算されることを示している．

式(26・37)を式(26・36)に代入すると，

$$\frac{N_Y^{\nu_Y} N_Z^{\nu_Z}}{N_A^{\nu_A} N_B^{\nu_B}} = \frac{q_Y^{\nu_Y} q_Z^{\nu_Z}}{q_A^{\nu_A} q_B^{\nu_B}} \quad (26 \cdot 38)$$

が得られる．理想気体では分子分配関数は $f(T)V$ という形なので(18・6節)，q/V は温度だけの関数である．式(26・38)の両辺を V^ν で割って，N_j/V を ρ_j と書けば，

$$K_c(T) = \frac{\rho_Y^{\nu_Y} \rho_Z^{\nu_Z}}{\rho_A^{\nu_A} \rho_B^{\nu_B}} = \frac{(q_Y/V)^{\nu_Y} (q_Z/V)^{\nu_Z}}{(q_A/V)^{\nu_A} (q_B/V)^{\nu_B}} \quad (26 \cdot 39)$$

が得られる．K_c は温度だけの関数である．$K_P(T)$ と $K_c(T)$ の間には式(26・17)，

$$K_P(T) = \frac{P_Y^{\nu_Y} P_Z^{\nu_Z}}{P_A^{\nu_A} P_B^{\nu_B}} = K_c(T) \left(\frac{c^\circ RT}{P^\circ} \right)^{\nu_Y + \nu_Z - \nu_A - \nu_B}$$

の関係がある．

式(26・17)と式(26・39)，および 18 章の結果を用いると，分子パラメーターから平衡定数を計算することができる．これは，例で示すのが最もわかりやすい．

A. 二原子分子の化学反応

反応，

$$H_2(g) + I_2(g) \rightleftharpoons 2HI(g)$$

の平衡定数を 500 K から 1000 K の範囲で計算してみる．平衡定数は，

$$K(T) = \frac{(q_{HI}/V)^2}{(q_{H_2}/V)(q_{I_2}/V)} = \frac{q_{HI}^2}{q_{H_2} q_{I_2}} \quad (26 \cdot 40)$$

で与えられる.分子分配関数に対して式(18・39)を使うと,

$$K(T) = \left(\frac{m_{HI}^2}{m_{H_2}m_{I_2}}\right)^{3/2}\left(\frac{4\Theta_{rot}^{H_2}\Theta_{rot}^{I_2}}{(\Theta_{rot}^{HI})^2}\right)\frac{(1-e^{-\Theta_{vib}^{H_2}/T})(1-e^{-\Theta_{vib}^{I_2}/T})}{(1-e^{-\Theta_{vib}^{HI}/T})^2}$$

$$\times \exp\frac{2D_0^{HI} - D_0^{H_2} - D_0^{I_2}}{RT} \qquad (26\cdot 41)$$

が得られる.ここで式(18・39)の D_e を $D_0+(h\nu/2)$ で置き換えた(図18・2).必要なパラメーターはすべて表18・2に与えられている.これらを用いて計算した $K_P(T)$ の数値を表26・2に,$\ln K$ の $1/T$ に対するプロットを図26・5に示す.図中の直線の勾配から $\Delta_r\bar{H}=-12.9\,\mathrm{kJ\,mol^{-1}}$ が得られる.実験値は $-13.4\,\mathrm{kJ\,mol^{-1}}$ である.この不一致は,この温度域では剛体回転子-調和振動子モデルが不適切になるためである.

表 26・2 反応 $H_2(g) + I_2(g) \rightleftharpoons 2HI(g)$ について式(26・41)で計算した $K_P(T)$ の値

T/K	$K_P(T)$	$\ln K_P(T)$
500	138	4.92
750	51.1	3.93
1000	28.5	3.35
1250	19.1	2.95
1500	14.2	2.65

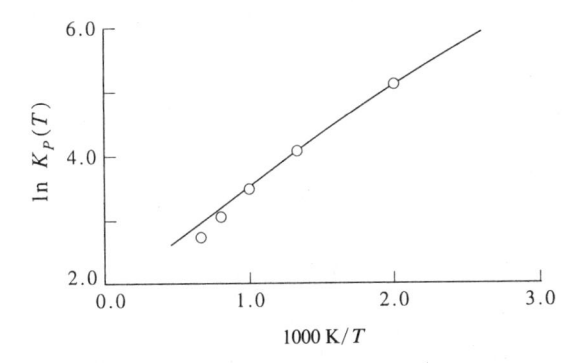

図 26・5 反応 $H_2(g) + I_2(g) \rightleftharpoons 2HI(g)$ の平衡定数の対数の $1/T$ に対するプロット.実線は式(26・41)による計算,丸は実験値.

B. 多原子分子の反応

多原子分子を含む反応の例として，

$$H_2(g) + \frac{1}{2}O_2(g) \rightleftharpoons H_2O(g)$$

を考える．この反応の平衡定数は，

$$K_c(T) = \frac{(q_{H_2O}/V)}{(q_{H_2}/V)(q_{O_2}/V)^{1/2}} \qquad (26\cdot 42)$$

で与えられる．それぞれの分配関数をまず K_c に代入しても，べつべつに計算しても手間は同じである．必要なパラメーターは表 18·2 と表 18·4 に与えられている．1500 K ではこの三つの分配関数(式 18·39 および式 18·60)は，

$$\frac{q_{H_2}(T,V)}{V} = \left(\frac{2\pi m_{H_2} k_B T}{h^2}\right)^{3/2}\left(\frac{T}{2\Theta_{\text{rot}}^{H_2}}\right)(1-e^{-\Theta_{\text{vib}}^{H_2}/T})^{-1}e^{D_0^{H_2}/RT}$$

$$= 2.80\times 10^{32}\, e^{D_0^{H_2}/RT}\, m^{-3} \qquad (26\cdot 43)$$

$$\frac{q_{O_2}(T,V)}{V} = \left(\frac{2\pi m_{O_2} k_B T}{h^2}\right)^{3/2}\left(\frac{T}{2\Theta_{\text{rot}}^{O_2}}\right)(1-e^{-\Theta_{\text{vib}}^{O_2}/T})^{-1}\, 3\, e^{D_0^{O_2}/RT}$$

$$= 2.79\times 10^{36}\, e^{D_0^{O_2}/RT}\, m^{-3} \qquad (26\cdot 44)$$

および

$$\frac{q_{H_2O}(T,V)}{V}$$

$$= \left(\frac{2\pi m_{H_2O} k_B T}{h^2}\right)^{3/2}\frac{\pi^{1/2}}{\sigma}\left(\frac{T^3}{\Theta_{\text{rot,A}}^{H_2O}\Theta_{\text{rot,B}}^{H_2O}\Theta_{\text{rot,C}}^{H_2O}}\right)^{1/2}\prod_{j=1}^{3}(1-e^{-\Theta_{\text{vib},j}^{H_2O}/T})^{-1}e^{D_0^{H_2O}/RT}$$

$$= 5.33\times 10^{35}\, e^{D_0^{H_2O}/RT}\, m^{-3} \qquad (26\cdot 45)$$

である．q_{O_2}/V の 3 という因子は，O_2 の基底状態が $^3\Sigma_g^-$ であるためである．

上記のどの $q(T,V)/V$ も m^{-3} という単位をもっている．これは，分子パラメーターから計算する場合の基準状態が 1 m^3 当たり 1 分子であること，つまり $c^\circ = $ 1 分子·m^{-3} であることを示している．表 18·2 と表 18·4 の D_0 を使うと，1500 K における K_c は $K_c = 2.34\times 10^{-7}$ と計算される．K_P に変換するには，K_c を，

$$\left(\frac{c^\circ RT}{N_A P^\circ}\right)^{1/2} = \left[\frac{(1\,m^{-3})(8.3145\,J\,K^{-1}\,mol^{-1})(1500\,K)}{(6.022\times 10^{23}\,mol^{-1})(10^5\,Pa)}\right]^{1/2}$$

$$= 4.55\times 10^{-13}$$

で割れば，1 bar を標準状態として $K_P = 5.14 \times 10^5$ が得られる．

表 26·3 には $\ln K_P$ の計算値と実験データを比較してある．このままでも一致はかなり良好であるが，もっと進んだ分光学的モデルを使えば一致はずっとよくなる．高温では，分子の回転エネルギーが大きくて遠心力歪みの効果が働くので，単純な剛体回転子-調和振動子モデルを拡張する必要がある．

表 26·3 反応 $H_2(g) + \frac{1}{2} O_2(g) \rightleftharpoons H_2O(g)$ の平衡定数の対数

T/K	$\ln K_P$ (計算値)	$\ln K_P$ (実験値)
1000	23.5	23.3
1500	13.1	13.2
2000	8.52	8.15

26·9 分子分配関数と，それに関係した熱力学データの膨大な表ができている

前節で剛体回転子-調和振動子モデルによって，実験値とまずまずの一致を示す平衡定数を計算できることを学んだ．モデルが単純なので，必要な計算量も大したことはない．しかし，もっと正確さが必要な場合には，剛体回転子-調和振動子モデルに対する補正を取入れる必要があり，計算もずっと面倒になる．そうすると，分配関数の数値表がいろいろ作られるのも当然なので，この節では，こうした数値表の使い方について説明する．こうした表は実は，分配関数の表よりも強力である．その表には熱力学量の実験値も掲載されていて，足りないところは理論計算で補っていることも多い．つまり，ここで説明しようとしている熱力学数値表は，多数の物質の熱力学的および統計熱力学的性質を集めたものである．

物質の熱力学的性質の最も包括的な表の一つにアメリカ化学会の出版物である *Journal of Physical Chemical Reference Data*, 14 巻, 別冊 1 (1985 年) がある．これは，通常，JANAF(joint, army, navy, air force)テーブルといわれている．収録された各化学種について，およそ 1 ページ分の熱力学的および分光学的データが与えられている．表 26·4 はアンモニアの項の複製である．熱力学データの 4 番目と 5 番目の欄の見出しが $-\{G° - H°(T_r)\}/T$ と $H° - H°(T_r)$ になっていることに注意しよう．エネルギーの値は，ある基準点(たとえばエネルギーの原点)に相対的なものでなければならないことを思い起こそう．JANAF テーブルの基準点は 298.15 K における標準モルエンタルピーである．このため，$G°(T)$ と $H°(T)$ は

表 26・4　JANAF テーブルの $NH_3(g)$ のページの複製

26. 化学平衡

$-\{G°(T)-H°(298.15\,\text{K})\}/T$ と $H°(T)-H°(298.15\,\text{K})$ という見出しからわかるように，その値に相対的なものとして表されている．表 26·4 には種々の温度におけるアンモニアの $-\{G°(T)-H°(298.15\,\text{K})\}/T$ を与えてある．$\{G°(T)-H°(298.15\,\text{K})\}$ ではなく $\{G°(T)-H°(298.15\,\text{K})\}/T$ が与えられているのは，$\{G°(T)-H°(298.15\,\text{K})\}/T$ の温度依存性の方が小さく，補間が容易なためである．第 2 欄と第 3 欄の見出しに見られるとおり，熱容量やエントロピーでは基準点を指定する必要がない．第 6 欄と第 7 欄は種々の温度における $\Delta_f H°$ と $\Delta_f G°$ である．26·3 節で，これらのデータから，反応の $\Delta_r H°$，$\Delta_r G°$ および平衡定数を計算できることを学んだ．

表 26·4 では $G°(T)$ および $H°(T)$ が $H°(298.15\,\text{K})$ に相対的に与えられているので，分子分配関数 $q(V,T)$ を，このエネルギーの原点に相対的に表さなければならない．23·5 節で $q(V,T)$ を，

$$\begin{aligned} q(V,T) &= \sum_j e^{-\varepsilon_j/k_B T} = e^{-\varepsilon_0/k_B T} + e^{-\varepsilon_1/k_B T} + \cdots \\ &= e^{-\varepsilon_0/k_B T}(1 + e^{-(\varepsilon_1-\varepsilon_0)/k_B T} + \cdots) \\ &= e^{-\varepsilon_0/k_B T} q^0(V,T) \end{aligned} \qquad (26\cdot 46)$$

と表したことを思い起こそう．ここで $q^0(V,T)$ は基底状態エネルギーを 0 とした場合の分子分配関数である．式 (26·46) を式 (17·41) に代入すると，

$$\begin{aligned} U = \langle E \rangle &= Nk_B T^2 \left(\frac{\partial \ln q}{\partial T}\right)_V \\ &= N\varepsilon_0 + Nk_B T^2 \left(\frac{\partial \ln q^0}{\partial T}\right)_V \end{aligned} \qquad (26\cdot 47)$$

が得られる．1 mol の理想気体では $\bar{H}=H°(T)=\bar{U}+P\bar{V}=\bar{U}+RT$ なので，式 (26·47) は，

$$H°(T) = H_0° + RT^2 \left(\frac{\partial \ln q^0}{\partial T}\right)_V + RT \qquad (26\cdot 48)$$

となる．ここで $H_0°=N_A\varepsilon_0$ である．$q^0(V,T)$ は基底状態エネルギーを 0 にとった分子分配関数であるから，$q^0(V,T)$ は，分子の基底状態を表す $e^{-\Theta_{\text{vib},j}/2T}$ や $e^{D_e/k_B T}$ を含まない式 (18·57) あるいは式 (18·60) で与えられる．したがって，式 (18·57) を使っても式 (18·60) を使っても，式 (26·48) は，

$$\begin{aligned} H°(T) - H_0° &= \frac{3}{2}RT + \frac{2}{2}RT + \sum_j \frac{R\Theta_{\text{vib},j}}{e^{\Theta_{\text{vib},j}/T}-1} + RT \\ &= \frac{7}{2}RT + \sum_j \frac{R\Theta_{\text{vib},j}}{e^{\Theta_{\text{vib},j}/T}-1} \quad \text{(直線分子)} \end{aligned} \qquad (26\cdot 49\,\text{a})$$

あるいは

$$H°(T) - H_0° = \frac{3}{2}RT + \frac{3}{2}RT + \sum_j \frac{R\Theta_{\text{vib},j}}{e^{\Theta_{\text{vib},j}/T} - 1} + RT$$

$$= 4RT + \sum_j \frac{R\Theta_{\text{vib},j}}{e^{\Theta_{\text{vib},j}/T} - 1} \qquad \text{(非直線分子)} \qquad (26\cdot49\text{ b})$$

となる．基底振動状態のエネルギーを0としたので，式(18·58)や式(18·61)にあった $\Theta_{\text{vib},j}/2T$ や $D_e/k_B T$ を含む項が式(26·49)にはない．

式(26·49 b)と表18·4のパラメーターを用いて，アンモニアの $H°(298.15\text{ K}) - H_0°$ を計算することができる．

$$\begin{aligned}H°(298.15\text{ K}) - H_0° &= 4(8.3145\text{ J K}^{-1}\text{ mol}^{-1})(298.15\text{ K}) \\&\quad + (8.3145\text{ J K}^{-1}\text{ mol}^{-1})\Bigg[\frac{4800\text{ K}}{e^{4800/298.15} - 1} \\&\quad + \frac{1360\text{ K}}{e^{1360/298.15} - 1} + \frac{(2)(4880\text{ K})}{e^{4880/298.15} - 1} + \frac{(2)(2330\text{ K})}{e^{2330/298.15} - 1}\Bigg] \\&= 10.05\text{ kJ mol}^{-1}\end{aligned}$$

表26·4の第5欄のはじめの数字は $-10.045\text{ kJ mol}^{-1}$ である．この値は $H°(0\text{ K}) - H°(298.15\text{ K})$ であり，ここで計算した $H°(298.15\text{ K}) - H°(0\text{ K})$ の符号を逆にしたものである．$H_0° = H°(0\text{ K})$ だからである．したがって，式(26·49 b)によって計算される値と表26·4の値は大変よく一致していることになる．

例題 26·8 式(26·49 b)と表18·4のパラメーターを用い，1000 K, 1 bar における $NH_3(g)$ の $H°(T) - H_0°$ を計算し，その結果を表26·4と比較せよ．

解答: 式(26·49 b)から，

$$H°(1000\text{ K}) - H_0° = 42.290\text{ kJ mol}^{-1}$$

が得られる．一方，表26·4では，

$$H_0° - H°(298.15\text{ K}) = H°(0\text{ K}) - H°(298.15\text{ K}) = -10.045\text{ kJ mol}^{-1} \qquad (1)$$

および

$$H°(1000\text{ K}) - H°(298.15\text{ K}) = 32.637\text{ kJ mol}^{-1} \qquad (2)$$

である．式(2)から式(1)を引くと，

$$H°(1000\text{ K}) - H_0° = 42.682\text{ kJ mol}^{-1}$$

が得られる．表26・4の値は式(26・49b)から得られる値よりも正確である．1000 K では剛体回転子-調和振動子モデルが不十分になり始める程度にアンモニア分子は励起されている．

表26・4のデータを用いてアンモニアの $q^0(V, T)$ の値を計算することもできる．23・5節で式(23・34)，

$$\mu°(T) - E_0° = -RT \ln\left[\left(\frac{q^0}{V}\right)\frac{RT}{N_A P°}\right] \quad (26·50)$$

を導いた．ここで $E_0° = N_A \varepsilon_0 = H_0°$, $P° = 1\,\text{bar} = 10^5\,\text{Pa}$ である．式(26・50)は理想気体についてのみ正しい．理想気体では $q^0(V, T)/V$, すなわち $q(V, T)/V$ は温度だけの関数である．式(26・50)は，化学ポテンシャルが，あるエネルギーの原点に相対的に計算されることを明瞭に示している．

純物質では $G° = \mu°$ なので，式(26・50)を，

$$G° - H_0° = -RT \ln\left[\left(\frac{q^0}{V}\right)\frac{RT}{N_A P°}\right] \quad (26·51)$$

と書くことができる．$T \to 0$ につれて $G° \to H_0°$ となることは容易に示すことができ ($T \to 0$ で $T \ln T \to 0$ だから)，したがって $H_0°$ は 0 K における標準ギブズエネルギーでもある．

式(26・51)から，

$$\frac{q^0}{V}\frac{RT}{N_A P°} = e^{-(G°-H_0°)/RT}$$

すなわち，

$$\frac{q^0(V, T)}{V} = \frac{N_A P°}{RT} e^{-(G°-H_0°)/RT} \quad (26·52\,\text{a})$$

である．ここで $P° = 10^5\,\text{Pa}$ である．表26・4の第4欄は $-(G°-H_0°)/T$ ではなく $-\{G°-H°(298.15\,\text{K})\}/T$ であるが，第5欄のはじめの値は $H_0° - H°(298.15\,\text{K})$ である．したがって，式(26・52a)の中の指数関数は，

$$\underbrace{-\frac{(G°-H_0°)}{T}}_{\substack{\text{式(26・52a)の}\\ \text{指数}}} = \underbrace{-\frac{(G°-H°(298.15\,\text{K}))}{T}}_{\text{表26・4の第4欄}} + \underbrace{\frac{(H_0°-H°(298.15\,\text{K}))}{T}}_{\substack{\text{表26・4の第5欄の}\\ \text{はじめの値を }T\text{ で}\\ \text{割ったもの}}} \quad (26·52\,\text{b})$$

から計算できる．

式(26・52)を用いて 500 K におけるアンモニアの $q^0(V, T)$ を計算してみよう．表 26・4 のデータを式(26・52 b)に代入すると，

$$-\frac{(G° - H_0°)}{500 \text{ K}} = 197.021 \text{ J K}^{-1} \text{ mol}^{-1} + \frac{-10.045 \text{ kJ mol}^{-1}}{500 \text{ K}}$$
$$= 176.931 \text{ J K}^{-1} \text{ mol}^{-1}$$

が得られる．これを式(26・52 a)に代入すると，

$$\frac{q^0(V, T)}{V} = \frac{(6.022 \times 10^{23} \text{ mol}^{-1})(10^5 \text{ Pa})}{(8.314 \text{ J K}^{-1} \text{ mol}^{-1})(500 \text{ K})} e^{(176.931 \text{ J K}^{-1} \text{ mol}^{-1})/8.314 \text{ J K}^{-1} \text{ mol}^{-1}}$$
$$= 2.53 \times 10^{34} \text{ m}^{-3}$$

が得られる．一方，式(18・60)からは，

$$\frac{q^0(V, T)}{V} = 2.59 \times 10^{34} \text{ m}^{-3}$$

が得られる(問題 26・48)．式(18・60)は剛体回転子-調和振動子近似に基づいているので，式(26・52)から得られる値の方が正確である．

例題 26・9　JANAF テーブルによれば 1500 K における $O_2(g)$ では $-\{G° - H°(298.15 \text{ K})\}/T = 231.002 \text{ J K}^{-1} \text{ mol}^{-1}$, $H_0° - H°(298.15 \text{ K}) = -8.683 \text{ kJ mol}^{-1}$ である．これらのデータと式(26・52)を用いて，1500 K における $O_2(g)$ の $q^0(V, T)/V$ を計算せよ．

解答：式(26・52 b)によれば，

$$-\frac{G° - H_0°}{T} = 231.002 \text{ J K}^{-1} \text{ mol}^{-1} + \frac{-8.683 \text{ kJ mol}^{-1}}{1500 \text{ K}}$$
$$= 225.093 \text{ J K}^{-1} \text{ mol}^{-1}$$

であり，式(26・52 a)から，

$$\frac{q^0(V, T)}{V} = \frac{(6.022 \times 10^{23} \text{ mol}^{-1})(10^5 \text{ Pa})}{(8.314 \text{ J K}^{-1} \text{ mol}^{-1})(1500 \text{ K})} e^{(225.093 \text{ J K}^{-1} \text{ mol}^{-1})/8.314 \text{ J K}^{-1} \text{ mol}^{-1}}$$
$$= 2.76 \times 10^{36} \text{ m}^{-3}$$

となる．前節で計算した値は $2.79 \times 10^{36} \text{ m}^{-3}$ であった．

JANAF テーブルの熱力学データから分子の D_0 の値を計算することもできる．表

26・4によれば $NH_3(g)$ に対して $\Delta_f H°(0\,K) = -38.907\,\text{kJ mol}^{-1}$ である.この過程を表す化学方程式は,

$$\tfrac{3}{2}H_2(g) + \tfrac{1}{2}N_2(g) \rightleftharpoons NH_3(g) \qquad \Delta_f H°(0\,K) = -38.907\,\text{kJ mol}^{-1} \qquad (1)$$

である.JANAF テーブルによれば,$H(g)$ と $N(g)$ についてそれぞれ $\Delta_f H°(0\,K) = 216.035\,\text{kJ mol}^{-1}$ および $470.82\,\text{kJ mol}^{-1}$ である.これらの値は,

$$\tfrac{1}{2}H_2(g) \rightleftharpoons H(g) \qquad \Delta_f H°(0\,K) = 216.035\,\text{kJ mol}^{-1} \qquad (2)$$

および

$$\tfrac{1}{2}N_2(g) \rightleftharpoons N(g) \qquad \Delta_f H°(0\,K) = 470.82\,\text{kJ mol}^{-1} \qquad (3)$$

に対応する.式(2)の3倍と式(3)の和から式(1)を引くと,

$$NH_3(g) \rightleftharpoons N(g) + 3H(g)$$

$$\begin{aligned}\Delta_f H°(0\,K) &= 38.907\,\text{kJ mol}^{-1} + (3)(216.035\,\text{kJ mol}^{-1}) + 470.82\,\text{kJ mol}^{-1} \\ &= 1157.83\,\text{kJ mol}^{-1}\end{aligned}$$

が得られる.表18・4の値は $1158\,\text{kJ mol}^{-1}$ である.

例題 26・10 JANAF テーブルによれば $HI(g)$, $H(g)$, $I(g)$ の $\Delta_f H°(0\,K)$ はそれぞれ $28.535\,\text{kJ mol}^{-1}$, $216.035\,\text{kJ mol}^{-1}$, $107.16\,\text{kJ mol}^{-1}$ である.$HI(g)$ の D_0 を計算せよ.

解答: 上記のデータは,

$$\tfrac{1}{2}H_2(g) + \tfrac{1}{2}I_2(s) \rightleftharpoons HI(g) \qquad \Delta_f H°(0\,K) = 28.535\,\text{kJ mol}^{-1} \qquad (1)$$

$$\tfrac{1}{2}H_2(g) \rightleftharpoons H(g) \qquad \Delta_f H°(0\,K) = 216.035\,\text{kJ mol}^{-1} \qquad (2)$$

$$\tfrac{1}{2}I_2(s) \rightleftharpoons I(g) \qquad \Delta_f H°(0\,K) = 107.16\,\text{kJ mol}^{-1} \qquad (3)$$

と表すことができる.式(2)と式(3)の和から式(1)を引くと,

$$HI(g) \rightleftharpoons H(g) + I(g) \qquad \Delta_f H°(0\,K) = 294.66\,\text{kJ mol}^{-1}$$

が得られる.表18・2の値は $294.7\,\text{kJ mol}^{-1}$ である.

熱力学数値表には大量の熱力学的および統計熱力学的なデータが含まれている.その利用には少し練習が必要だが,それだけの値うちがある.問題26・45から問題26・58まではこの練習のためのものである.

26·10 実在気体の平衡定数は部分フガシティーで表される

本章では，ここまで理想気体だけから成る系における平衡について調べてきた．この節では非理想気体から成る系における平衡を考える．22·8 節で，

$$\mu(T, P) = \mu^\circ(T) + RT \ln \frac{f}{f^\circ} \qquad (26 \cdot 53)$$

によってフガシティーを導入した．ここで $\mu^\circ(T)$ は，対応する理想気体の 1 bar における化学ポテンシャルである．この章ではこれ以降，式を簡単にするために f° を省略する．そうすると式 (26·53) は，

$$\mu(T, P) = \mu^\circ(T) + RT \ln f \qquad (26 \cdot 54)$$

と書ける．f が標準状態に対する相対値であることを忘れてはならない．気体混合物では，

$$\mu_j(T, P) = \mu_j^\circ(T) + RT \ln f_j \qquad (26 \cdot 55)$$

となるだろう．理想的に振舞わない気体の混合物中の分子は互いに独立ではないので，一般に，それぞれの気体の部分フガシティーは混合物中の他のすべての気体の濃度に依存する．

一般の気相反応，

$$\nu_A A(g) + \nu_B B(g) \rightleftharpoons \nu_Y Y(g) + \nu_Z Z(g)$$

を考える．任意の分圧の反応物が，任意の分圧の生成物になる際のギブズエネルギー変化は，

$$\Delta_r G = \nu_Y \mu_Y + \nu_Z \mu_Z - \nu_A \mu_A - \nu_B \mu_B$$

である．この式に式 (26·55) を代入すると，

$$\Delta_r G = \Delta_r G^\circ + RT \ln \frac{f_Y^{\nu_Y} f_Z^{\nu_Z}}{f_A^{\nu_A} f_B^{\nu_B}} \qquad (26 \cdot 56)$$

が得られる．ただし，

$$\Delta_r G^\circ = \nu_Y \mu_Y^\circ + \nu_Z \mu_Z^\circ - \nu_A \mu_A^\circ - \nu_B \mu_B^\circ$$

である．式 (26·56) は式 (26·24) を非理想気体から成る系へ一般化したものである．この段階ではフガシティーの値は任意であり，平衡値である必要はない．反応系が平衡ならば，$\Delta_r G = 0$ であり，すべてのフガシティーは平衡値である．そうすると式 (26·56) は，

$$\Delta_r G^\circ(T) = -RT \ln K_f \qquad (26 \cdot 57)$$

となる。ただし平衡定数 K_f は，

$$K_f(T) = \left(\frac{f_Y^{\nu_Y} f_Z^{\nu_Z}}{f_A^{\nu_A} f_B^{\nu_B}}\right)_{eq} \quad (26\cdot58)$$

で与えられる。式(26・57)に示されるとおり，平衡定数は温度だけの関数である。

式(26・57)で定義される平衡定数を**熱力学的平衡定数**[1] という。K_f と $\Delta_r G°$ の関係を表す式(26・57)は厳密な式であり，実在気体に対しても理想気体に対しても正しい。低圧では部分フガシティーを分圧に置き換えて K_P を得ることができる。しかし，高圧ではこの近似は成り立たないと考えなければならない。状態方程式のデータから部分フガシティーを計算するための式は，純気体のフガシティーを計算した22・8節の式を拡張したものである。式(26・58)で用いる部分フガシティーを得るためには，その気体の反応混合物について大量の圧力-体積データが必要である。工業的に重要な，

$$\frac{1}{2}N_2(g) + \frac{3}{2}H_2(g) \rightleftharpoons NH_3(g)$$

のような反応については，こうしたデータがそろっている。表26・5は反応混合物の全圧の関数として K_P と K_f を示したものである。全圧が上昇するとき，K_P は一定ではないが，K_f はほぼ一定であることが認められる。表26・5の結果は，高圧の系を扱う際には圧力ではなくフガシティーを使わなければならないことを強く示している。

表26・5 450°Cにおけるアンモニア合成平衡の K_P と K_f の全圧依存性

全圧/bar	$K_P/10^{-3}$	$K_f/10^{-3}$
10	6.59	6.55
30	6.76	6.59
50	6.90	6.50
100	7.25	6.36
300	8.84	6.08
600	12.94	6.42

例題 26・11 二つの平衡定数 K_P と K_f とは K_γ によって $K_f = K_\gamma K_P$ のように関係づけられる。ただし K_γ は**活量係数**[2] γ_j を用いた平衡定数の形をしている。まず K_γ の式を導き，表26・5に与えた種々の圧力における値を求めよ。

---

[1] thermodynamic equilibrium constant   [2] activity coefficient

解答: 圧力とフガシティーの関係は,
$$f_j = \gamma_j P_j$$
で与えられる. これを式(26·58)に代入すると,
$$K_f = \frac{(\gamma_Y^{\nu_Y} P_Y^{\nu_Y})(\gamma_Z^{\nu_Z} P_Z^{\nu_Z})}{(\gamma_A^{\nu_A} P_A^{\nu_A})(\gamma_B^{\nu_B} P_B^{\nu_B})}$$
$$= \left(\frac{\gamma_Y^{\nu_Y} \gamma_Z^{\nu_Z}}{\gamma_A^{\nu_A} \gamma_B^{\nu_B}}\right) \cdot \left(\frac{P_Y^{\nu_Y} P_Z^{\nu_Z}}{P_A^{\nu_A} P_B^{\nu_B}}\right) = K_\gamma K_P$$

が得られる. ただし標準状態として $f° = P° = 1$ bar を用いた. 表26·5のデータを用いると,

P/bar	10	30	50	100	300	600
K_γ	0.994	0.975	0.942	0.877	0.688	0.496

が得られる. K_γ が1からずれる大きさは系の非理想性の尺度である.

26·11 熱力学的平衡定数は活量を使って表す

前節では実在気体から成る反応系の平衡の条件を調べた. 最も重要な結果は平衡定数 K_f を導入したことで, この平衡定数は部分フガシティーを使って表される. この節では, 気体, 固体, 液体あるいは溶液から成る一般的な系の平衡について同様な表現を導く. 出発点は式(24·34), すなわち,

$$\mu_j = \mu_j°(T) + RT \ln a_j \tag{26·59}$$

である. ここで a_j は化学種 j の**活量**[1], $\mu_j°$ は標準状態における化学ポテンシャルである. 実は, この式は要するに活量 a_j の定義の式である. 24章と25章で2種類の標準状態を説明したことを思い起こそう. すなわち, ラウール則の標準状態, この場合, $x_j \to 1$ となるに従って $a_j \to x_j$ となり, この場合 $\mu_j° = \mu_j^*$ である. もう一つはヘンリー則の標準状態で, この場合 $m_j \to 0$ または $c_j \to 0$ となるに従って $a_j \to m_j$ または $a_j \to c_j$ で, この場合 $\mu_j°$ は 1 mol kg^{-1} または 1 mol L^{-1} の(仮想的な)理想溶液の化学ポテンシャルである. 式(26·55)は気体に限られるが, 式(26·59)は一般的である. 事実, 気体の活量を $a_j = f_j/f_j°$ によって定義すれば, 式(26·55)を式(26·59)の特別な場合として含めることができる. この場合, 式(26·59)の $\mu_j°(T)$ は問題の温度, 1 bar における, 対応する(仮想的な)理想気体に相当する. $a_j = f_j/f_j°$ とすることを認

---
[1] activity

めれば，気体，固体，液体(また溶液)を同じように取扱うことができる．
一般的な反応，

$$\nu_A A + \nu_B B \rightleftharpoons \nu_Y Y + \nu_Z Z$$

を考える．任意の状態の A と B を，任意の状態の Y と Z に変換する際のギブズエネルギー変化は，

$$\Delta_r G = \nu_Y \mu_Y + \nu_Z \mu_Z - \nu_A \mu_A - \nu_B \mu_B$$

で与えられる．式(26・59)をこれに代入すると，

$$\Delta_r G = \Delta_r G^\circ + RT \ln \frac{a_Y^{\nu_Y} a_Z^{\nu_Z}}{a_A^{\nu_A} a_B^{\nu_B}} \qquad (26\cdot60)$$

が得られる．ただし，

$$\Delta_r G^\circ = \nu_Y \mu_Y^\circ + \nu_Z \mu_Z^\circ - \nu_A \mu_A^\circ - \nu_B \mu_B^\circ$$

である．式(26・60)を偉大な熱力学者 G. N. ルイスにちなんで**ルイスの式**[1]という．ルイスは活量の概念を初めて導入し，化学平衡の厳密な熱力学的解析を始めた人である．式(26・60)は，気体だけでなく凝縮相や溶液をも含む非理想的な系へ式(26・56)を一般化したものである．この段階では活量は任意でよく，平衡活量でなくてもよい．理想気体の反応系について 26・5 節で行ったのとまったく同様に，反応商，この場合は**活量商**[2]を，

$$Q_a = \frac{a_Y^{\nu_Y} a_Z^{\nu_Z}}{a_A^{\nu_A} a_B^{\nu_B}} \qquad (26\cdot61)$$

によって導入する．これを使えば，式(26・60)を，

$$\Delta_r G = \Delta_r G^\circ + RT \ln Q_a \qquad (26\cdot62)$$

と書くことができる．

式(26・59)によれば，物質の標準状態では $a_j=1$ である．したがって，反応混合物中のすべての反応物と生成物がそれぞれの標準状態にあれば，式(26・61)の a_j はすべて $a_j=1$ つまり $Q_a=1$ で，$\Delta_r G = \Delta_r G^\circ$ となる．反応系が一定の T と P において平衡であれば $\Delta_r G=0$ であり，

$$\Delta_r G^\circ = -RT \ln Q_{a,\mathrm{eq}} \qquad (26\cdot63)$$

が得られる．ただし $Q_{a,\mathrm{eq}}$ は，すべての活量が平衡値をとっている Q_a である．26・5 節からの類推で $Q_{a,\mathrm{eq}}$ を K_a と表す．すなわち，

---

[1] Lewis' equation　[2] activity quotient

$$K_a(T) = \left(\frac{a_Y^{\nu_Y} a_Z^{\nu_Z}}{a_A^{\nu_A} a_B^{\nu_B}}\right)_{eq} \tag{26·64}$$

である．これを熱力学的平衡定数という．式(26·57)は，

$$\Delta_r G° = -RT \ln K_a \tag{26·65}$$

となる．式(26·65)は完全に一般的かつ厳密であり，平衡にある任意の系で成立する．気体だけを含む反応では，$a_i = f_i$ および $K_a(T) = K_f(T)$ (式26·58)であり，式(26·65)は式(26·57)と等価であることに注意せよ．式(26·64)と式(26·65)では反応物がどの相にあってもよいので，式(26·57)と式(26·58)よりも一般的である．この式の使い方を例によって示すのがわかりやすい．

水性ガス反応，

$$C(s) + H_2O(g) \xrightleftharpoons{1000°C} CO(g) + H_2(g)$$

のような不均一系を考える．この反応は水素の工業的製造で用いられている．この反応についての熱力学的平衡定数は，

$$K_a = \frac{a_{CO(g)} a_{H_2(g)}}{a_{C(s)} a_{H_2O(g)}} = \frac{f_{CO(g)} f_{H_2(g)}}{a_{C(s)} f_{H_2O(g)}}$$

である．これまで気体のフガシティーについては取扱ってきたが，純粋な固体や液体の活量については扱っていない．そこではじめに純粋な凝縮相の標準状態を選ばなければならない．問題とする温度，1 bar における普通の状態を標準状態として選ぶ．活量を計算するために，

$$\left(\frac{\partial \mu}{\partial P}\right)_T = \bar{V} \tag{26·66}$$

および，式(26·59)の温度を一定としての微分，

$$d\mu = RT \, d\ln a \qquad (T\text{一定}) \tag{26·67}$$

から出発する．式(26·66)を，

$$d\mu = \bar{V} \, dP \qquad (T\text{一定})$$

と書き，式(26·67)を使うと，

$$d\ln a = \frac{\bar{V}}{RT} dP \qquad (T\text{一定})$$

が得られる．標準状態($a=1$, $P=1$ bar)から任意の状態まで積分すると，

$$\int_{a=1}^{a} d\ln a' = \int_{1}^{P} \frac{\overline{V}}{RT} dP' \qquad (T\ 一定)$$

すなわち,

$$\ln a = \frac{1}{RT}\int_{1}^{P} \overline{V}\, dP' \qquad (T\ 一定) \qquad (26\cdot68)$$

が得られる. 凝縮相では, あまり圧力範囲が広くなければ $\overline{V}$ はほぼ一定なので, 式 (26·68) は,

$$\ln a = \frac{\overline{V}}{RT}(P-1) \qquad (26\cdot69)$$

となる.

例題 26·12 100 bar, 1000 °C におけるコークスの形での C(s) の活量を計算せよ.

解答: 1000 °C におけるコークスの密度は約 $1.5\ \mathrm{g\ cm^{-3}}$ なので, モル体積 $\overline{V}$ は $8.0\ \mathrm{cm^3\ mol^{-1}}$ である. したがって, 式 (26·69) より,

$$\ln a = \frac{(8.0\ \mathrm{cm^3\ mol^{-1}})(1\ \mathrm{dm^3/1000\ cm^3})(99\ \mathrm{bar})}{(0.083\,145\ \mathrm{dm^3\ bar\ K^{-1}\ mol^{-1}})(1273\ \mathrm{K})} = 0.0075$$

すなわち $a = 1.01$ である. 活量が 100 bar でもほぼ 1 であることに注意せよ.

例題 26·12 によれば, あまり高圧でなければ純粋な凝縮相の活量は 1 である. したがって, 純粋な固体や液体の活量は平衡定数の式に通常は含めない. たとえば, 反応,

$$C(s) + H_2O(g) \rightleftharpoons CO(g) + H_2(g)$$

について, 圧力が十分低ければ平衡定数は,

$$K = \frac{f_{CO(g)} f_{H_2(g)}}{f_{H_2O(g)}} \approx \frac{P_{CO(g)} P_{H_2(g)}}{P_{H_2O(g)}}$$

で与えられる. しかし, つぎの例題のように, 活量を 1 とできない場合も存在する.

例題 26·13 グラファイトをダイヤモンドに変える際の標準モルギブズエネルギー変化は 298.15 K で $2.900\ \mathrm{kJ\ mol^{-1}}$ である. 298.15 K におけるグラファイトの密度は $2.27\ \mathrm{g\ cm^{-3}}$, ダイヤモンドの密度は $3.52\ \mathrm{g\ cm^{-3}}$ である. 298.15 K において炭素のこの二つの形が平衡になる圧力を求めよ.

解答: 問題の過程は,

$$C(グラファイト) \rightleftharpoons C(ダイヤモンド)$$

と書ける. そうすると,

$$\Delta_r G° = -RT \ln K_a = -RT \ln \frac{a_{ダイヤモンド}}{a_{グラファイト}}$$

である. 式(26·69)を使うと,

$$\Delta_r G° = -RT \left[\frac{\Delta \bar{V}}{RT}(P-1) \right]$$

すなわち,

$$\frac{2900 \text{ J mol}^{-1}}{(8.3145 \text{ J K}^{-1} \text{mol}^{-1})(298.15 \text{ K})} =$$

$$-\frac{(3.41 \text{ cm}^3 \text{ mol}^{-1} - 5.29 \text{ cm}^3 \text{ mol}^{-1})(1 \text{ dm}^3/1000 \text{ cm}^3)(P-1) \text{ bar}}{(0.083\,145 \text{ dm}^3 \text{ bar K}^{-1} \text{mol}^{-1})(298.15 \text{ K})}$$

である. P について解くと,

$$P = 1.54 \times 10^4 \text{ bar} \approx 15\,000 \text{ bar}$$

が得られる.

26·12 活量を使うとイオンが関与する溶解度の計算結果は大幅に変わる

式(26·65)は溶液中で起きる反応にも適用できる. たとえば, 0.100 mol L^{-1} の酢酸水溶液 $CH_3COOH(aq)$ の中での解離を考えよう. この解離ではモル濃度単位で $K = 1.74 \times 10^{-5}$ である. 反応式は,

$$CH_3COOH(aq) + H_2O(l) \rightleftharpoons H_3O^+(aq) + CH_3COO^-(aq)$$

であり, 平衡定数の式は,

$$K_a = \frac{a_{H_3O^+} \, a_{CH_3COO^-}}{a_{CH_3COOH} \, a_{H_2O}} = \frac{a_{H_3O^+} \, a_{CH_3COO^-}}{a_{CH_3COOH}} = 1.74 \times 10^{-5} \quad (26·70)$$

である. 0.100 mol L^{-1} 付近では酢酸は中性分子なので, 非解離の酢酸の活量係数はほぼ1であるから, $a_{HAc} = c_{HAc}$ である. イオンについては, 表25·3から,

$$a_{H^+} \, a_{CH_3COO^-} = c_{H^+} \, c_{Ac^-} \, \gamma_\pm^2$$

であることを使うと, 式(26·70)は,

$$\frac{c_{H_3O^+} c_{Ac^-}}{c_{HAc}} = \frac{1.74 \times 10^{-5}}{\gamma_\pm^2} \tag{26.71}$$

となる. 第1近似として, すべての活量係数を1とおいて,

$$K_c = \frac{c_{H_3O^+} c_{Ac^-}}{c_{HAc}} = 1.74 \times 10^{-5} \text{ mol L}^{-1}$$

と書こう. そこで,

$$\text{CH}_3\text{COOH(aq)} + \text{H}_2\text{O(l)} \rightleftharpoons \text{H}_3\text{O}^+(\text{aq}) + \text{CH}_3\text{COO}^-(\text{aq})$$

はじめ	0.100 mol L^{-1}	—	≈0	0
平衡	0.100 mol L$^{-1}-x$	—	x	x

のように問題を設定すると,

$$\frac{x^2}{0.100 \text{ mol L}^{-1} - x} = 1.74 \times 10^{-5} \text{ mol L}^{-1}$$

すなわち $x = 1.31 \times 10^{-3}$ mol L^{-1} を得る. この pH は 2.88 である.

さて, 今度は $\gamma_\pm$ を1とおかないことにしよう. $\gamma_\pm$ について式(25.57),

$$\ln \gamma_\pm = -\frac{1.173 |z_+ z_-| (I_c/\text{mol L}^{-1})^{1/2}}{1 + (I_c/\text{mol L}^{-1})^{1/2}}$$

を使う. ここでイオン強度 I_c は,

$$I_c = \frac{1}{2}(c_{H^+} + c_{Ac^-}) = c_{H^+} = c_{Ac^-}$$

で与えられる. I_c を計算するには, c_{H^+} か c_{Ac^-} を知らなければならないが, 式(26.71)には $\gamma_\pm^2$ が含まれているので, この式からこのどちらも決めることはできない. しかし**反復法**[1] でこの問題を解くことができる. そこで, まず $\gamma_\pm = 1$ とおいて求めた c_{H^+} と c_{Ac^-} を用いて $\gamma_\pm$ を計算する.

$$\ln \gamma_\pm = -\frac{1.173 (1.31 \times 10^{-3})^{1/2}}{1 + (1.31 \times 10^{-3})^{1/2}} = -0.0410$$

すなわち $\gamma_\pm^2 = 0.921$ である. これを式(26.71)の右辺に代入し,

$$\frac{x^2}{0.100 \text{ mol L}^{-1} - x} = \frac{1.74 \times 10^{-5} \text{ mol L}^{-1}}{0.921}$$

と書く. これを x について解くと $x = 1.365 \times 10^{-3}$ mol L^{-1} が得られる. つぎに, これを用いて新しい $\gamma_\pm^2$ の値 (=0.920) を計算し, その結果を式(26.71)に代入して新し

---

[1] iteration

い x の値 ($=1.366\times 10^{-3}$ mol L^{-1}) を計算する. もう一度繰返すと, $\gamma_\pm^2 = 0.920$ と $x = 1.366\times 10^{-3}$ mol L^{-1} が得られる. こうして, $x = 1.37\times 10^{-3}$ mol L^{-1} (有効数字3桁), pH=2.86 であることがわかる. このように, 活量を使っても pH は 2.86, 活量を使わなくても 2.88 で大差ないことがわかる. ところが, 以下に示すように溶解度の計算では必ずしもそうはいかない.

25°C の水中における BaF$_2$(s) の溶解度積 K_{sp} は 1.7×10^{-6} であり, 対応する反応式は,

$$\text{BaF}_2(\text{s}) \rightleftharpoons \text{Ba}^{2+}(\text{aq}) + 2\text{F}^-(\text{aq})$$

である. 平衡定数の式は,

$$a_{\text{Ba}^{2+}} a_{\text{F}^-}^2 = K_{sp} = 1.7\times 10^{-6}$$

である. 表 25·3 の式,

$$a_{\text{Ba}^{2+}} a_{\text{F}^-}^2 = c_{\text{Ba}^{2+}} c_{\text{F}^-}^2 \gamma_\pm^3$$

を用いると,

$$c_{\text{Ba}^{2+}} c_{\text{F}^-}^2 = \frac{1.7\times 10^{-6}}{\gamma_\pm^3} \qquad (26\cdot 72)$$

が得られる. $\gamma_\pm = 1$ とおき, BaF$_2$(s) の溶解度を s とすると, $c_{\text{Ba}^{2+}} = s$, $c_{\text{F}^-} = 2s$ であるから,

$$(s)(2s)^2 = 1.7\times 10^{-6}\ \text{mol}^3\ \text{L}^{-3}$$

すなわち $s = (1.7\times 10^{-6}\ \text{mol}^3\ \text{L}^{-3}/4)^{1/3} = 7.52\times 10^{-3}$ mol L^{-1} となる. この s の値からイオン強度を計算すると,

$$I_c = \frac{1}{2}(4s + 2s) = 3s = 0.0226\ \text{mol L}^{-1}$$

となる. この I_c の値を式 (25·57) に代入すると $\gamma_\pm = 0.736$ を得る. これを式 (26·72) に代入すると,

$$4s^3 = \frac{1.7\times 10^{-6}\ \text{mol}^3\ \text{L}^{-3}}{0.399}$$

が得られ, $s = 0.0102$ mol L^{-1} となる. もう一巡すると $\gamma_\pm = 0.705$ および $s = 0.0107$ mol L^{-1} となる. さらに一度, 繰返すと $\gamma_\pm = 0.700$ および $s = 0.0107$ mol L^{-1} となり, さらに繰返すと最終的に $\gamma_\pm = 0.700$, s は有効数字2桁で $s = 0.011$ mol L^{-1} となる. この場合には, 活量係数を考慮するかしないかで, 計算結果の s に 30% 以上の差がある.

26. 化 学 平 衡

例題 26·14 純水と 0.500 mol L^{-1} の硝酸水溶液 $KNO_3(aq)$ への $TlBrO_3(s)$ の溶解度を計算せよ. $TlBrO_3(s)$ に対して $K_{sp}=1.72\times10^{-4}$ である.

解答: $TlBrO_3(s)$ の溶解を表す反応式は,

$$TlBrO_3(s) \rightleftharpoons Tl^+(aq) + BrO_3^-(aq)$$

であり,

$$a_{Tl^+} a_{BrO_3^-} = c_{Tl^+} c_{BrO_3^-} \gamma_\pm^2 = s^2 \gamma_\pm^2 = 1.72 \times 10^{-4}$$

である. はじめに $\gamma_\pm=1$ とすると, $s=0.0131 \text{ mol L}^{-1}$ が得られる. この s の値を用いると, 純水中の $TlBrO_3(s)$ に対して $I_c=s$, $\gamma_\pm=0.887$ を得る. K_{sp} の式にこの $\gamma_\pm$ の値を代入すると, $s=0.0148 \text{ mol L}^{-1}$ となる. さらに繰返すと $s=0.0149 \text{ mol L}^{-1}$ と決定できる.

0.500 mol L^{-1} の $KNO_3(aq)$ の場合は,

$$I_c = \frac{1}{2}(s + s + 0.500 \text{ mol L}^{-1} + 0.500 \text{ mol L}^{-1}) = s + 0.500 \text{ mol L}^{-1}$$

である. s は 0.500 mol L^{-1} よりずっと小さいので, はじめは $I_c=0.500 \text{ mol L}^{-1}$ とおくと $\gamma_\pm=0.616$ が得られる. 溶解度積の式にこの値を代入すると $s=0.0213 \text{ mol L}^{-1}$ となる. すると $I_c=0.5213 \text{ mol L}^{-1}$, $\gamma_\pm=0.612$, $s=0.0214 \text{ mol L}^{-1}$ になる. もう一度繰返して, $s=0.0214 \text{ mol L}^{-1}$ と決定できる. $KNO_3(aq)$ は溶解反応に参加しないのに, 0.500 mol L^{-1} の $KNO_3(aq)$ の中では溶解度がずっと増すことに注意しよう. 活量係数を考慮しなければ, このような効果はまったく得られない.

問 題

26·1 下記の化学反応式における各化学種の濃度を反応進行度 ξ を用いて表せ. 初期条件は各反応式の下に与えられている.

(a) $SO_2Cl_2(g) \rightleftharpoons SO_2(g) + Cl_2(g)$
(1) n_0　　0　　0
(2) n_0　　n_1　　0

(b) $2SO_3(g) \rightleftharpoons 2SO_2(g) + O_2(g)$
(1) n_0　　0　　0
(2) n_0　　0　　n_1

	(c)	$N_2(g)$	$+$	$2O_2(g)$	$\rightleftharpoons$	$N_2O_4(g)$
	(1)	n_0		$2n_0$		0
	(2)	n_0		n_0		0

26・2 反応式,

$$2SO_2(g) + O_2(g) \rightleftharpoons 2SO_3(g)$$

で表される反応について平衡定数を書け. 反応式を,

$$SO_2(g) + \frac{1}{2}O_2(g) \rightleftharpoons SO_3(g)$$

と書いた場合と比較せよ.

26・3 反応式,

$$N_2O_4(g) \rightleftharpoons 2NO_2(g)$$

で表される $N_2O_4(g)$ の $NO_2(g)$ への解離を考える. はじめ n_0(単位 mol)の $N_2O_4(g)$ だけが存在し $NO_2(g)$ が存在しないと, 平衡状態における反応進行度 ξ_{eq} が,

$$\frac{\xi_{eq}}{n_0} = \left(\frac{K_P}{K_P + 4P}\right)^{1/2}$$

で与えられることを示せ. 100 °C において $K_P = 6.1$ として ξ_{eq}/n_0 を P に対してプロットせよ. 結果はル・シャトリエの原理と合致するか.

26・4 問題 26・3 では $N_2O_4(g)$ の $NO_2(g)$ への解離の平衡状態における反応進行度を全圧の関数としてプロットした. ル・シャトリエの原理に従って, P が増加すると ξ_{eq} が減少することを見たはずである. ここで不活性気体 n_{inert} を系に導入する. n_0 の $N_2O_4(g)$ だけが存在し $NO_2(g)$ が存在しない状態から出発した場合について, ξ_{eq}/n_0 を P と $r = n_{inert}/n_0$ で表せ. 問題 26・3 のように $K_P = 6.1$ として, $r = 0$, $r = 0.50$, $r = 1.0$, $r = 2.0$ の場合について, ξ_{eq}/n_0 を P に対してプロットせよ. 定圧にある反応混合物へ不活性気体を導入すると, 圧力を下げたのと同じ効果があることを示せ. 一定体積の反応混合物へ不活性気体を導入したらどうか.

26・5 n_0(mol)の $N_2O_4(g)$ と n_1(mol)の $NO_2(g)$ が存在する状態から出発した場合について, 問題 26・3 を解け. $n_1/n_0 = 0.50$ および 2.0 とせよ.

26・6 アンモニア合成反応を考える. これは,

$$N_2(g) + 3H_2(g) \rightleftharpoons 2NH_3(g)$$

と書くことができる. はじめ n_0(mol)の $N_2(g)$ と $3n_0$(mol)の $H_2(g)$ だけで $NH_3(g)$ は存在しないものとせよ. $K_P(T)$ を平衡状態における反応進行度 ξ_{eq} と圧力 P によって表せ. この式を用いて, P の変化につれて ξ_{eq}/n_0 がどう変化するかを論じ, ル・シャトリエの原理との関係を述べよ.

26・7 塩化ニトロシル NOCl は,

26. 化 学 平 衡

$$2\text{NOCl}(g) \rightleftharpoons 2\text{NO}(g) + \text{Cl}_2(g)$$

に従って分解する．はじめ n_0(mol) の NOCl(g) だけが存在し，NO(g) も Cl_2(g) も存在しないものとして，$K_P(T)$ を平衡状態における反応進行度 ξ_{eq} と圧力 P によって表せ．$K_P = 2.00 \times 10^{-4}$ として，$P = 0.080$ bar での ξ_{eq}/n_0 を計算せよ．$P = 0.160$ bar での平衡状態における ξ_{eq}/n_0 はいくらになるか．この結果はル・シャトリエの原理と合うか．

26·8 塩化カルボニル（ホスゲン）の分解，

$$\text{COCl}_2(g) \rightleftharpoons \text{CO}(g) + \text{Cl}_2(g)$$

についての 1000 °C における K_P の値は，1 bar を標準状態とすると 34.8 である．何らかの理由で標準状態を 0.500 bar にとったら K_P の値はどうなるか．平衡定数の値というものについてこの結果はどういう意味をもつか．

26·9 最近の文献ではほとんどの気相平衡定数は 1 気圧を標準状態圧力として計算されている．1 bar を標準状態とした対応する平衡定数が，

$$K_P(\text{bar}) = K_P(\text{atm})(1.01325)^{\Delta\nu}$$

で与えられることを示せ．ただし $\Delta\nu$ は生成物の化学量論係数の和から反応物のものを引いたものである．

26·10 表 26·1 のデータを用い，以下の反応について 25 °C における $\Delta_r G°(T)$ と $K_P(T)$ を計算せよ．

(a) $\text{N}_2\text{O}_4(g) \rightleftharpoons 2\text{NO}_2(g)$
(b) $\text{H}_2(g) + \text{I}_2(g) \rightleftharpoons 2\text{HI}(g)$
(c) $3\text{H}_2(g) + \text{N}_2(g) \rightleftharpoons 2\text{NH}_3(g)$

26·11 問題 26·10 の各反応について 1 mol L^{-1} を標準状態として $K_c(T)$ の値を計算せよ．

26·12 以下の反応について K_P と K_c の間の関係を導け．

(a) $\text{CO}(g) + \text{Cl}_2(g) \rightleftharpoons \text{COCl}_2(g)$
(b) $\text{CO}(g) + 3\text{H}_2(g) \rightleftharpoons \text{CH}_4(g) + \text{H}_2\text{O}(g)$
(c) $2\text{BrCl}(g) \rightleftharpoons \text{Br}_2(g) + \text{Cl}_2(g)$

26·13 I_2(g) の解離反応，

$$\text{I}_2(g) \rightleftharpoons 2\text{I}(g)$$

を考える．1400 °C における I_2(g) の全圧と分圧の実験値はそれぞれ 36.0 Torr, 28.1 Torr であった．このデータを用いて 1400 °C における K_P（標準状態が 1 bar）および K_c（標準状態が 1 mol L^{-1}）を計算せよ．

26·14 理想気体の反応では，

$$\frac{\mathrm{d}\ln K_c}{\mathrm{d}T} = \frac{\Delta_\mathrm{r} U^\circ}{RT^2}$$

であることを示せ.

26·15 $CO(g)$ と $H_2(g)$ からメタノールを合成する気相反応,

$$CO(g) + 2H_2(g) \rightleftharpoons CH_3OH(g)$$

を考える. 500 K における平衡定数 K_P の値は 6.23×10^{-3} である. はじめに等モルの $CO(g)$ と $H_2(g)$ を反応容器に導入する. 500 K, 30 bar での平衡状態における ξ_eq/n_0 を求めよ.

26·16 二つの化学方程式を考える.

(1) $CO(g) + H_2O(g) \rightleftharpoons CO_2(g) + H_2(g)$ K_1

(2) $CH_4(g) + H_2O(g) \rightleftharpoons CO(g) + 3H_2(g)$ K_2

この二つの方程式の和の反応,

(3) $CH_4(g) + 2H_2O(g) \rightleftharpoons CO_2(g) + 4H_2(g)$ K_3

では $K_3 = K_1 K_2$ であることを示せ.
方程式(1)と(2)を加えて(3)を得る際に, $\Delta_\mathrm{r} G^\circ$ の値は加え合わせるのに, 平衡定数は掛け合わせる理由を説明せよ.

26·17 反応,

$2BrCl(g) \rightleftharpoons Cl_2(g) + Br_2(g)$ $K_P = 0.169$

$2IBr(g) \rightleftharpoons Br_2(g) + I_2(g)$ $K_P = 0.0149$

を考える. 反応,

$$BrCl(g) + \frac{1}{2}I_2(g) \rightleftharpoons IBr(g) + \frac{1}{2}Cl_2(g)$$

の K_P を求めよ.

26·18 500 K, 全圧 1 bar における反応,

$$Cl_2(g) + Br_2(g) \rightleftharpoons 2BrCl(g)$$

を考える. はじめ 1 mol ずつの $Cl_2(g)$ と $Br_2(g)$ だけが存在し $BrCl(g)$ は存在しないものとする.

$$G(\xi) = (1-\xi)G^\circ_{Cl_2} + (1-\xi)G^\circ_{Br_2} + 2\xi G^\circ_{BrCl} + 2(1-\xi)RT\ln\frac{1-\xi}{2} + 2\xi RT\ln\xi$$

であることを示せ. ただし ξ は反応進行度である. 500 K において $G^\circ_{BrCl} = -3.694$ kJ mol^{-1} であることを使って, $G(\xi)$ を ξ に対してプロットせよ. $G(\xi)$ を ξ について微分し, $G(\xi)$ の最小値が $\xi_\mathrm{eq} = 0.549$ のところにあることを示せ. また,

26. 化学平衡

$$\left(\frac{\partial G}{\partial \xi}\right)_{T,P} = \Delta_r G° + RT \ln \frac{P_{BrCl}^2}{P_{Cl_2} P_{Br_2}}$$

および $K_P = 4\xi_{eq}^2/(1-\xi_{eq})^2 = 5.9$ となることを示せ．

26・19 4000 K，全圧 1 bar における反応，

$$2H_2O(g) \rightleftharpoons 2H_2(g) + O_2(g)$$

を考える．はじめ 2 mol の $H_2O(g)$ だけが存在し，$H_2(g)$ と $O_2(g)$ は存在しないものとする．

$$G(\xi) = 2(1-\xi) G_{H_2O}° + 2\xi G_{H_2}° + \xi G_{O_2}° + 2(1-\xi) RT \ln \frac{2(1-\xi)}{2+\xi}$$
$$+ 2\xi RT \ln \frac{2\xi}{2+\xi} + \xi RT \ln \frac{\xi}{2+\xi}$$

であることを示せ．ただし ξ は反応進行度である．4000 K において $\Delta_r G°[H_2O(g)] = -18.334$ kJ mol^{-1} であることを使って，$G(\xi)$ を ξ に対してプロットせよ．$G(\xi)$ を ξ について微分し，$G(\xi)$ の最小値が $\xi_{eq} = 0.553$ のところにあることを示せ．また，

$$\left(\frac{\partial G}{\partial \xi}\right)_{T,P} = \Delta_r G° + RT \ln \frac{P_{H_2}^2 P_{O_2}}{P_{H_2O}^2}$$

および $K_P = \xi_{eq}^3/(2+\xi_{eq})(1-\xi_{eq})^2 = 0.333$ であることを示せ．

26・20 500 K，全圧 1 bar における反応，

$$3H_2(g) + N_2(g) \rightleftharpoons 2NH_3(g)$$

を考える．はじめ 3 mol の $H_2(g)$ と 1 mol の $N_2(g)$ だけが存在し，$NH_3(g)$ は存在しないものとする．

$$G(\xi) = (3-3\xi) G_{H_2}° + (1-\xi) G_{N_2}° + 2\xi G_{NH_3}°$$
$$+ (3-3\xi) RT \ln \frac{3-3\xi}{4-2\xi} + (1-\xi) RT \ln \frac{1-\xi}{4-2\xi} + 2\xi RT \ln \frac{2\xi}{4-2\xi}$$

であることを示せ．ここで ξ は反応進行度である．500 K において $G_{NH_3}° = 4.800$ kJ mol^{-1} であることを使って（表 26・4），$G(\xi)$ を ξ に対してプロットせよ．$G(\xi)$ を ξ について微分し，$G(\xi)$ の最小値が $\xi_{eq} = 0.158$ のところにあることを示せ．また，

$$\left(\frac{\partial G}{\partial \xi}\right)_{T,P} = \Delta_r G° + RT \ln \frac{P_{NH_3}^2}{P_{H_2}^3 P_{N_2}}$$

および $K_P = 16\xi_{eq}^2(2-\xi_{eq})^2/27(1-\xi_{eq})^4 = 0.10$ となることを示せ．

26・21 1260 K において $P_{H_2} = 0.55$ bar，$P_{CO_2} = 0.20$ bar，$P_{CO} = 1.25$ bar，$P_{H_2O} = 0.10$ bar の $H_2(g)$，$CO_2(g)$，$CO(g)$，$H_2O(g)$ の混合気体があるとする．このような

条件で，
$$H_2(g) + CO_2(g) \rightleftharpoons CO(g) + H_2O(g) \qquad K_P = 1.59$$
の反応は平衡状態になっているか．もし平衡でなければ，平衡になるためには反応はどちらに進むか．

26·22 反応，
$$2H_2(g) + CO(g) \rightleftharpoons CH_3OH(g)$$
について $25\,°C$ で $K_P = 2.21 \times 10^4$ であることを使って，$P_{CH_3OH} = 10.0$ bar，$P_{H_2} = 0.10$ bar，$P_{CO} = 0.0050$ bar の混合物中で起きる反応の方向を予想せよ．

26·23 定圧において，温度が $300\,K$ から $400\,K$ に上昇するとある気相反応の K_P の値が2倍になるという．この反応の $\Delta_r H°$ の値はいくらか．

26·24 反応，
$$H_2(g) + CO_2(g) \rightleftharpoons CO(g) + H_2O(g)$$
の $\Delta_r H°$ の値は $1000\,K$ において $34.78\,kJ\,mol^{-1}$ である．$800\,K$ において K_P の値が 0.236 であることを使って，$1200\,K$ における K_P の値を求めよ．$\Delta_r H°$ が温度に依存しないと仮定せよ．

26·25 反応，
$$H_2(g) + I_2(g) \rightleftharpoons 2HI(g)$$
の $\Delta_r H°$ の値は $800\,K$ において $-12.93\,kJ\,mol^{-1}$ である．$\Delta_r H°$ が温度に依存しないと仮定し，$1000\,K$ において K_P の値が 29.1 であることから，$700\,K$ における K_P の値を計算せよ．

26·26 反応，
$$2HBr(g) \rightleftharpoons H_2(g) + Br_2(g)$$
の平衡定数は実験式，
$$\ln K = -6.375 + 0.6415 \ln(T/K) - \frac{11790}{T/K}$$
で表すことができる．これを用いて $\Delta_r H°$ を温度の関数として表せ．$25\,°C$ における $\Delta_r H°$ を計算し，表 19·2 から得られる値と比較せよ．

26·27 反応，
$$2HI(g) \rightleftharpoons H_2(g) + I_2(g)$$
について下表のデータを用い，$400\,°C$ における $\Delta_r H°$ を求めよ．

T/K	500	600	700	800
$K_P/10^{-2}$	0.78	1.24	1.76	2.31

26·28 反応,

$$CO_2(g) + H_2(g) \rightleftharpoons CO(g) + H_2O(g)$$

を考える。300 K から 1500 K までの範囲で $CO_2(g), H_2(g), CO(g), H_2O(g)$ のモル熱容量は,

$$\bar{C}_P[CO_2(g)]/R = 3.127 + (5.231 \times 10^{-3}\,K^{-1})T - (1.784 \times 10^{-6}\,K^{-2})T^2$$

$$\bar{C}_P[H_2(g)]/R = 3.496 - (1.006 \times 10^{-4}\,K^{-1})T + (2.419 \times 10^{-7}\,K^{-2})T^2$$

$$\bar{C}_P[CO(g)]/R = 3.191 + (9.239 \times 10^{-4}\,K^{-1})T - (1.41 \times 10^{-7}\,K^{-2})T^2$$

$$\bar{C}_P[H_2O(g)]/R = 3.651 + (1.156 \times 10^{-3}\,K^{-1})T + (1.424 \times 10^{-7}\,K^{-2})T^2$$

で表すことができる。300 K において,

物 質	$CO_2(g)$	$H_2(g)$	$CO(g)$	$H_2O(g)$
$\Delta_f H°$/kJ mol^{-1}	-393.523	0	-110.516	-241.844

また,1000 K において $K_P=0.695$ として,$K_P(T)$ の温度依存性を式(26·34)の形で導け。

26·29 反応,

$$2C_3H_6(g) \rightleftharpoons C_2H_4(g) + C_4H_8(g)$$

の平衡定数 K_P の温度依存性は,

$$\ln K_P(T) = -2.395 - \frac{2505\,K}{T} + \frac{3.477 \times 10^6\,K^2}{T^2} \quad 300\,K < T < 600\,K$$

で与えられる。この反応について 525 K における $\Delta_r G°, \Delta_r H°, \Delta_r S°$ を計算せよ。

26·30 2000 K, 1 bar では水蒸気の 0.53 % が解離している。2100 K, 1 bar では 0.88 % が解離している。2000 K から 2100 K までの範囲では反応エンタルピーが一定であると仮定して,1 bar における水の解離の $\Delta_r H°$ を計算せよ。

26·31 $Cl(g)$ のモル標準生成ギブズエネルギーは,

T/K	1000	2000	3000
$\Delta_f G°$/kJ mol^{-1}	65.288	5.081	-56.297

である。これを用いて反応,

$$\frac{1}{2}Cl_2(g) \rightleftharpoons Cl(g)$$

について,各温度における K_P の値を計算せよ。$\Delta_r H°$ が温度に依存しないと仮定して $\Delta_r H°$ を計算せよ。これを組合わせて各温度における $\Delta_r S°$ を求めよ。その結果を説明せよ。

26·32 反応,

$$SO_3(g) \rightleftharpoons SO_2(g) + \frac{1}{2}O_2(g)$$

について,つぎの実験結果が得られている.

T/K	800	825	900	953	1000
$\ln K_P$	-3.263	-3.007	-1.899	-1.173	-0.591

この反応について 900 K における $\Delta_r G°$, $\Delta_r H°$, $\Delta_r S°$ を計算せよ.計算において使った仮定をすべて述べよ.

26·33 分配関数が,

$$Q(N, V, T) = \frac{[q(V, T)]^N}{N!}$$

であれば,

$$\mu = -RT \ln \frac{q(V, T)}{N}$$

であることを示せ.

26·34 反応, $H_2(g) + I_2(g) \rightleftharpoons 2HI(g)$ について式 (26·40) を用いて,750 K における $K(T)$ を計算せよ.表 18·2 の分子パラメーターを用いよ.その結果を表 26·2 のものおよび図 26·5 の実験値と比較せよ.

26·35 Na(g) の会合による二量体, $Na_2(g)$ の生成反応,

$$2Na(g) \rightleftharpoons Na_2(g)$$

について,900 K,1000 K,1100 K,1200 K における $K_P(T)$ を,26·8 節の統計熱力学的な式によって計算せよ.1000 K の計算結果を用い,全圧 1 bar,1000 K において二量体を形成しているナトリウム原子の割合を計算せよ.$K_P(T)$ の実験値は,

T/K	900	1000	1100	1200
K_P	1.32	0.47	0.21	0.10

である.$\ln K_P$ を $1/T$ に対してプロットして $\Delta_r H°$ を決定せよ.

26·36 表 18·2 のデータを用い,反応,

$$CO_2(g) \rightleftharpoons CO(g) + \frac{1}{2}O_2(g)$$

の 2000 K における K_P を計算せよ.実験値は 1.3×10^{-3} である.

26·37 表 18·2 と表 18·4 のデータを用い,水性ガス反応,

$$CO_2(g) + H_2(g) \rightleftharpoons CO(g) + H_2O(g)$$

について 900 K と 1200 K での平衡定数を計算せよ. これらの温度での実験値はそれぞれ 0.43 と 1.37 である.

26·38 表 18·2 と表 18·4 のデータを用い, 反応,

$$3H_2(g) + N_2(g) \rightleftharpoons 2NH_3(g)$$

の 700 K における平衡定数を計算せよ. 信頼できる値は 8.75×10^{-5} である (表 26·4 参照).

26·39 表 18·2 のデータと, ヨウ素原子の基底電子状態が $^2P_{3/2}$ で第一電子励起状態 ($^2P_{1/2}$) が 7580 cm^{-1} だけ高エネルギーにあるという事実を用いて, 反応,

$$I_2(g) \rightleftharpoons 2I(g)$$

の平衡定数を計算せよ. K_P の実験値は,

T/K	800	900	1000	1100	1200
K_P	3.05×10^{-5}	3.94×10^{-4}	3.08×10^{-3}	1.66×10^{-2}	6.79×10^{-2}

である. $\ln K_P$ を $1/T$ に対してプロットし $\Delta_r H°$ を求めよ. 実験値は 153.8 kJ mol^{-1} である.

26·40 反応,

$$H_2(g) + D_2(g) \rightleftharpoons 2HD(g)$$

を考える. ボルン–オッペンハイマー近似と表 18·2 の分子パラメーターを用い,

$$K(T) = 4.24 e^{-77.7 \, K/T}$$

であることを示せ. この式から予想される値と JANAF テーブルのデータを比較せよ.

26·41 反応,

$$2HBr(g) \rightleftharpoons H_2(g) + Br_2(g)$$

について, 剛体回転子–調和振動子近似では,

$$K(T) = \left(\frac{m_{H_2} m_{Br_2}}{m_{HBr}^2} \right)^{3/2} \left(\frac{\sigma_{HBr}^2}{\sigma_{H_2} \sigma_{Br_2}} \right) \left(\frac{(\Theta_{rot}^{HBr})^2}{\Theta_{rot}^{H_2} \Theta_{rot}^{Br_2}} \right)$$
$$\times \frac{(1 - e^{-\Theta_{vib}^{HBr}/T})^2}{(1 - e^{-\Theta_{vib}^{H_2}/T})(1 - e^{-\Theta_{vib}^{Br_2}/T})} e^{(D_0^{H_2} + D_0^{Br_2} - 2D_0^{HBr})/RT}$$

であることを示せ. 表 18·2 の Θ_{rot}, Θ_{vib}, D_0 の値を用いて, 500 K, 1000 K, 1500 K, 2000 K における K を計算せよ. $\ln K$ を $1/T$ に対してプロットし $\Delta_r H°$ を求めよ.

26·42 NH$_3$(g) について式 (26·49 b) を用い, 300 K から 6000 K の範囲で $H°(T) - H_0°$ を計算し, 表 26·4 の値を同じグラフにプロットして比較せよ.

26·43 JANAFテーブルを用い，反応，

$$H_2(g) + I_2(g) \rightleftharpoons 2HI(g)$$

の 1000 K での K_P を計算せよ．結果を表 26·2 の値と比較せよ．

26·44 JANAF テーブルを用いて，反応，

$$2Na(g) \rightleftharpoons Na_2(g)$$

について 900 K から 1200 K の範囲で $\ln K_P$ を $1/T$ に対してプロットし，その結果を問題 26·35 の結果と比較せよ．

26·45 問題 26·36 で，2000 K における $CO_2(g)$ の $CO(g)$ と $O_2(g)$ への分解の K_P を計算した．JANAF テーブルを用いて K_P を計算し，問題 26·36 の結果と比較せよ．

26·46 問題 26·38 で 700 K におけるアンモニア合成反応の K_P を計算した．表 26·4 のデータを用いて K_P を計算し，問題 26·38 の結果と比較せよ．

26·47 1 bar の $I(g)$ に関する JANAF テーブルのデータは，

T/K	800	900	1000	1100	1200
$\Delta_f G°/kJ\ mol^{-1}$	34.580	29.039	24.039	18.741	13.428

である．反応，

$$I_2(g) \rightleftharpoons 2I(g)$$

について K_P を計算し，問題 26·39 に与えられている値と比較せよ．

26·48 500 K の $NH_3(g)$ について式 (18·60) を用いて，本文 (p.1120) で与えた $q^0(V, T)/V$ の値を計算せよ．

26·49 298.15 K, 1 bar の $Ar(g)$ に関する JANAF テーブルのデータは，

$$-\frac{G° - H°(298.15\ K)}{T} = 154.845\ J\ K^{-1}\ mol^{-1}$$

および

$$H°(0\ K) - H°(298.15\ K) = -6.197\ kJ\ mol^{-1}$$

である．これらを用いて $q^0(V, T)/V$ を計算し，その結果を式 (18·13) から得られる結果と比較せよ．

26·50 JANAF テーブルを用いて 500 K, 1 bar における $CO_2(g)$ の $q^0(V, T)/V$ を計算し，その結果を式 (18·57)(基底状態エネルギーを 0 としたもの) から得られる結果と比較せよ．

26·51 JANAF テーブルを用いて 1000 K, 1 bar における $CH_4(g)$ の $q^0(V, T)/V$ を計算し，その結果を式 (18·60)(基底状態エネルギーを 0 としたもの) から得られ

る結果と比較せよ.

26・52 JANAF テーブルを用いて 1500 K, 1 bar における $H_2O(g)$ の $q^0(V, T)/V$ を計算し,その結果を式(26・45)から得られる結果と比較せよ.不一致があるのはなぜか.

26・53 JANAF テーブルによれば,

	H(g)	Cl(g)	HCl(g)
$\Delta_f H°(0\,\text{K})/\text{kJ mol}^{-1}$	216.035	119.621	-92.127

である.これらを用いて HCl(g) の D_0 を計算し,その結果を表 18・2 の値と比較せよ.

26・54 JANAF テーブルによれば,

	C(g)	H(g)	CH_4(g)
$\Delta_f H°(0\,\text{K})/\text{kJ mol}^{-1}$	711.19	216.035	-66.911

である.これらを用いて $CH_4(g)$ の D_0 を計算し,その結果を表 18・4 の値と比較せよ.

26・55 JANAF テーブルを用いて $CO_2(g)$ の D_0 を計算し,その結果を表 18・4 の値と比較せよ.

26・56 K_γ を求める(例題 26・11 参照)には,平衡混合物中の各気体のフガシティーが必要である.こうしたデータはふつう手に入らないが,成分気体のフガシティー係数を,混合気体の全圧に等しい圧力における純気体のものと等しいとする近似も役に立つ.この近似を使うと,図 22・11 を用いて各気体について γ を求め,それから K_γ を計算できる.この問題では,表 26・5 のデータにこの近似を適用する.はじめに図 22・11 を用いて,全圧 100 bar,温度 450 °C のとき,$\gamma_{H_2}=1.05$,$\gamma_{N_2}=1.05$,$\gamma_{NH_3}=0.95$ となることを確かめよ.この場合は $K_\gamma=0.86$ となり,これは例題 26・11 に与えられた値とかなりよく一致している.600 bar における K_γ を計算し,その結果を例題 26・11 に与えられた値と比較せよ.

26・57 一般化学で,ル・シャトリエの原理からは,

$$CO(g) + H_2O(g) \rightleftharpoons H_2(g) + CO_2(g)$$

のような気相平衡系に圧力は影響を及ぼさないと予想されることを学んだはずである.この場合には反応物の全モル数が生成物の全モル数と等しいからである.この場合の熱力学的平衡定数は,

$$K_f = \frac{f_{CO_2}f_{H_2}}{f_{CO}f_{H_2O}} = \frac{\gamma_{CO_2}\gamma_{H_2}}{\gamma_{CO}\gamma_{H_2O}}\frac{P_{CO_2}P_{H_2}}{P_{CO}P_{H_2O}} = K_\gamma K_P$$

である.したがって,4 種の気体が理想気体であったとすると,圧力は平衡の位置に影響を与えないはずである.しかし,理想的振舞いからのずれのために,圧力が変わると平衡組成が変化するであろう.これを確認するために,問題 26・56 で導入した近

似を使って，900 K，500 bar における K_γ を求めよ．この条件では K_γ は，1 bar における値〔$K_\gamma \approx 1$（ほぼ理想的）〕より大きいことに注意し，圧力の増加によって，この場合は平衡が左に移動することを論証せよ．

26·58 20.0 °C における $H_2O(l)$ の活量を圧力の関数として 1 bar から 100 bar までの範囲で計算せよ．$H_2O(l)$ の密度は $0.9982~\text{g mL}^{-1}$ で，圧縮されないと仮定せよ．

26·59 $HgO(s, red)$ の $Hg(g)$ と $O_2(g)$ への解離，

$$HgO(s, red) \rightleftharpoons Hg(g) + \frac{1}{2}O_2(g)$$

を考える．はじめに $HgO(s, red)$ だけが存在するとし，理想的な振舞いを仮定すると，

$$K_P = \frac{2}{3^{3/2}} P^{3/2}$$

であることを示せ．ここで P は全圧である．種々の温度における $HgO(s, red)$ の解離圧が，

$t/°C$	P/atm	$t/°C$	P/atm
360	0.1185	430	0.6550
370	0.1422	440	0.8450
380	0.1858	450	1.067
390	0.2370	460	1.339
400	0.3040	470	1.674
410	0.3990	480	2.081
420	0.5095		

であることを使って，1 atm を標準状態とした $\ln K_P$ を $1/T$ に対してプロットせよ．このプロットの曲線は，

$$\ln K_P = -172.94 + \frac{4.0222 \times 10^5~\text{K}}{T} - \frac{2.9839 \times 10^8~\text{K}^2}{T^2} + \frac{7.0527 \times 10^{10}~\text{K}^3}{T^3}$$

$$630~\text{K} < T < 750~\text{K}$$

で非常によく再現できる．この式を用いて，$630~\text{K} < T < 750~\text{K}$ で $\Delta_r H°$（1 bar を標準状態とする．以下同じ）を温度の関数として求めよ．また，690 K における $\Delta_r H°$ と $\Delta_r S°$ からはじめて，$298~\text{K} < T < 750~\text{K}$ で，

$$C_P°[O_2(g)]/R = 4.8919 - \frac{829.931~\text{K}}{T} - \frac{127962~\text{K}^2}{T^2}$$

$$C_P°[Hg(g)]/R = 2.500$$

$$C_P°[HgO(s, red)]/R = 5.2995$$

であることを使って，298 K における $\Delta_r H°$，$\Delta_r S°$，$\Delta_r G°$ を計算せよ．

26·60 $Ag_2O(s)$ の $Ag(s)$ と $O_2(g)$ への解離，

26. 化 学 平 衡

$$Ag_2O(s) \rightleftharpoons 2Ag(s) + \frac{1}{2}O_2(g)$$

を考える. 解離圧のデータは,

$t/°C$	173	178	183	188
P/Torr	422	509	605	717

である. K_P を P(Torr 単位)で表し, この 1 Torr を標準状態とする $\ln K_P$ を $1/T$ に対してプロットせよ. このデータは,

$$\ln K_P = 0.9692 + \frac{5612.7\,\mathrm{K}}{T} - \frac{2.0953 \times 10^6\,\mathrm{K}^2}{T^2}$$

で非常によく再現できる. この式を用い, $445\,\mathrm{K} < T < 460\,\mathrm{K}$ における $\Delta_r H°$ (1 bar を標準状態とする. 以下同じ)の式を導け. また, 452.5 K における $\Delta_r H°$ と $\Delta_r S°$ からはじめて, 熱容量のデータ,

$$C_P°[O_2(g)]/R = 3.27 + (5.03 \times 10^{-4}\,\mathrm{K}^{-1})T$$
$$C_P°[Ag(s)]/R = 2.82 + (7.55 \times 10^{-4}\,\mathrm{K}^{-1})T$$
$$C_P°[Ag_2O(s)]/R = 6.98 + (4.48 \times 10^{-3}\,\mathrm{K}^{-1})T$$

を用いて 298 K における $\Delta_r H°, \Delta_r S°, \Delta_r G°$ を計算せよ.

26・61 炭酸カルシウムには方解石とアラレ石の二つの結晶形がある. 転移,

$$CaCO_3(方解石) \rightleftharpoons CaCO_3(アラレ石)$$

の $\Delta_r G°$ は 25 °C で $+1.04\,\mathrm{kJ\,mol^{-1}}$ である. 方解石の密度は 25 °C で 2.710 g cm^{-3}, アラレ石の密度は 2.930 g cm^{-3} である. $CaCO_3$ のこれら二つの多形は 25 °C ではどんな圧力で平衡になるか.

26・62 カルバミン酸アンモニウム NH_2COONH_4 の分解は,

$$NH_2COONH_4(s) \rightleftharpoons 2NH_3(g) + CO_2(g)$$

に従って起きる. すべての $NH_3(g)$ と $CO_2(g)$ がカルバミン酸アンモニウムの分解で生じたものである場合には, P を平衡状態における全圧として $K_P = (4/27)P^3$ であることを示せ.

26・63 25 °C の水への LiF(s) の溶解度を計算せよ. 得られた結果を, 活量の代わりに濃度を用いた計算結果と比較せよ. $K_{sp} = 1.7 \times 10^{-3}$ とせよ.

26・64 0.0150 mol L^{-1} の $MgSO_4$(aq) への CaF_2(s) の溶解度を計算せよ. CaF_2(s) について $K_{sp} = 3.9 \times 10^{-11}$ とせよ.

26・65 0.050 mol L^{-1} の NaF(aq) への CaF_2(s) の溶解度を計算せよ. 得られた結果を, 活量の代わりに濃度を用いた計算結果と比較せよ. CaF_2(s) について $K_{sp} = 3.9 \times 10^{-11}$ とせよ.

ジェームス C. マクスウェル (James Clerk Maxwell) は，1831年11月13日，スコットランドのエジンバラに生まれたが，一族の領地でグラスゴーの南30マイルにあるグレンレールで成長し，1879年，そこで没した．マクスウェルは科学の多くの分野に貢献した現代の最先端の科学者の一人である．1873年，著書 "Treatise on Electricity and Magnetism" において，有名なマクスウェルの方程式に集約される彼の電磁気理論を数学的な形で提示した．マクスウェルは計算によって電磁場の伝播速度が光速と等しいことを示し，このことから光が電磁現象であることを予想した．マクスウェルは色覚についての実験も行い，1861年，王立協会の会合で最初のカラー写真を公開した．確率論を気体の性質の記述に応用し，また気体分子の速度が，今日マクスウェル-ボルツマン分布といわれている分布則に従うことを示した．夫人とともに気体の粘度，熱伝導率，拡散に対する温度と圧力の影響について理論，実験両面から研究を行った．こうした実験はアボガドロ定数の値や，原子の大きさや質量といった性質を求める手段を提供した．1871年，マクスウェルはケンブリッジ大学の初代のキャベンディッシュ記念物理学教授に任命された．彼は腹部のがんによって亡くなったが，これは奇しくも母堂の命を同じ年齢で奪った病気でもあった．

27 章
気体運動論

　圧力が十分低ければどんな気体も理想気体の方程式に従うという事実から，方程式の形がその気体自身の性質に無関係であると考えられる．この章では，気体中の分子は絶えずとどまることのない運動をしており，他の分子や容器の壁に衝突するという簡単なモデルを取扱う．このモデルは分子の運動に注目するので，**気体運動論**[1]という．簡単のため，分子は剛体球のように振舞うと考える．すると互いに衝突するごく短い時間を除いて粒子間には相互作用がない．はじめの節で一つの分子と器壁との衝突の簡単な取扱いを説明し，理想気体の方程式が，これからどのようにして導かれるかを示す．ついで，気体中の分子の速さの分布についての，いわゆるマクスウェル-ボルツマン分布を導く．さらに，器壁との衝突についてはじめの節よりも詳しい取扱いを行い，分子と器壁との衝突頻度の式を導く．最後に，平均自由行程という考え方を導入し，一つの分子の衝突頻度と全分子の単位体積当たりの衝突頻度の式を求める．

27・1　気体中の分子の平均並進運動エネルギーはケルビン温度に正比例する

　気体が容器の壁に及ぼす圧力は，気体の粒子と壁との衝突によるものである．気体の分子の一つ（分子1とする）に注目し，図27・1のように容器内を運動すると考えよう．簡単のため容器は辺の長さ a, b, c の直方体とするが，必ずしもこうである必要はない．分子の速度は成分 u_{1x}, u_{1y}, u_{1z} をもつとする．はじめに x 方向の運動を考えるが，後で任意の方向についての運動に拡張することができる．図27・1で分子は左から右へ運動していて，u_{1x} は正であるとする．粒子の運動量の x 成分は mu_{1x} である．粒子が図27・1の右側の壁に衝突すると，動きが逆転して，運動量は $-mu_{1x}$ になるとする．いい換えれば，粒子と壁との衝突は完全弾性衝突であると仮定する．すると運動

---
[1] kinetic theory of gases

量の変化量 $\Delta(mu_{1x})$ は $\Delta(mu_{1x}) = mu_{1x} - (-mu_{1x}) = 2mu_{1x}$ である．x 方向に垂直な二つの壁の距離が a ならば，右側の壁との衝突とつぎの衝突の間の時間は，右側の壁に戻ってくるまでに分子は $2a$ だけ移動しなければならないので，$\Delta t = 2a/u_{1x}$ である．ニュートンの第二法則によれば，運動量変化の速度は力に等しい．右側の壁との衝突による運動量変化の速度は，

$$\frac{\Delta(mu_{1x})}{\Delta t} = \frac{2mu_{1x}}{2a/u_{1x}} = \frac{mu_{1x}^2}{a} \tag{27.1}$$

なので，分子1が右側の壁に及ぼす力は，

$$F_1 = \frac{mu_{1x}^2}{a}$$

である．壁の面積は bc（図 27.1）であるから，壁に及ぼす圧力は，

$$P_1 = \frac{F_1}{bc} = \frac{mu_{1x}^2}{abc} = \frac{mu_{1x}^2}{V} \tag{27.2}$$

となる．ここで $V = abc$ は容器の容積である．

他のどの分子も同様に圧力を及ぼすので，右側の壁に及ぼす全圧力は，

$$P = \sum_{j=1}^{N} P_j = \sum_{j=1}^{N} \frac{mu_{jx}^2}{V} = \frac{m}{V} \sum_{j=1}^{N} u_{jx}^2 \tag{27.3}$$

である．ここで N は全分子数である．u_{jx}^2 の和を N で割ったものは u_x^2 の平均値なので，これを $\langle u_x^2 \rangle$ と表せば，

$$\langle u_x^2 \rangle = \frac{1}{N} \sum_{j=1}^{N} u_{jx}^2 \tag{27.4}$$

と書くことができる．式(27.4)を式(27.3)に代入すると，

$$PV = Nm\langle u_x^2 \rangle \tag{27.5}$$

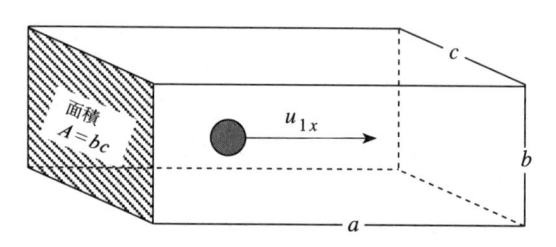

図 27.1　辺の長さ a, b, c の直方体の一つの面に垂直な方向に運動していて，その速度の x 成分が u_{1x} である分子．

が得られる.

これまで x 軸を選んで考えたが,実は y 軸, z 軸を選ぶこともできたわけで,3方向は等価であるから,

$$\langle u_x^2 \rangle = \langle u_y^2 \rangle = \langle u_z^2 \rangle \tag{27·6}$$

でなければならない.式(27·6)は均一な気体は等方的,つまりどの方向についても同じ性質をもつことを表すものである.さらに,どの分子の速さ u も,

$$u^2 = u_x^2 + u_y^2 + u_z^2$$

を満足するので,

$$\langle u^2 \rangle = \langle u_x^2 \rangle + \langle u_y^2 \rangle + \langle u_z^2 \rangle \tag{27·7}$$

である.式(27·7)と式(27·6)から,

$$\langle u_x^2 \rangle = \langle u_y^2 \rangle = \langle u_z^2 \rangle = \frac{1}{3}\langle u^2 \rangle \tag{27·8}$$

であることがわかる.これを式(27·5)に代入すると,

$$PV = \frac{1}{3}Nm\langle u^2 \rangle \tag{27·9}$$

が得られる.

式(27·9)は気体運動論の基本的な式であり,左辺の巨視的性質 PV と右辺の分子論的性質 $m\langle u^2 \rangle$ との関係を示すものである.18章で学んだように,理想気体の並進運動エネルギーの平均値は,1モル当たり $\frac{3}{2}RT$,すなわち分子当たり $\frac{3}{2}k_B T$ である.式で書けば,

$$\frac{1}{2}m\langle u^2 \rangle = \frac{3}{2}k_B T$$

であり,両辺をアボガドロ定数倍すれば,

$$\frac{1}{2}N_A m\langle u^2 \rangle = \frac{3}{2}RT \tag{27·10}$$

である.$N_A m = M$ は気体のモル質量である.したがって,

$$\frac{1}{3}M\langle u^2 \rangle = RT \tag{27·11}$$

と書くことができる.式(27·11)を式(27·9)に代入すると理想気体の式が得られる.

例題 27·1 式(27·10)を用い,1モルの理想気体の25℃における平均並進エネルギーを計算せよ.

> **解答**: $R = 8.314 \, \text{J K}^{-1} \, \text{mol}^{-1}$ を使えば,
>
> $$\langle KE \rangle = \frac{3}{2} (8.314 \, \text{J K}^{-1} \, \text{mol}^{-1})(298 \, \text{K}) = 3.72 \, \text{kJ mol}^{-1}$$
>
> が得られる.

式(27·11)を用いて,温度 T における気体分子の平均の速さを求めることができる.はじめに式(27·11)を $\langle u^2 \rangle$ について解いて,

$$\langle u^2 \rangle = \frac{3RT}{M} \tag{27·12}$$

を得る.$\langle u^2 \rangle$ の単位は $\text{m}^2 \, \text{s}^{-2}$ である.単位 m s^{-1} をもつ量を得るために $\langle u^2 \rangle$ の平方根をとると,

$$\langle u^2 \rangle^{1/2} = \left(\frac{3RT}{M} \right)^{1/2} \tag{27·13}$$

である.$\langle u^2 \rangle^{1/2}$ は u^2 の平均の平方根であり,**根平均二乗速さ**[1] という.根平均二乗速さを u_{rms} と表せば,式(27·13)は,

$$u_{\text{rms}} = \left(\frac{3RT}{M} \right)^{1/2} \tag{27·14}$$

となる.

> **例題 27·2** 25 °C における窒素分子の根平均二乗速さを計算せよ.
>
> **解答**: u_{rms} が m s^{-1} という単位をもつように R の値を選ばなければならない.$R = 8.314 \, \text{J K}^{-1} \, \text{mol}^{-1}$ を用い,モル質量を kg mol^{-1} 単位で表せば,u_{rms} は m s^{-1} という単位をもつはずである.したがって,
>
> $$\begin{aligned} u_{\text{rms}} &= \left(\frac{3 \times 8.314 \, \text{J K}^{-1} \, \text{mol}^{-1} \times 298 \, \text{K}}{0.02802 \, \text{kg mol}^{-1}} \right)^{1/2} \\ &= \left(2.65 \times 10^5 \, \frac{\text{J}}{\text{kg}} \right)^{1/2} = \left(2.65 \times 10^5 \, \frac{\text{kg m}^2 \, \text{s}^{-2}}{\text{kg}} \right)^{1/2} \\ &= 515 \, \text{m s}^{-1} \end{aligned}$$
>
> である.ここで $1 \, \text{J} = 1 \, \text{kg m}^2 \, \text{s}^{-2}$ という関係を使った.

---

[1] root-mean-square speed

27. 気体運動論

一般に $\langle u^2 \rangle \neq \langle u \rangle^2$ つまり $u_{rms} \neq \langle u \rangle$ なので，u_{rms} は平均の速さの目安である．しかし，27・3 節で示すように，u_{rms} と $\langle u \rangle$ の差は 10 % 以下である．室温における分子の平均の速さの値は，表 27・1 に示したとおり毎秒数百メートル程度である．ここ

表 27・1 25 °C における気体分子平均の速さ (式 27・42) と根平均二乗速さ (式 27・14)．$\langle u \rangle$ の u_{rms} に対する比は約 0.92 である

気体	$\langle u \rangle$/m s^{-1}	u_{rms}/m s^{-1}
NH_3	609	661
CO_2	379	411
He	1260	1360
H_2	1770	1920
CH_4	627	681
N_2	475	515
O_2	444	482
SF_6	208	226

では証明しないが，単原子理想気体中の音速 u_{sound} は，

$$u_{sound} = \left(\frac{5RT}{3M} \right)^{1/2} \tag{27・15}$$

で与えられ，これは u_{rms} と約 30 % 異なる．25 °C のアルゴン中の音速は 346 m s^{-1} である．

この節を終える前に，式 (27・9) を導くのに用いた仮定について検討しなければならない．まず壁との衝突を完全弾性衝突と仮定した．壁もまた分子でできているので，これは決して正しくない．その分子は熱運動をしており，衝突する分子と壁の粒子の相互の運動の方向によって，激しい衝突や弱い衝突になるからである．しかし，系が熱平衡にあれば壁の中の分子は気体分子と同じ温度であり，同じ平均並進速度をもつので，平均としては気体分子は衝突前と同じ速さで壁から跳ね返ると考えられる．また，図 27・1 の一方の壁から他方の壁まで移動する間に気体中の分子が他の分子と衝突することがないことも暗黙のうちに仮定した．しかし気体が平衡であれば，図 27・1 の経路から分子の経路を変えるような衝突があっても，平均としては，分子が入れ替わるような衝突によってつじつまが合ってしまうだろう．

27. 気体運動論

気体運動論における多くの物理量は，すべての原子が同じ速さをもち x, y, z 軸方向だけに運動すると仮定するような，非常に初歩的な取扱いから，不必要な仮定をしない大変洗練された取扱いまで，さまざまな厳密さで導くことができる．興味深いことに，こうしたさまざまな導出の結果が1の程度の定数倍しか違わないことである．つまり，より厳密な結果を得るために何ページも使った計算をすることもできるが，得られる結果は簡単な式と比べて，温度と圧力に同じように依存し，$2^{1/2}$ とか 3/8 といった因子しか違わない．気体運動論の基本的考え方を説明するために，この章ではできるだけ初等的な導き方をするが，27・4 節では少し凝った仕方で式(27・9)を導く．

27・2 分子速度の成分の分布はガウス分布で記述される

前節でも触れたとおり，気体中の分子のすべてが同じ速さをもつわけではない．実験結果によれば気体分子の速さの分布は，u に対してプロットした図27・2の曲線で与えられる．温度上昇につれて大きい速さをもつ分子の割合が増加していることが認められる．この節では分子速度の成分の分布についての理論式を導き，次節では分子の速さについての式を導く．これらの分布は，最初スコットランドの物理学者マクスウェルによって1860年，多少推論気味に導かれ，後にオーストリアの物理学者ボルツマンによってより厳密に導かれた．今日ではこれらをまとめて**マクスウェル-ボルツマン分布**[1]という．マクスウェルが分布則を導いたのは，実験的にそれが確認されるよりずっと以前だったことは興味深いことである．

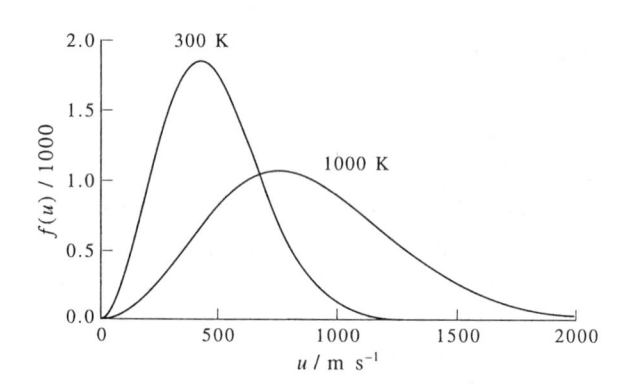

図27・2　300 K と 1000 K における窒素分子の速さの分布．

---

[1] Maxwell-Boltzmann distribution

$h(u_x, u_y, u_z)\mathrm{d}u_x\mathrm{d}u_y\mathrm{d}u_z$ を, u_x と $u_x+\mathrm{d}u_x$, u_y と $u_y+\mathrm{d}u_y$, u_z と $u_z+\mathrm{d}u_z$ の間に速度成分をもつ分子の割合, すなわちある分子がそういう速度成分をもつ確率であるとする. マクスウェルの導出における重要な段階は, 分子の速度の x 成分がある値をもつ確率が, y 成分や z 成分の値と完全に無関係と仮定するところである. いい換えれば, 3方向のそれぞれの確率分布が互いに独立であるという仮定である. この仮定は自明ではなく, この仮定をやめるには, はるかに長い計算が必要であるが, 結局この仮定は正しいことがわかる. 速度の3成分が統計的に独立であることは, 式で書けば,

$$h(u_x, u_y, u_z) = f(u_x)f(u_y)f(u_z) \tag{27・16}$$

となる. ここで $f(u_x), f(u_y), f(u_z)$ はそれぞれの成分の確率分布である. 気体が等方的であるため, 3方向のそれぞれの確率分布は同じである. さらに, 気体は等方的なので, 関数 $h(u_x, u_y, u_z)$ は速さ, すなわち速度 $\boldsymbol{u}$ の大きさだけに依存するはずである. 速度 $\boldsymbol{u}$ の2乗は,

$$\boldsymbol{u} \cdot \boldsymbol{u} = u^2 = u_x^2 + u_y^2 + u_z^2 \tag{27・17}$$

で与えられる(数学章C). したがって式(27・16)を,

$$h(u) = h(u_x, u_y, u_z) = f(u_x)f(u_y)f(u_z) \tag{27・18}$$

と書くことができる. 式(27・18)の対数をとると,

$$\ln h(u) = \ln f(u_x) + \ln f(u_y) + \ln f(u_z) \tag{27・19}$$

である. これを u_x について微分すると,

$$\left(\frac{\partial \ln h(u)}{\partial u_x}\right)_{u_y, u_z} = \frac{\mathrm{d}\ln f(u_x)}{\mathrm{d}u_x} \tag{27・20}$$

が得られる. 関数 h は u に依存するので, u_x ではなく u についての微分に書き直せるとよい. このために,

$$\left(\frac{\partial \ln h}{\partial u_x}\right)_{u_y, u_z} = \frac{\mathrm{d}\ln h}{\mathrm{d}u}\left(\frac{\partial u}{\partial u_x}\right)_{u_y, u_z} = \frac{u_x}{u}\frac{\mathrm{d}\ln h}{\mathrm{d}u} \tag{27・21}$$

と書く. ここで $\partial u/\partial u_x$ を u_x/u で置き換えるには式(27・17)を使った(問題27・10). 式(27・21)を式(27・20)の左辺に代入すると,

$$\frac{\mathrm{d}\ln h(u)}{u\,\mathrm{d}u} = \frac{\mathrm{d}\ln f(u_x)}{u_x\,\mathrm{d}u_x}$$

が得られる. 三つの確率分布, $f(u_x), f(u_y), f(u_z)$ は同じなので,

$$\frac{\mathrm{d}\ln h(u)}{u\,\mathrm{d}u} = \frac{\mathrm{d}\ln f(u_x)}{u_x\,\mathrm{d}u_x} = \frac{\mathrm{d}\ln f(u_y)}{u_y\,\mathrm{d}u_y} = \frac{\mathrm{d}\ln f(u_z)}{u_z\,\mathrm{d}u_z} \tag{27・22}$$

である．u_x, u_y, u_z は互いに独立だから，式 (27·22) は定数に等しくなければならない．この定数を -2γ とすると，

$$\frac{\mathrm{d}\ln f(u_j)}{u_j \mathrm{d}u_j} = -2\gamma \qquad j=x, y, z \qquad (27·23)$$

であること，すなわち，積分して，

$$f(u_j) = A\mathrm{e}^{-\gamma u_j^2} \qquad j=x, y, z \qquad (27·24)$$

であることがわかる．式 (27·23) で 2γ ではなく -2γ と書いたのは，γ が正の数であることを先取りしたためである (問題 27·11 参照)．

ここで $f(u_x)$ を例に使って二つの定数 A と γ を決定する．$f(u_x)$ は確率分布なので，

$$\int_{-\infty}^{\infty} f(u_x)\,\mathrm{d}u_x = 1 \qquad (27·25)$$

でなければならないから，A を γ によって表すことができる．式 (27·24) を式 (27·25) に代入すると，

$$A\int_{-\infty}^{\infty} \mathrm{e}^{-\gamma u_x^2}\,\mathrm{d}u_x = 1 \qquad (27·26)$$

となる．被積分関数 $f(u_x)=\mathrm{e}^{-\gamma u_x^2}$ は u_x の偶関数 (数学章 B) なので，

$$A\int_{-\infty}^{\infty} \mathrm{e}^{-\gamma u_x^2}\,\mathrm{d}u_x = 2A\int_0^{\infty} \mathrm{e}^{-\gamma u_x^2}\,\mathrm{d}u_x \qquad (27·27)$$

である．この積分は何度も出会ったものであり (たとえば数学章 B)，式 (B·16) を使えば，

$$A\int_{-\infty}^{\infty} \mathrm{e}^{-\gamma u_x^2}\,\mathrm{d}u_x = 2A\int_0^{\infty} \mathrm{e}^{-\gamma u_x^2}\,\mathrm{d}u_x = 2A\left(\frac{\pi}{4\gamma}\right)^{1/2} = 1 \qquad (27·28)$$

すなわち，$A=(\gamma/\pi)^{1/2}$ であることがわかる．したがって $f(u_x)$ は，

$$f(u_x) = \left(\frac{\gamma}{\pi}\right)^{1/2} \mathrm{e}^{-\gamma u_x^2} \qquad (27·29)$$

で与えられる．$f(u_y)$ と $f(u_z)$ も同様である．

式 (27·8) と式 (27·12) を合わせると $\langle u_x^2 \rangle = RT/M$ となる．これを使って γ を決定することができる．u_x^2 の平均は $f(u_x)$ を使うと，

$$\langle u_x^2 \rangle = \frac{RT}{M} = \int_{-\infty}^{\infty} u_x^2 f(u_x)\,\mathrm{d}u_x = \left(\frac{\gamma}{\pi}\right)^{1/2} \int_{-\infty}^{\infty} u_x^2 \mathrm{e}^{-\gamma u_x^2}\,\mathrm{d}u_x \qquad (27·30)$$

で与えられる(数学章 B). 式(27·30)の被積分関数が u_x の偶関数であることをここでも使うと,

$$\langle u_x^2 \rangle = \frac{RT}{M} = 2\int_0^\infty u_x^2 f(u_x)\,du_x = 2\left(\frac{\gamma}{\pi}\right)^{1/2}\int_0^\infty u_x^2 e^{-\gamma u_x^2}\,du_x \quad (27\cdot31)$$

となる. この積分も数学章 B で説明したもので, 式(B·20)を使うと,

$$\frac{RT}{M} = 2\left(\frac{\gamma}{\pi}\right)^{1/2} \cdot \frac{1}{4\gamma}\left(\frac{\pi}{\gamma}\right)^{1/2} = \frac{1}{2\gamma}$$

すなわち $\gamma = M/2RT$ と決定できる. したがって, 式(27·29)は,

$$f(u_x) = \left(\frac{M}{2\pi RT}\right)^{1/2} e^{-Mu_x^2/2RT} \quad (27\cdot32)$$

となる.

式(27·32)をプロットすると図 27·3 になる. 確率分布は規格化されているので, 図 27·3 の曲線の下の面積は 1 である. 図 27·3 から, 温度が上昇するにつれて, 大きな u_x をもった分子が見いだされる可能性が高いことがわかる. 図 27·3 の $f(u_x)$ は図 27·2 の実験結果と似ていないが, これは, $f(u_x)$ が分子速度の 1 成分についての分布関数であるのに対し, 図 27·2 の曲線は $u = (u_x^2 + u_y^2 + u_z^2)^{1/2}$ で与えられる分子の速さについての分布関数であるためである. 分子は正の方向にも負の方向にも動けるので, 図 27·3 に示されたとおり速度成分の範囲は $-\infty$ から ∞ である. 一方, 速度ベクトルの長さ $u = (u_x^2 + u_y^2 + u_z^2)^{1/2}$ はもともと正の量であり, 図 27·2 に示されたとおり分子の速さの範囲は 0 から ∞ である. 分子の速さの分布式は次節で導く.

式(27·32)では $f(u_x)$ をモル質量 M と気体定数 R で表した. $f(u_x)$ は分子速度の

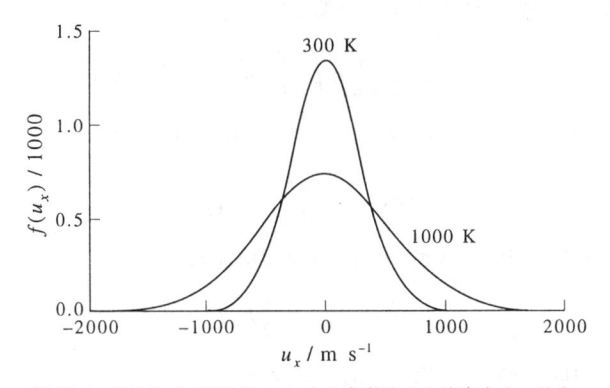

図 27·3 300 K と 1000 K における窒素分子の速度成分の分布.

成分の確率分布を表しているので，式(27・32)を，

$$f(u_x) = \left(\frac{m}{2\pi k_B T}\right)^{1/2} e^{-mu_x^2/2k_B T} \qquad (27\cdot 33)$$

と書き替えるのが普通である．ここで m は1分子の質量(単位 kg)，k_B はボルツマン定数である．これまでに見てきたように，ボルツマン定数は物理化学の非常に多くの式に現れ，しばしばエネルギーの単位をもつ $k_B T$ という組合わせになる．実際，式(27・33)の指数関数の引き数は，運動エネルギーの x 成分を $k_B T$ で割ったもので，単位がない．式(27・32)では，M と R の両方をアボガドロ定数で割って M/R を m/k_B と置き換えている．

式(27・33)を用いて，u_x の平均値，

$$\langle u_x \rangle = \int_{-\infty}^{\infty} u_x f(u_x)\,du_x = \left(\frac{m}{2\pi k_B T}\right)^{1/2} \int_{-\infty}^{\infty} u_x e^{-mu_x^2/2k_B T}\,du_x \qquad (27\cdot 34)$$

を計算することができる．被積分関数は u_x の奇関数なので，$\langle u_x \rangle = 0$ である．物理的には，この結果は分子が正の x 方向に動くのも負の x 方向に動くのも同じように確からしいという事実によるものである．

例題 27・3 u_x^2 と運動エネルギーの x 成分 $mu_x^2/2$ の平均値を求めよ．

解答： u_x^2 の平均値は，

$$\langle u_x^2 \rangle = \left(\frac{m}{2\pi k_B T}\right)^{1/2} \int_{-\infty}^{\infty} u_x^2 e^{-mu_x^2/2k_B T}\,du_x$$

で与えられる．被積分関数は u_x の偶関数なので，

$$\langle u_x^2 \rangle = 2\left(\frac{m}{2\pi k_B T}\right)^{1/2} \int_0^{\infty} u_x^2 e^{-mu_x^2/2k_B T}\,du_x$$

と書くことができる．$\alpha = m/2k_B T$ として式(B・20)を使うと，

$$\langle u_x^2 \rangle = \frac{k_B T}{m} = \frac{RT}{M}$$

となる．分子の運動エネルギーの x 成分の平均値は，

$$\frac{1}{2} m \langle u_x^2 \rangle = \frac{1}{2} k_B T \qquad (27\cdot 35)$$

となる．これは y 成分，z 成分でも同様である．

27. 気体運動論

式(27·35)から,

$$\frac{1}{2}m\langle u_x^2\rangle = \frac{1}{2}m\langle u_y^2\rangle = \frac{1}{2}m\langle u_z^2\rangle = \frac{1}{2}k_B T$$

とすることができる.全運動エネルギーは,

$$\frac{1}{2}m\langle u^2\rangle = \frac{3}{2}k_B T$$

で与えられる.これらの二つの式によれば,気体が等方的であることから期待されるとおり,全エネルギー $3k_B T/2$ は x, y, z 成分に均等に配分されている.

ほとんどの実験結果は分子の速さの平均値に依存するが,分布全体に依存するような実験も存在する.一つの例は原子や分子の発光スペクトルのスペクトル線形である.理想的な極限では,スペクトル線は非常に狭いが,励起状態の寿命が有限なので幅が広くなる.ところが,寿命による広がりが,観測されるスペクトル線の幅の主要な原因ではないことがよくある.スペクトル線は,輻射を放出している分子が運動することによっても幅が広がる.原子や分子が静止している場合に周波数 ν_0 の輻射を放出するとすると,観測者に対して速さ u_x で原子や分子が近づいたり遠ざかったりすれば,**ドップラー効果**[1] のため,静止した観測者によって測定される周波数は,

$$\nu \approx \nu_0\left(1 + \frac{u_x}{c}\right) \tag{27·36}$$

となるはずである.ここで c は光速である.温度 T の気体が発する輻射を観測すると,ν_0 のスペクトル線は,輻射を発している分子の u_x のマクスウェル分布によって広がる.式(27·36)を使うと,u_x の分布を ν の分布に変換することができる.式(27·36)より $u_x = c(\nu-\nu_0)/\nu_0$ なので,これを式(27·33)に代入すると,観測されるスペクトル線形として,

$$I(\nu) \propto e^{-mc^2(\nu-\nu_0)^2/2\nu_0^2 k_B T} \tag{27·37}$$

が得られる.$I(\nu)$ の形は,中心が ν_0 で,分散,

$$\sigma^2 = \frac{\nu_0^2 k_B T}{mc^2} = \frac{\nu_0^2 RT}{Mc^2}$$

をもつガウス型である(数学章 B).ただし,M はモル質量である.ナトリウムは 3p $^2P_{3/2}$ 励起状態から 3s $^2S_{1/2}$ 基底状態への遷移に対応する振動数 5×10^{14} Hz の光を発する.低圧のナトリウム蒸気を入れた容器からの 500 K における発光では,スペクトル線幅の目安である σ は約 7×10^8 Hz である.もしナトリウム原子が静止していれ

---

[1] Doppler effect

ば，観測される σ は約 1.0×10^6 Hz のはずである．分子速度の分布によるスペクトル線の幅を**ドップラー幅**[1] という．

27·3 分子の速さの分布はマクスウェル-ボルツマン分布で与えられる

これまで分子速度の一つの成分の確率分布を導いてきた．均一な気体は等方的なので，分子が運動する方向は気体の性質に何の物理的影響も与えない．u の大きさ，すなわち速さだけが重要である．したがって，この節では分子の速さの分布を導く．関数 $F(u)$ を，

$$F(u)\,du = f(u_x)\,du_x\,f(u_y)\,du_y\,f(u_z)\,du_z \qquad (27\cdot38)$$

によって定義する．式(27·33)と，その変数を u_y と u_z に変えたものを式(27·38)に代入すると，

$$F(u)\,du = \left(\frac{m}{2\pi k_B T}\right)^{3/2} e^{-m(u_x^2+u_y^2+u_z^2)/2k_B T}\,du_x\,du_y\,du_z \qquad (27\cdot39)$$

が得られる．

式(27·39)の右辺を，分子が u と $u+du$ の間の速さをもつ確率である $F(u)\,du$ の形に変換する必要がある．このために，軸に沿った距離が，図27·4 (a) に示したように，速度の3成分 u_x, u_y, u_z に等しい直方体の座標系を考える．図には成分 u_x, u_y, u_z をもつベクトル量である分子速度 u が示されていて，u の長さは $u=(u_x^2+u_y^2+u_z^2)^{1/2}$ である．この座標系で表される空間を**速度空間**[2] というが，これは x, y, z 座標で表される三次元空間と同類のものである．普通の空間で $dx\,dy\,dz$ が体積素片であるのとまったく同様に，$du_x\,du_y\,du_z$ が速度空間の体積素片である．気体は等方的なので，分子の速さの分布を記述するには直交座標よりも極座標を用いる方が便利である（図27·4）．普通の空間の体積素片は $4\pi r^2\,dr$ である．これは半径 r，厚さ dr の球殻の体積である．速度空間の対応する体積素片は $4\pi u^2\,du$ になる（図27·4 b）．したがって，式(27·39)で $u_x^2+u_y^2+u_z^2$ を u^2 で置き換え，$du_x\,du_y\,du_z$ を $4\pi u^2\,du$ に置き換えると，

$$F(u)\,du = 4\pi\left(\frac{m}{2\pi k_B T}\right)^{3/2} u^2 e^{-mu^2/2k_B T}\,du \qquad (27\cdot40)$$

が得られる．

式(27·40)は分子が u から $u+du$ までの速さをもつ確率分布を表している．速度成分の確率分布である式(27·39)と異なり，式(27·40)には因子 u^2 があることに注意

---

1) Doppler broadening   2) velocity space

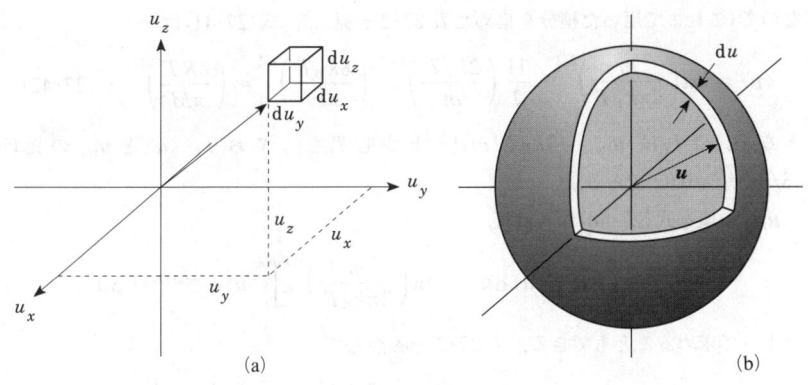

図 27·4 速度空間の説明.(a)直交座標による表現.空間中の点は u_x, u_y, u_z の値で指定され,体積素片は $du_x du_y du_z$ である.分子の速度は長さ $(u_x^2 + u_y^2 + u_z^2)^{1/2}$ のベクトルである.(b)極座標による表現."体積"要素は半径 u,厚さ du,体積 $4\pi u^2 du$ の球殻である.

せよ.速度の成分の範囲は $-\infty$ から ∞ までであるが,本来正の量である u の範囲は 0 から ∞ である.

例題 27·4 式(27·40)が規格化されていることを示せ.

解答: $\alpha = m/2k_BT$ として式(B·20)を使うと,

$$\int_0^\infty F(u)\,du = 4\pi\left(\frac{m}{2\pi k_BT}\right)^{3/2}\int_0^\infty u^2 e^{-mu^2/2k_BT}\,du$$

$$= 4\pi\left(\frac{m}{2\pi k_BT}\right)^{3/2} \cdot \frac{k_BT}{2m} \cdot \left(\frac{2\pi k_BT}{m}\right)^{1/2}$$

$$= 1$$

である.

---

u の平均値を計算することもできる.たとえば,平均の速さは,

$$\langle u\rangle = \int_0^\infty uF(u)\,du = 4\pi\left(\frac{m}{2\pi k_BT}\right)^{3/2}\int_0^\infty u^3 e^{-mu^2/2k_BT}\,du \qquad (27\cdot41)$$

で与えられる(数学章 B).必要な積分は標準的なものであって,

$$\int_0^\infty x^{2n+1} e^{-\alpha x^2}\,dx = \frac{n!}{2\alpha^{n+1}}$$

なので(これまで用いた積分を集めた表 27・2 を見よ)，式(27・41)は，

$$\langle u \rangle = 4\pi \left(\frac{m}{2\pi k_B T}\right)^{3/2} \cdot \frac{1!}{2}\left(\frac{2k_B T}{m}\right)^2 = \left(\frac{8k_B T}{\pi m}\right)^{1/2} = \left(\frac{8RT}{\pi M}\right)^{1/2} \quad (27\cdot42)$$

となる．これは $u_{\rm rms}=(3k_B T/m)^{1/2}$ と少し異なっており，$\langle u \rangle$ と $u_{\rm rms}$ の比は $(8/3\pi)^{1/2}=0.92$ である．

$u_{\rm rms}$ の値を式(27・40)から直接，

$$\langle u^2 \rangle = \int_0^\infty u^2 F(u)\,du = 4\pi \left(\frac{m}{2\pi k_B T}\right)^{3/2} \int_0^\infty u^4 e^{-mu^2/2k_B T}\,du$$

によって求めることもできる．表 27・2 を参照して，

$$\langle u^2 \rangle = 4\pi \left(\frac{m}{2\pi k_B T}\right)^{3/2} \cdot \frac{1\cdot 3}{8}\left(\frac{2k_B T}{m}\right)^2 \left(\frac{2\pi k_B T}{m}\right)^{1/2}$$

$$= \frac{3k_B T}{m}$$

であることがわかる．定義によって $u_{\rm rms}=\langle u^2\rangle^{1/2}=(3k_B T/m)^{1/2}=(3RT/M)^{1/2}$ であり，これは先に得た結果と一致する．

表 27・2　気体運動論でよく使う積分

$$\int_0^\infty x^{2n} e^{-\alpha x^2}\,dx = \frac{1\cdot 3\cdot 5\cdots(2n-1)}{2^{n+1}\alpha^n}\left(\frac{\pi}{\alpha}\right)^{1/2} \quad n\geq 1$$

$$\int_0^\infty x^{2n+1} e^{-\alpha x^2}\,dx = \frac{n!}{2\alpha^{n+1}} \quad n\geq 0$$

$$\int_0^\infty x^{n/2} e^{-\alpha x}\,dx = \frac{n(n-2)(n-4)\cdots(1)}{(2\alpha)^{(n+1)/2}}\left(\frac{\pi}{\alpha}\right)^{1/2} \quad n\text{ 奇数}$$

$$= \frac{(n/2)!}{\alpha^{(n+2)/2}} \quad n\text{ 偶数}$$

もう一つの代表的な速さは最も確率の大きい速さである．この最確の速さ $u_{\rm mp}$ は $F(u)$ の極大値を与える u である．これは $F(u)$ の微分を 0 と等置して，

$$\frac{dF(u)}{du} = 4\pi\left(\frac{m}{2\pi k_B T}\right)^{3/2}\left[2u - \frac{mu^3}{k_B T}\right]e^{-mu^2/2k_B T} = 0$$

から得られる．$dF(u)/du$ が 0 であるためには，[　] の中が 0 でなければならず，したがって，

$$u_{\mathrm{mp}} = \left(\frac{2k_BT}{m}\right)^{1/2} = \left(\frac{2RT}{M}\right)^{1/2} \tag{27.43}$$

が得られる.これまでに登場したすべての特徴的な速さ,u_{rms}, $\langle u \rangle$, u_{mp} が(定数$\cdot k_BT/m)^{1/2}$ すなわち(定数$\cdot RT/M)^{1/2}$ という形をもつことがわかる.

マクスウェル-ボルツマン分布を,速さ u ではなく $u=(2\varepsilon/m)^{1/2}$ と書き換えて運動エネルギー $\varepsilon = mu^2/2$ で表すこともできる.そうすると,$du = d\varepsilon/(2m\varepsilon)^{1/2}$ であり,式(27.40)は,

$$\begin{aligned}F(\varepsilon)\,d\varepsilon &= 4\pi\left(\frac{m}{2\pi k_BT}\right)^{3/2}\cdot\frac{2\varepsilon}{m}\cdot e^{-\varepsilon/k_BT}\frac{d\varepsilon}{(2m\varepsilon)^{1/2}} \\ &= \frac{2\pi}{(\pi k_BT)^{3/2}}\,\varepsilon^{1/2}e^{-\varepsilon/k_BT}\,d\varepsilon \end{aligned} \tag{27.44}$$

となる.

例題 27.5 式(27.44)で与えられる分布が規格化されていることを示せ.

解答: 示すべきことは,

$$\int_0^\infty F(\varepsilon)\,d\varepsilon = \frac{2\pi}{(\pi k_BT)^{3/2}}\int_0^\infty \varepsilon^{1/2}e^{-\varepsilon/k_BT}\,d\varepsilon = 1$$

である.ここで必要な積分は表27.2の3番目のもので $n=1$ としたものであり,

$$\int_0^\infty x^{1/2}e^{-\alpha x}\,dx = \frac{1}{2\alpha}\left(\frac{\pi}{\alpha}\right)^{1/2}$$

なので,

$$\begin{aligned}\int_0^\infty F(\varepsilon)\,d\varepsilon &= \frac{2\pi}{(\pi k_BT)^{3/2}}\int_0^\infty \varepsilon^{1/2}e^{-\varepsilon/k_BT}\,d\varepsilon \\ &= \frac{2\pi}{(\pi k_BT)^{3/2}}\cdot\frac{k_BT}{2}\cdot(\pi k_BT)^{1/2} = 1\end{aligned}$$

である.

また,表27.2の3番目の積分で $n=3$ とすれば,ただちに,

$$\begin{aligned}\langle\varepsilon\rangle &= \int_0^\infty \varepsilon F(\varepsilon)\,d\varepsilon = \frac{2\pi}{(\pi k_BT)^{3/2}}\int_0^\infty \varepsilon^{3/2}e^{-\varepsilon/k_BT}\,d\varepsilon \\ &= \frac{2\pi}{(\pi k_BT)^{3/2}}\cdot 3\left(\frac{k_BT}{2}\right)^2\cdot(\pi k_BT)^{1/2} = \frac{3}{2}k_BT\end{aligned}$$

であり，これは式(27・10)と一致している．

27・4 気体分子と壁との衝突頻度は数密度と分子の平均の速さに比例する

この節では気体分子が容器の壁と衝突する頻度を導く．この頻度は表面反応の速度論における中心的な役目をする量である．式を導くために仮定する立体配置を図27・5

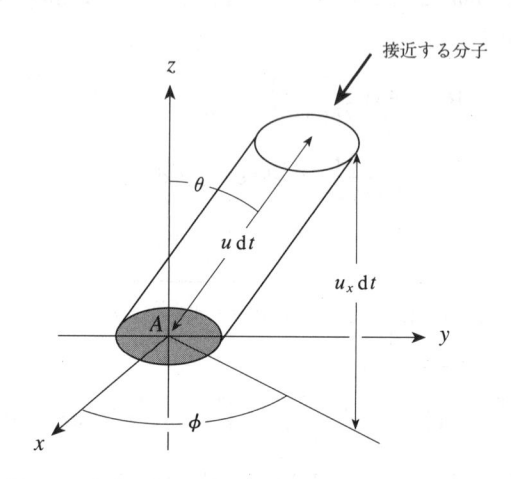

図27・5 気体の分子と容器の壁との衝突頻度を計算するのに用いる立体配置．分子は壁の一方からだけ衝突するので θ は 0 から $\pi/2$ の範囲で変化する．

に示す．図 27・5 は長さ $u\,\mathrm{d}t$，底面積 A，壁の法線に対して θ の角をなす傾いた円柱を示している．この円柱は時間 $\mathrm{d}t$ の間に底面に角 θ で衝突する速さ u の分子をすべて含むように作られている．この円柱の体積は底面積 (A) と鉛直な高さ $(u\cos\theta\,\mathrm{d}t)$ の積，すなわち $(Au\,\mathrm{d}t)\cos\theta$ である．この円柱に含まれる分子数は，$\rho(Au\,\mathrm{d}t)\cos\theta$ である．ここで ρ は数密度 N/V である．u と $u+\mathrm{d}u$ の間の速さをもつ分子の割合は $F(u)\,\mathrm{d}u$ であり，立体角 θ と $\theta+\mathrm{d}\theta$, ϕ と $\phi+\mathrm{d}\phi$ の間からやってくる分子の割合は，全立体角が 4π なので，$\sin\theta\,\mathrm{d}\theta\,\mathrm{d}\phi/4\pi$ である（数学章 D 参照）．これらの積によって，時間 $\mathrm{d}t$ の間にその方向から面積 A に衝突する分子の数 $\mathrm{d}N_{\mathrm{coll}}$ が与えられる．すなわち，

$$\mathrm{d}N_{\mathrm{coll}} = \rho(Au\,\mathrm{d}t)\cos\theta \cdot F(u)\,\mathrm{d}u \cdot \frac{\sin\theta\,\mathrm{d}\theta\,\mathrm{d}\phi}{4\pi} \qquad (27\cdot45)$$

である．

式(27・45)の両辺を $A\,dt$ で割れば,

$$dz_{\text{coll}} = \frac{1}{A}\frac{dN_{\text{coll}}}{dt} = \frac{\rho}{4\pi} uF(u)\,du \cdot \cos\theta \sin\theta\,d\theta\,d\phi \quad (27\cdot46)$$

が得られる. ここで dz_{coll} は, 速さが u と $u+du$ の間で, 方向が立体角 $\sin\theta\,d\theta\,d\phi$ に含まれる分子が起こす, 単位時間当たり, 単位面積当たりの衝突の数である. 式(27・40)が u^2 という因子をもつのと異なり, 式(27・46)が u^3 という因子をもつ〔$F(u)$ が u^2 をもつから〕ことに注意しよう. 図27・6には, 規格化されていない2個の関数, $u^2 e^{-mu^2/2k_B T}$ と $u^3 e^{-mu^2/2k_B T}$ を速さ u に対してプロットしたものを示す. $u^3 e^{-mu^2/2k_B T}$ は $u^2 e^{-mu^2/2k_B T}$ よりも急速に最大になる. 〔問題27・28で $u^3 e^{-mu^2/2k_B T}$ は $u_{\text{mp}}=(3k_B T/m)^{1/2}$ で最大となり, $u^2 e^{-mu^2/2k_B T}$ は $u_{\text{mp}}=(2k_B T/m)^{1/2}$ で最大となることを示す.〕このことは, 物理的には, 面積 A と衝突する分子は, 気体の平均的な分子よりも高速であることを示している. それは, 高速の分子ほど, 与えられた時間内に面積 A と衝突する可能性が大きいからである.

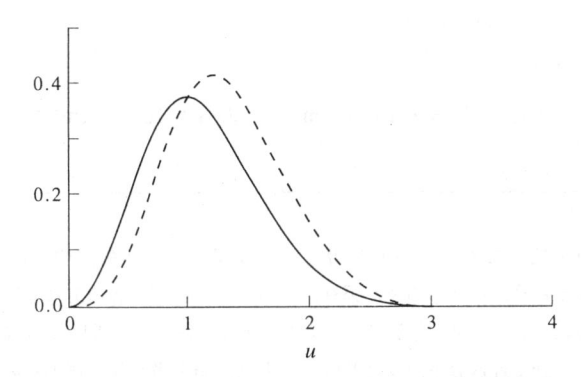

図27・6 $u^2 e^{-mu^2/2k_B T}$(───) と $u^3 e^{-mu^2/2k_B T}$(-----) の速さ u〔$(k_B T/m)^{1/2}$ 単位〕に対するプロット. $u^3 e^{-mu^2/2k_B T}$ が最大になるのは, $u^2 e^{-mu^2/2k_B T}$ より大きな u のところであることに注意.

式(27・46)をすべての可能な速さと方向について積分すると,

$$z_{\text{coll}} = \frac{\rho}{4\pi}\int_0^\infty uF(u)\,du \int_0^{\pi/2}\cos\theta \sin\theta\,d\theta \int_0^{2\pi}d\phi \quad (27\cdot47)$$

が得られる. 壁への衝突は壁の一方でしか起こらないので, θ の積分範囲が 0 から $\pi/2$ であることに注意しよう. u を含む積分は $\langle u \rangle$, θ での積分は $1/2$, ϕ での積分は 2π に等しいので, 単位面積当たりの衝突頻度 z_{coll} として,

$$z_{\text{coll}} = \frac{1}{A}\frac{dN_{\text{coll}}}{dt} = \rho\frac{\langle u \rangle}{4} \qquad (27\cdot 48)$$

が得られる．問題 27・49 から問題 27・52 までで式 (27・48) の応用を示す．

例題 27・6　式 (27・48) を用いて，25 °C, 1 bar における窒素の単位面積当たりの衝突頻度を計算せよ．

解答：数密度は，

$$\rho = \frac{N_A n}{V} = \frac{N_A P}{RT} = \frac{(6.022 \times 10^{23}\,\text{mol}^{-1})(1\,\text{bar})}{(0.083\,14\,\text{L bar K}^{-1}\,\text{mol}^{-1})(298\,\text{K})}$$

$$= 2.43 \times 10^{22}\,\text{L}^{-1} = 2.43 \times 10^{25}\,\text{m}^{-3}$$

で与えられ，また，

$$\langle u \rangle = \left(\frac{8RT}{\pi M}\right)^{1/2} = \left(\frac{8(8.314\,\text{J K}^{-1}\,\text{mol}^{-1})(298\,\text{K})}{\pi(0.02802\,\text{kg})}\right)^{1/2}$$

$$= 475\,\text{m s}^{-1}$$

である．したがって，

$$z_{\text{coll}} = 2.88 \times 10^{27}\,\text{s}^{-1}\,\text{m}^{-2} = 2.88 \times 10^{23}\,\text{s}^{-1}\,\text{cm}^{-2}$$

である．

式 (27・48) を使っても式 (27・9) を導くことができる．運動量の壁に垂直な成分は $mu\cos\theta$ であり，壁との衝突が弾性的であるとすれば，各衝突における運動量の変化は $2mu\cos\theta$ である（図 27・7）．速さが u と $u+du$ の間で，方向が立体角 $\sin\theta\,d\theta\,d\phi$ に含まれる分子が壁に及ぼす圧力は，衝突当たりの運動量の変化量と単位面積当たりの衝突頻度 (式 27・46) の積に等しい．したがって，

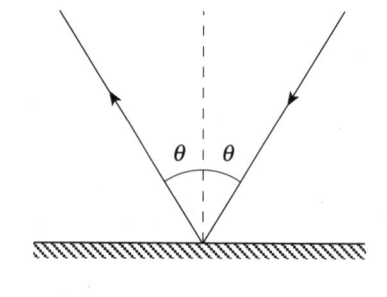

図 27・7　分子と壁の弾性衝突．壁に垂直な速度成分は衝突によって逆転する．このため運動量の変化量は $2mu\cos\theta$ である．

27. 気体運動論

$$dP = (2mu\cos\theta)\,dz_{\text{coll}}$$
$$= (2mu\cos\theta)\frac{\rho}{4\pi}uF(u)\,du\cos\theta\sin\theta\,d\theta\,d\phi$$
$$= \rho\left(\frac{m}{2\pi k_B T}\right)^{3/2}(2mu\cos\theta)u^3 e^{-mu^2/2k_B T}\,du\cos\theta\sin\theta\,d\phi$$

である．これを θ と ϕ のすべての値($0\leq\theta\leq\pi/2$ に注意)について積分すると，

$$\int_0^{\pi/2}\cos^2\theta\sin\theta\,d\theta\int_0^{2\pi}d\phi = \frac{2\pi}{3}$$

であり，また，

$$4\pi\left(\frac{m}{2\pi k_B T}\right)^{3/2}\int_0^\infty u^4 e^{-mu^2/2k_B T}\,du = \langle u^2\rangle$$

であることを利用すれば，

$$P = \frac{1}{3}\rho m\langle u^2\rangle = \frac{1}{3V}Nm\langle u^2\rangle$$

が得られる．これは式(27·9)と一致する．

27·5 マクスウェル-ボルツマン分布は実験的に確かめられている

マクスウェル-ボルツマン分布は多くのいろいろな実験によって確かめられてきたが，最も直接的な実験の一つは，1950年代に行われたコロンビア大学のクーシュ(Polykarp Kusch)と彼の共同研究者によるものである．彼らの実験装置は，図 27·8

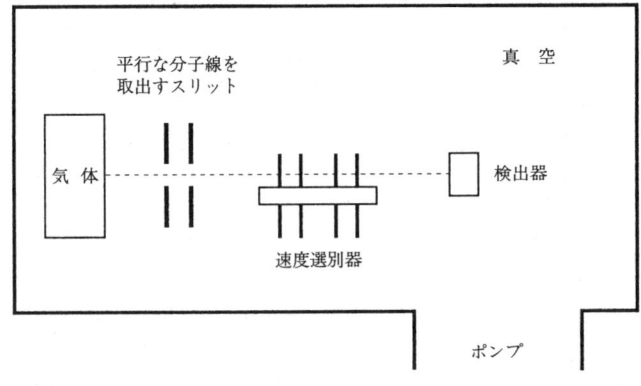

図 27·8 マクスウェル-ボルツマン分布の実験的検証に用いられた装置の模式図．

に示すように，炉に非常に小さな穴をあけ，そこからカリウムなどの原子線が出て真空室へ入るようになっている．原子線はスリット型のコリメーター[†]を通って速度選別器に入る．これはある速さの原子だけが検出器に到達できるようにするもので，ちょうどよい速さの原子だけが通過できるようにスリットが入った一組の回転円盤である（図 27・9）．適当な速さでこれを回転させることによって，特定の速さの原子を選ぶことができる．検出器で測定される強度が，その速さの原子の相対的割合を与える．

気体のカリウム原子についての実験結果とマクスウェル-ボルツマン分布による予

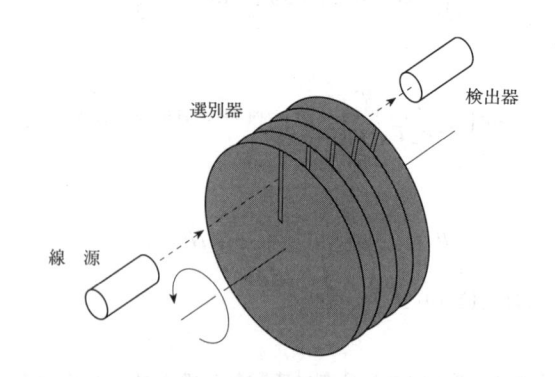

図 27・9 速度選別器の模式図．ちょうどよい速さの原子だけが回転円盤を通り抜けることができる．

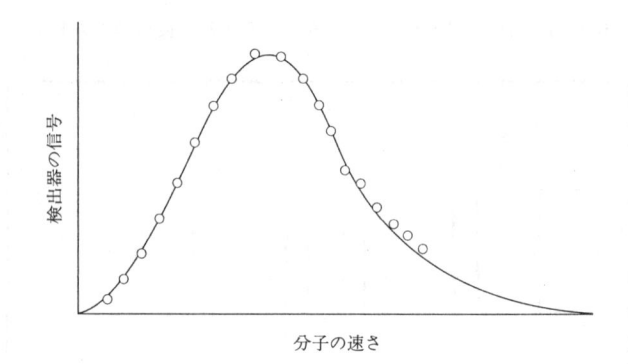

図 27・10 分子の速さのマクスウェル-ボルツマン分布の実験的検証．実線はマクスウェル-ボルツマン分布による計算，丸はミラーとクーシュの実験データ．

[†] 訳注：ある飛行方向の原子を取出す器具．

想の比較を図 27・10 に示す．丸は実験データであり，実線は，マクスウェル-ボルツマン分布に基づいて，カリウム原子の流束を速さの関数として予測した曲線である．両者の一致はすばらしいことがわかる．クーシュは 1955 年，原子線，分子線を含む研究によってノーベル物理学賞を受賞した．

27・6 平均自由行程は衝突と衝突の間に分子が移動する平均距離である

　30 章で気相化学反応の速度論を説明する際に，気体中の分子どうしの衝突頻度を知る必要がでてくる．はじめに気相の 1 個の分子の衝突頻度を考える．いつものように分子を直径 d の剛体球と考える．さらに，他の分子は動いていないものと仮定し，導出の最後ですべての分子が相対的に動いていることを考慮することにする．注目している分子は動いていくとき，直径 $2d$ の円筒形を掃引していく．注目している分子は，この円筒の内側に他の分子の中心があればそれと衝突する．この，いわゆる衝突円筒を図 27・11 に示す．他の分子の中心から距離 d 以内に注目している分子がくると衝突が起きるので，他の分子は実効半径 d の標的として働く．したがって，その面積すなわち**衝突断面積**[1] は πd^2 である．図 27・11 は，衝突円筒の半径が分子の直径 d であることを示している．これ以後，剛体球の衝突断面積 πd^2 をギリシャ文字 σ で表すことにする．衝突円筒の体積は断面積 σ と長さ $\langle u \rangle \mathrm{d}t$ の積，すなわち $\sigma \langle u \rangle \mathrm{d}t$ に等しい．他の分子の中心がこの円筒の内部にあれば必ず衝突が起きるので，注目している分子が起こす衝突の数は衝突円筒内の分子数に等しい．分子の数密度が ρ なら，時間

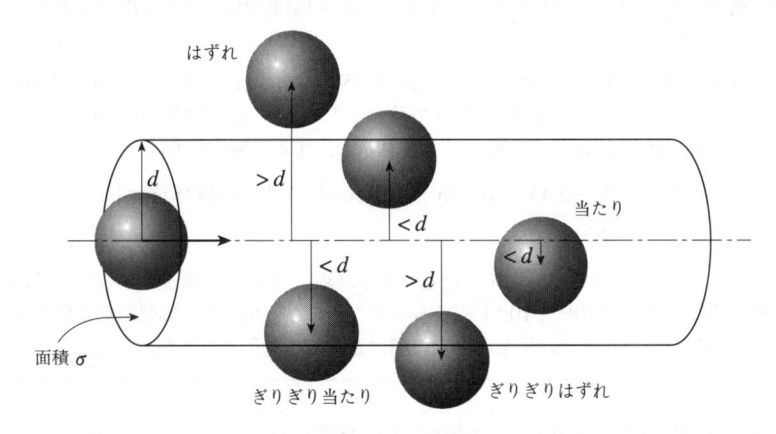

図 27・11　気体の分子が飛行する際に掃引する衝突円筒．他の分子の中心が円筒の内側にあれば必ず衝突が起きる．

---
1) collision cross section

dt 内の衝突数は，

$$\mathrm{d}N_{\mathrm{coll}} = \rho\sigma\langle u\rangle\,\mathrm{d}t$$

であり，衝突頻度 z_A は，

$$z_\mathrm{A} = \frac{\mathrm{d}N_{\mathrm{coll}}}{\mathrm{d}t} = \rho\sigma\langle u\rangle = \rho\sigma\left(\frac{8k_\mathrm{B}T}{\pi m}\right)^{1/2} \tag{27·49}$$

となる．

ここまでは注目する分子以外は動いていないと仮定したので，式(27·49)は完全に正しいわけではない．5·2節で，相対的に運動している質量 m_1 と m_2 の2個の物体の運動を，一方が換算質量 $\mu = m_1 m_2/(m_1+m_2)$ をもって運動し，他方は静止しているとして取扱えることを学んだ．したがって，すべての分子が相対的に動いていることは，式(27·49)の m を μ で置き換えることで考慮に入れることができる．衝突する2個の分子の質量が同じならば，$\mu = m/2$ であり，平均の相対的速さ $\langle u_\mathrm{r}\rangle$ は，

$$\langle u_\mathrm{r}\rangle = 2^{1/2}\langle u\rangle$$

で与えられる．したがって z_A の正しい式は，

$$z_\mathrm{A} = \rho\sigma\langle u_\mathrm{r}\rangle = 2^{1/2}\rho\sigma\langle u\rangle \tag{27·50}$$

となる．

例題 27·7 式(27·50)を用い，25 °C，1 bar の窒素中における1個の窒素分子の衝突頻度を計算せよ．

解答： 表 27·3 によれば窒素では $\sigma = 0.450 \times 10^{-18}\,\mathrm{m}^2$ である．25 °C，1 bar における窒素の数密度は例題 27·6 で計算したとおり $\rho = 2.43 \times 10^{25}\,\mathrm{m}^{-3}$ であり，平均の速さは $\langle u\rangle = 475\,\mathrm{m\,s^{-1}}$ と計算した．すると衝突頻度は，

$$\begin{aligned}z_\mathrm{A} &= 2^{1/2}(2.43\times 10^{25}\,\mathrm{m}^{-3})(0.450\times 10^{-18}\,\mathrm{m}^2)(475\,\mathrm{m\,s^{-1}})\\ &= 7.3 \times 10^9\,\mathrm{s}^{-1}\end{aligned}$$

となる．この結果の物理的意味合いを考えるために，5章で二原子分子の振動数の典型的な大きさが $10^{13} \sim 10^{14}\,\mathrm{s}^{-1}$ であったことを思い出すと，典型的な二原子分子は，25 °C，1 bar では衝突と衝突の間に数千回振動することがわかる．

---

z_A の逆数が衝突とつぎの衝突との間の平均の時間の目安であることを指摘しておかなければならない．したがって，25 °C，1 bar では窒素分子は平均すると $1.4 \times 10^{-10}\,\mathrm{s}$ ごとに衝突している(例題 27·7)．

衝突と衝突の間に分子が移動する平均距離，**平均自由行程**[1] l を決定することができる．それには，分子が平均の速さ$\langle u \rangle$ m s^{-1} で移動し，毎秒 z_A 回の衝突をするので，衝突と衝突の間に分子が移動する平均距離は，

$$l = \frac{\langle u \rangle}{z_A} = \frac{\langle u \rangle}{2^{1/2} \rho \sigma \langle u \rangle} = \frac{1}{2^{1/2} \rho \sigma}$$

で与えられると考えればよい．ρ を理想気体の値 ($\rho = PN_A/RT$) で置き換えれば，

$$l = \frac{RT}{2^{1/2} N_A \sigma P} \tag{27·51}$$

が得られる．式(27·51)は，温度が一定ならば，平均自由行程が圧力に反比例することを示している．たとえば 25 °C, 1 bar の窒素では，l は 6.5×10^{-8} m であり，これは窒素分子の実効直径の約 200 倍である．

表 27·3 種々の分子の衝突直径，d (pm 単位) と衝突断面積，σ (nm^2 単位)

気体	d/pm	σ/nm^2	気体	d/pm	σ/nm^2
He	210	0.140	O_2	360	0.410
Ar	370	0.430	Cl_2	540	0.920
Xe	490	0.750	CH_4	410	0.530
H_2	270	0.230	C_2H_4	430	0.580
N_2	380	0.450			

例題 27·8 298 K, 10^{-5} Torr という低圧における水素分子の平均自由行程を計算せよ．

解答: 表 27·3 によれば，H_2 では $\sigma = 0.230 \times 10^{-18}$ m^2 である．式(27·51)を使うと，

$$l = \frac{(0.082\,06\text{ L atm K}^{-1}\text{mol}^{-1})(298\text{ K})}{2^{1/2}(6.022\times10^{23}\text{ mol}^{-1})(0.230\times10^{-18}\text{ m}^2)(1\times10^{-5}\text{ Torr})(1\text{ atm}/760\text{ Torr})}$$

$$= 9500 \text{ L m}^{-2} = 9.5 \text{ m}$$

が得られる．ここで $1\text{ L} = 10^{-3}\text{ m}^3$ であることを利用した．

---

[1] mean free path

つぎのような議論によって，平均自由行程について別の物理的説明をすることができる．再び，分子が動いた場合に掃引する円筒を考え，運動の方向を x 軸とする．さらに，円筒内に中心がある分子を標的であると考える．x 方向に垂直な厚さ dx の単位面積の板に含まれる標的の数は $\rho\,dx$ である．ここで ρ は気体中の分子の数密度である．分子標的の全面積は，重なりを無視すると，各標的の衝突断面積 (σ) と標的の数 ($\rho\,dx$) の積，すなわち $\sigma\rho\,dx$ である．注目している 1 個の分子が衝突する確率は，この面積と全面積 (実は単位面積である) の比，

$$\text{衝突確率} = \sigma\rho\,dx \tag{27・52}$$

である．

n_0 個の分子が同じ速度で正の方向に動いている分子線を考え，どの分子も $x=0$ から出発するものとする．さらに，$n(x)$ を，衝突せずに距離 x まで動いた分子の数とする．x と $x+dx$ の間で衝突する分子の数は，x に到達した分子の数 $n(x)$ に dx での衝突確率 (式 27・52) を掛けたものであるから，

$$\begin{pmatrix} x \text{ と } x+dx \text{ の間で} \\ \text{衝突する分子の数} \end{pmatrix} = n(x)\sigma\rho\,dx$$

である．しかし衝突が起こると分子線からその分子が除かれる．このため，この量は x に到達した数から，$x+dx$ に到達した数を引いたもの，$n(x) - n(x+dx)$，に等しい．したがって，

$$n(x) - n(x+dx) = \sigma\rho n(x)\,dx$$

と書くことができる．両辺を dx で割り，微分の定義，

$$\frac{n(x+dx) - n(x)}{dx} = \frac{dn}{dx}$$

を使うと，

$$\frac{dn}{dx} = -\sigma\rho n(x)$$

が得られる．この微分方程式の解は，

$$n(x) = n_0 e^{-\sigma\rho x} \tag{27・53}$$

である．しかし，$\sigma\rho$ は平均自由行程の逆数なので (すべての分子が動いていることを考慮するとき現れる $2^{1/2}$ という因子をはずした)，式 (27・53) を，

$$n(x) = n_0 e^{-x/l} \tag{27・54}$$

と書くことができる．x と $x+dx$ の間で衝突する分子の数は $n(x) - n(x+dx)$

なので，はじめ n_0 個あった分子のうちの1個の分子がこの区間で衝突する確率 $p(x)\,\mathrm{d}x$ は，

$$p(x)\,\mathrm{d}x = \frac{n(x) - n(x+\mathrm{d}x)}{n_0} = -\frac{1}{n_0}\frac{\mathrm{d}n}{\mathrm{d}x}\mathrm{d}x$$

$$= \frac{1}{l}\mathrm{e}^{-x/l}\,\mathrm{d}x \tag{27·55}$$

になる．式(27·55)が規格化されていて，予想どおり $\langle x \rangle = l$ であることは容易に示すことができる．

例題 27·9 はじめ n_0 個の分子から成っていた分子線から半数の分子が散乱されてしまう距離を決定せよ．

解答: 式(27·55)を使う．求める距離を d とすると，

$$\frac{1}{l}\int_0^d \mathrm{e}^{-x/l}\,\mathrm{d}x = \frac{1}{2} = 1 - \mathrm{e}^{-d/l}$$

であり，結局，$d = l(\ln 2) = 0.693\,l$ である．したがって，平均自由行程の 70 % も移動しないうちに半数の分子が散乱されてしまう．

図 27·12 は，分子が距離 x だけ飛行する前に衝突する確率を，x/l に対してプロットしたものである．

この節で導入するもう一つの量は，気体中の全部の分子による，単位体積当たりの

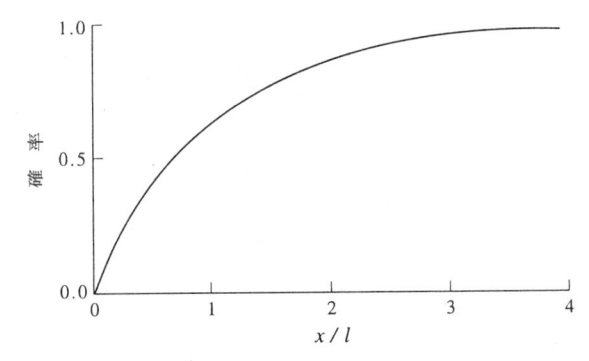

図 27·12 分子が距離 x 以内の飛行で衝突する確率の x/l に対するプロット．

全衝突頻度 Z_{AA} である。これは，気相反応の速度論に含まれるもう一つの量である。z_A を特定の 1 分子の衝突頻度だとすると，単位体積当たりの全衝突頻度は，z_A に分子の数密度 ρ を掛け，一対の分子の衝突を 2 回の衝突と数えないために 2 で割ったもので与えられる。したがって，式(27・50)から，

$$Z_{AA} = \frac{1}{2}\rho z_A = \frac{1}{2}\sigma\langle u_r\rangle\rho^2 = \frac{\sigma\langle u\rangle\rho^2}{2^{1/2}} \quad (27\cdot 56)$$

が得られる。25 °C, 1 bar の窒素では $Z_{AA}=8.9\times 10^{34}\,\text{s}^{-1}\,\text{m}^{-3}$ である。2 種類の分子(たとえば A と B)から成る気体では，単位体積当たりの衝突頻度は，

$$Z_{AB} = \sigma_{AB}\langle u_r\rangle\rho_A\rho_B \quad (27\cdot 57)$$

である。ここで，

$$\sigma_{AB} = \pi\left(\frac{d_A+d_B}{2}\right)^2 \quad \text{および} \quad \langle u_r\rangle = (8k_B T/\pi\mu)^{1/2} \quad (27\cdot 58)$$

であり，換算質量 μ は $m_A m_B/(m_A+m_B)$ に等しい。

例題 27・10　20 °C, 1 bar の空気 1 cm³ 当たりの窒素-窒素衝突の頻度を計算せよ。分子の 80 % が窒素分子であるとせよ。

解答:　窒素の分圧は 0.80 bar であり，数密度は，

$$\rho = \frac{N_A P_{N_2}}{RT} = \frac{(6.022\times 10^{23}\,\text{mol}^{-1})(0.80\,\text{bar})}{(0.083\,14\,\text{L bar K}^{-1}\,\text{mol}^{-1})(293\,\text{K})}$$
$$= 2.0\times 10^{22}\,\text{L}^{-1} = 2.0\times 10^{25}\,\text{m}^{-3}$$

である。平均の速さは，

$$\langle u\rangle = \left(\frac{8RT}{\pi M}\right)^{1/2} = \left[\frac{8(8.314\,\text{J K}^{-1})(293\,\text{K})}{\pi(0.028\,02\,\text{kg})}\right]^{1/2}$$
$$= 470\,\text{m s}^{-1}$$

である。表 27・3 から $\sigma_{N_2}=4.50\times 10^{-19}\,\text{m}^2$ なので，

$$Z_{N_2,N_2} = \frac{(4.50\times 10^{-19}\,\text{m}^2)(470\,\text{m s}^{-1})(2.0\times 10^{25}\,\text{m}^{-3})^2}{2^{1/2}}$$
$$= 6.0\times 10^{34}\,\text{s}^{-1}\,\text{m}^{-3} = 6.0\times 10^{28}\,\text{s}^{-1}\,\text{cm}^{-3}$$

となる。

27・7 気相化学反応の速度は相対運動エネルギーがある臨界値を超えた衝突の頻度に依存する

例題27・10で20 °C, 1 barにおける分子間の衝突の数を $6\times10^{28}\,\mathrm{s^{-1}\,cm^{-3}}$, すなわち約 $10^8\,\mathrm{mol\,dm^{-3}\,s^{-1}}$ と計算した. ここで気相化学反応, A＋B→生成物, を考える. 毎回の衝突で反応が起こるならば, 反応は $10^8\,\mathrm{mol\,dm^{-3}\,s^{-1}}$ という速さで進むはずで, 1 Lに含まれる1モルの反応物は $10^{-8}\,\mathrm{s}$ で消費されてしまう. これはたいていの化学反応の速さよりも速い. 30章で気相化学反応速度論を学ぶ際に行う仮定の一つに, 反応が起こるためには衝突する2分子の相対運動エネルギー[†]がある臨界値を超えなければならないとするものがある. したがって, 衝突の全頻度, 式(27・57)ではなく, 2分子の相対エネルギーがある臨界値を超える衝突の頻度を知らなければならない.

これを導くためには, 気体の分子と壁との衝突頻度についての式(27・46)から出発する. 分子と壁との衝突は気体の分子どうしの衝突とは違うと考えられるが, ある決まった時間内では, 速い分子ほど壁との衝突を起こしやすいという物理的な結果は, 分子どうしの衝突でも成立する. 速い分子ほど重要であることは図27・6に示したとおり, 数学的には $u^3 e^{-mu^2/2k_BT}$ という因子に現れている. 分子が動かない壁とではなく, 分子どうしで衝突するという事情は, m を換算質量 $\mu = m_A m_B/(m_A+m_B)$ で置き換えることで取入れることができる. したがって, 相対的速さが u_r と u_r+du_r の間にある分子AとBの衝突の単位体積当たりの頻度を, $u_r^3 e^{-\mu u_r^2/2k_BT}$ に比例するとする, すなわち,

$$dZ_{AB} \propto u_r^3 e^{-\mu u_r^2/2k_BT}\,du_r$$
$$= A u_r^3 e^{-\mu u_r^2/2k_BT}\,du_r \quad (27\cdot 59)$$

と書こう. ここで A は比例定数である. 式(27・59)は式(27・57)の微分形にすぎない. A を決めるには, 式(27・59)をすべての相対的速さについて積分したものが式(27・57)の Z_{AB} に等しいとおけばよい. したがって,

$$\sigma_{AB}\rho_A\rho_B\left(\frac{8k_BT}{\pi\mu}\right)^{1/2} = A\int_0^\infty u_r^3 e^{-\mu u_r^2/2k_BT}\,du_r$$
$$= 2A\left(\frac{k_BT}{\mu}\right)^2 \quad (27\cdot 60)$$

[†] 訳注: 2個の分子が衝突を起こすような相対的な運動をしているとき, 衝突の激しさを表すために "相対運動エネルギー" を考える. 一方の分子を原点に置いた相対座標(5・2節参照)で見たとき, 他方の分子の速さを u_r とすると, 相対運動エネルギーは $\varepsilon_r = \mu u_r^2/2$ で定義する. 衝突によって反応する場合には, これが反応に使えるエネルギーの上限を与える. 並進以外の運動の自由度(回転, 振動)を考慮しなければ, ε_r は衝突エネルギーと等しい.

と書く.この積分は表 27・2 に載っている.式(27・60)を A について解くと,

$$A = \sigma_{AB}\rho_A\rho_B\left(\frac{\mu}{k_BT}\right)^{3/2}\left(\frac{2}{\pi}\right)^{1/2}$$

が得られるので,式(27・59)は,

$$dZ_{AB} = \sigma_{AB}\rho_A\rho_B\left(\frac{\mu}{k_BT}\right)^{3/2}\left(\frac{2}{\pi}\right)^{1/2}e^{-\mu u_r^2/2k_BT}\,u_r^3\,du_r \qquad (27\cdot61)$$

となる.この式は相対的な速さが u_r と u_r+du_r の間にある分子 A と B の衝突の単位体積当たりの頻度を表している.この分布は u_r^3 という因子を含んでいて,高速の分子ほど頻繁に衝突することを表している.式(27・61)の因子,

$$\left(\frac{\mu}{k_BT}\right)^{3/2}\left(\frac{2}{\pi}\right)^{1/2}e^{-\mu u_r^2/2k_BT}\,u_r^3\,du_r$$

は 2 分子が u_r と u_r+du_r の間の相対的な速さをもつ確率,すなわち $F(u_r)du_r$ を表している.

例題 27・11 相対的な運動エネルギーがある臨界値 ε_c を超える衝突の単位体積当たりの頻度の式を導け.

解答: 式(27・61)から出発して変数を相対的な運動エネルギー $\varepsilon_r = \mu u_r^2/2$ に変換する.u_r について解いて,

$$u_r = (2\varepsilon_r/\mu)^{1/2} \qquad du_r = (1/2\mu\varepsilon_r)^{1/2}d\varepsilon_r$$

である.これを式(27・61)に代入すると,

$$dZ_{AB} = \sigma_{AB}\rho_A\rho_B\left(\frac{8}{\pi\mu}\right)^{1/2}\left(\frac{1}{k_BT}\right)^{3/2}\varepsilon_r e^{-\varepsilon_r/k_BT}d\varepsilon_r \qquad (27\cdot62)$$

が得られる.この式は衝突粒子の相対的な運動エネルギーが ε_r と $\varepsilon_r+d\varepsilon_r$ の間にある衝突の単位体積当たりの頻度を表している.

相対的な運動エネルギーがある臨界値 ε_c を超える衝突の単位体積当たりの頻度を求めるために,

$$\int_{\varepsilon_c}^{\infty}\varepsilon_r e^{-\varepsilon_r/k_BT}d\varepsilon_r = (k_BT)^2\left(1+\frac{\varepsilon_c}{k_BT}\right)e^{-\varepsilon_c/k_BT}$$

を用いて式(27・62)を ε_c から ∞ まで積分すると,

$$Z_{AB}(\varepsilon_r > \varepsilon_c) = \sigma_{AB}\rho_A\rho_B\left(\frac{8k_BT}{\pi\mu}\right)^{1/2}\left(1+\frac{\varepsilon_c}{k_BT}\right)e^{-\varepsilon_c/k_BT} \qquad (27\cdot63)$$

が得られる．この量はほとんど $e^{-\varepsilon_c/k_BT}$ に従って変化することに注意せよ．

問題

27·1 理想気体を仮定して 400 K における 1 モルのエタンの平均並進エネルギーを計算せよ．その結果を図 22·3 に与えられている 400 K のエタンの $\bar{U}^{\text{id}}$ と比較せよ．

27·2 200 K, 300 K, 500 K, 1000 K における窒素原子の根平均二乗速さを計算せよ．

27·3 気体の温度が 2 倍になったら分子の根平均二乗速さはどれだけ大きくなるか．

27·4 海面における空気中の音速は 20 °C で毎時 1239 km である．これを 20 °C における窒素分子と酸素分子の根平均二乗速さと比較せよ．

27·5 同じ温度において，根平均二乗速さが大きくなる順につぎの気体を並べよ．O_2, N_2, H_2O, CO_2, NO_2, $^{235}UF_6$, $^{238}UF_6$.

27·6 $H_2(g)$ と $I_2(g)$ の混合物を考える．反応混合物中の $H_2(g)$ 分子と $I_2(g)$ 分子の根平均二乗速さの比を計算せよ．

27·7 単原子理想気体中の音速は，

$$u_{\text{sound}} = \left(\frac{5RT}{3M}\right)^{1/2}$$

で与えられる．$u_{\text{rms}}/u_{\text{sound}}$ を求める式を導け．20 °C におけるアルゴン原子の根平均二乗速さを計算し，アルゴン中の音速と比較せよ．

27·8 25 °C のアルゴン中の音速を計算せよ．

27·9 多原子分子の理想気体中の音速は，

$$u_{\text{sound}} = \left(\frac{\gamma RT}{M}\right)^{1/2}$$

で与えられる．ここで $\gamma = C_P/C_V$ である．25 °C の窒素中の音速を計算せよ．

27·10 式(27·17)を用いて $\partial u/\partial u_x = u_x/u$ であることを証明せよ．

27·11 式(27·24)の γ が正の量でなければならないことを物理的に説明せよ．

27·12 式(27·33)を用いて，分子速度の x 成分がある範囲にある確率を計算することができる．例として，$-u_{x0} \leq u_x \leq u_{x0}$ である確率が，

$$\text{Prob}\{-u_{x0} \leq u_x \leq u_{x0}\} = \left(\frac{m}{2\pi k_B T}\right)^{1/2} \int_{-u_{x0}}^{u_{x0}} e^{-mu_x^2/2k_B T}\,du_x$$

$$= 2\left(\frac{m}{2\pi k_B T}\right)^{1/2} \int_{0}^{u_{x0}} e^{-mu_x^2/2k_B T}\,du_x$$

で与えられることを示せ．つぎに $mu_x^2/2k_B T = w^2$ とし，もっと見やすい式,

$$\text{Prob}\{-u_{x0} \leq u_x \leq u_{x0}\} = \frac{2}{\pi^{1/2}} \int_{0}^{w_0} e^{-w^2}\,dw$$

を導け．ここで $w_0 = (m/2k_B T)^{1/2} u_{x0}$ である．

上記の積分はこれまでに扱った関数を使ったのでは求めることができない．このため積分を，

$$\text{erf}(z) = \frac{2}{\pi^{1/2}} \int_{0}^{z} e^{-x^2}\,dx \tag{1}$$

で定義される**誤差関数**[1]) で表すのが普通である．誤差関数は定義の積分を数値積分して，z の関数として求めることができる．erf(z) の数値を示せば，

z	erf(z)	z	erf(z)
0.20	0.22270	1.20	0.91031
0.40	0.42839	1.40	0.95229
0.60	0.60386	1.60	0.97635
0.80	0.74210	1.80	0.98909
1.00	0.84270	2.00	0.99532

である．さて，

$$\text{Prob}\{-u_{x0} \leq u_x \leq u_{x0}\} = \text{erf}(w_0)$$

であることを示せ．$-(2k_B T/m)^{1/2} \leq u_x \leq (2k_B T/m)^{1/2}$ であるような確率を計算せよ．

27・13 問題 27・12 の結果を用いて，

$$\text{Prob}\{|u_x| \geq u_{x0}\} = 1 - \text{erf}(w_0)$$

であることを示せ．

27・14 問題 27・12 の結果を用いて，$\text{Prob}\{u_x \geq +(k_B T/m)^{1/2}\}$ および $\text{Prob}\{u_x \geq +(2k_B T/m)^{1/2}\}$ を計算せよ．

27・15 問題 27・12 の結果を用いて，$-u_{x0} \leq u_x \leq u_{x0}$ である確率を $u_{x0}/(2k_B T/m)^{1/2}$ に対してプロットせよ．

---

1) error function

27·16 シンプソンの公式か他の数値計算法によって，問題 27·12 に与えられた erf(z) の値を確かめよ．erf(z) を z に対してプロットせよ．

27·17 u_x の正の値の平均値を表す式を導け．

27·18 この問題では，地球表面のような物体からの粒子の**脱出速度**[1] を取扱う．物理学で学んだように，距離 r だけ離れた 2 個の質量 m_1 と m_2 のポテンシャルエネルギーは，

$$V(r) = -\frac{Gm_1m_2}{r}$$

で与えられる（クーロンの法則との類似性に注意）．ただし $G = 6.67 \times 10^{-11}$ J m kg^{-1} を万有引力定数という．質量 m の粒子が地表に垂直に速度 u をもつとする．地表から脱出するために粒子がもたなければならない最小速度（脱出速度）が，

$$u = \left(\frac{2GM_{\text{earth}}}{R_{\text{earth}}}\right)^{1/2}$$

で与えられることを示せ．地球の質量を $M_{\text{earth}} = 5.98 \times 10^{24}$ kg，平均半径を $R_{\text{earth}} = 6.36 \times 10^6$ m として，水素分子と窒素分子の脱出速度を計算せよ．それぞれの分子の平均の速さが脱出速度を超えるにはどれだけの温度でなければならないか．

27·19 前問の計算を月面について繰返せ．月の質量を 7.35×10^{22} kg，半径を 1.74×10^6 m とせよ．

27·20 式 (27·37) の分散が $\sigma^2 = \nu_0^2 k_B T / mc^2$ で与えられることを示せ．500 K のナトリウム原子の蒸気における 3p ^{2}P$_{3/2}$ から 3s ^{2}S$_{1/2}$ への遷移（図 8·4 参照，上巻）について σ を計算せよ．

27·21 二次元気体の速さの分布が，

$$F(u)\,du = \frac{m}{k_B T} u e^{-mu^2/2k_B T}\,du$$

で与えられることを示せ．（平面極座標の面積素片は $r\,dr\,d\theta$ である．）

27·22 前問の式を用いて，二次元気体について $\langle u \rangle$ と $\langle u^2 \rangle$ を表す式を導け．$\langle u^2 \rangle$ の結果を $\langle u_x^2 \rangle + \langle u_y^2 \rangle$ と比較せよ．

27·23 問題 27·21 の式を用いて，二次元気体について $u \geq u_0$ である確率を計算せよ．

27·24 分子が u_0 以下の速さをもつ確率が，

$$\text{Prob}\{u \leq u_0\} = \frac{4}{\pi^{1/2}} \int_0^{x_0} x^2 e^{-x^2}\,dx$$

で与えられることを示せ．ここで $x_0 = (m/2k_B T)^{1/2} u_0$ である．この積分は既知の単

---
[1] escape velocity

純な関数で表すことはできず，数値的に積分しなければならない．シンプソンの公式か他の数値計算法を用い，Prob $\{u \leq (2k_B T/m)^{1/2}\}$ を計算せよ．

27·25 シンプソンの公式か他の数値計算法を用い，Prob $\{u \leq u_0\}$ を $u_0/(m/2k_B T)^{1/2}$ に対してプロットせよ．(問題 27·24 参照)

27·26 気相中の分子の最も出現しやすい運動エネルギーはいくらか．

27·27 式(27·44)から $\sigma_\varepsilon^2 = \langle \varepsilon^2 \rangle - \langle \varepsilon \rangle^2$ を表す式を導け．$\sigma_\varepsilon/\langle \varepsilon \rangle$ を求めよ．これから ε のゆらぎについて何がいえるか．

27·28 微小な表面に衝突する分子の最も高い確率の速さと，気相中の分子の最も高い確率の速さを比較せよ．

27·29 式(27·48)を用いて，100 K，10^{-6} Torr のヘリウムについて単位面積当たりの衝突頻度を計算せよ．

27·30 微小な表面に衝突する1個の分子の平均の速さを計算せよ．これを全分子の平均の速さと比較するとどうか．

27·31 77 K，1 bar の窒素雰囲気に置かれた清浄表面の 1.0% が覆われるのにどれだけの時間がかかるか．表面に衝突したすべての窒素分子は表面に付着し，1個の窒素分子が 1.1×10^5 pm^2 の面積を覆うと仮定せよ．

27·32 25 °C，1 Torr においてメタン分子が 1 ms の間に 1.0 cm^2 の面に衝突する回数を計算せよ．

27·33 図 27·9 の速度選別器を考える．隣り合う円盤の間隔を h，回転数を ν(Hz 単位)，隣り合う円盤のスリットの間の角を θ(度単位)とする．速さ u で動いている分子が隣り合うスリットを通り抜けるための条件が，

$$u = \frac{360\nu h}{\theta}$$

となることを示せ．h と θ の典型的な値は 2 cm と 2° なので，$u = 3.6\nu$ である．ν を0から約 500 Hz まで変化させることによって，0から 1500 m s^{-1} 以上の速さを選ぶことができる．

27·34 下図は分子の速さの分布を決定するのに用いられた別の方法を示している．

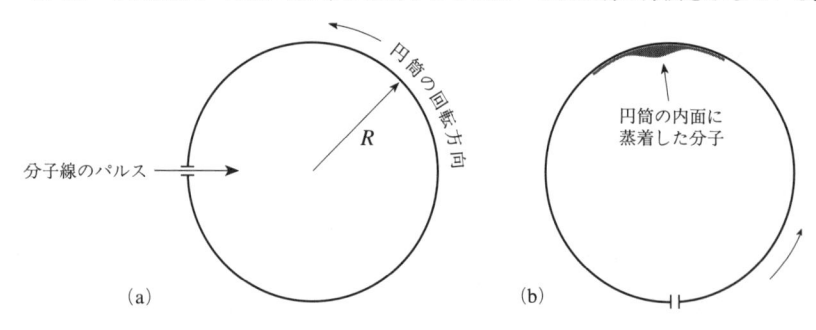

27. 気 体 運 動 論

熱い炉から発射された平行な分子パルスが回転している中空の円筒に入る．円筒の半径を R，毎秒の回転数を ν，入り口のスリットから内面まで分子が到着する間に円筒が回転した距離(円弧の長さ)を s とする．分子の速さを u とすると，

$$s = \frac{4\pi R^2 \nu}{u}$$

であることを示せ．
　式(27·46)を用い，炉から発射される分子の速さの分布が $u^3 e^{-mu^2/2k_B T} du$ に比例することを示せ．つぎに円筒の内面に衝突する分子の分布が，

$$I(s)\,ds = \frac{A}{s^5} e^{-m(4\pi R^2 \nu)^2/2k_B T s^2}\,ds$$

で与えられることを示せ．ここで A は比例定数である．$4\pi R^2 \nu / (2k_B T/m)^{1/2}$ のさまざまな場合(たとえば 0.1, 1, 3)について，I を s に対してプロットせよ．実験結果は定量的に上式で記述できる．

27·35　式(27·49)を用いて，25 °C，(a) 1 Torr と (b) 1 bar における 1 個の水素分子の衝突頻度を計算せよ．

27·36　300 K で(a) 1 Torr と (b) 1 bar ではキセノン原子の衝突と衝突の間の時間は平均でどれだけか．

27·37　25 °C, 1 bar において衝突なしに酸素分子が (a) 1.00×10^{-5} mm，(b) 1.00×10^{-3} mm，(c) 1.00 mm だけ運動する確率はどれだけか．

27·38　前問の計算を圧力 1 Torr で繰返せ．

27·39　高度 150 km では圧力は約 2×10^{-6} Torr，温度は約 500 K である．簡単のため空気がすべて窒素から成るとし，この条件における平均自由行程を計算せよ．平均の衝突頻度はいくらか．

27·40　下表は，いろいろな高度における地球の上層大気の圧力と温度である．

高度/km	P/mbar	T/K
20.0	56	220
40.0	3.2	260
60.0	0.28	260
80.0	0.013	180

簡単のため空気が窒素だけから成るとし，それぞれの条件における平均自由行程を計算せよ．

27·41　宇宙空間では平均温度 10 K で，水素原子の平均数密度は約 1 m^{-3} である．宇宙空間における水素原子の平均自由行程を計算せよ．水素原子の直径を 100 pm とせよ．

27・42 水素分子の平均自由行程が 20°C において 100 μm, 1.00 mm および 1.00 m になる圧力を計算せよ.

27・43 はじめ n_0 個の分子から成る分子線のうち, f だけの割合が散乱されてしまう距離 d を表す式を導け. d を f に対してプロットせよ.

27・44 問題 27・40 の条件における窒素分子と酸素分子の衝突の 1 dm^3 当たりの衝突頻度を計算せよ. ここでは分子の 80% が窒素分子であるとせよ.

27・45 式(27・58)を用い,

$$\langle u_r \rangle = (\langle u_A \rangle^2 + \langle u_B \rangle^2)^{1/2}$$

であることを示せ.

27・46 A と B の混合気体において, A と B の分子の衝突頻度を考察できるように式(27・49)の導出を変更せよ. そこから式(27・57)を直接導け.

27・47 10.0 dm^3 の容器に入った 300 K のメタン(分圧 P_{CH_4}=65.0 mbar)と窒素(P_{N_2}=30.0 mbar)の混合気体を考える. 前問で導いた式を用い, 1 個のメタン分子が窒素分子と衝突する頻度を計算せよ. 1 dm^3 当たりのメタン-窒素の衝突頻度も計算せよ.

27・48 気体中の分子の衝突の際の平均の相対運動エネルギーを計算せよ.

以下の 4 問では分子エフュージョン(噴散)を取扱う.

27・49 式(27・48)は, 気体の分子と容器の壁面の衝突頻度を与える式である. 壁に非常に小さな孔を開けたとする. 気体の平均自由行程が孔の大きさよりずっと大きいと, 孔に当たる分子は衝突することなしに容器から出てしまう. この場合, 分子は他の分子とは無関係に 1 個ずつ容器から出る. 孔を通る流出速度は十分小さいので, 内部の気体は影響を受けずほぼ平衡のままである. この過程を**分子エフュージョン(噴散)**[1]という. 式(27・48)を用いて分子エフュージョン速度を計算することができる. 式(27・48)を,

$$\text{エフュージョン流束} = \frac{P}{(2\pi m k_B T)^{1/2}} = \frac{N_A P}{(2\pi MRT)^{1/2}} \quad (1)$$

と表すことができることを示せ. ここで P は気体の圧力である. 気体が 25°C, 1 bar の場合に, 直径 0.010 mm の円形の孔から 1 s 当たりに噴散する窒素分子の数を計算せよ.

27・50 前問の式(1)を用いて, 非常に蒸気圧の低い物質の蒸気圧を求めることができる. これは, I. ラングミュア[2](General Electric 社で研究し, 1932 年, ノーベル化学賞を受賞した)が電球や真空管のタングステンフィラメントの研究で, 種々の温度

---

1) molecular effusion   2) Irving Langmuir

におけるタングステンの蒸気圧を決定するのに用いた方法である．彼は実験の開始時と終了時のタングステンフィラメントの質量を量ってエフュージョン速度を求めた．ラングミュアのこの実験は1913年ごろに行われたものであるが，そのデータは現在の"CRC Handbook of Chemistry and Physics"にも載っている．以下のデータを用いて各温度におけるタングステンの蒸気圧を求め，それからタングステンのモル蒸発エンタルピーを求めよ．

T/K	エフュージョン流束/g m^{-2} s^{-1}
1200	3.21×10^{-23}
1600	1.25×10^{-14}
2000	1.76×10^{-9}
2400	4.26×10^{-6}
2800	1.10×10^{-3}
3200	6.38×10^{-3}

27·51 水銀の蒸気圧を前問のエフュージョン法で決定することができる．0°Cにおいて，2.25時間に面積1.65 mm^{2}の孔から0.126 mgの水銀が噴散したとする．水銀の蒸気圧をTorr単位で求めよ．

27·52 問題27·49の式(1)を用いて，容器から噴散している理想気体の圧力の時間依存性の式を導くことができる．はじめに，

$$\text{エフュージョン速度} = -\frac{dN}{dt} = \frac{PA}{(2\pi m k_B T)^{1/2}}$$

であることを示せ．ここでNは噴散していく分子数，Aは孔の面積である．一定のTとVでは，

$$\frac{dN}{dt} = \frac{d}{dt}\left(\frac{PV}{k_B T}\right) = \frac{V}{k_B T}\frac{dP}{dt}$$

である．そこで，

$$P(t) = P(0)e^{-\alpha t}$$

であることを示せ．ただし$\alpha = (k_B T/2\pi m)^{1/2} A/V$である．気体の圧力は時間とともに指数関数的に減少する．

27·53 速度分布，

$$h(v_x, v_y, v_z) = \left(\frac{m}{2\pi k_B T}\right)^{3/2} \exp\left[-\frac{m}{2k_B T}\left\{(v_x-a)^2 + (v_y-b)^2 + (v_z-c)^2\right\}\right]$$

はどのように解釈できるか．

S. アレニウス (Svante August Arrhenius) は1859年2月19日，スウェーデンのウプサラに近いヴァイクで生まれ，1927年に没した．反応速度定数の温度依存性を活性化エネルギーを使って表すアレニウスの式によって，彼の名前はすべての物理化学の教科書に出ている．しかし，もっと有名なのは弱電解質溶液の性質に関する研究である．1884年，電解質溶液の理論に関する博士論文によって彼はウプサラ大学で学位を得た．この学位論文の研究は議論をよび，ただちには受け入れられなかった．このため，実のところ，彼はかろうじて学位を手に入れたのであった．留学のための奨学金を得てヨーロッパでオストワルド，ボルツマンあるいはファント ホッフのもとで5年間学ぶことができた．帰国しても学位論文をめぐる論争のため，大学で職を得ることができず，ストックホルムの工業高校の教師になった．2年後，敵意に満ちた委員会の口頭試問に耐えて，彼はストックホルム大学の教授に昇進した．オストワルドとファント ホッフは，アレニウスの論文"水溶液中における物質の解離について"を彼らの編集する雑誌 *Zeitschrift für Physikalische Chemie* の創刊号に掲載して，彼の研究が認められるのに決定的な役割を果たした．1904年，アレニウスは新設されたストックホルムのノーベル物理学研究所の初代所長になった．1903年，"解離の電解質理論"によってノーベル化学賞を受賞した．

28章

反応速度論 I：反応速度式

　この章から，化学反応速度論という物理化学の分野の学習をする．化学反応速度論についての説明の進め方は，量子力学や熱力学の場合とは異なっている．量子力学の場合には少数の仮説から議論をはじめたし，古典熱力学はたった三つの法則をもとにして組立てられている．できることなら，反応速度論も少数の非常に単純な原理からはじめるところであるが，残念ながらこれはまだ不可能である．これが統一原理であるといえるほどに反応速度論は成熟しておらず，そのような原理を探求することがこの分野で新しい研究への刺激になっている．

　現在，化学反応がどのように起きるかについて多くの理論モデルが存在する．どれも完全ではないが，どれもが利点をもっている．あるものは化学反応が微視的にどのような起き方をするかについて説明する．このような状況のため，反応速度論では異なる考え方や，場合によっては，一見関係のなさそうな概念にも慣れ親しむ必要がある．このことは，対象についてもっと基本的な理解を得るためにさらに研究が必要な分野に共通の事情である．

　この章では反応速度論についての現象論的概念を説明する．化学反応進行中の反応物と生成物の濃度の時間依存性が，反応速度式という微分方程式で表されることを説明する．反応速度式によって速度定数を定義することができる．速度定数は化学反応の動力学を記述するのに用いられる最も重要な量の一つである．また，反応速度式は実験データから決定されることを説明し，反応速度式を決定するために用いる実験法を数種解説する．数例の反応速度式を検討し，どのようにしてそれを積分して濃度の時間依存性の式を得るかを示す．最後に速度定数が温度に依存すること，これを数学的にどのように表すかを説明する．

28・1 化学反応の時間依存性は反応速度式で表される

反応式,

$$\nu_A A + \nu_B B \longrightarrow \nu_Y Y + \nu_Z Z \tag{28・1}$$

で記述される一般的な反応を考える。26 章で反応進行度 ξ を,

$$\begin{aligned} n_A(t) &= n_A(0) - \nu_A \xi(t) & n_B(t) &= n_B(0) - \nu_B \xi(t) \\ n_Y(t) &= n_Y(0) + \nu_Y \xi(t) & n_Z(t) &= n_Z(0) + \nu_Z \xi(t) \end{aligned} \tag{28・2}$$

となるように定義した。ここで $n_j(0)$ は n_j の初期値である。反応進行度 ξ は mol を使った単位で表され,反応した量を釣り合った化学方程式で指定される化学量論と関係づけている。それで,$n_j(t)$ の時間変化は,

$$\begin{aligned} \frac{dn_A(t)}{dt} &= -\nu_A \frac{d\xi(t)}{dt} & \frac{dn_B(t)}{dt} &= -\nu_B \frac{d\xi(t)}{dt} \\ \frac{dn_Y(t)}{dt} &= \nu_Y \frac{d\xi(t)}{dt} & \frac{dn_Z(t)}{dt} &= \nu_Z \frac{d\xi(t)}{dt} \end{aligned} \tag{28・3}$$

で与えられる。ほとんどの実験法では濃度を時間の関数として測定する。系の体積 V が一定ならば,式(28・3)を V で割れば,時間に依存した濃度の式,

$$\begin{aligned} \frac{1}{V}\frac{dn_A(t)}{dt} &= \frac{d[A]}{dt} = -\nu_A \frac{d\xi(t)}{V\,dt} & \frac{1}{V}\frac{dn_B(t)}{dt} &= \frac{d[B]}{dt} = -\nu_B \frac{d\xi(t)}{V\,dt} \\ \frac{1}{V}\frac{dn_Y(t)}{dt} &= \frac{d[Y]}{dt} = \nu_Y \frac{d\xi(t)}{V\,dt} & \frac{1}{V}\frac{dn_Z(t)}{dt} &= \frac{d[Z]}{dt} = \nu_Z \frac{d\xi(t)}{V\,dt} \end{aligned} \tag{28・4}$$

が得られる。ここでたとえば,$[A]$ は $n_A(t)/V$ に等しい。上式を使って**反応速度**[1],$v(t)$ を,

$$v(t) = -\frac{1}{\nu_A}\frac{d[A]}{dt} = -\frac{1}{\nu_B}\frac{d[B]}{dt} = \frac{1}{\nu_Y}\frac{d[Y]}{dt} = \frac{1}{\nu_Z}\frac{d[Z]}{dt} = \frac{1}{V}\frac{d\xi}{dt} \tag{28・5}$$

により定義する。式(28・5)の量はすべて正である。たとえば,

$$2NO(g) + O_2(g) \longrightarrow 2NO_2(g) \tag{28・6}$$

の反応速度は,

$$v(t) = -\frac{1}{2}\frac{d[NO]}{dt} = -\frac{d[O_2]}{dt} = \frac{1}{2}\frac{d[NO_2]}{dt} \tag{28・7}$$

で与えられる。

---

[1] rate of reaction

28. 反応速度論 I: 反応速度式

ほとんどの化学反応では，$v(t)$ は時刻 t において存在する種々の化学種の濃度と関係している．$v(t)$ と濃度の関係を**反応速度式**[1]という．反応速度式は実験によって決めなければならないもので，一般には，釣り合った化学反応式から導くことはできない．たとえば，実験によれば一酸化窒素と酸素から二酸化窒素ができる反応式(28・6)は反応速度式，

$$v(t) = k[\mathrm{NO}]^2[\mathrm{O}_2] \tag{28・8}$$

に従う．ここで k は定数である．式(28・8)は速度が $[\mathrm{NO}]^2[\mathrm{O}_2]$ に比例することを示している．比例定数 k をこの反応の**速度定数**[2]という．この反応速度式では，速度は2種の反応物の濃度に対して異なる依存性をもつ．酸素の濃度を2倍にすると反応速度も2倍になるが，一酸化窒素の濃度を2倍にすると反応速度は4倍になる．

反応速度式はしばしば，

$$v(t) = k[\mathrm{A}]^{m_\mathrm{A}}[\mathrm{B}]^{m_\mathrm{B}}\cdots \tag{28・9}$$

という形をもつ．ここで [A], [B], … はいろいろな反応物の濃度であり，指数(**次数**[3])$m_\mathrm{A}, m_\mathrm{B}, \cdots$ は定数である(表28・1参照)．式(28・9)の反応速度式を A について m_A

表 28・1 気相化学反応の例とそれに対する反応速度式

化学反応	反応速度式
$\mathrm{H}_2(\mathrm{g}) + \mathrm{I}_2(\mathrm{g}) \rightarrow 2\,\mathrm{HI}(\mathrm{g})$	$v = k[\mathrm{H}_2][\mathrm{I}_2]$
$2\,\mathrm{NO}(\mathrm{g}) + \mathrm{O}_2(\mathrm{g}) \rightarrow 2\,\mathrm{NO}_2(\mathrm{g})$	$v = k[\mathrm{NO}]^2[\mathrm{O}_2]$
$\mathrm{CH}_3\mathrm{CHO}(\mathrm{g}) \rightarrow \mathrm{CH}_4(\mathrm{g}) + \mathrm{CO}(\mathrm{g})$	$v = k[\mathrm{CH}_3\mathrm{CHO}]^{3/2}$
$\mathrm{NO}_2(\mathrm{g}) + \mathrm{CO}(\mathrm{g}) \rightarrow \mathrm{CO}_2(\mathrm{g}) + \mathrm{NO}(\mathrm{g})$	$v = k[\mathrm{NO}_2]^2$
$\mathrm{Cl}_2(\mathrm{g}) + \mathrm{CO}(\mathrm{g}) \rightarrow \mathrm{Cl}_2\mathrm{CO}(\mathrm{g})$	$v = k[\mathrm{Cl}_2]^{3/2}[\mathrm{CO}]$
$2\,\mathrm{NO}(\mathrm{g}) + 2\,\mathrm{H}_2(\mathrm{g}) \rightarrow \mathrm{N}_2(\mathrm{g}) + 2\,\mathrm{H}_2\mathrm{O}(\mathrm{g})$	$v = k[\mathrm{NO}]^2[\mathrm{H}_2]$

次，B について m_B 次などという．たとえば，式(28・8)で与えられる反応速度式は，NO について2次，O_2 について1次であり，表28・1の3番目の反応では $\mathrm{CH}_3\mathrm{CHO}$ について 3/2 次である．表28・1の反応の多くで，反応物の次数が釣り合った反応方程式の化学量論係数と異なっているが，これはしばしば見られることである．表28・1の例はすべて気相化学反応であるが，反応速度式という考え方は，反応物，生成物，媒質の相によらず，すべての反応にあてはまる．反応速度式を式(28・9)のように

---

[1] rate law　[2] rate constant　[3] order

書くことができるとき，指数の和をしばしば化学反応の全次数という．たとえば，式 (28·8) の反応速度式の全反応次数は 3 である．

速度定数の単位は反応速度式の形に依存する．表 28·2 に反応速度式，全次数および反応速度定数の単位の例を示す．

表 28·2 いろいろな反応速度式の速度定数 k の次数と単位

反応速度式	次数	k の単位
$v=k$	0	$dm^{-3}\,mol\,s^{-1}$
$v=k[A]$	1	s^{-1}
$v=k[A]^2$	2	$dm^3\,mol^{-1}\,s^{-1}$
$v=k[A][B]$	[A]について 1	
	[B]について 1	
	全体として 2	$dm^3\,mol^{-1}\,s^{-1}$
$v=k[A]^{1/2}$	1/2	$dm^{-3/2}\,mol^{1/2}\,s^{-1}$
$v=k[A][B]^{1/2}$	[A]について 1	
	[B]について 1/2	
	全体として 3/2	$dm^{3/2}\,mol^{-1/2}\,s^{-1}$

例題 28·1 濃度の標準的な SI 単位は $mol\,dm^{-3}$ である．しかし，文献では，溶液中の反応について $mol\,L^{-1}$，あるいは気相反応について 分子・cm^{-3} という単位を使っているものもある．リットルは dm^3 と同等なので，$mol\,L^{-1}$ は $mol\,dm^{-3}$ と同じである．分子・cm^{-3} という古い単位はどのように SI 単位に変換されるか．

解答: 1 分子・cm^{-3} は，

$$(1\,\text{分子}\cdot cm^{-3})\left(\frac{1}{6.022\times 10^{23}\,\text{分子}\cdot mol^{-1}}\right)\left(\frac{10\,cm}{dm}\right)^3 = 1.661\times 10^{-21}\,mol\,dm^{-3}$$

に対応する．したがって，たとえば 2.00×10^{20} 分子・cm^{-3} は，

$$(2.00\times 10^{20}\,\text{分子}\cdot cm^{-3})\left(\frac{1.661\times 10^{-21}\,mol\,dm^{-3}}{1\,\text{分子}\cdot cm^{-3}}\right) = 0.332\,mol\,dm^{-3}$$

になる．

反応速度式を式 (28·9) の形で書くことができないものも多い．たとえば反応，

の反応速度式は，

$$H_2(g) + Br_2(g) \longrightarrow 2HBr(g) \tag{28.10}$$

$$v(t) = \frac{k'[H_2][Br_2]^{1/2}}{1 + k''[HBr][Br_2]^{-1}} \tag{28.11}$$

である．ここで k' と k'' は定数である．この場合には反応次数という考え方は意味をもたない．このような複雑な反応速度式は，化学反応が多段階過程で起きていることを示していることを 29 章で説明する．

28·2 反応速度式は実験で決めなければならない

化学者が反応速度式を求めるのに用いる 2 種の実験法をこの節で説明する．説明のため一般の化学反応式，式(28·1)を考え，その反応速度式が，

$$v = k[A]^{m_A}[B]^{m_B} \tag{28.12}$$

で与えられるものと仮定する．反応次数 m_A と m_B が既知ならば，反応速度を濃度の関数として測定すれば速度定数 k を決定することができるはずである．そうすると，問題は m_A と m_B の値をいかにして決定するかである．

反応開始時の反応混合物に大過剰の A が含まれているとする．この場合，A の濃度は反応が進行してもほぼ一定である．したがって，式(28·12)は，

$$v = k'[B]^{m_B} \tag{28.13}$$

と簡略化できる．ここで $k' = k[A]^{m_A}$ は定数である．[B] の関数として速度を測れば B についての次数を決定することができる．この場合に必要なことは A が常に大過剰で k' が一定であることだけである．同様に，開始時に B が大過剰で存在すれば，式(28·12)は，

$$v = k''[A]^{m_A} \tag{28.14}$$

と簡略化できる．ここで $k'' = k[B]^{m_B}$ は定数である．[A] の関数として速度を測れば A についての次数を決定することができる．この方法を**孤立化法**[1]という．この方法は 3 種以上の反応物を含む反応にも拡張できる．

ある反応物を過剰にすることができない場合もある．それでも種々の反応物についての次数を決定しなければならないが，孤立化法を使うことはできない．理想論としては，[A] と [B] の種々の濃度について速度 $d[A]/dt$ を数多く測定すれば，データを式(28·12)に直接あてはめることによって各反応物についての次数と速度定数を決

---

[1] method of isolation

定できるはずであるが,残念ながら微分 $d[A]/dt$ を測定することはできない.しかし,有限の時間 Δt での濃度変化は測定できる.いい換えれば $\Delta[A]/\Delta t$ は測定できる.こうして得られた値を反応速度に等しいと考えれば,

$$v = -\frac{d[A]}{\nu_A dt} \approx -\frac{\Delta[A]}{\nu_A \Delta t} = k[A]^{m_A}[B]^{m_B} \qquad (28\cdot 15)$$

である.$d[A]/dt$ を $\Delta[A]/\Delta t$ で近似するのは測定の間隔が短くなるほど正確になり,$\Delta t \to 0$ の極限では厳密である(微分の定義).A の初期濃度 $[A]_0$ を同じにして,B の初期濃度を変えて $t=0$ から $t=t$ までの初期速度を 2 回測定した場合を考える.これら 2 種の初期条件について反応速度は,

$$v_1 = -\frac{1}{\nu_A}\left(\frac{\Delta[A]}{\Delta t}\right)_1 = k[A]_0^{m_A}[B]_1^{m_B} \qquad (28\cdot 16)$$

および

$$v_2 = -\frac{1}{\nu_A}\left(\frac{\Delta[A]}{\Delta t}\right)_2 = k[A]_0^{m_A}[B]_2^{m_B} \qquad (28\cdot 17)$$

になる.ここで添字 1 と 2 は,[B] の異なる初期濃度で行った実験を区別するためである.式 $(28\cdot 16)$ を式 $(28\cdot 17)$ で割って両辺の対数をとり,m_B について解くと,

$$m_B = \frac{\ln \dfrac{v_1}{v_2}}{\ln \dfrac{[B]_1}{[B]_2}} \qquad (28\cdot 18)$$

が得られる.[B] を一定にして A の初期濃度を変化させれば,次数 m_A が同様に決定できることは明らかである.反応次数を決定するこの方法を**初期速度法**[1] という.

例題 28·2 反応,

$$2NO_2(g) + F_2(g) \longrightarrow 2NO_2F(g)$$

についての以下の初期速度データがある.

回	$[NO_2]_0$/mol dm^{-3}	$[F_2]_0$/mol dm^{-3}	v_0/mol dm^{-3} s^{-1}
1	1.15	1.15	6.12×10^{-4}
2	1.72	1.15	1.36×10^{-3}
3	1.15	2.30	1.22×10^{-3}

---

1) method of initial rate

ここで $[NO_2]_0$ と $[F_2]_0$ はそれぞれ $NO_2(g)$ と $F_2(g)$ の初期濃度, v_0 は初期速度である. 反応速度式と速度定数の値を求めよ.

解答: 反応速度式が,

$$v = k[NO_2]^{m_{NO_2}}[F_2]^{m_{F_2}}$$

という形をもつと仮定する. 初期速度法を使うには, 測定された初期速度が初期濃度における反応速度式で与えられると仮定する. すなわち,

$$v_0 = k[NO_2]_0^{m_{NO_2}}[F_2]_0^{m_{F_2}} \tag{1}$$

である. m_{F_2} を決定するためには, NO_2 の初期濃度 $[NO_2]_0$ を一定にしておいて F_2 の初期濃度 $[F_2]_0$ を変化させる. 表の1回目と3回目の測定からこのような実験の結果が得られる. 式(28·18)を使うと,

$$m_{F_2} = \frac{\ln \dfrac{6.12 \times 10^{-4}\,\text{mol dm}^{-3}\,\text{s}^{-1}}{1.22 \times 10^{-3}\,\text{mol dm}^{-3}\,\text{s}^{-1}}}{\ln \dfrac{1.15\,\text{mol dm}^{-3}}{2.30\,\text{mol dm}^{-3}}} = \frac{-0.690}{-0.693} = 0.996$$

である. m_{NO_2} を決定するためには一定の $[F_2]_0$ で $[NO_2]_0$ を変化させる2回の実験を行う. 表の1回目と2回目の実験はこの条件にかなっている. 式(28·18)と類似の式を使って,

$$m_{NO_2} = \frac{\ln \dfrac{1.36 \times 10^{-3}\,\text{mol dm}^{-3}\,\text{s}^{-1}}{6.12 \times 10^{-4}\,\text{mol dm}^{-3}\,\text{s}^{-1}}}{\ln \dfrac{1.72\,\text{mol dm}^{-3}}{1.15\,\text{mol dm}^{-3}}} = \frac{0.799}{0.403} = 1.98$$

であることがわかる. 次数が整数であると仮定すると, 反応速度式は,

$$v = k[NO_2]^2[F_2]^1$$

になる. 式(1)を速度定数について解くと,

$$k = \frac{v_0}{[NO_2]_0^2 [F_2]_0^1}$$

となる. 表の1回目のデータを使うと,

$$k = \frac{6.12 \times 10^{-4}\,\text{mol dm}^{-3}\,\text{s}^{-1}}{(1.15\,\text{mol dm}^{-3})^2 (1.15\,\text{mol dm}^{-3})} = 4.02 \times 10^{-4}\,\text{dm}^6\,\text{mol}^{-2}\,\text{s}^{-1}$$

が得られる. あとの二つのデータセットからは $4.00 \times 10^{-4}\,\text{dm}^6\,\text{mol}^{-2}\,\text{s}^{-1}$ および $4.01 \times 10^{-4}\,\text{dm}^6\,\text{mol}^{-2}\,\text{s}^{-1}$ が得られる. 3組のデータについての平均の速度定数は $4.01 \times 10^{-4}\,\text{dm}^6\,\text{mol}^{-2}\,\text{s}^{-1}$ である.

孤立化法を使うにせよ初期速度法を使うにせよ，反応物は任意の比率で混合でき，反応速度が測定できると暗黙のうちに仮定している．実験室では二つの溶液は約 1 ms 以内に完全に混合することができる．しかし，多くの反応では反応物を混合するのに要する時間は反応過程自体の時間に比べて長く，本節で説明したどちらの方法を用いても反応速度式や速度定数を決定できない．高速反応の研究には別の実験方法を用いなければならない．高速の反応の研究に用いられる緩和法という実験法を 28・6 節で説明する．しかし，まず反応速度式についてさらに調べる必要がある．

28・3　1 次反応の反応物濃度は時間とともに指数関数的に減衰する

反応，

$$A + B \longrightarrow 生成物 \tag{28・19}$$

を考える．ここで A と B は反応物である．この化学反応式からは反応速度式について何もわからない．反応速度式が [A] について 1 次であると仮定しよう．すると，

$$v(t) = -\frac{d[A]}{dt} = k[A] \tag{28・20}$$

である．$t = 0$ で A の濃度が $[A]_0$ で，時刻 t で [A] であれば，この式は積分できて，

$$\ln\frac{[A]}{[A]_0} = -kt \tag{28・21}$$

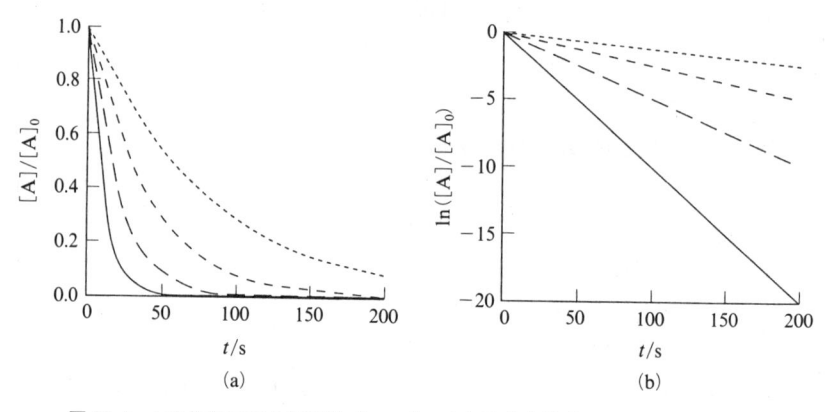

図 28・1　1 次化学反応の速度論プロット．(a) 速度定数 k が $0.0125\,\text{s}^{-1}$(----)，$0.0250\,\text{s}^{-1}$(---)，$0.0500\,\text{s}^{-1}$(--)，$0.100\,\text{s}^{-1}$(——) の場合に，[A] を時間の関数としてプロットしたもの．(b) (a) の曲線を，ln [A] を t に対してプロットしたもの．直線の勾配が $-k$ である (式 28・23 参照)．

すなわち,

$$[A] = [A]_0 e^{-kt} \tag{28・22}$$

になる. 式(28・22)は[A]が, 初期値[A]$_0$から0に向かって時間とともに指数関数的に減衰することを示している(図28・1a参照). 式(28・21)を変形すると,

$$\ln[A] = \ln[A]_0 - kt \tag{28・23}$$

が得られる. これは, $\ln[A]$をtに対してプロットすると, 勾配$-k$, 切片$\ln[A]_0$の直線が得られることを示している(図28・1b参照).

化学反応,

$$N_2O_5(g) \longrightarrow 2NO_2(g) + \frac{1}{2}O_2(g)$$

は1次反応速度式,

$$v(t) = -\frac{d[N_2O_5]}{dt} = k[N_2O_5]$$

に従う. 表28・3は, この反応について318Kで時間の関数として測定されたN$_2$O$_5$(g)の濃度である. 図28・2は$\ln[N_2O_5]$の時間に対するプロットである. 1次反応(式28・23)の場合に期待されるとおりプロットは直線である. 図28・2の直線の傾きから速度定数として $k = 3.04 \times 10^{-2}\,\mathrm{min^{-1}}$ が得られる.

表 28・3 318Kでの反応 $N_2O_5(g) \longrightarrow 2NO_2(g) + \frac{1}{2}O_2(g)$ における[N$_2$O$_5$]および$\ln[N_2O_5]$の時間変化

t/min	[N$_2$O$_5$]/10^{-2} mol dm^{-3}	$\ln([N_2O_5]/\mathrm{mol\,dm^{-3}})$
0	1.24	-4.39
10	0.92	-4.69
20	0.68	-4.99
30	0.50	-5.30
40	0.37	-5.60
50	0.28	-5.88
60	0.20	-6.21
70	0.15	-6.50
80	0.11	-6.81
90	0.08	-7.13
100	0.06	-7.42

反応物の半分が失われるまでにかかる時間を反応の**半減期**[1]といい，$t_{1/2}$ と表す．ここで考えている 1 次反応については，式(28·21)を用いて速度定数 k と半減期 $t_{1/2}$ との関係を求めることができる．$t=t_{1/2}$ では A の濃度は $[A]_0/2$ に等しい．これを式(28·21)に代入すると，

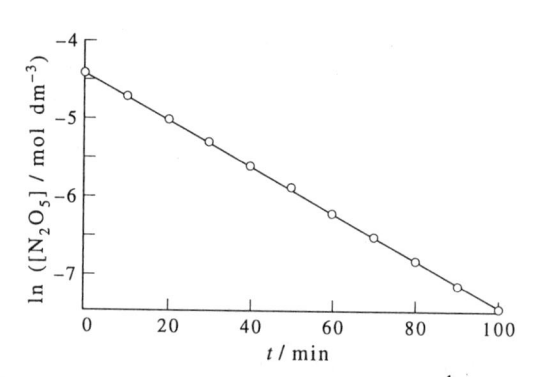

$$\ln \frac{1}{2} = -kt_{1/2}$$

図 28·2 318 K での反応 $N_2O_5(g) \longrightarrow 2NO_2(g) + \frac{1}{2}O_2(g)$ における $\ln [N_2O_5]$ を時間に対してプロットしたもの．1 次の反応速度式から予想されるとおりプロットは直線である．プロットの勾配から $k=3.04\times10^{-2}\ \mathrm{min}^{-1}$ が得られる．プロットしたデータは表 28·3 のもの．

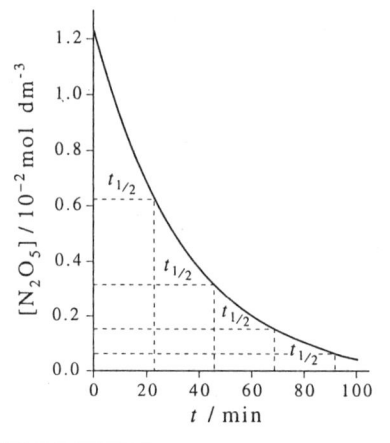

図 28·3 318 K での反応 $N_2O_5(g) \longrightarrow 2NO_2(g) + \frac{1}{2}O_2(g)$ における $[N_2O_5]$ を時間に対してプロットしたもの．実線は表 28·3 のデータに式(28·22)を合わせた結果．反応の半減期(23 min)ごとの N_2O_5 の濃度も示してある．

---

1) half-life

すなわち,

$$t_{1/2} = \frac{\ln 2}{k} = \frac{0.693}{k} \tag{28・24}$$

であることがわかる. 1 次反応の半減期は反応物の初期量 $[A]_0$ に無関係である. 図 28・3 は $[N_2O_5]$ を時間の関数としてプロットしたものである. ここでは半減期ごとの $[N_2O_5]$ の値も示してある.

1 次反応速度式を示す気相化学反応の例を実測の速度定数とともに表 28・4 に示してある. これらのすべての反応について反応物濃度の時間依存性は式(28・22)で表されるが, 速度定数の大きさは反応によって何桁も異なる. このように, 反応速度式の形は速度定数の大きさについて何の情報も与えてくれない.

表 28・4 いろいろな 1 次の気相化学反応の 500 K と 700 K における反応速度定数

反　　応	k/s^{-1}(500 K)	k/s^{-1}(700 K)
異性化		
シクロプロパン → プロペン	7.85×10^{-14}	1.13×10^{-5}
シクロプロペン → プロピン	5.67×10^{-4}	13.5
シス-2-ブテン → トランス-2-ブテン	2.20×10^{-14}	1.50×10^{-6}
$CH_3NC \to CH_3CN$	6.19×10^{-4}	38.5
ビニルアリルエーテル → 4-ペンテナール	2.17×10^{-2}	141
分　解		
シクロブタン → 2-エテン	1.77×10^{-12}	1.12×10^{-4}
エチレンオキシド → CH_3CHO, CH_2O, CH_2CO	1.79×10^{-11}	2.19×10^{-4}
フッ化エチル → $HF +$ エテン	1.57×10^{-13}	4.68×10^{-6}
塩化エチル → $HCl +$ エテン	3.36×10^{-12}	6.20×10^{-5}
臭化エチル → $HBr +$ エテン	8.06×10^{-11}	4.32×10^{-4}
ヨウ化エチル → $HI +$ エテン	1.07×10^{-9}	4.06×10^{-3}
イソプロピルエーテル → プロペン + イソプロパノール	6.76×10^{-14}	5.44×10^{-3}

例題 28・3　反応,

$$N_2O_2(g) \longrightarrow 2NO(g)$$

の反応速度式は $N_2O_2(g)$ の濃度について 1 次である. 生成物濃度 [NO] の時間依存性を表す式を導け.

　解答:　NO の生成速度は反応速度式,

$$v = \frac{1}{2}\frac{d[NO]}{dt} = k[N_2O_2] \qquad (1)$$

で与えられる．N_2O_2 の分解の反応速度式は 1 次なので，$[N_2O_2]$ を表すのに式 (28・22) を使うことができる．これを使って式 (1) を書き直すと，

$$\frac{d[NO]}{dt} = 2k[N_2O_2]_0 e^{-kt}$$

となる．時間と濃度の変数を分離すると，

$$d[NO] = 2k[N_2O_2]_0 e^{-kt}\, dt$$

が得られる．$[N_2O_2]_0$ が定数であることに注意して，$[NO]$ を $[NO]_0 = 0$ から $[NO]$ まで，時間について 0 から t まで積分すると，

$$[NO] = 2[N_2O_2]_0(1 - e^{-kt})$$

が得られる．

28・4 反応次数の異なる反応速度式では反応物濃度の時間依存性が異なると予想される

1 次でない反応速度式では濃度の時間依存性はどのようなものであろうか．その場合でも反応物濃度は時間とともに指数関数的に減衰するだろうか．反応物濃度が反応次数に関係なく指数関数的に減衰するならば，時間の関数として濃度を測定しても反応次数について何もわからないことになる．一方，反応次数が異なる場合に反応物濃度の時間依存性の関数形が異なるならば，原理的には，初期濃度の関数として反応速度を実験で決定することによって反応次数についての情報を導くことができる．

反応式，

$$A + B \longrightarrow 生成物 \qquad (28 \cdot 25)$$

を考える．実験データから反応速度式が，

$$-\frac{d[A]}{dt} = k[A]^2 \qquad (28 \cdot 26)$$

であったとする．式 (28・26) から $[A]$ を求める式を導きたい．濃度と時間を変数分離し，$t = 0$ における A の初期濃度を $[A]_0$，それから t だけ後では $[A]$ であると仮定して積分すると，

28. 反応速度論 I: 反応速度式

$$\frac{1}{[A]} = \frac{1}{[A]_0} + kt \tag{28.27}$$

が得られる．この結果によれば，2次反応では $1/[A]$ を t に対してプロットすると，勾配が k，切片が $1/[A]_0$ の直線が得られる．

反応，

$$NOBr(g) \longrightarrow NO(g) + \frac{1}{2}Br_2(g)$$

は反応速度式，

表 28·5 反応 $NOBr(g) \longrightarrow NO(g) + \frac{1}{2}Br_2(g)$ の速度論データ

t/s	$[NOBr]/\mathrm{mol\,dm^{-3}}$	$[NOBr]^{-1}/\mathrm{mol^{-1}\,dm^3}$
0	0.0250	40.0
6.2	0.0191	52.3
10.8	0.0162	61.7
14.7	0.0144	69.9
20.0	0.0125	80.0
24.6	0.0112	89.3

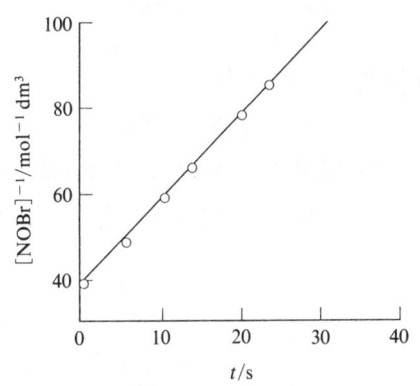

図 28·4 反応 $NOBr(g) \longrightarrow NO(g) + \frac{1}{2}Br_2(g)$ について，$1/[NOBr]$ を時間に対してプロットした図．実験データは表 28·5 に与えられている．$1/[NOBr]$ が時間に対して直線的に依存していることは2次の反応速度式，式(28·27)と合っている．直線の勾配から求められる速度定数の値は $2.01\,\mathrm{dm^3\,mol^{-1}\,s^{-1}}$ である．

に従うことがわかっている．表28・5はNOBr(g)の濃度の時間依存性であり，図28・4は1/[NOBr]の時間に対するプロットである．このグラフは，式(28・27)から予想されるように，1/[NOBr]が時間に対し直線的に変化することを示している．直線の勾配から求められた速度定数の値は $2.01\ \mathrm{dm^3\,mol^{-1}\,s^{-1}}$ である．

つぎの例題は，積分型の反応速度式からの予想と孤立化法を組合わせることによって，反応速度式を見いだす方法を示すものである．

$$v = k[\mathrm{NOBr}]^2$$

例題 28・4　二硫化炭素とオゾンの反応,

$$\mathrm{CS_2(g) + 2O_3(g) \longrightarrow CO_2(g) + 2SO_2(g)}$$

を大過剰の $\mathrm{CS_2}$ を用いて研究した．次表はオゾンの圧力を時間の関数として示したものである．この反応はオゾンについて1次か2次か．

時間/s	オゾンの圧力/Torr
0	1.76
30	1.04
60	0.79
120	0.52
180	0.37
240	0.29

解答：まず反応速度式が一般的な形,

$$v = k[\mathrm{CS_2}]^{m_{\mathrm{CS_2}}}[\mathrm{O_3}]^{m_{\mathrm{O_3}}}$$

をもつと仮定する．$\mathrm{CS_2}$ は過剰に存在するので，$[\mathrm{CS_2}]$ はほとんど一定で，

$$v = k'[\mathrm{O_3}]^{m_{\mathrm{O_3}}} \propto P_{\mathrm{O_3}}^{m_{\mathrm{O_3}}}$$

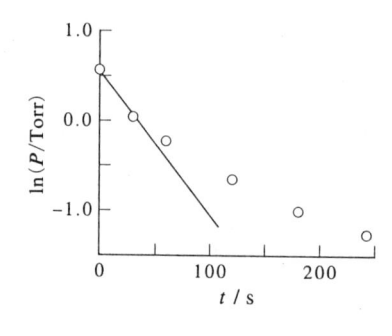

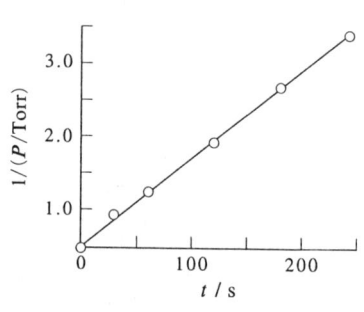

と書くことができる(孤立化法). 28・3節で説明したように, $m_{O_3}=1$(1次)ならば, $\ln P_{O_3}$ の時間に対するプロットは直線である. $m_{O_3}=2$(2次)ならば, $1/P_{O_3}$ の時間に対するプロットは直線である. これら2種類のプロットは図のとおりである. $\ln P_{O_3}$ の時間に対するプロットは直線でないが, $1/P_{O_3}$ の時間に対するプロットは直線である. したがって, この反応はオゾンの濃度について2次である.

2次反応の半減期を式(28・27)から求めることができる. $t=t_{1/2}$, $[\mathrm{A}]_{t_{1/2}}=[\mathrm{A}]_0/2$ とおくと,

$$t_{1/2} = \frac{1}{k[\mathrm{A}]_0} \qquad (28 \cdot 28)$$

が得られる. 2次反応では半減期は反応物の初期濃度に依存することがわかる. これは, 濃度に依存しなかった1次反応の場合(式28・24)とは異なる.

最後に反応,

$$\mathrm{A} + \mathrm{B} \longrightarrow 生成物 \qquad (28 \cdot 29)$$

を考える. ただし実験データから反応速度式が,

$$-\frac{d[\mathrm{A}]}{dt} = -\frac{d[\mathrm{B}]}{dt} = k[\mathrm{A}][\mathrm{B}] \qquad (28 \cdot 30)$$

であるとする. この反応速度式はそれぞれの反応物について1次, 全体として2次である. 式(28・30)の反応速度式は積分するのが難しい. 詳細は問題28・24にゆずるとして, その結果は,

$$kt = \frac{1}{[\mathrm{A}]_0 - [\mathrm{B}]_0} \ln \frac{[\mathrm{A}][\mathrm{B}]_0}{[\mathrm{B}][\mathrm{A}]_0} \qquad (28 \cdot 31)$$

である. $[\mathrm{A}]_0=[\mathrm{B}]_0$ ならば式(28・31)は不定である. 問題28・25で示すように,

表 28・6　2次気相反応の500Kにおける反応速度定数

反応	$k/\mathrm{dm}^3\,\mathrm{mol}^{-1}\,\mathrm{s}^{-1}$
$2\mathrm{HI}(g) \rightarrow \mathrm{H}_2(g) + \mathrm{I}_2(g)$	4.91×10^{-9}
$2\mathrm{NOCl}(g) \rightarrow 2\mathrm{NO}(g) + \mathrm{Cl}_2(g)$	0.363
$\mathrm{NO}_2(g) + \mathrm{O}_3(g) \rightarrow \mathrm{NO}_3(g) + \mathrm{O}_2(g)$	5.92×10^6
$\mathrm{NO}(g) + \mathrm{Cl}_2(g) \rightarrow \mathrm{NOCl}(g) + \mathrm{Cl}(g)$	5.32
$\mathrm{NO}(g) + \mathrm{O}_3(g) \rightarrow \mathrm{NO}_2(g) + \mathrm{O}_2(g)$	5.70×10^7
$\mathrm{O}_3(g) + \mathrm{C}_3\mathrm{H}_8(g) \rightarrow \mathrm{C}_3\mathrm{H}_7\mathrm{O}(g) + \mathrm{HO}_2(g)$	14.98

$[A]_0 = [B]_0$ の場合の積分型反応速度式は,

$$\frac{1}{[A]} = \frac{1}{[A]_0} + kt \quad \text{あるいは} \quad \frac{1}{[B]} = \frac{1}{[B]_0} + kt \quad (28 \cdot 32)$$

となって, 式(28・27)と合う. 表28・6は2次反応速度式に従う反応とその速度定数の例である.

28・5 反応は可逆なこともある

シス-1,2-ジクロロエテンの異性化によってトランス-1,2-ジクロロエテンが生成する反応を考える. 純粋なシス-1,2-ジクロロエテンから出発しても, 反応は完全には進行せず2種の幾何異性体の平衡混合物ができる. 同様に, 純粋なトランス-1,2-ジクロロエテンから出発しても同じ平衡混合物ができる. どちらの実験でも2種の異性体の最終濃度は反応の平衡定数で決定される. 反応が両方向に起きるとき, 反応は**可逆**[1]であるという. (この可逆の定義を熱力学的過程についてのものと混同してはいけない.)

速度論的過程が可逆であることを表すには2本の矢印を書く. 1本は**正反応**[2], もう1本は**逆反応**[3]を表す. この二つの反応の速度定数, k_1 と k_{-1}, を矢印に添える. 速度定数の正の下付き添字を正反応に, 負の下付き添字を逆反応に使うことにする. 上記の反応は一般的な反応,

$$A \underset{k_{-1}}{\overset{k_1}{\rightleftarrows}} B \quad (28 \cdot 33)$$

の例である. どのような初期濃度, $[A]_0$ と $[B]_0$ に対しても, この系は平衡に向かわなければならない. 平衡状態ではAとBの濃度の比は平衡定数の式,

$$K_c = \frac{[B]_{eq}}{[A]_{eq}} \quad (28 \cdot 34)$$

で与えられる. AとBの濃度が平衡値にとどまるためには, $d[A]/dt$ と $d[B]/dt$ はどちらも 0 でなければならない. したがって, 式(28・33)が平衡であるための反応速度論的条件は,

$$-\frac{d[A]}{dt} = \frac{d[B]}{dt} = 0 \quad (28 \cdot 35)$$

である. この結果は重要であって, 反応機構を考察する際に次章で繰返し利用する.

---

1) reversible   2) forward reaction   3) reverse reaction

28. 反応速度論 I: 反応速度式

平衡状態ではAとBの濃度は一定であるが，実はAとBの濃度に正味の変化が起こらないようにしながら，AはBに，BはAに変化している．つまり，平衡状態は**動的平衡**[1]である．

式(28・33)の反応速度式が[A]についても[B]についても1次である特別な場合を検討しよう．そうすると反応速度は，

$$-\frac{d[A]}{dt} = k_1[A] - k_{-1}[B] \tag{28・36}$$

で与えられる．これまで扱ってきた反応速度式と異なり，式(28・36)は2項の和で速度を表している．第1項はAが反応してBになる速さである．第2項はBが反応してAになる速度である．二つの項の符号が違うのは，時間とともに正反応はAの濃度を減少させ，逆反応はAの濃度を増加させることを表すためである．

時刻$t=0$で$[A]=[A]_0$, $[B]=0$ならば，式(28・33)の化学量論によれば$[B]=[A]_0-[A]$でなければならないから，式(28・36)は，

$$-\frac{d[A]}{dt} = (k_1 + k_{-1})[A] - k_{-1}[A]_0 \tag{28・37}$$

となる．上記の初期条件でこの反応速度式を積分すると，

$$[A] = ([A]_0 - [A]_{eq})e^{-(k_1+k_{-1})t} + [A]_{eq} \tag{28・38}$$

が得られる(問題28・32)．ここで$[A]_{eq}$は平衡状態におけるAの濃度である．$[A]_{eq}$を左辺に移項して対数をとると，式(28・38)を，

$$\ln([A] - [A]_{eq}) = \ln([A]_0 - [A]_{eq}) - (k_1 + k_{-1})t \tag{28・39}$$

と書き換えることができる．これによれば，$\ln([A]-[A]_{eq})$を時間の関数としてプロットすると勾配が$-(k_1+k_{-1})$，切片が$\ln([A]_0-[A]_{eq})$の直線になる．速度論的データのこうした解析によって，速度定数の和，k_1+k_{-1}が求められる．しかし一般には，k_1とk_{-1}をべつべつに決定するのが望ましい．速度式と平衡定数の関係を利用するとそれができる．平衡状態では$-d[A]/dt=0$であるから反応速度式，式(28・36)，は，

$$k_1[A]_{eq} = k_{-1}[B]_{eq} \tag{28・40}$$

となる．すなわち，

$$\frac{k_1}{k_{-1}} = \frac{[B]_{eq}}{[A]_{eq}} = K_c \tag{28・41}$$

---

[1] dynamic equilibrium

である.和 k_1+k_{-1} と K_c の値が既知であれば,それぞれの速度定数を求めることができる.図 28·5 は,式 (28·33) で与えられる可逆反応の,$t=0$ で $[A]=[A]_0$, $[B]=0$ という初期条件のもとでの $[A]/[A]_0$ と $[B]/[A]_0$ のプロットである.$[A]+[B]=[A]_0$ なので,B の濃度は $[A]_0-[A]$ で与えられる.正反応と逆反応の速度定数は $k_1=2.25\times 10^{-2}\,\mathrm{s^{-1}}$,$k_{-1}=1.50\times 10^{-2}\,\mathrm{s^{-1}}$ である.$[A]$ の値は $[A]/[A]_0=1.000$ から $[A]/[A]_0=[A]_{eq}/[A]_0=0.400$ まで減少し,$[B]$ の値は $[B]_0/[A]_0=0$ から $[B]/[A]_0=[B]_{eq}/[A]_0=0.600$ まで増加する.平衡状態では濃度は $K_c=[B]_{eq}/[A]_{eq}=k_1/k_{-1}=1.50$ の関係を満足している.

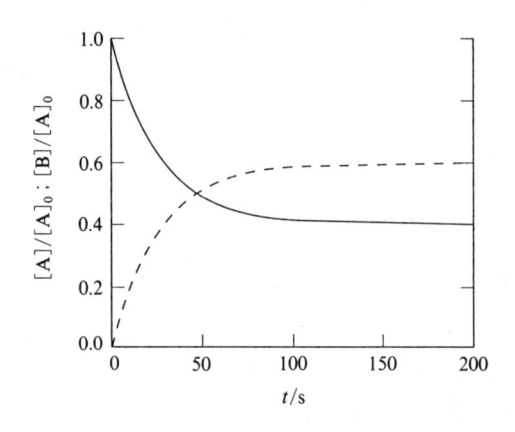

図 28·5 $t=0$ において $[A]=[A]_0$, $[B]=0$ という初期条件の下での,式 (28·33) の可逆反応に対する $[A]/[A]_0$ (――) と $[B]/[A]_0$ (----) の時間変化.正反応と逆反応の速度定数はそれぞれ $k_1=2.25\times 10^{-2}\,\mathrm{s^{-1}}$,$k_{-1}=1.50\times 10^{-2}\,\mathrm{s^{-1}}$ である.

例題 28·5 シス-2-ブテンからトランス-2-ブテンへの反応はどちら向きにも1次である.25 °C において平衡定数は 0.406,正反応の速度定数は $4.21\times 10^{-4}\,\mathrm{s^{-1}}$ である.純粋なシス異性体から出発して,$[cis]_0=0.115\,\mathrm{mol\,dm^{-3}}$ であると,平衡量の半分のトランス異性体ができるまでに時間はどれだけかかるか.

解答: 反応を,

$$cis \underset{k_{-1}}{\overset{k_1}{\rightleftharpoons}} trans$$

と表す.どちら向きにも反応は1次なので,

である. 逆反応の速度定数について解くと,

$$K_c = \frac{[trans]_{eq}}{[cis]_{eq}} = \frac{k_1}{k_{-1}} = 0.406$$

$$k_{-1} = \frac{4.21 \times 10^{-4}\,\text{s}^{-1}}{0.406} = 1.04 \times 10^{-3}\,\text{s}^{-1}$$

となる. 質量の釣り合いから $[cis]_0 = [cis]_{eq} + [trans]_{eq}$ である. したがって,

$$\frac{[trans]_{eq}}{[cis]_{eq}} = \frac{[trans]_{eq}}{[cis]_0 - [trans]_{eq}} = \frac{[trans]_{eq}}{0.115\,\text{mol dm}^{-3} - [trans]_{eq}} = 0.406$$

すなわち $[trans]_{eq} = 0.0332\,\text{mol dm}^{-3}$ である. そうすると, 平衡状態でのシス異性体の濃度は $0.115\,\text{mol dm}^{-3} - 0.0332\,\text{mol dm}^{-3} = 0.082\,\text{mol dm}^{-3}$ となる. トランス異性体の平衡量の半分は $0.0166\,\text{mol dm}^{-3}$ であり, これはシス異性体の濃度にして $0.115\,\text{mol dm}^{-3} - 0.0166\,\text{mol dm}^{-3} = 0.098\,\text{mol dm}^{-3}$ に相当する. 平衡量の半分のトランス異性体が生じるのに必要な時間は式(28·39)を用いて決定できる. 式(28·39)を t について解くと,

$$t = \frac{1}{k_1 + k_{-1}} \ln \frac{[cis]_0 - [cis]_{eq}}{[cis] - [cis]_{eq}}$$

が得られる. 上記の計算により, $[cis]_0 = 0.115\,\text{mol dm}^{-3}$, $[cis]_{eq} = 0.082\,\text{mol dm}^{-3}$, さらにトランス異性体の濃度が平衡値の半分のとき $[cis] = 0.098\,\text{mol dm}^{-3}$ である. これらを上の式に代入すると,

$$t = \left(\frac{1}{4.21 \times 10^{-4}\,\text{s}^{-1} + 1.04 \times 10^{-3}\,\text{s}^{-1}}\right) \ln \frac{0.115\,\text{mol dm}^{-3} - 0.082\,\text{mol dm}^{-3}}{0.098\,\text{mol dm}^{-3} - 0.082\,\text{mol dm}^{-3}}$$

$$= 490\,\text{s}$$

が得られる.

28·6 可逆反応の速度定数は緩和法を用いて決定できる

28·2節で, 反応物の半減期が混合に要する時間よりも長い場合に, 化学反応速度式を決定するのに用いられる二つの方法について説明した. 可逆反応の研究にも同じ制約がある. 反応物が十分に混じり合うよりも速やかに平衡に到達してしまう場合には, 孤立化法や初期速度法によって反応速度式を決定することはできない. 反応,

$$\text{H}^+(\text{aq}) + \text{OH}^-(\text{aq}) \underset{k_{-1}}{\overset{k_1}{\rightleftharpoons}} \text{H}_2\text{O}(\text{l}) \qquad (28\cdot42)$$

を研究したいとする．たとえば，強酸と強塩基を混ぜ合わせ，中和反応の進行に伴う溶液の pH を追跡すればよいと考えるだろう．残念ながら，二つの溶液をよく混ぜ合わせるには約 1 ms が必要であり，この時間は式(28・42)の反応が平衡に達する時間よりも何桁も長い(例題 28・6)．

例題 28・6 反応，

$$H^+(aq) + OH^-(aq) \underset{k_{-1}}{\overset{k_1}{\rightleftharpoons}} H_2O(l)$$

の速度定数 k_1 は $1.4 \times 10^{11}\,dm^3\,mol^{-1}\,s^{-1}$ である．初期条件が，

(a) $[H^+]_0 = [OH^-]_0 = 0.10\,mol\,dm^{-3}$

(b) $[H^+]_0 = [OH^-]_0 = 1.0 \times 10^{-7}\,mol\,dm^{-3}$

である場合の，この反応の半減期を計算せよ．

解答: この反応はほとんど完全に進行するので，式(28・31)で $[A]_0 = [B]_0$ の場合に相当する．積分型の反応速度式は式(28・32)で与えられるので，式(28・32)で $[A] = [A]_0/2$ あるいは $[B] = [B]_0/2$ とおけば，式(28・28)のように $t_{1/2} = 1/(k_1[A]_0) = 1/(k_1[B]_0)$ と計算できる．したがって，初期条件(a)では，

$$t_{1/2} = \frac{1}{k_1[A]_0} = \frac{1}{(1.4 \times 10^{11}\,dm^3\,mol^{-1}\,s^{-1})(0.10\,mol\,dm^{-3})}$$
$$= 7.1 \times 10^{-11}\,s$$

となる．初期条件(b)では，

$$t_{1/2} = \frac{1}{k_1[A]_0} = \frac{1}{(1.4 \times 10^{11}\,dm^3\,mol^{-1}\,s^{-1})(1.0 \times 10^{-7}\,mol\,dm^{-3})}$$
$$= 7.1 \times 10^{-5}\,s$$

である．どちらの場合も〔(b)は 298 K における純水に相当することに注意〕，半減期は反応物を混合するのに必要な時間(10^{-3} s)よりずっと短い．このため，この反応には混合法は使えない．

例題 28・6 で明らかになった限界は，**緩和法**[1] という実験法を用いれば克服できる．緩和法は，これまでにこの章で説明してきた方法とは原理的に異なっている．基本的

---

1) relaxation method

28. 反応速度論 I: 反応速度式

な考え方は，ある温度，圧力で平衡にある化学系から出発することである．そこで，系が平衡でなくなるように条件を突然変える．平衡を移動させる方法はさまざまである．温度，圧力，pH, pOH をジャンプさせる方法が開発され，速度論的過程の研究に有効に使われてきた．ここでは，溶液中の反応速度論の研究で最も広く用いられる**温度ジャンプ緩和法**[1]を説明する．温度ジャンプ法では平衡反応混合物の温度を一定の圧力で突然変化させる．温度の突然の変化の後，それに反応して，系は新しい温度に対応した新しい平衡状態に向かって緩和していく．以下で，正反応と逆反応の速度定数が，系が新しい平衡状態へと緩和するのに必要な時間と関係していることがわかるだろう．

実験的には，反応溶液に高電圧の蓄電器からの放電を通すことによって，1 μs で温度を約 5 K 上昇させることができる．平衡定数が温度の逆数に指数関数的に依存することを考えれば (26·1 節で $\ln K_P = -\Delta_r G°/RT$ であることを見た)，このような摂動は平衡濃度に大きな変化をひき起こすはずである．

水の酸-塩基反応 (式 28·42) について考える前に，単純な一般の平衡反応，

$$A \underset{k_{-1}}{\overset{k_1}{\rightleftharpoons}} B \qquad (28·43)$$

を考える．ここで正反応と逆反応の速度はどちら側の反応物についても 1 次であるとする．はじめ，この系は温度 T_1 において平衡にあり，A と B の濃度はそれぞれ $[A]_{1,eq}$ と $[B]_{1,eq}$ である．さて，温度を T_1 から T_2 にジャンプさせると何が起きるかを考えよう．式 (26·30) から，この反応について $\Delta_r H°$ が正ならば，温度ジャンプによって B の平衡濃度が大きくなり，$\Delta_r H°$ が負ならば，小さくなることがわかる．($\Delta_r H° = 0$ ならば平衡定数は温度によらず，温度ジャンプ緩和実験からわかることは何もない．)温度ジャンプのあとの反応の時間的変化を描いてみるために，$\Delta_r H° < 0$ と仮定し，T_2 における平衡濃度を $[A]_{2,eq}$，$[B]_{2,eq}$ と書くことにしよう．

正反応についても逆反応についても速度はそれぞれの反応物について 1 次であると仮定したので，式 (28·43) の反応速度式は，

$$\frac{d[B]}{dt} = k_1[A] - k_{-1}[B] \qquad (28·44)$$

である．さて，新しい平衡状態に向かっていくような摂動が加わった直後の系にあてはまるように式 (28·44) を書き直したい．このために，

---

[1] temperature-jump relaxation technique

$$[A] = [A]_{2,eq} + \Delta[A]$$
$$[B] = [B]_{2,eq} + \Delta[B]$$
(28・45)

とおく. これらを式(28・44)に代入すると ($[A]_{2,eq}$ と $[B]_{2,eq}$ は定数である),

$$\frac{d\Delta[B]}{dt} = k_1[A]_{2,eq} + k_1\Delta[A] - k_{-1}[B]_{2,eq} - k_{-1}\Delta[B] \quad (28・46)$$

が得られる. 式(28・43)によれば A と B の濃度の和が実験中は一定なので, $\Delta([A]+[B]) = \Delta[A] + \Delta[B] = 0$ である. さらに, $[A]_{2,eq}$ と $[B]_{2,eq}$ は式(28・41) ($k_1[A]_{2,eq} = k_{-1}[B]_{2,eq}$) を満たすので, 式(28・46)は,

$$\frac{d\Delta[B]}{dt} = -(k_1 + k_{-1})\Delta[B] \quad (28・47)$$

となる. $t=0$ で $[B]=[B]_{1,eq}$, すなわち $t=0$ で $\Delta[B]$ が $\Delta[B]_0 = [B]_{1,eq} - [B]_{2,eq}$ であるという条件の下で, 式(28・47)を積分すると,

$$\Delta[B] = \Delta[B]_0 e^{-(k_1+k_{-1})t} = \Delta[B]_0 e^{-t/\tau} \quad (28・48)$$

が得られる. ここで,

$$\tau = \frac{1}{k_1 + k_{-1}} \quad (28・49)$$

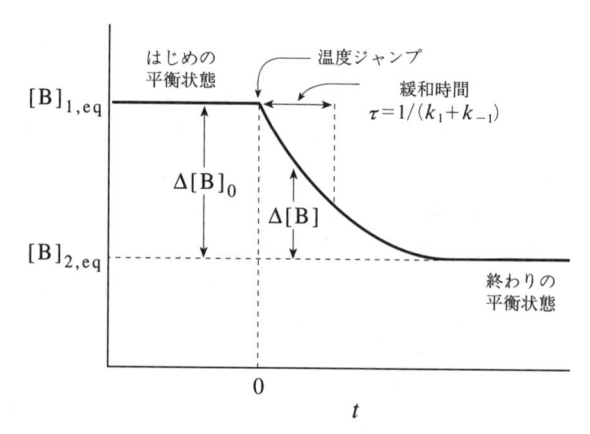

図 28・6 式(28・43)の系の温度ジャンプ実験における [B] の時間変化. 正反応と逆反応の反応速度式はそれぞれの反応物について1次である. このプロットでは $\Delta_r H° < 0$ と仮定してあり, このため $[B]_{2,eq} < [B]_{1,eq}$ である. 温度ジャンプのあと, [B] の値は $[B]_{1,eq}$ から $[B]_{2,eq}$ へ指数関数的に減少する. この指数関数的変化の時定数は $1/(k_1+k_{-1})$ で与えられる.

を**緩和時間**[1]という. τ は時間の単位をもち, $\Delta[B]$ がその初期値から $1/e$ までに減少するのにどれだけかかるかを表している.

図 28・6 は典型的な温度ジャンプ実験における $\Delta[B]$ の時間依存性である. 式(28・48)から, $\ln(\Delta[B]/\Delta[B]_0)$ の t に対するプロットは負の勾配, $-(k_1+k_{-1})$ をもつ直線であることがわかる. この勾配は T_2 における正反応と逆反応の速度定数の和の符号を変えたものである. T_2 における平衡定数と, 正反応と逆反応の反応速度式を知ることができれば, 速度定数 k_1 と k_{-1} をべつべつに決定することができる.

式(28・42)の化学反応の考察に戻ろう. この反応の一般形は,

$$A + B \underset{k_{-1}}{\overset{k_1}{\rightleftharpoons}} P \tag{28・50}$$

である. 正反応も逆反応もそれぞれの反応物について 1 次であると仮定すると, 反応速度式は,

$$\frac{d[P]}{dt} = k_1[A][B] - k_{-1}[P] \tag{28・51}$$

となる. $\Delta[P]$ を $[P]-[P]_{2,eq}$ に等しいとおくと,

$$\Delta[P] = \Delta[P]_0 e^{-t/\tau} \tag{28・52}$$

である(問題 28・33). ここで緩和時間 τ は,

$$\tau = \frac{1}{k_1([A]_{2,eq} + [B]_{2,eq}) + k_{-1}} \tag{28・53}$$

で与えられる.

式(28・52)によれば, $\ln(\Delta[P]/\Delta[P]_0)$ の t に対するプロットは勾配が $-k_1([A]_{2,eq}+[B]_{2,eq}) - k_{-1}$ の直線になるはずである. 式(28・50)で表され, 反応速度式が式(28・51)に従う反応では, 全濃度 $[A]_{2,eq}+[B]_{2,eq}$ の異なる試料について, $\Delta[P]$ を t に対してプロットすれば k_1 と k_{-1} を一義的に決定することができる. 水の解離反応, 式(28・42)はこれらの条件を満たしている. 緩和法が開発されるまでは, 水の解離の動力学を研究することができなかったことを理解することは重要である. 温度の上昇につれて水の解離は進むので, $H^+(aq)$ と $OH^-(aq)$ の濃度は温度ジャンプのあと増加し, 溶液の伝導率が検出できる程度に増大する. 終点の温度 $T_2=298$ K への温度ジャンプのあと伝導率の時間依存性を測定して緩和時間 $\tau=3.7\times10^{-5}$ s が得られる. この解離反応についての緩和時間と平衡定数(298 K において $K_c=[H_2O]/K_w=$

---

[1] relaxation time

$[H_2O]/[H^+][OH^-] = 5.49 \times 10^{15}$ mol^{-1} dm^{-3}) から，2次の速度定数は $k_1 = 1.4 \times 10^{11}$ dm^3 mol^{-1} s^{-1} と求められる．これはこれまでに測定された最も大きい速度定数の一つである．表28・7は，可逆な酸-塩基反応について緩和法で決定された速度定数のリストである．

表 28・7 水溶液中における可逆な酸-塩基反応の 298 K における速度定数

反　応	k_1/dm^3 mol^{-1} s^{-1}	k_{-1}/s^{-1}
$H^+(aq) + OH^-(aq) \rightleftharpoons H_2O(l)$	1.4×10^{11}	2.5×10^{-5}
$H^+(aq) + HCO_3^-(aq) \rightleftharpoons H_2CO_3(aq)$	4.7×10^{10}	8×10^6
$H^+(aq) + CH_3COO^-(aq) \rightleftharpoons CH_3COOH(aq)$	4.5×10^{10}	7.8×10^5
$H^+(aq) + C_6H_5COO^-(aq) \rightleftharpoons C_6H_5COOH(aq)$	3.5×10^{10}	2.2×10^6
$H^+(aq) + NH_3(aq) \rightleftharpoons NH_4^+(aq)$	4.3×10^{10}	2.5×10^1
$H^+(aq) + Me_3N(aq) \rightleftharpoons Me_3NH^+(aq)$	2.5×10^{10}	4
$H^+(aq) + HCO_3^-(aq) \rightleftharpoons CO_2(aq) + H_2O(l)$	5.6×10^4	4.3×10^{-2}

例題 28・7 表28・7のデータを用い，反応，

$$H^+(aq) + C_6H_5COO^-(aq) \rightleftharpoons C_6H_5COOH(aq)$$

について，終点温度が 298 K の温度ジャンプ実験における緩和時間を計算せよ．溶液は，はじめ 0.015 mol の安息香酸を水に加えて 1 L の溶液を調整したものとする．正反応も逆反応もそれぞれの反応物について 1 次であるとせよ．

解答: 正反応についても逆反応についてもそれぞれの反応物について 1 次であると仮定すると，緩和時間は式(28・53)，すなわち，

$$\tau = \frac{1}{k_1([H^+]_{2,\mathrm{eq}} + [C_6H_5COO^-]_{2,\mathrm{eq}}) + k_{-1}} \tag{1}$$

で与えられる．表 28・7 から 298 K において $k_1 = 3.5 \times 10^{10}$ dm^3 mol^{-1} s^{-1}, $k_{-1} = 2.2 \times 10^6$ s^{-1} である．平衡定数は $K_c = k_1/k_{-1} = 1.6 \times 10^4$ dm^3 mol^{-1} である．安息香酸の初期濃度は 0.015 mol dm^{-3} なので，298 K における平衡において，

$$K_c = 1.6 \times 10^4 \text{ dm}^3 \text{ mol}^{-1} = \frac{0.015 \text{ mol dm}^{-3} - x}{x^2}$$

である．ここで x は解離した酸の濃度である．これを x について解くと，

$$x = [H^+]_{2,\mathrm{eq}} = [C_6H_5COO^-]_{2,\mathrm{eq}} = 9.4 \times 10^{-4} \text{ mol dm}^{-3}$$

となる．この結果を式(1)に代入すると，緩和時間として，

$$\tau = \frac{1}{(3.5 \times 10^{10}\,\mathrm{dm^3\,mol^{-1}\,s^{-1}})\,((2)\,(9.4 \times 10^{-4}\,\mathrm{mol\,dm^{-3}})) + 2.2 \times 10^6\,\mathrm{s^{-1}}}$$
$$= 1.5 \times 10^{-8}\,\mathrm{s}$$

を得る．

28·7 速度定数は通常は温度に強く依存する

化学反応速度は，たいていの場合，温度に強く依存する．図28·7はいろいろなタイプの反応の速度の温度依存性である．(a)に示した温度依存性が最も多く見られる．これについてはこれから詳しく説明する．残りのうち，(b)はあるしきい温度で反応が爆発的になる場合，(c)は酵素が高温では失活してしまう酵素制御型反応の場合である．

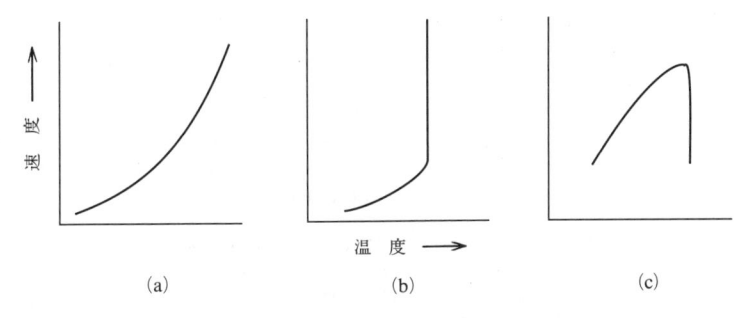

図 28·7 反応速度の温度依存性の例．(a)最もよくあるタイプ．反応速度は温度の逆数に対してほぼ指数関数的に増加する．(b)あるしきい温度で反応が爆発的になる．(c)酵素制御反応．酵素が高温では失活する．

反応速度の温度依存性は反応速度定数の温度依存性によるものである．図28·7(a)に示した普通の反応では，速度定数の温度依存性は近似的に経験式，

$$\frac{\mathrm{d}\ln k}{\mathrm{d}T} = \frac{E_\mathrm{a}}{RT^2} \tag{28·54}$$

で表される．ここで E_a はエネルギーの単位をもつ．E_a が温度に依存しなければ，式(28·54)は積分できて，

$$\ln k = \ln A - \frac{E_\mathrm{a}}{RT} \tag{28·55}$$

すなわち,

$$k = A\mathrm{e}^{-E_\mathrm{a}/RT} \tag{28·56}$$

となる.A は積分定数である.定数 A を**前指数因子**[1],E_a を**活性化エネルギー**[2] という.式 (28·55) によれば $\ln k$ を $1/T$ に対してプロットすると切片が $\ln A$,勾配が $-E_\mathrm{a}/R$ の直線になるはずである.図 28·8 は反応 $2\mathrm{HI}(\mathrm{g}) \longrightarrow \mathrm{H}_2(\mathrm{g}) + \mathrm{I}_2(\mathrm{g})$ について,$\ln k$ を $1/T$ に対してプロットしたものである.実線は実験値(丸印)に対して最もよく合う直線である.この直線の勾配から活性化エネルギー 184 kJ mol^{-1} が得られる.また,切片から A が 7.94×10^{10} dm^3 mol^{-1} s^{-1} であることがわかる.

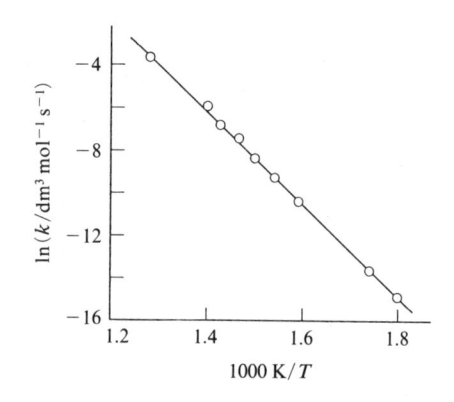

図 28·8 反応 $2\mathrm{HI}(\mathrm{g}) \longrightarrow \mathrm{H}_2(\mathrm{g}) + \mathrm{I}_2(\mathrm{g})$ の $\ln k$ を $1/T$ に対してプロットした図.実験データを直線にあてはめると $A = 7.94 \times 10^{10}$ dm^3 mol^{-1} s^{-1} および $E_\mathrm{a} = 184$ kJ mol^{-1} が得られる.

例題 28·8 反応,

$$2\mathrm{HI}(\mathrm{g}) \longrightarrow \mathrm{H}_2(\mathrm{g}) + \mathrm{I}_2(\mathrm{g})$$

の速度定数は 575 K で 1.22×10^{-6} dm^3 mol^{-1} s^{-1},716 K で 2.50×10^{-3} dm^3 mol^{-1} s^{-1} である.これらから E_a の値を求めよ.

解答: 活性化エネルギーと前指数因子が温度に依存しないと仮定すると,温度 T_1 と T_2 における速度定数 $k(T_1)$ と $k(T_2)$ は,

$$k(T_1) = A\mathrm{e}^{-E_\mathrm{a}/RT_1} \quad \text{および} \quad k(T_2) = A\mathrm{e}^{-E_\mathrm{a}/RT_2}$$

---

[1] pre-exponential factor [2] activation energy

28. 反応速度論 I: 反応速度式

で与えられる。左の式を右の式で割って、商の対数をとると、

$$\ln \frac{k(T_1)}{k(T_2)} = \frac{E_a}{R}\left(\frac{1}{T_2} - \frac{1}{T_1}\right)$$

が得られる。これを E_a について解いてデータを代入すると，

$$\begin{aligned}
E_a &= R\left(\frac{T_1 T_2}{T_1 - T_2}\right) \ln \frac{k(T_1)}{k(T_2)} \\
&= (8.315 \text{ J K}^{-1} \text{ mol}^{-1}) \left(\frac{(716 \text{ K})(575 \text{ K})}{575 \text{ K} - 716 \text{ K}}\right) \ln \frac{1.22 \times 10^{-6} \text{ dm}^3 \text{ mol}^{-1} \text{ s}^{-1}}{2.50 \times 10^{-3} \text{ dm}^3 \text{ mol}^{-1} \text{ s}^{-1}} \\
&= 185 \text{ kJ mol}^{-1}
\end{aligned}$$

となる．

1880年代，スウェーデンの化学者 S. アレニウスは多くの反応の速度定数の温度依存性が式 (28・56) で表されることを見いだし、これに基づいて反応がどのように進行するかについての一般的なモデルを構築した。アレニウスは、反応速度に対する温度の影響が、反応物の並進エネルギーの変化だけで説明するには、あまりにも大きすぎることを指摘した。つまり、反応が起きるためには、反応物が衝突するだけでなくそれ以上のことが必要である。反応速度論における彼の功績のため、今日では式 (28・56) を**アレニウスの式**[1] という。

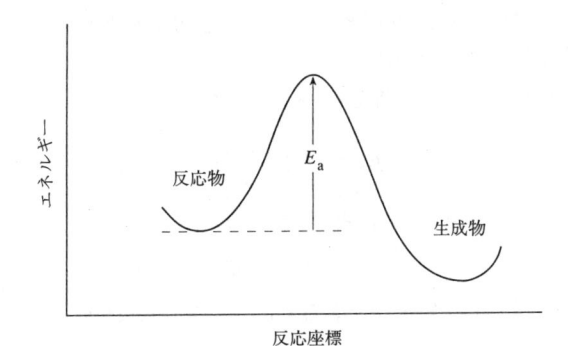

図 28・9 化学反応のエネルギー断面の模式図。反応物が生成物に変化するには、活性化障壁を越えるエネルギーを獲得しなければならない。反応座標は、反応物から生成物への化学反応の進行に伴う結合長や結合角の変化を表している。

---

1) Arrhenius equation

活性化エネルギーを反応物が反応できるために必要なエネルギーと考えれば，化学反応を図 28・9 の簡単なエネルギー図で表すことができる．このとき，化学反応が反応物から生成物へ**反応座標**[1] に沿って進行すると表現する．反応座標は一般に多次元であり，化学的過程に付随した結合長や結合角などを表している．反応座標がどれかが自明な場合もある．たとえば，$I_2(g)$ の熱解離では反応座標は I−I の結合長である．しかしたいていの反応では，反応座標を視覚化するのは難しい．

アレニウスの式は化学反応の活性化エネルギーを決定するのに広く使われるが，ある種の反応では $\ln k$ の $1/T$ に対するプロットが直線にならない．このような非直線的振舞いは，今日では理論的に説明されており，多くの現代的な反応速度理論では速度定数が，

$$k = aT^m e^{-E'/RT} \tag{28・57}$$

となることが予測されている．ここで a，E' および m は温度に依存しない定数である．速度理論の仮定しだいで定数 m は 1，1/2，−1/2 などのいろいろな値をとる．m が既知ならば，$\ln(k/T^m)$ の $1/T$ に対するプロットの勾配から定数 E' を決定することができる．m がわからない場合には，$k(T)$ の $1/T$ に対する指数関数的な依存性の方が T に対するべき乗の依存性より圧倒的に大きいので，m の値を実験データから決定するのは大変難しい．次節では広く使われているモデルである遷移状態理論を説明する．この理論でも式(28・57)が導かれる．

例題 28・9 アレニウスの活性化エネルギー E_a，前指数因子 A と式(28・57)の定数 m，a および E' の関係はどのようなものか．

解答: 式(28・54)を用いて活性化エネルギーを，

$$E_a = RT^2 \frac{d \ln k}{dT} \tag{28・58}$$

と定義することができる．これに式(28・57)を代入すると，

$$E_a = E' + mRT$$

が得られる．E' について解き，その結果を式(28・57)に代入して式(28・56)と比較すると，

$$A = aT^m e^m$$

となる．

---

[1] reaction coordinate

28・8 遷移状態理論によって反応速度定数を求めることができる

この節では**活性錯合体理論**[1] または**遷移状態理論**[2] という反応速度の理論を簡単に説明する。この理論は反応の活性化障壁の頂上付近における過渡的な化学種に注目したもので、1930年代に主として H. アイリング[3] が発展させたものである。この過渡的化学種を**活性錯合体**[4] または**遷移状態**[5] という。

反応、

$$A + B \longrightarrow P$$

を考え、これの反応速度式は、

$$\frac{d[P]}{dt} = k[A][B] \tag{28・59}$$

で与えられるとする。活性錯合体理論では反応物と活性錯合体は互いに平衡にあるとし、反応を2段階の過程、

$$A + B \rightleftharpoons AB^{\ddagger} \longrightarrow P \tag{28・60}$$

と考える。化学種 $AB^{\ddagger}$ が活性錯合体である。反応物と活性錯合体の間の平衡定数は、

$$K_c^{\ddagger} = \frac{[AB^{\ddagger}]/c^{\circ}}{([A]/c^{\circ})([B]/c^{\circ})} = \frac{[AB^{\ddagger}]c^{\circ}}{[A][B]} \tag{28・61}$$

で与えられる(26・2節)。ここで c° は標準状態の濃度である(しばしば 1.00 mol dm^{-3} とする)。26・8節の結果を使うと $K_c^{\ddagger}$ は分配関数を用いて、

$$K_c^{\ddagger} = \frac{(q^{\ddagger}/V)c^{\circ}}{(q_A/V)(q_B/V)} \tag{28・62}$$

と表すことができる。ここで q_A, q_B および $q^{\ddagger}$ はそれぞれ A, B および $AB^{\ddagger}$ の分配関数である。

活性錯合体は障壁の頂上を中心とする幅 δ という狭い領域で安定であると仮定する(図28・10)。式(28・60)で表される2段階の過程を仮定すると、反応速度は活性錯合体の濃度 $[AB^{\ddagger}]$ と、錯合体が障壁を越えてしまう頻度 ν_C の積になると考えられる。すなわち、

$$\frac{d[P]}{dt} = \nu_C[AB^{\ddagger}] \tag{28・63}$$

---

1) activated-complex theory 2) transition-state theory 3) Henry Eyring
4) activated complex 5) transition state

である．式(28・63)と式(28・59)はこの反応の速度について，表現は異なるが等価な式である．式(28・61)を$[AB^‡]$について解き，その結果を式(28・63)に代入して，さらにその結果を式(28・59)に等しいとおくと，

$$\frac{d[P]}{dt} = k[A][B] = \nu_C[AB^‡] = \nu_C \frac{[A][B]K_c^‡}{c°}$$

すなわち，

$$k = \frac{\nu_C K_c^‡}{c°} \tag{28・64}$$

が得られる．k の単位は(濃度)$^{-1}\cdot s^{-1}$である．

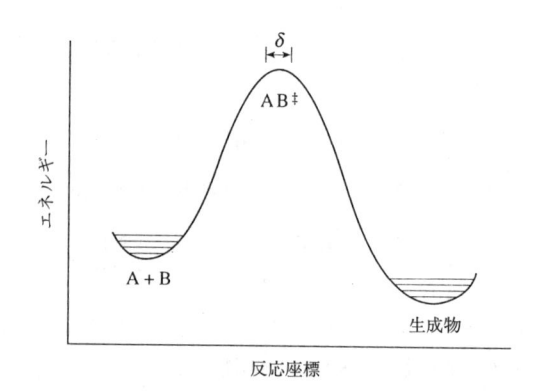

図28・10 式(28・60)の反応についての一次元エネルギー図．活性錯合体$AB^‡$は，障壁の頂上を中心とする狭い領域δで存在するものと定義される．

式(28・63)を書くとき，障壁の頂上での系の動きは，一次元的な並進運動であると暗黙のうちに仮定した．一次元の並進運動に対応する並進分配関数 q_{trans} は，

$$q_{trans} = \frac{(2\pi m^‡ k_B T)^{1/2}}{h} \delta \tag{28・65}$$

である(問題18・3)．ここで$m^‡$は活性錯合体の質量である．活性錯合体の分配関数を $q^‡ = q_{trans} q_{int}^‡$ と書くことができる．ここで $q_{int}^‡$ は活性錯合体の残りの自由度全部に関するものである．すると式(28・62)を，

$$K_c^‡ = \frac{(2\pi m^‡ k_B T)^{1/2}}{h} \delta \frac{(q_{int}^‡/V) c°}{(q_A/V)(q_B/V)} \tag{28・66}$$

と書き直すことができる．式(28・66)を式(28・64)に代入すると反応速度定数の式として，

$$k = \nu_C \frac{(2\pi m^{\ddagger} k_B T)^{1/2}}{hc^\circ} \delta \frac{(q_{\text{int}}^{\ddagger}/V)c^\circ}{(q_A/V)(q_B/V)} \qquad (28\cdot67)$$

が得られる．

式(28・67)には定義があいまいで決定が難しい二つの量，ν_C と δ が含まれている．しかし，その積は活性錯合体が障壁を越える際の平均の速さ $\langle u_{ac}\rangle$ に等しいと考えることができる．つまり $\langle u_{ac}\rangle = \nu_C \delta$ である．反応物と活性錯合体は平衡にあると仮定したので，$\langle u_{ac}\rangle$ を計算するのに一次元のマクスウェル-ボルツマン分布(式27・33)を使うことができ，

$$\langle u_{ac}\rangle = \int_0^\infty u f(u)\,\mathrm{d}u = \left(\frac{m^{\ddagger}}{2\pi k_B T}\right)^{1/2} \int_0^\infty u\,\mathrm{e}^{-m^{\ddagger} u^2/2 k_B T}\,\mathrm{d}u = \left(\frac{k_B T}{2\pi m^{\ddagger}}\right)^{1/2} \qquad (28\cdot68)$$

となる．反応物から生成物の方向へ障壁を越える活性錯合体だけを考えているので，正の u についてだけ積分したことに注意せよ．式(28・67)の $\nu_C \delta$ に式(28・68)を代入すると，遷移状態理論による速度定数の式，

$$k = \frac{k_B T}{hc^\circ} \frac{(q_{\text{int}}^{\ddagger}/V)c^\circ}{(q_A/V)(q_B/V)} = \frac{k_B T}{hc^\circ} K^{\ddagger} \qquad (28\cdot69)$$

が得られる．ここで $K^{\ddagger}$ は，$q_{\text{int}}^{\ddagger}$ に含まれない反応座標に沿った経路による反応物からの活性錯合体生成の"平衡定数"である．

ここで，**標準活性化ギブズエネルギー**[1] $\Delta^{\ddagger}G^\circ$ を濃度 c° の反応物から濃度 c° の遷移状態への変化におけるギブズエネルギー変化と定義する．$\Delta^{\ddagger}G^\circ$ と $K^{\ddagger}$ の関係は，

$$\Delta^{\ddagger}G^\circ = -RT \ln K^{\ddagger} \qquad (28\cdot70)$$

である．これを用いると速度定数 k を $\Delta^{\ddagger}G^\circ$ で表すことができる．式(28・70)を $K^{\ddagger}$ について解いて，その結果を式(28・69)に代入すると，

$$k(T) = \frac{k_B T}{hc^\circ}\mathrm{e}^{-\Delta^{\ddagger}G^\circ/RT} \qquad (28\cdot71)$$

が得られる．$\Delta^{\ddagger}G^\circ$ は，**標準活性化エンタルピー**[2] $\Delta^{\ddagger}H^\circ$ と**標準活性化エントロピー**[3] $\Delta^{\ddagger}S^\circ$ を用いて，

---

1) standard Gibbs energy of activation　　2) standard enthalpy of activation
3) standard entropy of activation

$$\Delta^{\ddagger}G^{\circ} = \Delta^{\ddagger}H^{\circ} - T\Delta^{\ddagger}S^{\circ} \tag{28.72}$$

と表すことができる. これを式(28·71)に代入すると,

$$k(T) = \frac{k_{\rm B}T}{hc^{\circ}} {\rm e}^{\Delta^{\ddagger}S^{\circ}/R} {\rm e}^{-\Delta^{\ddagger}H^{\circ}/RT} \tag{28.73}$$

が得られる.

アレニウスの活性化エネルギー $E_{\rm a}$ を $\Delta^{\ddagger}H^{\circ}$ を用いて表し, 前指数因子 A を $\Delta^{\ddagger}S^{\circ}$ を用いて表すことができる. 式(28·69)の対数を温度について微分すると,

$$\frac{{\rm d}\ln k}{{\rm d}T} = \frac{1}{T} + \frac{{\rm d}\ln K^{\ddagger}}{{\rm d}T} \tag{28.74}$$

となる. 理想気体では ${\rm d}\ln K/{\rm d}T = \Delta U^{\circ}/RT^2$ であることを使うと(問題26·14参照), 式(28·74)を,

$$\frac{{\rm d}\ln k}{{\rm d}T} = \frac{1}{T} + \frac{\Delta^{\ddagger}U^{\circ}}{RT^2} \tag{28.75}$$

と書き直すことができる. さらに, 式(28·60)の反応では $\Delta^{\ddagger}H^{\circ} = \Delta^{\ddagger}U^{\circ} + \Delta^{\ddagger}PV = \Delta^{\ddagger}U^{\circ} + RT\Delta^{\ddagger}n = \Delta^{\ddagger}U^{\circ} - RT$ であるから, 式(28·75)を,

$$\frac{{\rm d}\ln k}{{\rm d}T} = \frac{\Delta^{\ddagger}H^{\circ} + 2RT}{RT^2} \tag{28.76}$$

と書き直すことができる. これを式(28·54)と比較すると,

$$E_{\rm a} = \Delta^{\ddagger}H^{\circ} + 2RT \tag{28.77}$$

を得る. これを $\Delta^{\ddagger}H^{\circ}$ について解いて, その結果を式(28·73)に代入すると,

$$k(T) = \frac{{\rm e}^2 k_{\rm B}T}{hc^{\circ}} {\rm e}^{\Delta^{\ddagger}S^{\circ}/R} {\rm e}^{-E_{\rm a}/RT} \tag{28.78}$$

が得られる. このように遷移状態理論を熱力学的に解釈することによって, アレニウスの A 因子は,

$$A = \frac{{\rm e}^2 k_{\rm B}T}{hc^{\circ}} {\rm e}^{\Delta^{\ddagger}S^{\circ}/R} \tag{28.79}$$

と表すことができる.

例題 28·10　反応,

$$\text{H(g)} + \text{Br}_2(\text{g}) \longrightarrow \text{HBr(g)} + \text{Br(g)}$$

のアレニウスの活性化エネルギーと前指数因子はそれぞれ 15.5 kJ mol^{-1} および 1.09×10^{11} dm^3 mol^{-1} s^{-1} である．標準状態を 1.00 mol dm^{-3} とすると 1000 K における $\Delta^{\ddagger}H°$ と $\Delta^{\ddagger}S°$ はいくらになるか．理想気体であることを仮定せよ．

解答： 式 (28·77) と式 (28·79) によれば，

$$\Delta^{\ddagger}H° = E_a - 2RT$$
$$= 15.5 \text{ kJ mol}^{-1} - (2)(8.314 \text{ J mol}^{-1} \text{ K}^{-1})(1000 \text{ K})$$
$$= -1.13 \text{ kJ mol}^{-1}$$

および

$$\Delta^{\ddagger}S° = R \ln \frac{hAc°}{e^2 k_B T}$$
$$= (8.314 \text{ J mol}^{-1} \text{ K}^{-1})$$
$$\times \ln \left\{ \frac{(6.626 \times 10^{-34} \text{ J s})(1.09 \times 10^{11} \text{ dm}^3 \text{ mol}^{-1} \text{ s}^{-1})(1.00 \text{ mol dm}^{-3})}{e^2 (1.381 \times 10^{-23} \text{ J K}^{-1})(1000 \text{ K})} \right\}$$
$$= -60.3 \text{ J K}^{-1} \text{ mol}^{-1}$$

である．平衡定数同様，$\Delta^{\ddagger}S°$ の値が標準状態の選び方に依存することに注意せよ．

$\Delta^{\ddagger}S°$ の値は，活性錯合体と反応物の相対的な構造についての情報を与える．すなわち，正であれば活性錯合体の構造は反応物よりも秩序度が低く，逆に負であれば秩序度が高いことを示している．

問 題

28·1 以下のそれぞれの化学反応について，298.15 K，1 bar における平衡状態での反応進行度を計算せよ (26·4 節参照)．

(a) $H_2(g) + Cl_2(g) \rightleftharpoons 2HCl(g)$　　$\Delta_r G° = -190.54 \text{ kJ mol}^{-1}$
はじめの量：$H_2(g)$ と $Cl_2(g)$ が 1 モルずつ，$HCl(g)$ はなし．

(b) $N_2(g) + O_2(g) \rightleftharpoons 2NO(g)$　　$\Delta_r G° = 173.22 \text{ kJ mol}^{-1}$
はじめの量：$N_2(g)$ と $O_2(g)$ が 1 モルずつ，$NO(g)$ はなし．

28·2 一酸化二窒素 N_2O は,

$$2N_2O(g) \longrightarrow 2N_2(g) + O_2(g)$$

に従って分解する. 900 K のある条件の下で, 反応速度が $6.16\times10^{-6}\,\mathrm{mol\,dm^{-3}\,s^{-1}}$ であった. $d[N_2O]/dt$, $d[N_2]/dt$ および $d[O_2]/dt$ の値を計算せよ.

28·3 問題 28·2 の反応を容積 $2.67\,\mathrm{dm^3}$ の容器内で行ったとする. 反応速度 $6.16\times10^{-6}\,\mathrm{mol\,dm^{-3}\,s^{-1}}$ に対応する $d\xi/dt$ の値を計算せよ.

28·4 過マンガン酸塩による過酸化水素の酸化は,

$$2KMnO_4(aq) + 3H_2SO_4(aq) + 5H_2O_2(aq) \longrightarrow$$
$$2MnSO_4(aq) + 8H_2O(l) + 5O_2(g) + K_2SO_4(aq)$$

に従って起きる. 反応物と生成物のそれぞれを用いて反応速度 v を定義してみよ.

28·5 反応,

$$O(g) + O_3(g) \longrightarrow 2O_2(g)$$

の 2 次の速度定数は $1.26\times10^{-15}\,\mathrm{cm^3\cdot 分子^{-1}\cdot s^{-1}}$ である. $\mathrm{dm^3\,mol^{-1}\,s^{-1}}$ を単位とした速度定数を求めよ.

28·6 モル濃度を使った反応速度の定義(式 28·5)では, 反応の過程で体積が不変であることを仮定している. 反応の過程で体積が変わる場合について, 反応物 A のモル濃度を用いた反応速度の式を導け.

28·7 反応物の濃度について 0 次の反応について積分型の反応速度式を導け.

28·8 下表の初期速度のデータを用い,

$$NO(g) + H_2(g) \longrightarrow 生成物$$

で表される反応の反応速度式を決定せよ.

$P_0(H_2)/\mathrm{Torr}$	$P_0(NO)/\mathrm{Torr}$	$v_0/\mathrm{Torr\,s^{-1}}$
400	159	34
400	300	125
289	400	160
205	400	110
147	400	79

この反応の速度定数を計算せよ.

28·9 塩化スルホニルは,

$$SO_2Cl_2(g) \longrightarrow SO_2(g) + Cl_2(g)$$

に従って分解する. 298.15 K で測定されたつぎの初期速度のデータを用い, $SO_2Cl_2(g)$

についての反応次数を決定せよ．

$[SO_2Cl_2]_0$/mol dm^{-3}	0.10	0.37	0.76	1.22
v_0/mol dm^{-3} s^{-1}	2.24×10^{-6}	8.29×10^{-6}	1.71×10^{-5}	2.75×10^{-5}

298.15 K におけるこの反応の速度定数を決定せよ．

28・10 反応，

$$Cr(H_2O)_6^{3+}(aq) + SCN^-(aq) \longrightarrow Cr(H_2O)_5(SCN)^{2+}(aq) + H_2O(l)$$

について，298.15 K でつぎの初期速度のデータが得られた．

$[Cr(H_2O)_6^{3+}]_0$/mol dm^{-3}	$[SCN^-]_0$/mol dm^{-3}	v_0/mol dm^{-3} s^{-1}
1.21×10^{-4}	1.05×10^{-5}	2.11×10^{-11}
1.46×10^{-4}	2.28×10^{-5}	5.53×10^{-11}
1.66×10^{-4}	1.02×10^{-5}	2.82×10^{-11}
1.83×10^{-4}	3.11×10^{-5}	9.44×10^{-11}

この反応の反応速度式と 298.15 K における速度定数を決定せよ．反応次数は整数と仮定せよ．

28・11 塩基触媒反応，

$$OCl^-(aq) + I^-(aq) \longrightarrow OI^-(aq) + Cl^-(aq)$$

を考える．下表の初期速度のデータを用いて，この反応の反応速度式と速度定数を決定せよ．

$[OCl^-]$/mol dm^{-3}	$[I^-]$/mol dm^{-3}	$[OI^-]$/mol dm^{-3}	v_0/mol dm^{-3} s^{-1}
1.62×10^{-3}	1.62×10^{-3}	0.52	3.06×10^{-4}
1.62×10^{-3}	2.88×10^{-3}	0.52	5.44×10^{-4}
2.71×10^{-3}	1.62×10^{-3}	0.84	3.16×10^{-4}
1.62×10^{-3}	2.88×10^{-3}	0.91	3.11×10^{-4}

28・12 反応，

$$SO_2Cl_2(g) \longrightarrow SO_2(g) + Cl_2(g)$$

は 1 次であり，320 °C において速度定数 2.24×10^{-5} s^{-1} をもつ．この反応の半減期を計算せよ．320 °C に加熱して 5.00 時間後にはどれだけの割合の $SO_2Cl_2(g)$ が残っているか．はじめの存在量の 92.0 % が分解するには，どれだけの時間，320 °C に保つ必要があるか．

28・13 気相分解反応，

$$\begin{matrix}H_2C-CHCH_2CH_2CH_3\\|\quad\quad|\\H_2C-CH_2\end{matrix} \longrightarrow H_2C=CHCH_2CH_2CH_3 + H_2C=CH_2$$

の半減期は反応物の初期濃度によらないことがわかっている．この反応の反応速度式と積分型反応速度式を決定せよ．

28·14 過酸化水素 H_2O_2 は水溶液中で1次の過程により分解する．0.156 mol dm^{-3} の H_2O_2 水溶液では初期速度が 1.14×10^{-5} mol dm^{-3} s^{-1} である．この分解反応の速度定数と半減期を計算せよ．

28·15 ある1次反応が 19.7 分で 24.0 % だけ進行した．85.5 % まで進行するにはどれだけかかるか．この反応の速度定数を計算せよ．

28·16 シクロヘキサン溶液中の求核置換反応，

$$PhSO_2SO_2Ph(sln) + N_2H_4(sln) \longrightarrow PhSO_2NHNH_2(sln) + PhSO_2H(sln)$$

を 300 K で調べたところ，反応速度式は $PhSO_2SO_2Ph$ について1次であった．初期濃度が $[PhSO_2SO_2Ph]_0 = 3.15\times10^{-5}$ mol dm^{-3} の場合，以下の速度データが得られた．この反応の反応速度式と速度定数を決定せよ．

$[N_2H_4]_0/10^{-2}$ mol dm^{-3}	0.5	1.0	2.4	5.6
v/mol dm^{-3} s^{-1}	0.085	0.17	0.41	0.95

28·17 A が反応して，

$$A \xrightarrow{k_1} B \quad \text{または} \quad A \xrightarrow{k_2} C$$

に従ってBかCを生じるとすると，

$$[A] = [A]_0 e^{-(k_1+k_2)t}$$

であることを示せ．このとき A の半減期 $t_{1/2}$ が

$$t_{1/2} = \frac{0.693}{k_1+k_2}$$

で与えられることを示せ．すべての時刻 t において $[B]/[C] = k_1/k_2$ であることを示せ．初期条件 $[A]=[A]_0$, $[B]_0=[C]_0=0$, $k_2=4k_1$ の場合について，同じグラフに $[A]$, $[B]$, $[C]$ の時間変化をプロットせよ．

以下の6問は放射性同位体の崩壊を扱う．この現象は1次の過程である．したがって，時刻 t における放射性同位体原子の数を $N(t)$ とすると，$t=0$ における数を $N(0)$ として，$N(t) = N(0)e^{-kt}$ である．放射崩壊の場合には，崩壊速度（崩壊の速度

論)をたいていの場合, 半減期 $t_{1/2}=0.693/k$ で表す.

28·18 放射性のリン-32 ($t_{1/2}=14.3$ d)を含む Na_3PO_4 を注文した. 輸送過程の事故で到着が2週間遅れたら, 試料を受取ったときにはじめの放射能のうちどれだけが残っているか.

28·19 脳腫瘍の検査(走査)やウィルソン病(銅を代謝できないという特徴をもつ遺伝疾患)の研究のために, 銅-64 ($t_{1/2}=12.8$ h)が使われる. はじめに注入された量の 0.10% まで銅-64 が減衰するのに必要な日数を計算せよ. 放射崩壊以外の銅-64 の減少はないものと仮定せよ.

28·20 硫黄-38 をタンパク質に組込んでタンパク質の代謝のある側面を追跡することができる. タンパク質の試料がはじめ 10 000 壊変·min^{-1} の放射能をもっていたと仮定して, 6.00 h 後の放射能を計算せよ. 硫黄-38 の半減期は 2.84 h である. [ヒント: 1次の過程では崩壊速度が $N(t)$ に比例することを使う.]

28·21 放射性のリン-32 を核酸に組込んで, 核酸の代謝のある側面を追跡することができる. 核酸の試料がはじめ 40 000 壊変·min^{-1} の放射能をもっていたと仮定して, 220 h 後の放射能を計算せよ. リン-32 の半減期は 14.28 d である. [ヒント: 1次の過程では崩壊速度が $N(t)$ に比例することを使う.]

28·22 ウラン-238 は 4.51×10^9 y の半減期で崩壊して鉛-206 になる. 大洋の堆積物には 1.50 mg のウラン-238 と 0.460 mg の鉛-206 が含まれていることがわかった. 鉛-206 はウラン-238 の壊変でのみ生じ, それ自身は安定であると仮定して, 堆積物の年齢を求めよ.

28·23 地質学や考古学において堆積岩の年代決定にカリウム-アルゴン年代決定法が用いられている. カリウム-40 は,

$$^{40}_{19}K \longrightarrow {}^{40}_{20}Ca + {}^{0}_{-1}e \quad (89.3\%)$$

$$^{40}_{19}K \longrightarrow {}^{40}_{18}Ar + {}^{0}_{1}e \quad (10.7\%)$$

の二つの経路で崩壊する. カリウム-40 の全半減期は 1.3×10^9 y である. アルゴン-40 とカリウム-40 の比が 0.0102 である堆積岩の年齢を推定せよ(問題 28·17 参照).

28·24 この問題では反応速度式,

$$-\frac{d[A]}{dt} = k[A][B] \qquad (1)$$

から式(28·31)を導く. 式(28·29)の反応式の量論関係から $[B]=[B]_0-[A]_0+[A]$ であることを示せ. これを用いて, 式(1)が,

$$-\frac{d[A]}{dt} = k[A]\{[B]_0-[A]_0+[A]\}$$

と書けることを示せ．変数分離を行い，初期条件を考慮して積分して，目的の式，式 (28・31) が得られることを示せ．

28・25 式 (28・31) は $[A]_0 = [B]_0$ ならば不定になる．ロピタルの公式(極限値を求める公式)を用いて，$[A]_0 = [B]_0$ のとき式 (28・31) が式 (28・32) に帰着することを示せ．[ヒント: $[A] = [B] + x$, $[A]_0 = [B]_0 + x$ とせよ．]

28・26 硝酸ウラニルは反応式,

$$UO_2(NO_3)_2(aq) \longrightarrow UO_3(aq) + 2NO_2(g) + \frac{1}{2}O_2(g)$$

に従って分解する．この反応の反応速度式は硝酸ウラニルの濃度について1次である．この反応について 25.0 °C で以下のデータを得た．

t/min	0	20.0	60.0	180.0	360.0
$[UO_2(NO_3)_2]$/mol dm^{-3}	0.01413	0.01096	0.00758	0.00302	0.00055

この反応の 25.0 °C における速度定数を計算せよ．

28・27 350 °C における硝酸ウラニルの分解(問題 28・26)についてのデータは以下のとおりである．

t/min	0	6.0	10.0	17.0	30.0	60.0
$[UO_2(NO_3)_2]$/mol dm^{-3}	0.03802	0.02951	0.02089	0.01259	0.00631	0.00191

この反応の 350 °C における速度定数を計算せよ．

28・28 反応,

$$N_2O(g) \longrightarrow N_2(g) + \frac{1}{2}O_2(g)$$

について 900 K で以下のデータを得た．

t/s	0	3146	6494	13933
$[N_2O]$/mol dm^{-3}	0.521	0.416	0.343	0.246

この反応の反応速度式は N_2O 濃度について2次である．この分解反応の速度定数を計算せよ．

28・29 化学反応,

$$A \longrightarrow 生成物$$

28. 反応速度論 I：反応速度式

が反応速度式，

$$-\frac{d[A]}{dt} = k[A]^n$$

に従うとする．ここで n は反応次数で 1 以外の数である．濃度と時間を変数分離し，$t=0$ における A の濃度を $[A]_0$，時刻 t における濃度を $[A]$ と表して積分すると，

$$kt = \frac{1}{n-1}\left(\frac{1}{[A]^{n-1}} - \frac{1}{[A]_0^{n-1}}\right) \qquad n \neq 1 \qquad (1)$$

となることを示せ．式(1)を用いて n 次反応の半減期が，

$$kt_{1/2} = \frac{1}{n-1}\frac{2^{n-1}-1}{[A]_0^{n-1}} \qquad n \neq 1 \qquad (2)$$

となることを示せ．$n=2$ のとき，この結果が式(28·28)になることを示せ．

28·30 問題 28·29 の式(1)は，

$$\frac{\left(\frac{[A]_0}{[A]}\right)^x - 1}{x} = k[A]_0^x\, t$$

と書けることを示せ．ここで $x = n-1$ である．ロピタルの定理を用い，$n=1$ では，

$$\ln\frac{[A]}{[A]_0} = -kt$$

となることを示せ．（$da^x/dx = a^x \ln a$ である．）

28·31 反応，

$$N_2O(g) \longrightarrow N_2(g) + \frac{1}{2}O_2(g)$$

について次のデータを得た．

$[N_2O]_0$/mol dm^{-3}	1.674×10^{-3}	4.458×10^{-3}	9.300×10^{-3}	1.155×10^{-2}
$t_{1/2}$/s	1200	470	230	190

この反応の反応速度式が，

$$-\frac{d[N_2O]}{dt} = k[N_2O]^n$$

であると仮定し，問題 28·29 の式(2)を用いて $\ln t_{1/2}$ を $\ln [A]_0$ に対してプロットし N_2O の反応次数を決定せよ．この分解反応の速度定数を計算せよ．

28·32 この問題では式 (28·37) から式 (28·38) を導く. 式 (28·37) を変形して,

$$\frac{d[A]}{(k_1 + k_{-1})[A] - k_{-1}[A]_0} = -dt$$

となることを示せ. これを積分して,

$$\ln\{(k_1 + k_{-1})[A] - k_{-1}[A]_0\} = -(k_1 + k_{-1})t + 定数$$

となること, すなわち,

$$(k_1 + k_{-1})[A] - k_{-1}[A]_0 = ce^{-(k_1+k_{-1})t}$$

であることを示せ. ここで c は定数である. $c = k_1[A]_0$ であることと,

$$(k_1 + k_{-1})[A] - k_{-1}[A]_0 = k_1[A]_0 e^{-(k_1+k_{-1})t} \tag{1}$$

であることを示せ. ここで $t \to \infty$ として,

$$[A]_0 = \frac{(k_1 + k_{-1})[A]_{eq}}{k_{-1}}$$

および

$$[A]_0 - [A]_{eq} = \frac{k_1[A]_{eq}}{k_{-1}} = \frac{k_1[A]_0}{k_1 + k_{-1}}$$

となることを示せ. 式(1)にこれらの結果を代入し, 式 (28·38) が得られることを示せ.

28·33 一般的な化学反応,

$$A + B \underset{k_{-1}}{\overset{k_1}{\rightleftharpoons}} P$$

を考える. 正反応も逆反応もそれぞれの反応物について 1 次であると仮定すると, 反応速度式は,

$$\frac{d[P]}{dt} = k_1[A][B] - k_{-1}[P] \tag{1}$$

で与えられる (式 28·51). この反応の温度ジャンプに対する応答を考える. $[A] = [A]_{2,eq} + \Delta[A]$, $[B] = [B]_{2,eq} + \Delta[B]$, $[P] = [P]_{2,eq} + \Delta[P]$ とおく. ここで添字 "2, eq" は新しい平衡状態を表す. $\Delta[A] = \Delta[B] = -\Delta[P]$ であることを用い, 式(1)が,

$$\frac{d\Delta[P]}{dt} = k_1[A]_{2,eq}[B]_{2,eq} - k_{-1}[P]_{2,eq}$$
$$- \{k_1([A]_{2,eq} + [B]_{2,eq}) + k_{-1}\}\Delta[P] + O(\Delta[P]^2)$$

になることを示せ. この方程式の右辺のはじめの 2 項が消えて, 式 (28·52) と式 (28·

53)が得られることを示せ.

28·34 反応,

$$H^+(aq) + OH^-(aq) \underset{k_{-1}}{\overset{k_1}{\rightleftharpoons}} H_2O(l)$$

の 25 °C における平衡定数は $K_c=[H_2O]/[H^+][OH^-]=5.49\times 10^{15}$ mol^{-1} dm^3 である. 終点温度 25 °C への温度ジャンプの後の溶液の伝導率の時間依存性の測定から, 緩和時間が $\tau=3.7\times 10^{-5}$ s と求められた. 速度定数 k_1 と k_{-1} の値を決定せよ. 25 °C における水の密度は $\rho=0.997$ g cm^{-3} である.

28·35 反応,

$$D^+(aq) + OD^-(aq) \underset{k_{-1}}{\overset{k_1}{\rightleftharpoons}} D_2O(l)$$

の 25 °C における平衡定数は $K_c=4.08\times 10^{16}$ mol^{-1} dm^3 である. 速度定数 k_{-1} は独立に 2.52×10^{-6} s^{-1} と決定されている. 終点温度 25 °C への温度ジャンプ実験における実測の緩和時間はどうなると予想されるか. 25 °C における D$_2$O の密度は $\rho=1.104$ g cm^{-3} である.

28·36 反応式,

$$2A(aq) \underset{k_{-1}}{\overset{k_1}{\rightleftharpoons}} D(aq)$$

で表される化学反応を考える. 正反応は 2 次, 逆反応は 1 次と仮定すると, 反応速度式は,

$$\frac{d[D]}{dt} = k_1[A]^2 - k_{-1}[D] \tag{1}$$

で与えられる. この反応の温度ジャンプに対する応答を考える. $[A]=[A]_{2,eq}+\Delta[A]$, $[D]=[D]_{2,eq}+\Delta[D]$ とおく. ここで添字 "2, eq" は新しい平衡状態を表す. $\Delta[A]=-2\Delta[D]$ であることを用い, 式(1)が,

$$\frac{d\Delta[D]}{dt} = -(4k_1[A]_{2,eq}+k_{-1})\Delta[D] + O(\Delta[D]^2)$$

となることを示せ. ここで $O(\Delta[D]^2)$ の項を無視すると,

$$\Delta[D] = \Delta[D]_0 e^{-t/\tau}$$

となることを示せ. ここで $\tau=1/(4k_1[A]_{2,eq}+k_{-1})$ である.

28·37 問題 28·36 で二量化反応,

$$2A(aq) \underset{k_{-1}}{\overset{k_1}{\rightleftharpoons}} D(aq)$$

の緩和時間が $\tau=1/(4k_1[A]_{2,eq}+k_{-1})$ であることを示した．これを，

$$\frac{1}{\tau^2} = k_{-1}^2 + 8k_1k_{-1}[S]_0$$

と書き直せることを示せ．ここで $[S]_0=2[D]+[A]=2[D]_{2,eq}+[A]_{2,eq}$ である．

28・38 タンパク質酵母ホスホグリセリン酸ムターゼの自己集合における第1段階はポリペプチドの可逆的二量化，

$$2A(aq) \underset{k_{-1}}{\overset{k_1}{\rightleftharpoons}} D(aq)$$

である．ここで A はポリペプチド，D は二量体である．1.43×10^{-5} mol dm^{-3} の A の溶液を調整し 280 K で平衡にしたとする．平衡になった後，溶液の温度を 293 K までジャンプさせた．二量化反応の速度定数 k_1 と k_{-1} は 293 K でそれぞれ 6.25×10^3 dm^3 mol^{-1} s^{-1}, 6.00×10^{-3} s^{-1} である．実験で観測される緩和時間の値を計算せよ．
[ヒント：　問題 28・37 参照．]

28・39 アレニウスの A 因子の単位はいつも速度定数と同じか．

28・40 問題 28・26 と問題 28・27 の結果を用い，硝酸ウラニルの分解について E_a と A の値を計算せよ．

28・41 反応，

$$OH(g) + ClCH_2CH_2Cl(g) \longrightarrow H_2O(g) + ClCHCH_2Cl(g)$$

のいろいろな温度における反応速度定数の実験値は以下のとおりである．

T/K	292	296	321	333	343	363
$k/10^8$ dm^3 mol^{-1} s^{-1}	1.24	1.32	1.81	2.08	2.29	2.75

アレニウスパラメーター A と E_a を決定せよ．

28・42 反応，

$$HO_2(g) + OH(g) \longrightarrow H_2O(g) + O_2(g)$$

のアレニウスパラメーターは $A=5.01\times 10^{10}$ dm^3 mol^{-1} s^{-1}, $E_a=4.18$ kJ mol^{-1} である．この反応の 298 K における速度定数の値を決定せよ．

28・43 問題 28・42 の反応の速度定数が，298 K のときの 2 倍になる温度はいくらか．

28・44 反応，

$$CHCl_2(g) + Cl_2(g) \longrightarrow CHCl_3(g) + Cl(g)$$

のいろいろな温度における速度定数は以下のとおりである．

28. 反応速度論 I：反応速度式

T/K	357	400	458	524	533	615
$k/10^7\,\text{dm}^3\,\text{mol}^{-1}\,\text{s}^{-1}$	1.72	2.53	3.82	5.20	5.61	7.65

アレニウスパラメーター A と E_a を決定せよ．

28・45 化学反応，

$$2\text{N}_2\text{O}_5(\text{g}) \longrightarrow 4\text{NO}_2(\text{g}) + \text{O}_2(\text{g})$$

の速度定数は 22.50 °C から 27.47 °C になると 2 倍になる．この反応の活性化エネルギーを求めよ．前指数因子は温度に依存しないと仮定せよ．

28・46 A が反応式，

$$\text{A} \xrightarrow{k_1} \text{B} \quad \text{または} \quad \text{A} \xrightarrow{k_2} \text{C}$$

のいずれかに従って反応して，B または C が生じるとすると，A がなくなっていく反応の実測の活性化エネルギー E_a が，

$$E_a = \frac{k_1 E_1 + k_2 E_2}{k_1 + k_2}$$

で与えられることを示せ．ここで E_1 は第一の反応の活性化エネルギー，E_2 は第二の反応の活性化エネルギーである．

28・47 シクロヘキサンは"椅子形"構造と"舟形"構造の間で相互転換する．椅子形から舟形への反応の活性化パラメーターは $\Delta^\ddagger H° = 31.38\,\text{kJ mol}^{-1}$，$\Delta^\ddagger S° = 16.74\,\text{J K}^{-1}\,\text{mol}^{-1}$ である．325 K におけるこの反応の標準活性化ギブズエネルギーと速度定数を計算せよ．

28・48 気相異性化反応，

$$\text{ビニルアリルエーテル} \longrightarrow \text{アリルアセトン}$$

の速度定数は 420 K で $6.015 \times 10^{-5}\,\text{s}^{-1}$，470 K で $2.971 \times 10^{-3}\,\text{s}^{-1}$ である．アレニウスパラメーター A と E_a を計算せよ．420 K における $\Delta^\ddagger H°$ および $\Delta^\ddagger S°$ を計算せよ．（理想気体であると仮定せよ．）

28・49 化学反応の速度論的振舞いは，光分光法，NMR 分光法，伝導率，抵抗率，圧力変化，体積変化などのさまざまな実験手段で追跡できる．こうした方法では濃度そのものを測定するのではないが，検出信号が濃度に比例していることがわかっている．比例定数の大きさは実験手法や系に存在する化学種によって異なる．一般的な化学反応，

$$\nu_A \text{A} + \nu_B \text{B} \longrightarrow \nu_Y \text{Y} + \nu_Z \text{Z}$$

を考える．ここで $t \to \infty$ で $[\text{A}] \to 0$ という意味で A が反応を制御しているものとする．測定器による測定値 S に対する化学種 i の寄与についての比例定数を p_i とす

る. 反応中の任意の時刻 t において S が，

$$S(t) = p_A[A] + p_B[B] + p_Y[Y] + p_Z[Z] \tag{1}$$

で与えられる理由を説明せよ. 実験のはじめと終わりにおける測定器の読みが，

$$S(0) = p_A[A]_0 + p_B[B]_0 + p_Y[Y]_0 + p_Z[Z]_0 \tag{2}$$

および

$$S(\infty) = p_B\left([B]_0 - \frac{\nu_B}{\nu_A}[A]_0\right) + p_Y\left([Y]_0 + \frac{\nu_Y}{\nu_A}[A]_0\right) + p_Z\left([Z]_0 + \frac{\nu_Z}{\nu_A}[A]_0\right) \tag{3}$$

で与えられることを示せ. 式(1)から式(3)までを組合わせて，

$$[A] = [A]_0 \frac{S(t) - S(\infty)}{S(0) - S(\infty)}$$

であることを示せ. [ヒント：[B], [Y], [Z]をこれらの初期値と[A]および[A]$_0$で表せ.]

28·50 問題 28·49 の結果を用い, 1次の反応速度式 $v = k[A]$ について, 信号の時間依存性が，

$$S(t) = S(\infty) + [S(0) - S(\infty)]e^{-kt}$$

で与えられることを示せ.

28·51 問題 28·49 の結果を用い, 2次の反応速度式 $v = k[A]^2$ について, 信号の時間依存性が，

$$S(t) = S(\infty) + \frac{S(0) - S(\infty)}{1 + [A]_0 kt}$$

で与えられることを示せ.

28·52 ジアセトンアルコールの分解では，反応の進行につれて反応溶液の体積が相当大きくなるので，試料の体積を時間の関数として測定する膨張計を用いて，反応を追跡することができる. 測定値が以下のようになった.

時間/s	0	24.4	35.0	48.0	64.8	75.8	133.4	∞
S/任意単位	8.0	20.0	24.0	28.0	32.0	34.0	40.0	43.3

問題 28·50 と問題 28·51 で導いた式を用い，分解反応が1次反応か2次反応かを決定せよ.

28·53 問題 28·49 では A は完全に反応する，すなわち $t \to \infty$ で $[A] \to 0$ と仮

定した．もし，反応が完全ではなく，代わりに平衡が達成される場合には，

$$[A] = [A]_{eq} + \{[A]_0 - [A]_{eq}\}\frac{S(t) - S(\infty)}{S(0) - S(\infty)}$$

となることを示せ．ここで $[A]_{eq}$ は A の平衡濃度である．

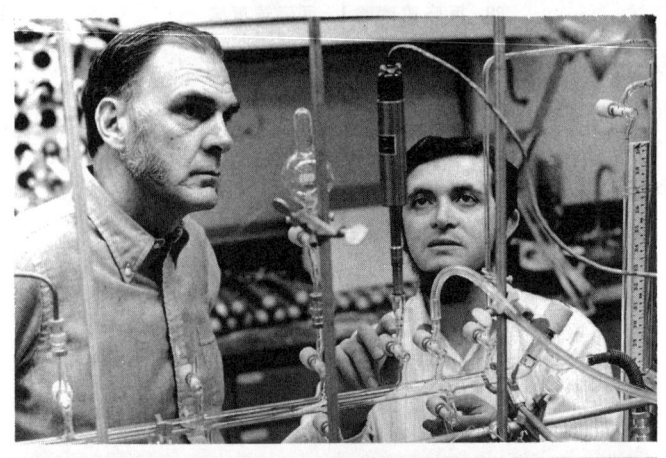

F. S. ロウランド（F. Sherwood Rowland）（写真上左），**M. J. モリーナ**（Mario J. Molina）（上右）と **P. J. クルッツェン**（Paul J. Crutzen）（下）は，1995年，"大気化学，特にオゾンの生成と分解に関する業績"でノーベル化学賞を受賞した．**ロウランド**は1927年6月28日，オハイオ州のデラウェアで生まれ，1951年にシカゴ大学で博士号を取得した．プリンストン大学で講師をした後，1956年にカンザス大学の教授になった．1964年，彼は創設責任者としてカリフォルニア大学アーヴィン校に移り，現在に至っている．現在の研究分野は大気化学および環境化学である．**モリーナ**は1943年3月19日，メキシコのメキシコシティーで生まれた．1972年にカリフォルニア大学バークレー校で博士号を得た後，カリフォルニア大学アーヴィン校のロウランドのグループに博士研究員として加わり，大気中の塩素とクロロフルオロメタンの研究を行った．1989年にマサチューセッツ工科大学（MIT）の教授になり，現在に至っている．彼は，ノーベル賞の賞金の大半を，MITで環境化学の研究を行う発展途上国の学者のために寄付した．**クルッツェン**は1933年12月3日，オランダのアムステルダムで生まれた．1968年には気象学の博士号を，1973年には理学博士号をともにストックホルム大学で取得した．コロラド州ブールダーにある国立大気研究センターで1974年から1980年を過ごした後，マインツのマックス プランク化学研究所に移り，現在に至っている．

29. 反応速度論 II: 反応機構

$$A + B + C \Longrightarrow 生成物$$

は，それぞれの反応物について1次，全体として3次の反応速度式，つまり，

$$v = k[A][B][C]$$

をもつはずである．すべての反応分子が同時に衝突する確率は反応の分子度が大きくなるにつれて減少する．3より大きい分子度をもつ素反応は知られておらず，大部分の素反応は二分子反応である．

例題 29·1 つぎの化学反応の反応速度式はどうなるか．

(a)　$2NO(g) + O_2(g) \xrightarrow{k} N_2O_4(g)$

(b)　$O_3(g) + Cl(g) \xRightarrow{k} ClO(g) + O_2(g)$

(c)　$NO_2(g) + F_2(g) \xRightarrow{k} NO_2F(g) + F(g)$

解答: (a) 使われている矢印から，この化学反応は素反応ではない．このため反応速度式を求めるには実験データが必要である．
(b) 使われている矢印から，この化学反応は素反応である．したがって反応速度式は，

$$v = k[O_3][Cl]$$

である．
(c) この反応は二分子素反応であって，反応速度式は，

$$v = k[NO_2][F_2]$$

である．

29·2 詳細な釣り合いの原理: 複合反応が平衡のとき反応機構の一つずつの段階の正反応と逆反応の速度は等しい

素反応の平衡定数が正反応と逆反応の速度定数の比に等しいことを示そう．正反応も逆反応も二分子反応であるような一般の化学反応，

$$A + B \underset{k_{-1}}{\overset{k_1}{\rightleftarrows}} C + D \tag{29·4}$$

を考える．これからも，この種の反応が何度も出てくるだろう．このような反応を**可逆素反応**[1]という．これは，反応がどちら向きにもかなりの程度に起こるもので，しかも両方向が素反応である．式(29・4)の化学反応の正反応も逆反応も二分子素反応なので，正反応と逆反応の速度，v_1 と v_{-1} は，

$$v_1 = k_1[A][B]$$
$$v_{-1} = k_{-1}[C][D]$$

となる．平衡状態では $v_1=v_{-1}$ なので，

$$k_1[A]_{eq}[B]_{eq} = k_{-1}[C]_{eq}[D]_{eq} \qquad (29\cdot5)$$

となる．ここで添字 "eq" は A, B, C, D の濃度が平衡状態での濃度であることを表している．平衡定数は，

$$K_c = \frac{[C]_{eq}[D]_{eq}}{[A]_{eq}[B]_{eq}}$$

で与えられるので，式(29・5)は，

$$\frac{k_1}{k_{-1}} = \frac{[C]_{eq}[D]_{eq}}{[A]_{eq}[B]_{eq}} = K_c \qquad (29\cdot6)$$

となる．$K_c=k_1/k_{-1}$ という関係はすべての可逆素反応について成立するもので，**詳細な釣り合いの原理**[2]という．この原理は平衡状態にある素反応についてのみ成立する．反応が素反応でなければ K_c は k_1/k_{-1} に等しい必要はない．

詳細な釣り合いの原理は複合反応では成立しないが，複合反応の反応機構における各段階は定義によって素反応なので，各段階では成立しなければならない．この点は重要であり，反応速度式から平衡定数を導く際には覚えておかなければならない．例として可逆平衡反応，

$$A \rightleftharpoons B \qquad (29\cdot7)$$

を考えよう．この反応が，

$$A + C \underset{k_{-1}}{\overset{k_1}{\rightleftharpoons}} B + C \qquad (29\cdot8)$$

と

$$A \underset{k_{-2}}{\overset{k_2}{\rightleftharpoons}} B \qquad (29\cdot9)$$

---

[1] reversible elementary reaction　　[2] principle of detailed balance

29. 反応速度論 II：反応機構

のような競合する段階から成っていると仮定しよう．29・9節で酵素触媒を説明する場合や，31章で表面触媒を説明する際に，このような反応機構の実例を考察することになる．さて，この反応機構の素過程の一つが全体としての複合反応と同じ形をしていることに注意しよう．違いは，式(29・7)が反応 $A \rightleftharpoons B$ のすべての可能な経路を表していることである．可能な反応経路が二つあるので，式(29・7)は素反応ではない．しかし式(29・7)と見かけが同じ素反応も，可能な反応経路の一つとなりうる．これが素反応，式(29・9)が全反応と同じ形をもつことの理由である．

詳細な釣り合いの原理によれば，全反応，式(29・7)が平衡にあるとき，反応機構のどの段階も平衡でなければならない．したがって，平衡状態では，

$$v_1 = k_1[A]_{eq}[C]_{eq} = v_{-1} = k_{-1}[B]_{eq}[C]_{eq} \quad (29\cdot 10)$$

および

$$v_2 = k_2[A]_{eq} = v_{-2} = k_{-2}[B]_{eq} \quad (29\cdot 11)$$

である．式(29・10)と式(29・11)で与えられる平衡の条件は，

$$\frac{[B]_{eq}}{[A]_{eq}} = K_c = \frac{k_1}{k_{-1}} \quad (29\cdot 12)$$

および

$$\frac{[B]_{eq}}{[A]_{eq}} = K_c = \frac{k_2}{k_{-2}} \quad (29\cdot 13)$$

と書ける．式(29・12)と式(29・13)を等置すると，

$$\frac{k_1}{k_{-1}} = \frac{k_2}{k_{-2}} \quad (29\cdot 14)$$

が得られる．

詳細な釣り合いの原理のため，四つの速度定数，k_1, k_{-1}, k_2, k_{-2} は互いに独立ではない．全反応についての式は反応機構の2段階(式29・8と式29・9)の和で与えられるので，平衡では，

$$v_1 + v_2 = v_{-1} + v_{-2} \quad (29\cdot 15)$$

が得られる．例題29・2では式(29・15)を用いて全反応の平衡定数を導く．この導出は平衡反応の速度論における詳細な釣り合いの原理の重要性をよく示している．

例題 29·2 式(29·15)の平衡の条件から，式(29·7)から式(29·9)までの反応についても，

$$\frac{[B]_{eq}}{[A]_{eq}} = \frac{k_1}{k_{-1}}$$

が得られることを示せ．

解答: 個々の素過程（式 29·8 および 式 29·9）に対して反応速度式は，

$$v_1 = k_1[A][C]$$
$$v_{-1} = k_{-1}[B][C]$$
$$v_2 = k_2[A]$$
$$v_{-2} = k_{-2}[B]$$

である．これらを式(29·15)に代入すると，平衡状態において，

$$k_1[A]_{eq}[C]_{eq} + k_2[A]_{eq} = k_{-1}[B]_{eq}[C]_{eq} + k_{-2}[B]_{eq}$$

が得られる．これは，

$$K_c = \frac{[B]_{eq}}{[A]_{eq}} = \frac{k_1[C]_{eq} + k_2}{k_{-1}[C]_{eq} + k_{-2}} \tag{1}$$

と書き直すことができる．この式には $[C]_{eq}$ が含まれている．$[C]_{eq}$ を消去するために速度定数の間の関係，式(29·14)を使う．式(29·14)はこの反応の反応機構に詳細な釣り合いの原理を適用して得られたものである．式(1)の分子で k_1 を，分母で k_{-1} をくくり出すと，

$$K_c = \frac{[B]_{eq}}{[A]_{eq}} = \frac{k_1([C]_{eq} + k_2/k_1)}{k_{-1}([C]_{eq} + k_{-2}/k_{-1})} \tag{2}$$

が得られる．式(29·14)を式(2)に代入すると期待どおり，

$$K_c = \frac{[B]_{eq}}{[A]_{eq}} = \frac{k_1}{k_{-1}}$$

が得られる．

例題 29·3 化学反応，

$$H_2(g) + 2ICl(g) \rightleftharpoons 2HCl(g) + I_2(g) \tag{1}$$

は 2 段階の反応機構，

29. 反応速度論 II: 反応機構

$$H_2(g) + ICl(g) \underset{k_{-1}}{\overset{k_1}{\rightleftharpoons}} HI(g) + HCl(g) \tag{2}$$

$$HI(g) + ICl(g) \underset{k_{-2}}{\overset{k_2}{\rightleftharpoons}} HCl(g) + I_2(g) \tag{3}$$

で起きる. 詳細な釣り合いの原理を用い, 反応式(1)の平衡定数が, 式(2)と式(3)の平衡定数の積であることを示せ.

解答: 反応式(1)の平衡定数, $K_{c,1}$ は,

$$K_{c,1} = \frac{[HCl]_{eq}^2[I_2]_{eq}}{[H_2]_{eq}[ICl]_{eq}^2}$$

で与えられる. 反応が平衡になったとき, 詳細な釣り合いの原理によれば反応式(2)と(3)も平衡でなければならない. 反応式(2)と(3)の平衡定数は,

$$K_{c,2} = \frac{[HI]_{eq}[HCl]_{eq}}{[H_2]_{eq}[ICl]_{eq}}$$

$$K_{c,3} = \frac{[HCl]_{eq}[I_2]_{eq}}{[HI]_{eq}[ICl]_{eq}}$$

である. これらの積 $K_{c,2}K_{c,3}$ は,

$$K_{c,2}K_{c,3} = \left(\frac{[HI]_{eq}[HCl]_{eq}}{[H_2]_{eq}[ICl]_{eq}}\right)\left(\frac{[HCl]_{eq}[I_2]_{eq}}{[HI]_{eq}[ICl]_{eq}}\right)$$

$$= \frac{[HCl]_{eq}^2[I_2]_{eq}}{[H_2]_{eq}[ICl]_{eq}^2}$$

$$= K_{c,1}$$

となる. 式(1)の全反応は式(2)と式(3)の反応の和であるが, 一方, 式(1)に対する平衡定数は式(2)と式(3)に対する平衡定数の積である.

29・3 逐次反応と1段階反応はどんな条件で区別できるか

気体 OClO の熱分解によって塩素原子と酸素分子が生じる反応,

$$OClO(g) \rightleftharpoons Cl(g) + O_2(g) \tag{29・16}$$

を考えよう. この反応はつぎの2段階機構,

$$\text{OClO(g)} \underset{k_{-1}}{\overset{k_1}{\rightleftharpoons}} \text{ClOO(g)}$$

$$\text{ClOO(g)} \underset{k_{-2}}{\overset{k_2}{\rightleftharpoons}} \text{Cl(g)} + \text{O}_2\text{(g)} \tag{29·17}$$

で起きる. これらの反応についての実験によれば $v_1 \gg v_{-1}$ および $v_2 \gg v_{-2}$ である. これらの反応速度の相対的な大きさのため, 全体の反応はほとんど完全に進行するので, 逆反応を無視してこの反応の機構を不可逆な素反応の序列,

$$\text{OClO(g)} \overset{k_1}{\Longrightarrow} \text{ClOO(g)} \overset{k_2}{\Longrightarrow} \text{Cl(g)} + \text{O}_2\text{(g)}$$

で表すのは大変よい近似である. 多くの複合反応はこのような素反応の序列によって起きる.

反応式,

$$\text{A} \overset{k_{\text{obs}}}{\longrightarrow} \text{P} \tag{29·18}$$

で表される一般の複合反応を考える. ここで k_{obs} は実験で決められた反応速度定数である. いうまでもなく, この化学反応式から反応速度式を決めることはできないが, この反応が2段階の機構,

$$\text{A} \overset{k_1}{\Longrightarrow} \text{I} \tag{29·19}$$

$$\text{I} \overset{k_2}{\Longrightarrow} \text{P} \tag{29·20}$$

で起きていると仮定することはできる. (この反応機構をしばしば1行で $\text{A} \overset{k_1}{\Longrightarrow} \text{I} \overset{k_2}{\Longrightarrow} \text{P}$ と書く.) この反応機構の各段階は素反応なので, 各化学種 A, I, P についての反応速度式は,

$$\frac{d[\text{A}]}{dt} = -k_1[\text{A}] \tag{29·21}$$

$$\frac{d[\text{I}]}{dt} = k_1[\text{A}] - k_2[\text{I}] \tag{29·22}$$

$$\frac{d[\text{P}]}{dt} = k_2[\text{I}] \tag{29·23}$$

である. この連立微分方程式〔式(29·22)の解は式(29·21)の解に依存し, 式(29·23)の解は式(29·22)の解に依存する〕は解析的に解くことができる(問題29·5). 時刻 $t=0$ で $[\text{A}]=[\text{A}]_0$, $[\text{I}]_0=[\text{P}]_0=0$ という初期濃度を仮定した場合の式(29·21)~式

(29·23)の解は,

$$[A] = [A]_0 e^{-k_1 t} \tag{29·24}$$

$$[I] = \frac{k_1[A]_0}{k_2 - k_1}(e^{-k_1 t} - e^{-k_2 t}) \tag{29·25}$$

$$[P] = [A]_0 - [A] - [I] = [A]_0 \left\{1 + \frac{1}{k_1 - k_2}(k_2 e^{-k_1 t} - k_1 e^{-k_2 t})\right\} \tag{29·26}$$

となる.

 考えなければならない問題の一つは逐次反応の個々の段階をいつも区別できるかということである.いい換えれば,この2段階の逐次反応機構が1段階反応,

$$A \overset{k_1}{\Longrightarrow} P$$

とどんなときにはっきりと区別できるかということである.1段階機構でも2段階機構でも[A]は時間とともに指数関数的に減少する.したがって[A]の減少挙動を測定しても,1段階機構と2段階機構を区別できるようなデータは得られない.ところが,関与する段階の数は生成物の生成の仕方に影響を与える.1段階反応では,[P]は,

$$[P] = [A]_0(1 - e^{-k_1 t}) \tag{29·27}$$

で与えられる(例題28·3参照).式(29·27)は式(29·26)と違って見えるが,k_2がk_1よりずっと大きい場合に何が起きるか考えてみよう.$k_2 \gg k_1$のとき,式(29·26)の分母でk_2に対してk_1を無視することができ,また,$e^{-k_2 t}$を含む項は$e^{-k_1 t}$を含む項よりもずっと速く減衰する.このため式(29·26)の[P]は,

$$[P] = [A]_0 \left\{1 + \frac{1}{k_1 - k_2}(k_2 e^{-k_1 t} - k_1 e^{-k_2 t})\right\}$$

$$\approx [A]_0 \left\{1 + \frac{1}{-k_2}k_2 e^{-k_1 t}\right\}$$

$$= [A]_0 (1 - e^{-k_1 t})$$

となる.これは式(29·27)と同じであるから$k_2 \gg k_1$のとき,1段階反応機構と2段階反応機構は区別できない.このように,反応物の減少と生成物の増加に同じ速度定数が観測されても,反応経路に中間体が存在しないことにはならない.これは,ある化学反応が本当に素反応であることを確認することの困難さを示す一例である.

反応機構のある段階が他のどの段階よりもずっと遅いと，その段階が実質的には全反応速度を支配する．このような段階を**律速段階**[1]という．すべての反応機構に律速段階があるわけではないが，それがあれば全反応速度はその律速段階で制限される．たとえば，$NO_2(g)$ と $CO(g)$ から $NO(g)$ と $CO_2(g)$ が生じる反応 (式 29・1)，

$$NO_2(g) + CO(g) \xrightarrow{k_{obs}} NO(g) + CO_2(g)$$

をもう一度考えてみよう．29・1 節で学んだように，この反応は 2 段階機構，

$$NO_2(g) + NO_2(g) \xrightleftharpoons{k_1} NO_3(g) + NO(g)$$
$$NO_3(g) + CO(g) \xrightleftharpoons{k_2} NO_2(g) + CO_2(g)$$

で起きる．第 1 段階は第 2 段階よりもずっと遅い，すなわち $v_1 \ll v_2$ であることがわかっている．反応は両方の段階を順に経て進行するので，第 1 段階は瓶のせまい口のように振舞い，速度を決定する．このような場合には，全反応速度は律速段階の速度，

$$v = k_1[NO_2]^2$$

で与えられることになる．これが実験で求められる反応速度式である．要するに，$CO(g)$ 分子は $NO_3(g)$ 分子が生成するのを待っていなければならないのである．いったん $NO_3(g)$ 分子が生じると $CO(g)$ との反応によって速やかに消費されてしまう．

例題 29・4 2 段階反応機構の第二の段階が律速の場合，1 段階機構と 2 段階機構は区別できるか．

解答： 反応速度式を検討する前に，直観で答えてみよう．2 段階反応機構の第二の段階が律速のときに何が起きるかを考えよう．この場合，相当な量の生成物が生じる前に反応物がなくなってしまうだろう．一方，1 段階反応ならば，反応物の減少速度と生成物の増加速度は同じでなければならない．したがって，A の減少と P の生成の両方を観測すれば，二つの反応機構を区別できる条件が存在すると予想できる．

はじめに [P] についての厳密解 (式 29・26)，

$$[P] = [A]_0 \left\{ 1 + \frac{1}{k_1 - k_2}(k_2 e^{-k_1 t} - k_1 e^{-k_2 t}) \right\}$$

を考える．$k_2 \ll k_1$ のときにこの式がどうなるかを考える．まず，

$$\frac{1}{k_1 - k_2} \approx \frac{1}{k_1}$$

---

[1] rate-determining step

である。また、e^{-k_1t} を含む項は e^{-k_2t} を含む項よりもずっと速く減衰するので、

$$k_2 e^{-k_1t} - k_1 e^{-k_2t} \approx -k_1 e^{-k_2t}$$

である。したがって、$k_2 \ll k_1$ のとき、式(29・26)は、

$$[P] = [A]_0 \left\{ 1 + \frac{1}{k_1}(-k_1 e^{-k_2t}) \right\} = [A]_0 (1 - e^{-k_2t})$$

と簡単にすることができる。この式は1段階反応の [P] と同じ関数形(式29・27)をしているが、反応機構の第2段階の速度定数 k_2 に依存している。1段階反応では A と P の量の推移は同じ速度定数で決まる。第二の段階が律速である2段階反応では、[A] は k_1 に [P] は k_2 に依存する。したがって、A の減少と P の生成の両方を観測すれば、2段階反応機構の第二の段階が律速の場合、1段階機構と2段階機構を区別できる。

29・4 定常状態の近似では、$d[I]/dt = 0$ (I は反応中間体)を仮定して反応速度式を簡単にする

反応機構、

$$A \stackrel{k_1}{\Longrightarrow} I \stackrel{k_2}{\Longrightarrow} P \qquad (29\cdot28)$$

をもう一度考える。初期条件は $[A] = [A]_0$ および $[I]_0 = [P]_0 = 0$ とする。29・3節で反応物と生成物の濃度 [A] と [P] の時間依存性について考察した。ここでは反応中間体の濃度 [I] の時間依存性について調べよう。I の濃度は速度定数 k_1 と k_2 の相対的な大きさによって変化する。速度定数 k_1, k_2 への [I] の依存性は式(29・25)で与えられ、k_1 と k_2 の関係が異なる二つの場合について、[I] を時間に対してプロットすると図29・1になる。図29・1(a)は $k_1 = 10k_2$ の場合で、[I] は増大するが、やがて減少する。つまり、[I] の値は反応の過程で大きく変化する。これとは対照的に、第二段階が第一段階よりもずっと速ければ、中間体はごく少量しか存在できない。このような場合を図29・1(b)に示してある。ここでは $k_2 = 10k_1$ ととった。[I] は速やかに小さなある値まで成長し、反応の間ほぼこの値にとどまる。後者の場合、$d[I]/dt = 0$ というのがかなりよい近似で、反応中間体についての反応速度式を 0 に等しいとおくことができることになる。この方法を **定常状態の近似**[1] といい、これによってある一つの速度論的モデルで使う数式を大変簡単にすることができる。

---

1) steady-state approximation

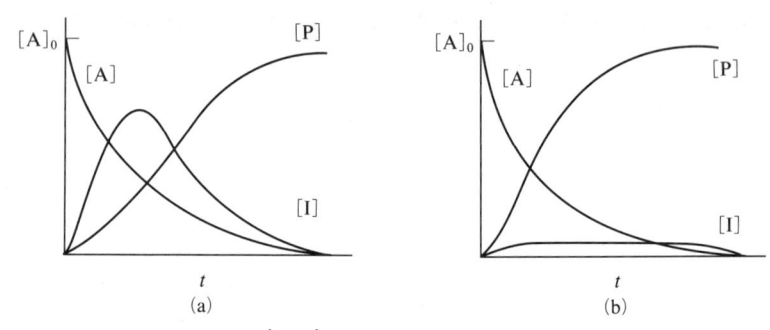

図 29·1 逐次反応機構 $A \overset{k_1}{\Longrightarrow} I \overset{k_2}{\Longrightarrow} P$ で初期濃度が $[A]=[A]_0$, $[I]_0=[P]_0=0$ の場合の濃度の時間依存性. (a) $k_1=10k_2$ の場合. I の濃度は一度大きくなって減少し, 反応の過程で顕著に変化する. (b) $k_2=10k_1$ の場合. I の濃度は, 非常に小さなある値にまで速やかに大きくなり, 反応の間, そこではほぼ一定にとどまる. この場合, [I] に対して定常状態の近似を用いることができる.

先の 2 段階反応機構では, A, I, P の反応速度式は式(29·21)から式(29·23)までで与えられる. 定常状態の近似の助けをかりると, $d[I]/dt=0$ なので式(29·22)は,

$$[I]_{ss} = \frac{k_1[A]}{k_2} \quad (29·29)$$

となる. ここで添字 "ss" は定常状態の近似の下で得られた I の濃度であることを示している. A の濃度の時間依存性は式(29·24),

$$[A] = [A]_0 e^{-k_1 t}$$

で与えられる. これを式(29·29)に代入すると,

$$[I]_{ss} = \frac{k_1}{k_2} [A]_0 e^{-k_1 t} \quad (29·30)$$

が得られる. 定常状態の近似は $d[I]/dt=0$ とすることである点に注意しよう. ところが, 定常状態の近似を用いた結果である式(29·30)は [I] が時間に依存することを示している. したがって, 式(29·30)がどのような場合に $d[I]/dt=0$ という仮定を満足するかを考えなければならない. 式(29·30)から $d[I]/dt$ を計算すると,

$$\frac{d[I]_{ss}}{dt} = -\frac{k_1^2}{k_2}[A]_0 e^{-k_1 t} \quad (29·31)$$

が得られる. $k_1^2[A]_0/k_2$ が 0 に近づくと $d[I]/dt$ も 0 に近づくことがわかる. このため, 定常状態の近似は, 式(29·28)で与えられる反応機構を取扱う際には, $k_2 \gg k_1^2[A]_0$ であれば合理的な仮定であることになる.

29. 反応速度論 II: 反応機構

Pの濃度は $[A]_0-[A]-[I]$ で与えられるが，式(29·30)を式(29·23)に代入して積分して得ることもできる(問題 29·6)．いずれにせよ，結果は，

$$[P] = [A]_0(1 - e^{-k_1 t}) \tag{29·32}$$

である．式(29·32)を[P]の厳密な解(式29·26)と比べると，厳密解は $k_2 \gg k_1$ の場合に限って式(29·32)に帰着することがわかる．つまり，この2段階反応機構において定常状態の近似は，反応中間体が非常に反応しやすく$[I] \approx 0$ である場合に相当することがわかる．

図 29·2 は，$k_2 = 10k_1$ の場合について，厳密な式を用いた場合と定常状態の近似の式を用いた場合の A, I, P の濃度の時間依存性をプロットしたものである．このプロットは近似解が厳密解と非常によく一致することを示している．問題 29·7 では $k_2 = 2k_1$ の場合について厳密解と近似解を求める．この問題では，これまでの説明から予想されるとおり，二つの段階の速度定数が同程度の場合には定常状態の近似がよい近似でないことがわかる．

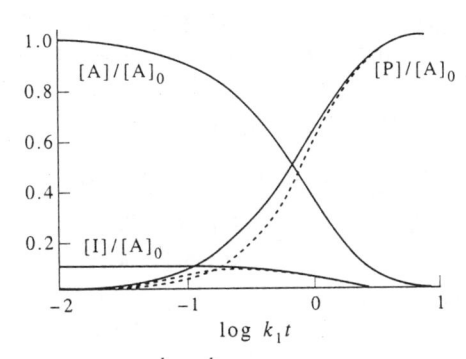

図 29·2 反応機構 $A \xrightarrow{k_1} I \xrightarrow{k_2} P$ で $k_2 = 10k_1$ の場合について，$[A]/[A]_0$, $[I]/[A]_0$, $[P]/[A]_0$ を $\log(k_1 t)$ の関数としてプロットしたもの．実線は定常状態の近似を使って求めた濃度．破線は反応速度式の厳密解．時間軸は対数目盛なので，近似解と厳密解の差が強調されている．この場合，厳密解と定常状態の近似による解はほぼ定量的に一致している．

例題 29·5 オゾンの分解，

$$2O_3(g) \longrightarrow 3O_2(g)$$

は，

$$M(g) + O_3(g) \underset{k_{-1}}{\overset{k_1}{\rightleftharpoons}} O_2(g) + O(g) + M(g)$$

$$O(g) + O_3(g) \overset{k_2}{\longrightarrow} 2O_2(g)$$

という反応機構によって起きる.ここで M は反応中のオゾン分子と衝突によってエネルギー交換はできるがそれ自身は反応しない分子である.この反応機構を用い,反応中間体 O(g) の濃度について定常状態の近似を適用できるとして $d[O_3]/dt$ についての反応速度式を導け.

解答: $O_3(g)$ と $O(g)$ についての反応速度式は,

$$\frac{d[O_3]}{dt} = -k_1[O_3][M] + k_{-1}[O_2][O][M] - k_2[O][O_3]$$

および

$$\frac{d[O]}{dt} = k_1[O_3][M] - k_{-1}[O_2][O][M] - k_2[O][O_3]$$

である.反応中間体 O(g) の濃度について定常状態の近似を適用すると,$d[O]/dt=0$ とおくことになる.$d[O]/dt=0$ とおいて得られる [O] の式を解くと,

$$[O] = \frac{k_1[O_3][M]}{k_{-1}[O_2][M] + k_2[O_3]}$$

が得られる.これを O_3 についての反応速度式に代入すると,

$$\frac{d[O_3]}{dt} = -\frac{2k_1k_2[O_3]^2[M]}{k_{-1}[O_2][M] + k_2[O_3]}$$

となる.これまでに扱ってきたものに比べて,この反応速度式は複雑である.

定常状態の近似を使えば数学が簡単になるので,それだけの理由で使いたくなるのはもっともであるが,すでに指摘したように,この近似は反応機構のいろいろな段階の速度定数の相対的大きさについて仮定したことに相当する.定常状態の近似を用いる前に,この仮定の妥当性を実験的に確認する必要がある.

29·5 複合反応の反応速度式が一つだけの反応機構を表すわけではない

複合反応の反応速度式は,反応速度が濃度にどのように依存するかは教えてくれても,反応がどのように起きるかについては教えてくれない.一方,一般化学では,個々の素過程の反応速度式を組合わせて,複合反応の反応速度式を導くことができる

29. 反応速度論II: 反応機構

ことを学んだかもしれない. 問題29・9から問題29・17までに, 多くの複合反応について反応機構をもとに反応速度式を導く問題がある. ここでは, 実験で決定された反応速度式が一つだけの反応機構に対応するかどうかという問題を検討する. 一酸化窒素の酸化で二酸化窒素が生じる反応,

$$2\text{NO(g)} + \text{O}_2(\text{g}) \xrightarrow{k_{\text{obs}}} 2\text{NO}_2(\text{g}) \qquad (29\cdot33)$$

を考える. $\text{NO}_2(\text{g})$の生成速度の測定によれば, 反応速度式は,

$$\frac{1}{2}\frac{d[\text{NO}_2]}{dt} = k_{\text{obs}}[\text{NO}]^2[\text{O}_2] \qquad (29\cdot34)$$

である. この反応速度式からは反応が三分子素反応であると結論しても矛盾はない. ところが, 実験によれば, 上の化学反応式の矢印で示しているとおり, 式(29・33)の反応は素反応ではない.

この反応の反応機構について二つの可能性を考えることにする. それについて反応速度式を導き, 実験で得られた反応速度式と比較する.

反応機構1:

$$\text{NO(g)} + \text{O}_2(\text{g}) \underset{k_{-1}}{\overset{k_1}{\rightleftharpoons}} \text{NO}_3(\text{g}) \qquad (\text{速い平衡}) \qquad (29\cdot35)$$

$$\text{NO}_3(\text{g}) + \text{NO(g)} \xrightarrow{k_2} 2\text{NO}_2(\text{g}) \qquad (\text{律速}) \qquad (29\cdot36)$$

この反応機構では, 反応の第1段階において反応物と三酸化窒素ラジカル(NO_3)の間で速やかに平衡が成立すると考える. 第2段階は三酸化窒素と一酸化窒素の遅い反応で, この段階が律速である.

この反応機構の第1段階(式29・35)では平衡が成立しており, つぎの段階が起こっても第1段階は平衡のままであると仮定すると,

$$K_{c,1} = \frac{k_1}{k_{-1}} = \frac{[\text{NO}_3]}{[\text{NO}][\text{O}_2]} \qquad (29\cdot37)$$

と書くことができる. この反応機構の第2段階(式29・36)についての反応速度式は,

$$\frac{1}{2}\frac{d[\text{NO}_2]}{dt} = k_2[\text{NO}_3][\text{NO}] \qquad (29\cdot38)$$

である. 反応機構の第2段階が律速なので, 式(29・38)が全反応の反応速度式を与える. つぎに, 反応中間体NO_3の濃度を反応物の濃度で表さなければならない. これは式(29・37)で表される平衡条件を用いて行うことができる. 式(29・37)を$[\text{NO}_3]$につ

いて解いて，その結果を式(29·38)に代入すると，問題の反応について反応速度式，

$$\frac{1}{2}\frac{d[NO_2]}{dt} = k_2 K_{c,1}[NO]^2[O_2] \qquad (29·39)$$

を得る．この反応速度式は，$k_{obs} = k_2 K_{c,1}$ とすれば実験で決定された反応速度式(式29·34)と一致する．したがって，実験で決定された速度定数は，反応機構のどれか1段階の速度定数ではなく，第2段階の速度定数と第1段階の平衡定数の積になる．

式(29·33)の反応の反応機構として別のものを考えてみよう．

反応機構2:

$$NO(g) + NO(g) \underset{k_{-1}}{\overset{k_1}{\rightleftarrows}} N_2O_2(g) \qquad \begin{pmatrix} N_2O_2(g)は定常 \\ 状態にある \end{pmatrix} \qquad (29·40)$$

$$N_2O_2(g) + O_2(g) \overset{k_2}{\Longrightarrow} 2NO_2(g) \qquad (29·41)$$

この反応機構2では反応中間体 $N_2O_2(g)$ の生成を仮定する．定常状態の近似が成り立つ，つまり $N_2O_2(g)$ の濃度が時間に依存しない($d[N_2O_2]/dt=0$)と仮定する．この反応機構を用いると [NO] と $[N_2O_2]$ についての反応速度式は，

$$\frac{1}{2}\frac{d[NO]}{dt} = -k_1[NO]^2 + k_{-1}[N_2O_2] \qquad (29·42)$$

$$\frac{d[N_2O_2]}{dt} = -k_{-1}[N_2O_2] - k_2[N_2O_2][O_2] + k_1[NO]^2 \qquad (29·43)$$

であり，問題の反応速度は，

$$\frac{1}{2}\frac{d[NO_2]}{dt} = k_2[N_2O_2][O_2] \qquad (29·44)$$

で与えられる．$NO_2(g)$ の生成速度，式(29·44)は反応中間体 $N_2O_2(g)$ の濃度に依存する．予想した反応速度式と実験で決めたものを比較するには，ここでも反応速度を反応物の濃度 [NO] と $[O_2]$ で表す必要がある．反応中間体 N_2O_2 に定常状態の近似を用いるということは，式(29·43)を0に等しいとおけるということである．式(29·43)を0に等しいとおいて，$[N_2O_2]$ について解くと，

$$[N_2O_2] = \frac{k_1[NO]^2}{k_{-1} + k_2[O_2]} \qquad (29·45)$$

が得られる．定常状態の近似を使うためには $[N_2O_2]$ が時間に依存しないことが必要であることは前に説明した．これが成立する一つの条件は，式(29·40)の逆反応の速

29. 反応速度論 II: 反応機構

度 v_{-1} が, 式 (29・40) の正反応の速度 v_1 と式 (29・41) の反応の速度 v_2 のどちらよりもずっと大きい場合である. そのとき, 無視できるほど少量で, ほぼ一定の量の N_2O_2 がとにかく存在はして, 定常状態の仮定が満たされる. このような条件の下では, $k_{-1}[N_2O_2] \gg k_2[N_2O_2][O_2]$ すなわち $k_{-1} \gg k_2[O_2]$ なので, 式 (29・45) は,

$$[N_2O_2] = \frac{k_1}{k_{-1}}[NO]^2$$

と簡略化できる. これを式 (29・44) に代入すると,

$$\frac{1}{2}\frac{d[NO_2]}{dt} = \frac{k_2 k_1}{k_{-1}}[NO]^2[O_2] = k_2 K_{c,1}[NO]^2[O_2] \quad (29\cdot46)$$

が得られる. この反応速度式も, $k_{obs} = k_2 K_{c,1}$ とおけば実験で決定した反応速度式 (29・34) と一致する. 以上のように, どちらの反応機構も実測された反応速度式と一致することがわかった. これら二つの反応機構を区別するにはさらに情報が必要であることになる. たとえば, 反応容器内に $NO_3(g)$ が存在することを示したとすれば, 反応機構 2 の可能性を低めることができよう. 別の方法としては, 反応性の $NO_3(g)$ ラジカルと反応して, 単離と分析が可能な安定な生成物を与えるような試薬を反応混合物に加えることもできよう. それによって反応容器内で $NO_3(g)$ が生成したことを証明するわけである. 現在のところ, 実験データは反応機構 2 を支持している.

例題 29・6 上の説明では, v_{-1} が v_1 と v_2 のどちらよりもずっと大きければ, $N_2O_2(g)$ の濃度は定常状態の近似を満たしていた. 定常状態の近似は, v_2 が v_1 と v_{-1} のどちらよりもはるかに大きいという条件でも成立するだろう. このあとの方の条件ではこの反応機構に対応する反応速度式はどうなるか.

解答: 定常状態の近似における $[N_2O_2]$ は式 (29・45) から得られる. v_2 が v_1 と v_{-1} のどちらよりもはるかに大きいと $k_2[O_2] \gg k_{-1}$ であるから, 式 (29・45) は,

$$[N_2O_2] = \frac{k_1[NO]^2}{k_2[O_2]}$$

と簡略化できる. これを式 (29・44) に代入すると, 反応速度式として,

$$\frac{1}{2}\frac{d[NO_2]}{dt} = \frac{k_2 k_1[NO]^2[O_2]}{k_2[O_2]} = k_1[NO]^2$$

が得られる. この反応速度式は実験で決定された反応速度式と異なる. このように, 反応中間体 $N_2O_2(g)$ に関して定常状態の近似が成立するような, 反応機構の各段階の速度定数の関係が二通りあるが, その一方だけが実験で求めた反応速度

式と一致する．

　ここで行った一酸化窒素の酸化反応についての検討から，実験で求められた反応速度式を説明するような反応機構を決定する場合にどんな問題点があるかが明らかになった．第一に，実験で決定された反応速度式が素反応の形の式(式29・34)であっても，実は素反応ではなかった．これは，実験による反応速度式だけでは反応が素反応であることを証明するには不十分であることを再確認するものである．第二に，実験で決定された反応速度式が異なる二通りの反応機構で説明できるので，反応速度式がただ一通りの機構に対応しているとは限らないことがわかる．反応機構は反応がどのように進むかについての仮説にすぎない．ある反応機構が実験で決定された反応速度式を説明できることは，その反応機構の正しさを認証する上での第1段階にすぎない．最終的には，反応機構を確定するには各素過程の実験的な確認が必要である．

29・6　リンデマン機構は単分子反応がどのように起きるかを説明する機構である

反応，

$$\mathrm{CH_3NC(g)} \xrightarrow{k_{\mathrm{obs}}} \mathrm{CH_3CN(g)} \qquad (29\cdot47)$$

が素反応ならば，反応速度式，

$$\frac{\mathrm{d[CH_3NC]}}{\mathrm{d}t} = -k_{\mathrm{obs}}[\mathrm{CH_3NC}] \qquad (29\cdot48)$$

に従わなければならない．この反応を含む数多くの単分子反応の詳しい研究によって，式(29・48)の反応速度式は高濃度の場合に限って正しいことが明らかになった．低濃度では，この反応についての実験データは2次の反応速度式,

$$\frac{\mathrm{d[CH_3NC]}}{\mathrm{d}t} = -k_{\mathrm{obs}}[\mathrm{CH_3NC}]^2 \qquad (29\cdot49)$$

に合う．式(29・49)は単分子反応の反応速度式ではないので，式(29・47)で与えられるような反応が素反応であるとするはじめの考えを再検討する必要に迫られる．

　表29・1に示すとおり，"単分子"反応の活性化エネルギーは $k_{\mathrm{B}}T$ に比べて非常に大きいことがある．こうした反応がどのように起きるかを理解するには，分子が反応を起こすためのエネルギー障壁を越えられるようにするエネルギー源を突き止める必要がある．高濃度気体では式(29・48)，低濃度気体では式(29・49)の反応速度式を

29. 反応速度論II: 反応機構

表 29・1 単分子反応のアレニウスパラメーター．これらの反応の 500 K と 700 K における速度定数は表 28・4 に与えられている

反 応	$\ln(A/\text{s}^{-1})$	$E_\text{a}/\text{kJ mol}^{-1}$
異性化		
シクロプロパン $\Rightarrow$ プロペン	35.7	274
シクロプロペン $\Rightarrow$ プロピン	29.9	147
シス-2-ブテン $\Rightarrow$ トランス-2-ブテン	31.8	263
$CH_3NC \rightarrow CH_3CN$	31.3	131
ビニルアリルエーテル $\Rightarrow$ 4-ペンテナール	26.9	128
分 解		
シクロブタン $\Rightarrow$ 2-エテン	35.9	262
エチレンオキシド $\Rightarrow CH_3CHO, CH_2O, CH_2CO$	32.5	238
フッ化エチル $\Rightarrow HF+$ エテン	30.9	251
塩化エチル $\Rightarrow HCl+$ エテン	32.2	244
臭化エチル $\Rightarrow HBr+$ エテン	31.1	226
ヨウ化エチル $\Rightarrow HI+$ エテン	32.5	221
イソプロピルエーテル $\Rightarrow$ プロペン＋イソプロパノール	33.6	266

与えるような反応機構が，英国の化学者，J.A.クリスチャンセン[1] と F.A.リンデマン[2] によって 1921 年と 1922 年にあいついで独立に提案された．彼らの研究成果は現代の単分子反応の理論の基礎になっている．この反応機構をふつう，**リンデマン機構**[3] という．

リンデマンの提案は，式(29・47)のような単分子反応のエネルギー源は二分子衝突によるとするものであった．さらに，衝突(すなわち活性化の段階)とそれによる反応が起きる間には時間差があるという仮説を立てた．気体中の衝突頻度と反応前の時間的な遅れによっては，反応する前につぎの二分子衝突によって失活してしまうこともありうる．化学反応式で書くと，$A(g) \longrightarrow B(g)$ の形の単分子反応のリンデマン機構は，

$$A(g) + M(g) \underset{k_{-1}}{\overset{k_1}{\rightleftharpoons}} A(g)^* + M(g) \qquad (29 \cdot 50)$$

$$A(g)^* \overset{k_2}{\Longrightarrow} B(g) \qquad (29 \cdot 51)$$

である．ここで $A(g)^*$ は活性化した反応分子，$M(g)$ は衝突相手である．分子 $M(g)$ は，別の反応分子でも生成物分子でも，また $N_2(g)$ や $Ar(g)$ のような非反応性の緩衝

---

1) J. A. Christiansen 2) F. A. Lindemann 3) Lindemann mechanism

気体でもよい.

リンデマン機構によれば, 生成物の生成速度は,

$$\frac{d[B]}{dt} = k_2[A^*] \qquad (29\cdot52)$$

で与えられる. 衝突は $A(g)$ を活性にすることも, $A(g)^*$ を失活させることもあるので, $A(g)^*$ の濃度はいつでも非常に小さいであろうから, 定常状態の近似が十分使える. そうすると,

$$\frac{d[A^*]}{dt} = 0 = k_1[A][M] - k_{-1}[A^*][M] - k_2[A^*] \qquad (29\cdot53)$$

となる. これは $[A^*]$ について解くことができて,

$$[A^*] = \frac{k_1[M][A]}{k_2 + k_{-1}[M]} \qquad (29\cdot54)$$

となる. 式(29・54)を式(29・52)に代入すると, 全反応について反応速度式,

$$\frac{d[B]}{dt} = -\frac{d[A]}{dt} = \frac{k_1 k_2[M][A]}{k_2 + k_{-1}[M]} = k_{\text{obs}}[A] \qquad (29\cdot55)$$

が得られる. ここで,

$$k_{\text{obs}} = \frac{k_1 k_2[M]}{k_2 + k_{-1}[M]} \qquad (29\cdot56)$$

である. k_{obs} が $[M]$ に依存すること, つまり濃度依存性があることがわかる. M の濃度が十分大きければ, 衝突による失活の速度 v_{-1} は反応速度 v_2 よりも大きいと考えられる. この場合には, $k_{-1}[M][A^*] \gg k_2[A^*]$ すなわち $k_{-1}[M] \gg k_2$ となるので, k_{obs} は,

$$k_{\text{obs}} = \frac{k_1 k_2}{k_{-1}} \qquad (29\cdot57)$$

と簡単にできる. すると, 全反応(式29・55)の反応速度式は $d[B]/dt = k_1 k_2[A]/k_{-1}$ となる. この高濃度極限では, 反応速度は A について1次である. 一方, 十分低濃度では, 反応速度 v_2 は衝突による失活の速度 v_{-1} より大きいと考えられる. これは $k_2 \gg k_{-1}[M]$ ということなので, 低濃度では k_{obs} は,

$$k_{\text{obs}} = k_1[M] \qquad (29\cdot58)$$

と簡略化できる. この場合, 全反応の反応速度式は $d[B]/dt = k_1[M][A]$ になる. この低濃度極限では, 反応速度式は A についても M についても1次であり, 全体として

の反応次数は2次である．リンデマン機構の大きな成果の一つは，濃度の減少に伴って1次の速度論から2次の速度論への移行が実験的に見いだされることを予言できたことである．図29・3では472.5 Kにおける異性化反応 $CH_3NC(g) \longrightarrow CH_3CN(g)$ に対する実験の速度定数を $[CH_3NC]$ の関数としてプロットしている．低濃度のデータは k_{obs} が濃度に直線的に依存し(式29・58)，高濃度のデータは k_{obs} が濃度に無関係であること(式29・57)を示している．これらの両極限の間の領域では，k_2 は $k_{-1}[M]$ と同程度で，どちらの極限式も実際の速度に合わない．

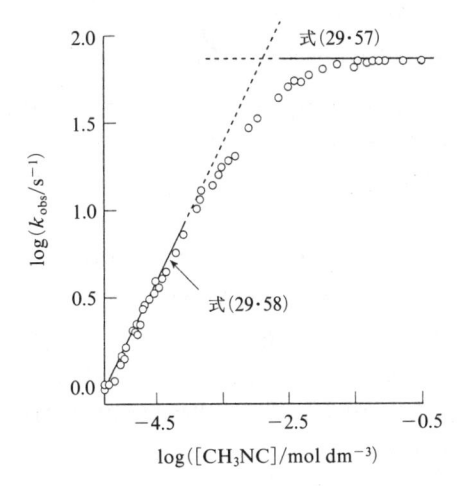

図29・3 472.5 Kにおけるメチルイソシアニドの異性化反応の単分子反応速度定数の濃度依存性．低濃度では，速度定数は式(29・58)で予想されるように，濃度に対して1次の依存性をもつ．高濃度では，速度定数は濃度に無関係で，式(29・57)と合う．

例題 29・7 この例題では，化学反応について実測される活性化パラメーターと反応機構の個々の段階の活性化パラメーターとの関係を調べよう．具体的には，リンデマン機構の各段階の速度定数はアレニウス則に従うものと仮定する．高濃度での反応の場合，実測の A と E_a は反応機構のそれぞれの段階の前指数因子や活性化エネルギーとどのような関係があるか．

解答： 高濃度では，$k_{obs} = k_1 k_2 / k_{-1}$ である．A と E_a の実測値を A_{obs} と $E_{a,obs}$ で表せば，

$$k_{obs} = A_{obs} e^{-E_{a,obs}/RT}$$

である（式 28·56）．反応機構の各段階がアレニウス則に従えば，速度定数 k_1, k_{-1}, k_2 のそれぞれはアレニウスの式，

$$k_1 = A_1 e^{-E_{a,1}/RT}$$
$$k_{-1} = A_{-1} e^{-E_{a,-1}/RT}$$
$$k_2 = A_2 e^{-E_{a,2}/RT}$$

で書ける．これらを $k_{obs} = k_1 k_2 / k_{-1}$ に代入すると，

$$E_{a,obs} = E_{a,1} + E_{a,2} - E_{a,-1}$$

$$A_{obs} = \frac{A_1 A_2}{A_{-1}}$$

となる．A_{obs} や $E_{a,obs}$ の実測値は，反応のどの1段階にも対応せず，反応機構の各段階の影響を受けていることがわかる．

リンデマン機構は，濃度変化に対する反応速度を定性的には正しく予測するが，ある濃度範囲においては実験データと定量的な一致を示さない．この不一致は，リンデマン機構では，エネルギー移動がただ起きるというだけで，その詳細な内容には対処していないことに原因がある．今日では，リンデマンの考え方は，分子内および分子間のエネルギー移動の現代的理論によって，実測の化学反応速度と定量的に一致するように精密化されている．

29·7 ある種の反応機構には連鎖反応が含まれる

水素と臭素から臭化水素が生成する反応を考える．この反応を表す釣り合った反応式は，

$$H_2(g) + Br_2(g) \rightleftharpoons 2HBr(g) \tag{29·59}$$

である．実験的に求められた反応速度式は，

$$\frac{1}{2}\frac{d[HBr]}{dt} = \frac{k[H_2][Br_2]^{1/2}}{1 + k'[HBr][Br_2]^{-1}} \tag{29·60}$$

である．ここで k と k' は定数である．この反応速度式は反応物と生成物の両方の濃度に依存している．生成物が反応速度式の分母に現れているので，生成によって反応速度が低下する．

この反応の詳しい速度論的な研究の結果，つぎの反応機構が提案されている．

29. 反応速度論 II: 反応機構

開始: $\quad Br_2(g) + M(g) \xrightarrow{k_1} 2Br(g) + M(g) \quad (1)$

成長: $\quad Br(g) + H_2(g) \xrightarrow{k_2} HBr(g) + H(g) \quad (2)$

$\quad H(g) + Br_2(g) \xrightarrow{k_3} HBr(g) + Br(g) \quad (3)$

阻害: $\quad HBr(g) + H(g) \xrightarrow{k_{-2}} Br(g) + H_2(g) \quad (4)$

$\quad HBr(g) + Br(g) \xrightarrow{k_{-3}} H(g) + Br_2(g) \quad (5)$

停止: $\quad 2Br(g) + M(g) \xrightarrow{k_{-1}} Br_2(g) + M(g) \quad (6)$

第1段階, 式(1)は二分子反応で, $M(g)$ は $Br_2(g)$ 分子と衝突して化学結合を切るのに必要なエネルギーを与える分子である. 式(2)ないし式(5)は $HBr(g)$ がいかに生成し, 消滅するかを明らかにしている. 式(2)の生成物が式(3)では反応物であることに注意しよう. どちらの $HBr(g)$ の生成反応でも $HBr(g)$ を生成する反応を続けるための化学種が発生している. このため, こうした反応は $HBr(g)$ がさらに生成することを促す働きをする. この種の反応を**連鎖反応**[1]という. さて, 式(2)と式(3)の逆反応を考えよう. それは式(4)と式(5)に与えられている. これら二つの反応は HBr を分解し, 生成物の生成を阻害する. 式(4)の生成物の一つは式(5)では反応物であり, 式(5)の生成物の一つは式(4)では反応物である. つまり, 阻害反応もまた連鎖反応である. これらの阻害反応はたいへん詳しく研究されている. 反応 $HBr(g) + Br(g)$ (式5)は約 $170 \, kJ \, mol^{-1}$ の吸熱を伴うが, 反応 $HBr(g) + H(g)$ (式4)は約 $70 \, kJ \, mol^{-1}$ の発熱を伴う. 式(5)の反応は式(4)の反応よりもかなり大きなエネルギーをもらう必要があるので, 全体の反応に対する式(5)の反応の寄与は無視できて, $k_{-3} \approx 0$ と仮定するのがよい近似である.

さて, この反応機構に対応する反応速度式を導こう. その結果を実験で決定された反応速度式, 式(29·60)と比較したいので, $d[HBr]/dt$ を反応物 $[H_2], [Br_2]$, 生成物 $[HBr]$ で表さなくてはならない. 上述の反応機構の各段階は素反応なので, $[HBr], [H], [Br]$ について反応速度式を書くことができる. 式(1)ないし式(4), および式(6)の反応機構を用い, 式(5)を無視すると, $[HBr], [H], [Br]$ について反応速度式は,

$$\frac{d[HBr]}{dt} = k_2[Br][H_2] - k_{-2}[HBr][H] + k_3[H][Br_2] \quad (29·61)$$

---

1) chain reaction

$$\frac{d[H]}{dt} = k_2[Br][H_2] - k_{-2}[HBr][H] - k_3[H][Br_2] \qquad (29\cdot 62)$$

$$\frac{d[Br]}{dt} = 2k_1[Br_2][M] - 2k_{-1}[Br]^2[M] - k_2[Br][H_2]$$
$$+ k_{-2}[HBr][H] + k_3[H][Br_2] \qquad (29\cdot 63)$$

である.式(29・63)のはじめの2項にある2という因子は式(1)と式(6)の化学量論関係から生じるものである(たとえば式(1)では,$(1/2)d[Br]/dt=k_1[Br_2][M]$ すなわち $d[Br]/dt=2k_1[Br_2][M]$).問題を簡単にするために,2種類の反応性の中間体 Br(g)と H(g)について定常状態の近似を適用し,$d[Br]/dt=0$ および $d[H]/dt=0$ とおく.29・4節で説明したように,この近似は別の実験によって確認しなければならないことに注意しよう.実験で決定された反応速度式と合う反応速度式を導いたとしても,それだけではこの近似が正しかったことにはならない.[H] に定常状態の近似を適用すると,

$$\frac{d[H]}{dt} = 0 = k_2[Br][H_2] - k_{-2}[HBr][H] - k_3[H][Br_2] \qquad (29\cdot 64)$$

が得られる.同様に,[Br]については,

$$\frac{d[Br]}{dt} = 0 = 2k_1[Br_2][M] - 2k_{-1}[Br]^2[M] - k_2[Br][H_2]$$
$$+ k_{-2}[HBr][H] + k_3[H][Br_2] \qquad (29\cdot 65)$$

となる.いまの目標は式(29・64)と式(29・65)を用いて,[H]と[Br]を反応物と生成物で表す式を見つけることである.それから,その式を式(29・61)に代入すれば,反応物と生成物の濃度で表した全反応についての予測の反応速度式が得られるはずである.

式(29・64)の右辺の3項は式(29・65)の右辺の最後の3項の符号を変えたものであることに注意しよう.そこで,式(29・65)に式(29・64)を加えると,

$$0 = 2k_1[Br_2][M] - 2k_{-1}[Br]^2[M]$$

となる.これを[Br]について解くと,

$$[Br] = \left(\frac{k_1}{k_{-1}}\right)^{1/2}[Br_2]^{1/2} = (K_{c,1})^{1/2}[Br_2]^{1/2} \qquad (29\cdot 66)$$

が得られる.式(29・66)を式(29・64)に代入すると[H]を反応物と生成物の濃度で表すことができて,

$$[H] = \frac{k_2 K_{c,1}^{1/2}[H_2][Br_2]^{1/2}}{k_{-2}[HBr] + k_3[Br_2]} \qquad (29\cdot 67)$$

となる. 式(29·61), 式(29·66)および式(29·67)を組合わせると反応速度式,

$$\frac{1}{2}\frac{d[HBr]}{dt} = \frac{k_2 K_{c,1}^{1/2}[H_2][Br_2]^{1/2}}{1+(k_{-2}/k_3)[HBr][Br_2]^{-1}} \quad (29·68)$$

が得られる. この反応速度式は実験で求められたものと同じ関数形をしている. 式(29·68)と式(29·60)を比較すると, 実測の定数 k と k' は, 反応機構における速度定数と $k = k_2 K_{c,1}^{1/2}$ および $k' = k_{-2}/k_3$ という関係をもっている.

例題 29·8 反応,

$$H_2(g) + Br_2(g) \rightleftharpoons 2HBr(g)$$

の初期段階に対する実験的な反応速度式は,

$$\frac{1}{2}\frac{d[HBr]}{dt} = k_{obs}[H_2][Br_2]^{1/2}$$

である. これが式(29·68)の反応速度式と合うことを示し, k_{obs} をその反応機構の速度定数を使って表せ.

解答: 反応の初期では $[HBr] \ll [Br_2]$ なので,

$$\frac{k_{-2}}{k_3}[HBr][Br_2]^{-1} \ll 1$$

である. このため式(29·68)の分母を簡単にできるので,

$$\frac{1}{2}\frac{d[HBr]}{dt} = k_2 K_{c,1}^{1/2}[H_2][Br_2]^{1/2}$$

が得られる. 実測の k_{obs} は $k_2 K_{c,1}^{1/2}$ に等しい.

問題 29·24 から問題 29·32 まででは連鎖反応を反応機構の中に含むいろいろな種類の化学反応を検討する.

29·8 触媒は化学反応の反応機構と活性化エネルギーに影響する

温度を上昇させるとふつう反応速度を増加できるが, 現実の温度の効果には限界がある(28·7節). たとえば, 溶液中の反応は溶媒の融点と沸点の間の温度に限られる. 反応を速く進めるためのまったく別の方法としては, もっと低い活性化エネルギーをもった別の反応機構で反応が進むようにすることであろう. これが触媒作用の背景に

ある一般的な考え方である．**触媒**[1]とは化学反応に参加するがその過程で消費されない物質である．反応に参加することによって，触媒はその反応に新しい反応機構を提供する．要は活性化障壁が無視できるような反応経路を与える触媒を開発することである．触媒が反応物や生成物と同じ相にあるとき，その反応は**均一触媒**[2]反応である．一方，触媒が反応物や生成物と異なる相にあれば，その反応は**不均一触媒**[3]反応である．

触媒は化学反応で消費されないので，その化学反応が発熱的か吸熱的かは触媒の存在によって変化しない．図29・4は反応機構の変化がどのようにして反応速度に影響

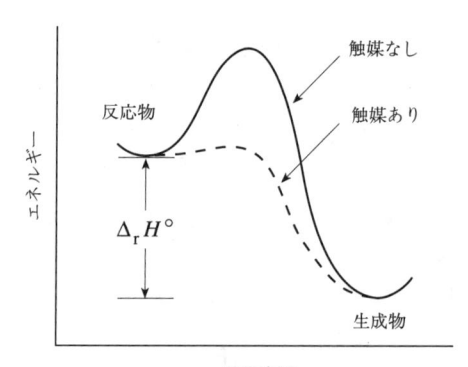

図29・4　触媒がある場合とない場合についての，発熱反応のエネルギー曲線の模式図．触媒の役割は，化学反応が起きる別の経路を作って反応の活性化エネルギーを下げることである．触媒がある場合とない場合で反応機構が異なるので，反応は異なる反応座標に沿って起きる．

しうるかを示している．触媒によって可能となった反応機構が，触媒が存在しない場合の反応機構に比べて小さな活性化エネルギーをもつことがわかる．反応速度は活性化エネルギーに指数関数的に依存するので(28・7節参照)，活性化障壁の高さのわずかな変化が反応速度の顕著な変化をひき起こす．触媒が存在する場合としない場合の反応機構は異なるので，それぞれは異なる反応座標に対応する．したがって，図29・4の横軸は複数の"座標"を用いていることになる．図29・4は，触媒は正反応についても逆反応についても活性化エネルギーを下げるので，正反応と逆反応の両方の速度が大きくなることを示している．

---

1) catalyst　　2) homogeneous catalyst　　3) heterogeneous catalyst

29. 反応速度論 II：反応機構

反応,

$$A \longrightarrow 生成物$$

を考える．触媒の添加によって，触媒がないときの反応経路と競合する新しい反応経路ができる．そうすると，全反応機構には(少なくとも)二つの競合する反応,

$$A \xrightarrow{k} 生成物$$

$$A + 触媒 \xrightarrow{k_{cat}} 生成物 + 触媒$$

ができる．これらの競合反応のそれぞれが素過程であれば，全反応の反応速度式は2項の和,

$$-\frac{d[A]}{dt} = k[A] + k_{cat}[A][触媒]$$

で与えられる．右辺の第1項は触媒がない場合の反応速度式であり，第2項は触媒を含む反応機構の反応速度式である．ほとんどの場合，触媒は反応速度を何桁も大きくするので，実験データの解析には触媒反応の反応速度式だけ考慮すれば十分である．

均一触媒の例として，水溶液中でのセリウム(IV)イオン $Ce^{4+}(aq)$ とタリウム(I)イオン $Tl^+(aq)$ の間の酸化還元反応,

$$2Ce^{4+}(aq) + Tl^+(aq) \longrightarrow 2Ce^{3+}(aq) + Tl^{3+}(aq)$$

を考える．触媒がなければ，この反応は三分子素反応で，非常にゆっくりと起き，反応速度式は,

$$v = k[Tl^+][Ce^{4+}]^2$$

である．この反応が遅いのは，反応が起きるには1個のタリウムイオンと2個のセリウムイオンの同時衝突という確率の低い事象が起きなければならないからである．溶液に $Mn^{2+}(aq)$ を加えると，反応が触媒される．マンガンイオンは酸化，還元を受けやすいので，セリウム(IV)がタリウム(I)を酸化する新しい経路が開かれるのである．この新しい反応経路は二分子反応だけを含み,

$$Ce^{4+}(aq) + Mn^{2+}(aq) \xRightarrow{k_{cat}} Mn^{3+}(aq) + Ce^{3+}(aq) \quad (律速)$$

$$Ce^{4+}(aq) + Mn^{3+}(aq) \Longrightarrow Mn^{4+}(aq) + Ce^{3+}(aq)$$

$$Mn^{4+}(aq) + Tl^+(aq) \Longrightarrow Mn^{2+}(aq) + Tl^{3+}(aq)$$

の反応機構で進む．この反応機構の第1段階が律速なので，触媒反応の反応速度式は,

$$v = k_{\text{cat}}[\text{Ce}^{4+}][\text{Mn}^{2+}]$$

となる. マンガン触媒存在下における全反応速度は,

$$v = k[\text{Tl}^+][\text{Ce}^{4+}]^2 + k_{\text{cat}}[\text{Ce}^{4+}][\text{Mn}^{2+}]$$

で与えられる. この式の第1項は触媒されていない反応の反応速度式であり, 第2項は触媒を含む反応機構の反応速度式である.

つぎに, 不均一触媒の例として, $H_2(g)$ と $N_2(g)$ からのアンモニアの合成,

$$3H_2(g) + N_2(g) \longrightarrow 2NH_3(g)$$

を考える. 気相におけるこの反応の活性化障壁は, およそ $N_2(g)$ 結合の解離エネルギー $\approx 940\ \text{kJ mol}^{-1}$ で与えられる. 300 K におけるこの反応の $\Delta_r G°$ は $-32.4\ \text{kJ mol}^{-1}$ であるが, 反応の障壁はたいへん大きく, $H_2(g)$ と $N_2(g)$ の混合物は, まったくといってよいほどアンモニアを生成せずにいつまでも保存することができる. しかし, 鉄が存在すると, $H_2(g)$ と $N_2(g)$ からのアンモニアの合成の正味の活性化エネルギーは $\approx 80\ \text{kJ mol}^{-1}$ であり, 気相反応の活性化エネルギーよりも1桁以上小さい. 表面触媒によるアンモニアの合成の反応機構は非常に複雑なので, 他の不均一表面触媒気相反応とともに31章の後半で詳しく説明する.

最後の例として, 塩素原子による成層圏でのオゾンの分解を考える. 成層圏で自然に起きるオゾンの分解反応は,

$$O_3(g) + O(g) \Longrightarrow 2O_2(g)$$

である. 塩素原子が存在すると,

$$O_3(g) + \text{Cl}(g) \Longrightarrow \text{ClO}(g) + O_2(g)$$
$$\text{ClO}(g) + O(g) \Longrightarrow O_2(g) + \text{Cl}(g)$$

の二つの反応が容易に起きる. この2段階サイクルの正味の結果は, 塩素原子を消費しないでオゾン分子を分解したことになる. したがって, 塩素原子はオゾン分解の触媒である. 反応物はすべて気相にあるので, これは均一触媒反応の例である. 塩素原子は, 最終的には成層圏の他の分子と反応する. 実際, 任意の瞬間において, 成層圏の大部分の塩素原子は, 反応,

$$\text{Cl}(g) + \text{CH}_4(g) \Longrightarrow \text{HCl}(g) + \text{CH}_3(g)$$
$$\text{ClO}(g) + \text{NO}_2(g) \Longrightarrow \text{ClONO}_2$$

で生じた $\text{HCl}(g)$ や $\text{ClONO}_2(g)$ として蓄積されている. 気相ではこれらの蓄積源の分子は互いにかなり反応性が低い. しかし, 極地方の成層圏雲が $\text{HCl}(g)$ と $\text{ClONO}_2(g)$ の間の反応を触媒し, 反応,

$$HCl(g) + ClONO_2(g) \longrightarrow Cl_2(g) + HNO_3(g) \quad \begin{pmatrix} \text{極地方の成層} \\ \text{圏雲の表面} \end{pmatrix}$$

によって塩素分子が生じる．反応物と雲の粒子は異なる相に存在するので，この反応は不均一触媒反応である．この反応で生じた$Cl_2(g)$は太陽光線で光解離し，それによって破壊的な塩素原子が再生される．

29・9　ミカエリス-メンテン機構は酵素触媒反応の反応機構である

　最も重要な触媒反応の一つに酵素の関係した生物学的過程がある．**酵素**[1]は特定の生化学反応を触媒するタンパク質分子である．酵素なしには，生命を維持するのに必要な反応の多くがほとんど進行せず，私たちの知っているような形の生命は存在することができなくなるだろう．酵素の作用を受ける反応物分子を**基質**[2]という．基質が反応を起こす(酵素分子の)領域を**活性部位**[3]という．活性部位は酵素分子のごく小さな部分である．たとえば，グルコースをグルコース 6-リン酸に変える反応を触媒する酵素，ヘキソキナーゼを考える．全体としての化学反応は，

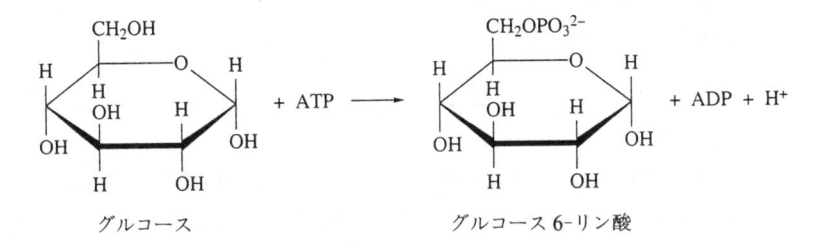

グルコース + ATP ⟶ グルコース 6-リン酸 + ADP + H$^+$

である．ここで ATP と ADP はそれぞれアデノシン三リン酸とアデノシン二リン酸の略称である．図 29・5(a)にはヘキソキナーゼの空間充塡モデルを示してある．このタンパク質には裂け目があることがわかる．ここが活性部位である．図 29・5(b)は，活性部位が 1 個のグルコース分子で占められ，タンパク質が基質のまわりに閉じた状態の空間充塡モデルである．酵素の特異性は活性部位の立体構造や，酵素分子全体の構造によってその領域に課せられる空間的な制約によって決まっている．

　実験的研究によれば多くの酵素触媒反応の反応速度式は，

$$-\frac{d[S]}{dt} = \frac{k[S]}{K + [S]} \quad (29 \cdot 69)$$

という形をもつ．ここで[S]は基質濃度でkとKは定数である．この反応速度式を

---
1) enzyme　2) substrate　3) active site

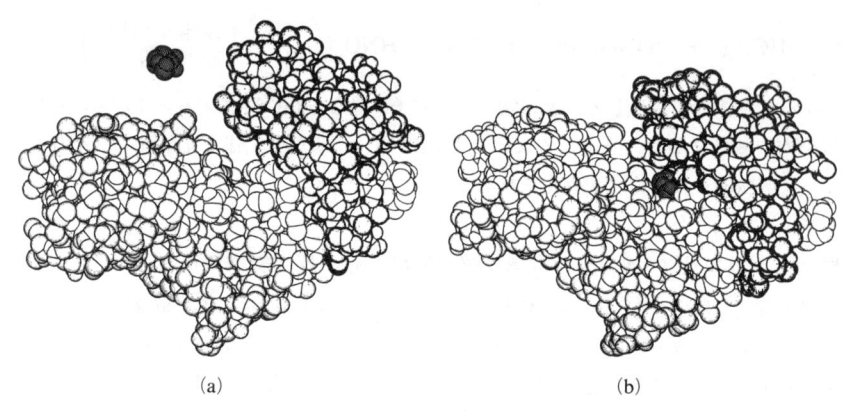

図 29·5 ヘキソキナーゼの二つの配座の空間充塡モデル．(a)活性部位は空である．酵素の構造には裂け目があり，これを通って基質分子（グルコース）は活性部位に到達できる．(b)活性部位は満たされている．酵素は基質を囲んで閉じている．

説明する簡単な反応機構が 1913 年，L. ミカエリス[1]と M. メンテン[2]によって提案された．酵素を E，生成物を P とすると，彼らの機構，

$$E + S \underset{k_{-1}}{\overset{k_1}{\rightleftharpoons}} ES \underset{k_{-2}}{\overset{k_2}{\rightleftharpoons}} E + P \tag{29·70}$$

は，酵素と基質の間で ES で表した中間錯合体（たとえば図 29·5 b）ができると仮定する．ミカエリス-メンテン機構によれば [S], [ES], [P] に関する反応速度は，

$$-\frac{d[S]}{dt} = k_1[E][S] - k_{-1}[ES] \tag{29·71}$$

$$-\frac{d[ES]}{dt} = (k_2 + k_{-1})[ES] - k_1[E][S] - k_{-2}[E][P] \tag{29·72}$$

$$\frac{d[P]}{dt} = k_2[ES] - k_{-2}[E][P] \tag{29·73}$$

で与えられる．この反応機構では，酵素は遊離の状態 [E] または酵素-基質錯合体 [ES] の一部として存在する．酵素は触媒であり反応によって消費されてしまうことはないので，これら二つの濃度の和は一定で，酵素の初期濃度 $[E]_0$ に等しい．式で書けば，

$$[E]_0 = [ES] + [E] \tag{29·74}$$

---

1) Leonor Michaelis   2) Maude Menten

29. 反応速度論 II: 反応機構

である. これを用いて式(29·72)を,

$$-\frac{d[ES]}{dt} = [ES](k_1[S] + k_{-1} + k_2 + k_{-2}[P]) - k_1[S][E]_0 - k_{-2}[P][E]_0 \quad (29·75)$$

と書き直すことができる. 酵素を大過剰の基質と混合すると, 酵素-基質錯合体の濃度 [ES] がたまっていく期間がはじめに存在する. ミカエリスとメンテンはこの錯合体の平衡濃度が急速に実現し, そのあとは [ES] は反応中ほぼ一定にとどまるので, 錯合体について定常状態の近似が成り立つという仮説を立てた. 定常状態の近似を仮定すると $d[ES]/dt=0$ とおくことができ, 式(29·75)を解けば [ES] を反応速度定数と $[E]_0$, $[S]$, $[P]$ で表す式,

$$[ES] = \frac{k_1[S] + k_{-2}[P]}{k_1[S] + k_{-2}[P] + k_{-1} + k_2} [E]_0 \quad (29·76)$$

を得ることができる. これを式(29·71)に代入し, 式(29·74)を使うと,

$$v = -\frac{d[S]}{dt} = \frac{k_1 k_2[S] - k_{-1} k_{-2}[P]}{k_1[S] + k_{-2}[P] + k_{-1} + k_2} [E]_0 \quad (29·77)$$

となる. 基質のうちの少量(1〜3%)だけが生成物に変わるまでの間に反応速度の測定をすれば, $[S] \approx [S]_0$ および $[P] \approx 0$ であるから, 式(29·77)は,

$$v = -\frac{d[S]}{dt} = \frac{k_1 k_2[S]_0[E]_0}{k_1[S]_0 + k_{-1} + k_2} = \frac{k_2[S]_0[E]_0}{K_m + [S]_0} \quad (29·78)$$

と簡単にできる. ここで $K_m = (k_{-1}+k_2)/k_1$ である. K_m を**ミカエリス定数**[1]という. 酵素反応の速度論は一般に, 酵素濃度を一定にして基質濃度の関数として初期速度を測定して研究されているので, 式(29·78)が適用できる条件を満足している.

式(29·78)は, 酵素触媒反応の初期速度が, 基質濃度が小さいとき ($K_m \gg [S]_0$) は基質濃度について1次で, 大きいとき ($K_m \ll [S]_0$) は0次になることを示している. 0次の反応速度式になるのは, 酵素に対して基質が非常に多いと, ほぼすべての酵素分子がいつでも基質と錯合体を形成してしまい, 速度が基質の濃度に関係なくなるからである. $[S]_0$ が大きい場合, 式(29·78)は,

$$-\frac{d[S]}{dt} = k_2[E]_0 \quad (29·79)$$

となる. これはその反応が到達できる最大の速度である. したがってミカエリス-メンテン機構に対する最大速度 v_{max} は $v_{max} = k_2[E]_0$ で与えられる.

---

[1] Michaelis constant

代謝回転数[1] は最大速度を酵素の活性部位の濃度で割った数として定義される。したがって、代謝回転数は酵素の1個の活性部位によって単位時間に生成物分子に変換されうる基質分子の数である。ある種の酵素は複数の活性部位をもつので、活性部位の濃度は必ずしも存在する酵素分子の濃度とは一致しない。酵素が活性部位を一つしかもたなければ、代謝回転数は $v_{max}/[E]_0 = k_2$ となる。表29·2に数種の酵素の代謝回転数を示す。

表 29·2 数種の酵素の代謝回転数

酵素	基質	代謝回転数/s^{-1}
カタラーゼ	H_2O_2	4.0×10^7
アセチルコリンエステラーゼ	アセチルコリン	1.4×10^5
β-ラクタマーゼ	ペニシリン	2000
フマラーゼ	フマル酸エステル	800
Rec A タンパク質	ATP	0.4

例題 29·9 カルボニックアンヒドラーゼという酵素は CO_2 の水和反応、

$$H_2O(l) + CO_2(aq) \rightleftharpoons HCO_3^-(aq) + H^+(aq)$$

の正反応と逆反応の両方を触媒する。二酸化炭素は呼吸の最終産物の一つとして組織中で発生する。それから血液循環系へ拡散し、そこでカルボニックアンヒドラーゼによって重炭酸イオン（炭酸水素イオン）に変換される。肺では逆反応が起き、$CO_2(g)$ が放出される。カルボニックアンヒドラーゼの活性部位は一つであり、分子質量は $30\,000 \text{ g mol}^{-1}$ である。$8.0\,\mu g$ のカルボニックアンヒドラーゼが、$37\,°C$ において $30\,s$ で $0.146\,g$ の CO_2 の水和を触媒したとすると、この酵素の代謝回転数（単位は s^{-1}）はいくらになるか。

解答: 代謝回転数を計算するには、$1\,s$ の間に反応した CO_2 のモル数と、存在する酵素のモル数との比を求めなければならない。存在する酵素のモル数は、

$$\text{酵素のモル数} = \frac{8.0 \times 10^{-6}\,g}{30\,000\,g\,mol^{-1}} = 2.7 \times 10^{-10}\,mol$$

である。$30\,s$ で反応した CO_2 のモル数は、

$$\frac{0.146\,g}{44\,g\,mol^{-1}} = 3.3 \times 10^{-3}\,mol$$

で与えられるので、速度は $1.1 \times 10^{-4}\,mol\,s^{-1}$ である。そうすると、代謝回転数

---
1) turnover number

29. 反応速度論II：反応機構

は，

$$代謝回転数 = \frac{1.1 \times 10^{-4}\,\text{mol s}^{-1}}{2.7 \times 10^{-10}\,\text{mol}} = 4.1 \times 10^5\,\text{s}^{-1}$$

となる．このように1個のカルボニックアンヒドラーゼ分子が1秒間に410 000個ものCO_2分子をHCO_3^-(aq)に変換していることがわかる．これは知られている最も速い酵素反応の一つである（問題29・40参照）．

問 題

29・1 単分子反応，二分子反応，三分子反応の速度定数の単位を答えよ．

29・2 反応，

$$F(g) + D_2(g) \xrightarrow{k} FD(g) + D(g)$$

の反応速度式はどうなるか．kの単位は何か．この反応の分子度はいくらか．

29・3 反応，

$$I(g) + I(g) + M(g) \xrightarrow{k} I_2(g) + M(g)$$

の反応速度式を求めよ．ここで，M(g)は反応容器中に存在する何の分子でもよい．kの単位は何か．この反応の分子度はいくらか．この反応は，

$$I(g) + I(g) \xrightarrow{k} I_2(g)$$

と同じか．理由を説明せよ．

29・4 $T < 500$ K では反応，

$$NO_2(g) + CO(g) \xrightarrow{k_{\text{obs}}} CO_2(g) + NO(g)$$

の反応速度式は，

$$\frac{d[CO_2]}{dt} = k_{\text{obs}}[NO_2]^2$$

である．反応機構，

$$NO_2(g) + NO_2(g) \xrightarrow{k_1} NO_3(g) + NO(g) \quad (\text{律速})$$

$$NO_3(g) + CO(g) \xrightarrow{k_2} CO_2(g) + NO_2(g)$$

が実測の反応速度式に合うことを示せ. k_{obs} を k_1 と k_2 で表せ.

29・5 式(29・21)を解いて $[A] = [A]_0 e^{-k_1 t}$ となることを示し, これを式(29・22)に代入して,

$$\frac{d[I]}{dt} + k_2[I] = k_1[A]_0 e^{-k_1 t}$$

であることを示せ. この方程式は,

$$\frac{dy(x)}{dx} + p(x)y(x) = q(x)$$

という形の線形一階微分方程式である. その一般解は,

$$y(x)e^{h(x)} = \int q(x)e^{h(x)} dx + c$$

である (たとえば "CRC Handbook of Standard Mathematical Tables" を見よ). ここで $h(x) = \int p(x) dx$ で c は定数である. この解から式(29・25)が得られることを示せ.

29・6 式(29・30)を式(29・23)に代入して積分すると式(29・32)が得られることを確かめよ.

29・7 反応機構,

$$A \xrightarrow{k_1} I \xrightarrow{k_2} P$$

を考える. $t=0$ で $[A] = [A]_0$ および $[I]_0 = [P]_0 = 0$ とする. この反応機構についての厳密な解(式29・24ないし式29・26)を用いて, $k_2 = 2k_1$ の場合について, $[A]/[A]_0$, $[I]/[A]_0$, $[P]/[A]_0$ を $\log k_1 t$ に対してプロットせよ. 同じグラフに, $[I]$ について定常状態の近似を仮定して得られた $[A]$, $[I]$, $[P]$ の式を用いて, $[A]/[A]_0$, $[I]/[A]_0$, $[P]/[A]_0$ の時間変化をプロットせよ. 得られたグラフから, $k_2 = 2k_1$ の場合に, この反応機構による速度論的過程を表すのに定常状態の近似が使えるかどうかを論じよ.

29・8 例題29・5のオゾンの分解の反応機構を考える. 定常状態の近似が成立するためには, (a) $v_{-1} \gg v_2$ でしかも $v_{-1} \gg v_1$, あるいは (b) $v_2 \gg v_{-1}$ でしかも $v_2 \gg v_1$ でなければならないかどうかを説明せよ. この分解反応の反応速度式は,

$$\frac{d[O_3]}{dt} = -k_{obs}[O_3][M]$$

であることが知られている. この反応速度式は(a)または(b), あるいはその両方の条件と合うか.

29・9 反応機構,

29. 反応速度論 II：反応機構

$$A + B \underset{k_{-1}}{\overset{k_1}{\rightleftharpoons}} C \qquad (1)$$

$$C \overset{k_2}{\Longrightarrow} P \qquad (2)$$

を考える。生成物の生成速度 $d[P]/dt$ を表す式を書け。生成物が生じるよりも速く第一の反応の平衡が達成されると仮定すると，

$$\frac{d[P]}{dt} = k_2 K_c [A][B]$$

であることを示せ。ここで K_c は反応機構の第 1 段階の平衡定数である。この仮定を**速い平衡の近似**[1]という。

29・10 パラ水素からオルト水素への反応，

$$para\text{-}H_2(g) \overset{k_{obs}}{\longrightarrow} ortho\text{-}H_2(g)$$

の反応速度式は，

$$\frac{d[ortho\text{-}H_2]}{dt} = k_{obs}[para\text{-}H_2]^{3/2}$$

である。反応機構，

$$para\text{-}H_2(g) \underset{k_{-1}}{\overset{k_1}{\rightleftharpoons}} 2H(g) \qquad (\text{速い平衡}) \qquad (1)$$

$$H(g) + para\text{-}H_2(g) \overset{k_2}{\Longrightarrow} ortho\text{-}H_2(g) + H(g) \qquad (2)$$

が，上記の反応速度式と合うことを示せ。k_{obs} を反応機構の各段階の速度定数で表せ。

29・11 $N_2O_5(g)$ の分解反応，

$$2N_2O_5(g) \overset{k_{obs}}{\longrightarrow} 4NO_2(g) + O_2(g)$$

を考える。この反応の反応機構として，

$$N_2O_5(g) \underset{k_{-1}}{\overset{k_1}{\rightleftharpoons}} NO_2(g) + NO_3(g)$$

$$NO_2(g) + NO_3(g) \overset{k_2}{\Longrightarrow} NO(g) + NO_2(g) + O_2(g)$$

$$NO_3(g) + NO(g) \overset{k_3}{\Longrightarrow} 2NO_2(g)$$

---

1) fast-equilibrium approximation

が提案されている．反応中間体である $NO(g)$ と $NO_3(g)$ の両方に定常状態の近似が成り立つと仮定すると，この反応機構によって実測の反応速度式，

$$\frac{d[O_2]}{dt} = k_{obs}[N_2O_5]$$

が得られることを示せ．k_{obs} を反応機構の各段階の速度定数で表せ．

29·12 $CO(g)$ と $Cl_2(g)$ からホスゲン (Cl_2CO) ができる反応，

$$Cl_2(g) + CO(g) \xrightarrow{k_{obs}} Cl_2CO(g)$$

の反応速度式は，

$$\frac{d[Cl_2CO]}{dt} = k_{obs}[Cl_2]^{3/2}[CO]$$

である．反応機構，

$$Cl_2(g) + M(g) \underset{k_{-1}}{\overset{k_1}{\rightleftharpoons}} 2Cl(g) + M(g) \quad \text{(速い平衡)}$$

$$Cl(g) + CO(g) + M(g) \underset{k_{-2}}{\overset{k_2}{\rightleftharpoons}} ClCO(g) + M(g) \quad \text{(速い平衡)}$$

$$ClCO(g) + Cl_2(g) \xrightarrow{k_3} Cl_2CO(g) + Cl(g) \quad \text{(遅い)}$$

から上記の反応速度式が得られることを示せ．ここで M は反応容器内に存在する任意の気体分子である．k_{obs} を反応機構の各段階の速度定数で表せ．

29·13 ニトロアミド (O_2NNH_2) は水溶液中で反応，

$$O_2NNH_2(aq) \xrightarrow{k_{obs}} N_2O(g) + H_2O(l)$$

に従って分解する．この反応について実測された反応速度式は，

$$\frac{d[N_2O]}{dt} = k_{obs}\frac{[O_2NNH_2]}{[H^+]}$$

である．この反応に提案されている反応機構は，

$$O_2NNH_2(aq) \underset{k_{-1}}{\overset{k_1}{\rightleftharpoons}} O_2NNH^-(aq) + H^+(aq) \quad \text{(速い平衡)}$$

$$O_2NNH^-(aq) \xrightarrow{k_2} N_2O(g) + OH^-(aq) \quad \text{(遅い)}$$

$$H^+(aq) + OH^-(aq) \xrightarrow{k_3} H_2O(l) \quad \text{(速い)}$$

である．この反応機構は実測の反応速度式と合っているか．その場合，k_{obs} と反応機

構の各段階の速度定数の関係はどうなるか．

29·14 問題 29·13 の反応機構で，速い平衡にひき続く遅い反応の代わりに，反応中間体 O_2NNH^-(aq) の濃度に定常状態の近似が成り立つと仮定したら，反応速度式はどうなると予想できるか．

29·15 298 K における酢酸エチルの水酸化ナトリウム水溶液による加水分解，

$$CH_3COOCH_2CH_3(aq) + OH^-(aq) \xrightarrow{k_{obs}} CH_3CO_2^-(aq) + CH_3CH_2OH(aq)$$

の反応速度式は，

$$\frac{d[CH_3CH_2OH]}{dt} = k_{obs}[OH^-][CH_3COOCH_2CH_3]$$

である．反応速度式の形は素反応のようだが，実は反応機構，

$$CH_3COOCH_2CH_3(aq) + OH^-(aq) \underset{k_{-1}}{\overset{k_1}{\rightleftharpoons}} CH_3CO^-(OH)OCH_2CH_3(aq)$$

$$CH_3CO^-(OH)OCH_2CH_3(aq) \xrightarrow{k_2} CH_3CO_2H(aq) + CH_3CH_2O^-(aq)$$

$$CH_3CO_2H(aq) + CH_3CH_2O^-(aq) \xrightarrow{k_3} CH_3CO_2^-(aq) + CH_3CH_2OH(aq)$$

によって進むと考えられている．どのような条件の場合にこの反応機構から実測の反応速度式が得られるか．その場合の k_{obs} を反応機構の各段階の速度定数で表せ．

29·16 水溶液中での過安息香酸の分解，

$$2C_6H_5CO_3H(aq) \rightleftharpoons 2C_6H_5CO_2H(aq) + O_2(g)$$

は反応機構，

$$C_6H_5CO_3H(aq) \underset{k_{-1}}{\overset{k_1}{\rightleftharpoons}} C_6H_5CO_3^-(aq) + H^+(aq)$$

$$C_6H_5CO_3H(aq) + C_6H_5CO_3^-(aq) \xrightarrow{k_2} C_6H_5CO_2H(aq) + C_6H_5CO_2^-(aq) + O_2(g)$$

$$C_6H_5CO_2^-(aq) + H^+(aq) \xrightarrow{k_3} C_6H_5CO_2H(aq)$$

で進むと考えられている．O_2 の生成速度を反応物の濃度と $[H^+]$ で表せ．

29·17 反応，

$$2H_2(g) + 2NO(g) \xrightarrow{k_{obs}} N_2(g) + 2H_2O(g)$$

の反応速度式は，

$$\frac{d[N_2]}{dt} = k_{obs}[H_2][NO]^2$$

である.この反応について提案されている反応機構は,

$$H_2(g) + NO(g) + NO(g) \overset{k_1}{\Longrightarrow} N_2O + H_2O(g)$$

$$H_2(g) + N_2O(g) \overset{k_2}{\Longrightarrow} N_2(g) + H_2O(g)$$

である.どのような条件の場合にこの反応機構から実測の反応速度式が得られるか.その場合の k_{obs} を反応機構の各段階の速度定数で表せ.

29·18 問題 29·17 の反応の別の反応機構として,

$$NO(g) + NO(g) \underset{k_{-1}}{\overset{k_1}{\rightleftarrows}} N_2O_2(g)$$

$$H_2(g) + N_2O_2(g) \overset{k_2}{\Longrightarrow} N_2O(g) + H_2O(g)$$

$$H_2(g) + N_2O(g) \overset{k_3}{\Longrightarrow} N_2(g) + H_2O(g)$$

が提案されている.どのような条件の場合にこの反応機構から実測の反応速度式が得られるか.その場合の k_{obs} を反応機構の各段階の速度定数で表せ.この反応機構と問題 29·17 のものとどちらが好ましいか.その理由を説明せよ.

29·19 化学反応,

$$Cl_2(g) + CO(g) \overset{k_{obs}}{\longrightarrow} Cl_2CO(g)$$

の(問題 29·12 とは)別の反応機構として,

$$Cl_2(g) + M(g) \underset{k_{-1}}{\overset{k_1}{\rightleftarrows}} 2Cl(g) + M(g) \qquad (速い平衡)$$

$$Cl(g) + Cl_2(g) \underset{k_{-2}}{\overset{k_2}{\rightleftarrows}} Cl_3(g) \qquad (速い平衡)$$

$$Cl_3(g) + CO(g) \overset{k_3}{\Longrightarrow} Cl_2CO(g) + Cl(g)$$

が可能である.ここで M は反応容器内に存在する任意の分子である.この反応機構も実測の反応速度式を与えることを示せ.この反応機構と問題 29·12 のもののどちらが正しいかを決めるにはどうすればよいか.

29·20 異性化反応,

$$CH_3NC(g) \longrightarrow CH_3CN(g)$$

のリンデマン機構は,

29. 反応速度論 II: 反応機構

$$CH_3NC(g) + M(g) \underset{k_{-1}}{\overset{k_1}{\rightleftharpoons}} CH_3NC^*(g) + M(g)$$

$$CH_3NC^*(g) \overset{k_2}{\Longrightarrow} CH_3CN(g)$$

である．どのような条件の下で CH_3NC^* について定常状態の近似が成り立つか．

29·21 29·6 節で単分子反応,

$$CH_3NC(g) \Longrightarrow CH_3CN(g)$$

を調べた．緩衝気体としてのヘリウムの存在のもとに反応が起きている場合を考える．CH_3NC 分子が別の CH_3NC 分子かヘリウム原子と衝突して活性化し，反応することができる．CH_3NC 分子と He 原子による活性化が違う速さで起きるとすると，反応機構は，

$$CH_3NC(g) + CH_3NC(g) \underset{k_{-1}}{\overset{k_1}{\rightleftharpoons}} CH_3NC^*(g) + CH_3NC(g)$$

$$CH_3NC(g) + He(g) \underset{k_{-2}}{\overset{k_2}{\rightleftharpoons}} CH_3NC^*(g) + He(g)$$

$$CH_3NC^*(g) \overset{k_3}{\Longrightarrow} CH_3CN$$

となると考えられる．中間体 CH_3NC^* について定常状態の近似を適用し，

$$\frac{d[CH_3CN]}{dt} = \frac{k_3(k_1[CH_3NC]^2 + k_2[CH_3NC][He])}{k_{-1}[CH_3NC] + k_{-2}[He] + k_3}$$

となることを示せ．$[He]=0$ のとき，この式が式(29·55)と同等になることを示せ．

29·22 問題 29·10 の反応と反応機構を考える．$H_2(g)$ の解離〔段階(1)〕の活性化エネルギーは，解離エネルギー D_0 で与えられる．段階(2)の活性化エネルギーを E_2 とすると，実験で決定される活性化エネルギー $E_{a,obs}$ が,

$$E_{a,obs} = E_2 + \frac{D_0}{2}$$

で与えられることを示せ．また，実験で決定される前指数因子 A_{obs} が,

$$A_{obs} = A_2 \left(\frac{A_1}{A_{-1}}\right)^{1/2}$$

で与えられることを示せ．ただし A_i は速度定数 k_i に対応するアレニウスの前指数因子である．

29·23 エチレンオキシドの熱分解は反応機構,

$$H_2COCH_2(g) \xrightarrow{k_1} H_2COCH(g) + H(g)$$

$$H_2COCH(g) \xrightarrow{k_2} CH_3(g) + CO(g)$$

$$CH_3(g) + H_2COCH_2(g) \xrightarrow{k_3} H_2COCH(g) + CH_4(g)$$

$$CH_3(g) + H_2COCH(g) \xrightarrow{k_4} 生成物$$

によって進む．この反応機構において開始反応，成長反応，停止反応はどれか．二つの反応中間体 CH_3 と H_2COCH について定常状態の近似を適用すると，反応速度式 $d[生成物]/dt$ がエチレンオキシド濃度について1次になることを示せ．

以下の6問ではアセトアルデヒドの熱分解の速度論を調べる．

29・24 アセトアルデヒドの熱分解，

$$CH_3CHO(g) \xrightarrow{k_{obs}} CH_4(g) + CO(g)$$

について提案されている反応機構の一つは，

$$CH_3CHO(g) \xrightarrow{k_1} CH_3(g) + CHO(g) \quad (1)$$

$$CH_3(g) + CH_3CHO(g) \xrightarrow{k_2} CH_4(g) + CH_3CO(g) \quad (2)$$

$$CH_3CO(g) \xrightarrow{k_3} CH_3(g) + CO(g) \quad (3)$$

$$2CH_3(g) \xrightarrow{k_4} C_2H_6 \quad (4)$$

である．この反応は連鎖反応か．そうだとしたら，開始反応，成長反応，阻害反応，停止反応はどれか．$CH_4(g)$，$CH_3(g)$ および $CH_3CO(g)$ について反応速度式を書け．中間体 $CH_3(g)$ と $CH_3CO(g)$ について定常状態の近似を適用すると，メタンの生成の反応速度式が，

$$\frac{d[CH_4]}{dt} = \left(\frac{k_1}{2k_4}\right)^{1/2} k_2 [CH_3CHO]^{3/2}$$

となることを示せ．

29・25 問題29・24の反応機構の停止段階(式4)を停止反応，

$$2CH_3CO(g) \xrightarrow{k_4} CH_3COCOCH_3$$

に置き換えることにする．$CO(g)$，$CH_3(g)$ および $CH_3CO(g)$ について反応速度式を書け．中間体 $CH_3(g)$ および $CH_3CO(g)$ について再び定常状態の近似を適用すると，COの生成の反応速度式が，

29. 反応速度論 II: 反応機構

$$\frac{d[CO]}{dt} = \left(\frac{k_1}{k_4}\right)^{1/2} k_3 [CH_3CHO]^{1/2}$$

となることを示せ.

29·26 連鎖反応の**連鎖長**[1] γ は, 全反応速度を開始反応の速度で割ったものと定義されている. この連鎖長の物理的意味を説明せよ. 問題 29·25 の反応機構と反応速度式の場合, γ が,

$$\gamma = k_3 \left(\frac{1}{k_1 k_4}\right)^{1/2} [CH_3CHO]^{-1/2}$$

となることを示せ.

29·27 問題 29·24 の反応機構と反応速度式の場合, 連鎖長(問題 29·26 参照)が,

$$\gamma = k_2 \left(\frac{1}{k_1 k_4}\right)^{1/2} [CH_3CHO]^{1/2}$$

となることを示せ.

29·28 アセトアルデヒドの熱分解の反応機構として問題 29·24 のものを考える. 全反応について観測されるアレニウスの活性化エネルギー E_{obs} が,

$$E_{obs} = E_2 + \frac{1}{2}(E_1 - E_4)$$

で与えられることを示せ. ここで, E_i は反応機構の i 番目の段階の活性化エネルギーである. 全反応について観測されるアレニウスの前指数因子 A_{obs} は, 反応機構の各段階の前指数因子とどのような関係にあるか.

29·29 アセトアルデヒドの熱分解の反応機構として問題 29·25 のものを考える. 全反応について観測されるアレニウスの活性化エネルギー E_{obs} が,

$$E_{obs} = E_3 + \frac{1}{2}(E_1 - E_4)$$

で与えられることを示せ. ここで, E_i は反応機構の i 番目の段階の活性化エネルギーである. 全反応について観測されるアレニウスの前指数因子 A_{obs} は, 反応機構の各段階の前指数因子とどのような関係にあるか.

29·30 29·7 節で検討した $H_2(g)$ と $Br_2(g)$ の反応を考える. この反応機構の開始段階として $Br_2(g)$ の解離反応は考えたのに, $H_2(g)$ の解離反応を考えなかったのはなぜか.

29·31 29·7 節で $H_2(g)$ と $Br_2(g)$ の連鎖反応を考えた. これと類似の $H_2(g)$ と $Cl_2(g)$ の連鎖反応,

$$Cl_2(g) + H_2(g) \longrightarrow 2HCl(g)$$

---

[1] chain length

を考える．この反応の反応機構は，

$$Cl_2(g) + M(g) \xrightarrow{k_1} 2Cl(g) + M(g) \tag{1}$$

$$Cl(g) + H_2(g) \xrightarrow{k_2} HCl(g) + H(g) \tag{2}$$

$$H(g) + Cl_2(g) \xrightarrow{k_3} HCl(g) + Cl(g) \tag{3}$$

$$2Cl(g) + M(g) \xrightarrow{k_4} Cl_2(g) + M(g) \tag{4}$$

である．開始反応，成長反応，停止反応はどれか．結合解離についての下のデータを用い，$Br_2(g)$ の場合には反応機構に含めた阻害反応と類似の反応をここでは反応機構に含めないのが合理的である理由を説明せよ．

分 子	D_0/kJ mol^{-1}
H_2	432
HBr	363
HCl	428
Br_2	190
Cl_2	239

29·32 反応，

$$Cl_2(g) + H_2(g) \longrightarrow 2HCl(g)$$

の反応機構として問題 29·31 のものを用い，$v = (1/2)(d[HCl]/dt)$ についての反応速度式を導け．

29·33 光化学反応によって連鎖反応を開始することができる．たとえば，連鎖反応 $Br_2(g) + H_2(g)$ の熱的開始反応，

$$Br_2(g) + M \xrightarrow{k_1} 2Br(g) + M$$

の代わりに，光化学的開始反応，

$$Br_2(g) + h\nu \Longrightarrow 2Br(g)$$

を用いることができる．入射光が Br_2 分子によって吸収され，この光分解の量子収率が 1.00 であったとすると，Br_2 の光化学的解離速度は，単位時間当たり単位体積に吸収された光子の数 I_{abs} にどのように依存するか．Br の生成速度 $d[Br]/dt$ は I_{abs} にどのように依存するか．連鎖反応が Br の光化学的生成だけで開始されたとすると，$d[HBr]/dt$ は I_{abs} にどのように依存するか．

29·34 29·9 節で酵素触媒についてミカエリス–メンテンの反応速度式を導いた．そのときには，$[S] = [S]_0$ および $[P] = 0$ とおけるような反応の初期速度を測定する

29. 反応速度論 II：反応機構

場合に限った．ここでは別の方法でミカエリス-メンテンの反応速度式を求めよう．ミカエリス-メンテン機構は，

$$E + S \underset{k_{-1}}{\overset{k_1}{\rightleftharpoons}} ES$$

$$ES \overset{k_2}{\Longrightarrow} E + P$$

であった．この反応の反応速度式は $v = k_2[ES]$ である．[ES]の反応速度式を書け．この反応中間体に定常状態の近似を適用すると，

$$[ES] = \frac{[E][S]}{K_m} \tag{1}$$

となることを示せ．ここで K_m はミカエリス定数である．つぎに，

$$[E]_0 = [E] + \frac{[E][S]}{K_m} \tag{2}$$

であることを示せ．[ヒント：酵素は消費されない．] 式(2)を[E]について解き，その結果を式(1)に代入して，

$$v = \frac{k_2[E]_0[S]}{K_m + [S]} \tag{3}$$

となることを示せ．基質が少ししか消費されない間に速度を測定すると，$[S] = [S]_0$ とおけるから，式(3)は，式(29・78)のミカエリス-メンテンの反応速度式に帰着する．

29・35 酵素が反応を触媒する能力は**阻害分子**[1]によって妨害される．阻害分子が機能する仕組みの一つに，酵素の活性部位との結合について基質と競合することがある．酵素触媒反応の変形ミカエリス-メンテン機構，

$$E + S \underset{k_{-1}}{\overset{k_1}{\rightleftharpoons}} ES \tag{1}$$

$$E + I \underset{k_{-2}}{\overset{k_2}{\rightleftharpoons}} EI \tag{2}$$

$$ES \overset{k_3}{\Longrightarrow} E + P \tag{3}$$

によってこの阻害反応を取入れることができる．式(2)で，I は阻害分子，EI は酵素-阻害分子錯合体である．反応(2)が常に平衡にある場合を考察することにする．[S]，[ES]，[EI]，[P]についての反応速度式を求めよ．ES に定常状態の近似を適用すると，

---
[1] inhibitor molecule

$$[\mathrm{ES}] = \frac{[\mathrm{E}][\mathrm{S}]}{K_\mathrm{m}}$$

となることを示せ．ここで K_m はミカエリス定数 $K_\mathrm{m}=(k_{-1}+k_3)/k_1$ である．酵素の総量が保存されることから，

$$[\mathrm{E}]_0 = [\mathrm{E}] + \frac{[\mathrm{E}][\mathrm{S}]}{K_\mathrm{m}} + [\mathrm{E}][\mathrm{I}]K_\mathrm{I}$$

となることを示せ．ただし $K_\mathrm{I}=[\mathrm{EI}]/[\mathrm{E}][\mathrm{I}]$ は上の反応機構の段階(2)の平衡定数である．これを用いて反応の初期速度が，

$$v = \frac{d[\mathrm{P}]}{dt} = \frac{k_3[\mathrm{E}]_0[\mathrm{S}]}{K_\mathrm{m} + [\mathrm{S}] + K_\mathrm{m}K_\mathrm{I}[\mathrm{I}]} \approx \frac{k_3[\mathrm{E}]_0[\mathrm{S}]_0}{K'_\mathrm{m} + [\mathrm{S}]_0} \quad (4)$$

で与えられることを示せ．ここで $K'_\mathrm{m} = K_\mathrm{m}(1 + K_\mathrm{I}[\mathrm{I}])$ である．式(4)の最後の式がミカエリス-メンテンの式と同じ関数形であることに注意しよう．式(4)は $[\mathrm{I}] \to 0$ のとき予想どおりの式になるか．

29·36 抗生物質耐性バクテリアは，抗生物質の分解を触媒する酵素であるペニシリナーゼをもっている．ペニシリナーゼの分子質量は $30\,000\,\mathrm{g\,mol^{-1}}$ である．この酵素の代謝回転数は $28\,°\mathrm{C}$ で $2000\,\mathrm{s^{-1}}$ である．もし $6.4\,\mu\mathrm{g}$ のペニシリナーゼが，分子質量 $364\,\mathrm{g\,mol^{-1}}$ の抗生物質，アモキシシリン $3.11\,\mathrm{mg}$ を $28\,°\mathrm{C}$ において $20\,\mathrm{s}$ で分解したとすると，この酵素には活性部位がいくつあるか．

29·37 式(29·78)の逆数が，

$$\frac{1}{v} = \frac{1}{v_\mathrm{max}} + \frac{K_\mathrm{m}}{v_\mathrm{max}}\frac{1}{[\mathrm{S}]_0} \quad (1)$$

となることを示せ．この式を**ラインウィーバー-バークの式**[1]という．例題 29·9 でカルボニックアンヒドラーゼという酵素で触媒される CO_2 の水和反応を調べた．酵素の全濃度 $2.32\times 10^{-9}\,\mathrm{mol\,dm^{-3}}$ において，以下のデータが得られた．

$v/\mathrm{mol\,dm^{-3}\,s^{-1}}$	$[CO_2]_0/10^{-3}\,\mathrm{mol\,dm^{-3}}$
2.78×10^{-5}	1.25
5.00×10^{-5}	2.50
8.33×10^{-5}	5.00
1.66×10^{-4}	20.00

このデータを式(1)に従ってプロットし，データに最もよく合う直線の勾配と切片から，ミカエリス定数 K_m と酵素-基質錯合体から生成物が生じる反応速度定数 k_2 を決定せよ．

---

[1] Lineweaver-Burk equation

29. 反応速度論 II: 反応機構

29・38 カルボニックアンヒドラーゼは反応,

$$H_2O(l) + CO_2(g) \rightleftharpoons H_2CO_3(aq)$$

を触媒する. 酵素の全濃度 2.32×10^{-9} mol dm^{-3} を用いた逆反応(脱水反応)のデータは以下のとおりである.

v/mol dm^{-3} s^{-1}	$[H_2CO_3]_0/10^{-3}$ mol dm^{-3}
1.05×10^{-5}	2.00
2.22×10^{-5}	5.00
3.45×10^{-5}	10.00
4.17×10^{-5}	15.00

問題 29・37 の方法によって, ミカエリス定数 K_m と酵素-基質錯合体から生成物が生じる反応速度定数 k_2 を決定せよ.

29・39 酵素触媒についてのミカエリス-メンテン機構では $[S]_0 = K_m$ のとき $v = (1/2)v_{max}$ となることを示せ.

29・40 タンパク質カタラーゼは反応,

$$2H_2O_2(aq) \longrightarrow 2H_2O(l) + O_2(g)$$

を触媒するもので, そのミカエリス定数は $K_m = 25 \times 10^{-3}$ mol dm^{-3}, 代謝回転数は 4.0×10^7 s^{-1} である. 全酵素濃度が 0.016×10^{-6} mol dm^{-3}, 初期基質濃度が 4.32×10^{-6} mol dm^{-3} の場合の, 上の反応の初期速度を計算せよ. この酵素について v_{max} を計算せよ. カタラーゼの活性部位は一つである.

29・41 拮抗阻害剤が 4.8×10^{-6} mol dm^{-3} 存在すると, 問題 29・40 の初期速度が 3.6 分の 1 になる. 酵素と阻害剤の結合反応の平衡定数 K_I を計算せよ. [ヒント: 問題 29・35 を見よ.]

29・42 活性部位が一つでアセチルコリンを代謝する酵素, アセチルコリンエステラーゼの代謝回転数は 1.4×10^4 s^{-1} である. 2.16×10^{-6} g のアセチルコリンエステラーゼは1時間で何グラムのアセチルコリンを代謝できるか. (酵素の分子質量を 4.2×10^4 g mol^{-1} とせよ. アセチルコリンの分子式は $C_7NO_2H_{16}^+$ である.)

29・43 臭素原子が再結合して臭素分子ができる機構として,

$$2Br(g) \underset{k_{-1}}{\overset{k_1}{\rightleftharpoons}} Br_2^*(g)$$

$$Br_2^*(g) + M(g) \overset{k_2}{\Longrightarrow} Br_2(g) + M(g)$$

を考える. 第1段階で活性な臭素分子ができる. それの過剰なエネルギーは試料中の分子 M との衝突によって取去られる. $Br_2^*(g)$ に定常状態の近似を適用すると,

$$\frac{d[\text{Br}]}{dt} = -\frac{2k_1 k_2 [\text{Br}]^2 [\text{M}]}{k_{-1} + k_2 [\text{M}]}$$

となることを示せ．$v_2 \gg v_{-1}$ の極限の場合の $d[\text{Br}]/dt$ の式を求めよ．逆に $v_2 \ll v_{-1}$ の極限の場合の $d[\text{Br}]/dt$ の式を求めよ．

29・44 臭素原子が再結合して臭素分子ができる反応機構は問題 29・43 で与えられている．大量の緩衝気体の存在のもとで，この反応を行うと，負の活性化エネルギーが測定される．緩衝気体分子 $\text{M}(g)$ は $\text{Br}_2^*(g)$ を失活させる原因であるが，反応によってそれ自身は消費されないので，触媒と考えることができる．同量の $\text{Ne}(g)$ または $\text{CCl}_4(g)$ が存在する場合に測定された反応速度定数は以下のとおりである．

	Ne	CCl$_4$
T/K	$k_{\text{obs}}/\text{mol}^{-2}\,\text{dm}^6\,\text{s}^{-1}$	$k_{\text{obs}}/\text{mol}^{-2}\,\text{dm}^6\,\text{s}^{-1}$
367	1.07×10^9	1.01×10^{10}
349	1.15×10^9	1.21×10^{10}
322	1.31×10^9	1.64×10^{10}
297	1.50×10^9	2.28×10^{10}

どちらの気体の方がこの反応にとってよい触媒か．この2種類の緩衝気体の触媒性に違いがあるのはなぜだと思うか．

29・45 反応，

$$2\text{H}_2(g) + \text{O}_2(g) \longrightarrow 2\text{H}_2\text{O}(g)$$

の標準ギブズエネルギー変化は 298 K において $-457.2\,\text{kJ}$ である．しかし室温ではこの反応は起こらず，気体水素と気体酸素の混合物は安定である．なぜかを説明せよ．このような混合物はずっと安定か．

29・46 $\text{HF}(g)$ の化学レーザーは反応，

$$\text{H}_2(g) + \text{F}_2(g) \longrightarrow 2\text{HF}(g)$$

を利用している．この反応の反応機構には複数の素過程が含まれている．

		298 K における $\Delta_r H^\circ / \text{kJ mol}^{-1}$
(1)	$\text{F}_2(g) + \text{M}(g) \underset{k_{-1}}{\overset{k_1}{\rightleftarrows}} 2\text{F}(g) + \text{M}(g)$	$+159$
(2)	$\text{F}(g) + \text{H}_2(g) \underset{k_{-2}}{\overset{k_2}{\rightleftarrows}} \text{HF}(g) + \text{H}(g)$	-134
(3)	$\text{H}(g) + \text{F}_2(g) \overset{k_3}{\Longrightarrow} \text{HF}(g) + \text{F}(g)$	-411

反応機構の段階(3)に参加できる化学種を作る反応である $H_2(g) + M(g) \longrightarrow 2H(g) + M(g)$ が HF(g) レーザーの機構に含まれないのはなぜか．上記の反応機構で反応中間体である F(g) と H(g) の両方に定常状態の近似が成り立つと仮定して，$d[HF]/dt$ についての反応速度式を導け．

29·47 成層圏におけるオゾンの生成と分解の反応機構は，

$$O_2(g) + h\nu \stackrel{j_1}{\Longrightarrow} O(g) + O(g)$$

$$O(g) + O_2(g) + M(g) \stackrel{k_2}{\Longrightarrow} O_3(g) + M(g)$$

$$O_3(g) + h\nu \stackrel{j_3}{\Longrightarrow} O_2(g) + O(g)$$

$$O(g) + O_3(g) \stackrel{k_4}{\Longrightarrow} O_2(g) + O_2(g)$$

である．ここで光化学反応の速度定数に j という記号を使った．$d[O]/dt$ および $d[O_3]/dt$ について反応速度式を求めよ．反応中間体 O(g) と O_3(g) の両方に定常状態の近似が成り立つとすると，

$$[O] = \frac{2j_1[O_2] + j_3[O_3]}{k_2[O_2][M] + k_4[O_3]} \tag{1}$$

$$[O_3] = \frac{k_2[O][O_2][M]}{j_3 + k_4[O]} \tag{2}$$

となることを示せ．式(1)を式(2)に代入し，得られた2次方程式を $[O_3]$ について解いて，

$$[O_3] = [O_2]\frac{j_1}{2j_3}\left\{\left(1 + 4\frac{j_3}{j_1}\frac{k_2}{k_4}[M]\right)^{1/2} - 1\right\}$$

であることを示せ．高度 30 km におけるパラメーターの典型的な値は $j_1 = 2.51 \times 10^{-12}\,s^{-1}$, $j_3 = 3.16 \times 10^{-4}\,s^{-1}$, $k_2 = 1.99 \times 10^{-33}\,cm^6$ 分子$^{-2}\cdot s^{-1}$, $k_4 = 1.26 \times 10^{-15}\,cm^3$ 分子$^{-1}\cdot s^{-1}$, $[O_2] = 3.16 \times 10^{17}$ 分子$\cdot cm^{-3}$, $[M] = 3.98 \times 10^{17}$ 分子$\cdot cm^{-3}$ である．式(1)と式(2)を用い，高度 30 km における $[O_3]$ と $[O]$ を計算せよ．定常状態の仮定は妥当か．

以下の4問では爆発性の反応，

$$2H_2(g) + O_2(g) \rightleftharpoons 2H_2O(g)$$

を取扱う．

29·48 この反応の単純化した反応機構は，

$$\text{電気火花} + \text{H}_2(\text{g}) \Longrightarrow 2\text{H}(\text{g}) \tag{1}$$

$$\text{H}(\text{g}) + \text{O}_2(\text{g}) \xRightarrow{k_1} \text{OH}(\text{g}) + \text{O}(\text{g}) \tag{2}$$

$$\text{O}(\text{g}) + \text{H}_2(\text{g}) \xRightarrow{k_2} \text{OH}(\text{g}) + \text{H}(\text{g}) \tag{3}$$

$$\text{H}_2(\text{g}) + \text{OH}(\text{g}) \xRightarrow{k_3} \text{H}_2\text{O}(\text{g}) + \text{H}(\text{g}) \tag{4}$$

$$\text{H}(\text{g}) + \text{O}_2(\text{g}) + \text{M}(\text{g}) \xRightarrow{k_4} \text{HO}_2(\text{g}) + \text{M}(\text{g}) \tag{5}$$

である．反応で消費する以上に多くの分子を，連鎖成長反応に参加できるように作り出す反応を**連鎖分岐反応**[1]という．上の反応機構で，連鎖分岐反応，開始反応，成長反応，停止反応はどれか．段階(2)と(3)のエネルギー変化を求めるにはつぎの結合解離エネルギーを使え．

分 子	$D_0/\text{kJ mol}^{-1}$
H_2	432
O_2	493
OH	424

29・49 問題 29・48 の反応機構を用い，水素原子生成速度が I_0 になるような電気火花で開始反応が起きた場合の[H]について，反応速度式を求めよ．[OH]と[O]の反応速度式を書け．[O]≈[OH]≪[H] であると仮定すると，反応中間体 O(g) と OH(g) に定常状態の近似を用いることができる．これによって，

$$[\text{O}] = \frac{k_1[\text{H}][\text{O}_2]}{k_2[\text{H}_2]} \quad \text{および} \quad [\text{OH}] = \frac{2k_1[\text{H}][\text{O}_2]}{k_3[\text{H}_2]}$$

となることを示せ．これらと[H]の速度式を用い，

$$\frac{d[\text{H}]}{dt} = I_0 + (2k_1[\text{O}_2] - k_4[\text{O}_2][\text{M}])[\text{H}]$$

となることを示せ．

29・50 問題 29・49 の結果を考える．水素原子の生成速度は，

$$\frac{d[\text{H}]}{dt} = I_0 + (\alpha - \beta)[\text{H}] \tag{1}$$

という関数形をもつ．α と β の大きさを決めているのは反応のどの段階か．この反応速度式の解として二つ，一方は $\alpha > \beta$ の場合，もう一方は $\alpha < \beta$ の場合を考えることができる．$\alpha < \beta$ の場合，式(1)の解が，

---

[1] branching chain reaction

$$[\mathrm{H}] = \frac{I_0}{\beta - \alpha}(1 - e^{-(\beta-\alpha)t})$$

となることを示せ．[H]を時間に対してプロットせよ．t が小さいところでの勾配を決定せよ．最終的に到達する定常状態での[H]の値を求めよ．

29·51 問題29·50の微分方程式，式(1)の $\alpha > \beta$ の場合の解について考察する．この微分方程式の解が，

$$[\mathrm{H}] = \frac{I_0}{\alpha - \beta}(e^{(\alpha-\beta)t} - 1)$$

であることを示せ．[H]を時間に対してプロットせよ．このプロットと，問題29·50のプロットとの違いを述べよ．どちらが化学爆発に特徴的だと思うか．

ユアン リー（Yuan T. Lee, 左上），**ダッドレー ハーシュバック**（Dudley Herschbach, 右），**ジョン ポラーニ**（John C. Polanyi, 左下）の3人は1986年"化学素過程のダイナミクスの理解への貢献"によりノーベル化学賞を受賞した．リーは1936年11月19日に台湾のシンチュー（新竹：Hsinchu）で生まれ，1965年カリフォルニア大学バークレー校のハーシュバックの下で博士号を取得した．シカゴ大学で6年間過ごした後，化学の教授としてバークレーに戻って来た．1994年には支那アカデミーの総裁として台湾に戻った．これは，米国科学アカデミーの総裁になるのと同じようなことである．リーは簡単な素反応のダイナミクスの研究を続けるかたわら，分子線による大きな分子の反応の解明にも研究を展開した．ハーシュバックは1932年6月18日にカリフォルニア州サンノゼで生まれ，1958年にハーバード大学のウィルソン（E. Bright Wilson, Jr.）の下で化学物理学で博士号を取得した．カリフォルニア大学バークレー校で数年間教えた後1963年にハーバード大学に戻り，現在に至っている．彼は，化学反応論，特にカリウムとヨウ化メチルとの反応の研究にはじめて分子線を用いた．ハーシュバックは学部学生に特別な関心を寄せ，妻と共にハーバード大学の学生寮の舎監をした．その仕事は教育・研究以外に週40時間にもおよぶものである．ポラーニは1929年1月23日にドイツのベルリンで生まれ，イングランドのマンチェスターで成人した．1952年にマンチェスター大学で博士号を取得し，その後1956年にカナダのトロント大学の教授陣に加わり，現在に至っている．ポラーニは反応の生成物を研究するために赤外線化学ルミネセンス（化学発光）の手法を開拓した．彼は，科学的な論文のほかに，科学政策，軍備のコントロール，社会に対する科学の影響力に関する100編以上もの記事を発表している．

30 章
気相反応のダイナミクス

　二分子気相反応は自然界で起こっている最も単純な速度論的素過程の一つである. この章では，二分子気相反応の分子論的な側面を記述するのに現在使われているモデルについて調べる. 最初に，27 章で述べた衝突理論を改良し，反応断面積を用いて速度定数を定義する. つぎに，二，三の気相反応の実測の反応断面積を調べる. 最も単純な気相反応は水素の交換反応 $H_A + H_B-H_C \Longrightarrow H_A-H_B + H_C$ である. この反応はきわめて詳細に研究されており，その実験データは気相化学反応の理論を検証するために使われることも多い.

　しかしながら，本章では $F(g) + D_2(g) \Longrightarrow DF(g) + D(g)$ の反応に焦点を絞って説明することにする. この反応の研究から，$H(g) + H_2(g)$ の交換反応の解析の根底にある概念と同一の概念を学べるばかりでなく，$\Delta_r U° < 0$ の反応のときに起こる分子的な過程に関しても学ぶことになるだろう. したがって，$F(g) + D_2(g)$ の反応は，気相反応を分子論的に詳細に学ぶのに最適な系である. 交差分子線分光法の実験から得られるデータを調べ，そのような測定からいかに反応性の衝突の化学ダイナミクスが解明されるかを学習する. さらに，現在の量子力学計算により，$F(g) + D_2(g)$ という反応物が $DF(g) + D(g)$ という生成物になる反応経路が詳細にわかることを理解できるだろう.

30・1　二分子気相反応の速度は剛体球衝突理論とエネルギーに依存する反応断面積を用いて計算できる

　一般的な二分子気相素反応，

$$A(g) + B(g) \xrightarrow{k} 生成物 \tag{30・1}$$

の速度は,

で与えられる.剛体球衝突理論を使うと速度定数 k を求めることができる.二つの剛体球 A と B の間の衝突のたびに生成物が得られるという素朴な仮定を用いると,反応速度は単位体積当たりの衝突頻度で与えられる(式 27・57 参照).

$$v = Z_{AB} = \sigma_{AB}\langle u_r \rangle \rho_A \rho_B \tag{30・3}$$

式(30・3)において,σ_{AB} は分子 A と B の剛体球衝突断面積,$\langle u_r \rangle$ は分子 A と B の衝突対の平均の相対的な速さ,ρ_A と ρ_B は試料中の分子 A と B の数密度である.27・6 節で剛体球の衝突断面積 σ_{AB} は $\sigma_{AB} = \pi d_{AB}^2$ で与えられることがわかっている.ここで,d_{AB} は 2 個の衝突している球の半径の和である.Z_{AB} は単位体積当たりの衝突頻度であるから,Z_{AB} の単位は 衝突数 $m^{-3}s^{-1}$ であるが,ふつうは単位の中に"衝突数"は含めない.衝突のたびに 1 回反応が起きると仮定しているので,Z_{AB} からはまた,単位時間,単位体積当たりの生成物分子数が得られる.式(30・2)と式(30・3)を比較すると,速度定数として,

$$k = \sigma_{AB}\langle u_r \rangle \tag{30・4}$$

のように定義できることがわかる.k の単位は,$Z_{AB}/\rho_A\rho_B$ の単位,すなわち,分子数 $m^{-3}s^{-1}/(分子数\ m^{-3})^2 =$ 分子数$^{-1}m^3s^{-1}$ で与えられる.もっと一般に使われている単位である $dm^3\ mol^{-1}\ s^{-1}$ で k を得るためには,式(30・4)の右辺に N_A と $(10\ dm\ m^{-1})^3$ を掛ける必要があり,そうすると,

$$k = (1000\ dm^3\ m^{-3})N_A\sigma_{AB}\langle u_r \rangle \tag{30・5}$$

となる.ここで,σ_{AB} は m^2,$\langle u_r \rangle$ は $m\ s^{-1}$ の単位をもつ.

例題 30・1 剛体球衝突理論を用いて,298 K における

$$H_2(g) + C_2H_4(g) \Longrightarrow C_2H_6(g)$$

の反応の速度定数を計算せよ.速度定数の単位は $dm^3\ mol^{-1}\ s^{-1}$ で表せ.

解答: $dm^3\ mol^{-1}\ s^{-1}$ を単位とする剛体球衝突理論の速度定数は式(30・5)で与えられる.式(27・58)の最初の式と表 27・3 のデータを用いると,

$$\sigma_{AB} = \pi d_{AB}^2 = \pi \left(\frac{270\ pm + 430\ pm}{2}\right)^2$$
$$= 3.85 \times 10^{-19}\ m^2$$

30. 気相反応のダイナミクス

を得る．また，反応物の平均の相対的な速さは式(27・58)の2番目の式で与えられる．

$$\langle u_r \rangle = \left(\frac{8 k_B T}{\pi \mu} \right)^{1/2}$$

換算質量は，

$$\mu = \frac{m_{H_2} m_{C_2H_4}}{m_{H_2} + m_{C_2H_4}} = 3.12 \times 10^{-27} \text{ kg}$$

であるから，

$$\langle u_r \rangle = \left[\frac{(8)(1.381 \times 10^{-23} \text{ J K}^{-1})(298 \text{ K})}{(\pi)(3.12 \times 10^{-27} \text{ kg})} \right]^{1/2}$$

$$= 1.83 \times 10^3 \text{ m s}^{-1}$$

となる．以上の σ_{AB} と $\langle u_r \rangle$ の計算値を式(30・5)に代入すると，

$$k = (1000 \text{ dm}^3 \text{ m}^{-3})(6.022 \times 10^{23} \text{ mol}^{-1})(3.85 \times 10^{-19} \text{ m}^2)(1.83 \times 10^3 \text{ m s}^{-1})$$

$$= 4.24 \times 10^{11} \text{ dm}^3 \text{ mol}^{-1} \text{ s}^{-1}$$

が得られる．この反応の実測の速度定数は 298 K で $3.49 \times 10^{-26} \text{ dm}^3 \text{ mol}^{-1} \text{ s}^{-1}$ であり，剛体球衝突理論の予想値より 30 桁以上も小さくなる．

以前の 27・7 節で説明したほか，例題 30・1 でも見たように，素朴な剛体球衝突理論を用いた速度定数の計算値は実測の速度定数よりもかなり大きくなることが多い．さらに，$\langle u_r \rangle \propto T^{1/2}$ であるから，式(30・4)から k は $T^{1/2}$ の温度依存性を示さなければならないことが予想される．一方，アレニウスの式からの予想でも，また実測値でも一般に，k が $1/T$ に対して指数関数的に依存することを示している．

素朴な剛体球衝突理論を導く際に，2個の反応物は互いに相対的な速さ $\langle u_r \rangle$ で近づくと仮定した．反応性の気体の混合物の場合，一対の反応分子は互いにいろいろな速さで接近する．2分子が衝突するとき，その2分子の価電子は互いに反発し合うので，相対的な速さがこの反発力に打ち勝つだけ十分でなければ，反応を起こすことはできない．衝突理論の最初の改良として，衝突分子の相対的な速さ，つまり衝突のエネルギーに対する反応速度の依存性を考慮に入れよう．この依存性は，式(30・4)の衝突断面積 σ_{AB} の代わりに，反応物の相対的な速さに依存する反応断面積 $\sigma_r(u_r)$ を天下りで導入することで取込む．したがって，相対的な速さ u_r で衝突する分子についての速度定数を式(30・4)に類似した式，

$$k(u_r) = u_r \sigma_r(u_r) \tag{30・6}$$

で書くことにしよう.

　実測の速度定数を計算で求めるためには, すべての可能な衝突速さにわたって平均しなければならないので, 実測の反応速度定数を,

$$k = \int_0^\infty du_r f(u_r) k(u_r) = \int_0^\infty du_r\, u_r f(u_r) \sigma_r(u_r) \qquad (30\cdot 7)$$

のように書く. ここで, $f(u_r)$ は気体試料中の分子の相対的な速さの分布関数である. 気体分子運動論(27・7節参照)から, $u_r f(u_r) du_r$ は,

$$u_r f(u_r) du_r = \left(\frac{\mu}{k_B T}\right)^{3/2} \left(\frac{2}{\pi}\right)^{1/2} u_r^3 e^{-\mu u_r^2/2k_B T}\, du_r \qquad (30\cdot 8)$$

で与えられる. 式(30・7)を k の伝統的なアレニウス形式と比較するためには, 従属変数を u_r から相対運動エネルギーの E_r に変換しなければならない. 相対的な速さ u_r は相対運動エネルギー E_r と,

$$E_r = \frac{1}{2}\mu u_r^2$$

の関係があるので,

$$u_r = \left(\frac{2E_r}{\mu}\right)^{1/2} \quad \text{および} \quad du_r = \left(\frac{1}{2\mu E_r}\right)^{1/2} dE_r \qquad (30\cdot 9)$$

となる. 式(30・9)で与えられる関係を用いると, 式(30・8)を使って,

$$u_r f(u_r) du_r = \left(\frac{2}{k_B T}\right)^{3/2} \left(\frac{1}{\mu\pi}\right)^{1/2} E_r e^{-E_r/k_B T}\, dE_r \qquad (30\cdot 10)$$

と書くことができる. 式(30・10)を式(30・7)に代入すると,

$$k = \left(\frac{2}{k_B T}\right)^{3/2} \left(\frac{1}{\mu\pi}\right)^{1/2} \int_0^\infty dE_r\, E_r\, e^{-E_r/k_B T} \sigma_r(E_r) \qquad (30\cdot 11)$$

が得られる.

　k を計算するためには, 反応断面積のエネルギー依存性 $\sigma_r(E_r)$ についてのモデルが必要になる. 最も単純なモデルは, 相対運動エネルギーが, あるしきいエネルギー E_0 を越えた場合の衝突だけが, 反応に活性であると仮定することである. このときは,

$$\sigma_r(E_r) = \begin{cases} 0 & E_r < E_0 \\ \pi d_{AB}^2 & E_r \geq E_0 \end{cases} \qquad (30\cdot 12)$$

したがって,

30. 気相反応のダイナミクス

$$k = \left(\frac{2}{k_B T}\right)^{3/2} \left(\frac{1}{\mu\pi}\right)^{1/2} \int_{E_0}^{\infty} dE_r\, E_r\, e^{-E_r/k_B T}\, \pi d_{AB}^2$$

$$= \left(\frac{8 k_B T}{\mu\pi}\right)^{1/2} \pi d_{AB}^2\, e^{-E_0/k_B T} \left(1 + \frac{E_0}{k_B T}\right)$$

$$= \langle u_r \rangle \sigma_{AB}\, e^{-E_0/k_B T} \left(1 + \frac{E_0}{k_B T}\right) \qquad (30 \cdot 13)$$

となる．ここで，$\sigma_{AB} = \pi d_{AB}^2$ は剛体球の衝突断面積である．式(30·13)は，相対エネルギーが，あるしきいエネルギー E_0 を越えた剛体球の対の衝突頻度について得られた式(27·63)と同一である．これは，$E_r \geq E_0$ の場合のすべての衝突が反応活性であると仮定したので，当然予期される結果である．ここで気づいて欲しい重要な点は，この取扱いは $\sigma_r(E_r)$ を通じて反応のエネルギー的な要請を取入れていることである．したがって，$\sigma_r(E_r)$ について別のモデルを探索することができ，それを用いて違う速度定数の式を得ることができる．もちろん，どのようなモデルの正しさも実験的に検証しなければならない．

例題 30·2 例題 30·1 において，$H_2(g) + C_2H_4(g) \Longrightarrow C_2H_6(g)$ の反応の場合，298 K で実験値 3.49×10^{-26} dm^3 mol^{-1} s^{-1} に対して，式(30·5) は 4.24×10^{11} dm^3 mol^{-1} s^{-1} の値を与えることを見た．式(30·13)で E_0 がどんな値であったら k が実測値になるか．

解答：式(30·13)で $k = 3.49 \times 10^{-26}$ dm^3 mol^{-1} s^{-1} とおくと，

$$\frac{3.49 \times 10^{-26}\,\text{dm}^3\,\text{mol}^{-1}\,\text{s}^{-1}}{4.24 \times 10^{11}\,\text{dm}^3\,\text{mol}^{-1}\,\text{s}^{-1}} = e^{-E_0/k_B T}\left(1 + \frac{E_0}{k_B T}\right)$$

を得る．$x = E_0/k_B T$ とおくと，

$$8.23 \times 10^{-38} = e^{-x}(1 + x)$$

となる．これは $x = 89.9$ のとき成立するから，298 K では，

$$E_0 = x k_B T$$
$$= (89.9)(1.381 \times 10^{-23}\,\text{J K}^{-1})(298\,\text{K})$$
$$= 3.70 \times 10^{-19}\,\text{J} = 223\,\text{kJ mol}^{-1}$$

となる．活性化エネルギーの実測値は 180 kJ mol^{-1} である．

30·2 反応断面積は衝突パラメーターに依存する

エネルギーに依存する式(30·12)で与えられた単純な反応断面積は現実的ではない. なぜそうなのかを理解するために, つぎのような二通りの衝突の平面的配置を考えよう.

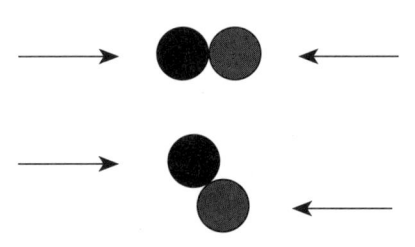

ここで, 矢印は2個の分子が衝突点に近づいてくる方向を示す. この二つの場合で相対衝突エネルギーが同じ場合には, 式(30·12)から両方の衝突の配置で反応断面積が同じであると予想される. しかし, 下の方の配置の場合, 粒子は互いに軽く接触して通り過ぎるが, 上の方の配置の場合は, 2個の粒子は正面衝突する. 接触衝突では, ほとんどのエネルギーが各反応物の前進の並進運動に残されるので, 反応のためのエネルギーはほとんど供給されない. 逆に, 正面衝突の場合は, 分子は停止してしまい, 原理的に相対運動エネルギーの全部が反応に使えるようになる. このような衝突の二通りの配置から, もっと合理的な $\sigma_r(E_r)$ のモデルが考えられる. それは, 図30·1に示すように, 衝突断面積が, 衝突分子の中心を結んだ線の方向の相対運動エネルギー

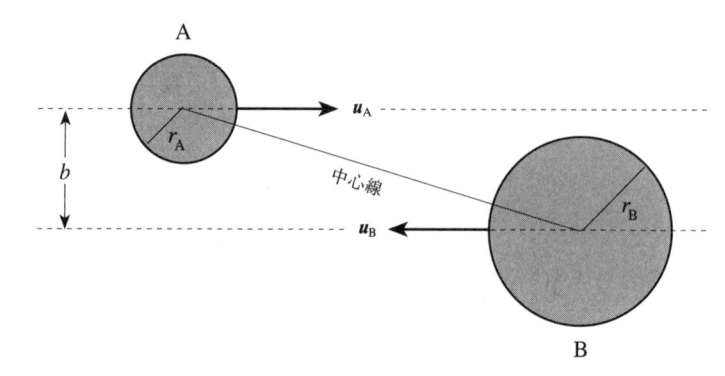

図30·1 2個の剛体球の間の衝突の平面的配置. おのおの半径 r_A と r_B の分子AとBが, $u_r = u_A - u_B$ の相対速度で互いに近づく. この2個の分子の中心を通り, おのおのの速度ベクトルに沿って引かれた2本の線(破線)の間の距離は b で与えられ, それを衝突パラメーターという. 2個の球の中心を結ぶ線の方向の相対運動エネルギーが E_{loc} である.

成分に依存するようなモデルで,これを $\sigma_r(E_r)$ の**中心線モデル**[1]という.この中心線方向の相対運動エネルギーを E_{loc} で表すと,$E_{loc} > E_0$ のとき反応が起こると仮定する.

中心線モデルの $\sigma_r(E_r)$ を決めるために,図30·1に示す配置を考えよう.分子AとBが $u_r = u_A - u_B$ の相対速度,すなわち $E_r = (1/2)\mu u_r^2$ の相対運動エネルギーで互いに近づく.ここで,各分子の中心を通り,その速度ベクトルに沿って線(図30·1の破線)を2本引くと,**衝突パラメーター**[2] b はこれら2本の破線の間の垂直距離として定義される.この衝突パラメーターが2個の衝突する分子の半径の和,つまり衝突直径 d_{AB} よりも小さい場合にだけ,衝突が起こることがわかる.式で書くと,$b < r_A + r_B = d_{AB}$ ならば,衝突が起こる.もし衝突パラメーターが衝突直径よりも大きくて $b > d_{AB}$ の場合は,分子はすれちがうときに,はずれとなる.AとBの間の相対運動エネルギーがある値に固定されている場合には,衝突が起こる際の中心線方向の運動エネルギーは衝突パラメーターに依存する.たとえば $b=0$ の場合,2個の分子は正面衝突になるので,相対運動エネルギーは全部が中心線の方向にある.すなわち $E_{loc} = E_r$ である.もう一方の極限 $b \geq d_{AB}$ の場合は,2個の反応物が衝突せずにすれちがい,その相対運動エネルギーが中心線の方向には存在しないので,衝突断面積は必ず零になる.

中心線モデルによって反応断面積のエネルギー依存性を導出するのは,少し幾何学的に混み入った計算であるが,最終結果は,

$$\sigma_r(E_r) = \begin{cases} 0 & E_r < E_0 \\ \pi d_{AB}^2 \left(1 - \dfrac{E_0}{E_r}\right) & E_r \geq E_0 \end{cases} \quad (30 \cdot 14)$$

となる.式(30·14)の $\sigma_r(E_r)$ は式(30·12)と $(1 - E_0/E_r)$ という因子だけ違っている.

化学反応,

$$Ne^+(g) + CO(g) \Longrightarrow Ne(g) + C^+(g) + O(g)$$

の実測の反応断面積のエネルギー依存性を図30·2に示す.この反応の断面積はエネルギーに約 $8\ kJ\ mol^{-1}$ のしきい値がある.衝突エネルギーが約 $8\ kJ\ mol^{-1}$ 以下の場合,反応は起こらない.これ以上のエネルギーの場合,反応断面積は衝突エネルギーの増加とともに増加し,この衝突エネルギーが約 $60\ kJ\ mol^{-1}$ を超えると反応断面積は一定に落ち着く.この形の振舞いは反応断面積の中心線モデルによる予測(式30·14)と合っている.

---

1) line-of-centers model　2) impact parameter

式(30・14)の断面積を式(30・11)に代入すると，速度定数の式，

$$k = \left(\frac{8k_BT}{\mu\pi}\right)^{1/2} \pi d_{AB}^2 \, e^{-E_0/k_BT} = \langle u_r \rangle \sigma_{AB} \, e^{-E_0/k_BT} \quad (30 \cdot 15)$$

が得られる(問題 30・3)．この k の式は式(30・13)とは $(1+E_0/k_BT)$ の因子だけ違っている．

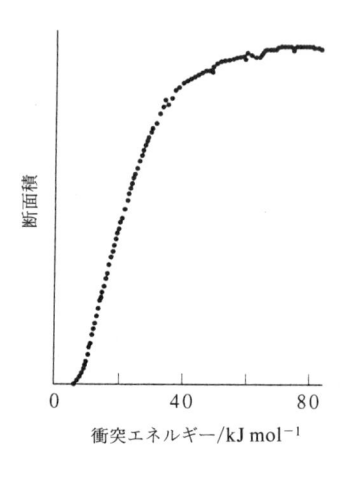

図30・2 $Ne^+(g) + CO(g) \Longrightarrow Ne(g) + C^+(g) + O(g)$ の反応の衝突エネルギーの関数として表した反応断面積の実測値．反応断面積には約 8 kJ mol^{-1} のしきいエネルギーがある．反応断面積の衝突の相対運動エネルギーに対する依存性は中心線モデルと合う．

例題 30・3 中心線衝突理論での速度定数に関するエネルギーのしきい値 E_0 はアレニウスの活性化エネルギー E_a とどのような関係があるか．

解答: 分子1個当たりのアレニウスの活性化エネルギー E_a は，

$$E_a = k_B T^2 \frac{d \ln k}{dT}$$

で与えられる(式 28・54)．式(30・15)の速度定数を用いると，

$$E_a = k_B T^2 \frac{d}{dT} \left\{ \ln\left[\left(\frac{8k_BT}{\pi\mu}\right)^{1/2} \pi d_{AB}^2\right] - \frac{E_0}{k_BT} \right\}$$

$$= k_B T^2 \frac{d}{dT} \left\{ \ln T^{1/2} - \frac{E_0}{k_BT} + \left(T \text{ を含まない項}\right) \right\}$$

$$= E_0 + \frac{1}{2} k_B T$$

となる．この結果と式(30・15)で与えられる衝突理論の速度定数とを合わせると，

アレニウスの A 因子が,

$$A = \langle u_\text{r} \rangle \sigma_\text{AB}\, e^{1/2}$$

で与えられることもわかる.

表 30・1 に数種の二分子反応に対する前指数因子の実測値と計算値を掲げてある. 式(30・15)を用いた計算値は, 実験的に求めた前指数因子の値よりしばしば数桁も大きくなる. 近年, 関数 $\sigma_\text{r}(E_\text{r})$ が多数の化学反応に対し, 衝突エネルギーの広い範囲にわたって実験的に決められるようになってきた. ほとんどの反応にはしきいエネルギーが認められるが, 反応断面積のエネルギー依存性の一般的な形は式(30・14)ではあまりよい近似になっていない. これらの研究からの結論は, 気相反応の分子論的な詳細は, これまでに説明してきた単純な剛体球衝突理論では正確に記述できないということである.

表 30・1 数種の二分子気相反応に対する実測のアレニウスの前指数因子と活性化エネルギー. 実測の前指数因子を剛体球衝突理論を用いた計算値と比較している

反 応	$A/\text{dm}^3\,\text{mol}^{-1}\,\text{s}^{-1}$		$E_\text{a}/\text{kJ}\,\text{mol}^{-1}$
	実測値	計算値	
$\text{NO(g)} + \text{O}_3\text{(g)} \rightarrow \text{NO}_2\text{(g)} + \text{O}_2\text{(g)}$	7.94×10^8	5.01×10^{10}	10.5
$\text{NO(g)} + \text{O}_3\text{(g)} \rightarrow \text{NO}_3\text{(g)} + \text{O(g)}$	6.31×10^9	6.31×10^{10}	29.3
$\text{F}_2\text{(g)} + \text{ClO}_2\text{(g)} \rightarrow \text{FClO}_2\text{(g)} + \text{F(g)}$	3.16×10^7	5.01×10^{10}	35.6
$2\text{ClO(g)} \rightarrow \text{Cl}_2\text{(g)} + \text{O}_2\text{(g)}$	6.31×10^7	2.50×10^{10}	0
$\text{H}_2\text{(g)} + \text{C}_2\text{H}_4\text{(g)} \rightarrow \text{C}_2\text{H}_6\text{(g)}$	1.24×10^6	7.30×10^{11}	180

30・3 気相化学反応の速度定数は衝突分子の配向に依存する場合がある

表 30・1 のデータから, 剛体球衝突理論ではアレニウスの A 因子の大きさは正確に説明できないことがわかる. このモデルの根本的な欠点の一つは, 十分なエネルギーをもって衝突すれば必ず反応するとする仮定にある. 化学反応を起こすためには, エネルギー的な要請に加えて, 反応分子がある特別な配向で衝突する必要があるのかもしれない. ある衝突で反応するかどうかが決まるのには, 分子配向が重要であることが実験的研究によって証明された. たとえば, 反応,

$$\text{Rb(g)} + \text{CH}_3\text{I(g)} \Longrightarrow \text{RbI(g)} + \text{CH}_3\text{(g)}$$

を考えよう. 実験的な研究によると, ルビジウム原子がヨウ素原子の付近でヨウ化メ

チル分子に衝突するときだけ，この反応が起きることが明らかである（図30・3参照）．ルビジウム原子と，この分子のメチル端との衝突では反応が起こらない．このような衝突の際の立体的配置を図30・3に非反応性の円錐として示してある．剛体球衝突理論は衝突の立体的配置を考慮に入れていないので，配向に依存する反応の場合はその速度定数を過大評価するにちがいない．このような立体的な要請は多くの化学反応において物理的に重要である．しかし，立体的因子だけでは表30・1のアレニウスの A 因子の実測値と計算値との間の大きな違いは説明できない．

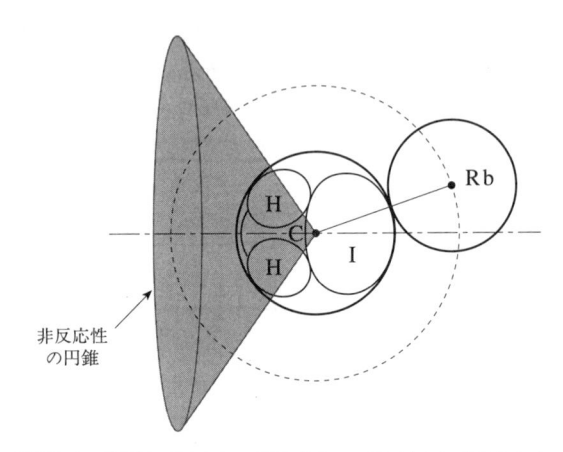

図30・3 素反応 $Rb(g) + CH_3I(g) \Longrightarrow RbI(g) + CH_3(g)$ は，可能な衝突立体配置のうち，ある一部の場合にだけ起きる．反応が起きるためには，ルビジウム原子がヨウ化メチル分子の中のヨウ素原子の近くに衝突しなければならない．非反応性の円錐内に反応物が衝突する場合は，反応は起こらない．

30・4　反応物の内部エネルギーが反応の断面積に影響を及ぼすこともありうる

多くの気相反応では反応断面積は反応分子の内部エネルギーに依存する．図30・4にプロットしたデータを考える．これは，水素分子イオンとヘリウム原子との反応，

$$H_2^+(g) + He(g) \Longrightarrow HeH^+(g) + H(g)$$

の反応断面積を全エネルギーの関数としてプロットした図である．この反応に使える全エネルギーは反応物の運動エネルギーと振動エネルギーである．図30・4にプロットした各曲線は，反応物 $H_2^+(g)$ の特定の振動状態に対応している．これらのデータには二，三の興味深い特徴が見てとれる．$v=0$ から $v=3$ までの振動状態の場合は，

約 70 kJ mol^{-1} のしきいエネルギーがある.振動量子数が $v=0$ から $v=3$ までの $H_2^+(g)$ 分子では,全振動エネルギーは E_0 より小さい.反応が起きるためには,このほかに並進エネルギーが必要であり,このデータから,反応するためにはエネルギー

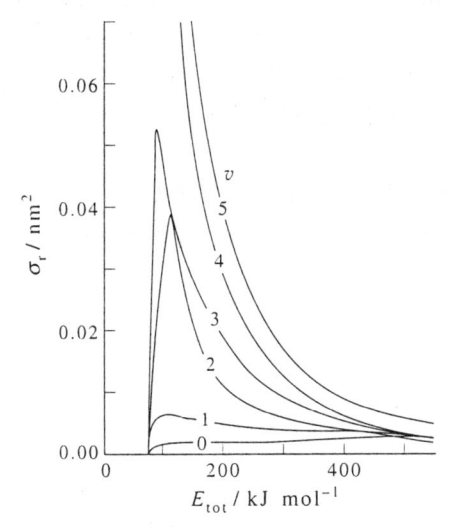

図 30・4 $H_2^+(g) + He(g) \Longrightarrow HeH^+(g) + H(g)$ の反応断面積を全エネルギーの関数としてプロットした図.各曲線はおのおの異なる振動状態にある反応物分子 $H_2^+(g)$ に対応する.v は振動の量子数である.全エネルギーが一定のとき,反応断面積は $H_2^+(g)$ の振動状態に依存し,反応の断面積に対して内部(振動)モードが重要であることを示している.

のしきい値が存在することが明らかである.しかし,振動量子数が $v=4$ あるいは $v=5$ の $H_2^+(g)$ 分子では $E_{vib} > E_0$ となるから,反応するのに十分な内部エネルギーをもっており,これらの分子の場合は反応を起こすためにさらに並進エネルギーが必要となることはない.これが,振動量子数 $v \geq 4$ をもつ $H_2^+(g)$ 分子のときにはしきいエネルギーが観測されない理由である.全エネルギーが一定のとき,$v=4$ あるいは $v=5$ 準位の $H_2^+(g)$ 分子の反応断面積は,$v=0$ から $v=3$ までの準位にある反応物の場合に観測される値よりもずっと大きい.全エネルギーが一定の場合,σ_r の値は反応物の振動状態に強く依存することがわかる.

　量子力学のこれまでの学習から,分子の内部エネルギーはとびとびの回転・振動・電子状態に分布することを知っている.図 30・4 のようなデータから,化学的な反応性

は，反応分子の全エネルギーに依存するだけでなく，その全エネルギーがこのような内部エネルギー準位にどのように分配されているかにも依存していることがわかる．単純な剛体球衝突理論では反応分子の並進エネルギーだけを考慮している．しかし，エネルギーは反応性衝突の間に，異なる自由度の間でも交換できる．たとえば，振動エネルギーは並進エネルギーへ変換できるし，またその逆方向にも変換できる．気相反応のダイナミクスを理解するためには，反応系のすべての自由度が反応性の衝突の間にどのように変化していくかを考察しなければならないのである．

30・5 反応性の衝突は質量中心座標系で記述できる

つぎの二分子反応の衝突とそれにひき続く散乱過程を考える．

$$A(g) + B(g) \Longrightarrow C(g) + D(g)$$

簡単のために，反応物どうしも生成物どうしも分離しているときは，分子間力はないと仮定しよう．衝突前には，分子 A と B はおのおの速度 u_A と u_B で進行する．衝突で分子 C と D が生成し，おのおの速度 u_C と u_D で互いに遠ざかっていく．この衝突過程を質量中心座標系で記述しよう．その考え方は，衝突を 2 個の衝突分子の質量中心から眺めることである．5・2 節で，質量中心は 2 個の衝突分子の中心を結ぶベクトル $r = r_A - r_B$ に沿って存在することを説明した．このベクトルに沿った質量中心の位置 R は 2 個の分子の質量に依存し，

$$R = \frac{m_A r_A + m_B r_B}{M} \tag{30・16}$$

で定義される．ここで，M は全質量，$M = m_A + m_B$ である．両方の質量が等しい場合，$m_A = m_B$ となり，質量中心はベクトル r 上の A と B の中間点に存在する．$m_A > m_B$ の場合，質量中心は B よりも A の近くに存在する．

速度は位置ベクトルの時間微分であるから，質量中心の速度 u_{cm} は式 (30・16) の時間微分で定義される．すなわち，

$$u_{cm} = \frac{m_A u_A + m_B u_B}{M} \tag{30・17}$$

である．全運動エネルギーは反応物の運動エネルギーの和で与えられる．

$$KE_{反応物} = \frac{1}{2} m_A u_A^2 + \frac{1}{2} m_B u_B^2 \tag{30・18}$$

つぎの例題 30・4 から式 (30・18) が，

30. 気相反応のダイナミクス

$$KE_{反応物} = \frac{1}{2}Mu_{cm}^2 + \frac{1}{2}\mu u_r^2 \tag{30·19}$$

のように書けることがわかる．ここで，μ は換算質量で，$u_r = |\boldsymbol{u}_r| = |\boldsymbol{u}_A - \boldsymbol{u}_B|$ は 2 個の分子の相対的な速さである．反応分子に何の外力も働かない場合は，質量中心の運動エネルギーは一定になる(5・2節参照)．

例題 30・4 式(30・18)から式(30・19)が導かれることを示せ．

解答：式(30・18)から出発しよう．

$$KE_{反応物} = \frac{1}{2}m_A u_A^2 + \frac{1}{2}m_B u_B^2 \tag{1}$$

この式を $\boldsymbol{u}_{cm}$ と $\boldsymbol{u}_r$ を使って書き直したい．$\boldsymbol{u}_{cm}$ と $\boldsymbol{u}_r$ の式は，

$$\boldsymbol{u}_{cm} = \frac{m_A}{M}\boldsymbol{u}_A + \frac{m_B}{M}\boldsymbol{u}_B$$

および

$$\boldsymbol{u}_r = \boldsymbol{u}_A - \boldsymbol{u}_B$$

である．$\boldsymbol{u}_{cm}$ に M/m_B を掛けて，その結果を $\boldsymbol{u}_r$ に加えると，

$$\boldsymbol{u}_A = \boldsymbol{u}_{cm} + \frac{m_B}{M}\boldsymbol{u}_r \tag{2}$$

となり，同じように $\boldsymbol{u}_{cm}$ に M/m_A を掛けて，その結果を $\boldsymbol{u}_r$ から引くと，

$$\boldsymbol{u}_B = \boldsymbol{u}_{cm} - \frac{m_A}{M}\boldsymbol{u}_r \tag{3}$$

となる．式(2)と式(3)を式(1)に代入すると，

$$KE_{反応物} = \frac{m_A}{2}\left(\boldsymbol{u}_{cm} + \frac{m_B}{M}\boldsymbol{u}_r\right)^2 + \frac{m_B}{2}\left(\boldsymbol{u}_{cm} - \frac{m_A}{M}\boldsymbol{u}_r\right)^2$$

$$= \frac{1}{2}Mu_{cm}^2 + \frac{1}{2}\mu u_r^2$$

を得る．ここで，μ は換算質量 $\mu = m_A m_B / M$ である．

図30・5に，質量中心の動きに合わせて眺めた2分子衝突の一連の"スナップ写真"を示す．すぐ後で証明するように，図30・5から，この衝突全体を通じて質量中心の運動が一定であることがわかる．それに対して，衝突の過程で相対速度は変化する．衝

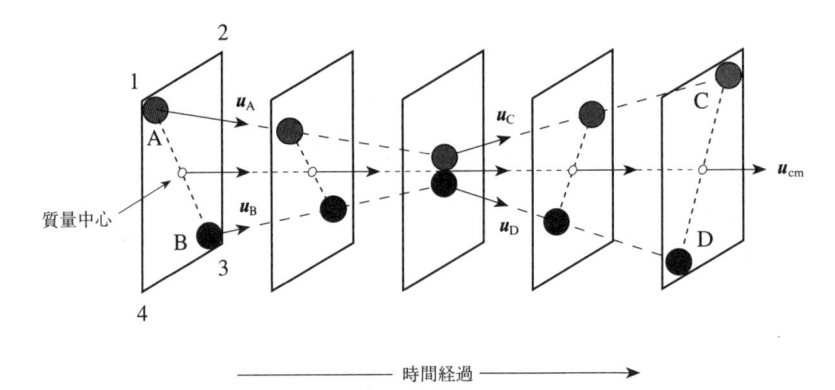

図30・5 2分子衝突の詳細を，質量中心の運動に合わせて，時間の経過に従って眺めた図．反応物 A, B と生成物 C, D の各速度は，質量中心の運動方向の成分と1234で定義される平面内に存在する相対速度成分とに分けられる．質量中心の速度は衝突前，衝突中，衝突後で一定に保たれるので，2個の分子は質量中心の速さで進む一平面内にとどまる．速度の相対的な成分だけが反応に利用できるエネルギーを決定するのに重要である．左側の2枚の"スナップ写真"で，分子 A, B は互いに1234平面内で近づく．中央のスナップ写真で衝突が起きる．右側の2枚のスナップ写真は，生成物が1234平面内で互いに離れていくことを示す．反応物と生成物の相対速度の方向は違うはずである．

突分子は1234で定義される平面内を運動し，その平面自体は質量中心の速度で運動する．式 (30・19) から運動エネルギーは二つの寄与から成ることがわかる．一つは質量中心の運動，もう一つは2個の衝突分子の相対運動による寄与である．衝突方向の運動エネルギーの成分，つまり $(1/2)\mu u_r^2$ だけが反応に利用できる．質量中心の速度は2個の反応分子の間の距離に影響しないので，化学反応には何の効果も及ぼさない．衝突後，質量中心は，

$$R = \frac{m_C r_C + m_D r_D}{M} \tag{30・20}$$

そして，質量中心の速度は，

$$u_{cm} = \frac{m_C u_C + m_D u_D}{M} \tag{30・21}$$

で与えられる．図 30・5 に示すように，衝突後の生成物分子は，反応物が質量中心へ近づいてきた方向とは違う方向に，質量中心から離れていく．生成物の運動エネルギーは (問題 30・12)，

30. 気相反応のダイナミクス

$$KE_{生成物} = \frac{1}{2}Mu_{cm}^2 + \frac{1}{2}\mu' u_r'^2 \tag{30・22}$$

である．ここで，μ' と u_r' は生成物分子の換算質量と相対的な速さである．全質量は保存されるし，質量中心の速度は衝突の過程で変化しないので，M と u_{cm} にはプライム（′）はつけていない．また，衝突前後で直線運動量は保存されなければならないので，

$$m_A u_A + m_B u_B = m_C u_C + m_D u_D \tag{30・23}$$

となる．この式を使うと，式(30・21)と式(30・17)が同一であることがわかるから，質量中心の速度は反応性衝突によって影響を受けないことが確かめられる．したがって，質量中心の運動に付随したエネルギーは一定となるから，今後は，全運動エネルギーへのこの一定の寄与を無視することにしよう．

エネルギーは保存されなければならないから，

$$E_{反応物, int} + \frac{1}{2}\mu u_r^2 = E_{生成物, int} + \frac{1}{2}\mu' u_r'^2 \tag{30・24}$$

である．ここで，$E_{反応物, int}$ と $E_{生成物, int}$ はそれぞれ反応物と生成物の全内部エネルギーである．この内部エネルギーには並進以外の全自由度を考慮に入れている．

例題 30・5 つぎの反応，

$$F(g) + D_2(g) \Longrightarrow DF(g) + D(g)$$

を考えよう．ここで，反応物の相対運動エネルギーは $KE_{反応物} = 7.62 \text{ kJ mol}^{-1}$ である．反応物と生成物を剛体球として扱うと，$E_{生成物, int} - E_{反応物, int} = D_e(D_2) - D_e(DF) = -140 \text{ kJ mol}^{-1}$ となる．生成物の相対的な速さを計算せよ．つぎに，問題 30・11 の式(1)と式(2)を用いて，質量中心に相対的な各生成物の速さ，$|u_{DF} - u_{cm}|$ と $|u_D - u_{cm}|$ の値を求めよ．〔D_e はポテンシャルエネルギー曲線の極小とそれぞれ基底状態にある解離した原子との間のエネルギー差である（13・6 節参照）．〕

解答： 反応物の相対運動エネルギーは，

$$u_r = \left(\frac{2KE_{反応物}}{\mu}\right)^{1/2}$$

の相対的な速さに対応する．反応物の換算質量は，

$$\mu = \frac{m_{D_2} m_F}{m_{D_2} + m_F} = 5.52 \times 10^{-27} \text{ kg}$$

であるから,

$$u_r = \left[\frac{(2)(7.62 \times 10^3 \text{ J mol}^{-1})}{(5.52 \times 10^{-27} \text{ kg})(6.022 \times 10^{23} \text{ mol}^{-1})}\right]^{1/2}$$

$$= 2.14 \times 10^3 \text{ m s}^{-1}$$

となる. そこで, 式(30·24)を用いると, 生成物の相対的な速さがわかる. この式を u_r' について解くと,

$$u_r' = \left(\frac{\mu}{\mu'} u_r^2 - \frac{2(E_{\text{生成物, int}} - E_{\text{反応物, int}})}{\mu'}\right)^{1/2} \quad (1)$$

を得る. μ' は生成物の換算質量,

$$\mu' = \frac{m_{\text{DF}} m_{\text{D}}}{m_{\text{DF}} + m_{\text{D}}} = 3.05 \times 10^{-27} \text{ kg}$$

である. したがって,

$$u_r' = \left[\frac{5.52 \times 10^{-27} \text{ kg}}{3.05 \times 10^{-27} \text{ kg}} (2.14 \times 10^3 \text{ m s}^{-1})^2\right.$$

$$\left. - \frac{(2)(-1.40 \times 10^5 \text{ J mol}^{-1})}{(3.05 \times 10^{-27} \text{ kg})(6.022 \times 10^{23} \text{ mol}^{-1})}\right]^{1/2}$$

$$= 1.27 \times 10^4 \text{ m s}^{-1}$$

となる. 質量中心に相対的な各生成物の速さ, $|u_{\text{DF}} - u_{\text{cm}}|$ と $|u_{\text{D}} - u_{\text{cm}}|$ は, 問題 30·11 の式(1)と式(2)でつぎのように与えられる.

$$|u_{\text{DF}} - u_{\text{cm}}| = \frac{m_{\text{D}}}{M} |u_r'| = \frac{m_{\text{D}}}{M} u_r'$$

$$= \frac{2.014 \text{ amu}}{23.03 \text{ amu}} (1.27 \times 10^4 \text{ m s}^{-1})$$

$$= 1.11 \times 10^3 \text{ m s}^{-1}$$

および

$$|u_{\text{D}} - u_{\text{cm}}| = \frac{m_{\text{DF}}}{M} |u_r'| = \frac{m_{\text{DF}}}{M} u_r'$$

$$= \frac{21.01 \text{ amu}}{23.03 \text{ amu}} (1.27 \times 10^4 \text{ m s}^{-1})$$

$$= 1.16 \times 10^4 \text{ m s}^{-1}$$

エネルギーと運動量の保存則から生成物の速度を決定できるが，ベクトル u_r と u_r' の間の角度を決めることはできない．原理的には生成物分子は衝突地点から任意の方向へ散乱され得る．しかし，多くの反応できわめて異方的な散乱角が生じることが後でわかる．そのようなデータから，反応性の衝突の分子論的な詳細について独特な知見が得られる．生成物の角度分布を理論的にどのように記述できるかを説明する前に，反応性の衝突に関するデータを得るのに使われる二，三の実験手法について述べておこう．

30・6　反応性衝突は交差分子線装置を使って研究できる

二分子気相反応の分子ダイナミクスを研究するために使われる最も重要な実験手段の一つが**交差分子線法**[1]である．図 30・6(a)に交差分子線装置の基本的なデザインを示す．実験装置は，A 分子の分子線と B 分子の分子線が，大きな真空容器内部の特定の場所で交差するように設計されている．その後で生成物分子を質量分析計で検出する．ある種の交差分子線装置では，検出器が 2 本の分子線で決まる平面内で回転できるので，散乱生成物の角度分布の測定が可能である．質量分析計は特定の分子質量を

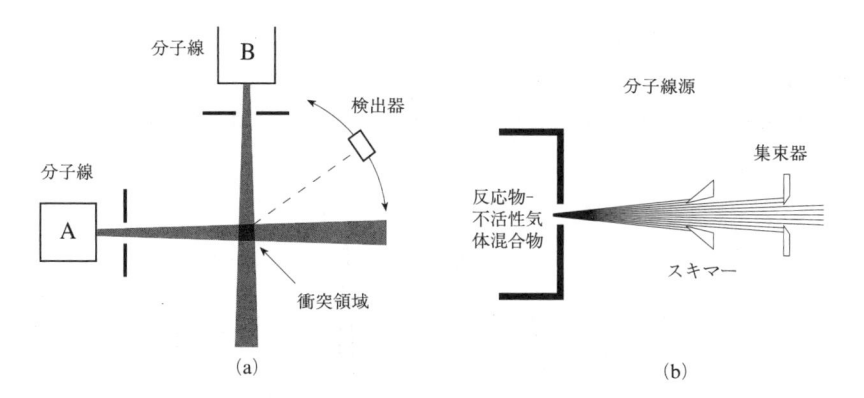

図 30・6　(a)交差分子線装置の概略図．各反応物は分子線源から真空容器内に導入される．衝突領域で 2 本の分子線が衝突する．その後，生成物分子はその衝突領域から遠ざかる．質量分析計の検出器が衝突領域からある決まった距離のところにあって，生成物分子の検出に使われる．異なる角度で衝突領域から飛び去る分子数を決定できるように，この検出器を動かすことができる．(b)超音速分子線源の概略図．反応物は不活性気体とともに小さな細孔を通って真空容器内に膨張していく．衝突領域に向かって分子線が収束するようにスキマーが使用される．

---

[1] crossed molecular beam method

測定するように設定できるから，個々の生成物分子を検出できる．

　反応物の分子線内の分子に速度を与えるために超音速分子線を使う．超音速分子線源の概略図を図 30・6(b) に示す．不活性搬送気体（キャリヤーガス：ふつうは He や Ne が使われる）と研究対象の反応物分子との希薄混合物を高圧にし，その混合気体を狭いノズルから真空容器内にパルス状に噴射して，超音速分子線を作りだすことができる．ノズルを通して真空容器内に分子線を導入する場所から数センチメートル離れたところに，スキマー（しぼり器）という小さなピンホールがある．スキマーの小さな穴を通過する分子だけが真空容器に入り，この過程で収束分子線が作られる．真空容器内の圧力条件によって分子線中の分子が音速よりも速い速度で動くようになっているので，分子線が超音速になるのである（問題 30・13 と問題 30・14 参照）．

　超音速分子線を交差分子線での研究に使う場合にはいろいろ重要な利点がある．図 30・7 に，300 K の $N_2(g)$ 分子の速さのマクスウェル-ボルツマン分布のプロットと，300 K のヘリウム中に入れた $N_2(g)$ の超音速分子線で観測される速さの分布を示す．超音速膨張により，並進エネルギーが大きく，しかも分子の速さの広がりがきわめて小さい分子集団が作られる．さらに，回転・振動エネルギーの低い分子をこの方法で調製できる．

　したがって，交差分子線の実験においては，u_r は反応物の速度で規定される．分子線を作りだす条件を変えると，反応物の相対速度を実験的に変えることができ，その結果衝突エネルギーも変化する．衝突エネルギーの関数として生成物の収率を測定す

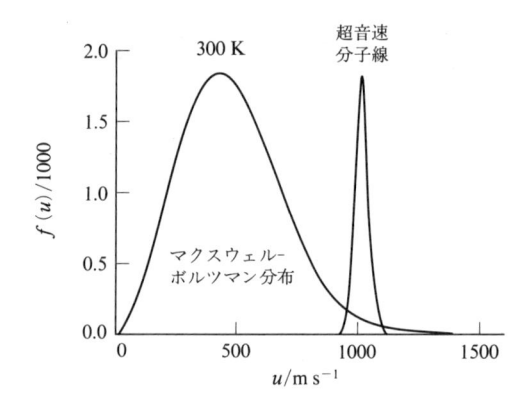

図 30・7　300 K のときの $N_2(g)$ 分子のマクスウェル-ボルツマン速度分布を，300 K のときの $He(g)$ と $N_2(g)$ の混合気体の超音速膨張で作られる速度分布と比較した図．分子線は狭くて非平衡な速度分布を作りだす．

ると，反応断面積 $\sigma_r(E_r)$ のエネルギー依存性を決定できる．

　反応性の衝突によってできた生成物分子は衝突領域から遠ざかっていく．その運動は質量，直線運動量およびエネルギーのおのおのの保存則によって決まる．もし，検出器に届くある特定の反応生成物の分子数を，衝突後の時間の関数として測定すると，生成物分子の速度分布を分解して求めることができる．また，散乱角の関数として生成物の全分子数を測定すれば，生成物分子の角度分布が決定できる．このような2種類の実験から，気相の反応性衝突の分子論的な詳細について，多くのことを決定できるのである．

30·7　$F(g)+D_2(g)\Longrightarrow DF(g)+D(g)$ の反応によって振動励起された $DF(g)$ 分子が作られる

この節とつぎの数節で，

$$F(g) + D_2(g) \Longrightarrow DF(g) + D(g) \tag{30·25}$$

の反応を取扱う．図 30·8 にこの反応の一次元のエネルギー図を示す．このエネルギー図にはポテンシャルエネルギーの変化だけを示してある．反応座標に沿って反応が進

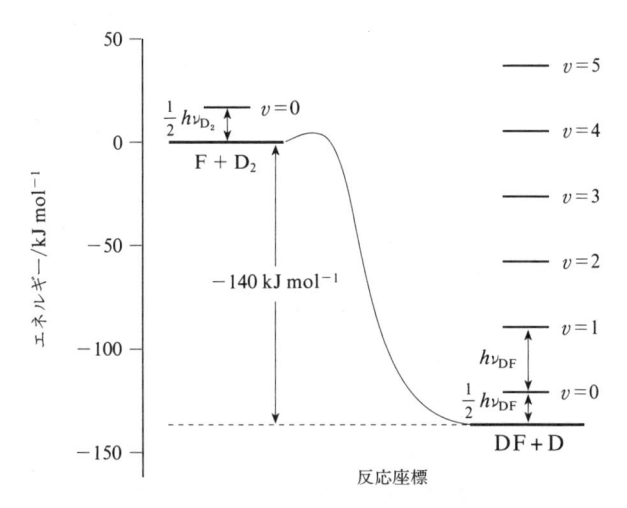

図 30·8　反応 $F(g)+D_2(v=0)\Longrightarrow DF(v)+D(g)$ のポテンシャルエネルギー図．反応物 $D_2(g)$ と生成物 $DF(g)$ の振動状態をおのおのの振動量子数とともに示してある．このポテンシャルエネルギー図から，$D_2(g)$ と $DF(g)$ の基底電子状態エネルギーの差が $D_e(D_2) - D_e(DF) = -140\,kJ\,mol^{-1}$ であることがわかる．この反応は約 7 $kJ\,mol^{-1}$ の活性化エネルギー障壁をもつ．

むにつれてどのようにポテンシャルエネルギーが変化するかを示す図を**ポテンシャルエネルギー図**[1]という。$D_2(g)$ の最低振動状態のエネルギーと $DF(g)$ の最初の 6 個の振動状態のエネルギーも示してある。このようなエネルギー状態を描く際には，$D_2(g)$ と $DF(g)$ の双方の振動が調和振動であると仮定している。

ここでは，反応物 $D_2(g)$ が $(1/2)h\nu_{D_2}$ の内部エネルギーをもつ基底振動状態にあるときの反応エネルギーを考えよう。図 30・8 から，この反応が低振動状態の数準位にある生成物 $DF(g)$ を作ることが可能であることがわかる。反応全体を，

$$F(g) + D_2(v=0) \Longrightarrow DF(v) + D(g) \qquad (30\cdot26)$$

のように書くことにしよう。ここで，反応物の振動状態は指定したが，生成物の振動状態は指定していないので，実験的に決めなければならない。この反応に利用できる全エネルギー E_{tot} は，反応物の内部エネルギー E_{int} と反応物の相対並進エネルギー E_{trans} の和である。エネルギーは保存されなければならないので，

$$E_{tot} = E_{trans} + E_{int} = E'_{trans} + E'_{int} \qquad (30\cdot27)$$

である。ここで，E'_{int} と E'_{trans} はそれぞれ生成物分子の内部エネルギー（回転・振動・電子）と相対並進エネルギーである。全エネルギーがある与えられた値の場合，生成物の内部エネルギー E'_{int} の変化は，その相対並進エネルギー E'_{trans} の対応する変化と釣り合わなければならない。したがって，全衝突エネルギーがある値に固定されている場合，異なる振動状態に作られた $DF(g)$ 分子は異なる速度で衝突領域から遠ざかっていく。E_{int} と E'_{int} への回転・振動・電子状態のそれぞれの寄与を分離して考えるのが便利であることがわかるだろう。式 (30・27) は，

$$E_{tot} = E_{trans} + E_{rot} + E_{vib} + E_{elec} = E'_{trans} + E'_{rot} + E'_{vib} + E'_{elec} \qquad (30\cdot28)$$

のように書ける。式 (30・26) での反応で，反応物と生成物がすべて基底電子状態にある場合は，$E_{elec} = -D_e(D_2)$，$E'_{elec} = -D_e(DF)$ である。

例題 30・6 つぎの反応，

$$F(g) + D_2(v=0) \Longrightarrow DF(v) + D(g)$$

を考えよう。ここで，反応物の相対並進エネルギーは $7.62\,\text{kJ mol}^{-1}$ である。反応物と生成物がすべて基底電子状態，基底回転状態にあると仮定して，生成物 $DF(g)$ の可能な振動状態の範囲を決定せよ。$D_2(g)$ と $DF(g)$ の振動がおのおの $\tilde{\nu}_{D_2} = 2990\,\text{cm}^{-1}$ と $\tilde{\nu}_{DF} = 2907\,\text{cm}^{-1}$ で調和振動であるとして取扱え。

---

[1] potential energy diagram

$[D_e(D_2) - D_e(DF) = -140 \text{ kJ mol}^{-1}.]$

解答: この反応でエネルギーは保存されなければならない。式(30·28)を使い、反応物と生成物が両方とも基底電子状態と基底回転状態にあると仮定すると、

$$E_{\text{trans}} + E_{\text{vib}} - D_e(D_2) = E'_{\text{trans}} + E'_{\text{vib}} - D_e(DF)$$

となる。E'_{trans} について解くと、

$$E'_{\text{trans}} = E_{\text{trans}} + E_{\text{vib}} - E'_{\text{vib}} - [D_e(D_2) - D_e(DF)] \quad (1)$$

を得る。反応物 $D_2(g)$ は基底振動状態にあるから、$E_{\text{vib}} = \frac{1}{2}h\nu_{D_2} = 17.9 \text{ kJ mol}^{-1}$ である。したがって、式(1)から、

$$\begin{aligned} E'_{\text{trans}} &= 7.62 \text{ kJ mol}^{-1} + 17.9 \text{ kJ mol}^{-1} - E'_{\text{vib}} + 140 \text{ kJ mol}^{-1} \\ &= 166 \text{ kJ mol}^{-1} - E'_{\text{vib}} \end{aligned}$$

となる。並進エネルギーはもともと正の量だから、$E'_{\text{vib}} < 166 \text{ kJ mol}^{-1}$ の場合にだけこの反応が起きる。$DF(g)$ の振動が調和振動であると仮定すると、

$$E'_{\text{vib}} = \left(v + \frac{1}{2}\right)h\nu_{DF} = \left(v + \frac{1}{2}\right)(34.8 \text{ kJ mol}^{-1}) < 166 \text{ kJ mol}^{-1}$$

となるから、$v \leq 4$ であることがわかる。すぐ後で、この結果が実験データと一致することがわかるだろう。

30·8 反応性衝突の生成物の速度分布と角度分布から化学反応の分子論的な全体像が得られる

つぎに、$F(g) + D_2(v=0) \Longrightarrow DF(v) + D(g)$ の反応で、反応物の相対並進エネルギーが 7.62 kJ mol^{-1} の場合の交差分子線のデータを吟味する。例題 30·6 で、反応物の相対並進エネルギーがこの値の場合は、生成物 $DF(g)$ は振動状態が $v=0$ から $v=4$ までの状態で生成できることを見た。ここでは、この反応を 30·5 節で述べた質量中心座標系を用いて記述する。

$F(g)$ と $D_2(g)$ の間の反応性衝突の後、$DF(g)$ 分子と $D(g)$ 原子の両方の速度は、反応物の衝突のダイナミクスによって決まり、質量中心から離れる方向を向く。30·5 節で学んだように、生成物の速度、u'_{DF} と u'_D は互いに無関係ではなく、保存則で決まる関係にある。原理的には、生成物は質量・運動量・エネルギーの保存則に合致する任意の方向へ別れていくことができる。しかし実際は、これらの許容される方向のほんの一部分だけがこの反応の場合には観測される。反応性衝突の場所から生成物分子が

どのように離れていくかという角度依存性を記述する方法を見つけなければならない.

衝突パラメーター b が固定されているとして，分子 A と B の衝突を，相対速度ベクトルの方向から眺めた場合を図 30·9 で調べる．簡単のために，分子 B を空間に固定し，相対速度 u_r で近づいてくる分子 A が，どのように B と衝突するかを調べる．分子 B は球形だから，散乱中心は分子 A に対して円筒対称である．つまり，A と B の衝突の角度 ϕ はすべての可能な値を等確率でとるということである．図 30·9 の角度 θ は角度 ϕ とは違って，化学反応の過程の詳細に依存する．あとで，この角度が交差分子線のデータから実験的に決定できることがわかる．

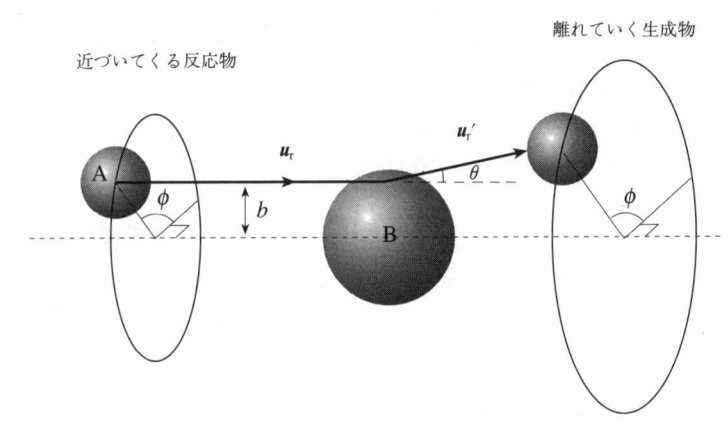

図 30·9 分子 A と B の 2 分子衝突による角度分布を衝突前後の B 分子を中央においてみた様子．衝突パラメーター b が一定値の場合，反応物と生成物はすべての可能な角度 ϕ を等確率でとるので，相対速度ベクトル u_r のまわりに円錐ができる．しかし，角度 θ は反応のダイナミクスに依存するから，実験的に決めなければならない．

F(g) + D_2(g) 反応の交差分子線の実験データを調べる前に，実験データが DF(g) 分子の内部振動エネルギーにどのように依存するかを考察する必要がある．生成物に対してはある決まった量のエネルギーだけが利用可能であり，このエネルギーは生成物分子の内部状態と並進の運動エネルギーとに分配されなければならない．したがって，DF(g) 生成物の励起振動状態が占有されるようになると，並進運動エネルギー，つまり速度は減少しなければならない．

例題 30·7 F(g) + $D_2(v=0) \Longrightarrow DF(v) + D(g)$ の反応を再び調べよう．ここで，反応物の相対並進エネルギーは 7.62 kJ mol^{-1}，また $D_e(D_2) - D_e(DF) =$

30. 気相反応のダイナミクス

$-140\,\mathrm{kJ\,mol^{-1}}$ である。振動準位が $v=0$ から $v=4$ までの状態で生成する DF(g)分子の $|\boldsymbol{u}_{\mathrm{DF}}-\boldsymbol{u}_{\mathrm{cm}}|$ の値を求めよ。(反応物と生成物は両方とも基底電子状態と基底回転状態にあり，D_2 と DF の両方の振動は調和振動で $\tilde{\nu}_{D_2}=2990\,\mathrm{cm^{-1}}$ と $\tilde{\nu}_{\mathrm{DF}}=2907\,\mathrm{cm^{-1}}$ であると仮定せよ。)

解答： 反応物が基底電子状態と基底回転状態にあると仮定すると，式(30·28)から，

$$E'_{\mathrm{trans}} + E'_{\mathrm{vib}} = E_{\mathrm{trans}} + E_{\mathrm{vib}} - [D_e(D_2) - D_e(\mathrm{DF})]$$
$$= 7.62\,\mathrm{kJ\,mol^{-1}} + 17.9\,\mathrm{kJ\,mol^{-1}} + 140\,\mathrm{kJ\,mol^{-1}}$$
$$= 166\,\mathrm{kJ\,mol^{-1}}$$

となる。DF(g)分子の振動を調和振動であると仮定すれば，

$$E'_{\mathrm{trans}} + E'_{\mathrm{vib}} = \frac{1}{2}\mu' u_r'^2 + \left(v+\frac{1}{2}\right)(34.8\,\mathrm{kJ\,mol^{-1}}) = 166\,\mathrm{kJ\,mol^{-1}} \quad (1)$$

となる。生成物の換算質量は $\mu'=1.84\times10^{-3}\,\mathrm{kg\,mol^{-1}}$ だから(例題 30·5 参照)，式(1)を u_r' について解くと，

$$u_r' = \left\{\left(\frac{2}{1.84\times10^{-3}\,\mathrm{kg\,mol^{-1}}}\right)\left(1.66\times10^5 - \left[v+\frac{1}{2}\right][3.48\times10^4]\right)\mathrm{J\,mol^{-1}}\right\}^{1/2}$$

を得る。問題 30·11 から DF(g)分子と質量中心の相対速度は，

$$|\boldsymbol{u}_{\mathrm{DF}} - \boldsymbol{u}_{\mathrm{cm}}| = \frac{m_\mathrm{D}}{M}|u_r'| = \frac{m_\mathrm{D}}{M}u_r'$$

で与えられることがわかる。振動準位が $v=0$ から $v=4$ までの状態で生成する DF(g) の u_r' と $|\boldsymbol{u}_{\mathrm{DF}}-\boldsymbol{u}_{\mathrm{cm}}|$ の値を下の表に示す。

v	$u_r'/10^4\,\mathrm{m\,s^{-1}}$	$|\boldsymbol{u}_{\mathrm{DF}}-\boldsymbol{u}_{\mathrm{cm}}|/10^2\,\mathrm{m\,s^{-1}}$
0	1.27	11.1
1	1.11	9.71
2	0.927	8.11
3	0.693	6.06
4	0.320	2.80

例題 30·7 は，DF(g)分子の速度がその振動状態に依存することを示している。したがって交差分子線装置内で，DF(g)分子が衝突領域から質量分析計まで飛んでいくの

に必要な時間が，その振動状態によって異なることになる．図 30・10 に質量分析計の信号を時間の関数としてプロットしたら，どんな実測データが得られるかを示してある．このグラフには 4 本の区別できるピークがある．これらの 4 本のピークは，反応

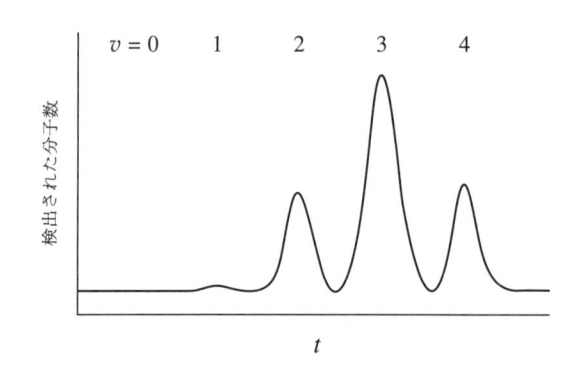

図 30・10 F(g) と D_2(g) の交差分子線研究における反応後の時間の関数として，質量分析計で検出された DF(g) 分子の数をプロットした図．反応物の相対運動エネルギーの初期値は 7.62 kJ mol^{-1} である．最高並進エネルギー，したがって最低の振動エネルギーをもった DF(g) 分子が検出器に最初に到達する．全エネルギーは一定だから，励起振動状態をもって生成した DF(g) 分子はより小さな並進エネルギーをもつはずである．したがって，図中の観測されたいろいろのピークは異なる振動状態にある DF(g) 分子に対応する．この実験条件では $v=0$ の振動状態で生成する DF(g) 分子はないので，$v=0$ のところにはピークは出ない．

場所から同一方向へ異なる速さで遠ざかっていく生成物分子に対応しており，違った時刻に質量分析計に到達するのである．最初のピークは最高速度で反応場所から離れる分子に対応している．これらの分子は最大の並進エネルギーをもち，したがって内部振動エネルギーは最小である．ほかのピークは，もっと小さな並進エネルギーと，もっと大きな内部振動エネルギーをもつ．ピークの下の面積はその振動状態にある生成物分子の総数に比例する．いろいろのピークの面積を比較すれば，違う振動状態の相対的占有数を決定できる．

　反応生成物の形成が角度 θ（図 30・9 参照）によってどう変わるかは，2 本の分子線で定義される平面内で検出器を動かして測定できる（図 30・6 a 参照）．結局，すべての可能な散乱角に対して，振動状態ごとの相対的な占有数を決定できることになる．反応の軌跡全体を描く三次元の図よりも，ふつう二次元極座標での等高線図としてデータを表現する．図 30・11 に，反応物の相対並進エネルギーが 7.62 kJ mol^{-1} の場合に

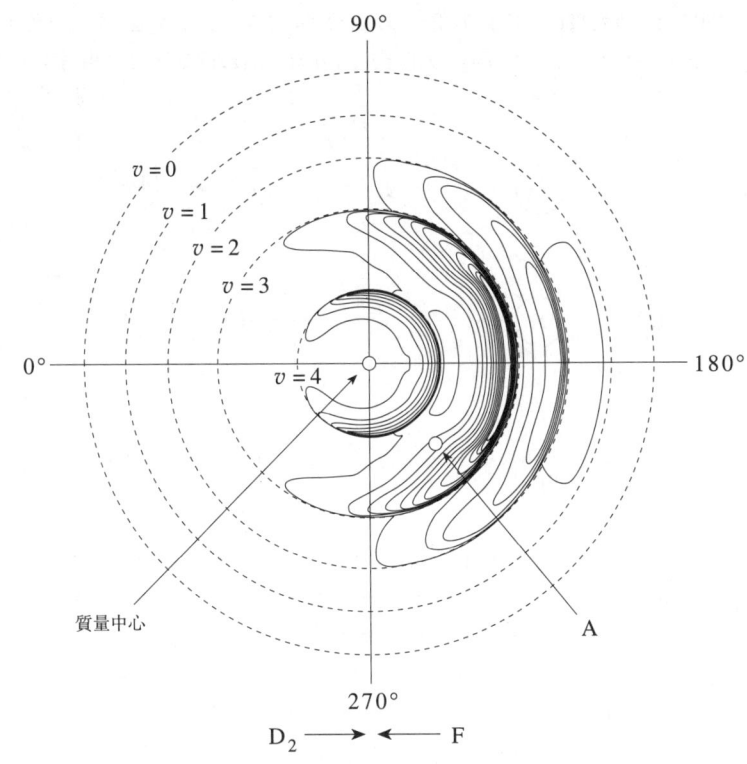

図30・11 F(g)＋D$_2$(v=0)の反応で反応物の相対並進エネルギーが7.62 kJ mol^{-1}の場合の，生成物分子DF(g)の角度と速度の分布の等高線図．質量中心は原点に固定されている．破線の円は，DF(g)分子がそれぞれの振動状態でとりうる最大の相対的な速さに対応する．このデータから，生成物分子は入射するフッ素原子が進んで来た方向に，すなわち散乱角 θ＝180°で跳ね返る方が優先的に起きることが明らかである．図の下の矢印は反応物が互いに近づく方向を表している．

ついて，F(g)とD$_2$(v=0)の反応の等高線図を示す．質量中心はこの等高線図の中心にある．この極座標プロットの原点から任意の点までの距離は質量中心に相対的なDF(g)分子の速さ $|\boldsymbol{u}_{\mathrm{DF}} - \boldsymbol{u}_{\mathrm{cm}}|$ を表す．図の下の矢印は反応物が互いに近づく方向を表している．等高線図の横軸は反応物どうしの相対速度ベクトルの方向にとっている．図30・11に示した角度は散乱角 θ である．原子-分子反応では，入射原子の軌跡の方向を θ＝0°にとる．つまり，θ＝0°という角度は，F(g)原子がD$_2$(g)分子と衝突し，DF(g)生成物分子が入射するときのF(g)原子と同じ方向に飛ぶ衝突に相当する．ま

た，$\theta = 180°$ という角度は，F(g)原子が D_2(g)分子と衝突・反応を起こし，それから DF(g)分子が入射するときの F(g)原子と反対方向に跳ね返る衝突に相当する（図 30・12）．

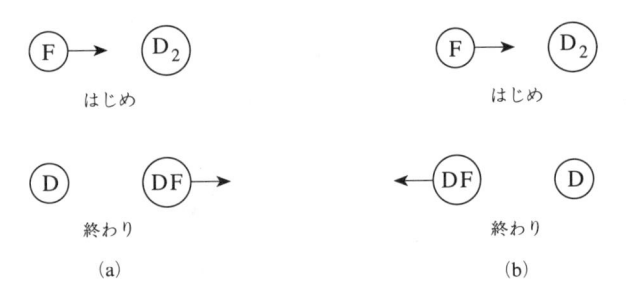

図 30・12 原子–分子反応 F(g) + D_2(g) の (a) $\theta = 0°$ と (b) $\theta = 180°$ の場合の説明図．

図 30・11 の等高線は，一定数の DF(g)生成物分子を表している．破線の円は，ある与えられた振動状態にある生成物分子に許される最高の相対的な速さに対応している．この円の半径が増加すると，生成物分子の相対的な速さが増加することに相当する．全エネルギーは一定だから，DF(g)分子の速さは振動量子数が増加するとともに減少することは上で説明した．したがって，この円の半径は振動量子数が増加するとともに減少する．図のデータは，破線の円と円の間の速さをもつ生成物分子が多数あることを示している．図 30・11 に示した破線の円は，内部エネルギーが分子の振動状態にだけ存在する場合に対応しており，この場合には，これらの円に対応する回転エネルギーは $E_{\rm rot} = 0$ で，$J = 0$ である．DF(g)が励起回転状態になって生成する場合は，2 本の破線の円の中間の値をもつ速度が観測されることが期待される．たとえば，図 30・11 で $v = 3$ と $v = 4$ で表された破線の円と円の間の領域（図の点 A を見よ）は，$v = 3$ の振動量子数をもち，かつ回転的にも励起された DF(g)分子に相当する．もし，回転状態のエネルギー間隔がわかっていれば，回転エネルギーの分布もこの等高線図から決定できることになる．例題 30・8 も参照せよ．

例題 30・8 図 30・11 の速さの等高線図の解析から，点 A は回転と振動のエネルギーの総計が 11 493.6 cm^{-1} の DF(g)分子に相当することがわかる．振動量子数が $v = 3$ と仮定して，DF(g)の以下のデータを用いて，この分子の回転準位を決定せよ．

30. 気相反応のダイナミクス

$\tilde{\nu}_e$/cm^{-1}	$\tilde{\nu}_e\tilde{x}_e$/cm^{-1}	$\tilde{B}_e$/cm^{-1}	$\tilde{\alpha}_e$/cm^{-1}
2998.3	45.71	11.007	0.293

解答: 二原子分子の振動と回転のエネルギーは式(13·21)と式(13·17)で与えられる(上巻). したがって, DF(g)分子の振動と回転の全エネルギーは振動と回転のエネルギーの和になる.

$$E_{\text{vib}}(v) + E_{\text{rot}}(J, v)$$
$$= \tilde{\nu}_e\left(v+\frac{1}{2}\right) - \tilde{\nu}_e\tilde{x}_e\left(v+\frac{1}{2}\right)^2 + \left[\tilde{B}_e - \tilde{\alpha}_e\left(v+\frac{1}{2}\right)\right]J(J+1) \quad (1)$$

上の分光学的データを式(1)に代入し, $v=3$ とおくと,

$$11\,493.6\,\text{cm}^{-1} = 9934.1\,\text{cm}^{-1} + (9.982\,\text{cm}^{-1})J(J+1)$$

となり, これを簡単にすると,

$$J(J+1) = 156$$

となる. すなわち, $J=12$ であることがわかる. 図30·11の等高線図上の点Aは, 量子数 $v=3$ で $J=12$ をもつDF(g)分子の個数に相当する.

図30·11の実験データは, この反応の三つの重要な特徴を明らかにしている. 第一は, 生成物は後方に, すなわちフッ素原子が入射するときの進行方向に対して散乱角 $\theta=180°$ の方向に散乱されやすいことがわかる点である. これらのデータから, フッ素原子は D_2(g)分子とほとんど正面衝突し, 重水素原子1個を引き抜いた後に後方に跳ね返ると考えられる. この形式の反応を**反跳反応**[1]という. 第二は, この等高線図の解析から, この反応の最も生成確率の高い生成物は $DF(v=3)$ であることが明らかな点である. 第三は, 破線の円と円の間にかなりの占有数が存在するので, DF(g)分子のいろいろな回転準位がこの反応で占有されることがわかる点である.

最初から5番目までの振動状態の相対的な占有数にはもう少し注意を払う必要があるだろう. $v=0$ と $v=1$ の破線の円の間には等高線がないことに注意せよ. この結果は, 基底振動状態の生成物分子が形成されないことを表している. 図30·11に示した占有数に対応する等高線図から決定された相対的な占有率を表30·2に掲げてある. この生成物分布はボルツマン分布では記述できないので(例題30·9参照), この反応により非平衡生成物分布ができるといえる.

---

[1] rebound reaction

表 30·2 反応 $F(g) + D_2(g) \Longrightarrow DF(g) + D(g)$ で反応物の相対並進エネルギーが $7.62\ kJ\ mol^{-1}$ の場合の, $v = 3$ の状態の $DF(v)$ に対する, v 番目の振動状態の相対的占有率の実測値

振動量子数	相対的占有率	振動量子数	相対的占有率
0	0.00	3	1.00
1	0.02	4	0.49
2	0.44		

例題 30·9 全体の分布が 300 K で熱平衡状態にあると仮定して, $DF(v=3)$ の個数に対する $v=0$ から $v=4$ までの $DF(v)$ の個数の比を決定せよ. 〔$DF(g)$ の振動が調和振動で, $\tilde{\nu}_{DF}=2907\ cm^{-1}$ と仮定せよ.〕

解答: $DF(g)$ 分子が熱平衡状態にある場合, 二つの振動準位にある $DF(g)$ 分子の占有数の比はボルツマン分布で与えられる. したがって,

$$\frac{N(v)}{N(v=3)} = \frac{e^{-(v+1/2)h\nu_{DF}/k_B T}}{e^{-(3+1/2)h\nu_{DF}/k_B T}} = e^{-(v-3)h\nu_{DF}/k_B T}$$

となる. 相対的な占有数の計算値を下の表に示す.

振動量子数	$N(v)/N(v=3)$
0	1.44×10^{18}
1	1.28×10^{12}
2	1.75×10^{6}
3	1.00
4	8.84×10^{-7}

熱平衡にある試料についての $N(v)/N(v=3)$ の値は, 化学反応 $F(g)+D_2(g) \Longrightarrow DF(g)+D(g)$ について決定された相対的な占有率とはかなり異なっている (表 30·2 参照). 熱平衡状態での分布の場合は $v=0$ の状態が最も多く占有されており, 一方, 反応の場合は $v=0$ の状態は占有されないことに特に注意せよ. 反応生成物の振動分布はボルツマン分布では記述できないのである.

30·9 すべての気相化学反応が反跳反応であるとは限らない

図 30·13 に反応,

$$K(g) + I_2(g) \longrightarrow KI(g) + I(g)$$

の速度等高線図を示す. ここで, 反応物分子間の相対並進エネルギーの初期値は

15.13 kJ mol^{-1} である．F(g)+D$_2$(g)の反応と違って，この場合には，生成物である二原子分子 KI(g)は前方，すなわち K(g)原子が入射するときの進行方向に散乱されやすいことがわかる．入射原子が分子の一部分を引き抜き，そのまま前方へ進んでいく型の反応を**ストリッピング反応**[1] という．

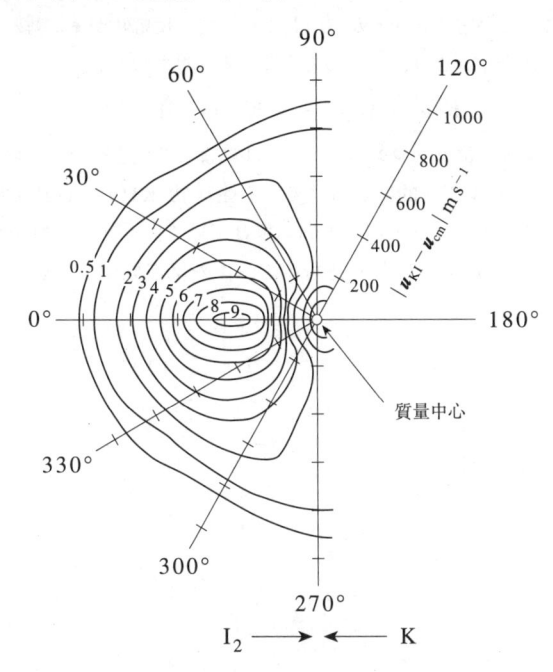

図 30・13　反応 K(g)+I$_2$(g)⟶KI(g)+I(g)で反応物の相対的並進エネルギーが 15.13 kJ mol^{-1} の場合の，生成物分子 KI(g)の角度と速度の分布の等高線図．このストリッピング反応では，生成物分子は入射するカリウム原子が進む方向へ進み続け，散乱角はほぼ $\theta=0°$ になる．等高線につけた数字は KI(g)分子の相対的な個数の目盛である．

ストリッピング反応の機構はおもしろい．K(g)+I$_2$(g)の反応断面積は 1.25×10^6 pm^2 である．K(g)とI$_2$(g)の半径をそれぞれ 205 pm と 250 pm とすると，剛体球衝突断面積は $\pi d_{AB}^2=6.5\times10^5$ pm^2 となる．実測の反応断面積はこの剛体球の計算値の2倍の大きさである．仮に接近してくるカリウム原子とヨウ素分子が，実測の反応断面積に相当する最大の衝突パラメーターで直線上を進んでいくとすれば，これらの反応物は衝突しないではずれるだろう．しかし，現実には反応が起きるので，反応す

---

1) stripping reaction

る分子の軌跡が，反応物分子を互いに引き付ける長距離ポテンシャルの影響を受けることを示している．カリウム原子とヨウ素分子の間のファン・デル・ワールス相互作用は，このような大きな影響を及ぼすほどに強いとは考えられない．研究によると，この反応では二つの反応物間の1電子移動が関与しており，この電子移動は反応物の衝突の前に起こっていることがわかる．したがって，反応物がまだ離れた状態のときに，反応の第1段階が起こり，つぎのようなイオン対をつくる．

$$K(g) + I_2(g) \longrightarrow K^+(g) + I_2^-(g)$$

その後でイオンは互いにクーロンポテンシャルによって引き合い，この二つのイオンが衝突すると，エネルギー的にさらに安定な生成物 $KI(g)+I(g)$ を形成し，この $KI(g)$ は入射カリウムイオンと同一方向へ離れていく．カリウム原子がその電子をもり（銛）のように $I_2(g)$ 分子に打ち込むので，この反応機構を一般に**もり機構**[1]と

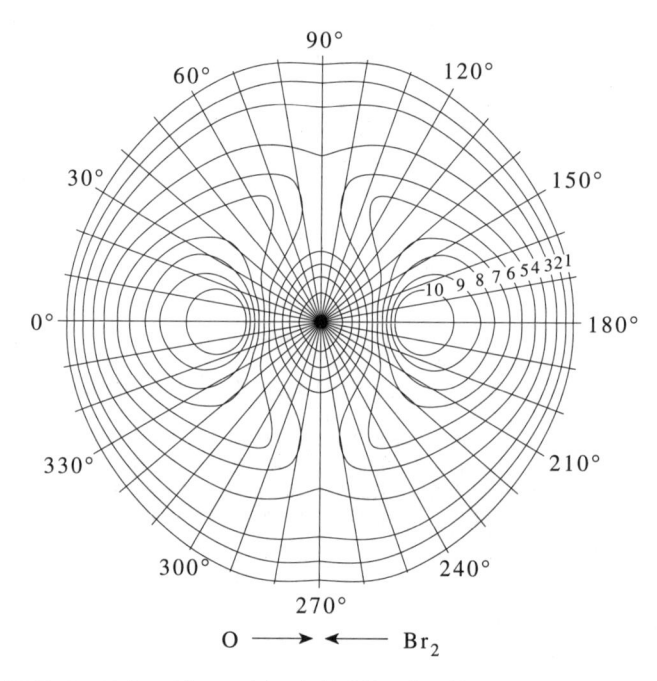

図 30・14 反応 $O(g)+Br_2(g)$ で相対並進エネルギーが $12.55\,kJ\,mol^{-1}$ の場合に，生成物分子 $BrO(g)$ の角度と速度の分布の等高線図．等高線に記した数字は，実測の $BrO(g)$ の相対的な個数を示す．

---

1) harpoon mechanism

いう．

　図30・14には，相対並進運動エネルギーが 12.55 kJ mol^{-1} で起きる反応性の散乱反応，

$$O(g) + Br_2(g) \Longrightarrow BrO(g) + Br(g)$$

の結果を示す．この反応のデータから，生成物分子 BrO(g) は等しい強度で前方と後方に散乱されることがわかる．したがって，これまでに考えてきたどちらの機構もこの実測の挙動を説明できない．実際，単純な衝突・逃走の説ではこの結果を説明できないのである．このように対称的な前方散乱と後方散乱の生成物分布を描くためには，反応する分子はもともとの衝突の立体配置を"忘れる"必要がある．これは，回転周期よりも長い寿命をもつ 原子-分子錯合体 を形成する衝突の場合にだけ可能になる．この長い寿命によって，生成物が形成される前にこの錯合体は何回も回転できるので，この場合は，生成物分子の角度分布は衝突の最初の立体配置とは無関係になる．

30・10　F(g)+D$_2$(g)$\Longrightarrow$DF(g)+D(g)の反応のポテンシャルエネルギー面は量子力学で計算できる

　9章(上巻)において，二原子分子のポテンシャルエネルギーは結合した 2 原子間の距離だけに依存することを学んだ．D$_2$(g) や DF(g) のような二原子分子のポテンシャルエネルギー面は，ポテンシャルエネルギーを結合長の関数としてプロットすると二次元でプロットできる．"面"という言葉はこの場合にはふさわしくない．二原子分子には一つの構造パラメーター，すなわち結合長しかない．ポテンシャルエネルギーが

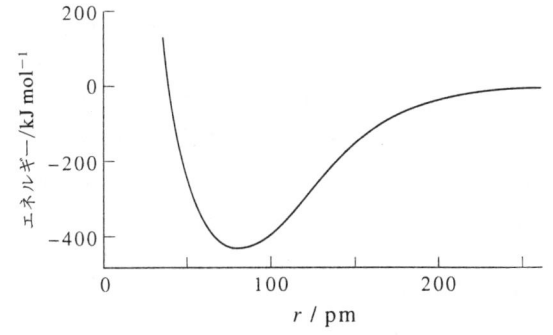

図30・15　D$_2$(g)のポテンシャルエネルギー曲線．エネルギーの零点は，2個の原子が離れたときのエネルギーとして定義している．ポテンシャルエネルギー曲線の極小は，D$_2$(g)分子の平衡結合長に対応する．

単一のパラメーターにしか依存しないときに"ポテンシャルエネルギー曲線"という言葉を用い，ポテンシャルエネルギーが2個以上の構造パラメーターに依存する場合には"面"という言葉が適切である．図30·15に$D_2(g)$のポテンシャルエネルギー曲線を示す．

多原子分子では，二つ以上の結合長が変化できるので，そのポテンシャルエネルギーは2個以上の変数に依存する．また，結合角も指定しなければならない．たとえば，水分子を考えよう．水分子の立体構造は3個の構造パラメーター，すなわちr_{O-H_A}，r_{O-H_B}，とその2本のO－H結合間の角度αによって完全に指定できる．

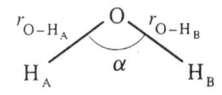

$$r_{O-H_A} \quad O \quad r_{O-H_B}$$
$$H_A \quad \alpha \quad H_B$$

水分子のポテンシャルエネルギーは，これら三つのパラメーターの関数 $V = V(r_{O-H_A}, r_{O-H_B}, \alpha)$ である．したがって，水分子の完全なポテンシャルエネルギー面のプロットには4本の軸，一つはポテンシャルエネルギー値の軸，他は三つの構造パラメーターの軸が必要になる．つまり，ポテンシャルエネルギー面は四次元である．関数をプロットする場合には三次元に限られるから，一つだけのプロットで水分子のポテンシャルエネルギー面全体を描くことはできない．しかし，ポテンシャルエネルギー面の一部分は描ける．構造パラメーターの一つ，たとえば角度αを固定できれば，$V(r_{O-H_A}, r_{O-H_B}, \alpha=$一定$)$の三次元プロットを描ける．そのようなプロットは完全なポテンシャルエネルギー面の一つの断面図である．ある構造変数を一定に保って，その他の構造変数を変化させたときに，どのように分子のポテンシャルエネルギーが変化するかを，この断面図プロットから知ることができる．たとえば，r_{O-H_A}とr_{O-H_B}の関数として$V(r_{O-H_A}, r_{O-H_B}, \alpha=$一定$)$の三次元プロットをすると，一定の結合角$\alpha$で結合長$r_{O-H_A}$と$r_{O-H_B}$を変化させたとき，水分子のポテンシャルエネルギーがどのように変化するかがわかる．したがって，いろいろなαの値について，一連の断面図プロットを行えば，ポテンシャルエネルギーがどのように結合角に依存するかもわかるはずである．

単純な化学反応のポテンシャルエネルギー面を眺める際にも，水分子の場合に見てきたのと同様な制約がある．化学反応，

$$F(g) + D_A D_B(g) \Longrightarrow D_A F(g) + D_B(g)$$

の説明に戻ろう．ここで，下付き添字AとBで2個の重水素原子を区別する．反応物が互いに無限に離れているとき，フッ素原子と$D_2(g)$分子の間には何の引力も反発力

30. 気相反応のダイナミクス

もないので，この反応のポテンシャルエネルギー面は孤立した 1 個の $D_2(g)$ 分子のそれと同じになる．同様に，生成物が互いに無限に離れているとき，この反応のポテンシャルエネルギー面は孤立した 1 個の $DF(g)$ 分子のそれと同じになる．しかし，反応が起こると，フッ素原子と D_A の間の距離 r_{DF} が減少し，D_A と D_B の間の距離 r_{D_2} が増加するので，ポテンシャルエネルギーは両方の距離に依存する．また，ポテンシャルエネルギーはフッ素原子が $D_2(g)$ 分子に近づく角度にも依存する．フッ素原子と $D_2(g)$ 分子の間の衝突角 β を $F-D_A$ と D_A-D_B 結合のそれぞれの方向の直線の間の角度として定義する．図 30·16 に，フッ素原子が $D_2(g)$ 分子に近づく三通りの異なる仕方を示す．直線($\beta = 180°$)，屈曲($\beta = 135°$)，直角($\beta = 90°$)である．

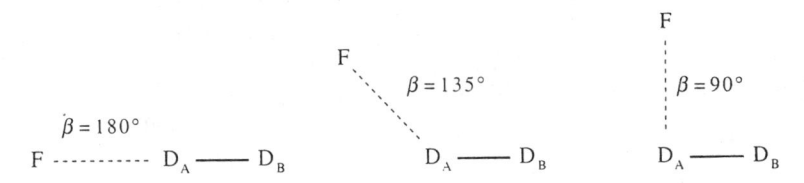

図 30·16 反応物 $F(g) + D_2(g)$ の 3 種の衝突角 β.

この反応のポテンシャルエネルギー面は二つの距離(r_{DF} と r_{D_2})と一つの衝突角(β)に依存するので，完全な面をプロットするためには四次元座標系が必要になる．ポテンシャルエネルギー面を見るためには，構造パラメーターの一つの値を固定し，他の二つの変数へのポテンシャルエネルギーの依存性をプロットしなければならない．固定した変数の異なる値について，そのような一連のプロットを行うと，ポテンシャルエネルギーが 3 個すべての構造パラメーターにどのように依存するかがわかる．

化学反応のポテンシャルエネルギー面は，多原子分子の場合に 11 章(上巻)で説明した電子構造法を用いて計算できる．多数の異なる核配置についてこのような計算を実行すると，核座標の関数としてポテンシャルエネルギーを求めることができる．図 30·17 に反応，

$$F(g) + D_2(g) \Longrightarrow DF(g) + D(g)$$

について計算したポテンシャルエネルギー面の等高線図を示す．ここで，衝突角 β は交差分子線のデータから決定した実験値である 180° に固定した(30·8 節参照)．これは直線形の配置である．等高線図の実線はそれぞれ別の一定のエネルギー値に対応している．エネルギーの零点は便宜上，反応物が互いに無限に離れている場合の値に設定されている．

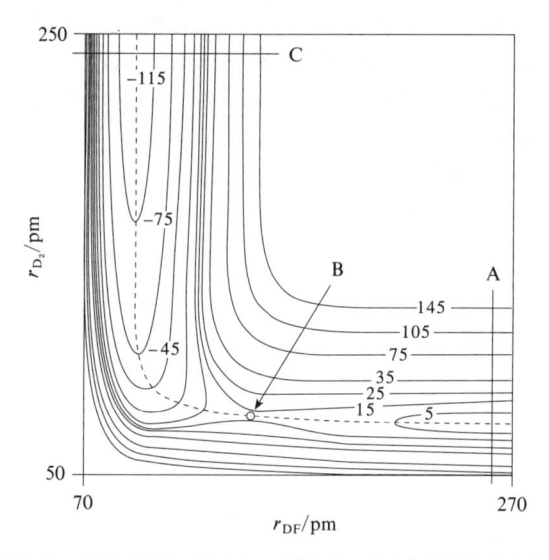

図30・17 反応 $F(g)+D_2(g)\Longrightarrow DF(g)+D(g)$ の衝突の立体配置が $\beta=180°$ のときのエネルギー等高線図. ポテンシャルエネルギー面の計算にはボルン-オッペンハイマー近似を用いている. エネルギー等高線の数字は $kJ\,mol^{-1}$ の単位である. エネルギーの零点は反応物が無限に離れている場合の値にとってある. 点 B はこの反応の遷移状態の場所である. 線 A と線 C の位置でのこの面の断面図は, おのおの孤立した $D_2(g)$ と $DF(g)$ のポテンシャルエネルギー曲線に対応する. 破線はこの反応の最低エネルギーの経路である.

図 30・17 の $r_{DF}=A$ のところで, 反応物は互いに遠くに離れており, ポテンシャルエネルギー面は孤立した $D_2(g)$ 分子と $F(g)$ 原子に対するポテンシャルエネルギー曲線と同一になる. いい換えると, この面の断面図 $V(r_{D_2}, r_{DF}, \beta=180°)$ を r_{D_2} の関数としてプロットすると, 図 30・15 が得られる. 同様に, 図 30・17 の $r_{D_2}=C$ のところでは, 生成物は互いに遠くに離れており, r_{DF} の関数として $V(r_{D_2}, r_{DF}, \beta=180°)$ 断面図をプロットすると, 孤立した $DF(g)$ 分子のポテンシャルエネルギー曲線と同一になる.

つぎに, 図 30・17 の破線で与えられる, 反応物から生成物への最低エネルギー経路に従って見ていこう. 反応物が互いに近づくと, 距離 r_{D_2} はかなり一定に保たれるが, 距離 r_{DF} は減少し, ポテンシャルエネルギーが増加して, 点 B で極大に達する. 点 B を通過した後には, 生成物が形成されており, 距離 r_{DF} はわずかに減少して, ついで

30. 気相反応のダイナミクス

一定に保たれ,距離 r_{D_2} は増加し,ポテンシャルエネルギーは減少する。ポテンシャルエネルギー面の計算では反応物と生成物の間にエネルギー障壁がある。このエネルギー障壁の最低の高さ(約 $7\,\text{kJ mol}^{-1}$)は点 B のところにあり,これを**遷移状態**[1] という。この遷移状態が反応物と生成物の境界であって,ポテンシャルエネルギー面の特異な点に位置している。遷移状態から反応物が互いに離れた状態,あるいは生成物が互いに離れた状態へ,最低エネルギー経路に沿って進むと,エネルギーは減少する。もし,遷移状態からこの最低エネルギーの経路に直角の方向へ離れていくと,エネルギーは増大する。したがって,ある方向については遷移状態はエネルギーの極大であり,それに直角の方向では遷移状態はエネルギーの極小になる。この点の近傍で,面は鞍の形をしているので,**鞍点**[2] という。化学反応の遷移状態はふつう,ポテンシャルエネルギー面の鞍点に位置している。

問 題

30・1 つぎの反応の 300 K における速度定数を剛体球衝突理論によって計算せよ。

$$\text{NO(g)} + \text{Cl}_2(\text{g}) \Longrightarrow \text{NOCl(g)} + \text{Cl(g)}$$

NO と Cl_2 の衝突直径はそれぞれ 370 pm,540 pm である。また,この反応のアレニウスのパラメーターは $A = 3.981 \times 10^9\,\text{dm}^3\,\text{mol}^{-1}\,\text{s}^{-1}$ と $E_a = 84.9\,\text{kJ mol}^{-1}$ である。剛体球衝突理論による速度定数と 300 K における実測の速度定数との比を計算せよ。

30・2 式(30・14)で与えられる $\sigma_r(E_r)/\pi d_{AB}^2$ のプロットと図 30・2 のデータを比較せよ。

30・3 中心線モデルの反応断面積の式(30・14)を式(30・11)に代入し,その結果の式を積分すると,中心線モデルの速度定数の式(30・15)が得られることを示せ。

30・4 つぎの反応,

$$\text{NO(g)} + \text{O}_3(\text{g}) \Longrightarrow \text{NO}_2(\text{g}) + \text{O}_2(\text{g})$$

のアレニウスのパラメーターは $A = 7.94 \times 10^9\,\text{dm}^3\,\text{mol}^{-1}\,\text{s}^{-1}$, $E_a = 10.5\,\text{kJ mol}^{-1}$ である。中心線モデルを仮定し,この反応の 1000 K におけるしきいエネルギー E_0 と剛体球反応断面積 σ_{AB} を計算せよ。

30・5 3000 K での二分子反応,

$$\text{CO(g)} + \text{O}_2(\text{g}) \Longrightarrow \text{CO}_2(\text{g}) + \text{O(g)}$$

---

1) transition state 2) saddle point

を考えよう．アレニウスの前指数因子の実測値は $A=3.5\times 10^9\,\mathrm{dm^3\,mol^{-1}\,s^{-1}}$ で活性化エネルギーは $E_\mathrm{a}=213.4\,\mathrm{kJ\,mol^{-1}}$ である．O_2 の剛体球衝突直径は 360 pm，CO では 370 pm である．3000 K における，剛体球中心線モデルの速度定数の値を求めて，実測の速度定数と比較せよ．A の値に関しても計算値と実測値を比較せよ．

30·6 つぎの反応，

$$\mathrm{H_2^+(g) + He(g) \Longrightarrow HeH^+(g) + H(g)}$$

のしきいエネルギー E_0 は $70.0\,\mathrm{kJ\,mol^{-1}}$ である．反応物の振動エネルギーが E_0 を超えるような $\mathrm{H_2^+(g)}$ の最低振動準位を求めよ．$\mathrm{H_2^+}$ の分光学的定数は $\tilde{\nu}_\mathrm{e}=2321.7\,\mathrm{cm^{-1}}$，$\tilde{\nu}_\mathrm{e}\tilde{x}_\mathrm{e}=66.2\,\mathrm{cm^{-1}}$ である．

30·7 止まっている $\mathrm{D_2(g)}$ 分子と正面衝突するように $2500\,\mathrm{m\,s^{-1}}$ の速さで移動する $\mathrm{F(g)}$ 原子の全運動エネルギーを計算せよ．（反応物を剛体球と仮定せよ．）

30·8 $\mathrm{F(g)}$ 原子と $\mathrm{D_2(g)}$ 分子が互いに正面衝突するように動いている．$\mathrm{F(g)}$ 原子の速さは $1540\,\mathrm{m\,s^{-1}}$ である．全運動エネルギーが問題 30·7 の場合と同じになる $\mathrm{D_2(g)}$ 分子の速さを計算せよ．（反応物を剛体球と仮定せよ．）

30·9 問題 30·7 で，止まっている $\mathrm{D_2}(v=0)$ 分子と正面衝突するように $2500\,\mathrm{m\,s^{-1}}$ の速度で移動する $\mathrm{F(g)}$ 原子の全運動エネルギーを計算した．この全運動エネルギーと $\mathrm{D_2(g)}$ 分子の零点振動エネルギーの比を決定せよ．$\tilde{\nu}_{\mathrm{D_2}}=2990\,\mathrm{cm^{-1}}$ とせよ．

30·10 $\mathrm{F(g)}$ 原子と止まっている $\mathrm{D_2(g)}$ 分子の間の正面衝突を考えよう．$\mathrm{F(g)}$ 原子の運動エネルギーが $\mathrm{D_2(g)}$ 分子の結合解離エネルギーを越えるような $\mathrm{F(g)}$ 原子の最低の速さを求めよ．（$\mathrm{D_2}$ の D_0 の値は $435.6\,\mathrm{kJ\,mol^{-1}}$ である．）

30·11 例題 30·4 にならって，

$$\boldsymbol{u}_\mathrm{cm} = \frac{m_\mathrm{C}}{M}\boldsymbol{u}_\mathrm{C} + \frac{m_\mathrm{D}}{M}\boldsymbol{u}_\mathrm{D}$$

および

$$\boldsymbol{u}_\mathrm{r} = \boldsymbol{u}_\mathrm{C} - \boldsymbol{u}_\mathrm{D}$$

から，

$$\boldsymbol{u}_\mathrm{C} = \boldsymbol{u}_\mathrm{cm} + \frac{m_\mathrm{D}}{M}\boldsymbol{u}_\mathrm{r} \tag{1}$$

および

$$\boldsymbol{u}_\mathrm{D} = \boldsymbol{u}_\mathrm{cm} - \frac{m_\mathrm{C}}{M}\boldsymbol{u}_\mathrm{r} \tag{2}$$

が導かれることを示せ．

30·12 式 (30·22) を導け．

30·13 流体中の音速 u_s は，

30. 気相反応のダイナミクス

$$u_s^2 = \frac{\gamma \overline{V}}{M \kappa_T} \tag{1}$$

で与えられる。ここで，$\gamma = C_P/C_V$，M はモル質量，$\kappa_T = -(1/V)(\partial V/\partial P)_T$ はその流体の等温圧縮率である。理想気体を仮定して，25 °C の $N_2(g)$ の音速を計算せよ。$\overline{C}_P = 7R/2$ とせよ。実測値は 348 m s^{-1} である。

30·14 流体中の音速 u_s は問題 30·13 の式(1)で与えられる。さらに，$\overline{C}_P$ と $\overline{C}_V$ には式(22·26)の関係がある。1 atm，20 °C のベンゼンの場合，$\overline{C}_P = 135.6$ J K^{-1} mol^{-1}，$\kappa_T = 9.44 \times 10^{-10}$ Pa^{-1}，$\alpha = 1.237 \times 10^{-3}$ K^{-1}，密度 $\rho = 0.8765$ g mL^{-1} であるとして，ベンゼンの音速を計算せよ。実測値は 1320 m s^{-1} である。

30·15 搬送気体の超音速分子線中の分子のピーク速度は，

$$u_{\text{peak}} = \left(\frac{2RT}{M}\right)^{1/2} \left(\frac{\gamma}{\gamma - 1}\right)^{1/2}$$

によってよく近似される。ここで，T は気体混合物の線源容器の温度，M は搬送気体のモル質量，γ は搬送気体の熱容量の比 $\gamma = C_P/C_V$ である。気体の線源容器が 300 K に保たれている超音速ネオン線中のベンゼン分子のピーク速度を決定せよ。同じ条件のヘリウム線の場合についても計算せよ。ただし，He(g) と Ne(g) は理想気体として扱えると仮定せよ。

30·16 気体容器中のベンゼン分子の平均の速さが，問題 30·15 で述べた条件下で作られるヘリウムの超音速分子線中のベンゼン分子の速さと同じになるのに必要な温度を求めよ。

30·17 一般的な反応，

$$A(g) + BC(g) \Longrightarrow AB(g) + C(g)$$

の場合，式(30·28)が剛体回転子-調和振動子近似の範囲内で，

$$E_{\text{tot}} = \frac{1}{2}\mu u_r^2 + F(J) + G(v) + T_e$$

$$= \frac{1}{2}\mu u_r'^2 + F'(J) + G'(v) + T_e'$$

のように書けることを示せ。ここで，T_e，$G(v)$，$F(J)$ は二原子分子の反応物 BC(g) の電子，振動，回転の項であり，T_e'，$G'(v)$，$F'(J)$ は二原子分子の生成物 AB(g) の対応する項である。

30·18 つぎの反応，

$$Cl(g) + H_2(v=0) \Longrightarrow HCl(v) + H(g)$$

を考えよう。ここで，$D_e(H_2) - D_e(HCl) = 12.4$ kJ mol^{-1} である。この反応には活性化障壁はないと仮定せよ。反応物は(振動のない)剛体球であるとするモデルによって，

反応が起きるために必要な相対的な速さの最小値を計算せよ．また，$H_2(g)$ と $HCl(g)$ を $\tilde{\nu}_{H_2}=4159\,cm^{-1}$ と $\tilde{\nu}_{HCl}=2886\,cm^{-1}$ の剛体球‐調和振動子とした場合，反応が起きるために必要な相対的な速さの最小値を計算せよ．

30・19 反応 $H(g)+F_2(v=0)\Longrightarrow HF(g)+F(g)$ により振動励起された HF 分子が作られる．$v=12$ の振動状態にある $HF(g)$ 分子を作るような相対運動エネルギーの最小値を求めよ．HF と F_2 の振動分光学的定数は以下のとおりである．$\tilde{\nu}_e(HF)=4138.32\,cm^{-1}$, $\tilde{\nu}_e(F_2)=916.64\,cm^{-1}$, $\tilde{\nu}_e\tilde{x}_e(HF)=89.88\,cm^{-1}$, $\tilde{\nu}_e\tilde{x}_e(F_2)=11.24\,cm^{-1}$, $D_0(HF)=566.2\,kJ\,mol^{-1}$, $D_0(F_2)=154.6\,kJ\,mol^{-1}$.

30・20 反応物の相対並進エネルギーが $7.62\,kJ\,mol^{-1}$ で $D_e(H_2)-D_e(HF)=-140\,kJ\,mol^{-1}$ の反応,

$$F(g)+H_2(v=0)\Longrightarrow HF(v)+H(g)$$

のエネルギー関係を考えよう．生成物 $HF(g)$ 分子の可能な振動状態の範囲を決定せよ．$H_2(g)$ と $HF(g)$ の振動を $\tilde{\nu}_{H_2}=4159\,cm^{-1}$ と $\tilde{\nu}_{HF}=3959\,cm^{-1}$ の調和振動と仮定せよ．

30・21 例題 30・5 において，反応物と生成物を剛体球として取扱えると仮定して，反応 $F(g)+D_2(g)\Longrightarrow DF(g)+D(g)$ の場合，質量中心に相対的な生成物の速さ，$|u_{DF}-u_{cm}|$ と $|u_D-u_{cm}|$ を計算した．ここでは，$D_2(g)$ と $DF(g)$ の零点振動エネルギーを考慮に入れてこれらの値を計算せよ．$D_2(g)$ と $DF(g)$ の振動をそれぞれ $\tilde{\nu}_{D_2}=2990\,cm^{-1}$ と $\tilde{\nu}_{DF}=2907\,cm^{-1}$ の調和振動と仮定せよ．その結果は例題 30・5 で行った剛体球の計算結果とどう違っているか．

つぎの四つの問題では，

$$Cl(g)+HBr(v=0)\Longrightarrow HCl(v)+Br(g)$$

の反応を考える．ここで，反応物の相対並進運動エネルギーは $9.21\,kJ\,mol^{-1}$, $D_e(HBr)-D_e(HCl)=-67.2\,kJ\,mol^{-1}$, この反応の活性化エネルギーは約 $6\,kJ\,mol^{-1}$ である．

30・22 生成物分子 $HCl(g)$ の可能な振動状態の範囲を決定せよ．$HBr(g)$ と $HCl(g)$ の分光学定数はつぎのとおりである．

	$\tilde{\nu}_e/cm^{-1}$	$\tilde{\nu}_e\tilde{x}_e/cm^{-1}$
HBr	2648.98	45.22
HCl	2990.95	52.82

$F(g)+D_2(g)$ の反応についての図 30・8 と同様な図を，この反応について描け．

30・23 問題 30・22 の $HCl(g)$ の可能な振動状態のおのおのについて，質量中心に相対的な $HCl(g)$ 分子の速さ $|u_{HCl}-u_{cm}|$ の値を計算せよ．

30・24 $v=0$, $J=0$ および $v=0$, $J=1$ の状態にある HCl(g)分子の, 質量中心に相対的な速さ $|u_{HCl}-u_{cm}|$ の値を求めよ. HCl(g)の回転定数は $\tilde{B}_e=10.59$ cm^{-1}, $\tilde{\alpha}_e=0.307$ cm^{-1} である.

30・25 問題 30・24 のデータを用いて, HCl($v=0$, $J=J_{min}$) 分子の運動エネルギーが, HCl($v=1$, $J=0$)分子の運動エネルギーよりも大きくなるような J の最小値 J_{min} を求めよ.〔この反応で HCl ($v=0$, $J\geq J_{min}$)が生成すれば, これらの分子は HCl($v=1$)分子に固有の相対的な速さをもち, 生成物の速度等高線図の解析に影響を与える.〕

30・26 表 13・2 (上巻)のデータを用いて, 以下の二つの反応が起きるような反応物の相対的な速さの最小値を求めよ.

$$HCl(v=0) + Br(g) \Longrightarrow HBr(v=0) + Cl(g)$$

$$HCl(v=1) + Br(g) \Longrightarrow HBr(v=0) + Cl(g)$$

30・27 図 30・11 において, 反応物の相対並進運動エネルギーが 7.62 kJ mol^{-1} よりも増加すると, 破線の円の半径は増加するか, 減少するか, あるいは不変か. 相対並進運動エネルギーが 7.62 kJ mol^{-1} の 2 倍の 15.24 kJ mol^{-1} になった場合に, $v=0$ の破線の円の半径は, もし変化するとすれば, 何 % 変化するかを求めよ.

30・28 図 30・11 は, F(g) と D$_2$($v=0$)の間の反応の生成物分子 DF(g)に対する等高線図を表している. 破線は, 回転量子数 J が 0 のときに, いろいろな振動状態にある DF(g)分子に予想される速さに対応している. したがって, 二つの円の中間の領域は回転的に励起された分子に対応する. DF($v=2$)分子が DF($v=3$)分子の場合に期待される相対的な速さをもつような J の最小値を求めよ. DF(g)の分光学定数は例題 30・8 に与えられている. その結果から, この反応の散乱データの解析にあたって何か問題点に出会うと考えられるか.

30・29 Cl(g)+H$_2$(g)$\Longrightarrow$HCl(g)+H(g) の反応の場合, $D_e(H_2)-D_e(HCl)=12.4$ kJ mol^{-1} である. 相対運動エネルギーが 8.52 kJ mol^{-1} で, H$_2$(g)反応物が $v=3$, $J=0$ の状態に準備されたと仮定すると, HCl(g)の可能な振動状態はどれか. H$_2$(g) と HCl(g)の振動分光学的定数は以下のとおりである. $\tilde{\nu}_e(H_2)=4401.21$ cm^{-1}, $\tilde{\nu}_e(HCl)=2990.95$ cm^{-1}, $\tilde{\nu}_e\tilde{x}_e(H_2)=121.34$ cm^{-1}, $\tilde{\nu}_e\tilde{x}_e(HCl)=52.82$ cm^{-1}.

30・30 問題 30・29 の反応において与えられた条件の下で可能な最高振動状態, すなわち $v=v_{max}$ の HCl(g)が生じると仮定しよう. HCl($v=v_{max}$, J)分子の J の最大値を求めよ. HCl(g)の回転定数は $\tilde{B}_e=10.59$ cm^{-1}, $\tilde{\alpha}_e=0.307$ cm^{-1} である.

30・31 図 30・13 に示した, 相対並進運動エネルギーが 15.13 kJ mol^{-1} の K(g) と I$_2$ ($v=0$)の間の反応における生成物の速度分布を考えよう. I$_2$(g) と KI(g)の振動が調和振動で, $\tilde{\nu}_{I_2}=213$ cm^{-1}, $\tilde{\nu}_{KI}=185$ cm^{-1} であると仮定せよ. $D_e(I_2)-D_e(KI)=-171$ kJ mol^{-1} であることから, 生成物 KI(g)の最高振動量子数を求めよ. つぎに, 質量中心に相対的な KI($v=0$)分子の速さを求めよ. KI($v=1$)分子についても

同じ計算をせよ．等高線図のデータから，KI(g)がいろいろな振動準位に分布して生成するという結論が支持されるか．

30·32 下の図は，

$$\mathrm{Li(g) + HCl}(v=0) \Longrightarrow \mathrm{LiCl}(v) + \mathrm{H(g)}$$

の反応の相対並進運動エネルギーが 38.49 kJ mol^{-1} のときに観測される LiCl(g) 生成物の速度分布のプロットである．この反応は反跳反応の一例か，ストリッピング反応の一例か，あるいは，生成物分子が生じる前に反応物間で（錯体の回転周期と比較して）長寿命の錯体が形成される反応の一例になるのか．また，その理由を説明せよ．

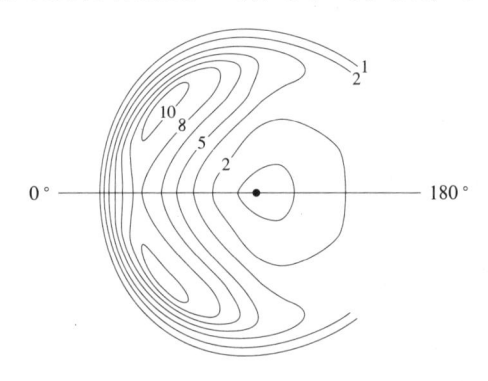

30·33 下に示した図は，

$$\mathrm{N_2^+(g) + D_2}(v=0) \Longrightarrow \mathrm{N_2D^+}(v) + \mathrm{D(g)}$$

の反応で，2種の異なる相対並進運動エネルギーのときに観測される N$_2$D$^+$(g) 生成

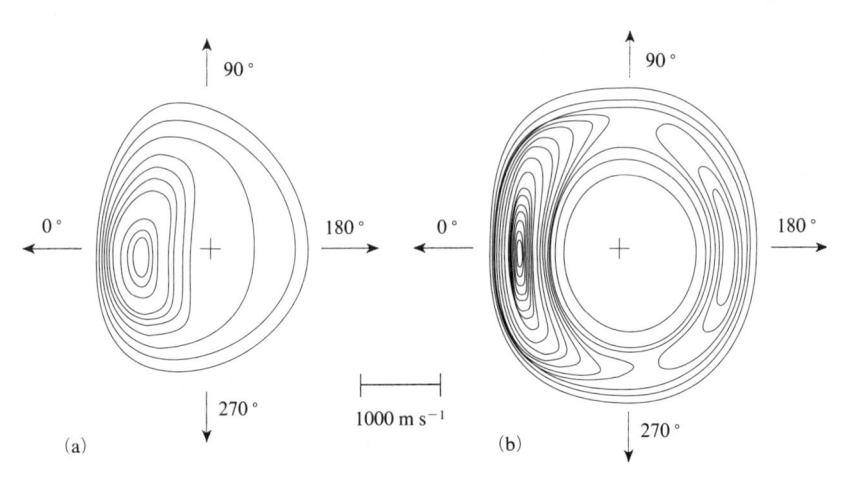

物の速度等高線プロットである．二つのプロットの間に挿入した $1000\,\mathrm{m\,s^{-1}}$ の目盛は両方の図に共通である．$D_e(N_2D^+) - D_e(N_2^+) - D_e(D_2)$ の値は $96\,\mathrm{kJ\,mol^{-1}}$ である．反応物の相対並進運動エネルギーは，左の等高線図では $301.02\,\mathrm{kJ\,mol^{-1}}$，右の等高線図では $781.49\,\mathrm{kJ\,mol^{-1}}$ である．遅い相対速度で観測される $N_2D^+(g)$ 生成物分子が，（a）には現れるが（b）には現れない理由を説明せよ．

30·34 $Ca(g)$ と $F_2(g)$ の間の反応は，つぎの式に従って電子的に励起された生成物を作る．

$$Ca(^1S_0) + F_2(g) \Longrightarrow CaF^*(B\,{}^2\textstyle\sum{}^+) + F(g)$$

$Ca(^1S_0)$ と $F_2(g)$ の半径はそれぞれ $100\,\mathrm{pm}$ と $370\,\mathrm{pm}$ である．剛体球衝突断面積を求めよ．この反応の断面積は $>10^6\,\mathrm{pm}^2$ である．この反応の機構を提案せよ．

30·35 問題 30·34 で扱った反応を考えよう．生成物 $CaF^*(B\,{}^2\sum{}^+)$ は蛍光を発して基底電子状態へ緩和する．蛍光スペクトルの測定から，どのようにして生成物の振動状態を決定できるかを説明せよ．

30·36 つぎの反応，

$$Ca(^1S_0) + F_2(g) \Longrightarrow CaF^*(B\,{}^2\textstyle\sum{}^+) + F(g)$$

の場合，蛍光スペクトルのピークは，CaF^* の $B\,{}^2\sum{}^+$ 状態の $v'=10$ の準位から基底電子状態の $v''=10$ の準位への輻射に相当する．この発光線の波長を計算せよ．この $B\,{}^2\sum{}^+$ 状態の分光学定数は $T_e = 18\,844.5\,\mathrm{cm^{-1}}$, $\tilde{\nu}_e = 566.1\,\mathrm{cm^{-1}}$, $\tilde{\nu}_e \tilde{x}_e = 2.80\,\mathrm{cm^{-1}}$ であり，基底状態の定数は $\tilde{\nu}_e'' = 581.1\,\mathrm{cm^{-1}}$, $\tilde{\nu}_e'' \tilde{x}_e'' = 2.74\,\mathrm{cm^{-1}}$ である．電磁波スペクトルのどの部分がこの発光で観測されるであろうか．

30·37 つぎの二つの反応のポテンシャルエネルギー面はどのようなものか説明せよ．

$$I(g) + H_2(v=0) \Longrightarrow HI(v) + H(g)$$
$$I(g) + CH_4(v=0) \Longrightarrow HI(v) + CH_3(g)$$

30·38 下のプロットは，異性化反応，

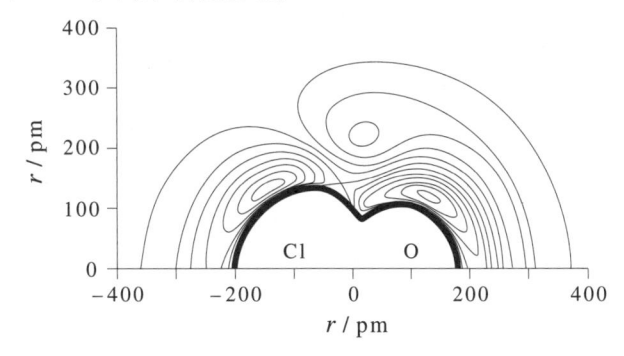

$$\mathrm{OClO(g)} \Longrightarrow \mathrm{ClOO(g)}$$

のポテンシャルエネルギー面を描いた図である．この等高線図は，結合長を固定した二原子分子 ClO のまわりの酸素原子の位置の関数としてポテンシャルエネルギーをプロットした図である．等高線の間のエネルギー間隔は 38.6 kJ mol^{-1} である．反応物(OClO)と生成物(ClOO)の中の酸素原子の位置に印を付けよ．この異性化反応の最低エネルギーの経路を描け．どちらの異性体の方が安定か．このポテンシャルエネルギー面から異性化反応の活性化障壁の高さの範囲を求めよ．異性化のエネルギー障壁は，$\mathrm{O(g)} + \mathrm{ClO(g)}$ への分解の障壁に比べて低いか，高いか，あるいは等しいか．

30・39 不透明度関数[1] $P(b)$ は，反応に至る衝突パラメーター b をもつ衝突の割合として定義される．反応断面積は，この不透明度関数と，

$$\sigma_\mathrm{r} = \int_0^\infty 2\pi b P(b)\,\mathrm{d}b$$

の関係がある．この式を検証せよ．不透明度関数が，

$$P(b) = \begin{cases} 1 & b \leq d_{\mathrm{AB}} \\ 0 & b > d_{\mathrm{AB}} \end{cases}$$

で与えられると仮定せよ．この不透明度関数が，σ_r に対する剛体球衝突理論のモデルを与えることを示せ．

30・40 不透明度関数は問題 30・39 で定義されている．

$$P(b) = \begin{cases} 1 & b \leq b_{\max} \\ 0 & b > b_{\max} \end{cases}$$

で与えられる不透明度関数から，中心線モデルの反応断面積 $\sigma_\mathrm{r}(E_\mathrm{r})$ (式 30・14 参照)が得られるように，$d_{\mathrm{AB}}, E_0, E_\mathrm{r}$ を使って $b_{\max}$ の式を表せ．

30・41 $\mathrm{H(g)} + \mathrm{H_2(g)}$ の反応の場合，(問題 30・39 で定義される)不透明度関数は，

$$P(b) = \begin{cases} A \cos \dfrac{\pi b}{2 b_{\max}} & b \leq b_{\max} \\ 0 & b > b_{\max} \end{cases}$$

である．ここで，A は定数である．$b_{\max}$ を用いて表した反応断面積の式を導け．

30・42 化学レーザーをつくるために，どのように $\mathrm{F(g)} + \mathrm{D_2(g)}$ の反応が利用できるかを説明せよ．[ヒント：表 30・2 と 15・4 節参照.]

30・43 $\mathrm{H_A(g)} + \mathrm{H_B H_C(g)} \Longrightarrow \mathrm{H_A H_B(g)} + \mathrm{H_C(g)}$ で記述される直線形の水素原子の交換反応に対するポテンシャルエネルギー面の量子化学計算は，反応物のポテンシャ

---

[1] opacity function

ル井戸の底から $58.75 \text{ kJ mol}^{-1}$ 上にある反応障壁を与える．水素原子の交換反応を起こすような $H(g)$ と $H_2(v=0)$ の間の衝突の最低の相対的な速さを計算せよ．$H_2(g)$ の振動は調和振動であると仮定せよ．

30・44 下の図は，直線形の $H(g)+H_2(g)$ 反応の遷移状態近傍でのポテンシャルエネルギー面の等高線プロットである．r_{12} と r_{23} をそれぞれ H_2 反応物と生成物の結合長とする．遷移状態の場所に印を付けよ．また，この反応の最低エネルギーの経路を示す破線を引け．$r_{12}-r_{23}$ の関数として $V(r_{12}, r_{23})$ をプロットして反応経路の二次元表現を描け．

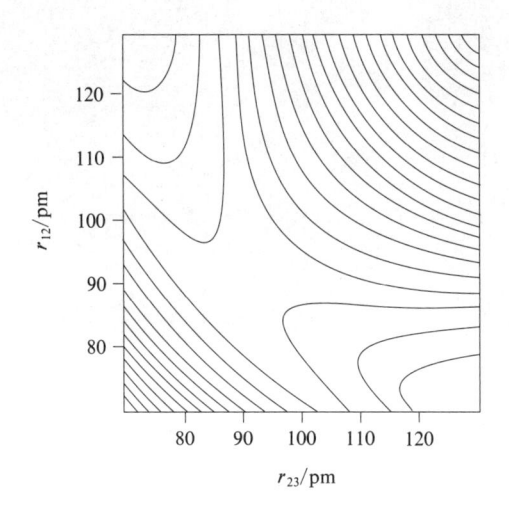

30・45 反応，

$$H(g) + D_2(v=0) \Longrightarrow HD(v=0) + D(g)$$

について，問題 30・43 と同じ計算をせよ．ただし，$D_2(g)$ の振動は調和振動であると仮定せよ．

ドロシー ホジキン（Dorothy Crowfoot Hodgkin）は1910年5月12日にエジプトのカイロで生まれ，1994年に没した．彼女は，大きな分子のX線結晶学に関する学位論文で，1934年にケンブリッジ大学から博士号を授与された．大学院生時代には，タンパク質(ペプシン)結晶からの最初のX線回折を観測し，その後，コレステロール，ペニシリン，ビタミンB_{12}，(ほとんど800個もの原子を含んでいる)亜鉛インスリンのような生物学的に重要な多数の分子の三次元構造を決定した．1965年に，ホジキンは連合王国で最も高位の市民勲章であるメリット勲位に叙せられたが，これはフローレンスナイチンゲールに続く2番目の女性の受賞であった．1970年にブリストル大学の(名誉)総長になり，そこで発展途上国からの学生のために，夫の業績を記念してホジキン奨学金とホジキン学生寮を設立した．彼女は，平和と軍縮のキャンペーンに積極的に参加し，1970年代には科学と世界の問題に関するパグウォッシュ会議の会長を勤めた．1964年，"重要な生物学的物質のX線法による構造決定"によりノーベル化学賞を受賞した．

31章
固体と表面化学

　本章では，固体化学の最新のトピックスを解説しよう．前半では，結晶の構造について説明する．X線回折を使えば原子や分子からできている結晶の構造を決定できることを学ぶ．結晶のX線回折図形は，結晶中の電子密度の周期的な分布を反映していることを説明する．分子結晶の場合は，X線データから分子の結合長と結合角を決定できる．

　章の後半では，**表面化学**[1]の入門，すなわち化学反応に対する固体表面の触媒作用の研究について述べる．たとえば，原油中の大きな分子のクラッキングはふつうゼオライトとして知られているアルミノケイ酸塩(ケイ酸アルミナ)触媒の存在下で行われる．ゼオライトは，オレフィンやシクロパラフィンをガソリンやジェット燃料として使われるパラフィンや芳香族化合物へ変換する際に特に有効である．触媒反応の効率改善は，基礎研究と応用研究の両方にとって重要な分野である．クラッキング触媒による変換効率がわずかに1％向上しただけでも，合衆国への原油の輸入を年間2200万バレルも減らすことができる．

　NH_3を合成するためのH_2とN_2との反応は，気相中では認められる程度には起こらないが，K_2Oを少量混入し，Al_2O_3を分散させた鉄触媒の存在下では容易に起きる．アンモニアはふつうに使われる化学肥料すべての合成のための出発物質であるから，この反応は社会にとってきわめて重要である．このようなタイプの反応の詳細を理解するためには，分子が表面とどのように相互作用するかの知識が不可欠である．

31・1　単位胞は結晶の基本の構造単位である

　図31・1に銅の結晶中の原子配列を示す．この配列から，結晶が周期構造をもつこと

---

[1] surface chemistry

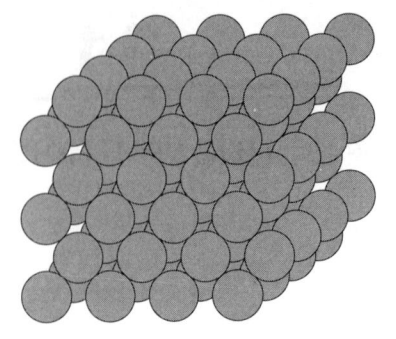

図 31・1 銅の結晶中の銅原子の位置の概略図．原子の周期的な配列が見える．

がわかるので，結晶構造を記述するためにはこの周期性を利用すべきである．三次元的に複製すると結晶全体を作れるような結晶中の原子（あるいは分子）の最小の集団として**単位胞**[1]を定義しよう．いい換えると，結晶を単位胞の繰返し模様として記述するのである．図 31・2 には，二次元の単位胞から結晶格子ができる様子を示す．単位胞は任意の形をとれないことは明らかである．たとえば，球形の単位胞を三次元的に複製すると球と球の間に隙間ができるので，球状の単位胞はない．また，5 回対称軸をもつ単位胞でも結晶格子を作るのは不可能である（問題 31・43 参照）．単位胞はそれを繰返し複製したときに全空間を満たす幾何学的構造でなければならない．図 31・3 に銅結晶の単位胞の構造を示す．この結晶配列の単位胞は立方体である．銅原子は立方体の頂点と面の両方に中心がある．もし，この単位胞を三次元に繰返し複製することにすれば，図 31・1 に示した構造が得られるだろう．8 個の頂点にある銅原子は，おのおの 8 個の隣接する単位胞に共有され，立方体の 6 個の面に中心がある原子は，おのおの 2 個の隣接する単位胞に共有されることがわかる（図 31・3 参照）．したがって，単位胞当たり $(1/8)8+(1/2)6=4$ 個の銅原子が存在する．

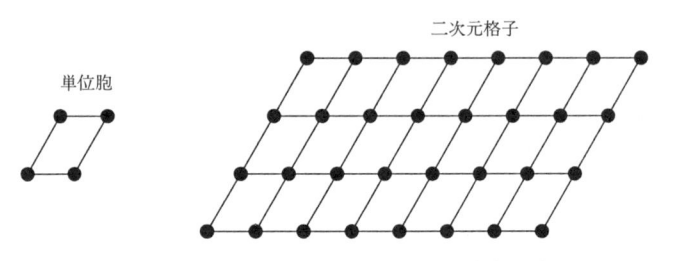

図 31・2 単位胞で結晶格子をつくる二次元の場合の説明図．

---

[1] unit cell

31. 固体と表面化学

単位胞当たり4原子：原子どうしは面対角
線方向で接触する

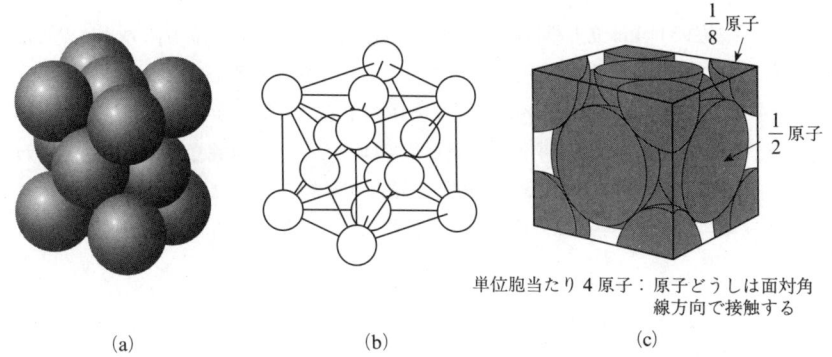

(a) (b) (c)

図 31・3 銅の結晶中の銅原子のパッキング．(a)結晶の単位胞に寄与する原子の組．単位胞は立方体である．(b, c)銅原子は立方体の頂点と面の中心にある．したがって，各銅原子は隣接単位胞で共有される．(b)銅の三次元格子模型に対する単位胞．ここでは，結晶中の各原子は格子点に付随する．(c) (a)に示した各銅原子が結晶の単位胞に寄与する割合．

例題 31・1 図 31・4 にカリウム結晶の単位胞を示す．このような単位胞には何個の原子が存在するか．

解答：図 31・4 に示すように，(立方体の)単位胞の中心と各頂点に原子が存在する．頂点の原子は 8 個の単位胞に共有され，中心の 1 個の原子はすべてその単位胞内に含まれる．したがって，カリウムの単位胞当たりには $(1/8)8+1=2$ 個の原子がある．

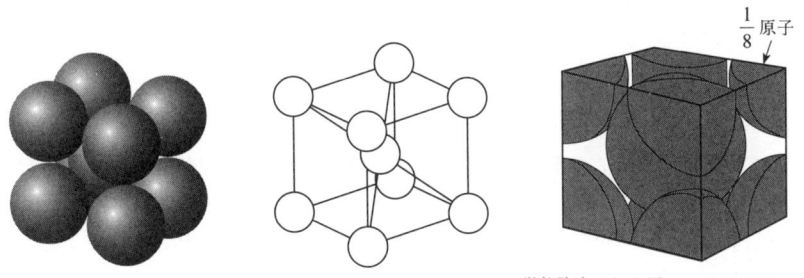

単位胞当たり2原子：原子は体対角線
方向で接触する

(a) (b) (c)

図 31・4 カリウム結晶中のカリウム原子のパッキング．(a)結晶の単位胞に寄与する原子の組．単位胞は立方体である．(b, c)単位胞の中心と各頂点にカリウム原子が存在する．(b)カリウムの三次元格子模型での単位胞．ここでは，結晶中の各原子は格子点に付随している．(c) (a)に示した各カリウム原子が結晶の単位胞に寄与する割合．

図 31・3 と図 31・4 は立方単位胞の 2 例である．図 31・3 では，立方体の各頂点のほかに立方体の各面の中心にも原子があるので，この単位胞を**面心立方**[1] 単位胞という．図 31・4 では，立方体の各頂点のほかに立方体の中心にも原子があるので，これを**体心立方**[2] 単位胞という．立方単位胞の型としては，もう一つ**単純立方**[3] 単位胞といわれるものだけが可能である（図 31・5 参照）．結晶が単純立方単位胞をもつ唯一の元素がポロニウムである．単純立方格子では単位胞当たり 1 原子が存在することが図からわかる．

$\frac{1}{8}$ 原子

単位胞当たり 1 原子：原子は立方体の各辺の方向で接触している

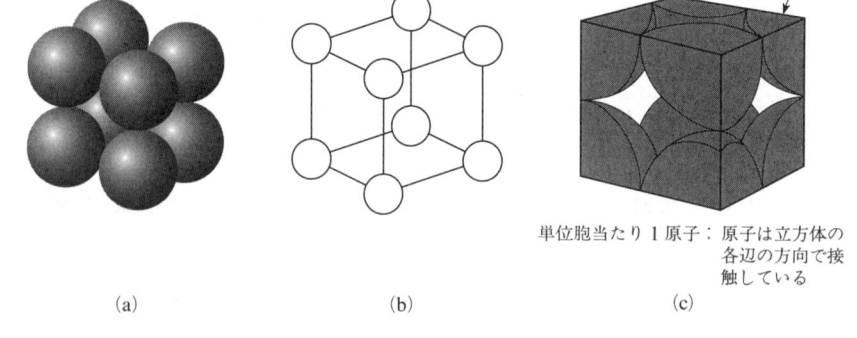

(a)　　　　　(b)　　　　　(c)

図 31・5　ポロニウム結晶中のポロニウム原子のパッキング．(a) 結晶の単位胞に寄与する原子の組．単位胞は立方体である．(b, c) 単位胞の各頂点にポロニウム原子が存在する．(b) ポロニウムの三次元格子模型における単位胞．ここでは，結晶中の各原子は格子点に付随している．(c) (a) に示した各ポロニウム原子が結晶の単位胞に寄与する割合．

ここまでは，立方単位胞だけを説明してきたが，最も一般的な単位胞は三次元の平行六面体である（図 31・6 a 参照）．この単位胞の底面の左隅を座標系の原点にとると，単位胞の各辺に沿ってこの原点から正の a, b, c 軸が出てくる．単位胞の立体構造は，a, b, c 軸のそれぞれの長さ a, b, c と各軸間の角度 α, β, γ を規定すれば記述できる．図 31・6(b) は，この単位胞を三次元的に繰返し複製すれば三次元固体ができることを示している．

結晶格子を作るために使うことができる単位胞の種類は無限に存在すると思うかもしれないが，1848 年に，フランス人物理学者のブラベ[4] は，すべての可能な結晶格子を作るために必要な異なる単位胞の種類は 14 個しかないことを証明した．図

---

1) face-centered cubic　2) body-centered cubic　3) simple cubic
4) August Bravais

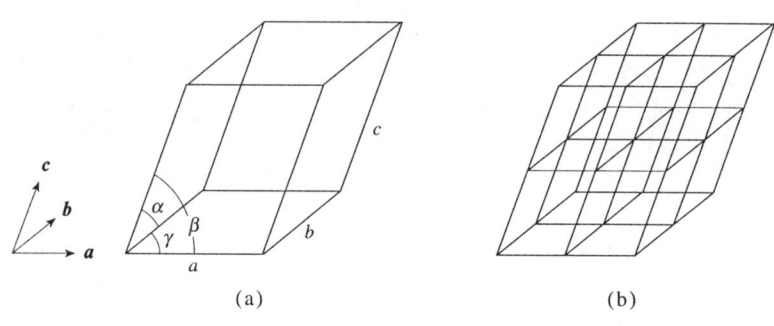

図 31・6 (a) 単位胞の一般形. 単位胞の底の左隅を a, b, c 座標系の原点にとる. 単位胞は, a, b, c 軸のそれぞれの長さと各 2 軸間の角度 α, β, γ で定義される. (b) この単位胞を三次元的に繰返し複製すれば結晶格子ができる.

31・7 にこれらの 14 種類のいわゆる**ブラベ格子**[1] を示す. 本章では, 主として直交軸をもつ, $\alpha = \beta = \gamma = 90°$ の格子について説明する. 3 種類の立方体ブラベ格子は単純立方 (図 31・5), 体心立方 (図 31・4), 面心立方 (図 31・3) 格子である.

例題 31・2 面心立方格子として結晶になる銅の密度は, 20 °C で 8.930 g cm^{-3} である. 図 31・3(c) に示すように, 面の対角線に沿って原子が接触すると仮定して, 銅原子の半径を計算せよ. そのような半径を**結晶半径**[2] という.

解答: 単位胞当たり 4 個の原子があるから, 単位胞の質量は,

$$\text{単位胞の質量} = \frac{(4)(63.55 \text{ g mol}^{-1})}{6.022 \times 10^{23} \text{ mol}^{-1}} = 4.221 \times 10^{-22} \text{ g}$$

となり, したがって, 単位胞の体積は,

$$V_{\text{単位胞}} = \frac{4.221 \times 10^{-22} \text{ g}}{8.930 \text{ g cm}^{-3}} = 4.727 \times 10^{-23} \text{ cm}^3$$

となる. 単位胞は立方だから, 一辺の長さ a は $V_{\text{単位胞}}$ の 3 乗根, すなわち,

$$a = (V_{\text{単位胞}})^{1/3} = 3.616 \times 10^{-8} \text{ cm} = 361.6 \text{ pm}$$

で与えられる. 図 31・3(c) から, 面心立方格子中の原子の有効半径は, 面の対角線の長さの 1/4 で与えられることがわかる. 対角線の長さは,

$$d = (2)^{1/2} a = 511.4 \text{ pm}$$

で与えられるから, 銅原子の結晶半径は (511.4 pm)/4 = 127.8 pm となる.

---

1) Bravais lattice   2) crystallographic radius

| P | I | C | F | R |

三 斜
$a \neq b \neq c$
$\alpha \neq \beta \neq \gamma$

単 斜
$a \neq b \neq c$
$\gamma \neq \alpha = \beta = 90°$

斜 方
$a \neq b \neq c$
$\alpha = \beta = \gamma = 90°$

正 方
$a = b \neq c$
$\alpha = \beta = \gamma = 90°$

六 方
$a = b \neq c$
$90° = \alpha = \beta = 90°$
$\gamma = 120°$

三 方
$a = b = c$
$\alpha = \beta = \gamma$
または菱面体
$a = b$
$\alpha = \beta = 90°$
$\gamma = 120°$

立 方
$a = b = c$
$\alpha = \beta = \gamma = 90°$

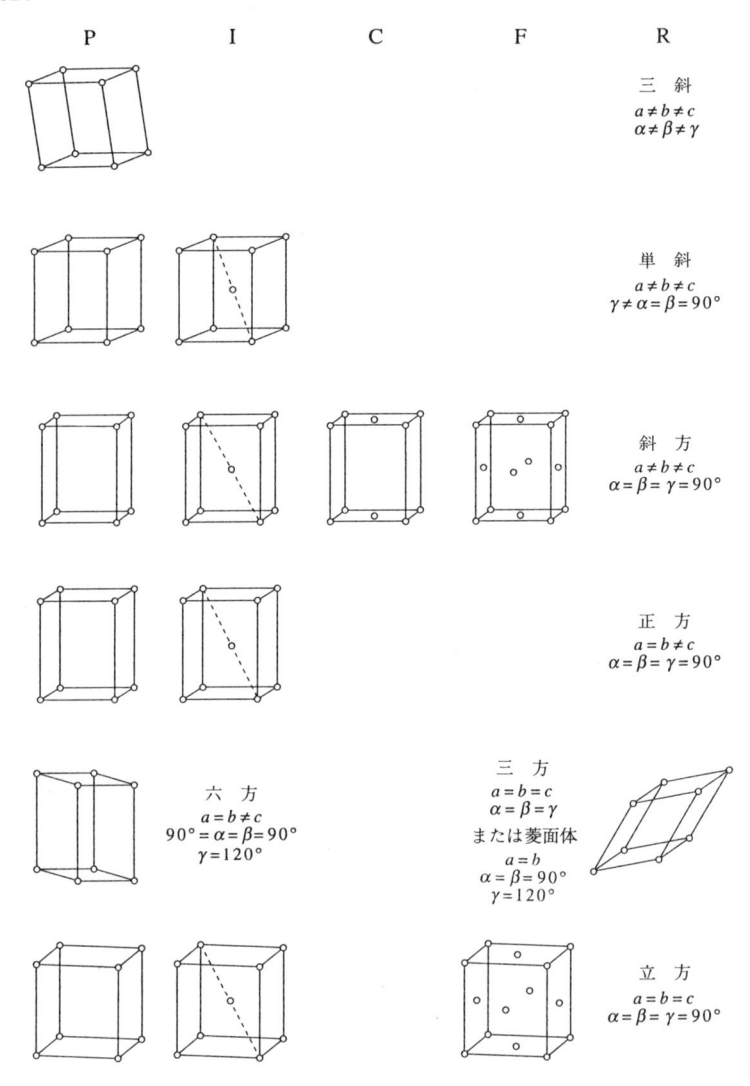

図31・7 14種類のブラベ格子．この14種類の単位胞からすべての可能な三次元結晶格子を発生させることができる．格子を図では列で区別して整理してある．Pは単純単位胞(単位胞当たり格子点が1個)，Iは体心単位胞，Cは底心(base-centered)単位胞，Fは面心単位胞，Rは菱面体(rhombohedral)単位胞の記号である．また，14種類のブラベ格子は，単位胞の平行六面体の3辺の長さと *a, b, c* 軸の間のなす角との，全体としての立体的特徴によって，七つの結晶系〔三斜(triclinic)，単斜(monoclinic)，斜方(orthorhombic)，正方(tetragonal)，六方(hexagonal)，三方(trigonal)，立方(cubic)〕に整理される．

31. 固体と表面化学

例題 31・3 銅原子が単位胞の体積中で占める割合はいくらか. 各原子は剛体球で最隣接原子と接触していると仮定せよ.

解答: 銅は面心立方格子の結晶であるから, a を立方単位胞の一辺の長さとすれば, 全体積は a^3 である. 下に示すように, 単位胞の6個の同等な面の一つを考えよう.

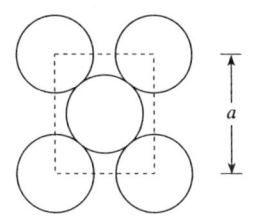

銅原子の半径を r とすると, ピタゴラスの定理から,

$$(4r)^2 = a^2 + a^2$$

すなわち,

$$r = \left(\frac{1}{8}\right)^{1/2} a$$

となる. したがって, 単位胞の長さ a で銅原子の体積を表すと,

$$V = \frac{4}{3}\pi r^3 = \frac{\pi a^3}{6(8)^{1/2}}$$

となる. 単位胞当たり4個の銅原子があるから, 占有体積の割合は,

$$占有率 = \frac{4V}{a^3} = 0.740$$

となる.

結晶格子というのは, 代表的な結晶の対称性を反映するような点が作る網目構造である. その点は数学的な意味のもので, 必ずしも原子を表しているわけではない. 一般的にいえば, 格子点は, 結晶中の1個の原子を表してもいいし, 1個の分子, あるいは原子や分子の集団を表してもよい. 単位胞は, これらの格子点をつないで作られ, その三次元的な繰返し複製で格子全体が作られるような平行六面体(ふつうは最小のもの)である. たとえば, 銅の結晶の各原子は図31・3(b)で与えられる単位胞内の格子点で表すことができる. この場合には, 結晶内の各銅原子を単に一つの格子点に

置き換えただけである．つぎに，C_{60}分子の結晶の面心立方単位胞(図31・8)を考えよう．各C_{60}分子の中の各原子の位置を記述するよりも，むしろ一つのC_{60}分子を格子点と考えて，図31・8(b)に示す単純な構造で単位胞を表すことができる．この場合，格子点は結晶中の分子の位置を表している．

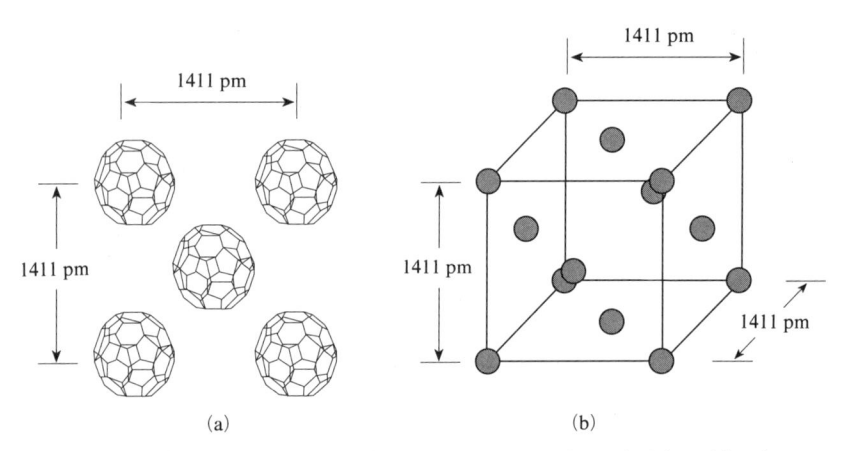

図31・8 (a)C_{60}結晶の面心立方単位胞の一つの面．C_{60}分子は各頂点と面心に中心をもつ．立方体の辺の一つにあるC_{60}分子間の中心から中心までの距離は1411 pmである．各C_{60}分子を三次元格子の点と考えると，これらの格子点で表される単位胞は(b)に示した構造で与えられる．各格子点は1個のC_{60}分子を表すから，単位胞の辺に沿った格子点間の距離は1411 pmである．

31・2 格子面の向きはミラー指数で表される

単位胞に含まれる原子の座標は，単位胞の3辺の長さa, b, cを単位として表される．たとえば，単純立方単位胞を考えよう(図31・5)．底面の左隅の格子点を結晶座標系の原点にとると，この点の座標は$0a, 0b, 0c$である．これを$(0, 0, 0)$と書くことにしよう．原点からa軸に沿って距離a動くと$1a, 0b, 0c$の格子点，すなわち$(1, 0, 0)$に達する．この単純立方単位胞の残りの格子点は，$(0, 1, 0)$，$(0, 0, 1)$，$(1, 1, 0)$，$(1, 0, 1)$，$(0, 1, 1)$，$(1, 1, 1)$である．

例題 31・4 体心立方単位胞中の格子点の座標を書け．

解答：体心立方単位胞は立方体の8個の頂点とその中心に格子点をもつ．頂点にある格子点は互いに単位胞の一辺の長さだけ離れているので，単純立方単位

31. 固体と表面化学

胞の格子点と同じ座標になる．すなわち，$(0,0,0)$，$(1,0,0)$，$(0,1,0)$，$(0,0,1)$，$(1,1,0)$，$(1,0,1)$，$(0,1,1)$，$(1,1,1)$である．立方体の中心にある格子点は，単位胞の3辺のおのおのの長さの1/2の距離にある．つまり$(1/2,1/2,1/2)$の位置に存在する．

結晶格子には周期性があるので，格子点を含む等間隔で平行に並んだ平面の組が集まったものとして，格子を捉えることができる（図31·9参照）．結晶格子をこのように

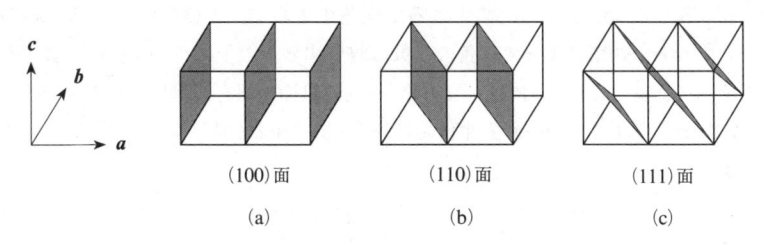

図31·9 単純立方格子の場合の，等間隔で平行に並んだ平面の組．指数 hkl は，a 軸に沿って距離 a/h，b 軸に沿って距離 b/k，c 軸に沿って距離 c/l だけ離れた平行な一群の平面につけた記号である．ここで，a, b, c は単位胞の辺の長さである．(a) (100)面，(b) (110)面，(c) (111)面．

見るのは，単に結晶構造の一つの見方で必然性がないと思われるかもしれないが，X線回折図形を理解したり，回折図形と結晶中の原子や分子の間の距離や角度との関係を求めたりするのに重要である．格子点の座標の場合と同様に，平行な結晶学的な面を単位胞の3辺の長さを用いて記述したい．単位胞の a, b, c 軸をそれぞれ a', b', c' のところで横切る平面を考えよう．たとえば，図31·9(b)の平面は，a 軸を a，b 軸を b で横切り，c 軸には平行（すなわち，c 軸を無限遠方で横切る平面）である．したがって，この場合は a', b', c' は，a, b, ∞ となる．この平面を三つの指数，

$$h = \frac{a}{a'} \qquad k = \frac{b}{b'} \qquad l = \frac{c}{c'} \qquad (31\cdot1)$$

で表す．これは図31·9(b)の場合は 1, 1, 0 となり，これを(110)と書く．つまり，図31·9(b)に示した平面を(110)面という．同様に，図31·9(c)の平面は，a, b, c 軸をそれぞれ $a'=a$，$b'=b$，$c'=c$ のところで横切るので，この場合は $h=1$，$k=1$，$l=1$ となり，これを(111)面という．

結晶格子全体を通して平行な平面の組を指定するために使うこれらの三つの指数 h,

k, l を**ミラー指数**[1] という．これらの指数は結晶内の一組の平行平面を一義的に規定する．ミラー指数は，a 軸に沿って距離 a/h，b 軸に沿って距離 b/k，c 軸に沿って距離 c/l だけ離れた一群の平行な平面に付随している．図 31·10(a) に，立方格子の (220) 面の組を図示してある．影をつけた平面は a, b, c 軸とそれぞれ $a'=a/2$，$b'=b/2$，$c'=\infty$ のところで交差するので，$h=2$，$k=2$，$l=0$ であって，これを (220) 面という．一組の (220) 面は，互いに結晶の a 軸と b 軸に沿ってそれぞれ $a/2$，$b/2$ だけ離れて存在する．つぎに，図 31·10(b) に示した平面の組を考えよう．単位胞の座標系の原点を立方体の左下隅にとると，影をつけた平面は単位胞の結晶軸とそれぞれ $a'=a$，$b'=b$，$c'=-c$ のところで交差するので，式 (31·1) から $h=k=1$，$l=-1$ となる．約束によって，負の指数は対応する数の上にバーを付けて表すから，$(11\bar{1})$ と書く．図 31·10(b) には，立方格子の $(11\bar{1})$ 面の組を図示してある．

ここで，証明はしないが，斜方単位胞の場合，隣接する (hkl) 面どうしの間の垂直距離 d は，

$$\frac{1}{d^2} = \frac{h^2}{a^2} + \frac{k^2}{b^2} + \frac{l^2}{c^2} \tag{31·2}$$

となる．(図 31·7 参照). 立方単位胞 ($a=b=c$) の場合，式 (31·2) は，

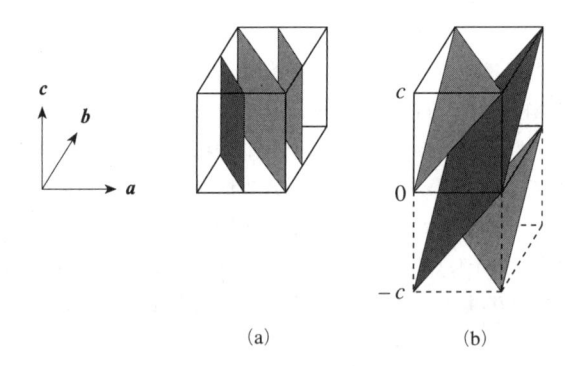

(a) (b)

図 31·10 (a) 立方格子の平行な (220) 面の組の説明図．影をつけた面は a, b, c 軸とそれぞれ $a'=a/2$，$b'=b/2$，$c'=\infty$ のところで交差するので，$h=2$，$k=2$，$l=0$ となり，これを (220) 面と記す．(b) 立方格子の平行な $(11\bar{1})$ 面の組の説明図．影をつけた面は単位胞の結晶軸とそれぞれ $a'=a$，$b'=b$，$c'=-c$ のところで交差するので，$(11\bar{1})$ と記す．

---

[1] Miller index (indices)

$$\frac{1}{d^2} = \frac{h^2 + k^2 + l^2}{a^2} \qquad (31 \cdot 3)$$

と簡単になる．

例題 31・5 $a=487$ pm, $b=646$ pm, $c=415$ pm の大きさの斜方単位胞を考えよう．この結晶の(a) (110)面の間および(b) (222)面の間の垂直距離を計算せよ．

解答： 斜方単位胞と交差する平行な(110)面と(222)面の組を下に示す．

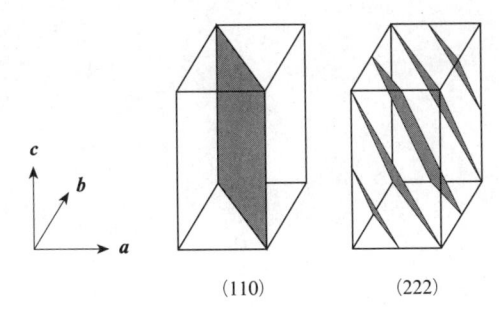

(110)　　(222)

式(31・2)を用いると，隣接平面間の垂直距離を求めることができる．(110)面の場合，

$$\frac{1}{d^2} = \frac{h^2}{a^2} + \frac{k^2}{b^2} + \frac{l^2}{c^2}$$

$$= \frac{1}{(487 \text{ pm})^2} + \frac{1}{(646 \text{ pm})^2} + \frac{0}{(415 \text{ pm})^2} = 6.61 \times 10^{-6} \text{ pm}^{-2}$$

すなわち，$d=389$ pm となる．(222)面の場合，上と同様にして $d=142$ pm を得る．

31・3　格子面の間隔はX線回折測定から求められる

結晶構造はX線回折の手法を用いて決定できる．X線は真空管内部で高エネルギー電子を金属（しばしば銅）の標的にぶつけて作る．高エネルギー電子と銅原子との間の衝突により，電子的に励起された銅カチオンが作られ，それが光子を放出して基底状態に緩和していく．放出される電磁輻射は 154.433 pm と 154.051 pm のところにある2本の近接した線から成る．これらのうちの1本を単結晶の方向に向ける．結晶の架台は回転できるので，入射X線を三つの結晶軸に対してある向きにすることが

できる.ほとんどのX線が結晶をまっすぐ通過する.しかし,輻射の一部分は結晶により回折され,この回折光の模様が二次元的な配列として検出器に記録される.検出器に記録されたこのイメージを**回折図形**[1]という.図 31・11 に硫黄の単結晶からのX線回折図形を示す.この図形がいろいろな強度の斑点の集まりであることがわかる.つぎに,回折斑点の位置と強度が,この結晶格子の平行な (hkl) 面のいろいろな組の間の間隔で決まっていることを学ぼう.

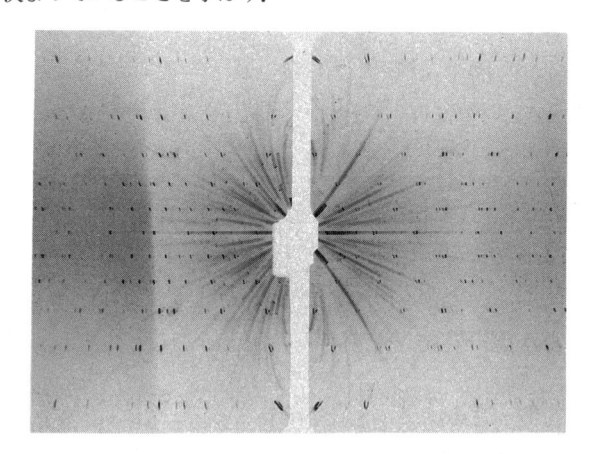

図 31・11 硫黄の単結晶試料からの単色X線の回折図形(振動回転法).
硫黄の結晶は斜方晶系である(大阪大学 化学教育研究会 提供).

2個の格子点 A_1 と A_2 を考えよう(図 31・12).それらは,隣接する (hkl) 面に存在し(たとえば,格子面は図 31・12 の面に垂直な面かもしれない),かつ結晶の a 軸に沿って a' だけ離れて存在する.X線ビームの入射角を α_0,回折角を α とし,ここで,角度 α にいる観測者を考えよう.$\alpha \neq \alpha_0$ の場合,格子点 A_1 で回折されたX線の観測者に到達するまでの全経路の長さは,格子点 A_2 で回折されたX線のものとは違った長さになる.この経路長の違い $\varDelta$ は,図 31・12 から,

$$\varDelta = \overline{A_1C} - \overline{A_2B} \tag{31・4}$$

で与えられる.この距離 $\varDelta$ がX線の波長の整数倍に等しい場合は,2本の回折ビームは互いに強め合うように干渉する.$\varDelta$ がX線の波長の整数倍に等しくない場合は,2本の回折ビームは弱め合うように干渉する.図 31・12 に示した列のすべての原子にこの議論を適用すると,回折信号を観測するためには,この列内の各原子から回折された光が強め合う干渉をしなければならない.つまり,$\varDelta$ がX線の波長の整数倍に等し

---

[1] diffraction pattern

くなるように，結晶面を入射X線に対して向けなければならないことになる．すなわち，$\Delta = n\lambda$ でなければならない．ここで n は整数である．さて，この条件が結晶のある (hkl) 面の組に対して成り立つと仮定しよう．図 31・12 に示す配置から，$\overline{A_2B} = a' \cos \alpha_0$, $\overline{A_1C} = a' \cos \alpha$ となるから，式 (31・4) は，

$$\Delta = a'(\cos \alpha - \cos \alpha_0) = n\lambda \tag{31・5}$$

と書ける．隣接する (hkl) 面の a 軸に沿った格子点の間の距離は，単位胞の a 軸の長さを a とすると，$a' = a/h$ で与えられる．したがって，ミラー指数と単位胞の長さを用いて，式 (31・5) を，

$$a(\cos \alpha - \cos \alpha_0) = nh\lambda \tag{31・6}$$

と書き直すことができる．$n=1$ に対応する回折斑点を**一次反射**[1]，$n=2$ に対応する回折斑点を**二次反射**[2]，などという．

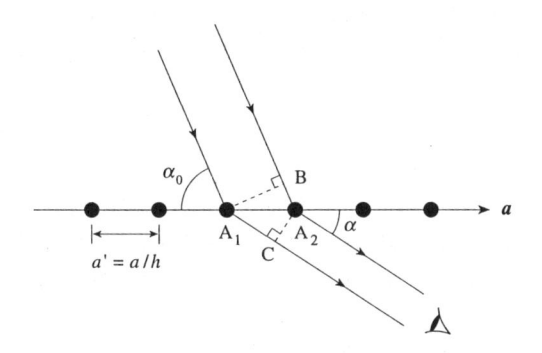

図 31・12 a 軸に沿って隣接する (hkl) 面に含まれた格子点からの散乱の説明図．〔たとえば，(hkl) 面はこの図の面に垂直に存在するかもしれない．〕(hkl) 面は互いに平行だから，X線の入射角 α_0 は各格子点で同じになる．X線はその後これらの格子点から角度 α で散乱される．

結晶のその他の2軸に対しても同様の式ができる．b 軸と c 軸に対するX線の入射角を β_0, γ_0，それぞれに対応する回折角を β, γ とおくと，平行な (hkl) 面の組で，b 軸と c 軸に沿った格子点からの一次反射に対する式は，

$$b(\cos \beta - \cos \beta_0) = k\lambda \tag{31・7}$$

および

---

1) first-order reflection   2) second-order reflection

$$c(\cos\gamma - \cos\gamma_0) = l\lambda \tag{31・8}$$

で与えられる．式 (31・6) から式 (31・8) まではもともとはドイツ人物理学者のフォンラウエ[1])によって導かれたもので，それらをまとめて**ラウエの式**[2]) という．

このラウエの式の使い方の一例として，単位胞が単純立方の結晶に X 線ビームを入射させたときに得られる回折図形を考えよう．入射 X 線が結晶の a 軸と直角になるように結晶を配向させる．この場合は，X 線と a 軸のなす角度 α_0 は 90° で，一次反射のラウエの式は，

$$a\cos\alpha = h\lambda \tag{31・9}$$

$$a(\cos\beta - \cos\beta_0) = k\lambda \tag{31・10}$$

$$a(\cos\gamma - \cos\gamma_0) = l\lambda \tag{31・11}$$

となる．平行な $(h00)$ 面の組を考えよう．式 (31・9) から，h の各値は散乱角 α の特定の値に対応することがわかる．$h=0$ の場合，$\cos\alpha=0$ で $\alpha=90°$，$h=1$ の場合，$\cos\alpha=\lambda/a$，$h=2$ の場合は，$\cos\alpha=2\lambda/a$，などである．さらに，$k=0$，$l=0$ だから $\beta=\beta_0$，$\gamma=\gamma_0$ である．したがって，ラウエの式から，入射 X 線に対して結晶の a 軸を直角に配向させると，その $(h00)$ 面からは，入射 X 線の方向に垂直で，結晶の a 軸に平行な線に沿って回折斑点の組が生じることがわかる (図 31・13 参照)．$h=0$ では，$\cos\alpha=0$ だから，$\alpha=90°$ なので，X 線ビームは結晶を直進して通りぬけることになる (図 31・13)．h が正の場合，α が正の一連の斑点が生じる．ここで，α は $h=1, 2, 3, \cdots$ のとき $\cos\alpha=h\lambda/a$ で与えられる．また，h が負の場合，α が負の一連の

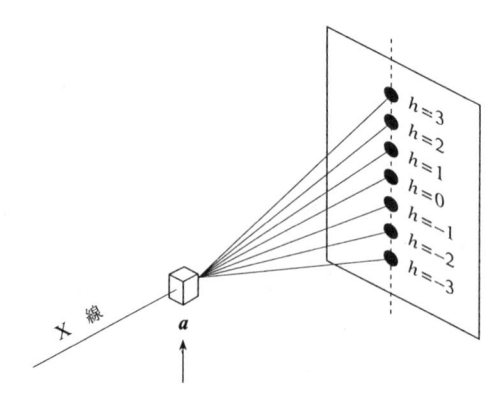

図 31・13 入射 X 線が結晶の a 軸に対して垂直な場合の，結晶の $(h00)$ 面からの X 線回折図形の説明図．

---

1) Max von Laue 2) Laue equation

斑点を与える．こうして，図 31・13 に示した回折図形が得られることになる．

例題 31・6 において，(000) と (100) の回折斑点間の間隔から単位胞の a 軸に沿った格子点間の間隔を決定する方法を示す．もし，b 軸と c 軸の両方に垂直に入射 X 線が向くようにして結晶の回折情報を収集できたとすれば，上と同様にしてこれらの軸方向の格子間隔を求められるはずである．

例題 31・6 X 線回折計の検出器が結晶から 5.00 cm のところに設置されている．単純立方単位胞をもつ結晶を，その a 軸が入射 X 線に対して直角になるように向ける．その結晶の (000) 面†と (100) 面からの回折に対応した観測斑点間の距離が 2.25 cm である．X 線源としては銅の $\lambda = 154.433$ pm の線を用いる．a 軸方向の単位胞の長さはいくらか．

解答: この実験の空間配置を下に示す．

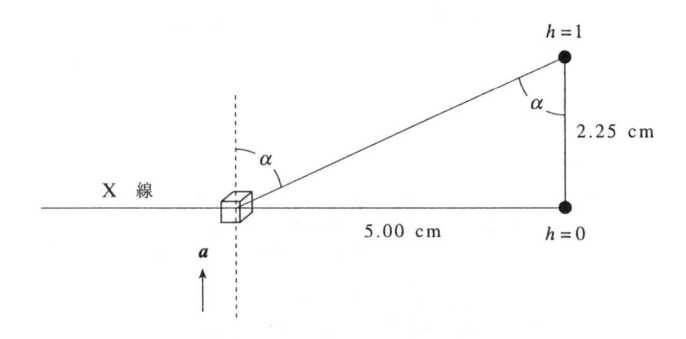

入射 X 線は結晶の a 軸に直角であるから，(h00) 面からの散乱図形は図 31・13 に示すように見えるだろう．(000) 面からの散乱は結晶をまっすぐに通過する．(100) 面からの回折に対応する角度 α は式 (31・9)，

$$a \cos \alpha = \lambda$$

で与えられる．格子定数 a についてこの式を解くと，

$$a = \frac{\lambda}{\cos \alpha} \tag{1}$$

が得られる．上の図から，$\tan \alpha = 5.00/2.25$，つまり $\alpha = \tan^{-1}(5.00/2.25) = 65.77°$ であることがわかる．これを式 (1) に代入すると，

---

† 訳注: (000) 面は原点のことである．原著では仮想的に h, k, l がすべて 0 の面を指していると思われるが，向きが定まらないから，原点と考えればよい．したがって，(000) 面と (hkl) 面の間隔とは，原点から (hkl) 面に下ろした垂線の長さである．

$$a = \frac{154.433 \text{ pm}}{\cos 65.77°} = 376.37 \text{ pm}$$

となる.

　任意の (hkl) 面の場合, a 軸に関する回折方向は $(h00)$ 面の場合と同一になるが, b 軸と c 軸に関しても回折が起きる. したがって, (hkl) 面からの回折斑点は, 入射 X 線と結晶の a 軸によって定義される平面に対して角度 α をもつ円錐の表面に沿って存在することになろう (図 31・14). この円錐に沿った回折斑点の正確な場所は, 散乱角

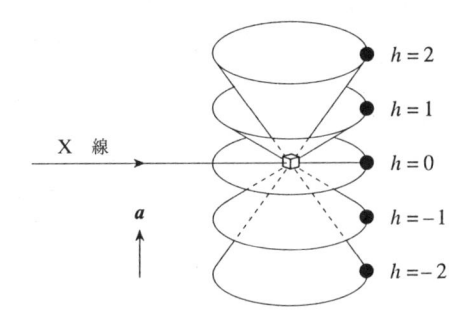

図 31・14　入射 X 線が結晶の a 軸に対して垂直な場合の (hkl) 面からの散乱. 黒丸は $(h00)$ 面からの散乱を表す (図 31・13 参照). k と l の両方または一方が零でない (hkl) 面の場合, 結晶の a 軸に対する散乱角は $(h00)$ 面の場合と同一になるので, (hkl) 面からの回折斑点は, 結晶の a 軸に対して一定の散乱角 α をもつ円錐の表面に沿って存在する. 特定の (hkl) 面からの回折斑点の正確な場所はラウエの式で決められる.

β と γ の値による. β と γ は k と l の値に依存し, 式(31・7)と式(31・8)によって決まる. 図 31・15 に, これまで説明してきた単純立方結晶の数個の (hkl) 面からの回折斑点の場所を示す.

　一般化学において, X 線回折の別の見方を英国人化学者のブラッグ[1] が開発したことを, すでに学んできたかもしれない. ブラッグは, 結晶からの X 線回折を, いろいろな (hkl) 格子面の平行な組からの反射に起因するとしてモデル化した. 彼の式の導出は問題 31・29 にある. その結果は,

$$\lambda = 2\left(\frac{d}{n}\right)\sin\theta \tag{31・12}$$

---
1) William Lawrence Bragg

である．ここで，θ は格子面に対する X 線の入射角 (反射角も同じ)，λ は X 線の波長，$n = 1, 2, \cdots$ は反射の次数である．式(31・3)に立方単位胞の場合のミラー指数を用いて d が与えられているので，式(31・12)は，

$$\sin^2 \theta = \frac{n^2 \lambda^2}{4a^2}(h^2 + k^2 + l^2) \qquad (31 \cdot 13)$$

のように書ける．

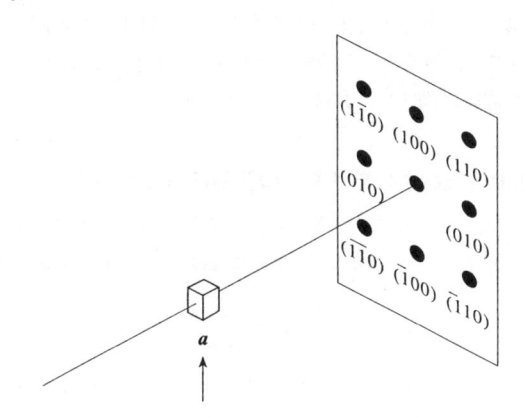

図 31・15 a 軸を入射 X 線に対して垂直に配向させた単純立方結晶の数個の (hkl) 面からの回折斑点．各斑点は回折角 α, β, γ の特定の値に対応する．この回折角はラウエの式から求められる．

例題 31・7 銀は単位胞の長さ 408.6 pm の面心立方構造の結晶である．ブラッグの式を用いて，波長 154.433 pm の X 線を使った場合の(111)面からの最初の数個の，実測される回折角を計算せよ．

解答: $n = 1$ (一次回折) の場合に最小の回折角が生じるので，式(31・13)から，

$$\sin^2 \theta = \frac{\lambda^2}{4a^2}(h^2 + k^2 + l^2) = \frac{(154.433 \text{ pm})^2}{4(408.6 \text{ pm})^2}(3)$$
$$= 0.1071$$

すなわち，$\theta = 19.11°$ が得られる．つぎの回折角は $n = 2$ (二次回折) のときに起こるので，

$$\sin^2 \theta = (4)(0.1071) = 0.4284$$

すなわち，$\theta = 40.88°$ となる．

式(31・12)はラウエの式から導くことができるので，この二つは実測の回折図形の起源を見る等価な方法である(問題 31・44 および問題 31・45)．

回折角は，入射角，単位胞の大きさ，X 線輻射の波長，ミラー指数に依存することが，ラウエの式からわかる．実は，結晶格子のすべての(hkl)面からの回折斑点が観測されるわけではない．たとえば，体心立方の単位胞をもつ原子の結晶では，$h+k+l$ が奇数になる(hkl)面からの回折は現れない．さらに，異なる(hkl)面に対応する回折斑点の強度はかなり異なることがありうる．どの格子面から回折斑点が生じるのか，また，斑点の強度は何で決まるのかを理解するためには，原子がどのように X 線を回折するのかを詳細に調べなければならない．

31・4 全散乱強度は結晶中の電子密度の周期構造と関係する

X 線は結晶中の電子によって散乱される．電子数と原子オービタルの大きさは原子ごとに違うから，原子はそれぞれ異なる散乱効率をもつ．原子の**散乱因子**[1] f は，

$$f = 4\pi \int_0^\infty \rho(r) \frac{\sin kr}{kr} r^2 \, dr \tag{31・14}$$

で定義される．ここで，$\rho(r)$は原子の球対称な電子密度(単位体積当たりの電子数)，$k=(4\pi/\lambda)\sin\theta$ で，θ は散乱角，λ は X 線の波長である．回折図形を記録するために使われる X 線の波長は原子の大きさと同程度であるから，1 個の原子の異なる領域からの散乱は互いに干渉する．式(31・14)の被積分関数は $\sin(kr)/kr$ の因子を通してこの干渉効果を取込んでいる．いろいろな原子に対する f を $\sin\theta/\lambda$ の関数としてプロットしたのが図 31・16 である．

例題 31・8　$\theta=0$ 方向の原子の散乱因子はその原子の全電子数と等しいことを示せ．

解答：散乱角が $\theta=0$ ということは，X 線が原子をまっすぐ通り抜けることである．$\theta=0$ の場合，$k=(4\pi/\lambda)\sin\theta=0$ で，式(31・14)の $\sin(kr)/kr$ の項は不定になる．被積分関数を計算するためには，$\lim_{kr\to 0}(\sin kr/kr)$ を求める必要がある．$\sin kr$ を kr のべき級数で書き表すと(数学章 I 参照)，

$$\lim_{kr\to 0}\frac{\sin kr}{kr} = \lim_{kr\to 0}\frac{kr - \dfrac{(kr)^3}{3!} + \cdots}{kr} = 1 + O[(kr)^2]$$

---

[1] scattering factor

となるので，式(31・14)は，

$$f = 4\pi \int_0^\infty \rho(r) r^2 \mathrm{d}r$$

となる．被積分関数は電子密度と球の体積素片 $4\pi r^2 \mathrm{d}r$ との積であり，積分によりその原子の全電子数を与える．

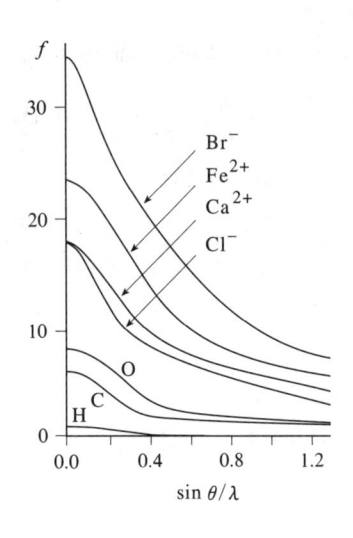

図31・16 散乱因子の電子数と回折角への依存性．$\theta=0$ の場合の散乱因子はその原子(イオン)の全電子数に等しい．

さて，図31・17に示した一次元格子を考えよう．この格子は，おのおの散乱因子が f_1 と f_2 の原子1と原子2の2種類の原子から成る．原子1どうし，あるいは原子2どうしの隣り合った距離は a/h である．ここで，a は a 軸方向の単位胞の長さである．また，隣接する原子1と原子2の間の距離は x である．a 軸に並んだ原子からの散乱を規定するラウエの式(31・6)を満足するように，この結晶を配向させると，隣り合う原子1により回折されるX線の軌跡の経路長の差 $\mathit{\Delta}_{11}$(あるいは，隣り合う原子2の場合は $\mathit{\Delta}_{22}$)は，

$$\mathit{\Delta}_{11} = \mathit{\Delta}_{22} = \frac{a}{h}(\cos\alpha - \cos\alpha_0) = \lambda \qquad (31 \cdot 15)$$

で与えられる(式31・5参照)．ただし，$n=1$ とした．しかし，隣接する原子1と原子2によって回折されるX線の軌跡の経路長の差は，

$$\mathit{\Delta}_{12} = x(\cos\alpha - \cos\alpha_0) \qquad (31 \cdot 16)$$

で与えられ，これは波長の整数倍と等しくならない．この隣接する原子1と原子2によって回折されるX線の軌跡の経路長の差は，式(31·15)を，

$$\cos\alpha - \cos\alpha_0 = \frac{\lambda h}{a}$$

のように書き直し，これを式(31·16)に代入すると，

$$\Delta_{12} = \frac{\lambda h x}{a} \tag{31·17}$$

となる．経路長のこの差は，隣接する原子1と原子2からの回折線の間の位相差，

$$\phi = 2\pi\frac{\Delta_{12}}{\lambda} = 2\pi\frac{\lambda h x/a}{\lambda} = \frac{2\pi h x}{a} \tag{31·18}$$

に対応する．また，隣接する原子1と原子2からの散乱光の振幅は，

$$A = f_1\cos\omega t + f_2\cos(\omega t + \phi) \tag{31·19}$$

となる．ここで，f_1とf_2はそれぞれ原子1と原子2の散乱因子，ωはX線の角振動数である．便宜上，時間に依存する電場の挙動を表すために余弦関数でなく指数関数を使うことにすると，式(31·19)は，

$$A = f_1 e^{i\omega t} + f_2 e^{i(\omega t + \phi)} \tag{31·20}$$

と書ける．測定される強度が振幅の大きさの2乗に比例することを思い出すと(問題3·31)，

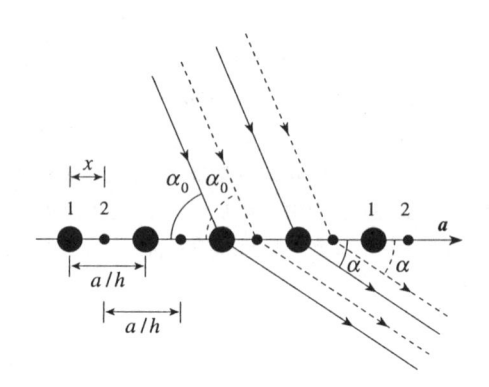

図 31·17 2種類の原子から成る格子からの散乱の説明図．隣の原子1どうしの間，あるいは隣の原子2どうしの間の距離はa/h，隣接する原子1と原子2の間の距離はxである．

31. 固体と表面化学

$$I \propto |A|^2 = [f_1 e^{i\omega t} + f_2 e^{i(\omega t + \phi)}][f_1 e^{-i\omega t} + f_2 e^{-i(\omega t + \phi)}]$$

$$= f_1^2 + f_1 f_2 e^{i\phi} + f_1 f_2 e^{-i\phi} + f_2^2$$

$$= f_1^2 + f_2^2 + 2f_1 f_2 \cos\phi \tag{31.21}$$

となる．式(31・21)の最初の2項は，それぞれ原子1と原子2から成る平行平面の組からの散乱 X 線の強め合う干渉を反映する．第3項で，これらの2組の平行平面からの散乱の干渉を取入れている．この結果から，強度は X 線の振動数に依存せずに，2本の回折線の間の位相差だけに依存することがわかる．したがって，式(31・20)の $e^{i\omega t}$ の項は無視できるから，結晶の a 軸方向の構造因子 $F(h)$ を，

$$F(h) = f_1 + f_2 e^{i\phi} = f_1 + f_2 e^{2\pi i h x/a} \tag{31.22}$$

と定義できる．ここで，ϕ は式(31・18)で与えられる．結局，強度(式31・21)は $|F(h)|^2$ に比例する．

点 (x_j, y_j, z_j) にある原子種 j を含む単位胞の場合に，式(31・22)を三次元に一般化すると，

$$F(hkl) = \sum_j f_j e^{2\pi i (hx_j/a + ky_j/b + lz_j/c)} \tag{31.23}$$

を得る．ここで，a, b, c は単位胞の3辺の長さ，f_j は原子種 j の散乱因子，h, k, l は回折面のミラー指数である．座標 x_j, y_j, z_j はふつう単位胞の長さ a, b, c を単位として表す．そうすると，式(31・23)は，

$$F(hkl) = \sum_j f_j e^{2\pi i (hx'_j + ky'_j + lz'_j)} \tag{31.24}$$

と書ける．ここで，$x'_j = x_j/a$, $y'_j = y_j/b$, $z'_j = z_j/c$ である．$F(hkl)$ を結晶の**構造因子**[1]という．式(31・21)を三次元へ一般化すれば，結晶からの回折斑点の強度は構造因子の大きさの2乗に比例することがわかる．すなわち，$I \propto |F(hkl)|^2$ である．したがって，ミラー指数 h, k, l の任意の組に対して $F(hkl) = 0$ であれば，これらの面は観測可能な回折斑点とはならないだろう．このような結果をつぎの例題で説明する．

例題 31・9 同じ原子から成る体心立方単位胞の構造因子の式を導け．結晶格子のすべての (hkl) 面から回折斑点が生じるか．

解答： 例題31・4において，体心立方単位胞の格子点の座標が $(0, 0, 0)$, $(1, 0, 0)$, $(0, 1, 0)$, $(0, 0, 1)$, $(1, 1, 0)$, $(1, 0, 1)$, $(0, 1, 1)$, $(1, 1, 1)$, $(1/2, 1/2, 1/2)$

---

[1] structure factor

であることを示した．距離の単位は立方単位胞の辺の長さ a であるから，これらの座標は式(31・24)で与えられる座標に対応する．各頂点にある格子点は8個の単位胞で共有されるので，各頂点の格子点の散乱効率には 1/8 を掛けなければならない．式(31・24)を用いて，単位胞が立方体であるから $a=b=c$ とおくと，

$$F(hkl) = \frac{1}{8}f[e^{2\pi i(0+0+0)} + e^{2\pi i(h+0+0)} + e^{2\pi i(0+k+0)}$$
$$+ e^{2\pi i(0+0+l)} + e^{2\pi i(h+k+0)} + e^{2\pi i(h+0+l)} + e^{2\pi i(0+k+l)}$$
$$+ e^{2\pi i(h+k+l)}] + f[e^{2\pi i(h/2+k/2+l/2)}]$$

が得られる．$e^{2\pi i} = \cos 2\pi + i \sin 2\pi = 1$ および $e^{\pi i} = -1$ であるから，上の式を簡単にすると，

$$F(hkl) =$$
$$\frac{1}{8}f[1^0 + 1^h + 1^k + 1^l + 1^{h+k} + 1^{h+l} + 1^{k+l} + 1^{h+k+l}] + f(-1)^{h+k+l}$$

となる．また，すべての n に対して $1^n = 1$ だから，

$$F(hkl) = \frac{1}{8}f[8] + f(-1)^{h+k+l} = f[1 + (-1)^{h+k+l}]$$

となる．もし $h+k+l$ が偶数ならば，$F(hkl) = 2f$ となり，もし $h+k+l$ が奇数ならば，$F(hkl) = 0$ となる．したがって，$h+k+l$ が偶数であるような格子面からだけ回折斑点が生じる．問題 31・37 で，単純立方単位胞の場合は，すべての h, k, l の整数値に対して反射が存在するが，面心立方単位胞の場合は h, k, l がすべて偶数かすべて奇数のときに反射が存在することがわかるだろう．

塩化ナトリウムと塩化カリウムはともに二つの互いに侵入した面心立方格子として結晶になる〔NaCl の場合は図 31・18(a) を参照〕．単位胞に寄与するイオンは27個ある．単位胞の頂点に中心をもつ各カチオンは8個の単位胞に共有される．面に中心をもつカチオンは2個の単位胞に共有される．したがって，単位胞当たり (1/8)8+(1/2)6=4 個のカチオンが存在する．単位胞の中心にあるアニオンは完全に単位胞内に含まれる．残りのアニオンは単位胞の辺に中心をもつので，4個の単位胞間で共有される．したがって，単位胞当たり 1+(1/4)12=4 個の塩化物イオンが存在する．すなわち，単位胞当たり4個の NaCl あるいは KCl が存在することになる．

式(31・24)を用いると，塩化ナトリウムあるいは塩化カリウムの構造因子を求められる．f_+ と f_- をそれぞれカチオンとアニオンの散乱因子としよう．単位胞に含まれるいろいろなイオンの位置を式(31・24)に代入すると(問題 31・41)，塩化ナトリウ

(a) NaCl

(b) CsCl

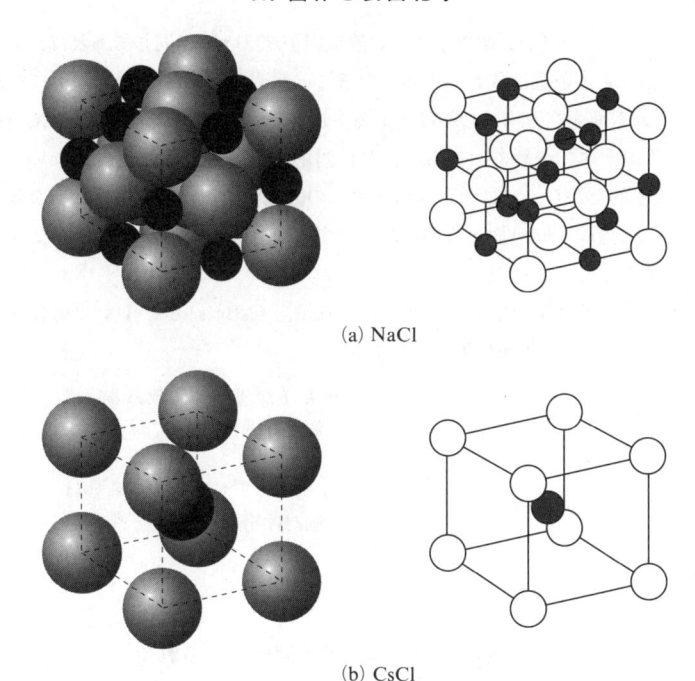

図 31・18 (a) NaCl および (b) CsCl の単位胞の空間充填表現と球-棒 (ball-and-stick) 表現. この二つの物質の結晶構造が異なるのは, カチオンとアニオンの相対的な大きさの違いが直接的な原因である.

ムあるいは塩化カリウムの構造因子は,

$$F(hkl) = f_+[1 + (-1)^{h+k} + (-1)^{h+l} + (-1)^{k+l}]$$
$$+ f_-[(-1)^{h+k+l} + (-1)^h + (-1)^k + (-1)^l] \quad (31\cdot25)$$

であることがわかる. 式(31・25)から,

$$F(hkl) = 4(f_+ + f_-) \quad h, k, l \text{ がすべて偶数}$$
$$F(hkl) = 4(f_+ - f_-) \quad h, k, l \text{ がすべて奇数} \quad (31\cdot26)$$

であることがわかる. もし, 指数のうちの2個が偶数で, 3番目の指数が奇数の場合(あるいは, 指数のうちの2個が奇数で, 3番目の指数が偶数の場合)には, $F(hkl) = 0$ となる. 強度は構造因子の大きさの2乗に比例するので, 式(31・26)から, h, k, l がすべて偶数の面からの散乱強度は, h, k, l がすべて奇数の面からの散乱強度よりも強いことがわかる. これは実測されるとおりである.

また，式(31・26)から，2個のイオンの散乱因子がほとんど同じであれば，すべて奇数の(hkl)面からの散乱はきわめて弱くなることが明らかである．上に述べたように，塩化カリウムも面心立方格子の結晶である．しかし，NaCl(s)と異なり，KCl(s)の場合は h, k, l がすべて奇数の面からの散乱に対応する回折斑点は出てこない．K^+ と Cl^- は等電子的だから，これら2種のイオンの散乱因子がほとんど等しくなる．その結果，すべて奇数の(hkl)面からの散乱に対する構造因子はほとんど0になってしまう(式31・26参照)．

図31・18(b)に CsCl(s) の構造を示す．これは，CsBr(s) と CsI(s) の場合も同じである．このタイプの単位胞の構造因子は，

$$F(hkl) = (f_+ + f_-) \qquad h, k, l \text{ がすべて偶数あるいは1個だけ偶数}$$

$$F(hkl) = (f_+ - f_-) \qquad h, k, l \text{ がすべて奇数あるいは1個だけ奇数}$$

となる(問題31・42)．

31・5 構造因子と電子密度はフーリエ変換で関係づけられる

前節では，単位胞の各点 (x_j, y_j, z_j) にある一組の原子集団として結晶をモデル化した．ついで，その単位胞の各位置にある原子からのX線の散乱として構造因子を定義した．原子結晶および分子結晶の両方において，電子密度は単位胞内の各点に局在しているわけではないので，点散乱と考えるX線回折のモデルはいくぶん簡単すぎる．その代わりに，結晶単位胞は連続的な電子密度分布 $\rho(x, y, z)$ をもつと考えなければならない．構造因子(式31・23)は，もはや個々の原子についての単なる和ではなく，単位胞内の連続的な電子密度分布についての積分になる．

$$F(hkl) = \int_0^a \int_0^b \int_0^c \rho(x, y, z) e^{2\pi i (hx/a + ky/b + lz/c)} \, dx \, dy \, dz \qquad (31 \cdot 27)$$

結晶全体は単位胞を三次元的に繰返し複製して作られる．複製した単位胞は同一の構造因子をもつので，a, b, c 軸の方向にそれぞれ大きさが A, B, C の結晶の場合，

$$F(hkl) \propto \int_0^A \int_0^B \int_0^C \rho(x, y, z) e^{2\pi i (hx/a + ky/b + lz/c)} \, dx \, dy \, dz$$

となる．電子密度 $\rho(x, y, z)$ は結晶の外では零である．したがって，積分の値に影響を与えることなしに，これらの積分の範囲を $-\infty$ から ∞ の範囲に変えることができる．

31. 固体と表面化学

$$F(hkl) \propto \int_{-\infty}^{\infty}\int_{-\infty}^{\infty}\int_{-\infty}^{\infty} \rho(x,y,z) e^{2\pi i(hx/a + ky/b + lz/c)} \,\mathrm{d}x\,\mathrm{d}y\,\mathrm{d}z \quad (31\cdot 28)$$

式 (31·28) は, $F(hkl)$ がいわゆる**フーリエ変換**[1] で $\rho(x,y,z)$ と関係づけられることを示している. このフーリエ変換の定理によって, $\rho(x,y,z)$ が,

$$\rho(x,y,z) = \sum_{h=-\infty}^{\infty}\sum_{k=-\infty}^{\infty}\sum_{l=-\infty}^{\infty} F(hkl) e^{-2\pi i(hx/a + ky/b + lz/c)} \quad (31\cdot 29)$$

で与えられる.

31·4 節で学んだように, 結晶の (hkl) 面からの散乱 X 線の強度 $I(hkl)$ は, 構造因子の大きさの 2 乗に比例する. すなわち, $I(hkl) \propto |F(hkl)|^2$ である. 実測の回折図形からは $|F(hkl)|^2$ が得られる. 式 (31·29) を用いて $\rho(x,y,z)$ を計算するためには, $F(hkl)$ を求めなければならない. $F(hkl)$ は複素数だから, $F(hkl)$ は,

$$F(hkl) = A(hkl) + \mathrm{i}B(hkl) \quad (31\cdot 30)$$

のように和の形に書き表される. したがって, 強度は,

$$I(hkl) \propto |F(hkl)|^2 = [A(hkl) + \mathrm{i}B(hkl)][A(hkl) - \mathrm{i}B(hkl)]$$
$$= [A(hkl)]^2 + [B(hkl)]^2 \quad (31\cdot 31)$$

となる. 不運なことに, 回折実験では $A(hkl)$ と $B(hkl)$ をべつべつには求められず, それらの 2 乗の和だけが測定できる. $I(hkl)$ の実測から $A(hkl)$ と $B(hkl)$ を求める問題を**位相問題**[2] という. これまでに結晶学者はこの位相問題を回避するいろいろな

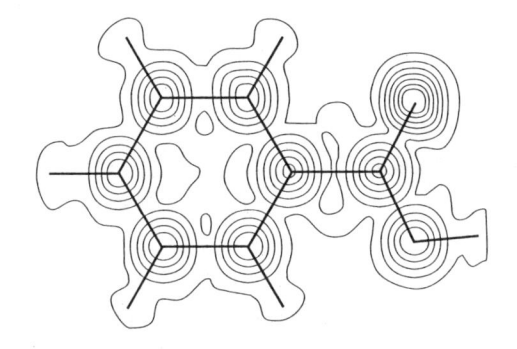

図 31·19 安息香酸の単結晶の X 線回折図形から求めた安息香酸分子の電子密度図. 各等高線上では電子密度が一定値をとる. 原子核の位置はこの電子密度図から容易に推定でき, それを実線で表してある.

---

1) Fourier transform 2) phase problem

方法を開発してきた．図31・19に安息香酸の単結晶のX線回折図形から決定された安息香酸の電子密度図を示す．図の中の各等高線上では電子密度が一定値をとる．原子核の場所はこの電子密度図から容易に導かれ，その位置から結合長と結合角の情報が求められる．今日では，結晶学者はDNAやタンパク質のらせん構造など巨大な化学系の電子密度図を手に入れて，それを解釈することができるようになった．

31・6　気体分子は固体表面に物理吸着や化学吸着できる

1834年に英国の化学者ファラデーは，表面触媒反応の第1段階は，固体表面への反応物分子の固着であると考えた．表面の主要な効果は，気相中よりもずっと高濃度の局所的な反応物濃度を生じさせることであると，もともとは信じられていた．それというのも，速度則が反応物濃度に依存するので，表面の効果は反応速度の増加として現れるからである．今日では，研究者は表面への分子の固着が実際に表面触媒反応の第1段階であることを確認している．しかしながら，本章の残りの部分で学ぶように，固体表面は単に反応物分子の見かけの濃度を増加させるよりもはるかに重要な役割を果たしているのである．

表面に接近する分子は引力的なポテンシャルを感じる．表面へ侵入する分子や原子が捕獲される過程を**吸着**[1]という．吸着された分子や原子を**吸着質**[2]，その表面を**基質**[3]（**吸着媒**[4]）という．吸着は常に発熱過程であるから，$\Delta_{ads}H < 0$ である．

区別しなければならない吸着過程が2種類ある．第一の過程を**物理吸着**[5]という．物理吸着では，基質と吸着質との間の引力はファン・デル・ワールス相互作用から生じる．この過程で吸着質と基質との間に弱い相互作用ができて，その基質-吸着質結合の強さはふつう20 kJ mol^{-1}以下である．この基質-吸着質結合の長さは，バルク固体を作る共有性やイオン性の結合の長さと比べると長い．

第二の種類の吸着を**化学吸着**[6]といい，1916年にアメリカの化学者ラングミュア[7]により最初に提唱されたものである．化学吸着では，吸着質は基質と共有結合性あるいはイオン結合性の力で結合しており，その結合力は分子内の結合原子間に働く力によく似ている．また，化学吸着では，分子内の結合が解離し，その分子の断片と基質との間に新しい結合が形成される．物理吸着と違って，化学吸着した基質での基質-吸着質結合は強く，その値はふつう250から500 kJ mol^{-1}の間である．さらに，基質-吸着質結合の長さは，化学吸着した分子の場合は物理吸着した分子の場合よりも短く

---

1) adsorption　2) adsorbate　3) substrate　4) adsorbent
5) physisorption (physical adsorption)　6) chemisorption (chemical adsorption)
7) Irving Langmuir

なる.化学吸着は表面への化学結合の生成が関与するので,分子の単一層,つまり**単分子層**[1]だけが表面に化学吸着できる.

レナード-ジョーンズは,物理吸着と化学吸着の状態を一次元ポテンシャルエネルギー曲線を用いて最初にモデル化した.そのモデルでは,基質はただ1種類の結合サイトをもち,吸着質が基質に近づく角度や,基質に対する吸着質の配向は重要ではないと仮定している.もしそうであれば,ポテンシャルエネルギーは基質と吸着質の間の距離 z だけに依存する.図 31・20 に二原子分子 AB が表面に吸着するときの一次元ポテンシャルエネルギー曲線を示す.基質とその二原子分子が無限に離れた状態を

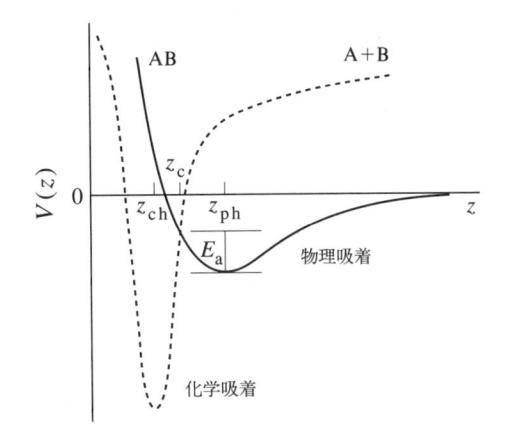

図 31・20 分子 AB の物理吸着(実線)と解離型化学吸着(破線)の場合の一次元ポテンシャルエネルギー曲線.z は表面からの距離である.物理吸着状態では,分子 AB はファン・デル・ワールス力で表面と結合し,化学吸着状態では,AB 結合が解離して,原子がべつべつに表面の金属原子と共有結合をつくる.点 z_{ch} と z_{ph} はそれぞれ化学吸着分子と物理吸着分子の表面-分子間の結合長である.この 2 本のポテンシャル曲線は z_c で交差する.物理吸着から化学吸着への変換の活性化エネルギーは物理吸着ポテンシャルの底から測るので E_a である.

$V(z)=0$ と定義する.最初に物理吸着のポテンシャルエネルギー曲線を考えよう.吸着質と基質間の距離が減少するにつれて,分子が引力を感じるようになるので,ポテンシャルエネルギーは負になる.このポテンシャルエネルギーは z_{ph}(物理吸着の場合を ph で示す)で極小になり,z_{ph} よりも短い距離ではポテンシャルが反発的になる.この距離 z_{ph} が物理吸着分子の吸着質-基質の平衡結合長である.

---

1) monolayer

つぎに，化学吸着のポテンシャルエネルギー曲線を考えよう．二原子分子の化学吸着では両原子の間の結合が解離し，生じた原子と基質との間に結合が生成する．この過程をふつう**解離型化学吸着**[1]という．物理吸着のポテンシャルと比較すると，化学吸着のポテンシャルの方が井戸が深く，基質-吸着質の結合長 z_{ch}（化学吸着の場合は ch で示す）が短い（図 31・20）．原子が基質から直接脱着すると気相中に遊離原子を作りだすので，z の値が大きなところでは化学吸着のポテンシャルは正になり，無限遠方においては化学吸着と物理吸着のエネルギー差がちょうど 2 原子の結合強度になる．

物理吸着分子の基質-吸着質間の結合長は，化学吸着分子の場合よりも長いので，表面に化学吸着する分子は，最初は物理吸着状態に取込まれる．この場合，物理吸着分子は化学吸着分子への**前駆体**[2] と見なせる．図 31・20 の二つのポテンシャルエネルギー曲線は表面から z_c のところで交差することがわかる．もし，分子が点 z_c で一方のポテンシャルエネルギー曲線から他方のエネルギー曲線に飛び移ることができれば，物理吸着状態から化学吸着状態への分子の移動を，活性化エネルギー E_a をもつ化学反応として考えることができる．図 31・20 に示した曲線の交差の場合は，化学吸着への障壁は 基質-AB 結合 の強さよりも低くなる．また，たとえば銅の(110)表面上の H_2 のように，曲線が交差するところでのエネルギーが 基質-AB 結合 の強さより高くなることが知られている場合がある（問題 31・46）．

31・7 等温線は一定温度での気体の圧力に対する表面被覆率のプロットである

一定温度での気体の圧力に対する表面被覆率のプロットを**等温吸着線**[3] という．この節では，等温吸着線を使えば，**吸着-脱着反応**[4] の平衡定数，吸着に使われる表面サイトの濃度，および吸着エンタルピーが求められることを学ぶ．

最も簡単な等温吸着線の式が 1918 年にラングミュアにより最初に導かれた．ラングミュアは，吸着分子どうしは相互作用せず，吸着エンタルピーは表面被覆率に依存せず，分子を吸着できる表面サイトの数は有限であると仮定した．吸着-脱着過程は，つぎの可逆な素過程であるとする．

$$A(g) + S(s) \underset{k_d}{\overset{k_a}{\rightleftarrows}} A\text{-}S(s) \qquad K_c = \frac{k_a}{k_d} = \frac{[A\text{-}S]}{[A][S]} \qquad (31\cdot32)$$

ここで，k_a と k_d はそれぞれ吸着と脱着の速度定数，[A]は A(g) の数密度つまり濃度，[S]は関与する基質の数密度である．k_a と k_d が表面被覆率に無関係であること

---

1) dissociative chemisorption   2) precursor   3) adsorption isotherm
4) adsorption-desorption reaction

から,吸着分子どうしは相互作用しないと考えられる.σ_0 を m^{-2} 単位での表面サイトの濃度としよう.吸着質が表面サイトを占有する割合が θ の場合,表面の吸着質濃度 σ は $\theta\sigma_0$ となり,空のサイトの濃度は $\sigma_0 - \theta\sigma_0 = (1-\theta)\sigma_0$ で与えられる.ここで,脱着速度は占有された表面サイトの数に比例し,気相からの吸着速度は使用可能な(占有されていない)表面サイトの数と気相中の分子の数密度の両方に比例すると仮定しよう.数式で書けば,脱着と吸着の速度は,

$$\text{脱着速度} = v_d = k_d \theta \sigma_0 \quad (31\cdot 33)$$

$$\text{吸着速度} = v_a = k_a(1-\theta)\sigma_0 [A] \quad (31\cdot 34)$$

で与えられる.平衡においては,この二つの速度が等しくなければならないので,

$$k_d \theta = k_a(1-\theta)[A]$$

すなわち,

$$\frac{1}{\theta} = 1 + \frac{1}{K_c[A]} \quad (31\cdot 35)$$

となる.ここで,$K_c = k_a/k_d$ は式(31・32)に対する濃度で表した平衡定数である.一般的には $A(g)$ の濃度ではなくて $A(g)$ の圧力が測定される.もし,$A(g)$ の圧力が理想気体の法則を使えるほど十分に低ければ,$[A] = P_A/k_B T$ となる.$b = K_c/k_B T$ と定義すれば,式(31・35)は,

$$\frac{1}{\theta} = 1 + \frac{1}{bP_A} \quad (31\cdot 36)$$

となる.これを**ラングミュアの等温吸着式**[1]という.図31・21に bP_A に対する θ の

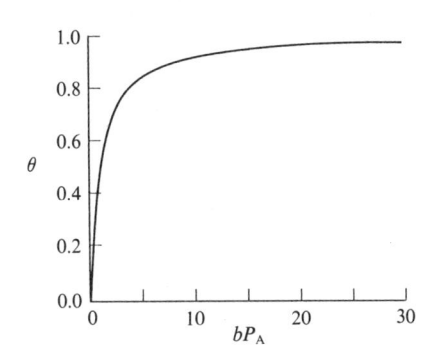

図31・21 式(31・36)のプロット.表面被覆率 θ が気体の圧力の非一次関数になることを示している.

---

1) Langmuir adsorption isotherm

プロットを示す．圧力が上昇すると，表面に単分子層が吸着するのに対応して，θ が 1 に近づくことに注意せよ．例題 31·10 で，ラングミュアの等温吸着式から，b と使える全表面サイト数をどのようにして求められるかがわかる．

例題 31·10 吸着の実測データは，ある温度と圧力において表面に吸着する気体を等価な体積 V として表にまとめることが多い．ふつう吸着気体のこの体積は，1 気圧，273.15 K（0 °C）のときにこの気体が占める体積として表される．ラングミュアは 273.15 K で雲母表面への $N_2(g)$ の吸着を研究した．下に示すデータから，b と単分子層被覆に対応する気体の体積 V_m を求めよ．また，この V_m の値を用いて，全表面サイト数を決定せよ．

$P/10^{-12}$ Torr	$V/10^{-8}$ m³
2.55	3.39
1.79	3.17
1.30	2.89
0.98	2.62
0.71	2.45
0.46	1.95
0.30	1.55
0.21	1.23

解答: 単分子層被覆は $\theta=1$ に対応する．$\theta=1$ のとき，体積 V_m だけが表面に吸着される．したがって，θ の値は V_m と，

$$\theta = \frac{V}{V_m}$$

の関係がある．この θ の式を式(31·36)に代入し，その結果の式を整理すると，

$$\frac{1}{V} = \frac{1}{PbV_m} + \frac{1}{V_m}$$

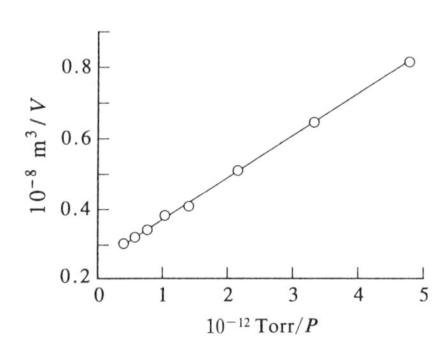

となる．この式から，$1/V$ を $1/P$ に対してプロットすると $1/bV_m$ の勾配で，$1/V_m$ の切片をもつことがわかる（図参照）．図の直線の切片は 0.252 だから，$V_m = 3.96 \times 10^{-8}$ m³ が得られる．また，直線の勾配は 1.18×10^{-5} Torr m⁻³ で，$b = 2.14 \times 10^{12}$ Torr⁻¹ であることがわかる．

0.00 °C，1.00 atm のとき 1 モルの気体は 2.24×10^{-2} m³ を占めるので，体積 V_m 中の気体のモル数は，

$$\frac{3.96 \times 10^{-8}\,\text{m}^3}{2.24 \times 10^{-2}\,\text{m}^3\,\text{mol}^{-1}} = 1.77 \times 10^{-6}\,\text{mol}$$

で，これは，

$$(6.022 \times 10^{23}\,\text{mol}^{-1})(1.77 \times 10^{-6}\,\text{mol}) = 1.06 \times 10^{18}\,\text{分子}$$

に相当する．各分子は 1 個の表面サイトを占めるから，表面には 1.06×10^{18} 個のサイトが存在する．もし雲母の基質が一辺 0.010 m の正方形だとすると，表面サイトの濃度は，

$$\sigma_0 = \frac{1.06 \times 10^{18}\,\text{分子}}{(0.010\,\text{m})^2} = 1.06 \times 10^{22}\,\text{m}^{-2}$$

になるだろう．

シリカ表面への酸素と一酸化炭素の吸着の実験データは，ラングミュアの等温吸着式でよく記述されることを図 31·22 に示す．例題 31·11 で，二原子分子が表面に解離

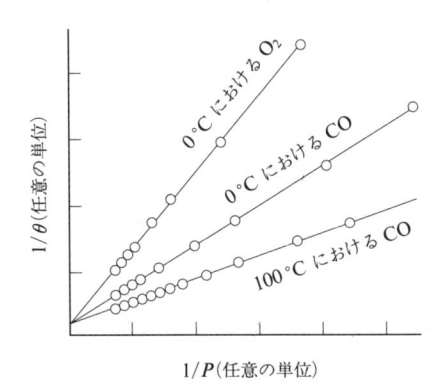

図 31·22 占有された表面サイトの割合の逆数 $1/\theta$ を，シリカに吸着した $O_2(g)$ と CO の $1/P$ の関数としてプロットした図．データはラングミュア等温吸着式（式 31·36）によく合う．実線が実験データに最もよく一致したラングミュア等温吸着線である．

吸着する場合の等温吸着式を導く．ラングミュアの等温吸着式は，いろいろな吸着の速度論的なモデルから導くことができる．

例題 31·11　二原子分子が解離して表面に吸着する場合のラングミュアの等温吸着式を導け．

解答：　この反応は，

$$A_2(g) + 2S(s) \underset{k_d}{\overset{k_a}{\rightleftharpoons}} 2[A-S(s)] \qquad K_c = \frac{k_a}{k_d} = \frac{[A-S]^2}{[A_2][S]^2}$$

のように書ける．2個の表面サイトが吸着と脱着の過程に関与するので，吸着速度 v_a と脱着速度 v_d は，

$$v_a = k_a[A_2](1-\theta)^2 \sigma_0^2$$
$$v_d = k_d \theta^2 \sigma_0^2$$

となる．平衡ではこれらの速度は等しいので，

$$k_a[A_2](1-\theta)^2 = k_d \theta^2$$

となり，これから，

$$\theta = \frac{K_c^{1/2}[A_2]^{1/2}}{1 + K_c^{1/2}[A_2]^{1/2}}$$

が得られる．A_2 の圧力 P_{A_2} を用いると，

$$\theta = \frac{b_{A_2}^{1/2} P_{A_2}^{1/2}}{1 + b_{A_2}^{1/2} P_{A_2}^{1/2}} \tag{1}$$

となる．ここで，$b_{A_2} = K_c/k_B T$ である．式(1)は，

$$\frac{1}{\theta} = 1 + \frac{1}{b_{A_2}^{1/2} P_{A_2}^{1/2}}$$

のように書き換えられる．これから，$1/\theta$ を $1/P_{A_2}^{1/2}$ に対してプロットすると，勾配が $1/b_{A_2}^{1/2}$ で切片が1の直線を与えることがわかる．

ラングミュアの等温吸着式における速度定数 k_d の逆数には興味深い物理的意味がある．図31·23に示した一次元ポテンシャルエネルギー曲線を考えよう．吸着質-基質結合を切るためには，$E_{ads} = -\Delta_{ads}H$ に等しいエネルギーを系に加えなければならないことがわかる．実験的には，表面からの分子の脱着速度定数 k_d は，アレニウス型の式，

31. 固体と表面化学

$$k_d = \tau_0^{-1} e^{-E_{ads}/RT} \tag{31.37}$$

に従う。ここで，$E_{ads}=-\Delta_{ads}H$ は吸着エンタルピー，τ_0 はほぼ 10^{-12} s の値をもつ定数である。時間の単位をもつ k_d の逆数を表面での分子の**滞在時間**[1] τ という。式 (31.37) はその逆数をとると，τ を用いて，

$$\tau = \tau_0 e^{E_{ads}/RT} \tag{31.38}$$

と書き表される。

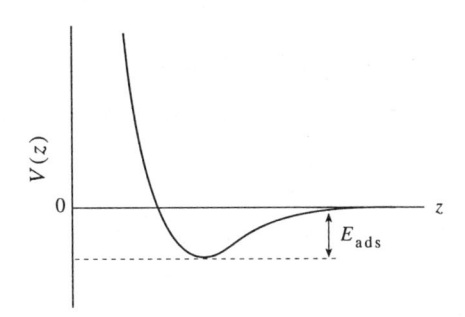

図 31.23 分子吸着の場合の一次元ポテンシャルエネルギー曲線．井戸の深さ E_{ads} は吸着熱 $\Delta_{ads}H$ に負号を付けたものである．

例題 31.12 パラジウムへの CO の吸着エンタルピーは -146 kJ mol^{-1} である．300 K と 500 K におけるパラジウム表面での CO 分子の滞在時間を求めよ（$\tau_0=1.0\times10^{-12}$ s と仮定せよ）．

解答： 滞在時間は式 (31.38) で与えられる．
$T=300$ K では，

$$\tau = (1.0\times 10^{-12}\,\text{s})\exp\left\{\frac{146\times 10^3\,\text{J mol}^{-1}}{(8.314\,\text{J mol}^{-1}\,\text{K}^{-1})(300\,\text{K})}\right\}$$
$$= 2.6\times 10^{13}\,\text{s}$$

$T=500$ K では，

$$\tau = (1.0\times 10^{-12}\,\text{s})\exp\left\{\frac{146\times 10^3\,\text{J mol}^{-1}}{(8.314\,\text{J mol}^{-1}\,\text{K}^{-1})(500\,\text{K})}\right\}$$
$$= 1800\,\text{s}$$

となる．滞在時間が温度にきわめて敏感であることがわかる．

---

[1] residence time

すでに述べたように,ラングミュア等温吸着式は単分子層だけに適用される.多くの場合,分子は他の吸着分子の上にも吸着する.この多分子層吸着を説明できるモデルがいろいろある.そのうちの一つを問題 31·68 で取上げる.

31·8 ラングミュア等温吸着式を使って表面触媒気相反応の速度則を導くことができる

一次気相反応,

$$A(g) \xrightarrow{k_{obs}} B(g)$$

に対する表面触媒作用を考えよう.この場合には,実測の速度則は,

$$\frac{d[B]}{dt} = k_{obs} P_A \tag{31·39}$$

で与えられる.この反応は,つぎの 2 段階機構によって起きるものと考えよう.

$$A(g) \xrightarrow{k_a} A(ads) \xrightarrow{k_1} B(g)$$

第一段階は表面への A(g) の吸着である.分子はいったん吸着されると,反応して生成物になり,ただちに気相へ脱着する.この反応機構の第二段階の速度則は,

$$\frac{d[B]}{dt} = k_1 [A(ads)] = k_1 \sigma_A \tag{31·40}$$

と書くことができる.ここで,σ_A は A の表面濃度である.全表面サイト数を σ_0 とすると,$\sigma_A = \sigma_0 \theta$ である.θ に対してラングミュア等温吸着式を用いると(式 31·35 と式 31·36),速度則は,

$$\frac{d[B]}{dt} = k_1 \frac{\sigma_0 K_c [A]}{1 + K_c [A]} = k_1 \frac{\sigma_0 b P_A}{1 + b P_A} \tag{31·41}$$

となる.気体の圧力が低いときは,$bP_A \ll 1$ となり,速度則は反応物の圧力について 1 次で,

$$\frac{d[B]}{dt} = k_1 \sigma_0 b P_A = k_{obs} P_A \tag{31·42}$$

となり,実測の速度則が説明できる.

気体の圧力が高い場合は,$bP_A \gg 1$ で,式(31·41)は反応物の圧力について 0 次になり,

$$\frac{d[B]}{dt} = k_1 \sigma_0 = k_{obs} \tag{31·43}$$

となる.したがって,上で考えた機構によれば,圧力が上昇するにつれて反応速度が上限値に近づくはずだという予想が立つ.これは実験的に検証できることである.ほとんどの反応は低圧領域で調べられており,式(31・42)によると実測の速度定数は $k_1\sigma_0 b$ に等しくなる.速度定数 k_1 を求めるためには,σ_0 と b の両方を独立に決めなければならない.例題31・10によって,これらの値は等温吸着線のデータから求められることがわかる.

二分子気相反応の表面触媒作用の速度則を導くために,上と同様の手法を用いることができる.表面が二分子気相反応をどのようにして触媒するのかを記述するために,ふつう二つの一般的な機構,**ラングミュア-ヒンシェルウッド機構**[1] と**イーレイ-リディール機構**[2] が使われる.ここでは,白金表面上での $O_2(g)$ による $CO(g)$ の酸化反応に,これらのモデルを適用して説明しよう.$CO(g)$ と $O_2(g)$ の間の酸化反応の釣り合った化学方程式は,

$$2CO(g) + O_2(g) \longrightarrow 2CO_2(g) \qquad (31\cdot44)$$

である.この反応のラングミュア-ヒンシェルウッド機構はつぎのようになる.

$$CO(g) \rightleftarrows CO(ads)$$

$$O_2(g) \rightleftarrows 2O(ads)$$

$$CO(ads) + O(ads) \xRightarrow{k_3} CO_2(g)$$

この機構においては,両反応物が表面サイトで競合する.$CO(g)$ 分子は分子のままで吸着し,$O_2(g)$ は解離して化学吸着する.ついで,吸着した CO 分子と吸着した O 原子との間で反応が起こって,$CO_2(g)$ 分子が生成し,すぐに白金表面から脱着する.この機構の最初の2段階は反応の間ずっと瞬間的に平衡状態が達成され,第三段階が律速過程になるという理想的な挙動を仮定すれば,ラングミュア-ヒンシェルウッド機構の速度則は,

$$v = \frac{k_3 b_{CO} b_{O_2}^{1/2} P_{CO} P_{O_2}^{1/2}}{(1 + b_{O_2}^{1/2} P_{O_2}^{1/2} + b_{CO} P_{CO})^2} \qquad (31\cdot45)$$

となる(問題31・57).ここで,k_3 はこの機構の第三段階の速度定数,$b_{CO} = K_{CO}/k_B T$,$b_{O_2} = K_{O_2}/k_B T$,K_{CO} と K_{O_2} はこの機構の最初の2段階の平衡定数である.

例題 31・13 式(31・45)で与えられる速度則を考えよう.(a) 表面がまばらに

---

[1] Langmuir-Hinshelwood mechanism [2] Eley-Rideal mechanism

反応物で覆われている場合，および (b) 表面への $CO(g)$ の吸着の方が $O_2(g)$ の吸着よりもはるかに多い場合の速度則の式の形を求めよ．

解答： この例題は，式(31・45)で与えられる一般的な速度式の二つの極限を考えることを求めている．

(a) 表面がまばらに覆われている場合は，$b_{O_2}^{1/2} P_{O_2}^{1/2} + b_{CO} P_{CO} \ll 1$ となるから，式(31・45)の分母は近似的に 1 になり，速度は，

$$v = k_3 b_{CO} b_{O_2}^{1/2} P_{CO} P_{O_2}^{1/2}$$

となる．

(b) 表面への $CO(g)$ の吸着の方が $O_2(g)$ の吸着よりもはるかに多い場合，式(31・45)の速度則の分母は $b_{CO} P_{CO}$ の項が支配的になるので，速度則は，

$$v = \frac{k_3 b_{CO} b_{O_2}^{1/2} P_{CO} P_{O_2}^{1/2}}{(b_{CO} P_{CO})^2} = \frac{k_3 b_{O_2}^{1/2} P_{O_2}^{1/2}}{b_{CO} P_{CO}}$$

となる．

イーレイ-リディール機構では，つぎの 3 段階の機構で酸化が起こると考える．

$$O_2(g) \rightleftharpoons 2O(ads)$$

$$CO(g) \rightleftharpoons CO(ads)$$

$$CO(g) + O(ads) \overset{k_3}{\Longrightarrow} CO_2(g)$$

たとえ $CO(g)$ と $O_2(g)$ の両方が表面に吸着できるとしても，吸着された反応物の間では反応は起こらない．イーレイ-リディール機構では，$O_2(g)$ が解離して表面に化学吸着する．それに続いて起きる気相の CO 分子と吸着した O 原子との衝突により気体の CO_2 が作られる．いい換えると，$CO(g)$ 分子が表面から O 原子を引き抜くのである．この機構の最初の 2 段階は反応の間ずっと瞬間的に平衡状態が達成されていて，第三段階が律速過程になるという理想的な挙動を仮定すれば，この機構の速度則は，

$$v = \frac{k_3 b_{CO} b_{O_2}^{1/2} P_{CO} P_{O_2}^{1/2}}{1 + b_{O_2}^{1/2} P_{O_2}^{1/2} + b_{CO} P_{CO}} \qquad (31・46)$$

となる(問題 31・58)．

例題 31・14　式(31・44)で与えられる反応を考えよう．$O_2(g)$ が一定圧力のとき，二つのモデル，式(31・45)と式(31・46)から予想される結果を $CO(g)$ の分圧の関数としてプロットせよ．

解答: $P_{CO} \ll P_{O_2}$ のときと $P_{CO} \gg P_{O_2}$ のときの速度則の極限式を最初に考えよう.

(a) ラングミュア-ヒンシェルウッド速度則: $P_{CO} \ll P_{O_2}$ の場合, 式(31·45)の分母の $b_{CO}P_{CO}$ は無視できるので, $O_2(g)$ 圧力が一定のとき,

$$v \approx \frac{k_3 b_{CO} b_{O_2}^{1/2} P_{CO} P_{O_2}^{1/2}}{(1 + b_{O_2}^{1/2} P_{O_2}^{1/2})^2} \propto P_{CO}$$

が得られる. また, $P_{CO} \gg P_{O_2}$ であれば, $O_2(g)$ 圧力が一定で P_{CO} が大きな値の場合,

$$v \approx \frac{k_3 b_{CO} b_{O_2}^{1/2} P_{CO} P_{O_2}^{1/2}}{(1 + b_{CO} P_{CO})^2} \propto \frac{1}{P_{CO}}$$

となる.

(b) イーレイ-リディール速度則: $P_{CO} \ll P_{O_2}$ の場合, 式(31·46)の分母の $b_{CO}P_{CO}$ は無視できるので, $O_2(g)$ 圧力が一定のとき,

$$v \approx \frac{k_3 b_{CO} b_{O_2}^{1/2} P_{CO} P_{O_2}^{1/2}}{1 + b_{O_2}^{1/2} P_{O_2}^{1/2}} \propto P_{CO}$$

が得られる. また, $P_{CO} \gg P_{O_2}$ であれば, $O_2(g)$ 圧力が一定で P_{CO} が大きな値の場合,

$$v \approx \frac{k_3 b_{CO} b_{O_2}^{1/2} P_{CO} P_{O_2}^{1/2}}{1 + b_{CO} P_{CO}} \approx 定数$$

となる. したがって, $P_{CO} \ll P_{O_2}$ のときは両方の速度則は同じ挙動を予測するが, $P_{CO} \gg P_{O_2}$ の場合は異なる挙動を予測することがわかる. この二つの速度則について, $O_2(g)$ 濃度が一定のとき, $CO(g)$ 濃度によって速度がどう変化するかを下図に示す.

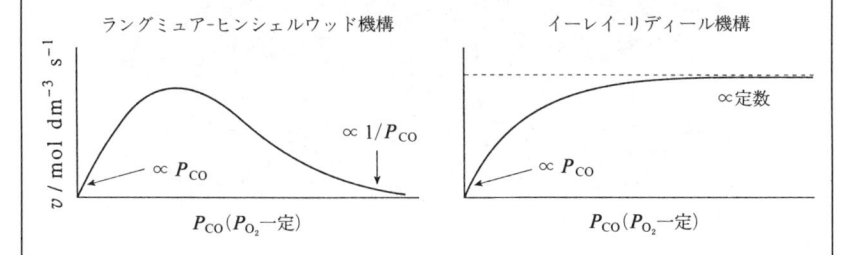

結局, $O_2(g)$ 圧力が一定のとき, 反応速度 dP_{CO_2}/dt を P_{CO} の関数として測定すれば, 二つの機構を区別できる.

式(31·44)で与えられる反応の詳細な研究から，この反応がラングミュアーヒンシェルウッド機構で起きることがわかる．今日までのところ，詳細に研究されたほとんどの表面触媒二分子気相反応はラングミュアーヒンシェルウッド機構で起こり，イーレイーリディール機構で起きるものもあるが，少ないと考えられている．

31·9 表面の構造はバルク固体の構造と異なる

これまでは，表面の微視的構造は無視してきた．表面の最も単純なモデルは，表面は完全に平らで，原子間の距離はバルク固体中と同一であると仮定するものである．しかし，本当に表面は平らで，原子間距離はそれがどこにあるかに影響されないのだろうか．これらの疑問が表面化学の分子論的な理解への中心課題である．たとえば，表面が平らでなく，多数の異なる表面サイトがあるとすれば，吸着エンタルピーがこれらのサイトごとに変化するだろう．異なる吸着サイトは異なる脱着障壁をもち，また違った反応性を示すこともあろう．表面上での化学反応を理解するためには，表面の原子構造の詳細な理解が必要とされる．

いろいろな形の，表面に敏感な分光法が発明された結果，現在ではほとんどの表面は平らでないことがわかっている．表面の原子的構造はそのおのおのに，表面にかな

図31·24 亜鉛表面の走査型電子顕微鏡写真．表面は平らでなく，六角形に並んだ一連のテラスから成る．各テラスの縁はでこぼこしており，亜鉛原子が一つのテラスに沿って，完全な列をつくって並んでいるのではないことを示している．

りの凹凸をもたらす無数の不規則さに特徴がある. たとえば, 図 31・24 に, **走査型電子顕微鏡法**[1]といわれる方法で得られた亜鉛表面の写真を示す. この写真は原子の大きさの分解能には達していないが, 表面が平らでないことはわかる. テラスの縁に沿って存在する亜鉛原子は, テラスの真中にある原子とは隣接原子数が異なる. さらに, テラスの縁はまっすぐではなく, 曲がりがあるので, 縁に沿った異なる点の原子も隣接原子数が異なることがありうる. 図 31・25 に表面で観測される数種の構造欠陥を示した. テラスや階段や付加原子(単原子)は, 分子が吸着できる多数の区別可能なサイトを作りだす.

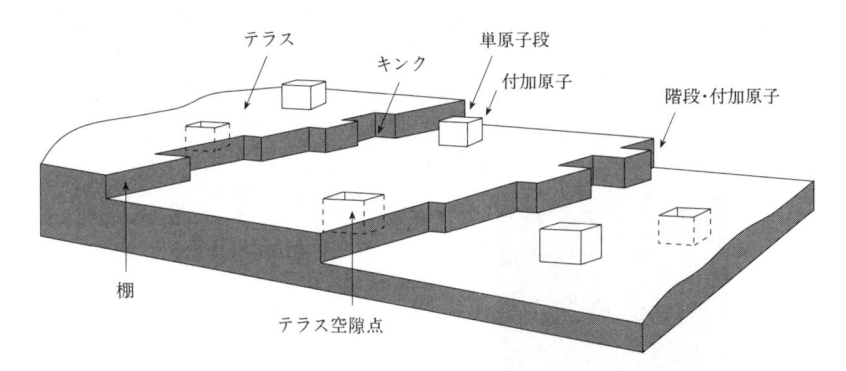

図 31・25　表面で起こりうる数種の構造欠陥の説明図. 表面には独特な棚, 階段, テラスがある. 1 個以上の原子の列で段ができ, それはまっすぐである必要はなくて, キンク(よじれ)を生じる. 独立した原子すなわち付加原子はテラス上のどこにでも存在しうる. テラスには空隙点もあって, 表面に小さな穴ができることもある. これらの穴を破線の立方体で示している.

表面に敏感な多くの分光法では, 低エネルギー電子を用いて表面を探索する. これらの手法のうちで最も重要なものの一つが**低エネルギー電子回折**[2]すなわち LEED として知られている分光法である. 5000 ないし 10 000 kJ mol^{-1} の範囲の運動エネルギーをもつ電子をふつう低エネルギー電子といい, これは金属表面から約 500 pm しか侵入しない. このしみ込みはほんの数原子層の深さに相当する. 低エネルギー電子が表面をたたくと散乱される. その電子の一部は, 弾性的, すなわちエネルギー損失なしに散乱されるが, 残りの電子は非弾性的に散乱され, その運動エネルギーを金属格子の振動モードと交換する. 電子のド・ブローイ波長が金属中の原子面の間の距離と同程度であれば, 弾性散乱された電子は回折されうる. 電子は表面からほんの数原子層だけしかしみ込まないので, その回折図形は表面近傍および表面の原子的構造に

---

1) scanning electron microscopy　2) low-energy electron diffraction

よって決まっている.

結晶表面の構造は，その結晶をどう切り出すかによって異なる．表面構造を特定するには，バルク金属中の結晶面に対応する表面の平面に対して3個のミラー指数 h, k, l を指定する．したがって，(111)表面というのは，原子が(111)の結晶面(31·2節参照)にあるのと同じ構造をその表面の原子がとるという意味である．図 31·26 に白金の(111)表面の LEED 回折図形を示す．この LEED 図形中の鋭い回折斑点を利用すると，表面あるいはその近傍の原子間距離を求めることができる．LEED 回折図形の解析は，X 線回折図形の解析と同様である．多数の表面の LEED による研究から，表面原子は一般にバルクの原子位置からずれたサイトを占有することがわかる．ほとんどの単原子金属では，原子の第1層と第2層との間の距離が 40% にものぼる収縮を示す．また，しばしばそれを打ち消すような約1%の膨張が第2層と第3層との間で，さらに小さいが測定にかかる膨張が第3層と第4層との間で起こる.

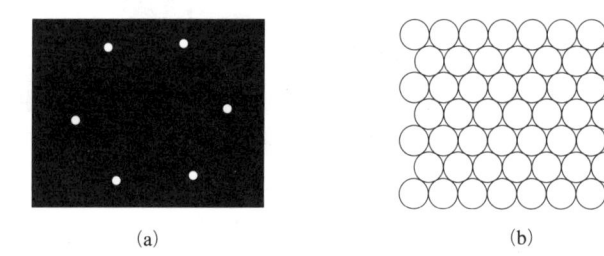

図 31·26　(a) 白金の(111)表面の LEED 回折図形．(b) 白金の(111)表面の模式図.

31·10　$NH_3(g)$ 製造用の $H_2(g)$ と $N_2(g)$ の反応は表面触媒作用を受ける

最も綿密に研究された表面触媒反応の一つがつぎの $H_2(g)$ と $N_2(g)$ からの $NH_3(g)$ の合成である.

$$3H_2(g) + N_2(g) \rightleftharpoons 2NH_3(g)$$

この反応が起きるためには N_2 の結合が切れなければならない．したがって，活性化障壁は N_2 の解離エネルギー $-941.6\ kJ\ mol^{-1}$ の程度になる．たとえこの反応の $\Delta_r G°$ が 300 K で $-32.37\ kJ\ mol^{-1}$ しかないにしても，反応に対する障壁がきわめて高いので，$H_2(g)$ と $N_2(g)$ の混合物は認められる程度のアンモニアを生成せずにいつまでも貯蔵できる．しかし，鉄の表面では $N_2(g)$ は $\approx 10\ kJ\ mol^{-1}$ の活性化エネルギーで解離する．鉄はまた容易に $H_2(g)$ を解離型化学吸着する．それで，吸着した N 原子と H 原子が拡散して，反応することができ，$NH(ads)$，$NH_2(ads)$，最後には $NH_3(ads)$

31. 固体と表面化学

を形成し，これが気相中に脱着する．実験的な研究により，つぎのような段階がこの反応機構に寄与することが確かめられている．

$$H_2(g) + 2S(s) \rightleftarrows 2H(ads) \quad \text{(解離型化学吸着)}$$

$$N_2(g) \rightleftarrows N_2(ads) \quad \text{(物理吸着)}$$

$$N_2(ads) + 2S(s) \rightleftarrows 2N(ads) \quad \text{(解離型化学吸着)}$$

$$N(ads) + H(ads) \rightleftarrows NH(ads)$$

$$NH(ads) + H(ads) \rightleftarrows NH_2(ads)$$

$$NH_2(ads) + H(ads) \rightleftarrows NH_3(ads)$$

$$NH_3(ads) \rightleftarrows NH_3(g)$$

アンモニアの表面触媒合成の速度は，N_2 の物理吸着前駆状態から解離型化学吸着状態へ至る障壁と，その結果できる金属-窒素結合の強さとに敏感である．この活性化エネルギーと結合強度は，金属が異なれば違うので，したがって，反応速度は使用される個々の触媒に依存する．図 31·27 に，いろいろな遷移金属触媒によるアンモニア合成の相対速度を示す．この曲線の形から**火山曲線**[1]といわれている．金属触媒の d 電子数が増加するにつれて，金属-窒素結合の強度が減少し，結局 $NH_3(g)$ 生成速度が増加する．しかし，d 電子数が増加するにつれて，$N_2(g)$ の解離型化学吸着に対する活

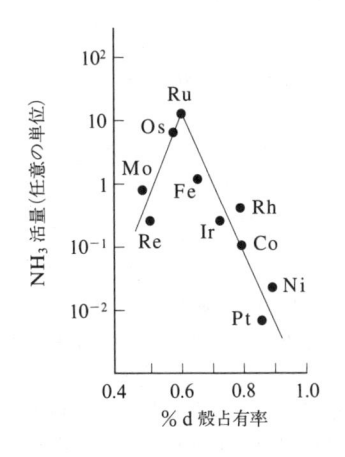

図 31·27 いろいろな遷移金属触媒によるアンモニア合成の相対速度．金属触媒のd電子数が増加するにつれて，表面の窒素結合の強度が変化することと $N_2(g)$ の解離型化学吸着の活性化エネルギーが変化することとの相反する効果によって，プロットされたデータの形は影響を受ける．

---

1) volcano curve

性化エネルギーが増加し，そのため $NH_3(g)$ 生成速度が減少する．これら二つの競合する効果によって実測の火山曲線ができる．

また，表面触媒反応の速度はミラー指数で指定される個々の表面にも敏感である．図 31・28 に，鉄の 5 種類の異なる表面についての，$NH_3(g)$ の相対的な生成速度を示す．滑らかな (110) 表面上では，無視できる程度の $NH_3(g)$ の収率しか観測されず，粗い (111) 表面は最高の収率をもつ．したがって，金属触媒の種類に鋭敏であることに加えて，鉄表面上の $NH_3(g)$ 合成は表面の微視的構造にも敏感である．非常に多くの実験的研究により，この結果が表面への $N_2(g)$ の解離型化学吸着の活性化エネルギーの変化に由来することがわかっている．

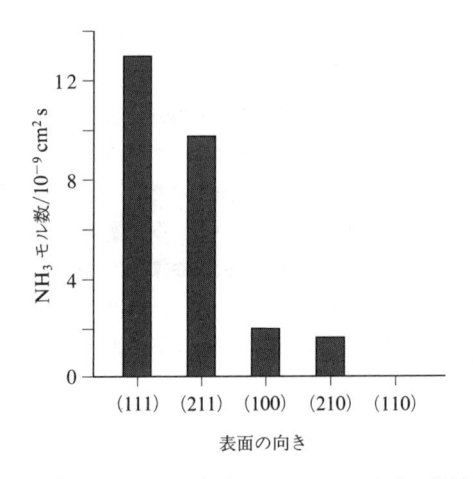

図 31・28　鉄のいろいろな表面でのアンモニア合成の相対速度．

問題

31・1　ポロニウムは単純立方格子として存在する唯一の金属である．ポロニウムの単位胞の辺の長さが 25 °C で 334.7 pm であることから，ポロニウムの密度を計算せよ．

31・2　単純立方格子，面心立方格子，および体心立方格子内の半径 R の剛体球のパッキングを考えよう．単位胞の長さ a と剛体球が占める体積の単位胞中の割合 f が下の表のように与えられることを示せ．

31. 固体と表面化学

単位胞	a	f
単純立方	$2R$	$\pi/6$
面心立方	$4R/\sqrt{2}$	$\pi\sqrt{2}/6$
体心立方	$4R/\sqrt{3}$	$\pi\sqrt{3}/8$

31·3 タンタルは $a=330.2$ pm の体心立方単位胞を作る．タンタル原子の結晶半径を計算せよ．

31·4 ニッケルは $a=351.8$ pm の面心立方単位胞を作る．ニッケル原子の結晶半径を計算せよ．

31·5 面心立方格子の結晶である銅は 127.8 pm の結晶半径をもつ．銅の密度を計算せよ．

31·6 体心立方格子の結晶であるユーロピウムは 20°C で 5.243 g cm^{-3} の密度をもつ．20°C でのユーロピウム原子の結晶半径を計算せよ．

31·7 カリウムは体心立方格子の結晶で，単位胞の長さは 533.3 pm である．カリウムの密度が 0.8560 g cm^{-3} であることから，アボガドロ定数を求めよ．

31·8 セリウムは面心立方格子の結晶で，単位胞の長さは 516.0 pm である．セリウムの密度が 6.773 g cm^{-3} であることから，アボガドロ定数を求めよ．

31·9 KBr の密度は 2.75 g cm^{-3} で，その立方体単位胞の一辺の長さは 654 pm である．単位胞内に KBr の化学式単位が何個あるかを求めよ．単位胞は NaCl 構造と CsCl 構造のどちらをとるか．(図 31·18 参照．)

31·10 フッ化カリウムの結晶は図 31·18(a) の NaCl 型の構造をもつ．KF(s) の密度が 20°C で 2.481 g cm^{-3} であることから，KF(s) の単位胞の長さと最隣接距離を計算せよ．(最隣接距離は格子中の任意の隣接する 2 個のイオンの中心間の最短距離である．)

31·11 塩化ナトリウムは，単位胞当たり 4 個の化学式単位をもつ 2 種類の面心立方構造が互いに入り組んだ結晶構造である(図 31·18 a 参照)．単位胞の長さが 20°C で 564.1 pm であることから，NaCl(s) の密度を計算せよ．文献値は 2.163 g cm^{-3} である．

31·12 下図に示した線の各組のミラー指数を決定せよ．

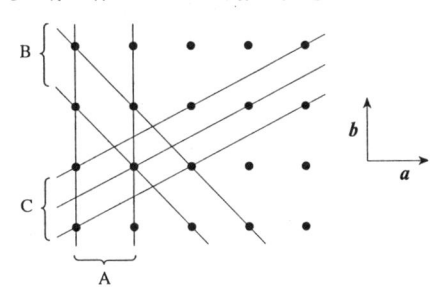

31·13 下図に示した線の各組のミラー指数を決定せよ．

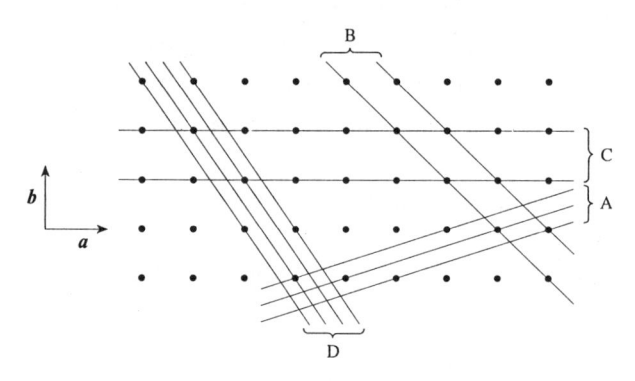

31·14 二次元正方格子中のつぎの面を描け．(a) (01), (b) (21), (c) (1$\bar{1}$), (d) (32)．

31·15 二次元正方格子の(11)面と(1$\bar{1}$)面との間の関係はどうか．

31·16 二次元正方格子の(1$\bar{1}$)面と($\bar{1}$1)面との間の関係はどうか．

31·17 この問題では，二次元の場合の式(31·2)を導く．下図を使って，

$$\tan\alpha = \frac{b/k}{a/h} \quad および \quad \sin\alpha = \frac{d}{a/h}$$

であることを示せ．

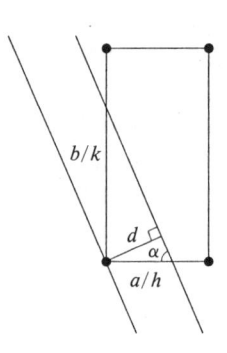

つぎに，

$$\sin^2\alpha = \frac{\tan^2\alpha}{1 + \tan^2\alpha}$$

および

$$\frac{1}{d^2} = \frac{h^2}{a^2} + \frac{k^2}{b^2}$$

31. 固体と表面化学

となることを示せ．式(31・2)はこの結果を三次元に拡張したものである．

31・18 下図に示した4個の面のミラー指数を決定せよ．

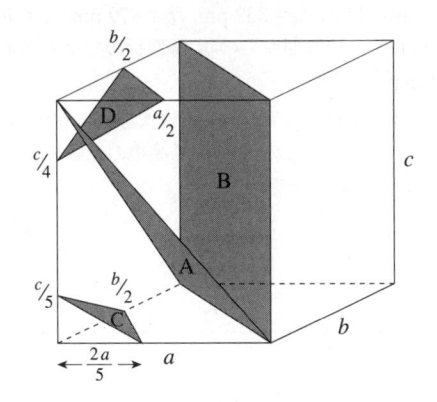

31・19 三次元立方格子中のつぎの面を描け．(a) (011), (b) (1$\bar{1}$0), (c) (211), (d) (222).

31・20 結晶軸とそれぞれ (a) ($a, 2b, 3c$), (b) ($a, b, -c$), (c) ($2a, b, c$) で交差する各面のミラー指数を決定せよ．

31・21 単位胞の長さが 529.8 pm の立方格子中の (a) (100)面, (b) (111)面, (c) (12$\bar{1}$)面のそれぞれの面間隔を計算せよ．

31・22 バリウムの(211)面の間の距離は 204.9 pm である．バリウムが体心立方格子を形成することから，バリウムの密度を求めよ．

31・23 金は面心立方格子の結晶である．(100)面内の金原子の数密度を計算せよ．単位胞(図 31・3)の長さを 407.9 pm とせよ．

31・24 クロムは 20°C で密度 7.20 g cm^{-3} の体心立方構造の結晶である．単位胞の長さおよび(110), (200), (111)面の面間隔を計算せよ．

31・25 NaCl の単結晶を，入射 X 線が結晶の a 軸に対して直角になるように配向させる．結晶から 52.0 mm のところに設置した検出器で，(100)面の回折斑点が原点から 14.8 mm の位置に観測された(例題 31・6 参照)．a 軸方向の単位胞の長さ a の値を求めよ．X 線の波長を $\lambda = 154.433$ pm とせよ．

31・26 銀は単位胞の長さ 408.6 pm の面心立方構造である．銀の単結晶を，入射 X 線が結晶の c 軸に直角になるように向ける．検出器は結晶から 29.5 mm のところにある．(a) 銅の $\lambda = 154.433$ pm 線および (b) モリブデン X 線源の $\lambda = 70.926$ pm 線の場合の，銀の(001)面と(002)面からの回折斑点間の検出器面上の距離はいくらか(例題 31・6 参照)．また，どちらの X 線源の方が回折斑点間の空間分解能がよいか．

31・27 $a = 380.5$ pm の立方結晶の(111)面からの一次回折斑点の X 線回折角は

$\alpha = 18.79°$, $\beta = 0°$, $\gamma = 0°$ に観測される. 結晶の向きはどうなっているか. X線の波長を $\lambda = 154.433$ pm とせよ.

31·28 トパーズの単位胞は, $a = 839$ pm, $b = 879$ pm, $c = 465$ pm の斜方晶である. (110), (101), (111), (222)面からのX線回折のブラッグ角の値を求めよ. X線の波長を $\lambda = 154.433$ pm とせよ.

31·29 この問題では式(31·12)のブラッグの式を導こう. 父のウィリアム ブラッグ[1]と息子のローレンス ブラッグは, X線が結晶中の原子のつぎつぎに並んだ平行な面から散乱されると仮定した(下図参照).

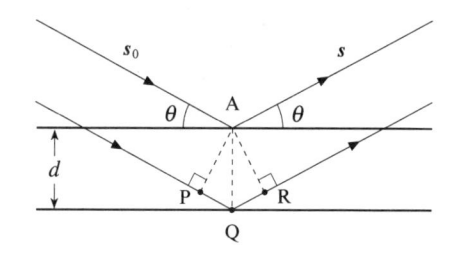

面の各組は鏡のようにX線を反射する. すなわち, 図に示すように, 入射角と反射角が等しくなる. 図の下側の面から反射されるX線は, 上側の面から反射されるものよりもPQRだけ長い距離を通過する. $PQR = 2d \sin\theta$ となることを示し, 強め合う干渉を起こして回折図形が測定されるためには $2d \sin\theta$ が波長の整数倍でなければならないことを説明せよ.

31·30 波長 $\lambda = 70.926$ pm のX線を用いたとき, カリウム結晶の(222)面からの二次反射のブラッグ回折角の実測値は $\theta = 27.43°$ である. カリウムが体心立方格子であることから, 結晶の単位胞の長さと密度を決定せよ.

31·31 $CuSO_4(s)$の結晶構造は, 単位胞の長さが $a = 488.2$ pm, $b = 665.7$ pm, $c = 831.6$ pm の斜方晶である. $CuSO_4(s)$を波長 $\lambda = 154.433$ pm のX線で照射した場合, (100)面, (110)面, (111)面からの一次のブラッグ回折角 θ を計算せよ.

31·32 X線回折データを集める一つの実験方法は, 単結晶でなく粉末結晶にX線を照射するものである(**粉末法**[2]という). 粉末中の反射面のいろいろな組がほとんど無秩序に配向しているので, 単色X線を反射できるような配向をもった面が必ず存在するだろう. したがって, ある(hkl)面が, ちょうど入射X線に対してブラッグの回折角 θ の方向に配向した微結晶は, X線を強め合うように反射する. この問題において, 実測される反射をひき起こした面の指数づけに用いる手順, またその結果から単位胞の型を決定できる手順について説明しよう. この方法は(単位胞の角がすべて90°の)立方, 正方, 斜方結晶に限られる. 立方単位胞の場合について説明しよう.

まず, 立方単位胞の場合にブラッグの式が,

---

1) William Henry Bragg 2) powder method

$$\sin^2\theta = \frac{\lambda^2}{4a^2}(h^2 + k^2 + l^2)$$

のように書けることを示せ．つぎに，$\sin^2\theta$ の値が大きくなる順に，回折角データを表に整理し，$\sin^2\theta$ の値と同じ比になる h, k, l の最小の組を探す．それから，これらの h, k, l の値と問題 31・38 で与えられる許容値とを比較して，単位胞の型を決定する．

鉛はある立方構造の結晶であることが知られている．波長 $\lambda = 154.433$ pm の X 線を用いると，鉛の粉末試料がつぎの角度でブラッグ反射を与える．15.66°，18.17°，26.13°，31.11°，32.71°，38.59°．さて，$\sin^2\theta$ の値が増加する順に表にして，$\sin^2\theta$ の最小値で割り，それらの値に共通の整数因子を掛けて整数値に変換し，最後に h, k, l の候補の値を求めよ．たとえば，このような表の最初の 2 行を下に掲げる．

$\sin^2\theta$	0.0729 で割った値	整数値への変換	(hkl) の候補値
0.0729	1	3	(111)
0.0972	1.33	4	(200)

この表を完成し，鉛の単位胞の型と長さを求めよ．

31・33 図 31・18(a) で与えられる構造をもつ NaCl(s) と KCl(s) 粉末のおのおののX線回折図形を下に示す．

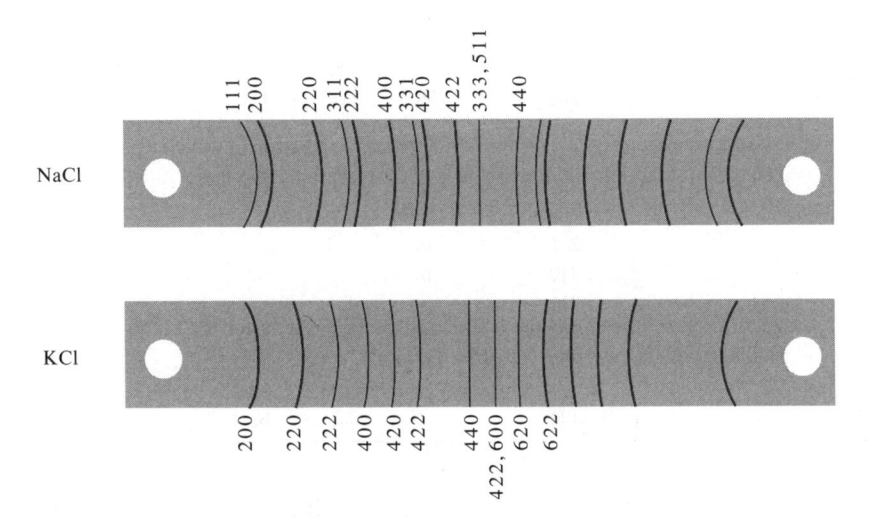

NaCl と KCl が同じ結晶構造をもつことを使って，この 2 組のデータの違いを説明せよ．K^+ と Cl^- は等電子的だから，f_{K^+} の値はほとんど f_{Cl^-} と等しくなることは本文で説明したとおりである．

31・34 イリジウム結晶は立方単位胞をもつ．$\lambda = 165.8$ pm の X 線を用いると，

粉末試料からの最初の6個の実測のブラッグ回折角は，21.96°，25.59°，37.65°，45.74°，48.42°，59.74°である．問題31・32で概略説明した方法を用いて，立方単位胞の型とその長さを求めよ．

31・35 タンタルの20°Cでの密度は16.69 g cm^{-3}で，その単位胞は立方である．最初の5個の実測のブラッグ回折角θが，19.31°，27.88°，34.95°，41.41°，47.69°であることから，単位胞の型とその長さを求めよ．X線の波長を$\lambda = 154.433$ pmとせよ．

31・36 銀の20°Cでの密度は10.50 g cm^{-3}で，その単位胞は立方である．最初の5個の実測のブラッグ回折角θが，19.10°，22.17°，32.33°，38.82°，40.88°であることから，単位胞の型とその長さを求めよ．X線の波長を$\lambda = 154.433$ pmとせよ．

31・37 単純立方単位胞と面心立方単位胞の構造因子を表す式を導け．単純立方単位胞の場合はh, k, lのすべての整数値に対して実測の反射が現れ，面心立方単位胞の場合はh, k, lのすべてが偶数，あるいはすべてが奇数の場合にだけ実測の反射が現れることを示せ．

31・38 前問と例題31・9の結果を用いて，つぎの表の内容を検証せよ．

ミラー指数(hkl)	反射が観測される場合の立方格子型		
100	pc		
110	pc		bcc
111	pc	fcc	
200	pc	fcc	bcc
210	pc		
211	pc		bcc
220	pc	fcc	bcc
300	pc		
221	pc		
310	pc		bcc
311	pc	fcc	
222	pc	fcc	bcc
320	pc		
321	pc		bcc
400	pc	fcc	bcc

31・39 立方晶系の物質のX線回折図形が(110)，(200)，(220)，(310)，(222)，(400)面からの反射に対応するデータを示している．この物質はどの型の立方単位胞をもつか．[ヒント：問題31・38の表を参照せよ．]

31・40 クロムは面心立方あるいは体心立方の結晶性固体である．その結晶がつぎの実測のd値をとる場合に，立方単位胞の型，その長さ，およびその密度を求めよ．

203.8 pm, 144.2 pm, 117.7 pm, 102.0 pm, 91.20 pm, 83.25 pm. [ヒント: 問題 31·38 の表を参照せよ.]

31·41 この問題では, 塩化ナトリウム型単位胞の構造因子を導く. まず, 8個の頂点にあるカチオンの座標が, $(0,0,0)$, $(1,0,0)$, $(0,1,0)$, $(0,0,1)$, $(1,1,0)$, $(1,0,1)$, $(0,1,1)$, $(1,1,1)$ であり, 6個の面にあるカチオンの座標が, $\left(\frac{1}{2},\frac{1}{2},0\right)$, $\left(\frac{1}{2},0,\frac{1}{2}\right)$, $\left(0,\frac{1}{2},\frac{1}{2}\right)$, $\left(\frac{1}{2},\frac{1}{2},1\right)$, $\left(\frac{1}{2},1,\frac{1}{2}\right)$, $\left(1,\frac{1}{2},\frac{1}{2}\right)$ であることを示せ. 同様に, 12個の辺の上にあるアニオンの座標は, $\left(\frac{1}{2},0,0\right)$, $\left(0,\frac{1}{2},0\right)$, $\left(0,0,\frac{1}{2}\right)$, $\left(\frac{1}{2},1,0\right)$, $\left(1,\frac{1}{2},0\right)$, $\left(0,\frac{1}{2},1\right)$, $\left(\frac{1}{2},0,1\right)$, $\left(1,0,\frac{1}{2}\right)$, $\left(0,1,\frac{1}{2}\right)$, $\left(\frac{1}{2},1,1\right)$, $\left(1,\frac{1}{2},1\right)$, $\left(1,1,\frac{1}{2}\right)$ で, 単位胞の中心のアニオンの座標は $\left(\frac{1}{2},\frac{1}{2},\frac{1}{2}\right)$ であることを示せ. つぎに,

$$F(hkl) = \frac{f_+}{8}[1 + e^{2\pi ih} + e^{2\pi ik} + e^{2\pi il} + e^{2\pi i(h+k)} + e^{2\pi i(h+l)} + e^{2\pi i(k+l)} + e^{2\pi i(h+k+l)}]$$
$$+ \frac{f_+}{2}[e^{\pi i(h+k)} + e^{\pi i(h+l)} + e^{\pi i(k+l)} + e^{\pi i(h+k+2l)} + e^{\pi i(h+2k+l)} + e^{\pi i(2h+k+l)}]$$
$$+ \frac{f_-}{4}[e^{\pi ih} + e^{\pi ik} + e^{\pi il} + e^{\pi i(h+2k)} + e^{\pi i(2h+k)} + e^{\pi i(k+2l)} + e^{\pi i(h+2l)}$$
$$+ e^{\pi i(2h+l)} + e^{\pi i(2k+l)} + e^{\pi i(h+2k+2l)} + e^{\pi i(2h+k+2l)} + e^{\pi i(2h+2k+l)}]$$
$$+ f_- e^{\pi i(h+k+l)}$$
$$= f_+[1 + (-1)^{h+k} + (-1)^{h+l} + (-1)^{k+l}]$$
$$+ f_-[(-1)^h + (-1)^k + (-1)^l + (-1)^{h+k+l}]$$

となることを検証せよ. 最後に, h,k,l がすべて偶数のとき,

$$F(hkl) = 4(f_+ + f_-)$$

h,k,l がすべて奇数のとき,

$$F(hkl) = 4(f_+ - f_-)$$

となり, それ以外のときは $F(hkl)=0$ となることを示せ.

31·42 図 31·18(b) に示した CsCl(s) 結晶構造の場合,

$$F(hkl) = f_+ + f_- \quad h,k,l \text{ がすべて偶数, あるいは その中の1個だけが偶数}$$

$$= f_+ - f_- \quad h,k,l \text{ がすべて奇数, あるいは その中の1個だけが奇数}$$

であることを検証せよ．臭化セシウムとヨウ化セシウムは塩化セシウムと同じ結晶構造をもつ．塩化セシウムとヨウ化セシウムについて期待される回折図形を比較せよ．Cs^+ と I^- が等電子的であることを思い出せ．

31·43 この問題では，結晶格子は，1回，2回，3回，4回，6回の対称軸しかもち得ないことを証明する．下の図を考える．ここで，P_1, P_2, P_3 は3個の格子点で，おのおのは格子ベクトル a だけ離れている．

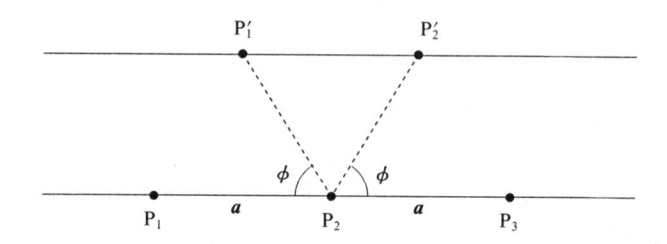

格子が n 回対称をもつとすれば，点 P_2 のまわりの時計方向および反時計方向の $\phi = 360°/n$ の回転により点 P_1' と P_2' が導かれるだろう．（格子が n 回の対称軸をもつことから）これらの点は必ず格子点でなければならない．ベクトル距離 $P_1'P_2'$ が，

$$2a \cos \phi = Na$$

の関係を満足しなければならないことを証明せよ．ここで，N は正または負の整数である．つぎに，上の関係式を満足する ϕ の値は，360°（$n=1$），180°（$n=2$），120°（$n=3$），90°（$n=4$），60°（$n=6$）だけであることを示せ．これは $N=2, -2, -1, 0, 1$ にそれぞれ対応している．

31·44 ラウエの式はよくベクトル記号で表される．下図は2個の格子点 P_1, P_2 からの X 線散乱の説明図である．

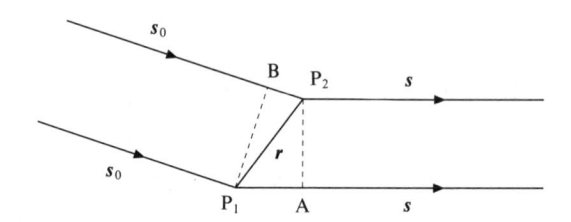

s_0 を入射 X 線の方向の単位ベクトル，s を散乱 X 線の方向の単位ベクトルとしよう．点 P_1, P_2 からの散乱 X 線の経路長の差は，

$$\delta = P_1A - P_2B = r \cdot s - r \cdot s_0 = r \cdot S$$

で与えられることを示せ．ここで，$S = s - s_0$ である．P_1, P_2 は格子点だから，$m, n,$

p を整数，a, b, c を単位胞の軸とすると，r は $ma+nb+pc$ と表現できる．δ が波長 λ の整数倍でなければならないことから，

$$a \cdot S = h\lambda$$
$$b \cdot S = k\lambda$$
$$c \cdot S = l\lambda$$

が導かれることを示せ．ここで，h, k, l は整数である．これらの式がラウエの式のベクトル表現である．

31·45 前問で導いたラウエの式からブラッグの式を導くことができる．まず，$S = s - s_0$ は，s_0 と s のなす角を二等分し，X線が鏡のように反射される平面に垂直である（入射角と反射角とが等しい）ことを示せ．つぎに，a, b, c 軸の原点から (hkl) 面までの距離が，

$$d = \frac{a}{h} \cdot \frac{S}{|S|} = \frac{b}{k} \cdot \frac{S}{|S|} = \frac{c}{l} \cdot \frac{S}{|S|} = \frac{\lambda}{|S|}$$

で与えられることを示せ．最後に，$|S| = [(s-s_0)(s-s_0)]^{1/2} = [2-2\cos 2\theta]^{1/2} = 2\sin\theta$ であること，およびこれからブラッグの式 $d = \lambda/2\sin\theta$ が導かれることを示せ．

31·46 銅の表面に吸着するときの H_2 の吸着エンタルピーは -54.4 kJ mol^{-1} である．物理吸着状態から化学吸着状態への活性化エネルギーは 29.3 kJ mol^{-1} であり，これら二つのポテンシャル曲線が $V(z) = 21$ kJ mol^{-1} のところで交差する．銅と相互作用する H_2 の場合について，図 31·20 と同様の概略図を描け．

31·47 27·4 節において，単位面積当たりの衝突頻度が，

$$z_{\text{coll}} = \frac{\rho \langle u \rangle}{4} \tag{1}$$

であることを示した（式 27·48）．式(1)と理想気体の法則を用いて，1 秒間に単位面積（1 m^2）の表面に衝突する分子数 J_N は，

$$J_N = \frac{PN_A}{(2\pi MRT)^{1/2}}$$

となることを検証せよ．ここで，M は分子のモル質量，P は気体の圧力，T は温度である．298.1 K で 1.05×10^{-6} Pa の気体の圧力のとき，何個の窒素分子が 1.00 s の間に 1.00 cm^2 の表面と衝突するか．

31·48 1 ラングミュア[1]は，298.15 K で表面が 1 秒間に 1.00×10^{-6} Torr の圧力の気体にさらされていることに相当する．Torr の代わりにパスカル単位で 1 ラングミュアを定義せよ．表面が 1.00 ラングミュアの窒素にさらされたとき，何個の窒素分子が 1.00 cm^2 の表面に衝突するか．（問題 31·47 参照．）

---

[1] langmuir

31·49 表面サイトの密度が $2.40 \times 10^{14}\,\mathrm{cm}^{-2}$ で，表面に衝突する分子がすべてそれらのサイトのどれかに吸着する場合，298.15 K で，$1.00\,\mathrm{cm}^2$ の表面が 1.00×10^{-4} ラングミュアの $\mathrm{N}_2(\mathrm{g})$ にさらされることによって形成される単分子層の割合を求めよ．

31·50 表面の実験を行う場合，表面を清浄に保つことが重要である．298.15 K で高真空容器内に $1.50\,\mathrm{cm}^2$ の表面を置き，その容器内部の圧力が $1.00 \times 10^{-12}\,\mathrm{Torr}$ であると考えよう．表面サイトの密度が $1.30 \times 10^{16}\,\mathrm{cm}^{-2}$ で，容器内には $\mathrm{H}_2\mathrm{O}$ 気体しか存在しないとし，表面に衝突する $\mathrm{H}_2\mathrm{O}$ 分子はすべてどれか 1 個の表面サイトに吸着すると仮定すれば，表面サイトの 1.00 % が水分子で占有されるようになるまでには，どれだけ時間がかかるか．

31·51 例題 31·12 の結果を用いて，300 K と 500 K におけるパラジウムからの CO の脱着速度を求めよ．

31·52 下表は，197 K で固体グラファイトに $\mathrm{N}_2(\mathrm{g})$ を吸着させた場合に得られたデータである．表中の体積は，吸着気体が 0.00 °C，1 bar になったときに占めるはずの体積である．

P/bar	3.54	10.13	16.92	26.04	29.94
$V/10^{-4}\,\mathrm{m}^3$	328	456	497	527	536

ラングミュアの等温吸着式を用いて，V_m と b の値を求めよ．固体炭素の全質量は 1325 g である．各表面原子が 1 個の N_2 分子を吸着できると仮定して，結合サイトとして利用される炭素原子の割合を求めよ．

31·53 つぎの反応，

$$\mathrm{A}(\mathrm{g}) \rightleftharpoons \mathrm{A}(\mathrm{ads}) \rightleftharpoons \mathrm{B}(\mathrm{g})$$

の一次表面反応は，$1.8 \times 10^{-4}\,\mathrm{mol\,dm^{-3}\,s^{-1}}$ の速度をもつ．表面の大きさは $1.00\,\mathrm{cm} \times 3.50\,\mathrm{cm}$ である．表面の各辺の長さを 2 倍にした場合の反応速度を求めよ．〔$\mathrm{A}(\mathrm{g})$ は過剰にあると仮定せよ．〕

31·54 速度則が，

$$v = k_2 \theta_\mathrm{A}$$

となる反応スキーム，

$$\mathrm{A}(\mathrm{g}) + \mathrm{S} \xrightarrow{k_1} \mathrm{A\text{-}S} \xrightarrow{k_2} \mathrm{P}(\mathrm{g})$$

を考えよう．ここで，θ_A は A 分子によって占有される表面サイトの割合である．ラングミュアの等温吸着式(式 31·35)を用いて，K_c と [A] を使って反応速度の式を求めよ．どの条件のときに，この反応が A の濃度について 1 次になるだろうか．

31·55 つぎの形式の速度則をもつ，分子 A と B の間の表面触媒された二分子反応を考えよう．

31. 固体と表面化学

$$v = k_3 \theta_A \theta_B$$

ここで，θ_A と θ_B は，それぞれ反応物 A と反応物 B によって占有される表面サイトの割合である．この反応に合う機構は以下のようになる．

$$A(g) + S(s) \underset{k_d^A}{\overset{k_a^A}{\rightleftarrows}} A-S(s) \quad (速い平衡) \quad (1)$$

$$B(g) + S(s) \underset{k_d^B}{\overset{k_a^B}{\rightleftarrows}} B-S(s) \quad (速い平衡) \quad (2)$$

$$A-S(s) + B-S(s) \overset{k_3}{\Longrightarrow} 生成物$$

式(1)と式(2)のそれぞれの平衡定数を K_A と K_B とせよ．[A], [B], K_A, K_B を用いて θ_A と θ_B の式を導け．その結果を使って，速度則が，

$$v = \frac{k_3 K_A K_B [A][B]}{(1 + K_A[A] + K_B[B])^2}$$

と書けることを示せ．

31·56 問題 31·55 の表面触媒された二分子反応をもう一度考えよう．$A(g)$ と $B(g)$ が表面サイトを奪い合うことがなく，各分子が異なる種類の表面サイトに結合する場合には，速度則は，

$$v = \frac{k_3 K_A K_B [A][B]}{(1 + K_A[A])(1 + K_B[B])}$$

で与えられることを示せ．

31·57 この問題では，$2CO(g) + O_2(g) \longrightarrow 2CO_2(g)$ の酸化反応がラングミュアーヒンシェルウッド機構で起こると仮定して，その速度則，式(31·45)を導こう．この反応機構に対する全体の速度則は，

$$v = k_3 \theta_{CO} \theta_{O_2}$$

である．

$$\theta_{O_2} = \frac{(K_{O_2}[O_2])^{1/2}}{1 + (K_{O_2}[O_2])^{1/2} + K_{CO}[CO]}$$

および

$$\theta_{CO} = \frac{K_{CO}[CO]}{1 + (K_{O_2}[O_2])^{1/2} + K_{CO}[CO]}$$

となることを示せ．これらの式と $b = K_c/k_B T$ の関係を用いて，式(31·45)で与えら

れる速度則を求めよ．(理想気体の挙動を仮定せよ．)

31・58 この問題で，$2CO(g) + O_2(g) \longrightarrow 2CO_2(g)$の酸化反応がイーレイ-リディール機構で起こると仮定して，その速度則，式(31・46)を導こう．この反応機構に対する全体の速度則は，

$$v = k_3 \theta_{O_2} [CO]$$

である．$CO(g)$と$O_2(g)$の両方が吸着サイトを奪い合うと仮定して，

$$v = \frac{k_3 K_{O_2}^{1/2} [O_2]^{1/2} [CO]}{1 + K_{O_2}^{1/2} [O_2]^{1/2} + K_{CO} [CO]}$$

となることを示せ．K_cとbとの間の関係式と理想気体の法則を用いて，上の式が式(31・46)と等価であることを証明せよ．

31・59 銅触媒上のエテンの水素化は，

$$v = \frac{k [H_2]^{1/2} [C_2 H_4]}{(1 + K [C_2 H_4])^2}$$

の速度則に従う．ここで，kとKは定数である．反応機構の研究から，この反応はラングミュア-ヒンシェルウッド機構で起こることがわかる．この反応機構の各段階で，kとKは速度定数とどんな関係にあるか．また，実測の速度則の形式から，銅表面への$H_2(g)$と$C_2H_4(g)$の相対的吸着に関して，何が結論できるか．

31・60 つぎの反応，

$$NH_3(g) + D_2(g) \longrightarrow NH_2D(g) + HD(g)$$

の鉄触媒による交換反応は，

$$v = \frac{k [D_2]^{1/2} [NH_3]}{(1 + K [NH_3])^2}$$

の速度則に従う．この速度則は，イーレイ-リディールあるいはラングミュア-ヒンシェルウッド機構のどちらと合うか．また，その選んだ反応機構の各段階で，kとKは速度定数とどんな関係にあるか．鉄表面への$D_2(g)$と$NH_3(g)$の相対的吸着に関して，この速度則から何がいえるか．

31・61 つぎの反応，

$$H_2(g) + D_2(g) \longrightarrow 2HD(g)$$

の表面触媒による交換反応を考えよう．実験的研究から，$H_2(g)$と$D_2(g)$とが最初に表面上に解離的に化学吸着するラングミュア-ヒンシェルウッド機構によって反応が起こることがわかっている．律速段階は吸着したHとDの原子との間の反応である．$H_2(g)$と$D_2(g)$の気相の圧力を用いて，この反応の速度則を表す式を導け．(理想気体の挙動を仮定せよ．)

31. 固体と表面化学

31·62 LEED 分光法では表面から回折される電子の強度と位置を記録する。電子が回折されるためには、そのド・ブロイ波長が固体中の原子面間の距離の 2 倍よりも短くなければならない (31·9 節参照)。ϕ ボルトの電位差で加速した電子のド・ブロイ波長は、

$$\lambda/\mathrm{pm} = \left(\frac{1.504 \times 10^6 \, \mathrm{V}}{\phi}\right)^{1/2}$$

で与えられることを示せ。

31·63 表面が(100)面のニッケル基質の(100)面間の距離は 351.8 pm である。その結晶から電子が回折されるような最低の加速電圧を求めよ。これらの電子の運動エネルギーを計算せよ。[ヒント: 問題 31·62 参照。]

31·64 銀の(111)表面と銀原子の第 2 層との間の距離は、バルク固体中と同じで 235 pm である。運動エネルギーが 8.77 eV の電子が表面と衝突する場合、電子回折図形は観測されるだろうか。[ヒント: 問題 31·62 参照。]

31·65 図 31·28 は、鉄の 5 種類の異なる表面に対するアンモニア合成の相対速度を示している。鉄は体心立方構造の結晶である。(100), (110), (111) の各表面の原子配置の概略図を描け。[ヒント: 図 31·9 参照。] また、表面の最隣接原子間の中心-中心距離を単位胞の長さ a を単位として求めよ。

31·66 フロイントリッヒの等温吸着式[1]は、

$$V = kP^a$$

で与えられる。ここで、k と a は定数である。問題 31·52 のデータはフロイントリッヒの等温吸着式で説明できるか。データに最もよく合う k と a の値を求めよ。

31·67 $\theta \ll 1$ の場合、ラングミュアの等温吸着式は $k = bV_\mathrm{m}$, $a = 1$ のときフロイントリッヒの等温吸着式 (問題 31·66) に帰着することを示せ。

31·68 多分子層物理吸着はしばしば、

$$\frac{P}{V(P^* - P)} = \frac{1}{cV_\mathrm{m}} + \frac{(c-1)P}{V_\mathrm{m}cP^*}$$

の BET 等温吸着式[2]で説明される。ここで、P^* は実験の温度における吸着質の蒸気圧、V_m は表面の単分子層被覆に対応する体積、V は圧力 P のときに吸着される全体積、c は定数である。上の BET 等温吸着式を、

$$\frac{V}{V_\mathrm{m}} = f(P/P^*)$$

の形に書き換えよ。$c = 0.1, 1.0, 10, 100$ の場合について、V/V_m を P/P^* に対してプロットせよ。また、その曲線の形を説明せよ。

---
[1] Freundlich adsorption isotherm
[2] BET adsorption isotherm (Brunauer-Emmett-Teller equation)

31·69 吸着エネルギー E_{ads} は**昇温熱脱着法**[1] (TPD) によって測定できる．TPD 実験では，吸着質が結合した表面の温度を，

$$T = T_0 + \alpha t \tag{1}$$

に従って変化させる．ここで，T_0 は初期温度，α は温度変化の速度を決定する定数，t は時間である．質量分析計で，表面から脱着する分子の濃度を測定する．TPD データの解析は脱着の速度論的モデルに依存する．つぎの１次の脱着過程を考えよう．

$$\text{M--S(s)} \xrightarrow{k_{\text{d}}} \text{M(g)} + \text{S(s)}$$

脱着の速度則の式を書け．式(1)，式(31・37)および上で求めた速度則を用いて，その速度則が，

$$\frac{d[\text{M--S}]}{dt} = -\frac{[\text{M--S}]}{\alpha}(\tau_0^{-1} e^{-E_{\text{ads}}/RT}) \tag{2}$$

と書けることを示せ．温度が上昇すると，$d[\text{M--S}]/dt$ ははじめは増加し，ついで極大に達し，その後減少していく．最高脱着速度に対応する温度を $T = T_{\text{max}}$ としよう．式(2)を用い，T_{max} において，

$$\frac{E_{\text{ads}}}{RT_{\text{max}}^2} = \frac{\tau_0^{-1}}{\alpha} e^{-E_{\text{ads}}/RT_{\text{max}}} \tag{3}$$

となることを示せ．[ヒント：[M−S]が T の関数であることを思い出せ．]

31·70 前問の式(3)が，

$$2\ln T_{\text{max}} - \ln \alpha = \frac{E_{\text{ads}}}{RT_{\text{max}}} + \ln \frac{E_{\text{ads}}}{R\tau_0^{-1}}$$

と書けることを示せ．$(2\ln T_{\text{max}} - \ln \alpha)$ を $1/T_{\text{max}}$ に対してプロットした直線の勾配と切片はどうなるか．パラジウムの(111)表面からの CO の最高脱着速度をパラジウム表面の加熱速度の関数として下表に与えてある．これらのデータから E_{ads} と τ_0^{-1} の値を求めよ．また，その結果を用いて，600 K における脱着速度定数 k_{d} を求めよ．

$\alpha/\text{K s}^{-1}$	T_{max}/K
26.0	500
20.1	496
16.5	493
11.0	487

31·71 加熱速度が 10 K s^{-1} のとき，Pd(s)の表面からの CO の最高脱着速度は 625 K で起きる．脱着が一次過程であり，$\tau_0 = 1.40 \times 10^{-12}\text{ s}$ であると仮定して，E_{ads} の値を計算せよ．(問題 31・69 および問題 31・70 参照．)

---

1) temperature programmed desorption

写真・図・表の著作権

各章の最初のページの写真

16章　Kamerlingh Onnes Laboratory, Leiden. Courtesy of the Caltech Archives, Earnest Watson Collection.
17章　Courtesy of John Simon (memorial stone) and University of Vienna, Courtesy of AIP Niels Bohr Library.
18章　Courtesy of UC Berkeley.
19章　Courtesy of AIP Emilio Segrè Visual Archives, *Physics Today* Collection.
20章　Courtesy of AIP Emilio Segrè Visual Archives, Landè Collection.
21章　Rijksmuseum voor de Geschiedenis van de Natuurwetenschappen, Leiden. Courtesy of AIP Emilio Segrè Visual Archives.
22章　Photograph by E. Lange, courtesy of AIP Emilio Segrè Visual Archives.
23章　Courtesy of AIP Emilio Segrè Visual Archives.
24章　Reprinted courtesy of The Bancroft Library, University of California, Berkeley.
25章　(Debye) Photograph by Francis Simon, courtesy AIP Emilio Segrè Visual Archives.
26章　Copyright © 1984 by Division of Chemical Education, Inc., American Chemical Society; used with permission.
27章　Courtesy of the Master and Fellows of Trinity College Cambridge.
28章　Courtesy of AIP Emilio Segrè Visual Archives.
29章　(Crutzen) Courtesy of P. Crutzen; (Sherwood and Molina) courtesy of AIP Emilio Segrè Visual Archives, *Physics Today* Collection.
30章　(Herschbach) Courtesy of D. Herschbach; (Lee) courtesy of UC Berkeley, 1989; (Polanyi) Courtesy of AIP Meggers Gallery of Nobel Laureates.
31章　Courtesy of AIP Emilio Segrè Visual Archives, *Physics Today* Collection.

本文中の図表

図 16·9　With permission from Goug-jen Su, *Industrial and Engineering Chemistry Research*, **38**, 803 (1946). Copyright 1946 American Chemical Society.
19章引用文　With permission of Open Court Trade & Academic Books, a division of Carus Publishing Company, Peru, IL, from *Albert Einstein: Philosopher Scientist*, edited by P.A. Schilpp, copyright 1973.

図 22·11 Reprinted with permission from R.H. Newton, *Industrial and Engineering Chemistry Research*, **27**, 302 (1935). Copyright 1935 American Chemical Society.

図 23·14 With permission from *Journal of Physical and Chemical Reference Data*, **17**, 1541 (1988). Copyright 1988 American Institute of Physics.

表 26·4 With permission from *Journal of Physical and Chemical Reference Data*, **14**, supplement 1 (1985). Copyright 1985 American Institute of Physics.

図 29·5 Reprinted with permission from W.S. Bennett *et al.*, *Journal of Molecular Biology*, **140**, 211 (1980). Copyright 1980 Academic Press.

図 30·2 From J.W. Moore, R.G. Pearson, *Kinetics and Mechanisms*, copyright 1981. Reprinted with permission of John Wiley & Sons, Inc.

図 30·3 From *Molecular Reaction Dynamics and Chemical Reactivity* by Raphael D. Levin. Copyright © 1987 by Oxford University Press, Inc. Used by permission of Oxford University Press, Inc.

図 30·4 From J.W. Moore, R.G. Pearson, *Kinetics and Mechanisms*, copyright 1981. With permission of John Wiley & Sons, Inc.

図 30·11 With permission from D.M. Neumark *et al.*, *Journal of Chemical Physics*, **82**, 3067 (1985). Copyright 1985 American Institute of Physics.

図 30·13 Reprinted with permission from K.T. Gillen *et al.*, *Journal of Chemical Physics*, **54**, 2831 (1971). Copyright 1971 American Institute of Physics.

図 30·14 With permission from D.D. Parrish *et al.*, *Journal of the American Chemical Society*, **95**, 6133 (1973). Copyright 1973 American Chemical Society.

図 30·17 From J.W. Moore, R.G. Pearson, *Kinetics and Mechanisms*, copyright 1981. With permission of John Wiley & Sons, Inc.

問題 30·32 With permission from C.H. Becker *et al.*, *Journal of Chemical Physics*, **73**, 2833 (1980). Copyright 1980 American Institute of Physics.

問題 30·33 With permission from B.H. Mahan, *Accounts of Chemical Research*, **3**, 393 (1970) and from *Accounts of Chemical Research*, **1**, 217 (1968). Copyright 1970, 1968 American Chemical Society.

問題 30·38 With permission from J.N. Murrell *et al.*, *Molecular Potential Energy Functions*. Copyright 1984 John Wiley & Sons Limited.

図 31·24 Courtesy of G.A. Somorjai, Berkeley Lab Ref. No. XBB6874166. From G.A. Somorjai, *Introduction to Surface Chemistry and Catalysis*, copyright 1994. Reprinted by permission of John Wiley & Sons, Inc.

図 31·27 および図 31·28 Courtesy of G.A. Somorjai. From G.A. Somorjai, *Introduction to Surface Chemistry and Catalysis*, copyright 1994. Reprinted by permission of John Wiley & Sons, Inc.

問題 31·33 From Alberty, *Physical Chemistry: Second Edition*, copyright 1996. Reprinted by permission of John Wiley & Sons, Inc.

問題解答

1 章

1·1 $\nu = 1.50 \times 10^{15}$ Hz
$\tilde{\nu} = 5.00 \times 10^4$ cm^{-1}, $E = 9.93 \times 10^{-19}$ J
1·2 $\nu = 3 \times 10^{13}$ Hz, $\lambda = 1 \times 10^{-5}$ m
$E = 2 \times 10^{-20}$ J
1·3 $\nu = 2.0 \times 10^{10}$ Hz, $\lambda = 1.5 \times 10^{-2}$ m
$E = 1.3 \times 10^{-23}$ J
1·6 (a) $\lambda_{max} = 9.67 \times 10^{-6}$ m
(b) $\lambda_{max} = 9.67 \times 10^{-7}$ m
(c) $\lambda_{max} = 2.90 \times 10^{-7}$ m
1·7 $T = 1.12 \times 10^4$ K
1·8 $\lambda_{max} = 3 \times 10^{-10}$ m
1·9 $E = 2 \times 10^{-15}$ J
1·11 (a) 1.07×10^{16} 個の光子
(b) 5.40×10^{15} 個の光子
(c) 2.68×10^{15} 個の光子
1·12 $\lambda_{max} = 1.0 \times 10^{-5}$ m
1·13 4.738×10^{14} Hz; 3.139×10^{-19} J
1·14 1.70×10^{15} 光子·s^{-1}
1·15 5300 K
1·16 $\phi = 3.52 \times 10^{-19}$ J
K.E. $= 1.33 \times 10^{-19}$ J
1·17 K.E. $= 2.89 \times 10^{-19}$ J
1·18 $\phi = 7.35 \times 10^{-19}$ J
$\nu_0 = 1.11 \times 10^{15}$ Hz
1·19 $h = 6.60 \times 10^{-34}$ J s
$\phi = 3.59 \times 10^{-19}$ J
1·20 121.56 nm, 102.571 nm, 97.2526 nm
1·21 $n = 3$
1·22 $n = 2$
1·24 9.12 nm, 2.18×10^{-18} J
1·25 (a) 0.123 nm (b) 2.86×10^{-3} nm
(c) 0.332 nm
1·26 (a) 1.602×10^{-17} J·電子$^{-1}$,
1.23×10^{-10} m (b) 6.02×10^{-18} J
1·27 0.082 V
1·28 1.28×10^{-18} J/α粒子, 5.08 pm
1·29 2500 K
1·33 54.4 eV, 5250 kJ mol^{-1}
1·34 $v_1 = 2.187 \times 10^6$ m s^{-1}
$v_2 = 1.093 \times 10^6$ m s^{-1}
$v_3 = 7.290 \times 10^5$ m s^{-1}
1·35 3.6×10^7 m s^{-1}
1·36 6.6×10^{-23} kg m s^{-1}
比較すると 1.992×10^{-24} kg m s^{-1}
1·38 2.9×10^{-23} s
1·39 7×10^{-25} J
1·40 7×10^{-22} J
1·44 H(g), 3.18×10^4 K

数学章 A

A·1 (a) $2-11$i (b) i (c) i e^{-2} (d) $2-$i$\sqrt{2}$
A·2 (a) x (b) $x^2 - 4y^2$ (c) $4xy$ (d) $x^2 + 4y^2$
(e) 0
A·3 (a) 6 e$^{i\pi/2}$ (b) $3\sqrt{2}$ e$^{-0.340i}$ (c) $\sqrt{5}$ e$^{1.11i}$
(d) $\sqrt{\pi^2 + e^2}$ e$^{0.713i}$
A·4 (a) $\dfrac{1}{\sqrt{2}} + i\dfrac{1}{\sqrt{2}}$ (b) $-3 + 3\sqrt{3}$ i
(c) $\sqrt{2}(1 - i)$ (d) 2
A·12 e$^{-\pi/2}$
A·14 $x = 2, \ -1 \pm i\sqrt{3}$

2 章

2·1 (a) $y(x) = c_1 e^{3x} + c_2 e^x$
(b) $y(x) = c_1 + c_2 e^{-6x}$
(c) $y(x) = c_1 e^{-3x}$
(d) $y(x) = c_1 e^{(-1+\sqrt{2})x} + c_2 e^{(-1-\sqrt{2})x}$
(e) $y(x) = c_1 e^{2x} + c_2 e^x$
2·2 (a) $y(x) = 2 e^{2x}$
(b) $y(x) = -3 e^{2x} + 2 e^{3x}$
(c) $y(x) = 2 e^{2x}$
2·4 (a) $x(t) = \dfrac{v_0}{\omega} \sin \omega t$
(b) $x(t) = A \cos \omega t + \dfrac{v_0}{\omega} \sin \omega t$
2·5 $c_1 = A \sin \phi = B \cos \psi$
$c_2 = A \cos \phi = -B \sin \psi$
2·6 (a) $y(x) = e^{-x}(c_3 \cos x + c_4 \sin x)$
(b) $y(x) = e^{3x}(c_3 \cos 4x + c_4 \sin 4x)$

(c) $y(x) = e^{-\beta x}(c_3 \cos\omega x + c_4 \sin\omega x)$
(d) $y(x) = e^{-2x}(\cos x - \sin x)$

2·7 振動数 $(1/2\pi)(k/m)^{1/2}$ で振幅が $v_0(m/k)^{1/2}$ の振動運動である.

2·9 $\psi(x) = A \sin\dfrac{n\pi x}{a}$ $n = 1, 2, \cdots$

2·13 $\psi(x, y) =$
$A \sin\dfrac{n_x \pi x}{a} \sin\dfrac{n_y \pi y}{b}$ $n_x = 1, 2, \cdots$
$n_y = 1, 2, \cdots$

2·14 $\psi(x, y, z) =$
$A \sin\dfrac{n_x \pi x}{a} \sin\dfrac{n_y \pi y}{b} \sin\dfrac{n_z \pi z}{c}$
$n_x = 1, 2, \cdots$
$n_y = 1, 2, \cdots$
$n_z = 1, 2, \cdots$
$E = \dfrac{h^2}{8m}\left(\dfrac{n_x^2}{a^2} + \dfrac{n_y^2}{b^2} + \dfrac{n_z^2}{c^2}\right)$

2·17 到達高度 $= v_0^2/2g$
戻ってくるまでの時間 $= 2v_0/g$

2·19 $\theta(t) = A_0 e^{-\lambda t/2m} \cos(\omega t + \phi)$, ここで $\omega = \sqrt{(g/l) - (\lambda/2m)^2}$ である.
$\lambda^2 > 4m^2 g/l$ とすると, 解は
$\theta(t) = e^{-\lambda t/2m}(c_1 e^{\alpha t} + c_2 e^{-\alpha t})$ である. ここで $\alpha = \sqrt{(\lambda/2m)^2 - (g/l)}$ は実数である. したがって, $\lambda^2 > 4m^2g/l$ の場合は振動しない.

数学章 B

B·1 $a/2$

B·2 $\dfrac{a^2}{12} - \dfrac{a^2}{2n^2\pi^2}$

B·3 $1/2$

B·6 $\left(\dfrac{8k_B T}{\pi m}\right)^{1/2}$

B·7 $\dfrac{3}{2}k_B T$

3 章

3·1 (a) $\pm x^2$ (b) $e^{-ax}(x^3 - a^3)$ (c) $9/4$
(d) $6xy^2 z^4 + 2x^3 z^4 + 12x^3 y^2 z^2$

3·2 (a) 非線形 (b) 非線形 (c) 線形
(d) 非線形 (e) 線形 (f) 非線形

3·3 (a) $-\omega^2$ (b) $i\omega$ (c) $\alpha^2 + 2\alpha + 3$ (d) 6

3·5 (a) $\hat{A}^2 = \dfrac{d^4}{dx^4}$
(b) $\hat{A}^2 = \dfrac{d^2}{dx^2} + 2x\dfrac{d}{dx} + 1 + x^2$

(c) $\hat{A}^2 = \dfrac{d^4}{dx^4} - 4x\dfrac{d^3 f(x)}{dx^3}$
$+ (4x^2 - 2)\dfrac{d^2}{dx^2} + 1$

3·9 $m^{-1/2}$

3·13 大きくなれない

3·19 出ない

3·20 $\langle x \rangle = \dfrac{a}{2}$, $\langle x^2 \rangle = \dfrac{a^2}{3} - \dfrac{a^2}{8\pi^2}$

3·21 $\langle p \rangle = 0$, $\langle p^2 \rangle = \dfrac{h^2}{a^2}$

3·26 1, 2, 1, 1; (1, 1, 1); (2, 1, 1) (1, 2, 1);
(2, 2, 1) (1, 1, 2)

3·27 1.52×10^4 cm^{-1}, $[(25-20)\hbar^2/8ma^2]$

3·32 $\sigma_p = 0$, $\sigma_x = \infty$

数学章 C

C·1 $\sqrt{14}$

C·2 $(x^2 + y^2)^{1/2}$, $(x^2 + y^2 + z^2)^{1/2}$

C·3 $\cos\dfrac{\pi}{2} = 0$

C·6 109°

C·7 $5\boldsymbol{i} + 5\boldsymbol{j} - 5\boldsymbol{k}$; $-5\boldsymbol{i} - 5\boldsymbol{j} + 5\boldsymbol{k}$

4 章

4·1 (a) $A = (1/\pi)^{1/4}$ (b) 規格化できない
(c) $A = (1/2\pi)^{1/2}$ (d) 規格化できない
(e) $A = 2$

4·2 (a) $A = 2/\sqrt{\pi}$ (b) 規格化されている
(c) 規格化されている

4·5 (a) 許容されない(規格化できない)
(b) 許容される (c) 許容される
(d) 許容されない(規格化できない)

4·6 $\langle E \rangle = 6\hbar^2/ma^2$,
$\langle E^2 \rangle = 126\hbar^4/m^2 a^4$
したがって $\sigma_E^2 = \dfrac{90\hbar^4}{m^2 a^4}$

4·8 $\langle p \rangle = 0$, $\sigma_p^2 = \dfrac{h^2}{4}\left(\dfrac{n_x^2}{a^2} + \dfrac{n_y^2}{b^2}\right)$

4·9 $\langle E \rangle = \dfrac{5}{m}\dfrac{\hbar^2}{}\left(\dfrac{1}{a^2} + \dfrac{1}{b^2}\right)$

4·14 (a) 可換 (b) 可換ではない
(c) 可換ではない (d) 可換ではない

4·15 $\hat{P}$ と $\hat{Q}$ が可換のとき

4·16 (a) $[\hat{A}, \hat{B}] = \hat{A}\hat{B}f - \hat{B}\hat{A}f = 2\dfrac{d}{dx}$
(b) $[\hat{A}, \hat{B}] = 2$ (c) $[\hat{A}, \hat{B}]f = -f(0)$

問題解答　　　　　　　　　　　　　　1381

(d) $[\hat{A}, \hat{B}] = 4x\dfrac{d}{dx} + 3$

4・17　下付き添字は x, y, z の順序，あるいはその循環置換したような順序になる．
4・20　$[\hat{X}, \hat{P}_y] = 0$, $[\hat{X}, \hat{P}_x] = -i\hbar$,
　　　$[\hat{Y}, \hat{P}_y] = -i\hbar$, $[\hat{Y}, \hat{P}_x] = 0$
4・21　できる
4・22　できる
4・23　0, 0
4・24　$[\hat{A}, \hat{B}] = 0$
4・26　結果は平均値のニュートン方程式になる．
4・29　直交しない
4・32　id/dx はエルミート，d^2/dx^2 はエルミート，id^2/dx^2 はエルミートではない．
4・36　$0.52 (v_0 = 1.966)$
4・37　$4/(4 + v_0)$

数学章 D

D・2　$\left(1, \dfrac{\pi}{2}, 0\right)$, $\left(1, \dfrac{\pi}{2}, \dfrac{\pi}{2}\right)$, $(1, 0, \phi)$,
　　　$(1, \pi, \phi)$
D・3　(a) 原点を中心にした半径 5 の球
　　　(b) z 軸まわりのコーン　(c) y-z 平面
D・4　$2\pi a^3/3$
D・5　$2\pi a^2$
D・6　$4/15$
D・10　0, 1/3
D・11　$8\pi/3$

5 章

5・3　1 サイクルするのにかかる時間 $= 2\pi/\omega = 1/\nu$
5・7　$9.104\,432 \times 10^{-31}$ kg ; 0.05 %
5・9　479 N m^{-1}
5・10　1.81×10^{10} m^{-1}
5・11　$V(x) =$
　　　$D[\beta^2 x^2 - \beta^3 x^3 + \dfrac{7}{12}\beta^4 x^4 + O(x^5)]$
　　　$\gamma = -6D\beta^3$
5・12　$\bar{x} = 0.019\,62$; $\bar{\nu}\bar{x} = 56.59$ cm^{-1}
5・13　$k = 366$ N m^{-1}, $\tau = 1/\nu = 1.27 \times 10^{-14}$ s
5・14　$\bar{\nu}_{\mathrm{obs}} = 321$ cm^{-1}, $\varepsilon_0 = 3.19 \times 10^{-21}$ J
5・22　$A_{\mathrm{rms}} = (\hbar/4\pi c \bar{\nu} \mu)^{1/2}$; H$_2$: 8.719 pm
　　　^{35}Cl^{35}Cl : 4.170 pm
　　　^{14}N^{14}N : 3.215 pm
5・33　$\mu \approx 10^{-25}$ kg, $r = 10^{-10}$ m であるから，$I \approx 10^{-45}$ kg m^2, $B \approx 10^{10}$ Hz

5・34　3.35×10^{-47} kg m^2, 142 pm
5・35　113 pm
5・37　(a) 0　(b) $2\hbar^2 \left(\dfrac{3}{4\pi}\right)^{1/2} \cos\theta$
　　　(c) と (d) $2\hbar^2 \left(\dfrac{3}{8\pi}\right)^{1/2} \sin\theta\, e^{\pm i\phi}$; 四つの関数すべては $\hat{L}^2$ の固有関数である．
5・44　式 (1・22) の電子の質量を水素原子の換算質量に置き換えたものである．
5・45　109 677.6 cm^{-1}
5・46　$\mu = 9.106\,909 \times 10^{-31}$ kg
　　　109 707.3 cm^{-1}
5・47　1.000 270

6 章

6・10　完全に詰まった副殻の電荷分布は球対称である．
6・12　式 (6・37) を見よ．
6・15　そうでなければ L_x と L_y が厳密にわかるだろう；不可能である．
6・20　0.762
6・21　$1.3a_0$; $2.7a_0$
6・28　$\langle r \rangle_{20} = 6a_0$; $\langle r \rangle_{21} = 5a_0$
6・29　E_2 ; それらは独自ではない
6・32　予想される (問題 6・10 参照)
6・33　n^2
6・34　1312 kJ mol^{-1} ; 5248 kJ mol^{-1}
6・35　二つの E_n の値は m_e/μ だけ異なる．ここで μ は換算質量である．
6・36　0.999 728
6・44　C m^2 s^{-1}, $9.274\,007 \times 10^{-24}$ C m^2 s^{-1}
6・46　1.391×10^{-22} J,
　　　磁場のないとき 1.635×10^{-18} J
6・47　35 個の可能な遷移；$\Delta m = 0$ の場合は 5 個の遷移；$\Delta m = \pm 1$ の場合は 10 個の遷移

数学章 E

E・1　5, 5, 5
E・2　$-5, -5$
E・3　0, 0
E・4　$x^4 - 3x^2 = 0$; $x = 0, 0, \pm\sqrt{3}$
E・5　$x^4 - 4x^2 = 0$; $x = 0, 0, \pm 2$
E・6　$\cos^2\theta + \sin^2\theta = 1$
E・7　$\left(\dfrac{9}{5}, \dfrac{1}{5}\right)$
E・8　$(1, 3, -4)$

7 章

7·3 $\beta = (k\mu/7\hbar^2)^{1/2}$
$E = (7^{1/2}/5)\hbar(k/\mu)^{1/2}$
$= 0.529\,\hbar(k/\mu)^{1/2}$

7·4 0

7·5 $\alpha_{\min} = 3m_e e^2/8\varepsilon_0\pi\hbar^2$
$E_{\min} = -(3/8)(e^2/4\pi\varepsilon_0 a_0)$

7·6 $c_2 = 0,\ \alpha = 1/a_0,\ E_{\min} = E_{\text{exact}}$

7·7 $\frac{1}{2}\hbar(k/\mu)^{1/2}$,正確な結果だから.

7·8 $\alpha_{\min} = (\mu k)^{1/2}/2\hbar$
$E_{\min} = \frac{3}{2}\hbar(k/\mu)^{1/2}$
$\alpha_{\min} = (3\mu k/\hbar^2)^{1/4}$
$E_{\min} = 3^{1/2}\hbar(k/\mu)^{1/2}$
$e^{-\alpha r^2} = e^{-\alpha x^2}e^{-\alpha y^2}e^{-\alpha z^2}$ は正確な関数だから.

7·9 $\alpha_{\min} = (6\mu c/\hbar^2)^{1/3}$
$E_{\min} = \left(\frac{81}{256}\right)^{1/3}\frac{c^{1/3}\hbar^{4/3}}{\mu^{2/3}}$

7·10 $\lambda_{\min} = \left[\left(\frac{\pi^2}{6}-1\right)\frac{k\mu}{2\hbar^2}\right]^{1/4}$
$E_{\min} = \frac{1}{2^{1/2}}\left(\frac{\pi^2}{6}-1\right)^{1/2}\hbar\omega = 0.568\,\hbar\omega$

7·11 $E = \frac{\hbar^2}{8ma^2} + V_0 a\left(\frac{1}{4} + \frac{1}{\pi^2}\right)$ と
$\frac{\hbar^2}{2ma^2} + \frac{V_0 a}{4}$. これら二つの解の大小は $\hbar^2/ma^2$ と $V_0 a$ の大小に依存する.

7·12 $l/a = 1.6546,\ E_{\min} = 0.6816\,\hbar^2/ma^2$
$l/a = 0.68353,\ E_{\min} = 0.6219\,\hbar^2/ma^2$

7·13 $\lambda a = 0.92423$
$E_{\min} = 0.6381\,\hbar^2/ma^2$
$\lambda a = 1.1689,\ E_{\min} = 0.8432\,\hbar^2/ma^2$

7·14 $5\hbar^2/ma^2$

7·15 $7\hbar^2/ma^2$

7·16 $E = \frac{3}{2}\hbar\omega + \frac{7\delta}{32\alpha^2}$
$-\frac{1}{2}\left[(2\hbar\omega)^2 + 3\frac{\hbar\omega\delta}{\alpha^2} + \frac{11}{64}\frac{\delta^2}{\alpha^4}\right]^{1/2}$
$= \frac{1}{2}\hbar\omega + \frac{\delta}{32\alpha^2} + O(\delta^2)$

7·21 $b/32\alpha^2$

7·22 $b/2$

7·23 $\Delta E = 0$

7·24 $\Delta E = \frac{V_0 a}{2}\left(\frac{1}{2} + \frac{1-\cos n\pi}{n^2\pi^2}\right)$

7·25 $\Delta E = \frac{3c}{4\alpha^2} - \frac{k}{4\alpha}$

7·27 $a = D\beta^2,\ b = -D\beta^3,\ c = 7D\beta^4/12$
$\Delta E(v=0) = \frac{3c}{4\alpha^2}$
$\Delta E(v=1) = \frac{15c}{4\alpha^2}$
$\Delta E(v=2) = \frac{39c}{4\alpha^2}$

8 章

8·9 $S_{100} = 2\zeta^{3/2}e^{-\zeta r}/(4\pi)^{1/2}$
$S_{200} = (2\zeta)^{5/2}r\,e^{-\zeta r}/(96\pi)^{1/2}$
$S_{210} = (3)^{1/2}(2\zeta)^{5/2}r\,e^{-\zeta r}\cos\theta/(96\pi)^{1/2}$

8·17 実効ハミルトン演算子が r だけに依存するから.

8·18 実効ハミルトン演算子の動径依存性が水素原子のハミルトン演算子のものと異なるから.

8·22 0 および 1/2

8·23 固有値はいずれも 0

8·25 $E(\text{三重項}) = -2.124\,14\,E_h$
$= -466\,195\,\text{cm}^{-1}$
$E(\text{一重項}) = -2.036\,35\,E_h$
$= -446\,927\,\text{cm}^{-1}$
$E(\text{基底状態}) = -2.7500\,E_h$
$= -603\,555\,\text{cm}^{-1}$
$E(\text{三重項}\to\text{基底状態}) = 137\,370\,\text{cm}^{-1}$
$E(\text{一重項}\to\text{基底状態}) = 156\,630\,\text{cm}^{-1}$

8·26 $^2P_{3/2},\ ^2P_{1/2}$

8·28 $(1\times 1)\,(^1S) + (3\times 3)\,(^3P) + (1\times 5)\,(^1D) = 15$

8·29 $45\,;\ (1\times 1)\,(^1S) + (1\times 5)\,(^1D) + (3\times 3)\,(^3P) + (3\times 7)\,(^3F) + (1\times 9)\,(^1G) = 45$

8·30 $^1P_1,\ ^3P_2,\ ^3P_1,\ ^3P_0\,;\ ^3P_0$

8·31 $20\,;\ ^1D_2,\ ^3D_3,\ ^3D_2,\ ^3D_1\,;\ ^3D_1$

8·32 $^1S_0,\ ^1D_2,\ ^1G_4,\ ^3P_2,\ ^3P_1,\ ^3P_0,\ ^3F_4,\ ^3F_3,\ ^3F_2\,;\ ^3F_2$

8·33 $^2P_{3/2},\ ^2P_{1/2},\ ^2D_{5/2},\ ^2D_{3/2},\ ^4S_{3/2}\,;\ ^4S_{3/2}$

8·34 $[\text{Ne}]3s^2\,;\ ^1S_0$

8·35 $^3F_2$ (問題 8·32 を見よ)

8·36 $^1S_0$

8·37 $^3P_2$：五重縮退,$^3P_1$：三重縮退,$^3P_0$：無縮退,$^1P_1$：三重縮退

8·38 $2p\to 1s,\ 0.355\,\text{cm}^{-1}\,;\ 3p\to 1s,\ 0.108\,\text{cm}^{-1}\,;\ 4p\to 1s,\ 0.046\,\text{cm}^{-1}$

問題解答　　　　　　　　　　　　　　　　　　　　　　　　　　　　　　　1383

8·39 18 459 Å

	s	p
	11 404 Å	5 595.9 Å
	11 381 Å	5 889.9 Å
	6 160.7 Å	3 303.0 Å
	6 154.1 Å	3 302.4 Å
	5 153.4 Å	2 853.0 Å
	5 148.8 Å	2 852.8 Å

	d	f
	8 194.7 Å	18 459 Å
	8 183.2 Å	
	5 688.1 Å	12 679 Å
	5 682.6 Å	
	4 982.8 Å	
	4 978.5 Å	

8·46 $2.9/n^3 \text{ cm}^{-1}$

8·47 $^2P_{3/2}$. スピン-軌道結合は原子番号が大きくなると強くなる。

9 章

9·4 $(1s_A - 1s_B)/\sqrt{2(1-S)}$

9·12 N_2 の結合次数は 3
N_2^+ の結合次数は 5/2

9·13 F_2 の結合次数は 1
F_2^+ の結合次数は 3/2

9·14 それぞれの結合次数は 3, 5/2, 5/2

9·15 C_2 の結合次数は 2
C_2^- の結合次数は 5/2

9·17 NO^+ の結合次数は 3
NO の結合次数は 5/2

9·18 3

9·21 6, Cr_2

9·22 $2p_{xo}$

9·23 3.40×10^{-18} J

9·25 結合次数 3; 反磁性

9·26 結合次数 1; 常磁性

9·30 表 9·6 を見よ

9·31 表 9·6 を見よ

9·32 $^3\Pi$; $^1\Pi$

9·33 1 原子当たり $-\frac{1}{2}E_h$, 0.625

9·34 19.4×10^{-30} C m

9·35 19.4×10^{-30} C m

9·36 2.55×10^{-29} C m, 76.0 %

9·38 $0.181e$

9·39 H 上に $0.43e$, F 上に $-0.43e$; H 上に $0.17e$, Cl 上に $-0.17e$; H 上に $0.12e$, Br 上に $-0.12e$; H 上に $0.054e$, I 上に $-0.054e$

9·41 $\nu_{D_2} = 9.332 \times 10^{13}$ Hz
$D_0^{D_2} = 439.8$ kJ mol^{-1}

10 章

10·4 120°

10·6 $\xi_2 = (2s - 2p_z)/\sqrt{2}$

10·9 109.47°

10·11 104.5°

10·12 $\psi_1 = 0.8945(0.5004 \cdot 2s + 0.6122 \cdot 2p_z + 0.7907 \cdot 2p_y)$
$\psi_2 = 0.8945(0.5004 \cdot 2s + 0.6122 \cdot 2p_z - 0.7907 \cdot 2p_y)$

10·13 どちらも正しい。

10·15 結合角が少し変化してもオービタルの正味の重なりは生じないので、エネルギーは変化しない。

10·18 (a) 直線形　(b) 直線形
(c) 折れ曲がり形

10·19 (a) 折れ曲がり形　(b) 折れ曲がり形
(c) 直線形

10·20 $1s_X$, 非結合性内殻電子オービタル。

10·22 分子が x-y 面にあるとすると、関係するオービタルは中心 X 原子の 2s, $2p_x$, $2p_y$ オービタルとそれぞれの水素原子の 1s オービタルである。

10·23 (a) 平面形　(b) ピラミッド形
(c) ピラミッド形　(d) ピラミッド形

10·25 $E_\pm = (\alpha \pm \beta)/(1 \pm S)$
$\psi_\pm = (2p_{zA} \pm 2p_{zB})/[\sqrt{2(1 \pm S)}]$

10·30 $x^4 - 4x^2 = 0$; $x = 2, 0, 0, -2$
$E = \alpha + 2\beta, \alpha, \alpha, \alpha - 2\beta$. 基底状態は三重項状態と予想される。このため二つの分子の安定性は同じ。シクロブタジエンには非局在化エネルギーはない。

10·31 $x^4 - 3x^2 = 0$; $x = \sqrt{3}, 0, 0, -\sqrt{3}$
$E = \alpha + \sqrt{3}\beta, \alpha, \alpha, \alpha - \sqrt{3}\beta$
$E_\pi = 2(\alpha + \sqrt{3}\beta) + 2\alpha = 4\alpha + 2\sqrt{3}\beta$
$E_{非局在} = -0.5359\beta$

10·32 $x^4 - 5x^2 + 4x = 0$
$x = 1, 0, -\frac{1}{2} \pm \frac{1}{2}\sqrt{17}$
$E_\pi = 2(\alpha + 2.562\beta) + 2\alpha = 4\alpha + 5.124\beta$; $E_{非局在} = 1.124\beta$

10·35 $10\alpha + 13.68\beta$

10·36 3.68β

10·37 三角形では
$x^3 - 3x + 2 = 0$　$E_{H_3^+} = 2\alpha + 4\beta$,
$E_{H_3} = 3\alpha + 3\beta$, $E_{H_3^-} = 4\alpha + 2\beta$;
直線形では $x^3 - 2x = 0$

10·41 $E_{H_3^+} = 2\alpha + 2\sqrt{2}\beta$, $E_{H_3} = 3\alpha + 2\sqrt{2}\beta$, $E_{H_3^-} = 4\alpha + 2\sqrt{2}\beta$; したがって H_3^+ は三角形，H_3^- は直線形，H_3 は三角形

10·41 ラジカル：$E_{非局在} = 0.828\beta$
$q_1 = q_2 = q_3 = 1$；$P_{12}^\pi = P_{23}^\pi = 0.707$
カチオン：
$E_{非局在} = 0.828\beta$；$q_1 = q_3 = 1/2$
$q_2 = 1$；$P_{12}^\pi = P_{23}^\pi = 0.707$
アニオン：
$E_{非局在} = 0.828\beta$；$q_1 = q_3 = 3/2$
$q_2 = 1$；$P_{12}^\pi = P_{23}^\pi = 0.707$

10·42 $q_n = 1$；$P_{rs}^\pi = 2/3$．ベンゼンは対称的な分子である．

10·43 (b) ヘキサトリエンでは，
$E_1 = \alpha + 1.802\beta$, $E_2 = \alpha + 1.247\beta$
$E_3 = \alpha + 0.4450\beta$,
$E_4 = \alpha - 0.4450\beta$, $E_5 = \alpha - 1.247\beta$
$E_6 = \alpha - 1.802\beta$；$E_{非局在} = 0.9880\beta$
$E_{非局在}(炭素原子1個当たり) = 0.1647$
オクタテトラエンでは，
$E_1 = \alpha + 1.879\beta$, $E_2 = \alpha + 1.532\beta$
$E_3 = \alpha + \beta$, $E_4 = \alpha + 0.3473\beta$
$E_5 = \alpha - 0.3473\beta$, $E_6 = \alpha - \beta$
$E_7 = \alpha - 1.532\beta$, $E_8 = \alpha - 1.879\beta$
$E_{非局在} = 1.517\beta$；$E_{非局在}(炭素原子1個当たり) = 0.1896$ (c) ベンゼン

10·45 $E_1 - E_N =$
$2\beta\left(\cos\dfrac{\pi}{N+1} - \cos\dfrac{\pi N}{N+1}\right) \to$
$\quad 2\beta(\cos 0 - \cos \pi) = 4\beta$

10·46 伝導体

11 章

11·14 $\alpha = \alpha(\zeta = 1.00)\zeta^2$
$= (0.2709)(1.24)^2 = 0.4166$

11·15 $\alpha_{1s1} = (0.10982)(1.24)^2 = 0.1688$
$\alpha_{1s2} = (0.40578)(1.24)^2 = 0.6239$
$\alpha_{1s3} = (2.2777)(1.24)^2 = 3.425$

11·16 $\phi_{3s} = -2.51831\phi_{3s}^{GF}(r, 3.18649)$
$+ 6.15890\phi_{3s}^{GF}(r, 1.19427)$
$+ 1.06018\phi_{3s}^{GF}(r, 4.2037)$
$+ d_{3p}'\phi_{3s}^{GF}(r, 1.42657)$
$\phi_{3p} = -1.42993\phi_{3p}^{GF}(r, 3.18649)$
$+ 3.23572\phi_{3p}^{GF}(r, 1.19427)$
$+ 7.43507\phi_{3p}^{GF}(r, 4.20477)$
$+ d_{3p}'\phi_{3p}^{GF}(r, 1.42657)$

11·18 $C(0, 0, 0)$；$Cl(0, 0, 178.1)$
$H_a(-103.66, 0, -35.59)$
$H_b(51.84, -89.78, -35.59)$
$H_c(51.84, 89.78, -35.59)$

11·19 $k_{H_2} = 641.4 \text{ N m}^{-1}$, $k_{CO} = 2403 \text{ N m}^{-1}$, $k_{N_2} = 3151 \text{ N m}^{-1}$

11·20 (a) $\phi(r) = (128\alpha^5/\pi^3)^{1/4} x\, e^{-\alpha r^2}$
(b) $\phi(r) = (2048\alpha^7/9\pi^3)^{1/4} x^2 e^{-\alpha r^2}$

11·21 $2p_y$　動径節はなし

11·23 $3d_{x^2-y^2}$

11·24 基底に含まれる関数を表すのにゼータの異なる関数3個の和を用いる．

11·25 $0, -2, +1$

11·26 4.70×10^{-30} C m
4.702×10^{-30} C m

11·28 $(1a_1)^2(2a_1)^2(3a_1)^2(4a_1)^2(1b_2)^2(5a_1)^2$
$(1b_1)^2(2b_2)^2$；$3a^1$；内殻価電子

11·29 $1 \text{ D} = 1 \times 10^{-18}$ esu cm
$= (1 \times 10^{-18} \text{ esu cm})(1.6022 \times 10^{-19} \text{ C}/4.803 \times 10^{-10} \text{ esu}) \times$
$(m/100 \text{ cm})$
$= 3.336 \times 10^{-30}$ C m

数学章 F

F·1 $C = \begin{pmatrix} 5 & -3 & -2 \\ -11 & 4 & -6 \\ -3 & -1 & -1 \end{pmatrix}$
$D = \begin{pmatrix} -7 & 6 & 1 \\ 19 & -2 & 12 \\ 6 & 5 & 5 \end{pmatrix}$

F·4 A, B, C がそれぞれ $\hat{L}_x$, $\hat{L}_y$, $\hat{L}_z$ に対応すると考えると，$\hat{L}_x$, $\hat{L}_y$, $\hat{L}_z$ の交換関係と似ている．

F·7 $\det C_3 = 1$；$\text{Tr } C_3 = -1$
$\det \sigma_v = -1$；$\text{Tr } \sigma_v = 0$
$\det \sigma_v' = -1$；$\text{Tr } \sigma_v' = 0$
$\det \sigma_v'' = -1$；$\text{Tr } \sigma_v'' = 0$

F·8 C_3, σ_v, σ_v', σ_v''

F·9 $A^{-1} = \begin{pmatrix} 0 & \sqrt{2} \\ \sqrt{2} & -1 \end{pmatrix}$
$A^{-1} = -\dfrac{1}{4}\begin{pmatrix} 1 & -2 & -1 \\ 1 & -6 & 3 \\ -2 & 4 & -2 \end{pmatrix}$

F·12 $x = 24/13$, $y = -19/13$, および $z = -8/13$

12 章

12·3 E, C_3, $3C_2$, σ_h, $3\sigma_v$, S_3

12·7 $\hat{C}_4^3$ は 270° の反時計回りの回転，$\hat{C}_4^{-1}$ は 90° の時計回りの回転

12·9 16

問 題 解 答

12·10　24
12·11　$\hat{C}_2, \hat{\sigma}'_v, \hat{\sigma}_v$
12·12　$\hat{\sigma}'_v, \hat{\sigma}_v$
12·15　式 (F·2) を見よ
12·16　$\hat{E}u_x = u_x, \hat{C}_2 u_x = -u_x$
　　　　$\hat{\sigma}_v u_x = u_x, \hat{\sigma}'_v u_x = -u_x$
12·17　$\hat{E}R_x = R_x, \hat{C}_2 R_x = -R_x$
　　　　$\hat{\sigma}_v R_x = -R_x, \hat{\sigma}'_v R_x = R_x$
12·21　$\Gamma = 4A_2 + 2E + 2T_1 + T_2$
12·22　$\Gamma = 8A_1 + 5A_2 + 6B_1 + 8B_2$
12·23　$\Gamma = A'_1 + A'_2 + 3E' + 2A''_2 + E''$
12·24　そうならない
12·25　$\phi_2 = \psi_1 - \psi_2 + \psi_3 - \psi_4 + \psi_5 - \psi_6$
　　　　$\hat{E}\phi_2 = \phi_2$
　　　　$\hat{C}_6 \phi_2 = \psi_6 - \psi_1 + \psi_2 - \psi_3 + \psi_4 - \psi_5$
　　　　　　　　$= -\phi_2$
　　　　$\hat{C}_3 \phi_2 = \psi_5 - \psi_6 + \psi_1 - \psi_2 + \psi_3 - \psi_4$
　　　　　　　　$= \phi_2$
　　　　$\hat{C}_2 \phi_2 = \psi_4 - \psi_5 + \psi_6 - \psi_1 + \psi_2 - \psi_3$
　　　　　　　　$= -\phi_2$
　　　　$\hat{C}'_2 = -\psi_1 + \psi_6 - \psi_5 + \psi_4 - \psi_3 + \psi_2$
　　　　　　　　$= -\phi_2$
　　　　$\hat{C}''_2 \phi_2 = -\psi_2 + \psi_1 - \psi_6 + \psi_5 - \psi_4 +$
　　　　　　　　$\psi_3 = \phi_2$
　　　　$\hat{i}\phi_2 = -\psi_4 + \psi_5 - \psi_6 + \psi_1 - \psi_2 + \psi_3$
　　　　　　　　$= \phi_2$
　　　　$\hat{\sigma}\phi_2 = \psi_2 - \psi_1 + \psi_6 - \psi_5 + \psi_4 - \psi_3$
　　　　　　　　$= -\phi_2$
12·26　$H_{33} = \alpha + \beta, \ H_{34} = 0$
　　　　$H_{44} = \alpha + \beta, \ S_{33} = S_{44} = 1$
　　　　$S_{34} = 0; \ (x + 1)^2 = 0$
12·27　節面の数は,
　　　　$\phi_2 > \phi_4 = \phi_3 > \phi_6 = \phi_5 > \phi_1$
　　　　$\phi_1 (A_{2u}), \ \phi_2 (B_{2g}), \ \phi_3 (E_{1g})$
　　　　$\phi_4 (E_{1g}), \ \phi_5 (E_{2u}), \ \phi_6 (E_{2u})$
12·29　$\Gamma = B_{2g} + E_{1g} + A_{2u} + E_{2u}$; 二つの 1 行 1 列の行列式と二つの 2 行 2 列の行列式に分解される。
12·30　$\Gamma = A_{2u} + B_{1u} + E_g$; 二つの 1 行 1 列の行列式と一つの 2 行 2 列の行列式に分解される。
12·31　$\phi_1 = (\psi_1 + \psi_3)/\sqrt{2}, \ \phi_2 = \psi_2$
　　　　$\phi_3 = (\psi_1 - \psi_3)/\sqrt{2}$
　　　　$H_{11} = H_{22} = H_{33} = \alpha, \ H_{12} = \sqrt{2}\beta$
　　　　$H_{13} = H_{23} = 0; \ (x^2 - 2)(x) = 0$
　　　　$E = \alpha \pm \sqrt{2}\beta, \ \alpha$
12·35　問題 12·36 を見よ
12·36　$\hat{E}f_{偶}(x) = f_{偶}, \ \hat{\sigma}f_{偶}(x) = f_{偶}$
　　　　$\hat{E}f_{奇}(x) = f_{奇}$
　　　　$\hat{\sigma}f_{奇}(x) = -f_{奇}(x)$
12·37　$\Gamma = 4 \ 1 \ -2 \ -4 \ -1 \ 2$

$\Gamma = 2A''_2 + E''$
$\phi_1 = (\psi_2 + \psi_3 + \psi_4)/\sqrt{3}, \ \psi_1,$
$(2\psi_2 - \psi_3 - \psi_4)/\sqrt{6}$
$(2\psi_3 - \psi_2 - \psi_4)/\sqrt{6}; \ H_{11} = H_{22} = \alpha$
$H_{12} = \sqrt{3}\beta, \ H_{33} = H_{44} = \alpha$
$H_{34} = -\alpha/2, \ S_{34} = -1/2$
$E_\pi = 2(\alpha + \sqrt{3}\beta) + 2\alpha = 4\alpha + 2\sqrt{3}\beta$
12·38　$\Gamma = 4 \ 0 \ 0 \ -4, \ \Gamma = 2B_g + 2A_u$
　　　　$\phi_1 = (\psi_1 - \psi_4)/\sqrt{2}$
　　　　$\phi_2 = (\psi_2 - \psi_3)/\sqrt{2}$
　　　　$\phi_3 = (\psi_1 + \psi_4)/\sqrt{2}$
　　　　$\phi_4 = (\psi_2 + \psi_3)/\sqrt{2}$
　　　　$H_{11} = \alpha - \beta, \ H_{22} = \alpha, \ H_{12} = 0$
　　　　$H_{33} = \alpha + \beta, \ H_{44} = \alpha, \ H_{34} = 2\beta$
　　　　$(x-1)(x)(x^2 + x - 4) = 0; \ E_\pi =$
　　　　$2(\alpha + 2.562\beta) + 2\alpha = 4\alpha + 5.124\beta$
12·39　問題 12·31 を見よ

13 章

13·1　127 pm
13·2　305 pm
13·3　$1.96 \times 10^{11} \ \text{s}^{-1}, \ 1.96 \times 10^5 \ \text{MHz}$
　　　$6.54 \ \text{cm}^{-1}$
13·4　1.36×10^{12} 回転·s^{-1}
13·5　$2\tilde{B} = 2.96 \ \text{cm}^{-1}$
13·6　$1.896 \times 10^{-46} \ \text{kg m}^2$
13·7　$84.0 \ \text{N m}^{-1}; \ 1.20 \times 10^{-13} \ \text{s}$
13·8　$321 \ \text{cm}^{-1}, \ 3.19 \times 10^{-21} \ \text{J}$
13·9　3.21 pm
13·11　$\tilde{\nu}_R = 2160.0 \ \text{cm}^{-1} + (3.87 \ \text{cm}^{-1})$
　　　　$(J+1);$
　　　　$\tilde{\nu}_P = 2160.0 \ \text{cm}^{-1} - (3.87 \ \text{cm}^{-1})J$
13·12　$\tilde{\nu}_R = 936.7 \ \text{cm}^{-1} + (1.52 \ \text{cm}^{-1})(J+1)$
　　　　$J = 0, 1, 2, \cdots; \ \tilde{\nu}_P = 936.7 \ \text{cm}^{-1} -$
　　　　$(1.52 \ \text{cm}^{-1})(J+1) \quad J = 0, 1, 2, \cdots$
13·13　$\tilde{\nu}_R(0 \to 1) = 2905.57 \ \text{cm}^{-1}$
　　　　$\tilde{\nu}_R(1 \to 2) = 2925.22 \ \text{cm}^{-1}$
　　　　$\tilde{\nu}_P(1 \to 0) = 2864.43 \ \text{cm}^{-1}$
　　　　$\tilde{\nu}_P(2 \to 1) = 2842.93 \ \text{cm}^{-1}$
13·14　$\tilde{B}_0 = 8.35 \ \text{cm}^{-1}; \ \tilde{B}_1 = 8.12 \ \text{cm}^{-1}$
　　　　$\tilde{B}_e = 8.47 \ \text{cm}^{-1}; \ \tilde{\alpha}_e = 0.23 \ \text{cm}^{-1}$
13·15　$\tilde{B}_{HI} = 6.428 \ \text{cm}^{-1}$
　　　　$I_{HI} = 4.355 \times 10^{-47} \ \text{kg m}^2$
　　　　$R_{e, HI} = 161.9 \ \text{pm}; \ \tilde{B}_{DI} = 3.254 \ \text{cm}^{-1}$
　　　　$I_{DI} = 8.602 \times 10^{-47} \ \text{kg m}^2$
　　　　$R_{e, DI} = 161.7 \ \text{pm}$
13·16　見分けられる

1386　問題解答

分子	$^{74}Ge^{32}S$	$^{72}Ge^{32}S$
$(\tilde{\nu}, J=0)/cm^{-1}$	0.372 372	0.375 496
$(\tilde{\nu}, J=1)/cm^{-1}$	0.744 742	0.750 990
$\Delta\tilde{\nu}/cm^{-1}$	0.372 370	0.375 494

13·17 $\tilde{B} = 10.40\ cm^{-1}$
$\tilde{D} = 4.55 \times 10^{-4}\ cm^{-1}$

13·18 $\tilde{B} = 1.9227\ cm^{-1}$
$\tilde{D} = 6.53 \times 10^{-6}\ cm^{-1}$

13·19 $0 \to 1: 21.1847\ cm^{-1}$; $1 \to 2:$
$42.3566\ cm^{-1}$; $2 \to 3:$
$63.5030\ cm^{-1}$; $3 \to 4: 84.6110\ cm^{-1}$

13·20 $\tilde{D}_e = 37\ 200\ cm^{-1}$

13·21 69 あるいは 70

13·22 490 N m^{-1}

13·24 $\nu_e = 2169.0\ cm^{-1}$
$\tilde{x}_e\tilde{\nu}_e = 13.0\ cm^{-1}$

13·25 2558.539 cm^{-1}; 5026.642 cm^{-1}
7404.309 cm^{-1}; 9691.54 cm^{-1}

13·26 $\tilde{\nu}_e = 2989\ cm^{-1}$
$\tilde{\nu}_e\tilde{x}_e = 51.6\ cm^{-1}$

13·27 $\tilde{\nu}_e = 384.1\ cm^{-1}$
$\tilde{\nu}_e\tilde{x}_e = 1.45\ cm^{-1}$

13·28 $\tilde{T}_e = 65\ 080.3\ cm^{-1}$

13·29 $E_0' = 65\ 833.13\ cm^{-1}$
$E_0'' = 1081.58\ cm^{-1}$
$\tilde{\nu}_{obs}(0 \to 0) = 64\ 751.55\ cm^{-1}$
$\tilde{\nu}_{obs}(0 \to 1) = 66\ 230.85\ cm^{-1}$
$\tilde{\nu}_{obs}(0 \to 2) = 67\ 675.35\ cm^{-1}$
$\tilde{\nu}_{obs}(0 \to 3) = 69\ 085.05\ cm^{-1}$

13·30 $\tilde{\alpha}_e = 0.00592\ cm^{-1}$
$\tilde{B}_e = 0.82004\ cm^{-1}$

13·31 $\tilde{\nu}_\ell = 1126.2\ cm^{-1}$
$\tilde{x}_\ell\tilde{\nu}_\ell = 8.0\ cm^{-1}$

13·32 $\tilde{\nu}_\ell = 267.76\ cm^{-1}$
$\tilde{x}_\ell\tilde{\nu}_\ell = 0.04\ cm^{-1}$

13·33 (a) 3, 3, 9 (b) 3, 2, 4 (c) 3, 3, 30
(d) 3, 3, 6

13·34 HCl, CH$_3$I, および H$_2$O

13·35 対称こま, 球対称こま,
非対称こま, 球対称こま

13·36 偏長対称こま, 偏平対称こま,
偏平対称こま, 偏長対称こま

13·38 $\lambda^2 - \lambda\ (2\cos^2\theta + 8\sin^2\theta + 8\cos^2\theta$
$+ 2\sin^2\theta) + 16\cos^4\theta$
$+ 68\cos^2\theta\sin^2\theta + 16\sin^4\theta$
$- 36\sin^2\theta\cos^2\theta$
$= \lambda^2 - 10\lambda + 16(\cos^2\theta + \sin^2\theta)^2$
$= \lambda^2 - 10\lambda + 16 = 0;\ \lambda = 2, 8$

13·42 $\sqrt{5}/2$

13·43 $1/\sqrt{2}$

13·44 $\Gamma_{3N} = 12\ 0\ 2\ 2\ 2 = 3A_1 + A_2 + 4E$
$\Gamma_{vib} = 2A_1 + 2E$; すべてのモードは
赤外活性

13·45 $\Gamma_{3N} = 15\ -1\ 3\ 3 =$
$5A_1 + 2A_2 + 4B_1 + 4B_2$
$\Gamma_{vib} = 4A_1 + A_2 + 2B_1 + 2B_2$
A_2 モードは赤外不活性

13·46 $\Gamma_{3N} = 18\ 0\ 0\ 6$
$= 6A_g + 3B_g + 3A_u + 6B_u$
$\Gamma_{vib} = 5A_g + B_g + 2A_u + 4B_u$
A_g と B_g モードは赤外不活性

13·47 $\Gamma_{3N} = 15\ 1\ -1\ -3\ -1\ -3\ -1\ 5$
$3\ 1 = A_{1g} + A_{2g} + B_{1g} + B_{2g} + E_g +$
$2A_u + B_{2u} + 3E_u$
$\Gamma_{vib} = A_{1g} + B_{1g} + B_{2g} + A_{2u} +$
$B_{2u} + 2E_u$; $A_{1g}, B_{1g}, B_{2g}, B_{2u}$
モードは赤外不活性

13·48 $\Gamma_{3N} = 15\ 0\ -1\ -1\ 3$
$= A_1 + E + T_1 + 3T_2$
$\Gamma_{vib} = A_1 + E + 2T_2$; A_1 と E モードは赤外不活性

13·50 $\tilde{B}_0 = 1.9163\ cm^{-1}$; $\tilde{B}_1 =$
$1.8986\ cm^{-1}$; $\tilde{B}_e = 1.92515\ cm^{-1}$
$\tilde{I}_e = 1.454 \times 10^{-46}\ kg\ m^2$
$r_e = 113.0\ pm$

14 章

14·2 8.41 T

14·3 6.341 T

14·4 ^1H 7.05 T, ^2H 45.9 T, ^{13}C 28.0 T
^{14}N 97.5 T, ^{31}P 17.4 T

14·5 500 MHz あるいは 12 T

14·6 2200 Hz

14·7 $\Delta\nu = (60.0\ MHz)\Delta\delta \times 10^{-6}$ を使う.

14·15 γ は T^{-1} s^{-1}, B_0 は T, I は J s, J は s^{-1} の単位をもつ.

14·26 二重線の中央の間隔は $\nu_0(1-\sigma_1)$ と $\nu_0(1-\sigma_2)$ から生じ, $\nu_0|\sigma_1-\sigma_2|$ だけ離れる.

14·33 表 14·6 より $J = 0$.
$\nu_{1\to 2} = \nu_{3\to 4} = \nu_0(1-\sigma_1)$
$\nu_{1\to 3} = \nu_{2\to 4} = \nu_0(1-\sigma_2)$

15 章

15·1 蛍光

15·3 J^{-1} m^2 s^{-1}, J^{-1} m^4 s^{-1}

15·9 1.1×10^{-29} C m

15·10 9.98×10^{19} J^{-1} m^2 s^{-2}
7.68×10^{-30} C m

問 題 解 答

15·12 $(A_{32} + A_{31})^{-1}$
15·13 81.9 ns
15·14 $^3S_1$
15·15 0.904 E_h = 198 000 cm^{-1}
15·16 3392.242 nm (真空中)
       3391.3 nm (空気中)
15·18 36；$(3 \times 5) + (1 \times 5) + (3 \times 3) +$
       $(1 \times 3) + (3 \times 1) + (1 \times 1) = 36$
15·19 560 kW；5.49×10^{18} 個の光子
15·20 3.71×10^{20} 個の原子
       $E = 106$ J；1.06×10^{12} W
15·21 760 nm のパルス
15·22 5.36×10^{19} 個の光子，1.3 %
15·23 調和振動子近似の場合は禁制
15·24 6.52×10^{21} 個の光子
15·25 961.57 cm^{-1}, 962.34 cm^{-1}；剛体回転
       子近似の場合は禁制.
15·26 160 nm；
       1.0×10^{-4} J；8.10×10^{13} 個の光子.
15·27 17 300 cm^{-1}；$J = 0$
15·28 0.30
15·29 79.7 s
15·30 毎秒 1.10×10^{15} 分子が壊れる.
       9.12 W
15·31 1.965×10^5 J
15·32 $\Delta \nu = 1.59 \times 10^{13}$ s^{-1}；$\Delta \nu = 159$ s^{-1}
       測定できない.
15·33 610 m s^{-1}
15·34 388 nm；15.12 cm^{-1}；追跡できない.
15·35 4.06×10^{13} 個の光子
15·36 532.05 nm；8.035×10^{17} 個の光子
       4.018×10^{17} 個の光子.
15·37 358.4 nm
15·38 A: 無単位，ε: m^2 mol^{-1}
       $A = 0.602$；$\varepsilon = 629$ m^2 mol^{-1}；8.3 %
15·39 m^2；$\sigma = 2.303\varepsilon/N_A$
       2.41×10^{-21} m^2
15·40 m^2 mol^{-1}；$\kappa = 2.303\varepsilon$
       $\kappa = 1450$ m^2 mol^{-1}
15·41 m mol^{-1}；$\alpha^{1/2} = 1.66/\Delta \tilde{\nu}_{1/2}$

16 章

16·1 2.98×10^6 atm, 3.02×10^6 bar
16·2 7.39×10^2 Torr, 0.972 atm
16·3   1.00 atm
16·4 $-40°$
16·6 3.24×10^4 個の分子,
       1.85×10^{19} cm^3 mol^{-1}
16·7   44.10
16·9 $y_{H_2} = 0.77$, $y_{N_2} = 0.23$

16·10 2.2 bar, 2.2 bar
16·11 Cl_2
16·12 62.3639 dm^3 Torr K^{-1} mol^{-1}
16·14 0.04998 dm^3 mol^{-1}
       0.01663 dm^3 mol^{-1}
16·15 353 bar；8008 bar
16·16 1031 bar
16·17 10.00 mol L^{-1}
16·18 -4250 bar
16·20 0.07073 L mol^{-1}, 0.07897 L mol^{-1}
       0.2167 L mol^{-1}；14.14 mol L^{-1}
       4.615 mol L^{-1}
16·21 vdW：4.786 mol L^{-1}
       0.5741 mol L^{-1}
16·27 $\bar{V} \approx 78.5$ cm^3 mol^{-1}
16·29 0.00150 bar^{-1}
16·30 -5.33×10^{-3} dm^3 mol^{-1}
16·32 1 kJ, 共有結合では 100 kJ
16·35 満足する
16·36 -15.15 cm^3 mol^{-1}
16·37 -60 cm^3 mol^{-1}
16·44 (C m)^2(m^3)/(C^2 s^2 kg^{-1} m^{-3}) (m^6)
       $=$ kg m^2 s^{-1} = J
16·46 5.86×10^{-78} J m^6；1.35×10^{-77} J m^6

数学章 G

G·1   0.8596
G·2   1.4142
G·3   4.965
G·4   0.615 atm
G·5   0.077 780
G·6   0.3473, 1.532, -1.879
G·7   0.0750
G·11 ln 2 = 0.693 147；$n = 10$
G·12 0.886 2269
G·13 6.493 94

数学章 H

H·1 $\kappa = 1/P$
H·2 $\alpha = 1/T$
H·4 $\frac{3}{2}Nk_BT = \frac{3}{2}nRT$
H·6   0；a/V^2
H·8   0；0
H·9   完全微分
H·10 不完全微分；完全微分.

17 章

17·7 $-\hbar\gamma B_z$, 0
17·8 $\exp(-0.010\,\text{K}/T)$
17·10 $\langle E \rangle = Nk_B T$
17·11 $\langle E \rangle = \dfrac{3}{2}Nk_B T - \dfrac{aN^2}{V}$
17·12 $\dfrac{3}{2}Nk_B T$, $P = \dfrac{Nk_B T}{V-b}$
17·13 Nk_B
17·14 $\dfrac{3}{2}Nk_B$
17·18 $\overline{C}_V$ は関数 $T^* = T/\Theta_E$
  ここで $\Theta_E = h\nu/k_B$
17·23 (a) 6 (b) 9 (c) 12
17·24 全部で 9, 3 項許容される
17·25 6 項許容される
17·26 全部で 27, 1 項許容される
17·27 10 項許容される
17·28 1.94×10^{-6}
17·29 0.0928
17·30 1420
17·31 0.286
17·35 $f_v = \mathrm{e}^{-h\nu v/k_B T}(1 - \mathrm{e}^{-h\nu/k_B T})$
17·36 1.000, 0.9962, 0.9650
17·41

項の記号	原子の割合 (1000 K)	原子の割合 (2500 K)
$^2S_{1/2}$	1.00	1.00
$^2P_{1/2}$	2.55×10^{-11}	5.79×10^{-5}
$^2P_{3/2}$	4.97×10^{-11}	1.15×10^{-4}
$^2S_{1/2}$	8.27×10^{-17}	3.69×10^{-7}

17·42 $29.06\,\text{J mol}^{-1}\,\text{K}^{-1}$
17·43 3420 K

数学章 I

I·1 $1.25 \times 10^{-3}\,\%$, $4.97 \times 10^{-3}\,\%$, $\cdots$, 0.468 %
I·2 0.2498 %, 0.4992 %, $\cdots$, 4.921 %
I·3 $1 + \dfrac{x}{2} - \dfrac{x^2}{8} + O(x^3)$
I·4 $\dfrac{\mathrm{e}^{-\frac{1}{2}\beta h\nu}}{1 - \mathrm{e}^{-\beta h\nu}}$
I·6 1
I·10 1
I·11 $\dfrac{a^3}{3} - \dfrac{a^4}{4} + \cdots$

I·12 $[x^{2n+3}/(2n+3)!]/[x^{2n+1}/(2n+1)!] \to x^2/n^2$

18 章

18·4 $f_2(T=300\,\text{K}) = 4.8 \times 10^{-36}$
  $f_2(T=1000\,\text{K}) = 2.5 \times 10^{-11}$
  $f_2(T=2000\,\text{K}) = 5.0 \times 10^{-6}$
18·5 $f_2(T=300\,\text{K}) = 9.0 \times 10^{-32}$
  $f_2(T=1000\,\text{K}) = 4.9 \times 10^{-10}$
  $f_2(T=2000\,\text{K}) = 2.2 \times 10^{-5}$
18·7 $D_e = D_0 + \dfrac{1}{2}R\Theta_\text{vib}$. CO:
  $1083\,\text{kJ mol}^{-1}$; NO: $638.1\,\text{kJ mol}^{-1}$
  K_2: $54.1\,\text{kJ mol}^{-1}$
18·8 6332 K, 4478 K
18·10 300 K では $f_{v>0} = 7.6 \times 10^{-7}$
  1000 K では $f_{v>0} = 1.46 \times 10^{-2}$
18·11 H_2 では $f_{v>0} = \mathrm{e}^{-\Theta_\text{vib}/T} = 1.01 \times 10^{-9}$; Cl_2 では 0.0683
  I_2 では 0.358
18·12 87.6 K, 43.8 K
18·13 9 または 10
18·14 N_2: 0.32 %; H_2: 9.45 %
18·16 $\approx 20\,\%$
18·18 NO(g) 300 K のとき,
  $J_\text{max} = 7$; 1000 K のとき, $J_\text{max} = 14$
18·21 $\Theta_{\text{vib},j} = 5360\,\text{K}$:
  $(\overline{C}_{Vj}/R) = 1.05 \times 10^{-2}$
  $\Theta_{\text{vib},j} = 5160\,\text{K}$:
  $(\overline{C}_{Vj}/R) = 1.36 \times 10^{-2}$
  $\Theta_{\text{vib},j} = 2290\,\text{K}$:
  $(\overline{C}_{Vj}/R) = 3.35 \times 10^{-1}$
18·22 5000 K では $\Theta_{\text{elec},1} = 227.6\,\text{K}$
  $\Theta_{\text{elec},2} = 325.9\,\text{K}$;
  $q_\text{elec} = 5 + 3\mathrm{e}^{-227.6\,\text{K}/T} + \mathrm{e}^{-325.9\,\text{K}/T} = 8.803$
18·23 2, 1, 12, 24, 2, 4
18·24 $\Theta_\text{rot} = 2.141\,\text{K}$; $\Theta_{\text{vib},1} = 3016\,\text{K}$
  $\Theta_{\text{vib},2} = 1026\,\text{K}$; $\Theta_{\text{vib},3} = 4765\,\text{K}$
  $\overline{C}_V/R = 6.21$
18·25 2; $2.368 \times 10^{-46}\,\text{kg m}^2$; 1.702 K
  2842 K; 4849 K; 4715 K; 1049 K
  863.3 K; $4.34\,R$
18·28 $I = 6.746 \times 10^{-46}\,\text{kg m}^2$
  $\Theta_\text{rot} = 0.597\,\text{K}$
18·29 表 18·4 を見よ; $5.304\,R$
18·34 $\Theta_{\text{vib},D_2} = 4480\,\text{K}$; $\Theta_{\text{rot},D_2} = 42.7\,\text{K}$; $\Theta_{\text{vib},HD} = 5484\,\text{K}$
  $\Theta_{\text{rot},HD} = 64.0\,\text{K}$

問題解答   1389

- 18·35 $\ln q_{rot}(T) = \ln \dfrac{T}{\Theta_{rot}} + \dfrac{1}{3}\left(\dfrac{\Theta_{rot}}{T}\right)$
  $+ \dfrac{1}{90}\left(\dfrac{\Theta_{rot}}{T}\right)^2 + \cdots$
- 18·37 平衡状態にある；2140 K；一致しなくてよい．
- 18·38 4個の自由度
  $U = \dfrac{3}{2}RT + \dfrac{R\Theta_{vib}}{2} + \dfrac{R\Theta_{vib}\,e^{-\Theta_{vib}/T}}{1 - e^{-\Theta_{vib}/T}}$
- 18·39 (a) $3R/2$ (b) $7R/2$ (c) $6R$ (d) $13R/2$ (e) $12R$
- 18·40 0.52 %

19 章

- 19·1 K.E. = 9.80 kJ；$u = 44.3$ m s^{-1} 22.2 °C
- 19·2 15.0 bar；3000 J
- 19·3 28.8 bar；3.60 J
- 19·4 4.01 kJ
- 19·5 -1.73 kJ
- 19·6 11.4 kJ
- 19·7 $+413$ J；$+309$ J；w は経路関数だから両者は異なる．
- 19·8 -3.92 kJ mol^{-1}
- 19·9 $V_1 = 11.35$ L；$V_2 = 22.70$ L
  $T_2 = 1090$ K；$\Delta U = 10.2$ kJ mol^{-1}
  $\Delta H = 17.0$ kJ mol^{-1}；$q = 13.6$ kJ
  $w = -3.40$ kJ
- 19·10 418 J
- 19·16 $T_2 = 226$ K，$w = -898$ J
- 19·17 519 K
- 19·18 421 K
- 19·19 $q_P = 122.9$ kJ mol^{-1}
  $\Delta H = 122.9$ kJ mol^{-1}
  $\Delta U = 113.1$ kJ mol^{-1}
  $w = -9.8$ kJ mol^{-1}
  $q_V = 113.1$ kJ mol^{-1}
  $\Delta H = 122.9$ kJ mol^{-1}
  $\Delta U = 113.1$ kJ mol^{-1} $w = 0$
- 19·20 $\Delta_r U^\circ = 288.3$ kJ mol^{-1}
- 19·21 74.6 kg
- 19·22 295 K
- 19·23 3340 kJ
- 19·32 $\Delta_r H = 416$ kJ
- 19·33 $\Delta_r H = -521.6$ kJ
- 19·34 $\Delta_r H^\circ = +2.9$ kJ
- 19·35 $\Delta_f H^\circ$[フルクトース] $= +1249.3$ kJ mol^{-1}
- 19·36 メタノール：-22.7 kJ g^{-1}
- 19·37 N$_2$H$_4$(l) $= -19.4$ kJ g^{-1} 32.5 kJ
- 19·38 (a) -44.14 kJ，発熱的 (b) -429.87 kJ，発熱的
- 19·39 表 19·2 より 43.8 kJ mol^{-1} 44.0 kJ mol^{-1}
- 19·40 136.964 kJ mol^{-1}
- 19·41 -394.378 kJ mol^{-1}
- 19·43 4040 K
- 19·45 64.795 kJ mol^{-1}
- 19·46 1.50 R
- 19·47 -13.3 kJ；-15.7 kJ
- 19·50 30 K 下がる

数学章 J

- J·1 $x^5 + 5x^4 + 10x^3 + 10x^2 + 5x + 1$
- J·2 $x^2 + 2xy + 2xz + y^2 + 2yz + z^2$
- J·3 $x^4 + 4x^3y + 4x^3z + 6x^2y^2 + 12x^2yz$
  $+ 6x^2z^2 + 4xy^3 + 12xy^2z + 12xyz^2$
  $+ 4yz^3 + 6y^2z^2 + 4y^3z + y^4 + 4xz^3$
  $+ z^4$
- J·4 6
- J·5 各行の数はその上の二つの数の和
- J·6 84
- J·7 表 J·1 の 0.0194 に対し 1.12×10^{-5}

20 章

- 20·2 dz/y
- 20·6 $q_{rev} = \int_{T_1}^{T_4}\overline{C}_V(T)\,dT + \int_{T_4}^{T_1}\overline{C}_V(T)\,dT$
  $- \int_{\overline{V}_1}^{\overline{V}_2} P_2\,d\overline{V}$；$\Delta\overline{S} = R\ln\dfrac{V_2}{V_1}$
- 20·8 5.76 J K^{-1}；気体は膨張するから正
- 20·9 19.1 J K^{-1}；気体は膨張するから正
- 20·10 $q_{rev} = -P_1(\overline{V}_2 - \overline{V}_1)$
  $\Delta S = R\ln\left(\dfrac{\overline{V}_2 - b}{\overline{V}_1 - b}\right)$
- 20·12 $q_{rev} = -P_2(\overline{V}_2 - \overline{V}_1)$
  $\Delta S = R\ln\left(\dfrac{\overline{V}_2 - b}{\overline{V}_1 - b}\right)$
- 20·13 $\Delta S = 37.4$ J K^{-1}
- 20·14 $\Delta\overline{S} = 30.6$ J K^{-1} mol^{-1}
- 20·17 等温過程では ΔS は正でも負でもよい；$\Delta S = -5.76$ J K^{-1}
- 20·18 $\Delta S = 217.9$ J K^{-1}
- 20·19 $\Delta S = 44.0$ J K^{-1}
- 20·25 $\Delta S_{sys} = 13.4$ J K^{-1}

20·26 $\Delta S_{surr} = -13.4$ J K^{-1} ; $\Delta S_{total} = 0$
$\Delta S_{surr} = 0$; $\Delta S_{sys} = 13.4$ J K^{-1}
$\Delta S_{total} = 13.4$ J K^{-1}
20·27 $\Delta \overline{S} = 192.78$ J K^{-1} mol^{-1}
20·28 $y_1 = 0.5$
20·29 $\Delta_{mix}\overline{S} = 5.29$ J K^{-1}
20·33 $\Delta S = 95.6$ J K^{-1} mol^{-1}
20·37 $\exp(-1.5 \times 10^{17})$
20·38 $(1/2)^{N_A}$
20·40 164.1 J K^{-1} mol^{-1}
20·41 191.6 J K^{-1} mol^{-1}
20·42 213.8 J K^{-1} mol^{-1}
20·43 193.1 J K^{-1} mol^{-1}
20·45 1 atm では 21 % ; 25 atm では 41 %

21 章

21·2 37.5 J K^{-1}
21·3 192.6 J K^{-1}
21·4 38.75 J K^{-1}
21·5 44.51 J K^{-1}

21·10

物 質	$\Delta_{vap}\overline{S}$/J K^{-1} mol^{-1}
エチレンオキシド	89.9
ジエチルエーテル	86.2
臭 素	90.3
水 銀	93.85
テトラクロロメタン	85.2
ヘキサン	84.39
ヘプタン	85.5
ベンゼン	86.97
ペンタン	83.41

21·11

物 質	$\Delta_{fus}\overline{S}$/J K^{-1} mol^{-1}
エチレンオキシド	32.0
ジエチルエーテル	46.3
臭 素	40
水 銀	9.77
テトラクロロメタン	13
ヘキサン	73.5
ヘプタン	77.6
ベンゼン	35.7
ペンタン	58.7

21·14 192.50 J K^{-1} mol^{-1}
21·16 223.2 J K^{-1} mol^{-1} 表 21·2 の値は 223.1 J K^{-1} mol^{-1}
21·18 237.8 J K^{-1} mol^{-1}
21·20 196.7 J K^{-1} mol^{-1}
21·21 139.3 J K^{-1} mol^{-1}
21·22 272.6 J K^{-1} mol^{-1}
21·23 274.3 J K^{-1} mol^{-1}
21·24 154.7 J K^{-1} mol^{-1}
残余エントロピー
21·25 185.6 J K^{-1} mol^{-1}
21·30 222.8 J K^{-1} mol^{-1}
21·31 159.9 J K^{-1} mol^{-1}
残余エントロピー
21·32 193.1 J K^{-1} mol^{-1}
21·33 245.4 J K^{-1} mol^{-1}
21·34 173.7 J K^{-1} mol^{-1}
21·35 $S°(H_2, 298.15 K) = 130.3$ J K^{-1} mol^{-1}
$S°(D_2, 298.15 K) = 144.7$ J K^{-1} mol^{-1}
$S°(HD, 298 K) = 143.5$ J K^{-1} mol^{-1}
21·36 253.6 J K^{-1} mol^{-1}. 実験値は 253.7 J K^{-1} mol^{-1}
21·37 234.3 J K^{-1} mol^{-1}. 実験値は 240.1 J K^{-1} mol^{-1}. 差は残余エントロピーのため
21·38 -172.7 J K^{-1} mol^{-1}
21·39 -49.6 J K^{-1} mol^{-1}
21·40 (a) CO_2 (b) $CH_3CH_2CH_3$ (c) $CH_3CH_2CH_2CH_2CH_3$
21·41 (a) D_2O (b) CH_3CH_2OH (c) $CH_3CH_2CH_2CH_2NH_2$
21·42 (d) > (a) > (b) > (c)
21·43 (c) > (b) ≈ (d) > (a)
21·44 いずれについても並進自由度
21·45 239.5 J K^{-1} mol^{-1}
21·46 188.2 J K^{-1} mol^{-1}
21·47 (a) 2.86 J K^{-1} mol^{-1}
(b) -242.9 J K^{-1} mol^{-1}
(c) -112.0 J K^{-1} mol^{-1}
21·48 (a) -332.3 J K^{-1} mol^{-1}
(b) 252.66 J K^{-1} mol^{-1}
(c) -173 J K^{-1} mol^{-1}

22 章

22·1 $\Delta_{vap}\overline{G}(80.09 °C) = 0$
$\Delta_{vap}\overline{G}(75.0 °C) = 0.441$ kJ mol^{-1}
$\Delta_{vap}\overline{G}(85.0 °C) = -0.428$ kJ mol^{-1}
22·2 $\Delta_{vap}\overline{G}(80.09 °C) = 0$
$\Delta_{vap}\overline{G}(75.0 °C) = +444$ J mol^{-1}
$\Delta_{vap}\overline{G}(85.0 °C) = -425$ J mol^{-1}
変更はない
22·5 $P\overline{V} = RT$ および $P(\overline{V}-b) = RT$
22·7 -0.0513 kJ mol^{-1}
22·8 R

問題解答　　　　　　　　　　1391

22·9　7.87×10^{-3} dm^3 bar^{-1} K^{-1}
　　　　 $= 0.787$ J K^{-1} mol^{-1}
22·12　データからは 155.6 bar，ファン・デ
　　　　　ル・ワールス方程式からは -4.80 bar
22·13　-0.0552 kJ mol^{-1}
22·16　$(\partial \overline{C}_P/\partial P)_T = 4.47 \times 10^{-4}$ dm^3
　　　　　mol^{-1} K^{-1}
　　　　　$\overline{C}_P = 25.21$ J K^{-1} mol^{-1}
22·17　138.1 J mol^{-1}
22·19　V および U
22·20　0.0156 J K^{-1} mol^{-1}
22·21　0.866 J K^{-1} mol^{-1}
22·22　0.466 J K^{-1} mol^{-1}
22·30　$\gamma \approx 0.63$
22·46

気　体	Ar	N$_2$	CO$_2$
μ_{JT}(理論)/K atm^{-1}	0.44	0.24	1.38
μ_{JT}(実験)/K atm^{-1}	0.43	0.26	1.3
差(%)	3.4	6.6	6.6

22·47

気　体	Ar	N$_2$	CO$_2$
T_i(理論)/K	791	634	1310
T_i(実験)/K	794	621	1500
差(%)	0.378	2.09	12.7

22·48　Ar : 42.6 K, N$_2$: 25.7 K
　　　　　CO$_2$: 129 K
22·50　-19.7 J K^{-1} mol^{-1} に対して理想気体
　　　　　では -19.1 J K^{-1} mol^{-1}

23 章

23·1　融解しない．通常融点が三重点温度よ
　　　　り高いから．
23·4　11.1 Torr, 172.4 K
23·6　1556 bar
23·9　352.8 K
23·10　$T_c = 305.4$ K
23·16　$T_c = 152$ K
23·17　$\Delta_{vap}\overline{H} = 35.26$ kJ mol^{-1}
23·20　$dT/dP = 27.9$ K atm^{-1}; 2 atm にお
　　　　　ける沸点は約 127.9 ℃
23·21　29.5 kJ mol^{-1}
23·22　59.62 kJ mol^{-1}
23·23　383 cm^3 mol^{-1}
23·27　1070 Torr
23·28　41.2 kJ mol^{-1}
23·29　$T_{vap} = 2010$ K
　　　　　$\Delta_{vap}\overline{H} = 179.6$ kJ mol^{-1}
23·30　$T_{sub} = 386$ K
　　　　　$\Delta_{sub}\overline{H} = 62.3$ kJ mol^{-1}
23·31　50.96 kJ mol^{-1}
23·32　410.8 kJ mol^{-1}
23·33　$\Delta_{sub}\overline{H} = 27.6$ kJ mol^{-1}
23·34　1.12
23·36　$\Delta_r H° = 1895$ J mol^{-1}
　　　　　$\Delta_r S° = -3.363$ J mol^{-1}
　　　　　$P = 15\,000$ atm
23·37　-42.72 kJ mol^{-1}
23·39　-48.43 kJ mol^{-1}
23·40　-50.25 kJ mol^{-1}
23·41　-45.53 kJ mol^{-1}
23·42　0.0315 atm
23·43　0.0315 atm
23·45　0.0313 atm

24 章

24·4　$G = \mu n = U - TS + PV$
24·5　$G = \mu n = A + PV$
24·16　$n^l/n^{vap} = 0.58$
24·18　気相には揮発性の強い成分が多い
24·20　$x_1 = 0.463$; $y_1 = 0.542$
24·26　$P_{total} = 140$ Torr; $y_1 = 0.26$
24·27　$P_1^* < P_2^*$ なので $y_1 < x_1$
24·29　$P_1^* = 120$ Torr; $P_2^* = 140$ Torr
　　　　　$k_{H,1} = 162$ Torr; $k_{H,2} = 180$ Torr
24·44　正則溶液である
24·45　正則溶液でない
24·47　$\overline{G}^E/R = 0.8149 x_1 x_2 (1 + 0.4183 x_1)$
　　　　　$x_1 = x_2 = 1/2$ に対して対称でない．
24·48　$a_{tri}^{(R)} = 0.181$; $\gamma_{tri}^{(R)} = 0.631$
24·49　$P_1^* = 78.8$ Torr; $P_1 = 30.6$ Torr
　　　　　$a_1^{(R)} = 0.39$; $\gamma_1^{(R)} = 1.6$; $k_{H,1} =$
　　　　　180.7 Torr; $a_1^{(H)} = 0.17$; $\gamma_1^{(H)} = 0.68$
24·52　正則溶液でない
24·57　$\overline{G}^E/RT = x_1 x_2 [\alpha + \beta(1 - x_1/2)]$

25 章

25·1　4.78 mol L^{-1}; 7.24 mol kg^{-1}; 質量
　　　　モル濃度は温度に依存しない．
25·2　18.4 mol L^{-1}
25·3　1.7 g mL^{-1}
25·4　0.00893
25·6　0.060 mol kg^{-1};
　　　　0.313 mol kg^{-1}; 0.660 mol kg^{-1}
　　　　1.484 mol kg^{-1}; 3.960 mol kg^{-1}
25·7　0.73 mol kg^{-1}
25·9　2.83 mol L^{-1}
25·15　$x_1 = 0.9487$; $\gamma_1 = 0.983$
25·18　$\gamma_{2m} = 1.186$

25·19 $\phi - 1 = 0.2879$; 数値積分 $= 0.272$
$\ln \gamma_{2m} = 0.560$; $\gamma_{2m} = 1.75$
25·21 0.958
25·22 0.902
25·24 6.87 K kg mol^{-1}
25·26 2.93 K kg mol^{-1}
25·27 $K_b = 2.53$ K kg mol^{-1}; 147
25·29 72 000
25·31 58.0 atm
25·40 10 mol kg^{-1}
25·41 ν の値は 1.02 になる。これは HgCl$_2$(aq) が与えられた条件では解離しないことを意味する。
25·42 $\nu = 3$
K$_2$HgI$_4$(aq) $\rightarrow$ 2K$^+$(aq) + HgI$_4^{2-}$(aq)
25·43 Pt(NH$_3$)$_4^{2+}$(aq), 2Cl$^-$(aq)
Pt(NH$_3$)$_3$Cl$^+$(aq), Cl$^-$(aq)
Pt(NH$_3$)$_2$Cl$_2$(aq)
K$^+$(aq), Pt(NH$_3$)Cl$_3^-$(aq)
2K$^+$(aq), PtCl$_4^{2-}$(aq)
25·44 0.315 mol L^{-1} の 1/3、つまり 0.105 mol L^{-1}
25·48 0.889
25·51 電気的に中性だから
25·55 1-1 電解質のイオン雰囲気の厚みは、2-2 電解質と比べると 2倍になる。
25·62 HCl(aq) は H$^+$(aq) と Cl$^-$(aq) に解離するので、圧力は質量モル濃度の二乗に比例する。

26 章

26·1 (a) (1); $n_0 - \xi$, ξ, ξ (2); $n_0 - \xi$, $n_1 + \xi$, ξ
(b) (1); $n_0 - 2\xi$, 2ξ, ξ. (2); $n_0 - 2\xi$, 2ξ, $n_1 + \xi$
(c) (1); $n_0 - \xi$, $2n_0 - 2\xi$, ξ. (2); $n_0 - \xi$, $n_0 - 2\xi$, ξ
26·2 二番目の反応の平衡定数は一番目の反応の平衡定数の平方根。
26·3 ル・シャトリエの原理に合う。P が大きくなると ξ_{eq} が小さくなる。
26·6 ル・シャトリエの原理に従って、P が大きくなると ξ_{eq} が大きくなる。
26·7 $P = 0.080$ bar では $\xi_{eq}/n_0 = 0.0783$、$P = 0.160$ bar では $\xi_{eq}/n_0 = 0.0633$
ル・シャトリエの原理に従って、P が大きくなると ξ_{eq} が小さくなる。
26·8 $K_P = 17.4$; 平衡定数の値は標準状態に依存する。
26·10 (a) $\Delta_r G° = 4.729$ kJ mol^{-1}
$K_P = 0.148$
(b) $\Delta_r G° = -16.205$ kJ mol^{-1}
$K_P = 690$
(c) $\Delta_r G° = -32.734$ kJ mol^{-1}
$K_P = 6.80 \times 10^5$
26·11 (a) $K_c = 5.97 \times 10^{-3}$
(b) $K_c = 690$; (c) $K_c = 4.17 \times 10^8$
26·13 $K_P = 2.94 \times 10^{-3}$
$K_c = 2.11 \times 10^{-5}$
26·15 $\xi_{eq}/n_0 = 0.31$
26·17 $K_P = 3.37$
26·21 問題の反応は右へ進む
26·22 問題の反応は左へ進む
26·23 $\Delta_r H° = 6.91$ kJ mol^{-1}
26·24 $K_P = 1.35$
26·25 $K_P = 56.6$
26·26 $\Delta_r H° = 99.6$ kJ mol^{-1}
26·27 $\Delta_r H° = 12.02$ kJ mol^{-1}
26·29 $\Delta_r G° = -23.78$ kJ mol^{-1}
$\Delta_r H° = -89.30$ kJ mol^{-1}
$\Delta_r S° = -124.8$ J mol^{-1} K^{-1}
26·30 $\Delta_r H° = 266.5$ kJ mol^{-1}
26·31 $K_P = 3.889 \times 10^{-4}$, 0.7367, 9.554
$\Delta_r H° = 125.9$ kJ mol^{-1}
$\Delta_r S° = 60.61$ J K^{-1} mol^{-1}
60.41 J K^{-1} mol^{-1}
60.73 J K^{-1} mol^{-1}
26·32 $\Delta_r G° = 14.21$ kJ mol^{-1}
$\Delta_r H° = 90.2$ kJ mol^{-1}
$\Delta_r S° = 84.5$ J K^{-1} mol^{-1}
26·34 $K = 52.29$
26·35 $K_P(900\text{ K}) = 1.47$
$K_P(1000\text{ K}) = 0.52$
$K_P(1100\text{ K}) = 0.22$
$K_P(1200\text{ K}) = 0.11$
$\Delta_r H° = -76.8$ kJ mol^{-1}
26·36 1.46×10^{-3}
26·37 $K_P(900\text{ K}) = 0.56$
$K_P(1200\text{ K}) = 1.66$
26·38 $K_P = 12.3 \times 10^{-5}$
26·39 $\Delta_r H° = 153.8$ kJ mol^{-1}
26·41 $\Delta_r H° = 98.8$ kJ mol^{-1}
26·43 $K_P = 3.37$
26·44 900 K では、K_P(JANAF) = 1.28
K_P(問題 24·35) = 1.47
1000 K では、K_P(JANAF) = 0.472
K_P(問題 24·35) = 0.52
1100 K では、K_P(JANAF) = 0.208
K_P(問題 24·35) = 0.22

問題解答 1393

26·45 K_P(JANAF) $= 1.32 \times 10^{-3}$
K_P(問題 24·36) $= 1.46 \times 10^{-3}$
26·46 K_P(JANAF) $= 8.75 \times 10^{-5}$
K_P(問題 24·38) $= 12.3 \times 10^{-5}$
26·47

T/K	K_P(JANAF)	K_P(問題 24·39)
800	3.05×10^{-5}	3.14×10^{-5}
900	4.26×10^{-4}	4.08×10^{-4}
1000	3.08×10^{-3}	3.19×10^{-3}
1100	1.66×10^{-2}	1.72×10^{-2}
1200	6.78×10^{-2}	7.07×10^{-2}

26·49 2.443×10^{32} m^{-3}
26·50 3.84×10^{35} m^{-3}。JANAF テーブルでは 3.86×10^{35} m^{-3}
26·51 1.87×10^{35} m^{-3}。JANAF テーブルでは 1.91×10^{35} m^{-3}
26·52 5.66×10^{35} m^{-3}。JANAF テーブルでは 5.51×10^{35} m^{-3}
26·53 $D_0 = 427.8$ kJ mol^{-1}
26·54 $D_0 = 1642$ kJ mol^{-1}
26·55 $D_0 = 1598$ kJ mol^{-1}
26·56 $K_\gamma \approx 0.53$
26·57 $K_\gamma \approx 1.1$；したがって，500 bar における K_P は 1 bar における K_P より小さいはずである．
26·58 100 bar では $\ln a = 1.08$
26·59 $\Delta_r H° = 157.0$ kJ mol^{-1}
$\Delta_r S° = 214.7$ J K^{-1} mol^{-1}
$\Delta_r G° = 93.0$ kJ mol^{-1}
26·60 $\Delta_r H° = 31.3$ kJ mol^{-1}
$\Delta_r S° = 40.6$ J K^{-1} mol^{-1}
$\Delta_r G° = 19.2$ kJ mol^{-1}
26·61 3800 bar

27 章

27·1 4.99 kJ mol^{-1}．図 22·3 では 14.55 kJ mol^{-1}
27·2 421.9 m s^{-1}, 516.8 m s^{-1}
667.2 m s^{-1}, 943.5 m s^{-1}
27·3 $\sqrt{2}$
27·4 $u_{rms}(N_2) = 511$ m s^{-1}
$u_{rms}(O_2) = 478$ m s^{-1}
27·5 ^{238}UF$_6 < ^{235}$UF$_6 < NO_2 < CO_2 < O_2 < N_2 < H_2$O
27·6 $(m_{I_2}/m_{H_2})^{1/2} = 11.2$
27·7 $(9/5)^{1/2} = 1.34$
27·8 321 m s^{-1}
27·9 $\gamma = 7/5$；$u_{sound} = 352$ m s^{-1}
27·11 さもないと $u_x \to \infty$ で $f(u_x)$ が有限でなくなる．
27·12 prob $=$ erf(1) $= 0.84270$
27·14 $\frac{1}{2}[1 - \text{erf}(\sqrt{2})] \approx 0.17$
$\frac{1}{2}[1 - \text{erf}(1)] = 0.079$
27·17 $(k_B T/2\pi m)^{1/2}$
27·18 $v_{escape} = 11\,200$ m s^{-1}
$T_{H_2} = 11\,900$ K；$T_{N_2} = 166\,000$ K
27·19 $v_{escape} = 2370$ m s^{-1}；$T_{H_2} = 537$ K
$T_{N_2} = 7460$ K
27·20 $\sigma = 7.26 \times 10^8$ s^{-1}
27·22 $\langle u \rangle = (\pi RT/2M)^{1/2}$
$\langle u^2 \rangle = (2RT/M)$
27·23 $e^{-mu_0^2/2k_B T}$
27·24 0.4276
27·26 $k_B T/2$
27·27 $\langle \varepsilon^2 \rangle = 15(k_B T)^2/4$；$\sigma_\varepsilon/\langle \varepsilon \rangle = \sqrt{2/3}$
27·28 バルク気体の $(2k_B T/m)^{1/2}$ に対し $(3k_B T/m)^{1/2}$
27·29 $z_{coll} = 1.76 \times 10^{19}$ m^{-2} s^{-1}
27·30 バルク気体の $(8k_B T/\pi m)^{1/2}$ に対し $(9\pi k_B T/8\,m)^{1/2}$
27·31 1 m^2 の 1.0% を覆うのに 1.6×10^{-11} s かかる．
27·32 5.1×10^{17}
27·35 (a) $z_A = 1.32 \times 10^7$ s^{-1}
(b) $z_A = 9.89 \times 10^9$ s^{-1}
27·36 (a) $t = 1.88 \times 10^{-7}$ s
(b) $t = 2.51 \times 10^{-10}$ s
27·37 (a) 0.869 (b) 7.60×10^{-7} (c) ≈ 0
27·38 (a) ≈ 1 (b) 0.98 (c) 7.90×10^{-9}
27·39 $l = 40.7$ m；15.1 s^{-1}
27·40 8.52×10^{-7} m；1.76×10^{-5} m
2.01×10^{-4} m；3.00×10^{-3} m
27·41 2×10^{19} m
27·42 124 Pa $= 1.24 \times 10^{-3}$ bar
12.4 Pa $= 1.24 \times 10^{-4}$ bar
0.0124 Pa $= 1.24 \times 10^{-7}$ bar
27·44 1.30×10^{32} m^{-3} s^{-1}
3.32×10^{29} m^{-3} s^{-1}
2.54×10^{27} m^{-3} s^{-1}
9.51×10^{24} m^{-3} s^{-1}
27·47 $z_{CH_4} = 2.80 \times 10^8$ s^{-1}
$Z_{CH_4, N_2} = 4.39 \times 10^{32}$ m^{-3} s^{-1}
27·48 $2k_B T$
27·49 2.26×10^{17}
27·50 $\Delta_{vap}\overline{H} = 772$ kJ mol^{-1}
27·51 1.88×10^{-5} Torr

28 章

28·1 (a) $\xi_{eq} \approx 1$ mol. この反応は事実上完全に進行する.
(b) $\xi_{eq} = 3.37 \times 10^{-16}$ mol. この反応は事実上起きない.

28·2 $d[N_2O]/dt = -1.23 \times 10^{-5}$ mol dm^{-3} s^{-1}
$d[N_2]/dt = 1.23 \times 10^{-5}$ mol dm^{-3} s^{-1}
$d[O_2]/dt = 6.16 \times 10^{-6}$ mol dm^{-3} s^{-1}

28·3 1.64×10^{-5} mol s^{-1}

28·5 7.59×10^5 dm^3 mol^{-1}

28·6 $v = -\dfrac{1}{\nu_A}\dfrac{d[A]}{dt} - \dfrac{[A]}{\nu_A V}\dfrac{dV}{dt}$

28·7 $[A] - [A]_0 = -kt$

28·8 $v = k[NO]^2[H_2]$
$k = 3.40 \times 10^{-6}$ Torr^{-2} s^{-1}

28·9 $v = k[SO_2Cl_2]$, $k = 2.25 \times 10^{-5}$ s^{-1}

28·10 $v = k[Cr(H_2O)_6^{3+}][SCN^-]$
$k = 1.66 \times 10^{-2}$ dm^3 mol^{-1} s^{-1}

28·11 $v = [OCl^-][I^-]/[OI^-]$
$k = 60.6$ s^{-1}

28·12 $t_{1/2} = 3.09 \times 10^4$ s; 5.00 h 後に 66.8% が残っている. 92.0% が反応するには 31.3 h かかる.

28·13 1 次

28·14 $k = 7.31 \times 10^{-5}$ s^{-1}, $t_{1/2} = 2.63$ h

28·15 $k = 1.39 \times 10^{-2}$ min^{-1}, 139 min

28·16 $v = k[PhSO_2SO_2Ph][N_2H_4]$
$k = 5.4 \times 10^5$ dm^3 s^{-1} mol^{-1}

28·18 50.7%

28·19 $t = 5.3$ d

28·20 2310 壊変·min^{-1}

28·21 26 000 壊変·min^{-1}

28·22 1.97×10^9 y

28·23 1.71×10^8 y

28·26 0.00882 min^{-1}

28·27 0.0505 min^{-1}

28·28 1.54×10^{-4} mol dm^{-3} s^{-1}

28·31 N_2O について 2 次
$k = 0.47$ mol^{-1} dm^3 s^{-1}

28·34 $k_1 = 1.4 \times 10^{11}$ mol^{-1} dm^3 s^{-1}
$k_{-1} = 2.4 \times 10^{-5}$ s^{-1}

28·35 $\tau = 1.32 \times 10^{-4}$ s

28·38 15.2 s

28·39 いつも同じ.

28·40 $E_a = 8.29$ kJ mol^{-1}
$A = 0.250$ min^{-1}

28·41 $A = 7.39 \times 10^9$ dm^3 mol^{-1} s^{-1}
$E_a = 9.90$ kJ mol^{-1}

28·42 9.27×10^9 dm^3 mol^{-1} s^{-1}

28·43 506 K

28·44 $A = 5.94 \times 10^8$ dm^3 mol^{-1} s^{-1}
$E_a = 10.5$ kJ mol^{-1}

28·45 103.1 kJ mol^{-1}
$A = 6.0 \times 10^8$ dm^3 mol^{-1} s^{-1}

28·47 $\Delta^\ddagger G^\circ = 25.94$ kJ mol^{-1}
$k = 4.59 \times 10^8$ s^{-1}

28·48 $A = 4.9 \times 10^{11}$ s^{-1}
$E_a = 128.0$ kJ mol^{-1}
$\Delta^\ddagger H^\circ = 124.5$ kJ mol^{-1}
$\Delta^\ddagger S^\circ = -32.1$ J mol^{-1} K^{-1}

28·52 1 次反応.

29 章

29·1 単分子反応: s^{-1}
二分子反応: dm^3 mol^{-1} s^{-1}
三分子反応: dm^6 mol^{-2} s^{-1}

29·2 $v = k[F][D_2]$
k の単位: dm^3 mol^{-1} s^{-1}

29·3 $v = k[M][I]^2$
k の単位: dm^6 mol^{-2} s^{-1}

29·4 $k_{obs} = k_1$

29·7 使えない.

29·8 条件(b)と合っている.

29·10 $k_{obs} = k_2(k_1/k_{-1})^{1/2}$

29·11 $k_{obs} = k_1 k_2/(2k_2 + k_{-1})$

29·12 $k_{obs} = k_3 k_2 k_1^{1/2}/k_{-2}k_{-1}^{1/2}$

29·13 観測された反応速度式と合う.
$k_{obs} = k_2 k_1/k_{-1}$

29·14 観測された反応速度式と合わない.

29·15 段階 1 について速い平衡.
$k_{obs} = k_2 k_1/k_{-1}$

29·16 $\dfrac{d[O_2]}{dt} = \dfrac{k_2 k_1}{k_{-1}}\dfrac{[C_6H_5CO_3H]^2}{[H^+]}$

29·17 N_2O について定常状態を仮定する.
$k_{obs} = k_1$

29·18 段階 1 について速い平衡; N_2O について定常状態: $k_{obs} = k_2 k_1/k_{-1}$

29·23 開始反応: (1), 成長反応: (2) および (3), 停止反応: (4)

29·24 連鎖反応. 開始反応: (1), 成長反応: (2) および (3), 停止反応: (4)

29·28 $A_{obs} = A_2(A_1/A_4)^{1/2}$

29·29 $A_{obs} = A_3(A_1/A_4)^{1/2}$

29·31 開始反応: 段階 1, 成長反応: 段階 2 および 3, 停止反応: 段階 4

問題解答   1395

29・32 $\frac{1}{2}\mathrm{d}[\mathrm{HCl}]/\mathrm{d}t$
$= k_2(k_1/k_4)^{1/2}[\mathrm{H}_2][\mathrm{Cl}_2]^{1/2}$

29・33 $\frac{1}{2}\frac{\mathrm{d}[\mathrm{HBr}]}{\mathrm{d}t} = k_2\left(\frac{2I_{\mathrm{abs}}}{k_{-1}}\right)^{1/2}$
$\times \frac{[\mathrm{H}_2]}{1+(k_{-2}/k_3)[\mathrm{HBr}]/[\mathrm{Br}_2]}$

29・36 1個
29・37 $K_{\mathrm{m}} = 9.94 \times 10^{-3}$ mol dm^{-3}
$k_2 = 1.07 \times 10^5$ s^{-1}
29・38 $K_{\mathrm{m}} = 1.31 \times 10^{-2}$ mol dm^{-3}
$k_2 = 3.42 \times 10^4$ s^{-1}
29・40 $v_{\mathrm{max}} = 0.64$ mol dm^{-3} s^{-1}
$v_0 = 1.11 \times 10^{-4}$ mol dm^{-3} s^{-1}
29・41 $K_\mathrm{I} = 5.4 \times 10^5$ mol dm^{-3}
29・42 0.38 g
29・44 CCl$_4$ の方が優れた触媒である.
29・47 $[\mathrm{O}_3] = 2.23 \times 10^{13}$ 分子・cm^{-3}
$[\mathrm{O}] = 2.82 \times 10^7$ 分子・cm^{-3}
29・48 連鎖分岐反応: (2) および (3),
開始反応: (1), 停止反応: (5). 段階 2, 69 kJ mol^{-1}; 段階 3, 8 kJ mol^{-1}

30 章

30・1 $k_{\mathrm{theoretical}} = 2.15 \times 10^{11}$ dm^3 mol^{-1} s^{-1}; $k_{\mathrm{exp}} = 6.59 \times 10^{-6}$ dm^3 mol^{-1} s^{-1}; 比 $= 3.26 \times 10^{16}$
30・4 $E_0 = 6.34$ kJ mol^{-1}
$\sigma_{\mathrm{AB}} = 7.47 \times 10^{-21}$ m^2
30・5 $k_{\mathrm{exp}} = 6.7 \times 10^5$ dm^3 mol^{-1} s^{-1}
$k_{\mathrm{theoretical}} = 1.65 \times 10^8$ dm^3 mol^{-1} s^{-1}
$A_{\mathrm{theoretical}} = 5.20 \times 10^{11}$ dm^3 mol^{-1} s^{-1}
k の理論値と実測値の比は 250 であり,A の理論値と実測値の比は約 250 である.
30・6 3
30・7 9.86×10^{-20} J
30・8 4280 m s^{-1}
30・9 3.2
30・10 6770 m s^{-1}
30・13 352 m s^{-1}
30・14 1330 m s^{-1}
30・15 ネオンの場合: 786 m s^{-1}; ヘリウムの場合: 1770 m s^{-1}
30・16 11 600 K
30・18 3610 m s^{-1}; 2240 m s^{-1}
30・19 33.73 kJ mol^{-1}
30・20 $v = 0, 1,$ および 3
30・21 $u_\mathrm{r}' = 1.27 \times 10^4$ m s^{-1}

$|\boldsymbol{u}_{\mathrm{DF}} - \boldsymbol{u}_{\mathrm{cm}}| = 1.11 \times 10^3$ m s^{-1}
$|\boldsymbol{u}_{\mathrm{D}_2} - \boldsymbol{u}_{\mathrm{cm}}| = 1.16 \times 10^4$ m s^{-1}
この結果は例題 30・5 の結果と同一である.
30・22 $v = 0, 1,$ および 2
30・23

v	$u_\mathrm{r}'/10^3$ m s^{-1}	$|\boldsymbol{u}_{\mathrm{HCl}} - \boldsymbol{u}_{\mathrm{cm}}|/10^3$ m s^{-1}
0	2.437	1.673
1	1.785	1.225
2	0.7281	0.5000

30・24 $v = 0,\ J = 0$ に対して,
$|\boldsymbol{u}_{\mathrm{HCl}} - \boldsymbol{u}_{\mathrm{cm}}| = 1672$ m s^{-1}
$v = 0,\ J = 1$ に対して,
$|\boldsymbol{u}_{\mathrm{HCl}} - \boldsymbol{u}_{\mathrm{cm}}| = 1671$ m s^{-1}
30・25 $J_{\mathrm{min}} = 17$
30・26 $u_\mathrm{r}(v=0) = 2310$ m s^{-1}; $u(v=1) = 1580$ m s^{-1}
30・27 増加する; 半径は $\sqrt{2}$ だけ増加する.
30・28 $J = 16$
30・29 0, 1, 2, 3, および 4
30・30 $J = 10$
30・31 $v = 84$; $v = 0$ では,
$|\boldsymbol{u}_{\mathrm{KI}} - \boldsymbol{u}_{\mathrm{cm}}| = 988$ m s^{-1}; $v = 1$ では,
$|\boldsymbol{u}_{\mathrm{KI}} - \boldsymbol{u}_{\mathrm{cm}}| = 982$ m s^{-1}; 支持される.
30・32 ストリッピング反応の一例
30・34 6.94×10^5 pm^2; もり機構
30・36 18 680.4 cm^{-1}; 535 nm, 緑(可視光)
30・40 $b_{\mathrm{max}} = d_{\mathrm{AB}}\left(1 - \dfrac{E_0}{E_\mathrm{r}}\right)^{1/2}$
30・41 $\sigma = 4Ab_{\mathrm{max}}^2(1 - 2/\pi)$
30・43 9820 m s^{-1}
30・45 10 070 m s^{-1}

31 章

31・1 9.26 g cm^{-3}
31・3 143.0 pm
31・4 124.4 pm
31・5 8.935 g cm^{-3}
31・6 198.4 pm
31・7 6.022×10^{23} mol^{-1}
31・8 6.022×10^{23} mol^{-1}
31・9 NaCl
31・10 268.9 pm
31・11 2.163 g cm^{-3}
31・12 (a) (10), (b) (11), (c) $(1\bar{2})$
31・13 (a) $(1\bar{3})$, (b) (11), (c) (01), (d) (32)
31・15 両者は互いに直交する.
31・16 両者は等しい.
31・18 (a) (111), (b) (110), (c) $(5\,4\,10)$

(d) $(22\bar{4})$
- **31·20** (a) (632), (b) $(11\bar{1})$, (c) (122)
- **31·21** 532.8 pm (100); 307.6 pm (111)
  217.5 pm $(12\bar{1})$
- **31·22** 3.607 g cm^{-3}
- **31·23** 1.20×10^{15} cm^{-2}
- **31·24** 288.4 pm; 203.9 pm (110)
  144.2 pm (200); 166.5 pm (111)
- **31·25** 564.1 pm
- **31·26** 22.02 mm $(\lambda = 154.433$ pm$)$
  5.721 mm $(\lambda = 70.926$ pm$)$
- **31·27** $\alpha_0 = 57.26°$; $\beta_0 = 53.55°$
  $\gamma_0 = 53.55°$
- **31·28** $7.309°(110)$, $10.94°(101)$
  $12.08°(111)$, $24.73°(222)$
- **31·30** 533.4 pm; 0.8556 g cm^{-3}
- **31·31** $\theta_{100} = 9.100°$, $\theta_{110} = 11.31°$
  $\theta_{111} = 12.53°$
- **31·32** fcc, 495.5 pm
- **31·33** K$^+$, Cl$^-$ は同一の構造因子をもつから、KCl のデータ中には h, k, l すべて奇数の線は現れない。
- **31·34** fcc, 383.8 pm
- **31·35** bcc, 330.2 pm
- **31·36** fcc, 408.6 pm
- **31·37** 単純立方単位胞 $F(hkl) = f$
- **31·39** bcc
- **31·40** bcc, 288.2 pm, 7.215 g cm^{-3}
- **31·47** 3.03×10^{12} 個の分子
- **31·48** 1.33×10^{-4} Pa, 3.83×10^{14} 個の分子
- **31·49** 0.016 %
- **31·50** ≈ 76 h
- **31·51** $k_d(300$ K$) = 3.8 \times 10^{-14}$ s^{-1}
  $k_d(500$ K$) = 5.6 \times 10^{-4}$ s^{-1}
- **31·52** 23 %
- **31·53** $v = 7.2 \times 10^{-4}$ mol dm^{-3} s^{-1}. 反応速度は4倍増加する。
- **31·54** $K_c[\mathrm{A}] \ll 1$ のとき1次
- **31·59** $k = k_3 K_{\mathrm{H_2}}^{1/2} K_{\mathrm{C_2H_4}}$, $K = K_{\mathrm{C_2H_4}}$,
  C$_2$H$_4$ は H$_2$ よりはるかに強く表面に吸着する。
- **31·60** ラングミュア−ヒンシェルウッド機構、
  $K = K_{\mathrm{NH_3}}$; $k = k_3 K_{\mathrm{NH_3}} K_{\mathrm{D_2}}^{1/2}$, NH$_3$ は D$_2$ よりはるかに強く表面に吸着する。
- **31·63** 3.04 V, 293 kJ mol^{-1}
- **31·64** 観測される
- **31·65** 100, a; 110, $\sqrt{2}a/2$; 111, $\sqrt{2}a$
- **31·66** $a = 0.22$, $k = 0.026$ m^3
- **31·70** $E_{\mathrm{ads}} = 125$ kJ mol^{-1}, $\tau_0^{-1} = 2.15 \times 10^{13}$ s^{-1}, $k_d = 280$ s^{-1}
- **31·71** 146 kJ mol^{-1}

索 引[†]

あ

アイリング, H. *1209*
アインシュタイン 4, 10, *807*
アインシュタイン係数 635, 637, 638
アインシュタイン
　——の結晶の分配関数 *758*
アインシュタイン定数 *769*
アインシュタインモデル *741*
亜鉛表面
　——の走査型電子顕微鏡写真 *1358*
亜酸化窒素
　——の残余エントロピー *911*
アセチルコリンエステラーゼ *1271*
アセトン
　——の光分解 *655*
圧縮因子 674
圧縮係数 674
圧力-組成図 *1015*
　1-プロパノール-2-プロパノール溶液の—— *1014*
圧力-体積仕事 *808*
atm 671
アリルアニオン 527
アルコール-水の溶液
　——の蒸気圧図 *1021*
アルゴン
　——のイオン化エネルギー（表） 316
　——の蒸発エンタルピー（表） *993*

——の第二ビリアル係数（表） 708, 709
——の P-V 関係（表） 706
R 枝 536, 537
α 粒子 32
アルミニウム箔
　——からの X 線回折図形 21
アレニウス, S. 3, *1180*
アレニウスの式 *1207*
アレニウスパラメーター
　単分子反応の——（表） *1245*
アンサンブル 732, *871*
アンチモン
　——の凝固 *971*
鞍点 *1311*
アンモニア
　——の光電子スペクトル（図） 466
　——の蒸気圧 *985*
　——の対称要素 492
　——の熱容量 *841*
アンモニア合成反応 *1360*
アンモニア合成平衡 *1123*

い, う

イオン化エネルギー 315, 376
　アルゴンの——（表） 316
　原子と分子の——（表） *697*
　原子の——（図） 316
　水素原子の—— 27
　ネオンの——（表） 316
イオン強度 *1075*, *1087*

イオン雰囲気
　1-1 電解質水溶液の—— *1077*
異核二原子分子 377
位 数 494
異性化反応
　メチルイソシアニドの——（図） *1247*
　2-ブテンの—— *1198*
位相角 37, 52, 171
位相問題 *1345*
イソブタン
　——の燃焼 *832*
1-1 電解質水溶液
　——のイオン雰囲気 *1077*
1s 電子 229
1 次気相化学反応
　——の速度定数（表） *1191*
一次結合 272
　原子オービタルの—— 354
一次元調和振動子
　——のシュレーディンガー方程式 178
一次元の箱の中の粒子
　変分法による——のエネルギーの計算 272
一次代数方程式 251
1 次の摂動論 280, 288, 600
1 次の補正 280
一次反射 *1333*
1 次反応 *1188*
一重項 319
1 段階反応 *1233*
一電子波動関数
　完全な—— 309
一硫化ゲルマニウム
　$^{72}Ge^{32}S$ の分光定数 575
　$^{74}Ge^{32}S$ の分光定数 575

[†] 掲載ページを示す数字のうち，立体は上巻，斜体は下巻を表す．

索引

一硫化炭素
 $^{12}C^{32}S$ の回転スペクトル 578
一酸化炭素
 CO の光電子スペクトル（図） 378
 CO の酸化反応 1373
 CO (g) の熱容量 848
 $^{12}C^{16}O$ のマイクロ波スペクトル 575
 ——の残余エントロピー 911
一酸化窒素
 ——の酸化 1241
一酸化二窒素
 N_2O のモル熱容量（表） 915
井戸型ポテンシャル 702
イーレイ-リディール機構 1356, 1357

ウィルソン，E. ブライト 168
ウィーンの変位法則 8, 30
ウォルシュの相関図
 （ウォルシュ図） 417
 AH_2 分子の—— 418
 XH_3 分子の—— 438
 XY_2 分子の—— 437
ウーレンベック 308
ウンゲラーデ 367
ウンゼルトの定理 239
運動エネルギー
 調和振動子の——（図） 173
運動エネルギー演算子 85
運動量演算子 84, 101
雲母表面
 ——への N_2 の吸着 1350

え

永久双極子モーメント 698
永年行列式 274, 514
永年方程式 274
AX スピン系（図） 605
液-液溶液 1005～
液相線 1015
液体
 ——の気化 927
 ——の標準状態 833
液滴の蒸気圧 999
SI 単位 670
s オービタル 226
SCF-LCAO-MO 波動関数 380
STO-3G 基底セット 450
sp 混成オービタル 404
sp^2 混成オービタル 406
sp^3 混成オービタル 403, 408
エタノール
 ——の燃焼 838
エタン
 ——の結合の模式図 409
 ——の第二ビリアル係数（表） 708
 ——の熱容量 844
 ——の P-V 関係（表） 706
 ——の密度（表） 992
X 線 1331
 ——の強度 1341
X 線回折 20, 1331
X 線源
 銅，モリブデンの—— 1365
A_2 系 606
エテン（C_2H_4）
 C_2H_4 (g) の熱容量 912
 ——の光電子スペクトル（図） 423
 ——の水素化 1374
 ——の対称要素 492
 ——の分子オービタルエネルギー準位（図） 423
NMR
 ——の選択律 610
 ——の多重線 598
 ギ酸メチルの——（図） 593
 クロロエタンの——（図） 611
 1,1-ジクロロエタンの—— （図） 612
 1,2,3-トリクロロベンゼンの——（図） 622
NMR 分光法 583～
n 次反応
 ——の半減期 1219
$n+1$ 規則 610
エネルギー
 ——の量子化 7
 ——と分配関数 773～
 H_2 の——（表） 459
エネルギー準位
 原子の——（表） 777
 剛体回転子の——（図） 191
 C_2H_4 の分子オービタル——（図） 423
 箱の中の粒子の——（図） 89
 ヘリウム原子の——（図） 335
エネルギー断面
 化学反応の——（図） 1207
LEED 1359
LCAO-MO 法 365
LCAO 分子オービタル 354
エルミート演算子 141, 151
エルミート多項式 182
 ——の循環式 198
エルンスト，リヒャルト R. 582
エーレンフェストの定理 150
塩化カルシウム
 ——の活量係数（図） 1068
塩化水素（$H^{35}Cl$）
 ——の回転吸収スペクトル（表） 540
 ——の純回転スペクトル 539
 ——の振動スペクトル（表） 542
 ——のマイクロ波スペクトル 192
塩化セシウム
 CsCl の単位胞（図） 1343
塩化ナトリウム
 NaCl の単位胞（図） 1343
 NaCl の平均イオン活量係数（表） 1072
 ——の活量係数（図） 1068
塩化ナトリウム（NaCl）水溶液
 ——の物理的性質（表） 1072
塩化ヨウ素
 ICl の吸収スペクトル（図） 652
 $^{127}I^{35}Cl$ の赤外スペクトル 577
 ——のスペクトル定数 663
演算子 81
 ——と対称要素（表） 490
 運動エネルギー—— 85
 運動量—— 84, 101
 可換な—— 142
 角運動量—— 217
 線形—— 82
 分離可能な—— 102
 量子力学の——（表） 129

索　引

遠心力　22
遠心力歪定数　539
塩　素
　　──の蒸気圧　991
塩素分子($^{35}Cl^{35}Cl$)　197
エンタルピー　823
　　──の加成性　829
　　混合──　1019
　　転移──　901
　　標準活性化──　1211
　　標準燃焼──　835
　　標準反応──　832
　　標準モル生成──　833
エンタルピー変化
　　──の添字(表)　833
エントロピー　862, 895
　　──のビリアル展開　937
　　──の分子論的解釈　871
　　宇宙の──　871
　　孤立系の──　867
　　混合──　884, 1019
　　残余──　911
　　実用絶対──　901
　　臭素の──　909
　　純物質の──　897
　　測熱的──　910
　　第三法則──　901
　　窒素の──(表)　901
　　標準──　902, 911
　　標準活性化──　1211
　　分光学的──　910
エントロピー変化
　　化学反応の──　911
　　膨張における──　876

お

オイラーの式　37
オイラーの定理　1041
オイラー-マクローリンの和の
　　　　　　　公式　799
オゾン　1254, 1273
　　──と二硫化炭素の反応
　　　　　　　　　　　1194
オービタル
　　──の収縮　446
　　結合性──　361
　　水素型原子の──(表)　236
　　水素原子の──　226

等価──　322
等価でない──　321
反結合性──　362
非結合性──　380
オービタルエネルギー　315
オービタル指数　446
オブライアン，ショーン　486
音　速
　　単原子理想気体中の──
　　　　　　　　　　　1149
　　流体中の──　1312
温度ジャンプ緩和法　1201
温度-組成図
　　1-プロパノール-2-プロパ
　　ノール溶液の──　1016
温度目盛　673
　　華氏──　704
　　ケルビン──　673
　　摂氏──　673

か

解
　　振動する──　48
回映軸　490
外　界　808
開始反応　1249
外　積　119
回折図形　1332
回折斑点　1332
回転温度　786, 794
回転吸収スペクトル
　　H^{35}Cl の──(表)　540
回転系
　　直線上の系と──との関係
　　　　　　　　　(表)　131
回転項　533
回転スペクトル
　　$^{12}C^{32}S$ の──　578
　　多原子分子の──　551
回転対称軸　490
回転定数　192, 534
回転の寄与
　　モル熱容量への──　787
回転の分配関数　785
　　多原子分子の──　793
解離圧
　　HgO(s, red) の──(表)
　　　　　　　　　　　1142

解離エネルギー　545
解離型化学吸着　1348
GAUSSIAN 94　461
ガウス型オービタル　447
ガウス分布　72, 74, 75
化学吸着　1346
化学シフト　594, 596
化学反応
　　──のエネルギー断面(図)
　　　　　　　　　　　1207
　　──のエントロピー変化
　　　　　　　　　　　911
　　──の全次数　1184
化学平衡　1093～
化学ポテンシャル　978, 1006
　　──と分配関数　985
可　換　86
可換な演算子　142
可　逆　1196
可逆過程　813, 923
可逆素反応　1230
可逆断熱膨張　819, 844
可逆等温仕事　814
可逆等温膨張　863
可逆反応
　　──の速度定数　1199
角運動量　120, 130
　　──の量子力学的性質　217
　　スピン──　308, 309, 583
　　全オービタル──　317
　　電子の──　23
角運動量量子数　226
核間ポテンシャル　175, 177
核磁気共鳴分光法　583～
核磁子　586
角速度　34, 130, 187
拡張デバイ-ヒュッケル理論
　　　　　　　　　　　1079
角度部分
　　水素原子オービタルの──
　　　　　　　　209, 214
　　水素原子波動関数の──(図)
　　　　　　　　　　　231
角度分布
　　反応性衝突の生成物の──
　　　　　　　　　　　1297
核の性質(表)　584
確　率　67
確率等高線地図
　　水素原子オービタルの──
　　　　　　　　　　　233

索引

確率頻度関数(図) 68
確率密度 68, 92
 調和振動子の——(図) 184
確率密度プロット
 水素原子オービタルの——
  (図) 232
下降演算子 204, 248
重なり積分 355, 399
火山曲線 1361
華氏温度目盛 704
過剰混合ギブズエネルギー
  1040
過剰熱力学量 1050
可視領域スペクトル
 $I_2(g)$の——(図) 546
仮想的標準状態 1033
仮想粒子 33
カタラーゼ 1271
活性化エネルギー 1206
 ——としきいエネルギー
  1284
活性化パラメーター
 二分子気相反応に対する——
  (表) 1285
活性錯合体 1209
 ——の分配関数 1210
活性錯合体理論 1209
活性部位 1255
活量 1029, 1124
 ——とイオンの溶解度 1128
 ——の温度依存性 1091
 NaCl水溶液中の水の——
  (表) 1072
 希薄溶液の——(表) 1058
 強電解質の——(表) 1071
 スクロース水溶液と平衡にあ
  る水の——(表) 1059
 平均イオン—— 1070
 ヘンリー則、ラウール則標準
  状態に基づく—— 1032
 溶質の—— 1055
 溶媒の凝固点における——
  1083
 溶媒標準の—— 1032
活量係数 1030, 1061, 1123
 電解質溶液の——(図) 1068
 スクロースの——(表) 1059
 ハロゲン化アルカリ水溶液
  の——(図) 1076
 平均イオン—— 1070
活量商 1125

価電子 373
カニッツァロ 3
過熱 975
可約表現 500
カリウム
 ——の単位胞 1323, 1363
カール、ボブ 486
カルノー、S. 3, 880
カルボニックアンヒドラーゼ
  1258, 1270
過冷却 975
換算質量 175
換算第二ビリアル係数(図) 693
換算量 685
慣性主軸 551
慣性モーメント 130, 187
完全弾性衝突 1145
完全微分 726
観測量 125, 132
ガンマ関数 857
γ線 33
緩和 630
緩和時間 1203
緩和法 1199, 1200

き

気圧 671
規圧密度 972, 1001
基音 541
規格化 91
 波動関数の—— 127
規格化可能 127
規格化条件 67
規格化直交 106
規格化直交系 139
規格化定数 91
希ガス
 ——の標準モルエントロピー
  (表) 907
奇関数 73
気-固共存線 968
ギ酸メチル
 ——のNMR(図) 593
基質 1255, 1346
基準座標 555, 556, 559
基準モード 52, 556
 ——と赤外活性 571
 H_2COの——(図) 558
 CH_3Clの——(図) 558

膜の——(図) 58
軌跡 126
キセノン
 ——の第二ビリアル係数(表)
  709
気相化学反応
 ——の例(表) 1183
気相線 1015
気相レーザー(表) 646
気体
 ——の圧縮と膨張 809
 ——の実用絶対エントロピー
  903
 ——の衝突パラメーター(表)
  1167
 ——の性質 669~
 ——の速度分布
  1150, 1153, 1156
 ——の第二ビリアル係数(図)
  689
 ——の非理想性 947
 ——のフガシティー係数(図)
  952
気体運動論 1145
気体定数
 いろいろな単位で表した——
  (表) 674
基底 504
基底状態
 ——の縮退度 904
基底状態エネルギー 25
 ヘリウム原子の——(表) 302
基底関数 446
 HCN—— 454
 STO-3G—— 450
 原子価殻分割型—— 454
 ダブルゼータ—— 453
軌道-軌道相互作用 328
希薄溶液
 ——の活量(表) 1058
ギブズ、ジョシア ウィラード
  3, 966
ギブズエネルギー 925, 926
 過剰混合—— 1040
 混合—— 1018
 標準活性化—— 1211
 標準モル—— 944
 部分モル—— 1006
 ベンゼンの—— 977
 モル混合—— 1036
ギブズ-デュエムの式 1009

索引

ギブズ-ヘルムホルツの式
      943, 945
基本振動数 180
  二原子分子の——(表) 182
基本モード 53
逆行列 481
逆浸透 *1068*
逆数恒等式 728
逆反応 *1196*
既約表現 500, 559
球殻 161
吸光係数 665
Q 枝 559
吸収係数 666
吸収スペクトル
  $ICl(g)$の——(図) 652
吸収断面積 666
級数と極限 *763*
球対称 163
球対称こま 552, 794
吸着 *1346*
  N_2 の雲母表面への——
      1350
  O_2 と CO のシリカ表面
    への—— *1351*
吸着質 *1346*
吸着-脱着反応
  ——の平衡定数 *1348*
吸着媒 *1346*
吸熱過程
  自発的な—— *860*
吸熱反応 *829*
球面座標系 160
球面調和関数 214, 215, 295
境界条件 44
凝固
  アンチモン，ビスマスの——
      971
凝固点降下 *1063*
凝固点降下定数 *1064*
  シクロヘキサンの—— *1065*
共存曲線
  気体と液体の—— *679*
共存線 *1028*
強電解質
  ——の物理的性質(表) *1071*
共沸混合物 *1025, 1026*
共鳴エネルギー 432
共鳴器 649
共鳴積分 425
鏡面 489

共役炭化水素 424
  直鎖の—— 87
共溶温度 *1027*
行列 475
  ——の一次変換 477
  ——の整合性 479
行列式 251
  ——の性質 254
行列式波動関数 313
行列方程式 254
行列要素 273, 476
極限と級数 *763*
極座標(図) 159
極座標系 159
極座標表示 38
虚数 35
金
  ——の単位胞 *1365*
銀
  ——の結晶構造 *1337*
  ——の単位胞 *1365*
均一触媒 *1252*
均一分布 71
キンク *1359*
禁制 329

く

空間振幅 80
偶関数 72
クーシュ，P. K. *1163*
屈折率
  空気の—— 334
クープマンス 315
クープマンスの近似 315
区別可能な粒子
  ——から成る系の分配関数
      745
区別不可能な粒子
  ——の分配関数 *747*
組合わせ *851*
クラウジウス，ルドルフ *858*
クラウジウス-クラペイロンの
    式 *982*
クラウジウスの不等式 *870*
クラッキング *1321*
グラファイト *1127*
クラペイロンの式 *980*
クラマーの規則 257

クリプトン
  ——の第二ビリアル係数(表)
      709
クルッツェン，P. J. *1226*
クロス積 119
クロト，ハリー 486
クロネッカーのデルタ 106,
      140
クロム
  ——の密度 *1365*
クロロエタン
  ——の NMR(図) 611
  ——のモル熱容量(図) *916*
クロロメタン(CH_3Cl)
  ——の基準モード(図) 558
クーロン積分 349, 359, 400,
      425
  原子—— 341
クーロンの法則 22
クーロンポテンシャル
  遮蔽された—— *1089*
クーロン力 22
群
  ——の掛け算の表 496,
      497
  ——の表現 500
  ——の要請 494
群論 487~

け

系 *808*
系間交差 632
蛍光 631
蛍光寿命 641
蛍光遷移
  二原子分子の——(図) 633
系列限界 16
経路関数 *815*
ケクレ 3
結合エネルギー
  等核二原子分子の——(表)
      375
結合角
  分子の——(表) 467
結合次数 370
結合性オービタル 361
結合長
  H_2 の——(表) 459

索引

結合長（つづき）
　等核二原子分子の——（表）　375
　二原子分子の——（表）　182, 384
　分子の——（表）　467
結晶構造
　C_{60} の——（図）　1328
結晶半径　1325
　銅の——　1363
ゲラーデ　367
ケルビン目盛　673
原子
　——のエネルギー準位（表）　777
原子オービタル
　——の一次結合　354
原子価殻　373
原子価殻分割型基底セット　454
原子核
　——のスピン角運動量　583
原子クーロン積分　341
原子交換積分　341
原子スペクトル　14, 327, 329
原子単位　300
弦の振動　43, 44, 109

こ

高温極限　786
光化学過程
　——の動力学　654
光化学反応
　——の量子収率　654
交換可能　86
交換子　143
　——と不確定性原理　144
交換積分　349, 359, 425
　原子——　341
交差慣性積　551
交差微分　723
交差分子線装置　1293
交差分子線法　1293
光子　11
酵素　1255
　——の代謝回転数（表）　1258
構造因子　1341, 1343
　——と電子密度　1344

塩化ナトリウム型単位胞
　の——　1369
剛体回転子　137, 187
　——のエネルギー準位（図）　191
　——のシュレーディンガー方程式　189, 216
　——の選択律　567
　——の波動関数　209, 214
　——のハミルトン演算子　188
剛体回転子-調和振動子近似
　二原子分子の分子分配関数
　　の——　789
剛体球衝突断面積　1278
剛体球衝突理論　1278
剛体球ポテンシャル　700
光電効果　10
光電子スペクトル　376
　アンモニアの——（図）　466
　エテンの——（図）　423
　N_2 の——（図）　376
　CO の——（図）　378
　ホルムアルデヒドの——（図）　474
　メタンの——（図）　422
　水の——（図）　421
光電子分光法　376
恒等演算子　144
恒等変換　480
項の記号
　原子の——　317
　電子配置の——（表）　325
　等核二原子分子の——（表）　390
　分子の——　385
光分解
　ICN(g) の——　657〜, 664
　アセトンの——　655
高分子
　——の分子質量　1065
固-液溶液　1053〜
氷
　——の残余エントロピー　918
　——の蒸気圧（表）　996
　——の相図　974
　——の融解　823
黒体　5
黒体輻射（黒体放射）　5
　——のスペクトル（図）　6
誤差関数　1174

五酸化二窒素
　——の分解（図）　1189, 1190
固体
　——のモル熱容量　900
固体レーザー（表）　645
古典的極限　93
古典熱力学　808
古典物理学　4
コヒーレンス　647
ゴム弾性　963, 964
固有関数　83
　直交する——　138
固有振動温度　792
固有振動数　65
固有値　83
固有値方程式　132
固有値問題　83, 131
孤立化法　1185
孤立系
　——のエントロピー　867
孤立電子対　411
コリメーター　1164
混合エンタルピー　1019
混合エントロピー　884, 1019
　理想気体の——　874, 878
混合ギブズエネルギー　1018
混合体積　1045
混合微分　723
混　成　403
混成オービタル　404
根の公式　711
根平均二乗運動量　96
根平均二乗速さ　1148

さ

最高炎色温度　848
最大効率　880
最大仕事　880
酸-塩基反応
　——の速度定数（表）　1204
酸化水銀
　——の解離圧（表）　1142
酸化ベリリウム(BeO)
　——の振電遷移　578
三斜（結晶系）　1326
三重項　321
三重線　246

索引

三重点 *672, 968, 984*
3 準位系
　——での占有数の逆転
　　　　　641
3-スピン系(図) *621*
酸素分子(O_2) *373*
　——の平衡結合長(表) *550*
　——のポテンシャルエネルギー(図) *544*
三分子反応 *1228*
三方(結晶系) *1326*
残余エントロピー *911*
　氷の—— *918*
散乱因子
　原子の—— *1338*
散乱 X 線
　——の強度 *1345*
散乱レーザー光 *974*

し

シアン化水素(HCN)
　——の基底セット *454*
シアン化ヨウ素(ICN)
　——の光分解 *657~, 664*
JANAF テーブル *1115*
ジオーク, W. F. *772*
紫外破綻 *6*
時間依存型摂動論 *564*
時間分解実験(図) *659*
時間分解法 *658*
時間分解レーザー分光法
　　　　　654
しきいエネルギー *1280*
　——と活性化エネルギー
　　　　　1284
しきい振動数 *10, 12*
磁気回転比 *586*
磁気共鳴分光計(図) *590*
磁気双極子モーメント *586*
磁気モーメント *245, 586*
示強性の変数 *670*
磁気量子数 *226*
　水素原子の—— *220*
σオービタル *366*
σ結合骨格 *424*
シクロヘキサン
　——の凝固点降下定数
　　　　　1065

1,1-ジクロロエタン
　——の NMR(図) *612*
試行関数 *264*
仕　事 *808*
　——の分子論的説明 *821*
　等温圧縮の——(図) *812*
仕事関数 *11*
二乗偏差 *69*
次数(反応の) *1183*
自然な変数 *938*
自然放出 *636*
自然落下 *63*
実在気体 *674*
　——の状態方程式 *678*
　——の平衡定数 *1122*
実用絶対エントロピー *901*
　気体の—— *903*
実粒子 *33*
質量中心座標 *174*
質量モル濃度 *1054*
　強電解質の——(表) *1071*
　平均イオン—— *1070*
磁　場
　——中のプロトン *737*
　——の遮蔽 *592*
　いろいろな——の強さ(表)
　　　　　587
自発的過程 *859*
　——の方向 *868, 923*
$C_P - C_V$ *826, 845*
指　標 *505*
指標表 *505*
JANAF テーブル *1115*
遮　蔽
　磁場の—— *592*
遮蔽定数 *593*
斜方(結晶系) *1326*
臭化カリウム(KBr)
　——の密度 *1363*
臭化水素
　HBr の振動回転スペクトル
　　　　　(図) *536*
　$H^{79}Br$ の振動回転スペクトル
　　　　　575
　——の生成 *1248*
臭　素
　——のエントロピー *909*
　——のモル蒸発エンタルピー
　　　　　836
収束試験 *764*
自由電子モデル *90*

自由度 *555, 969*
自由粒子 *87, 96, 110*
主慣性モーメント *551*
縮退(縮重) *58, 101, 151*
縮退度
　基底状態の—— *904*
主　軸 *492, 551*
寿　命
　粒子の—— *33*
主量子数 *226*
ジュール, J. P. *3, 806*
ジュール-トムソン逆転温度
　　　　　963
ジュール-トムソン係数
　　　　　850, 962
シュレーディンガー,
　エルヴィン *43, 78*
シュレーディンガー方程式
　　　　　43, 79, 81
　一次元調和振動子の——
　　　　　178, 202
　演算子形式の—— *94*
　剛体回転子の—— *189, 216*
　時間に依存しない—— *81,*
　　　　　136
　時間に依存する—— *136*
　水素原子の—— *208*
　ヘリウム原子の—— *237*
準安定状態 *975*
純回転スペクトル *539*
　$H^{35}Cl$ の—— *539*
循環式
　エルミート多項式の——
　　　　　198
　ルジャンドル陪関数の——
　　　　　238
順　列 *851*
昇　位 *403*
昇温熱脱着法 *1376*
昇　華 *971*
蒸気圧 *968*
　アルコール-水の溶液の——
　　　　　(図) *1021*
　液滴の—— *999*
　NaCl 水溶液の——(表)
　　　　　1072
　氷の——(表) *996*
　スクロース水溶液と平衡に
　　ある水の——(表) *1059*
　トリクロロメタン-アセトン
　　溶液の——(図) *1020*

索　引

蒸気圧(つづき)
　鉛の——(表)　996
　二硫化炭素-ジメトキシメタン
　　　溶液の——
　　　　　1020(図), 1033(表)
　パラジウムの——(表)　997
　ブタンの——(表)　1002
　ベンゼンの——
　　　968, 970, 981, 1003
蒸気機関　880
詳細な釣り合いの原理
　　　　　1230
常磁性　373
上昇演算子　204, 248
状態関数　126, 811, 861
状態方程式
　——と標準エントロピー
　　　　　942
　熱力学的——　932
　ファン・デル・ワールス——
　　　676, 684, 745
　ペン-ロビンソン——　678
　理想気体の——　670, 744
　レドリック-ウォン——
　　　　　678
衝　突
　——の立体的配置　1286
　反応性の——　1288
衝突断面積　1165, 1167, 1278
衝突直径(表)　1167
衝突パラメーター　1282
衝突頻度　1160
蒸発エンタルピー
　アルゴンの——(表)　993
障　壁　154
消滅則
　立方単位胞の——　1342
初期速度法　1186
触　媒　1252
シリウス　30
シリカ表面
　——への酸素と一酸化炭素
　　　の吸着　1351
示量性の変数　670, 825
C_{60}
　——の結晶構造(図)　1328
信号の分裂　598
進行波　53
ジーンズ　6
振電遷移　544
　BeOの——　578

$^7Li_2$の——　578
振　動
　——の振幅　44, 171
　——の波動関数　133
　——の微細構造　544
浸透圧　1066
　——に関するファント・ホッ
　　　フの式　1067
　水溶液の——　1085
浸透圧係数　1059
　NaCl水溶液の——(表)
　　　　　1072
　スクロース水溶液と平衡にあ
　　　る水の——　1059
振動温度　782
振動回転スペクトル
　HBr(g)の——(図)　536
　$H^{79}Br$の——　575
　二原子分子の——　788
振動-回転相互作用　538
振動緩和　630
振動項　533
振動スペクトル
　$H^{35}Cl$の——(表)　542
振動の寄与
　モル熱容量への——(図)　783
振動の分配関数
　多原子分子の——　791
　二原子分子の——　782
振　幅　44, 171
シンプソンの公式　716

す

水　銀
　——の蒸気圧　995
水性ガス反応　830
水　素
　——の熱容量　841
水素化
　エテンの——　1374
水素型原子
　——の波動関数(表)　224,
　　　　　236
水素化ベリリウム(BeH$_2$)　403
水素化ホウ素(BH$_3$)　405
水素原子
　——のイオン化エネルギー
　　　　　27

　——のエネルギー　24
　——のエネルギー準位図　25
　——のオービタル　226
　——の磁気量子数　220
　——のシュレーディンガー
　　　方程式　208
　——のdオービタルの
　　　角度部分　235
　——の電子状態(表)　328
　——の波動関数　225
　——のハミルトン演算子
　　　　　207
　——のpオービタルの
　　　角度部分　231
　——のボーア理論　22
　変分法による——のエネル
　　　ギーの計算　264
水素原子オービタル
　——の角度部分　209, 214
　——の確率等高線地図　233
　——の確率密度プロット(図)
　　　　　232
　——の量子数　222
水素原子スペクトル　13, 16,
　　　　　17
水素原子波動関数
　——の角度部分(図)　231
　——の動径部分(図)　227
水素分子(H$_2$)
　H$_2$のエネルギー(表)　459
　H$_2$の基本振動数　197
　H$_2$の結合長(表)　459
　H$_2$の電子状態(図)　391
　H$_2$の熱容量　848
　H$_2$のハミルトン演算子
　　　　　351
　H$_2$のモース ポテンシャル
　　　　　(図)　177
H$_2^+$　353
垂直バンド　559
数演算子　203
数値計算法　711
スカラー積　116
スクロース
　——の活量係数(表)　1059
スクロース水溶液
　——の物理的性質(表)　1059
　——の密度　1056
スターリングの近似　854
ストリッピング反応(機構)
　　　　　1305

索　引

スピン演算子　308
スピンオービタル　309
スピン角運動量　308, 309
　　原子核の——　583
スピン関数
　　2電子系の——　339
スピン-軌道結合　328, 330
スピン-軌道相互作用　328
スピン系
　　AX——（図）　605
スピン固有関数　309
スピン-スピン結合　598
スピン-スピン結合定数　600
スピン-スピン相互作用　328, 599
スピン多重度　318
スピン変数　309
スピン量子数　308
スペクトル強度　636
スペクトル定数
　　ICl(g)の——　663
スペクトル輻射エネルギー密度　634
スペクトル分解能　653
スモーリイ, リック　486
スレーター, ジョン　304, 313
スレーターオービタル　304
　　——の指数（表）　447

せ, そ

ゼア, リチャード N.　628
正規分布　74
制限ハートリー-フォック法　462
整合性
　　行列の——　479
斉　次　256
生成演算子　518
正則溶液　1037, 1040, 1047
成長反応　1249
正反応　1196
正方（結晶系）　1326
跡　505
赤外活性　557
　　——と基準モード　571
赤外（線）スペクトル
　　$^{127}I^{35}Cl$の——　577
　　二原子分子の——　180

赤外不活性　557
積分因子　862
節　53
接球面図
　　pオービタルの——　231
摂氏目盛　673
節　線　57
絶対値　36
摂　動　279
摂動論　279
　　1次の——　280, 288
　　時間依存型——　564
　　ヘリウム原子への——の適用　282
節　面　366
ゼーマン効果　226, 246
セリウム
　　——の単位胞　1363
遷　移
　　——の動力学　634
　　ネオン原子の——（表）　651
遷移金属触媒　1361
遷移状態　1209, 1311
遷移状態理論　1209
遷移双極子モーメント　566
全オービタル角運動量　317
全角運動量　317
線形演算子　82
線形微分方程式
　　定係数の——　45
線形偏微分方程式　44
全次数
　　化学反応の——　1184
前指数因子　1206
全衝突頻度　1170
全スピン角運動量　317
線スペクトル　13
選択律　180, 190, 329, 563
　　NMRの——　610
　　剛体回転子の——　190, 567
　　調和振動子の——　569
先　点　448
全反応次数　1184
全微分　724
占有数
　　——の逆転　640, 650
　　3準位系での——の逆転　641
相関エネルギー　307, 317
双極子-双極子相互作用　696

双極子モーメント　118, 396, 443
　　永久——　698
　　原子と分子の——（表）　697
　　誘起——　698
双極子-誘起双極子相互作用　698
双曲線関数　40
相　図　967
　　氷の——　974
　　二酸化炭素の——　971
　　ベンゼンの——　968
　　ベンゼンの密度-温度——　990
　　水の——　972
相対運動エネルギー　1171, 1291
相対座標　174
相対性理論　4
相転移　898
相平衡　967〜
阻害剤　1269
阻害反応　1249
阻害分子　1269
束一的性質　1063
　　電解質溶液の——　1073
速度空間　1156
速度選別器
　　——の模式図　1164
速度則
　　エリー-リディール機構の——　1356
　　表面触媒気相反応の——　1354
　　ラングミュアー-ヒンシェルウッド機構の——　1355
速度定数　1183
　　——の温度依存性　1205
　　1次気相化学反応の——（表）　1191
　　可逆反応の——　1199
　　剛体球衝突理論の——　1278
　　酸-塩基反応の——（表）　1204
　　2次気相反応の——（表）　1195
速度分布
　　反応性衝突の生成物の——　1297
　　分子の——（図）　1153

1406　　　　　　　索　引

測熱的エントロピー　910
素反応　1227

た

対応原理　93
対応状態の原理　684, 686, 694
対角行列　480
台形近似　716
滞在時間
　　表面での分子の――　1353
第三法則エントロピー　901
代謝回転数
　　酵素の――(表)　1258
対称オービタル　489
　　ベンゼンの――　522
対称こま　552, 794
対称軸　489
対称伸縮　557
対称数　789
対称性
　　波動関数の――　388
対称操作　491
対称面　489
対称要素
　　――と演算子(表)　490
　　アンモニアの――　492
　　エテンの――　492
　　ベンゼン分子の――　516
体心単位胞　1326
体心立方単位胞　1324
体積素片　161
ダイナミクス
　　光化学過程の――　654
　　電子状態間遷移の――　634
第二ビリアル係数　688
　　アルゴンの――(表)　708, 709
　　エタンの――(表)　708
　　換算――(図)　693
　　キセノンの――(表)　709
　　気体の――(図)　689
　　クリプトンの――(表)　709
　　剛体球の――　701
　　窒素の――(表)　708
　　ファン・デル・ワールス状態
　　　方程式に対する――　703
ダイヤモンド　1127
　　――のモル熱容量(図)　742

タイライン　999, 1015
帯列(図)　546
楕円体座標　392
多原子分子
　　――の回転スペクトル　551
　　――の回転の分配関数　793
　　――の振動の分配関数　791
　　――の反応　1114
　　――の分子定数(表)　792
多原子分子気体
　　――の標準モルエントロピー
　　　(表)　910
多項係数　853
多重線
　　NMRの――　598
多中心積分　447
脱出速度　1175
多電子原子　299~
　　――のハミルトン演算子　328
ダブルゼータ基底セット　453
多分子層物理吸着　1375
単　位
　　圧力の――(表)　671
　　温度の――　672
単位ベクトル　114
単位胞　1322
　　NaClの――(図)　1343
　　CsClの――(図)　1343
　　カリウムの――(図)　1323
　　銅の――(図)　1323
　　ポロニウムの――(図)　1324
単原子結晶
　　――のモル熱容量　717
単原子段　1359
単原子ファン・デル・ワールス気体
　　――の分配関数　757
単原子理想気体
　　――中の音速　1149
　　――の分配関数　778, 883
単斜(結晶系)　1326
単純単位胞　1326
単純モデル　1080
単純立方単位胞　1324
炭　素
　　C(s)の熱容量　848
炭素原子
　　――の項の記号　321
タンタル
　　――の単位胞　1363

断熱炎色温度　848
断熱過程　817
単分子層　1347
単分子反応　1228
　　――のアレニウスパラメーター(表)　1245

ち

力の定数　61, 170
　　二原子分子の――　182(表), 394
　　$^{75}Br^{19}F$の――　181
逐次反応　1233
逐次方程式
　　ニュートン-ラフソン法の――　712
逐次補正　280
チタン-サファイアレーザー　662
窒　素
　　――のエントロピー(表)　901
　　――の第二ビリアル係数(表)　708
　　――の熱容量　841
窒素分子
　　N_2の雲母表面への吸着　1350
　　N_2の光電子スペクトル(図)　376
　　N_2の標準モルエントロピー　904
　　$^{14}N^{14}N$の基本振動数　197
窒素(N_2)レーザー　646
中心線モデル　1283
中性子回折　32
超音速分子線　1294
　　――中の分子のピーク速度　1313
超微細相互作用　654
調和振動　52
調和振動子(調和単振子)　65, 169
　　――の運動エネルギー(図)　173
　　――の確率密度(図)　184
　　――の選択律　569
　　――の波動関数　183(表), 184(図)

索引

――のポテンシャル
　　エネルギー（図）　173
――の零点エネルギー　179
変分法による――の計算
　　267
　量子力学的――　178
直線直径則　992
直　106
　固有関数の――　138
直交規格化→規格化直交
直交系　139, 151
直交座標　159

つ，て

通常昇華温度　971
通常沸点　889, 970
通常融点　889, 969
つじつまの合う場の方法　306,
　　380

定圧モル熱容量　825
　ベンゼンの――（図）　828
低エネルギー電子回折　1359
dオービタル
　――の角度部分　235
定在波　53
T^3 則
　デバイの――　768, 900
停止反応　1249
定常状態
　――の波動関数　79, 137
定常状態の近似　1237
底心単位胞　1326
D 線
　ナトリウムの――　334
d^2sp^3 混成オービタル　411
TPD　1376
定容熱容量　740, 790, 825
テイラー級数　767
ディラック，P.　43
テイラー展開　176
梃子の規則　1015
デバイ，ピーター　1052
デバイ温度　717, 767, 900
デバイの T^3 則　900
デバイの理論　900
　単原子結晶のモル熱容量
　　の――　717

デバイ-ヒュッケルの極限法則
　　1075
デバイ-ヒュッケル理論
　　1074, 1087
　拡張――　1079
デバイモデル
　モル熱容量の――　767
デュロン-プティの法則
　　743, 768
テラス　1359
デル2乗（∇^2）　97
転移エンタルピー　901
転移温度　901
転移熱　827
電解質溶液　1068～
　――の束一的性質　1073
電気陰性度　397
電気分解　929
点　群　492, 493
　――と基準座標　559
電　子
　――の角運動量　23
　――の速さ　336
電子回折　21
電子間反発項　237
電子顕微鏡　21
電子状態
　――間の遷移の動力学　634
　H_2 の――（図）　391
　水素原子の――（表）　328
　ナトリウム原子の――（表）
　　332
電磁スペクトル
　――の領域（表）　532
電子配置
　――の項の記号（表）　325
　等核二原子分子の――（表）
　　375, 390
電磁輻射（図）　30
電子分配関数　775
電子ボルト（eV）　12
電子密度
　――と構造因子　1344
転置行列　483

と

銅
　――のX線源　1365

――の結晶半径　1325, 1363
――の単位胞（図）　1323
――の密度　1325
等温圧縮
　――の仕事（図）　812
等温圧縮率
　　710, 843, 934, 1000
等温吸着式
　フロイントリッヒの――
　　1375
　BET――　1375
　ラングミュアの――　1349
等温吸着線　1348
等温線　679
　二酸化炭素の――（図）　680
等価オービタル　322
等核二原子分子
　――の結合エネルギー（表）
　　375
　――の結合長（表）　375
　――の項の記号（表）　390
　――の電子配置（表）　375,
　　390
　――の分子オービタル（図）
　　369
等確率の原理　873
透過係数　153
等価でないオービタル　321
統　計　67
統計熱力学　808
動径部分
　水素原子波動関数の――（図）
　　227
動径方程式　209
同　次　256
同次関数　1041
動的平衡　1197
動的変数　125
等電子的　377
動力学
　光化学過程の――　654
　電子状態間の遷移の――
　　634
特異行列　482
ドップラー効果　1155
ドップラー幅　1156
ド ブローイ，ルイ　18, 42
ド・ブローイ波長　19, 20
トムソン卿，G.P.　21
トムソン卿，J.J.　21
ド・モアヴルの式　39

索引

ドライアイス　971
1,2,3-トリクロロベンゼン
　　——のNMR（図）　622
トリクロロメタン-アセトン
　　　　　　　　　　　溶液
　　——の蒸気圧図　1020
トルートンの法則　913
トレース　482, 505

な 行

内積　116
内部圧　955
内部エネルギー
　　——と反応断面積　1286
内部変換（内部転換）　631
ナトリウム
　　——から放出される電子の運
　　　動エネルギー（図）　11
ナトリウム原子
　　——の電子状態（表）　332
ナトリウムのD線　334
鉛
　　——の蒸気圧（表）　996
波の強度　110

2sオービタル　230
二原子分子
　　——のエネルギー　779
　　——の基本振動数（表）　182
　　——の蛍光遷移（図）　633
　　——の結合長（表）　182, 384
　　——の振動-回転スペクトル
　　　　　　　　　　　　788
　　——の振動の分配関数　782
　　——の赤外線スペクトル　180
　　——の力の定数　182, 394
　　——の分光パラメーター（表）
　　　　　　　　　　　　535
　　——の分子定数（表）　781
　　——の分子分配関数の剛体回
　　　転子-調和振動子近似
　　　　　　　　　　　　789
　　——の分配関数　739, 989
　　——のマイクロ波スペクトル
　　　　　　　　　　　　192
　　——のモル熱容量　740
　　——のラングミュアの等温吸
　　　着式　1352

——の理想気体　779
2項級数　767
二項係数　852
2項展開　767
二項分布　851
二酸化炭素
　　——の相図　971
　　——の等温線（図）　680
　　——の標準モルエントロピー
　　　　　　　　　　　　906
二酸化炭素（CO_2）レーザー
　　　　　　　　　　　　646
二酸化窒素
　　——の生成反応　1241
二酸化二窒素
　　N_2O_2の分解　1191, 1192
2次気相反応
　　——の速度定数（表）　1195
2次交差偏微分　723
二次スペクトル（NMR）　613
二次中心モーメント　69
二次反射　1333
2次反応
　　——の半減期　1195
二次モーメント　69
二重線　330
2-スピン系　613
2成分溶液　1006
二中心積分　392
ニッケル
　　——の単位胞　1363
2電子系
　　——のスピン関数　339
ニトロメタン
　　——のモル熱容量（表）　917
2分割鏡面　493
二分子気相反応
　　——に対する活性化パラメー
　　　ター（表）　1285
　　——の角度依存性　1298
　　——の角度・速度分布の等高
　　　　　　　　線図　1301
　　——の速度　1277
2分子衝突
　　——の詳細（図）　1290
二分子反応　1228
ニュートンの第二法則　61, 63
ニュートン方程式
　　回転系における——　123
ニュートン-ラフソン法　711
　　——の逐次方程式　712

二硫化炭素
　　——とオゾンの反応　1194
二硫化炭素-ジメトキシメタン
　　　　　　　　　　　溶液
　　——の蒸気圧
　　　　　1020（図）, 1033（表）
ネオジム:ヤグ（Nd^{3+}:YAG）
　　　　　　レーザー　645
ネオン
　　——のイオン化エネルギー
　　　　　　　　（表）　316
ネオン原子
　　——の遷移（表）　651
熱　808
　　——の分子論的説明　821
熱化学　829
熱核爆発　30
熱機関　880
熱伝導　878
熱膨張率　709, 934
熱容量（モル熱容量も見よ）
　　　　　　　　　　　　825
熱力学第一法則　815, 860
熱力学第三法則　898
熱力学第二法則　870
　　——のケルビンの表現　882
熱力学的状態方程式　932
熱力学的平衡定数　1123, 1126
熱力学データの表　1115, 1116
ネルンスト，ワルター　894
燃　焼
　　イソブタンの——　832
　　液体エタノールの——　838
　　n-ブタンの——　832
　　メタンの——　829
燃焼熱　829
年代決定法　1217
濃度の単位　1184

は

倍　音　53, 541
パイオン　33
π結合次数　441
ハイゼンベルク，ウェルナー
　　　　　　　　28, 43, 124
排他原理 → パウリの排他原理

索引

配置間相互作用　461
π電子近似　424
π電子電荷　441
ハウトスミット　308
パウリの排他原理　310, 311
箱の中の粒子
　──のエネルギー準位（図）
　　　　　　　　　　89
　一次元の──　86
　三次元の──（図）　98
はしご演算子　204, 248
バージ-スポーナーのプロット
　　　　　　　　　　576
ハーシュバック，ダッドレー
　　　　　　　　　　1276
波　数　14
パスカル　670
パスカルの三角形　856
発光スペクトル　13
パッシェン系列　16, 17
発熱反応　829
波動関数（オービタルも見よ）
　　　　　　　　79, 126
　──の規格化　127
　──の対称性　112, 388
　SCF-LCAO-MO──　380
　行儀よい──　128
　剛体回転子の──　214
　振動の──　133
　水素型原子の──（表）　224, 236
　水素原子の──　225
　調和振動子の──　183（表），184（図）
　定常状態の──　137
波動と粒子の二重性　18
波動方程式　43
　──の一般解　50
　古典的──　44
ハートリー（単位）　300
ハートリー，ダグラス　262
ハートリー-フォック
　　　オービタル　307, 315
ハートリー-フォック極限
　　　　　　　　305, 381
ハートリー-フォック近似
　　　　　　　　　305
ハートリー-フォック法
　ヘリウムの──　306
ハートリー-フォック方程式
　　　　　　　　　306

ハートリー-フォック-
　　　ローターンの方法　380, 446
ハミルトン演算子（ハミルトニアン）　84
　剛体回転子の──　188
　水素原子の──　207
　水素分子の──　351
　多電子原子の──　328
　モースポテンシャルに対応する──　291
ハミルトン卿　3
速い平衡の近似　1261
パラジウム
　──の蒸気圧（表）　997
バリウム
　──の格子面間隔　1365
パルスレーザー　654
バルマー　14
バルマー系列　16
バルマーの式　15
ハロゲン
　気体──の標準モルエントロピー（表）　907
ハロゲン化水素
　──の標準モルエントロピー（表）　907
反結合性オービタル　362
半減期　1190
　n次反応の──　1219
　2次反応の──　1195
　反応の──　659
反磁性　373
反射演算子　198
反射係数　153
反対称　311
反対称波動関数　310, 313
反跳反応　1303
半透膜　1065
反応エンタルピー
　──の温度依存性　839
反応機構　1228
反応座標　1208, 1252
反応商　1105
反応進行度　1093, 1182
反応性の衝突　1288, 1297
反応速度　1182
反応速度式　1183
反応断面積
　──と内部エネルギー　1286
　──と不透明度関数　1318

　──のエネルギー依存性
　　　　　　　　　　1280
　中心線モデルによる──
　　　　　　　　　　1283
反応中間体　1227, 1237
反応熱　832
反応の進行方向　1104, 1106
反応の半減期　659
反応のポテンシャルエネルギー面　1307
反復法　1129

ひ

BET等温吸着式　1375
pオービタル　230
　──の接球面図　231
光化学 → "こうかがく"を見よ
非局在化　424
　──による安定化　429
非局在化エネルギー　432
非局在分子オービタル　425
ピーク速度
　超音速分子線中の分子の──
　　　　　　　　　　1313
非結合性オービタル　380
ピケリング系列　32
微細構造　330
　振動の──　544
P　枝　536, 537
比試験　764
ヒース，ジム　486
ビスマス
　──の凝固　971
非斉次　256
非摂動ハミルトン演算子　279
非対称こま　552, 794
非対称伸縮　557
左手座標系（図）　115
非調和項　177
非調和振動子　280, 281
　──のエネルギー　803
非調和定数　542
非直線形多原子分子
　──の理想気体のモル熱容量
　　　　　　　　　　796
$P\text{-}V$仕事　810
微分表面積　162
ヒュッケル，エーリッヒ　1052

索引

ヒュッケル分子軌道法　425
ヒュッケル法
　ベンゼンの——　431
標準エントロピー　902
　——と状態方程式　942
標準活性化エンタルピー
　　　　　　　　　1211
標準活性化エントロピー
　　　　　　　　　1211
標準活性化ギブズエネルギー
　　　　　　　　　1211
標準状態
　液体の——　833
　仮想的——　1033
　ヘンリー則の——
　　　　　1032, 1054
　ラウール則の——
　　　　　1032, 1053
標準生成ギブズエネルギー
　種々の物質の——(表)
　　　　　　　　　1101
標準燃焼エンタルピー　835
標準濃度　1099
標準反応エンタルピー　832
標準沸点　970
標準偏差　69
標準モルエントロピー
　$N_2(g)$の——　901, 904
　さまざまな物質の——(表)
　　　　　　　905, 907
　多原子分子気体の——(表)
　　　　　　　　　910
　二酸化炭素の——　906
標準モルギブズエネルギー
　　　　　　　　　944
標準モル生成エンタルピー
　　　　　　　　　833
　いろいろな物質の——(表)
　　　　　　　　　836
標準融点　969
表面化学　1321
表面触媒気相反応
　——の速度則　1354
表面触媒反応　1360
表面の構造欠陥(図)　1359
表面被覆率(図)　1349
ビリアル係数　688
ビリアル状態方程式　687
ビリアル定理
　量子力学的——　242
ビリアル展開　688

非理想性
　——の補正　901, 941, 956
　気体の——　947
非理想溶液　1029
ヒルデブランド，ジョエル
　　　　　　　　　1004

ふ

ファラデー　1346
ファン デル ワールス　668
ファン・デル・ワールス気体
　——のフガシティー　959
ファン・デル・ワールス状態
　　　　　　方程式
　——に対する第二ビリアル
　　　　　係数　703
ファン・デル・ワールス定数
　　　　　　　　　684
　いろいろな物質の——(表)
　　　　　　　　　676
ファン・デル・ワールス方程式
　　　　　676, 684, 745
ファント・ホッフの式　1107
　浸透圧に関する——　1067
フェルミオン　747
フォック，ウラジミール　262
フォック演算子　315
不可逆過程　923
不確定性原理　28, 33, 97
　——と交換子　144
付加原子　1359
フガシティー　948, 1141
　ファン・デル・ワールス気体
　　　　　の——　959
フガシティー係数　950
　気体の——(図)　952
不完全微分　726, 815
不均一触媒　1252
複合反応　1228
輻射　5
輻射エネルギー密度　634
　スペクトル——　634
輻射失活　634
輻射寿命　641
輻射遷移　630
輻射力率
　レーザーパルスの——　645
複素共役　36

複素数　35
複素平面(図)　37
節　53
ブタジエン　89, 427
ブタン
　——の蒸気圧と蒸気相の密度
　　　　　　　　　1002
　——のモル熱容量　912
n-ブタン
　——の燃焼　832
不対電子　373
フッ化カリウム
　——の密度　1363
フッ化臭素
　$^{75}Br^{19}F$の力の定数　181
フッ化水素(HF)
　——の分子オービタル(図)
　　　　　　　　　379
フッ化バリウム
　$BaF_2(s)$の溶解度　1130
フックの法則　61, 170
物質の量　669
沸点
　ベンゼン-エタノール溶液
　　の——(図)　1026
沸点上昇　1063
沸点上昇定数　1065
物理吸着　1346
物理量の平均値　95
2-ブテン
　——の異性化反応　1198
不透明度関数
　——と反応断面積　1318
部分フガシティー　1122
部分モルギブズエネルギー
　　　　　　　　　1006
部分モル量　1006
ブラケット系列(図)　16
ブラッグの式　1336, 1366
ブラベ格子　1325, 1326
フラーレン
　C_{60}の結晶構造(図)　1328
プランク，マックス　2, 7
フランク-コンドンの原理　548
プランク定数　7
プランクの式　7
プランクの分布則　7, 8
フーリエ変換　1345
振り子の運動　64
フロイントリッヒの等温吸着式
　　　　　　　　　1375

索　引

プロトン
　　磁場中の―― *737*
1-プロパノール水溶液
　　――における部分モル体積
　　　　　1007
1-プロパノール-2-プロパ
　　ノール溶液
　　――の圧力-組成図　*1014*
　　――の温度-組成図　*1016*
プローブパルス　*656*
分極効果　*457*
分極率　*698*
分極率体積
　　原子と分子の――（表）　*697*
分光学的エントロピー　*910*
分光学的項の記号　*327*
分光定数
　　$^{72}Ge^{32}S$ と $^{74}Ge^{32}S$ の――
　　　　　575
分光パラメーター
　　二原子分子の――（表）　*535*
噴　散　*1178*
分　散　*69*
分散引力
　　ロンドンの――　*699*
分散項　*700*
分　子
　　――の結合角（表）　*467*
　　――の結合長（表）　*467*
分子エフュージョン　*1178*
分子オービタル　*353*
　　――の等高線図　*382*
　　――の表記法（表）　*381*
　　HF の――エネルギー準位
　　　　　（図）　*379*
　　C_2H_4 の――エネルギー準位
　　　　　（図）　*423*
　　等核二原子分子の――（図）
　　　　　369
分子間相互作用　*690*
分子間ポテンシャルエネルギー
　　　　　691
分子軌道 → 分子オービタル
分子軌道法　*353*
分子質量
　　高分子の――　*1065*
分子速度　*1150*
分子定数
　　多原子分子の――（表）　*792*
　　二原子分子の――（表）　*781*
分子度　*1228*

分子内ポテンシャルエネルギー
　　　　　曲線　*177*
分子の速さ
　　最確の――　*1158*
分子分配関数　*746*
　　二原子分子の――剛体回転
　　　子-調和振動子近似　*789*
フント　*327*
フントの規則　*327*
分配関数　*731, 903*
　　――と化学ポテンシャル
　　　　　985
　　――と平衡定数　*1111*
　　アインシュタインの結晶
　　　　　の――　*758*
　　各自由度の――　*752*
　　活性錯体の――
　　　　　1209, 1210
　　区別可能な分子から成る系
　　　　　の――　*745*
　　区別不可能な原子や分子
　　　　　の――　*747*
　　剛体回転子の回転の――
　　　　　785
　　多原子分子の回転の――
　　　　　793
　　多原子分子の振動の――
　　　　　791
　　単原子ファン・デル・ワール
　　　ス気体の――　*757*
　　単原子理想気体の――
　　　　　778, 883
　　電子――　*775*
　　二原子分子の――　*739, 989*
　　二原子分子の振動の――
　　　　　782
　　並進の――　*773*
分別蒸留　*1018*
粉末法　*1366*
分離可能な演算子　*102*
分離定数　*45*

へ

平均圧力　*743*
平均イオン活量　*1070*
平均イオン活量係数　*1070*
　　NaCl の――（表）　*1072*
　　強電解質の――（表）　*1071*

平均イオン質量モル濃度　*1070*
平均エネルギー
　　アンサンブル内の系の――
　　　　　736
平均剛体球近似　*1078, 1080*
平均自由行程　*1165*
平均値　*67, 133*
　　物理量の――　*95*
平衡位置
　　――に対する圧力効果
　　　　　1097
平衡結合長　*176*
　　――の計算　*1100*
　　O_2 の――（表）　*550*
　　吸着-脱着反応の――　*1348*
　　実在気体の――　*1122*
　　熱力学的――　*1123, 1126*
平衡状態　*1102*
平衡定数　*1096*
　　――の温度依存性　*1107*
　　実在気体の――　*1122*
　　分配関数による――の計算
　　　　　1111
平行バンド　*559*
並進エネルギー状態の数　*804*
平面極座標　*199*
ヘキサトリエン　*104*
ベクトル　*113*～
　　単位――　*114*
ベクトル積　*116*
ヘスの法則　*831*
β 線　*112*
BET 等温吸着式　*1375*
ヘリウム
　　――のハートリー-
　　　　　フォック法　*306*
ヘリウム-カドミウム（He-Cd）
　　　　　レーザー　*646*
ヘリウム原子
　　――のエネルギー準位図
　　　　　335
　　――の基底状態エネルギー
　　　　　（表）　*302*
　　――のシュレーディンガー
　　　　　方程式　*237*
　　――の励起状態　*340*
　　――への摂動論の適用　*282*
　　変分法による――のエネル
　　　　　ギーの計算　*270*
ヘリウム-ネオン（He-Ne）
　　　　　レーザー　*31, 646, 649*

索引

[左列]

ヘリウム分子(He$_2$) 370
ヘルツ 4
ヘルツベルグ, ゲルハルト 530
ヘルムホルツ, ヘルマン フォン 922
ヘルムホルツエネルギー 924
変角 557
変形ベルテロー式 956
変数分離法 45
ベンゼン
　——のギブズエネルギー 977
　——の自由電子モデル 108
　——の蒸気圧 968, 970, 981, 1003
　——の蒸気相の密度(表) 1003
　——の相図 968
　——の対称オービタル 522
　——の定圧モル熱容量とモルエンタルピー(図) 828
　——のヒュッケル法 431
　——の密度-温度相図 990
ベンゼン-エタノール溶液
　——の沸点図 1026
ベンゼン分子
　——の対称要素 516
偏長対称こま 553
偏微分 721
偏微分の連鎖規則 199
変分原理 263, 283
変分パラメーター 264
変分法 263
　——による一次元の箱の中の粒子のエネルギーの計算 272
　——による水素原子エネルギーの計算 264
　——による調和振動子の計算 267
　——によるヘリウム原子エネルギーの計算 270
偏平対称こま 553
ヘンリー係数 1022
ヘンリー則標準状態 1054
　——に基づく活量 1032
ヘンリーの法則 1022
ペン-ロビンソン方程式 678

ほ

ポアソンの方程式 1088
ボーア, ニールス 22, 206
ボーア軌道 23, 24
ボーア磁子 245
ボーアの振動数条件 26
ボーア理論
　水素原子の—— 22
ボイル温度 690
方位量子数 → 角運動量量子数
放射 → 輻射
放射性同位体
　——の崩壊 1216
膨張
　——におけるエントロピー変化 876
ポープル, ジョン 444
ホジキン, ドロシー 1320
星の表面温度 9
ボゾン 747
保存系 173
ポテンシャルエネルギー
　O$_2$の——(図) 544
　調和振動子の——(図) 173
　物理吸着と解離型化学吸着の——(図) 1347
ポテンシャルエネルギー図 1295
ポテンシャルエネルギー面 1310
　反応の—— 1307
ポテンシャルの井戸 156
ポラーニ, ジョン 1276
ポーリング, ライナス 402
ボルツマン, L. 730
ボルツマン因子 731
ボルツマン統計 751
ボルツマン定数 872
ボルツマンの式 872
ポルフィリン 107
ホルムアルデヒド(H$_2$CO)
　——の基準モード(図) 558
　——の光電子スペクトル(図) 474
ボルン, マックス 87
ボルン-オッペンハイマー近似 352

[右列]

ボルンの解釈 91
ボルンの見解 87
ポロニウム
　——の単位胞(図) 1324
ポンピング 642
ポンプ光源 642, 647
ポンプパルス 656

ま 行

マイクロ波スペクトル
　H^{35}Clの—— 192
　^{12}C^{16}Oの—— 575
　二原子分子の—— 192
マイクロ波分光学 191
膜
　——の基準モード(図) 58
　——の振動 54
マクスウェル, ジェームズ C. 4, 1144
マクスウェルの関係式 930
マクスウェルの等面積則 681, 1000
マクスウェル-ボルツマン分布 76, 1150, 1163
マーグレスの式 1046
マクローリン級数 766
マクローリン展開 195
マトリックス 475
マリケン, ロバート S. 350
ミカエリス, L. 1256
ミカエリス定数 1257
ミカエリス-メンテン機構 1255
右手座標系 114, 115
ミクロ状態 321
水
　H$_2$O(g)の熱容量 848
　——の結合 411~
　——の光電子スペクトル(図) 421
　——の相図 972
　——のモル熱容量 918
密度
　エタンの——(表) 992
　銅の—— 1325
　ブタンの蒸気相の——(表) 1002

索　引

ベンゼンの蒸気相の──(表) 1003
ミラー指数 1330
ムーア，シャルロット E. 298, 331
無意味な解 46, 51, 258
無限級数 763
無輻射遷移(無放射遷移) 630
メタノール
　──の蒸気圧 991
　──の蒸発データ(表) 994
メタン(CH_4)
　H_3CD の残余エントロピー 911
　CH_4(g)の熱容量 848
　──の結合 408
　──の光電子スペクトル 420, 422(図)
　──の燃焼 829
メチルアミン塩酸塩
　──のモル熱容量(表) 916
メチルイソシアニド
　──の異性化(図) 1247
メニスカス 973
面間隔 1330
面心単位胞 1326
面心立方単位胞 1324
メンデレーエフ 3
メンテン，M. 1256

モースポテンシャル 177, 291
　──に対応するハミルトン演算子 291
　H_2 の──(図) 177
モラル(単位) 1054
もり機構 1306
モリーナ，M. J. 1226
モリブデン
　──の X 線源 1365
モルエンタルピー
　ベンゼンの──(図) 828
モル吸光係数 665
モル吸収係数 666
モル混合ギブズエネルギー 1036
モル蒸発エンタルピー 981, 1065
　アルゴンの──(表) 993

モル数 669
モル熱容量 741
　──のデバイモデル 767
　──への回転の寄与 787
　──への振動の寄与(図) 783
　N_2O の──(表) 915
　クロロエタンの──(表) 916
　固体の── 900
　ダイヤモンドの──(図) 742
　多原子分子の理想気体の── 796
　単原子結晶の── 717
　二原子分子の── 740
　ニトロメタンの──(表) 917
　ベンゼンの──(図) 828
　水の── 918
　メチルアミン塩酸塩の──(表) 916
モル濃度 1055

や 行

YAG(ヤグ)レーザー 645

誘起双極子モーメント 698
有効核電荷 271
誘導放出 636
ゆらぎ
　平衡状態からの── 892
ユーロピウム
　──の密度 1363

余因数(余因子) 252
溶解度
　活量によるイオン──の計算 1128
　BaF_2(s) の── 1130
ヨウ化水素
　HI の分解 1206
　──の蒸気圧 997
溶質 1053
　──の活量 1055
ヨウ素(I_2)
　──の可視領域スペクトル(図) 546
　──の蒸気圧 996
溶媒 1053

ら 行，わ

ライマン系列 16, 329
ラインウィーバー-バークの式 1270
ラウエの式 1334, 1371
ラウール則標準状態 1053
　──に基づく活量 1032
ラウールの法則 1010, 1012
ラグランジェ 3
ラゲールの陪多項式 224
ラジアン 37
ラッセル-ソーンダース結合 317
ラプラス演算子(ラプラシアン) 98
ラムフォード 3
ラングミュア，I. 1178, 1346
ラングミュア(単位) 1371
ラングミュアの等温吸着式 1349
　二原子分子の── 1352
ラングミュア-ヒンシェルウッド機構 1355, 1357

リー，ユアン 1276
理想気体
　──の温度と体積の可逆的変化 861
　──の可逆断熱膨張 819, 844
　──の可逆等温膨張 863
　──の混合 925
　──の混合エントロピー 874, 878
　──の状態方程式 670, 744
　二原子分子の── 779
理想溶液 1012
リチウム 12
リチウム分子($^7Li_2$)
　──の振電遷移 578
律速段階 1236
立体角 164
リッツの結合法則 18
立方(結晶系) 1326

LEED *1359*
利得媒質 *643, 644*
硫酸銅（CuSO$_4$）
　——の結晶構造 *1366*
リュードベリ *17*
リュードベリ定数 *17, 26*
リュードベリの式 *17, 26*
量子仮説 *7, 10*
量子収率
　光化学反応の—— *654*
量子条件 *23*
量子数 *88*
　角運動量—— *226*
　磁気—— *226*
　水素原子オービタルの——
　　　　　　　　　　222
　スピン—— *308*
量子力学 *4*
　——の演算子（表） *129*
量子力学的調和振動子 *178*
量子力学的トンネル運動 *154*
量子論の仮説 *125~*
量子論の父 *2*
菱面体単位胞 *1326*
両立型（演算の） *85*
臨界温度 *1027*
　六フッ化硫黄の—— *973*
臨界指数 *1000*
臨界タンパク光 *974*
臨界定数
　いろいろな物質の——（表）
　　　　　　　　　　683
臨界点 *679, 682, 971*
リング上の粒子 *199*
りん光 *632*

リンデマン機構 *1245*

類 *507*
ルイス，ギルバート N. *1092*
ルイスの式 *1125*
ル・シャトリエの原理 *1097*
ルジャンドル多項式 *211*
ルジャンドル陪関数 *212, 213*
　——の循環式 *238*
ルジャンドル方程式 *211*
ルビーレーザー *644, 647, 648*

励起状態 *25*
零点エネルギー
　調和振動子の—— *179*
レイリー卿 *6*
レイリー–ジーンズの法則 *6*
レーザー *629*
　——の構造（図） *644*
　——の効率 *648*
　気相——（表） *646*
　固体——（表） *645*
　チタン–サファイア——
　　　　　　　　　　662
　パルス—— *654*
　ルビー—— *644, 647, 648*
　He-Cd—— *646*
　He-Ne—— *646, 649*
　N$_2$—— *646*
　Nd^{3+}:YAG—— *645*
　CO$_2$—— *646*
　YAG—— *645*
レーザーキャビティ—— *648*
レーザー光
　散乱された—— *974*

レーザーパルス *645*
レーザー分光法 *652*
　時間分解—— *654*
レーザー誘起蛍光 *658*
レドリック–ウォン方程式
　　　　　　　　　　678
レナード–ジョーンズ *1347*
レナード–ジョーンズ パラメーター
　いろいろな物質の——（表）
　　　　　　　　　　692
レナード–ジョーンズ ポテンシャル *692, 707*
連結線 *1015*
連鎖長 *1267*
連鎖反応 *1249*
連鎖分岐反応 *1274*
連立一次代数方程式
　——の行列式を使った解法
　　　　　　　　　　256
　——の行列を使った解法 *484*

ロウランド，F. S. *1226*
六フッ化硫黄（SF$_6$）
　——の結合 ——
　——の臨界温度 *973*
ローターン *380*
ローターン–ハートリー–
　フォック方程式 *380, 446*
六方（結晶系） *1326*
l'Hôpital の公式 *767*
ロンドンの分散引力 *699*

YAG レーザー *645*

千原秀昭
  1927年 東京に生まれる
  1948年 大阪大学理学部 卒
  現 一般社団法人化学情報協会 理事
  大阪大学名誉教授
  専攻 物理化学,化学情報論
  理学博士

江口太郎
  1947年 大分県に生まれる
  1970年 大阪大学理学部 卒
  現 大阪大学総合学術博物館 教授
  専攻 構造物理化学
  理学博士

齋藤一弥
  1959年 千葉県に生まれる
  1981年 大阪大学理学部 卒
  現 筑波大学大学院数理物質科学研究科 教授
  専攻 物性物理化学
  理学博士

第1版 第1刷 2000年 2月15日 発行
第7刷 2011年12月 1日 発行

マッカーリ・サイモン 物理化学（下）
— 分子論的アプローチ —

© 2000

訳 者	千 原 秀 昭
	江 口 太 郎
	齋 藤 一 弥

発 行 者　小 澤 美 奈 子
発　　行　株式会社 東京化学同人
東京都文京区千石3丁目36-7(℡112-0011)
電話 (03) 3946-5311・FAX (03) 3946-5316

印　刷　日経印刷株式会社
製　本　株式会社青木製本所

ISBN 978-4-8079-0509-6
Printed in Japan
無断複写,転載を禁じます.

数学公式

$\sin(x \pm y) = \sin x \cos y \pm \cos x \sin y$

$\cos(x \pm y) = \cos x \cos y \mp \sin x \sin y$

$\sin x \sin y = \frac{1}{2}\cos(x-y) - \frac{1}{2}\cos(x+y)$

$\cos x \cos y = \frac{1}{2}\cos(x-y) + \frac{1}{2}\cos(x+y)$

$\sin x \cos y = \frac{1}{2}\sin(x+y) + \frac{1}{2}\sin(x-y)$

$e^{\pm ix} = \cos x \pm i \sin x$

$\cos x = \dfrac{e^{ix} + e^{-ix}}{2} \qquad \sin x = \dfrac{e^{ix} - e^{-ix}}{2i}$

$\cosh x = \dfrac{e^{x} + e^{-x}}{2} \qquad \sinh x = \dfrac{e^{x} - e^{-x}}{2}$

$f(x) = f(a) + f'(a)(x-a) + \dfrac{1}{2!}f''(a)(x-a)^2 + \dfrac{1}{3!}f'''(a)(x-a)^3 + \cdots$

$e^x = 1 + x + \dfrac{x^2}{2!} + \dfrac{x^3}{3!} + \dfrac{x^4}{4!} + \cdots$

$\cos x = 1 - \dfrac{x^2}{2!} + \dfrac{x^4}{4!} - \dfrac{x^6}{6!} + \cdots$

$\sin x = x - \dfrac{x^3}{3!} + \dfrac{x^5}{5!} - \dfrac{x^7}{7!} + \cdots$

$\ln(1+x) = x - \dfrac{x^2}{2} + \dfrac{x^3}{3} - \dfrac{x^4}{4} + \cdots \qquad -1 < x \leq 1$

$\dfrac{1}{1-x} = 1 + x + x^2 + x^3 + x^4 + \cdots \qquad x^2 < 1$

$(1 \pm x)^n = 1 \pm nx \pm \dfrac{n(n-1)}{2!}x^2 \pm \dfrac{n(n-1)(n-2)}{3!}x^3 + \cdots \qquad x^2 < 1$

$\displaystyle\int_0^\infty x^n e^{-ax}\,dx = \dfrac{n!}{a^{n+1}} \qquad$ (n は正の整数)

$\displaystyle\int_0^\infty e^{-ax^2}\,dx = \left(\dfrac{\pi}{4a}\right)^{1/2}$

$\displaystyle\int_0^\infty x^{2n} e^{-ax^2}\,dx = \dfrac{1 \cdot 3 \cdot 5 \cdots (2n-1)}{2^{n+1}a^n}\left(\dfrac{\pi}{a}\right)^{1/2} \qquad$ (n は正の整数)

$\displaystyle\int_0^\infty x^{2n+1} e^{-ax^2}\,dx = \dfrac{n!}{2a^{n+1}} \qquad$ (n は正の整数)

$\displaystyle\int_0^a \sin\dfrac{n\pi x}{a}\sin\dfrac{m\pi x}{a} = \int_0^a \cos\dfrac{n\pi x}{a}\cos\dfrac{m\pi x}{a} = \dfrac{a}{2}\delta_{nm}$

$\displaystyle\int_0^a \cos\dfrac{n\pi x}{a}\sin\dfrac{m\pi x}{a} = 0 \qquad$ (m と n は整数)